安徽树木志

訾兴中　李书春　主编

中国林业出版社
China Forestry Publishing House

图书在版编目（CIP）数据

安徽树木志／詹兴中，李书春主编. —北京：中国林业出版社，2015.12

ISBN 978-7-5038-8248-7

Ⅰ.①安… Ⅱ.①詹…②李… Ⅲ.①树木－植物志－安徽省

Ⅳ.①S717.254

中国版本图书馆CIP数据核字(2015)第275307号

安徽树木志

出　　版	中国林业出版社	
	（100009　北京市西城区德内大街刘海胡同7号）	
网　　址	http://lycb.forestry.gov.cn	
Email	36132881@qq.com	
电　　话	010-83143525	
发　　行	中国林业出版社	
印　　刷	北京中科印刷有限公司	
版　　次	2015年12月第1版	
印　　次	2015年12月第1次	
印　　张	59.25	
开　　本	889mm×1194mm　　1/16	
字　　数	2043千字	
定　　价	299.00元	

未经许可，不得以任何方式复制或抄袭本书之部分或全部内容。

版权所有　侵权必究

封面题字：江泽慧

《安徽树木志》编纂委员会

顾　问：费本华　汤　坚　卞显超

主　任：程中才

副主任：祖武斌　周　旭

委　员：王小明　王道金　张宝平　朱仕新　李文化　盛　林　林显鸿　薛玉苍　姚志荣　胡家宏　余仁富
　　　　　邓根如　汪　欣　徐　进　翟玉增　汪　力　张　浪　高　健　李　静　徐照东　唐红萍　欧阳家安

主　编：訾兴中　李书春

副主编：刘秀梅　黄成林　王雷宏　何云核

编　者（以姓氏笔划为序）
　　　　王雷宏　王层林　王传贵　刘秀梅　李书春　李　纯　何云核　何金铃　张利萍　周　旭　梁淑云
　　　　钱　宏　徐　斌　殷华林　黄成林　童效平　訾兴中　潘新建

绘　图：邹贤桂　孟庆雷　吕　旸　王雷宏

编 者 分 工

李书春、钱宏、童效平、潘新建：

　　苏铁科、银杏科、山矾科、忍冬科、大戟科、菝葜科、禾本科—竹亚科。

訾兴中：

　　前言、木兰科、八角科、五味子科、领春木科、连香树科、蜡梅科、梧桐科、檀香科。

刘秀梅：

　　蔷薇科、蝶形花科、醋栗科、鼠刺科、金缕梅科、杜仲科、杜英科、猕猴桃科、杜鹃花科、桃金娘科、南天竹科。
　　禾本科—竹亚科—刚竹属（李书春、刘秀梅）。

黄成林：

　　夹竹桃科、萝藦科、杠柳科、茜草科、胡椒科。

何云核：

　　葡萄科、紫金牛科、柿树科、芸香科、苦木科、楝科、无患子科、清风藤科、漆树科、槭树科、七叶树科、省沽油科、马钱科、醉鱼草科、木犀科。

王雷宏：

　　瑞香科、山柳科、鹿蹄草科、金丝桃科、越橘科、冬青科、卫矛科、胡颓子科、鼠李科、紫葳科、厚壳树科、毛茛科、茄科、芭蕉科、龙舌兰科、棕榈科、禾本科—竹亚科（部分）。

梁淑云：

　　八角枫科、五加科、悬铃木科、旌节花科、黄杨科、虎皮楠科、杨梅科、大风子科、石榴科、野牡丹科、铁青树科、桑寄生科。

王层林：

　　柽柳科、远志科、马兜铃科。

王传贵　刘秀梅：

　　蓝果树科、壳斗科、胡桃科、桑科、玄参科。

徐　斌：

　　樟科、杨柳科、桦木科、榛科、椴树科。

张利萍：

　　苏木科、含羞草科、山梅花科、山茱萸科、榆科。

殷华林：

南洋杉科、松科、杉科、柏科、罗汉松科、三尖杉科、红豆杉科。

何金铃：

绣球科、野茉莉科、马鞭草科、木通科、防己科。

周　旭：

海桐科、大血藤科、锦葵科、小檗科、苦苣苔科。

李　纯　刘秀梅：

山茶科、蔷薇科—悬钩子属、芍药科、金粟兰科、千屈菜科。

序

　　公元 1667 年安徽建省时，取境内当时政治中心安庆府和经济商业发达徽州府两府首字为名称安徽。境内有座皖山（又名皖公山、天柱山）与皖水相绕，且春秋时曾有皖国，故安徽省又称"皖"。

　　安徽省位于我国东部，居华东腹地。苏、鲁、豫、浙、鄂、赣六省为其邻。地处北半球中低纬度区，在北纬 29°22′ -34°40′，东经 114°53′ -119°30′ 之间，面积约 13.9 万平方公里。淮河（境内干流 430 公里），长江（境内干流 400 公里）由西向东横穿全境，天然将全省分为皖北、皖中、皖南三大自然板块。皖北是一望无际的淮北平原；皖中东部是江淮丘陵、台地；西部是丘陵、山地，大别山区有多座海拔 1700 米以上的山峰，最高峰白马尖海拔 1774 米；皖南是由北列九华山、中列黄山、南列皖浙边境的天目山大致三列东北—西南走向的平行分布的中低山组成。黄山、九华山一带较高，海拔多在千米以上。黄山三大主峰莲花峰、光明顶、天都峰其海拔均在 1800 米以上，莲花峰高 1864.8 米，为全省最高峰。

　　安徽省地处季风气候区，以淮河为界：淮河以北为暖温带半湿润地区；淮河以南为亚热带季风气候区，自然植被分布从温带向亚热带水平分布过渡，自北向南依次为落叶阔叶林，落叶常绿阔叶混交林，常绿阔叶林。由于皖西大别山和皖南山区沟壑陡峭，地势高亢，群峰林立，海拔较高，气候复杂多变，因而又形成森林植物垂直分布带谱，山麓至山顶森林植物群落垂直带谱变化与水平地带性植被带叠合。如黄山：山谷至山顶依次为常绿阔叶林，常绿落叶阔叶混交林，落叶阔叶林，山地矮林和灌木丛，山地草甸。人类活动的影响，使天然植被受到一定破坏。淮北平原仅某些石灰岩残丘及庙宇周围（如皇藏峪，大方寺）才保存部分较典型暖温带落叶阔叶林树种。在江淮丘陵皖东的琅琊山、皇甫山仍有保存，皖西大别山的佛子岭、马宗岭等地保存较完整。皖南山区植物群落结构比较复杂；歙县清凉峰、祁门、石台牯牛降、休宁六股尖等山地，尚保存较完整的天然常绿阔叶林和多种稀有珍贵树种。

　　大别山为秦岭东延余脉，其独特的地质构造和北亚热带湿润季风气候，形成丰富的植物自然资源。森林植物区系的地理成分为温带成分，主要是北温带东亚—北美成分。占绝对优势的共有 175 属，占总属数的 63.7%，从南北森林植被区系成分对比分析，南北坡基本成分或特有成分树种明显不同，如典型亚热带常绿阔叶林特征代表树种有赤楠、新木姜子、香樟、杨梅叶蚊母树等，且只见于南坡，其地带植被为常绿阔叶林。北坡则为落叶常绿阔叶混交林。森林植物区系共有属对比分析：大别山和日本森林植物区系在植物地理上的统一性、相似性、联结性是其他任何一个地区不能比拟的。充分说明：大别山是连结我国中部、西南部和日本以及北美植物区系的桥梁和枢纽，也是研究植物区系和起源的关键性地区。从而也说明，保护其生态环境的重要性。

　　目前安徽省已建立多个国家级和省级自然保护、森林公园和风景名胜区：如皇藏峪暖温带落叶林自然保护区，大方寺天然次生林系统自然保护区，六股尖北亚热带常绿落叶阔叶混交林自然保护区，天马北亚热带常绿落叶阔叶林自然保护区，鹞落坪北亚热带常绿阔叶林自然保护区，枯井园、板仓北中亚热带常绿落叶阔叶林自然保护区，牯牛降中亚热带常绿阔叶林自然保护区，盘台内陆淡水森林沼泽湿地自然保护区，琅琊山国家森林公园，天堂寨国家森林公园，黄山国家风景名胜区，天柱山国家风景名胜区等。为恢复森林植被，保护森林植物自然资源提供有利的条件和良好的环境。近年来安徽确立建设生态省战略，将全省规划为淮北平原生态区，江淮丘陵岗地生态区，大别山区生态区，长江沿岸平原生态区，皖南丘陵山区生态区。根据生态区具体情况，建立农田林网，实行退耕还林、还草，实行封山育林，建设生态防护林、水源涵养林，建立自然保护区，加强对物种保护等有力措施。为保护安徽森林植物资源、稀有珍贵树种和生态环境提供有利条件。

　　安徽河网纵横，湖泊众多，平原岗地相间，山丘交织，季风明显，雨量充沛，温和湿润。植物种类非常丰富，并有稀有珍贵树种如杜仲、香果树、连香树、鹅掌楸、琅琊榆、醉翁榆、大别山五针松、黄山松等 30 多种。在历史悠久，文化深厚的仙阁道观，老庄故里、庙庵佛寺、名人故居、古迹遗址，革命胜地，至今仍保存有丰富的具有科研、文化、历史价值的古树名木。兴中校友长期从事植物资源保护和开发工作，主编过《琅琊山植物志》《大别山植物志》，多年前曾同我谈计划编写一部《安徽树木志》，由他主持，李书春、刘秀梅教授参与组织编写。经过多年调查研究和艰苦工作，收录、记载乔、灌木树种共 113 科 366 属 1348 种，附图 900 余幅。现已成书，邀我写序，非常高兴并慨然允诺。《安徽树木志》及时成书出版，为林业科研、教学、生产及管理提供一部工具书和基础参考资料，是林业发展、生态建设、利国利民、造福后代的大好事。

彭镇华

2011 年 11 月 3 日

---

*彭镇华系中国林业科学研究院资深研究员，我国著名林学家。

前　言

安徽省位于华东地区，与江苏、山东、河南、湖北、江西、浙江等六省相邻，在北纬 29°22′-34°40′、东经 114°53′-119°30′ 之间。东西最宽达 300 公里，南北最长达 500 公里，面积 139000 平方公里。有淮河、长江两大水系由西向东横穿安徽，天然将全省划分为淮北平原区，江淮丘陵区、大别山区和皖南山区。境内地形复杂，气候多变，构成了各式各样生态环境，树木种类十分丰富。

编者均长期从事"树木学"教学工作，野外调查和标本采集未曾间断过，积累了大量资料和近两万余份腊叶标本。早在 20 世纪 70 年代初，就曾计划编写一本有关树木种类及其分布的专著，但因种种原因未能实现。改革开放后在"科教兴国"战略目标的鼓舞下，编者认为时机已至，编写工作重新启动。

本志编写组制订了详尽的编写计划和具体明确的编写大纲。以老、中、青三结合为班底，以老带新，分工合作，经过编写组 5-6 年的整理编写以及一年多的补充和审阅修改，终于完成了本志的编撰工作。

"树木志"和"植物志"虽同样以植物分类为主，研究其定名、形态特征和分布，但侧重点有所不同，《树木志》还要研究主要树木生态特性、林学特性及木材构造和利用等，目的是提供基础资料，为森林生态系统的保护和可持续性经营提供科学依据。

本志中科的系统排列次序，裸子植物依据郑万钧教授《中国树木志》裸子植物（1983 年）修订的系统，被子植物则依据哈钦松（J. Hutchinson）《有花植物科志》（1959 年）修订的系统。该科志的分类系统将有花植物分为木本和草本两大支，虽有争议，但本志为树木专著，采用却十分便捷。

本志记载了安徽各类乔、灌木树种共计 113 科 366 属 1348 种（含种下等级 34 亚种、162 变种 *、43 变型、39 栽培型及 5 杂交种），附图 987 幅。绘图除孟庆雷、邹贤桂、吕旸、王雷宏署名外，其余用图均参考《中国树木志》《中国植物志》《安徽植物志》《大别山植物志》《琅琊山植物志》《中国高等植物图鉴》《湖南竹类》《浙江植物志》等专著中原图，在此表示真诚谢意。

本志编研工作终于完成，即将出版印刷，倍感欣慰。在此，对关心、支持和帮助我们完成此书工作的朋友们表示衷心感谢！

由于编者业务水平所限，书中错误在所难免，竭诚欢迎读者提出批评意见，指出其错误，以便修正，不胜企盼之至。

编　者
2011 年 11 月

---

* 变种未全部列入检索表中。

目　录

序
前言
安徽森林植物地理分布概况……………………………………………………………………………… 1

裸子植物 GYMNOSPERMAE

1. 苏铁科 CYCADACEAE

苏铁属 Cycas L.

1. 苏铁 Cycas revoluta Thunb. ……………………………………………………………………… 9
2. 华东苏铁 Cycas rumphii Miq. …………………………………………………………………… 10

2. 银杏科 GINKGOACEAE

银杏属 Ginkgo L.

银杏 Ginkgo biloba L. ………………………………………………………………………………… 11

3. 南洋杉科 ARAUCARIACEAE

南洋杉属 Araucaria Juss.

1. 南洋杉 Araucaria cunninghamii Sweet …………………………………………………………… 13
2. 异叶南洋杉 Araucaria heterophylla（Salisb.）Franco ………………………………………… 14

4. 松科 PINACEAE

1. 冷杉属 Abies Mill.

日本冷杉 Abies firma Sieb. et Zucc. ……………………………………………………………… 15

2. 云杉属 Picea Dietr.

欧洲云杉 Picea abies（L.）Karst. ………………………………………………………………… 16

3. 黄杉属 Pseudotsuga Carr.

1. 华东黄杉 Pseudotsuga gussenii Flous ………………………………………………………… 17

2. 黄杉 Pseudotsuga sinensis Dode ·· 17

4. 铁杉属 **Tsuga** Carr.

南方铁杉 Tsuga tchekiangensis Flous ·· 18

5. 油杉属 **Keteleeria** Carr.

柔毛油杉 Keteleeria pubescens Cheng et L. K. Fu ··· 19

6. 金钱松属 **Pseudolarix** Gord.

金钱松 Pseudolarix kaempferi（Lindl.）Gord. ·· 19

7. 雪松属 **Cedrus** Trew

雪松 Cedrus deodara（Roxb.）G. Don ·· 20

8. 松属 **Pinus** L.

1. 红松 Pinus koraiensis Sieb. et Zucc. ·· 22
2. 华山松 Pinus armandii Franch. ·· 22
3. 大别山五针松 Pinus dabeshanensis Cheng et Law ······································· 23
4. 日本五针松 Pinus parviflora Sieb. et Zucc. ··· 24
5. 白皮松 Pinus bungeana Zucc. ex Endl. ·· 24
6. 赤松 Pinus densiflora Sieb. et Zucc. ·· 25
6a. 千头赤松 Pinus densiflora Sieb. cv. Umbraculifera ····································· 25
7. 马尾松 Pinus massoniana Lamb. ··· 25
8. 油松 Pinus tabulaeformis Carr. ·· 26
9. 黄山松 Pinus taiwanensis Hayata ··· 26
9a. 杉松 Pinus taiwanensis Hayata var. wulinensis S. C. Li ································ 27
10. 黑松 Pinus thunbergii Parl. ·· 27
10a. 黄松　Pinus massoniana Lamb. × P. thunbergii Parl. ································· 28
11. 长叶松 Pinus palustris Mill. ··· 28
12. 火炬松 Pinus taeda L. ··· 28
13. 湿地松 Pinus elliottii Engelm. ·· 29

5. 杉科 **TAXODIACEAE**

1. 杉木属 **Cunninghamia** R. Br.

1. 杉木 Cunninghamia lanceolata（Lamb.）Hook. ·· 30
1a. 灰叶杉木 Cunninghamia lanceolata（Lamb.）Hook. cv. Glauca ························ 31

1b. 柔叶杉木 Cunninghamia lanceolata（Lamb.）Hook，cv. Mollifolia ·················· 31

2. 水松属 **Glyptostrobus** Endl.

水松 Glyptostrobus pensilis（Staunt.）Koch ·· 31

3. 柳杉属 **Cryptomeria** D. Don

1. 柳杉 Cryptomeria fortunei Hooibrenk ex Otto et Dietr. ································· 32
2. 日本柳杉 Cryptomeria japonica（L. f.）D. Don ··· 33

4. 落羽杉属 **Taxodium** Rich.

1. 落羽杉 Taxodium distithum（L.）Rich. ·· 33
2. 池杉 Taxodium ascendens Brongn. ··· 34

5. 水杉属 **Metasequoia** Miki ex Hu ct Cheng

水杉 Metasequoia glyptostroboides Hu et Cheng ··· 34

6. 柏科 CUPRESSACEAE

1. 罗汉柏属 **Thujopsis** Sieb. et Zucc.

罗汉柏 Thujopsis dolabrata（L. f.）Sieb. et Zucc. ·· 36

2. 崖柏属 **Thuja** L.

北美香柏 Thuja occidentalis L. ··· 37

3. 侧柏属 **Platycladus** Spach

1. 侧柏 Platycladus orientalis（L.）Franco ·· 38
1a. 千头柏 Platycladus orientalis（L.）Franco cv. Sieboldii ······························ 38
1b. 金黄球柏 Platycladus orientalis（L.）Franco cv. Semperaurescens ················· 38
1c. 金塔柏 Platycladus orientalis（L.）Franco cv. Beverleyensis ························· 38

4. 柏木属 **Cupressus** L.

1. 柏木 Cupressus funebris Endl. ··· 39
2. 墨西哥柏木 Cupressus lusitanica Mill. ·· 40
3. 绿干柏 Cupressus arizonica Greene ·· 40
4. 干香柏 Cupressus duclouxiana Hickel ··· 40

5. 扁柏属 **Chamaecyparis** Spach

1. 美国扁柏 Chamaecyparis lawsoniana（A. Murr.）Parl.·····41
2. 日本花柏 Chamaecyparis pisifera（Sieb. et Zucc）Endl.·····41
2a. 线柏 Chamaecyparis pisifera（Sieb. et Zucc.）Endl. cv. Filifera·····41
2b. 绒柏 Chamaecyparis pisifera（Sieb. et Zucc.）Endl. cv. Squarrosa·····41
2c. 羽叶花柏 Chamaecyparis pisifera（Sieb. et Zucc.）Endl. cv. Plumosa·····42
3. 日本扁柏 Chamaecyparis obtusa（Sieb. et Zucc.）Endl.·····42
3a. 云片柏 Chamaecyparis obtusa（Sieb. et Zucc.）Endl. cv. Breviramea·····42
3b. 孔雀柏 Chamaecyparis obtusa（Sieb. et Zucc.）Endl. cv. Tetragona·····42
3c. 凤尾柏 Chamaecyparis obtusa（Sieb. et Zucc.）Endl. cv. Filicoides·····42

6. 福建柏属 **Fokienia** Henry et Thomas

福建柏 Fokienia hodginsii（Dunn）Henry et Thomas·····43

7. 圆柏属 **Sabina** Mill.

1. 高山柏 Sabina squamata（Buch.-Hamilt.）Ant.·····44
1a. 粉柏 Sabina squamata（Buch.-Hamilt，）Ant. cv. Meyeri·····44
2. 铺地柏 Sabina procumbens（Endl.）lwata et Kusaka·····44
3. 北美圆柏 Sabina virginiana（L.）Ant.·····44
3a. 垂枝铅笔柏 Sabina virginiana（L.）Ant. cv. Pendula·····45
3b. 塔冠铅笔柏 Sabina virginiana（L.）Ant. cv. Pyramidalis·····45
4. 圆柏 Sabina chinensis（L.）Ant.·····45
4a. 龙柏 Sabina chinensis（L.）Ant. cv. Kaizuca·····46
4b. 匍地龙柏 Sabina chinensis（L.）Ant. cv. Kaizuca Procumbens·····46
4c. 球柏 Sabina chinensis（L.）Ant. cv. Globosa·····46
4d. 金球桧 Sabina chinensis（L.）Ant. cv. Aureoglobosa·····46
4e. 塔柏 Sabina chinensis（L.）Ant. cv. Pyramidalis·····46
4f. 鹿角桧 Sabina chinensis（L.）Ant. cv. Pfitzeriana·····46
5. 塔枝圆柏 Sabina komarovii（Florin）Cheng et W. T. Wang·····46

8. 刺柏属 **Juniperus** L.

1. 刺柏 Juniperus formosana Hayata·····47
2. 杜松 Juniperus rigida Sieb. et Zucc.·····47
3. 欧洲刺柏 Juniperus communis L.·····48

7. 罗汉松科 PODOCARPACEAE

罗汉松属 Podocarpus L' Hef. ex Persoon

1. 罗汉松 Podocarpus macrophyllus（Thunb.）D. Don ·· 49
1a. 短叶罗汉松 Podocarpus macrophyllus（Thunb.）D. Don var. maki（Sieb.）Endl. ············· 49
2. 竹柏 Podocarpus nagi Zoll. et Mor. ex Zoll. ·· 50

8. 三尖杉科 CEPHALOTAXACEAE

三尖杉属 Cephalotaxus Sieb. et Zucc. ex Endl.

1. 三尖杉 Cephalotaxus fortunei Hook. f. ··· 51
2. 粗榧 Cephalotaxus sinensis（Rehd. et Wils.）Li ·· 52

9. 红豆杉科 TAXACEAE

1. 红豆杉属 Taxus L.

1. 红豆杉 Taxus chinensis（Pilger）Rehd. ··· 53
2. 南方红豆杉 Taxus mairei（Lemee et Levl.）S. Y. Hu ex Liu ······································ 54

2. 榧树属 Torreya Arn.

1. 榧树 Torreya grandis Fort. ··· 54
1a. 香榧 Torreya grandis Fort. cv. Merrillii ·· 55
2. 巴山榧 Torreya fargesii Franch. ·· 55

被子植物 ANGIPSPERMAE

双子叶植物纲 DICOTYLEDONEAE

10. 木兰科 MAGNOLIACEAE

1. 木莲属 Manglietia Blume

1. 乳源木莲 Manglietia yuyuanensis Law ··· 60
2. 木莲 Manglietia fordiana Oliv. ··· 60

2. 木兰属 Magnolia L.

1. 厚朴 Magnolia officinalis Rehd. et Wils. ·· 61
1a. 凹叶厚朴 Magnolia officinalis Rehd. et Wils. ssp. biloba（Rehd. et Wils.）Law ··············· 62

2. 天女花 Magnolia sieboldii K. Koch ······ 63

2a. 短梗天女花 Magnolia sieboldii K. Koch var. brevipedunculata L. H. Wang et S. M. Liu，var. nov. ······ 63

3. 荷花玉兰 Magnolia grandiflora L. ······ 63

4. 玉兰 Magnolia denudata Desr. ······ 64

5. 宝华玉兰 Magnolia zenii Cheng ······ 65

6. 天目木兰 Magnolia amoena Cheng ······ 65

7. 紫玉兰 Magnolia liliflora Desr. ······ 65

8. 望春玉兰 Magnolia biondii Pamp. ······ 66

9. 二乔木兰 Magnolia soulangeana Soul. -Bod. ······ 66

10. 黄山木兰 Magnolia cylindrica Wils. ······ 67

3. 含笑属 **Michelia** L.

1. 白兰 Michelia alba DC. ······ 68

2. 野含笑 Michelia skinneriana Dunn ······ 68

3. 含笑 Michelia figo（Lour.）Spreng. ······ 68

4. 深山含笑 Michelia maudiae Dunn ······ 69

4. 鹅掌楸属 **Liriodendron** L.

1. 鹅掌楸 Liriodendron chinense Sarg. ······ 70

2. 北美鹅掌楸 Liriodendron tulipifera L. ······ 70

11. 八角科 ILLICIACEAE

八角属 **Illicium** L.

1. 红茴香 Illicium henryi Diels ······ 72

2. 披针叶茴香 Illicium lanceolatum A. C. Smith ······ 73

3. 假地枫皮 Illicium jiadifengpi B. N. Chang ······ 73

4. 闽皖八角 Illicium minwanense B. N. Chang et S. D. Zhang ······ 74

12. 五味子科 SCHISANDRACEAE

1. 南五味子属 **Kadsura** Kaempf. ex Juss.

南五味子 Kadsura longipedunculata Finet et Gangnep. ······ 75

2. 五味子属 **Schisandra** Michx.

1. 棱枝五味子 Schisandra henryi Clarke ······ 76

2. 华中五味子 Schisandra sphenanthera Rehd. et Wils. ······ 77

3. 绿叶五味子 Schisandra viridis A. C. Smith ······ 77

4. 二色五味子　Schisandra bicolor Cheng ·· 77
4a. 瘤枝五味子　Schisandra bicolor Cheng var. tuberculata（Law）Law ·············· 78

13. 领春木科 EUPTELEACEAE

领春木属 Euptelea Sieb. et Zucc.

领春木　Euptelea pleiosperma Hook. f. et Thoms. f. francheti（Van Tiegh）P. C. Kuo ·········· 79

14. 连香树科 CERCIDIPHYLLACEAE

连香树属 Cercidiphyllum Sieb. et Zucc.

1. 连香树　Cercidiphyllum japonicum Sieb. et Zucc. ··· 80
1a. 毛叶连香树　Cercidiphyllum japonicum Sieb. et Zucc. var. sinense Rehd. et Wils. ········· 81

15. 樟科 LAURACEAE

1. 新木姜子属 Neolitsea（Benth.）Merr.

1. 新木姜　Neolitsea aurata（Hayata）Koidz. ··· 83
1a. 浙江新木姜　Neolitsea aurata（Hayata）koidz. var. chekiangensis（Nakai）Yang et P. H. Huang ······ 83
1b. 云和新木姜　Neolitsea aurata（Hayata）Koidz. var. paraciculata（Nakai）Yang et P. H. Huang ······ 83

2. 木姜子属 Litsea Lam.

1. 天目木姜子　Litsea auriculata Chien et Cheng ··· 84
2. 山鸡椒　Litsea cubeba（Lour.）Pers. ·· 85
2a. 毛山鸡椒　Litsea cubeba（Lour.）Pers. var. formosana（Nakai）Yang et P. H. Huang ········· 85
3. 豹皮樟　Litsea coreana L'evl. var. sinensis（Allen）Yang et P. H. Huang ··············· 85
3a. 毛豹皮樟　Litsea coreana L'evl. var. lanuginosa（Migo）Yang et P. H. Huang ··········· 86
4. 湖北木姜子　Litsea hupehana Hemsl. ·· 86
5. 黄丹木姜子　Litsea elongata（Wall. ex Nees）Benth. et Hook. f. ························· 87
5a. 石木姜子　Litsea elongata（Wall. ex Nees）Benth. et Hook. f. var. faberi（Hemsl.）Yang et P. H. Huang ······ 87

3. 山胡椒属 Lindera Thunb.

1. 黑壳楠　Lindera megaphylla Hemsl. ·· 88
2. 江浙山胡椒　Lindera chienii Cheng ·· 89
3. 红果山胡椒　Lindera erythrocarpa Makino ··· 89
4. 大果山胡椒　Lindera praecox（Sieb. et Zucc.）Blume ······································· 90
5. 山橿　Lindera reflexa Hemsl. ·· 90
6. 山胡椒　Lindera glauca（Sieb. et Zucc.）Blume ··· 91

7. 狭叶山胡椒 Lindera angustifolia Cheng ··· 92

8. 三桠乌药 Lindera obtusiloba Blume ·· 92

9. 红脉钓樟 Lindera rubronervia Gamble ·· 93

10. 乌药 Lindera aggregata（Sims）Kosterm. ·· 93

11. 绿叶甘橿 Lindera neesiana（Ness）Kurz. ··· 94

4. 檫木属 **Sassafras** Trew

檫木 Sassafras tsumu（Hemsl.）Hemsl. ··· 95

5. 樟属 **Cinnamomum** Trew

1. 樟树 Cinnamomum camphora（L.）Presl. ··· 96

2. 天竺桂 Cinnamomum japonicum Sieb. ··· 97

3. 香桂 Cinnamomum subavenium Miq. ··· 97

6. 桢楠属 **Phoebe** Nees

1. 湘楠 Phoebe hunanensis Hand. -Mzt. ·· 98

2. 浙江楠 Phoebe chekiangensis C. B. Shang ··· 99

3. 台楠 Phoebe formosana（Matsum et Hayata）Hayata ··· 99

4. 紫楠 Phoebe sheareri（Hemsl.）Gamble ·· 100

7. 润楠属 **Machilus** Nees

1. 红润楠 Machilus thunbergii Sieb. et Zucc. ·· 101

2. 刨花润楠 Machilus pauhoi Kanehira ·· 102

3. 薄叶润楠 Machilus leptophylla Hand. -Mzt. ··· 102

4. 宜昌润楠 Machilus ichangensis Rehd. et Wils. ··· 103

5. 浙江润楠 Machilus chekiangensis S. Lee ·· 103

16. 蔷薇科 ROSACEAE

I. 绣线菊亚科 SPIRAEOIDEAE

1. 绣线菊属 **Spiraea** L.

1. 粉花绣线菊 Spiraea japonica L. f. ·· 106

1a. 渐尖叶绣线菊 Spiraea japonica L. f. var. acuminata Franch. ······························ 106

1b. 大绣线菊 Spiraea japonica L.f var. fortunei（Planch.）Rehd. ······························· 106

1c. 红绣线菊 Spiraea japonica L. f. var. glabra（Reg.）Koidz. ·································· 106

2. 南川绣线菊 Spiraea rosthornii Dritz. ·· 107

3. 大叶华北绣线菊 Spiraea fritschiana Schneid. var. angulata（Schneid.）Rehd. ············ 107

4. 麻叶绣线菊 Spiraea cantoniensis Lour. ……………………………………………… 107

5. 菱叶绣线菊 Spiraea vanhouttei（Briot）Zab. …………………………………………… 108

6. 三裂绣线菊 Spiraea trilobata L. …………………………………………………………… 108

7. 绣球绣线菊 Spiraa blumei G. Don ………………………………………………………… 108

7a. 宽瓣绣球绣线菊 Spiraea blumei G.Don var. latipetala Hemsl. …………………… 109

8. 土庄绣线菊 Spiraea pubescens Turcz. …………………………………………………… 109

8a. 毛果土庄绣线菊 Spiraea pubescens Turca. var. lasiocarpa Nakai ………………… 110

9. 金州绣线菊 Spiraea nishimurae Kitag. ………………………………………………… 110

10. 疏毛绣线菊 Spiraea hirsuta（Hemsl.）Schneid. ……………………………………… 110

11. 中华绣线菊 Spiraea chinensis Maxim. ………………………………………………… 110

12. 毛花绣线菊 Spiraea dasyantha Bge. …………………………………………………… 111

13. 细枝绣线菊 Spiraea. myrtilloides Rehd. ……………………………………………… 111

14. 李叶绣线菊 Spiraea prunifolia Sieb. et Zucc. ……………………………………… 112

14a. 单瓣李叶绣线菊 Spiraea prunifolia Sieb. et Zucc. var. simpliciflora Nakai …… 112

15. 珍珠绣线菊 Spiraea thunbergii Sieb. ex Blume ……………………………………… 112

16. 无毛长蕊绣线菊 Spiraea migabei Koidz. var. glabrata Rehd. …………………… 113

2. 珍珠梅属 **Sorbaria**（Ser.）A. Br. ex Aschers.

华北珍珠梅 Sorbaria kirilowii（Reg.）Maxim. ………………………………………… 113

3. 野珠兰属 **Stephanandra** Sieb. et Zucc.

1. 野珠兰 Stephanandra chinensis Hance …………………………………………………… 114

2. 小野珠兰 Stephanandra incisa（Thunb.）Zabel ………………………………………… 115

4. 白鹃梅属 **Exochorda** Lindl.

1. 白鹃梅 Exochorda racemosa（Lindl.）Rehd. …………………………………………… 115

2. 红柄白鹃梅 Exochorda giraldii Hesse ………………………………………………… 116

2a. 绿柄白鹃梅 Exochorda giraldii Hesse var. wilsonii（Rehd.）Rehd. ……………… 116

3. 齿叶白鹃梅 Exochorda serratifolia S. Moore …………………………………………… 116

Ⅱ. 苹果亚科 MALOIDEAE

5. 枸子属 **Cotoneaster** B. Ehrh.

1. 华中枸子 Cotoneaster silvestrii Pamp. ………………………………………………… 118

2. 山东枸子 Cotoneaster schantungensis Koltz. ………………………………………… 118

3. 毛灰枸子 Cotoneaster acutifolius Turcz. var. villosulus Rehd. et Wils. …………… 118

4. 平枝枸子 Cotoneaster horizontalis Decne ……………………………………………… 118

6. 火棘属 **Pyracantha** Roem.

火棘 Pyracantha fortuneana（Maxim.）Li···119

7. 山楂属 **Crataegus** L.

1. 山楂 Crataegus pinnatifida Bge. ···120
1a. 山里红 Crataegus pinnatifida Bge. var. major N. E. Br. ·······················121
2. 湖北山楂 Crataegus hupehensis Sarg.···121
3. 野山楂 Crataegus cuneata Sieb. et Zucc.···121
4. 华中山楂 Crataegus wilsonii Sarg. ···122

8. 红果树属 **Stranvaesia** Lindl.

毛萼红果树 Stranvaesia amphidoxa Schneid. ···122

9. 石楠属 **Photinia** Lindl.

1. 石楠 Photinia serrulata Lindl.···124
2. 椤木石楠 Photinia davidsoniae Rehd. et Wils.···124
3. 光叶石楠 Photinia glabra（Thunb.）Maxim.··125
4. 桃叶石楠 Photinia prunifolia（Hook. et Arn.）Lindl.································125
5. 中华石楠 Photinia beauverdiana Schneid.···125
5a. 厚叶中华石楠 Photinia beauverdiana Schneid. var. notabillis（Schneid.）Rehd.·····126
5b. 短叶中华石楠 Photinia beauverdiana Schneid. var. brevifolia Card.···········126
6. 绒毛石楠 Photinia schneiderana Rehd. et Wils.···126
7. 毛叶石楠 Photinia villosa（Thunb.）DC.···127
7a. 华毛叶石楠 Photinia villosa（Thunb.）DC. var. sinica Rehd. et Wils.·········127
8. 伞花石楠 Photinia subumbellata Rehd. et Wils.···127
9. 小叶石楠 Photinia parvifolia（Pritz.）Schneid.···128
10. 褐毛石楠 Photinia hirsuta Hand. -Mzt.···128
11. 浙江石楠 Photinia zehjiangensis P. L. Chiu···129

10. 枇杷属 **Eriobotrya** Lindl.

枇杷 Eriobotrya japonica（Thunb.）Lindl.···129

11. 石斑木属 **Raphiolepis** Lindl.

1. 石斑木 Raphiolepis indica（L.）Lindl.···130
2. 大叶石斑木 Raphiolepis major Card.···131

12. 花楸属 Sorbus L.

1. 水榆花楸 Sorbus alnifolia（Sieb. et Zucc.）K. Koch ································ 132
1a. 裂叶水榆花楸 Sorbus alnifolia（Sieb. et Zucc.）K. Koch var. lobulata Rehd. ·········· 132
2. 石灰花楸 Sorbus folgneri（Schneid.）Rehd. ································ 132
3. 江南花楸 Sorbus hemsleyi（Schneid.）Rehd. ································ 133
4. 棕脉花楸 Sorbus dunnii Rehd. ································ 133
5. 黄山花楸 Sorbus amabilis Cheng et Yü ································ 134
6. 天堂花楸 Sorbus tiantangensis X. M. Liu et H. L. Wang ································ 134
7. 湖北花楸 Sorbus hupehensis Schneid. ································ 135

13. 榅桲属 Cydonia Mill.

榅桲 Cydonia oblonga Mill. ································ 135

14. 木瓜属 Chaenomeles Lindl.

1. 木瓜 Chaenomeles sinensis（Thouin）Koehne ································ 136
2. 皱皮木瓜 Chaenomeles speciosa（Sweet）Nakai ································ 137

15. 梨属 Pyrus L.

1. 麻梨 Pyrus serrulata Rehd. ································ 138
2. 沙梨 Pyrus pyrifolia（Burm. f.）Nakai ································ 139
3. 杜梨 Pyrus betulaefolia Bge. ································ 139
4. 褐梨 Pyrus phaeocarpa Rehd. ································ 139
5. 豆梨 Pyrus calleryana Decne ································ 140
5a. 毛豆梨 Pyrus calleryana Decne f. tomentella Rehd. ································ 140
5b. 全缘叶豆梨 Pyrus calleryana Decne var. integrifolia Yü ································ 141
5c. 楔叶豆梨 Pyrus calleryana Decne var. koehnei（Schneid.）Yü ································ 141
5d. 柳叶豆梨 Pyrus calleryana Decne var. lanceolata Rehd. ································ 141

16. 苹果属 Malus Mill.

1. 山荆子 Malus baccata（L.）Borkh. ································ 142
2. 湖北海棠 Malus hupehensis（Pamp.）Rehd. ································ 142
3. 垂丝海棠 Malus halliana Koehne ································ 143
4. 苹果 Malus pumila Mill. ································ 143
5. 花红 Malus asiatica Nakai ································ 144
6. 海棠花 Malus spectabilis（Ait.）Borkh. ································ 144
6a. 红海棠 Malus spectabilis（Ait.）Borkh. var. riversii（Kirchn）Rehd. ································ 145
6b. 白海棠 Malus spectabilis（Ait.）Borkh. var. alba-plena Schelle ································ 145
7. 西府海棠 Malus micromalus Makino ································ 145

8. 裂叶海棠 Malus sieboldii（Reg.）Rehd. ·········· 145

9. 尖嘴林檎 Malus melliana（Hand. -Mzt.）Rehd. ·········· 146

17. 唐棣属 Amelanchier Med.

东亚唐棣 Amelanchier asiatica（Sieb. et Zucc）Endl. ex Walp. ·········· 146

Ⅲ. 蔷薇亚科 ROSOIDEAE

18. 蔷薇属 Rosa L.

1. 多花蔷薇 Rosa multiflora Thunb. ·········· 148

1a. 红刺玫 Rosa multiflora Thunb. var. cathayensis Rehd. et Wils. ·········· 148

1b. 七姐妹 Rosa multiflora Thunb. var. carnea Thaory ·········· 149

1c. 桃源蔷薇 Rosa multiflora Thunb. var. taoyuanensis J. M. Wu ·········· 149

2. 琅琊蔷薇 Rosa longyashanica D. C. Zhang et J. Z. Shao ·········· 149

3. 荼蘼花 Rosa rubusa Levl. et Vant. ·········· 149

4. 软条七蔷薇 Rosa henryi Boulenger ·········· 150

4a. 密腺湖北蔷薇 Rosa henryi Boulenger var. glandulosa J. M. Wu et Z. L.Cheng ·········· 150

5. 光叶蔷薇 Rosa wichuraiana Crp. ·········· 150

6. 川滇蔷薇 Rosa soulieana Crep. ·········· 151

7. 月季花 Rosa chinensis Jacg. ·········· 151

7a. 紫月季花 Rosa chinensis Jacq. var. semperflorens Koehne. ·········· 151

7b. 小月季花 Rosa chinensis Jacq. var. minima Voss ·········· 152

7c. 绿月季花 Rosa chinensis Jacq. var. viridiflora Dipp. ·········· 152

8. 木香花 Rosa banksiae Ait. ·········· 152

9. 小果蔷薇 Rosa cymosa Tratt. ·········· 152

9a. 毛叶山木香 Rosa cymosa Tratt. var. puberula Yü et Ku ·········· 153

10. 金樱子 Rosa laevigata Michx. ·········· 153

11. 硕苞蔷薇 Rosa bracteata Wendl. ·········· 153

12. 拟木香 Rosa banksiopsis Baker ·········· 154

13. 玫瑰 Rosa rugosa Thunb. ·········· 154

13a. 紫玫瑰 Rosa rugosa Thunb f. typica Reg. ·········· 155

13b. 红玫瑰 Rosa rugosa Thunb. f. rosea Rehd. ·········· 155

13c. 白玫瑰 Rosa rugosa Thunb. f. alba（Ware.）Rehd. ·········· 155

14. 钝叶蔷薇 Rosa sertata Rolfa ·········· 155

15. 单瓣黄刺玫 Rosa xanthina Lindl. f. normalis Rehd. et Wils. ·········· 155

16. 缫丝花 Rosa roxburghii Tratt. ·········· 156

16a. 单瓣缫丝花 Rosa roxburghii Tratt. f. normalis Rehd. et Wils. ·········· 156

19. 棣棠花属 Kerria DC.

1. 棣棠花 Kerria japonica（L.）DC. ·········· 156

1a. 重瓣棣棠花 Kerria japonica（L.）DC. f. pleniflora（Witte）Rehd. ················ 157

20. 鸡麻属 **Rhodotypos** Sieb. et Zucc

鸡麻 Rhodotypos scandens（Thunb.）Makino ················ 157

21. **悬钩子属 Rubus** L.

1. 太平莓 Rubus pacificus Hance ················ 159
2. 木莓 Rubus swinhoei Hance ················ 160
3. 湖南莓 Rubus hunanensis Hand-Mzt. ················ 161
4. 寒莓 Rubus buergeri Miq. ················ 161
5. 周毛悬钩子 Rubus amphidasys Focke ················ 161
6. 东南悬钩子 Rubus tsangorus Hand-Mzt. ················ 162
7. 灰白毛莓 Rubus tephrodes Hance ················ 162
7a. 无腺灰白毛莓 Rubus tephrodes Hance var. ampliflorus（Lévl. et Vant.）Hand-Mzt. ················ 162
7b. 长腺灰白毛莓 Rubus tephrodes Hance var. setosissimus Hand-Mzt. ················ 163
8. 黄泡子 Rubus ichangensis Hemsl. et Ktze. ················ 163
9. 高粱泡 Rubus lambertianus Ser. ················ 163
10. 盾叶莓 Rubus peltatus Maxim. ················ 164
11. 掌叶复盆子 Rubus chingii Hu ················ 164
12. 山莓 Rubus corchorifolius L. f. ················ 165
13. 光果悬钩子 Rubus glabricarpus Cheng ················ 165
14. 三花莓 Rubus trianthus Focke ················ 165
15. 黄果悬钩子 Rubus xanthocarpus Bur. et Franch. ················ 166
16. 单茎悬钩子 Rubus simplex Focke ················ 166
17. 白叶莓 Rubus innominatus S. Moore ················ 166
17a. 无腺白叶莓 Rubus innominatus S. Moore var. kuntzeanus（Hemsl.）Bailey ················ 167
17b. 宽萼白叶莓 Rubus innominatus S.Moore var. macrosepalus Metc. ················ 167
17c. 蜜腺白叶莓 Rubus innominatus S.Moore var. araioides（Hance）Yü et Lu ················ 167
18. 腺毛莓 Rubus adenophorus Rolfe ················ 167
19. 茅莓 Rubus parvifolius L. ················ 168
19a. 红腺茅莓 Rubus parvifolius L. var. adenochlamys（Focke）Migo ················ 168
20. 绵果悬钩子 Rubus lasiostylus Focke ················ 168
21. 牯岭悬钩子 Rubus kulinganus Bailey ················ 169
22. 少花悬钩子 Rubus spananthus Z. M. Wu et Z. L. Cheng ················ 169
23. 蓬蘽 Rubus hirsutus Thunb. ················ 169
23a. 短梗蓬蘽 Rubus hirsutus Thunb. var. brevipedicellus Z. M. Wu ················ 170
24. 红腺悬钩子 Rubus sumatranus Miq. ················ 170
25. 刺悬钩子 Rubus pungens Camb. ················ 170
25a. 香莓 Rubus pungens Camb. var. oldhamii（Miq.）Maxim. ················ 171
26. 空心泡 Rubus rosaefolius Smith ················ 171
27. 插田泡 Rubus coreanus Miq. ················ 171

IV. 李亚科 PRUNOIDEAE

22. 桂樱属 **Laurocerasus** Tourn. ex Dch.

1. 腺叶桂樱 Laurocerasus phaeosticta（Hance）Schneid. ·· 173
2. 华南桂樱 Laurocerasus fordiana（Dunn）Yü et Lu ·· 173
3. 刺叶桂樱 Laurocerasus spinulosa（Sieb. et Zucc.）Schneid. ······································ 173

23. 稠李属 **Padus** Mill.

1. 橉木稠李 Padus buergeriana（Miq.）Yü et Ku ·· 174
2. 灰叶稠李 Padus grayana（Maxim.）Schneid. ·· 175
3. 短柄稠李 Padus brachypoda（Batal.）Schneid. ·· 175
4. 细齿稠李 Padus obtusata（Koehne）Yü et Ku. ·· 175
5. 粗梗稠李 Padus napaulensis（Ser.）Schenid. ·· 176
6. 绢毛稠李 Padus wilsonii Schneid. ··· 176

24. 樱属 **Cerasus** Mill.

1. 迎春樱桃 Cerasus discoidea Yü et Li ·· 177
2. 微毛樱桃 Cerasus clarofolia（Schneid.）Yü et Li ··· 178
3. 尾叶樱 Cerasus dielsiana（Schneid.）Yü et Li ·· 178
4. 山樱花 Cerasus serrulata（Lindl.）G. Don ex London ·· 179
4a. 毛叶山樱花 Cerasus serrulata（Lindl.）G. Don var. pubescens（Makino）Yü et Li ········· 179
4b. 日本晚樱 Cerasus serrulata（Lindl.）G. Don var. lannesiana（Car.）Makino ················· 179
5. 大叶早樱 Cerasus subhirtella（Miq.）Sok ·· 179
6. 日本樱花 Cerasus yedoensis（Matsum.）Yü et Li ··· 180
7. 浙闽樱桃 Cerasus schneideriana（Kochne）Yü et Li ·· 180
8. 樱桃 Cerasus pseudocerasus（Lindl.）G. Don ··· 180
9. 钟花樱 Cerasus campanulata（Maxim.）Yü et Li ·· 181
10. 欧李 Cerasus humilis（Bge.）Sok. ··· 181
11. 麦李 Cerasus glandulosa（Thunb.）Lois. ··· 182
12. 郁李 Cerasus japonica（Thunb.）Lois. ·· 182
13. 毛樱桃 Cerasus tomentosa（Thunb.）Wall. ·· 183

25. 李属 **Prunus** L.

1. 李树 Prunus salicina Lindl. ·· 183
1a. 紫叶李 Prunus cerasifera Ehrhart f. atropurpurea（Jacq.）Rehd. ································· 184

26. 杏属 **Armeniaca** Mill.

1. 杏 Armeniaca vulgaris Lam. ··· 184

2. 梅 Armeniaca mume Sieb. ··· 185
2a. 玉蝶型梅 Armeniaca mume Sieb. f. albo-plena（Bailey）Rehd. ····························· 186
2b. 宫粉型梅 Armeniaca mume Sieb. f. alphandii（Carr.）Rehd. ····························· 186
2c. 大红型梅 Armeniaca mume Sieb. f. rubliflora T. Y. Chen ································· 186
2d. 绿萼型梅 Armeniaca mume Sieb. f. varidicalyx（Makino）T. Y. Chen ················ 186

27. 桃属 **Amygdalus** L.

1. 桃 Amygdalus persica L. ··· 186
2. 山桃 Amygdalus davidiana（Carr.）C. de Vos ex Henry ································· 187
3. 榆叶梅 Amygdalus triloba（Lindl.）Ricker ··· 188
3a. 重瓣榆叶梅 Amygdalus triloba（Lindl.）Ricker f. multiplex（Bge.）Rehd. ······· 188

28. 假稠李属 **Maddenia** Hook. f. et Thoms.

锐齿假稠李 Maddenia incisoserrata Yü et Ku ··· 188

17. 蜡梅科 CALYCANTHACEAE

1. 夏蜡梅属 **Calycanthus** L.

夏蜡梅 Calycanthus chinensis Cheng et S. Y. Chang ··· 190

2. 蜡梅属 **Chimonanthus** Lindl.

1. 柳叶蜡梅 Chimonanthus salicifolius S. Y. Hu ··· 191
2. 蜡梅 Chimonanthus praecox（L.）Link ··· 191
2a. 馨口蜡梅 Chimonanthus praecox（L.）Link var. grandiflorus Makino ··········· 192
2b. 素心蜡梅 Chimonanthus praecox（L.）Link var. concolor Makino ··············· 192
3. 亮叶蜡梅 Chimonanthus nitens Oliv. ··· 192
4. 浙江蜡梅 Chimonanthus zhejiangensis M. C. Liu ·· 192
5. 簇花蜡梅 Chimonanthus caespitosus T. B. Chao，Z. X. Chen et Z. Q. Liu ····· 192

18. 苏木科 CAESALPINIACEAE

1. 苏木属 **Caesalpinia** L.

云实 Caesalpinia decapetala（Roth）Alston ·· 194

2. 肥皂荚属 **Gymnocladus** L.

肥皂荚 Gymnocladus chinensis Baill ··· 195

3. 皂荚属 Gleditsia L.

1. 野皂荚 Gleditsia microphylla Gordon ex Y. T. Lee ························ 196
2. 皂荚 Gleditsia sinensis Lam. ·· 196
3. 山皂荚 Gleditsia japonica Miq. ·· 197

4. 紫荆属 Cercis L.

1. 黄山紫荆 Cercis chingii Chun ··· 198
2. 巨紫荆 Cercis gigantea Cheng et Keng f. ···································· 198
3. 紫荆 Cercis chinensis Bge. ·· 199
3a. 短毛紫荆 Cercis chinensis Bge. f. pubescens Wei ························ 199
3b. 白花紫荆 Cercis chinensis Bge. cv. Alba ··································· 199

19. 含羞草科 MIMDSACEAE

合欢属 Albizia Durazz.

1. 山合欢 Albizia macrophylla（Bge.）P. C. Huang ···························· 200
2. 合欢 Albizia julibrissin Durazz. ·· 201

20. 蝶形花科 FABACEAE(PAPILIONACEAE)

1. 红豆树属 Ormosia Jacks.

1. 花榈木 Ormosia henryi Prain ·· 203
2. 红豆树 Ormosia hosiei Hemsl. et Wils. ······································· 204

2. 香槐属 Cladrastis Raf.

1. 翅荚香槐 Cladrastis platycarpa（Maxim.）Makino ·························· 205
2. 小花香槐 Cladrastis sinensis Hemsl. ·· 205
3. 香槐 Cladrastis wilsonii Takeda ·· 205

3. 马鞍树属 Maackia Rupr et Maxim.

1. 马鞍树 Maackia hupehensis Talkeda ··· 206
2. 光叶马鞍树 Maackia tenuifolia（Hemsl.）Hand. -Mzt. ···················· 207
3. 浙江马鞍树 Maackia chekiangensis Chien ····································· 207

4. 槐属 Sophora L.

1. 槐树 Sophora japonica L. ··· 208

1a. 龙爪槐 Sophora japonica L. cv. Pendula ················· 208
1b. 五月槐 Sophora japonica L. f. oligophylla Franch. ················· 209
2. 短蕊槐 Sophora brachygyna C. Y. Ma ················· 209
3. 苦参 Sophora flavescens Ait. ················· 209
3a. 红花苦参 Sophora flavescens Ait. var. galegoides DC. ················· 209

5. 鹰爪豆属 **Spartium** L.

鹰爪豆 Spartium junceum L. ················· 210

6. 刺槐属 **Robinia** L.

1. 刺槐 Robinia pseudoacacia L. ················· 210
1a. 红药刺槐 Robinia pseudoacacia L. f. decaisneana（Carr.）Voss ················· 211
1b. 无刺槐 Robinia pseudoacacia L. f. inermis（Mirbel）Rehd. ················· 211
2. 毛刺槐 Robinia hispida L. ················· 211

7. 崖豆藤属 **Millettia** Wight et Arn.

1. 绿花崖豆藤 Millettia championii Benth. ················· 212
2. 鸡血藤 Millettia reticulata Benth. ················· 212
3. 江西崖豆藤 Millettia kiangsiensis Z. Wei ················· 213
4. 香花崖豆藤 Millettia dielsiana Harms et Diels ················· 213
5. 密花崖豆藤 Millettia congestiflora T. Chen ················· 214

8. 紫藤属 **Wisteria** Nutt.

1. 紫藤 Wisteria sinensis（Sims）Sweet ················· 214
1a. 银藤 Wisteria sinensis（Sims.）Sweet f. alba（Lindl.）Rehd. et Wils. ················· 215
2. 多花紫藤 Wisteria floribunda（Willd）DC. ················· 215

9. 黄檀属 **Dalbergia** L. f.

1. 黄檀 Dalbergia hupeana Hance ················· 216
2. 藤黄檀 Dalbergia hancei Benth. ················· 216
3. 大金刚藤黄檀 Dalbergia dyeriana Prain ex Harms ················· 217

10. 槐蓝属 **Indigofera** L.

1. 浙江槐蓝 Indigofera parkesii Craib ················· 218
1a. 多叶浙江槐蓝 Indigofera parkesii Craib var. polyphylla Y. Y. Fang et C. Z. Zheng ················· 219
2. 华东槐蓝 Indigofera fortunei Craib ················· 219
3. 庭藤 Indigofera decora Lindl. ················· 219

3a. 宜昌槐蓝 Indigofera decora Lindl. var. ichangensis（Craib）Y. Y. Fang et C. Z. Zheng·············220

3b. 宁波槐蓝 Indigofera decora var. cooperi Y. Y. Fang et C. Z. Zheng·············220

4. 花槐蓝 Indigofera kirilowii Maxim. ex Palibin·············220

5. 苏槐蓝 Indigofera carlseii Craib·············221

6. 槐蓝 Indigofera tinctoria L.·············221

7. 马棘 Indigofera pseudotinctoria Matsum.·············221

8. 本氏木蓝 Indigofera bungeana Walp.·············222

9. 多花槐蓝 Indigofera amblyantha Craib·············223

11. 锦鸡儿属 Caragana Fabr.

1. 毛掌叶锦鸡儿 Caragana leveillei Kom.·············224

2. 红花锦鸡儿 Caragana rosea Turcz.·············224

3. 锦鸡儿 Caragana sinica Rehd.·············224

4. 小叶锦鸡儿 Caragana microphylla Lam.·············225

12. 紫穗槐属 Amorpha L.

紫穗槐 Amorpha fruticosa L.·············225

13. 葛属 Pueraria DC.

葛藤 Pueraria lobata（Willd.）Ohwi·············226

14. 刺桐属 Erythrina L.

龙牙花 Erythrina corallodendron L.·············227

15. 油麻藤属 Mucuna Adans.

1. 褶皮黧豆 Mucuna lamellate Wilmot-Dear·············227

2. 常绿油麻藤 Mucuna sempervirens Hemsl.·············228

16. 山蚂蝗属 Desmodium Desv.

1. 小槐花 Desmodium caudatum（Thunb.）DC.·············229

2. 假地豆 Desmodium heterocarpon（L.）DC.·············229

17. 长柄山蚂蝗属 Podocarpium（Benth.）Yang et Huang

1. 羽叶长柄山蚂蝗 Podocarpium oldhami（Oliv.）Yang et Huang·············230

2. 长柄山蚂蝗 Podocarpium podocarpum（DC.）Yang et Huang·············230

2a. 宽卵叶长柄山蚂蝗 Podoearpium podocarpum ssp. fallax（Schindl.）Yang et Huang·············231

2b. 尖叶长柄山蚂蝗 Podocarpium podocarpum var. oxyphyllum（DC.）Yang et Huang··········231

18. 胡枝子属 **Lespedeza** Michx.

1. 短梗胡枝子 Lespedeza cytobotrya Miq.··········232
2. 广东胡枝子 Lespedeza fordii Schindl.··········233
3. 绿叶胡枝子 Lespedaza buergeri Miq.··········233
4. 美丽胡枝子 Lespedeza formosa（Vog.）Koehne··········233
5. 宽叶胡枝子 Lespedeza maximowiczii Schneid.··········234
6. 大叶胡枝子 Lespedeza davidii Franch.··········234
7. 春花胡枝子 Lespedeza dunnii Schindl.··········234
8. 胡枝子 Lespedeza bicolor Turcz.··········235
8a. 西南胡枝子 Lespedeza bicolor ssp. elliptica（Benth. ex Maxim）P.S. Hsu，X.Y.Li et D.X.Gu··········235
9. 铁马鞭 Lespedeza pilosa（Thunb.）Sieb. et Zucc.··········235
10. 多花胡枝子 Lespedeza floribunda Bunge··········236
11. 细梗胡枝子 Lespedeza virgata（Thunb.）DC.··········236
12. 绒毛胡枝子 Lespedeza tomentosa（Thunb.）Sieb. ex Maxim.··········236
13. 达乌里胡枝子 Lespedeza davurica（Laxm.）Schindl.··········237
14. 中华胡枝子 Lespedeza chinensis G. Don··········237
15. 截叶胡枝子 Lespedeza cuneata（Dum. -Cours）G. Don··········238
16. 阴山胡枝子 Lespedeza inschanica（Maxim）Schindl.··········238

19. 杭子梢属 **Campylotropis** Bge.

杭子梢 Campylotropis macrocarpa（Bge.）Rehd.··········239

21. 山梅花科 **PHILADELPHACEAE**

1. 溲疏属 **Deutzia** Thunb.

1. 圆齿溲疏 Deutzia crenata Sieb. et Zucc.··········241
1a. 重瓣溲疏 Deutzia crenata Sieb. et Zucc. var. plena Maxim.··········242
1b. 白花重瓣溲疏 Deutzia crenata Sieb. et Zucc. var. candidissima-plena Froebel··········242
2. 黄山溲疏 Deutzia glauca Cheng··········242
3. 宁波溲疏 Deutzia ningpoensis Rehd.··········243
4. 长江溲疏 Deutzia schneideriana Rehd.··········243

2. 山梅花属 **Philadelphus** L.

1. 光盘山梅花 Philadelphus laxiflorus Rehd.··········244
2. 山梅花 Philadelphus incanus Koehne··········245
3. 绢毛山梅花 Philadelphus sericanthus Koehne··········245
3a. 牯岭山梅花 Philadelphus sericanthus Koehne var. kulingensis（Koehne）Hand. -Mzt.··········246

4. 浙江山梅花 Philadelphus zhejiangesis（Cheng）S. M. Hwang ·············· 246

22. 绣球科 HYDRANGEACEAE

1. 草绣球属(草八仙花属、人心药属)Cardiandra Sieb. et Zucc.

草绣球 Cardiandra moellendorffii（Hance）Migo ··················· 247

2. 梅花甜茶属(蛛网萼属)Platycrater Sieb. et Zucc.

梅花甜茶 Platycrater arguta Sieb. et Zucc. ························· 248

3. 绣球属 Hydrangea L.

1. 中国绣球 Hydrangea chinensis Maxim. ····························· 249
2. 浙皖绣球 Hydrangea zhewanensis P. S. Hsu et X. P. Zhang ·········· 250
3. 绣球 Hydrangea macrophylla（Thunb.）Seringe ····················· 250
3a. 大绣球花 Hydrangea macrophylla（Thunb.）Seringe f. hortensia Wils. ····· 250
4. 圆锥绣球 Hydragea paniculata Sieb. ······························ 250
5. 腊莲绣球 Hydrangea strigosa Rehd. ······························· 251
6. 莼兰绣球 Hydrangea longipes Franch. ····························· 251
7. 冠盖绣球 Hydrangea anomala D. Don ······························ 252

4. 钻地风属 Schizophragma Sieb. et Zucc.

1. 华东钻地风 Schizophragma bydrangeoides Sieb. et Zucc. f. sinicum C. C. Yang ····· 253
2. 秦榛钻地风 Schizophragma corylifolium Chun ······················· 253
3. 钻地风 Schizophragma integrifolium（Franch.）Oliv. ·················· 253
3a. 粉绿钻地风 Schizophragma integrifolium（Franch.）Oliv. var. glaucescens Rehd. ····· 254
4. 柔毛钻地风 Schizophragma molle（Rehd.）Chun ····················· 254

5. 青棉花属 Pileostegia Hook. f. et Thoms

青棉花 Pileostegia viburnoides Hook. f. et Thoms. ···················· 254

23. 醋栗科 GROSSULARIACEAE

茶藨子属 Ribes L.

1. 绿花茶藨 Ribes viridiflorum（Cheng）L. T. Lu et G. Yao ·············· 256
2. 冰川茶藨 Ribes glaciale Wall. ··································· 256
3. 簇花茶藨 Ribes fasciculatum Sieb. et Zucc. ························ 257
3a. 华茶藨 Ribes fasciculatum Sieb. et Zucc. var. chinense Maxim. ········· 257

24. 鼠刺科 ESCALLONIACEAE

鼠刺属 Itea L.

矩形叶鼠刺 Itea chinensis Hook. et Arnot var. oblonga（Hand. et Mzt.）Y. C. Wu ………………………… 259

25. 野茉莉科 STYRACACEAE

1. 野茉莉属（安息香属）Styrax L.

1. 玉铃花 Styrax obassius Sieb. Et Zucc. ……………………………… 261
2. 灰叶安息香 Styrax calvescens Perk. ……………………………… 261
3. 红皮树 Styrax suberifolius Hook. et Arn. ……………………………… 262
4. 婺源安息香 Styrax wuyuannensis S. M. Hwang ……………………………… 263
5. 野茉莉 Styrax japonicus Sieb. et Zucc. ……………………………… 263
5a. 毛萼野茉莉 Styrax japonicus Sieb. et Zucc. var. calycothrix Gilg ……………………………… 264
6. 芬芳安息香 Styrax odoratissimus Champ. ex Benth. ……………………………… 264
7. 赛山梅 Styrax confusus Hemsl. ……………………………… 264
8. 垂珠花 Styrax dasyanthus Perk. ……………………………… 265
9. 长柔毛安息香 Styrax formosanus Matsum. var. hirtus S. M. Hwang ……………………………… 265
10. 白花龙 Styrax faberi Perk. ……………………………… 266

2. 拟赤杨属 Alniphyllum Matsum.

拟赤杨 Alniphyllum fortunei（Hemsl.）Makino ……………………………… 266

3. 白辛树属 Pterostyrax Sieb. et Zucc.

1. 小叶白辛树 Pterostyrax corymbosus Sieb. et Zucc. ……………………………… 267
2. 白辛树 Pterostyrax psilophyllus Diels ex Perk. ……………………………… 268

4. 秤锤树属 Sinojackia Hu

1. 秤锤树 Sinojackia xylocarpa Hu ……………………………… 269
2. 狭果秤锤树 Sinojackia rehderiana Hu ……………………………… 269

26. 山矾科 SYMPLOCACEAE

山矾属 Symplocos Jacq.

1. 四川山矾 Symplocos setchuensis Brand ……………………………… 270
2. 棱角山矾 Symplocos tetragona Chen ex Y. F. Wu ……………………………… 271
3. 叶萼山矾 Symplocos phyllocalyx Clarke ……………………………… 271

4. 薄叶山矾 Symplocos anomala Brand ·· 272

5. 山矾 Symplocos sumuntia Buch. ·· 272

6. 银色山矾 Symplocos subconnata Hand. -Mzt. ·································· 273

7. 老鼠矢 Symplocos stellaris Brand ·· 273

8. 华山矾 Symplocos chinensis（Lour.）Druce ···································· 274

9. 白檀 Symplocos paniculata（Thunb.）Miq. ······································ 274

27. 山茱萸科 CORNACEAE

1. 梾木属 Cornus L.

1. 灯台树 Cornus controversa Hemsl. ··· 276

2. 红瑞木 Cornus alba L. ·· 277

3. 梾木 Cornus macrophylla Wall. ·· 277

4. 毛梾 Cornus walteri Wanger. ··· 278

5. 光皮树 Cornus wilsoniana Wanger. ··· 278

2. 四照花属 Dendrobenthamia Hutch.

1. 狭叶四照花 Dendrobenthamia angustata（Chun）Fang ······················ 279

2. 四照花 Dendrobenthamia japonica（DC.）Fang var. chinensis（Osborn）Fang ·········· 279

3. 山茱萸属 Macrocarpium Nakai

山茱萸 Macrocarium officinale（Sieb. et Zucc.）Nakai ····························· 280

4. 桃叶珊瑚属 Aucuba Thunb.

1. 桃叶珊瑚 Aucuba chinensis Benth. ··· 281

2. 洒金叶珊瑚 Aucuba japonica Thunb. var. variegata D ombr. ·············· 281

5. 青荚叶属 Helwingia Willd.

青荚叶 Helwingia japonica（Thunb.）Dietr. ·· 282

28. 八角枫科 ALANGIACEAE

八角枫属 Alangium Lam.

1. 八角枫 Alangium chinense（Lour.）Harms ··· 283

1a. 伏毛八角枫 Alangium chinense（Lour.）Harms ssp. strigosum Fang ······ 284

1b. 深裂八角枫 Alangium chinense（Lour.）Harms ssp. triangulare（Wanger.）Fang ······ 284

2. 瓜木 Alangium platanifolium（Sieb. et Zucc）Harms ··························· 284

3. 毛八角枫 Alangium kurzii Craib ⋯⋯⋯⋯⋯⋯⋯⋯⋯⋯⋯⋯⋯⋯⋯⋯⋯⋯⋯⋯⋯⋯ 285
3a. 云山八角枫 Alangium kurzii Craib var. handelii（Schnarf）Fang ⋯⋯⋯⋯⋯⋯⋯ 285

29. 蓝果树科 NYSSACEAE

1. 喜树属 Camptotheca Decne.

喜树 Camptotheca acuminata Decne. ⋯⋯⋯⋯⋯⋯⋯⋯⋯⋯⋯⋯⋯⋯⋯⋯⋯⋯⋯⋯ 286

2. 蓝果树属 Nyssa Gronov. ex L.

蓝果树 Nyssa sinensis Oliv. ⋯⋯⋯⋯⋯⋯⋯⋯⋯⋯⋯⋯⋯⋯⋯⋯⋯⋯⋯⋯⋯⋯⋯⋯⋯ 287

30. 五加科 ARALIACEAE

1. 通脱木属 Tetrapanax K. Koch

通脱木 Tetrapanax papyriferus（Hook.）K. Koch ⋯⋯⋯⋯⋯⋯⋯⋯⋯⋯⋯⋯⋯⋯⋯ 288

2. 刺楸属 Kalopanax Miq.

刺楸 Kalopanax pictus（Thumb.）Nakai. ⋯⋯⋯⋯⋯⋯⋯⋯⋯⋯⋯⋯⋯⋯⋯⋯⋯⋯ 289

3. 树参属 Dendropanax Decne et Planch.

树参 Dendropanax dentiger（Harms）Merr. ⋯⋯⋯⋯⋯⋯⋯⋯⋯⋯⋯⋯⋯⋯⋯⋯⋯ 290

4. 羽叶参属 Pentapanax Seem.

黄山锈毛羽叶参 Pentapanax henryi Harms var. wangshanensis Cheng ⋯⋯⋯⋯⋯⋯ 291

5. 楤木属 Aralia L.

1. 棘茎楤木 Aralia echinocaulis Hand. -Mazz. ⋯⋯⋯⋯⋯⋯⋯⋯⋯⋯⋯⋯⋯⋯⋯⋯ 292
2. 黄毛楤木 Aralia decaisneana Hance ⋯⋯⋯⋯⋯⋯⋯⋯⋯⋯⋯⋯⋯⋯⋯⋯⋯⋯⋯⋯ 292
3. 楤木 Aralia chinensis L ⋯⋯⋯⋯⋯⋯⋯⋯⋯⋯⋯⋯⋯⋯⋯⋯⋯⋯⋯⋯⋯⋯⋯⋯⋯ 293
3a. 白背叶楤木 Aralia chinensis L. var. nuda Nakai ⋯⋯⋯⋯⋯⋯⋯⋯⋯⋯⋯⋯⋯ 293
4. 辽东楤木 Aralia elata（Miq）Seem ⋯⋯⋯⋯⋯⋯⋯⋯⋯⋯⋯⋯⋯⋯⋯⋯⋯⋯⋯⋯ 294
5. 安徽楤木 Aralia subcapitata Hoo. ⋯⋯⋯⋯⋯⋯⋯⋯⋯⋯⋯⋯⋯⋯⋯⋯⋯⋯⋯⋯ 294
6. 毛叶楤木 Aralia dasyphylla Miq. ⋯⋯⋯⋯⋯⋯⋯⋯⋯⋯⋯⋯⋯⋯⋯⋯⋯⋯⋯⋯ 295

6. 五加属 Acanthopanax Miq.

1. 五加 Acanthopanax gracilistylus W. W. Smith ··· 296

1a. 三叶五加 Acanthopanax gracilistylus W. W. Smith var. trifoliolatus Shang ············ 297

1b. 大叶五加 Acanthopanax gracilistylus W. W. Smith var. major Hoo ····················· 297

2. 白簕 Acanthopanax trifoliatus（L.）Merr. ·· 297

3. 匍匐五加 Acanthopanax scandens Hoo ·· 297

4. 两歧五加 Acanthopanax divaricatus（Sieb. et. Zucc）Seem ································· 298

5. 合柱五加 Acanthopanax connatistylus S. C. Li et X. M. Liu ······························· 298

6. 细刺五加 Acanthopanax setulosus Franch. ·· 299

7. 浙江五加 Acanthopanax zhejiangensis X. J. Xue et S. T. Fang ···························· 299

8. 藤五加 Acanthopanax leucorrhizus（Oliv.）Harms ·· 300

8a. 糙叶藤五加 Acanthopanax leucorrhizus（Oliv.）Harms var. fulvescens Harms et Rehd. ·· 300

9. 糙叶五加 Acanthopanax henryi（Oliv）Harms ··· 300

9a. 毛梗糙叶五加 Acanthopanax henryi（Oliv.）Harms var. faberi Harms ··················· 301

10. 吴茱萸叶五加 Acanthopanax evodiaefolius Franch ·· 301

7. 常春藤属 Hedera L.

常春藤 Hedera nepalensis K. Koch var. sinensis（Hobl.）Rehd. ······························ 301

31. 忍冬科 CAPRIFOLIACEAE

1. 荚蒾属 Viburnum L.

1. 绣球荚蒾 Viburmum macrocephalum Fort. ·· 305

1a. 琼花 Viburnum macrocephalum Fort. f. keteleeri（Carr.）Nichols. ························· 305

2. 壮大聚花荚蒾 Viburnum glomeratum Maxim. ssp. magnificum（Hsu）P. S. Hsu ·········· 305

3. 陕西荚蒾 Viburnum schensianum Maxim. ··· 305

4. 备中荚蒾 Viburnum carlesii Hemsl. var. bitchiuense（Makino）Nakai ····················· 306

5. 合轴荚蒾 Viburnum sympodiale Graebn. ·· 306

6. 雪球荚蒾 Viburnum plicatum Thunb. ·· 307

6a. 蝴蝶戏珠花 Viburnum plicatum Thunb. var. tomentosum（Thunb.）Miq. ·················· 307

7. 珊瑚树 Viburnum odoratissimum Ker-Gawl. var. awabuki（K. Koch）Zabel ex Rumpl. ···· 308

8. 金腺荚蒾 Viburnum chunii P. S. Hsu ·· 308

9. 毛枝常绿荚蒾 Viburnum sempervirens K. Koch var. trichophorum Hand. -Mzt. ············ 308

10. 荚蒾 Viburnum dilatatum Thunb. ··· 309

10a. 光枝荚蒾 Viburnum dilatatum var. glabriusculum P. S. Hsu et P. L. Chiu ··············· 309

11. 浙皖荚蒾 Viburnum wrightii Miq. ··· 309

12. 茶荚蒾 Viburnum setigerum Hance ··· 309

12a. 沟核茶荚蒾 Viburnum setigerum Hence var. sulcatum P. S. Hsu ·························· 310

13. 黑果荚蒾 Viburnum melanocarpum P.S. Hsu ··· 310

14. 南方荚蒾 Viburnum fordiae Hance ··· 310

15. 衡山荚蒾 Viburnum hengshanicum Tsiang ex P.S. Hsu ……………………………………311
16. 腺叶荚蒾 Viburnum lobophyllum Graebn. var. silvestrii Pamp. ………………………………311
17. 蚀齿荚蒾 Viburnum erosum Thunb. ………………………………………………………………311
18. 天目琼花 Viburnum opulus L. var. calvescens（Rehd.）Hara ………………………………312

2. 接骨木属 **Sambucus** L.

接骨木 Sambucus williamsii Hance ……………………………………………………………………313

3. 锦带花属 **Weigela** Thunb.

1. 水马桑 Weigela japonica Thunb. var. sinica（Rehd.）Bailey ……………………………………314
2. 海仙花 Weigela coraeensis Thunb. ………………………………………………………………314

4. 忍冬属 **Lonicera** L.

1. 袋花忍冬 Lonicera saccata Rehd. …………………………………………………………………316
2. 北京忍冬 Lonicera elisae Franch. …………………………………………………………………316
3. 倒卵叶忍冬 Lonicera hemsleyana（O.Ktze.）Rehd. ……………………………………………316
4. 下江忍冬 Lonicera modesta Rehd. …………………………………………………………………317
4a. 庐山忍冬 Lonicera modesta Rehd. var. lushanensis Rehd. ……………………………………317
5. 光枝柳叶忍冬 Lonicera lanceolata Wall. var. glabra Chien ex P.S. Hsu …………………………318
6. 陇塞忍冬 Lonicera tangutica Maxim. ……………………………………………………………318
7. 华北忍冬 Lonicera tatarinowii Maxim. ……………………………………………………………318
8. 蕊被忍冬 Lonicera gynochlamydea Hemsl. ……………………………………………………318
9. 刚毛忍冬 Lonicera hispida Pall. ex Roem. et Schult. ……………………………………………319
10. 郁香忍冬 Lonicera fragrantissima Lindl. et Pax ………………………………………………319
10a. 苦糖果 Lonicera fragrantissima Lindl. et Pax ssp. standishii（Carr.）P.S. Hsu et H. J. Wang ……320
10b. 樱桃忍冬 Lanicera fragrantissima Lindl. et Pax ssp. phyllocarpa（Maxim.）P.S. Hsu et H. J. Wang ……320
11. 金花忍冬 Lonicera chrysantha Turcz. ……………………………………………………………320
11a. 须蕊忍冬 Lonicera chrysantha Turca ssp. koehneana（Rehd.）P.S. Hsu et H. J. Wang ………321
12. 金银忍冬 Lonicera maackii（Rupr.）Maxim. …………………………………………………321
12a. 红花金银忍冬 Lonicera maackii f. erubescens Rehd. ……………………………………………321
13. 忍冬 Lonicera japonica Thunb. ……………………………………………………………………322
14. 淡红忍冬 Lonicera acuminata Wall. ………………………………………………………………322
15. 毛萼忍冬 Lonicera trichosepala（Rehd.）P.S. Hsu …………………………………………………322
16. 短柄忍冬 Lonicera pampaninii Lévl. ………………………………………………………………323
17. 菇腺忍冬 Lonicera hypoglauca Miq. ………………………………………………………………323
18. 灰毡毛忍冬 Lonicera macranthoides Hand. -Mzt. ………………………………………………323
19. 细毡毛忍冬 Lonicera similis Hemsl. ………………………………………………………………324
20. 盘叶忍冬 Lonicera tragophylla Hemsl. ……………………………………………………………324

5. 七子花属 **Heptacodium** Rehd.

七子花 Heptacodium miconioides Rehd. ································· 325

6. 猬实属 **Kolkwitzia** Graebn.

猬实 Kolkwitzia amabilis Graebn. ································· 326

7. 六道木属 **Abelia** R. Br.

1. 糯米条 Abelia chinensis R. Br. ································· 326
2. 六道木 Abelia biflora Turcz. ································· 327
3. 南方六道木 Abelia dielsii（Graebn.）Rehd. ················· 327

32. 金缕梅科 HAMAMELIDACEAE

1. 枫香属 **Liquidambar** L.

1. 枫香树 Liquidambar formosana Hance ····················· 329
2. 缺萼枫香 Liquidambar acalycina H. T. Chang ·············· 330

2. 檵木属 **Loropetalum** R. Brown

1. 檵木 Loropetalum chinense（R. Br.）Oliv. ················· 331
1a. 红花檵木 Loropetalum chinense Oliv. var. rubrum Yieh ····· 331

3. 金缕梅属 **Hamamelis** Gronov. ex L.

1. 金缕梅 Hamamelis mollis Oliv. ··························· 331
1a. 长椭圆叶金缕梅 Hamamelis mollis Oliv. var. oblongifolia M. P. Deng et G. Yao ····· 332

4. 银缕梅属 **Parrotia** C.A.Mey

小叶银缕梅 Parrotia subaequale（H. T. Chang）R. M. Hao et H. T. Wei ····· 332

5. 蜡瓣花属 **Corylopsis** Sieb. et Zucc.

1. 红药蜡瓣花 Corylopsis veitchiana Bean. ··················· 333
2. 阔瓣蜡瓣花 Corylopsis platypetala Rehd. et Wils. ·········· 334
3. 蜡瓣花 Corylopsis sinensis Hemsl. ······················· 334
3a. 小叶蜡瓣花 Corylopsis sinensis Hemsl. var. parvifolia H. T. Chang ····· 335
3b. 光叶蜡瓣花 Corylopsis sinensis Hemsl. var calvescens Rehd. et Wils. ····· 335
4. 灰白蜡瓣花 Corylopsis glandulifera Hemsl. var. hypoglauca（Cheng）H. T. Chang ····· 335

6. 牛鼻栓属 **Fortunearia** Rehd. et Wils.

牛鼻栓 Fortunearia sinensis Rehd. et Wils.································336

7. 蚊母树属 **Distylium** Sieb. et Wils.

1. 蚊母树 Distylium racemosum Sieb. et Zucc.························336
2. 杨梅叶蚊母树 Distylium myricoides Hemsl.························337
2a. 亮叶蚊母树 Distylium myricoides Hemsl. var. nitidum H. T. Chang························337

8. 水丝梨属 **Sycopsis** Dliv.

水丝梨 Sycopsis sinensis Oliv.································338

33. 悬铃木科 PLATANACEAE

悬铃木属 **Platanus** L.

1. 二球悬铃木 Platanus hispanica Muenchh.························339
2. 一球悬铃木 Platanus occidentalis L.································340

34. 旌节花科 STACHYURACEAE

旌节花属 **Stachyurus** Sieb.et Zucc.

1. 旌节花 Stachyurus chinensis Franch.································341
1a. 宽叶旌节花 Stachyurus chinensis ssp. latus（Li）Y. C. Tang et Y. L. Cao································341

35. 黄杨科 BUXACEAE

1. 黄杨属 **Buxus** L.

1. 黄杨 Buxus sinica（Rehd. et Wils）Cheng ex M. Cheng································342
1a. 小叶黄杨 Buxus sinica（Rehd. et Wils.）Cheng ex M. Cheng var. parvifolia M. Cheng································343
2. 尖叶黄杨 Buxus aemulans（Rehd. et Wils.）S. C. Li et S. H. Wu································343
3. 雀舌黄杨 Buxus bodinieri Levl.································344

2. 板登果属 **Pachysandra** Michx.

顶花板凳果 Pachysandra terminalis Sieb. et Zucc.································344

36. 虎皮楠科 DAPHNIPHYLLACEAE

虎皮楠属 Daphniphyllum Bl.

1. 虎皮楠 Daphniphyllum oldhamii（Hemsl.）Rosenth. ⋯⋯⋯⋯⋯⋯⋯⋯⋯⋯⋯⋯⋯⋯⋯⋯⋯ 345
2. 交让木 Daphniphyllum macropodum Miq. ⋯⋯⋯⋯⋯⋯⋯⋯⋯⋯⋯⋯⋯⋯⋯⋯⋯⋯⋯⋯⋯ 345

37. 杨柳科 SALICACEAE

1. 杨属 Populus L.

1. 银白杨 Populus alba L. ⋯⋯⋯⋯⋯⋯⋯⋯⋯⋯⋯⋯⋯⋯⋯⋯⋯⋯⋯⋯⋯⋯⋯⋯⋯⋯⋯⋯⋯ 348
2. 响叶杨 Populus adenopoda Maxim. ⋯⋯⋯⋯⋯⋯⋯⋯⋯⋯⋯⋯⋯⋯⋯⋯⋯⋯⋯⋯⋯⋯⋯⋯ 348
3. 毛白杨 Populus tomentosa Carr. ⋯⋯⋯⋯⋯⋯⋯⋯⋯⋯⋯⋯⋯⋯⋯⋯⋯⋯⋯⋯⋯⋯⋯⋯⋯ 349
4. 小叶杨 Populus simonii Carr. ⋯⋯⋯⋯⋯⋯⋯⋯⋯⋯⋯⋯⋯⋯⋯⋯⋯⋯⋯⋯⋯⋯⋯⋯⋯⋯ 349
5. 大官杨 Populus × dakuaensis Hsu ⋯⋯⋯⋯⋯⋯⋯⋯⋯⋯⋯⋯⋯⋯⋯⋯⋯⋯⋯⋯⋯⋯⋯⋯ 350
6. 钻天杨 Populus nigra L. var. italica（Muenchh.）Koehne ⋯⋯⋯⋯⋯⋯⋯⋯⋯⋯⋯⋯⋯ 350
7. 加杨 Populus × canadensis Moench ⋯⋯⋯⋯⋯⋯⋯⋯⋯⋯⋯⋯⋯⋯⋯⋯⋯⋯⋯⋯⋯⋯⋯ 350
7a. 沙兰杨 Populus × canadensis Moench. cv. Sacrau 79 ⋯⋯⋯⋯⋯⋯⋯⋯⋯⋯⋯⋯⋯⋯ 351
7b. 健杨 Populus × canadensis Moench cv. Robusta ⋯⋯⋯⋯⋯⋯⋯⋯⋯⋯⋯⋯⋯⋯⋯⋯ 351
7c. 意大利 214 杨 Populus × canadensis Moench cv. I－214 ⋯⋯⋯⋯⋯⋯⋯⋯⋯⋯⋯⋯ 352

2. 柳属 Salix L.

1. 粤柳 Salix mesnyi Hemsl. ⋯⋯⋯⋯⋯⋯⋯⋯⋯⋯⋯⋯⋯⋯⋯⋯⋯⋯⋯⋯⋯⋯⋯⋯⋯⋯⋯ 353
2. 水社柳 Salix kusanoi（Hayata）Schneid. ⋯⋯⋯⋯⋯⋯⋯⋯⋯⋯⋯⋯⋯⋯⋯⋯⋯⋯⋯⋯ 353
3. 腺柳 Salix chaenomeloides Kimura ⋯⋯⋯⋯⋯⋯⋯⋯⋯⋯⋯⋯⋯⋯⋯⋯⋯⋯⋯⋯⋯⋯⋯ 353
3a. 腺叶腺柳 Salix chaenomeloides Kimura var. glandulifolia（C. Wang et C.Y.Yu）C. F. Fang ⋯⋯ 354
4. 紫柳 Salix wilsonii Seemen ⋯⋯⋯⋯⋯⋯⋯⋯⋯⋯⋯⋯⋯⋯⋯⋯⋯⋯⋯⋯⋯⋯⋯⋯⋯⋯ 354
5. 南川柳 Salix rosthornii Seemen ⋯⋯⋯⋯⋯⋯⋯⋯⋯⋯⋯⋯⋯⋯⋯⋯⋯⋯⋯⋯⋯⋯⋯⋯ 354
6. 长柄柳 Salix dunnii Schneid. ⋯⋯⋯⋯⋯⋯⋯⋯⋯⋯⋯⋯⋯⋯⋯⋯⋯⋯⋯⋯⋯⋯⋯⋯⋯ 355
7. 日本三蕊柳 Salix triandra L. var. nipponica（Franch. et Sav.）Seemen ⋯⋯⋯⋯⋯⋯ 355
8. 旱柳 Salix matsudana Koidz. ⋯⋯⋯⋯⋯⋯⋯⋯⋯⋯⋯⋯⋯⋯⋯⋯⋯⋯⋯⋯⋯⋯⋯⋯⋯ 355
8a. 龙爪柳 Salix matsudana Koida. f. tortuosa（Vilm.）Rehd. ⋯⋯⋯⋯⋯⋯⋯⋯⋯⋯⋯ 356
9. 银叶柳 Salix chienii Cheng ⋯⋯⋯⋯⋯⋯⋯⋯⋯⋯⋯⋯⋯⋯⋯⋯⋯⋯⋯⋯⋯⋯⋯⋯⋯ 356
10. 垂柳 Salix babylonica L. ⋯⋯⋯⋯⋯⋯⋯⋯⋯⋯⋯⋯⋯⋯⋯⋯⋯⋯⋯⋯⋯⋯⋯⋯⋯⋯ 357
11. 小杨柳 Salix hypoleuca Seemen ⋯⋯⋯⋯⋯⋯⋯⋯⋯⋯⋯⋯⋯⋯⋯⋯⋯⋯⋯⋯⋯⋯⋯ 357
12. 皂柳 Salix wallichiana Anderss. ⋯⋯⋯⋯⋯⋯⋯⋯⋯⋯⋯⋯⋯⋯⋯⋯⋯⋯⋯⋯⋯⋯⋯ 357
12a. 绒毛皂柳 Salix wallichiana Anderss. var. pachyclada（Levl. et Vent.）C. Wang et C.F.Fang ⋯⋯ 358
13. 杞柳 Salix integra Thunb. ⋯⋯⋯⋯⋯⋯⋯⋯⋯⋯⋯⋯⋯⋯⋯⋯⋯⋯⋯⋯⋯⋯⋯⋯⋯⋯ 358
14. 红柳 Salix sino-purpurea C. Wang et Ch. Y. Yang ⋯⋯⋯⋯⋯⋯⋯⋯⋯⋯⋯⋯⋯⋯⋯ 358
15. 簸箕柳 Salix suchowensis Cheng ⋯⋯⋯⋯⋯⋯⋯⋯⋯⋯⋯⋯⋯⋯⋯⋯⋯⋯⋯⋯⋯⋯⋯ 359

38. 杨梅科 MYRICACEAE

杨梅属 Myrica L.

杨梅 Myrica rubra（Lour）Sieb. et Zucc. ································ 360

39. 桦木科 BETULACEAE

1. 桤木属 Alnus Mill.

1. 赤杨 Alnus japonica（Thunb.）Steud. ································ 361
2. 江南桤木 Alnus trabeculosa Hand. -Mzt. ························ 362
3. 桤木 Alnus cremastogyne Burk. ································· 362

2. 桦木属 Betula L.

光皮桦 Betula luminifera H. Winkl. ·························· 363

40. 榛科 CORYLACEAE

1. 榛属 Corylus L.

1. 川榛 Corylus kweichowensis Hu ···························· 364
1a. 短柄川榛 Corylus kweichowensis Hu var. brevipes W. J. Liang ······ 365
2. 华榛 Corylus chinensis Franch. ···························· 365

2. 鹅耳枥属 Carpinus L.

1. 千金榆 Carpinus cordata Blume ···························· 366
1a. 南方千金榆 Carpinus cordata Blume var. chinensis Franch. ········· 367
1b. 毛叶千金榆 Carpinus cordata Blume var. mollis（Rehd.）Cheng ex Chen ··· 367
2. 白皮鹅耳枥 Carpinus londoniana H. Winkl. ···················· 367
3. 大穗鹅耳枥 Carpinus viminea Wall. ························· 367
4. 多脉鹅耳枥 Carpinus polyneura Franch. ······················ 368
5. 昌化鹅耳枥 Carpinus tschonoskii Maxim. ····················· 368
6. 川鄂鹅耳枥 Carpinus henryana H. Winkl. ···················· 369
7. 川陕鹅耳枥 Carpinus fargesiana H. Winkl. ···················· 369
8. 湖北鹅耳枥 Carpinus hupeana Hu ························· 369
9. 鹅耳枥 Carpinus turczaninowii Hance ······················ 369

3. 铁木属 Ostrya Scop.

1. 铁木 Ostrya japonica Sarg. ···························· 370

2. 天目铁木 Ostrya rehderiana Chun ··· 371

41. 壳斗科 FAGACEAE

1. 水青冈属 Fagus L.

1. 米心水青冈 Fagus engleriana Seem ··· 373
2. 水青冈 Fagus longipetiolata Seem. ·· 373
3. 亮叶水青冈 Fagus lucida Rehd. et Wils. ······································ 374

2. 栗属 Castanea Mill.

1. 板栗 Castanea mollissima Blume ·· 375
2. 茅栗 Castanea seguinii Dode ·· 375
3. 锥栗 Castanea henryi（Skan）Rehd. et Wils. ································· 376

3. 栲属 Castanopsis Spach

1. 苦槠 Castanopsis sclerophylla（Lindl.）Schott. ······························ 377
2. 钩栲 Castanopsis tibetana Hance ·· 378
3. 甜槠 Castanopsis eyrei（Charnp.）Tutch. ····································· 378
4. 东南栲 Castanopsis jucunda Hance ·· 379
5. 小红栲 Castanopsis carlesii（Hemsl.）Hayata ································· 379
5a. 小叶栲 Castanopsis carlesii（Hemsl.）Hayata var. spinulosa Cheng et C.S. Chao ····· 380
6. 栲树 Castanopsis fargesii Franch. ··· 380
7. 罗浮栲 Castanopsis fabri Hance ··· 381

4. 石栎属 Lithocarpus Blume

1. 包果石栎 Lithocarpus cleistocarpus（Seem.）Rehd et Wils. ·················· 382
2. 绵石栎 Lithocarpus henryi（Seem.）Rehd. et Wils. ·························· 382
3. 木姜叶柯 Lithocarpus litseifolius（Hance）Chun ···························· 383
4. 短尾柯 Lithocarpus brevicaudatus（Skan）Hayata ·························· 383
5. 石栎 Lithocarpus glaber（Thunb.）Nakai ····································· 384

5. 青冈属 Cyclobalanopsis Derst.

1. 青冈 Cyclobalanopsis glauca（Thunb.）Derst. ································ 385
2. 细叶青冈 Cyclobalanopsis gracilis（Rehd. et Wils.）Cheng et T. Hong ····· 386
3. 多脉青冈 Cyclobalanopsis multinervis Cheng et T. Hong ··················· 386
4. 云山青冈 Cyclobalanopsis sessilifolia（Blume）Schott. ····················· 387
5. 小叶青冈 Cyclobalanopsis myrsinaefolia（Blume）Oerst. ··················· 387
6. 褐叶青冈 Cyclobalanopsis stewardiana（A. Camus）Y. C. Hsu et H. W. Jen ··· 388

6. 栎属 Quercus L.

1. 麻栎 Quercus acutissima Carr ·· 389
2. 小叶栎 Quercus chenii Nakai ·· 390
3. 栓皮栎 Quercus variabilis Blume ·· 390
4. 波罗栎 Quercus dentata Thunb. ·· 391
5. 黄山栎 Quercus stewardii Rehd. ·· 392
6. 白栎 Quercus fabri Hance ·· 392
7. 槲栎 Quercus aliena Blume ·· 393
7a. 锐齿槲栎 Quercus aliena Blume var. acuteserrata Maxim. ················ 393
8. 枹栎 Quercus serrata Thunb. ·· 394
8a. 短柄枹栎 Quercus serrata Thunb. var. brevipetiolata（A.DC.）Nakai ······ 394
9. 尖叶栎 Quercus oxyphylla（Wils.）Hand. -Mzt. ································ 395
10. 乌冈栎 Quercus phillyraeoides A. Gray ·· 395

42. 胡桃科 JUGLANDACEAE

1. 核桃属 Juglans L.

1. 核桃 Juglans regia L. ·· 396
2. 华东野核桃 Juglans cathayensis Dode var. formosana（Hayata）A.M.Lu et R.H.Chang ······ 397

2. 枫杨属 Pterocarya Kunth.

1. 枫杨 Pterocarya stenoptera C. DC. ·· 398
2. 华西枫杨 Pterocarya insignis Rehd. et Wils. ···································· 398

3. 青钱柳属 Cyclocarya Iljinsk.

1. 青钱柳 Cyclocarya paliurus（Batal.）Iljinsk. ································ 399
2. 小果青钱柳 Cyclocarya micro-paliurus（Tsoong）Iljinsk. ···················· 400

4. 山核桃属 Carya Nutt.

1. 山核桃 Carya cathayensis Sarg. ·· 400
2. 薄壳山核桃 Carya illinoensis（Wangenh.）K.Koch ···························· 401

5. 化香树属 Platycarya Sieb. et Zucc.

化香树 Platycarya strobilacea Sieb. et Zucc. ·· 402

43. 榆科 ULMACEAE

1. 榆属 Ulmus L.

1. 长序榆 Ulmus elongata L. K. Fu et C. S. Ding ················· 404
2. 毛榆 Ulmus gaussenii Cheng ················· 405
3. 大果榆 Ulmus macrocarpa Hance ················· 405
4. 杭州榆 Ulmus changii Cheng ················· 406
5. 兴山榆 Ulmus bergmanniana Schneid. ················· 406
6. 榆树 Ulmus pumila L. ················· 407
7. 琅琊榆 Ulmus chenmouii Cheng ················· 407
8. 春榆 Ulmus davidiana planch. var. japonica（Rehd.）Nakai ················· 408
9. 红果榆 Ulmus szechuanica Fang ················· 408
10. 多脉榆 Ulmus castaneifolia Hemsl. ················· 409
11. 榔榆 Ulmus parvifolia Jacq. ················· 409

2. 刺榆属 Hemiptelea Planch.

刺榆 Hemiptelea davidii（Hance）Planch. ················· 410

3. 青檀属 Pteroceltis Maxim.

青檀 Pteroceltis tatarinowii Maxim. ················· 410

4. 榉属 Zelkova Spach.

1. 大叶榉 Zelkova schneideriana Hand. -Mzt. ················· 411
2. 榉树 Zelkova serrata（Thunb.）Makino ················· 412

5. 糙叶树属 Aphananthe Planch.

糙叶树 Aphananthe aspera（Thunb.）Planch. ················· 412

6. 山黄麻属 Trema Lour.

1. 羽脉山黄麻 Trema laevigata Hand.-Mzt. ················· 413
2. 山油麻 Trema dielsiana Hand .-Mzt. ················· 414

7. 朴属 Celtis L.

1. 朴树 Celtis sinensis Pers. ················· 415
2. 珊瑚朴 Celtis julianae Schneid. ················· 415
3. 大叶朴 Celtis koraiensis Nakai ················· 416

4. 西川朴 Celtis vandervoetiana Schneid. ……………………………………………………416

5. 黑弹朴 Celtis bungeana Blume ………………………………………………………………416

6. 天目朴 Celtis chekiangensis Cheng ……………………………………………………………417

7. 紫弹朴 Celtis biondii Pamp. ………………………………………………………………………417

44. 桑科 MORACEAE

1. 桑属 Morus L.

1. 桑 Morus alba L. …………………………………………………………………………………418

2. 华桑 Morus cathayana Hemsl. …………………………………………………………………419

3. 蒙桑 Morus mongolica（Bur.）Schneid. ………………………………………………………419

3a. 山桑 Morus mongolica Schneid. var. diabolica Koidz. ………………………………………420

4. 鸡桑 Morus australis Poir. ………………………………………………………………………420

2. 构属 Broussonetia L'Hérit. ex Vent.

1. 构树 Broussonetia papyrifera（L.）L'Hérit. ex Vent. …………………………………………421

2. 小构树 Broussonetia kazinoki Sleb. et Zucc. ………………………………………………………421

3. 柘属 Cudrania Tréc.

1. 构棘 Cudrania cochinchinensis（Lour.）Kudo et Masam. ……………………………………422

2. 柘树 Cudrania tricuspidata（Carr.）Bur. ex Lavallee ………………………………………423

4. 榕属 Ficus L.

1. 印度榕 Ficus elastica Roxb. ex Hornem. ……………………………………………………………424

2. 无花果 Ficus carica L. ……………………………………………………………………………424

3. 天仙果 Ficus erecta Thunb. var. beecheyana（Hook. et Arn.）King ………………………425

4. 竹叶榕 Ficus pandurata Hance var. angustifolia Cheng ………………………………………425

5. 琴叶榕 Ficus pandurata Hance ………………………………………………………………………425

6. 薜荔 Ficus pumila L. ………………………………………………………………………………426

7a. 珍珠榕 Ficus sarmentosa Buch. -Ham. ex J. E. Sm. var. henryi（King ex Dlix.）Corner ………426

7b. 爬藤榕 Ficus sarmentosa Buch. -Ham. ex J. E. Sm. var. impressa（Champ.）Comer ………427

7c. 白背爬藤榕 Ficus sarmentosa Buch. -Ham. ex J. E. Sm. var. nipponica（Fr. et Sav.）Comer ………427

45. 杜仲科 EUCOMMIACEAE

杜仲属 Eucommia Oliv.

杜仲 Eucommia ulmoides Oliv. …………………………………………………………………………429

46. 大风子科 FLACOURTIACEAE

1. 山桐子属 **Idesia** Maxim.

1. 山桐子 Idesia polycarpa Maxim. ··· 430
1a. 毛叶山桐子 Idesia polycarpa Maxim. var. vestita Diels ··············· 431

2. 山拐枣属 **Polithyrsis** Oliv.

山拐枣 Polithyrsis sinensis Oliv. ·· 431

3. 柞木属 **Xylosma** Forst

柞木 Xylosma japonica（Walp.）A. Gray ·· 432

47. 瑞香科 THYMELAEACEAE

1. 荛花属 **Wikstroemia** Endl.

1. 光叶荛花 Wikstroemia glabra Cheng ··· 434
1a. 紫背光叶荛花 Wikstroemia glabra Cheng f. purpurea（Cheng）S. C. Huang ······· 434
2. 荛花 Wikstroemia canescens（Wall.）Meisn. ································· 434
3. 北江荛花 Wikstroemia monnula Hance ··· 435
3a. 休宁荛花 Wikstroemia monnula Hance var. xluningensis D. C. Zhang et J. Z. Shao ····· 435
4. 白花荛花 Wikstroemia alba Hand. -Mazz. ······································ 435
5. 安徽荛花 Wikstroemia anhuiensis D. C. Zhang et J. Z. Shao ············· 436
6. 毛花荛花 Wikstroemia pilosa Cheng ·· 436

2. 瑞香属 **Daphne** L.

1. 芫花 Daphne genkwa Sieb et Zucc. ·· 437
2. 金寨瑞香 Daphne jinzhaiensis D. C. Zhang et J. Z. Shao ················· 438
3. 瑞香 Daphne odora Thunb. ·· 438
3a. 紫枝瑞香 Daphne odora Thunb. var. atrocaulis Rehd. ···················· 438

3. 结香属 **Edgeworthia** Meissn.

结香 Edgeworthia chrysantha Lindl. ··· 439

48. 海桐科 PITTOSPORACEAE

海桐属 Pittosporum Banks ex Soland.

1. 海桐 Pittosporum tobira（Thunb.）Ait. ⋯⋯⋯⋯⋯⋯⋯⋯⋯⋯⋯⋯⋯⋯⋯⋯⋯⋯ 440
2. 崖花海桐 Pittosporum illicioides Makino ⋯⋯⋯⋯⋯⋯⋯⋯⋯⋯⋯⋯⋯⋯⋯⋯ 441
2a. 狭叶海桐 Pittosporum illicioides Makino var. stenophyllum P. L. Chiu ⋯⋯⋯ 441
3. 尖萼海桐 Pittosporum subulisepalum Hu et Wang ⋯⋯⋯⋯⋯⋯⋯⋯⋯⋯⋯⋯ 441

49. 柽柳科 TAMARICACEAE

柽柳属 Tamarix L.

柽柳 Tamarix chinensis Lour. ⋯⋯⋯⋯⋯⋯⋯⋯⋯⋯⋯⋯⋯⋯⋯⋯⋯⋯⋯⋯⋯⋯ 443

50. 远志科 POLYGALACEAE

远志属 Polygala L.

黄花远志 Polygala arillata Buch. -Ham. ex D. Don ⋯⋯⋯⋯⋯⋯⋯⋯⋯⋯⋯⋯ 444

51. 椴树科 TILIACEAE

1. 椴树属 Tilia L.

1. 湘椴 Tilia endochrysea Hand. -Mzt. ⋯⋯⋯⋯⋯⋯⋯⋯⋯⋯⋯⋯⋯⋯⋯⋯⋯⋯ 446
2. 糯米椴 Tilia henryana Szyszyl. ⋯⋯⋯⋯⋯⋯⋯⋯⋯⋯⋯⋯⋯⋯⋯⋯⋯⋯⋯⋯ 446
2a. 光叶糯米椴 Tilia henryana Szyszyl. var. subglabra V. Engler ⋯⋯⋯⋯⋯⋯ 447
3. 长圆叶椴 Tilia oblongifolia Rehd. ⋯⋯⋯⋯⋯⋯⋯⋯⋯⋯⋯⋯⋯⋯⋯⋯⋯⋯⋯ 447
4. 毛芽椴 Tilia tuan Szyszyl. var. chinensis Rehd. et Wils. ⋯⋯⋯⋯⋯⋯⋯⋯ 447
5. 华东椴 Tilia japonica Simonkai ⋯⋯⋯⋯⋯⋯⋯⋯⋯⋯⋯⋯⋯⋯⋯⋯⋯⋯⋯⋯ 448
6. 少脉椴 Tilia paucicostata Maxim. ⋯⋯⋯⋯⋯⋯⋯⋯⋯⋯⋯⋯⋯⋯⋯⋯⋯⋯⋯ 448
7. 粉椴 Tilia oliveri Szyszyl. ⋯⋯⋯⋯⋯⋯⋯⋯⋯⋯⋯⋯⋯⋯⋯⋯⋯⋯⋯⋯⋯⋯ 449
8. 南京椴 Tilia miqueliana Maxim. ⋯⋯⋯⋯⋯⋯⋯⋯⋯⋯⋯⋯⋯⋯⋯⋯⋯⋯⋯⋯ 449
9. 短毛椴 Tilia breviradiate（Rehd.）Hu et Cheng ⋯⋯⋯⋯⋯⋯⋯⋯⋯⋯⋯⋯⋯ 450

2. 扁担杆属 Grewia L.

1. 扁担杆 Grewia biloba G. Don ⋯⋯⋯⋯⋯⋯⋯⋯⋯⋯⋯⋯⋯⋯⋯⋯⋯⋯⋯⋯⋯ 450
1a. 小花扁担杆 Grewia biloba G. Don var. parviflora（Bunge）Hand. -Mzt. ⋯⋯ 451
1b. 秃扁担杆 Grewia biloba G. Don var. glaberscens Hand. -Mzt. ⋯⋯⋯⋯⋯⋯ 451

52. 杜英科 ELAEOCARPACEAE

杜英属 Elaeocarpus L.

1. 署豆 Elaeocarpus japonicus Sieb. et Zucc.————————————452
2. 山杜英 Elaeocarpus sylvestris（Lour.）Poir.————————————453
3. 秃瓣杜英 Elaeocarpus glabripetalus Merr.————————————453

53. 梧桐科 STERCULIACEAE

1. 梧桐属 Firmiana Marsili

梧桐 Firmiana platanifolia（L. f.）Marsili————————————454

2. 梭罗树属 Reevesia Lindl.

密花梭罗 Reevesia pycnantha Ling————————————455

54. 锦葵科 MALVACEAE

1. 梵天花属 Urena L.

地桃花 Urena lobata L.————————————456

2. 木槿属 Hibiscus L.

1. 朱槿 Hibiscus rosa-sinensis L.————————————457
2. 木芙蓉 Hibiscus mutabilis L.————————————457
2a. 重瓣水芙蓉 Hibiscus mutabilis L. f. plenus（Andrews）S. Y. Hu————————————458
3. 木槿 Hibiscus syriacus L.————————————458
3a. 白色单瓣木槿 Hibiscus syriacus L. f. totus-albus T. Moore————————————458
3b. 白色重瓣木槿 Hibiscus syriacus L.f. albus-plenus Loudon————————————459
3c. 紫花重瓣木槿 Hibiscus syriacus L. f. violaceus Gagnep. f.————————————459

55. 大戟科 EUPHORBIACEAE

1. 五月茶属 Antidesma L.

酸味子 Antidesma japonicum Sieb. et Zucc.————————————460

2. 一叶萩属 Securinega Comm. ex Jussieu

一叶萩 Securinega suffruticosa（Pall.）Rehd.————————————461

3. 叶下珠属 **Phyllanthus** L.

1. 青灰叶下珠 Phyllanthus glaucus Wall. ex Muell. -Arg. ································· 462
2. 曲梗叶下珠 Phyllanthus flexuosus（Sied. et Zucc.）Muell. -Arg. ·················· 462
3. 浙江叶下珠 Phyllanthus chekiangensis Croiz. et Metc. ····························· 463
4. 毛果细枝叶下珠 Phyllanthus leptocladus Benth. var. pubescens P. T. Li et D. Y. Liu ··········· 463

4. 算盘子属 **Glochidion** J R et G. Forst.

1. 算盘子 Glochidion puberum（L.）Hutch. ·· 464
2. 湖北算盘子 Glochidion wilsonii Hutch. ··· 464

5. 重阳木属 **Bischofia** Blume

重阳木 Bischofia polycarpa（Levl.）Airy-Shaw ·· 465

6. 油桐属 **Vernicia** Lour.

1. 油桐 Vernicia fordii（Hemsl.）Airy-Shaw ··· 466
2. 千年桐 Vernicia montana Lour. ··· 466

7. 野桐属 **Mallotus** Lour.

1. 杠香藤 Mallotus repandus（Willd.）Muell-Arg. var. chrysocarpus（Pamp.）S. M. Husang ········· 468
2. 粗糠柴 Mallotus philippinensis（Lam. Muell. -Arg.） ································· 468
3. 白背叶野桐 Mallotus apelta（Lour.）Muell. -Arg. ···································· 468
4. 红腺野桐 Mallotus paxii Pamp. ··· 469
5. 野桐 Mallotus japonicus（Thunb.）Muell-Arg. var floccosus（Muell-Arg.）S. M. Hwang ········ 469

8. 乌桕属 **Sapium** P. Br.

1. 乌桕 Sapium sebiferum（L.）Roxb. ·· 470
2. 山乌桕 Sapium discolor（Camp. ex Benth.）Muell. -Arg. ···························· 471
3. 白木乌桕 Sapium japonicum（Sieb. et Zucc.）Pax et Hoffm. ························· 471

9. 山麻杆属 **Alchornea** Sw.

山麻杆 Alchornea davidii Franch. ··· 472

56. 山茶科 THEACEAE

1. 山茶属 Camellia L.

1. 油茶 Camellia oleifera Abel ··· 474
2. 短柱茶 Camellia brevistyla（Hayata）Cohen Stuart ··················· 474
3. 细叶短柱茶 Camellia microphylla（Merr.）Chien ······················ 475
4. 浙江红山茶 Camellia chekiang-oleosa Hu ································· 475
5. 山茶 Camellia japonica L. ·· 476
6. 茶 Camellia sinensis（L.）O. Kuntze ····································· 476
7. 尖连蕊茶 Camellia cuspidata（Kochs）Wright ex Gard. ··············· 477
8. 毛花连蕊茶 Camellia fraterna Hance ····································· 477

2. 石笔木属 Tutcheria Dunn

小果石笔木 Tutcheria microcarpa Dunn ·· 478

3. 木荷属 Schima Reinw.

木荷 Schima superba Gardn. et Champ. ·· 478

4. 紫茎属 Stewartia L.

1. 紫茎 Stewartia sinensis Rehd. et Wils. ··································· 479
2. 长柱紫茎 Stewartia rostrata Spongberg ································· 480
3. 短萼紫茎 Stewartia brevicalyx Yan ······································ 480

5. 杨桐属 Adinandra Jack.

杨桐 Adinandra millettii（Hook. et Arn.）Benth. et Hook. f. ex Hance ···· 481

6. 红淡比属 Cleyera Thunb.

红淡比 Cleyera japonica Thunb. ·· 481

7. 柃属 Eurya Thunb.

1. 细枝柃 Eurya loguiana Dunn ··· 482
2. 钝叶柃 Eurya obtusifolia H. T. Chang ···································· 483
3. 微毛柃 Eurya hebeclados L. K. Ling ······································ 483
4. 格药柃 Eurya muricata Dunn ·· 484
4a. 毛枝格药柃 Eurya muricata Dunn var. huiana（Kob.）L. K. Ling ····· 484
5. 岩柃 Eurya saxicola H. T. Chang ·· 484

6. 短柱柃 Eurya brevistyla Kob. ·· 485

7. 窄基红褐柃 Eurya rubiginosa H. T. Chang var. attenuata H. T. Chang ············· 485

8. 细齿叶柃 Eurya nitida Kob. ·· 485

9. 柃木 Eurya japonica Thunb. ·· 486

10. 翅柃 Eurya alata Kob. ·· 486

8. 厚皮香属 **Ternstroemia** Mutis ex L. f.

1. 厚皮香 Ternstroemia gymnanthera（Wight et Arn.）Sprague ························ 487

2. 亮叶厚皮香 Ternstroemia nitida Merr. ································· 488

57. 猕猴桃科 ACTINIDIACEAE

猕猴桃属 **Actinidia** Lindl.

1. 软枣猕猴桃 Actinidia arguta（Sieb. st Zucc.）Planch ex Miq. ························ 490

1a. 凸脉猕猴桃 Actinidia arguta（Sieb. et Zucc.）Planch. ex miq. var. nervosa C. F. Li ···· 491

1b. 心叶猕猴桃 Actinidia arguta（Sieb. et Zucc.）Planch. ex Miq. var. cordifolia（Miq.）Bean ···· 491

2. 黑蕊猕猴桃 Actinidia melanandra Franch. ································· 491

2a. 垩叶猕猴桃 Actinidia melanandra Franch. var. cretacea C. F. Liang ·············· 492

2b. 退粉猕猴桃 Actinidia melanandra Franch. var. subconcolor C. F. Liang ············ 492

2c. 无髯猕猴桃 Actinidia melanandra Franch. var. glabrescens C. F. Liang ············· 492

3. 葛枣猕猴桃 Actinidia polygama（Sieb. et Zucc.）Maxim. ························ 492

4. 对萼猕猴桃 Actinidia valvata Dunn ································· 493

5. 大籽猕猴桃 Actinidia macrosperma C. F. Liang ································· 493

5a. 梅叶猕猴桃 Actimidia macrosperma C. F. Liang var. mumoides C. F. Liang ·········· 493

6. 红茎猕猴桃 Actinidia rubricaulis Dunn ································· 494

6a. 革叶猕猴桃 Actinidia rubricaulis Dunn var. coriacea（Fin et Gagn.）C. F. Liang ····· 494

7a. 异色猕猴桃 Actinidia callosa Lindl. var. discolor C. F. Liang ·············· 494

7b. 毛叶硬齿猕猴桃 Actinidia callosa Lindl. var. strigillosa C. F. Liang ············ 494

8. 清风藤猕猴桃 Actinidia sabiaefolia Dunn ································· 494

9. 阔叶猕猴桃 Actinidia latifolia（Gardn. et Champ.）Merr. ·············· 495

10. 小叶猕猴桃 Actinidia lanceolata Dunn ································· 495

11. 毛花猕猴桃 Actinidia eriantha Benth. ································· 496

12. 中华猕猴桃 Actinidia chinensis Planch. ································· 496

13. 美味猕猴桃 Actinidia deliciosa（A. Chev.）C. F. Liang et A. R. Ferguson ·········· 497

14. 浙江猕猴桃 Actinidia zhejiangensis C. F. Liang ································· 497

58. 山柳科 CLETHRACEAE

山柳属 **Clethra** Gronov. ex L.

华东山柳 Clethra barbinervis Sieb. et Zucc. ································· 498

59. 鹿蹄草科 PYROLACEAE

喜冬草属 Chimaphila Pursh.

喜冬草 Chimaphila japonica Miq. ···499

60. 杜鹃花科 ERICACEAE

1. 杜鹃花属 Rhododendron L.

1. 云锦杜鹃 Rhododendron fortunei Lindl. ···501
2. 都支杜鹃 Rhododendron shanii Fang ···501
3. 麻花杜鹃 Rhododendron maculiferum Franch. ···502
3a. 安徽杜鹃 Rhododendron maculiferum Franch. ssp. anhweiense（Wils.）Chamberlain ·······502
4. 羊踯躅 Rhododendran molle G. Don ···503
5. 杜鹃 Rhododendron simsii Planch. ···503
6. 白花杜鹃 Rhododendron mucronnatum G. Don ··504
7. 满山红 Rhododendron mariesii Hemsl. et Wils. ···504
8. 马银花 Rhododendron ovatum（Lindl.）Planch. ex Maxim. ···505
9. 腺萼马银花 Rhododendron bachii Levl. ···505
10. 鹿角杜鹃 Rhododendron latoucheae Franch. ··506
11. 喇叭杜鹃 Rhododendron discolor Franch. ···506

2. 吊钟花属 Enkianthus Lour.

灯笼花 Enkianthus chinensis Franch. ··507

3. 马醉木属 Pieris D. Don

1. 马醉木 Pieris japonica（Thunb.）D. Don ex G. Don ···508
2. 美丽马醉木 Pieris formosa（Wall.）D. Don ··508

4. 南烛属 Lyonia Nuttall

1a. 毛果南烛 Lyonia ovalifolia（Wall.）Drude var. hebecarpa（Franch. ex Forb. et Hemsl.）Chun ·······509
1b. 小果南烛 Lyonia ovalifolia（Wall.）Drude var. elliptica（Sieb. et Zucc）Hand. -Mzt. ·······509
1c. 披针叶南烛 Lyonia ovalifolia（Wall.）Drude var. lanceolata（Wall.）Hand. -Mzt. ·······509

61. 越橘科 VACCINIACEAE

越橘属 Vaccinium L.

1. 扁枝越橘 Vaccinum japonicum Miq. var. sinicum（Nakai）Rehd. ·······································510

2. 无梗越橘 Vaccinum henryi Hemsl. ⋯⋯⋯⋯⋯⋯⋯⋯⋯⋯⋯⋯⋯⋯⋯⋯⋯⋯⋯⋯⋯⋯ 511

3. 有梗越橘 Vaccinium chingil Sleumet ⋯⋯⋯⋯⋯⋯⋯⋯⋯⋯⋯⋯⋯⋯⋯⋯⋯⋯⋯⋯⋯ 511

4. 短尾越橘 Vaccinium carlesii Dunn ⋯⋯⋯⋯⋯⋯⋯⋯⋯⋯⋯⋯⋯⋯⋯⋯⋯⋯⋯⋯⋯⋯ 512

5. 刺毛越橘 Vaccinium trichocladum Merr. et Metc. ⋯⋯⋯⋯⋯⋯⋯⋯⋯⋯⋯⋯⋯⋯⋯ 513

6. 黄背越橘 Vaccinium iteophyllum Hance ⋯⋯⋯⋯⋯⋯⋯⋯⋯⋯⋯⋯⋯⋯⋯⋯⋯⋯⋯⋯ 513

7. 米饭花 Vaccinium mandarinorum Diels ⋯⋯⋯⋯⋯⋯⋯⋯⋯⋯⋯⋯⋯⋯⋯⋯⋯⋯⋯⋯ 514

8. 乌饭树 Vaccinium bracteatum Thunb. ⋯⋯⋯⋯⋯⋯⋯⋯⋯⋯⋯⋯⋯⋯⋯⋯⋯⋯⋯⋯⋯ 514

62. 金丝桃科 CLUSIACEAE(GUTTIFERAE)

金丝桃属 Hypericum L.

1. 金丝桃 Hypericum monogynum L. ⋯⋯⋯⋯⋯⋯⋯⋯⋯⋯⋯⋯⋯⋯⋯⋯⋯⋯⋯⋯⋯⋯⋯ 516

2. 长柱金丝桃 Hypericum longistylum Oliv. ⋯⋯⋯⋯⋯⋯⋯⋯⋯⋯⋯⋯⋯⋯⋯⋯⋯⋯⋯⋯ 517

3. 金丝梅 Hypericum patulum Thunb. ⋯⋯⋯⋯⋯⋯⋯⋯⋯⋯⋯⋯⋯⋯⋯⋯⋯⋯⋯⋯⋯⋯⋯ 517

63. 桃金娘科 MYRTACEAE

1. 桉属 Eucalyptus L. Her.

1. 赤桉 Eucalyptus camaldulensis Dehnhardt ⋯⋯⋯⋯⋯⋯⋯⋯⋯⋯⋯⋯⋯⋯⋯⋯⋯⋯⋯ 518

2. 细叶桉 Eucalyptus tereticornis Smith ⋯⋯⋯⋯⋯⋯⋯⋯⋯⋯⋯⋯⋯⋯⋯⋯⋯⋯⋯⋯⋯⋯ 519

3. 大叶桉 Eucalyptus robusta Smith ⋯⋯⋯⋯⋯⋯⋯⋯⋯⋯⋯⋯⋯⋯⋯⋯⋯⋯⋯⋯⋯⋯⋯⋯ 519

2. 蒲桃属 Syzygium Gaertn.

1. 轮叶蒲桃 Suzygium grijsii（Hence）Merr. et Perry ⋯⋯⋯⋯⋯⋯⋯⋯⋯⋯⋯⋯⋯⋯⋯ 520

2. 赤楠 Suzygium buxifolium Hook. et Arn. ⋯⋯⋯⋯⋯⋯⋯⋯⋯⋯⋯⋯⋯⋯⋯⋯⋯⋯⋯⋯ 520

64. 石榴科 PUNICACEAE

石榴属 Punica L.

1. 石榴 Punica granatum L. ⋯⋯⋯⋯⋯⋯⋯⋯⋯⋯⋯⋯⋯⋯⋯⋯⋯⋯⋯⋯⋯⋯⋯⋯⋯⋯⋯⋯ 521

1a. 小石榴 Punica granatum L. cv. Nana ⋯⋯⋯⋯⋯⋯⋯⋯⋯⋯⋯⋯⋯⋯⋯⋯⋯⋯⋯⋯⋯ 521

1b. 重瓣月季石榴 Punica granatum L. cv. Plena ⋯⋯⋯⋯⋯⋯⋯⋯⋯⋯⋯⋯⋯⋯⋯⋯⋯ 522

1c. 重瓣红石榴 Punica granatum L. cv. Pleniflora ⋯⋯⋯⋯⋯⋯⋯⋯⋯⋯⋯⋯⋯⋯⋯⋯ 522

1d. 白石榴 Punica granatum L. cv. Albescens ⋯⋯⋯⋯⋯⋯⋯⋯⋯⋯⋯⋯⋯⋯⋯⋯⋯⋯ 522

65. 野牡丹科 MELASTOMATACEAE

1. 野海棠属 Bredia Bl.

秀丽野海棠 Bredia amoena Diels ·······································523

2. 野牡丹属 Melastoma L.

地菍 Melastoma dodecandrum Lour. ·································524

66. 冬青科 AQUIFOLIACEAE

冬青属 Ilex L.

1. 小果冬青 Ilex micrococca Maxim. ································526
1a. 毛小果冬青 Ilex micrococca maxim. f. pilosa S. Y. Hu ········527
2. 大果冬青 Ilex macrocarpa Oliv. ·································527
2a. 长梗大果冬青 Ilex macrocarpa Oliv. var. longipedunculata S. Y. Hu ···527
3. 大柄冬青 Ilex macropoda Miq. ···································528
4. 紫果冬青 Ilex tsoii Merr. et Chun ·······························528
5. 木姜叶冬青 Ilex litseaeifolia Hu et Tang ·························529
6. 香冬青 Ilex suaveolens（Lévl.）Loes ·····························529
7. 冬青 Ilex purpurea Hassk. ·······································529
8. 铁冬青 Ilex rotunda Thunb. ······································530
8a. 小果铁冬青 Ilex rotunda Thunb. var. microcarpa（Lindl.）S. Y. Hu ···531
9. 具柄冬青 Ilex pedunculosa Miq. ·································531
10. 波缘冬青 Ilex crenata Thunb. ···································531
11. 绿冬青 Ilex viridis Champ. ex Benth. ·························532
12. 枸骨 Ilex cornuta Lindl. ···532
13. 华中刺叶冬青 Ilex centrochinensis S. Y. Hu ·················533
14. 猫儿刺 Ilex pernyi Franch. ······································533
15. 大别山冬青 Ilex dabieshanensis K. Yao et M. P. Deng ········534
16. 大叶冬青 Ilex latifolia Thunb. ·································534
17. 华东短梗冬青 Ilex buergeri Miq. ·······························535
18. 榕叶冬青 Ilex ficoidea Hemsl. ·································535
19. 厚叶中型冬青 Ilex intermedia Loes ex Diels var. fangii S. Y. Hu ···536
20. 毛冬青 Ilex pubescens Hook. et Arn. ·························536
21. 厚叶冬青 Ilex elmerrilliana S. Y. Hu ·························536
22. 尾叶冬青 Ilex wilsonii Loes. ···································537
23. 矮冬青 Ilex lohfauensis Merr. ·································537

67. 卫矛科 CELASTRACEAE

1. 卫矛属 Euonymus L.

1. 扶芳藤 Euonymus fortunei（Turcz.）Hand.-Mazz. ················· 539
1a. 小叶扶芳藤 —f. minimus（Simon-Louis）Rehd. ················· 540
1b. 爬行卫矛 —var. radicans（Miq.）Rehd. ················· 540
2. 冬青卫矛 Euonymus japonicus Thunb. ················· 540
2a. 银边黄杨 Euonymus japonicus Thunb. cv. Albo-marginatus ················· 540
2b. 金边黄杨 Euonymus japonicus Thunb. cv. Aureo-marginatus ················· 540
2c. 金心黄杨 Euonymus japonicus Thunb. cv. Aureo-variegatus ················· 540
2d. 斑叶黄杨 Euonymus japonicus Thunb. cv. Viridi-variegatus ················· 540
3. 刺果卫矛 Euonymus acanthocarpus Franch. ················· 541
4. 陈谋卫矛 Euonymus chenmoui Cheng ················· 541
5. 大果卫矛 Euonymus myrianthus Hemsl. ················· 542
6. 矩叶卫矛 Euonymus oblongifolius Loes. et Rehd. ················· 542
7. 栓翅卫矛 Euonymus phellomanus Loes. ················· 543
8. 丝绵木 Euonymus bungeanus Maxim. ················· 543
9. 西南卫矛 Euonymus hamiltonianus Wall. ················· 544
10. 肉花卫矛 Euonymus carnosus Hemsl. ················· 544
11. 卫矛 Euonymus alatus（Thunb.）Sieb. ················· 545
12. 鸦椿卫矛 Euonymus euscaphis Hand.-Mazz. ················· 545
13. 百齿卫矛 Euonymus centidens Lévl ················· 546
14. 垂丝卫矛 Euonymus oxyphyllus Miq. ················· 546
15. 黄瓢子 Euonynus macropterus Rupr. ················· 546

2. 南蛇藤属 Celastrus L.

1. 苦皮藤 Celastrus angulatus Maxim. ················· 548
2. 粉背南蛇藤 Celastrus hypoleucus（Oliv.）A. Warb. ················· 548
3. 大芽南蛇藤 Celastrus gemmatus Loes. ················· 549
4. 南蛇藤 Celastrus orbiculatus Thunb. ················· 549
5. 短梗南蛇藤 Celastrus rothornianus Loe. ················· 550
6. 窄叶南蛇藤 Celastrus oblanceifolius Wang et Tsoong ················· 550
7. 显柱南蛇藤 Celastrus stylosus Wall. ················· 551
7a. 毛脉显柱南蛇藤 Celastrus stylosus Wall. var. puberulus（P. S. Hsu）C. Y. Cheng et T. C. Kao ················· 551

3. 假卫矛属 Microtropis Wall.

福建假卫矛 Microtropis fokienensis Dunn ················· 551

4. 永瓣藤属 Monimopetalum Rehd.

永瓣藤 Monimopetalum chinense Rehd. ······························· 552

5. 雷公藤属 Tripterygium Hook. f.

1. 昆明山海棠 Tripterygium hypoglaucum（Lévl.）Hutch. ······················ 553
2. 雷公藤 Tripterygium wilfordii Hook. f. ····························· 553

68. 铁青树科 OLACACEAE

青皮树属 Schoepfia Schreb.

青皮树 Schoepfia jasminodora Sieb. et Zucc. ··························· 554

69. 桑寄生科 LORANTHACEAE

1. 钝果寄生属 Taxillus Van tiegh

1. 锈毛松寄生 Taxillus levinei（Merr.）H. S. Kiu ······················· 555
2. 华东松寄生 Taxillus kaempfer（DC.）Danser ························· 556

2. 栗寄生属 Kummerowia Schindl.

栗寄生 Kunmerowia striata（Thunb.）Schindl. ·························· 556

3. 槲寄生属 Viscum L.

1. 槲寄生 Viscum coloratum（Kom.）Nakai ·························· 557
2. 棱寄生 Viscum dispyrosicolum Hayata ··························· 557

70. 檀香科 SANTALACEAE

米面翁属 Buckleya Torr.

1. 米面翁 Buckleya lanceolata（Sieb. et Zucc.）Miq. ····················· 558
2. 秦岭米面翁 Buckleya graebneriana Diels ·························· 559

71. 胡颓子科 ELAEAGNACEAE

胡颓子属 Elaeagnus L.

1. 披针叶胡颓子 Elaeagnus lanceolata Warb. ························· 561

2. 蔓胡颓子 Elaeagnus glabra Thunb. ………………………………………………………………… 561

3. 胡颓子 Elaeagnus pungens Thunb. ……………………………………………………………………… 562

4. 宜昌胡颓子 Elaeagnus henryi Warb. …………………………………………………………………… 562

5. 巴东胡颓子 Elaeagnus difficilis Serv. ………………………………………………………………… 563

6. 佘山胡颓子 Elaeagnus argyi Levl. ……………………………………………………………………… 563

7. 毛木半夏 Elaeagnus courtoisi Belval ………………………………………………………………… 564

8. 牛奶子 Elaeagnus umbellate Thunb. …………………………………………………………………… 564

9. 木半夏 Elaeagnus multiflora Thunb. …………………………………………………………………… 565

9a. 倒卵果木半夏 Elaeagnus multiflora Thunb. var. obovoidea C. Y. Chang …………………… 565

10. 长梗胡颓子 Elaeagnus longipedunculata N. Li et T. M. Wu …………………………………… 565

11. 沙枣 Elaeagnus angustifolia L. ………………………………………………………………………… 566

11a. 刺沙枣 Elaeagnus angustifolia L. var. spinosa Ktze. ……………………………………………… 566

72. 鼠李科 RHAMNACEAE

1. 枳椇属 Hovenia Thunb.

1. 枳椇 Hovenia acerba Lindl. ……………………………………………………………………………… 568

2. 北枳椇 Hovenia dulcis Thunb. …………………………………………………………………………… 568

3. 毛果枳椇 Hovenia trichocarpa Chun et Tsiang ……………………………………………………… 568

3a. 光叶毛果枳 Hovenia trichocarpa Chun et Tsiang var. robusta（Nakai et Y. Kimura）Y. L. Chen et P. K. Chou …… 569

2. 雀梅藤属 Sageretia Brongn.

1. 雀梅藤 Sageretia thea（Osbeck）Johnst. ……………………………………………………………… 569

1a. 毛叶雀梅藤 Sageretia thea（Osbeck）Johnst. var. tomentosa（Schneid.）Y. L. Chen et P. K. Chou …… 570

2. 尾叶雀梅藤 Sageretia subcaudata Schneid. ………………………………………………………… 570

3. 刺藤子 Sageretia melliana Hand. -Mazz. …………………………………………………………… 570

4. 钩刺雀梅藤 Sageretia hamosa（Wall.）Brongn. ……………………………………………………… 571

3. 鼠李属 Rhamnus L.

1. 皱叶鼠李 Rhamnus rugulosa Hemsl. …………………………………………………………………… 572

1a. 脱毛皱叶鼠李 Rhamnus rugulosa Hemsl. var. glabrata Y. L. Chen et P. K. Chou ……………… 572

2. 山绿柴 Rhamnus brachypoda C. Y. Wu ex Y. L. Chen ……………………………………………… 573

3. 山鼠李 Rhamnus wilsonii Schneid. …………………………………………………………………… 573

3a. 毛山鼠李 Rhamnus wilsonii Schneid. var. pilosa Rehd. ………………………………………… 573

4. 钩刺鼠李 Rhamnus lamprophylla Schneid. ………………………………………………………… 574

5. 刺鼠李 Rhamnus dumetorum Schneid. ……………………………………………………………… 574

6. 锐齿鼠李 Rhamnus arguta Maxim. …………………………………………………………………… 574

7. 小叶鼠李 Rhamnus parvifolia Bunge ………………………………………………………………… 575

8. 冻绿 Rhamnus utilis Decne …………………………………………………………………………… 575

8a. 毛冻绿 Rhamnus utilis Decne var. hypochrysa（Schneid.）Rehd. ……………………………… 576

9. 圆叶鼠李 Rhamnus globosa Bunge ·············576
10. 薄叶鼠李 Rhamnus leptophylla Schneid. ·············577
11. 长叶冻绿 Rhamnus crenata Sieb. et Zucc. ·············577
12. 毛叶鼠李 Rhamnus henryi Schneid. ·············578

4. 马甲子属 **Paliurus** Mill.

1. 铜钱树 Paliurus hemsleyanus Rehd. ·············578
2. 硬毛马甲子 Paliurus hirsutus Hemsl. ·············579
3. 马甲子 Paliurus ramosissimus（Lour.）Poir. ·············579

5. 枣属 **Ziziphus** Mill.

1. 枣树 Ziziphus jujuba Mill. ·············580
1a. 无刺枣 Ziziphus jujuba Mill. var. inermis（Buneg）Rehd. ·············580
1b. 酸枣 Ziziphus jujuba Mill. var. spinnosa（Bunege）Hu ·············580

6. 猫乳属 **Rhamnella** Miq.

猫乳 Rhamnella franguloides（Maxim.）Weberb. ·············581

7. 勾儿茶属 **Berchemia** Neck.

1. 牯岭勾儿茶 Berchemia kulingensis Schenid. ·············582
2. 毛叶勾儿茶 Berchemia polyphylla var. trichophylla Hand. -Mazz. ·············582
3. 大叶勾儿茶 Berchemia huana Rehd. ·············582
3a. 脱毛大叶勾儿茶 Berchemia huana Rehd. var. glabrescens Cheng ex Y. L. Chen ·············583
4. 腋毛勾儿茶 Berchemia barbigera C. Y. Wuet Y. L. Chen ·············583
5. 多花勾儿茶 Berchemia floribunda（Wall.）Brongn ·············583
5a. 矩叶勾儿茶 Berchemia floribunda（Wall.）Brongn. var. oblongifolia Y. L. Chen et P. K. Chou ·············584

8. 小勾儿茶属 **Berchemiella** Nakai

1. 小勾儿茶 Berchemiella wilsonii（Schneid.）Nakai ·············584
1a. 毛柄小勾儿茶 Berchemiella wilsonii（Schneid.）Nakai var. pubipetiolata H. Qian ·············584

73. 葡萄科 VITACEAE

1. 蛇葡萄属 **Ampelopsis** Michx.

1. 掌裂草葡萄 Ampelopsis aconitifolia Bunge var. glabra Diels ·············586
2. 牯岭蛇葡萄 Ampelopsis brevipedunculata（Maxim.）Trautv. var. kulingensis Rehd. ·············586
2a. 微毛蛇葡萄 Ampelopsis brevipedunculata（Maxim.）Trautv. var. kulingensis Rehd. f. puberula W. T. Wang ·············586

3. 广东蛇葡萄 Ampelopsis cantoniensis（Hook. et Arn.）Planch. ……………………………………587
4. 羽叶蛇葡萄 Ampelopsis chaffanjonii（Levl.）Rehd. ……………………………………587
5. 三裂蛇葡萄 Ampelopsis delavayana（Franch.）Planch. ……………………………………587
5a. 毛三裂蛇葡萄 Ampelopsis delavayana（Franch.）Planch. var. gentiliana（Levl. et Vant.）Hand. -Mazz. ………588
6. 异叶蛇葡萄 Ampelopsis humulifolia Bunge var. heterophylla（Thunb.）Koch ……………………588
7. 蛇葡萄 Ampelopsis sinica（Miq.）W. T. Wang ……………………………………588

2. 乌蔹莓属 Cayratia Juss.

1. 角花乌蔹莓 Cayratia corniculata（Benth.）Gagnep. ……………………………………589
2. 大叶乌蔹莓 Cayratia oligocarpa Gagnep. ……………………………………589
2a. 樱叶乌蔹莓 Cayratia oligocarpa Gagnep. var. glabra（Gagn.）Rehd. ……………………………590

3. 爬山虎属 Parthenocissus Planch.

1. 异叶爬山虎 Parthenocissus heterophylla（B1.）Merr. ……………………………………590
2. 绿爬山虎 Parthenocissus laetevirens Rehd. ……………………………………591
3. 爬山虎 Parthenocissus tricuspidata（Sieb. et Zucc.）Planch. ……………………………………591

4. 崖爬藤属 Tetrastigma Planch.

三叶崖爬藤 Tetrastigma hemsleyanum Diels et Gilg. ……………………………………592

5. 俞藤属 Yua C. L. Li

1. 俞藤 Yua thomsonii（Laws.）C. L. Li ……………………………………592
1a. 华西俞藤 Yua thomsonii（Lawb.）C. L. Li var. glaucescens（Diels et Gilg.）C. L. Li ……593

6. 葡萄属 Vitis L.

1. 腺枝葡萄 Vitis adenoclada Hand. -Mazz. ……………………………………594
2. 山葡萄 Vitis amurensis Rupr. ……………………………………594
3. 蘡薁 Vitis bryoniifolia Bunge var. mairei（Levl.）W. T. Wang ……………………………………594
4. 东南葡萄 Vitis chunganensis Hu ……………………………………595
5. 刺葡萄 Vitis davidii（Roman.）Foex ……………………………………595
5a. 瘤枝葡萄 Vitis davidii（Roman.）Foex var. cyanocarpa（Gagn.）Sarg. ……………………………596
6. 桑叶葡萄 Vitis ficifolia Bunge ……………………………………596
7. 葛藟 Vitis flexuosa Thunb. ……………………………………596
7a. 小叶葛藟 Vitis flexuosa Thunb. var. parvifolia（Roxb.）Gagn. ……………………………………597
8. 菱叶葡萄 Vitis hancockii Hance ……………………………………597
9. 金寨山葡萄 Vitis jinzhainensis X. S. Shen ……………………………………597
10. 华东葡萄 Vitis pseudoreticulata W.T. Wang ……………………………………597
11. 毛葡萄 Vitis quinquanglaris Rehd. ……………………………………598

12. 秋葡萄 Vitis romanetii Roman. ·· 599
13. 葡萄 Vitis vinifera L. ·· 599
14. 网脉葡萄 Vitis wilsonae Veitch. ·· 600

74. 紫金牛科 MYRSINACEAE

1. 紫金牛属 **Ardisia** Swartz.

1. 九管血 Ardisia brevicaulis Diels ·· 602
2. 小紫金牛 Ardisia chinensis Benth. ·· 602
3. 朱砂根 Ardisia crenata Sims ·· 602
3a. 红凉伞 Ardisia crenata Sims f. hortensis（Migo）W. Z. Fang et K. Yao ····· 603
4. 百两金 Ardisia crispa（Thunb.）A. DC. ·· 603
4a. 细柄百两金 Ardisia crispa（Thunb.）A. DC. var. dielsii（Levl.）Walker ······· 604
5. 大罗伞树 Ardisia hanceana Mez. ·· 604
6. 紫金牛 Ardisia japonica（Thunb.）Blume ······································ 604

2. 杜茎山属 **Maesa** Forsk.

杜茎山 Maesa japonica（Thunb.）Moritzi. ex Zoll. ································ 605

3. 铁仔属 **Myrsine** L.

光叶铁仔 Myrsine stolonifera（Koidz.）Walker ···································· 605

75. 柿树科 EBENACEAE

柿属 **Diospyros** Linn.

1. 粉叶柿 Diospyros glaucifoila Metc. ·· 607
2. 柿 Diospyros kaki Thunb. ··· 608
2a. 野柿 Diospyros kaki Thunb. var. sylvestris Makino ···························· 608
3. 君迁子 Diospyros lotus L. ·· 609
3a. 多毛君迁子 Diospyros lotus L. var. mollissima C. Y. Wu ······················ 609
4. 罗浮柿 Diospyros morrisiana Hance ··· 609
5. 油柿 Diospyros oleifera Cheng ·· 610
6. 老鸦柿 Diospyros rhombifolia Hemsl. ·· 610

76. 芸香科 RUTTACEAE

1. 柑橘属 **Citrus** L.

1. 酸橙 Citrus aurantium L. ··· 613

1a. 代代花 Citrus aurantium L. var. amara Engl. ··· 613

2. 柚 Citrus grandis（L.）Osbeck ··· 614

3. 宜昌橙 Citrus ichangensis Swingle ··· 614

4. 香橙 Citrus junos Sieb. ex Tanaka ··· 614

5. 香橼 Citrus medica L. ·· 615

5a. 佛手 Citrus medica L. var. sarcodactylis（Noot.）Swingle ····························· 615

6. 宽皮橘 Citrus reticulata Blanco ·· 615

7. 甜橙 Citrus sinensis（L.）Osbeck ·· 616

8. 香圆 Citrus wilsonii Tanaka ··· 616

2. 吴茱萸属 **Evodia** J. R. et G. Forst.

1. 臭檀吴茱萸 Evodia daniellii（Benn.）Hemsl. ·· 617

2. 臭辣吴茱萸 Evodia fargesii Dode ··· 618

3. 吴茱萸 Evodia rutaecarpa（Juss.）Benth. ·· 618

3a. 密果吴茱萸 Evodia rutaecarpa（Juss.）Benth. f. meinocarpa（Hand. -Mazz.）Huang ······· 619

3. 金柑属 **Fortunella** Swingle

1. 金弹 Fortunella crassifolia Swingle ··· 619

2. 山金柑 Fortunella hindsii（Champ.）Swingle ··· 620

3. 圆金柑 Fortunella japonica（Thunb.）Swingle ·· 620

4. 金柑 Fortunella margarita（Lour.）Swingle ··· 620

4. 九里香属 **Murraya** Koenig ex L.

九里香 Murraya exotica L. ··· 621

5. 臭常山属 **Orixa** Thunb.

臭常山 Orixa japonica Thunb. ·· 622

6. 黄檗属 **Phellodendron** Rupr.

1. 黄檗 Phellodendron amurense Rupr. ·· 623

2. 黄皮树 Phellodendron chinense Schneid. ··· 623

2a. 秃叶黄皮树 Phellodendron chinense Schneid. var. glabriusculum Schneid. ················· 623

7. 枳属 **Poncirus** Raf.

枳 Poncirus trifoliata（L.）Raf. ·· 624

8. 茵芋属 **Skimmia** Thunb.

茵芋 Skimmia reevesiana Fort. ·· 624

9. 花椒属 **Zanthoxylum** L.

1. 竹叶花椒 Zanthoxylum armatum DC. ·· 626
1a. 毛竹叶花椒 Zanthoxylum armatum DC. f. ferrugineum（Rehd. et Wils.）Huang ········ 626
2. 岭南花椒 Zanthoxylum austrosinense Huang ·· 626
3. 花椒 Zanthoxylum bungeanum Maxim. ·· 627
4. 朵花椒 Zanthoxylum molle Rehd. ·· 627
5. 花椒簕 Zanthoxylum scandens Bl. ·· 628
6. 青花椒 Zanthoxylum schinifolium Sieb. et Zucc. ·································· 628
7. 野花椒 Zanthoxylum simulans Hance ·· 629

77. 苦木科 SIMAROUBACEAE

1. 臭椿属 **Ailanthus** Desf.

1. 臭椿 Ailanthus altissima Swingle ·· 630
2. 大果臭椿 Ailanthus sutchuensis Dode ·· 631

2. 苦树属 **Picrasma** Bl.

苦树 Picrasma quassioides（D. Don）Benn. ·· 631

78. 楝科 MELIACEAE

1. 米仔兰属 **Aglaia** Lour.

米仔兰 Aglaia odorata Lour. ··· 632

2. 楝属 **Melia** L.

1. 楝树 Melia azedarach L. ··· 633
2. 川楝 Melia toosendan Sieb. et Zucc. ·· 633

3. 香椿属 **Toona** Roem.

1. 毛红椿 Toona ciliata Roem. var. pubescens（Fr.）Hand. -Mazz. ················ 634
2. 香椿 Toona sinensis（A. Juss.）Roem. ·· 634

79. 无患子科 SAPINDACEAE

1. 栾树属 **Koelreuteria** Laxm.

1. 黄山栾树 Koelreuteria bipinnata Franch. var. integrifoliola（Merr.）T. Chen ·············· 636
2. 栾树 Koelreuteria paniculata Maxim. ··· 637

2. 无患子属 **Sapindus** L.

无患子 Sapindus mukorossi Gaertn. ··· 637

3. 文冠果属 **Xanthoceras** Bunge

文冠果 Xanthoceras sorbifolia Bunge ·· 638

80. 清风藤科 SABIACEAE

1. 泡花树属 **Meliosma** Bl.

1. 垂枝泡花树 Meliosma dilleniifolia（Wallich ex Weight et Arontt）Walp. ssp. flexuosa（Pamp.）Beus ·········· 639
2. 多花泡花树 Meliosma myriantha Sieb. et Zucc. ··· 640
2a. 异色泡花树 Meliosma myriantha Sieb. et Zucc. var. discolor Dunn ························· 640
2b. 柔毛泡花树 Meliosma myriantha Sieb. et Zucc. var. pilosa（Lecomte）Law ················ 640
3. 红枝柴 Meliosma oldhamii Maxim. ·· 641
3a. 有腺泡花树 Meliosma oldhamii Maxim. var. glandulifera Cufod. ··························· 641
3b. 髯毛泡花树 Meliosma oldhamii Maxim. var. sinensis（Nakai）Cufod. ······················ 641
4. 细花泡花树 Meliosma parviflora Lecomte ·· 641
5. 暖木 Meliosma veitchiorum Hemsl. ·· 642

2. 清风藤属 **Sabia** Colebr.

1. 鄂西清风藤 Sabia campanulata Wall. ex Roxb. ssp. ritchieae（Rehd. et Wils.）Y. F. Wu ·········· 643
2. 灰背清风藤 Sabia discolor Dunn ··· 643
3. 清风藤 Sabia japonica Maxim. ··· 644
4. 尖叶清风藤 Sabia swinhoei Hemsl. ex Forb. et Hemsl. ·· 644

81. 漆树科 ANACARDIACEAE

1. 南酸枣属 **Choerospondias** Burtt. et Hill

南酸枣 Choerospondias axillaris（Roxb.）Burtt. et Hill ··· 646

2. 黄栌属 **Cotinus** Adans

毛黄栌 Cotinus coggygria Scop. var. pubescens Engl. ·················647

3. 黄连木属 **Pistacia** L.

黄连木 Pistacia chinensis Bunge·································648

4. 盐肤木属 **Rhus** L.

1. 盐肤木 Rhus chinensis Mill.·································648
1a. 光枝盐肤木 Rhus chinensis Mill. var. glabrus S. B. Liang·········649
2. 青麸杨 Rhus potaninii Maxim.·································649
3. 红麸杨 Rhus punjabensis Stew. var. sinica（Diels）Rehd. et Wils.····650
4. 火炬树 Rhus typhina Nutt. ·································650

5. 漆属 **Toxicodendron** Mill.

1. 毒漆藤 Toxicodendron radicans（L.）O.Kuntze ssp. hispidum（Engl.）Gills·········690
2. 野漆树 Toxicodendron succedaneum（L.）O. Kuntze ·············651
3. 木蜡树 Toxicodendron sylvestre（Sieb. et Zucc.）O. Kuntze·······651
4. 毛漆树 Toxicodendron trichocarpum（Miq.）O. Kuntze ···········652
5. 漆树 Toxicodendron verniciflnum（Stokes）F. A. Barkl.···········652

82. 槭树科 ACERACEAE

槭属 **Acer** L.

1. 锐角槭 Acer acutum Fang ·································655
1a. 五裂锐角槭 Acer acutum Fang var. quinquefidum Fang et P. L. Chiu·····656
1b. 天童锐角槭 Acer acutum Fang var. tientungense Fang et Fang f.·······656
2. 阔叶槭 Acer amplum Rehd.·································656
2a. 天台阔叶槭 Acer amplum Rehd. var. tientaiense（Schneid.）Rehd.·······656
3. 安徽槭 Acer anhweiense Fang et Fang f.·······················657
4. 三角槭 Acer buergerianum Miq. ·····························657
4a. 宁波三角槭 Acer buergerianum Miq. var. ningpoense（Hance）Rehd.·····658
5. 昌化槭 Acer changhuaense（Fang et Fang f.）Fang et P. L. Chiu·········658
6. 樟叶槭 Acer cinnamomifolium Hayata ·························658
7. 紫果槭 Acer cordatum Pax ·································659
8. 青榨槭 Acer davidii Franch. ·································659
9. 秀丽槭 Acer elegantulum Fang et P. L. Chiu·····················660
10. 苦茶槭 Acer ginnala Maxim. ssp. theiferum（Fang）Fang ·········660
11. 葛萝槭 Acer grosseri Pax ·································660

11a. 小叶葛萝槭 Acer grosseri Pax var. hersii（Rehd.）Rehd. ································· 661

12. 建始槭 Acer henryi Pax ································· 661

13. 临安槭 Acer linganense Fang et P. L. Chiu ································· 661

14. 卷毛长柄槭 Acer longipes Franch. ex Rehd. var. pubigerum（Fang）Fang ················· 662

15. 五角枫 Acer mono Maxim. ································· 662

16. 梣叶槭 Acer negundo L. ································· 663

17. 毛果槭 Acer nikoense Maxim. ································· 663

18. 橄榄槭 Acer olivaceum Fang et P. L. Chiu ································· 664

19. 鸡爪槭 Acer palmatum Thunb. ································· 664

19a. 红槭 Acer palmatum Thunb. f. atropurpureum（Van Houtte）Scher. ················· 664

19b. 羽状槭 Acer palmatum Thunb. var dissectum（Thunb.）K. Koch ················· 664

19c. 小鸡爪槭 Acer palmatum Thunb. var. thunbergii Pax ································· 665

20. 毛脉槭 Acer pubinerve Rehd. ································· 665

21. 毛鸡爪槭 Acer pubipalmatum Fang ································· 665

21a. 美丽毛鸡爪槭 Acer pubipalmatum Fang var. pulcherrimum Fang et P. L. Chiu ········· 666

21b. 羽毛毛鸡爪槭 Acer pubipalmatum Fang f. segmentosum S. C. Li et X. M. Liu，f. nov. ····· 666

22. 权叶槭 Acer robustum Pax ································· 666

22a. 小权叶槭 Acer robustum Pax var. minus Fang ································· 666

23. 天目槭 Acer sinopurpurascens Cheng ································· 666

24. 元宝槭 Acer truncatum Bunge ································· 667

25. 婺源槭 Acer wuyuanense Fang et Wu ································· 667

83. 七叶树科 HIPPOCASTANACEAE

七叶树属 Aesculus L.

七叶树 Aesculus chinensis Bunge ································· 669

84. 省沽油科 STAPHYLEACEAE

1. 野鸦椿属 Euscaphis Sieb. et Zucc.

1. 野鸦椿 Euscaphis japonica（Thunb.）Dippel ································· 671

1a. 建宁野鸦椿 Euscaphis japonica（Thunb.）Dippel var. jianningensis Q.J.Wang ············· 672

2. 省沽油属 Staphylea L.

1. 省沽油 Staphylea bumalda DC. ································· 672

2. 膀胱果 Staphylea holocarpa Hemsl. ································· 673

3. 银鹊树属 Tapiscia Oliv

银鹊树 Tapiscia sinensis Oliv. ·· 673

85. 马钱科 STRYCHNACEAE

蓬莱葛属 Gardneria Wall. ex Roxb.

1. 狭叶蓬莱葛 Gardneria angustifolia Wall. ·································· 675
2. 俯垂蓬莱葛 Gardneria nutans Sieb. et Zucc. ····························· 675
3. 蓬莱葛 Gardneria multiflora（Pamp.）Makino ·························· 676

86. 醉鱼草科 BUDDLEJACEAE

醉鱼草属 Buddleja L.

1. 白背叶醉鱼草 Buddleja davidii Franch. ····································· 677
2. 醉鱼草 Buddleja lindleyana Fort. ··· 678
3. 密蒙花 Buddleja officinalis Maxim. ·· 678

87. 木犀科 OLEACEAE

1. 流苏树属 Chionanthus L.

1. 流苏树 Chionanthus retusus Lindl. ex Paxt. ····························· 679
1a. 齿叶流苏 Chionanthus retusus Lindl. ex Paxt. var. serrulatus Koidz. ·· 680

2. 雪柳属 Fontanesia Labill.

雪柳 Fontanesia fortunei Carr. ··· 680

3. 连翘属 Forsythia Vahl.

1. 秦连翘 Forsythia giraldiana Lingelsh. ····································· 681
2. 连翘 Forsythia suspensa（Thunb.）Vahl ·································· 682
3. 金钟花 Forsythia viridissima Lindl. ·· 682

4. 白蜡树属 Fraxinus L.

1. 窄叶白蜡树 Fraxinus baroniana Diels ····································· 684
2. 小叶白蜡树 Fraxinus bungeana DC. ·· 684
3. 白蜡树 Fraxinus chinensis Roxb. ··· 684
4. 苦枥木 Fraxinus insularis Hemsl. ·· 685

5. 庐山白蜡树 Fraxinus sieboldiana Bl. ································· 685

6. 大叶白蜡树 Fraxinus rhynchophylla Hance ····················· 686

7. 尖萼梣 Fraxinus longicuspis Sieb. et Zucc. ··················· 686

8. 美国红梣 Fraxinus Pennsylvanica Marshall ··················· 686

8a. 美国绿梣 Fraxinus pennsylvanica Marshall var. subintegerrima（vahl）Fern. ············· 687

5. 素馨属 **Jasminum** L.

1. 探春花 Jasminum floridum Bunge ····························· 687

2. 清香藤 Jasminum lanceolarium Roxb. ························· 688

3. 野迎春 Jasminum mesnyi Hance ······························ 688

4. 迎春花 Jasminum nudiflorum Lindl. ·························· 688

5. 茉莉花 Jasminum sambac（L.）Aiton ······················· 689

6. 花素馨 Jasminum sinense Hemsl. ···························· 689

6. 女贞属 **Ligustrum** L.

1. 扩展女贞 Ligustrum expansum Rehd. ························· 690

2. 东亚女贞 Ligustrum obtusifolium ssp. inicrophyllum（Nakai）P. S. Green ········· 691

3. 日本女贞 Ligustrum japonicum Thunb. ······················ 691

4. 华女贞 Ligustrum lianum P. S. Hsu ························· 691

5. 长筒女贞 Ligustrum longitubum P. S. Hsu ···················· 692

6. 女贞 Ligustrum lucidum Ait. ······························· 692

6a. 落叶女贞 Ligustrum lucidum Ait. var. latifolium（Cheng）Cheng ········· 693

7. 蜡子树 Ligustrum leucanthum（S. Moore）P.S.Green ··········· 693

8. 辽东水蜡树 Ligustrum obtusifolium Sieb. et Zucc. ssp. suave（Kitag.）Kitag. ····· 693

9. 小叶女贞 Ligustrum quihoui Carr. ··························· 694

10. 粗壮女贞 Ligustrum robustum（Roxb.）Blume ················ 694

11. 小蜡 Ligustrum sinense Lour. ······························ 694

7. 木犀榄属 **Olea** L.

油橄榄 Olea europaea L. ····································· 695

8. 木犀属 **Osmanthus** Lour.

1. 宁波木犀 Osmanthus cooperi Hemsl. ························· 696

2. 桂花 Osmanthus fragrans（Thunb.）Lour. ···················· 696

3. 柊树 Osmanthus heterophyllus（G. Don）P. S.Green ··········· 697

4. 厚边木犀 Osmanthus marginatus（Champ. ex Benth.）Hemsl. ····· 697

4a. 厚叶木犀 Osmanthus marginatus（Champ. ex Benth.）Hemsl. var. pachyphyllus（H.T.Chang）R.L.Lu ····· 698

5. 牛矢果 Osmanthus matsumuranus Hayata ···················· 698

9. 丁香属 Syringa L.

1. 紫丁香 Syringa oblata Lindl. ·· 698
1a. 白丁香 Syringa oblata Lindl. var. alba Hort. ex Rehd. ··················· 699
1b. 毛紫丁香 Syringa oblata Lindl. var. giraldii Rehd. ······················ 699

88. 夹竹桃科 APOCYNACEAE

1. 罗布麻属 Apocynum L.

罗布麻 Apocynum venetum L. ··· 700

2. 夹竹桃属 Nerium L.

1. 夹竹桃 Nerium indicum Mill. ·· 701
1a. 白花夹竹桃 Nerium indicum Mill. cv. Paihua ····························· 701

3. 毛药藤属 Cleghornia Wight

毛药藤 Cleghornia henryi（Oliv.）P. T. Li ······························· 702

4. 络石属 Trachelospermum Lem.

1. 紫花络石 Trachelospermum axillare Hook. f. ······························ 702
2. 短柱络石 Trachelospermum brevistylum Hand. -Mazz. ····················· 703
3. 贵州络石 Trachelospermum bodinieri（Levl.）Woods ex Rehd. ·············· 703
4. 络石 Trachelospermum jasminoides（Lindl.）Lem. ························· 703
4a. 石血 Trachelospermum jasminoides（Lindl.）Lem. var. heterophyllum Tsiang ······ 704

89. 萝藦科 ASCLEPIADACEAE

牛奶菜属 Marsdenia R. Br.

牛奶菜 Marsdenia sinensis Hemsl. ··· 705

90. 杠柳科 PERIPLOCACEAE

杠柳属 Periploca L.

杠柳 Periploca sepium Bunge ··· 706

91. 茜草科 RUBIACEAE

1. 水团花属 **Adina** Salisb.

1. 水团花 Adina pilulifera（Lam.）Franch. ex Drake ································· 708
2. 细叶水团花 Adina rubella Hance ······································· 708

2. 鸡仔木属 **Sinoadina** Ridsd.

鸡仔木 Sinoadina racemosa（Sieb. et Zucc.）Ridsd. ························· 709

3. 虎刺属 **Damnacanthus** Gaerm. f.

1. 虎刺 Damnacanthus indicus Gaertn. f. ·································· 710
2. 浙皖虎刺 Damnacanthus macrophyllus Sieb. ex Miq. ····················· 710
3. 短刺虎刺 Damnacanthus giganteus（Mak.）Nakai ······················· 710

4. 香果树属 **Emmenopterys** Oliv.

香果树 Emmenopterys henryi Oliv. ····································· 711

5. 栀子属 **Gardenia** Ellis

1. 狭叶栀子 Gardenia stenophylla Merr. ································· 712
2. 栀子 Gardenia jasminoides Ellis ····································· 712
2a. 白蟾 Gardenia jasminoides Ellis var. fortuniana（Lindl.）Hara ············· 713

6. 粗叶木属 **Lasianthus** Jack

1. 日本粗叶木 Lasianthus japonicus Miq. ································· 713
1a. 榄绿粗叶木 Lasianthus japonicus Miq. var. lancilimbus（Merr.）Lo ·········· 714

7. 巴戟天属 **Morinda** L.

羊角藤 Morinda umbellata L. ssp. obovata Y. Z. Ruan ····················· 714

8. 玉叶金花属 **Mussaenda** L.

1. 大叶白纸扇 Mussaenda shikokiana Makino ····························· 715
2. 玉叶金花 Mussaenda pubescens Ait. f. ································· 716

9. 鸡矢藤属 **Paederia** L.

1. 疏花鸡矢藤 Paederia laxiflora Merr. ex Li ·· 716
2. 粗毛鸡矢藤 Paederia cavaleriei Levl. ··· 716
3. 鸡矢藤 Paederia scandens（Lour.）Merr. ··· 717
3a. 毛鸡矢藤 Paederia scandens（Lour.）Merr. var. tomentosa（Bl.）Hand. -Mazz. ········· 717

10. 白马骨属 **Serissa** Comm. ex A. L. Jussieu

1. 六月雪 Serissa japonica（Thunb.）Thunb. ·· 718
2. 白马骨 Serissa serissoides（DC.）Druce ·· 718

11. 流苏子属 **Coptosapelta** Korth.

流苏子 Coptosapelta diffusa（Champ. ex Benth.）Van Steenis ································ 718

12. 狗骨柴属 **Diplospora** DC.

狗骨柴 Diplospora dubia（Lindl.）Masam. ·· 719

13. 钩藤属 **Uncaria** Schreber

钩藤 Uncaria rhynchophylla（Miq.）Miq. ex Havil. ··· 720

92. 紫葳科 **BIGNONIACEAE**

1. 梓树属 **Catalpa** Scop.

1. 梓树 Catalpa ovata Don. ·· 721
2. 紫葳楸 Catalpa bignonioides Walt. ·· 722
3. 黄金树 Catalpa speciosa Ward. ··· 722
4. 楸树 Catalpa bungei C. A. Mey. ··· 723
5. 灰楸 Catalpa fargesii Bur. ·· 723

2. 凌霄属 **Campsis** Lour.

1. 凌霄 Campsis grandiflora（Thunb.）Loisel. ·· 724
2. 美国凌霄花 Campsis radicus（L.）Seem. ·· 724

93. 厚壳树科 EHRETIACEAE

厚壳树属 Ehretia P. Br.

1. 厚壳树 Ehretia thyrsiflora（Sieb. et Zucc.）Nakai ················· 725
2. 粗糠树 Ehretia macrophylla Wall. ·· 726

94. 马鞭草科 VERBENACEAE

1. 马缨丹属 Lantana L.

马缨丹 Lantana camara L. ··· 727

2. 冬红属 Holmlskioldia Retz.

冬红 Holmskioldia sanguinea Rctz. ·· 728

3. 牡荆属 Vitex. L.

1. 黄荆 Vitex negundo L. ··· 729
1a. 牡荆 Vitex negundo L. var. cannabifolia（Sieb. et Zucc.）Hand.-Mazz. ··· 729
1b. 荆条 Vitex negundo L. var. heterophylla（Franch.）Rehd. ············ 730
2. 单叶蔓荆 Vitex trifolia L. var. simplicifolia Cham. ··················· 730

4. 莸属 Caryopteris Bunge

1. 单花莸 Caryopteris nepetaefolia（Benth.）Maxim. ······················ 731
2. 莸 Caryoptris incana（Thunb.）Miq. ··· 731
2a. 狭叶兰香草 Caryopteris incana（Thunb.）Miq. var. angustifolia S. L. Chen et R. L. Guo ··· 732

5. 大青属 Clerodendrum L.

1. 龙吐珠 Clerodendrum thomsonae Balf. ······································ 733
2. 臭牡丹 Clerodendrum bungei Steud. ··· 733
3. 尖齿臭茉莉 Clerodendrum lindleyi Decne. ex Planch. ················ 734
4. 大青 Clerodendrum cyrtophyllum Turcz. ·································· 734
5. 浙江大青 Clerodendrum kaichianum P. S. Hsu ························· 735
6. 海州常山 Clerodendrum trichotomum Thunb. ··························· 735

6. 紫珠属 Callicarpa L.

1. 白棠子树 Callicarpa dichotoma（Lour.）K. Koch. ······················ 736
2. 长柄紫珠 Callicarpa longipes Dunn ··· 737

3. 红紫珠 Callicarpa rubella Lindl. ……………………………………………………………… 737

4. 紫珠 Callicarpa bodinieri Lévi. ………………………………………………………………… 738

5. 老鸦糊 Callicarpa giraldii Hesse ex Rehd. ………………………………………………… 738

5a. 毛叶老鸦糊 Callicarpa giraldii Hesse ex Rehd. var. lyi（Lévl）C. Y. Wu …………… 739

6. 光叶紫珠 Callicarpa lingii Merr. ……………………………………………………………… 739

7. 华紫珠 Callicarpa cathayana H. T. Chang ………………………………………………… 739

8. 日本紫珠 Callicarpa japonica Thunb. ……………………………………………………… 740

8a. 窄叶紫珠 Callicarpa japinoca Thunb. var. angustata Rehd. …………………………… 740

7. 豆腐柴属 Premna L.

豆腐柴 Premna microphylla Turcz. ……………………………………………………………… 741

95. 毛茛科 RANUNCULACEAE

铁线莲属 Clematis L.

1. 单叶铁线莲 Clematis henryi Oliv. …………………………………………………………… 743

2. 金寨铁线莲 Clematis jinzhaiensis Zh. W. Xue et X. W. Wang ………………………… 744

3. 大叶铁线莲 Clematis heracleifolia DC. ……………………………………………………… 744

4. 毛萼铁线莲 Clematis hancockiana Maxim. ………………………………………………… 745

5. 短柱铁线莲 Clematis cadmia Buch. -Ham. ex Wall. ……………………………………… 745

6. 大花威灵仙 Clematis courtoisii Hand. -Mazz. ……………………………………………… 746

7. 绣球藤 Clematis montana Buch. -Ham. ex DC. …………………………………………… 746

8. 柱果铁线莲 Clematis uncinata Champ. ……………………………………………………… 747

9. 太行铁线莲 Clematis kirilowii Maxim ……………………………………………………… 747

10. 威灵仙 Clematis chinensis Osbeck …………………………………………………………… 748

10a. 毛叶威灵仙 Clematis chinensis Osbeck f. vestita Rehd. et Wils. ……………………… 748

11. 安徽威灵仙 Clematis anhweiensis M. C. Chang …………………………………………… 749

12. 山木通 Clematis finetiana Lévi. et Vant. …………………………………………………… 749

13. 圆锥铁线莲 Clematis terniflora DC. ………………………………………………………… 750

14. 女萎 Clematis apiifolia DC. …………………………………………………………………… 750

14a. 钝齿铁线莲 Clematis apiifolia DC. var. obtusidentata Rehd. et Wils. ………………… 751

15. 扬子铁线莲 Clematis ganpiniana（Lévl. et Vant.）Tamura ……………………………… 751

16. 毛果铁线莲 Clematis peterae Hand. -Mazz. var. trichocarpa W. T. Wang …………… 751

17. 粗齿铁线莲 Clematis argentilucida（Lévl. et Vant.）W. T. Wang ……………………… 752

96. 芍药科 PAEONIACEAE

芍药属 Paeonia L.

牡丹 Paeonia suffruticosa Andr. ………………………………………………………………… 753

97. 大血藤科 SARGENTODOXACEAE

大血藤属 **Sargentodoxa** Rehd. et Wils.

大血藤 Sargentodoxa cuneata（Oliv.）Rehd. et Wils. ·········· 754

98. 木通科 LARDIZABALACEAE

1. 猫儿屎属 **Decaisnea** Hook. f et Thoms.

猫儿屎 Decaisnea insignis（Griff.）Hook. et Thoms. ·········· 755

2. 木通属 **Akebia** Decne.

1. 木通 Akebia quinata（Thunb.）Decne. ·········· 756
2. 三叶木通 Akebia trifoliata（Thunb.）Koidz. ·········· 756
2a. 白木通 Akebia trifoliata（Thunb.）Koidz. ssp. australis（Diels）T. Shimizu ·········· 757

3. 八月瓜属 **Holboellia** Wall.

1. 鹰爪枫 Holboellia coriacea Diels ·········· 757
2. 牛姆瓜 Holboellia grandiflora Reaub. ·········· 758
3. 五风藤 Holboellia fargesii Reaub. ·········· 758

4. 野木瓜属 **Stauntonia** DC.

1. 尾叶那藤 Stauntonia obovatifolia Hayata ssp. urophylla（Hand-Mzt.）H. N. Qin ·········· 759
2. 倒卵叶野木瓜 Stauntonia obovata Hemsl. ·········· 759
3. 黄蜡果 Stauntonia brachyanthera Hand. -Mzt. ·········· 759
4. 钝药野木瓜 Stauntonia leucantha Diels ex Y. C. Wu ·········· 760

99. 防己科 MENISPERMACEAE

1. 秤钩风属 **Diploclisia** Miers

秤钩风 Diploclisia affinis（Oliv.）Diels ·········· 761

2. 木防己属 **Cocculus** DC.

木防己 Cocculus orbiculatus（L.）DC. ·········· 762

3. 风龙属（汉防己属）Sinomenium Diels

1. 风龙 Sinomenium acutum（Thunb.）Rehd. et Wils. ································· 763
1a. 毛汉防己 Sinomenium acutum（Thunb.）Rehd. et Wils. var. cinerum（Diels）Rehd. ················ 763

4. 蝙蝠葛属 Menispermum L.

蝙蝠葛 Menispermum dauricum DC. ······························· 764

5. 千金藤属 Stephania Lour.

1. 千金藤 Stephania japonica（Thunb.）Miers ····························· 764
2. 粉防己 Stephania tetrandra S. Moore ······························ 765
3. 金线吊乌龟 Stephania cepharaantha Hayata et. Yamamoto ····················· 765

100. 南天竹科 NANDINACEAE

南天竹属 Nandina Thunb.

南天竹 Nandina domestica Thunb. ································ 766

101. 小檗科 BERBERIDACEAE

1. 小檗属 Berberis L.

1. 豪猪刺 Berberis julianae Schneid. ······························· 767
2. 华东小檗 Berberis chingii Cheng ······························· 768
3. 日本小檗 Berberis thunbergii DC. ······························· 768
4. 长柱小檗 Berberis lempergiana Ahrendt ··························· 768
5. 庐山小檗 Berberis virgetorum Schneid. ·························· 769
6. 安徽小檗 Berberis anhweiensis Ahrendt ·························· 769

2. 十大功劳属 Mahonia Nutt.

1. 十大功劳 Mahonia frotunei（Lindl.）Fedde ························· 770
2. 阔叶十大功劳 Mahonia bealei（Fort.）Carr. ························ 770

102. 马兜铃科 ARISTOLOCHIACEAE

马兜铃属 Aristolochia L.

绵毛马兜铃 Aristolochia mollissima Hance ························· 772

103. 胡椒科 PIPERACEAE

胡椒属 Piper L.

山蒟 Piper hancei Maxim. ·· 773

104. 金粟兰科 CHLORANTHACEAE

1. 金粟兰属 Chloranthus Swartz

金粟兰 Chloranthus spicatus（Thunb.）Makino ·· 774

2. 草珊瑚属 Sarcandra Gardn.

草珊瑚 Sarcandra glabra（Thunb.）Nakai ·· 775

105. 千屈菜科 LYTHRACEAE

紫薇属 Lagerstroemia L.

1. 紫薇 Lagerstroemia indica L. ··· 776
2. 福建紫薇 Lagerstroemia limii Merr. ··· 777
3. 南紫薇 Lagerstroemia subcostata Koehne ··· 777

106. 茄科 SOLANACEAE

枸杞属 Lycium L.

1. 宁夏枸杞 Lycium barbarum L. ·· 778
2. 枸杞 Lycium chinense Mill. ·· 778

107. 玄参科 SCROPHULARIACEAE

泡桐属 Paulownia Sieb. et Zucc.

1. 白花泡桐 Paulownia fortunei（Seem.）Hemsl. ··· 780
2. 楸叶泡桐 Paulownia catalpifolia Gong Tong ··· 781
3. 兰考泡桐 Paulownia elongata S. Y. Hu ··· 781
4. 毛泡桐 Paulownia tomentosa（Thunb.）Steud. ··· 782
5. 台湾泡桐 Paulownia kawakamii Ito ·· 782

108. 苦苣苔科 GESNERIACEAE

吊石苣苔属 Lysionotus D. Don

吊石苣苔 Lysionotus pauciflorus Maxim. ·· 783

单子叶植物纲 MONOCOTYLEDONEAE

109. 芭蕉科 MUSACEAE

芭蕉属 Musa L.

芭蕉 Musa basjoo Sieb. ·· 785

110. 菝葜科 SMILACACEAE

1. 菝葜属 Smilax L.

1. 尖叶菝葜 Smilax arisanensis Hay. ·· 788
2. 圆锥菝葜 Smilax bracteata Presl. ·· 788
3. 土茯苓 Smilax glabra Roxb. ·· 788
4. 短梗菝葜 Smilax scobinicaulis C. H. Wright ·· 789
5. 缘脉菝葜 Smilax nervo-marginata Hayata ·· 790
6. 托柄菝葜 Smilax discotis Warb. ·· 790
7. 长托菝葜 Smilax ferox Wall. et Kunth. ·· 791
8. 柔毛菝葜 Smilax chingii Wang et Tang ·· 791
9. 小果菝葜 Smilax davidiana A. DC. ·· 791
10. 菝葜 Smilax china L. ·· 792
11. 三脉菝葜 Smilax trinervula Miq. ·· 792
12. 武当菝葜 Smilax outanscianensis Pamp. ·· 793
13. 鞘柄菝葜 Smilax stans Maxim. ·· 793
14. 华东菝葜 Smilax sieboldii Miq. ·· 794
15. 黑果菝葜 Smilax glauco-china Warb. ·· 794

2. 肖菝葜属 Heterosmilax Kunth

肖菝葜 Heterosmilax japonica Kunth ·· 795

111. 龙舌兰科 AGAVACEAE

1. 丝兰属 Yucca Dill. ex L.

1. 丝兰 Yucca smallima Fern. ·· 796
2. 凤尾丝兰 Yucca gloriosa L. ·· 797

3. 剑叶丝兰 Yucca aloifolia L. ·· 797
3a. 金边丝兰 Yucca aloifolia L. var. marginata Bommer ····································· 797

2. 龙舌兰属 Agave L.

1. 龙舌兰 Agave americana L. ··· 797
1a. 金边龙舌兰 Agave americana L. var. marginata Trel. ··································· 798
1b. 撒金龙舌兰 Agave americana L. var. variegata Hort. ·································· 798

112. 棕榈科 Palmae

1. 蒲葵属 Livistona R. Br.

蒲葵 Livistona chinensis（Jacq.）R. Br ··· 799

2. 棕榈属 Trachycarpus H. Wendl.

棕榈 Trachcarpus fortunei（Hook.）H. Wendl. ··· 800

3. 棕竹属 Rhapis L. F.

1. 棕竹 Rhapis humilis Blume ·· 800
2. 筋头竹 Rhapis excelsa（Thunb.）Henry ex Rehd. ·· 801

4. 鱼尾葵属 Caryota L.

鱼尾葵 Caryota ochlandra Hance ·· 801

5. 刺葵属 Phoenix L.

1. 刺葵 Phoenix hancena Naud. ·· 802
2. 江边刺葵 Phoenix roebelenii O'Brien. ·· 803

113. 禾本科 – 竹亚科 GRAMINEAE-BAMBUSOIDEAE Nees

1. 赤竹属 Sasa Makino et Shibata

华箬竹 Sasa sinica Keng ··· 805

2. 箬竹属 Indocalamus Nakai

1. 箬叶竹 Indocalamus longiauritus Hand. -Mazz. ·· 805
1a. 半耳箬竹 Indocalamus longiauritus Hand. -Mazz. var. semifalcatus H. R. Zhao et Y. L. Yang ·············· 806

2. 阔叶箬竹 Indocalamus latifolius（Keng）McCl. ················· 806

3. 刚竹属 **Phyllostachys** Sieb. et Zucc.

1. 毛竹 Phyllostachys edulis（Carr.）H. de Lehaie ················· 808

1a. 绿皮花毛竹 Ph. edulis f. nabeshimana（Muroi）C. S. Chao et Renv. ················· 809

1b. 黄槽毛竹 Ph. edulis f. gimmei（Muroi）Ohrnberger ················· 809

1c. 绿槽花毛竹 Ph. edulis f. bicolor（Nakai）C. S. Chao et Y. L. Ding ················· 809

1d. 方毛竹 Ph. edulis cv. Quadrangulata ················· 809

2. 灰水竹 Phyllostachys platyglossa Z. P. Wang et Z. H. Yu ················· 810

3. 绿粉竹 Phyllostachys viridi-glauescens（Carr.）A. et C. Riv. ················· 810

4. 桂竹 Phyllostachys bambusoides Sieb. et Zucc. ················· 811

5. 高节竹 Phyllostachys prominens W. Y. Xiong ················· 811

6. 白哺鸡竹 Phyllostachys dulcis McClure ················· 812

7. 毛壳竹 Phyllostachys varioauriculata S. C. Li et S. H. Wu ················· 812

8. 美竹 Phyllostachys mannii Gamble ················· 813

9. 罗汉竹 Phyllostachys aurea Carr. ex A. et C. Rir. ················· 813

10. 毛环竹 Phyllostachys meyri McCl. ················· 814

11. 石竹 Phyllostachys nuda McCl. ················· 814

11a. 紫蒲头石竹 Ph. nuda cv. Localis ················· 815

12. 石绿竹 Phyllostachys arcana McClure ················· 815

12a. 黄槽石绿竹 Ph. arcana cv. Luteosulcata ················· 815

13. 尖头青 Phyllostachys acuta C. D. Chu et C. S. Chao ················· 815

14. 黄皮刚竹 Phyllostachys sulphurea（Carr.）A. et C. Riv. ················· 816

14a. 刚竹 Phyllostachys sulphurea var. viridis R. A. Young ················· 816

14b. 槽里黄刚竹 Phyllobtachys sulphurea f. houzeauana C. S. Chao et Renv. ················· 816

15. 黄古竹 Phyllostachys angusta McCl. ················· 816

16. 淡竹 Phyllostachys glauca McClure ················· 817

16a. 筠竹 Ph. glauca cv. Yunzhu ················· 817

17. 早园竹 Phyllostachys propinqua McCl. ················· 817

18. 曲秆竹 Phyllostachys flexuosa（Carr.）A. et C. Riv. ················· 818

19. 红壳竹 Phyllostachys iridenscens C. Y. Yao et S. Y. Chen ················· 818

20. 早竹 Phyllostachys violascens（Carr.）A. et C. Riv. ················· 819

21. 乌哺鸡竹 Phyllostachys vivax McClure ················· 819

22. 紫竹 Phyllostachys nigra（Lodd.）Munro ················· 820

22a. 毛金竹 Ph. nigra Munro var. henonis（Mitford）Stapf. ex Rendle ················· 820

23. 篌竹 Phyllostachys nidularia Munro ················· 821

23a. 光箨篌竹 Ph. nidularia f. glabrovagina Wen ················· 821

23b. 蝶翅篌竹 Ph. nidularia f. vexillaria Wen ················· 821

24. 舒竹 Phyllostachys shuchengensis S. C. Li et S. H. Wu ················· 821

25. 水竹 Phyllostachys heteroclada Oliv. ················· 822

25a. 实心竹 Phyllostachys heteroclada f. solida（S. L. Chen）Z. P. Wang et Z. H. Yu ················· 822

26. 安吉金竹 Phyllostachys parvifolia C. D. Chu et H. Y. Chou ················· 823

27. 安吉水胖竹 Phyllostachys rubicunda Wen ……………………………………………… 823

4. 方竹属 **Chimonobambusa** Makino

方竹 Chimonobambusa quadrangularis（Fenzi）Makino ………………………………… 824

5. 业平竹属 **Semiarundinaria** Makino ex Nakai

1. 短穗竹 Semiarundinaria densiflora（Rendle）Wen ……………………………………… 825
1a. 毛环短穗竹 Semiarundinaria densiflora（Rendle）Wen var. villosa S. L. Chen et C. Y. Yao …… 825

6. 青篱竹属 **Arundinaria** Michx

1. 苦竹 Arundinaria amara Keng ……………………………………………………………… 826
1a. 杭州苦竹 Arundinaria amara（Keng）Keng f. var. hangzhouensis S. L. Chen et S. Y. Chen ……… 827
1b. 光箨苦竹 Arundinaria amara（Keng）Keng f. var. subglabrata（S. Y. Chen）C. S. Chao et G. Y. Yang ………… 827
2. 高舌苦竹 Arundinaria altiliagulata（S. L. Chen et S. Y. Chen）Michx. ……………… 827
3. 斑苦竹 Arundinaria maculata（McCl..）C. D. Chu et C. S. Chao ………………………… 827
4. 仙居苦竹 Arundinaria hsienchuensis（Wen）C. S. Chao et G. Y. Yang …………………… 828
4a. 衢县苦竹 Arundinaria hsienchuensis var. subglabrata（S. Y. Chen）C. S. Chao et G. Y. Yang ……… 828
5. 实心苦竹 Arundinaria solida（S. Y. Chen）C. S. Chao et G. Y. Yang …………………… 828
6. 硬头苦竹 Arundinaria longifimbriata（S. Y. Chen）C. S. Chao et G. Y. Yang ………… 829
7. 翠竹 Arundinaria pygmaea var. disticha（Mitf.）C. S. Chao et Renv. …………………… 829
8. 菲白竹 Arundinaria fortunei（Van Houtte）A. et. C. Riv ………………………………… 829

7. 鹅毛竹属 **Shibataea** Makino ex Nakai

芦花竹 Shibataea hispida McCl. ……………………………………………………………… 830

8. 簕竹属 **Bambusa** Retz. Corr. Schbreber

1. 孝顺竹 Bambusa multiplex（Lour.）Raeusch. ………………………………………………… 830
1a. 凤尾竹 Bambusa multiplex（Lour.）Raeusch cv. Fernleaf …………………………………… 830
1b. 观音竹 Bambusa multiplex var. riviereorum R. Maire ……………………………………… 831
2. 佛肚竹 Bambusa ventricosa McClure ………………………………………………………… 831

9. 箭竹属 **Sinarundinaria** Nakai

箭竹 Sinarundinaria nitida（Mitf. ex Stapf）Nakai ………………………………………… 831

参考文献 ……………………………………………………………………………………… 832
植物拉丁名索引 ……………………………………………………………………………… 833
植物中文名称索引 …………………………………………………………………………… 858

安徽森林植物地理分布概况

李书春　　吴诚和

安徽位于我国东南部，在北纬29°22′-34°40′，东经114°53′-119°30′之间，东西宽约200-300公里，南北长约500公里，面积139000平方公里。东邻江苏、北邻山东、河南，西邻湖北、江西，南部及东南与浙江相邻。距离海岸线约350公里。

安徽地貌条件复杂多变，山地、丘陵、岗地相互交织。淮河、长江两大水系横贯其中，天然地将全省划分为淮北平原区（亦称皖北）、江淮丘陵区和大别山区（亦称皖中）、江南山区（亦称皖南）。

安徽地跨纬度5°，自北向南，气温和降水量不断递增，森林植物水平分布随之产生变化，过度性特征十分明显。大别山区、皖南山区，海拔达1300-1840米，从山麓到山顶，光照气温、降水量、湿度、风力、土壤等相应发生变化，植物种类和分布也随之产生变化，因而具有很明显的垂直带谱。

由于安徽自然条件优越，植物种类十分丰富，据不完全统计，种子植物3000余种，其中木本植物有113科366属1348余种（包括若干种下等级）；其中大多数具有经济价值，可供作木材、果树、药用、纤维、观赏、饲料、工业原料等多种用途。此外，还有不少树木具有科学研究、文化和历史价值。而列入国家珍稀、濒危、名贵树种的有30种之多（包括亚种和变种）。

兹将安徽森林水平分布、森林植物垂直分布、植物区系特征等项叙述如下。

一、森林植物的水平分布

安徽省森林植物的水平分布，因纬度的不同，水热条件的变化，出现了明显的地带性分布规律。自北向南，依次为暖温带落叶阔叶林，暖温带针叶林（侧柏林），北亚热带落叶、常绿阔叶混交林，常绿阔叶林及亚热带山地针叶林（马尾松林、杉木林等）以及亚热带毛竹林等森林植被类型。由于它们所处的环境条件不同，因而其群落组成、层次结构和区系成分，均显示着明显的差异，反映了水平气候带和植被带的紧密联系。

暖温带落叶阔叶林带，指安徽省淮北平原地区，它位于华北平原暖温带的南端。本地区由于气候、地形、土壤以及人为活动的影响，天然森林植被遭受破坏，植物种类贫乏。但是在一些石灰岩残丘上及庙宇周围，如萧县皇藏峪、宿县大方寺仍保存着一部分以栓皮栎（Quercus variabilis）、槲栎（Quercus aliena）、槲树（Quercus dentata）、平基槭、青檀、五角枫（Acer mono）及小叶朴（Celtis bungeana）等为优势的较典型的暖温带地带性落叶阔叶林及人工栽植的侧柏（Platycladus orientalis）为建群种的针叶林。

安徽省淮河以南广大地区属亚热带常绿阔叶林地带，森林植被以常绿阔叶林及落叶常绿阔叶混交林为其典型的地带性植被类型。江淮之间，包括大别山北坡为北亚热带落叶、常绿阔叶混交林带；长江以南及大别山南坡为中亚热带常绿阔叶林带。

北亚热带落叶、常绿阔叶混交林带，由于长期遭受砍伐、人为经营破坏和毁林开荒，已面目全非，仅在大别山北坡如霍山真龙地、佛子岭、金寨马宗岭等地尚有部分以苦槠、青冈、石栎（Lithocarpus glaber）栓皮栎、短柄枹（Quercus glandulifera var. brevipetiolata）、鹅耳栎（Carpinus viminea）、化香等为建群种的落叶、常绿阔叶混交林，代表本地区稳定的地带性植物群落类型，林下则出现一些樟科植物如钓樟属（Lindera），山茶科山茶属（Camellia）、柃木属（Eurya）植物等一些常绿灌木。在低海拔以下的沟谷两侧则生长江南桤木（Alnus trabeculosa）、紫楠（Phoebe sheareri）、华东野胡桃（Juglans cathayensis var. formosana）等组成小块的阔叶混交林。在东部低山丘陵地区，由于人为活动频繁，加之北面无山体屏障，冬季寒流长驱直入，落叶、常绿阔叶混交林，几乎形成落叶阔叶混交林，常绿阔叶树种绝少见到，此乃特殊地理环境所产生的结果，但个别低山如皇甫山、琅琊山林下也产生了微妙的变化，出现了常绿灌木的成分，如小叶女贞（Ligustrum quihoui）、胡颓子（Elaeagnus pungens）、竹叶椒（Zanthoxylum planispium）等，这是目前江淮地区低山丘陵森林植物群落的普遍现象。加山、石门山、张八岭、滁县丘陵地一带还生长有大面积的马尾松、黑松人工针叶林，可以说反映出北亚热带地带性植被性质。然而就江淮地区北亚热带历史上地带性森林植被而言，西部应以较耐寒的常绿树种青冈、石栎及落叶的栓皮栎、麻栎、枫香、鹅耳枥、化香等为优势种的落叶、常绿阔叶混交林；而其较平坦的东部则应以栓皮栎、麻栎、黄檀（Dalbergia hupeana）、响叶杨（Populus adenopoda）、糯米椴（Tilia henryana var. subglabra）、黄连木（Pistacia shinensis）、化香以及榆科一些种类如大叶榉、榔榆、朴树、青檀（Pteroceltis tartarinowii）等为优势的落叶阔叶混交林。

安徽省中部的北亚热带地区介于淮北暖温带及皖南的中亚热带之间，除森林植被类型的组成结构和区系成分有所不同外，显示了南北区系成分互相渗透、交汇和过渡现象，这是研究安徽省森林植物群落不可忽视的一点。

安徽省中亚热带常绿阔叶林带，主要包括长江以南及大别山南坡，这一地带气候温和，雨量充沛，水热资源丰富，年平均气温 15.4-16.8℃，年降雨量 1200-1700mm，无霜期 230-240 天，林木生长期较长，生产潜力较大，森林资源丰富，树木种类较多。森林的组成以壳斗科的青冈、甜槠、小叶青冈（Cyclobalanopsis gracilis）、棉槠（Lithocarpus henryi），樟科的樟树、紫楠、红楠（Machilus thunbergii）、豹皮樟（Litsea coreana var. sinensis）及山茶科的木荷（Shima superba）等为建群种的常绿阔叶林，林下有樟科的钓樟属、木姜子属（Litsea），山茶科的柃木属、山茶属，金缕梅科的檵木属（Loropetalum）等群落结构比较稳定，演替缓慢，本地区的南端歙县、祁门、休宁一带的黄山、牯牛降以及与浙江交界的清凉峰、与江西交界的六股尖等地尚保存较完整的部分天然常绿阔叶林，其中蕴藏着许多南方区系种类和多种稀有珍贵树种，为安徽省仅存的森林资源宝库，应当多加保护，维持其森林生态系统，使其免遭破坏，永续利用，造福子孙后代。

二、森林植物的垂直分布

众所周知，地形的高低直接影响到温度、水分和土壤等因素的变化，从而影响森林植物群落的组成结构和区系成分的变化，因而构成山地森林植物有规律的分布，形成山地垂直带谱。所以，随着海拔的升高，从山麓到山顶可明显观察到森林植物群落垂直带谱的变化。有一种现象值得注意，即森林垂直带基带与水平地带性植被带相叠合，即山地垂直带依海拔升高有规律的变化与水平地带性植被带由低纬度向高纬度的变化规律相同，植被类型亦相同，但由于历史的发展和人为因素影响，其各自相对的植物种类、组成结构和区系成分等则大不相同。

安徽省皖南山区及皖西大别山区群峰林立，地势陡峻，森林植物分布规律十分明显（已如前述）。安徽省皖南黄山光明顶海拔 1841 米，牯牛降海拔 1728 米，清凉峰海拔 1787 米；大别山区白马尖海拔 1774 米，天堂寨海拔 1727 米，等等，这些山峰均提供了森林垂直带的明显变化，现就大别山区和皖南山区森林垂直带的分布情况，简要叙述如下。

（一）大别山区

海拔 400-900 米，为落叶常绿阔叶混文林带，主要建群种为青冈、苦槠、石栎、栓皮栎、麻栎、枫香、化香、鹅耳枥等；南坡的水热条件改善，常绿成分开始增加，建群种有甜槠、细叶青冈（Cyclobalanopsis myrsinaefolia）、小叶青冈等。海拔 500 米以下还有以甜槠为主的常绿阔叶林，林下灌木多为落叶种类，如山胡椒（Lindera glauca），红脉钓樟、红果钓樟、山楂、宁波溲疏（Deutzia ningpoensis）、大果山胡椒（Lindera praecox）、盐肤木（Rhus chinensis）及白栎（Quercus fabri），也有少量常绿灌木混生其中，如格药柃（Eurya muricata）、连蕊茶（Camellia fraterna）、崖花海桐（Pittosporum illicioides）、檵木（Loropetalum chinernse）等。本带落叶常绿阔叶混交林屡遭砍伐破坏，退化为落叶阔叶混交次生林、灌丛或高草群落，仅在交通不便的深山沟谷地带尚幸存小面积的较完整的落叶常绿阔叶混交林。如舒城小涧冲（万佛山）、金寨马宗岭、霍山真龙地等处。本带尚有马尾松林、杉木林、毛竹林等人工林，面积很广。

海拔 900-1300 米为落叶阔叶林带，其建群种以栓皮栎、茅栗、短柄枹、鹅耳枥等占优势。此处常见的有灯台树（Cornus controversa）、华桑（Morus cathayana）、毛千金榆（Carpinus cordata var. chinensis）、紫弹朴（Celtis

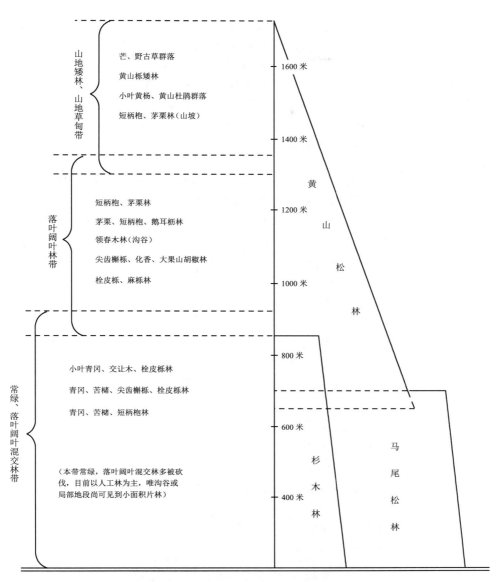

图 3-1　金寨天堂寨森林植被垂直分布简图
（仿《安徽森林》）

biondii）、光叶糯米椴（Tilia henryana var. subgrabra）以及槭属（Acer spp.）、樱属（Prunus spp.）树种，沟谷内还常见华东野胡桃（Juglans cathayensis var. formosana）、天目木姜子（Litsea auriculata）、江南桤木等一些喜湿度较高、较耐阴的乔木树种。此外，在北坡金寨渔潭、马宗岭一带（海拔 900-1100 米）有天然山核桃林分布，株下灌木有除山胡椒（Lindera glauca）外，尚有伞八仙（Hydrangea umbellata）、盐肤木、野漆树（Toxicodendron sylvestris）、绿叶胡枝子（Lespedeza burgeri）、水马桑（Weigela japonica var. sinica）等，在南坡则开始出现一些常绿灌木和山茶科植物如尖叶山茶（Camellia cuspidata）、窄基枧（Eurya rubiginosa var. attenuata）、马银花（Rhododendron ovatum）、乌饭树（Vaccinium bracteatum）等。本森林带人为干扰破坏很严重，乔木常被择伐，林冠稀疏，灌木丛生，林分生产力下降。本带上部迎风面及山脊有黄山松（Pinus taiwanensis）天然林，山坡谷地有人工栽培的毛竹林（Phyllostachy endulis）等。

　　海拔 1200 米以上，因土层浅薄，气温低，风力大，乔木树种多呈低矮弯曲状态，形成"山地矮林"、山地灌丛及山地黄山松林。山地矮林中树种比较多样，有黄山栎（Quercus stewardii）、华东椴（Tilia japonica）四照花（Dendrobenthamia japonica var. chinensis）、水榆花楸（Sorbus alnifolia）等，在背风缓坡外常有茅栗

（Castanea sequinii）分布。此外尚有湖北海棠（Malus hupehensis）、长柄冬青（Ilex pedunculosa）、苦枥木（Fraxinus insularis）等。本带山地灌丛有相当大的分布面积，种类有三桠乌药（Lindera obtusiloba）、川榛（Corylus heterophylla var. sutchenensis）、省沽油（Staphylea bumalda）、伞八仙、南方六道木（Abelia dielsii）、水马桑、白檀（Symplocos paniculata）、蜡瓣花（Corylopsis sinensis）、毛果漆（Toxicodendron tricaocarpa）、圆叶胡枝子（Lespedeza bicolor）等。此带还有稀见的常绿灌木种类，如黄山杜鹃、天目杜鹃（Rhododendrox fortunei）以及安徽省特有种都支杜鹃（Rhododendron shanii）等。小叶黄杨（Buxus sinica var. parvifoia）当地群众称"鱼鳞木"，在本地带上部生长于岩石缝中，形成层片，外形独特，极为罕见。

（二）皖南山区

以黄山为例，中心位置北纬 30°11′，东经 118°11′，面积达 1000 平方公里，主峰莲花峰高达 1873 米。黄山是我国著名风景区，森林植被保存较完整，森植被带分布十分明显。

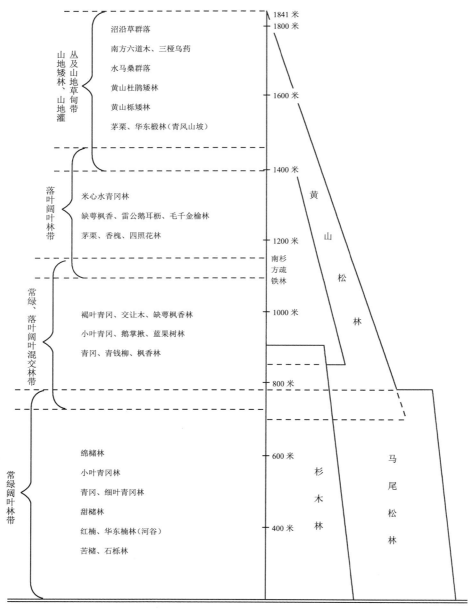

图 3 黄山森林植被垂直分布简图
（仿《安徽森林》）

海拔 800 米以下，为常绿阔叶林带，一般在 600 米，以下多为苦槠、石栎林，沟谷有华东楠（Machilus leptophylla）、红楠（Machilus thunbergii）、紫楠（Phoebe sheareri）林；海拔 600-800m，多见甜槠、绵槠林及青冈栎林；海拔 800-900m 为以青冈、细叶青冈、小叶青冈为主的常绿阔叶林及黄山松林等。沟谷或缓坡处有杉木和毛竹人工林，呈块状分布。本带常见的林下树种有豺皮樟、细叶香桂（Cinnamomum subavenium）、天竺桂（Cinnamomum japonicum）、多穗石栎、石楠、交让木（Daphniphyllum macropodium）、树参（Dendropanax dentiger）、紫楠等。此外林下常见的落叶乔木有青钱柳、小果青钱柳（Cyclocarya micropaliurus）、蓝果树（Nyssa sinensis）、枫香、银鹊树（Tapiscia sinensis）、细柱五加、香槐（Cladrastis wilsonii）、紫弹朴等，林下灌木种类繁多，常见的有檵木、映山红、野山茶、连蕊茶、格药柃、钓樟、红脉钓樟、山橿（Lindera reflexa）、白栎、短柄枹、乌饭树、饭汤子（Viburnum setigerum）以及多种层外植物如大血藤（Sargentodoxa cuneata）、紫藤（Wisteria sinensis）、鸡屎藤（Paederia scandens）、葛藤（Pueraria lobata）、海金沙（Lygodium japonicum）等。

海拔 800-1100 米为落叶、常绿阔叶混交林带。本带为常绿阔叶林与落叶阔叶林的过渡带。森林植物群落建群种不明显。落叶树种有蓝果树、缺萼枫香（Liquidambar acalycina）、青钱柳、化香、香槐、吴茱萸五加（Acanthopanax evodiaefolius）、鹅耳枥等；常绿树种有褐叶青冈、青冈、小叶青冈、长叶木姜子（Litsea elongata）、豹皮樟等；陡坡向阳悬崖、山脊有稀疏的黄山松林。

海拔 1100-1400 米，为落叶阔叶林带。由于处于山体上部，人为活动较少，森林植被未受到严重破坏，种类很多，但无优势种，有黄山木兰、鹅耳枥、米心水青冈（Fagus engelerina）、毛千金榆（Carpinus cordata var. chinensis）、紫茎（Stewartia sinensis）、灯台树、四照花、木腊树（Toxicodendron succedanea）、暖木（Meliosma veitchiorum）、缺萼枫香等。在沟谷或山坡有小块南方铁杉林散生，岩壁、岭脊等处有黄山松林分布。此外，本带 1200 米以上北坡和南坡有米心水青冈林存在，虽残破不全，但足以证明此中性偏阴树种萌蘖力强，在落叶阔叶林演替的过程中能起到建群作用。

海拔 1400 米以上为"山地矮林"、山地灌丛林带。由于山顶不利的生态环境，风力强劲、昼夜温差变化大，腐殖质分解缓慢，土层浅薄，导致乔木树种呈亚乔木状；灌木呈低矮丛生，山地矮林的建群种有黄山栎、华东椴等，伴生树种有水榆花楸、黄山花楸（Sorbus amabilis）、茅栗、青皮槭（Acer grosseri var. hersii）、四照花、湖北海棠等。在土层较厚、避风向阳的地方，常见茅栗纯林。黄山松在陡壁、峰顶则形成单优势群落，由于环境恶劣，风力强劲，树冠枝丫多一边倒，呈旗形、平顶、侧展、匍匐等多姿多彩的树型。此外，山地原生灌木丛，种类复杂多样，无建群种，有三桠乌药、岩柃（Eurya saxicola）、六道木、合轴荚蒾（Viburnum sympodeale）、川榛、安徽小檗（Berberis anhweiensis）、伞八仙、灯笼树（Enkianthus chinensis）、安徽杜鹃、天目杜鹃、天目琼花（Viburnum sargentii var. calvescens）、短梗天女花（新变种）、水马桑、白檀、钝叶蔷薇（Rosa sertata）等。在此地带高海拔的常绿灌木有岩柃、小叶黄杨、安徽杜鹃等，在局部地段常形成单纯群落，下层华箬竹（Sasamorpha sinica）密生，盖度几达 80%-90%，很大程度影响天然更新。十余年前，黄山管理处曾雇工上山砍伐清除一次，但过了数年又生长繁茂起来。

海拔 1600 米以上山顶斜坡，如黄山光明顶、歙县清凉峰，常有块状山地草甸分布，种类为沼草、野古草等，呈优势群落，草甸中间有一些灌木侵入镶嵌其中。此外，本带坡地沟旁，因积水排泄不畅发育成山地沼泽群落，优势种为水藓（Sphagnum sp.），近年来因沟谷排水条件稍有改善，沼泽开始退化，有一些耐湿灌木开始侵入。

（三）安徽森林植物区系简介

1. 植物区系的基本特点

（1）种类较丰富。据不完全统计，全省维管束植物约有 3200 余种，分隶于 205 科 1006 属，其中蕨类植物 34 科 71 属约 200 种，裸子植物 7 科 14 属 23 种及变种，被子植物约 3000 种左右，木本植物约 1390 种，其中有经济价值较高的树木约 400 余种，特别是南部和西部山区保存着丰富的植物资源和区系成分，其中包含有较古老的类群，是第三纪或白恶纪以来一直残存的孑遗物种，它对研究安徽省地质、地理、古生物、古气候提供了十分有价值的科研资料。

（2）起源古老、孑遗树种多。安徽省主要是处于淮阳古陆和江南古陆之间。鉴于安徽省具有悠久的地质历史和有利的自然条件，在第四纪冰川漫长的年代中，这里的山区植物，并未蒙受毁灭性的摧残和打击，多处均维持着较稳定和湿润的气候条件，所以现代植物区系中，仍能保存着许多古老的科、属和孑遗植物，第三纪古热带植物区系的残遗或更古老的孑遗植物，例如蕨类一些种类和裸子植物银杏（Ginkgo biloba）、金钱松（Pseudolarix kaempferi）、华东黄杉、柳杉、粗榧（Cepha-lotaxus sinensis）及被子植物如领春木（Euptelea pleiosperma）、鹅掌楸（Liriodendron chinense）连香树（Cercidiphyllum japonicium）、杜仲（Eucommia ulmoides）、糙叶榆（Aphananthe aspera）、银缕梅（Parrotia subaequalis）、长序榆（Ulmus elongata）及青钱柳（Cyclocarya paliurus）等。这些古老而原始的残遗植物，多为单种属或少种属。此外如杉科（Taxodiaceae）、红豆杉科、樟科、壳斗科、金缕梅科等在白垩纪后期已普遍存在；椴树科、榆科在白垩纪后期也陆续分化出来。又如山茶科、冬青科、山矾科、桃金娘科、野茉莉科等至迟在第三纪初已经出现。上述古老的科、属除少数为中生代孑遗种外，大多数都是第三纪或第四纪冰川后保留下来或分化出来。

（3）特有种较丰富。安徽省及邻近地区的特有种有黄山五叶参（Pentapanax henryi var. wangshanensis）、永瓣藤（Monimopetalum chinense）、琅玡榆、醉翁榆、大别山五针松（Pinus dabeishanensis）、安徽楤木（Aralia subcapitata）、都支杜鹃、安徽槭（Acer anhweiense）、银缕梅（Parrotia subaequalis）、小果青钱柳（Cyclocarya micro-paliurus）、安徽报春（Primula merrilliana）、紫荛花（Wikstroemia glabra var. purpurea）及安徽黄芩（Scutellaria anhweiensis）、安徽贝母（Fritillaria anhweiensis）等。此外，安徽省及邻近地区还有不少特有属，绝大部分为单种属或少种属，多为古老或原始的残遗属如金钱松属、杉木属、猬实属（Kolkwitzia）、永瓣藤属、山拐枣属（Poliothyrsis）、青钱柳属、香果树属、青檀属（Pteroceltis）、银鹊树属（Tapiscia）、明党参属（Changium）等。

2. 植物区系的主要地理成分

安徽省复杂的自然条件和悠久的自然历史，加之所处地理位置为我国南北植物过渡地带，构成了安徽省丰富而广泛的植物区系地理成分。安徽省植物的温带、亚热带特征既然比较显著，因此在这些成分中它与东亚成分（尤其是中国—日本植物区系）最为密切，同时与北美、东南亚印度及太平洋各岛屿等成分有着不同程度的联系。从区系植物地理成分中可以看出，这里有极为丰富的华东区系成分（东亚区系）、如黄山松、金钱松、华东黄杉、黄山栎（Quercu stewardii）、黄山木兰（Magnolia cylindrica）、小叶栎（Quercus chenii）、山核桃（Carya cathayensis）、长序榆、棕脉花楸、华东野胡桃（Juglans cathayensis var. formosana）、天目木兰、天目槭（Acer sinopurascens）、黄山溲疏（Deutzia glauca）、黄山大青（Clerodendron kaichianum）、朵椒（Zanthoxylum molle）、华东木犀（Osmanthus coopei）、杭州榆（Ulmus chingii）等。同时还有不少属种与日本中部及南部相同或相似，如粗榧（Cephalotaxus sinensis）、山桐子（Idesia polycarpa）、天女花（Magnolia sieboldii）、连香树、毛柄三叶槭（Acer nikoense）、红淡比（Cleyera japonica）、中槐（Sophora japonica）、鸡麻（Rhodotypos scandens）、白辛树（Pteroxtyrax corymbosa）、棣棠花（Kerria japonica）、黄山梅（Kirengeshoma palmata）等。这些成分中许多是较古老的科、属，并常显示着间断分布状况。东亚、北美间断分布现象，早就引起人们注意，足以说明东亚、北美在地史上的联系和近代地理环境相似性。例如鹅掌楸属、肥皂荚属（Gymnocladus）、夏蜡梅属（Calycanthus）都是二种属在东亚、北美各一种相对应的现象。安徽省植物部分热带成分中，有一些和印度、中南半岛甚至非洲、澳洲及太平洋岛屿成分发生联系，例如海桐花属（Pittosporum）、山矾属（Symplocos）、香椿属（Toona）、苦木属（Picrasma）、铁仔属（Myrsine）、荛花属（Wikstroemia）、腐婢属（Premna）、通泉草属（Mazus）、结缕草属（Zoysia）等。从安徽省植物区系成分中各类型所占比例来看，未见地中海、西亚及中亚的区系成分，即使见到也都是引种或归化的种，如油橄榄属（Olea）、胡桃属（Juglans）等。

3. 植物区系与毗邻地区的联系

安徽省北部属于华北植物区系，由于人类活动影响破坏，原始植被几乎荡然无存，区系成分比较贫乏和单纯，极难找到特有种和第四纪以前的孑遗植物。然而，现在该地区石灰岩残丘上次生林中仍可见到一些华北、内蒙古、东北地区的区系成分，如大果榆（Ulmus macrocarpa）、大叶朴（Celtis koraiensis）、平基槭（Acer truncatum）、槲栎、槲树、山东栒子（Cotoneaster shantungensis）、锐齿鼠李（Rhammus arguta）、山桑（Morus mongolica var. diabolica）、小叶白蜡（Fraxinus bungeana）、毛黄栌（Cotinus coggygria var. pubescens）、地构叶（Speranskis tuberculata）、西伯利亚黄精（Polygonatum sibiricum）、沙兰刺头（Echinops gamalinii）等。

安徽省南部祁门、休宁、歙县一带，属于较典型的中亚热带常绿阔叶林类型，如栲树林（Form. Castanopsis

fargesii)、甜槠—米槠林（Form. Castanopsis eyrei-C. carlesii）、钩栲林（Form. Castanopsis tibetana）等，同时蕴藏着许多我国南方区系成分，如罗浮栲（Castanopsis fabri）、野含笑（Michelia skinneriana）、三叶赤楠（Syzygium grijsii）、天仙果（Ficus erecta var. beecheyana）、五月茶（Antidesma gracile）、葨芝（Cudrania cochinchinensis）、花榈木（Ormosia henryi）、毛萼红果树（Stranvaesia amphidoxa）、亮叶厚皮香（Ternstroemia nitida）、黄瑞木（Adinandra millettii）、罗浮冬青（Ilex lohfauensis）、密花梭罗树（Reevesia pycnantha）、福建假卫矛（Microtropis fokienensis）、光枝铁仔（Myrsine stonifera）、短尾越橘（Vaccinum carlesii）、牛矢果（Osmanthus matsu-muranus）、玉叶金花（mussaenda esquirollii）、粗糠柴（Mallotus philippinensis）、绞股蓝（Gynostemma pentaphyllum）等。此外在常绿阔叶林中或林缘，生长着丰富的层外植物，多为我国南方区系成分，如流苏子（Coptosapelt diffusa）、粤蛇葡萄（Ampelopsis cantoniensis）、鸡血藤（Millettia reticulata）、羊角藤（Morinda umbellata）、清香藤（Jasminum lanceolarium）等。

安徽省南北两地，由于地形及气候地带性因素的影响，反映了植物区系成分明显的不同，已如前述。安徽省东、西两地区气候地带性差异不大，但地形、土壤水分等的差异，影响了植物区系成分的组成。

东部为皖南丘陵冈地，是大别山山系延伸的部分，通称淮阳山脉，由于地形起伏不大，夏季明显受到太平洋东南季风的影响，而冬季又直接受到西伯利亚寒潮南下的侵袭，加之人口密集、频繁活动的影响，天然森林稀少，植物种类贫乏，但从次生林保存较好的石灰岩山地（如皇藏峪、琅玡山）的植物种类成分分析，其区系成分以华北、华东北部区系成分为主，与南暖温带区系组成相似，森林植物区系成分以榆科、壳斗科栎属（Quercus）为主。

西部为皖西大别山区，境内山峰林立，北坡霍山、金寨一带植被类型以落叶阔叶林为主，低海拔地段则出现了落叶常绿阔叶混交林；南坡岳西、太湖、潜山一带，常绿落叶阔叶混交林中的常绿和落叶树种均起到建群作用，甚至还出现了苦槠、甜槠为主的常绿阔叶林。大别山地质古老，山峰高耸、沟壑深邃，植物种类丰富，区系成分复杂而独特，如大别山五针松、都支杜鹃等均为本山的特有成分，其他地区未见。此外，大别山区系成分，与其他地区联系广泛已如前述，特别与邻省浙江联系最为紧密，如天目木姜子（Litsea auriculata），该种原产浙江天目山及其周围地区，并经皖南一直延伸至大别山南坡岳西枯井园，潜山天柱山外围板仓，海拔900-1100米，并越过南坡至北坡舒城小涧冲（万佛山）、霍山马家河、金寨马宗岭等地。特别是刚竹属的许多种在浙江安吉、临安与安徽宁国、广德等地连成一片，形成刚竹属种的地理分布中心，区系成分较西部江西、湖南、四川等省丰富多了。

裸子植物 GYMNOSPERMAE

　　乔木，稀为灌木或木质藤木；茎的维管束排成一环，具形成层，次生木质部具管胞，稀具导管。叶多为条形、针形或鳞形，无托叶。雌雄同株或异株。小孢子叶数个至多数，组成疏松或紧密的雄球花，多为风媒传粉；胚珠裸露，生于大孢子叶上，组成雌球花或不组成雌球花。种子有胚乳，胚直伸，子叶 2 至多数。

　　裸子植物最早出现于古生代后期的上泥盆纪（距今 3.95 亿 ~3.45 亿年），在其后的石炭纪、二叠纪、中生代的三叠纪、侏罗纪，白垩纪和新生代的第三纪等各地史时期气候发生多次重大变化，老的种类相继绝灭，新的种类陆续演化出来。现代裸子植物有不少种类是从第三纪出现的（距今 6500 万 ~250 万年），又经过第四纪冰期而保留下来，繁衍至今。

　　现存裸子植物有 12 科 71 属约 800 种。我国有 11 科 41 属 243 种，其中引入栽培 1 科 8 属 50 余种。安徽省有 9 科，27 属，73 种［含种下等级 19 种（1 变种，17 栽培型，1 杂交种）］。多为高大乔木，分布很广，不少种类组成大面积森林，其中杉木林和马尾松林占安徽省面积的 65%，是安徽省森林的重要组成部分。

1. 苏铁科 CYCADACEAE

常绿木本植物，树干圆柱形，粗壮，不分枝，稀在顶端呈二叉状分枝，或成块茎状，髓部大，木质部和韧皮部较窄。叶螺旋状排列，有鳞叶及营养叶，相互成环着生，鳞叶小，营养叶大，羽状深裂，稀叉状二回羽状深裂，集生树干顶部或块茎上。雌雄异株，雄球花单生树干顶端，直立，小孢子叶扁平鳞状或盾形，螺旋状排列，下面着生多数小孢子囊，小孢子萌发时产生两个有纤毛的游动精子，大孢子叶上部羽状分裂或近于不分裂，生于树干顶部羽状叶和鳞叶之间，胚珠 2-10，生于大孢子叶柄的两侧。种子核果状，具三层种皮，胚乳丰富。

10 属约 110 种，产于南北两半球的热带和亚热带地区。我国 1 属，10 种。安徽省引种 1 属 2 种。

苏铁属 Cycas L.

树干圆柱形，直立，常密被宿存的木质叶基。营养叶的羽状裂片窄长，条形或条状披针形，中脉显著，无侧脉。雄球花长卵圆形或圆柱形，小孢子叶扁平，楔形，下面着生多数 1 室的花药，花药 3-5 个聚生，无花丝，大孢子叶扁平，不形成雌球花，稀形成疏松的雌球花。种子的外种皮肉质，中种皮木质，常具 2(3) 棱，内种皮膜质；子叶 2，常于基部合生，发芽时不出土。

约 17 种，产于东南亚、大洋洲及马达加斯加等热带、亚热带地区。我国 10 种，产于华南至西南暖热地区。多为庭园观赏树种。我省引入 2 种，多用盆栽。

1. 大孢子叶上部的顶片显著扩大，长卵形至宽圆形，边缘深条裂，叶羽状裂片达 100 对以上 ························· 1. 苏铁 C. revoluta
1. 大孢子叶上部的顶片微扩大，三角状窄翅形，边缘
   具细短的三角状裂齿，叶羽状裂片 50-80 对 ······
   ························· 2. 华东苏铁 C. rumphii

1. 苏铁 铁树，凤尾松　　　　　图 1
Cycas revoluta Thunb.

树干通常高约 2 米，稀达 8 米以上，有明显螺旋状排列的菱形叶柄残痕。羽状叶从树干顶部生出，下层的向下弯拱，上层的向上伸展，长 75-200 厘米，羽状裂片达 100 对以上，条形，厚革质，坚硬，长 9-18 厘米，宽 4-6 毫米，向上斜展微成 "V" 字形，边缘显著向下反卷，基部窄，两侧不对称，下侧下延，上面深绿色，有光泽。雄球花圆柱形，长 30-70 厘米，径 8-15 厘米；大孢子叶长 14-22 厘米，羽状分裂，裂征 12-18 对，密生淡黄色绒毛，胚珠 2-6，生于孢子叶柄的两侧，有绒毛。种子倒卵圆形或卵圆形，长 2-4 厘米，径 1.5-3 厘米，红褐色或橘红色，密生灰黄色短绒毛，后渐脱落。花期 6-7 月；种子 10 月成熟。

安徽省各城市公园、花圃等处有盆栽，冬季常置于温室中过冬。分布于福建、台湾、广东。日本南部，菲律宾、印度尼西亚也有分布。

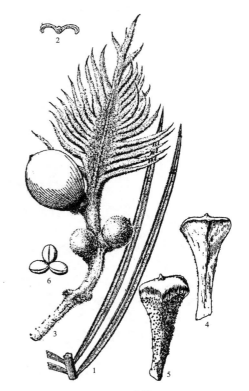

图 1 苏铁
1. 羽片叶的一段；2. 羽状列片的横切面；3. 大孢子叶及种子；4、5. 小孢子叶的背腹面。

　　喜温暖湿润气候，不耐严寒，生长缓慢，寿命可达 200 年。在华南，10 年生以上的树木几乎每年开花结籽，安徽省盆栽的苏铁偶有开花。用种子或根际球形萌蘖繁殖。

　　为优美的观赏树种，可作盆景，种子可供药用，有治痢疾，止咳和止血之效。国家一级保护树种。

2.　华东苏铁　刺叶苏铁

Cycas rumphii Miq.

　　树干高 4-8 米，稀达 15 米，上部有残存的叶柄。羽状叶长 1-2 米，近直展，上部拱弯，叶轴下部通常有短柄，羽状裂片 50-80 对，长披针状条形或条形，长 15-30 厘米，宽 1-1.5 厘米，革质，绿色，有光泽，边缘平，稀微波状。雄球花椭圆状长圆形，长 12-25 厘米，大孢子叶长 20-35 厘米，羽状分裂，初被绒毛，后渐脱落，柄长，胚珠 1-3（稀 4-8）。种子扁球形或卵圆形，径 3-4.5 厘米。花期 5-6 月；种子 10 月成熟。

　　安徽省城市公园、花圃等处花房中常见盆栽。为优美的庭园观赏植物。国家一级保护树种。原产印度尼西亚、澳大利亚北部、越南、缅甸、印度及非洲马达加斯加等地。我国华南各地广为栽培。

2. 银杏科 GINKGOACEAE

落叶乔木，树干端直。有长枝和短枝。叶在长枝上螺旋状排列，在短枝上簇生，扇形，叶脉二叉状并列。雌雄异株，雌雄球花生于短枝顶端的叶腋或苞腋，雄球花有梗，荑葇花序状，雄蕊多数，螺旋状着生，每雄蕊有 2 花药，雄精细胞有纤毛，花丝短，雌球花有长梗，顶端通常有 2 珠座，每珠座着生 1 直立胚珠，常仅一胚珠发育。种子核果状，外种皮肉质，中种皮骨质，内种皮膜质，胚乳丰富，胚有 2 子叶，发芽时不出土。

本科植物发生于古生代石炭纪末期，至中生代三叠纪、侏罗纪种类繁盛。中生代早期的银杏为现代银杏的远祖。新生代第三纪早期的银杏 Ginkgo adiantoides（Unger）Heer 之叶与现代银杏无多大区别。第四纪冰期后仅孑遗银杏一种，为我国特产，有活化石之称。日本及欧美等国均从我国引入栽培。

银杏属 Ginkgo L.

形态特征与科同。

银杏 白果树、公孙树　　　　　　　　　图 2
Ginkgo biloba L.

落叶乔木，高达 40 米，胸径 4 米；幼树树皮淡灰褐色，浅纵裂，老则灰褐色，深纵裂；幼树及壮年树的树冠圆锥形，老树树冠广卵形，大枝斜上伸展。1 年生长枝淡褐黄色，2 年生以上变为灰色，有细纵裂纹，短枝色深，黑灰色。叶扇形，上部宽 5-8 厘米，上缘有浅或深的波状缺刻，有时中部缺裂较深，成二裂状，幼树及萌芽枝的叶常大而深裂，长达 13 厘米，宽可达 15 厘米，基部楔形，淡绿色或绿色，秋季落叶前变为黄色，有长柄，短枝之叶 3-5（-8）簇生。雄球花4-6 生于短枝顶端叶腋或苞腋，长圆形，下垂，淡黄色；雌球花数个生于短枝顶端叶丛中，淡绿色。种子椭圆形、倒卵圆形或近球形，长 2.5-3.5 厘米，熟时黄色或橙黄色，外被白粉，外种皮肉质，中种皮骨质，具 2-3 纵脊，内种皮膜质，淡红褐色；胚乳肉质。花期 3 月下旬至 4 月中旬，种子 9-10 月成熟。银杏在安徽省有三个栽培型：垂枝银杏（Ginkgo biloba cv. Pendula）枝条下垂；斑叶银杏（Ginkgo biloba cv. Variegata）叶具黄色斑纹；塔形银杏（Ginkgo biloba cv. Faetigata）枝条上升，长圆柱形或塔形。

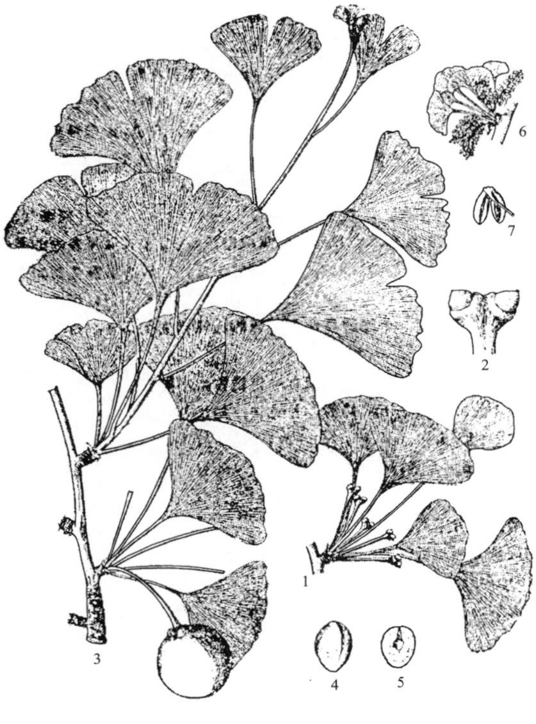

图 2 银杏
1. 雌球花；2. 雌球花上端；3. 种子和长短枝；4. 去外皮种子；5. 种仁纵切面；6. 雄球花枝；7. 雄蕊。

为我国特有珍稀树种，广为栽培。安徽省南北各地均有栽培，各名胜古迹庙宇常有栽培数百年至千年以上的大树。黄山桃花峰海拔 850 米处、大别山区佛子岭林场黄巢寺海拔 500-1000 米处也有分布。安徽省各地现存古银杏有近千株，如黄山市徽州区潜口乡唐模村的唐朝古银杏树高 22 米，胸围 790 厘米；旌德县孙村乡管家村唐代古银杏树高 35 米，胸围 625 厘米；蒙城县移村乡白果村隋朝古银杏树高 21 米，胸围 820 厘米；临泉县城西的唐代古银杏树高 29 米，胸围 645 厘米等。朝鲜，日本及欧美各国庭园均有栽培。

对气候条件的适应范围很广，在年平均气温 10-18℃，冬季绝对最低气温 -20℃以上，年降水量 600-1500

毫米，冬春温寒干燥或温凉湿润，夏秋温暖多雨的条件下生长良好。对土壤的适应性亦强，酸性土、中性土或钙质土均能生长，但以深厚湿润、肥沃，排水良好的沙质壤土最为适宜，干燥瘠薄而多石砾的山坡则生长不良，过湿或盐分太重的土壤则不能生长。

喜光，深根性，耐干旱，对大气污染有一定抗性，不耐水涝。一般生长较慢，如在水肥条件较好和精心管理的情况下，幼树生长亦快。一般20年生的实生树开始结籽，30-40年进入盛期，通过嫁接可提前5-7年结籽，结籽能力长达数百年不衰，寿命可达千年以上。

木材材质优良，边材淡黄色，心材淡黄褐色，质较轻软，结构细，纹理直，加工后有光泽，不翘不裂，宜作翻砂模型及印染机滚筒，也可作绘图板、雕刻、工艺品及室内修饰等用。种子富营养，供食用，熟食有补肺、止咳、利尿等效，捣烂敷治皮肤开裂；种子含氢氰酸，不宜多食。叶可提制冠心酮，对治疗心血管疾病有一定效果。外种皮含银杏酸、银杏醇和银杏二酚，有毒，可用于杀虫。秋叶金黄，是优美的风景树。国家一级保护树种。

3. 南洋杉科 ARAUCARIACEAE

常绿乔木，髓部较大，皮层具树脂，大枝轮生。叶革质，螺旋状排列，稀于侧枝上近对生，下延。雌雄异株或同株，雄球花圆柱形，雄蕊多数，螺旋状排列，花药4-20，排成两行，花粉无气囊；雌球花单生枝顶，椭圆形或近球形，苞鳞多数，螺旋状排列，珠鳞不发育，或与苞鳞合生，仅先端分离，胚珠1，倒生。球果大，2-3年成熟，苞鳞木质或厚革质，扁平，有时腹面中部具舌状种鳞，熟时苞鳞脱落；发育苞鳞具1种子，种子扁平与苞鳞离生或合生。

2属，约30种，主产南半球热带与亚热带地区。我国引入2属，4种。安徽省引入1属2种，盆栽供观赏，温室越冬。

南洋杉属 Araucaria Juss.

乔木，大枝平展或斜上伸展，冬芽小。叶鳞形、钻形、针状镰形、披针形或卵状三角形，同一植株上叶大小悬殊。雌雄异株，稀同株；雄球花单生或簇生，雄蕊具显著延伸的药隔；雌球花的苞鳞腹面具合生、仅先端分离的珠鳞，胚珠与珠鳞合生。球果大，直立，椭圆形或近球形，苞鳞木质，扁平，先端厚，上缘具锐利的横脊，先端具三角状或尾状尖头，种鳞舌状，位于苞鳞腹面的中部，其下部与苞鳞合生；种子位于种鳞的下部，扁平，合生，无翅或两侧具与苞鳞结合而生的翅。子叶2，稀4。

约14种，产于南美洲、大洋洲及南太平洋岛屿。我国引入3种，安徽省引入2种。

1. 叶卵形、三角状卵形或三角状钻形，上下扁或背部具纵脊；球果椭圆状卵形；苞鳞先端具向外反曲的长尾状尖头 ··· 1. 南洋杉 A. cunninghamii
1. 叶锥形，通常两侧扁，四菱状，球果近球形；苞鳞先端具上弯的三角状尖头 ····················
·················· 2. 异叶南洋杉 A. heterophylla

1. 南洋杉 图3

Araucaria cunninghamii Sweet

乔木，在原产地高达70米，胸径1米以上，树皮灰褐色或暗灰色，粗糙，横裂；大枝平展或斜展，幼树树冠尖塔形，老则平顶。侧生小枝密集下垂。幼树及侧枝之叶排列疏松、开展，锥形、针形、镰形或三角形，长7-17毫米，微具四棱，大树及花枝之叶排列紧密，前伸，上下扁，卵形，三角状卵形或三角形，长6-10毫米。球果卵圆形或椭圆形，长6-10厘米，径4.5-7.5厘米，苞鳞楔状倒卵形，两侧具薄翅，先端宽厚，具锐脊，中央有急尖的长尾状尖头，尖头向后反曲，种鳞先端薄。种子椭圆形，两侧具结合而生的薄翅。

我国厦门、广州、海南等地栽培。生长快，已开花结籽。安徽省各城市公园及园林单位的温室常见盆栽，需在温室越冬。原产大洋洲东南沿海地区。喜暖热而湿润的气候，肥沃而富含腐殖质的壤土；不耐干燥寒冷。

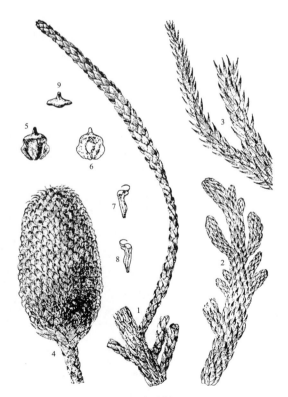

图3 南洋杉
1-3. 枝叶；4. 球果；5-9. 苞鳞背、腹、侧面及俯视。

木材供建筑，家具等用。树姿优美，与金钱松、雪松、日本金松、巨红杉并称为世界著名五大名贵园林观赏树种，多栽培供庭园观赏。盆栽可装饰会场、厅堂。

2. 异叶南洋杉　钻叶杉

Araucaria heterophylla（Salisb.）Franco

乔木，在原产地高达 50 米以上，胸径 1.5 米，树干通直，树皮暗灰色，裂成薄片；大枝平展，树冠塔形，小枝平展或下垂，侧枝常呈羽状排列。幼树及侧生小枝之叶排列疏松；开展，钻形，上弯，长 6-12 毫米，通常两侧扁，具 3-4 棱，上面具多数气孔线，有白粉，下面气孔线较少或不明显。球果近球形或椭圆状球形，长 3-12 厘米，宽 7-11 厘米；苞鳞上部肥厚，边缘具锐脊，先端具扁平的三角状尖头，向上弯曲。种子椭圆形，先端不肥大，两侧有翅，与苞鳞结合而生。

分布、习性和用途同南洋杉。

4. 松科 PINACEAE

常绿或落叶乔木，稀为灌木，大枝近轮生，幼树树冠通常为尖塔形，大树树冠尖塔形，圆锥形、广圆形或伞形。叶螺旋状排列，或在短枝上簇生状、条形、锥形或针形。雌雄同株；雄球花具多数螺旋状排列的雄蕊，每雄蕊具 2 花药，雌球花具多数螺旋状排列的珠鳞和苞鳞，每珠鳞具 2 倒生胚珠，苞鳞与珠鳞分离。球果成熟时种鳞张开，稀不张开，发育的种鳞具 2 种子。种子上端具一膜质的翅，稀无翅；子叶 2-16 枚。

10 属约 230 种，多产于北半球，组成广大的森林，我国有 10 属 93 种 24 变种，分布几遍全国，另引入栽培 24 种 2 变种。安徽省有 8 属 20 余种（包括引种栽培的种类），大都为森林主要组成树种及园林绿化的观赏树种。为用材、木纤维、采脂等重要来源。其中华东黄杉 Pseudotsuga gussenii、南方铁杉 Tsuga tchekiangensis、金钱松 Pseudolarix kaempferi、大别山五针松 Pinus dabeshanensis 等已列为国家重点保护的珍贵、稀有、濒危树种。

1. 叶条形，稀针形，螺旋状排列，或在短枝上端成簇生状，均不成束：
  2. 叶条形扁平或具四棱；仅具长枝，无短枝；球果当年成熟：
    3. 球果成熟后种鳞自中轴脱落，球果腋生，直立，叶扁平，上面中脉凹下（国产种），隆起而横切面呈四棱形（我国不产）；小枝上有圆形、微凹的叶痕 ·· 1. 冷杉属 Abies
    3. 球果成熟后种鳞宿存：
      4. 球果下垂：
        5. 小枝有显著而隆起的叶枕，也横断面呈四棱形，上下两面中脉隆起，无柄，两面或四面有气孔线 ·· 2. 云杉属 Picea
        5. 小枝有不明显叶枕，叶扁平，有短柄，仅在下面有气孔线：
          6. 球果较大，苞鳞伸出于种鳞之外，先端 3 裂，叶内具两个边生树脂道，小枝无叶枕或微有叶枕 ·· 3. 黄杉属 Pseudotsuga
          6. 球果较小，苞鳞不露出，稀微露出，先端不裂或 2 裂，叶内维管束鞘下有一树脂道，小枝有隆起或微隆起的叶枕 ·· 4. 铁杉属 Tsuga
      4. 球果直立，叶柄短，常扭转，基部微膨大 ·· 5. 油杉属 Keteleeria
  2. 叶条形扁平、柔软，或针形，坚硬，有长枝和短枝，叶在长枝上螺旋状排列，在短枝上成簇生状，球果当年或翌年成熟：
    7. 叶扁平，柔软，条形；落叶性，球果当年成熟：·· 6. 金钱松属 Pseudolarix
    7. 叶针形，坚硬，常绿性，球果翌年成熟，熟时种鳞自中轴脱落 ·· 7. 雪松属 Cedrus
1. 叶针形，2、3、5（稀 1 或多至 8）针一束，生于苞片状鳞叶腋部的退化短枝顶端，常绿性；球果翌年成熟，种鳞宿存，背面上方具鳞盾和鳞脐 ·· 8. 松属 Pinus

1. 冷杉属 Abies Mill.

常绿乔木，树干端直，大枝轮生，平展或斜伸。小枝对生，稀轮生，基部有宿存芽鳞，叶脱落后留有圆形或近圆形的叶痕，平滑，不粗糙。冬芽常被树脂。叶螺旋状排列，辐射伸展，或基部扭转排成二列状，条形，扁平，上面中脉凹下，稀微隆起（后者我国不产），下面中脉隆起，每侧各有一条气孔带，树脂道 2，稀 4 个，位于两侧，中生或边生；叶柄短。球花单生于去年生枝的叶腋，雄球花生于小枝下面及两侧的叶腋；雌球花则 1-2 个，生于小枝上面的叶腋。球果当年成熟，直立，长卵圆形至圆柱形；种鳞木质，排列紧密，熟时或干后自中轴脱落，苞鳞露出或不露出。种子上部具宽长的翅；子叶 4-10。

约 50 种，产于亚洲，欧洲、北美、中美及非洲北部高山地带。我国有 22 种数变种，另引进栽培 1 种。安徽省栽培 1 种。

日本冷杉　　　　　　　　　　图 4

Abies firma Sieb. et Zucc.

乔木，在原产地高达 50 米，胸径 2 米，树皮暗灰色或暗灰黑色，鳞状开裂，粗糙；大枝平展，树冠塔形。1 年生枝淡黄灰色，凹槽中有细毛，2-3 年生枝淡灰色或淡黄灰色。叶长 2-3.5(-5) 厘米，宽 3-4 毫米，果枝之叶的树脂道 2-4，2 个中生、1-2 个边生，或仅有 2 个中生树脂道，幼树之叶常为 2 个边生的树脂道。球果圆柱形，长 10-15 厘米，熟前黄绿色，熟时淡褐色，种鳞扇状四方形，苞鳞外露，直伸，先端有急尖头。种子具较长的翅。花期 4-5 月，球果 10 月成熟。

图 4　日本冷杉
1. 球果枝；2. 叶；3. 种鳞；4. 苞鳞。

安徽省黄山树木园、合肥苗圃、安徽林业职业技术学院、芜湖赭山公园等地有引种栽培。原产日本。我国旅大、青岛、南京、江西庐山（海拔 1000 米）、浙江莫干山（海拔 400 米）及台湾等地引种栽培。

较耐阴，耐寒冷，喜湿润气候、肥沃深厚的酸性土壤；生长速度中等。幼龄期生长缓慢，到 10 年生以后生长增快，对烟害抗性弱。

木材较松，纹理直，易加工，供建筑或造船用，可制家具、箱橱、火柴梗等，也是造纸原料。树形优美，可栽植为庭园观赏树。

2. 云杉属 **Picea** Dietr.

常绿乔木，树冠呈尖塔形或圆锥形，树皮鳞片状开裂，大枝轮生，平展，小枝具明显隆起的叶枕，如木钉状，冬芽卵圆形或近球形，有树脂或无。叶条形或四棱状条形，着生于隆起叶枕上，无柄，呈螺旋状排列，横切面菱形或近方形，或近扁平，菱形叶四面有气孔线，扁平叶仅上面有气孔线，树脂道 2 个，多边生。雄球花单生于叶腋，椭圆形，黄色或红色，雌球花单生于枝顶，绿色或紫红色。球果圆柱形，下垂，当年成熟，种鳞近革质或木质，宿存，苞鳞小，不露出，每种鳞腹面有 2 粒种子，种翅倒卵形，有光泽，子叶 4-9 枚。

约 40 种，多分布于北半球。我国有 20 种，5 变种，引种栽培 2 种。安徽省栽培 1 种。

欧洲云杉

Picea abies（L.）Karst.

乔木，原产地植株高达 50 米，树冠尖塔形，大枝开展，小枝红褐色，无毛或有疏毛，冬芽无树脂。叶条形，长 2-2.5 厘米，螺旋状排列，叶横切面菱形，四面有气孔线。球果圆柱形，长 10-15 厘米，下垂，熟时淡褐色，种鳞较薄，斜方状卵形，先端平截或有凹缺，种翅长 16 毫米。

原产北欧及中欧。我国庐山、青岛、北京、江苏植物所等地均有引种栽培。安徽省黄山树木园及合肥逍遥津有引种栽培，生长尚佳。

耐阴，喜凉润气候，对干燥环境也有一定适应能力；适生于土层深厚、排水良好的酸性土壤。

材质优良，纹理细致，坚韧而轻软，有弹性，易加工，可供建筑板料，航空器材、车船、家具、木纤维工业原料等用材。在适生地区可选作庭园观赏树种或营造风景林树种。

3. 黄杉属 Pseudotsuga Carr.

常绿乔木，大枝不规则轮生，幼树树皮平滑，老树树皮粗糙纵裂。小枝近平滑，具微隆起的叶枕，基部无宿存芽鳞或有少数向外反曲的宿存芽鳞。冬芽卵形或纺锤形，先端尖，无树脂，芽鳞光褐色。叶条形，扁平，排成二列，新鲜时柔软，上面中脉凹下，无气孔线，下面中脉隆起，两侧各有 1 条气孔带，树脂道 2 个，边生，有骨针状石细胞；叶柄短。雄球花单生叶腋，雌球花单生侧枝顶端，下垂。球果卵圆形、长卵圆形或圆锥状卵形，下垂，有柄，种鳞木质，坚硬，蚌壳状，宿存，苞鳞显著露出，先端 3 裂，中裂片长尖，两侧裂片较短，钝尖或钝圆。种子连翅较种鳞为短，种翅先端圆或钝尖；子叶 6-12 枚。

约 18 种，产亚洲东部及北美。我国 5 种，另引入栽培 2 种。我省南部产 2 种。

1. 球果中部的种鳞肾形或横椭圆状肾形，基部两侧无凹缺，背部露出部分无毛或近无毛，种翅与种子近等长
   ··· **1. 华东黄杉 P. gussenii**
1. 球果中部的种鳞扇状斜方形，基部两侧有凹缺，背部露出部分有毛，种翅通常长于种子 ······················
   ··· **2. 黄杉 P. sinensis**

1. 华东黄杉 皖浙黄杉
Pseudotsuga gussenii Flous

乔木，高达 40 米，胸径 1 米，树皮深灰色，深裂成不规则块片。1 年生枝淡黄灰色，干后灰褐色或褐色，主枝无毛或疏生毛，侧枝密被褐色短毛，2-3 年生枝灰色或淡灰色，无毛。叶长 2-3 厘米，宽约 2 毫米，先端凹缺，上面绿色或深绿色，有光泽，下面有两条白色气孔带。球果圆锥状卵形或卵圆形，基部宽，上部较窄，长 3.5-5.5 厘米，径 2-3 厘米，微被白粉；中部种鳞肾形或横椭圆状肾形，背部无毛，基部两侧无凹缺，苞鳞的中裂片窄三角形，长 4-5 毫米，侧裂片三角状，先端尖或钝，有细齿。种子三角状卵形，长 8-10 毫米，上部密被褐色毛，种子与翅近等长。花期 4-5 月，球果 10 月成熟。

我国特有树种，分布于江西东北部、浙江西部和南部及福建北部等地。安徽省黄山云谷寺，歙县清凉峰、三阳坑，休宁六股尖等地海拔 900-1600 米处有分布。黄山树木园栽培，17 年生，高 7.9 米，胸径 18 厘米。幼树生长缓慢，10 年以后生长迅速，年高生长达 80 厘米。黄山云谷寺有一株树龄 500 年以上老树，树高 18.4 米，胸围 266 厘米。

喜温暖湿润气候。喜光，耐侧方遮荫。喜土层深厚、排水良好的酸性土壤。

材质优良，边材淡褐色，心材红褐色，纹理直，不挠不裂，耐水湿，耐腐朽，供建筑，家具等用。树姿雄伟，可供观赏。国家二级保护树种。

2. 黄杉　　　　　　　　　　　　　图 5
Pseudotsuga sinensis Dode

乔木，高达 50 米，胸径 1 米，幼树树皮浅灰色，老则灰色或深灰色，裂成不规则厚块片。1 年生枝淡黄色或淡黄灰色（干后褐色），2 年生枝灰色，主枝通常无毛，侧枝被灰褐色短毛。叶长 1.3-3（多为 2-2.5）厘米，宽约 2 毫米，先端钝圆，有凹缺，上面绿色或

图 5 黄杉
1. 球果枝；2. 种鳞背面及苞鳞；3. 种鳞腹面；4. 种鳞及苞鳞侧面；5. 种子背、腹面；6. 雌球花枝；7. 雄球花枝；8. 叶。

淡绿色，下面有两条白粉气孔带。球果卵圆形或椭圆状卵形，长4.5-8厘米，径3.5-4.5厘米；中部种鳞近扇形或扇状斜方形，上部宽圆，基部宽楔形，两侧有凹缺，背面密生褐色短毛，苞鳞露出部分向后反曲，中裂片窄三角形，长约3毫米，侧裂片三角状，微圆，较短，有细齿。种子三角状卵圆形，长约9毫米，上部密被褐色短毛，种翅较种子为长，种子连翅稍短于种鳞。花期4月；球果10-11月成熟。

安徽省休宁流口、六股尖，歙县清凉峰海拔800米有分布。黄山树木园栽培。分布于云南、四川，贵州、湖北、湖南。

喜光，幼年稍耐阴，喜温和湿润气候，能耐冬春干旱，适生于山地红壤、黄壤或棕色森林土。

材质优良，边材淡褐色，心材红褐色，可供建筑，板料，家具，造船，车辆等用。国家二级保护树种。

4. 铁杉属 Tsuga Carr.

常绿乔木，树皮粗糙，纵裂；分枝不规则，大枝平展或斜伸，枝端较细微下垂，树冠塔形。小枝有隆起的叶枕，基部具宿存的芽鳞；冬芽卵圆形或球形，无树脂。叶条形，扁平，上面中脉凹下、平或微隆起，下面有两条灰白色或灰绿色气孔带，树脂道1个，位于维管束鞘的下方；叶柄短。雄球花单生叶腋，有短梗；雌球花单生侧枝顶端。球果下垂，或直立（长苞铁杉），当年成熟，种鳞薄木质，宿存，苞鳞小，不露出，或较长而露出。种子连翅较种鳞为短，腹面有油点，子叶3-6。

约16种，分布于亚洲东部，西至喜马拉雅，以及北美洲。我国有7种1变种，产于秦岭、长江一线以南，主要分布于西南地区。我省产1种。

南方铁杉 浙皖铁杉 异萝松　　　　　图6

Tsuga tchekiangensis Flous〔*Tsuga chinensis* (Franch.) Pritz. var. *tchekiangensis* (Flous) Cheng et L. K. Fu〕

乔木，高达30米。叶通常较短，长0.8-1.7厘米，下面具白色气孔带。球果中部的种鳞圆楔形，方楔形或楔状短矩圆形。花期3-4月；球果10月成熟。

安徽省黄山、歙县、太平、绩溪、休宁、宣城等地有分布。在黄山海拔800-1600米地带有散生，黄山云谷寺一株树龄800年的南方铁杉，树高13余米、胸围210厘米；休宁县白际乡一株600年的老树，树高27.3米、胸围200厘米。分布于浙江、福建北部，江西武功山、武夷山、湖南莽山、广东北部、广西北部及云南麻栗坡海拔600-2100米山地，散生于针叶阔叶林中。

喜温凉湿润气候及深厚肥沃的酸性土壤。

材质优良，纹理细致美观，坚实耐久用，可供建筑、航空工业，造船，家具等用。树皮含单宁可提制栲胶。树形高大通直，枝叶浓密，树姿优美，为珍贵用材及观赏树种。

图6 南方铁杉
1. 球果枝；2. 叶的下面；3. 叶的横切面；4. 种鳞背面及苞鳞；5. 种子。

5. 油杉属 Keteleeria Carr.

常绿乔木；树皮纵裂，粗糙，大枝粗壮，平展或斜伸。小枝基部有宿存芽鳞。叶条形或条状披针形，扁平，螺旋状排列，在侧枝上排成二列，两面中脉隆起，上面无或有气孔线，下面有两条气孔带；叶柄短，常扭转，基部微膨大，叶内有 1-2 维管束，两侧下方靠近皮下细胞各有 1 边生树脂道。雄球花 4-8，簇生侧枝顶端（间或生于叶腋），雌球花单生侧枝顶端，直立。球果当年成熟，较大，圆柱形，直立，种鳞木质，宿存；苞鳞短于种鳞，不露出，或球果基部的苞鳞微露出，先端 3 裂，中裂片长尖，两侧裂片较短，圆或钝尖。种子大，三角状卵形，种翅宽长，厚膜质，有光泽，种子连翅与种鳞近等长，子叶 2-4。

12 种，1 变种。我国有 10 种 1 变种，产于秦岭以南温暖山区，安徽省引种 1 种。

柔毛油杉 图 7

Keteleeria pubescens Cheng et L. K. Fu

乔木，高 30 米，胸径 1.6 米，树皮暗褐色或褐灰色。1-2 年生枝绿色，密被短柔毛，干后暗褐色，毛呈锈褐色。叶条形，长 1.5-3 厘米，宽 3-4 毫米，先端微尖或渐尖，上面深绿色，无气孔线，下面淡绿色，中脉两侧各有 25-35 条气孔线。球果短圆柱形或椭圆状圆柱形，长 7-11 厘米，径 3-3.5 厘米，被白粉，中部的种鳞五角状圆形，上部宽圆，中央微凹，边级微向外反曲，背面露出部分密生短毛。4 月开花，球果 10 月成熟。

分布于广西北部，贵州东南部、湖南西部海拔 600-1000 米土层深厚的山地。安徽省黄山树木园 1984 年引种，生长良好。

喜光，喜温暖气候及湿润的山地酸性黄壤。深根性，抗风力强。

材质坚硬，心材红褐色，耐腐朽，干后不裂，含树脂，耐久用，可供建筑，桥梁、家具、农具、木纤维原料，树皮可提取栲胶。鲜根可作土法造纸粘合剂。

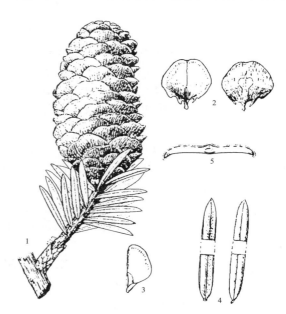

图 7 柔毛油杉
1. 球果枝；2. 种鳞背腹面；3. 种子；4. 叶上下面；5. 叶横剖。

6. 金钱松属 Pseudolarix Gord.

落叶乔木，大枝不规则轮生，枝有长枝和短枝。冬芽圆锥状卵形，芽鳞先端圆。叶在长枝上螺旋状排列，散生，在短枝上簇生状，辐射平展呈圆盘形，条形，柔软，上面中脉不甚明显，下面中脉明显，每边有 5-14 条气孔线。雄球花簇生于短枝顶端，有细短梗；雌球花单生短枝顶端，有短梗。球果当年成熟，直立，有短梗，种鳞卵状披针形，先端有凹缺，木质，熟时脱落，苞鳞小，位于种鳞背面基部，不露出。种子二粒，卵圆形，上部有宽大的种翅，种翅连同种子与种鳞近等长，子叶 4-6。

仅 1 种，为我国特产。

金钱松 图 8

Pseudolarix kaempferi （Lindl.）Gord.

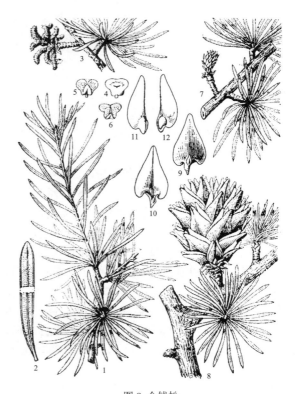

图 8 金钱松
1. 长、短枝及叶；2. 叶下面；3. 雄球花枝；4-6. 雄蕊；7. 雌球花枝；8. 球果枝；9、10. 种鳞（及苞鳞）背腹面；11、12. 种子。

乔木，高可达 40 米，胸径达 1.5 米；树干通直，树皮粗糙，灰褐色，深裂成不规则鳞状块片；大枝平展，树冠宽塔形。1 年生长枝淡红褐色或淡红黄色，无毛，有光泽，2-3 年生长枝淡黄灰色或淡褐灰色。叶长 2-5.5 厘米，宽 1.5-4 毫米，上部稍宽，先端锐尖或尖，绿色，秋后呈金黄色。球果长 6-7.5 厘米，径 4-5 厘米，熟时淡红褐色或褐色，中部种鳞长 2.8-3.5 厘米。种子白色，长约 6 毫米。花期 4-5 月，球果 10 月至 11 月上旬成熟。

产皖南黄山，歙县，广德，泾县，太平，黟县，休宁，祁门，青阳九华山；大别山区霍山，金寨，岳西等地有分布。青阳九华山海拔 340-800 米地带有大树数百株；广德县芦村水库南端一株树龄 600 余年的金钱松，树高 35 米，胸围 420 厘米；歙县水竹坑林场一株 300 多年的金钱松，树高 34.6 米，胸围 230 厘米。分布于江苏南部、浙江、福建北部、江西、湖南、湖北利川至四川万县交界地区，在海拔 1500 米以下山地散生于针叶树阔叶树混交林中。

喜温暖湿润的气候和深厚、肥沃、排水良好的酸性土或中性土壤，能耐短时间的 -18℃ 低温，但不耐干旱瘠薄，也不适应盐碱地和积水的低洼地。喜光性强，幼年亦不耐庇荫。

木材纹理直，硬度适中，结构稍粗，较脆，供建筑、板料、家具、柱材等用；树皮可提取栲胶，可提制土槿皮酊，治顽癣脚气。树姿优美，秋后叶呈金黄色，美观，为世界五大名贵的庭园观赏树种之一。可为安徽省南部海拔 1500 米以下地带的荒山造林树种。国家二级保护树种。

7. 雪松属 Cedrus Trew

常绿乔木。枝有长枝和短枝。冬芽小，卵圆形。叶针形，坚硬，3(-4) 棱，在长枝上螺旋状排列，辐射伸展，在短枝上簇生状。雄球花和雌球花分别单生于短枝顶端，直立。球果翌年（稀第三年）成熟，直立，种鳞木质，宽大，扇状倒三角形排列紧密，熟时自中轴脱落，苞鳞小，不露出。种子上部有宽大膜质的种翅，子叶 8-10。

4 种，产于北非、小亚细亚至喜马拉雅山西部。我国产 1 种，引种栽培 1 种。我省引种 1 种。

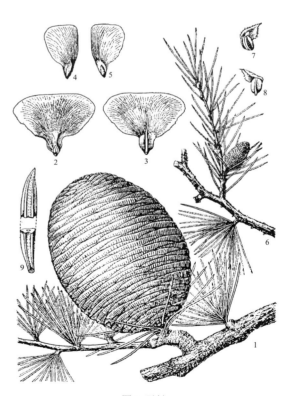

雪松　　　　　　　　图 9

Cedrus deodara（Roxb.）G. Don

乔木，高达 75 米，胸径达 4.3 米，枝下高很低；树皮深灰色，裂成不规则的鳞状块片，大枝平展枝梢微下垂，树冠塔形。小枝细长，微下垂，1 年生长枝淡灰黄色，密生短绒毛，微有白粉，2-3 年生长枝灰色，淡褐灰色或深灰色。针叶长 2.5-5 厘米，宽 1-1.5 毫米，先端锐尖，常呈三棱状，腹面两侧各有 2-3 条气孔线，背面有 4-6 条气孔线，幼叶气孔线被白粉，后渐脱落。球果卵圆形，宽椭圆形或近球形，长 7-12 厘米，径 5-9 厘米，熟前淡绿色，微被白粉，熟时褐色或栗褐色，中部的种鳞长 2.5-4 厘米，宽 4-6 厘米，上部宽圆或平，边缘微内曲，背部密生短绒毛。雌雄异株，雌雄同株较少。种子近三角形，连翅长 2.2-3.7 厘米。花期 10-11 月，球果翌年 10 月成熟。

安徽省各城市及园林单位广泛栽植。原产喜马拉雅山区西部及喀喇昆仑山区海拔 1200-3300 米地带，常组成纯林或混交林，在海拔 1800-2800 米地带生长

图 9 雪松
1. 球果枝；2、3. 种鳞背腹面；4、5. 种子；6. 雄球花枝；
7、8. 雄蕊；9. 叶。

旺盛。我国西藏西南部海拔 1200-3000 米地带有天然林，长江中下游各大城市广为栽培作行道树及庭园观赏树，北京、旅顺、大连、青岛、昆明等地也有栽植。

较喜光，喜温和、凉润气候，抗寒性较强，对湿热气候适应能力较差。对土壤要求不严，不耐水涝，较耐干旱瘠薄。以土层深厚肥沃，疏松，排水良好的酸性土上生长最好。幼年稍耐庇荫，浅根性，抗风性不强。抗烟害能力很弱，幼叶对二氧化硫极为敏感，受害后迅速枯萎脱落，严重的导致树木死亡。

边材白色，心材淡褐色，纹理直，结构细，有树脂，具香气，耐久用；可供建筑、家具等用。树姿雄伟，挺拔苍翠，为世界著名的五大庭园树种之一。

8. 松属 **Pinus** L.

常绿乔木，稀灌木；大枝轮生，每年生 1 轮或 2 至多轮。冬芽显著，芽鳞多数，覆瓦状排列。叶二型：鳞叶（原生叶）单生，螺旋状排列，在幼苗时期为扁平条形，后则逐渐退化成膜质苞片状，针叶（次生叶）常 2 针、3 针或 5 针一束，生于鳞叶腋部不发育短枝的顶端，每束针叶基部由 8-12 片芽鳞组成的叶鞘所包，针叶横切面三角形、扇形或半圆形，具 1-2 维管束和 2 至多数树脂道。雌雄同株，雄球花生于新枝下部的苞腋，多数集生，无梗，雌球花 1-4 生于新枝近顶端。小球果于第二年春受精后迅速发育，球果的种鳞木质，宿存，排列紧密，上部露出的部分肥厚为鳞盾，鳞盾的先端或中央有瘤状突起为鳞脐，球果第二年秋季成熟，熟时种鳞张开，种子散出，稀不张开。发育的种鳞具 2 种子，种子上部具长翅短翅或无翅，种翅有关节、易脱落，或种翅与种子结合而生，无关节；子叶 3-18。

约 80 多种，广布于北半球。安徽省有 13 种（包括引入栽培种）。我国有 22 种 10 变种，另引入栽培 16 种 2 变种。分布几遍全国。

木材纹理直或斜，结构中至粗，材质较软或较硬，易加工；可供建筑、电杆、枕木、矿柱、桥梁、车厢、板料、家具等用。木材纤维又供造纸等工业原料，不少种类可供采割松脂，树皮、针叶、树根均可综合利用，制成多种化工产品，种子可榨油。为各地森林更新、荒山造林、绿化及观赏树种。

1. 叶鞘早落，鳞叶不下延，叶内具 1 条维管束：
  2. 种鳞的鳞脐顶生，无刺，针叶常 5 针一束：
    3. 种子无翅或具极短之翅：
      4. 球果成熟时种鳞不张开或微张开，种子不脱落，小枝有密毛 ·············· 1. **红松** P. koraiensis
      4. 球果熟时种鳞张开，种子脱落，小枝无毛：
        5. 鳞盾边缘不反卷或微反卷，种子倒卵圆形 ·············· 2. **华山松** P. armandii
        5. 鳞盾边缘明显外卷，种子倒卵状椭圆形，稀倒卵形 ·············· 3. **大别山五针松** P. dabeshanensis
    3. 种子具结合而生的长翅，小枝有密毛，针叶长 3.5-5.5 厘米，翅与种子近等长 ················
    ·············· 4. **日本五针松** P. parviflora
  2. 种鳞的鳞脐背生，有刺，针叶 3 针一束，叶内树脂道边生，树皮灰绿色，裂成薄片剥落 ·············
  ·············· 5. **白皮松** P. bungeana
1. 叶鞘宿存，稀脱落，鳞叶下延，叶内具 2 条维管束：种鳞的鳞脐背生，种子上部具长翅
  6. 枝条每年生长 1 轮，1 年生小球果生于近枝顶：
    7. 针叶 2 针一束，稀 3 针一束：
      8. 针叶内树脂道边生
        9. 针叶细软
          10. 一年生小枝被白粉，针叶细短，长 5-12 厘米 ·············· 6. **赤松** P. densiflora
          10. 一年生小枝无白粉，针叶细长，长 12-20 厘米 ·············· 7. **马尾松** P. massoniana
        9. 针叶粗硬 ·············· 8. **油松** P. tabulaeformis

8. 针叶内树脂道中生，
　　11. 冬芽褐色，红褐色或栗褐色，球果长 3-5 厘米 ·················· 9. **黄山松 P. taiwanensis**
　　11. 冬芽银白色，球果长 4-6 厘米 ······················· 10. **黑松 P. thunbergii**
　7. 针叶 3 针一束，稀 3，2 针并存，针叶长 20-45 厘米 ·················· 11. **长叶松 P. palustria**
6. 枝条每年生长 2 至数轮，1 年生小球果生于小枝侧面：
　　12. 小枝无白粉，树脂道通常 2 个中生，间或其中 1 个内生 ·················· 12. **火炬松 P. taeda**
　　12. 小枝微被白粉，树脂道内生 ······················· 13. **湿地松 P. elliottii**

1.　红松 　　　　　　　　　　　　　　　　图 10

Pinus koraiensis Sieb. et Zucc.

乔木，高达 50 米，胸径 1 米；幼树树皮灰褐色，近平滑，大树树皮灰褐色或灰色，纵裂成不规则长方形的鳞状块片脱落，内皮红褐色；大树树干上部常分叉，大枝近平展，树冠圆锥形。1 年生枝密被黄褐色或红褐色绒毛。冬芽淡红褐色，长圆状卵形，微被树脂。针叶 5 针一束，长 6-12 厘米，粗硬，有细锯齿，树脂道 3，中生。球果圆锥状卵形、圆锥状长卵形或卵状长圆形，长 9-14 厘米，径 6-8 厘米，熟后种鳞不张开或微张开；种鳞菱形，上部渐窄，先端钝，向外反曲，鳞盾黄褐色或微带灰绿色，有皱纹，鳞脐不显著。种子大，倒卵状三角形，长 1.2-1.6 厘米，微扁，暗紫褐色或褐色，无翅。花期 6 月，球果翌年 9-10 月成熟。

安徽省东至县梅山林场有引种，因距离原产地太远，夏季又不耐高温，顶梢生长停滞，引种并不成功。分布于东北长白山区及小兴安岭，为东北林区最重要的森林树种之一。前苏联、朝鲜也有分布。

适生于温凉湿润的气候，能耐 -50℃ 的绝对最低温，喜深厚，肥沃、排水良好、pH5.5-6.5 山地棕色森林土，在干旱瘠薄的土壤上及低湿地带生长不良。幼年稍耐庇荫，长大后喜光，在全光条件下才能正常生长发育。浅根性，侧根发达。

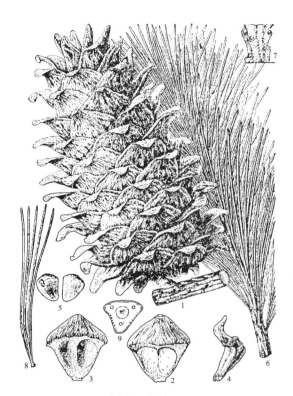

图 10 红松
1. 球果枝；2-4. 种鳞背腹面侧面；5. 种子；6. 枝叶；7. 小枝一段；8、9. 针叶及其横剖。

边材淡黄白色，心材淡黄褐色或淡褐红色，纹理直，结构中至细，易加工，较轻软。耐腐力稍强，是建筑、造船、车辆、家具的上等优良用材。树皮可提栲胶，种子为"松籽"，供食用或食品工业的配料，入药为"海松籽"，有滋补，祛风寒等效。国家二级保护树种。

2.　华山松 青松 　　　　　　　　　　　　　　　　图 11

Pinus armandii Franch.

乔木，高达 25 米，胸径 1 米；幼树树皮灰绿色或淡灰色，平滑，老则灰色，裂成方形或长方形厚块片固着树干上，或脱落；枝平展，树冠圆锥形或柱状塔形。1 年生枝绿色或灰绿色，干后褐色，无毛，微被白粉。冬芽近圆柱形，褐色，微被树脂。针叶 5 针一束，长 8-15 厘米，径 1-1.5 毫米，有细齿，树脂道 3，中生，或背面 2 个边生、腹面 1 个中生，稀 4-7，兼有中生与边生。球果圆锥状长卵形，长 10-20 厘米，径 5-8 厘米，熟时黄色或褐黄色，种鳞张开，种子脱落，中部种鳞近斜方状倒卵形，鳞盾斜方形或宽三角状斜方形，先端钝圆或微尖，无毛，无纵脊，不反曲或微反曲，鳞脐不显著。种子倒卵圆形，长 1-1.5 厘米，黄褐色、暗褐色或黑色，无翅或两侧及顶端具棱脊，稀具极短的木质翅。花期 4-5 月，球果翌年 9-10 月成熟。

我国特有树种。安徽省部分城市园林和绿化单位有栽培。安徽省黄山树木园、歙县石门海拔 1100 米、大别山区霍山海拔 1050 米、茅山林场海拔 700 米、金寨马鬃岭林场海拔 1000 米均有引种，生长良好。分布于华北、西北、西南山地，垂直分布于海拔 1000-3000 米处。

喜温凉湿润的气候，宜生于深厚、疏松、湿润、排水良好的微酸性森林棕壤，钙质土也能生长。在干燥瘠薄的多石山地生长不良。不耐水涝和盐碱。喜光，幼年稍耐庇荫。浅根性，侧根发达。

边材淡黄色，心材淡红褐色，纹理直，结构略粗，质轻软，易加工，耐腐性较差；供建筑、板料、家具、细木工、雕刻、木模、包装箱，胶合板等用。木材纤维含量高，长度长，为优良造纸和纤维加工原料，树皮可提取栲胶；针叶可提制芳香油，种子食用或工业用。可作为分布区海拔 1100-3300 米地带的造林树种。

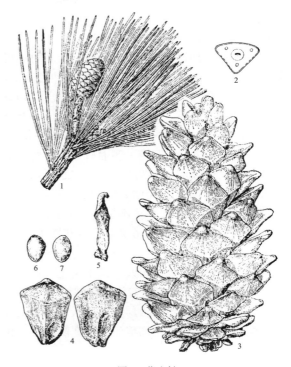

图 11 华山松
1. 雌球花枝；2. 叶横剖；3. 球果；4、5. 种鳞背腹侧面；6、7. 种子。

3. 大别山五针松 安徽五针松　　　图 12
Pinus dabeshanensis Cheng et Law

乔木，高达 20 米，胸径 50 厘米，树皮棕褐色，浅裂成不规则方形小薄片脱落，枝条开展，树冠塔形。1 年生枝淡黄色或微带褐色，被薄蜡层，2-3 年生枝灰红褐色。冬芽卵圆形，淡黄褐色，无树脂。针叶 5 针一束，长 5-14 厘米，径约 1 毫米，微弯，有细齿，树脂道 2，边生于背部。球果圆柱状椭圆形，长约 14 厘米，径约 4.5 厘米（种鳞张开时径达 8 厘米）；熟时种鳞张开，鳞盾淡黄色，斜方形，有光泽，先端及边缘显著向外反卷，鳞脐不显著。种子倒卵状椭圆形，长 1.4-1.8 厘米，淡褐色，上端具短的木质翅，种皮较薄。花期 4-5 月，球果翌年 9-10 月成熟。

我国特有树种，产于安徽省西南部岳西、金寨及湖北东部（英山、罗田）的大别山区，垂直分布于海拔 700-1350 米处。1956 年在安徽省岳西县首先被发现。金寨县沙河乡一株树龄 580 年的古树，树高 14.5 米，胸围 200 厘米。安徽农业大学有栽培，生长尚好。该树种主要分布在安徽省岳西美丽乡鹞落坪海拔 1050 米、茅山乡大王沟海拔 1100 米、五河区林场、腾元庙海拔 400 米等地，多生于悬崖陡坡地，天然更新不良。

木材性质和用途与华山松相似。可作为大别山区的造林树种。国家二级保护树种。

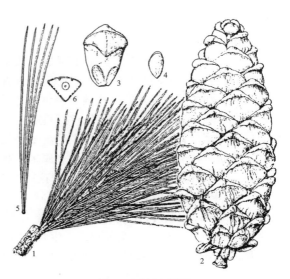

图 12 大别山五针松
1. 枝枝；2. 球果；3. 种鳞；4. 种子；5. 一束针叶；6. 针叶横剖面。

模式标本树龄约 600 年，现树高 25 米，胸围 204 厘米。

4. 日本五针松　　　　　　　图 13

Pinus parviflora Sieb. et Zucc.

乔木，在原产地高达 25 米，胸径 1 米，幼树树皮淡灰色，平滑，大树树皮暗灰色，裂成鳞状块片脱落，大枝平展，树冠圆锥形。1 年生枝幼时绿色，后为黄褐色，密生淡黄色柔毛。冬芽卵形，无树脂。针叶 5 针一束，短，微弯，长 3.5-5.5 厘米，径不及 1 毫米，有细齿，背面有 2 边生树脂道，腹面有 1 中生树脂道或无。球果卵圆形或卵状椭圆形，长 4-7.5 厘米，径 3.5-4.5 厘米，无梗，鳞盾淡褐色或暗灰褐色，近斜方形，先端圆，微内曲，鳞脐凹下。种子不规则卵圆形，长 8-10 毫米，具结合而生的翅，翅长 6-8 毫米。花期 4-5 月，球果翌年 9-10 月成熟。

原产日本，安徽省各城市及公园中常见栽培。我国长江流域各城市及山东青岛等地引种栽培。

喜光，稍耐阴，喜生于土层深厚肥沃、排水良好的地方，微酸性土及中性土均能生长，在阴湿处生长不良。

树姿优美，供庭园观赏；针叶细短，是制作树桩盆景的良好材料。

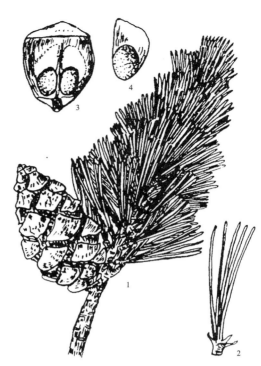

图 13 日本五针松
1. 球果枝；2. 一束针叶；3. 种鳞腹面；4. 种子。

5. 白皮松　　　　　　　图 14

Pinus bungeana Zucc. ex Endl.

乔木，高达 30 米，胸径 3 米，主干明显，或从树干近基部分成数干，幼树树皮灰绿色，平滑，长大后树皮裂成不规则薄块片脱落，内皮淡黄绿色，老树树皮淡褐灰色或灰白色，块片脱落露出粉白色内皮，白褐相间成斑鳞状。1 年生枝灰绿色，无毛。冬芽红褐色，向下反曲。种子近倒卵圆形，长约 1 厘米，灰褐色，种翅短，长约 5 毫米，有关节，易脱落。花期 4-5 月，球果翌年 10-11 月成熟。

我国特有树种。安徽省合肥市园林单位、黄山市、萧县皇藏峪、旌德县余村乡等地有栽培，生长良好。分布于山西、河南西部、陕西秦岭、甘肃南部，四川北部、湖北。垂直分布海拔 500-1400 米。辽宁南部，河北，北京、山东，南至长江流域广为栽培。

适生于干冷的气候，在肥沃深厚的钙质土或黄土上生长良好，在酸性基岩或石灰岩山地均能生长。不耐湿热气候，不耐积水或盐土。对二氧化硫及烟尘的污染有较强的抗性。喜光，幼年稍耐阴，深根性，寿命长达数百年。

心材黄褐色，边材黄白色或黄褐色，纹理直或斜，质脆弱，有光泽，花纹美丽，可供建筑，家具，文具

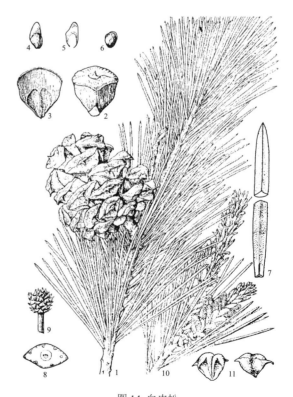

图 14 白皮松
1. 球果枝；2、3. 种鳞；4. 种子；5. 种翅；6. 去翅种子；7、8. 针叶及横剖；9. 雌球花；10. 雄球花枝；11. 雄蕊背腹面。

等用。球果入药，对老年慢性气管炎有一定疗效，种子可食用。

树姿优美，树皮奇特，多栽于城市公园、庭园、街道绿化观赏或行道树，为名贵的观赏树种。

6. 赤松 日本赤松　　　图15

Pinus densiflora Sieb. et Zucc.

乔木，适生地区植株高达30米，胸径1米；树皮橘红色，呈不规则鳞块片状剥落；大枝平展，一年生小枝淡黄褐色，微被白粉，无毛；冬芽暗红褐色，长卵圆形。叶2针一束，长5-12厘米，较柔软，鲜绿色，树脂道4-6个，边生；叶鞘宿存。球果卵圆形或长圆形，有短梗，成熟时淡黄褐色，种鳞较薄，鳞盾平或微厚，鳞脐具短刺或无；种子卵形，种翅长1-2厘米。花期3-5月，球果第二年9-10月成熟。

分布于我国东北南部、山东、胶东半岛江苏云台山等地；垂直分布海拔可达1000米。安徽省淮北宿县，江淮地区来安县半塔林场、含山县昭关陈山寺及城市公园中常见栽培。

喜光，耐寒，耐瘠薄干燥、酸性土或中性土均能生长，不耐盐碱土，通气不良的黏重土壤生长不良。

材质坚硬，耐腐力强，可供建筑、矿柱、车船、枕木、家俱等用材。树干可采割松脂。

6a. 千头赤松 伞形赤松（栽培型）

Pinus densiflora Sieb. cv. Umbraculifera

小乔木或丛生大灌木，高2-3米；无明显主干，自基部分枝的主干低矮，分枝密而向上，呈伞形树冠。针叶较短。

原产日本。安徽省各大城市公园中有栽培，供观赏用。

7. 马尾松 枞树、松树　　　图16

Pinus massoniana Lamb.

乔木，高达40米，胸径1米，树皮红褐色，下部灰褐色，裂成不规则的鳞状块片，大枝斜展，老树大枝近平展，幼树树冠圆锥形，老则广圆形或伞形，枝条每年生长1轮，在广东南部，广西常生长2轮。1年生枝淡黄褐色，无白粉。冬芽褐色，圆柱形。针叶2针一束，极稀3针一束，长12-20厘米，宽约1毫米，细柔，下垂或微下垂，有细齿，树脂道4-7，边生。球果卵圆形或圆锥状卵形，长4-7厘米，径2.5-4厘米，有短梗，熟时栗褐色，鳞盾菱形，微隆起或平，

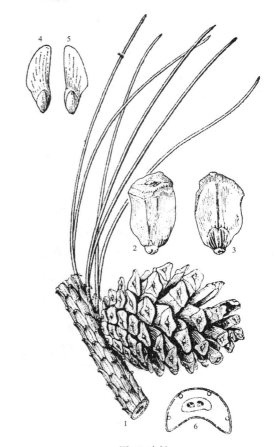

图15 赤松
1.球果枝；2、3.种鳞背腹面；4、5.种子；6.针叶横剖。

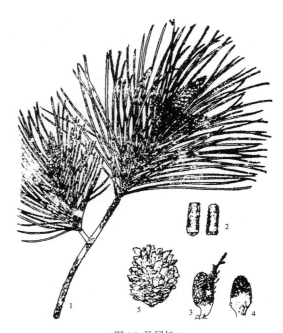

图16 马尾松
1.雄球花枝；2.针叶的上下面；3.雄球花；4.雌球花；5.球果。

横脊微明显，鳞脐微凹，无刺，生于干燥环境者常有极短的刺。种子卵圆形，长 4-6 毫米，连翅长 2-2.7 厘米。花期 4-5 月，球果翌年 10-12 月成熟。

分布于我国淮河流域、大别山区、伏牛山一线以南，东部沿海低山丘陵，西至四川西部，南达两广南部、西部，贵阳、云南东南部富宁一线以东，广西、云南边界有零星分布，台湾北部低山及西北海岸有少量分布。越南北部有人工林。安徽省淮河流域以南均有分布，垂直分布于皖西大别山区海拔 600 米以下，皖南山区海拔 700 米以下。

喜温暖湿润的气候，对土壤要求不严，但喜酸性土（pH4.5-6.5）的山地，在钙质土或石灰岩山地生长不良。耐干旱瘠薄，在裸露的石缝中均可生长，不耐水涝，不耐盐碱土。最喜光，幼苗亦需充足的光照，深根性，天然更新能力很强，能飞籽成林。歙县森村乡一株树龄 600 年的古松树高 34.6 米，胸围 425 厘米，是安徽省最大的马尾松。

木材淡黄褐色，纹理直，结构粗，富松脂，硬度中，不耐腐，供建筑、板料、家具、包装箱、胶合板、造纸和木纤维工业原料，经防腐后供枕木、电杆、矿柱等用。树干供采割松脂，为松脂生产的重要资源，树干及根部可培养贵重中药材茯苓，花粉入药并可食用。苗木耐瘠薄、生长快，为安徽省淮河以南荒山造林的先锋树种。

8. 油松   图 17

Pinus tabulaeformis Carr.

乔木，高达 25 米，胸径达 1 米多；树皮灰褐色，深裂成不规则鳞状厚块片，小枝粗壮，黄褐色，无毛，冬芽淡褐色。叶 2 针一束，粗硬，长 10-15 厘米，树脂道 5-8 个或较多，边生，叶鞘宿存。球果卵圆形，长 4-9 厘米，成熟时淡黄褐色，可宿存树上达数年之久，种鳞鳞盾肥厚，鳞脐有短刺，种子卵形，长 6-8 毫米，种翅长约 1 厘米。花期 4-5 月，球果翌年 10 月成熟。

安徽省宿县，合肥市、滁县琅琊山（寺内）、当滁县等地有零星栽培。生长一般。分布于东北南部、华北、西北等地，其天然分布界界与马尾松林接壤，以河北、山西，等省为其中心产地。

喜光，耐寒，耐干燥，耐瘠薄土壤，在低湿地及黏重土壤上生长不良。

材质较坚硬，富树脂，耐腐朽，为建筑、桥梁、枕木、电杆、家具的优良用材。

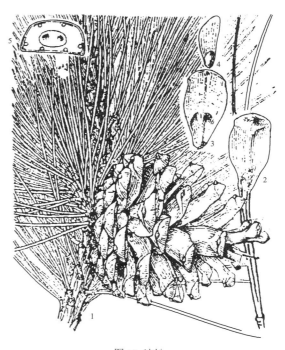

图 17 油松
1. 球果枝；2、3. 种鳞背、腹面；4. 种子；5. 叶横剖面。

9. 黄山松   图 18

Pinus taiwanensis Hayata［*Pinus hwangshanensis* Hsia］

乔木，高达 30 米，胸径 80 厘米，树皮深灰褐色或褐色，裂成不规则鳞状厚块片或薄片，大枝平展，幼树树冠圆锥形，老则平顶呈广伞形。1 年生枝淡黄褐色或暗红褐色，无白粉。冬芽深褐色，卵圆形或长卵圆形，微被树脂。针叶 2 针一束，长 5-13（多为 7-10）厘米，径稍超过 1 毫米，不足 1.5 毫米，微粗硬，边缘有细齿，树脂道 3-7(-9)，中生。球果卵圆形或圆卵形，长 3-5 厘米，径 3-4 厘米，熟时褐色或暗褐色，近无梗，宿存树上多年不落，鳞盾扁菱形，微肥厚隆起，横脊显著，鳞脐具短刺。种子倒卵状椭圆形，长 4-6 毫米，连翅长 1.4-1.8 厘米。花期 4-5 月，球果翌年 10 月成熟。

产安徽省皖南山区海拔 700 米以上；大别山区海拔 600 米以上山地。分布于台湾（中央山脉海拔 750-2800

米)、福建(戴云山、武夷山)、浙江、江西、湖南东南及西南部、湖北东部、河南南部，垂直分布可达海拔 1800 米。黄山松是安徽省山区的重要树种，黄山上树龄 800 年的"迎客松"、青阳九华山上树龄 800 年的"凤凰松"均远近闻名。

最喜光，适生于凉润的中山气候。在空气相对湿度较大，土层深厚，排水良好的酸性黄壤中生长良好，可长成通直的大乔木。亦耐瘠薄，生于岩缝中，则生长低矮，树干弯曲。

深根性，生长速度比马尾松慢。在黄山海拔 990 米立地条件好的地方，天然林木 33 年生，树高 20.3 米，胸径 37 厘米；立地条件中等的地方，94 年生，树高 26.3 米，胸径 32.7 厘米；立地条件差的地方，139 年生，树高 14.3 米，胸径 30 厘米，相差十分悬殊。

边材淡黄褐色，心材红褐色，纹理直而不匀，结构中，强度中，坚实较耐久用，较马尾松木材为优，供建筑，桥梁，家具及木纤维工业原料等用，防腐后可供枕木，矿柱等用，树干可采割松脂。为安徽省海拔 700 米以上酸性土荒山造林的重要树种。

9a. 杉松（变种）

Pinus taiwanensis Hayata var. **wulinensis** S. C. Li

针叶短，油绿似黄山松，树皮大块状剥裂又似马尾松，属二者天然杂交种。生于大别山区潜山天柱山林场海拔 600-900 米之间，江西武宁石门楼乡横里村海拔 600 米处，长势优良，干直，生长快，木材性质类似杉木，故称为杉松。

合肥安徽农业大学有栽培，但不如天然生长的好。

10. 黑松　　　　　　　　　　图 19

Pinus thunbergii Parl.

乔木，在原产地高达 30 米，胸径 2 米，幼树树皮暗灰色，老则灰褐色至灰黑色，裂成鳞状厚片脱落，枝开展，树冠广圆锥形或伞形。1 年生枝淡褐黄色，无白粉。冬芽银白色，圆柱形。针叶 2 针一束，刚硬，深绿色，长 6-12 厘米，径约 1.5 毫米，边缘有细齿，树脂道 6-11，中生。球果圆锥状卵形或圆卵形，长 4-6 厘米，径 3-4 厘米，熟时褐色，有短梗，鳞盾微肥厚，横脊显著，鳞脐微凹，有短刺。种子倒卵状椭圆形，长 5-7 毫米，连翅长 1.5-1.8 厘米。花期 4-5 月，球果翌年 10 月成熟。

原产日本沿海地区及朝鲜半岛南部沿海地区。安徽省丘陵地区等地引种栽培。皖南沿江芜湖赭山，淮

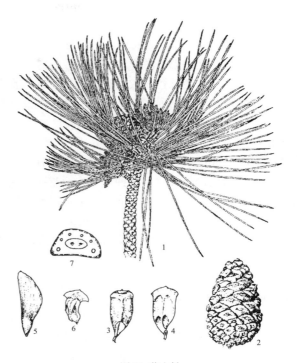

图 18 黄山松
1. 雌、雄球花枝；2. 球果；3、4. 种鳞背腹面；5. 种子；6. 雄蕊；7. 叶横剖。

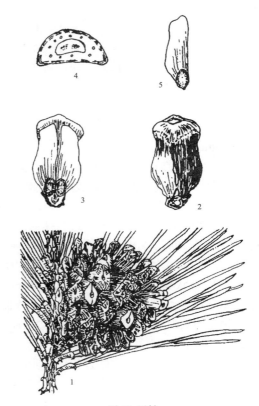

图 19 黑松
1. 球果枝；2~3. 种鳞背腹面；4. 针叶的横切面；5. 种子。

北宿县大方寺，萧县皇藏峪等低山残丘有大量栽培，江淮之间、大别山区和皖南丘陵低山有大面积人工林。我国东部沿海地区、辽东半岛、山东沿海、江苏、浙江、福建。

最喜光，喜凉润的温带海洋性气候，较耐寒，耐瘠薄，耐盐碱土，但在土层深厚肥沃处生长良好。

边材白色，心材淡红色，纹理直，结构较细，富含松脂，坚韧耐久，供建筑、矿柱、薪炭等用。由于树体在后期生长较慢，常有结顶现象，园林上多用作景点配置，并可制作树桩盆景。

10a. 黄松（杂交种）

Pinus massoniana Lamb. × P. thunbergii Parl.

系马尾松与黑松的天然杂交种，在安徽省嘉山县管店林场、滁县皇甫山林场、当涂县采石等地常见混生于马尾松林或黑松林中。其形态特征与其亲本很易区别，针叶呈黄绿色，粗细介于马尾松与黑松之间，较马尾松针叶略粗长，冬芽灰褐色，淡红褐色或灰白色，树脂道7-8个，边生或中生。黄松树干通直，生长快，抗病虫害、抗旱，抗寒能力强，杂种优势表现比较明显。合肥安徽农业大学有栽培，可长成乔木，但后期生长缓慢。

11. 长叶松 大王松

Pinus palustris Mill.

常绿乔木，原产地植株高40米。树冠宽圆锥形或近伞形，树皮淡红褐色，裂成鳞状块片剥落，小枝粗壮，冬芽大，灰白色，无树脂。叶3针一束，长20-45厘米，粗硬，深绿色，树脂道3-7个，多内生。球果大，圆柱形或椭圆状圆锥形，长15-25厘米，径5-5.7厘米，成熟时栗褐色，种鳞鳞盾肥厚，鳞脐具锐刺，种子长约1.3厘米，种翅长为种子的3倍。花期4-5月，球果翌年10月成熟。

原产北美。安徽省屯溪市公园引入栽培一株，树高14米，胸径34厘米；泾县马头林场人工湿地松、火炬松松林内，也偶见混生少量植株；黄山树木园内亦有栽培。我国南京、上海、杭州、福州，庐山、青岛等地有引种栽培。

喜光，适应于温暖湿润的海洋性气候，生长迅速，惟引种后，种子多为不孕性。

木材坚实，耐久用，可供建筑、家具等用材。可选为安徽省南部丘陵山区造林树种。树姿雄伟，叶色四季苍绿，可供观赏用。

12. 火炬松 泰德松   图20

Pinus taeda L.

乔木，在原产地高达54米，胸径2米，树皮暗灰褐色或黄褐色，老则暗灰褐色，裂成鳞状块片脱落。枝条每年生长数轮，小枝黄褐色或淡红褐色，幼时微被白粉。冬芽光褐色，长圆状卵形或近圆柱形，无树脂。针叶3针一束，稀有2针一束并存，长12-25厘米，径约1.5毫米，有细齿，树脂道通常2，中生。球果卵状长圆形或圆锥状卵形，长7.5-15(-20)厘米，近无梗，熟时暗红褐色，鳞盾沿横脊显著隆起，鳞脐延伸成尖刺。种子卵圆形，长约6毫米，翅长约2.5厘米。花期4-5月，球果翌年10月成熟。

原产北美东南部及南部。安徽省各林场现普遍引种栽培。最初泾县马头林场、马鞍山林场于1948年引种，生长迅速，现已成林。我国长江流域以南各省区引种造林，北至河南南部，南达广东，广西，通常

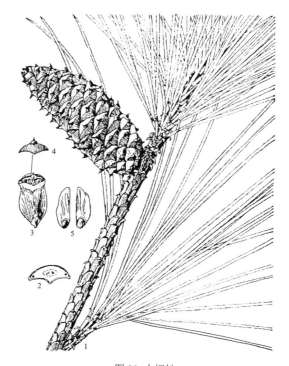

图20 火炬松
1. 球果枝；2. 针叶横剖面；3. 种鳞；4. 鳞脐；5. 种子。

生于海拔 500 米以下低山丘陵。

最喜光，喜温暖湿润的气候，对土壤要求不严，适生于中性或酸性黄褐土、黄壤，红壤，土层深厚肥沃，排水良好则表现为速生，岩石裸露，土层浅薄的丘陵岗地或黏重土壤上亦能生长，耐干燥瘠薄的能力超过湿地松。不耐水涝。

树干圆满通直，出材率高，纹理直，结构粗，材质中等，可供建筑，纸浆、纤维，造船，车辆等用，经防腐处理可供枕木、电杆、矿柱之用。树干富含松脂，松脂黄色透明，产量高，质量好，是优良的采脂树种。树姿优美挺拔，树冠枝条层层上叠，形似火炬，故称"火炬松"。

13. 湿地松　　　　　　　图 21

Pinus elliottii Engelm.

乔木，在原产地高达 40 米，胸径近 1 米，树皮灰褐色或暗红褐色，纵裂成鳞状大块片剥落。枝条每年生长 2 至数轮，小枝粗壮，橙褐色，后变为褐色至灰褐色，鳞叶上部披针形，淡褐色，边缘有毛，干枯后宿存枝上数年不落。冬芽红褐色，圆柱形，无树脂。针叶 2 针，3 针一束并存，长 18-25 厘米，径约 2 毫米，粗硬，深绿色，边缘有细齿，树脂道 2-9(-11)，多内生。球果圆锥状卵形，长 6.5-13 厘米，径 3-5 厘米，有梗，熟后第二年夏季脱落，鳞盾近斜方形，肥厚，有锐横脊，鳞脐疣状，有短的尖刺。种子卵圆形，长约 6 毫米，翅长 0.8-3.3 厘米。花期 4-5 月，球果翌年 10 月成熟。

原产北美东南部亚热带低海拔的潮湿地带。安徽省各地林场广泛引种栽培。我国长江流域以南各省普遍引种造林。

最喜光，喜温暖湿润的气候，适生于酸性红壤至中性黄褐土之丘陵低山，耐水湿，在低洼沼泽地，湖泊，河流边缘生长良好，但长期积水则生长不良。

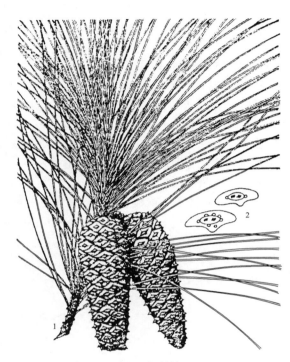

图 21 湿地松
1. 球果枝；2. 针叶横剖面。

木材较硬，纹理直，结构粗，供建筑，枕木，板料，造纸原料等用。松脂含量丰富，黄色透明，质量好，远超过马尾松，是优良的采脂树种。树干端直，枝叶浓绿，可供庭园观赏。可选为我省低山丘陵土层较深厚、湿润地带的造林树种。

5. 杉科 TAXODIACEAE

　　乔木，树干端直，大枝轮生或近轮生。叶螺旋状排列，散生，稀交叉对生，披针形、锥形、鳞形或条形。雌雄同株，雄球花的雄蕊与雌球花的珠鳞均螺旋状排列，稀交叉对生，雄蕊具 2-9（常 3-4）花药，花粉无气囊，珠鳞与苞鳞半合生，仅顶端分离，或完全合生，或苞鳞发育而珠鳞不发育，每珠鳞具 2-9 倒生或直生胚珠。球果成熟时种鳞（或苞鳞）张开，发育的种鳞（或苞鳞）具 2-9 粒种子，子叶 2-9。

　　10 属 16 种，主产北温带。我国 5 属 7 种，引入栽培 4 属 7 种，安徽省栽培有 5 属，7 种及 1 栽培型。本科植物均为高大乔木，其中杉木为安徽省重要经济用材树种。安徽省有少数林场还引种有北美红杉（Sequoia sempervirens）、台湾秃杉（Taiwania flousiana），目前生长良好。

1. 叶和种鳞均为螺旋状排列：
　　2. 球果的种鳞（或苞鳞）扁平：
　　　　3. 常绿性，叶条状披针形，有锯齿，种鳞或苞鳞革质，边缘有锯齿，每种鳞有 3 种子，种子两侧有翅
　　　　　　·· 1. 杉木属 Cunninghamia
　　　　3. 半常绿性，有条形叶的侧生小枝冬季脱落，有鳞形叶的小枝不脱蒋，种鳞木质，先端有 6-10 裂齿，
　　　　　　每种鳞有 2 种子，种子下端有长翅 ·························· 2. 水松属 Glyptostrobus
　　2. 球果的种鳞盾形，木质：
　　　　4. 常绿性，叶锥形，螺旋状排列，球果几无柄，直立，种鳞上部有 3-7 裂齿，基部有 2-5 种子 ···········
　　　　　　·· 3. 柳杉属 Gryptomeria
　　　　4. 落叶或半常绿，叶条形或鳞状锥形，侧生小枝冬季与叶俱落，每种鳞有 2 种子 ····· 4. 落羽杉属 Taxodium
1. 叶和种鳞均对生，叶条形，排成二列，侧生小枝冬季与叶俱落，球果的种鳞盾形，木质，每种鳞有 5-9 种子，
　　种子扁平，周围有翅 ·· 5. 水杉属 Metasequoia

1. 杉木属 Cunninghamia R. Br.

　　常绿乔木。冬芽圆卵形。叶螺旋状排列，侧枝之叶基部扭转排成二列，基部下延，披针形或条状披针形，有细锯齿，两面均有气孔线，上面气孔线较少。雄球花多数，簇生枝顶，花药 3，药室纵裂，雌球花 1-3 生于枝顶，苞鳞与珠鳞的下部合生，螺旋状排列，苞鳞大，有锯齿，珠鳞小，3 浅裂，胚珠 3，倒生。球果近球形或卵圆形，苞鳞革质，扁平，有细锯齿，宿存，种鳞很小，3 浅裂，裂片有细缺齿。种子扁平，两侧边缘有窄翅，子叶 2 枚。

　　2 种，1 变种。产我国秦岭、长江流域以南温暖地区及台湾山区。越南也有分布。安徽省有 1 种及 1 栽培型。

1.　杉木

图 22

Cunninghamia lanceolata（Lamb.）Hook.

　　乔木，高达 30 米，胸径可达 2.5-3 米，幼树树冠尖塔形，大树树冠圆锥形，树皮灰褐色，裂成长条片，内皮淡红色，大枝平展。小枝对生或轮生，常成二列状，幼枝绿色，光滑无毛。冬芽近球形，具小形叶状芽鳞。叶长 2-6 厘米，宽 3-5 毫米。球果长 2.5-5 厘米，径 3-4 厘米，苞鳞棕黄色，三角状卵形，先端反卷或不反卷。种子长卵形或长圆形，长 7-8 毫米，宽 5 毫米，暗褐色，有光泽。花期 4-5 月，球果 10-11 月成熟。

　　我国特有树种。安徽省淮河以南各地均有栽培。淮河以北的萧县皇藏峪林场有少量栽培。主产区在皖南山区和皖西大别山区，栽培历史悠久。垂直分布在海拔 1200 米以下。铜陵叶山林场一株树龄 400 余年的古杉，树高 23.4 米，胸围 330 厘米，单株材积 12.5 立方米。休宁县岭南乡一株 300 多年的古杉，树高 28.5 米，胸围 310 厘米。分布于秦岭南坡，桐柏山，伏牛山，大别山一线至江苏宁镇山区以南，多为人工林。

安徽省营造杉林常见两栽培型：

1a. 灰叶杉木（栽培型）
Cunninghamia lanceolata（Lamb.）Hook. cv. **Glauca**

叶灰绿色或蓝绿色，两面有明显的白粉。散生于皖南山区杉木林中，在苗期与原种区别尤为明显。

1b. 柔叶杉木（栽培型）
Cunninghamia lanceolata（Lamb.）Hook. cv. **Mollifolia**

叶质地薄，柔软，先端不尖。混生于皖南山区杉木林中，材质较优。

较喜光，幼年稍耐庇荫，喜温，喜湿、怕风、怕旱。以酸性基岩发育的土层深厚肥沃，疏松湿润、排水良好的酸性黄壤生长最好。在干燥瘠薄，黏重或排水不良的土壤上生长不良。

材质优良，纹理直、质轻软、细密，干后不翘不裂，易加工，耐腐朽，有香气，为我国最普遍的重要用材，广泛用于建筑，桥梁、造船、电杆，门窗、家具、板料，木桶、木盆等，也是优良的造纸原料。树皮可供林区房屋或工棚的房顶之用。球果，种子入药，有去风湿、收敛止血之效。为安徽省山区重要的人工林和优良速生造林树种。

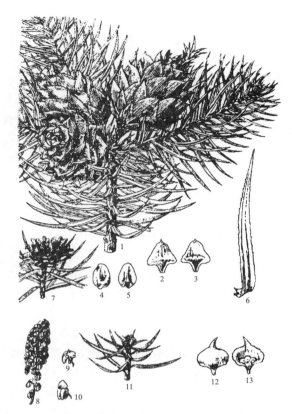

图22 杉木 *Cunninghamia lanceolata*
1. 球果枝；2、3. 苞鳞及种鳞；4、5. 种子；6. 叶；7、8. 雄球花枝；9、10. 雄蕊；11. 雌球花枝；12、13. 苞鳞及珠鳞、胚珠。

2. 水松属 Glyptostrobus Endl.

半常绿性乔木。冬芽形小，叶螺旋状排列，基部下延，有三种类型：鳞叶较厚，在1-3年生主枝上贴枝生长；条形叶扁平，薄，生于幼树1年生小枝或大树萌芽枝上，常排成二列；条状锥形叶，生于大树的1年生短枝上，辐射伸展或三列状。后两种叶于秋季与侧生短枝一同脱落。球花单生于具鳞叶的小枝顶端，雄蕊和珠鳞均螺旋状排列，花药2-9（通常5-7），珠鳞20-22，苞鳞略大于珠鳞。球果直立，倒卵状球形，种鳞木质，倒卵形，上部边缘有6-10三角状尖齿，微外曲，苞鳞与种鳞几全部合生，仅先端分离成三角形外曲的尖头，发育的种鳞具2种子。种子椭圆形，微扁，具一向下生长的长翅，子叶4-5。

1种，我国特产，为古老的孑遗树种，分布于华南、西南地区。安徽省有引种。

水松   图23
Glyptostrobus pensilis（Staunt.）Koch

乔木，一般高8-10米，稀达25米，生于潮湿土壤者树干基部膨大具圆棱，并有高达70厘米的膝状呼吸根，干基直径达60-120厘米，树干具扭纹，树皮褐色或淡灰褐色，裂成不规则的长条片。枝较稀疏。鳞叶长约2毫米，条形叶长1-3厘米，宽1.5-4毫米，淡绿色，下面中脉两侧有气孔带，叶条状锥形，长4-11毫米。球果长2-2.5厘米，径1.3-1.5厘米。种子长5-7毫米，宽3-4毫米，翅长4-7毫米。花期1-2月，球果秋后成熟。

我国特有树种。安徽省定远大金山林场、黄山树木园、黄山学院、安徽林业职业技术学院等地有引种栽培。分布于广东、福建，广西、云南、江西、四川等地。上海、苏州、南京、武汉、杭州等长江流域各城市有栽培。

喜温暖湿润的气候。耐水湿，不耐低温。适生于中性或微碱性土壤（pH7-8），酸性土上生长一般，有相当抗盐碱能力。

木材淡红黄色，轻软，细密，耐腐力强。除供建筑、板料用材外，还可用于造船、涵洞和水闸板；根部木质松，比重小，浮力大，广泛用于加工瓶塞和救生圈。鲜叶、鲜果富含单宁，可提取栲胶，鲜球果可作染料，浸染渔网等用。枝叶及果入药，有祛风除湿、收敛止痛之效；栽于河边、堤旁，作防风固堤用。树姿优美，可作庭园观赏树。国家一级保护树种。

3. 柳杉属 Cryptomeria D. Don

常绿乔木。冬芽小，卵圆形。叶螺旋状排列，略成五行，锥形，基部下延。雄球花长圆形，无梗，单生于小枝上部的叶腋，多数密集成穗状，花药3-6，雌球花近球形，单生枝顶，无梗，稀少数集生，珠鳞螺旋状排列，胚珠2-5，苞鳞与珠鳞合生，仅先端分离。球果近球形，当年成熟，种鳞宿存，木质，盾形，上部肥大，有3-7（多为4-5）裂齿，中部具三角状分离的苞鳞，发育的种鳞具2-5种子。种子呈不规则的扁椭圆形或扁三角状椭圆形，边缘具窄翅，子叶2-3。

2种，产于我国和日本。我省产1种，引入栽培1种。

1. 叶先端向内弯曲，球果较小，径 1.2-2 厘米，种鳞 20 个左右，苞鳞的尖头和种鳞先端的裂齿较短，长 2-4 毫米，每种鳞 2 种子 ……　1. 柳杉 C. fortunei
1. 叶直伸，先端通常不内曲，球果较大，径 1.5-2.5（-3.5）厘米，种鳞 20-30，苞鳞的尖头和种鳞先端的裂齿较长，长 6-7 毫米，每种鳞 2-5 种子 ……
…………………………… 2. 日本柳杉 C. japonica

1. 柳杉 孔雀杉　　　　　　　　图 24: 1-5
Cryptomeria fortunei Hooibrenk ex Otto et Dietr.

乔木，高达 40 米，胸径 2 米以上。树皮红棕色，裂成长条片。小枝细长下垂。叶长 1-1.5 厘米，略向内弯曲，幼树及萌芽枝之叶长达 2.4 厘米。球果径 1.2-2 厘米，种鳞 20 左右，上部具 4-5（稀至 7）短三角形裂齿，齿长 2-4 毫米，苞鳞尖头长 3-5 毫米，发育种鳞具 2 种子。种子长 4-6.5 毫米，宽 2-3.5 毫米。花期 4 月；球果 10-11 月成熟。

产皖南祁门，休宁，歙县，旌德，东至等地有分布，各地城市、公园、工厂、机关、学校多有栽培。休宁

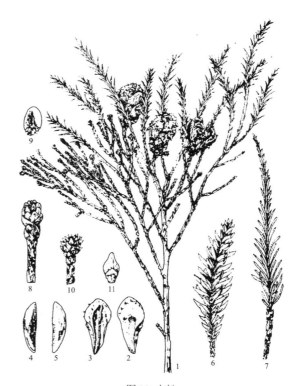

图 23 水松
1. 球果枝；2、3. 种鳞背、腹面；4、5. 种子；6. 线状钻形叶的小枝；7. 鳞形叶和线形叶的小枝；8. 雄球花枝；9. 雄蕊；10. 雌球花枝；11. 珠鳞及胚珠。

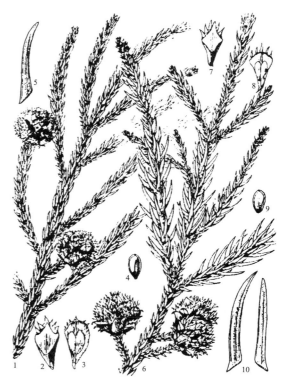

图 24　1-5. 柳杉　6-10. 日本柳杉
1、6. 球果枝；2、3、7、8. 种鳞背、腹面；4、9. 种子；5、10. 叶。

县龙田乡浯田村头，有 8 株 800 年树龄的古柳杉，最大的一株高 33.6 米，胸围 670 厘米。黄山市徽州区呈坎乡石步坑村一株孤立古柳杉，树龄约 430 年，树高 22 米，胸围 452 厘米。分布于长江流域以南至广东，广西、江西、云南、贵州，四川等地，江苏、山东、河南等地均有栽培。

较喜光，喜温暖湿润气候，喜暖湿、排水良好的酸性土壤。无明显主根，侧根很发达。

边材白色，心材淡红色，轻软，纹理直，结构中，质地较松，材质次于杉木，供建筑、板料，器具，家具等用，刨成薄片供制蒸笼材料。树皮入药可治癣疮。树姿优美，为人们喜爱的风景园林树种。对二氧化硫抗性较强，宜用于工矿区绿化。

2. 日本柳杉　　　　　　　　　　　　　　　　　　　　　　　　　图 24: 6-10

Cryptomeria japonica（L. f.）D. Don

乔木，在原产地高达 40-60 米，胸径 2-5 米。小枝微下垂。叶长 0.4-2 厘米，直伸不内弯，或微内弯。球果径 1.5-2.5 厘米，稀达 3.5 厘米，种鳞 20-30，上部 4-5(-7) 深裂，裂齿长 6-7 毫米，发育的种鳞具 2-5 种子。种子长 5-6 毫米，宽 2-3 毫米。花期 4 月，球果 10 月成熟。

原产日本。安徽省合肥、芜湖、马鞍山、淮南、蚌埠、安庆、滁州、黄山树木园等地有栽培，作庭园观赏用。我国山东、江苏、浙江、湖南、江西、湖北等地引种栽培。

较喜光，喜凉爽湿润气候，适生于暖湿、排水良好的酸性土壤。

心材淡红色，边材近白色，易加工。供建筑，桥梁，造船，板料等用。

4. 落羽杉属 Taxodium Rich.

落叶或半常绿乔木。小枝有两种：主枝和脱落性侧生短枝。冬芽形小，球形。叶螺旋状排列，基部下延，二型；锥形叶在主枝上宿存，前伸；条形叶在侧生短枝上排成二列，冬季与侧生短枝一同脱落。雄球花排成总状或圆锥状球花序，生于枝顶，花药 4-9，雌球花单生于去年生枝顶，珠鳞螺旋状排列，胚珠 2，苞鳞与珠鳞几全部合生。球果球形或卵状球形，种鳞木质，盾形，顶部具三角状突起的苞鳞尖头，发育种鳞具 2 种子。种子呈不规则三角形，具锐脊状厚翅，子叶 4-9 枚。

3 种，产于北美及墨西哥。我国有引种。我省主要引入 2 种。

1. 叶条形，扁平，羽状二列，大枝水平开展 ………
…………………………………… 1. 落羽杉 **T. distichum**
1. 叶锥形，不成二列，大枝向上伸展 ……………
…………………………………… 2. 池杉 **T. ascendens**

1. 落羽杉 落羽松　　　　　　图 25: 1-3

Taxodium distithum（L.）Rich.

落叶乔木，在原产地高达 50 米，胸径 2 米，树干尖削度大，基部通常膨大，具膝状呼吸根，树皮棕色，裂成长条片，大枝近平展。1 年生小枝褐色，侧生短枝二列。叶条形，长 1-1.5 厘米，排成二列，羽状。球果径约 2.5 厘米，具短梗，熟时淡褐黄色，被白粉。种子长 1.2-1.8 厘米，褐色。花期 3 月，球果 10 月成熟。

图 25 1-3. 落羽杉 4-5. 池杉
1. 球果枝；2. 种鳞顶部；3. 种鳞侧面；4. 小枝及叶；5. 小枝与叶的一段。

原产北美东南部，生于亚热带排水不良的沼泽地区。我国广州、杭州、上海、南京、武汉、庐山及河南鸡公山等地引种栽培。安徽省各地广泛引种栽培。

喜光，耐水湿，亦较耐旱，适于湿润肥沃的弱酸性土壤。

木材重，纹理直，结构粗而均匀，纹理美观，耐腐力强，经久耐用，可供建筑，电杆，车辆，造船，家具等用。可选作安徽省低湿地区造林树种；树形美观，为优良的行道树和庭园观赏树。

2. 池杉 池柏　　　　　　　　　　　　　　　　　　　　　　　图 25: 4-5
Taxodium ascendens Brongn.

乔木，在原产地高达 25 米，树干基部膨大，通常具膝状呼吸根，树皮褐色，纵裂成长条片。在枝向上伸展，树冠较窄，尖塔形。叶锥形，长 4-10 毫米，前伸。球果圆球形或长圆状球形，长 2-4 厘米，径 1.8-3 厘米，熟时褐黄色，有短梗。种子长 1.3-1.8 厘米，宽 0.5-1.1 厘米，红褐色。花期 3-4 月，球果 10 月成熟。

原产北美东南部沼泽地区。我国江苏、浙江、河南南部、湖北等地引种。安徽省 20 世纪 50 年代中期开始引种，现各地普遍栽培。在低湿地造林，生长良好。

喜光，不耐庇荫，抗风性较强。适应性较广，冬季能耐短时间 -17℃的低温而不致受冻。在土壤酸性，中性而湿润的潜育土或沼泽土上生长良好，短期积水亦能适应，不耐盐碱土，土壤 pH7 以上则树叶黄化，生长不良，pH9 则导致死亡。

边材淡黄白色，心材淡黄褐色，微带红色，纹理直，结构略粗，硬度适中，耐腐力较强，不易翘裂，韧性较强，供建筑、枕木、电杆，桥梁，船舶，车辆、家具等用。为水旁重要造林绿化树种。树姿优美，供庭园观赏。

5. 水杉属 **Metasequoia** Miki ex Hu ct Cheng

落叶乔木，大枝不规则轮生。小枝对生或近对生。冬芽卵形或椭圆形，芽鳞 6-8 树，交叉对生。叶条形，柔软，交叉对生，基部扭转，羽状二列，冬季与无冬芽侧生短枝一同脱落。雄球花单生叶腋或枝顶，有短梗，多数组成总状或圆锥状球花序，雌球花单生于去年生枝顶或近枝顶，有短梗，珠鳞交叉对生，11-14 对，胚珠 5-9。球果当年成熟，下垂，近球形，微具四棱，稀呈短圆柱形，有长梗，种鳞木质，盾形，顶部扁菱形，有凹槽，发育种鳞具 6-9 种子。种子扁平，周围有窄翅，先端有凹缺，于叶 2。

本属在中生代白垩纪及新生代约有 10 余种，曾广布于北半球。第四纪冰期之后几乎全部绝灭，现仅 1 种，产于我国四川东部及湖北西南部，湖南西北部山区，安徽省普遍栽培。

水杉　　　　　　　　　　　图 26
Metasequoia glyptostroboides Hu et Cheng

乔木，高达 35 米，胸径 2.5 米，树干基部常膨大，树皮灰褐色，裂成长条片，大枝斜上伸展。1 年生小枝淡褐色，2-3 年生小枝淡褐灰色或灰褐色。冬芽上方或侧面具白色短枝痕。叶长 0.8-3.5（常为 1.3-2）厘米，宽 1-2.5（常为 1.5-2）毫米，淡绿色。球果长 1.8-

图 26 水杉
1.球果枝；2.球果；3.种子；4.雄球花枝；5.雌球花；6、7.雄蕊；8.小枝一节；9.幼苗。

2.5 厘米，径 1.6-2.5 厘米，梗长 2-4 厘米。种子倒卵形、圆形或长圆形，长约 5 毫米，宽 4 毫米。花期 2 月下旬，球果 11 月成熟。

我国特产稀有珍贵树种，天然分布于湖北、四川以及湖南西北部。1941 年王战在四川万县初次采集到标本，1948 年由植物分类学家胡先骕定名，定名。国外约有 52 个国家和地区引种栽培。安徽省各地广泛栽培。黄山市博村林场 1948 年引种的一株，现树高 25 米，胸径 60 厘米；滁州琅琊山寺庙后有一株，1954 年引栽，现树高 28 米，胸径 52 厘米，僧人称作"水杉王"，供群众研究欣赏。

喜光，对气候的适应范围较广，冬季能耐 -25℃低温而不致受冻。对土壤要求不严，酸性山地黄壤、黄褐土、石灰性土壤、轻度盐碱土（含盐量 0.15% 以下）均可生长，但在深厚，肥沃，排水良好的沙壤土或黄褐土上生长迅速。不耐水涝，不耐干旱瘠薄，土层浅薄，多石或土壤过于黏重、排水不良均生长不良。

材质轻软，纹理直，边材白色，心材褐红色，不耐水湿，可供建筑，电杆，家具，板料、造纸原料等用。树姿优美，秋叶黄紫，为优良的庭园观赏树种。国家一级保护树种。

6. 柏科 CUPRESSACEAE

常绿乔木或灌木。叶交叉对生或 3-4 轮生，鳞形或刺形。雌雄同株或异株，球花单生，雄球花具 2-16 交叉对生的雄蕊，花药 2-6，花粉无气囊，雌球花具 3-18 交叉对生或 3-4 轮生的珠鳞，全部或部分珠鳞的腹面基部或近基部有 1 至多数直生胚珠，苞鳞与珠鳞完全合生。球果较小，种鳞薄或厚，扁平或盾形，木质或近革质，熟时张开，或种鳞肉质合生不张开。

22 属约 150 种，广布于南北两半球。我国有 8 属，30 种，6 变种，引进栽培 1 属，15 种，我省产 4 属，5 种，引进栽培 4 属，16 种。

1. 种鳞木质或近革质，熟时张开，种子通常有翅，稀无翅：
　2. 种鳞扁平或鳞背隆起，但不为盾形，球果当年成熟：
　　3. 鳞叶较大，两侧的鳞叶长 4-7 毫米，下面有明显的白粉带，球果近球形，种鳞木质，发育的种鳞具 3-5 种子，种子两侧具翅 ·· 1. 罗汉柏属 Thujopsis
　　3. 鳞叶较小，长 4 毫米以内，无明显的白粉带，球果卵圆形或卵状长圆形，发育的种鳞具 2 种子：
　　　4. 生鳞叶的小枝平展或近平展，种鳞 4-6 对，薄，近革质，背部无尖头，种子两侧有窄翅··············
　　　··· 2. 崖柏属 Thuja
　　　4. 生鳞叶的小枝直展或斜展，种鳞 4 对，厚，木质，背部有一尖头，种子无翅 ·····················
　　　··· 3. 侧柏属 Platycladus
　2. 种鳞盾形，球果翌年或当年成熟：
　　5. 鳞叶小，长 2 毫米以内，球果具 4-8 对种鳞，种子两侧具窄翅：
　　　6. 生鳞叶的小枝四棱形或圆柱形，不排成平面，稀扁平而排成平面：球果翌年成熟，发育的种鳞具 5 至多数种子 ··· 4. 柏木属 Cupressus
　　　6. 生鳞叶的小枝扁平，排成平面（某些栽培型例外），球果当年成熟，发育的种鳞具 2-5（通常 3）种子
　　　··· 5. 扁柏属 Chamaecyparis
　　5. 鳞叶较大，两侧的鳞叶长 4-6 毫米，稀至 10 毫米，球果具 6-8 对种鳞，种子上部具两个大小不等的翅 ··· 6. 福建柏属 Fokienia
1. 种鳞肉质，熟时不张开或微张开，球果球形或卵状球形，具 1-2 无翅的种子：
　7. 全为刺叶或全为鳞叶，或同一树上二者兼有，刺叶基部无关节，下延，冬芽不显著，球花单生枝顶，雌球花具 3-8 轮生或交叉对生的珠鳞，胚珠生于珠鳞腹面的基部 ················ 7. 圆柏属 Sabina
　7. 全为刺叶，基部有关节，不下延，冬芽显著，球花单生叶腋，雌球花具 3 轮生的珠鳞，胚珠生于珠鳞之间 ··· 8. 刺柏属 Juniperus

1. 罗汉柏属 Thujopsis Sieb. et Zucc.

乔木，大枝斜向上伸展；生鳞叶小枝扁平。鳞叶较大，交叉对生，上下两面异形。雌雄同株，球花单生于短枝顶端；雄球花具 6-8 对雄蕊，交叉对生；雄球花具 3-4 对珠鳞，仅中间 2 对珠鳞基部各有 3-5 个胚珠；球果近球形，当年成熟。

仅 1 种。原产日本。我国引入栽培。安徽省城镇有栽培。

罗汉柏 蜈蚣柏　　　　　　　　　　　　　　　　　　　　　　　　　　　　　　图 27

Thujopsis dolabrata（L. f.）Sieb. et Zucc.

乔木，原产地植株树高 15 米；引入长江流域一带，常呈灌木状。树皮红褐色，裂成狭长条薄片脱落。鳞叶长 4-7 毫米，宽 1.5-2.5 毫米，交叉对生，侧面的鳞叶对折呈船形，覆压于中央鳞叶的边缘，先端微内弯，上面深绿

色，下面具一条较宽的白粉带，中央鳞叶倒卵状椭圆形或椭圆形，下面有三条明显的白粉带。球果近球形，长 1.2-1.5 厘米，成熟时张开；种鳞 6-8 个，木质，楔形，覆瓦状排列，顶端的下方有一短尖头。种子圆而薄，两侧具窄翅；子叶 2 枚。

安徽省淮河以南城镇有栽培；黄山海拔 400-600 米地带栽培，生长尚好；江淮地区于夏季酷热常见枯梢。我国长江流域及以南各省有引种栽培。

耐阴，喜深厚湿润的山地黄壤或山地黄棕壤。树姿优美，供庭园绿化观赏。

图 27 罗汉柏
1. 球果枝；2. 幼枝和雄球花；3. 成熟球果。

2. 崖柏属 **Thuja** L.

乔木，枝平展。生鳞叶的小枝排成平面，扁平。鳞叶较小，交叉对生。雌雄同株，球花单生枝顶，雄球花具多数雄蕊，花药 4，雌球花具 3-5 对珠鳞，仅下部 2-3 对珠鳞各具 1-2 胚珠。球果当年成熟，长圆形或长卵形，种鳞薄，近革质，扁平，顶端具钩状突起，发育的种鳞各具 1-2 种子。种子扁平，两侧有翅。

约 6 种，产北美和东亚。我国 2 种，引入栽培 3 种。我省常见栽培 1 种。

北美香柏 香柏　　　　　　　　图 28
Thuja occidentalis L.

乔木，在原产地高达 20 米，树皮红褐色或橘褐色，有时灰褐色，枝开展，树冠塔形。小枝上面的叶深绿色，下面的叶灰绿色或淡黄绿色，鳞叶长 1.5-3.5 毫米，两侧的鳞叶与中间的鳞叶近等长或稍短，先端尖，内弯，中间的鳞叶明显隆起，有透明的圆形腺点，小枝下面的鳞叶几无白粉。鳞叶揉碎时有香气。球果长椭圆形，长 8-13 毫米，径 6-10 毫米，种鳞 5 对，稀 4 对，下面 2-3 对发育，各有 1-2 扁平、两侧有翅的种子。花期 4-5 月，翌年 10 月球果成熟。

原产美国，生于含石灰质的湿润地区。我国青岛，庐山，南京、上海，杭州等地引入栽培，安徽省各城市园林单位常见栽培。

喜光，喜湿润肥沃的弱酸性土壤。

材质坚韧，结构细致，有香气，耐腐性强。树姿优美，供庭园观赏。

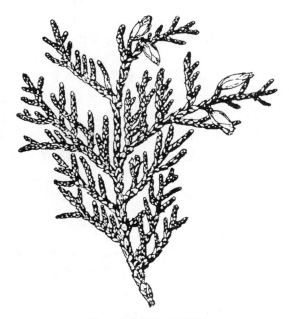

图 28 北美香柏（球果枝）

3. 侧柏属 **Platycladus** Spach

乔木，幼树树冠卵状尖塔形，老则广圆形。叶枝直展，扁平，排成一平面，与地面垂直，两面同形。鳞叶形小，背面有腺点。雌雄同株，球花单生枝顶，雄球花具 6 对雄蕊，花药 2-4，雌球花具 4 对珠鳞，仅中部的 2 对珠鳞各有 1-2 胚珠。球果当年成熟，卵状椭圆形，种鳞木质，扁平，厚，背部顶端的下方有一弯曲的钩状尖头,最下部一对种鳞很小,不发育,中部 2 对发育种鳞各有 1-2 种子。种子椭圆形或卵形,无翅,种子顶端有短膜,子叶 2。

1 种,产于我国北部及西南部,安徽省广泛栽培。

1. 侧柏 图29

Platycladus orientalis(L.)Franco

乔木,高达 20 米,胸径 1 米,树皮淡灰褐色。鳞叶长 1-3 毫米,先端微钝。球果长 1.5-2 厘米,褐色。种子长 4-6 毫米,灰褐色或紫褐色,无翅,或顶端微有短膜,侧面微有棱角或无,种脐大而明显。花期 3-4 月,球果 9-10 月成熟。

我国特有树种。安徽省各地栽培,尤其在淮北、江淮地区石灰岩山地普遍造林。淮北市相山区渠沟镇黄里村的侧柏古树群,树龄 260 余年,其中最大的一株,树高 13.7 米,胸围 239 厘米。分布于河北、山西、陕西及云南等省有天然林。云南中部及西北部可达海拔 2600 米。栽培几遍全国。

喜光,但幼苗,幼树稍耐庇荫,能适应干冷的气候,也能在暖湿气候条件下生长。能耐 -35℃ 的绝对最低温。对土壤要求不严,在钙质土,微碱性,中性,酸性土上,甚至在含盐量 0.2% 的土壤上均能适应。为喜钙树种。浅根性,侧根发达,耐干旱瘠薄,能生于干燥阳坡或石缝中,不耐水涝,排水不良的低洼地上易于烂根而死亡。是安徽省石灰岩山地的造林树种。

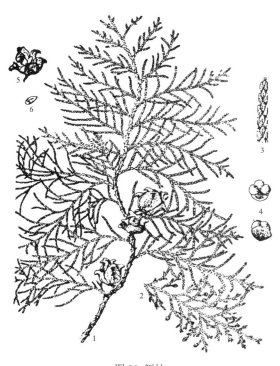

图29 侧柏
1. 球果枝;2. 球花枝;3. 小枝及大示鳞叶;4. 雄蕊腹、背面;5. 球果;6. 种子。

边材浅黄褐色,心材浅橘红褐色,有香味,纹理斜而匀,结构很细,易加工,耐腐力强,供建筑、造船,桥梁,家具,农具,雕刻,细木工,文具等用;种子、根,枝叶,树皮均可供药用,种子(柏子仁)有滋补强壮,养心安神,润肠通便,止汗等效;枝叶能收敛止血,利尿,健胃,解毒散瘀。树形优美,为园林绿化的优良树种。

安徽省常见的栽培型如下:

1a. 千头柏 (栽培型)

Platycladus orientalis(L.)Franco cv. **Sieboldii**

丛生灌木,无主干,枝密生,直展,树冠卵状球形或球形。叶绿色。安徽省各地城镇栽培供观赏及绿篱。

1b. 金黄球柏 洒金千头柏 (栽培型)

Platycladus orientalis(L.)Franco cv. **Semperaurescens**

矮生灌木,树冠球形。枝顶叶全年为金黄色。安徽省各地园林单位栽培。

1c. 金塔柏 (栽培型)

Platycladus orientalis(L.)Franco cv. **Beverleyensis**

小乔木,树冠窄塔形。叶金黄色。安徽省各地园林单位栽培。

4. 柏木属 Cupressus L.

乔木，稀为灌木状，有香气。生鳞叶的小枝四棱形或圆柱形，不排成一平面，稀扁平而排成一平面。鳞叶小，交叉对生，仅幼苗或萌芽枝上具刺形叶。雌雄同株，球花单生枝顶，雄球花具多数雄蕊，花药 2-6，雌球花具 4-8 对珠鳞，中部珠鳞具 5 至多数排成一行至数行的胚珠。球果翌年成熟，球形或近球形，种鳞 4-8 对，木质，盾形，熟时张开，中部种鳞发育，各具 5 至多数种子。种子长圆形或长圆状倒卵形，稍扁，有棱角，两侧具窄翅，子叶 2-5。

约 20 种，产北美，东亚，喜马拉雅山区和地中海等温暖地带。我国产 5 种，引入栽培 4 种。我省产 1 种，引入栽培 3 种。

1. 小枝下垂
    2. 生鳞叶的小枝扁平，球果径不超过 1.2 厘米，外无白粉 ···················· 1. **柏木 C. funebris**
    2. 生鳞叶的小枝四棱形，球果径超过 1.2 厘米，外被白粉 ·············· 2. **墨西哥柏木 C. lusitanica**
1. 小枝斜上伸展不下垂
    3. 鳞叶背部有明显的腺体，先端锐尖 ··························· 3. **绿干柏 C. arizonica**
    3. 鳞叶背部无明显的腺体，先端微钝或稍尖 ····················· 4. **干香柏 C. duclouxiana**

1. 柏木　　　　　　　　　　图 30

Cupressus funebris Endl.

乔木，高达 35 米，胸径 2 米，树皮淡褐灰色，大枝开展。小枝细长下垂，生鳞叶的小枝扁平，排成一平面，两面同形，绿色，宽约 1 毫米，较老的小枝圆柱形，暗褐紫色，略有光泽。鳞叶长 1-1.5 毫米，先端锐尖，中央之叶的背部有条状腺点，两侧之叶背部有棱脊。球果球形，径 0.8-1.2 厘米，熟时暗褐色，种鳞 4 对，顶端为不规则的五边形或方形，中央有尖头或无，发育种鳞具 5-6 种子。种子近圆形，长约 2.5 毫米，淡褐色，有光泽。花期 3-5 月，球果翌年 5-6 月成熟。

我国特有树种。安徽省皖南山区有零星分布。祁门县闪里乡柏里村一株树龄 800 年的古柏木，树高 28 米，胸围 470 厘米。分布于浙江、福建、江西，湖北、湖南、四川、陕西、广东、广西、贵州、云南。多生于海拔 1200 米以下，云南中部可分布于海拔 1800-2000 米地带。

喜光，稍耐侧方庇荫，适生于温暖湿润的气候，在中性，微酸性及钙质土上均能生长，耐干旱瘠薄，侧根发达，能生于岩缝中。

图 30 柏木
1. 球果枝；2. 小枝；3、4. 雄蕊背、腹面；5. 雌球花；6. 球果；7. 种子。

边材淡褐黄色或黄白色，心材黄棕色，有香气，纹理直，结构细，坚韧耐腐，供建筑，车船，家具，木模，文具，细木工等用。种子可榨油，球果，根，枝叶皆可入药，球果可治风寒感冒，胃痛及虚弱吐血，根治跌打损伤，叶治烫伤，枝叶、根部皆可提炼柏干油，为出口物资。树冠浓密，枝叶下垂，树姿优美，常栽为庭园观赏树。

2. 墨西哥柏木　葡萄牙柏
Cupressus lusitanica Mill.

乔木，在原产地高达 30 米，胸径 1 米，树皮红褐色。生鳞叶的小枝不排成平面，下垂，末端鳞叶枝四棱形，径约 1 毫米，鳞叶蓝绿色，被蜡质白粉，先端尖，背部无明显的腺点。球果球形，径 1-1.5 厘米，褐色，被白粉，种鳞 3-4 对，顶部有一尖头，发育种鳞具多数种子。

原产墨西哥，我国南京、上海、杭州、庐山等地引种栽培。安徽省各地城市公园栽培为观赏树。生长迅速，在淮北、江淮地区严冬季节有冻梢现象。

3. 绿干柏　美洲柏木
Cupressus arizonica Greene

乔木，在原产地高达 25 米，树皮红褐色，纵裂，枝斜上伸展。生鳞叶的小枝四棱形或近四棱形，末端鳞叶枝径约 1 毫米。鳞叶长 1.5-2 毫米，先端锐尖或尖，蓝绿色，微有白粉，背面具纵脊，具明显的圆形腺点。球果宽椭圆状球形，长 1.5-3 厘米，径 1.8-2 厘米，熟时暗紫褐色；种鳞 3-4 对，顶部具显著的锐尖头。种子倒卵圆形，长 5-6 毫米。

原产北美洲。我国南京、庐山、杭州等地引种栽培。安徽省黄山树木园、合肥、淮南等地有栽培，生长良好。可供城市绿化和庭园观赏。

4. 干香柏　冲天柏　云南柏　　　图 31
Cupressus duclouxiana Hickel

乔木，高达 25 米，胸径 80 厘米，树干端直，树皮灰褐色，枝密集，树冠近球形或广圆形。小枝不排成平面，不下垂，1 年生枝四棱形，径约 1 毫米，绿色。鳞叶长约 1.5 毫米，先端微钝或稍尖，蓝绿色，微被蜡质白粉，无明显的腺点。球果球形，径 1.6-3 厘米，种鳞 4-5 对，热时暗褐色或紫褐色，被白粉，顶部五角形或近方形，具不规则向四周放射的皱纹，中央平或稍凹，有短尖头，发育种鳞有多数种子。种子长 3-4.5 毫米，褐色或紫褐色。

安徽省黄山树木园、滁州、合肥、芜湖、淮南等地有引种栽培。分布于云南、四川及贵州西部，海拔 1400-3000 米地带。

喜光，稍耐侧方庇荫，较耐干旱。在深厚的钙质土上生长较快，能生于酸性土及石灰性土壤，尤以石灰性土壤生长为好，为喜钙树种。

木材淡褐黄色或淡褐色，纹理直，结构细，材质坚硬，易加工，耐久用，可供建筑，桥梁，车厢、造船、家具等用。可供皖南、江淮地区石灰岩山地造林。

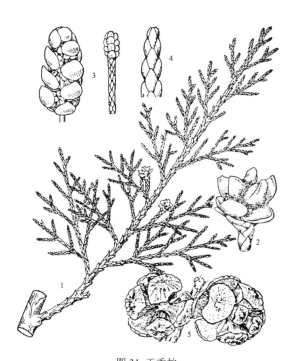

图 31 干香柏
1. 雌球花枝；2. 雌球花放大；3. 雌球花极其放大；4. 小枝放大示鳞叶；5. 球果。

5. 扁柏属 Chamaecyparis Spach

乔木，树皮深纵裂。生鳞叶的小枝通常扁平，排成一平面，近平展或平展。鳞叶，稀为刺形叶。雌雄同株，球花单生枝顶，雌球花具 3-6 对珠鳞，胚珠 1-5。球果当年成熟，较小，球形，稀长圆形，种鳞 3-6 对，木质，盾形，发育种鳞具 1-5（通常 3）种子。种子卵圆形，微扁，有棱角，两侧具窄翅，子叶 2。

5种1变种，产于北美，日本和我国。我国有1种1变种，均产于台湾，另引入栽培4种及若干栽培型。安徽省引种栽培3种。

1. 小枝下面的鳞叶无白粉或有很少的白粉，鳞叶先端钝尖或微钝，球果径约8毫米，发育种鳞具2-4种子 ·· 1. 美国扁柏 Ch. lawsoniana
1. 小枝下面的鳞叶有显著的白粉：
　　2. 鳞叶先端锐尖，球果径约6毫米，种鳞5对 ······················ 2. 日本花柏 Ch. pisifera
　　2. 鳞叶先端钝，球果径8-10毫米，种鳞4对 ······················ 3. 日本扁柏 Ch. obtusa

1.　美国扁柏
Chamaecyparis lawsoniana（A. Murr.）Parl.

乔木，在原产地高达60米，胸径达2米，树皮红褐色，鳞状深裂。生鳞叶的小枝下面微有白粉，或部分近无白粉。鳞叶形小，排列紧密，先端钝尖或微钝，背部有腺点。球果球形，径约8毫米，红褐色，被白粉，种鳞4对，顶部凹槽内有一小尖头，发育种鳞具2-4种子。

原产美国。我国庐山，南京，杭州等地引种栽培。安徽省黄山树木园有引种栽培，生长良好，供观赏。

2.　日本花柏　　　　　　　　　　图32
Chamaecyparis pisifera（Sieb. et Zucc）Endl.

乔木，在原产地高达50米，胸径1米，树皮红褐色，裂成薄片，树冠尖塔形。生鳞叶的小枝下面有明显的白粉。鳞叶先端锐尖，侧面之叶较中间之叶稍长。球果球形，径约6毫米，暗褐色，种鳞5-6对，顶部的中央微凹，内有凸起的小尖头，发育种鳞具1-2种子。种子径2-3毫米。花期4月，球果10-11月成熟。

原产日本。我国青岛、庐山、南京、上海、杭州、长沙，北京等地引种栽培。安徽省黄山树木园、合肥、滁州等城市园林单位多有栽培。

较耐阴，喜温暖湿润气候及深厚的沙壤土。生长较快。

栽培型很多，安徽省有下列三栽培型：

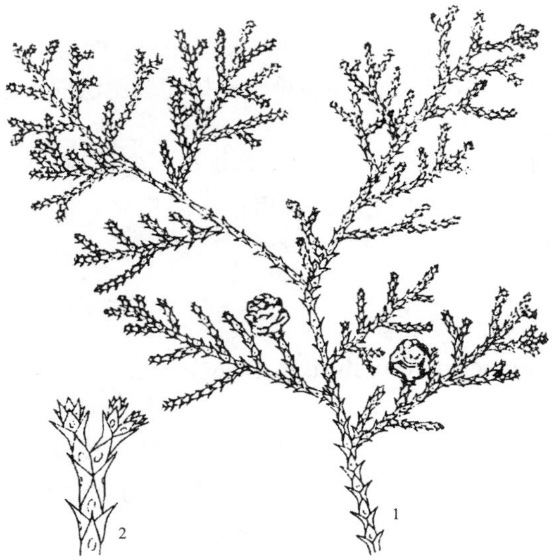

图32 日本花柏
1. 球果枝；2. 幼枝放大示腺体。

2a.　线柏 （栽培型）
Chamaecyparis pisifera（Sieb. et Zucc.）Endl. cv. **Filifera**

灌木或小乔木，树冠卵状球形或近球形，枝叶浓密，绿色或淡绿色，小枝细长下垂至地，线形，鳞叶先端长锐尖。

黄山树木园、合肥等各城市公园有引种，为优美的风景树，生长良好。

2b.　绒柏 （栽培型）
Chamaecyparis pisifera（Sieb. et Zucc.）Endl. cv. **Squarrosa**

灌木或小乔木，大枝斜展，枝叶浓密，叶3-4轮生，条状刺形，长6-8毫米，先端尖，柔软，下面中脉两侧有白粉带。

黄山树木园、合肥、滁州等各城市公园有栽培，供观赏。

2c. 羽叶花柏（栽培型）

Chamaecyparis pisifera（Sieb. et Zucc.）Endl. cv. **Plumosa**

灌木或小乔木，树冠圆锥形，枝叶浓密，鳞叶钻形，长 3-4 毫米，柔软，开展，呈羽毛状。整个形态特征介于原种和绒柏之间。

黄山树木园、合肥等各城市庭园栽培为观赏树。

3. 日本扁柏　　　　　　　　　　　　图 33

Chamaecyparis obtusa（Sieb. et Zucc.）Endl.

乔木，在原产地高达 40 米，胸径 1.5 米，树皮红褐色，裂成薄片，树冠尖塔形。生鳞叶的小枝下面被白粉或微被白粉，鳞叶肥厚，长 1-1.5 毫米，先端钝，球果球形，径 8-10 毫米，红褐色，种鳞 4 对，顶部五边形或四方形，平或中央微凹，凹中有小尖头。种子长 2.5-3 毫米。花期 4 月，球果 10-11 月成熟。

原产日本。我国青岛、南京、上海、庐山、杭州、河南鸡公山、广州等地引种栽培，安徽省各地城镇多见栽培，生长良好。

较耐阴，喜温暖湿润气候，稍耐干燥，能耐 -20℃ 低温。浅根性，要求较湿润，排水良好和较肥沃的土壤，在板结土壤上生长不良。

边材淡红黄白色，心材淡黄褐色，较轻软，加工后有光泽，纤维工业原料等用。树姿优美，供观赏。栽培型很多，安徽省常见三型：

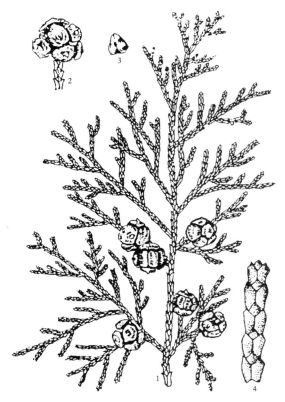

图 33 日本扁柏
1. 球果枝；2. 球果；3. 种子；4. 小枝放大示鳞叶排列。

3a. 云片柏（栽培型）

Chamaecyparis obtusa（Sieb. et Zucc.）Endl. cv. **Breviramea**

小乔木，枝短，树冠窄塔形，生鳞叶的小枝薄片状，有规则地紧密排列，侧生薄片小枝叶常为金黄色并盖住顶生片状小枝，如层云状，球果较小。

安徽省黄山树木园、合肥等各城市引种栽培为观赏树。

3b. 孔雀柏（栽培型）

Chamaecyparis obtusa（Sieb. et Zucc.）Endl. cv. **Tetragona**

灌木或小乔木，枝近直展，生鳞叶的小枝辐射状排列，或微排成平面，短，末端鳞叶枝四菱形，鳞叶背部有纵脊，黄绿色。

安徽省黄山树木园、合肥等各城市引种栽培为观赏树，生长较慢。

3c. 凤尾柏（栽培型）

Chamaecyparis obtusa（Sieb. et Zucc.）Endl. cv. **Filicoides**

灌木，枝条短，末端鳞叶枝短，扁平，在主枝上排列密集，外观很象凤尾蕨状，鳞叶钝，常见腺点。

安徽省黄山树木园、合肥等各城市引种栽培为观赏树。

6. 福建柏属 Fokienia Henry et Thomas

乔木，生鳞叶的小枝扁平，排成一平面，三出羽状分枝。鳞叶二型，小枝上下中央之叶较小，紧贴，两侧之叶较大，对折而互覆于中央之叶的侧边，小枝下面中央之叶及两侧之叶的下面有粉白色气孔带。雌雄同珠，球花单生枝顶，雌球花具 6-8 对珠鳞，胚珠 2，球果翌年成熟，近球形，种鳞 6-8 对，木质，盾形，顶部中间微凹，有一凸起的小尖头，熟时种鳞张开，发育种鳞具 2 种子。种子卵形，种脐明显，上部有两个大小不等的薄翅，子叶 2，发芽时出土。

1 种，主产我国中南，华南至西南。越南北部也有分布。安徽省有引种栽培。

福建柏   图 34

Fokienia hodginsii（Dunn）Henry et Thomas

乔木，高达 20 米，胸径 80 厘米，树皮紫褐色，浅纵裂。鳞叶长 4-7 毫米，幼树及萌芽枝之鳞叶可长达 10 毫米，先端尖或钝尖。球果径 2-2.5 厘米，熟时褐色。种子长约 4 毫米，大翅近卵形，长约 5 毫米，小翅长约 1.5 毫米。花期 3-4 月，球果翌年 10-11 月成熟。

安徽省黄山树木园、合肥、滁州等地有引种栽培。分布于浙江、福建、江西、湖南、广东，广西、贵州、四川、云南。

稍耐阴，适生于温暖湿润气候，在中等肥力以上的酸性或强酸性黄壤或红黄壤上生长良好。浅根性，侧根发达，抗风力较强，病虫害少。

心材深褐色，较轻软，纹理直，结构细，耐久用，可供建筑、家具、农具、细木工、雕刻。国家二级保护树种。

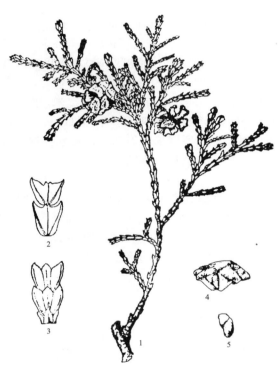

图 34 福建柏
1. 球果枝；2. 鳞叶腹面；3. 鳞叶背面；4. 种鳞；5. 种子。

7. 圆柏属 Sabina Mill.

直立乔木，灌木，或匍匐灌木，冬芽不显著，有叶小枝不排成一平面。叶刺形或鳞形，幼树之叶均为刺形，大树之叶全为刺形或全为鳞形，或同一树上二者兼有，刺叶常三枚轮生，基部无关节，下延，上面有气孔带，鳞叶形小，交叉对生，间或三叶轮生，背部常有腺点。雌雄异株或同株，球花单生枝顶，雌球花具 2-4 对珠鳞，胚珠 1-2。珠果通常翌年成熟，稀当年或第三年成熟，种鳞合生，肉质，背部有苞鳞小尖头。种子 1-6，无翅，坚硬骨质，常有树脂槽或棱脊，子叶 2-6。

约 50 种，产于北半球高山地带。我国有 17 种，3 变种，另引进栽培 2 种。我省产 2 种，另引入栽培 3 种。

1. 叶全为刺形轮生
  2. 直立灌木或小乔木，叶背面拱圆或具钝脊，沿脊有细纵槽；球果有 1 粒种子 ……… 1. **高山柏 S. squamata**
  2. 匍匐灌木，叶背面具明显棱脊，沿脊无纵槽；球果具 2-3 种子 …………………… 2. **铺地柏 S. procumbens**
1. 叶全为鳞形，或兼有鳞叶与刺叶，或仅幼龄植株全为刺叶，
  3. 球果具 2-3 种子，稀部分球果仅有 1 或多至 5 种子
    4. 鳞叶先端急尖或锐尖，幼树上的刺叶不等长，交叉对生，球果当年成熟，径 5-6 毫米，蓝绿色，种子

1–2 ·· 3. 北美圆柏 S. virginiana

    4. 鳞叶先端钝，刺叶等长，三叶交叉轮生，球果翌年成熟，径 6–8 毫米，暗褐色，种子 2–4 ··············
··· 4. 圆柏 S. chinensis

3. 球果仅具 1 种子，生鳞叶的小枝圆柱形或微呈四棱形，球果较小，长 6–9 毫米 ·······················
··· 5. 塔枝圆柏 S. komarovii

1. 高山柏 大香桧

Sabina squamata（Buch. -Hamilt.）Ant.

灌木，高 1–3 米，或成匍匐状，或为乔木，高 5–10 余米，稀高达 16 米或更高，脚径可达 1 米，树皮褐灰色，枝条斜伸或平展，枝皮暗褐色或微带紫色或黄色，裂成不规则薄片脱落。小枝直或弧状弯曲，下垂或伸展。叶全为刺形，三叶交叉轮生，披针形或窄披针形，基部下延，通常斜伸或平展，下延部分露出，稀近直伸，下延部分不露出，长 5–10 毫米，宽 1–1.3 毫米，直或微曲，先端具急尖或渐尖的刺状尖头，上面稍凹，具白粉带，绿色中脉不明显，或有时较明显，下面拱凸具钝纵脊，沿脊有细槽或下部有细槽。雄球花卵圆形，长 3–4 毫米，雄蕊 4–7 对。球果卵圆形或近球形，成熟前绿色或黄绿色，熟后黑色或蓝黑色，稍有光泽，无白粉，内有种子 1 粒，种子卵圆形或锥状球形，长 4–8 毫米，径 3–7 毫米，有树脂槽，上部常有明显或微明显的 2–3 钝纵脊。

产皖南歙县清凉峰、休宁六股尖、祁门牯牛降海拔 1650 米有分布。黄山狮子峰（海拔 1570 米）狮子林饭店两株，一株高 1.8 米，树干基围 140 厘米，另一株高 3.1 米，干基围 110 厘米。分布于西藏、云南、贵州、四川、甘肃、陕西、湖北、福建及台湾等省区，常生于海拔 1600–4000 米高山地带，多出现于石灰岩山地的顶部。缅甸北部至喜马拉雅山南坡也有分布。

树姿优美，可供绿化观赏。

1a. 粉柏 翠柏（栽培型）

Sabina squamata（Buch. -Hamilt，）Ant. cv. **Meyeri**

直立灌木，小枝密。叶密集，条状披针形，长 6–10 毫米，两面被白粉。球果卵圆形，长约 6 毫米。

枝干虬曲，易于造型，常栽培作庭园树或盆景，供观赏。

2. 铺地柏 偃柏

Sabina procumbens（Endl.）Iwata et Kusaka

匍匐灌木，高 75 厘米。枝条沿地面扩展，褐色，枝梢向上伸展。叶全为刺形，条状披针形，长 6–8 毫米，先端渐尖，上面凹，两条白色气孔带常于上部汇合，绿色中脉仅下部明显，下面蓝绿色，沿中脉有细纵槽。球果近球形，径 8–9 毫米，熟时黑色，被白粉。种子 2–3，长约 4 毫米，有棱脊。

原产日本。我国黄河流域至长江流域各城市引种栽培作庭园观赏树。安徽省各城市园林均有引种栽培，生长良好。

3. 北美圆柏 铅笔柏 图35

Sabina virginiana（L.）Ant.

乔木，在原产地高达 30 米，树皮红褐色，裂成长条片，树冠圆锥形或柱状圆锥形。鳞叶和刺叶并存，生鳞叶的小枝细，径约 0.8 毫米，鳞叶长约 1.5 毫米，先端急尖或渐尖，背面中下部有卵形或椭圆形下凹的腺体，刺叶交叉对生，长 5–6 毫米，上面凹，被白粉。球果当年成熟，近球形或卵圆形，长 5–6 毫米，熟时蓝绿色，被白粉。种子 1–2，卵圆形，长约 3 毫米，有树脂槽。花期 3 月中下旬，翌年 10 月上旬球果成熟。

原产北美。我国华北、华东地区引种。安徽省各地均有栽培，在三偃北萧县、亳县等地石质山上近年有大面积造林，生长比国产圆柏优良。

材质优良，边材黄白色，心材淡红或红褐色，纹理美，有香气，易加工，耐腐性强，供细木工，优质家具及高级绘图铅笔杆等用。树姿优美，可供观赏。在石灰岩山地土层深厚地带可用之造林。

3a. 垂枝铅笔柏（栽培型）
Sabina virginiana（L.）Ant. cv. **Pendula**
小枝下垂。安徽省部分城市园林栽培供观赏。

3b. 塔冠铅笔柏（栽培型）
Sabina virginiana（L.）Ant. cv. **Pyramidalis**
树冠塔形，我省部分城市园林栽培供观赏。

4. 圆柏 桧柏 图36
Sabina chinensis（L.）Ant.

乔木，高达20米，胸径达3.5米，树皮灰褐色，裂成长条片，幼树枝条斜上伸展，树冠尖塔形或圆锥形，老树下部大枝近平展，树冠广圆形。叶二型，生鳞叶的小枝径约1毫米，鳞叶先端钝尖，背面近中部有椭圆形微凹的腺体，刺叶三叶交叉轮生，长6-12毫米，上面微凹，有两条白粉带。球果近圆形，径6-8毫米，熟时暗褐色，被白粉。种子2-4，卵圆形，先端钝，有棱脊及少数树脂槽。花期4月，球果翌年10-11月成熟。

安徽省各地广泛分布，宿州市埇桥区闵贤村一株树龄800余年的古圆柏，现树高17米，胸围402厘米。广德县赵村乡凌岩村一株树龄800余年的古圆柏，树高26米，胸围520厘米。阜南县王店乡五岳庙内的树龄400余年的古圆柏，树高16.5米，胸围450厘米。分布于内蒙古、华北各省，南达长江流域至两广北部，西至四川，云南，贵州，北方海拔500米以下，南方至海拔1000米地带。朝鲜、日本也有分布。

喜光，幼龄较耐庇荫，耐干旱瘠薄，酸性、中性、钙质土均能生长，为石灰岩山地良好的绿化造林树种。

心材淡褐红色，边材淡黄褐色，有香气，坚韧致密，纹理斜，耐腐朽，供建筑，家具，文化体育用具，工艺品等用，树根，枝叶可提取柏木脑及柏木油，枝叶入药，能祛风散寒，活血，利尿，种子可提制润滑油。我省普遍栽培为庭园观赏树。

本种变种、类型很多，常见的栽培型有：

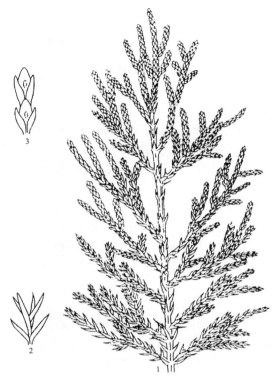

图35 北美圆柏
1. 枝条；2. 刺叶；3. 幼枝放大示腺体。

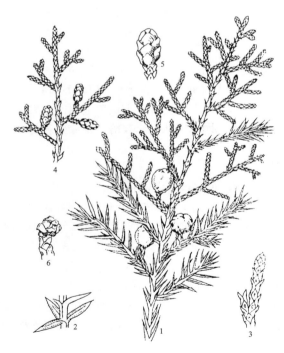

图36 圆柏
1. 球稞枝；2. 刺叶小枝放大；3. 鳞叶小枝放大；4. 雄球花枝；5. 雄球花；6. 雌球花。

4a. **龙柏**（栽培型）

Sabina chinensis（L.）Ant. cv. **Kaizuca**

树冠窄圆柱状塔形，分枝低，大枝常有扭转向上之势，小枝密，多为鳞叶，密集冠下部有时具少数刺叶。

安徽省各地园林绿地广泛栽培。供绿化观赏。

4b. **匍地龙柏**（栽培型）

Sabina chinensis（L.）Ant. cv. **Kaizuca Procumbens**

植株无直立主干，匍匐平展。

安徽省各地园林绿地广泛栽培。供绿化观赏。

4c. **球柏**（栽培型）

Sabina chinensis（L.）Ant. cv. **Globosa**

矮小灌木，树冠球形，枝密生，多为鳞叶，间有刺叶。

安徽省各地园林绿地广泛栽培。供绿化观赏。

4d. **金球桧**（栽培型）

Sabina chinensis（L.）Ant. cv. **Aureoglobosa**

灌木，树冠球形，枝密生，绿叶丛中杂有金黄色枝叶。

安徽省各地园林绿地广泛栽培。供绿化观赏。

4e. **塔柏**（栽培型）

Sabina chinensis（L.）Ant. cv. **Pyramidalis**

枝近直展，密集，树冠圆柱状塔形，叶多为刺叶，间有鳞叶。

安徽省各地园林绿地广泛栽培。供绿化观赏。

4f. **鹿角桧**（栽培型）

Sabina chinensis（L.）Ant. cv. **Pfitzeriana**

丛生灌木，主干不发育，大枝自地面向上斜展。

安徽省各地园林绿地广泛栽培。供绿化观赏。

5. **塔枝圆柏** 蜀桧

Sabina komarovii（Florin）Cheng et W. T. Wang

小乔木，高达 10 米，树皮褐灰色或灰色，纵裂成条状薄片，枝下垂，生鳞叶的小枝圆柱形或近四棱形，径 1-1.5 毫米，分枝自下向上逐渐变短，呈塔状。鳞叶先端钝尖或微尖，背面拱圆或上部有钝脊，基部或近基部有椭圆形或卵形腺体。球果卵圆形或近球形，长 6-12 毫米，径 6-10（12）毫米，熟时黄褐色至紫蓝色，有光泽。种子 1，卵圆形或倒卵圆形，长 6-8 毫米，有深或浅的树脂槽，两侧或上部具钝脊。

安徽省广泛引种栽培。分布于四川。

喜光，幼龄较耐庇荫，喜肥沃湿润土壤。

木材供建筑，器具、家具等用。枝叶鲜绿，树冠塔形，常用于园林绿化观赏。

8. 刺柏属 Juniperus L.

乔木或灌木，冬芽显著。叶刺形，三叶轮生，基部有关节，不下延，披针形或近条形。雌雄异珠或同珠，球花单生叶腋，雄球花约具 5 对雄蕊，雌球花具珠鳞 3，胚珠 3，生于珠鳞之间。球果近球形，2-3 年成熟，种鳞 3，合生，肉质，苞鳞与种鳞合生，仅顶端尖头分离，熟时不张开或仅球果顶端微张开。种子通常 3，有棱脊及树脂槽。

　　10 余种，产亚洲，欧洲及北美。我国有 3 种，引入栽培 1 种。安徽省产 1 种，引入栽培 2 种。

1. 叶上面中脉绿色，两侧各有 1 条白色或灰白色气孔带 ·················· **1. 刺柏 J. formosana**
1. 叶上面无绿色中脉，仅有 1 条白色气孔带
　　2. 叶质厚，刺叶上面凹入成深槽，白粉带较绿色边带为窄，球果淡褐色·········· **2. 杜松 J. rigida**
　　2. 叶质较薄，刺叶上面微凹，白粉带较绿色边带为宽，球果蓝黑色 ····· **3. 欧洲刺柏 J. communis**

1. 刺柏 山刺柏 刺松　　　　图 37

Juniperus formosana Hayata

　　乔木，高达 12 米，树皮褐色，枝斜展或近直展，树冠窄塔形或窄圆锥形。小枝下垂。叶条形或条状披针形，长 1.2-2 厘米，稀达 3.2 厘米，宽 1-2 毫米，先端渐尖、具锐尖头，上面微凹，中脉隆起，绿色，两侧各有一条白色，稀为紫色或淡绿色气孔带，气孔带较绿色边带稍宽，在叶端汇合，下面绿色，有光泽，具纵钝脊。球果近球形或宽卵圆形，长 6-10 毫米，径 6-9 毫米，熟时淡红色或淡红褐色，被白粉或白粉脱落。种子半月形，具 3-4 棱脊，近基部有 3-4 树脂槽。花期 3 月，球果翌年 10 月成熟。

　　安徽省皖南山区和大别山区海拔 1500 米以下地带有分布；金寨县果子园乡栗湾村 10 多株古刺柏，其中最大的一株高 13 米，胸围 250 厘米；舒城县五桥乡西港村的一株刺柏，树高 16 米，胸围 352 厘米。分布于我国，东起台湾，西至西藏，西北至甘肃、青海，长江流域各地普遍分布。

　　木材有香气，纹理直，均匀，结构细致，供家具、细木工、文体用品等用。全省各城市多栽培为观赏树种。

2. 杜松　　　　图 38

Juniperus rigida Sieb. et Zucc.

　　小乔木或灌木；小枝下垂。刺叶条形，三叶轮生，质厚，坚硬而直，长 1.2-1.7 厘米，宽约 1 毫米，先端锐尖，下面凹成深槽，槽内仅有一条白粉带，较绿色边带为窄，下面有明显的纵脊。球果圆球形，径约 7 毫米，熟时淡褐黑色或蓝黑色，被白粉。种子卵圆形，先端尖，有 4 条不明显钝棱。

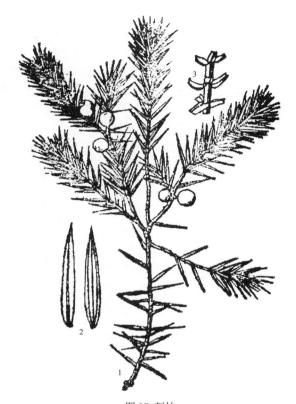

图 37 刺柏
1. 球果刺叶枝；2. 刺形叶（放大）；3. 刺叶枝示刺形叶轮状排列。

图 38 杜松
1. 球果枝；2. 雄球花枝；3. 雄球花；4. 叶；5. 叶横剖面。

安徽省合肥、黄山树木园等地有少量引种栽培。供绿化观赏。分布于我国东北，华北及陕西、甘肃、宁夏。

3. 欧洲刺柏　璎珞柏

Juniperus communis L.

乔木或灌木，在原产地高达 12 米，树皮灰褐色。刺叶条状披针形，长 6-16 毫米，先端锐尖，上面微凹，仅有一条白粉带，较绿色边带为宽，白粉带的基部常被绿色中脉分为两条。球果圆球形，径 5-6 毫米，熟时蓝黑色。种子卵圆形，具 3 条棱脊。

原产欧洲，中亚、西伯利亚及北非、北美等地。我国各城市园林单位多见引入栽培。安徽省城镇常有栽培，生长尚好，供观赏。

7. 罗汉松科 PODOCARPACEAE

常绿乔木或灌木。叶螺旋状排列，近对生或交叉对生。雌雄异株，稀同株，雄球花穗状，雄蕊多数，螺旋状排列，花药2，药室斜向或横向开裂，花粉有气囊，稀无气囊，雌球花具多数或少数螺旋状着生的苞片，部分，全部或仅顶端之苞腋着生1胚珠，胚珠为囊状或杯状套被所包围，稀无套被。种子核果状或坚果状，全部或部分为肉质或薄而干的假种皮所包，苞片与轴愈合发育为肉质种托，或不发育，有胚乳，子叶2。

7属130余种，产于热带、亚热带，少数产于南温带，以南半球为分布中心。我国2属14种3变种，我省1属，1种，1变种，引入栽培1种。

罗汉松属 Podocarpus L' Hef. ex Persoon

乔木或灌木。叶条形，披针形、卵形或鳞形，螺旋状排列，近对生或交叉对生。雌雄异株，雄球花单生或簇生叶腋、稀顶生，雌球花单生叶腋或苞腋、稀顶生。种子当年成熟，核果状，全部为肉质假种皮所包，生于肉质种托上，或种托不发育。

约100余种。我国有13种3变种，分布于长江流域以南。我省产1种，1变种，引入栽培1种，多为优美的庭园观赏树。

1. 叶螺旋着生，条形，中脉明显，种子较小，径约1厘米；种托肥厚肉质 ·················· 1. **罗汉松 P. macrophyllus**
1. 叶对生或近对生，排成二列状，卵形，无明显中脉，种子较大，径约1.2-1.5厘米；种托不发育，不增厚为肉质 ·· 2. **竹柏 P. nagi**

1. 罗汉松　　　　　　　　　　图39

Podocarpus macrophyllus（Thunb.）D. Don

乔木，高达20米，胸径60厘米或更粗，树皮灰色或灰褐色，浅纵裂，成薄片脱落，枝开展。叶条状披针形，长7-12厘米，宽7-10毫米，先端尖，基部楔形。种子卵状球形，径约1厘米，熟时假种皮紫黑色，有白粉，种托短柱状，红色或紫红色，种柄长1-1.5厘米。花期4-5月，种子8-9月成熟。

安徽省皖南山区和大别山区有分布。各城市公园和单位绿化广泛栽培。太湖县天台乡海会寺内一株1300年树龄的古罗汉松，树高11.3米，胸围387厘米；岳西县冶溪乡溪河村一株620余年的古罗汉松，树高11米，胸围402厘米。分布于长江流域以南各省。日本也有分布。

木材材质优良，易加工，可供家具，文化体育用具，细木工等用。多栽培供观赏。

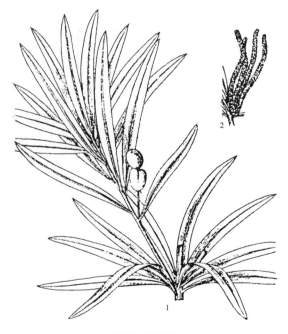

图39 罗汉松
1. 种子枝；2. 雄球花枝。

1a. 短叶罗汉松　　　　　　　　　　图40

Podocarpus macrophyllus（Thunb.）D. Don var. **maki**（Sieb.）Endl.

小乔木或灌木，枝向上伸展。叶短而密生，长2.5-7厘米，宽3-7毫米，先端钝圆。
原产日本。我国长江流域以南栽培。安徽省各地栽培为庭园观赏。

2. 竹柏

Podocarpus nagi Zoll. et Mor. ex Zoll.

图 41

乔木,高达 20 米;树皮红褐色,平滑,呈小块状薄片剥落。叶对生或近对生;卵形、长卵形或卵状披针形,长 4-9 厘米,宽 1.5-3 厘米,先端渐尖,基部楔形;无中脉,有多数平行细脉,上面深绿色,下面浅绿色。雄球花穗状,常呈分枝状,总梗粗短;雌球花单生,基部有数对苞片,苞片花后不增厚成肉质种托。种子圆球形,径 1.2-1.5 厘米,成熟时假种皮暗紫色,外有白粉,骨质外种皮表面密被细小凹点。花期 3-4 月,种子 10 月成熟。

安徽省各地引种,盆栽观赏,冬季常需置于温室。分布于浙江、福建、江西、湖南、广东、广西、四川。

图 40 短叶罗汉松
1. 琺果枝;2. 针叶上下面;3. 种子。

图 41 竹柏
1. 雌球花枝;2. 具种子枝;3. 雄球花枝;4. 雄球花;5. 雄蕊。

8. 三尖杉科 CEPHALOTAXACEAE

常绿乔木或灌木，髓心中部具树脂道，小枝常对生，基部具宿存芽鳞。叶条形或披针状条形，稀披针形，螺旋状着生，侧枝之叶基部扭转排成二列，上面中脉隆起，下面有两条宽气孔带，维管束的下方有 1 树脂道。雌雄异株，稀同株，雄球花 6-11 聚生成头状球花序，腋生，有梗或近无梗，基部有多数螺旋状排列的苞片，雄蕊 4-16，每雄蕊具 2-4（多为 3）花药，药室纵裂，花粉无气囊，雌球花具长梗，生于小枝基部的苞腋，稀生于近枝顶，花梗上部的花轴具数对交叉对生的苞片，每苞片的腋部着生 2 直立胚珠，胚珠生于珠托之上。种子翌年成熟，核果状，全部包于由珠托发育成的肉质假种皮中，常数个（稀为 1 个）生于梗端微膨大的轴上，卵圆形、椭圆状卵圆形或球形，基部有宿存的苞片，外种皮骨质，坚硬，内种皮薄膜质，有胚乳。顶端具突起的小尖头，子叶 2。

1 属 9 种，产于亚洲东部。我国有 7 种 3 变种，另有一引种栽培型。安徽省产 2 种。

三尖杉属 Cephalotaxus Sieb. et Zucc. ex Endl.

形态特征与科同。

1. 叶长 4-13 厘米，先端长渐尖，叶基部楔形或宽楔形 ·················· 1. 三尖杉 C. fortunei
1. 叶长 1.5-5 厘米，先端微急尖或渐短尖，叶基部圆截形或圆形 ·················· 2. 粗榧 C. sinensis

1. 三尖杉 图 42
Cephalotaxus fortunei Hook. f.

乔木，高达 20 米，胸径 40 厘米，树皮褐色或红褐色，裂成片状脱落。枝较细长，稍下垂，树冠广圆形。叶排成二列，披针状条形，通常微弯，长 4-13（多为 5-10）厘米，宽 3.5-4.5 毫米，上部渐窄，先端长渐尖，基部楔形或宽楔形，上面深绿色，下面气孔带白色，较绿色边带宽 3-5 倍。雄球花的总花梗粗，通常长 6-8 毫米。种子椭圆状卵形，长约 2.5 厘米，假种皮熟时紫色或红紫色，顶端有小尖头。花期 4 月，种子翌年 8-10 月成熟。

安徽省皖南和大别山区的黄山，休宁，祁门，旌德，绩溪，霍山，金寨马宗岭，岳西，潜山，舒城等地有分布，垂直分布于海拔 200-900 米地带。安徽林业职业技术学院有栽培，生长良好。分布于安徽省南部、浙江、福建、江西、湖南、湖北、河南、陕西、甘肃、四川、云南、贵州、广西及广东等地。

喜温凉湿润气候，生于山地黄壤，黄棕壤，棕色森林土山地。

木材黄褐色，纹理细致，坚实，有弹性。供建筑、桥梁、车辆，家具、农具，细木工等用。假种皮含油量 38%，种仁含油 55%-70%，可提取供工业用。叶、枝、种子、根可提取多种植物碱，对治疗淋巴肉瘤等有一定的疗效。树形优美，可选作庭园绿化观赏树种。

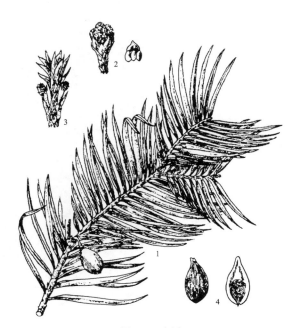

图 42 三尖杉
1. 具种子的枝；2. 雄球花枝及雄蕊；3. 雌球花枝；4. 种子及纵剖。

2. 粗榧 图43

Cephalotaxus sinensis（Rehd. et Wils.）Li

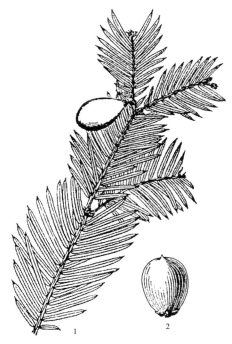

灌木或小乔木，树皮灰色或灰褐色，裂成薄片脱落。叶条形，长2-5厘米，宽约3毫米，上部渐窄，先端渐尖或微凸尖，基部圆截形或圆形，质地较厚，中脉明显，下面有两条白粉气孔带，较绿色边带宽2-4倍。种子2-5生于总梗的上端，卵圆形，椭圆状卵圆形或近球形，长1.8-2.5厘米，顶端中央有尖头。花期3-4月，种子翌年10-11月成熟。

分布、生态习性、用途略同于三尖杉。在安徽省海拔500米以下山地较为常见，滁州琅琊山寺内有栽培。

图43 粗榧
1. 球果枝；2. 种子。

9. 红豆杉科 TAXACEAE

常绿乔木或灌木。叶螺旋状排列或交叉对生,条形或披针形。雌雄异株,稀同株,雄球花单生叶腋或苞腋,或成穗状球花序集生于枝顶,雄蕊多数,各有3-9花药,药室纵裂,花粉无气囊,雌球花单生或成对对生于叶腋或苞腋,基部具多数覆瓦状排列或交叉对生的苞片,胚珠1,直立,生于球花轴顶端或侧生短轴顶端的苞腋,基部具辐射对称的盘状或漏斗状珠托。种子核果状或坚果状,全部或部分为肉质假种皮所包被,胚乳丰富,子叶2枚。

5属,约23种,除澳洲红豆杉 Austrotaxus spicata;Camptonl 属1种产南半球,其余均产于北半球。我国有4属,12种,1变种及1栽培型。安徽省有2属,4种。

1. 小枝不规则互生,叶上面有明显中脉,叶螺旋状排列;雌球花单生于叶腋;种子生于杯状肉质假种皮中,上部露出 ·· **1. 红豆杉属 Taxus**
1. 小枝近对生或轮生;叶上面中脉不明显或微明显,叶交互对生;雌球花成对生于叶腋;种子全部包被于肉质假种皮中 ·· **2. 榧树属 Torreya**

1. 红豆杉属 Taxus L.

乔木,树皮裂成薄条片脱落。小枝不规则互生。叶螺旋状排列,基部扭转排成二列,条形,披针状条形成条状披针形,上面中脉隆起,下面有两条淡黄色或淡灰绿色气孔带,无树脂道。雌雄异株,球花单生叶腋,雄球花球形,有梗,雄蕊6-14,盾状,花药4-9,辐射排列,雌球花近无梗,珠托圆盘状。种子坚果状,当年成熟,生于杯状肉质假种皮中,假种皮红色,子叶2。

约11种,产北半球。我国4种1变种。安徽省产2种。

1. 叶较短,条形,微呈镰状或较直,通常长 1.5-2.2 厘米,宽 2-3 毫米,下面中脉带上寄生均匀而微小圆形角质乳头状突起点,其色泽常与气孔带相同,种子多呈卵圆形,稀倒卵圆形 ··
·· **1. 红豆杉 T. chinensis**
1. 叶较宽长,披针状条形成条形,常呈弯镰状,通常长 2-4.5 厘米,宽 3-5 毫米,下面中脉带的色泽与气孔带不同,中脉带上局部有成片成零星的角质乳头状突起点,稀无角质乳头状突起点,种子微扁,呈倒卵圆形,稀柱状矩圆形 ··
·· **2. 南方红豆杉 T. mairei**

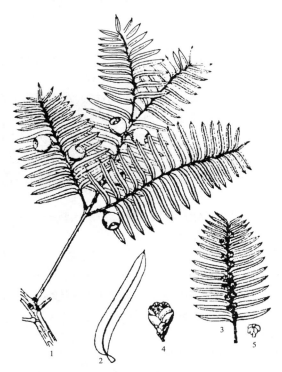

图 44 红豆杉
1. 种子枝; 2. 叶; 3. 雄球花枝; 4. 雄球花; 5. 雄蕊。

1. 红豆杉   图 44
Taxus chinensis(Pilger)Rehd.

乔木,高达30米,胸径1米,树皮灰褐色,红褐色或暗褐色,裂成条片。大枝开展,1年生枝绿色或淡黄绿色,秋后变为绿黄色、淡褐黄色或淡红褐色,2-3年生枝黄褐色,淡红褐色或灰褐色。冬芽黄褐色,淡褐色或红褐色,有光泽,芽鳞背部无纵脊或有纵脊,脱落或少数宿存于小枝的基部。叶条形,长 1-3.2(多为 1.5-2.2）厘米，宽 2-4（多为 3）毫米，排成二列，微弯或直，上部微渐窄，先端微急尖，稀急尖或渐尖，下面有两条淡黄绿色气孔带，中脉上有密生均匀而微小的圆形角质乳头状突起。种子卵圆形，长 5-7 毫米，径 3.5-5 毫米，上部渐窄，稀倒卵状，微扁或圆，上部常具二钝脊，稀上部三角状而具三条钝脊，先端有突起的短钝尖头，种脐近圆形或宽椭圆形，稀三角状圆形。花期 4 月，种子 10 月成熟。

安徽省歙县、休宁、祁门、石台、太平、青阳九华山、金寨、霍山等地有分布。常生于海拔 1000-1500 米的高沟谷两侧疏林中。分布于甘肃、陕西、四川、云南、贵州、湖北、湖南、广西浙江等地。

心材橘红色，边材淡黄褐色，纹理直，结构细，坚实耐用，可供建筑，车辆，家具、细木工，文化体育用具等用。国家一级保护树种。

2. 南方红豆杉

Taxus mairei（Lemee et Levl.）S. Y. Hu ex Liu

[*Taxus chinensis*（Pilfer）Rehd. var. *mairei*（Lemee et Levl.）Cheng et L. K. Fu]

叶通常较宽较长，多呈弯镰状，长 2-3.5（-4.5）厘米，宽 3-4（-5）毫米，上部常渐窄，先端渐尖，下面中脉带上局部有成片或零星的角质乳头状突起点，稀无角质乳头状突起点，或与气孔带相邻的中脉带两边有一至数条角质乳头状突起点，中脉带明晰可见，其色泽与气孔带相异，呈淡绿色或绿色，绿色边带亦较宽而明显。种子通常较大，长 6-8 毫米，径 4-5 毫米，微扁，上部较宽，呈倒卵圆形，或柱状长圆形，椭圆状卵形，有钝纵脊，种脐椭圆形成近三角形。

产皖南歙县、休宁、祁门、黟县、绩溪、太平、青阳、泾县、广德、宁国；以及大别山区潜山等地有分布。多见于海拔 800 米以下山麓沟谷。歙县金川乡水塘村一株树龄千年的古红豆杉，树高 20.5 米，胸围 524 厘米。休宁县回溪乡回溪村一株树龄千年的古红豆杉，树高 19.5 米，胸围 540 厘米。分布于浙江、台湾、福建、江西、广东、广西、东北、湖南、湖北、河南、陕西、甘肃、四川、贵州、云南。

喜温暖湿润气候及排水良好的酸性土，在中性土及钙质土山地也能生长。

木材坚硬致密，有弹性，具香味，可供高级家具、细木工等用；树姿优美，枝叶浓郁，为优良绿化观赏树种。国家二级保护树种。

2. 榧树属 Torreya Arn.

乔木，树皮纵裂，枝轮生，小枝近对生或近轮生，基部无宿存芽鳞。冬芽具数对交叉对生的芽鳞。叶交叉对生，基部扭转排成二列，条形或条状披针形，坚硬，上面微圆，中脉不明显或微明显，有光泽，下面有两条浅褐色或白色气孔带，横切面维管束下方有 1 树脂道。雌雄异株，稀同株，雄球花单生叶腋，椭圆形或短圆柱形，有短梗，雄蕊 4-8 轮，每轮 4 枚，花药 4（稀 3）、外向一边排列，雌球花无梗，成对生于叶腋，胚珠生于漏斗状珠托上。种子翌年秋季成熟，核果状，全部包于肉质假种皮中，胚乳微皱至深皱。子叶 2 枚。

7 种，产北半球，我国 4 种，另引入栽培 1 种。我省产 2 种。

1. 叶下面气孔带与中脉带近等宽，绿色边带与气孔带等宽或稍宽，种子的胚乳周围向内微皱 ·····················
·· 1. **榧树 T. grandis**
1. 叶下面气孔带较中脉带为窄，绿色边带较宽，种子的胚乳周围向内深皱 ·················· 2. **巴山榧 T. fargesii**

1. 榧树

图 45

Torreya grandis Fort.

乔木，高达 25 米，胸径 55 厘米，树皮淡黄灰色、深灰色或灰褐色，不规则纵裂。1 年生小枝绿色，2-3 年生小枝黄绿色、淡褐黄色或暗绿黄色，稀淡褐色。叶条形，通常直，长 1.1-2.5 厘米，宽 2.5-3.5 毫米，先端凸尖成刺状短尖头，上面光绿色，中脉不明显，有二条稍明显的纵槽，下面淡绿色，气孔带与中脉带近等宽，绿色边带与气孔带等宽或稍宽。种子椭圆形、卵圆形、倒卵形或长椭圆形，长 2-4.5 厘米，径 1.5-2.5 厘米，熟时假种皮淡紫褐色，有白粉，顶端有小凸尖头，胚乳微皱。花期 4 月，种子翌年 10 月成熟。

安徽省歙县、休宁、祁门、黟县、绩溪、太平、石台、青阳、泾县、广德、宁国；大别山区潜山、金寨、霍山、六安、舒城、岳西等地有分布。垂直分布在海拔 200-1500 米地带。黟县泗溪乡东坑村一株唐代古榧，树高 20 米，胸围 720 厘米；歙县金川乡柏川村的一株明代古榧，树高 36 米，胸围 370 厘米。分布于江苏、浙江、福建、江西、湖南、贵州。

生于温暖湿润的山地黄壤、红壤及黄褐土。

边材白色，心材黄色，纹理直，结构细，硬度适中，有弹性，有香气，不反翘，不开裂，耐久用，为建筑、造船、家具等用的优良木材。假种皮可提取芳香油。国家二级保护树种。

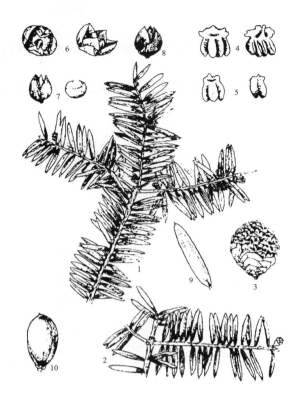

图 45 榧树
1. 雄球花枝；2. 枝叶；3. 雄球花；4、5. 雄蕊；6-8. 雌球花及胚株；9. 叶；10. 种子。

1a. 香榧（栽培型）

Torreya grandis Fort. cv. **Merrillii**

树高达 20 米，干基高 30-60 厘米，径达 1 米，其上常有 3-4 个斜上伸展的树干。小枝下垂，1-2 年生小枝绿色，3 年生枝呈绿紫色或紫色。叶深绿色，质较软。种子连同肉质假种皮宽长圆形或倒卵圆形，长 3-4 厘米，径 1.5-2.5 厘米，有白粉，干后暗紫色，有光泽，顶端具短尖头，种子长圆状倒卵形或圆柱形，长 2.7-3.2 厘米，径 1-1.6 厘米，微有纵浅凹槽，基部尖，胚乳微内皱。

安徽省皖南休宁、歙县、黟县，栽培历史悠久，品种类型颇多，米榧、小米榧、小圆榧等品种驰名于世。

种子为著名的干果，种仁含油量约 51%，蛋白质 10%，碳水化合物 28%，味美芳香，营养丰富。供食用，亦可榨油供食用。种子入药有止咳、润肺、驱蛔虫等功效。

2. 巴山榧　　图 46

Torreya fargesii Franch.

乔木，高达 12 米，树皮深灰色，不规则纵裂。1 年生小枝绿色，2-3 年生枝黄绿色或黄色，稀淡褐黄色。叶条形，稀条状披针形，长 1.3-3 厘米，宽 2-3 毫米，先端微凸尖或微渐尖，具刺状短尖头，基部微偏斜，宽楔形，上面无明显中脉，有二条较明显的凹槽，延伸不达中部以上，下面气孔带较中脉带为窄，干后呈淡褐色，绿色边带较宽，约为气孔带的一倍。种子卵圆形、球形或宽椭圆形，径约 1.5 厘米，假种皮微被白粉，种皮内壁平滑，胚乳向内深皱。花期 4-5 月，

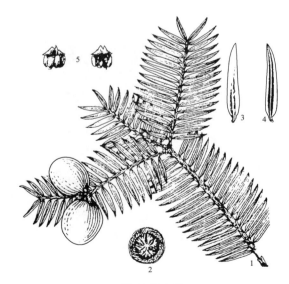

图 46 巴山榧
1. 种子枝；2. 种子横剖；3、4. 叶上、下面；5. 雄蕊。

种子翌年 9-10 月成熟。

产大别山区岳西，霍山，金寨马宗岭，舒城万佛山等地有分布，散生于针叶树阔叶混交林中。分布于陕西、湖北、四川等省。

木材坚硬，结构细致，供建筑，家具等用。种子可榨油。国家二级保护树种。

被子植物 ANGIPSPERMAE

乔木、灌木、藤本、草本。单叶或复叶,叶具网状脉或平行脉。托叶有或无。具典型的花;完全花由花萼、花冠、雄蕊、雌蕊构成, 或缺少某一花部而形成单被花、无被花或单性花;花单生或成花序;雌蕊由一至多数心皮构成, 胚珠生于子房中;由柱头接受花粉,经双受精作用,子房(或连同花托、花被)发育成为果实。种子有胚乳或无,子叶 1-2。木质部具导管,稀无导管而具管胞。

最早的被子植物化石发现于中生代侏罗纪至白垩纪及第三纪,繁衍极盛,自第三纪至今,演化发展,种类繁多, 为现代最占优势的植物类群。

被子植物分双子叶植物纲和单子叶植物纲两大类,共约 25 万种,分隶于 413 科。我国有 251 科,294 属,约 2 万 5 千种,其中木本植物约占三分之一弱。安徽省木本植物 104 科,339 属,1275 种〔含种下等级 264 种(34 亚种, 161 变种, 43 变型, 22 栽培型, 4 杂交种)〕。森林植物资源相当丰富,蕴藏许多速生用材树种和珍贵树种。可供安徽省发展林业生产之用。

双子叶植物纲 DICOTYLEDONEAE

茎具明显的皮层和髓心，维管束通常排成一圆圈，具环状形成层，木本植物的茎每年增粗，形成年轮。叶具网状脉。花部通常 4-5 基数。种子胚常具 2 子叶。

344 科，约有 20 多万种。我国 204 科，2390 属，约 2 万种，其中木本植物约 8000 种。安徽省木本植物 99 科，320 属，1182 种〔含种下等级 242 种（34 亚种，148 变种，39 变型，17 栽培型，4 杂交种）〕。

10. 木兰科 MAGNOLIACEAE

　　常绿或落叶乔木或灌木;植物体具油细胞。单叶,互生,全缘,稀分裂,羽状脉;具叶柄;托叶大,包被幼芽,脱落后在小枝上留有环状托叶痕,或在叶柄上留有疤痕。花大型,两性,稀单性异株;单生、顶生或腋生;花被片6-9,排成2至多轮,每轮3(4)片,分离,覆瓦状排列,稀外轮较小,呈萼片状;雄蕊多数,分离,螺旋状排列在隆起的花托下部,形成雄蕊群,花药条形,2室,内向、侧向或外向,纵裂,药隔伸长成短尖或长尖,稀不伸出,花丝短;离心皮雌蕊多数,螺旋状排列在隆起的花托上,1室,胚珠2至多数,2列着生在腹缝线上。聚合果,小果多为蓇葖,木质、革质,稀稍肉质,分离或因发育长大而部分结合,熟时通常背缝线、腹缝线2瓣裂,或背、腹线同时开裂,稀完全合生,干后近基部横裂脱落;每蓇葖果内具1至数粒种子。种子大,常悬挂于一丝状而具弹性的珠柄上,伸出蓇葖之外,外层种皮红色肉质,内为硬骨质;稀为翅状小坚果,成熟时从中轴脱落;胚极小,倒生,胚乳丰富,富油质。

　　约14属,250种;分布于亚洲东南部、北美东南部,南至巴西。我国约11属,90种,分布于东南部和西南部各省(区)。安徽省4属,18种,1亚种。

　　本科植物种类不但是世界植物界所瞩目的双子叶植物中的原始类群和具有极高的科研价值,而且又是中、南亚热带常绿阔叶林的重要组成树种;其材质优良、花大、芳香而美丽,及药用等,实为一多种经济效益和绿化、美化、优化环境等生态效益的植物资源。

　　目前安徽省引进许多树种,广泛栽培,作为城市绿化重要组成树种。如合肥市一些高等院校和公园,引进山玉兰 Magnolia delavayi Franch.、乐东拟单性木兰 Parakmeria lotungensis(Chun et C. Tsoong)Law、金叶含笑 Michelia foveolata Merr. ex Dandy 等,生长均十分良好。

1. 叶全缘,稀先端凹缺呈2浅裂;花药药室内向或侧向开裂;聚合果,小果为蓇葖果沿腹缝线或背缝线开裂:
　　2. 花顶生,雌蕊群无柄或具短柄:
　　　　3. 每心皮具4或更多胚珠;叶先端不凹缺 ·················· **1. 木莲属 Manglietia**
　　　　3. 每心皮具2胚珠;叶先端有时凹缺呈2浅裂 ·················· **2. 木兰属 Magnolia**
　　2. 花腋生,雌蕊群具显著的长柄 ································· **3. 含笑属 Michelia**
1. 叶通常4-6裂,先端近平截或呈宽凹缺;花药药室外向开裂;聚合果,小果为翅状坚果,不开裂,全部自中轴脱落 ································· **4. 鹅掌楸属 Liriodendron**

1. 木莲属 Manglietia Blume

　　常绿乔木。叶互生,革质,全缘;托叶包被幼芽,下部一侧贴生于叶柄,脱落后在小枝及叶柄内侧均留有托叶痕。花两性;单生枝顶;花被片通常9,排成3轮,稀6或13,排成2至数轮,大小近相等;雄蕊多数,花药条形,内向纵裂,药隔延伸呈短或长的尖头,花丝短;雌蕊群无柄,心皮多数,分离,螺旋状排列,每心皮具4或更多胚珠。聚合果紧密,卵形或长圆状卵形;小蓇葖果木质,宿存,沿背缝及腹缝线2瓣裂,或腹缝线开裂,通常顶端具喙。种子1至多枚。

　　约30余种,分布于亚洲热带、亚热带。我国约20余种,分布于长江流域以南,多为常绿阔叶林的主要树种,耐阴或稍耐阴。安徽省2种。

1. 小枝无毛;芽被金黄色平伏柔毛;聚合果成熟时褐色 ·················· **1. 乳源木莲 M. yuyuanensis**
1. 幼枝及芽被红褐色短柔毛;聚合果成熟时红色 ·················· **2. 木莲 M. fordiana**

1. 乳源木莲

Manglietia yuyuanensis Law

常绿乔木,高达 8 米,胸径 18 厘米;树皮灰褐色。小枝黄褐色;芽被金黄色平伏柔毛。叶革质,倒披针形、窄倒卵状长圆形或窄椭圆形,长 8-14 厘米,宽 2.5-4 厘米,先端尾状渐尖或渐尖,基部宽楔形或楔形,全缘,上面深绿色,下面灰绿色,侧脉 8-14 对;叶柄长 1-3 厘米,上面具纵沟;托叶痕 3-4 毫米。花顶生,花梗长 1.5-2 厘米;花被片 9,3 轮,外轮带绿色,薄革质,倒卵状长圆形,长约 4 厘米,宽约 2 厘米,中轮与内轮白色,倒卵形,长约 2.5 厘米,宽约 2 厘米;雄蕊长 4-7 毫米,花药长 3-5 毫米,药隔伸出成近半圆形的尖头,长约 1 毫米,花丝短;雌蕊群椭圆状卵形,长 1.3-1.5 厘米,下部心皮窄椭圆形,长 7-8 毫米,具 3-5 条纵棱,上部露出面具乳头状突起,花柱长 1-1.5 毫米。聚合果熟时褐色,卵形,长 2.5-3.5 厘米;小蓇葖果先端具短喙。花期 5 月;果期 9-10 月。

产皖南黄山皮蓬,祁门牯牛降赤岭头海拔 300 米,绩溪清凉峰栈岭湾海拔 400-800 米,石台牯牛降双河口海拔 700 米,太平,休宁。多散生于沟谷两侧常绿阔叶林中。分布于广东北部乳源、湖南、江西、浙江、福建。

2. 木莲   图 47

Manglietia fordiana Oliv.

常绿乔木,高达 20 米,胸径 14 厘米,有时胸围 220-240 厘米,干端直。幼枝及芽被红褐色短柔毛。叶革质,窄倒卵形、窄椭圆状倒卵形或倒披针形,长 8-16 厘米,宽 2.5-5 厘米,先端短尖,尖头钝,基部楔形,稍下延,全缘,下面疏被红褐色短硬毛,侧脉 8-12 对;叶柄长 1-3 厘米;托叶痕半椭圆形,长 3-4 毫米。花顶生,花梗长 6-18 毫米,被红褐色短柔毛;花被片 9,纯白色,3 轮,外轮质较薄,凹弯,长圆状椭圆形,长 6-7 厘米,宽 3-4 厘米,内两轮较小,肉质,倒卵形,长 5-6 厘米;雄蕊长约 1 厘米,药隔伸出或短钝三角形;雌蕊群长约 1.5 厘米,平滑,基部心皮长 5-6 毫米,花柱长约 1 毫米,胚珠 8-10,2 列。聚合果熟时红色,卵形,长 2-5 厘米;小蓇葖果露出面具粗点状凸起,短喙长约 1 毫米。种子红色。花期 5 月;果期 10 月。

产皖南黄山云谷寺、温泉至慈光寺附近沟边阔叶林中、北坡松谷庵海拔 650-900 米,休宁岭南,黟县,歙县,祁门,石台牯牛降金竹洞海拔 700 米,绩溪清凉峰;常与红楠、青冈栎、杜英混生。分布于浙江、江西、福建、广东、广西、云南、贵州。

图 47 木莲
1. 果枝;2. 花被片脱落后之花,示雌、雄蕊群;3. 雄蕊之内、外面;4. 种子。

喜温暖湿润气候及肥沃、排水良好的酸性土壤。幼龄耐阴,后喜光。寿命长,黄山松谷庵的一株约 400 余年,树高 13.9 米,胸围 220 厘米,生长仍很旺盛。

种子繁殖;苗木根系发达;生长迅速。

材质优良,强度中等,边材淡黄色;供家具、建筑、细木工及乐器等用。本种树干端直,叶色浓绿,花果艳丽,为优美的庭园绿化树种。其树皮可作为厚朴代用品,治便秘和干咳。

黄山树木园栽培有红花木莲 M. insignia(Wall.)Bl.,叶先端短尾状尖,侧脉 12-21 对,花被片乳白色带粉红色,1/3 以下渐窄成爪状。

2. 木兰属 Magnolia L.

常绿或落叶乔木或灌木。小枝具环状托叶痕。叶互生，全缘，稀先端 2 浅裂；托叶膜质，下部一侧贴生或不贴生于叶柄，贴生者则在叶柄上留有托叶痕。花两性，芳香，单生枝顶；花被片 9-21，排成 3 至多轮，每轮 3-5，近相等，有时外轮花被片较小，带绿色，呈萼片状；雄蕊多数，花丝扁平，药隔伸出成长尖或短尖，稀不伸出，药室内向或侧向开裂；雌蕊群与雄蕊群相连接，稀雌蕊群具极短的柄；心皮分离，多数或少数，每心皮 2 胚珠，稀下部心皮 3-4 胚珠，花柱外向弯曲，柱头面具乳头状凸起。聚合果，小果为蓇葖果，沿背缝线开裂，有时因部分心皮不育而果偏斜弯曲，顶端具短喙。种子 1-2，外种皮鲜红色，带肉质，含油分，内种皮坚硬，珠柄具细丝（螺纹导管）与胎座相连，熟时开裂悬垂于小蓇葖果之外。

约 90 种，分布于北美、中美、马来群岛；我国约 30 余种，分布于西南部、秦岭以南至华东、东北。安徽省 10 种，1 亚种。1 变种。

1. 花药内向开裂，花不先叶开放，外轮花被片不退化为萼片状；冬芽外被 1 枚芽鳞状托叶：
　2. 托叶与叶柄连生，叶柄具托叶痕，叶凋落；花蕾具 1 枚佛焰状苞片：
　　3. 花顶生；叶集生枝顶呈假轮生状：
　　　4. 叶先端短急尖或圆钝，下面带灰白色；花被片较薄 ·················· 1. **厚朴 M. officinalis**
　　　4. 叶先端凹缺或浅裂，下面淡绿色；花被片较厚而短小 ·········· 1a. **凹叶厚朴 M. officinalis ssp. biloba**
　　3. 花腋生；叶不集生枝顶；花与叶对生，花梗细长 ·················· 2. **天女花 M. sieboldii**
　2. 托叶与叶柄分离，叶柄上无托叶痕，叶常绿；花蕾具 2 枚佛焰状苞片 ·········· 3. **荷花玉兰 M. grandiflora**
1. 花药侧向开裂，花先叶开放或花叶同放，外轮与内轮花被片近似，大小近相等，或外轮花被片呈萼片状；冬芽外被 2 枚芽鳞状托叶：
　5. 花被片大小近相等，花先叶开放：
　　6. 小枝粗，被柔毛；花被片白色；叶宽倒卵形，先端宽圆或平截，具突尖小尖头 ······ 4. **玉兰 M. denudata**
　　6. 小枝细，无毛；花被片淡紫红色、红色或淡红色：
　　　7. 叶倒卵状长圆形；花被片淡紫红色 ·················· 5. **宝华玉兰 M. zenii**
　　　7. 叶宽倒披针形；花被片红色或淡红色 ·················· 6. **天目木兰 M. amoena**
　5. 花被片大小极不相等，外轮花被片短小而呈萼片状，或较短小而不呈萼片状：
　　8. 花叶同放，外轮花被片紫绿色，披针形，呈萼片状，早落，内两轮外面紫色或紫红色，内面带白色，花瓣状；叶椭圆状倒卵形 ·················· 7. **紫玉兰 M. liliflora**
　　8. 花先叶开放，外轮花被片不呈萼片状或呈萼片状，内两轮花被片白色、红色或紫色：
　　　9. 叶长圆状披针形或卵状披针形，最宽处在中部以下；外轮花被片条形紫色，内两轮近匙形白色，外面基部带紫红色；小蓇葖果黑色，密被小瘤点 ·················· 8. **望春玉兰 biondii**
　　　9. 叶倒卵形或倒披针形，最宽处在中部以上：
　　　　10. 花被片 6-9，浅红至深红色；叶倒卵形，下面多少被柔毛 ········ 9. **二乔木兰 M. soulangeana**
　　　　10. 花被片 9，外轮 3，膜质，萼片状，内两轮花瓣状，白色，基部带红色；叶膜质，倒卵形或倒卵状长圆形，下面灰绿色，被淡黄色平伏毛 ·················· 10. **黄山木兰 M. cylindrica**

1. 厚朴　　　　　　　　　　　　　　　　　　　　　　　　　　　　　　　　　　　　图 48

Magnolia officinalis Rehd. et Wils.

　　落叶乔木，高达 20 米；树皮厚，灰色，不开裂。小枝粗壮，幼时被绢毛；顶芽大，无毛。叶大型，近革质，集生枝顶，长圆状倒卵形，长 22-46 厘米，宽 15-24 厘米，先端短急尖或圆钝，基部楔形，全缘，上面绿色，无毛，下面灰绿色，被灰色柔毛，具明显白粉，侧脉 15-25 对；叶柄长 2.5-4 厘米；托叶痕长约为叶柄的 2/3。花白色，径 10-15 厘米，芳香，花梗粗短，被长柔毛；花被片 9-12（17），厚肉质，外轮 3 片淡绿色，长圆状倒卵形，长 8-10

厘米，宽 4-5 厘米，内两轮白色倒卵状匙形，长 8-8.5 厘米，宽 4-4.5 厘米，最内轮 7-8.5 厘米，基部具爪；雄蕊长 2-3 厘米，花丝红色；雌蕊群长圆状卵形，长 2.5-3.5 厘米。聚合果长圆状卵形，长 9-15 厘米，基部宽圆；小蓇葖果喙长 2-3 毫米。种子三角状倒卵形，长约 1 厘米。花期 5 月；果期 9 月。

黄山树木园有栽培；大别山区霍山马家河、廖寺园，金寨普安寺海拔 1140 米，岳西妙堂山、鹞落坪海拔 1100 米，潜山，舒城万佛山（栽培）；另星散生山麓或沟谷两侧。分布于陕西、四川、贵州、湖北、湖南、江西、广西、浙江、甘肃。

喜温凉湿润气候和排水良好的酸性土壤。喜光，幼龄稍耐阴。

用种子繁殖或压条、分蘖繁殖或萌芽更新。

树皮、根皮、花、种子和芽皆可入药，尤以树皮为著名中药，具化湿导滞、行气平喘、化食消痰、驱风镇痛之效；种子明目益气；芽为妇科药用。种子含油量 35%，出油率 25%，制肥皂。木材淡黄褐色，纹理直，质轻软，结构细，均匀开裂，供建筑、板料、家具、雕刻、乐器、细木工等用。叶大荫浓，花大美丽，可作绿化观赏树种。

国家二级保护植物。

1a. 凹叶厚朴（亚种）　　　　图 49

Magnolia officinalis Rehd. et Wils. ssp. biloba （Rehd. et Wils.）Law

与厚朴的区别在于本亚种之叶先端凹缺，成 2 钝圆的浅裂片；聚合果基部较窄，小蓇葖果喙短。花期 4-5 月；果期 9-10 月。

产皖南黄山居士林、慈光寺、东坡上杨尖海拔 550-900 米，黟县，休宁，祁门，绩溪清凉峰永来海拔 710 米，青阳九华山；歙县洽舍乡金上村海拔 540 米处有一株 100 多年生的凹叶厚朴树高达 12 米，胸围 254 厘米；大别山区霍山马家河海拔 850 米，金寨马鬃岭十坪海拔 600 米，岳西鹞落坪，舒城万佛山；多生于山麓或沟谷两旁。分布于福建、浙江、江西、湖南、广西、广东。

萌蘖性较强，可用分蘖繁殖或萌芽更新。用途同厚朴。

国家二级保护植物。

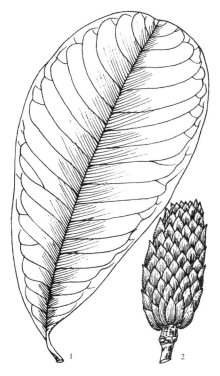

图 48 厚朴
1. 叶；2. 果实。

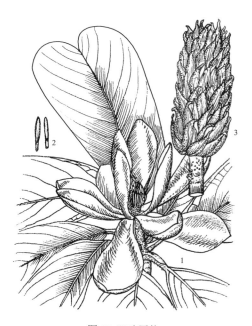

图 49 凹叶厚朴
1. 花枝；2. 雄蕊；3. 聚合果。

2. 天女花 图50

Magnolia sieboldii K. Koch

落叶小乔木，高达 10 米。小枝细长，幼时被银灰色平伏长柔毛。叶互生，膜质，倒卵形或宽倒卵形，长 9-13（20）厘米，宽 4-9（12）厘米，先端尖或短渐尖，基部圆形，全缘，上面沿脉被弯曲柔毛，下面苍白色，被白色和褐色短柔毛，沿脉被白色长绢毛，具散生的金黄色小点，侧脉 6-8 对；叶柄长 1-4（6.5）厘米，被白色和褐色平伏长毛；托叶痕长为叶柄的二分之一。花与叶对生，同放，白色，芳香，径 7-10 厘米，花梗长 3-7 厘米，密被白色和褐色平伏长柔毛；花被片 9，长圆状倒卵形或倒卵形，长 4-6 厘米，宽 2.5-3.5 厘米，外轮 3 片盛开时向外反卷，内两轮较窄小；雄蕊紫红色，长 9-15 毫米，花药内向开裂；雌蕊群椭圆形，绿色，长约 1.5 厘米，雌蕊群柄长约 5 毫米，心皮窄椭圆形，长约 1 厘米。聚合果卵形或长圆形，长 5-7 厘米，红色；小蓇葖果，沿背缝线 2 瓣裂，喙长约 2 毫米。花期 5-6 月；果期 8-9 月。

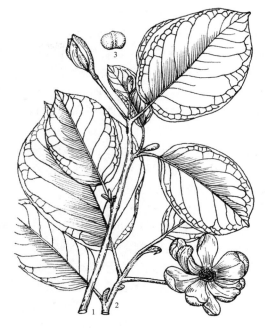

图 50 天女花
1. 果枝；2. 花枝；3. 种子。

产皖南黄山温泉、北海、西海、天海、清凉台下海拔 700-1600 米处，常与黄山杜鹃、灯笼树、三桠乌药混生，绩溪逍遥乡、清凉峰，歙县，祁门，石台牯牛降海拔 1070 米、中南坑海拔 1300-1600 米，休宁六股尖，黟县；大别山区金寨白马寨，岳西鹞落坪，舒城万佛山海拔 1500 米；生于山谷灌丛中。分布于辽宁、江西、浙江、广西。朝鲜、日本也有分布。

适生于阴坡和湿润山谷。

种子繁殖，也可扦插、分根繁殖。

花美丽，具长花梗，随风招展，犹如仙女下凡，故名天女花，为著名的庭园观赏树种。花入药，可制浸膏；叶含芳香油，含油量 0.2%；木材可作农具。

2a. 短梗天女花（新变种）

Magnolia sieboldii K. Koch var. **brevipedunculata** L. H. Wang et S. M. Liu，var. nov.

与原种天女花的区别在于本变种果梗短，长 1-2.8 厘米；聚合果倒卵形或圆柱形，长约 2.8 厘米，径约 1.5 厘米；每室 2 种子。果熟时，倾伏于叶面上，颇为奇特。

产大别山区金寨白马寨喻家畈、天堂寨海拔 1000-1600 米，岳西鹞落坪至多枝尖途中海拔 1650 米，潜山天柱山百花岩海拔 1350 米。

Varietas nova affinis M. sieboldi K. Koch，sed pedunculis fructibus brevioribus，in 1-2.8cm longis，gynoeciis fructibus obverseovatis vel cylindris，circa 2.8cm longis，1.5cm in diametro，loculis in quoque biseminibus differt.

3. 荷花玉兰 广玉兰 图51

Magnolia grandiflora L.

常绿乔木，原产地北美洲，高达 30 米；树皮淡褐色或灰色，薄鳞片状开裂。小枝具横隔髓心，与芽、叶下面、叶柄密被黄褐色短绒毛（种子繁殖者幼树叶下面无毛）。叶互生，厚革质，椭圆形、长圆状椭圆形或倒卵状椭圆形，长 10-20 厘米，宽 4-10 厘米，先端钝或短钝尖，基部楔形，全缘上面深绿色，具光泽，侧脉 8-9 对；叶柄长 1.5-4 厘米；无托叶痕。花白色，芳香，径 15-20 厘米；花被片 9-12，厚肉质，倒卵形，长 7-9 厘米，宽 5-7 厘米；

雄蕊长约 2 厘米，花丝扁平，紫色，花药内向，药隔伸出成短尖；雌蕊群椭圆形，密被长绒毛，心皮卵形，长 1-1.5 厘米，花柱卷曲状。聚合果圆柱状长圆形或卵形，长 7-10 厘米，径 4-5 厘米，密被褐色或灰黄色绒毛；小蓇葖果背缝线开裂，背面圆，先端具长喙。种子椭圆形或卵形，侧扁，长约 1.4 厘米，宽约 6 毫米。花期 5-6 月；果期 10 月。

安徽省淮河以南及长江流域以南各城市广泛栽培。

喜光。适生于湿润肥沃土壤。对二氧化硫、氯气、氟化氢等有毒气体抗性较强；并耐烟尘。

种子繁殖或空中压条繁殖。

木材黄白色，材质坚重；供装饰材用。叶、幼枝和花可提取芳香油；花可制浸膏；叶入药治高血压。种子含油率 42.5%。花大洁白，似荷花，芳香，为美丽的庭园绿化观赏树种。在合肥市城东大兴集李鸿章宗祠的亨堂前院一株广玉兰，树高 12.6 米，胸围 202 厘米，年年开花，树龄百年左右，生长仍很茂盛。

图 51 荷花玉兰
1. 花枝；2. 聚合果；3. 种子。

4.　玉兰 白玉兰 望春花（皖南）　　　图 52

Magnolia denudata Desr.

落叶乔木，高达 20 米，胸径 60 厘米；树冠宽卵形，树皮深灰色，老时粗糙开裂。小枝灰褐色；顶芽与花梗密被灰黄色长绢毛。叶互生，纸质，宽倒卵形或倒卵状椭圆形，长 10-18 厘米，宽 6-12 厘米，先端宽圆或平截，具突尖的小尖头，中部以下渐窄成楔形，全缘，上面幼时被柔毛，脱落后沿脉被毛，下面被长绢毛，侧脉 8-10 对；叶柄长 1-2.5 厘米，被柔毛。花先叶开放，芳香，径 10-12 厘米，花梗显著膨大；花被片 9，白色，稀基部带淡红色纵纹，长圆状倒卵形，长 6-10 厘米，宽 2.5-6.5 厘米；雄蕊长约 1.2 厘米，花药侧向开裂，药隔伸出成短尖头；雌蕊群无毛，圆柱形，长 2-2.5 厘米，心皮窄卵形，花柱锥状。聚合果圆柱形，长 13-15 厘米，径 3.5-5 厘米；小蓇葖果木质，褐色，具白色皮孔。种子斜卵形或宽卵形，长约 9 毫米，宽约 1 厘米，微扁。花期 2-3 月；果期 8-9 月。

产皖南黄山桃花峰、芳村，泾县小溪，太平，绩溪，歙县，黟县，休宁，祁门，石台牯牛降，广德，青阳九华山，怀宁海螺山；大别山区霍山马家河，金寨白马寨海拔 1020-1490 米，岳西鹞落坪、妙堂山海拔 1050 米、石关，潜山彭河乡海拔 700 米，舒城万佛山；生于山坡沟谷两侧阔叶林中。分布于浙江、江西、湖南、广东。

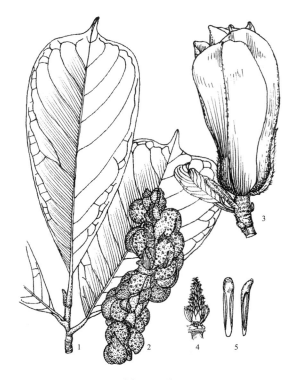

图 52 玉兰
1. 小枝；2. 聚合果；3. 花枝；4. 花被片脱落后之花，示雌、雄蕊群；5. 雄蕊。

喜光；稍耐寒，较耐干旱；喜肥沃湿润酸性土；萌芽性强。

种子或嫁接繁殖。有腐烂病、角蜡介危害。对有毒气体抗性中等至较弱。

材质优良，纹理直，结构细，质轻软，供家具、图版、车厢室内装修、细木工等用。花蕾入药；花含芳香油；花被片可食用或薰茶；种子油工业用。早春白花满树，艳丽芳香，为驰名中外的庭园观赏树种。

5. 宝华玉兰（栽培）

Magnolia zenii Cheng

落叶乔木，高达 7 米；树皮灰白色，平滑。小枝带紫褐色，无毛；芽窄卵形，密被长绢毛。叶互生，膜质，倒卵状长圆形或长圆形，长 7-16 厘米，宽 3-7 厘米，先端宽圆，具突尖的小尖头，基部稍窄成宽楔形或圆钝，全缘，上面绿色，无毛，下面淡绿色，沿脉被弯曲长毛，侧脉 8-10 对；叶柄长 6-15 毫米，初被长柔毛；托叶痕长为叶柄的五分之一至二分之一。花先叶开放，径 10-12 厘米，花梗长 2-3 毫米，密被长毛；花被片 9，近匙形，长 7-8 厘米，宽 3-4 厘米，初开时紫红色，盛开时上部白色，中部以下淡紫红色，内轮较窄；雄蕊长 1.5-1.7 厘米，药隔伸出成短尖头，内向开裂，花丝紫色；雌蕊群圆柱形，长约 2 厘米，心皮长约 4 毫米。聚合果圆柱形，长 5-7 厘米；小蓇葖果木质，近圆形，具疣点状突起。花期 4 月；果期 8-9 月。

安徽省自南京引栽，多植为行道树或庭园观赏树。江苏南京句容宝华山有野生。

6. 天目木兰　　　　　　　　　　图 53

Magnolia amoena Cheng

落叶乔木，高达 12 米；树皮灰色或灰白色。小枝带紫色，无毛；顶芽被白色长绢毛。叶互生，纸质，宽倒披针形、倒披针状椭圆形或椭圆形，长 10-15 厘米，宽 3.5-5 厘米，先端渐尖或急渐尖，基部楔形，全缘，上面无毛，下面幼时沿脉及脉腋被白色弯曲长毛，侧脉 10-13 对；叶柄长 8-13 毫米，初被白色长毛；托叶痕长为叶柄的五分之一至三分之一。花先叶开放，红色或淡红色，芳香，径约 6 厘米；花被片 9，倒披针形或匙形，长 5-6.5 厘米；雄蕊长 9-10 毫米，药隔伸出成短尖头，侧向开裂，花丝紫红色；雌蕊群长约 2 厘米，花柱直伸。聚合果圆柱形，长 4-6 厘米，常因部分心皮不发育而弯曲；果梗长约 1 厘米，残留长柔毛；小蓇葖果扁球形，先端钝圆，具瘤状小突起。种子心形。花期 4-5 月；果期 9-10 月。

图 53 天目木兰
1. 果枝；2. 花枝；3. 雄蕊。

产皖南黄山居士林、温泉，绩溪清凉峰海拔 600 米，歙县清凉峰，石台牯牛降；大别山区霍山佛子岭海拔 840 米、青枫岭欧家冲海拔 640 米，金寨白马寨西边凹海拔 950 米，岳西河图海拔 950 米，舒城万佛山海拔 1000 米；常与白玉兰、望春花、蓝果树、三桠乌药等混生。分布于浙江、江苏。

花色美丽、芳香，为珍贵绿化观赏树种。滁县琅琊山醉翁庭侧栽培一株，已开花结果。花蕾入药。

7. 紫玉兰　辛夷　　　　　　　　　　　　　　　　图 54

Magnolia liliflora Desr.

落叶灌木，高达 3 米；树皮灰褐色。小枝褐紫色或绿紫色；顶芽被淡黄色绢毛。叶互生，椭圆状倒卵形或倒卵形，长 8-18 厘米，宽 3-10 厘米，先端急渐尖或渐尖，基部楔形，全缘，幼时上面疏被短柔毛，下面沿脉被短柔毛，侧脉 8-10 对；叶柄长 8-20 毫米；托叶痕长为叶柄的一半。花叶同时开放，花梗长约 1 厘米，被长柔毛；

花被片 9，外轮 3 片，萼片状，披针形，长约 3 厘米，紫绿色，内两轮肉质，长圆状倒卵形，长 8-10 厘米，外面紫色或紫红色，内面带白色，花瓣状；雄蕊紫红色，长 8-10 毫米，侧向开裂，药隔伸出成短尖头；雌蕊群长约 1.5 厘米，淡紫色，心皮窄卵形或窄椭圆形，长 3-4 毫米。聚合果圆柱形，长 7-10 厘米，深紫褐色至褐色；小蓇葖果近球形，具短喙。花期 3-4 月；果期 8-9 月。

产皖南青阳九华山；大别山区霍山佛子岭黄巢寺海拔 800 米、青枫岭海拔 640 米。安徽省各地公园、花圃普遍栽培。分布于湖北、四川、河南、云南、贵州、广西、山东。采用分株、压条繁殖。幼龄耐阴，成龄喜光。

本种与玉兰同为我国两千多年的传统花卉，花色美丽，享誉中外；树皮、叶及花蕾入药，花蕾晒干后称"辛夷"，气香、味辛辣，作镇痛剂；治头痛、脑痛、疮毒痛、鼻炎、鼻窦出脓等症；树皮含辛夷箭毒，具麻痹运动神经末梢的作用，治腰痛、头痛等症；花的浸膏含丁香酚、黄樟油素、柠檬醛等，供调配香皂和化妆品香精等用。又为著名的庭园观赏树种。

图 54　紫玉兰
1. 花枝；2. 果枝；3. 雄蕊；4. 花被片脱落后之花，示雌、雄蕊群；5. 外轮花被片和雌蕊。

8.　望春玉兰

Magnolia biondii Pamp.

落叶乔木，高达 12 米，胸径达 1 米；树皮淡灰色，平滑。小枝较细、无毛；顶芽长 1.7-3 厘米，密被淡黄色长柔毛。叶互生，长圆状披针形或卵状披针形，长 10-18 厘米，宽 3.5-6.5 厘米，先端尖，基部宽楔形或圆钝，全缘，上面暗绿色，下面淡绿色，初被平伏棉毛，后脱落，侧脉 10-15 对；叶柄长 1-2 厘米；托叶痕长为叶柄的 1/5-1/3。花先叶开放，径 6-8 厘米，芳香，花梗长约 1 厘米，花被片 9，外轮 3 片紫红色，窄倒卵状条形，长约 1 厘米，内两轮近匙形，白色，外面基部常紫红色，长 4-5 厘米，宽 1.3-2.5 厘米，雄蕊长 8-10 毫米，花丝肥厚，稍短于花药，外面紫色，内面白色；雌蕊群长 1.5-2 厘米。聚合果圆柱形，长 8-14 厘米，因部分心皮不发育而扭曲，果梗长约 1 厘米，残留长绢毛；小蓇葖果黑色，球形，两侧扁，密具突起小瘤点。种子心形，外种皮鲜红色。花期 3 月；果期 9 日。

产皖南青阳九华山；大别山区金寨鲍家窝，岳西鹞落坪海拔 1050 米，舒城万佛山海拔 800 米。分布于甘肃、陕西、湖北、河南、四川、湖南。

喜光，喜温凉湿润气候及微酸性褐色土。

木材供家具、建筑用。花蕾药用，为辛夷代用品，花可提取香精。又为优良庭园绿化树种。

9.　二乔木兰

Magnolia soulangeana Soul. -Bod.

落叶小乔木，高 6-10 米。小枝无毛。叶互生，纸质，倒卵形，长 6-15 厘米，宽 4-7.5 厘米，先端短急尖，三分之二以下渐窄成楔形，全缘，上面中脉基部被毛，下面疏被柔毛，侧脉 7-9 对，干时网脉两面凸起；叶柄长 1-1.5 厘米，被柔毛；托叶痕长为叶柄的三分之一。花先叶开放，紫色或红色；花被片 6-9，外轮 3 片常较短，或与内两轮近等长；雄蕊长 1-1.2 厘米，侧向开裂，药隔伸出成短尖头；雌蕊群圆柱形，长约 1.5 厘米，无毛。聚合果长约 8 厘米，径约 3 厘米；小蓇葖果卵形或倒卵形，长 1-1.5 厘米，熟时黑色，具白色皮孔。种子深褐色。花期 2-3 月；果期 9-10 月。

本种是玉兰和紫玉兰杂交种，安徽省有栽培。为绿化观赏树种。

10. 黄山木兰　　　　　　　　　图 55

Magnolia cylindrica Wils.

落叶乔木，高达 10 米；树皮灰白色，平滑。幼枝、叶柄被淡黄色平伏毛；老枝紫褐色；顶芽被淡黄色长绢毛。叶互生，膜质，倒卵形或倒卵状长圆形，长 6-14 厘米，宽 2-5（6.5）厘米，先端尖或圆，稀短尾状钝尖，全缘，上面绿色，无毛，下面灰绿色，被淡黄色平伏短毛；叶柄长 5-20 毫米；托叶痕长为叶柄的六分之一至四分之一。花先叶开放，花梗粗，长 1-1.5 厘米，密被淡黄色长绢毛；花被片 9，外轮 3 片膜质，萼片状，长 1.2-1.5 厘米，宽约 4 毫米，内两轮白色，基部带红色，宽匙形或倒卵形，长 6.5-10 厘米，宽 2.5-4.5 厘米，内轮 3 片直立；雄蕊长约 1 厘米，药隔伸出成钝尖，花丝淡红色；雌蕊群绿色，圆柱状卵形，长约 1.2 厘米。聚合果圆柱形，长 5-7.5 厘米，径 1.8-2.5 厘米，下垂，初绿色，稍带紫红色，后暗紫黑色。种子心形，褐色。花期 4-5 月；果期 8-10 月。

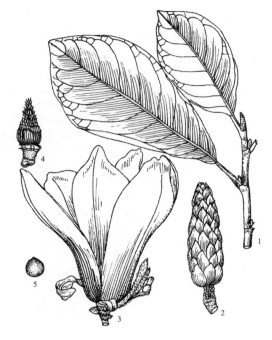

图 55 黄山木兰
1. 小枝；2. 聚合果；3. 花枝；4. 花被片脱落后之花，示雌、雄蕊群；5. 种子。

产皖南黄山温泉至慈光寺、玉屏楼至北海、云谷寺至白鹅岭、西海海拔 600-1500 米、清凉台至五道亭，祁门牯牛降海拔 410 米，歙县清凉峰西凹海拔 1550 米，休宁，黟县，石台，太平，青阳九华山；大别山区霍山，金寨，岳西包家河、鹞落坪；落叶阔叶林中常见。江淮丘陵合肥、滁县有栽培，生长良好，已开花结实。分布浙江、江西、福建。

喜光；喜雨量充沛、温暖多雾的气候，在湿润肥沃的酸性土上生长好。

花色美丽，为庭园观赏树种；花蕾药用。

木材纹理直，结构细；质较软；稍有翘裂。可作家具、车厢、室内装修、镜框、雕刻等用。

3. 含笑属 Michelia L.

常绿乔木或灌木。单叶，互生，全缘；托叶与叶柄贴生或分离，脱落后，小枝留有环状托叶痕。花两性；单生叶腋，芳香；花被片 6-21，3 或 6 片 1 轮，近相等，稀外轮较小；雄蕊多数，药室侧向或近侧向开裂，药隔伸出成尖头，稀不伸出，花丝短或长；雌蕊群具柄，显著的长，心皮多数或少数，分离，胚珠 2- 数枚，花柱近着生于顶端，柱头面在花柱上部分或末端。聚合果，通常部分小蓇葖果不发育，发育者宿存，沿背缝线开裂或背腹 2 瓣裂。种子 2 至数粒。

约 60 种，分布于亚洲热带、亚热带及温带。我国约 35 种，分布西南部至东部，安徽省 4 种（含 2 栽培种）。

1. 托叶多少与叶柄贴生，叶柄上留有托叶痕：
　　2. 叶柄较长，长 1 厘米以上；花被片 10 以上 ……………………………… 1. **白兰 M. alba**
　　2. 叶柄较短，长 5 毫米以下；花被片 6，排成 2 轮：
　　　　3. 乔木；雌蕊群心皮密被褐色毛；小蓇葖果残存短毛 …………………… 2. **野含笑 M. skinneriana**
　　　　3. 灌木；雌蕊群无毛；小蓇葖果无毛 ………………………………… 3. **含笑 M. figo**
1. 托叶与叶柄分离，叶柄上无托叶痕 ……………………………………… 4. **深山含笑 M. maudiae**

1. 白兰 白兰花（栽培）

Michelia alba DC.

常绿乔木，高达 17 米，胸径 30 厘米；树皮灰色。幼枝及芽绿色，密被淡黄白色微柔毛，后渐脱落。叶薄革质，长椭圆形或披针状椭圆形，长 10-27 厘米，宽 4-9.5 厘米，先端长渐尖或尾状渐尖，基部楔形，全缘，上面无毛，下面疏被微柔毛，干时网脉明显；叶柄长 1.5-2 厘米，疏被微柔毛；托叶痕长几达叶柄中部。花白色，极香；花被片 10 以上，披针形，长 3-4 厘米，宽 3-5(7)毫米；雄蕊药隔伸出长尖头；雌蕊群被微毛，心皮多数，雌蕊群柄长约 4 毫米，常部分心皮不发育。聚合果；小蓇葖果疏生在延伸的花托上，鲜红色。花期 4-9(10)月，夏季盛开，常不结果实。

原产印度尼西亚爪哇；安徽省多盆栽，温室越冬。分布于广东、福建、广西、云南。多露天广泛栽培。

喜光；适生温暖湿润气候和肥沃疏松土壤，不耐旱，不耐水涝。对二氧化硫、氯气等有毒气体抗性差。

多用黄兰、含笑为砧木嫁接繁殖。

花洁白，清香，花期长，市场常有出售。叶色浓绿，为著名庭园观赏树种，南方多栽植为行道树。花可提取香精，也可薰茶；提制浸膏药用，具行气化浊、止咳等效；鲜叶提取的白兰叶油，可调配香精；根皮入药，治便秘。

2. 野含笑   图 56

Michelia skinneriana Dunn

常绿乔木，高达 15 米，胸径 20 厘米；树皮灰白色，平滑。幼枝、芽、叶柄、叶下面中脉、花梗均密被褐色长柔毛。叶革质，窄倒卵状椭圆形、倒披针形或窄椭圆形，长 7-11(14)厘米，宽 2.5-3.5(4)厘米，先端尾状渐尖，基部楔形，全缘，上面深绿色，具光泽，下面被稀疏褐色长毛，侧脉 10-13 对，网脉稀，干时两面隆起；叶柄长 2-4 毫米；托叶痕达叶柄顶端。花淡黄色，芳香；花被片 6，倒卵形，长 1.6-2 厘米，外轮 3 片，基部被褐色毛；雄蕊长 2-10 毫米，侧向开裂，药隔伸出成短尖；雌蕊群长约 6 毫米，心皮密被褐色毛，雌蕊群柄长 4-7 毫米，密被褐色毛。聚合果长 4-7 厘米，常因部分心皮不发育而弯曲，果梗细长；小蓇葖果熟时黑色，球形或长圆形，长 1-1.5 厘米，喙短尖。花期 5-6 月；果期 8-9 月。

产皖南休宁六股尖、岭南三溪水口村山谷、溪边常绿阔叶林中，祁门厥基坦，休宁岭南海拔 200 米有一株高 16 米，胸径 47 厘米，与南方红豆杉、红楠、望春花、枫香、方竹等混生。分布于浙江、福建、江西、湖南、广东、广西。

喜温暖湿润气候及肥沃酸性土。空中压条或靠接繁殖。树姿优美、叶色浓郁、花清香宜人，为优良庭园绿化观赏树种。

图 56 野含笑
1. 果枝；2. 种子。

3. 含笑（栽培）   图 57

Michelia figo（Lour.）Spreng.

常绿灌木，高 2-3 米；树皮灰褐色，分枝密。幼枝、芽、叶柄、花梗均密被黄褐色绒毛。叶革质，倒卵形或倒卵状椭圆形，长 4-10 厘米，宽 1.8-4.5 厘米，先端短钝尖，基部楔形或宽楔形，全缘，上面具光泽，无毛，下面中脉常被黄褐色平伏毛；叶柄长 2-4 毫米；托叶痕长达叶柄顶端。花蕾椭圆形，长达 2 厘米，芳香；花被片 6，肉质，较肥厚，淡黄色，缘带紫红色，长椭圆形，长 1.2-2 厘米，宽 6-11 毫米；雄蕊长约 8 毫米，药隔伸出短急尖；雌蕊群无毛，长约 7 毫米；雌蕊群柄长 5-6 毫米，被淡黄色短绒毛。聚合果长 2-3.5 厘米，无毛，果梗长 1-2 厘米；小蓇葖果卵圆形，喙短尖。花期 4-5 月；果期 8-9 月。

各地城镇、公园多见栽培；合肥杏花公园及皖南休宁、屯溪、歙县均有露天栽植，生长良好。分布于华南各省；广东鼎湖山有野生；生于阴坡杂木林中。现各地广泛栽植。用扦插、压条繁殖。观赏树种；叶具水果甜香味；花瓣入茶叶中制花茶；叶可提取芳香油和供药用。花蕾开放时，含蕾不尽开，故名"含笑"。

4. 深山含笑 图58

Michelia maudiae Dunn

常绿乔木，高达 20 米；树皮薄，灰褐色，各部无毛。顶芽窄葫芦形；幼枝、芽、叶下面均被白粉。叶革质，长圆状椭圆形或倒卵状椭圆形，长 7-18 厘米，宽 3.5-8.5 厘米，先端短渐尖，尖头钝，基部楔形或近圆钝，上面深绿色，具光泽，下面灰绿色，被白粉，侧脉 7-12 对；叶柄长 1-3 厘米；无托叶痕。花白色，基部稍淡红色，芳香；花被片 9，外轮 3 片，倒卵形，长 5-7 厘米，内两轮稍窄，近匙形；雄蕊长 1.5-2.2 厘米，药隔伸出成短尖头，花丝宽扁，淡紫色；雌蕊群长 1.5-1.8 厘米，心皮绿色，雌蕊群柄长 5-8 毫米。聚合果长 10-12 厘米，果梗长 1-3 厘米；小蓇葖果长圆形或倒卵形，先端圆钝或具短突尖头。种子斜卵形，长约 1 厘米。花期 2-3 月；果期 9-10 月。

产皖南休宁、祁门海拔 500 米以下沟谷两侧常绿阔叶林中。黄山树木园及合肥市、望江县二中有栽培，生长良好。分布于浙江、福建、湖南、广西、贵州。幼苗有地老虎危害。

木材纹理直，结构细，易加工；供家具、板料、绘图板、细木工等用。

本种树干端直，叶色浓郁，花白如玉，生长迅速，为优良绿化、观赏树种。

图 57 含笑
1. 果枝；2. 花被片、雄蕊脱落后之雌蕊群；3. 花枝。

图 58 深山含笑
1. 花枝；2. 花被片脱落后之花，示雌雄蕊群；3. 雄蕊。

4. 鹅掌楸属 **Liriodendron** L.

落叶乔木。小枝具分隔片状髓心；冬芽包被于 2 枚合生的芽鳞状托叶内。叶具长柄，具缺裂，先端平截或浅宽凹缺，近基部具 1 对或 2 对侧裂片；托叶与叶柄分离。花两性；单生枝顶，与叶同放或叶后开放；花被片 9，3 片 1 轮，近相等；雄蕊多数，药室侧向开裂，药隔延伸成短尖头，花丝细长；雌蕊群无柄，心皮多数，分离，最下部不发育，每心皮具 2 胚珠，下垂。聚合果纺锤状；翅状小坚果木质，熟时自中轴脱落，中轴宿存。种子 1-2，胚藏于胚乳中。

2种。我国1种，北美1种。安徽省2种（其中引栽1种）。

1. 小枝灰色或灰褐色；叶近基部具1对侧裂片，老叶下面被乳突状白粉点；花被片长3-4厘米，绿色，具黄色纵条纹；花丝长约5毫米；翅状小坚果先端钝或钝尖 ⋯⋯⋯⋯⋯⋯⋯⋯⋯⋯⋯⋯⋯⋯⋯⋯⋯⋯⋯ **1. 鹅掌楸 L. chinense**
1. 小枝褐色或紫褐色；叶近基部具2-3对侧裂片，下面无白粉；花被片长4-6厘米，绿黄色，内面具橙黄色密腺，花丝长1-1.5厘米；翅状小坚果先端尖 ⋯⋯⋯⋯⋯⋯⋯⋯⋯⋯⋯ **2. 北美鹅掌楸 L. tulipifera**

1. 鹅掌楸 马褂木   图59
Liriodendron chinense Sarg.

落叶大乔木，高达40米，胸径1米以上。小枝灰色或灰褐色。叶马褂状，长6-12（18）厘米，近基部1对侧裂片，上部具2浅裂片，基部微心形，老叶下面具乳突状白粉点，苍白色；叶柄长4-8厘米。花杯状；花被片9，外轮3片绿色，萼片状，向外开展，内两轮6片直立，花瓣状，倒卵形，长3-4厘米，外面绿色，具黄色纵条纹；雄蕊花药长1-1.6厘米，花丝长5-6毫米；开花时雌蕊群伸出花被片之上，心皮黄绿色。聚合果长7-9厘米，翅状小坚果长约6毫米，先端钝或钝尖。种子1-2。花期4-5月；果期9-10月。

产皖南黄山百丈潭、白沙岭、清凉台北坡，歙县清凉峰猴子弯海拔900米处有一片天然林，祁门、石台牯牛降，休宁六股尖，黟县；大别山区霍山，金寨白马寨海拔1300米，岳西鹞落坪海拔1050米，潜山彭河乡，舒城小涧冲；生于沟谷两侧阔叶林中。分布于浙江、江西、湖南、湖北、陕西、四川、贵州、广西、云南。台湾有栽培。

喜温暖湿润气候，在深厚肥沃湿润酸性土上生长为好，生长快；不耐水湿；对二氧化硫具一定抗性。

种子繁殖，萌芽力强。有卷叶蛾、大袋蛾、凤蝶危害。

木材淡红褐色，纹理交错，结构细，质软、易加工、常变形，干燥后少开裂，有虫蛀；供建筑、家具、细木工等用；树皮入药，祛风除湿；叶形奇特，为世界珍贵的观赏树种，深受我国人民的喜爱。

国家二级保护植物。

2. 北美鹅掌楸   图60
Liriodendron tulipifera L.

落叶大乔木，高达60米，胸径3.5米；树皮深纵裂。小枝紫褐色，常具白粉。叶马褂状，长7-12厘米，

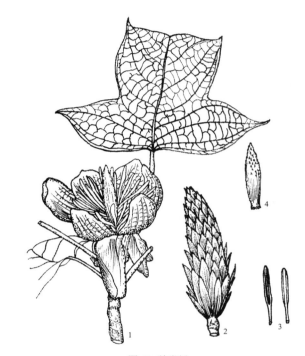

图59 鹅掌楸
1. 花枝；2. 聚合果；3. 雄蕊；4. 雌蕊群。

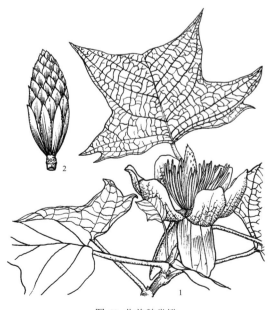

图60 北美鹅掌楸
1. 花枝；2. 聚合果。

先端平截或微凹或 2 浅裂，近基部具 2-3 对侧裂片，幼叶下面被白色细毛，后渐脱落，无白粉点；叶柄长 5-10 厘米。花杯状；花被片 9，外轮 3 片绿色，萼片状，向外开展，内两轮 6 片绿黄色，花瓣状，直立，卵形，长 4-6 厘米，内面中部以下具橙黄色密腺；雄蕊花药长 1.5-2.5 厘米，花丝长 1-1.5 厘米；雌蕊群黄绿色，开花时雌蕊群不伸出花被片之上。聚合果长约 7 厘米，翅状小坚果淡褐色，长约 5 毫米，顶端尖，下部小坚果常宿存。花期 5 月；果期 9-10 月。

原产北美；我国青岛、庐山、南京明孝陵、杭州、昆明及合肥中医院有栽培。在安徽省生长逊于鹅掌楸。

材质优良，淡黄褐色，纹理致密美观，切削性光滑，易施工，为船舱、火车内部装修及室内高级家具用材。

11. 八角科 ILLICIACEAE

常绿乔水或灌木；全株无毛；具油细胞，有香气；顶芽芽鳞覆瓦状排列，早落。单叶，互生或集生，革质或纸质，全缘，羽状脉；无托叶。花两性；单生或 2-3 集生，腋生或近顶生，红色或黄色，稀白色；花梗有时具 1-2 小苞片；花被片 7-21（39），常具腺点，分离，数轮，覆瓦状排列，最外的较小，内面的较大，舌状膜质或卵形肉质，最内的较小；雄蕊多数，1- 数轮，直立，花丝舌状或近圆柱状，药室侧向纵裂，药隔有时具腺体；心皮 7-15，稀 5-21，分离，单轮排列，侧向压扁，花柱短，钻形，子房 1 室，胚珠 1。聚合蓇葖果，单轮排列，腹缝线开裂。种子椭圆形或卵形，侧向压扁，具光泽，胚乳丰富，含油，胚小。

1 属，约 50 种，分布于亚洲东南部和北美东南部。我国约 30 种，分布于南、西南至东部。安徽省 1 属，4 种。

本科最著名的种八角（Illicium verum Hook. f.）是我国南方极有经济价值的经济树种，果实在全国广泛调味食用；有的种类药用，有的种类枝叶提取芳香油，有的种类叶绿花红供绿化观赏。木材供细木工、家具用。

八角属 Illicium L.

属的特征与科相同。
安徽省 4 种。

1. 内花被片肉质或纸质，花期不松散；中脉在叶上面凹下或微凹：
    2. 心皮通常 7-8（10）；雄蕊 11-14；果梗长 1.3-4.8 厘米 ·················· 1. 红茴香 I. henryi
    2. 心皮 10-13；雄蕊 6-11；果梗长达 5.5（8）厘米 ·················· 2. 披针叶茴香 I. lanceolatum
1. 内花被片薄膜质，花期多少松散张开；中脉在叶上面隆起：
    3. 花被片 34-55；雄蕊 28-32；花梗长 2-3 厘米
        ·················· 3. 假地枫皮 I. jiadifengpi
    3. 花被片 25-33；雄蕊 22-25；花梗长 5-20 毫米
        ·················· 4. 闽皖八角 I. minwanense

1. 红茴香 　　　　　　　图 61

Illicium henryi Diels

常绿小乔木，高达 8 米；树皮灰白色。芽近卵形。单叶，互生，革质，长披针形、倒披针形或倒卵状椭圆形，长 10-15 厘米，宽 2-4 厘米，先端长渐尖，基部楔形，全缘稍反卷，上面深绿色，具光泽，下面淡绿色；叶柄长 1-2 厘米，上面具纵沟，上部具不明显窄翅。花红色，腋生或近顶生；单生或 2-3 集生；花梗细长，长 1.5-4.6 厘米；花被片 10-14，最大的 1 片椭圆形或宽椭圆形，长 7-10 毫米；雄蕊 11-14，长 2.2-3 毫米，药室明显隆起；心皮通常 7-8，长 4-5 毫米，花柱钻形。聚合果径 1.5-3 厘米，小蓇葖果先端长尖，成热时红色，果梗长 1.3-4.8 厘米。种子黄色，具光泽。花期 4-5 月；果期 9-10 月。

产皖南休宁，祁门，歙县，宁国，泾县；大别山区霍山青枫岭、黄巢寺海拔 500-680 米，金寨白马寨

图 61 红茴香
1. 花枝；2. 花。

海拔 650 米、马宗岭海拔 800 米，六安。生于山谷两侧、溪边杂木林中，耐阴。喜阴湿环境及排水良好、肥沃、疏松酸性土。分布于河南、陕西、江西、浙江、湖南、湖北、四川、贵州、云南、广西。

种子繁殖或春季扦插繁殖。

叶、果含芳香油。根及果有毒，不能食用。其根及根皮入药。花红色美丽、观赏树种。

2. 披针叶茴香 莽草　　　　图 62
Illicium lanceolatum A. C. Smith

常绿小乔木，高达 10 米；树皮、老枝灰褐色。单叶，互生或集生，革质，披针形、倒披针形或椭圆形，长 6-15 厘米，宽 1.5-4.5 厘米，先端尾尖或渐尖，基部窄楔形，边缘微反卷，上面绿色，具光泽，下面淡绿色；叶柄长 7-15 毫米。花红色或深红色，腋生或近顶生；单生或 2-3 集生，花梗长 1.5-5 厘米；花被片 10-15，最大的 1 片长 7-12 毫米；雄蕊 6-11，长 2.8-3.9 毫米；心皮 10-13，长 3.9-5.3 毫米，花柱钻形，柱头淡红色。聚合果具小蓇葖果 10-13，先端具长而弯曲的尖头；果梗长 5.5(8) 厘米。种子长 7-7.5 毫米，淡褐色。花期 5-6 月；果期 8-10 月。

产皖南黄山温泉至慈光寺、九龙瀑布、松谷庵、沾油潭海拔 650-700 米，绩溪清凉峰永来、西凹海拔 650-1100 米，休宁，太平，歙县；大别山区霍山青枫岭海拔 680 米，金寨白马寨海拔 700 米，岳西河图、鹞落坪海拔 850-1050 米，潜山铜锣尖海拔 560 米，太湖大山乡。生于阴湿沟谷两旁混交林中，耐阴。分布于江苏、浙江、江西、福建。

果实及种子剧毒，不能食用；果、叶含芳香油；根皮入药，但有毒，内服不能超过 1 钱。种子浸出液可作土农药。

本种在气候、土壤条件好的地区，也能长成中乔木，例如歙县景潭乡的 1 株。树高达 16 米，胸围达 1.17 米，树龄有数百年。

3. 假地枫皮　　　　图 63
Illicium jiadifengpi B. N. Chang

常绿乔木，高达 20 米，胸径 15-25 厘米；树皮褐黑色，剥落后为板块状，非卷筒状。芽鳞具短缘毛。叶厚肉质，具光泽，常 3-5 聚生小枝近顶端，窄椭圆形或长椭圆形，长 7-16 厘米，宽 2-4.5 厘米，先端尾尖或渐尖，基部渐窄，下延至叶柄形成窄翅，缘外卷，中脉在叶上面明显隆起；叶柄长 1.5-3.5 厘米。花白色或带浅黄色，腋生或近顶生，花梗长 2-3 厘米；花被片 34-55，近膜质，窄舌形，最大的 1 片长 1.4-1.7 厘米；

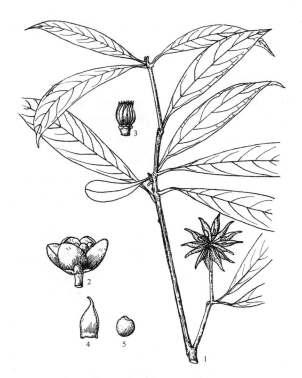

图 62 披针叶茴香
1. 果枝；2. 花；3. 雌蕊群；4. 蓇葖；5. 种子。

图 63 假地枫皮
1. 果枝；2. 花；3. 聚合果；4. 蓇葖；5. 种子；6. 树皮。

雄蕊28-32，长2.7-3毫米，药室突起；心皮12-14，花期时长3.5-4毫米，子房花柱稍短。聚合果径3-4厘米，具小蓇葖果12-14，长1.5-1.9厘米，顶端具向上弯曲的尖头，长3-5毫米；果梗长1.5-3厘米。种子浅黄色。花期3-5月；果期8-10月。

产皖南石台牯牛降金竹洞海拔750米，休宁六股尖海拔1100米。分布于浙江、广西、广东、湖南、江西。安徽省地理分布新纪录。

4. 闽皖八角   图64

Illicium minwanense B. N. Chang et S. D. Zhang

常绿乔木，高达11米；树皮褐黑色，块状剥落。叶薄革质至革质，互生，常3-5聚生小枝近顶端，长椭圆形或椭圆形，长8-20厘米，宽2.5-7.5厘米，先端尾状渐尖，基部渐窄，下延至叶柄形成窄翅，叶脉在两面隆起；叶柄长1.5-2厘米。花淡黄色或白色，有时带紫色，腋生或簇生于枝端，或生于老茎上；花梗长5-20毫米；花被片25-33，近膜质；雄蕊22-25，长2.5-3.2毫米，花丝、花药稍短，药隔突起；心皮12-13，花柱长1.5-3毫米。聚合果径3-4.4厘米，具小蓇葖果11-13，长1-2.2厘米，尖头长5-7毫米，内弯；果梗长1.2-3厘米。种子长5-8毫米。花期4月；果期9-10月。

产皖南休宁六股尖海拔1100米。分布于福建崇安武夷山。本种有毒，食后有腹泻等中毒症状，不能替代八角食用。

本种与假地枫皮 I. jiadifengpi B. N. Chang 相近，但后者雄蕊28-32；花被片34-55，可以区别。

图64 闽皖八角
1. 花枝；2. 花；3. 花被片；4. 聚合雌雄蕊；5. 雄蕊群；6. 心皮；7-8. 雄蕊背腹面；9. 果；10-11. 蓇葖果剖面；12. 种子。

12. 五味子科 SCHISANDRACEAE

木质藤本。单叶，互生，常具透明腺点；叶柄细长；无托叶。花单性，雌雄同株或异株；通常单生叶腋，有时数朵集生于叶腋或短枝上；花被片6至多数，排成2至多轮，大小相似，或外轮和内轮较小，中轮较大；雄花雄蕊多数，稀4或5，分离或部分至全部合生成雄蕊群，花丝短或无，花药2室，纵裂；雌花心皮多数，离生，生于肉质花托上成雌蕊群，每心皮2-5(11)胚珠。聚合浆果，穗状或球状。种子1-5，稀较多，胚乳丰富，胚油质。

2属，约50种，分布于亚洲东南部和北美东南部。我国2属，约30种，分布于东南、中南和西南部。安徽省2属，5种，1变种。

1. 芽鳞常早落；果时花托不伸长；聚合果球状或椭圆状 ·················· 1. **南五味子属 Kadsura**
1. 芽鳞常宿存；果时花托伸长；聚合果穗状 ························· 2. **五味子属 Schisandra**

1. 南五味子属 Kadsura Kaempf. ex Juss.

常绿藤本，无毛。叶革质或纸质，全缘或具锯齿，常具透明或不透明腺点，叶缘膜质下延至叶柄，叶脉常不明显。花单性，雌雄同株或异株；花单生叶腋，稀2-4集生；花梗细长；具小苞片；花被片雌花、雄花形态、大小相同，7-24，排成数轮，覆瓦状排列；雄花雄蕊80-13，合生成头状或圆锥状雄蕊群，花丝细长，药隔宽，药室分离；雌花心皮20-300，螺旋状排列于花托上，花柱钻形，胚珠2-5(11)，果时花托不伸长。聚合果球状或椭圆状，小浆果肉质。种子2-5，两侧扁。

约24种，分布于亚洲东部和东南部。我国8种，分布于东部和西南部。安徽省1种。

南五味子 图65

Kadsura longipedunculata Finet et Gangnep.

常绿藤本，无毛。叶长圆状披针形、倒卵状披针形或卵状长圆形，长5-13厘米，宽2-6厘米，先端渐尖或尖，基部窄楔形或宽楔形，具疏齿，侧脉5-7对；叶柄长6-25毫米。花单性异株；单生叶腋；雄花花被片8-17，白色或淡黄色，椭圆形，长8-13毫米，宽4-10毫米，雄蕊群球形，雄蕊30-70，花丝极短；花梗长7-45毫米；雌花花被片与雄花相似，心皮40-60；花梗长1.5-15厘米。聚合果球形，径1.5-3.5厘米，小浆果倒卵圆形，长8-14毫米，外果皮薄革质，干时露出种子。种子2-3，稀4-5，肾形或肾状椭圆形，长4-6毫米。花期6-9月；果期9-12月。

产皖南黄山温泉白龙桥附近阔叶林中海拔680米、浮溪，绩溪清凉峰永来、徽杭商道海拔980米，祁门，石台牯牛隆祁门岔海拔900米，休宁，泾县小溪，宣城，广德柏垫，贵池，青阳；大别山区霍山佛子岭海拔570米，金寨白马寨、马宗岭，岳西鹞落坪海拔1000米，潜山天柱山万涧寨海拔580米、彭河乡，舒城晓天、万佛山。生于山麓、沟谷林缘，多攀于岩石或树干上。分布于长江以南各省，北至河南。

性喜温暖湿润气候。播种、扦插繁殖，易生根。

图65 南五味子
1. 果枝；2. 种子。

根、茎、果可提取芳香油；并入药活血消肿，治胃痛、跌打损伤、风湿病；种子为滋补强壮剂和镇咳剂，治神经衰弱、支气管炎等症。果味甜可食；茎皮纤维可制绳。

2. 五味子属 Schisandra Michx.

落叶或常绿藤本。小枝具纵条纹或压扁成窄翅状，具长枝和距状短枝；芽鳞常宿存。叶纸质或膜质，具透明腺点。花单性异株，稀同株；单生，稀成对或数朵集生；花被片5-20，排成2-3轮，稀多轮，覆瓦状排列，大小、形状相似，或外轮和内轮较小，中轮较大；雄花雄蕊4-15，组成椭圆状、头状或不规则多角形肉质雄蕊群，花丝有或无，花药常分离，内向或侧向纵裂；雌花心皮12-120，离生，螺旋状排列于花托上，柱头顶部扁平，每室2-3胚珠。果时花托延伸。聚合果穗状，小浆果疏松排列于肉质果托上。种子2，或仅1发育，胚小，胚乳丰富，油质。

约25种，分布于亚洲东南部、东部和美国东南部。我国约19种，东北、西南、东南。安徽省4种，1变种。

1. 雄蕊28-40、10-15、10-20，花丝分离，雄蕊群椭圆状卵形、倒卵形或球形：
　　2. 幼枝具棱和膜翅，老枝具棱和革质翅；芽鳞长8-15毫米，常宿存；叶下面被白粉 ·············
　　··· **1. 棱枝五味子 S. henryi**
　　2. 幼枝近圆柱形，无纵棱翅；芽鳞长10毫米以下，常早落；叶下面无白粉：
　　　　3. 小枝红褐色，密生隆起的皮孔；叶薄纸质或膜质，下面带灰绿色 ········ **2. 华中五味子 S. sphenanthera**
　　　　3. 小枝近圆柱形；叶纸质，下面浅绿色 ············· **3. 绿叶五味子 S. viridis**
1. 雄蕊5，花丝无，聚生于花托顶端，成五角形：
　　4. 小枝淡红色，稍具纵棱，无瘤状凸起；叶疏具腺状小齿 ············· **4. 二色五味子 S. bicolor**
　　4. 小枝呈褐色，具明显小瘤状凸起；叶全缘；种子内种皮具不规则条状凸起 ·············
　　··· **4a. 瘤枝五味子 S. bicolor var. tuberculata**

1. 棱枝五味子 翼梗五味子　　　　图66

Schisandra henryi Clarke

落叶藤本。幼枝具棱和膜质翅，老枝具棱或具革质翅，被白粉；芽鳞长8-15毫米，常宿存。叶纸质或近革质，卵形或椭圆状卵形，长5-14厘米，宽2-10厘米，先端渐尖或尖，基部楔形，全缘或上部具浅锯齿，上面绿色，下面淡绿色，常被白粉，侧脉4-6对；叶柄长1.5-5.5厘米，基部下延成薄翅。雄花花梗长4-6厘米，花被片黄绿色6-7，近相似，中间的较大，近圆形或宽椭圆形，长9-13毫米，宽6-11毫米；雄蕊群椭圆状卵形，雄蕊28-40，花药内向开裂；雌花花梗长7-8厘米，花被片与雄花相似；雌蕊群椭圆状长圆形，心皮约50，子房窄卵形，花柱短。聚合果长5-14厘米；小浆果15-45，红色。种子近半圆形或肾状椭圆形，种皮具瘤状凸起。花期5-10月。

产皖南祁门牯牛降观音堂海拔900米，石台牯牛降海拔530米，绩溪清凉峰中南坑海拔800-1000米，歙县清凉峰海拔1400米，休宁岭南古衣海拔250米；大别山区岳西鹞落坪。生于山麓或沟谷两侧阔叶林中。分布于浙江、江西、湖南、湖北、四川、贵州、广东、广西、云南。

根、茎、果药用，根茎通络活血，强筋骨；果滋肾固精、敛肺止咳。

图66 棱枝五味子
1. 果枝；2. 小枝一部分；3. 花。

2. 华中五味子 图67

Schisandra sphenanthera Rehd. et Wils.

落叶藤本，无毛，稀叶下面脉上被细柔毛。具距状短枝或伸长；小枝红褐色，密生隆起的皮孔。叶薄纸质或膜质，倒卵形、宽卵形或倒卵状长椭圆形，长4-11厘米，宽3-7厘米，先端短尖或钝尖，基部楔形或宽楔形，上部具波状齿，上面深绿色，下面带灰绿色，具白色点，侧脉4-5对，网脉致密；叶柄红色，长1-3厘米，缘具膜质窄翅。花橙黄色，花被片5-8，排成2-3轮，近相似，稍肉质，从外向内渐小，椭圆形或长圆状倒卵形，外轮长7-12毫米；雄花雄蕊群倒卵圆形，雄蕊10-15；雌花雌蕊群近球形，雌蕊30-60，子房长2-2.5毫米。聚合果果轴长6-17厘米；小浆果红色；果梗长3-10厘米。种子椭圆形，种脐"U"字形，种皮光滑。花期4-6月；果期6-10月。

产皖南黄山汤口、居士林、慈光寺至天门坎海拔900-1400米，祁门，石台牯牛降，休宁，太平，宣城，广德，贵池，青阳九华山；大别山区霍山，金寨白马寨、鲍家窝、马宗岭，岳西美丽乡鹞落坪，舒城万佛山；江淮丘陵无为。生于湿润山坡密林中。分布于河南、江苏、浙江、陕西、山西、甘肃及华中、西南。

果药用，五味子代用品；种子油制润滑油及肥皂。

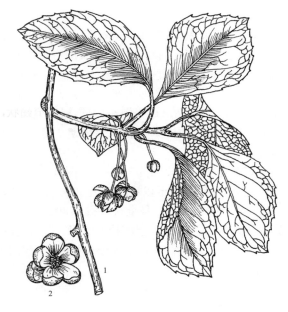

图67 华中五味子
1. 花枝；2. 雄花。

3. 绿叶五味子

Schisandra viridis A. C. Smith

落叶藤本，无毛。小枝圆柱形；芽鳞长约3毫米。叶纸质，卵状椭圆形，稀披针形，长4-16厘米，宽2-8厘米，先端渐尖，基部钝或楔形，具锯齿或波状疏齿，上面绿色，下面浅绿色，侧脉3-6对，网脉两面明显。雄花花梗长1.5-5厘米，花被片6-7，黄色或黄绿色，大小相似，中间较大，宽椭圆形、倒卵形或近圆形，长5-10毫米；雄蕊群倒卵形或近球形，雄蕊10-20，药室近平行；雌花花梗长4-7厘米，花被片与雄花相似；雌蕊群椭圆形，心皮15-20，假花柱不明显。聚合果，小浆果15-20，红色；果梗长3.5-9.5厘米，果轴长达12厘米，果皮具黄色腺点。种子肾状椭圆形，种皮具皱纹或瘤点。花期4-6月；果期7-9月。

产大别山区金寨白马寨海拔650米，岳西文坳海拔1090米。生于沟谷灌丛中。分布于浙江、江西、福建、湖南、广东、广西、贵州。

4. 二色五味子 图68

Schisandra bicolor Cheng

落叶藤本，无毛。幼枝淡红色，稍具纵棱，老枝褐紫色，皮片状剥落。叶膜质，近圆形，稀倒卵形，

图68 二色五味子
1. 果枝；2. 花枝。

长 5.5-9 厘米，宽 3.5-8 厘米，先端短尖，基部宽楔形，下延成极窄翅，疏具腺状小齿，上面绿色，下面灰绿色，侧脉 4-6 对；叶柄长 2-4.5 厘米，淡红色。花单性异株，稍芳香，径 1-1.3 厘米；花被片 7-13，弯凹，外轮绿色，多圆形，长 3.6-6 毫米，内轮红色，多长圆形，长 5-7 毫米；雄花花梗长 1-1.5 厘米，雄蕊群红色，扁平五角形，雄蕊 5，花丝无；雌花花梗长 2-6 厘米，雌蕊群近卵球形，心皮 9-16，柱头短小。聚合果，长 3-7 厘米；小浆果黑色。种皮具小瘤点。花期 7 月；果期 9-10 月。

产皖南黄山狮子林、清凉台下、西海门海拔达 1700 米，绩溪清凉峰永来至栈岭湾海拔 1000 米，歙县，休宁，石台，青阳九华山古拜金台海拔 1180 米；大别山区霍山马家河，金寨白马寨海拔 920 米；岳西鹞落坪。生于山谷、沟边、林缘或林下。分布于浙江、江西、湖南、广西。

根皮、果入药；治虚痰气喘、盗汗、镇静安神之效。种子油制肥皂。

4a. 瘤枝五味子 （变种）　　　　图 69
Schisandra bicolor Cheng var. **tuberculata**（Law）Law

小枝黑褐色，具明显小瘤状凸起。叶全缘。种子内种皮具不规则条状凸起。花期 6-7 月；果期 10 月。

产大别山区霍山，金寨白马寨海拔 1000-1450 米。生于湿润山地落叶阔叶林中。分布于江西、湖南、广西。

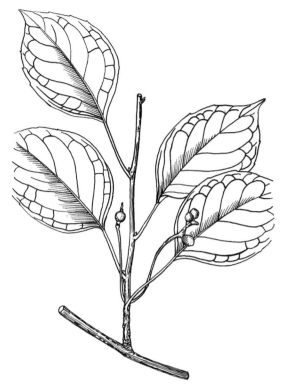

图 69 瘤枝五味子（果枝）

13. 领春木科 EUPTELEACEAE

　　落叶乔木。无顶芽,混合芽长圆形,芽鳞多数,硬革质,光褐色。单叶,互生,具锯齿,羽状脉;叶柄较长;无托叶。花两性,整齐,小,先叶开放;簇生叶腋,花梗细长;无花被;雄蕊 6-18,花丝条形,花药线形,侧缝开裂,红色,着生于短花丝顶端,药隔凸出;离心皮雌蕊 8-18,1 轮,生于扁平花托上,子房偏斜,扁平,1 室,胚珠 1-5,生于心皮腹缝线上,具子房柄,柱头生于腹面或近顶部。聚合翅果,小翅果两侧不对称,边缘具膜质翅。种子 1-4,微小,椭圆形;胚小,胚乳丰富,含油份,木质部具导管。

　　1 属,2 种,分布于东亚。我国 1 种,1 变型。安徽省仅 1 变型。

领春木属 Euptelea Sieb. et Zucc.

　　形态特征与科相同。

领春木（变型）　　　　　　　　图 70

Euptelea pleiosperma Hook. f. et Thoms. f. **francheti**（Van Tiegh）P. C. Kuo

　　落叶乔木,高达 10 米;树皮紫褐色。小枝紫色,无毛。叶纸质,卵形、近圆形或菱状卵形,长 4-12 厘米,宽 2.5-9 厘米,先端尖或尾尖,基部宽楔形,具粗尖锯齿,近基部全缘,下面淡绿色,无白粉,脉腋被簇生毛;叶柄长 2-4.5 厘米,疏被柔毛。聚合翅果 4-5 簇生,果梗细长,长 5-10 毫米;小翅果 4-8（10）,红色,不规则倒卵形,顶端圆,一边凹缺,子房柄细长,宿存种子通常 1-2,椭圆状卵形,长约 2 毫米,紫黑色。花期 4-5 月;果期 9-10 月。

　　产皖南黄山浮溪,绩溪清凉峰逍遥乡海拔 1300米,歙县西凹三阳坑;大别山区霍山青枫岭,金寨马鬃岭、白马寨海拔 1300 米,岳西鹞落坪,舒城万佛山海拔 500 米。生于山谷、溪河两旁阔叶林中。耐阴、喜湿润环境。分布于山西中条山、河南、陕西、甘肃、四川、湖北、江西、浙江。

　　领春木为东亚孑遗树种之一,为珍贵濒危树种,多星散分布,在大别山区金寨白马寨、及马宗岭一带海拔 950-1300 米地段,沿山谷常见有块状连续的分布,面积较大,已建立保护区,加强保护和管理。

　　木材淡黄色,松软;可供家具、农具、手杖等用。树皮可作栲胶原料;树姿优美,可供绿化观赏。

图 70 领春木
1. 果枝; 2. 小翅果。

14. 连香树科 CERCIDIPHYLLACEAE

落叶乔木。无顶芽，假二叉分枝，具长枝和矩状短枝；芽鳞2。单叶，在长枝上对生或近对生，在短枝上单生；托叶与叶柄相连，早落。花单性，雌雄异株，腋生，先叶开放；每花具1苞片；无花被；雄花4朵丛生，近无梗，雄蕊8-13，花丝细长，花药条形，红色，药隔延伸成附属物；雌花4-8朵丛生，具短梗，心皮（2）4-（6）8，离生，每心皮具1苞片，子房上位，1室，胚珠多数，排成2列，花柱红紫色。聚合蓇葖果，小蓇葖果2-4。种子多数，扁平，一端或两端具翅。

1属，1种，1变种，分布于我国和日本。安徽省均有。

连香树属 Cercidiphyllum Sieb. et Zucc.

形态特征与科同。

1. 连香树　　　　　　　　　　　图71

Cercidiphyllum japonicum Sieb. et Zucc.

落叶大乔木，高达25米，胸径1米，无毛；幼树树皮淡灰色，大树灰褐色，纵裂，呈薄片剥落。小枝褐色，皮孔明显；芽卵圆形，紫红色或暗紫色。叶扁圆形、圆形或肾形，长4-7厘米，宽3.5-6厘米，先端圆或钝尖，短枝之叶，基部心形，长枝之叶基部圆形或宽楔形，具钝圆锯齿，上面深绿色，下面粉绿色，掌状脉5-7；叶柄长1-3厘米；托叶早落。雄花4朵丛生，苞片膜质，卵形，红色；雌花4-8朵丛生，具梗，心皮2-6（8），离生，花柱长1-1.5厘米，上端为柱头面。聚合蓇葖果，小蓇葖果2-4，圆柱形，长8-18毫米，微弯，暗紫色，微被白粉，花柱残存；果梗长4-7毫米。种子数个，扁四角形，仅1端具透明翅。花期4月中旬至5月上旬；果期8月。

产皖南黄山浮溪，黄山树木园有栽培，歙县清凉峰海拔950米；大别山区霍山马家河万山红、青枫岭海拔1300米，金寨白马寨西凹、马鬃岭海拔1200米，岳西鹞落坪、石佛、蜡烛尖海拔900-1500米，舒城万佛山。生于山谷沟旁、低湿地方或山坡杂木林中。分布于浙江、江西、湖南、湖北、四川、陕西、甘肃、河南、山西。

不耐阴；喜温暖湿润中性及酸性土壤，在山麓土层深厚湿润处生长快；萌蘖性强，伐根常萌蘖多枝，形成几个主干。种子育苗或压条繁殖。

散孔材，木材纹理直，结构细均匀，质轻软，淡褐色，心材，边材区别不明显，比重0.51-0.63；可供建筑、家具、枕木、绘图板、细木工等用。新叶带紫色，秋叶黄色至红色，树干端直，非常优美；可供绿化或观赏树种用。

连香树为东亚孑遗植物之一，上白垩纪和第三纪曾有许多种，广布于北半球，第四纪冰期以后，仅残留1种，为珍稀用材树种。其地理分布对研究植物区系有重要意义。现仅为星散分布，数量不多，宜加保护繁殖。

列为国家二级保护植物。

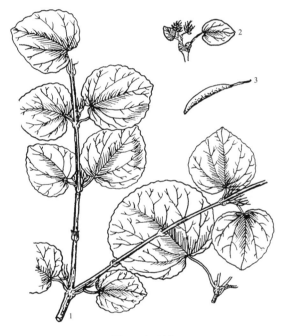

图71 连香树
1. 枝叶；2. 花枝；3. 果。

1a. 毛叶连香树（变种）

Cercidiphyllum japonicum Sieb. et Zucc. var. **sinense** Rehd. et Wils.

叶下面中部以下沿中脉两侧密被开展的毛，有时毛延伸至叶柄上端。小蓇葖果向顶部渐尖。

产皖南黄山浮溪虎头岩，歙县清凉峰，宁国；大别山区金寨白马寨海拔 1300 米沟谷杂木林中。分布于四川、湖北、陕西、江西、湖南。

连香树分布区偏北、偏东、毛叶连香树偏西、偏南，各有其一定的地理分布范围，在西部高山地区，前者垂直分布海拔略低，后者海拔略高。

15. 樟科 LAURACEAE

常绿或落叶，乔木或灌木，稀缠绕寄生草本；具油细胞，有香气。单叶，互生、对生、近对生或轮生，全缘，稀分裂，羽状脉、三出脉或离基三出脉；无托叶。花小，两性或单性（败育），雌雄同株或异株，辐射对称，3 出数或 2 出数；圆锥、总状、伞形、聚伞或团伞花序，稀单生，腋生或近顶生；苞片小或大，脱落或宿存；花被基部合生成花被筒，辐状、漏斗形或坛形，脱落或增大呈一果托包被果实基部；花被裂片 6 或 4，2 轮，大小相等或外轮较小，果时脱落或宿存；雄蕊 3-12，轮状排列，每轮 3 或 2，稀 4，花丝基部具 2 腺体或无，最内轮为退化雄蕊或无，花药 4 室或 2 室，瓣裂，内向或外同，稀侧向（瓣裂），心皮 3，子房上位，稀下位，1 室，胚珠 1，倒生，悬垂，花柱 1，柱头盘状或头状，有时不明显。浆果状核果，有时花被筒增大形成杯状或盘状果托，稀花被筒全包果实。种皮薄，无胚乳，子叶厚，肉质。

约 45 属，2000-2500 种，分布于热带及亚热带地区，中心区在东南亚及巴西。我国约 20 属，400 余种，多数种类分布在长江流域以南各地，少数落叶种类分布较北。多为我国珍贵、用材、经济树种，在林业、轻工业及医药上占有极重要地位。安徽省 7 属，29 种，6 变种。

1. 单性花，伞形花序或总状化序，稀单花；苞片大，形成总苞：
    2. 花部 2 出数，花被裂片 4 ·· 1. 新木姜子属 Neolitsea
    2. 花部 3 出数，花被裂片 6；
        3. 总苞具交互对生的苞片，迟落；
            4. 花药 4 室，总状花序 ·· 2. 木姜子属 Litsea
            4. 花药 2 室，通常伞形花序 ·· 3. 山胡椒属 Lindera
        3. 总苞具覆瓦状排列的苞片，早落，总状花序；叶全缘或 3 浅裂 ············· 4. 檫木属 Sassafras
1. 两性花，圆锥花序；苞片小，不形成总苞，或为总状花序形成总苞；花药 4 室：
    5. 果时花被筒形成果托，花被裂片脱落，或宿存而不肥厚 ····················· 5. 樟属 Cinnamomum
    5. 果时花被筒不形成果托，花被裂片宿存；
        6. 宿存花被裂片较硬、较短，直立或开展，紧贴果实基部；果卵球形或椭圆形 ·········· 6. 桢楠属 Phoebe
        6. 宿存花被裂片较软、较长，反曲或开展，不紧贴果实基部；果球形 ··············· 7. 润楠属 Machilus

1. 新木姜子属 Neolitsea（Benth.）Merr.

常绿乔木或灌木。单叶，互生或轮生，稀对生，全缘，离基三出脉，稀羽状脉或近离基三出脉。花单性，雌雄异株；伞形花序单生或簇生，无总梗或具短总梗，通常具花 5 朵；苞片大，宿存，交互对生；花部 2 出数；花被裂片 4，2 轮；雄花常具发育雄蕊 6，排成 3 轮，每轮 2；第 1、2 轮花丝无腺体，第 3 轮花丝基部具 2 腺体；花药 4 室，内向，瓣裂，退化雄蕊有或无；雌花具退化雄蕊 6，棍棒状，第 1、2 轮无腺体，第 3 轮基部具 2 腺体；子房上位，花柱明显，柱头盾状。浆果状核果，果托盘状或杯状；果梗略增粗。

约 85 种，分布于印度、马来西亚和日本。我国 45 种，8 变种，分布于西南、南部至东部。安徽省 1 种，2 变种。
材质略轻软至略硬重，结构细至略粗，均匀；种子油供工业用。

1. 幼枝、叶柄被锈色短柔毛、暗棕褐色绢毛：
    2. 叶下面密被金黄色或锈色绢毛，无白粉 ·································· 1. 新木姜 N. aurata
    2. 叶下面幼时被棕黄色短绢毛，后脱落近无毛，具白粉 ·············· 1a. 浙江新木姜 N. aurata var. chekiangensis
1. 幼枝、叶柄无毛，叶较窄，下面疏被金黄色短绢毛，后脱落，近无毛，具白粉 ·······································
    ·································· 1b. 云和新木姜 N. aurata var. paraciculata

1. 新木姜 图 72

Neolitsea aurata（Hayata）Koidz.

常绿乔木，高达 14 米，胸径 18 厘米；树皮灰褐色。幼枝黄褐色，被锈色短柔毛；顶芽圆锥形，被丝状短毛，睫毛锈色。叶互生或集生枝顶成轮生状，革质，长圆形、长圆状披针形、椭圆形或长圆状倒卵形，长 8-14 厘米，宽 2.5-4 厘米，先端镰状渐尖或渐尖，基部楔形，全缘，上面无毛，下面密被金黄色或锈色绢毛，离基三出脉，侧脉 3-4 对，第 1 对侧脉离叶基部 2-3 毫米，中脉、侧脉在上面微隆起，下面隆起，网脉不明显；叶柄长 8-12 毫米，被锈色短柔毛。伞形花序，3-5 簇生枝顶或节间，总梗长约 1 毫米，苞片外被锈色丝状短毛；每花序具花 5，花梗长约 2 毫米；花被裂片 4，椭圆形，长约 3 毫米，外面中脉被锈色毛；雄花发育雄蕊 6，3 轮，花丝基部被柔毛，第 3 轮花丝基部 2 腺体具柄，退化雌蕊卵形；雌花子房上位。浆果状核果椭圆形，长约 8 毫米；果托浅盘状；果梗长 5-7 毫米，略增粗，疏被柔毛。花期 2-3 月；果期 9-10 月。

图 72 新木姜
1. 果枝；2. 花；3. 第 1、2 轮雄蕊；4. 示第 3 轮雄蕊腺体。

产皖南黄山皮蓬海拔 1570 米，休宁，太平龙源剪刀峰海拔 800-1200 米，广德。生于山坡、林缘或杂木林中。分布于江苏、江西、福建、台湾、广东、湖北、广西、四川、贵州、云南。日本也有分布。

根药用，治气痛、水肿及胃胀痛。

1a. 浙江新木姜 （变种）

Neolitsea aurata（Hayata）koidz. var. **chekiangensis**（Nakai）Yang et P. H. Huang

幼枝、叶柄被暗棕褐色绢毛，后脱落；叶披针形或倒披针形，较窄，宽 9-24 毫米，下面幼时被棕黄色短绢毛，后脱落，具白粉。

产皖南黄山云谷寺、北坡松谷庵、桃花峰、慈光阁至半山寺海拔 500-1280 米，祁门牯牛降海拔 300 米，绩溪道遥乡、清凉峰海拔 1060 米，歙县清凉峰海拔 1300 米。生于山坡林缘或杂木林中。分布于江苏、浙江、江西、福建。

种子油工业用；枝叶可蒸馏提取芳香油，为化妆品原料；树皮治胃脘胀痛。

1b. 云和新木姜 （变种）

Neolitsea aurata（Hayata）Koidz. var. **paraciculata**（Nakai）Yang et P. H. Huang

幼枝、叶柄无毛；叶略窄，下面疏被金黄色短绢毛，后脱落近无毛，具白粉。

产皖南歙县清凉峰天子地海拔 1300 米山坡杂木林中。分布于浙江、江西、湖南、广东、广西。

2. 木姜子属 Litsea Lam.

常绿或落叶，乔木或灌木。单叶，互生，稀对生或轮生，全缘，羽状脉，稀离基三出脉。花单性，雌雄异株，花部 3 出数；伞形花序或由伞形花序组成圆锥、总状花序，极稀为单花，单生或簇生叶腋；苞片 4-6，交互对生，开花时宿存；花被筒长或短，裂片通常 6，2 轮，每轮 3，雄花具发育雄蕊 9 或 12，稀更多，排成 3-4 轮，第 1-2 轮花丝通常无腺体，第 3 轮和最内轮花丝基部具 2 腺体，花药 4 室，内向，瓣裂，退化雌蕊有或无；

雌花中退化雄蕊与雄花中雄蕊数相同，子房上位，花柱显著，柱头盾状。浆果状核果，果托杯状、盘状或扁平。

约 200 种，分布于亚洲热带和亚热带、北美及南美洲亚热带。我国约 72 种，18 变种，3 变型，主要分布于南方和西南温暖地区。安徽省 4 种，4 变种。

1. 落叶性；叶纸质或膜质；花被裂片 6：
　　2. 叶宽椭圆形或倒卵状椭圆形，长 8-23 厘米，宽 5-13.5 厘米，基部耳形；果托杯状 ……… 1. **天目木姜子 L. auriculata**
　　2. 叶披针形或长圆状披针形，长 4-11 厘米，宽 1.1-2.4 厘米，基部楔形；花被筒果时不增大，无杯状果托：
　　　　3. 幼枝、叶下面及花序无毛 …………………………………………………………………… 2. **山鸡椒 L. cubeba**
　　　　3. 幼枝、芽、叶下面及花序被灰白色丝状柔毛 …………………… 2a. **毛山鸡椒 L. cubeba** var. **formosana**
1. 常绿性；叶革质或薄革质：
　　4. 花被裂片果时宿存，直立；叶下面被毛或沿中脉两侧被毛；树皮块状剥落：
　　　　5. 伞形花序及果序具总梗：
　　　　　　6. 叶柄上面被柔毛，下面无毛；幼叶基部沿中脉被灰白柔毛 …………… 3. **豹皮樟 L. coreana** var. **sinensis**
　　　　　　6. 叶柄上、下两面全被毛；幼叶下面密被灰黄色柔毛 …………… 3a. **毛豹皮樟 L. coreana** var. **lanuginosa**
　　　　5. 伞形花序总梗长约 2 毫米，被丝状短柔毛；叶柄上面疏被柔毛，下面无毛；叶下面被白粉，沿中脉两侧被灰白色长柔毛 ……………………………………………………………………… 4. **湖北木姜子 L. hupehana**
　　4. 花被裂片脱落；果托杯状；叶柄密被褐色绒毛：
　　　　7. 叶长圆形或倒披针形，先端钝或短渐尖，下面被短柔毛，沿脉被长柔毛，侧脉 10-20 对；花序总梗较粗短，长 2-5 毫米 ………………………………………………………………… 5. **黄丹木姜木 L. elongata**
　　　　7. 叶长圆状披针形或窄披针形，先端尾尖或长尾尖；花序总梗较细长，长 5-10 毫米 …… **石木姜 L. elongata** var. **faberi**

1. 天目木姜子　　　　图 73

Litsea auriculata Chien et Cheng

落叶乔木，高达 20 米，胸径 60 厘米；树皮灰色，鳞片状剥落，内皮深褐色。小枝无毛，皮孔黄色。叶互生，纸质，倒卵状椭圆形或宽椭圆形，稀近心形，长 8-23 厘米，宽 5-13.5 厘米，先端钝，基部耳形，下面带苍白色，被短柔毛，羽状脉，7-8 对；叶柄长 3-8 厘米，无毛。伞形花序总梗短或无，簇生，苞片 8；每 1 花序具花 6-8，花梗长 1.3-1.6 厘米，被毛；雄花花被裂片 6（8），长圆形，长 4-5 毫米，黄色，发育雄蕊 9，第 3 轮花丝基部腺体具柄，具退化雌蕊；雌花花被裂片长 2-2.5 毫米，具退化雄蕊，子房卵形，柱头 2 裂。浆果状核果卵形或椭圆形，长 1.3-1.7 厘米，径 1.1-1.3 厘米，黑色；果托杯状，深 3-4 毫米，径 6-7 毫米；果梗粗壮，长 1.2-1.6 厘米。花期 3-4 月；果期 7-8 月。

产皖南歙县三阳坑，绩溪清凉峰；大别山区霍山诸佛庵海拔 500 米、青枫岭欧家冲海拔 540 米、佛子岭大冲海拔 1600 米，金寨白马寨海拔 1190 米，岳西

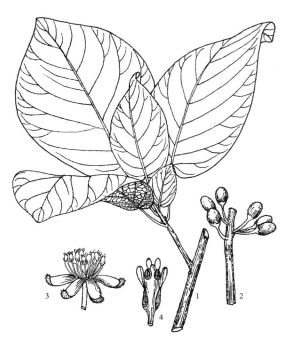

图 73 天目木姜子
1. 小枝；2. 果枝；3. 雄花；4. 第 1、2 轮雄蕊。

妙道山、鹞落坪海拔 1050 米，太湖大山乡，舒城万佛山。生于杂木林中或路旁。浙江天目山分布较广，天台山也有分布。

散孔材。心材灰黄白色微绿，纹理直至斜，结构细，均匀，坚重致密，耐腐性弱，可供家具、室内装修、胶合板等用；叶外敷可治伤筋，根皮、果可治小白虫。

2. 山鸡椒 山苍子　　　　　　　图 74

Litsea cubeba（Lour.）Pers.

落叶灌木或小乔木，高达 10 米，胸径 15 厘米；幼树树皮黄绿色，平滑，老树树皮灰褐色。小枝绿色，枝叶具芳香味；顶芽被毛。叶互生，纸质，披针形或长圆状披针形，长 4-11 厘米，宽 1.1-2.4 厘米，先端渐尖，基部楔形，上面深绿色，下面粉绿色，无毛，羽状脉，侧脉 6-10 对，两面隆起；叶柄长 6-20 毫米，纤细，无毛。伞形花序单生或簇生，总梗细长，长 6-10 毫米；每 1 花序具花 4-6，无毛；花被裂片宽卵形；雄花发育雄蕊 9，3 轮，花丝中下部被柔毛，第 3 轮花丝基部具 2 腺体；退化雌蕊无毛；雌花退化雄蕊花丝被毛，子房卵形，花柱短，柱头头状。浆果状核果近球形，径约 5 毫米，熟时黑色；果梗长 2-4 毫米，先端略增粗；果托不明显。花期 2-3 月；果期 7-8 月。

产皖南黄山汤口、浮溪、慈光阁、云谷寺、松谷庵海拔 500-1050 米，祁门陈家山、石台牯牛降双河口，休宁岭南海拔 300 米，歙县，绩溪清凉峰永

图 74 山鸡椒
1. 果枝；2. 花之纵剖面；3. 第 1、2 轮雄蕊；4. 示第 3 轮雄蕊腺体。

末、劳改队海拔 760 米，太平，贵池，泾县小溪，广德，青阳九华山；大别山区霍山马家河、青枫岭、黄巢寺海拔 500-1000 米；岳西鹞落坪海拔 900-1600 米，潜山，舒城万佛山；江淮丘陵庐江、无为。生于向阳山地灌丛或疏林中。分布于台湾、福建、浙江、江苏、江西、湖南、湖北、四川、贵州、云南、西藏、广东、广西。

喜光。稍耐阴。浅根性；萌芽性强。用种子繁殖或萌芽更新。生长快，结实力强。

木材材质中等，耐腐不蛀，易劈裂，可作小器具用材。花、叶、果肉可蒸提山苍子油，油内含柠檬醛约 70%，从中可提取紫罗兰酮，为优良挥发性香精，可用于食品、化妆品等。种仁含油率 38.43%，供工业用。根、茎、叶、果均可入药，有祛风散寒、消肿卡痛之效，果实中药业称"毕澄茄"，可治疗血吸虫病。在上世纪 50 年代皖南山区群众提取山苍子油作为上等香精，出口创大量外汇，改善了山区群众生活。

2a. 毛山鸡椒（变种）

Litsea cubeba（Lour.）Pers. var. **formosana**（Nakai）Yang et P. H. Huang

叶厚纸质；幼枝、芽、叶下面及花序被灰白色丝状柔毛。

产皖南黄山汤口海拔 400 米、桃花峰海拔 700-1400 米，歙县；江淮丘陵庐江汤池。分布于浙江、江西、福建、广东、四川。

3. 豹皮樟（变种）　　　　　　　　图 75

Litsea coreana L'evl. var. **sinensis**（Allen）Yang et P. H. Huang

常绿乔木，高达 16 米，胸径 27 厘米；树皮灰白色，具斑纹，呈块状剥落。幼枝无毛，老枝具黄褐色木栓

质皮孔。叶互生，革质，长圆形或披针形，长 5-8 厘米，宽 1.7-2.8 厘米，先端渐尖或钝，基部楔形，上面绿色，具光泽，下面粉绿色，幼时沿中脉基部被柔毛，羽状脉，侧脉 7-10 对，中脉两面隆起；叶柄长 6-10 毫米，上面被柔毛，下面无毛。伞形花序腋生，总梗极短或无；苞片 4，近圆形，被黄褐色丝状短柔毛；每 1 花序具花 3-4，花梗短，密被柔毛；花被裂片 6，外被柔毛；雄花发育雄蕊 9，3 轮，第 3 轮花丝基部具 2 腺体，无退化雌蕊；雌花退化雄蕊丝状，子房近球形，花柱被疏柔毛，柱头 2 裂。浆果状核果，球形，熟时紫黑色，被白粉，花被裂片宿存果托上；果梗粗壮、扁平，长 5 毫米。花期 8-9 月；果期翌年 5 月。

图 75　豹皮樟
1. 花枝；2. 果；3. 示叶柄上面毛被；4. 示叶柄上面无毛。

产皖南黄山桃花峰海拔 700 米、半山寺、云谷寺、北坡五道亭，休宁岭南，绩溪清凉峰永末、荒坑岩、中南坑海拔 800-1000 米，歙县英坑乡，泾县小溪，祁门，太平，宣城，贵池，广德，青阳九华山；大别山区霍山青枫岭、佛子岭海拔 500-800 米，金寨白马寨、鲍家窝、马宗岭海拔 820 米，岳西长岭沟、鹞落坪海拔 650-1050 米，潜山天柱峰海拔 900 米，太湖大山乡海拔 250 米，舒城万佛山。生于山地杂木林中。分布于江苏、浙江、河南、江西、福建、湖北、河南。

喜温暖凉润气候及深厚酸性或中性壤土；幼苗稍耐阴，成长后喜光。深根性，耐旱。

边材淡黄白色，心材浅褐色，具香气，结构细密，质略重，易加工，刨面光滑，纹理美观，抗虫耐腐；可供制优良家具和工艺品等用。

安徽省级重点保护植物。

3a.　毛豹皮樟（变种）
Litsea coreana L'evl. var. **lanuginosa**（Migo）Yang et P. H. Huang

幼枝密被灰黄色长柔毛；叶倒卵状披针形、椭圆形或卵状椭圆形，长 6-9 厘米，先端突尖或短渐尖，基部楔形，幼叶两面，被灰黄色柔毛，下面尤密，老叶稀疏，侧脉 9-12 对；叶柄长 1-2.2 厘米，全面被灰黄色长柔毛；果梗长约 5 毫米。

产大别山区霍山诸佛庵十道河、青枫岭欧家冲海拔 540 米、佛子岭大冲海拔 600 米，金寨白马寨，岳西妙道山，太湖大山乡海拔 250 米，舒城万佛山。生于杂木林中。分布于河南、江苏、浙江、江西、福建、广东、湖北、湖南、广西、四川、贵州、云南。

4.　湖北木姜子
Litsea hupehana Hemsl.

常绿乔木，高达 10 米，胸径 20 厘米；树皮灰色，小鳞片状剥落，呈鹿皮斑痕。幼枝初被毛；芽被丝状短柔毛。叶互生，薄革质，窄披针形、披针形或椭圆状披针形，长 7.5-12.5 厘米，宽 2-3.5 厘米，先端渐尖或尖，基部楔形或近圆形，上面绿色，具光泽，下面淡绿色，被白粉，沿中脉两侧被灰白色长柔毛或无毛，羽状脉，侧脉 10-19 对；叶柄长 1-1.8 厘米，上面散生柔毛，下面无毛。伞形花序单生或 2 个簇生叶腋，总梗长约 2 毫米，被丝状短柔毛；每 1 花序具雄花 4-5，花梗长 3-4 毫米；花被裂片 5，卵形，长约 2 毫米；发育雄蕊 9，花丝被长柔毛，腺体盾状。浆果状核果，近球形，径 7-8 毫米；果托扁平，花被裂片宿存，直立；果梗长 3-4 毫米，稍粗壮。花期 8-9 月；果期翌年夏季成熟。

产大别山区霍山青枫岭欧家冲海拔 540 米。生于阔叶林中。分布于湖北、四川。

本种为安徽省地理分布新纪录。

5. 黄丹木姜子 图 76

Litsea elongata（Wall. ex Nees）Benth. et Hook. f.

常绿乔木，高达 12 米，胸径达 40 厘米；树皮灰黄色或褐色。小枝密被褐色绒毛，黄褐或灰褐色；芽被丝状短柔毛。叶互生，革质，长圆形、长圆状披针形或倒披针形，长 6-22 厘米，宽 2-6 厘米，先端钝或短渐尖，基部楔形或近圆形，上面无毛，下面被短柔毛，沿脉被长柔毛，网脉隆起，羽状脉，侧脉 10-20 对；叶柄长 1-2.5 厘米，密被褐色绒毛。伞形花序单生，稀簇生，总梗粗短，长 2-5 毫米，密被褐色绒毛；每 1 花序具花 4-5，花梗被丝状长柔毛；花被裂片 6，卵形；雄花具发育雄蕊 9-12，花丝被长柔毛，第 3 轮花丝基部 2 腺体圆形，退化雌蕊细小；雌花子房卵圆形，无毛，花柱粗壮，柱头盘状，退化雄蕊被毛。浆果状核果，长圆形，长 1.1-1.3 厘米，径 7-8 毫米，熟时紫褐色；果托浅杯状，深约 2 毫米，径约 5 毫米；果梗长 2-3 毫米。花期 5-11 月；果期翌年 2-6 月。

产皖南黄山桃花峰、皮蓬、二道岭、云谷寺及北坡五道亭，休宁岭南、歙县清凉峰东凹海拔 850 米，绩溪中南坑海拔 1100 米，石台牯牛降金竹洞海拔 670

图 76 黄丹木姜子
1. 花枝；2. 果枝一部分。

米，太平龙源海拔 800-1200 米，祁门，贵池，宣城；大别山区霍山白马尖—黄巢寺海拔 1108 米，金寨马宗岭、白马寨虎形地海拔 1000 米、打抒权，岳西大王沟海拔 980 米、鹞落坪，潜山天柱山海拔 1350 米，舒城万佛山海拔 700 米。生于山坡、路旁、溪边杂木林下。分布于浙江、江苏、江西、福建、湖南、湖北、四川、贵州、云南、广东、广西、西藏。

较喜光。天然林中生长较慢。

木材可供家具、建筑用。种子油工业用。

安徽省级重点保护植物。

5a. 石木姜子 （变种）

Litsea elongata（Wall. ex Nees）Benth. et Hook. f. var. **faberi**（Hemsl.）Yang et P. H. Huang

叶长圆状披针形或窄披针形，长 5-16 厘米，宽 1.2-2.5（3.6）厘米，先端尾尖或长尾尖，中脉及侧脉在叶下面凹陷，横脉在下面微隆起；花序总梗较细长，长 5-10 毫米，径 2-5 毫米。

产皖南歙县清凉峰海拔 850 米；大别山区金寨白马寨西边凹海拔 1100 米。本变种树高 8 米，胸径 10 厘米，从标本上看与原种黄丹木姜子 L. elongata（Wall. ex Nees）Benth 区别明显。

分布于浙江、湖北、四川、贵州、云南。

安徽省分布新纪录。

3. 山胡椒属 Lindera Thunb.

常绿或落叶，乔木或灌木。单叶，互生，全缘，稀三裂，羽状脉，三出脉或离基三出脉。花单性，雌雄异株;伞形花序单生或簇生叶腋,或生于叶芽两侧;苞片 4;花被裂片 6,2 轮,稀 7-9,近等大,脱落,稀宿存;雄花具发育雄蕊 9,排成 3 轮,每轮 3,花药 2 室,内向瓣裂,第 1、2 轮花丝通常无腺体,第 3 轮花丝基部有 2 具柄腺体,退化雄蕊细小,退化雌蕊有或无;雌花通常具退化雄蕊 9,线形或条形,第 1、2 轮花丝通常无腺体,第 3 轮花丝基部有 2 腺体;子房上位,柱头通常盘状。浆果状核果;果托浅杯状、盘状或较果梗稍膨大。种子红色至紫黑色。

约 100 种,分布于亚洲、北美温带及亚洲热带地区。我国约 50 种,分布长江流域以南各地。安徽省 11 种。

1. 叶羽状脉:
　2. 花序具总梗,长 4 毫米以上:
　　3. 叶集生枝顶;果椭圆形或卵形,长约 1.8 厘米,径约 1.3 厘米,果托浅杯状 …… 1. **黑壳楠 L. megaphylla**
　　3. 叶不集生枝顶;果球形,果托多不增大:
　　　4. 叶倒卵形或倒卵状披针形,基部楔形或窄楔形;小枝较粗糙:
　　　　5. 果托增大呈盘状;叶基部楔形,不下延,两面网脉明显 ………………… 2. **江浙山胡椒 L. chienii**
　　　　5. 果托不明显增大;叶基部窄楔形,沿叶柄下延,两面网脉不明显 …… 3. **红果山胡椒 L. erythocarpa**
　　　4. 叶卵形或椭圆形,基部宽楔形;小枝较平滑:
　　　　6. 小枝皮孔显著;果径 1.2-1.5 厘米,果梗具皮孔;叶先端尾状长渐尖,下面无毛…………………
　　　　　…………………………………………………………………………… 4. **大果山胡椒 L. praecox**
　　　　6. 小枝无明显皮孔;果径约 7 毫米,果梗无皮孔;叶先端渐尖,下面沿脉被柔毛　5. **山橿 L. reflexa**
　2. 花序总梗不明显或无总梗,长 3 毫米以下:
　　7. 小枝灰白色;混合芽,芽鳞无脊;叶宽卵形或倒卵形,下面粉绿色,被灰白色柔毛 …………………
　　　…………………………………………………………………………………6. **山胡椒 L. glauca**
　　7. 小枝黄绿色;芽有花芽与叶芽之分,花芽生于叶芽两侧,芽鳞具脊;叶椭圆状披针形,下面粉绿色,被短柔毛 ……………………………………………………… 7. **狭叶山胡椒 L. angustifolia**
1. 叶三出脉或离基三出脉:
　8. 伞形花序无总梗或总梗长约 2 毫米:
　　9. 叶近圆形或扁圆形,三出脉,先端 3 裂或全缘,基部圆形或近心形 …………… 8. **三桠乌药 L. obtusilaba**
　　9. 叶卵状椭圆形或卵状披针形,离基三出脉,先端渐尖,基部楔形 ……… 9. **红脉钓樟 L. rubronervia**
　8. 伞形花序无总梗或具总梗,梗长约 4 毫米:
　　10. 常绿性;小枝密被金黄色绢毛,后脱落;叶革质或近革质,下面灰白色,密被淡黄棕色柔毛,后渐脱落,偶残存斑块状黑褐色毛片 ………………………………………………… 10. **乌药 aggregata**
　　10. 落叶性;小枝无毛;叶纸质,下面灰绿色,幼时密被毛,后脱落无毛 ……… 11. **绿叶甘橿 L. fruticosa**

1. 黑壳楠　　　　　　　　　　　　　　　　　　　　　　　　　　　　　　　　　　　　图 77

Lindera megaphylla Hemsl.

常绿乔木,高达 25 米,胸径 60 厘米;树皮灰黑色。小枝粗壮,紫黑色,无毛,皮孔隆起,近圆形;顶芽卵形,长 1.5 厘米,被白色微柔毛。叶革质,集生枝顶,倒卵状披针形或倒卵状长椭圆形,长 10-23 厘米,宽 4-7.5 厘米,先端尖或渐尖,基部楔形或窄楔形,上面深绿色,具光泽,下面淡绿色,苍白,干后黑褐色,无毛,羽状脉,侧脉 15-21 对;叶柄长 1.5-3 厘米,无毛。伞形花序密被黄褐色或锈色柔毛,常成对生于叶腋,苞片 4;雄花序具花 16,总梗长 1-1.5 厘米;雌花序具花 12,总梗长 6 毫米;花被裂片 6,椭圆形,微被黄褐色柔毛;发育雄蕊 9,3 轮,花丝疏被柔毛;子房卵形,花柱纤细,柱头盾形。浆果状核果椭圆形或卵形,长约 1.8 厘米,径约 1.3 厘米,紫黑色;果梗长约 1.5 厘米,上部增粗,具明显栓皮质皮孔;果托浅杯状。花期 3-4 月;果期 9-10 月。

产皖南黄山汤口(大门处)、山岔海拔 300 米;石台牯牛降星火至祁门岔海拔 320 米,歙县山岔,泾县,铜陵,

贵池，青阳九华山甘露寺海拔 340 米；大别山区霍山，
金寨白马寨海拔 1000 米，潜山驼岭水平凹，太湖大
山乡海拔 300 米。生于山坡、谷地、溪边常绿阔叶林中。
分布于陕西、甘肃、四川、云南、贵州、湖北、湖南、
江西、浙江、福建、广东、广西。

喜温暖湿润气候。

木材黄褐色，纹理直，结构致密，坚实耐用，比
重约 0.41，可供建筑、造船及优良家具等用。叶、果
含芳香油，可作调香原料；种子含油率 47.5%，为制
香皂的优良原料。

2. 江浙山胡椒 钱氏钓樟 图78

Lindera chienii Cheng

落叶灌木或小乔木，高达 5 米；树皮灰色，小枝
灰色，有时带棕褐色，具纵纹，幼时密被白色柔毛，
后渐脱落；顶芽长卵形。叶纸质，倒卵形或倒卵状披
针形，长 6-10（15）厘米，宽 2.5-4（5）厘米，先端短
尖或渐尖，基部楔形，全缘，上面深绿色，下面淡绿
色，苍白，沿脉被柔毛，羽状脉，侧脉 5-7 对，网脉
明显，叶干后，呈黑色；叶柄长 2-10 毫米，被白色柔毛。
伞形花序成对生于叶腋，总梗长 5-7 毫米，被白色微
柔毛，苞片 4；每 1 花序 6-12 花，花梗长约 1.5 毫米，
密被白色柔毛；花被裂片椭圆形，等长；雄花发育雄
蕊 9，3 轮，花丝黄绿色；子房卵球形，花柱无毛，柱
头头状。浆果状核果球形，径约 1.1 厘米，红色，果
托增大，盘状，径约 7 毫米；果梗长 6-12 毫米。花期
3-4 月；果期 9-10 月。

产皖南黄山，太平；大别山区霍山，金寨，岳西
鹞落坪海拔 1050 米；江淮丘陵滁县皇甫山、琅琊山，
耒安半塔，定远，全椒，庐江，含山。多生于向阳山
坡低山丘陵及山野灌丛中。分布于江苏、浙江、湖北、
河南。

叶、果提取的芳香油，供制化妆品用；种子油用
于制皂及润滑油。

3. 红果山胡椒 红果钓樟 图79

Lindera erythrocarpa Makino

落叶小乔木，高达 5 米；树皮灰褐色。小枝灰黄色，
皮孔显著；顶芽锥形。叶纸质，倒披针形或倒卵状披
针形，长 9-12 厘米，宽 4-5 厘米，先端渐尖，基部
窄楔形，沿叶柄下延，全缘，上面被稀疏平伏柔毛或
无毛，下面带绿苍白色，被平伏柔毛，脉上较密，羽
状脉，侧脉 4-5 对，网脉不明显；叶柄长 5-10 毫米。

图77 黑壳楠
1. 花枝；2. 果序；3. 第1、2轮雄蕊；4. 示第3轮雄蕊腺体。

图78 江浙山胡椒
1. 小枝；2. 花被片；3. 第1、2轮雄蕊；4. 示第3轮雄蕊腺体。

伞形花序成对生于叶腋，总梗长约5毫米，苞片4；每1花序具花15-17；花被裂片6，椭圆形；雄花黄绿色，发育雄蕊9；雌花裂片外轮被较密柔毛，子房窄椭圆形，花柱粗，柱头盘状。浆果状核果球形，径7-8毫米，红色；果梗长1.5-1.8厘米，先端增粗。花期4月；果期8-9月。

产皖南黄山桃花峰、眉毛峰、云谷寺，祁门，石台牯牛降海拔150米，旌德，绩溪清凉峰石师、天子地、西凹海拔650-1500米，休宁岭南，歙县清凉峰栈岭弯海拔600米，太平龙源，泾县小溪，广德，铜陵，青阳九华山；大别山区霍山佛子岭海拔540米，金寨白马寨、马鬃岭海拔920-1460米，岳西鹞落坪、妙道山海拔1250米，舒城万佛山海拔450米，潜山，太湖。生于向阳山坡、山谷，溪边林下。在石台牯牛降低海拔随处可见，生长极为旺盛。分布于陕西、河南、山东、江苏、湖北、江西、浙江、福建、台湾、湖南、广东、广西、四川。朝鲜、日本也有分布。

4. 大果山胡椒　　　　　图80
Lindera praecox（Sieb. et Zucc.）Blume

落叶小乔木，高达8米；树皮黑灰色。小枝细，灰绿色，皮孔显著；老枝褐色，无毛。叶卵形或椭圆形，长5-9厘米，宽2.5-4厘米，先端长渐尖，基部宽楔形，全缘，上面深绿色，下面淡绿色，无毛，羽状脉，侧脉4对，下面隆起；叶柄5-10毫米，无毛。伞形花序成对生于叶腋，总梗长约4.5毫米，苞片4；每1花序具花5；花被裂片6，2轮，广椭圆形，长1.5-2毫米；发育雄蕊9，3轮，腺体具长柄；子房椭圆形，柱头盘状稍膨大。浆果状核果球形，径1.2-1.5厘米，黄褐色；果梗长7-10毫米，向上渐增粗，皮孔隆起；果托径约3毫米。花期3-5月；果期9月。

产皖南黄山，休宁，青阳九华山；大别山区霍山马家河海拔850米，金寨马宗岭、白马寨虎形地、渔潭鲍家窝海拔640-1200米，六安，岳西大王沟、鹞落坪，潜山天柱山、彭河乡，舒城小涧冲海拔1450米。生于杂木林中。分布于浙江、湖北。

5. 山橿　　　　　图81
Lindera reflexa Hemsl.

落叶灌木，稀小乔木，高达4米；树皮棕褐色，纵裂。小枝黄绿色，平滑，幼时被绢状毛。叶纸质，卵圆形或倒卵状椭圆形，稀窄椭圆形，长9-12（16.5）厘米，宽5.5-8（12.5）厘米，先端渐尖，基部圆形或宽楔形，

图79 红果山胡椒
1. 果枝；2. 花。

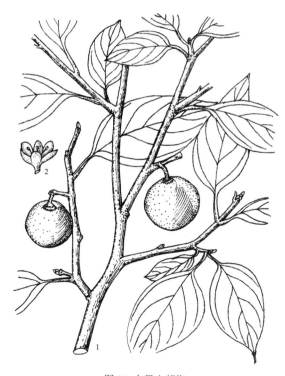

图80 大果山胡椒
1. 果枝；2. 花。

稀近心形，全缘，上面幼时沿中脉被柔毛，后渐脱落，下面带灰白色，被细柔毛，羽状脉，侧脉 6-8（10）对；叶柄长 6-17 毫米，幼时被柔毛，后脱落。伞形花序成对生于叶腋，总梗长约 3 毫米，密被红褐色微柔毛，苞片 4；每 1 花序具花 5，花梗长 4-5 毫米，密被白色柔毛；花被裂片 6，椭圆形，黄色；发育雄蕊 9，花丝无毛；子房椭圆形，柱头盘状。浆果状核果球形，径约 7 毫米，鲜红色；果梗长约 1.5 厘米，无皮孔，被疏柔毛。

产皖南黄山汤口、温泉、桃花峰、逍遥溪，休宁岭南，绩溪清凉峰永未、西凹海拔 770-1550 米，歙县清凉峰劳改队，泾县小溪，青阳，祁门，贵池，宣城，广德，宁国；大别山区霍山十道河，金寨马宗岭、白马寨，岳西鹞落坪，潜山天柱山马祖庵海拔 720，舒城万佛山。生于山谷、坡地、林下灌丛中。分布于山西、河南、江苏、浙江、江西、湖南、湖北、贵州、四川、云南、广西、广东、福建。

根入药，具止血、消肿、止痛之效，又可治疗疥癣等；叶、果含芳香油；种子含油率 58%-69%，供制肥皂或润滑油。

散孔材，白色至泛紫的浅紫褐色，纹理通直，结构细匀，干燥易；可供制农具、工艺美术、室内装修等用。

图 81 山橿（果枝）

6. 山胡椒　　　　　　　　　　图 82

Lindera glauca（Sieb. et Zucc.）Blume

落叶灌木或小乔木；树皮灰色，平滑。小枝灰白色，幼时被毛；混合芽，芽鲜无脊。叶坚纸质，宽卵形、椭圆形或倒卵形，长 4-9 厘米，宽 2-4 厘米，先端尖，基部楔形，上面深绿色，下面粉绿色，被灰白色柔毛，羽状脉，侧脉 5-6 对；叶柄长 3-6 毫米，幼时被柔毛，枯叶经冬不落。伞形花序腋生，总梗短或不明显，苞片 4；每 1 花序具花 3-8；花被裂片 6，黄色，椭圆形或倒卵形；发育雄蕊 9，花丝无毛；子房椭圆形，花柱长约 3 毫米，柱头盘状。浆果状核果球形，径 6-7 毫米，黑褐色；果梗长 1-1.5 厘米。花期 3-4 月；果期 7-9 月。在冬季叶枯黄而不凋落，故又称"假死柴"。

产皖南黄山温泉至慈光阁，祁门，绩溪清凉峰永未海拔 770 米，歙县清凉峰劳改队、西凹海拔 850 米，泾县小溪海拔 220 米；大别山区霍山马家河海拔 850 米，金寨马宗岭、白马寨海拔 680-1000 米，岳西文㘰、鹞落坪，潜山天柱山铜锣尖海拔 950 米，舒城万佛山；江淮丘陵滁县琅琊山海拔 200 米，全椒，肥西紫蓬山；

图 82 山胡椒
1. 果枝；2. 第 1、2 轮雄蕊；3. 示第 3 轮雄蕊腺体。

淮北萧县皇藏峪。为安徽省落叶阔叶林中及丘陵、荒坡习见之灌木。分布于山东、河南、陕西、甘肃、山西、江西、浙江、江苏、福建、湖南、湖北、四川、贵州、广西、广东、台湾。中南半岛、朝鲜、日本也有分布。

　　喜光。耐干旱瘠薄。对土壤适应性较强；深根性。

　　散孔材，心材、边材区别不明显，浅褐色，质密细匀，纹理直；可供屋内装修、镶嵌用材、工艺美术、文具用材以及高级家具。叶、果含芳香油；种子含油率 39.2%；叶、根入药，可清热解毒、消肿止痛。

7.　狭叶山胡椒　　　　图 83

Lindera angustifolia Cheng

　　落叶灌木或小乔木，高达 8 米。小枝黄绿色，无毛；芽鳞具脊，有花芽与叶芽之分，花芽生于叶芽两侧。叶坚纸质，椭圆状披针形，长 6-14 厘米，宽 1.5-3.5 厘米，先端渐尖，基部楔形，全缘，上面绿色，下面粉绿色，被短柔毛，羽状脉，侧脉 8-10 对；叶柄长约 5 毫米，幼时被毛。伞形花序成对生于叶腋，无总梗；雄花序具花 3-4，花梗长 3-5 毫米，花被裂片 6，发育雄蕊 9；雌花序具花 2-7，花梗长 3-6 毫米，花被裂片 6，子房卵形，花柱极短，柱头头状。浆果状核果球形，径约 8 毫米，黑色；果梗长 5-15 毫米，被微毛或无毛；果托径约 2 毫米。花期 3-4 月；果期 9-10 月。

　　产皖南黄山汤口，太平龙源，广德，东至，宣城，青阳九华山；大别山区霍山，金寨师范后山，潜山天柱山海拔 450 米；江淮丘陵桐城，安庆，合肥，肥西紫蓬山，庐江，含山，枞安，滁县皇甫山、琅琊山海拔 100-200 米；淮北萧县皇藏峪。为落叶阔叶林或次生灌丛中习见树种。分布于山东、江苏、浙江、福建、江西、河南、陕西、山西中条山、湖北、四川、广西、广东。朝鲜也有分布。

　　喜光。耐干旱瘠薄。种子含油率达 41%；叶、果富含芳香油，油质好，为制化妆品优质原料。皮、叶药用。

图 83　狭叶山胡椒
1. 果枝；2. 雄花；3. 雌花；4. 示第 3 轮雄蕊肾形腺体；5. 示顶芽。

8.　三桠乌药　　　　图 84

Lindera obtusiloba Blume

　　落叶灌木或乔木，高达 8 米；树皮棕黑色。小枝黄绿色，平滑，具纵纹，具木栓质皮孔；芽卵形，革质，被淡棕黄色厚绒毛。叶纸质，近圆形或扁圆形，长 5.5-10 厘米，宽 4.8-10.8 厘米，先端尖，3 裂或全缘，基部圆形或近心形，稀宽楔形，上面深绿色，下面灰绿色，有时带红色，被棕黄色毛或近无毛，三出脉，稀 5 出脉，网脉明显；叶柄长 1.5-2.8 厘米，被黄白色柔毛。伞形花序 5-6 生于 1 总苞内，腋生，无总梗，苞片 4；每 1 花序具花 5，黄绿色；花被裂片 6，长椭圆形，外被长柔毛；发育雄蕊 9，花丝无毛，腺体肾

图 84　三桠乌药
1. 果枝；2. 花枝。

形具柄；子房椭圆形，花柱短。浆果状核果近球形，径 5-6 毫米，暗红色或紫黑色。花期 3-4；果期 8-9 月。

产皖南黄山玉屏楼、北海、桃花峰、西海海拔 1600 米，祁门，石台牯牛降，歙县清凉峰东凹海拔 1440-1700 米，贵池，青阳九华山；大别山区霍山马家河、金寨马宗岭、白马寨虎形地、小海淌海拔 1340 米，岳西大王沟、鹞落坪海拔 1050 米，潜山驼岭，舒城万佛山。生于海拔 800 米以上山坡、林下或山顶部。在黄山常与安徽小檗、白檀、南方六道木、黄山杜鹃、黄山栎、灯笼树组成高山矮林，为常见树种之一。分布于辽宁、山东、河南、陕西、山西、甘肃、四川、湖北、湖南、江西、浙江、江苏、西藏。

木材灰白至浅褐色，心边材区别不明显，纹理直，结构细匀，切削面光洁，耐久，不易腐朽和虫柱；可供室内装修、雕刻、工艺美术用材。叶、果可提芳香油。

9. 红脉钓樟 图85

Lindera rubronervia Gamble

落叶灌木或小乔木，高达 5-6 米；树皮黑灰色。小枝平滑，皮孔稀疏，芽无毛。叶纸质，卵状椭圆形或卵状披针形，长 4-8 厘米，宽 2-4 厘米，先端渐尖，基部楔形，上面沿中脉疏被短柔毛，下面淡绿色，被柔毛，离基三出脉，侧脉 3-4 对；叶柄长 5-10 毫米，被短柔毛；叶柄、叶脉秋后变红色。伞形花序成对腋生，总梗长约 2 毫米，苞片 8，宿存；每 1 花序具花 5-8，花梗长 2-2.5 毫米，被柔毛；花被裂片 6，椭圆形，黄绿色，内面被白色柔毛；发育雄蕊 9，花丝无毛，肾形腺体具长柄；子房卵形，花柱长 8 毫米，柱头盘状。浆果状核果球形，径约 1 厘米，紫黑色；果梗长 1-1.5 厘米，先端略增粗；果托径约 3 毫米。花期 3-4 月；果期 8-9 月。

产皖南黄山云谷寺至北海、逍遥溪、桃花峰、松谷庵，祁门，休宁岭南，歙县清凉峰劳改队海拔 760 米，泾县小溪海拔 230 米，绩溪清凉峰，广德，宣城，铜陵，贵池，青阳九华山；大别山区霍山，金寨马宗岭、白马寨海拔 600 米、鲍家窝，岳西鹞落坪，潜山天柱山千丈崖海拔 950 米，舒城万佛山。生于山坡林下及河流两岸。在位于长江南岸不远的繁昌马仁山，有一片保存较好的天然林，生长有多种樟科植物，其中有紫楠、华东楠、红脉钓樟等，组成常绿落叶阔叶混交林，这种森林类型在安徽省北亚热带较为罕见。分布于河南、江苏、浙江、江西、湖北。

10. 乌药 图86

Lindera aggregata（Sims）Kosterm.

常绿灌木或小乔木，高达 5 米；树皮灰绿色。小枝绿色，具细纵纹，密被金黄色细绢毛，后渐脱落；

图 85 红脉钓樟
1. 果枝；2. 示生于枝顶的两枝花序之一。

图 86 乌药
1. 果枝；2. 花；3. 花枝。

顶芽圆锥形。叶革质或近革质，卵形、卵圆形或近圆形，长2.7-7厘米，宽1.5-4厘米，先端长渐尖或尾尖，基部圆形，全缘，上面绿色，具光泽，下面灰白色，幼时密被淡黄棕色柔毛，后渐脱落或残留斑块状黑褐色毛片，三出脉；叶柄长4-10毫米，幼时被褐色柔毛。伞形花序6-8集生于叶腋；每一花序具花7，总梗极短；花被片6，外被白色柔毛；发育雄蕊9，花丝被疏毛，肾形腺体具柄；子房椭圆形，被毛，柱头头状。浆果状核果卵形，黑色，径4-7毫米。花期3-4月；果期10-11月。

产皖南黄山汤口、狮子林、紫云峰，祁门，休宁岭南，绩溪，歙县清凉峰海拔450米，泾县小溪，太平，宣城，广德，宁国，贵池，青阳；大别山区潜山天柱山海拔400米。生于向阳山地、山坡或灌丛中，为安徽省南部常绿阔叶林中常见的林下伴生树种。分布于陕西、甘肃、浙江、江西、湖南、广东、广西、台湾。

喜光。耐旱。对土壤要求不严。播种、压条繁殖。根含乌药碱、乌药素、乌药醇等，供药用，治胃痉挛、疝气、头痛等症；根、种子磨粉农药用，防治蚜虫、小麦叶锈病、马铃薯晚疫病及地下害虫。根、叶、果提取的芳香油轻工业用；种子含油率达56%。实为经济价值高、多功用的经济树种。

11. 绿叶甘橿　　　　　　　　　　图87

Lindera neesiana（Ness）Kurz.［*L. fruticosa* Hemsl.］

落叶灌木或小乔木，高达6米；树皮绿色或绿褐色。小枝黄绿色，无毛，常被污黑色斑迹，干后棕黄色；芽卵形。叶纸质，宽卵形或卵形，长5-14厘米，宽2.5-8厘米，先端渐尖，基部圆形或宽楔形，全缘，上面无毛，下面灰绿色，幼时密被柔毛，后脱落无毛，三出脉或离基三出脉；叶柄长1-1.2厘米。伞形花序生于叶腋，总梗长约4毫米，无毛，苞片具缘毛；每1花序具花7-9；雄花裂片6，宽椭圆形，绿色，发育雄蕊9，花丝无毛，腺体具柄；雌花裂片6，宽倒卵形，黄色，子房椭圆形，无毛，花梗长约2毫米。浆果状核果球形，径6-8毫米，暗红色；果梗长4-7毫米。花期4月；果期9月。

图87 绿叶甘橿（果枝）

产皖南黄山桃花峰、温泉、虎头岩、天门坎、狮子林、清凉台海拔600-1400米，休宁，祁门，石台，绩溪清凉峰栈岭弯海拔600米，太平，泾县，铜陵，贵池，青阳九华山；大别山区霍山马家河，金寨天堂寨、渔潭鲍家窝，岳西鹞落坪、大王沟，潜山驼岭、彭河乡海拔450-800米，舒城小涧冲海拔1100米。生于山坡杂木林中。分布于河南、陕西、浙江、江西、湖南、湖北、四川、云南、贵州、西藏。

种子含油率46%；供制肥皂、润滑油等工业用油。

4. 檫木属 Sassafras Trew

落叶高大乔木。顶芽大。叶互生，常集生枝顶，坚纸质，羽状脉或离基三出脉，全缘或2-3浅裂。花单性，雌雄异株，或两性；花部三出数；总状花序顶生，少花，下垂，具梗，基部具脱落性互生的总苞片；苞片条形或丝状；花黄色；花被筒短，花被裂片6，近相等，排成2轮，脱落；雄花具发育雄蕊9，排成3轮，第1、2轮花丝无腺体，第3轮花丝基部有2具短柄的腺体；单性花花药2室，全部内向或第3轮侧向，两性花花药4室，第1、2轮内向，第3轮外向，退化雄蕊3，退化雌蕊有或无；雌花具退化雄蕊6或12，排成2轮或4轮，子房卵形，花柱细，柱头盘状。浆果状核果，卵形；果托浅杯状；果梗伸长，上端增粗。

3 种，分布于东亚、北美。我国 2 种，分布于长江以南和台湾。安徽省 1 种。

檫木 檫树　　　　　　　　　　　　　图 88

Sassafras tsumu（Hemsl.）Hemsl.

落叶大乔木，高达 35 米，胸径 2.5 米；树皮幼时黄绿色，平滑，老时灰褐色，不规则纵裂。小枝粗壮，干后黑色，无毛；顶芽大，长 1.3 厘米，密被毛。叶坚纸质，卵形或倒卵形，长 9-18 厘米，宽 6-10 厘米，先端渐尖，基部楔形或近圆形，全缘或 2-3 裂，裂片先端钝，下面灰绿色，两面无毛或下面沿脉疏被毛，羽状脉或离基三出脉；叶柄长 2-7 厘米，无毛或微被毛。花单性异株，黄色，长约 4 毫米，花梗长 4.5-6 毫米，密被棕褐色柔毛；花被裂片披针形；发育雄蕊 9，花丝被柔毛，花药 4 室；子房卵球形，柱头盘状。浆果状核，果近球形，径约 8 毫米，蓝黑色，被白粉；果托浅杯状，红色；果梗长 1.5-2 厘米，上端渐增粗，红色，无毛。花期 3-4 月；果期 5-9 月。

产皖南黄山温泉、慈光阁、桃花峰、云谷寺海拔 600-1000 米，祁门祁红乡，石台牯牛降，休宁山斗，绩溪清凉峰，泾县小溪，广德石古乡海拔 360 米，南陵，繁昌，歙县黄备乡、绍濂乡，黟县泗溪乡海拔 900 米；大别山区金寨白马寨海拔 880 米、马宗岭，岳西鹞落坪，舒城万佛山海拔 800 米。潜山天柱山马祖庵海拔 650 米。檫木常散生于天然林中，与红楠、青冈栎、

图 88 檫木
1. 果枝；2. 花序；3. 花；4. 第 1、2 轮雄蕊；5. 示第 3 轮雄蕊腺体；6. 示最内轮退化雄蕊；7. 雌蕊；8. 子房纵剖面。

鹅掌楸，油茶等混生，也有大面积人工林，如休宁五城，六安燕山林场等处。分布于浙江、江西、湖南、湖北、福建、广东、广西、四川、贵州、云南、江苏。

喜温暖湿润、雨量充沛的气候条件及深厚肥沃、排水良好的酸性土壤。不耐旱，忌水湿。

喜光。深根性。速生，如在宣城杉、檫混交林中，6 年生檫木，平均树高 9.8 米，胸径达 13.5 厘米。种子繁殖；易遭病虫危害，有苗木茎腐病、叶斑病、紫纹羽病危害根、象鼻虫危害，应早预防。

环孔材。木材浅黄色，坚硬细致，纹理直，美观，结构中至粗，有香气，材质优良，不翘不裂，易加工，耐腐性强、耐水湿；可供造船、建筑高级家具用，为优良用材。种子含油率 20%，用于制造油漆。根、树皮入药，去风湿。果、叶、根富含芳香油，主要成分为黄樟油素。树形挺拔，为良好观赏树和行道树。

5. 樟属 **Cinnamomum** Trew

常绿乔木或灌木，含芳香油。单叶，互生、近对生或对生，全缘，羽状脉、离基三出脉或三出脉。花两性，稀杂性；圆锥花序，由聚伞花序组成，腋生或近顶生；花被筒短，杯状或钟状，花被裂片 6，近等大，花后脱落或下半部残留，稀宿存；发育雄蕊 9，排成 3 轮，花药 4 室，第 1、2 轮花丝无腺体，花药内向，第 3 轮花丝具腺体，花药外向，最内轮为退化雄蕊 3，心形或箭头形，具短柄；子房上位，花柱较细，与子房等长，柱头头状或盘状，具三齿裂。浆果状核果；果托杯状或盘状、钟状或倒圆锥状。

约 250 种，分布于亚洲热带、亚热带、澳大利亚及太平洋岛屿。我国约 46 种，分布于南方各地，以台湾、云南、四川及广东最多。安徽省 3 种。

多为优良用材树种及特用经济树种，以樟树最为名贵；肉桂、天竹桂等为著名的香料和药材。

1. 果时花被裂片脱落；芽鳞多数，覆瓦状排列；叶互生，离基三出脉下面脉腋具腺窝，上面脉腋腺窝隆起，侧脉两面极明显 ·· **1. 樟树 C. camphora**

1. 果时花被裂片宿存，短小；芽鳞少数，对生排列；叶对生或近对生，离基三出脉下面脉腋无腺窝，侧脉两面不明显或仅上面稍可见：

  2. 叶卵状长圆形或长圆状披针形；小枝、叶下面、叶柄及花序均无毛 ··············· **2. 天竺桂 C. japonicum**

  2. 叶椭圆形、卵状椭圆形或披针形；小枝、叶下面、幼时叶柄及花序均密被黄色平伏短柔毛 ··············· ·· **3. 香桂 C. subavenium**

1. 樟树 香樟   图 89

Cinnamomum camphora（L.）Presl.

常绿大乔木，高可达 30 余米，胸径 3 米；树冠广卵形，树皮灰黄褐色，纵裂；枝、叶、木材、根均具樟脑气味。小枝淡黄绿色，无毛；顶芽显著；叶互生，近革质，卵形或卵状椭圆形，长 6-12 厘米，宽 2.5-5.5 厘米，先端尖，基部宽楔形或近圆形，全缘或边缘微波状，上面具光泽，下面灰绿色，微被白粉，无毛或幼时微被柔毛，离基三出脉，下面脉腋具腺窝，上面脉腋腺窝隆起；叶柄纤细，长 2-3 厘米，无毛。圆锥花序腋生，长 3.5-7 厘米，无毛，或节上被灰白色或黄褐色微柔毛，总梗长 2.5-4.5 厘米；花绿色或带黄绿色，长约 3 毫米，花梗长 1-2 毫米，无毛；花被裂片椭圆形，内面密被短柔毛，花被筒短；发育雄蕊 9，花丝被短柔毛，腺体无柄；子房球形，无毛。浆果状核果近球形或卵形，径 6-8 毫米，紫黑色，果托杯状，长约 5 毫米，径约 4 毫米，顶端平截。花期 4-5 月；果期 8-10 月。

产皖南黄山，祁门，石台牯牛降，休宁岭南，歙县雄村、璜田，绩溪清凉峰，太平，泾县小溪，宁国，宣城，芜湖，铜陵，低海拔处多见；大别山区霍山，金寨马宗岭，岳西，宿松许岭乡，太湖牛镇乡海拔 150 米等地有零星野生；江淮丘陵无为，全椒，合肥，淮南均有人工栽培或广植为行道树。分布于台湾、福建、江西、广东、广西、湖南、湖北、浙江、云南。多生于低山丘陵、平原，海拔 500-600 米左右。

图 89 樟树
1. 花枝；2. 花纵剖面；3. 第 1、2 轮雄蕊；4. 示第 3 轮雄蕊腺体；5. 果序。

樟树栽培历史悠久，各地村寨、庙宇多有胸围达 3 米以上古树，如潜山水吼黄龛一株明代古樟树高 24 米，胸围达 670 厘米，树龄 530 余年，至今枝叶茂盛浓密。

喜温暖湿润气候和肥沃深厚酸性或中性沙壤土；不耐干旱瘠薄，不耐寒，易遭冻害。喜光。寿命长。生长快。

种子繁殖，植树造林或萌芽更新。

有白粉病、樟梢卷叶蛾、樟天牛等病虫害危害。

为我国珍贵树种之一。散孔材或半环孔材。木材有香气，纹理交错，结构细匀，质软，美观，耐腐，耐虫柱，为造船、高级家具箱橱等优良用材。根、干、枝、叶可提取樟脑和樟油；樟脑供医药、炸药、防腐、杀虫等用，樟油供制香精、农药等用。种子含油率达 65%，供润滑油用。叶含单宁提制烤胶，又可饲养樟蚕，其丝供医疗外科手术缝合丝用。

树冠广球形，枝叶浓密青翠常绿，广植为行道树及庭园观赏树。

2. 天竺桂 浙江桂 图 90

Cinnamomum japonicum Sieb. ［*C. chekiangense* Nakai］

常绿乔木，高 10-15 米，胸径 30-35 厘米；树皮灰褐色，平滑。小枝细弱，黄绿色，无毛。叶革质，近对生，卵状长圆形或长圆状披针形，长 7-10 厘米，宽 3-3.5 厘米，先端尖或渐尖，基部宽楔形或楔形，全缘，上面绿色，具光泽，下面灰绿色，干时带粉白色，无毛，离基三出脉，基生侧脉自叶基 1-1.5 厘米处发出，两面脉均隆起；叶柄粗壮，长 4-15 毫米，无毛。圆锥花序腋生，长 3-4.5（10）厘米，无毛，总梗长 1.5-3 厘米；花淡黄色，长约 4 毫米，花梗长 5-7 毫米；花被筒短小，花被裂片 6，宿存，卵圆形，内面被柔毛；发育雄蕊 9，3 轮，具腺体；子房卵球形，花柱稍长于子房，柱头盘状。浆果状核果长圆形，径约 5 毫米，无毛，果托浅杯状，顶部开张，径达 5 毫米，全缘或具浅圆齿，基部骤缩成细长果梗。花期 4-5 月；果期 7-9 月。

产皖南黄山居士林、嵋毛峰、钓桥、浮溪海拔 650-1250 米，绩溪清凉峰、歙县清凉峰海拔 760-860 米，石台牯牛隆海拔 300 米，泾县，广德，宣城，铜陵；大别山区霍山佛子岭、黄巢寺海拔 260-800 米，金寨马宗岭，岳西河图、鹞落坪海拔 700-1050 米，潜山天柱山海拔 780 米。多生于常绿阔叶林及常绿落叶阔叶混交林中。在皖南泾县桃岭黄泥庵一带尚保存一小片天竺桂林。分布于江苏、浙江、湖北、江西、福建、台湾。朝鲜、日本也有分布。

木材坚实，耐久、耐水湿；为建筑、造船、桥梁用材。枝、叶、树皮提取芳香油，制各类香精、香料；种子油工业用。

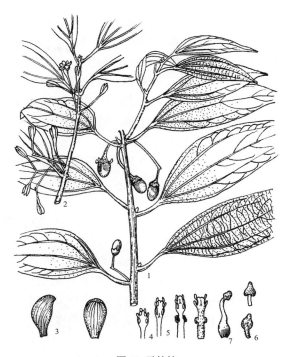

图 90 天竺桂
1. 果枝；2. 花枝；3. 花被片；4. 第 1、2 轮雄蕊；5. 示第 3 轮雄蕊腺体；6. 最内轮退化雄蕊；7. 雌蕊。

3. 香桂 图 91

Cinnamomum subavenium Miq. ［*C. chingii* Metc.］

常绿乔木，高达 20 米，胸径 50 厘米；树皮灰色，平滑。小枝纤细，密被黄色平伏绢状短柔毛。叶革质，近对生，椭圆形、卵状椭圆形或披针形，长 4-13.5 厘米，宽 2-6 厘米，先端渐尖或短尖，基部楔形或圆形，全缘，上面幼时被黄色平伏绢状短柔毛至无毛，下面黄绿色，幼时密被黄色平伏绢状短柔毛至稀疏，三出脉或离基三出脉，侧脉脉腋有时下面呈不明显囊状，上面稍泡状隆起；叶柄长 5-15 毫米，被黄色平伏绢状短柔毛。花序腋生，具总梗，密被黄色平伏绢状短柔毛；

图 91 香桂
1. 果枝；2. 花；3. 第 1、2 轮雄蕊；4. 示第 3 轮雄蕊腺体；5. 示退化雄蕊；6. 雌蕊。

花淡黄色，长 3-4 毫米，花梗长 2-3 毫米，密被黄绢毛；花被裂片宿存，两面短柔毛，花被筒短小；发育雄蕊 9，第 3 轮花丝矩圆形腺体具柄，花药 4 室，外向；子房球形，花柱长 2.5 毫米，柱头盘状。浆果状核果椭圆形，径约 5 毫米，蓝黑色；果托杯状，径约 5 毫米，全缘。花期 6-7 月；果期 9-10 月。

产皖南黄山温泉海拔 650 米、桃花峰、云谷寺，祁门，石台，歙县，绩溪清凉峰，太平，宁国，宣城；大别山区金寨，岳西，潜山，太湖。生于海拔 1000 米以下山坡、山谷常绿阔叶林中。分布于云南、贵州、四川、湖南、广西、广东、浙江、江西、福建、台湾。

喜温暖湿润气候和深厚肥沃土壤，多零星散生于常绿阔叶林中。

叶、树皮可提取芳香油，称作桂叶油和桂皮油；桂叶油供香料及医药杀虫剂，桂皮油供化妆品及香精原料；香桂的叶为罐头食品的重要配料。

6. 桢楠属　Phoebe Nees

常绿乔木，单叶互生，全缘，羽状脉。花两性；圆锥花序由聚伞花序组成或近总状花序，腋生，稀顶生；花被裂片 6，近相等或外轮较小；发育雄蕊 9，排成 3 轮，花药 4 室，瓣裂，第 1、2 轮花丝无腺体，花药内向，第 3 轮花丝基部或近基部具腺体，花药外向，退化雄蕊 3，三角状或箭头状，具短柄；子房卵形或球形，花柱直或弯，柱头盘状或头状。浆果状核果卵球形或椭圆形，花被筒不形成果托，花被裂片宿存，包被果实基部，革质或木质，直立、松散或先端外展，稀微反卷；果梗增粗或不增粗。

均 94 种，分布于亚洲、美洲热带和亚热带。我国约 34 种，分布于长江流域以南地区，以西南华东分布最多。安徽省 4 种。

多为高大乔木，干直，生长快，材质坚实，结构细致，不易变形，不易开裂；为建筑、家具优良用材。

1. 小枝具棱脊，与叶柄均无毛；叶下面苍白色，幼时下面密被银白色平伏绢毛；花序长 8-14 厘米，无毛，花被裂片内面被毛 ·· **1. 湘楠 Ph. hunanensis**
1. 小枝具棱脊或无棱脊，与叶柄均被毛；花序、花被裂片两面被毛：
　　2. 果长 1 厘米以上，宿存花被裂片革质，紧贴，花序长 5-10 厘米，小枝具棱脊，密被毛 ················· ·· **2. 浙江楠 Ph. chekiangensis**
　　2. 果长 1 厘米以下，宿存花被裂片松散，花序长 7-15（18）厘米：
　　　　3. 果卵状椭圆形，长 8-9 毫米；小枝干时具棱脊，被灰褐色短柔毛；叶下面被灰白色短柔毛 ················ ·· **3. 台楠 Ph. formosana**
　　　　3. 果卵形，长约 1 厘米；小枝无棱脊，密被黄褐色柔毛或绒毛；叶下面密被黄褐色长柔毛 ················ ·· **4. 紫楠 Ph. sheareri**

1.　湘楠　　　　　　　　　　　　　　　　　　　　　　　　　　　　　　　　　　　　　图 92

Phoebe hunanensis Hand. -Mzt.

常绿乔木，高达 8 米。小枝具棱脊，无毛。叶革质或近革质，倒披针形或倒卵状披针形，长 10-18（23）厘米，宽 3-4.5（6.5）厘米，先端短渐尖，有时尖头镰状，基部楔形或窄楔形，上面无毛，下面无毛或被平伏短柔毛，苍白色或被白粉，幼叶下面密被银白色平伏绢毛，上面有时带红紫色，中脉粗壮，上面凹陷，下面明显隆起，侧脉 10-12 对，下面隆起，网脉明显；叶柄长 7-15（24）毫米，无毛。花序生于新枝上部，纤细，长 8-14 厘米，无毛；花长 4-5 毫米，花梗与花近等长；花被裂片 6，具缘毛，外轮稍短，内面被毛；发育雄蕊第 3 轮花丝基部具 2 腺体；子房扁球形，无毛，柱头帽状或稍扩大。果卵形，黑色，长 1-1.2 厘米，径约 7 毫米；果梗略增粗；宿存花被裂片卵形，纵脉明显，松散，具缘毛。花期 5-6 月；果期 8-9 月。

产大别山区霍山英林沟、佛子岭海拔 820 米，金寨白马寨虎形地海拔 920 米、棺材沟、鲍家窝，岳西鹞落坪海拔1050米。生于沟谷阔叶林中。分布于陕西、甘肃、江西、湖北、湖南、贵州。

喜生于肥沃湿润的酸性土壤；耐阴；生长速度中等。木材坚实耐腐，不挠不裂，宜作高级家具。

2. 浙江楠　　　　　　　　　　　　图93

Phoebe chekiangensis C. B. Shang

常绿大乔木，高20米，胸径50厘米；树皮淡褐色，薄片状脱落。小枝具棱脊，密被黄褐色或灰黑色柔毛或绒毛。叶革质，倒卵状椭圆形或倒卵状披针形，稀披针形，先端突渐尖，基部楔形，上面幼时被毛，后渐脱落，下面被灰褐色柔毛，脉上被长柔毛，中脉、侧脉下面凹陷，侧脉8-10对，网脉下面明显；叶柄长1-1.5厘米，密被黄褐色柔毛或绒毛。花序长5-10厘米，密被黄褐色绒毛；花长约4毫米，花梗长2-3毫米；花被裂片卵形，两面被毛；雄蕊第1、2轮花丝疏被灰白色长柔毛，第3轮花丝密被灰白色长柔毛；子房卵形，无毛，花柱细，柱头盘状。果椭圆状卵形，长1.2-1.5厘米，外被白粉，宿存花被裂片革质，紧贴。种子多胚性。花期4-5月；果期9-10月。

产皖南黄山逍遥溪，汤口树木园有栽培，祁门牯牛降，太平，休宁六股尖；大别山区舒城万佛山海拔650米以下常绿落叶阔叶林中。分布于浙江、江西、福建。

树干通直，材质坚硬；可供建筑、家具等用。树姿雄伟，树叶浓密，四季常青，为优良绿化树种。

3. 台楠　　　　　　　　　　　　图94

Phoebe formosana（Matsum et Hayata）Hayata

常绿大乔木，胸径达60厘米；树皮灰褐色，略粗糙。小枝干时具棱脊，被灰褐色短柔毛。叶薄革质，倒卵形或倒卵状披针形，稀椭圆形，长9-15（20）厘米，宽4-6（8）厘米，先端短渐尖或尖，基部渐窄或楔形，全缘，上面无毛，下面被灰白色短柔毛，稀近无毛，中脉粗，与侧脉在上面均凹陷，侧脉7-10对，网脉上面不明显，下面明显呈网格状；叶柄长约2厘米，被短柔毛。花序长7-16厘米，上部分枝，被柔毛；花小，长2-2.5毫米；花被裂片卵形，等大，两面被柔毛；发育雄蕊9，第1、2轮花丝无腺体，第3轮花丝具无柄腺体，被柔毛，花药4室，内向；子房球形，花柱长约2.5毫米，柱头帽状。果卵形或卵状椭圆形，长8-9毫米，亮黑色或紫罗兰色，宿存花被裂片松散。花期5月；果期10月。

图92 湘楠（果枝）

图93 浙江楠
1.果枝；2.花序；3.花；4.第1、2轮雄蕊；5.示第3轮雄蕊腺体；6.示最内轮退化雄蕊；7.示子房柱头。

产皖南祁门深坑西峰寺海拔 300 米；零星散生于常绿阔叶林中或常绿落叶阔叶林中。分布于台湾。

优良用材树种；木材供建筑、家具等用。

4. 紫楠　　　　　　　　　　图 95

Phoebe sheareri（Hemsl.）Gamble

常绿乔木，高达 15 米；树皮灰褐色。幼枝密被黄褐色柔毛，老枝被黑褐色柔毛或绒毛。叶革质，倒卵形、椭圆状倒卵形或倒卵状披针形，长 8-27 厘米，宽 3.5-9 厘米，先端突渐尖或尾尖，基部渐窄，全缘，上面无毛或沿脉被毛，下面密被黄褐色长柔毛，中脉和侧脉上面凹陷，侧脉 8-13 对，弧曲，网脉致密，网格状；叶柄长 1-2.5 厘米，密被黄褐色或灰黑色柔毛或绒毛。花序长 7-15（18）厘米，上部分枝，密被黄褐色柔毛或绒毛；花长 4-5 毫米；花被裂片卵形，两面被毛；发育雄蕊花丝被毛或第 3 轮花丝密被毛，腺体无柄；子房球形，花柱直，柱头盘状或不明显。果卵形，长约 1 厘米，径 5-6 毫米；果梗略增粗，被毛；宿存花被裂片松散。种子单胚两侧对称。花期 4-5 月；果期 9-10 月。

产皖南黄山桃花峰居士林下面、云谷寺海拔 600-950 米，祁门牯牛降观音堂、赤岭头海拔 340 米，石台牯牛降龙门潭海拔 180-250 米，歙县，休宁，绩溪，泾县小溪海拔 440 米，旌德，太平，宣城，广德，铜陵，贵池，青阳酉华，繁昌马仁；大别山区霍山诸佛庵、真龙地海拔 300 米，金寨，六安，岳西鹞落坪海拔 1050 米，潜山，太湖大山乡，舒城万佛山。多散生于常绿落叶阔叶林中，或沟谷溪边。广布于长江流域以南地区。

喜阴湿环境，土层深厚之处。耐阴。

种子繁殖，随采随播发芽率高。

散孔材。心材边材区别不明显，浅黄褐色带绿。木材纹理直或斜，结构细，均匀，硬度、强度中，耐腐性强；可供高级家具、建筑、车船等用。根、叶、果含芳香油；根、叶药用，具暖胃祛湿之效。

安徽省级保护植物，珍贵用材树种。

7. 润楠属 Machilus Nees

常绿乔木或灌木。单叶，互生，全缘，羽状脉。花两性；圆锥花序由聚伞花序组成，顶生，总梗长或短；花被筒短，花被裂片 6，排成 2 轮，近相等或外轮较小；发育雄蕊 9，排成 3 轮，花药 4 室，第 1、2 轮花丝无腺体，

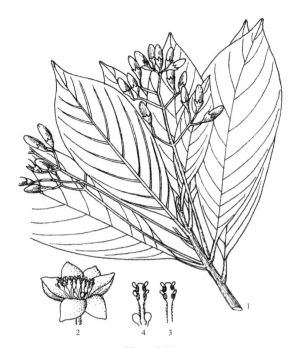

图 94 台楠
1. 果枝；2. 花；3. 第 1、2 轮雄蕊；4. 示第 3 轮雄蕊腺体。

图 95 紫楠
1. 果枝；2. 花之纵剖面。

花药内向，第3轮花丝基部具2有柄腺体，花药外向，有时下面2室外向，上面2室侧向，最内轮为退化雄蕊；子房上位，无柄，柱头盘状或头状。浆果状核果，球形，花被裂片宿存，反曲；果梗不增粗或微增粗呈肉质。

　　约100种，分布于亚洲热带和亚热带地区。我国70种，广布于长江流域以南各地。安徽省5种。

　　多为优良用材树种，木材可供建筑、高级家具及细木工等用。枝、叶、果可提取芳香油。

1. 顶芽芽鳞外面无毛；花被裂片外面无毛；内面先端被柔毛；果扁球形、径8-10毫米，果梗肉质，鲜红色
　　··1. **红润楠 M. thunbergii**
1. 顶芽芽鳞外面被毛；花被裂片外面被毛；果球形：
　　2. 果径1厘米以上：
　　　　3. 芽鳞外面密被棕色或黄棕色小柔毛；叶椭圆形或倒披针形，长7-15厘米，干后黑色；果梗非肉质，变红色；木材薄片浸水具黏液 ················· 2. **刨花润楠 M.pauhoi**
　　　　3. 芽鳞外面初披小绢毛，内面被黄褐色绢毛，或外面被易脱落小柔毛；叶干后非黑色：
　　　　　　4. 叶倒卵状长圆形，长14-24（32）厘米，侧脉14-20（24）对；果梗增粗呈肉质，鲜红色 ··············
　　　　　　···3. **薄叶润楠 M. leptophylla**
　　　　　　4. 叶长圆状披针形，长10-24厘米，侧脉12-17对；果梗不增粗，非肉质·················
　　　　　　···4. **宜昌润楠 M. ichangensis**
　　2. 果径6-7毫米；芽鳞外被黄褐色微柔毛；叶倒披针形或倒卵状披针形，长6.5-13厘米，侧脉10-12对；果梗纤细而被毛 ················· 5. **浙江润楠 M. chekiangensis**

1.　红润楠 红楠　　　　　　　图96

Machilus thunbergii Sieb. et Zucc.

　　常绿乔木，高达20米，胸径1米；树皮黄褐色，平滑。幼枝紫红色；顶芽长卵形，芽鳞，外面无毛，具缘毛。叶革质，倒卵形或倒卵状披针形，长4.5-13厘米，宽1.7-4.2厘米，先端突钝尖，基部窄楔形或楔形，下面粉绿色，侧脉7-12对，无毛；叶柄较细，长1-3.5厘米。花序近顶生或生于上部叶腋，无毛，长5-11.8厘米，总梗占全长的2/3，花梗长8-15毫米；苞片卵形，被棕色平伏柔毛；花被裂片长圆形，长5毫米，较窄、短，外面无毛，内面上端被小柔毛；雄蕊第3轮花丝具有柄腺体，内轮退化雄蕊被硬毛；子房球形，无毛，花柱细长，柱头头状。果扁球形，径8-10毫米，黑紫色；果梗鲜红色。花期2-4月；果期9-10月。

图96 红润楠（幼果枝）

　　产皖南黄山紫云峰、人字瀑布、浮溪、翡翠谷海拔300-700米，祁门牯牛降双河口海拔400米，休宁岭南、流口，绩溪清凉峰栈岭湾，歙县清凉峰猴生石海拔730米、石门，太平，石台牯牛降观音堂、赤岭，东至木塔；大别山区潜山天柱山大龙窝海拔750米，太湖大山乡海拔350米。生于常绿阔叶林中或沿沟谷深处。分布于山东、江苏、浙江、江西、福建、台湾、湖南、广东、广西。朝鲜、日本也有分布。

　　耐阴；喜湿润环境和酸性或微酸性的山地红壤和山地黄壤，湿润阴坡山谷；生长速度中等。种子繁殖。

　　散孔材。心材边材区别不明显，灰褐色微红。木材纹理斜至直，结构细，均匀，质较轻软，强度中。耐腐性强，气干比重0.62，绝对比重0.55。可供建筑、家具、车船、室内装修等用。叶可提取芳香油；种子含油率

65%，种子油供制肥皂用。树皮药用，可舒筋活络。

2. 刨花润楠

图 97

Machilus pauhoi Kanehira

常绿乔木，高达 20 米，胸径 30 厘米；树皮灰褐色，浅裂。小枝褐绿色，干时带黑色，无毛或新枝基部具浅棕色小柔毛；顶芽大，近球形，芽鳞密被棕色或黄棕色小柔毛。叶常集生枝顶，革质，椭圆形、倒披针形或窄椭圆形，长 7-15（17）厘米，宽 2-4（5）厘米，先端渐尖，尖头稍钝，基部楔形，上面深绿色，无毛，下面色浅，密被灰黄色平伏绢毛，中脉下面明显隆起；叶柄长 1.2-1.6（2.5）厘米。花序生于小枝下部，与叶近等长，被微小柔毛；花稀疏，花梗纤细，长 8-13 毫米；花被裂片卵状披针形或窄披针形，长约 6 毫米，两面被小柔毛；雄蕊花丝无毛；子房近球形，花柱长于子房，柱头头状。果球形，径 10-13 毫米，黑色；果梗红色。花期 3 月；果期 6 月。

产皖南祁门牯牛降观音堂海拔 380 米，休宁岭南溪西海拔 480 米。生于山坡灌丛或山谷阔叶混交林中。分布于浙江、福建、江西、湖南、广东、广西。

耐阴；深根性；喜温暖湿润气候和湿润肥沃土壤。生长速度中等。

散孔材，心材较坚实，稍带红色，纹理美观；可供建筑、家具等用。刨成薄片，名"刨花"浸入水中，可产生黏液梳头发用，加入石灰水中，用于粉刷墙壁，能增加石灰的黏着力，并可用于造纸。种子含油率 50%，种子油制蜡烛和肥皂。

图 97 刨花润楠
1. 花枝；2，3. 内轮花被片；4、5. 雄蕊；6. 退化雄蕊；7. 叶

3. 薄叶润楠 华东楠

图 98

Machilus leptophylla Hand. -Mzt.

常绿乔木，高 8-15（28）米；树皮灰褐色，平滑不裂。小枝无毛；顶芽大，近球形，外部芽鳞初被绢毛，内面芽鳞较长，被黄褐色绢毛。叶互生或近轮生状，坚纸质，倒卵状长圆形，长 14-24（32）厘米，宽 3.5-7（8）厘米，先端短渐尖，基部楔形，上面亮绿色，幼时下面被平伏银白色绢毛，老时带灰白色，疏被绢毛，脉上尤密，后渐脱落，侧脉 14-20（24）对；叶柄较粗，长 1-3 厘米。花序 6-10 集生小枝基部，长 8-12（15）厘米，柔弱多花，总梗、花序轴和花梗均微被灰色微柔毛；花白色，长约 7 毫米，芳香，花梗丝状；花被裂片几等大，长圆状椭圆形，具透明油腺点，外被柔毛；能育雄蕊花丝基部被簇毛，第 3 轮雄蕊腺体大，圆肾形。果球形，径约 1 厘米，紫黑色；果梗长 5-10 毫米，增粗呈肉质，鲜红色。花期 4 月；果期 7 月。

图 98 薄叶润楠（果枝）

产皖南黄山小岭脚海拔 250 米，汤口树木园有栽培，祁门牯牛降南坡，石台牯牛降北坡海拔 130-520 米，黟县百年山，太平众家山，歙县清凉峰海拔 710 米，绩溪清凉峰栈岭湾、十八龙潭海拔 730-1000 米，旌德，东至木塔，繁昌马仁；大别山区霍山青枫岭、英林沟，岳西河图海拔 850 米，潜山彭河乡、万涧寨海拔 500 米，舒城万佛山二里半。生于阴坡沟谷、溪边杂木林中。分布于浙江、江西、湖南、福建、广东、广西、贵州。

耐阴；喜微酸性、中性、富含腐殖质的沙壤土。种子繁殖。

散孔材。心材边材区别不明显，木材灰褐色微带黄绿；纹理直至斜，结构细匀，质较软，耐腐性强，坚实耐久用；可供高级家具、室内装修用。树皮含树脂 20.41%。树姿优美，树叶茂密苍翠，为优良观赏树种及行道树种。

4. 宜昌润楠　　　　　　　　　图 99

Machilus ichangensis Rehd. et Wils.

常绿乔木，高达 15 米；树冠卵形。小枝纤细，无毛，具纵裂的疏唇形皮孔；顶芽近球形，芽鳞被灰白色易落小柔毛。叶集生小枝上部，坚纸质，长圆状披针形或长圆状倒披针形，长 10-24 厘米，宽 2-6 厘米，先端短渐尖，基部楔形，上面稍具光泽，无毛，下面带粉白色，被平伏小绢毛，后渐脱落，侧脉 12-17 对，中脉下面明显隆起；叶柄细，长 8-20（25）毫米。花序生于小枝基部脱落的苞片腋部，长 5-9 厘米，被灰黄色平伏小绢毛或无毛；总梗细，长 2.2-5 厘米，带紫红色，无毛，花梗被平伏小绢毛；花白色；花被裂片外面、内面先端被平伏小绢毛，外轮稍窄；第 3 轮花丝具腺体；子房近球形，花柱无毛，柱头头状。果序长 6-9 厘米；果近球形，径约 1 厘米，黑色，具小尖头；果梗不增粗。花期 4 月；果期 8 月。

产皖南黄山浮溪海拔 600 米溪沟旁，汤口黄山树木园有栽培；大别山区金寨白马寨。分布于湖北、贵州、四川、陕西、甘肃；多生于海拔 560-1400 米山坡或山谷疏林中。

木材纹理直，结构粗，材质较轻；可供家具细木工等用。种子含油率 50%，种子油供制肥皂及润滑油。叶、树皮煮汁内服可治霍乱及吐泻。

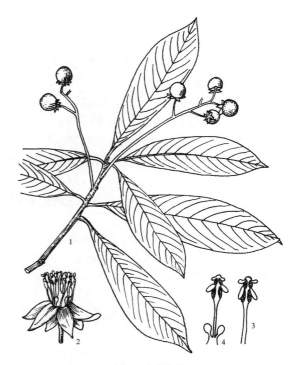

图 99 宜昌润楠
1. 果枝；2. 花；3. 第 1、2 轮雄蕊；4. 示第 3 轮雄蕊腺体。

5. 浙江润楠

Machilus chekiangensis S. Lee

常绿乔木，高约 10 米。小枝褐色，无毛，基部具密集而显著的芽鳞痕，被细柔毛；芽鳞被黄褐色微柔毛。叶集生枝顶，革质，倒披针形、倒卵状披针形或椭圆状倒披针形，长 6.5-13 厘米，宽 2-3.5 厘米，先端尾尖，常呈镰状弯曲，基部渐窄，上面深绿色，具光泽，下面粉绿色，幼时被平伏短柔毛，中脉下面隆起，侧脉 10-12 对；叶柄细，长 8-15 毫米。果序圆锥状，生于当年生小枝基部，长 7-9 厘米，较细，被灰白色小柔毛，自中部以上分枝；总梗长 3-6 厘米。果球形，径 6-7 毫米，宿存花被裂片卵状椭圆形，近等大，长约 4-5 毫米，向外反卷，两面被灰白色绢状毛，内面稀疏；果梗纤细，长约 5 毫米，被毛。果期 6 月。

产皖南休宁六股尖。分布于浙江杭州、福建。

安徽省地理分布新纪录。

16. 薔薇科 ROSACEAE

落叶或常绿，草本、灌木、乔木或藤本；常具刺或无刺。单叶或复叶，互生，稀对生，具锯齿，稀全缘，具托叶，稀无托叶。花两性，稀单性；通常辐射对称；花单生或组成多种花序；花托（萼筒）碟状、钟状、杯状、坛状或筒状；萼片、花瓣和雄蕊着生于花托边缘；萼片和花瓣通常 4-5，覆瓦状排列，稀无花瓣，有时具副萼；雄蕊 5 至多数，稀 1-2，花丝分离，稀连合；心皮 1 至多数，离生或合生，有时与花托连合，每心皮具 1 至数个直立或悬垂的倒生胚珠，花柱与心皮同数，顶生、侧生或基生。蓇葖果、瘦果、薔薇果、梨果或核果，稀蒴果。种子无胚乳，稀具少量胚乳；子叶肉质，背部隆起，稀对折或席卷状。

4 亚科，约 124 属，3300 余种，分布于世界各地，北温带较多。我国 51 属，1000 余种，分布全国各地。安徽省有木本 28 属，141 种，38 变种，13 变型。

1. 蓇葖果，稀蒴果；心皮 1-5（12），离生或基部合生，子房上位；具托叶或无 ⋯⋯⋯ I. **绣线菊亚科 Spiraeoideae**
1. 梨果、瘦果或核果；具托叶：
　　2. 子房下位、半下位，稀上位，心皮（1）2-5；梨果或浆果状，稀小核果状 ⋯⋯⋯⋯ II. **苹果亚科 Maloideae**
　　2. 子房上位（薔薇属为半下位），稀下位：
　　　3. 心皮多数，离生；聚合瘦果，萼常宿存；复叶，极稀单叶 ⋯⋯⋯⋯⋯⋯⋯ III. **薔薇亚科 Rosoideae**
　　　3. 心皮 1，稀 2 或 5；核果，萼常脱落；单叶 ⋯⋯⋯⋯⋯⋯⋯⋯⋯⋯ IV. **李亚科 Prunoideae**

I. 绣线菊亚科 SPIRAEOIDEAE

灌木，稀草本。单叶，稀复叶，全缘或具锯齿；无托叶，稀具托叶。心皮 1-5（12），离生或基部合生，子房上位，具 2 至多枚悬垂胚珠。蓇葖果，稀蒴果。

22 属。我国 8 属。安徽省 4 属。

1. 蓇葖果；种子无翅；花径不及 2 厘米：
　　2. 心皮 5；蓇葖果种子数粒：
　　　3. 单叶，无托叶；花序伞形、伞形总状、复伞房花序或圆锥花序；心皮离生 ⋯⋯⋯ 1. **绣线菊属 Spireae**
　　　3. 一回羽状复叶，具托叶；大型圆锥花序；心皮基部合生 ⋯⋯⋯⋯⋯⋯ 2. **珍珠梅属 Sorbaria**
　　2. 心皮 1；单叶，托叶早落；圆锥花序；蓇葖果种子 1-2 ⋯⋯⋯⋯⋯⋯ 3. **野珠兰属 Stephanandra**
1. 蒴果；种子具翅；花径 2 厘米以上；单叶，无托叶 ⋯⋯⋯⋯⋯⋯⋯⋯⋯ 4. **白鹃梅属 Exochorda**

1. 绣线菊属 Spiraea L.

落叶灌木。芽小，芽鳞 2-8，复瓦状排列。单叶，互生，具锯齿、缺刻或分裂，稀全缘，羽状脉或基出脉 3-5；叶柄短；无托叶。花两性，稀杂性；伞形、总状、复伞房或圆锥花序；萼筒钟状，萼片 5；花瓣 5，圆形；雄蕊 15-60；心皮 5（3-8）离生。蓇葖果 5，常沿腹缝线开裂，宿存萼片直立或反折。种子数粒，细小，无翅；胚乳少或无。

约 100 余种，分布于北半球温带至亚热带山区。我国 50 余种。安徽省 14 种，7 变种。

1. 花序着生在当年生长枝顶端，长枝自灌木基部或老枝上生出或去年枝上生出：
　　2. 花序被短柔毛：
　　　3. 复伞房花序顶生于当年生直立的新枝顶端，花常粉红色：
　　　　4. 叶下面被短柔毛：

  5. 叶卵形或卵状椭圆形，具缺刻状重锯齿 ··· 1. **粉花绣线菊 S. japonica**

  5. 叶长卵形或披针形，具尖锐重锯齿 ··················· 1a. **渐尖叶绣线菊 S. japonica var. acuminata**

  4. 叶两面无毛：

   6. 花序被短柔毛；叶长圆状披针形，先端短渐尖 ·············· 1b. **大绣线菊 S. japonica var. fortunei**

   6. 花序无毛；叶长卵形或长椭圆形，先端急尖或短渐尖 ·········· 1c. **红绣线菊 S. japonica var. glabra**

 3. 复伞房花序着生在去年生枝上的侧枝顶端；叶卵状长圆形或卵状披针形；花白色 ·················
                                  2. **南川绣线菊 S. rosthornii**

2. 花序无毛，花白色；蓇葖果无毛或腹缝线上被毛；叶长圆状卵形，两面无毛 ··························
                          3. **大叶华北绣线菊 S. fritschiana var. angulata**

1. 花序由去年枝上的芽生出，着生短枝顶端：

 7. 伞形花序或伞形总状花序，具总梗，基部常具叶：

  8. 叶缘具锯齿或缺刻，有时分裂：

   9. 叶、花序、蓇葖果无毛：

    10. 叶先端急尖：

     11. 叶菱状披针形或菱状长圆形，羽状脉 ··················· 4. **麻叶绣线菊 S. cantoniensis**

     11. 叶菱状卵形或菱状倒卵形，不显著 3 脉或羽状脉 ·········· 5. **菱叶绣线菊 S. vanhouttei**

    10. 叶先端圆钝：

     12. 叶近圆形，先端钝，常 3 裂，基部圆形或近心形，3-5 出脉，明显 ·······················
                       6. **三裂绣线菊 S. trilobata**

     12. 叶倒卵形，羽状脉或不明显 3 出脉：

      13. 小枝、花梗及萼筒无毛 ··················· 7. **绣球绣线菊 S. blumei**

      13. 小枝、花梗及萼筒被细短柔毛；花瓣宽大 ········ 7a. **宽瓣绣球绣线菊 S. blumei var. latipetala**

   9. 叶下面被毛；花序、蓇葖果无毛或被毛：

    14. 花序无毛；叶菱状卵形或椭圆形，先端急尖，基部宽楔形：

     15. 蓇葖果仅腹缝线上微被短柔毛 ··················· 8. **土庄绣线菊 S. pubescens**

     15. 蓇葖果全部被毛 ··················· 8a. **毛果土庄绣线菊 S. pubescens var. lasiocarpa**

    14. 花序和蓇葖果被毛：

     16. 叶下面被短柔毛或疏被柔毛：

      17. 叶菱状卵形，先端常 3 裂，裂片具锯齿；叶柄密被绢状短柔毛 ·····················
                     9. **金州绣线菊 S. nishimurae**

      17. 叶倒卵形或椭圆形，中部以上或先端具钝齿或稍尖锯齿；叶柄被柔毛 ·············
                     10. **疏毛绣线菊 S. hirsuta**

     16. 叶下面密被绒毛：

      18. 萼片卵状披针形；叶菱状卵形或倒卵形，具粗缺齿，下面密被黄色绒毛 ··················
                     11. **中华绣线菊 S. chinensis**

      18. 萼片卵状三角形；叶菱状卵形，具深锯齿或缺裂，下面密被灰白色绒毛 ··················
                     12. **毛花绣线菊 S. dasyantha**

  8. 叶全缘，稀先端具钝齿，倒卵状长圆形；幼枝具棱 ··············· 13. **细枝绣线菊 S. myrtilloides**

 7. 伞形花序，无总梗，基部无叶或具极少数叶，或花序复伞房状：

  19. 伞形花序：

   20. 叶卵形或长圆状披针形，下被柔毛：

    21. 花重瓣 ·· 14. **李叶绣线菊 S. prunifolia**

21. 花单瓣 ·· 14a. **单瓣李叶绣线菊** S. prunifolia var. **simpliciflora**

20. 叶条状披针形,无毛 ······································ 15. **珍珠绣线菊** S. **thunbergii**

19. 花序复伞房状,与叶均无毛 ···················· 16. **无毛长蕊绣线菊** S. **miyabei** var. **glabrata**

1. 粉花绣线菊 日本绣线菊

Spiraea japonica L. f.

落叶直立灌木,高达 1.5 米。枝条细长;冬芽卵形。叶卵形或卵状椭圆形,长 2-8 厘米,宽 1-3 厘米,先端急尖或渐尖,基部楔形,具缺刻状重锯齿或单锯齿,下面脉上微被柔毛或具白霜;叶柄长 1-3 毫米,被柔毛。复伞房花序生于直立新枝顶端,密被短柔毛,花梗长 4-6 毫米,苞片披针形;花粉红色,径 4-7 毫米;萼筒钟状,被短柔毛,萼片三角形;花瓣卵形或圆形,先端圆钝;雄蕊 25-30,长于花瓣;花盘环状。蓇葖果,半开张,无毛或沿腹缝线被稀柔毛,宿存萼片常直立。花期 6-7 月;果期 8-9 月。

原产日本、朝鲜。我国各地栽培。

喜光。稍耐阴。花序大而美丽,可供观赏;根药用。

粉花绣线菊有 3 个变种,安徽省均产。

1a. 渐尖叶绣线菊 (变种)

Spiraea japonica L. f. var. **acuminata** Franch.

小灌木。小枝红棕色,被短柔毛。叶长卵形或披针形,长 3.5-8 厘米,宽 1.5-3 厘米,先端渐尖,基部楔形,具尖锐重锯齿,下面沿脉被柔毛。复伞房花序顶生,径 10-14(18)厘米;花粉红色;萼被短柔毛;花瓣卵圆形;雄蕊 30-40,远较花瓣长。

产皖南黄山狮子林海拔 750-1500 米,祁门牯牛降海拔 1330 米,绩溪永来、栈岭湾海拔 700-1310 米,青阳九华山;大别山区金寨天堂寨海拔 1700 米,岳西鹞落坪海拔 1200 米。生于山坡、山顶、谷地溪边杂木林中。分布于浙江、湖北、湖南、江西、四川、云南、贵州、广西。

根药用,通经、通便、利尿。

1b. 大绣线菊 (变种)

Spiraea japonica L.f var. **fortunei**(Planch.)Rehd.

灌木,较高大,高达 2 米。小枝红棕色,无毛。叶长圆状披针形,长 5-10 厘米,先端短渐尖,基部楔形,具尖锐重锯齿,上面具皱纹,下面被白粉,两面无毛。复伞房花序,径 4-8 厘米,被毛;花粉红色至深红色;花盘不发达。花期 6-7 月;果期 8-10 月。

产皖南黄山温泉、慈光阁、眉毛峰、中刘门亭、皮蓬、莲花沟、西海门、白鹅岑、光明顶一带,海拔 1600-1800 米落叶灌丛中,歙县清凉峰;大别山区金寨,岳西,霍山。分布于陕西、甘肃、湖北、山东、江苏、浙江、江西、贵州、四川、云南。

喜光。耐寒、耐旱。

根、叶、果药用,有清热解毒、止咳之效。花密集、艳丽,可植于花坛、草坪、行道路旁,构成夏季美景。

1c. 红绣线菊 (变种)

Spiraea japonica L. f. var. **glabra**(Reg.)Koidz.

小灌木。小枝无毛。叶卵形、卵状长圆形或长椭圆形,长 3.5-9 厘米,先端急尖或短渐尖,基部楔形或圆形,具尖锐重锯齿,无毛。复伞房花序,径约 12 厘米,无毛;花粉红色至淡紫红色。

产皖南黄山云谷寺至狮子林海拔 1580 米,绩溪清凉峰永来海拔 700 米,青阳九华山;大别山区霍山,岳西,舒城万佛山。生于山地林下、林缘及多石砾地。分布于浙江、四川、云南。

稍耐阴、耐旱，耐寒；温暖、湿润气候中，生长良好。

2. 南川绣线菊
Spiraea rosthornii Dritz.

落叶灌林，高达 2.5 米。小枝细长，稍弯曲，幼枝被柔毛；冬芽长卵形，与叶柄等长或稍长于叶柄，无毛。叶卵状长圆形或卵状披针形，长 2.5-5（8）厘米，宽 1-2（3）厘米，先端急尖或短渐尖，基部圆形或平截，具缺刻及重锯齿，上面疏被柔毛，下面带灰绿色，被柔毛，沿脉较密；叶柄长 5-6 毫米，被柔毛。复伞房花序生于侧枝顶端，径 4-6 厘米，被柔毛，花梗长 5-7 毫米；苞片卵状披针形；花白色，密集，径 5-6 毫米；萼筒钟状，内外被短柔毛，萼片三角形；花瓣卵形或近圆形；雄蕊 20，长于花瓣；花盘环状，具 10 肥厚裂片；子房被柔毛。蓇葖果开张，被柔毛，萼片反折。花期 5-6 月；果期 8-9 月。

产大别山区金寨白马寨雷公洞海拔 820 米、天堂寨海拔 1720 米，岳西陀尖山。生于溪沟边、山谷杂木林下及灌木丛中。分布于河南、陕西、甘肃、青海、四川、云南。

耐阴、耐寒；喜生于湿润土壤中。

枝条供编制用，亦可作水土保持树种。

3. 大叶华北绣线菊（变种）
Spiraea fritschiana Schneid. var. **angulata**（Schneid.）Rehd.

小枝具明显棱角。叶长圆状卵形，长 2.5-8 厘米，宽 1.5-3 厘米，先端渐尖或急尖，基部圆形，锯齿不整齐，两面无毛；叶柄长 2-5 毫米。复伞房花序；花白色；萼筒钟状，内面密枝短柔毛；雄蕊 25-30；花盘圆环状；子房被短柔毛。果序径 3-8 厘米；蓇葖果几直立，无毛，宿存萼片反折。

产大别山区岳西，潜山天柱山海拔 1250 米。生于悬崖石砾地或杂木林内。分布于黑龙江、辽宁、河北、河南、山西、陕西、甘肃、山东、江苏、湖北。

4. 麻叶绣线菊 麻叶绣球　　　　　　　图 100
Spiraea cantoniensis Lour.

落叶小灌木，高达 1.5 米。小枝纤细，拱曲，无毛。叶菱状披针形或菱状长圆形，长 3-5 厘米，宽 1.5-2厘米，先端急尖，基部楔形，中部以上具缺齿，无毛，羽状脉；叶柄长 4-7 毫米，无毛。伞形花序，总梗长约 1.5 厘米，生新枝顶端，花梗长 8-14 毫米，无毛；苞片线形；花白色，径 5-7 毫米；萼筒钟状，萼片卵状三角形；花瓣近圆形；雄蕊 20-25；花盘裂片近圆形，不等大；子房近无毛，花柱短于雄蕊。蓇葖果直立，开展，无毛，宿存萼片直立。花期 4-5 月；果期 7-9 月。

安徽省山地有野生。各地庭园习见栽培。喜生于肥沃、湿润壤土上。喜光。较耐寒。分布于广东、广西、福建、浙江、江西有野生；在河北、河南、陕西、山东、江苏、四川有栽培。

花序密集，色白如雪，春季花开，极为美观，为庭园常见之观赏花木。

图 100 麻叶绣线菊（花枝）

5. 菱叶绣线菊　　　　　　　图 101

Spiraea vanhouttei（Briot）Zab.

落叶灌木，高达 2 米。小枝细柔拱曲，无毛；冬芽卵形，无毛。叶菱状卵形或菱状倒卵形，长 1.5-3.5 厘米，宽 9-18 毫米，先端急尖，3-5 裂，基部楔形，具缺刻状重锯齿，无毛，具不显著 3 脉或羽状脉；叶柄长 3-5 毫米，无毛。伞形花序，具总梗，花梗长 7-12 毫米，无毛；苞片线形；花多数，白色；花萼外面无毛；花瓣近圆形，长、宽各 3-4 毫米；雄蕊 20-22，短于花瓣；花盘环形，裂片不等大；子房无毛，花柱近直立。蓇葖果，稍开张，宿存萼片直立。花期 5-6 月。

各地庭园广泛栽培；本种为麻叶绣线菊 S.cantoniensis 与三裂绣线菊 S. trilobata 的杂交种，花色洁白，满枝开花，颇为悦目，为优美的观赏树种。喜光；耐干旱；适应性强。

6. 三裂绣线菊　　　　　　　图 102

Spiraea trilobata L.

落叶灌木，高达 2 米。小枝纤细，呈"之"字形曲折，无毛。叶近圆形，长 1.7-3 厘米，先端钝，常 3 裂，基部园、楔形或近心形，中部以上具少数圆钝齿，常 3 裂，无毛，基脉 3-5。伞形花序，具总梗，无毛，花 15-30，花梗长 8-13 毫米，无毛；苞片倒披针形，上部深裂成细裂片；花白色，径 6-8 毫米；萼筒钟状，内面被短柔毛，萼片三角形，先端急尖，内面被疏毛；花瓣宽倒卵形，长、宽各 2.5-4 毫米；雄蕊 18-20，短于花瓣；花盘环状，10 裂；子房被短柔毛，花柱短于雄蕊。蓇葖果开张，沿腹缝线微被柔毛或无毛，宿存萼片直立。花期 5-6 月；果期 7-9 月。

皖南黄山北海海拔 1500 米处偶见，歙县清凉峰；大别山区岳西鹞落坪多枝尖海拔 1680 米，舒城万佛山；江淮丘陵滁县琅琊山、皇甫山。生于岩石缝隙间或灌丛中。分布于黑龙江、辽宁、内蒙古、山东、山西中条山、河北、河南、陕西、甘肃。

稍耐阴、耐寒。用种子或分株、插条繁殖。

根、茎含单宁 11%，可提制栲胶；可做栽培观赏树种。

7. 绣球绣线菊　　　　　　　图 103

Spiraa blumei G. Don

落叶灌木，高达 1.8 米。小枝纤细，拱曲，深红褐色，无毛。叶菱状卵形或倒卵形，长 2-3.5 厘米，宽 1-1.8 厘米，先端圆钝或微尖，基部楔形，近中部以上具少数圆钝缺齿或 3-5 浅裂，下面带蓝绿色，无毛，基部具不明显 3 脉

图 101 菱叶绣线菊
1. 花枝；2. 花放大；3. 果。

图 102 三裂绣线菊
1. 花枝；2. 雌蕊；3. 果；4. 雄蕊；5. 花瓣；6. 果枝。

或羽状脉。伞形花序具总梗，具花 15-30，花梗长 6-10 毫米，无毛；苞片披针形；花白色，径 5-8 毫米；萼筒钟状，萼片三角形；花瓣宽倒卵形，长 2-3.5 毫米，先端微凹；雄蕊 18-20，短于花瓣；花盘环状，10 裂；子房无毛或仅腹部微被短柔毛，花柱短于雄蕊。蓇葖果较直立，无毛，宿存萼片直立。花期 4-6 月；果期 8-10 月。

产皖南黄山温泉、桃花峰、玉屏楼、始信峰山脚海拔 400-1600 米常见，歙县清凉峰西凹海拔 1350 米山顶矮林中，太平查村，休宁，青阳；大别山区金寨白马寨虎形地、龙井河海拔 760-920 米，岳西多枝尖海拔 1720 米，舒城万佛山；江淮丘陵滁县琅琊山，当途；安徽省各地庭园广泛栽培。多生于向阳山坡、山谷灌丛中。分布于辽宁、内蒙古、陕西、甘肃、河北、河南、山西芮城、山东、江苏、浙江、江西、湖北、福建、广东、广西。

喜光。耐寒，耐旱，稍耐碱；怕涝，喜肥沃湿润沙壤土。用种子、分株或压条繁殖。

叶可代茶；根及果药用，治白带、疮毒、牙痛。树姿优美，花洁白秀丽，可作庭园观赏花木栽于庭园中。

7a. 宽瓣绣球绣线菊 （变种）

Spiraea blumei G.Don var. **latipetala** Hemsl.

叶长圆形或倒卵形，中部以上具钝重锯齿。小枝、花梗及萼筒被细短柔毛；花瓣宽大。

皖南黄山云谷寺前海拔 800 米处的杂木林中偶见。

8. 土庄绣线菊   图 104

Spiraea pubescens Turcz.

落叶灌木，高达 2 米。小枝开展，稍弯曲，幼时被短柔毛；冬芽被短柔毛。叶菱状卵形或椭圆形，长 2-4.5 厘米，宽 1.3-2.5 厘米，先端急尖，基部宽楔形，中部以上具粗锯齿，或 3 裂，上面疏被柔毛，下面被灰色柔毛；叶柄长 2-4 毫米，被柔毛或无毛。伞形花序具总梗，具花 15-20，花梗长 7-12 毫米；苞片线形；花白色，径 5-7 毫米；萼筒钟状，外面无毛，内面被灰色短柔毛，萼片卵状三角形；花瓣卵形或近圆形，长、宽各 2-3 毫米，先端稍微凹；雄蕊 25-30 厘米，与花瓣近等长；花盘环状，10 裂；子房有时仅在腹部被柔毛，花柱短于雄蕊。蓇葖果开张，腹缝线微被短柔毛，宿存萼片直立。花期 5-6 月；果期 7-8 月。

产江淮丘陵滁县皇甫山至芝麻洼海拔 200 米；淮北萧县皇藏峪生于干燥岩石缝中、杂木林内及灌丛中。分布于黑龙江、吉林、辽宁、内蒙古、陕西、甘肃、宁夏、山西沁水、河北、河南、山东、湖北。

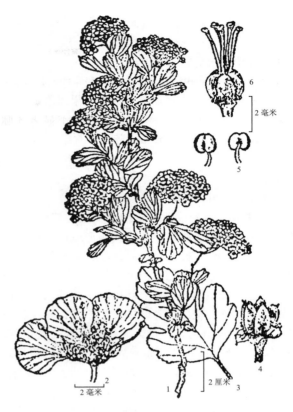

图 103 绣球绣线菊
1. 花枝；2. 花纵剖；3. 叶；4. 果；5. 雄蕊；6. 雌蕊。

图 104 土庄绣线菊
1. 花枝；2. 花纵剖；3. 果；4. 叶。

喜光。耐寒，耐旱；对土壤要求不严，喜生于中性土壤上。种子繁殖；栽培供观赏。

8a. 毛果土庄绣线菊 （变种）

Spiraea pubescens Turca. var. **lasiocarpa** Nakai

蓇葖果全部被短柔毛，与原种蓇葖果仅腹缝线微被短柔毛相区别。生于山坡阴处或疏林中。

产皖南青阳九华山。分布于陕西、甘肃、四川。

9. 金州绣线菊

Spiraea nishimurae Kitag.

落叶灌木，多分枝。枝条细长，呈之字形弯曲，幼枝被短柔毛；冬芽被毛。叶菱状卵形或椭圆形，稀倒卵形，长 7-24 毫米，宽 4-8 毫米，先端圆钝，基部楔形，具粗钝锯齿，3 裂，中裂片大，上面疏被毛，下面淡绿色，被绢状短柔毛；叶柄长 1-3 毫米，密被绢状短柔毛。伞形花序生有叶的侧生小枝顶端，具花 7-25，花梗长 6-10 毫米，被柔毛；苞片线形；花白色，径 5-6 毫米；萼筒钟状，内面密被柔毛，萼片三角形，内面边缘被柔毛；花瓣宽卵形或近圆形，长 2-3 毫米；雄蕊 20，与花瓣近等长或稍短；花盘环状，10 裂；子房腹部和基部被柔毛，花柱短于雄蕊。蓇葖果，具光泽，腹、基部被毛，宿存萼片直立。花期 6 月；果期 8 月。

产皖南黄山，歙县。分布于辽宁、山西。

10. 疏毛绣线菊　　　　　　　　　图 105

Spiraea hirsuta（Hemsl.）Schneid.

落叶灌木。枝稍呈之字形曲折，幼枝被柔毛杂有硬毛。叶倒卵形、椭圆形，稀卵圆形，长 1.5-3.5 厘米，宽 1-2 厘米，先端圆钝，基部楔形，中部以上具钝齿或稍尖锯齿，上面疏被柔毛，下面带蓝绿色，疏被柔毛，叶脉明显；叶柄长约 5 毫米，被柔毛。伞形花序被柔毛，具花 20 以上，花梗密集，长 1.2-2.2 厘米；苞片线形；花白色，径 6-8 毫米；萼筒钟状，萼片卵状三角形，与萼筒内外面均被短柔毛，花瓣宽倒卵形，长 2.5-3 毫米，宽 3-4 毫米；雄蕊 18-20，短于花瓣，花盘裂片 10，肥厚；子房微被短毛，花柱短于雄蕊。蓇葖果稍开张，疏被柔毛，宿存萼片常直立。花期 5 月；果期 7-8 月。

产皖南黄山；大别山区霍山，金寨天堂寨，岳西，潜山。生于海拔 600-700 米山坡或石岩旁。分布于陕西、甘肃、山西、河北、河南、湖北、湖南、江西、浙江、四川。

11. 中华绣线菊　　　　　　　　　图 106

Spiraea chinensis Maxim.

图 105 疏毛绣线菊
1. 花枝；2. 果。

图 106 中华绣线菊
1. 花枝；2. 幼果枝；3. 花；4. 花瓣放大；5. 蓇葖果。

落叶灌木，高达 3 米。小枝拱曲，幼时被黄色绒毛，后渐脱落；冬芽被柔毛。叶菱状卵形或倒卵形，长 2.5-6 厘米，宽 1.5-3 厘米，先端急尖或圆钝，具粗缺齿或不明显 3 裂，上面暗绿色，被短柔毛，网脉隆起，下面密被黄色绒毛，网脉隆起；叶柄长 4-10 毫米，被柔毛。伞形花序具总梗，花 16-25，花梗长 5-10 毫米；苞片线形，被短柔毛；花白色，径 3-4 毫米；萼筒钟状，内面密被柔毛，萼片卵状披针形；花瓣近圆形，宽 2-3 毫米；雄蕊 22-25，短于花瓣或等长；花盘波状环形或具不整齐裂片；子房被短柔毛，花柱短于雄蕊。蓇葖果开张，被柔毛，宿存萼片直立，稀反折。花期 4-6 月；果期 6-10 月。

产皖南黄山汤口、桃花峰、慈光寺、居士林海拔 400-1100 米，绩溪清凉峰北坡永来海拔 800 米，歙县清凉峰南坡鸟桃湾海拔 700 米，泾县小溪海拔 400 米，旌德，青阳九华山；大别山区霍山、金寨打抒权海拔 850 米、马屁股下至天堂寨海拔 700-1630 米，岳西鹞落坪海拔 1100 米，舒城万佛山；江淮丘陵滁县琅琊山。生于山坡、山谷、溪边杂木林内或林缘路旁，分布较为普遍。分布于内蒙古、陕西、甘肃、河北、河南、江苏、江西、浙江、湖南、湖北、四川、贵州、云南、福建、广东、广西。

喜光。稍耐阴，耐寒；喜生于土壤深厚、排水良好的沙质壤土上。

春末夏初，繁花满树，可栽培供作观赏花木；根药用，治咽喉肿痛。

12. 毛花绣线菊　　　　　　　　图 107

Spiraea dasyantha Bge.

落叶灌木，高达 2.5 米。小枝细，呈之字形曲折，幼枝密被绒毛，后渐脱落；冬芽被毛。叶菱状卵形，长 2-4.5 厘米，宽 1.5-3 厘米，先端急尖或圆钝，基部楔形，自基部三分之一以上具深锯齿或缺裂，上面深绿色，疏被柔毛，具皱纹，下面灰白色，密被白色绒毛，羽状脉显著；叶柄长 2-5 毫米，密被绒毛。伞形花序具总梗，密被灰白色绒毛，花 10-20，花梗长 6-10 毫米；苞片线形；花白色，径 4-8 毫米；花萼外面、内面密被白色绒毛，萼筒钟状，萼片卵状三角形；花瓣宽倒卵形；雄蕊 20-22，短于花瓣；花盘环形，具 10 个球形肥厚之裂片；子房被白色绒毛，花柱短于雄蕊。蓇葖果开张，被绒毛，宿存萼片直立开张，稀反折。花期 5-6 月；果期 7-8 月。

产皖南黄山，绩溪清凉峰徽杭商道、荒坑岩、杨子坞海拔 720-960 米，歙县清凉峰大原海拔 870 米，太平新明乡海拔 220 米；大别山区金寨白马寨海拔 760-950 米。生于干燥坡地及岩石山坡上。分布于内蒙古、辽宁、河北、山西中条山、湖北、江苏、江西。

叶上面深绿色，下面灰白色，花序密集，为良好的观赏花木。

图 107 毛花绣线菊
1. 花枝；2. 蓇葖果。

13. 细枝绣线菊　　　　　　　　　　　　　图 108

Spiraea. myrtilloides Rehd.

落叶灌木，高达 3 米。幼枝具棱，近无毛；冬芽急尖，近无毛。叶卵形或倒卵状长圆形，长 6-15 毫米，宽 4-7 毫米，先端圆钝，基部楔形，全缘，稀先端具钝齿，下面淡绿色，无毛或被毛，羽状脉不明显，基部 3 脉较明显；叶柄长 1-2 毫米。伞形总状花序，花 7-20，花梗长 3-6 毫米，无毛或疏被柔毛；苞片线形；花白色，径 5-6 毫米；

花萼内面被柔毛，萼筒钟状，萼片三角形；花瓣近圆形，长约 3 毫米，先端钝圆；雄蕊 20，与花瓣近等长；花盘环形，10 裂；子房微被短柔毛，花柱短于雄蕊。蓇葖果直立开张，腹缝线被短柔毛或无毛，宿存萼片直立或开张。花期 6-7 月；果期 8-9 月。

产皖南黄山。生于山坡杂木林中，在安徽省分布较少。分布于湖北、四川、云南、陕西、甘肃、西藏。

果药用，治刀伤。

14. 李叶绣线菊

Spiraea prunifolia Sieb. et Zucc.

落叶灌木，高达 2.8 米。小枝细长，稍具棱；幼枝被柔毛，后渐脱落；冬芽无毛。叶卵形或长圆状披针形，长 1.5-3 厘米，宽 7-14 毫米，先端急尖，基部楔形，具细尖单锯齿，上面幼时被微柔毛，老时仅下面被柔毛，羽状脉；叶柄长 2-4 毫米，被柔毛。伞形花序无总梗，花 3-6，基部着生数叶，花梗长 6-10 毫米，被短柔毛；花重瓣，白色，径约 1 厘米。花期 3-5 月。

产大别山区金寨白马寨南河林场海拔 580 米，岳西鹞落坪海拔 1100 米。生于山谷、溪边。分布陕西、山东、江苏、浙江、江西、湖南、湖北、四川、贵州。安徽省各地庭园多见栽培。

早春播种育苗，夏季嫩枝扦插，晚秋分株栽培。春花如雪，秋叶橙黄，为良好观赏树种。

根药用，治咽喉肿痛。

14a. 单瓣李叶绣线菊 （变种）

Spiraea prunifolia Sieb. et Zucc. var. **simpliciflora** Nakai

花单瓣；花萼内外面被短柔毛，萼筒钟状，裂片卵状三角形。花瓣白色，宽倒卵形，长、宽 2-4 毫米；雄蕊 20；花盘圆环状，裂片 10，明显；子房被短柔毛，花柱短于雄蕊；蓇葖果仅在腹缝线上被短柔毛，开张，花柱顶生于果背部，宿存萼片直立。

产皖南祁门老溪；大别山区金寨白马寨南河林场海拔 600 米。生于山坡或石岩山上。喜光。喜温暖。分布于湖北、湖南、江苏、浙江、江西、福建。

此变种应为原生态种。因李叶绣线菌建立在先，故成为变种了。

15. 珍珠绣线菊 喷雪花　　图 109

Spiraea thunbergii Sieb. ex Blume

落叶小灌木，高达 1.5 米。枝条细长、拱曲，小

图 108 细枝绣线菊
1. 果枝；2. 蓇葖果。

图 109 珍珠绣线菌
1. 花枝；2. 花。

枝具棱，幼枝被柔毛或无毛；冬芽近无毛。叶条状披针形，长 2.5-4 厘米，宽 3-7 毫米，先端长渐尖，基部楔形，自中部以上具尖锯齿，无毛，羽状脉；叶柄长 1-2 毫米，被柔毛。伞形花序无总梗，花 3-7，基部簇生小叶，花梗细，长 6-10 毫米，无毛；花白色，径 6-8 毫米；花萼内面被稀疏短柔毛，萼筒钟状，萼片三角形；花瓣倒卵形或近圆形，长 2-4 毫米，先端圆钝或微凹；雄蕊 18-20，短于花瓣；花盘环状，10 裂；子房无毛或微被短柔毛，花柱与雄蕊近等长。蓇葖果开张，无毛，宿存萼片直立或反折。花期 4-5 月；果期 7 月。

安徽省各城市庭园、公园广泛栽培。原产华东；辽宁、陕西、山东有栽培。

喜光。喜湿润排水良好土壤。用种子、分株及硬枝扦插繁殖。叶形似柳，花白如雪，俗称喷雪花，秋叶呈橘红色，优美的庭园配置树种。根药用，治咽喉肿痛。

16. 无毛长蕊绣线菊 （变种）
Spiraea migabei Koidz. var. **glabrata** Rehd.

落叶灌木，高 1.5 米。小枝无毛；冬芽卵形。叶长卵形或卵状披针形，长 5-7 厘米，宽 2-3.5 厘米，先端急尖或渐尖，基部宽楔形或近圆形，具重锯齿，无毛；叶柄长 2-5 毫米。复伞房花序生去年生枝的侧生短枝上，径 7-8 厘米，无毛；花白色；萼筒钟状或倒圆锥状；花瓣圆形或倒卵形，具短爪；雄蕊 20-25，长于花瓣 2-3 倍；花盘缘呈钝锯齿状；子房纺锤形，微被绒毛，花柱顶生，与子房等长。蓇葖果坚脆，微被灰色绒毛或无毛。花期 5-6 月；果期 7-8 月。

产皖南黄山北海、清凉台下面海拔 1580 米落叶阔叶林中。分布于湖北、陕西。

稍耐阴，喜湿润环境。花洁白美丽；可供观赏。原种 S. miyabei Koidz. 产于日本。

2. 珍珠梅属 Sorbaria（Ser.）A. Br. ex Aschers.

落叶灌木。芽鳞数枚。奇数羽状复叶，互生；小叶具锯齿；具托叶。花两性；圆锥花序顶生；花小；萼筒钟状，萼片 5，反折；花瓣 5，白色，复瓦状排列；雄蕊 20-50；雌蕊心皮 5，基部合生。蓇葖果沿腹缝线开裂，宿存萼片反折，稀开展。种子数枚。

约 9 种，分布于亚洲。我国 4 种，分布于东北、华北至西南各地。安徽省栽培 1 种。

华北珍珠梅
图 110
Sorbaria kirilowii（Reg.）Maxim.

落叶灌木，高达 3 米。枝条开展，小枝稍弯曲。奇数羽状复叶，互生，连叶柄长 21-25 厘米，无毛；小叶对生，11-17，披针形或长圆状披针形，长 4-7 厘米，宽 1.5-2 厘米，先端渐尖，稀尾尖，基部圆形或宽楔形，具尖锐重锯齿，无毛或脉腋被柔毛，侧脉 15-23 对，近平行；小叶柄短或近无。密集圆锥花序，长 15-20 厘米，总梗及花梗被星状毛或柔毛，后渐脱落，花梗长 3-4 毫米；花径 5-7 毫米，蕾时如珍珠；萼筒浅钟状，萼片长圆形；花瓣白色，倒卵形或宽卵形；雄蕊 20，与花瓣等长或稍短，生花盘边缘；心皮 5，无毛，花柱短于雄蕊。蓇葖果长圆柱形，长约 3 毫米，萼片反折，稀开展。花期 6-7 月；果期 9-10 月。

淮北萧县、固镇、阜阳、砀山、亳县、宿县均有栽培。分布于内蒙古、青海、甘肃、陕西、河北、河南、山西。

图 110 华北珍珠梅
1. 果序；2. 花纵剖；3. 果实；4. 种子。

尤其山西南部中条山分布极广，到处可见。喜生于山坡、河谷杂木林中。

喜光。稍耐阴，耐寒；对土壤要求不严；萌蘖性强，耐修剪，生长快。夏季花开，洁白秀丽，可作为城市良好的庭园观赏树种。

3. 野珠兰属 Stephanandra Sieb. et Zucc.

落叶灌木。常 2-3 芽叠生，芽鳞 2-4。单叶，互生，具锯齿及缺裂；托叶早落；花小，两性；圆锥花序，稀伞房花序，顶生；萼筒杯状，萼片 5；花瓣 5，与萼片近等长；雄蕊 10-20，花丝短，宿存；心皮 1，花柱侧生，倒生胚珠 2。蓇葖果近球形，偏斜，近基部开裂。种子 1-2，具光泽，种皮坚脆，胚乳丰富，子叶圆形。

5 种，分布于亚洲东部。我国 2 种。安徽省均产。

1. 叶卵形或长椭圆状卵形，长 5-7 厘米，侧脉 7-10 对，边缘浅裂，近无毛；花梗及萼近无毛 …………………………………………………………………………… **1. 野珠兰 S. chinensis**
2. 叶三角状卵形或卵形，长 2-4 厘米，侧脉 5-7 对，边缘深裂，两面被柔毛；花梗及萼被柔毛 …………………………………………………………………………… **2. 小野珠兰 S. incisa**

1. 野珠兰　　　　　　　图 111

Stephanandra chinensis Hance

落叶灌木，高达 1.5 米。小枝细，拱曲，微被柔毛；冬芽卵形。叶卵形或长椭圆状卵形，长 5-7 厘米，宽 2-3 厘米，先端渐尖，稀尾尖，基部心形或圆形，稀宽楔形，常浅裂，具重锯齿，无毛或下面沿脉微被柔毛，侧脉 7-10 对；叶柄长 6-8 毫米，近无毛；托叶卵状披针形。圆锥花序疏松，长 5-8 厘米，径 2-3 厘米，花梗长 3-6 毫米；苞片线状披针形；萼筒杯状，萼片三角状卵形，无毛；花瓣白色，宽倒卵形，长约 2 毫米；雄蕊 10，短于花瓣；子房被柔毛，花柱顶生。蓇葖果，径约 2 毫米，萼片直立。种子 1，卵球形。花期 5 月；果期 7-8 月。

产皖南黄山狮子林、双溪阁、桃花峰、云谷寺、白鹅岭、温泉，泾县小溪，绩溪清凉峰永来至栈岭湾海拔 1340 米，祁门、石台牯牛降，贵池，青阳九华山；大别山区霍山马家河海拔 1350 米，金寨马宗岭、白马寨打抒权海拔 900 米、岳西鹞落坪、文坳海拔 1100 米、潜山，舒城万佛山。生于山麓、溪边、路旁及常绿阔叶林或落叶阔叶林中或灌丛中，分布极为普遍。分布于河南、江苏、浙江、江西、湖南、湖北、四川、广东、福建。

喜光。喜温暖湿润气候及疏松、排水良好的沙质壤土上。树姿秀丽，枝条婆娑，秋叶紫红，春季繁花满树，为良好的观赏树种。茎皮造纸；根药用，治咽喉肿痛。

图 111 野珠兰
1. 果枝; 2. 花枝; 3. 果; 4. 种子; 5. 花纵剖。

2. 小野珠兰

Stephanandra incisa（Thunb.）Zabel

落叶灌木。小枝细，拱曲，微被柔毛；冬芽卵形。叶三角状卵形或卵形，长 2-4 厘米，宽 1.5-2.5 厘米，先端渐尖或尾尖，基部心形或截形，深裂有 4-5 对裂片及重锯齿，被疏柔毛，下面沿脉尤密，侧脉 5-7 对；叶柄长 3-8 毫米，被柔毛；托叶卵状披针形。圆锥花序顶生，疏松，长 2-6 厘米，总梗被柔毛，花梗长 3-8 毫米；苞片披针形；花径约 5 毫米；萼筒浅杯状，内外面被柔毛，萼片长圆形；花瓣白色，倒卵形；雄蕊 10，短于花瓣；子房被柔毛，花柱顶生。蓇葖果近球形，径 2-3 毫米，被柔毛，萼片直立或开展。花期 6-7 月；果期 8-9 月。

产皖南黄山山上部林缘路边，少见；大别山区岳西鹞落坪海拔 1200 米。较喜光。亦较耐寒。分布于辽宁、山东、台湾。

4. 白鹃梅属 Exochorda Lindl.

落叶灌木。芽鳞数枚，无毛。单叶，互生，全缘或具锯齿；具叶柄；托叶早落或无。花两性；总状花序，顶生；萼筒钟状，萼片 5，宽短；花瓣 5，白色，基部具爪，复瓦状排列；雄蕊 15-30，花丝生于花盘边缘；心皮 5，合生，花柱分离，子房上位。蒴果，具 5 棱，5 室，沿背、腹两缝线开裂，每室种子 1-2。种子扁平，具翅。

4 种，分布于亚洲东部、中部。我国 3 种。安徽省 3 种，1 变种。

春季开花，花白而美丽。

1. 叶全缘，稀中部以上具钝齿：
　　2. 花梗长 5-15 毫米，花瓣基部急缩成短爪，雄蕊 15-20；叶柄长 5-15 毫米 ·············· **1. 白鹃梅 E. racemosa**
　　2. 花梗短或近无梗，花瓣基部渐狭成长爪，雄蕊 25-30；叶柄长 1.5-2.5 厘米，常带红色··········
　　··············**2. 红柄白鹃梅 E. giraldii**
1. 叶中部以上具锐锯齿；雄蕊 25；叶柄长 1-2 厘米 ·············**3. 齿叶白鹃梅 E. serratifolia**

1. 白鹃梅　　　　　　　图 112

Exochorda racemosa（Lindl.）Rehd.

落叶灌木，高达 4-5 米。枝条细，圆柱形，微具棱，无毛；冬芽暗紫红色，无毛。叶椭圆形、长椭圆形或长圆状倒卵形，长 3.5-6.5 厘米，宽 1.5-3.5 厘米，先端圆钝或急尖，基部楔形或宽楔形，全缘，稀中部以上具钝锯齿，无毛；叶柄长 5-15 毫米或近无柄；托叶条形，早落。总状花序，花 6-10，花梗长 5-15 毫米，与总梗均无毛；苞片窄披针形；花径 2.5-3.5 厘米；萼筒钟状，萼片宽三角形，无毛；花瓣白色，倒卵形，长约 1.5 厘米，宽约 1 厘米，基部具短爪；雄蕊 15-20，3-4 枚 1 束，生于花盘边缘，与花瓣对生；心皮 5，合生，花柱分离。蒴果倒圆锥形，具 5 棱，熟时棕褐色，无毛；果梗长 3-8 毫米。花期 4-5 月；果期 6-8 月。

产皖南黄山，祁门，太平，广德，歙县，青阳，当涂，采石，马鞍山；大别山区霍山廖寺园、俞家畈海拔 400 米，金寨马鬃岭十坪海拔 900 米，潜山天柱山马祖庵、万里窝海拔 450-850 米，舒城；江淮丘陵和县，无为。生于阳坡、山麓、灌丛中。分布于河南、

图 112 白鹃梅
1. 花枝；2. 花纵剖；3. 果序。

江苏、浙江、江西。

喜光。适应性强，耐干旱瘠薄土壤。播种及嫩枝扦插繁殖。

根皮、枝皮药用，治腰痛。花洁白，枝叶秀丽，为良好庭园观赏树种。木材材质坚重，可供作车轴，砧板，板车框架等。

2. 红柄白鹃梅
Exochorda giraldii Hesse

落叶灌木，高达 5 米。小枝细，开展，无毛；冬芽缘微被柔毛。叶椭圆形、长椭圆形，稀长倒卵形，长 3-4 厘米，宽 1.5-3 厘米，先端突尖、急尖或圆钝，基部楔形、宽楔形或圆形，稀偏斜，全缘，稀中部以上具钝齿，无毛或下面被柔毛；叶柄长 1.5-2.5 厘米，常带红色。总状花序，花 6-10，无毛，花梗短或近无梗；花径 3-4.5 厘米；萼筒浅杯状，萼片近半圆形，无毛；花瓣白色，倒卵形，长 2-2.5 厘米，基部具长爪；雄蕊 25-30，生于花盘边缘；心皮 5，合生，花柱分离。蒴果倒圆锥形，具 5 棱，熟时 5 瓣裂，无毛。种子扁平具翅。花期 5 月；果期 7-8 月。

产皖南黄山浮溪海拔 760 米；太平，青阳，马鞍山，当途，采石。多生于山坡灌丛中。分布于陕西、甘肃、河北、山西中条山海拔 1340 米，河南、江苏、浙江。

喜光。较耐寒，适生于土壤肥沃、土层深厚湿润土壤上。木材质地坚硬、致密，可作车轴；花白色，美丽，供观赏。

2a. 绿柄白鹃梅　铁丁木（太平）（变种）
Exochorda giraldii Hesse var. **wilsonii**（Rehd.）Rehd.

落叶灌木。叶椭圆形或长圆形，全缘或上部偶具疏锯齿；叶柄带绿色，长 1-2 厘米。花径约 5 厘米，近无花梗；雄蕊 20-25。蒴果长达 1.5 厘米。花期 5 月。

产皖南黄山北坡松谷庵，偶见，黟县百年山，太平七都、樵山海拔 1000 米，青阳九华山；大别山区潜山天柱山。生于 1000 米以下杂木林中。分布于湖北、浙江、四川。

喜光。喜温暖湿润气候、肥沃深厚酸性土壤。植株强壮，花繁茂，观赏价值高。木材极为坚重，故群众称为"铁丁木"。可制作车轴，水车，滑轮等多种用途。

3. 齿叶白鹃梅
Exochorda serratifolia S. Moore

落叶灌木，高达 2 米。小枝无毛；冬芽紫红色。叶椭圆形或长圆状倒卵形，长 5-9 厘米，宽 3-5 厘米，先端急尖或圆钝，基部楔形或宽楔形，中部以上具锐锯齿，无毛；叶柄长 1-2 厘米，无毛。总状花序，花 4-7，无毛，花梗 2-3 毫米；花径 3-4 厘米；萼筒浅钟状，裂片三角状卵形；花瓣长圆形，白色，基部具长爪；雄蕊 25，花丝极短；心皮 5，花柱分离。蒴果倒圆锥形，具 5 脊棱，5 室，无毛。花期 5-6 月；果期 7-8 月。

产枞阳海拔 200 米山坡灌丛中。在山区分布较为普遍。分布于辽宁、河北。朝鲜也有分布。

II. 苹果亚科 MALOIDEAE

落叶、常绿或半常绿；灌木或乔木。单叶或复叶，互生；具托叶。心皮 2-5(1)，子房下住或半下住，稀上住，2-5(1)室，每室具 2、稀 1 至多数直立胚珠。梨果，稀浆果状或小核果状。

20 属。我国 16 属。安徽省 13 属。

1. 心皮成熟时坚硬骨质；果内含 1-5 小核：
　2. 叶全缘；枝无刺；心皮 2-5，全部或大部与萼筒连合，成熟时为小梨果状 ·············· **5. 栒子属 Cotoneaster**
　2. 叶具锯齿或缺裂，稀全缘；枝常具刺：

3. 叶常绿；心皮 5，每室 2 胚珠 ·· 6. 火棘属 Pyracantha

3. 叶凋落，稀半常绿；心皮 1-5，每室 1 胚珠 ··························· 7. 山楂属 Crataegus

1. 心皮成熟时革质或纸质；梨果 1-5 室，每室 1 或多数种子：

　4. 复伞房花序或圆锥花序，多花：

　　5. 单叶；常绿，稀落叶：

　　　6. 心皮一部分离生，子房半下位：

　　　　7. 叶全缘或具细锯齿；总梗及花梗无瘤点（疣状皮孔）；心皮成熟时上半部与萼筒分离，裂开为
　　　　5 瓣 ··· 8. 红果树属 Stranvaesia

　　　　7. 叶具锯齿，稀全缘；总梗及花梗常具瘤点（疣状皮孔）；心皮成熟时仅顶端与萼筒分离 ··········
　　　　··· 9. 石楠属 Photinia

　　　6. 心皮连合，子房下位：

　　　　8. 萼片宿存；圆锥花序，稀总状；心皮 3-5(2)；叶侧脉直伸 ······· 10. 枇杷属 Eriobotrga

　　　　8. 萼片脱落；花序总状、伞房、或圆锥花序，心皮 2(3)；叶侧脉弯曲 ····· 11. 石斑木属 Rhaphiolepis

　　5. 复叶或单叶，落叶；总梗及花梗无瘤点；心皮 2-5，部分离生或全部连合，子房下位或半下位，萼片
　　宿存或脱落 ·· 12. 花楸属 Sorbus

　4. 伞形花序或总状花序，稀花单生：

　　9. 子房每室 3 至多数胚珠：

　　　10. 花柱离生；萼片宿存；花单生；叶全缘；枝无刺 ·················· 13. 榅桲属 Cydonia

　　　10. 花柱基部连合；萼片脱落；花单生或簇生；叶具锯齿或全缘；枝无刺或有时具刺 ··············
　　　··· 14. 木瓜属 Chaenomeles

　　9. 子房每室 1-2 胚珠：

　　　11. 子房 2-5 室，每室 2 胚珠，伞形总状花序，萼片宿存或脱落：

　　　　12. 花药深红色或紫色，花柱离生；梨果表面多具显著皮孔，果肉常具较多石细胞 ····· 15. 梨属 Pyrus

　　　　12. 花药黄色，花柱基部连合；梨果表面无显著皮孔，果肉多无石细胞 ·········· 16. 苹果属 Malus

　　　11. 子房不完全 9-10 室，每室 1 胚珠；总状花序，稀花单生；萼片宿存 ······· 17. 唐棣属 Amelanchier

5. 栒子属 Cotoneaster B. Ehrh.

　　落叶、常绿或半常绿；灌木，稀小乔木。枝无刺；冬芽小。单叶，互生，全缘；叶柄短；托叶小，钻形，早落。花两性；单生、聚伞花序或伞房花序，具花 2 至多朵，腋生或生于短枝顶端；萼筒钟状、筒状或陀螺状，萼片 5；花瓣 5，白色或红色，直立或开展，花芽中覆瓦状排列；雄蕊 20(5-25)；心皮 2-5，背面与萼筒连合，腹面分离，子房下位或半下位，2-5 室，每室 2 胚珠，花柱 2-5，离生。梨果小，红色、褐红或紫黑色，萼片宿存，内具 1-5 骨质小核，每小核 1 种子。种子扁平，子叶平凸。

　　约 90 余种，分布于亚洲、欧洲、北非温带地区。我国约 50 余种，分布于西部及西南部各省（区）。安徽省 3 种，1 变种。

1. 落叶灌木，直立；叶长 1.5-3.5 厘米；聚伞花序，花 3-7、3-6 朵：

　2. 花粉红色或白色，开放时花瓣平展；果红色，内 2 小核连合的为 1 ·········· 1. 华中栒子 C. silvestrii

　2. 花淡红色或白色带红晕，开放时花瓣直立：

　　3. 果深红色，内具 2 小核；萼疏被长柔毛 ··························· 2. 山东栒子 C. shantungensis

　　3. 果紫黑色或黑色，内具 2-3 小核；萼密被长柔毛 ··········· 3. 毛灰栒子 C. acutifolius var. villosulus

1. 落叶或半常绿匍匐灌水；叶长 5-14 毫米；花单生或 2 朵并生，生短枝顶端；果鲜红色，小核 3 ··········
·· 4. 平枝栒子 C. horizontalis

1. 华中栒子　　　　　　　　　　图 113

Cotoneaster silvestrii Pamp.

落叶灌木，高 2 米。枝条细长，拱曲。叶椭圆形或卵形，长 1.5-3.5 厘米，宽 1-1.8 厘米，先端尖或圆钝，基部圆或宽楔形，上面无毛或幼时微被平伏柔毛，下面被灰色绒毛,侧脉 4-5 对;叶柄细,长 3-5 毫米，被绒毛;托叶条形，早落。聚伞花序，花 3-7，总梗长 1-2 厘米，被柔毛，花梗长 1-3 毫米，被柔毛;花径 9-10 毫米，萼筒钟状，外被长柔毛，萼片三角形;花瓣平展，白色，近圆形，宽 4-5 毫米，基部具短爪及内面被白色细毛;雄蕊 20，稍短于花瓣，花药黄色;子房顶端被白色柔毛，花柱 2，离生。梨果球形，径约 8 毫米，红色，内 2 小核连合为 1。花期 5 月下旬;果期 9 月。

产皖南黄山，贵池，太平横渡;江淮滁县琅琊山至南天门途中。生于海拔 150-400 米石灰岩山地阔叶林或灌丛中。分布于甘肃、河南、江苏、江西、湖北、四川。

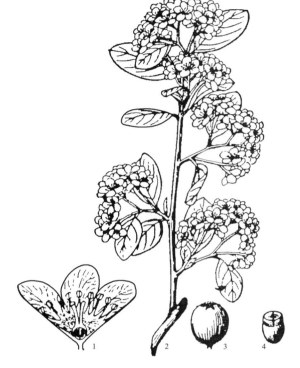

图 113 华中栒子
1. 花纵剖; 2. 花枝; 3. 果; 4. 果核。

2. 山东栒子

Cotoneaster schantungensis Koltz.

落叶灌木,高 2 米。小枝细瘦,幼时密被灰色柔毛,后渐脱落。叶宽椭圆形、宽卵形或倒卵形,长 2-3.5 厘米,宽 1.5-2.4 厘米,先端圆钝或微凹,基部圆形或宽楔形,两面幼时被疏柔毛,后渐脱落,侧脉 3-5 对;叶柄长 2-5 毫米，微被柔毛;托叶披针形。聚伞花序，花 3-6，总梗及花梗被柔毛，后渐脱落;萼筒钟状，被疏毛，萼片宽三角形;花瓣直立，淡红色，倒卵形或近圆形。梨果倒卵形，长 6-8 毫米，深红色，具 2 小核。花期 5 月;果期 8-9 月。

产淮北萧县皇藏峪海拔 150 米。生于落叶阔叶疏林中或林缘路边。分布于山东泰山、山西中条山。

3. 毛灰栒子 （变种）

Cotoneaster acutifolius Turcz. var. **villosulus** Rehd. et Wils.

落叶灌林，高 4 米。枝细瘦，幼时被长柔毛，后渐脱落。叶椭圆形或卵形，长 2.5-5 厘米，宽 1.5-2.5 厘米，先端渐尖或急尖，基部宽楔形，幼时两面密被长柔毛，后上面毛渐稀疏;叶柄粗短，长 2-5 毫米，被长柔毛。聚伞花序，花 2-5，稀单生，总梗及花梗被长柔毛;萼筒钟状，萼片三角形，密被长柔毛;花瓣直立，白色带红晕;雄蕊 10-15，短于花瓣;子房顶端密被短柔毛，花柱 2，离生。梨果倒卵形或椭圆形，长 8-10 毫米，紫黑色或黑色，被疏短柔毛。花期 6 月;果期 9 月。

产大别山区霍山姐妹河，金寨金刚台;江淮滁县琅琊山海拔 200 米。生于山坡林缘处。分布于河北、陕西、山西中条山、海拔达 2150 米、甘肃、湖北、四川。

4. 平枝栒子　　　　　　　　　　　　　　　图 114

Cotoneaster horizontalis Decne

落叶或半常绿匍匐灌木，高不及 50 厘米，水平开展。幼枝密被黄褐色硬伏毛，后渐脱落。叶近圆形或宽椭圆形，稀倒卵形，长 5-14 毫米，宽 4-9 毫米，先端急尖，具 1 短尖头，基部楔形，上面无毛，下面疏被平伏柔毛;叶柄长 1-3 毫米，被柔毛;托叶钻形，早落。花单生或 2 朵并生于短枝顶部，径 5-7 毫米，近无梗；萼筒钟状，外被稀疏柔毛，萼片三角卵状形，先端急尖；花瓣直立，粉红色，倒卵形，长约4毫米；雄蕊约12，短于花瓣，花药黄色；子房顶端被柔毛，花柱2-3，离生。梨果近球形，径4-6毫米，鲜红色，常见3小核，稀2。花期5-6月；果期9月。

产皖南黄山海拔1300-1700米近山顶的山坡处，偶见，歙县清凉峰大原海拔1500米山顶崖壁上，绩溪逍遥乡野猪荡至清凉峰北坡海拔1500米山顶处；大别山区金寨金刚台山坡岩石缝中。分布于陕西、甘肃、湖南、湖北、浙江、四川、贵州、云南。

喜光。耐干旱瘠薄。

根药用，水煎服可治红痢及吐血。绿叶红果相辉映，甚为夺目；又为蜜源植物。

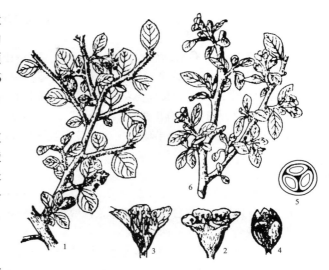

图 114 平枝枸子
1. 果枝；2. 花；3. 花纵剖；4. 果纵剖；5. 果横剖；6. 花枝。

6. 火棘属 Pyracantha Roem.

常绿灌木或小乔木，常具枝刺。冬芽小，被柔毛。单叶，互生，具钝齿、细锯齿或全缘；叶柄短；托叶小，早落。花两性；复伞房花序；萼筒短，萼片5；花瓣5，白色，近圆形，开展；雄蕊15-20，花药黄色；心皮5，在腹面离生、在背面下半部与萼筒连合，子房半下位，5室，每室2胚珠，花柱5，与雄蕊近等长。梨果小，球形，萼片宿存，果内具5小核。

10种，分布于亚洲东部，欧洲南部。我国7种。安徽省1种。

火棘　　　　　　　　　　图 115

Pyracantha fortuneana（Maxim.）Li

常绿灌木，高3米。具枝刺，幼枝被锈色柔毛，老枝无毛；冬芽小，被柔毛。叶倒卵形或倒卵状长圆形，长1.5-6厘米，宽5-20毫米，先端圆钝或微凹，有时具短尖头，基部楔形，下延至叶柄，具圆钝锯齿，齿尖内弯，近基部全缘，无毛；叶柄长3-5毫米。复伞房花序，径3-4厘米；总梗及花梗近无毛，花梗长约1厘米；花径约1厘米；萼筒无毛，萼片三角状卵形，先端钝；花瓣白色，近圆形，长约4毫米，具短爪；雄蕊20，花丝长3-4毫米，花药黄色；子房上部密被白色柔毛，花柱与雄蕊近等长。梨果近球形，径约5毫米，橘红或深红色，萼片宿存，小核5。花期3-5月；果期8-10月。

图 115 火棘（花枝）

产皖南黄山桃花峰海拔700米，太平七都，贵池。生于溪边、灌丛中。现各地城市公园广泛栽培。分布于甘肃、河南、江苏、浙江、福建、广西、湖南、湖北、四川、贵州、云南、西藏。

果含淀粉和糖，可食或酿酒和作猪饲料。根药用，治跌打损伤及筋骨痛；种子治痢及白带；叶治痘疮。根皮含鞣质，可提制栲胶。

本种枝叶繁茂、浓绿，果鲜红色，经久不落，供庭园栽植或作绿篱，具有观赏价值。

7. 山楂属 Crataegus L.

落叶,稀半常绿,乔木或灌木;常具刺,稀无刺;冬芽近球形。单叶,互生,具锯齿、深裂或浅裂,稀不裂;具托叶。花两性;伞房花序或伞形花序,稀花单生;萼筒钟状,萼片5;花瓣5,白色,稀粉红色;雄蕊5-25;心皮1-5,大部分与萼筒合生仅顶端和腹面分离,子房下位或半下位,1-5室,每室2胚珠,常1发育。梨果,心皮熟时为骨质,1-5小核,每小核具1种子。种子扁,子叶平凸,萼片宿存。

约1000余种,广布于北半球,主产北美。我国约17种。安徽省4种,1变种。

1. 叶羽状分裂:
　　2. 叶3-5羽状深裂;果径1-1.5厘米,深红色 ·· 1. **山楂 C. pinnatifida**
　　2. 叶羽状分裂较浅;果径达2.5厘米,深亮红色 ··························· 1a. **山里红 C. pinnatifida** var. **major**
1. 叶浅裂或不裂;
　　3. 叶锯齿圆钝,中部以上具2-4对浅裂,基部宽楔形;总梗及花梗无毛;果深红色,径2.5厘米,小核5······
　　　··· 2. **湖北山楂 C. hupehensis**
　　3. 叶锯齿尖锐,具3-7对裂片,稀顶端3浅裂;总梗及花梗被柔毛或绒毛;果黄色或红色:
　　　　4. 叶宽倒卵形或倒卵状长圆形,上部3(7)浅裂;果近球形,径1-1.2厘米,小核4-5 ····· 3. **野山楂 C. cuneata**
　　　　4. 叶卵形或倒卵形,中部以上2-5浅裂;果椭圆形,径6-7毫米,小核1-3 ········ 4. **华中山楂 C. wilsonii**

1. 山楂 图116

Crataegus pinnatifida Bge.

落叶乔木,高6-9米;树皮灰褐色,微裂。小枝紫褐色,枝刺长1-2厘米,稀无刺。叶宽卵形或三角状卵形,稀菱状卵形,长5-10厘米,宽4-7.5厘米,先端短渐尖,基部平截或宽楔形,3-5羽状深裂,裂片披针形或带形,具稀疏不规则尖重锯齿,上面具光泽,下面沿脉疏被柔毛或脉腋具簇毛,侧状6-10对,直达裂片先端及分裂处;叶柄长2-6厘米,无毛;托叶镰形,缘具齿。伞房花序,径4-6厘米,总梗及花梗初被柔毛,花梗长4-7毫米;花径约1.5厘米;萼筒钟状,密被灰白色柔毛,萼片披针形;花瓣白色,倒卵形或近圆形,长7-8毫米;雄蕊20,短于花瓣,花药粉红色;花柱3-5,柱头头状。梨果球形,径1-1.5厘米,深红色,皮孔白色,小核3-5,外稍具棱,内面两侧平滑。萼片迟落。花期5-6月;果期9-10月。

产皖南黄山,绩溪清凉峰栈岭弯海拔850米,泾县白马山;大别山区霍山茅山,金寨白马寨造钱凹海拔1200米、马宗岭十坪海拔980米,六安,岳西和平乡,潜山天柱峰,舒城万佛山;江淮滁县皇甫山,海拔200米,庐江,来安。生于山谷、溪边或山坡杂木林内或灌丛中。在平原、村庄及家前屋后多有栽培。分布于内蒙古、黑龙江、辽宁、吉林、陕西、山西中条山、河北、河南、山东、江苏、浙江。

喜光。耐寒,喜干冷气候;耐旱。萌芽性强,生长旺盛。种子繁殖或分株繁殖。

果含糖分,富含维生素C,可生食,亦可作果酒、果酱、果糕;果药用,有健胃、化痰、降血压、降血脂等效。

图116 山楂
1. 花枝; 2. 花外形; 3. 花纵剖面; 4. 花瓣; 5. 雄蕊; 6. 柱头。

花艳叶茂，果鲜红，可栽培供观赏。

1a.　山里红　大果山楂（变种）

Crataegus pinnatifida Bge. var. **major** N. E. Br.

叶大而厚，羽裂较浅。果大型，径达 2.5 厘米，深红色，具光泽。

淮北泗县，宿县，砀山，萧县有栽培，偶见有零星野生，为淮北石质丘陵山地普遍栽培的重要果树之一。合肥杏花公园有栽培。果制蜜饯出售，远近驰名，称"糖球"。

喜光。耐寒、耐旱。在土层深厚、排水良好的土壤及微酸性、中性、微碱性土壤均能生长良好。根蘖性强。用种子春播繁殖，嫁接、分根亦可。

有象鼻虫、卷叶虫、星毛虫、白粉病危害，应加强防治。

2.　湖北山楂

Crataegus hupehensis Sarg.

落叶小乔木，高达 5 米。枝无毛，刺少或无刺；冬芽紫褐色。叶卵形或卵状长圆形，长 4-9 厘米，宽 4-7 厘米，先端短渐尖，基部宽楔形或稍圆，具圆钝锯齿，中部以上具 2-5 浅羽裂，裂片卵形，仅下面脉腋被簇生毛；叶柄长 3-5 厘米；托叶披针形，早落。伞房花序，径 3-4 厘米，总梗及花梗无毛，花梗长 4-5 毫米；苞片早落；花径约 1 厘米；萼筒钟状，萼片卵状三角形，无毛；花瓣白色，卵形，长约 8 毫米；雄蕊 20，花药紫色；花柱 5，基部被白色绒毛，柱头头状。梨果近球形，径 2-2.5 厘米，深红色，具斑点，萼片反折，小核 5。花期 5-6 月；果期 8-9 月。

产皖南黄山浮溪、汤岭关至温泉，少见，绩溪清凉峰栈岭湾海拔 850 米，歙县清凉峰，太平，青阳；大别山区霍山茅山，金寨白马寨造钱凹海拔 1200 米、马宗岭十坪海拔 980 米，岳西鹞萍坪，潜山天柱峰，舒城万佛山。生于山坡、山谷杂木林中。分布于陕西、山西中条山、河南、江苏、浙江、江西、湖南、湖北、四川。

果可食，做山楂糕及酿酒，又可药用。

3.　野山楂　　　　　　　　图 117

Crataegus cuneata Sieb. et Zucc.

落叶灌木，高 1.5 米，具细锐枝刺，幼枝初被毛；冬芽紫褐色无毛。叶宽倒卵形或倒卵状三角形，长 2-6 厘米，宽 1-4.5 厘米，先端急尖，基部楔形，下延至叶柄，具不规则重锯齿，顶端常 3 浅裂，稀 5-7 裂，上面具光泽，无毛，下面疏被柔毛，沿脉较密，后渐脱落；叶柄长 4-15 毫米，具窄翼；托叶大形，镰刀状，缘具粗齿。伞房花序，径 2-2.5 厘米，花 3-7；总梗及花梗被柔毛，花梗长约 1 厘米；苞片披针形；花径约 1.5 厘米；萼被毛，萼筒钟状，萼片三角状卵形，先端尾状渐尖，花瓣白色，近圆形，长 6-7 毫米；雄蕊 20，花药红色；心皮 4-5，子房下位或半下位，花柱 4-5，基部被绒毛。梨果近球形或扁球形，径 1-1.2 厘米，红色或黄色，萼片反折，小核 4-5。花期 5-6 月；果期 9-10 月。

产皖南黄山温泉、逍遥亭、虎头岩、桃花峰海拔 1000 米以下灌丛或山坡上，绩溪清凉峰永来海拔 780 米，休宁岭南，旌德，太平七都，石台牯牛降，宣城，青阳九华山；大别山区霍山诸佛庵，金寨马宗岭、白马寨，海拔 800 米，岳西鹞落坪、大王沟，潜山天柱

图 117 野山楂
1. 花枝；2. 花纵剖面（放大）；3. 果；4. 果横切面；5. 种子。

峰铜锣尖，舒城万佛山（小涧冲）；江淮巢湖，来安半塔，滁县皇甫山、琅琊山；淮北萧县皇藏峪。生于山地灌丛或山野荒坡上，为极常见灌木。分布于陕西、河南、山西中条山、江西、浙江、江苏、福建、湖南、湖北、四川、贵州、云南、广西、广东。

喜光。喜温暖湿润气候；耐干旱瘠薄；喜酸性土壤，在钙质土壤上也能生长，适应性强。

种子或根蘖繁殖。果含糖、蛋白质、脂肪、维生素C及柠檬酸，生食或制果酱、或酿酒。亦可药用，健胃、强心、降血压；茎叶煎水治漆疮。嫩叶代茶，枝条供作砧木。

4. 华中山楂　　　　　　　　　图 118

Crataegus wilsonii Sarg.

落叶小乔木，高达 7 米；枝刺粗壮，直立或弯曲，长 1-2.5 厘米，枝稍具棱，幼时被白色柔毛；冬芽紫褐色，无毛。叶卵形或倒卵形，稀三角状卵形，长 4-6.5 厘米，宽 3.5-5.5 厘米，先端急尖或圆钝，基部楔形、圆形或心形，具尖锐锯齿，幼时齿端具腺，中部以上 2-5 浅裂，幼时上面疏被柔毛，下面沿脉微被柔毛；叶柄长 2-2.5 厘米，具窄翅，被白色柔毛，渐落；托叶镰形，缘具腺齿，早落。伞房花序，多花，径 3-4 厘米，总梗及花硬被白色绒毛，花梗长 4-7 毫米；苞片披针形，缘具腺齿；花径 1-1.5 厘米；萼筒钟状，萼片缘具齿，被柔毛；花瓣白色，近圆形，长 6-7 毫米；雄蕊 20，花药玫瑰紫色；花柱 2-3（1），基部被白色绒毛。梨果椭圆形，径 6-7 毫米，红色，肉质，小核 1-3，萼片反折。花期 5 月；果期 8-9 月。

产皖南黄山，歙县清凉峰；大别山区金寨白马寨，潜山天柱山生于海拔 1200-1700 米山坡或山谷杂木林中。分布于陕西、甘肃、山西中条山、河南、浙江、湖北、四川、云南。

图 118 华中山楂
1. 果枝；2. 种子。

8. 红果树属 Stranvaesia Lindl.

常绿乔木或灌木。冬芽小，卵形，芽鳞少数。单叶，互生，革质，全缘或具锯齿；具叶柄和托叶。花两性；伞房花序，顶生，苞片早落；萼筒钟状，萼片 5；花瓣 5，白色，基部具短爪；雄蕊 20；子房半下位，基部与萼筒合生，上半部离生，5 室，每室 2 胚珠，花柱 5，连合至中部以上。梨果小，心皮成熟后与肉质萼筒分离，沿心皮背部开裂，萼片宿存。种子长椭圆形，种皮软骨质，子叶扁平。

约 5 种，分布于印度、缅甸，我国 4 种。安徽省 1 种。

叶亮绿，果序红黄，经久不落，可栽培供观赏。

毛萼红果树　　　　　　　　图 119

Stranvaesia amphidoxa Schneid.

常绿灌木或小乔木，高达 3.8 米；分枝较密，小

图 119 毛萼红果树
1. 果枝；2. 花纵剖；3. 果纵剖；4. 果横剖。

枝粗壮，具棱，幼时被黄褐色柔毛；冬芽红褐色。叶椭圆形或长圆状倒卵形，长 4-10 厘米，宽 2-4 厘米，先端渐尖或尾尖，基部楔形或宽楔形，稀稍圆，细锐锯齿具短芒，上面深绿色，近无毛，下面褐黄色，沿中脉被锈黄色柔毛，侧脉 6-8 对，与中脉显著隆起；叶柄长 2-4 毫米；托叶早落。伞房花序，径 2.5-4 厘米，花 3-9，总梗及花梗密被褐黄色绒毛，花梗长 4-10 毫米；萼密被锈黄色绒毛；花瓣白色，近圆形，长 4-7 毫米；雄蕊 20，花药黄色；花柱 5，大部合生，外被黄白色绒毛，柱头头状。梨果卵形，径 1-1.4 厘米，红黄色，微被柔毛，皮孔淡色，5 室，宿存萼片，直立或内弯。花期 5 月下旬；果期 9-10 月。

产皖南休宁岭南海拔 350 米，少见。生于疏林中。分布于浙江、江西、湖南、湖北、四川、贵州、云南、广西。

毛萼红果树在安徽省南部分布范围狭窄，植株甚少，宜多加保护，在生态条件适生地区可重点繁殖培育。

9. 石楠属 Photinia Lindl.

落叶或常绿，乔木或灌木。冬芽具数枚芽鳞，复瓦状排列。单叶，互生，具锯齿，稀全缘，羽状脉；具托叶。花两性；伞形、伞房或复伞房花序，稀为聚伞花序；总梗及花梗具明显疣状皮孔（多为落叶）或稀少（多为常绿种）；萼筒杯状、钟状或筒状，萼片 5，短小；花瓣 5，开展，在芽内成复瓦状或旋卷状排列；雄蕊约 20；心皮 2（3-5），子房半下位，2-5 室，每室 2 胚珠，花柱离生或基部合生。梨果小，微肉质，顶部或上部与萼筒分离。种子直立，子叶平凸。花萼宿存。

约 60 余种，分布于亚洲东部、南部。我国约 40 余种。安徽省 11 种，3 变种。

1. 常绿；复伞房花序；果序梗及果梗无疣状皮孔：
  2. 叶下面无黑色腺点：
    3. 叶柄长 2-4 厘米，无腺齿；叶长椭圆形或长倒卵形 ……………………………… 1. **石楠 Ph. Serrulata**
    3. 叶柄长 8-15 毫米：
      4. 花瓣无毛；叶长圆形或倒披针形，具细腺齿 ……………………… 2. **椤木石楠 Ph. davidsoniae**
      4. 花瓣内面近基部被毛；叶椭圆形或长圆状倒卵形，具疏浅钝细锯齿 ………… 3. **光叶石楠 Ph. glabra**
  2. 叶下面密被黑色腺点，长圆形或长圆状披针形；叶柄长 1-2.5 厘米 ……… 4. **桃叶石楠 Ph. prunifolia**
1. 落叶；花序伞房或伞形；果序梗及果梗具明显疣状皮孔（疣点）：
  5. 复伞房、伞房或伞形花序，稀聚伞状花序：
    6. 总梗及花梗无毛：
      7. 叶较长：
        8. 叶薄纸质，长圆形或倒卵状披针形，长 5-10 厘米，先端突渐状；花序径 5-7 厘米 ………………
        …………………………………………………………………………… 5. **中华石楠 Ph. beauverdiana**
        8. 叶厚纸质，长圆状椭圆形，长 9-13 厘米，先端急尖或细尖；花序径 8-10 厘米 ………………
        …………………………………… 5a. **厚叶中华石楠 Ph. beauverdiana var. notabilis**
      7. 叶较短，卵形、椭圆形或倒卵形，长 3-6 厘米，先端短尾尖 ……………………………
      ……………………………………… 5b. **短叶中华石楠 Ph. beauverdiana var. brevifolia**
    6. 总梗及花梗被柔毛：
      9. 叶下面疏被柔毛，毛不脱落，侧脉 10-15 对；复伞房花序 ……………… 6. **绒毛石楠 Ph. schneideriana**
      9. 叶下面 初被白色长柔毛，后脱落无毛，仅脉上被柔毛，侧脉 5-7 对；伞房花序：
        10. 伞房花序具花 10-20；叶倒卵形或长圆状倒卵形 …………… 7. **毛叶石楠 Ph. villosa**
        10. 伞房花序具花 5-8（15）叶椭圆形或长圆状椭圆形 ………… 7a. **华毛叶石楠 Ph. villosa var. sinica**
  5. 伞形花序、聚伞花序或伞房花序
    11. 伞形花序，具花 2-9；落叶性；小枝、叶下面、叶柄、花梗及萼筒无毛：
      12. 叶革质或厚纸质，椭圆形、椭圆状卵形或菱状卵形，上面光亮，下面苍白色先端突渐尖………

··· 8. 伞花石楠 **Ph. subumbellata**

　　　12. 叶草质, 椭圆形、椭圆状卵形或菱状卵形, 先端长渐尖 ················· 9. 小叶石楠 **Ph. parvifolia**

　11. 聚伞花序或伞房花序, 具花 3-8、1-2; 半常绿; 叶纸质或革质; 幼枝、叶下面、叶柄、花梗及萼筒被
　　　褐色粗硬毛或长柔毛:

　　　13. 冬芽卵形; 叶长 3-7.5 厘米, 先端渐尖或尾尖; 聚伞花序, 花 3-8 ·········· 10. 褐毛石楠 **Ph. hirsuta**

　　　13. 冬芽长圆锥形; 叶长 2-5.5 厘米, 先端急尖或微钝; 伞房花序, 花 1-2 ································
　　　··· 11. 浙江石楠 **Ph. zhejiangensis**

1. 石楠　　　　　　　　　　　　图 120

Photinia serrulata Lindl.

图 120 石楠
1. 花枝; 2. 花; 3. 雌蕊。

常绿小乔木, 高达 6 米; 树皮灰褐色。小枝无毛; 冬芽长卵形, 光亮, 无毛。叶革质, 长椭圆形、长倒卵形或倒卵状椭圆形, 长 9-22 厘米, 宽 3-6.5 厘米, 先端渐尖, 基部圆或宽楔形, 具细腺齿, 上面亮绿色, 无毛, 下面幼时中脉被柔毛, 侧脉 25-30 对; 叶柄粗, 长 2-4 厘米, 幼时被柔毛。复伞房花序, 径 10-16 厘米, 总梗及花梗无毛, 花梗长 3-5 毫米; 花径 6-8 毫米; 萼筒杯状, 萼片三角形, 无毛; 花瓣白色, 近圆形; 雄蕊 20, 2 轮排列, 花药红色; 子房顶端被柔毛, 花柱 2(3), 基部连合, 柱头头状。梨果球形, 径 5-6 毫米, 红色至褐紫色。种子 1, 卵形, 长 2 毫米, 棕色。花期 4-5 月; 果期 10 月。

产皖南黄山桃花峰、云谷寺、仙人榜, 分布较普遍, 休宁岭南, 绩溪浩寨乡, 歙县许村、清凉峰海拔 670-1400 米, 祁门, 石台牯牛降, 泾县小溪, 宣城, 青阳九华山; 大别山区霍山青风岭海拔 500 米, 金寨白马寨, 岳西妙道山海拔 950 米, 舒城小涧冲, 枞阳浮山、官桥。生于常绿林中、路边灌丛或沟谷中。分布于陕西、甘肃、河南、江苏、浙江、江西、福建、台湾、湖南、湖北、四川、贵州、云南、广西、广东。各地庭园广泛栽培。

稍耐阴; 喜温暖湿润气候; 耐低温、耐干旱瘠薄, 能生长在石缝中; 不耐水湿。

春季播种, 7-9 月扦插, 或压条繁殖。

根、茎、叶药用, 可解热、镇痛、利尿; 叶之水浸液治蚜虫; 对马铃薯病菌孢子发芽有抑制作用。木材坚韧致密, 可制工艺品。在公园中可采取片植、行植, 冬季叶翠绿, 春季幼叶紫红, 起到美化环境作用。

散孔材。心边材区别略明显, 心材浅红褐色至深红褐色; 纹理斜, 结构细, 均匀, 甚重, 甚硬。干燥较难, 易翘裂; 耐腐性强, 生材加工不困难, 切削面光滑。可作木刻、玩具、算盘珠、秤杆等小型工艺品用材。

2. 椤木石楠

Photinia davidsoniae Rehd. et Wils.

常绿乔木, 高达 14 米。具枝刺, 幼枝疏被平伏柔毛。叶革质, 长圆形、倒卵状椭圆形或倒披针形, 长 5-15 厘米, 宽 2-5 厘米, 先端急尖或渐尖, 具短尖头, 基部楔形, 缘稍反卷, 具细腺齿, 上面中脉被平伏柔毛至无毛, 侧脉 10-12 对; 叶柄长 8-15 毫米, 无毛。复伞房花序, 径 10-12 厘米, 总梗及花梗被平伏柔毛, 花梗长 5-7 毫米;

苞片早落；花径 1-1.2 厘米；萼筒浅杯状，萼片宽三角状，均疏被柔毛；花瓣白色，圆形，径 3.5-4 毫米，爪极短；雄蕊 20，短于花瓣；花柱 2，基部连合，密被白色长柔毛。梨果球形或卵形，径 7-10 毫米，黄红色，无毛。种子 2-4，卵形，长 4-5 毫米，褐色。花期 5 月；果期 10 月。

产皖南黄山人字瀑、九龙瀑布，在北坡偶见，太平，泾县，休宁，祁门，宣城，青阳九华山。生于山麓、溪边或灌丛中。分布于陕西、浙江、江苏、福建、江西、湖南、湖北、四川、云南、广西、广东。

喜光。喜温暖；耐干旱，对土壤要求不严。

由于枝刺密集，常栽培作绿篱。

3. 光叶石楠 图 121

Photinia glabra（Thunb.）Maxim.

常绿乔木，高达 7 米；树皮灰褐色。枝无毛。叶革质，幼叶、老叶均呈红色，椭圆形或长圆状倒卵形，长 5-10 厘米，宽 2-4 厘米，先端渐尖，基部楔形，具疏浅钝细锯齿，齿端具腺，无毛，侧脉 10-18 对；叶柄长 1-1.5 厘米，无毛。复伞房花序，径 5-10 厘米，总梗及花梗无毛，花梗长约 1 厘米；花径 7-8 毫米；萼筒杯状，萼片三角形，内面被柔毛；花瓣白色，倒卵形，长约 3 毫米，反卷，内面基部被毛和短爪；雄蕊 20；子房顶端被柔毛，花柱 2（3），离生或下部连合，柱头头状。梨果卵形，长约 5 毫米，红色，无毛。花期 4-5 月；果期 9-10 月。

图 121 光叶石楠（果枝）

产皖南黄山浮溪、居士林、温泉锁泉桥常绿落叶混交林中，紫云峰、松谷庵常见，歙县，绩溪清凉峰海拔 700 米，祁门，休宁，泾县，宣城，青阳九华山；大别山区太湖大山乡海拔 250 米。生于疏林中。分布于江苏、浙江、江西、福建、湖南、湖北、贵州、云南、四川、广西、广东。

木材坚韧致密，具香气，宜作细木工、工艺品用材。

叶药用，可解热、镇痛、利尿。

4. 桃叶石楠（栽培）

Photinia prunifolia（Hook. et Arn.）Lindl.

常绿乔木，高达 20 米。小枝无毛。叶革质，长圆形或长披针形，长 7-13 厘米，宽 3-5 厘米，先端渐尖，基部圆形或宽楔形，密具细腺齿，下面密被黑色腺点，无毛，侧脉 13-15 对；叶柄粗，长 1-2.5 厘米，复伞房花序，径 12-16 厘米，总梗及花梗疏被长柔毛，花梗长 3-10 毫米；花径 7-8 毫米；萼筒杯状，外被柔毛，萼片三角形，内面微被绒毛；花瓣白色，倒卵形，长约 4 毫米，基部被绒毛；雄蕊 20；子房顶端被毛，花柱 2（3），离生。梨果椭圆形，径 3-4 毫米，红色。种子 2-3。花期 3-4 月；果期 10-12 月。

皖南黄山树木园栽培。分布于浙江、江西、福建、湖南、广东、广西、贵州、云南；生于海拔 700-1100 米山地疏林中。

水材坚韧致密，可制秤杆、伞柄、算盘珠等。亦为优美绿化树种。

5. 中华石楠 图 122

Photinia beauverdiana Schneid.

落叶灌木或小乔木，高达 10 米。小枝具明显灰色皮孔，无毛。叶薄纸质，长圆形、倒卵状长圆形或倒状披针形，长 5-10 厘米，宽 2-4.5 厘米，先端突渐尖，基部圆或楔形，疏具腺齿，上面无毛，下面沿中脉疏被柔毛，侧脉 9-14

对;叶柄长 5-10 毫米,微被柔毛。复伞房花序,径 5-7 厘米,总梗及花梗无毛,密被疣状皮孔,花梗长 5-15 毫米;花径 5-7 毫米;萼筒杯状,萼片三角形,均被微柔毛;花瓣白色,卵形,长约 2 毫米;雄蕊 20;花柱 3(2),基部连合。梨果卵形,径 5-6 毫米,紫红色,无毛,微具疣点;果梗长 1-2 厘米,具疣点;萼片宿存。花期 5 月;果期 8-9 月。

产皖南黄山云谷寺、西海、北海、始信峰,少见,歙县清凉峰西凹海拔 1550 米,旌德,青阳九华山;大别山区霍山马家河天河尖海拔 1430 米,金寨马宗岭、天堂寨、虎形地海拔 450-1050 米,岳西大王沟妙道山、鹞落坪海拔 650-1100 米;江淮来安,滁县皇甫山。生于山坡、沟谷疏林中。分布于陕西、河南、江苏、浙江、福建、江西、湖南、湖北、四川、贵州、云南、广西、广东。

图 122 中华石楠
1. 花枝;2. 果序。

5a. 厚叶中华石楠 (变种)

Photinia beauverdiana Schneid. var. **notabillis** (Schneid.)Rehd.

叶厚纸质,长圆状椭圆形,长 9-13 厘米,宽 3.5-6 厘米,先端急尖,具小尖头,疏具细锯齿,齿端无腺,侧脉 9-12 对;花序径 8-10 厘米,花梗长 1-1.8 厘米,与原种相区别。

产皖南泾县小溪,歙县三阳坑,休宁;大别山区金寨,岳西妙道山、鹞落坪海拔 650-1050 米,舒城万佛山。分布于浙江、江苏、江西、湖北、湖南、四川。

5b. 短叶中华石楠 (变种)

Photinia beauverdiana Schneid. var. **brevifolia** Card.

叶较短,卵形、椭圆形或倒卵形,长 3-4 厘米,宽 1.5-3.5 厘米,先端短尾状,基部圆形,侧脉 6-8 对,不显著;花柱 3,合生。

产皖南黄山浮溪海拔 500 米,祁门牯牛降赤岭头海拔 470 米,太平新民海拔 200 米,泾县小溪;大别山区金寨渔潭,岳西大王沟、鹞落坪海拔 1000 米,舒城万佛山小涧冲。生于杂木林中或林缘。分布于陕西、江苏、浙江、江西、湖北、湖南、四川。

6. 绒毛石楠　　　　　　　　图 123

Photinia schneiderana Rehd. et Wils.

落叶小乔木,高达 6.8 米。小枝具明显疣状皮孔,幼时疏被柔毛。叶纸质或厚纸质,长圆状披针形或长椭圆形,长 6-11 厘米,先端渐尖,基部宽楔形,具尖锯齿,下面被稀疏不脱落绒毛,侧脉 10-15 对;叶柄长 6-10 毫米,初被柔毛。复伞房花序,多花,总梗及分枝疏被柔毛,花梗长 3-8 毫米,无毛;萼筒杯状,无毛,萼片圆形;花瓣白色,近圆形,宽约 4 毫米,基部具爪;雄蕊 20;子房顶端被柔毛,花柱 2-3,基部连合。梨果卵形,径约 8 毫米,带红色,无毛,具

图 123 绒毛石楠
1. 果枝;2. 花。

疣点，萼片宿存。种子 2-3，卵形，长 5-6 毫米，两端尖，黑褐色。花期 4-5 月；果期 8-9 月。

产皖南黄山西海拔 1500 米，疏林中偶见，绩溪清凉峰乌桃、逍遥乡海拔 790-1000 米；大别山区金寨白马寨东边凹至天堂寨海拔 1220-1400 米、龙井河、姐妹沟海拔 950-1240 米，岳西妙道山、大王沟海拔 600-900 米，潜山天柱山燕子河、铜锣尖海拔 1200 米。分布于浙江、江西、福建、湖南、湖北、贵州、四川、广东。

7. 毛叶石楠　　　　　　　　　　图 124

Photinia villosa（Thunb.）DC.

落叶小乔木，高达 5.2 米。幼枝被白色长柔毛，散生皮孔；冬芽无毛。叶草质，倒卵形或长圆状倒卵形，长 3-8 厘米，宽 2-4 厘米，先端尾尖，基部楔形，具细密尖锯齿，两面初被白色长柔毛，上面渐脱落，下面叶脉被柔毛，侧脉 5-7 对；叶柄长 1-5 毫米，被长柔毛。伞房花序，花 10-20，总梗及花梗被长柔毛，花梗长 1.5-2.5 厘米；苞片、小苞片早落；花径 7-12 毫米；萼筒杯状，萼片三角状，均被长柔毛；花瓣白色，近圆形，径 4-5 毫米，内面基部被毛和爪；雄蕊 20；子房顶端被毛，花柱 3，离生。梨果椭圆形或卵形，径 6-8 毫米，红色或黄红色，稍被柔毛；宿存萼片直立。花期 4 月；果期 8-9 月。

产皖南黄山慈寺、玉屏楼、皮蓬海拔 600-1530 米，绩溪清凉峰山荡、荒坑岩、中南坑海拔 900-1300 米，祁门牯牛降海拔 1370-1600 米；大别山区霍山马家河万家红海拔 1500 米，金寨白马寨造钱凹、小海淌海拔 760-1280 米，岳西鹞落坪、青天海拔 950-1100 米，潜山彭河乡海拔 1250 米，舒城万佛山海拔 700 米。分布于甘肃、河南、山东、江苏、浙江、江西、福建、湖南、湖北、贵州、云南、广东。

图 124 毛叶石楠
1. 花枝；2. 果。

7a. 华毛叶石楠（变种）

Photinia villosa（Thunb.）DC. var. **sinica** Rehd. et Wils.

叶椭圆形或长圆状椭圆形，长 4-8.5 厘米，宽 1.8-4.5 厘米，无毛。伞房花序，花 5-8（15）；花径 1-1.5 厘米。梨果球形，径 9-11 毫米，无毛，红色，经冬不落；果梗微被毛。

产皖南黄山汤口、山岔、皮蓬、西海门、狮子林海拔 400-1500 米；大别山区金寨天堂寨海拔 1000 米，岳西鹞落坪。分布于江苏、浙江、江西、福建、湖北、湖南、广东、广西、四川、贵州、陕西、甘肃。

矮生灌木；秋叶红色；果红经冬不落，可栽植供观赏；种子油制肥皂、油漆。木材制农具。果、根入药，治痨伤疲乏。

8. 伞花石楠　　　　　　　　　　图 125

Photinia subumbellata Rehd. et Wils.

落叶灌木，高达 3 米。枝纤细，无毛，散生黄色

图 125 伞花石楠
1. 花枝；2. 花纵剖；3. 果纵剖；4. 果横剖。

皮孔；冬芽长卵形，顶端急尖。叶革质或厚纸质，椭圆形、椭圆状卵形或菱状卵形，长 4-8 厘米，宽 1-3.5 厘米，先端突渐尖或尾尖，基部宽楔形或近圆形，具细尖锐锯齿，上面光亮，近无毛，下面苍白色，无毛，侧脉 4-6 对；叶柄长约 1.2 毫米，无毛。伞形花序，花 2-9，近无总梗，花梗细，长 1-2.5 厘米，无毛；苞片、小苞片早落；花径 5-15 毫米；萼筒杯状，无毛，萼片内面疏被柔毛；花瓣白色，圆形，长 4-5 毫米；雄蕊 20；子房顶端密被长柔毛，花柱 2-3，中部以下合生。梨果椭圆形或卵形，径 7-9 毫米，橘红色或紫色，无毛，宿存萼片直立；果梗长 1-2.5 厘米，密被疣点。种子 2-3。花期 4-5 月；果期 7-8 月。

产大别山区望江县四合队前山海拔约 400 米。分布于浙江、江苏、江西、台湾、湖北、湖南、广东、广西、四川、贵州、河南；生于山谷、林下 1700 米以下。叶入药，祛风止痛、补肾强筋。

9. 小叶石楠 图 126

Photinia parvifolia(Pritz.)Schneid.

落叶灌水，高达 3 米。小枝细，无毛。叶草质，椭圆形、椭圆状卵形或菱状卵形，长 2-5.5 厘米，宽 8-25 毫米，先端渐尖或长渐尖，基部楔形或近圆形，具细锐锯齿，上面幼时疏被柔毛，下面无毛，侧脉 4-6 对；叶柄长 1-2 毫米，无毛。伞形花序，花 2-9，无总梗，花梗细丝状，长 1-2.5(3.2) 厘米，无毛，被疣点；花径约 8 毫米；萼无毛，萼筒杯状，仅萼片内面疏被柔毛；花瓣白色，倒卵形，长 4-5 毫米；雄蕊 20；子房顶端密被长柔毛，花柱 2-3，中部以下连合。梨果卵球形，径约 7 毫米，淡橘红色或紫色，无毛，具疣点，果梗长 1-2.5 厘米，密被疣点，宿存萼片直立。种子 2-3。花期 4-5 月；果熟 7-8 月。

产皖南黄山西海门，少见，休宁岭南，祁门牯牛降赤岭头海拔 470 米，绩溪清凉峰海拔 900 米；大别山区霍山英林沟，金寨马宗岭、白马寨海拔 820 米、龙井河、岳西妙道山、鹞落坪、田林海拔 1050 米，潜山天柱山海拔 420 米，舒城万佛山。分布于江苏、浙江、江西、福建。

根、枝及叶药用，止血，止痛用。

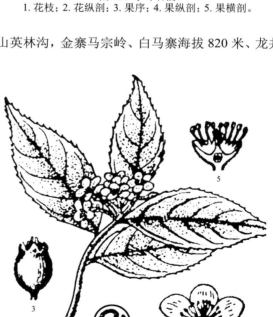

图 126 小叶石楠
1. 花枝；2. 花纵剖；3. 果序；4. 果纵剖；5. 果横剖。

10. 褐毛石楠 图 127

Photinia hirsuta Hand. -Mzt.

半常绿灌木或小乔木，高达 4 米。小枝密被褐色硬毛，老枝具纵条纹及皮孔；冬芽卵形，被褐色硬毛。叶纸质，椭圆形、椭圆状披针形或近卵形，长 3-7.5 厘米，宽 1.5-3 厘米，先端渐尖或尾尖，基部宽楔形或稍圆，疏生具腺锐锯齿，近基部全缘，上面光亮，无毛，下面中脉被褐色柔毛，侧脉 5-6 对，网脉不明显；叶柄短粗，长 2-4 毫米，密被褐色硬毛。聚伞花序，花 3-8，无总梗，花梗长 3-10 毫米，密被褐色硬毛；苞片钻形；花径 5-7 毫米；萼筒钟状，萼片三角形，均密被褐色硬毛；花瓣白色或带粉红色，倒卵形，长约 3 毫米；雄蕊 20；花柱 2，中部以下连合。梨果椭圆形，

图 127 褐毛石楠
1. 花枝；2. 花；3. 果；4. 果横剖；5. 花纵剖。

长约 8 毫米，红色，近无毛，具疣点。种子黑褐色。花期 4-5 月；果期 9-10 月。

产皖南黄山海拔 400-600 米常绿阔叶林中偶见，休宁五城，祁门牯牛降；大别山区岳西鹞落坪海拔 1050 米。分布于浙江、江西、福建、湖南。

11. 浙江石楠　　　　图 128

Photinia zehjiangensis P. L. Chiu

半常绿灌木，高 1.5（4）米。幼枝密被棕色粗毛，老枝黑褐色至近黑色，皮孔褐色；冬芽长圆锥形，微被黄褐色柔毛。叶革质，椭圆形、倒卵状椭圆形或菱状椭圆形，长 2-5.5 厘米，宽 1.5-2.8 厘米，先端急尖、突尖或圆钝，基部楔形或宽楔形，具极锐硬锯齿，齿端具腺，上面绿色，下面色淡，幼时被稀疏黄褐色长柔毛或仅基部或沿脉被毛，侧脉 6-8 对，不明显；叶柄长 1-2 毫米或无，微被黄褐色粗毛。伞房花序，花 1-2，稀 3-7，花梗较细，长 1-2 厘米，疏被黄褐色长柔毛；苞片钻形；花径约 1 厘米；萼片三角形，缘被毛；花瓣白色，近圆形，长 1.5-2 毫米；雄蕊 20；花柱 2-3 中部以下连合。梨果卵状椭圆形或坛形，连同宿存萼片长 8-10 毫米，具疣点，无毛，果梗纤细，长 1-2 厘米，近无毛，具疣点。花期 4 月；果期 10-11 月。

产皖南黄山桃花峰，休宁岭南乡政府附近常绿阔叶林中，海拔 200-900 米沟谷、溪边多有生长。分布于浙江遂昌、景宁。属浙、皖植物区系特有成分。

图 128 浙江石楠
1. 果枝；2. 果；3. 花。

10. 枇杷属　Eriobotrya Lindl.

常绿乔木或灌木。单叶，互生，具锯齿，或近全缘，羽状脉，网脉明显；具叶柄或近无柄；托叶早落。花两性；圆锥花序顶生，常被绒毛；萼筒杯状或倒圆锥状，萼片 5，宿存；花瓣 5，白色，芽时卷旋状或双盖复瓦状排列；雄蕊 20-40；子房下位，心皮 3-5（2），2-5 室，每室 2 胚珠，花柱 2-5，基部连合，常被毛，梨果肉质或干燥，内果皮膜质。种子大，1 至多粒。

约 30 种，分布于亚洲温带及亚热带。我国 13 种。安徽省 1 种。

多数种类木材坚韧硬重，有些种类果实可生食或加工。为著名果树。

枇杷　　　　图 129

Eriobotrya japonica（Thunb.）Lindl.

常绿小乔木，高达 10 米。小枝粗壮，密被锈色或灰棕色绒毛。叶革质，大型，披针形、长倒卵形或椭圆状长圆形，长 12-30 厘米，宽 3-9 厘米，先端急

图 129 枇杷
1. 花枝；2. 花之一部，示花萼、雄蕊及雌蕊；3. 子房横切面；4. 果实；5. 果横切，示种子。

尖或渐尖，基部楔形或渐窄下延至叶柄，上部具疏锯齿，基部全缘，上面光亮，多皱，下面密被灰棕色绒毛，侧脉 11-21 对；叶柄长 6-10 毫米，被灰棕色绒毛；托叶钻形，长 1-1.5 厘米，被毛。圆锥花序顶生，长 10-19 厘米，花密生，总梗及花梗密被锈色绒毛，花梗长 2-8 毫米；苞片密被锈色绒毛；花芳香，径 1.2-2 厘米；萼筒浅杯状，萼片三角形，被锈色绒毛；花瓣白色，长圆形，长 5-9 毫米，具短爪，被锈色绒毛；雄蕊 20；子房顶端被锈色绒毛，5 室，每室 2 胚珠，花柱 5，离生。梨果球形，径 2-5 厘米，黄色或橘黄色，被锈色绒毛，后脱落。种子 1-5，扁球形，径 1-1.5 厘米，褐色，光亮，种皮纸质。花期 10-12 月；果期翌年 5-6 月。

产皖南黄山逍遥溪，黟县，休宁，旌德，太平，铜陵，芜湖，尤以歙县三潭乡盛产枇杷而著名，是安徽省枇杷的主要产地；江淮滁县，庐江，合肥，定远，加山均有另星栽培，可供绿化和观赏。分布于陕西、甘肃、河南、江苏、浙江、福建、台湾、江西、湖南、湖北、贵州、四川、云南、广西、广东。湖北有野生。

稍耐阴；喜温暖湿润气候；不耐严寒。喜肥沃、排水良好的中性、酸性土壤。种子或嫁接繁殖，实生树寿命较嫁接树长，后期产量高。

有枇杷黄毛虫、举尾虫、小灰蝶幼虫、天牛象鼻虫、枝干腐烂病、炭疽病等危害。

枇杷品种有红沙、白沙两大类，其中优良品种颇多，果味甘甜微酸，供生食、蜜饯和酿酒用；叶晒干去毛可药用，化痰、止咳、润肺；蒸其叶取露，名枇杷露，具清热、治慢性气管炎之效；又为优良之蜜源植物和绿化观赏树种。

木材红棕色，坚韧、结构细，比重 0.69-0.81，可制木梳、手杖、农具柄。

11. 石斑木属 Raphiolepis Lindl.

常绿灌木或小乔木。单叶，互生，革质；叶柄短；托叶锥形，早落。花两性；总状、伞房或圆锥花序，直立；萼筒钟状或筒状，下部与子房连合，萼片 5，直立或反折，脱落；花瓣 5，具短爪；雄蕊 15-20；子房下位，2 室，每室 2 直立胚珠，花柱 2-3，离生或基部连合。梨果核果状，近球形，肉质，萼片脱落后，顶端留一圆环或浅窝。种子 1-2，近球形，种皮薄，子叶肥厚，平凸或半球形。

约 15 种，分布于亚洲东部。我国 7 种。安徽省 2 种。

1. 叶卵形或长圆形，稀倒卵形，长 2-8 厘米，宽 1.5-4 厘米；叶柄长 5-18 毫米；果径 5 毫米 ……… 1. **石斑木 R. indica**
1. 叶长椭圆形或倒卵状长圆形，长 7-15 厘米，宽 4-6 厘米；叶柄长 1.5-2.5 厘米；果径 7-10 毫米…………………
……… 2. **大叶石斑木 R. major**

1. 石斑木

Raphiolepis indica（L.）Lindl.

常绿灌木或小乔木，高达 4 米。幼枝被褐色绒毛，后脱落。叶革质，集生枝顶，卵形或长圆形，稀倒卵形或长圆状披针形，长 2-8 厘米，宽 1.5-4 厘米，先端圆钝、急尖、渐尖，有时尾尖，基部窄楔形，渐窄下延至叶柄，具细钝锯齿，上面具光泽，下面疏被绒毛或无毛，网脉明显；叶柄长 5-18 毫米，近无毛；托叶早落。圆锥或总状花序顶生，总梗及花梗被锈色绒毛，花梗长 5-15 毫米；苞片窄披针形；花径 1-1.3 厘米；萼筒筒状，萼片三角状披针形；花瓣白色或淡红色，倒卵形或披针形，基部被柔毛；雄蕊 15，与花瓣等长或稍长；花柱 2-3，基部连合。梨果核果状，球形，径约 5 毫米，紫黑色；果梗粗短，长 5-10 毫米。花期 4 月；果期 7-8 月。

产皖南黄山汤口、桃花峰、云谷寺、松谷庵海拔 150-900 米山坡常绿阔叶林中常见，休宁岭南，绩溪清凉峰徽杭商道海拔 800 米，石台牯牛降祁门岔海拔 410 米，太平，泾县乌溪、小溪，歙县清凉峰，青阳。为安徽省常绿阔叶林中习见下木。分布于浙江、江西、福建、台湾、湖南、贵州、云南、广西、广东。

喜光。喜温暖湿润气候；耐干旱瘠薄，喜酸性土壤。

果可食。根药用，治跌打损伤。木材带红色，质量坚韧，可制器物及工艺品。

2. 大叶石斑木　图130

Raphiolepis major Card.

常绿灌木，高达 3.8 米；树皮光滑。小枝粗，灰色，近无毛。叶长椭圆形或倒卵状长圆形，长 7-15 厘米，宽 4-6 厘米，先端急尖或短渐尖，基部楔形下延，缘稍反卷，具浅钝锯齿，上面中脉隆起，侧脉网脉凹下，下面带灰白色，侧脉 8-14 对；叶柄具翅，长 1.5-2.5 厘米，近无毛。圆锥花序长约 12 厘米，总梗、花梗、苞片、小苞片及萼筒均被锈色绒毛，花梗长 7-15 毫米；花径 1.3-1.5 厘米；萼筒筒状，萼片三角状披针形，先端长渐尖；花瓣卵形，长 5-7 毫米，基部被毛；雄蕊 15，与花瓣等长，或稍短；子房被毛，花柱 2，基部连合。梨果核果状，球形，径 7-10 毫米，黑色；果梗粗，长 8-15 毫米，被棕色绒毛。种子 1，球形，径约 5 毫米，黑色。花期 4 月；果期 8 月。

产皖南黄山茶林场，偶见，休宁岭南长横坑。生于山谷河边海拔 300 米处岩缝或密林中。分布于浙江、江西、福建。

图 130 大叶石斑木
1. 果横剖；2. 花枝；3. 果枝；4. 花纵剖。

12. 花楸属 Sorbus L.

落叶乔木或灌木。冬芽大，芽鳞多数，复瓦状排列。单叶或奇数羽状复叶，在芽内对折状，稀席卷状，互生；具托叶。花两性；复伞房花序顶生，多花；萼筒钟状，萼片 5；花瓣 5；雄蕊 15-25；心皮 2-5，部分离生或全部连合，子房下位或半下位，2-5 室，每室 2 胚珠。梨果小，内果皮软骨质，每室具 1-2 种子。果时萼片脱落残留一圆痕，或萼片宿存呈闭合状。

约 80 种，分布于亚洲、欧洲、北美洲。我国 50 余种。安徽省 7 种，1 变种。

本属花序多密集，花白色，秋季果红色、黄色或白色，极美丽，供观赏。有些种类果富含糖份和维生素，可制果酱、果糕或酿酒；有些种类是果树育种和做砧木的重要材料；嫩枝、叶可作饲料。种子含苦杏仁素及油分，供医药工业用。枝皮含鞣质，可提制栲胶。木材做小型器物。

1. 单叶，具锯齿或浅裂；萼片脱落，留有圆痕；心皮 2-3，全部与花托连合，花柱 2 或 2-3，基部或中部以下连合：
　　2. 叶下面无毛或沿脉微被柔毛，卵形或椭圆状卵形，具不整齐尖锐重锯齿或微浅裂 ………………………………………………………………………………………… 1. 水榆花楸 S. alnifolia
　　2. 叶下面被绒毛：
　　　　3. 果椭圆形；叶下面密被白色绒毛，中脉和侧脉及叶柄也密被白色绒毛；………… 2. 石灰花楸 S. folgneri
　　　　3. 果近球形或球形，疏生皮孔或无：
　　　　　　4. 叶下面被灰白色绒毛，而中脉和侧脉无毛，叶柄无毛或微被绒毛；花梗及萼筒被白色绒毛 ……………………………………………………………………………… 3. 江南花楸 S. hemsleyi
　　　　　　4. 叶下面密被棕褐色或黄白色绒毛；中、侧脉上和花梗及萼筒被褐色绒毛 ……… 4. 棕脉花楸 S. dunnii
1. 奇数羽状复叶；萼片宿存，呈闭合状，心皮 3-4、2-4、4-5，大部与花托连合，花柱 2-4(5)，离生：
　　5. 芽先端被黄棕褐色柔毛；果红色：
　　　　6. 小叶 4-6 对，具粗尖锯齿；花序松散，心皮 3-4，雄蕊 20，近等长 ………… 5. 黄山花楸 S. amabilis
　　　　6. 小叶 5-7 对，具钝锯齿；花序排列紧密，心皮 2-4(5)，雄蕊 20，10 长 10 短 ……… 6. 天堂花楸 S. tiantangensis

5. 芽无毛；果白色，有时带红晕；小叶 4-8 对 ·················· 7. 湖北花楸 **S. hupehensis**

1. 水榆花楸   图 131

Sorbus alnifolia（Sieb. et Zucc.）K. Koch

落叶乔木，高达 18 米。幼枝微被柔毛，后无毛；
冬芽无毛。单叶，卵形或椭圆状卵形，长 5-10 厘米，
宽 3-6 厘米，先端短渐尖，基部宽楔形或圆形，具不
整齐尖锐重锯齿，无毛，或下面脉上微被柔毛，侧脉
6-10 对，直达齿端；叶柄长 1.5-3 厘米，无毛或微被
柔毛。复伞房花序，顶生，总梗及花梗疏被柔毛，花
梗长 6-10 毫米；花径 1-1.4 厘米；萼筒钟状，萼片三
角形，内面密被白色绒毛；花瓣白色，近圆形，长 5-7
毫米；雄蕊 20，短于花瓣；子房 2 室，花柱 2，基部
或中部以下连合，无毛。梨果椭圆形或卵形，径 7-10
毫米，红色或黄色，皮孔不明显，2 室；萼片脱落，
留一圆斑。花期 5 月；果期 8-9 月。

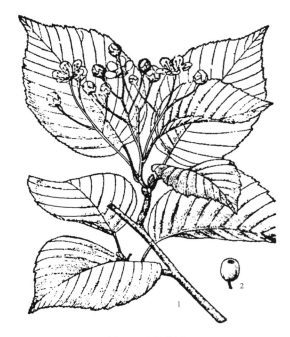

图 131 水榆花楸
1. 花果枝；2. 果。

产皖南黄山慈光寺至新道天都峯、天门坎、莲花峰、
光明顶、始信峰；海拔 1860 米，落叶阔叶林中，歙县清
凉峰天子地海拔 1500 米，青阳九华山天台海拔 1280 米；
大别山区霍山马家河，金寨白马寨海拔 1490 米，岳西
大王沟、鹞落坪海拔 950 米，潜山彭河乡海拔 1050 米、
百花崖海拔 1250 米，舒城万佛山海拔 1200 米。生于海拔较高的落叶阔叶林或疏林中，沟谷、溪边。分布于黑龙江、
吉林、辽宁、河北、河南、陕西、山西、甘肃、山东、浙江、江西、河南、湖南、湖北、四川。

耐阴。耐寒。喜湿润微酸性或中性土。

种子繁殖。树皮含鞣质及纤维素可提制栲胶和作造纸原料。果含糖，食用或酿酒，亦可治气管炎。

木材坚硬致密比重 0.81，耐用。秋叶红色，为美
丽观赏树。

1a. 裂叶水榆花楸

Sorbus alnifolia（Sieb. et Zucc.）K. Koch var.
lobulata Rehd.

叶长 8-12 厘米，宽 4-7 厘米，具明显浅裂片和
尖锐重锯齿，基部楔形。

产大别山区金寨白马寨虎形地至天堂寨海拔
1000-1200 米。分布于辽宁、山东、山西中条山沁水
县下川。安徽省地理新分布。

2. 石灰花楸   图 132

Sorbus folgneri（Schneid.）Rehd.

落叶乔木，高达 9.5 米。幼枝密被白色绒毛；冬
芽芽鳞内面密被白色长绒毛。单叶，互生，卵形或椭
圆状卵形，长 5-8 厘米，宽 2-3.5 厘米，先端急尖或
短渐尖，基部宽楔形或圆形，具细锯齿，萌枝叶重锯

图 132 石灰花楸
1. 花枝；2. 果。

齿或浅裂，上面深绿色，无毛，下面密被白色绒毛层，叶脉被毛复盖，侧脉 8-15 对，直达齿端；叶柄长 5-15 毫米，密被白色绒毛。复伞房花序顶生，密被白色绒毛，总梗及花梗被白色绒毛，花梗长 5-8 毫米；花径 7-10 毫米；萼筒钟状，萼片三角形，均被白色绒毛；花瓣白色，卵形，长 3-4 毫米；雄蕊 18-20，与花瓣等长；子房 2-3 室，花柱 2-3，近基部连合。梨果椭圆形，径 6-7 毫米，红色，近平滑或疏生小皮孔，2-3 室；萼片脱落，留一圆穴。花期 4-5 月；果期 7-8 月。

产皖南黄山慈光寺至天都峰新道途中、青鸾桥、眉毛峰至云谷寺途中海拔 930 米，少见，歙县清凉峰，祁门，贵池，青阳九华山；大别山区金寨白马寨林场至佛顶庵海拔 640-1030 米，岳西妙堂山、鹞落坪海拔 1050 米，潜山彭河乡板仓，舒城。生于阔叶林内或灌丛中。分布于陕西、山西中条山、甘肃、河南、江西、湖南、湖北、四川、贵州、云南、广西、广东。

木材可供高级家具、建筑、造船用。枝药用，治风湿和全身麻木症。

3. 江南花楸　　　　　　　　图 133

Sorbus hemsleyi（Schneid.）Rehd.

落叶小乔木，高达 9 米。小枝具明显皮孔，幼时密被白色绒毛，老枝无毛；冬芽无毛。单叶，互生，卵形或长椭圆卵形、稀长椭圆状倒卵形，长 5-11 厘米，宽 2.5-5.5 厘米，先端急尖或短渐尖，基部楔形，稀圆形，具不整齐细锯齿微下卷，上面浅绿色，下面除叶脉外，均被灰白色绒毛，侧脉 12-14 对，直达齿端；叶柄长 1-2 厘米，无毛或微被绒毛；托叶早落。复伞房花序，花梗长 5-12 毫米，被白色绒毛；花径 1-1.2 厘米；花萼外面密被白色绒毛，萼筒钟状，萼片三角状卵形；花瓣白色，宽卵形，长 4-5 毫米；雄蕊 20，长短不齐，花柱 2，基部连合。梨果近球形，径 5-8 毫米，疏生皮孔；萼片脱落，留一圆斑。花期 5 月；果期 7-8 月。

图 133 江南花楸
1. 果枝；2. 花枝。

产皖南黄山天都峰下方，温泉至云谷寺、至狮子林、北坡松谷庵，太平；大别山区岳西妙道山、鹞落坪海拔 950-1100 米，金寨白马寨海拔 800 米，潜山。生于山坡疏林中。分布于浙江、江西、湖南、湖北、四川、贵州、云南、广西。

木材纹理细密，可制器具。果可食，亦可栽培供观赏。

4. 棕脉花楸　　　　　　　　图 134

Sorbus dunnii Rehd.

落叶小乔木，高达 7 米。小枝具明显皮孔，幼时被黄色绒毛，后脱落；冬芽无毛或疏被锈色柔毛。单叶，互生，椭圆形或长圆形，长 6-10（15）厘米，宽 3-5（8）

图 134 棕脉花楸
1. 花枝；2. 果枝。

厘米，先端急尖或短渐尖，基部宽楔形，具不规则锯齿，下面密被黄白色绒毛，叶脉密被棕褐色短绒毛，侧脉10-18 对，直达齿端；叶柄长 1.5-2.5 厘米，幼时被棕褐色绒毛，后脱落；托叶早落。复伞房花序，总梗及花梗被锈褐色绒毛，花梗长 3-6 毫米；花径约 1 厘米；萼筒陀螺状，萼片三角状卵形，被锈色间杂有白色绒毛；花瓣白色，宽卵形，长约 4 毫米；雄蕊 20，长短不齐；花柱 2，基部连合。梨果球形，径 5-8 毫米，平滑或具少数斑点；萼片脱落留一圆穴。花期 4-5 月；果期 8-9 月。

产皖南黄山眉毛峰至云谷寺海拔 1200 米、慈光阁至玉屏楼、天都峰脚下、北坡松谷庵、青鸾桥，少见。生于落叶阔叶林中。分布于浙江、福建、贵州、云南、广西。

5. 黄山花楸　　　　　　　　图 135

Sorbus amabilis Cheng et Yü

落叶乔木，高达 12 米。小枝粗壮，幼时被褐色柔毛，后渐脱落；冬芽顶端被褐色柔毛。奇数羽状复叶，互生，连叶柄长 13-17.5 厘米，叶柄长 2.5-3.5 厘米；小叶 4-6 对，长圆形或长圆状披针形，长 4-6.5 厘米，宽 1.5-2 厘米，先端渐尖，基部圆形，一侧偏斜，具粗尖锯齿，下面沿中脉被褐色柔毛，后脱落；叶轴幼时被褐色柔毛；小叶近无柄；托叶草质，半圆形，具粗大锯齿。复伞房花序，长 8-10 厘米，总梗及花梗密被褐色柔毛，后渐脱落；花径 7-8 毫米；萼筒钟状，内面仅在花柱着生处丛生柔毛，萼片三角形；花瓣白色，近圆形，长 3-4 毫米；雄蕊 20，短于花瓣；子房下位，花柱 3-4，基部密被柔毛。梨果球形，径 6-7 毫米，红色；萼片宿存，呈闭合状。花期 5 月；果期 10 月。

产皖南黄山皮蓬、天海、北海、天都峰、天门坎、光明顶始信峰、狮子林海拔 1500-1850 米，太平龙源海拔 800-1200 米，歙县清凉峰东凹、西凹海拔 1460-1550 米，绩溪逍遥乡海拔 1300 米；大别山区霍山多云尖，金寨天堂寨海拔 1200 米，岳西鹞落坪至多枝尖，舒城小涧冲海拔 1400 米。本种在黄山分布普遍。多生于常绿与落叶阔叶混交林内或落叶阔叶林及黄山松林中。天都峰周围常与灯笼树、米心树、黄山杜鹃、南方六道木、天女花等混生。分布于浙江。

喜光。喜凉爽湿润气候。寿命长，达 300 年。

木材红褐色，坚硬致密，可供建筑家具用。树皮可提制栲胶。果可食，亦可酿酒，药用可治支气管炎。

6. 天堂花楸　　　　　　　　图 136

Sorbus tiantangensis X. M. Liu et C. L. Wang

落叶灌木或小乔木，高 2.5-3（5）米，胸径 5-7 厘米；树皮灰褐色。小枝幼时密被黄棕褐色柔毛，后渐脱落；老枝皮孔棕黄色；冬芽暗紫红色，顶端被黄棕

图 135 黄山花楸
1. 果枝；2. 花；3. 花纵剖；4. 果纵剖。

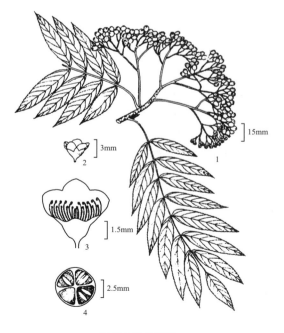

图 136 天堂花楸
1. 果枝；2. 花；3. 花纵剖；4. 果实。

褐色柔毛。奇数羽状复叶,互生;叶柄长 2-3.6 厘米,密被黄棕褐色柔毛,后渐脱落;小叶 5-7 对(果枝上为 7 对,营养枝上多为 5-6 对),矩圆形或长圆状披针形,长 3.5-5.5(6)厘米,宽 1.5-1.6 厘米,先端渐尖,基部圆钝,两侧稍不等,边缘 1/3 以上具圆钝锯齿,下面幼时沿中脉密被黄棕褐色柔毛,老时无毛,小叶柄长约 1.5 毫米;托叶密被毛,后脱落。复伞房花序顶生,长 8-10 厘米,宽 12-16 厘米,多花,约 200 朵,排列密集,密被黄棕褐色柔毛,后渐脱落,总梗及花梗密被柔毛,后脱落,花梗长 2-3 毫米;花径 5-7 毫米;萼筒钟状,萼片宽三角形,无毛;花瓣白色,卵圆形,长 2-3 毫米,内外面被丝毛;雄蕊 20,10 长 10 短,均短于花瓣;子房 2-4 室或不完全 5 室,大部与萼筒连合,花柱 2-4,离生,基部密被短丝毛。果序长 10-11 厘米,径约 16 厘米,果密集,每果序具果 169-195;梨果球形或坛状,径 7-8 毫米,熟时鲜红色;萼片宿存,呈闭合状。花期 6 月上、中旬;果期 9-10 月。

产大别山区金寨白马寨西边凹,海拔 1590 米;天堂寨顶部海拔 1680-1700 米山脊低洼处,与黄山松、黄山栎、华东椴、锐齿槲栎等混生。

夏季白花满树,秋季红果累累,为美丽观赏树种。

7. 湖北花楸 图 137

Sorbus hupehensis Schneid.

落叶乔木,高达 9 米。小枝粗壮,幼时微被白色绒毛,后脱落;冬芽无毛。奇数羽状复叶,连叶柄长 10-15 厘米,叶柄长 1.5-3.5 厘米;小叶 4-8 对,长圆状披针形或卵状披针形,长 3-5 厘米,宽 1-1.8 厘米,先端急尖或圆钝,具尖锐锯齿,近基部全缘,下面沿中脉被白色绒毛,后脱落,侧脉 7-16 对,几直达齿端;叶轴上面具凹槽,初被绒毛,后脱落;托叶线状披针形,早落。复伞房花序,总梗及花梗疏被白色柔毛或无毛,花梗长约 3 毫米;花径 5-7 毫米;萼筒钟状,萼片三角形,无毛或内面先端微被柔毛;花瓣白色,卵形,长 3-4 毫米;雄蕊 20;花柱 4-5。梨果球形,径 5-8 毫米,白色,有时带粉红晕;萼片宿存,呈闭合状。花期 5-7 月;果期 8-9 月。

图 137 湖北花楸
1. 花枝;2. 果。

产大别山区潜山、舒城万佛山海拔 1350 米。生于沟谷疏林中。分布于湖北、山西中条山、陕西、宁夏、四川、贵州、山东、江西、湖北。

木材质硬、细致,可制家具、农具等用。亦为观赏树种。树皮可提制栲胶。

13. 榅桲属 Cydonia Mill.

落叶乔木,枝无刺;冬芽小,芽鳞数片,被柔毛。单叶,互生,全缘;具叶柄和托叶。花两性;单生枝顶;萼片 5,具腺齿;花瓣 5,倒卵形,白色或粉红色;雄蕊 20;子房下位,5 室,每室多数胚珠,花柱 5,离生,基部被毛。梨果,萼片宿存,反折。

1 种,原产中亚。我国有引种栽培。安徽省引栽。

榅桲(栽培) 图 138

Cydonia oblonga Mill.

落叶乔木,高达 12 米,胸围约 190 厘米。小枝细,幼时密被绒毛,后脱落,紫红色,皮孔稀疏;冬芽卵形,紫褐色,被绒毛。叶卵形或长圆形,长 5-10 厘米,宽 3-5 厘米,先端急尖、突尖或微凹,基部圆形或近心形,上面深绿色，幼时被稀疏柔毛或无毛，下面深绿色密被长柔毛，叶脉显著；叶柄长 8-15 毫米，被绒毛；托叶膜质，缘具腺齿，早落。花单生，花梗长约 5 毫米或近无梗，密被绒毛；苞片膜质，卵形，早落；花径 4-5 厘米；萼筒钟状，密被绒毛，萼片宽披针形，长 5-6 毫米，具腺齿，反折，被绒毛；花瓣倒卵形，长约 1.8 厘米，白色；雄蕊 20，短于花瓣；花柱 5，离生，基部密被长绒毛。梨果梨形，径 3-5 厘米，黄色，密被短绒毛，具香味；宿存萼片反折，果梗短粗，长约 5 毫米，被绒毛，花期 4-5 月；果期 10 月。

皖南黟县红星乡奕村有栽培。原产伊朗、土库曼斯坦。我国新疆、陕西、山西、贵州、云南、江西均有引种。

喜光。耐干旱；根系发达；寿命长。作为西洋梨矮化砧木，可提前结果；嫁接枇杷，可增强抗寒性。耐修剪，可作绿篱及水土保持的好树种。果入药，可治水泻及肠虚。

安徽省皖南黟县栽植的两株，其中一株生长尚茂盛，树高约 12 米，树龄约 150 年，为当地一李氏祖先自西北丝绸之路经商时引入栽培。当地有关部门应大力播种育苗繁殖。

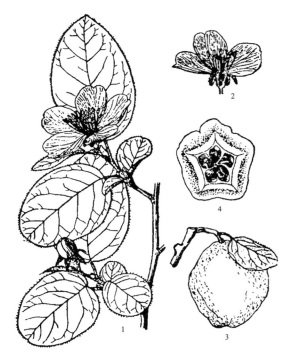

图 138 榅桲
1. 花枝；2. 花纵剖；3. 果；4. 果纵剖。

14. 木瓜属 Chaenomeles Lindl.

落叶或半常绿，灌木或小乔木；具刺或无刺；冬芽小，芽鳞 2。单叶，互生，具锯齿或全缘；叶柄短；具托叶。花两性；单生或簇生，先叶开放或后叶开放；萼筒钟状，萼片 5；花瓣 5，猩红色、淡红色或白色，大型；雄蕊 20 或多数，排成 2 轮；子房下位，5 室，每室多数胚珠排成两列，花柱 5，基部连合。梨果大型，萼片脱落，花柱常宿存。种子多数，褐色，种皮革质，无胚乳。

约 5 种，分布于亚洲东部。我国均有。安徽省 2 种。

1. 小乔木；小枝无刺；花单生，后叶开放；叶缘锯齿芒状，齿尖及叶柄具腺齿；托叶膜质，卵状披针形，具腺齿 ·· 1. 木瓜 Ch. sinensis
1. 灌木；小枝具刺；花簇生，先叶开放；叶缘具尖锯齿，齿尖无腺；托叶草质，肾形或半圆形，具尖锐锯齿 ······
·· 2. 皱皮木瓜 Ch. speciosa

1. 木瓜 图 139

Chaenomeles sinensis（Thouin）Koehne

落叶乔木，高 11.2 米；树皮片状剥落，呈斑块状。小枝无刺，幼时被柔毛，后脱落；冬芽无毛。叶椭圆状卵形、椭圆状长圆形，稀倒卵形，长 5-8 厘米，宽 3.5-5.5 厘米，先端急尖，基部宽楔形或圆形，具芒状腺齿，幼时下面密被黄白色绒毛，后脱落；叶柄长 5-10 毫米，微被柔毛，具腺齿；托叶膜质，卵状披针形，具腺齿。花单生叶脉，花梗粗，长 5-10 毫米，无毛；花径 2.5-3 厘米；萼筒钟状，萼片具腺齿，内面密被浅褐色绒毛，反折；花瓣倒卵形，淡粉红色；雄蕊多数，短于花瓣；子房下位，5 室，花柱 3-5，基部连合，被柔毛，柱头头状。梨果长椭圆形，长 10-15 厘米，暗黄色，木质，芳香，味微酸涩；果梗短。种子多数，褐色。花期 4 月；

果期 9-10 月。

产皖南黄山汤口野生于山坡、黄山树木园有栽培，休宁齐云山，贵池，青阳，马鞍山市濮塘镇宋庄；大别山区霍山，金寨，六安，岳西，潜山驼岭、天柱山马祖庵海拔 620 米；江淮庐江，凤阳，全椒，淮南；淮北宿县镇疃寺、老海寺林场，砀山，亳县，寿县。各地园林单位多有栽培。分布于陕西、河南、山东、江苏、浙江、江西、湖南、湖北、广东、广西。

喜光。喜温暖湿润气候，不耐寒。喜肥沃深厚、排水良好轻壤或黏壤土。一般秋季扦插嫁接繁殖。生长较慢。

果含苹果酸、酒石酸、枸橼酸、维生素 C 等，经蒸煮后可食；泡酒后药用，治风湿性关节炎、支气管炎、肺结核及活血舒筋骨等症。种子含油率 3.48%、含粗纤维 16%、粗蛋白 25.75% 及碳水化合物等。种子油可食及作肥皂。树皮可提制栲胶。

边材淡红色，心材暗红褐色，坚硬致密，具光泽，纹理美观，可制优良家具及工艺品。

春花红艳，秋果芳香，干皮平滑秀丽，为优美观赏树。

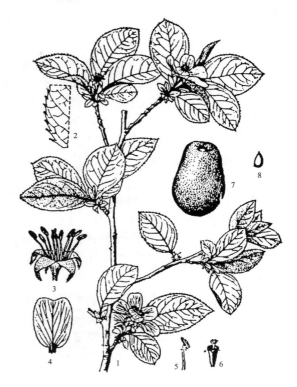

图 139 木瓜
1. 花枝；2. 叶缘放大；3-4. 花及花瓣；5. 雄蕊；6. 雌蕊；7. 果；8. 种子。

2. 皱皮木瓜 贴梗海棠　　　图 140
Chaenomeles speciosa（Sweet）Nakai

落叶灌木，高达 1.8 米，具刺。小枝无毛；冬芽三角状卵形。叶卵形或椭圆形，稀长椭圆形，长 3-9 厘米，宽 1.5-5 厘米，先端急尖，稀圆钝，基部楔形或宽楔形，具尖锯齿，齿尖无腺，无毛或萌枝叶下面沿脉被柔毛；叶柄长约 1 厘米；托叶草质，肾形或半圆形，长 5-10 毫米。花先叶开放，3-5 簇生，花梗短粗或近无，几贴于枝上；花径 3-5 厘米；萼筒钟状，无毛，萼片半圆形，缘具黄褐色睫毛；花瓣倒卵形，长 1-1.5 厘米，猩红色，稀淡红色或白色，具短爪；雄蕊 40-50，短于花瓣；花柱 5，基部连合，柱头头状。梨果球形或卵球形，径 4-6 厘米，黄色或带黄绿色，芳香；果梗短或近无；萼片脱落。花期 4-5 月；果期 9-10 月。

图 140 皱皮木瓜
1. 花枝；2. 叶枝；3. 果；4. 花纵剖；5. 果横剖。

安徽省各地园林有栽培。分布于陕西、甘肃、四川、贵州、云南、广东。缅甸有分布。

喜光。耐瘠薄，喜排水良好及深厚土壤；不耐水涝。用分株、扦插、压条及种子繁殖。

果药用，可活血舒筋、强壮止痛；泡酒治风湿关节炎、花、果、叶均美丽，多庭园栽培，起到绿篱与观赏相结合之效。

15. 梨属 Pyrus L.

落叶，稀半常绿，乔木，稀灌木；有时具枝刺；芽鳞多数，覆瓦状排列。单叶，互生，具锯齿或全缘，稀分裂，在芽内席卷状；具叶柄和托叶。花两性；先叶开放或花叶同放；伞形总状花序；萼筒倒卵形或球形，萼片5，反折或开展；花瓣5，具爪，白色，稀粉红色；雄蕊15-30，花药深红色或紫色；子房2-5室，每室2胚珠，花柱2-5，离生。梨果具显著皮孔，果肉多汁，富石细胞，内果皮软骨质。种子黑色或黑褐色，子叶半凸。

约25种，分布于亚洲、欧洲、北非。我国14种。安徽省5种，3变种，1变型。

木材坚硬细致，材质优良。

1. 果顶端萼片宿存；花柱3-4；叶具细尖锯齿 ·························· **1. 麻梨 P. serrulata**
1. 果顶端萼片脱落，稀部分宿存；花柱2-5：
    2. 叶具芒状锯齿；花柱5，稀4；果浅褐色， ·························· **2. 沙梨 P. pyrifolia**
    2. 叶具尖锯齿或钝锯齿；花柱2-4(5)；果褐色：
        3. 叶具尖锯齿：
            4. 果近球形，径5-10毫米，2-3室；具枝刺；幼枝、幼叶下面及花序密被灰白色绒毛 ·························· ·························· **3. 杜梨 P. betulaefolia**
            4. 果球形或卵形，径2-2.5厘米，3-4(2)室，无枝刺；幼枝、幼叶下面及花序被绒毛，不久脱落 ·························· **4. 褐梨 P. phaeocarpa**
        3. 叶具钝锯齿；果球形，径约1厘米，2(3)室；幼枝初时被柔毛，叶及花序无毛 ·········· **5. 豆梨 P. calleryana**

1. 麻梨

图 141

Pyrus serrulata Rehd.

落叶乔木，高达10米。小枝圆柱形，微带棱角，幼时被褐色绒毛，后脱落；冬芽肥大，鳞片内面被黄褐色绒毛。叶卵形或长卵形，长5-11厘米，宽3.5-7.5厘米，先端渐尖，基部宽楔形或圆形，具细尖锯齿，齿尖向前合拢，下面幼时被褐色绒毛；叶柄长3.5-7.5厘米，幼时被褐色绒毛；托叶膜质，早落。伞房总状花序，被褐色绵毛，花梗长3-5厘米；花径2-3厘米；萼被毛，萼片内面密被绒毛；花瓣宽卵形长1-1.2厘米，白色，具短爪；雄蕊20，短于花瓣；花柱3-4. 梨果近球形或倒卵形，长1.5-2.2厘米，深褐色，皮孔浅褐色，3-4室；果梗长3-4厘米；萼片宿存。花期4月；果期7-8月。

产皖南黄山温泉至汤岭关途中海拔1000米以下灌丛中或林缘偶见；大别山区霍山诸佛庵。分布于浙江、江西、湖南、湖北、四川、广东、广西。

喜温暖湿润气候。耐干旱瘠薄，喜土层深厚、排水良好坡地。抗病虫害能力强。

果可食及酿酒。木材坚硬细致，供雕刻用。

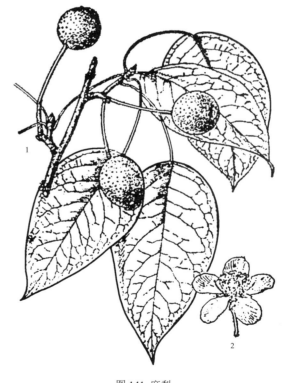

图 141 麻梨
1. 果枝；2. 花。

2. 沙梨

Pyrus pyrifolia（Burm. f.）Nakai

落叶乔木，高达 14 米。幼枝被黄褐色绒毛；芽鳞边缘和先端被长绒毛。叶卵状椭圆形或卵形，长 7-12 厘米，宽 4-6.5 厘米，先端长渐尖，基部圆形或近心形，稀宽楔形，具芒状锯齿，微向内合拢，无毛，或幼时被褐色绵毛；叶柄长 3-4.5 厘米，幼时被绒毛，后脱落；托叶线状披针形，早落。伞形总状花序，总梗及花梗幼时微被柔毛，花梗长 3-5 厘米；苞片线形，被长柔毛；花径 2.5-3.5 厘米；萼片先端长渐尖，缘具腺齿，内面密被绒毛；花瓣卵形，长 1.5-1.7 厘米，白色；雄蕊 20，短于花瓣，花药紫色；花柱 5，稀 4，无毛。梨果近球形，浅褐色，皮孔色浅；萼片脱落。花期 4 月中、下旬；果期 8 月上中旬。

产皖南黄山松谷庵下面海拔 500 米、汤口，歙县，祁门，休宁，宣城；大别山区霍山火烧岭、英林沟，金寨白马寨造钱凹海拔 1100 米，六安，岳西鹞落坪海拔 1200 米，舒城；江淮丘陵庐江，来安，凤阳；淮北泗县，灵璧，萧县，习见栽培。分布于浙江、江苏、江西、湖南、湖北、四川、贵州、云南、广西、广东。

喜光。喜温凉湿润气候，喜肥沃湿润酸性土及钙质土。根系发达，耐旱、耐水湿。

果肉脆，多汁，味甜淡，贮藏能力较差。木材坚实，纹理细致，可供制优良家具、雕刻、面板等。有许多优良栽培品种。安徽省歙县雪梨；砀山酥梨即为本种衍生的系列品种。

砀山酥梨：果绿黄色，皮孔大而密；果肉白色，松脆、多汁、味甜，但石细胞多。

适应性强，耐旱、耐涝、耐瘠薄土壤，轻盐碱土上也能生长良好。抗风力强；抗黑风病。

3. 杜梨　棠梨　　　　图 142

Pyrus betulaefolia Bge.

落叶乔木，高达 9.5 米。具枝刺，幼枝及芽密被灰白色绒毛。叶菱状卵形或长圆状卵形，长 4-8 厘米，宽 2.5-3.5 厘米，先端渐尖或长渐尖，基部宽楔形，稀稍圆，具尖粗锯齿，幼叶两面密被灰白色绒毛，后脱落；叶柄长 1.5-4 厘米；托叶早落。伞形总状花序，密被灰白色绒毛，总梗及花梗密被毛，花梗长 1-2 厘米；苞片早落；花径 1.5-2 厘米；萼密被毛；花瓣宽卵形，长 5-8 毫米，白色，具爪；雄蕊 20，花药紫色，短于花瓣；花柱 2-3。梨果近球形，径 5-10 毫米，2-3 室，褐色，皮孔淡色；果梗长 1-2.2 厘米；萼片脱落。花期 4-5 月；果期 8-9 月。

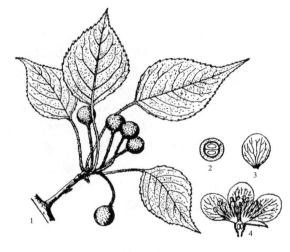

图 142 杜梨
1. 果枝；2. 果横剖；3. 花瓣；4. 花纵剖。

产皖南歙县，太平，宣城，青阳；大别山区金寨，六安，岳西鹞落坪，舒城；江淮庐江，滁县琅琊山海拔 120 米，嘉山，定远，蚌埠；淮北泗县，灵璧，濉溪，宿县。分布于江苏、浙江、江西、湖北、山东、河南、河北、山西中条山、陕西、甘肃、内蒙古、辽宁。

喜光。耐寒。耐干旱瘠薄，耐盐碱，耐涝性在梨属中最强。深根性，根系发达。生长较慢，寿命长。发芽率高，抗病虫害。

木材红褐色，坚硬致密，供制高级家具。

散孔材。心材、边材区别不明显，深黄褐色微红，具光泽；纹理斜，结构细，均匀，材质坚重。不易干燥，耐腐性中等。加工容易，切削面很光滑，油漆及胶粘性能良。可作雕刻、车工、工农具、乐器等。

4. 褐梨　　　　图 143

Pyrus phaeocarpa Rehd.

落叶乔木，高达 8 米。幼枝被白色绒毛。芽鳞缘被绒毛。叶椭圆状卵形或长卵形，长 4-10 厘米，宽 3.5-5

厘米，先端长渐尖，基部宽楔形，具尖锯齿，齿尖向外，幼时疏被绒毛，后脱落；叶柄长 2-6 厘米，微被柔毛或无毛；托叶线状披针形，缘具稀疏腺齿，早落。伞形总状花序，总梗及花梗幼时被绒毛，花梗长 2-2.5 厘米；苞片早落；花径约 3 厘米；萼筒被白色绒毛，萼片三角状披针形，内面密被绒毛；花瓣白色，卵形，长 1-1.5 厘米，宽 8-12 毫米，基部具短爪；雄蕊 20，短于花瓣；花柱 3-4，稀 2，基部无毛。梨果球形或卵形，径 2-2.5 厘米，褐色，具皮孔，果梗长 2-4 厘米；萼片脱落。花期 4 月；果期 8-9 月。

产大别山区岳西美丽乡山顶矮林中，海拔 1300 米。分布于陕西、甘肃、山西中条山、河北、山东。

喜光。稍耐寒，耐湿，耐盐碱；在深厚肥沃的沙壤土长势旺盛，寿命长。

果实皮粗，肉脆，石细胞较多，不耐贮运。可作良种梨的砧木。

5. 豆梨 图 144

Pyrus calleryana Decne

落叶乔木，高达 8 米。小枝粗，幼枝被绒毛，后脱落；冬芽微被绒毛。叶卵圆形或宽卵形，稀长椭圆状卵形，长 4-8 厘米，宽 3.5-6 厘米，先端渐尖，稀短尖，基部圆形或宽楔形，具细圆钝锯齿，无毛；叶柄长 2-4（6）厘米，无毛；托叶线状披针形。伞形总状花序，无毛，总梗及花梗无毛，花梗长 1.5-3 厘米；苞片膜质，线状披针形；花径 2-2.5 厘米；萼筒无毛，萼片披针形，内面被绒毛；花瓣白色，卵形，长约 1.3 厘米，具爪；雄蕊 10，短于花瓣；花柱 2，稀 3，无毛。梨果球形，径约 1 厘米，黑褐色，具皮孔，2（3）室；果梗长约 4 厘米；萼片脱落。花期 4 月；果期 8-9 月。

产皖南黄山桃花峰、寨西剪刀峰下海拔 450-1250 米沟谷溪边，绩溪，广德，休宁，祁门，歙县，太平；大别山区霍山佛子岭大坝、马家河海拔 150-870 米，金寨天堂寨西凹、东凹海拔 1350-1600 米，岳西妙堂山、鹞落坪海拔 1200 米，舒城万佛山小涧冲；江淮丘陵滁县皇甫山。生于疏林内或灌丛中。分布于陕西、甘肃、山西中条山、山东、河南、长江流域各省，南达广东、广西。

喜光。喜温暖湿润气候。深根性，萌蘖强；耐干旱瘠薄，喜酸性、中性土。抗病虫害。种子繁殖。

木材坚硬致密，可供制高级家具等；为沙梨优良砧木；果入药。

5a. 毛豆梨（变型）

Pyrus calleryana Decne f. **tomentella** Rehd.

幼枝、叶柄、叶片中脉上下两面和叶边缘均被锈色绒毛，不久全部脱落，果梗和萼筒外面也被稀疏绒毛。

图 143 褐梨
1. 果枝；2. 花枝。

图 144 豆梨
1. 果枝；2. 花纵剖；3. 果横剖。

产皖南黄山桃花峰海拔 1250 米，休宁岭南六股尖，黟县，祁门牯牛降，泾县小溪海拔 230 米；大别山区霍山十道河，金寨白马寨虎形地、风汲斗海拔 950-1600 米，岳西鹞落坪海拔 1100 米阔叶林中。分布于江苏、浙江、江西、湖北。

5b. 全缘叶豆梨 （变种）

Pyrus calleryana Decne var. **intigrifolia** Yü

叶全缘，无锯齿，叶通常卵形，基部钝圆。

产皖南旌德，分布区较狭窄，少见。分布于江苏、浙江。

5c. 楔叶豆梨 （变种）

Pyrus calleryana Decne var. **koehnei** （Schneid.） Yü

叶多为卵形、窄卵形或菱状卵形，先端急尖或渐尖，基部宽楔形，子房 3-4 室。

产皖南黄山，偶见。分布于浙江、福建、广东、广西。

5d. 柳叶豆梨 （变种）

Pyrus calleryana Decne var. **lanceolata** Rehd.

叶较窄长，卵状披针形或长圆状披针形，具浅圆钝锯齿或全缘，两面无毛。

产皖南黄山汤口、温泉逍遥溪海拔 520 米，偶见，祁门牯牛降，太平七都，休宁六股尖，绩溪清凉峰海拔 940 米，旌德，泾县，青阳。分布于浙江。

果可食或酿酒。

16. 苹果属 Malus Mill.

落叶，稀半常绿，乔木或灌木；常无刺。芽鳞数枚，复瓦状排列。单叶，互生。具锯齿或缺裂，在芽内席卷状或对折状；具托叶。花两性；伞形总状花序；萼筒钟状，萼片 5；花瓣 5，粉红、红色或白色，具爪；雄蕊 15-50，花药黄色；子房下位，3-5 室，每室 2 胚珠，花柱 3-5，基部连合。梨果，无石细胞或微具石细胞，内果皮软骨质。每室种子 1-2。

约 35 种，分布于北温带。我国约 20 余种。安徽省 9 种（含 4 栽培种）2 变种。

多为果树、观赏树及果树砧木。

1. 叶不缺裂，在芽内席卷状：
   2. 萼片脱落，花柱 3-5；果径 1 厘米以下：
      3. 萼片披针形，较萼筒长；幼枝无毛；花柱 5 或 4 ·················· 1. 山荆子 **M. baccata**
      3. 萼片三角状卵形，与萼筒等长或稍短；幼枝被柔毛，后脱落：
         4. 叶具细尖锯齿；萼片先端渐尖，花柱 3(4)；果椭圆形或近球形 ·········· 2. 湖北海棠 **M. hupehensis**
         4. 叶具细钝锯齿；萼片先端钝，花柱 4(5)；果梨形或倒卵形 ·················· 3. 垂丝海棠 **M. halliana**
   2. 萼片宿存或脱落，花柱 5(4)；果径 2 厘米以上：
      5. 萼片先端渐尖，较萼筒长：
         6. 叶具钝锯齿；果顶端常隆起，萼洼下陷，果梗较粗短；花柱 5 ·················· 4. 苹果 **M. pumila**
         6. 叶具尖锯齿；果顶端不隆起，萼洼微突，果梗长，花柱 4(5) ·················· 5. 花红 **M. asiatica**
      5. 萼片先端急尖，较萼筒短或等长；果梗细长：
         7. 叶基部宽楔形或稍圆形，叶柄长 1.5-2 厘米；果黄色，梗洼隆起，萼片脱落；花柱 5(4) ·············
         ·················· 6. 海棠花 **M. spectabilis**

7. 叶基部楔形，叶柄长 2-3.5 厘米；果红色，梗洼下陷，萼片脱落或宿存；花柱 5 ⋯⋯⋯⋯⋯⋯⋯⋯⋯⋯⋯⋯⋯⋯⋯⋯⋯⋯⋯⋯⋯⋯⋯⋯⋯⋯⋯⋯ **7. 西府海棠 M. micromalus**

1. 叶缺裂或不缺裂，在芽内对折状：

　　8. 萼片脱落；叶不缺裂或萌枝叶 3-5 浅裂；果径 6-8 毫米；花柱 3-5⋯⋯⋯⋯⋯ **8. 裂叶海棠 M. sieboldii**

　　8. 萼片宿存；叶不缺裂；果径 1.5-2.5 厘米，顶端隆起，果梗无毛；花柱 5 ⋯⋯⋯⋯ **9. 尖嘴林檎 M. melliana**

1.　山荆子　　　　　　　　图 145

Malus baccata（L.）Borkh.

落叶乔木，高达 4 米。小枝细，无毛；芽鳞边缘微被绒毛。叶椭圆形或卵圆形，长 3-8 厘米，宽 2-3.5 厘米，先端渐尖，基部楔形或圆形，具细尖锯齿，幼时微被柔毛，后脱落；叶柄长 2-5 厘米，近无毛；托叶披针形，早落。伞形花序无总梗，花梗长 1.5-4 厘米，无毛；苞片线状披针形，早落；花径 3-3.5 厘米；萼筒无毛，萼片披针形，长于萼筒，内面被绒毛；花瓣白色，倒卵形，长 2-2.5 厘米；雄蕊 15-20；花柱 5 或 4，基部被长柔毛。梨果近球形，径 8-10 毫米，鲜红色或黄色；果梗长 3-4 厘米；萼片脱落。花期 4-5 月；果期 9-10 月。

产大别山区霍山海拔 600-1000 米，金寨天堂寨山顶海拔 1700 米山坡林缘。分布于东北至黄河流域。

喜光。耐寒性强；深根性；耐干旱，不耐涝，适生于中、酸性土，不耐盐碱土；寿命长。

种子繁殖，或嫁接或压条繁殖。

嫩叶代茶及作家畜饲料；果可酿酒。

图 145 山荆子
1. 花枝；2. 果横剖。

2.　湖北海棠　　　　　　　图 146

Malus hupehensis（Pamp.）Rehd.

落叶乔木，高达 8 米。幼枝被柔毛，后脱落；冬芽暗紫色。叶卵形或椭圆状卵形，长 5-10 厘米，宽 2.5-4 厘米，先端渐尖，基部宽楔形，稀稍圆，具细尖锯齿，幼时疏被柔毛，后脱落；叶柄长 1-3 厘米，被柔毛至无毛；托叶线状披针形，早落。伞房花序，花梗长 3-6 厘米，无毛或稍被长柔毛；苞片早落；花径 3.5-4 厘米；萼筒无毛或稍被长柔毛，萼片内面疏被柔毛；花瓣粉白或近白色，倒卵形，长约 1.5 厘米；雄蕊 20，花丝长短不齐；花柱 3（4），基部被长绒毛。梨果椭圆形或近球形，径约 1 厘米，绿黄色带红晕；果梗长 2-4 厘米；萼片脱落。花期 4-5 月；果期 8-9 月。

产皖南黄山天海海拔 1700 米，汤口至云谷寺途中、北坡松谷庵，绩溪清凉峰徽杭商道、山蒗海拔 940-1530 米，太平龙源，歙县，休宁，青阳九华山；大别山区霍山马家河万家红海拔 1340 米，金寨白马寨大

图 146 湖北海棠
1. 花枝；2. 花纵剖；3. 果枝；4. 果纵剖；5. 果的横剖。

海淌、造钱凹、东边凹、天堂寨山顶部海拔 1000-1770 米。岳西鹞落坪海拔 1180 米，潜山天柱峰，舒城。生于山上部矮林或灌丛中。分布于陕西、甘肃、山西中条山、河南、山东及长江流域、南至福建、广东、西南至云南、贵州，分布较广。

喜光。喜温暖湿润气候；耐水湿，不耐干旱，抗风力弱。

种子、根蘖繁殖。是苹果和花红的优良砧木。嫩叶代茶。根可治筋骨扭伤；果入药，治胃病。花艳丽，近年来城市园林栽植作观赏树种。

3. 垂丝海棠　　　　　　　　图 147

Malus halliana Koehne

落叶小乔木，高达 5 米；树冠开展。小枝细，紫色，幼时被毛，后脱落。叶卵形、椭圆形或长椭圆状卵形，长 3.5-8 厘米，宽 2.5-4.5 厘米，先端渐尖，基部楔形或稍圆，具细钝锯齿，上面深绿色，有时带紫晕，无毛或中脉被柔毛；叶柄长 5-25 毫米，幼时被稀疏柔毛至近无毛；托叶早落。伞房花序，花梗细弱，长 2-4 厘米，下垂，带紫色，被疏柔毛；花径 3-3.5 厘米；萼筒无毛，萼片内面密被绒毛；花瓣粉红色，倒卵形，长约 1.5 厘米；雄蕊 20-25，花丝长短不齐，短于花瓣；花柱 4 或 5，基部被长绒毛。梨果梨形或倒卵形，径 6-8 毫米，略带紫色；果梗长 2-5 厘米；萼片脱落。花期 3 月下旬至 4 月初；果期 9-10 月。

安徽省各地普遍栽培。分布于江苏、浙江、湖北、四川、云南、陕西。

本种幼枝和叶均带紫红色，花粉红色，花梗细弱下垂，甚美丽，为美丽观赏树种。常见的有重瓣垂丝海棠和白花垂丝海棠两栽培型。

图 147 垂丝海棠
1. 花枝；2. 果枝；3. 花瓣；4. 花纵剖；5. 果纵剖。

4. 苹果　　　　　　　　图 148

Malus pumila Mill.

落叶乔木，高可达 14 米，栽培品种主干短，树冠球形。小枝较粗，幼枝、芽、花梗及萼筒密被绒毛。叶椭圆形或卵形，长 4.5-10 厘米，宽 3-5.5 厘米，先端急尖，基部宽楔形或圆形，具钝锯齿，幼叶两面被柔毛，老时上面毛脱落；叶柄较粗，长 1.5-3 厘米，被柔毛；托叶早落。伞房花序，花梗长 1-2.5 厘米；苞片线状披针形；花径 3-4 厘米；萼片长于萼筒；花瓣白色或带粉红色，倒卵形，长 1.5-1.8 厘米；雄蕊 20，花丝长短不齐；花柱 5，下半部密被灰白色绒毛。梨果扁球形，径 2 厘米以上，顶端常隆起，萼洼下陷；果梗较粗短；萼片宿存。花期 5 月；果期 7-10 月。

原产欧洲、中亚。为温带重要果树，栽培历史悠久。我国辽宁和华北地区栽培最为广泛。

喜光。要求干冷气候。喜肥沃深厚排水良好的沙

图 148 苹果
1. 花枝；2. 花（去二花瓣）；3. 花纵剖；4. 果。

壤或黏壤。寿命达百年以上。嫁接繁殖,用山荆子、海棠果、枸子做砧木。品种较多,但目前多被淘汰,引入的"红富士"颇受欢迎。

5. 花红 图149

Malus asiatica Nakai

落叶小乔木,高达6米。小枝较粗,幼时密被柔毛,后脱落;冬芽初时密被柔毛。叶卵形或椭圆形,长5-11厘米,宽4-5.5厘米,先端急尖或渐尖,基部圆形或宽楔形,具尖锯齿,上面被柔毛,后脱落,下面密被柔毛;叶柄长1.5-5厘米,被柔毛;托叶披针形,早落。伞房花序,花梗长1.5-2厘米,密被柔毛;花径3-4厘米;萼筒钟状密被柔毛,萼片三角状披针形,内、外面密被柔毛;花瓣淡粉红色,倒卵形或长圆状倒卵形,长8-13毫米;雄蕊17-20,花丝长短不齐;花柱4(5),基部被长绒毛。梨果卵形或近球形,径4-5厘米,黄色或红色,顶端渐窄,不隆起,基部陷入;宿存萼片肥厚隆起。花期4月中下旬;果期8-9月。

安徽省各地有栽培,分布于内蒙古、辽宁、河北、河南、山东、山西中条山、陕西、甘肃、四川、贵州、云南。长江流域一带普遍栽培。

喜光。喜温凉气候。喜肥沃湿润、沙质土壤,适生于微酸性、中性至微碱性土上。用种子、嫁接、分株繁殖。果肉软,味甜可食,健胃消食。根、树皮药用,有补血壮阳之效。不耐贮存。

6. 海棠花 图150

Malus spectabilis(Ait.)Borkh.

落叶乔木,高达8米。小枝较粗,幼时被柔毛,后脱落;冬芽微被毛。叶椭圆形或长椭圆形,长5-8厘米,宽2-3厘米,先端短渐尖或钝,基部宽楔形或稍圆,细锯齿紧贴近叶缘,幼时两面疏被柔毛,后脱落;叶柄长1.5-2厘米,被柔毛;托叶窄披针形,内面被长柔毛。花序近伞形,花梗长2-3厘米,被柔毛;苞片披针形,早落;花径4-5厘米;萼片较萼筒稍短,内面密被白色绒毛;花瓣桃红色至白色,卵形,长2-2.5厘米;雄蕊20-25,花丝长短不齐;花柱5(4),基部被毛。梨果近球形,径约2厘米,黄色,基部不下陷,梗洼隆起;果梗细,长3-4厘米,先端肥厚;萼片宿存。花期4月中旬;果期9月上旬。

安徽省各地多有栽培。分布于陕西、甘肃、辽宁、河北、河南、山东、江苏、浙江、云南。

宜用嫁接繁殖,砧木为山荆子及海棠果,或芽接、

图149 花红
1. 花枝; 2. 花纵剖; 3. 果。

图150 海棠花
1. 花枝; 2. 果枝。

枝接均可，亦或在春季压条分株或种子繁殖。有腐烂病、赤星病、蚜虫、金龟子等病虫危害。

花色艳丽，为我国著名观赏树木。果味酸。

6a. 红海棠 （变种）

Malus spectabilis（Ait.）Borkh. var. **riversii**（Kirchn）Rehd.

叶较大、较宽；花大，重瓣，深红色至粉红色。美丽观赏花木。

6b. 白海棠 （变种）

Malus spectabilis（Ait.）Borkh. var. **alba-plena** Schelle

花重瓣，纯白色。为著名观赏花木。

7. 西府海棠

Malus micromalus Makino

落叶小乔木，高达 5 米；枝条直伸。小枝细，幼时被柔毛，后脱落；芽鳞边缘被绒毛。叶椭圆形或长椭圆形，长 5-10 厘米，宽 2.5-5 厘米，先端尖或渐尖，基部楔形，稀稍圆，具尖锯齿，被柔毛，下面较密，后脱落；叶柄长 2-3.5 厘米；托叶具腺齿，早落，伞形总状花序，花梗长 2-3 厘米，被长柔毛至无毛；花径约 4 厘米；萼筒密被白色长绒毛，萼片与萼筒近等长；花瓣粉红色，近圆形或长椭圆形，长约 1.5 厘米；雄蕊约 20，花丝长短不齐，花柱 5，约与雄蕊等长。梨果近球形，径 1-1.5 厘米，红色，萼洼、梗洼均下陷；萼片脱落。花期 4-5 月；果期 8-9 月。

安徽省各地多有栽培。分布于辽宁、河北、山西、山东、陕西、甘肃、云南。

喜光。耐寒、耐旱；寿命长，能抗病虫害。种子繁殖。

果味酸甜，可鲜食和加工。花艳丽，为观赏树种。

8. 裂叶海棠　　　　　　　　　　图 151

Malus sieboldii（Reg.）Rehd.

落叶灌木，高达 6 米。小枝开展，稍具棱，幼时被柔毛，后脱落。叶卵形、椭圆形或长椭圆形，长 3-7.5 厘米，宽 2-4 厘米，先端急尖，基部圆形或宽楔形，具尖锯齿，常 3（5）浅裂，幼叶被柔毛，老叶上面近无毛，下面沿脉被柔毛；叶柄长 1-2.5 厘米，被柔毛；托叶窄披针形。花 4-8 集生枝顶，花梗长 2-2.5 厘米；苞片线状披针形；花径 2-3 厘米；萼筒无毛，萼片先端尾状渐尖，内面密被绒毛；花瓣淡粉红色，蕾期色深，长椭圆状倒卵形，长 1.5-1.8 厘米；雄蕊 20，花丝长短不齐；花柱 3-5，稍长于雄蕊，基部被毛。梨果近球形，径 6-8 毫米，红色或褐黄色；果梗长 2-3 厘米；萼片脱落。花期 4 月下旬；果期 9 月中旬。

皖南黄山树木园有栽培，绩溪清凉峰永来海拔 770 米，歙县清凉峰西凹海拔 1400 米。混生于阔叶林内或灌丛中。分布于辽宁、山东、陕西、甘肃、山西中条山、江西、浙江、湖北、湖南、四川、贵州、福建、广东、广西。花美丽，供观赏。东北作苹果砧木。

图 151 裂叶海棠
1. 花枝；2. 花纵剖；3. 果枝；4. 果横剖；5. 果纵剖。

9. 尖嘴林檎 图 152

Malus melliana（Hand.-Mzt.）Rehd.

落叶小乔木，高达 8 米。小枝微弯曲，幼时微被柔毛，后脱落；冬芽红紫色。叶椭圆形或卵状椭圆形，长 5-10 厘米，宽 2.5-4 厘米，先端急尖或渐尖，基部圆形或宽楔形，具钝锯齿，幼时微被柔毛，后脱落；叶柄长 1.5-2.5 厘米；托叶线状披针形。花序近伞形，花梗长 3-5 厘米，无毛；苞片披针形，早落；花径约 2.5 厘米；萼筒无毛，萼片内面密被绒毛；花瓣紫白色，倒卵形，长约 1.2 厘米；雄蕊约 30，花丝长短不齐；花柱 5，基部被白色绒毛，柱头棒状。梨果球形，径 1.5-2.5 厘米，顶端隆起；果梗长 2-2.5 厘米；管状萼筒长 5-8 毫米，呈喙状；宿存萼片反折。花期 4-5 月；果期 9-10 月。

产皖南黄山温泉迴龙桥、双溪阁、慈光寺、云谷寺、天海、松谷庵海拔 610-1700 米，石台祁门岔海拔 380-700 米，黟县百年山，休宁，太平；大别山区金寨白马寨西边凹、东边凹海拔 650-1370 米，潜山天柱峰。生于杂木林内。分布于浙江、江西、湖南、福建、广东、广西、云南。

果可酿酒和制果脯。亚热带地区可做苹果砧木。

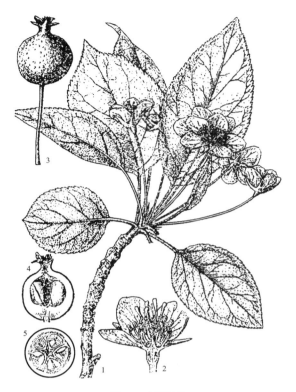

图 152 尖嘴林檎
1. 花枝；2. 花纵剖；3. 果；4. 果纵剖；5. 果横剖。

17. 唐棣属 Amelanchier Med.

落叶灌木或小乔木。冬芽显著，长圆锥形，芽鳞数枚。单叶，互生，全缘或具锯齿；具叶柄；托叶早落。花两性；总状花序顶生，稀花单生；苞片早落；萼筒钟状，萼片 5，全缘；花瓣 5，白色，披针形、倒卵形或长圆形；雄蕊 10-20；子房下位或半下位，2-5 室，每室 2 胚珠，有时室背生假隔膜，子房 4-10 室，每室 1 胚珠。梨果近球形，内果皮膜质；宿存萼片反折。有种子 4-10，子叶平凸。

约 25 种，分布于北美，南至墨西哥。我国 2 种。安徽省 1 种。

东亚唐棣 图 153

Amelanchier asiatica（Sieb. et Zucc）Endl. ex Walp.

落叶灌木或乔木，高可达 10 米。枝条开展，小枝细、微曲，幼时被灰白色绵毛，后脱落；冬芽浅褐色。叶卵形或长椭圆形，稀卵状披针形，长 4-6 厘米，宽 2.5-3.5 厘米，先端急尖，基部圆形或近心形，具细尖锯齿，齿尖微向内合拢，幼时下面密被灰白色绒毛，

图 153 东亚唐棣
1. 花枝；2. 果枝。

后脱落；叶柄长 1-1.5 厘米，近无毛；托叶条形，早落。总状花序下垂，长 4-7 厘米，总梗及花梗幼时被白色绒毛，后脱落，花梗细，长 1.5-2.5 厘米；苞片线状披针形，早落；花径 3-3.5 厘米；萼筒密被绒毛，萼片较萼筒长 2 倍；花瓣白色，细长，长圆状披针形或卵状披针形，长 1.5-2 厘米；雄蕊 15-20，短于花瓣；花柱 4-5，大部连合，基部被绒毛，稍长于雄蕊，柱头头状。梨果近球形或扁球形，径 1-1.5 厘米，蓝黑色；宿存萼片反折。花期 4-5 月；果期 8-9 月。

产皖南黄山北坡松谷庵附近，海拔 800 米偶见，歙县清凉峰天子地海拔 1500 米；大别山区金寨白马寨虎形地下部山沟海拔 650 米，岳西河图乡，潜山天柱山千丈崖、驼岭海拔 900 米，舒城。生于阔叶林内或溪边灌丛中。分布于浙江天目山、江西。朝鲜、日本也有分布。

观赏树种，花序美丽，花瓣细长，白色，芳香。树皮入药，可祛瘀止痛。果味甜多汁，可食。

III. 蔷薇亚科 ROSOIDEAE

灌木或草本。复叶，稀单叶；具托叶。离心皮雌蕊，多数或少数，稀单数，每子房具 1-2 悬垂或直立胚珠，子房上位，稀下位。聚合瘦果，花托（萼筒）杯状、壶状，扁平或隆起，成熟时肉质或干硬。

34 属。我国 19 属，其中木本 6 属，分布南北各地。安徽省木本 4 属。

1. 花托壶状，稀杯状；常具皮刺；离心皮雌蕊多数；花托成熟时肉质，具色泽 ┄┄┄┄┄┄┄ 18. 蔷薇属 Rosa
1. 花托扁平或隆起：
  2. 托叶与叶柄分离，离心皮雌蕊 4-15；花托扁平或微凹：
    3. 叶互生；花黄色，无副萼，5 出数；离心皮雌蕊 5-8，每子房 1 胚珠；瘦果 ┄┄┄┄┄ 19. 棣棠属 Kerria
    3. 叶对生；花白色，具副萼，4 出数；离心皮雌蕊 4，每子房 2 胚珠；聚合核果 ┄┄┄ 20. 鸡麻属 Rhodotypos
  2. 托叶常与叶柄连合，离生心皮多数，稀少数；花托隆起成半球形或圆锥形 ┄┄┄┄┄┄ 21. 悬钩子属 Rubus

18. 蔷薇属 Rosa L.

落叶或常绿灌木，茎直立或攀援，常具皮刺、针刺或刺毛，稀无皮刺。叶互生，奇数羽状复叶，稀单叶，小叶叶缘具锯齿；托叶常与叶柄连合。花两性，辐射对称；单生或伞房状、复伞房状或圆锥状花序；花托（萼筒）壶状，稀杯状；萼片 5（4）；花瓣 5（4）或重瓣；雄蕊多数，数轮；离心皮雌蕊多数，生于花托（萼筒）内，每子房具 1 悬垂胚珠，花柱分离或靠合，柱头头状，露出于花托口或伸出。聚合瘦果包藏于肉质或粉质花托内，称"蔷薇果"。种子下垂。

200-250 种，分布于北半球温带及亚热带。我国约 70 余种，分布南北各地。安徽省 15 种，9 变种，6 变型。

广为栽培，为庭园绿化观赏树种。

1. 柱头伸出于花托口外；托叶与叶柄至少 1/2 连合：
  2. 小叶 5-9；花柱靠合成柱状，与雄蕊近等长：
    3. 花柱无毛：
      4. 托叶羽裂，大部与叶柄连合，小叶 5-7，倒卵状长圆形，具尖锐单锯齿 ┄┄┄ 1. 多花蔷薇 R. multiflora
      4. 托叶边缘具稀疏丝状细裂，被腺毛，完全与叶柄连合，小叶 9，长椭圆形，具单据齿，稀具重据齿
      ┄┄┄┄┄┄┄┄┄┄┄┄┄┄┄┄┄┄┄┄┄┄┄┄┄ 2. 琅琊蔷薇 R. longyashanica
    3. 花柱被柔毛：
      5. 小叶下面被柔毛，网脉不明显；托叶、花梗及萼片被腺毛及长柔毛 ┄┄┄┄┄ 3. 荼蘪花 R. rubusa
      5. 小叶下面无毛：
        6. 小叶 5，长 3.5-9 厘米，下面带白色 ┄┄┄┄┄┄┄┄┄┄┄┄┄ 4. 软条七蔷薇 R. henryi

6. 小叶 5-9，长 1-3.5 厘米：

    7. 小枝散生小皮刺，带紫红色；托叶具齿；花白色 ·················· 5. **光叶蔷薇 R. wichuraiana**

    7. 托叶下部常具成对皮刺及小枝散生皮刺，皮刺基部膨大；花黄白色 ····· 6. **川滇蔷薇 R. soulieana**

2. 小叶 3-5（7）；花柱分离，短于雄蕊；花紫红色或粉红色，稀带白色，稍具香气，萼片近先端羽裂 ········

·· 7. **月季花 R. chinensis**

1. 柱头不伸出花托口或微伸出：

  8. 托叶小，钻形，与叶柄分离或仅基部连合；茎攀援；花黄色或白色：

    9. 小枝无毛；小叶 3-5；托叶全缘；花梗基部无苞片：

      10. 伞形花序，花梗及花托无刺毛，花小，黄色或白色；托叶条形或线形：

        11. 小枝疏生皮刺或无刺；伞形花序，萼片长卵形，全缘，花白色或黄色，径约 2.5 厘米，单瓣或重瓣 ································· 8. **木香花 R. banksiae**

        11. 小枝皮刺多；复伞房花序，萼生卵状披针形，羽裂，花白色，径约 2 厘米，单瓣 ···········

··· 9. **小果蔷薇 R. cymosa**

      10. 花单生，花梗及花托被刺毛，花大，白色；托叶条形，具细尖锯齿，齿尖具腺齿 ················

··· 10. **金樱子 R. laevigata**

    9. 小枝被毛；小叶 5-9，托叶羽裂；花梗基部具数枚细裂大苞片 ············ 11. **硕苞蔷薇 R. bracteata**

  8. 托叶 1/2 以上与叶柄连合；直立灌木：

    12. 伞房花序、花单生或集生：

      13. 伞房花序；小枝无毛，疏生皮刺或小枝上部无刺；花径 2-3 厘米 ········· 12. **拟木香 R. banksiopsis**

      13. 花单生或 3-6、2-5 集生：

        14. 小枝密被绒毛，具皮刺及刺毛，均被绒毛；花径 6-8 厘米 ············ 13. **玫瑰 R. rugosa**

        14. 小枝被白粉，皮刺细直，散生；托叶下部具成对皮刺；花径 3-6 厘米 ········ 14. **钝叶蔷薇 R. sertata**

    12. 花单生或 1-2 生短枝上：

      15. 花单瓣，黄色，萼片反折，花单生，径约 4 厘米 ··········· 15. **单瓣黄刺玫 R. xanthina f. normalis**

      15. 花重瓣，淡粉红色，萼片直立，花 1-2 生短枝上，径 4-6 厘米 ········· 16. **缫丝花 R. roxburghii**

1. 多花蔷薇　野蔷薇

Rosa multiflora Thunb.

落叶灌木、攀援状，高达 3 米。小枝细长，无毛，托叶下部常具皮刺。羽状复叶；小叶 5-7（9），倒卵状长圆形或长圆形，长 1.5-3 厘米，宽 8-28 毫米，先端急尖或圆钝，基部宽楔形或圆形，具尖锯齿，下面被柔毛，叶柄及叶轴被柔毛，常散生腺毛；托叶羽裂或蓖齿状，大部与叶柄连合，边缘具腺毛或无。圆锥状伞房花序，花梗长 1.5-2.5 厘米，有时基部具蓖齿状小苞片；花径 1.5-2 厘米，芳香；萼片披针形；花单瓣，白色，宽倒卵形；花柱靠合，稍长于雄蕊，无毛，柱头突出。蔷薇果球形或卵形，径约 6 毫米，红褐色，具光泽；萼片脱落。花期 4-7 月；果期 8-9 月。

产皖南黄山，休宁流口，歙县清凉峰大原，旌德，青阳；大别山区霍山青枫岭海拔 1000 米，金寨白马寨虎形地海拔 970 米、打抒权主沟海拔 880 米，岳西鹞落坪海拔 1120 米，舒城万佛山小涧冲；江淮滁县皇甫山、琅琊山海拔 200 米。分布于黄河流域以南低山区溪边、林缘及灌丛中。栽培品种多，庭园习见。日本也有分布。

喜光。耐寒、耐旱、耐水湿；对土壤要求不严。播种、扦插、分根繁殖。

鲜花含芳香油，供食用或化妆品用。花、果、根药用，可利尿、收敛活血；种子称"营实"，可除风湿；叶外用，治肿毒。根皮可提取栲胶。花艳丽，宜栽植为或花篱，尤在坡地丛栽可保持水土。

1a. 红刺玫　粉团蔷薇（变种）

Rosa multiflora Thunb. var. **cathayensis** Rehd. et Wils.

花瓣粉红色。

产皖南黄山汤口、温泉、听涛亭下沟谷边阴湿地、云谷寺至狮子林山路旁，绩溪清凉峰栈岭湾海拔 1000 米、永末、银龙坞海拔 700 米；大别山区霍山马家河海拔 800 米，金寨白马寨庙社沟海拔 700 米，岳西鹞落坪海拔 1050 米。

1b. 七姐妹 （变种）
Rosa multiflora Thunb. var. **carnea** Thaory
花重瓣，粉红色，花梗无毛；托叶篦齿状。产江淮滁县琅琊山，来安半塔。
广泛栽培，供观赏；可作护坡及棚架之用。

1c. 桃源蔷薇 （变种）
Rosa multiflora Thunb. var. **taoyuanensis** Z. M. Wu
叶较大，长 3-8 厘米，先端长渐尖或尾尖，无毛；花较大，径 3-4 厘米，萼片外被绒毛，花柱具长柔毛。
产大别山区金寨白马寨、桃源河。

2. 琅琊蔷薇
Rosa longyashanica D. C. Zhang et J. Z. Shao
落叶灌木，高达 3 米。小枝具皮刺。羽状复叶；小叶 7-9，长椭圆形，长 2.8-3.5 厘米，宽 1-1.4 厘米，先端渐尖或急尖，具尖锐单锯齿，稀具重锯齿或锐裂，无毛；叶柄和叶轴被稀疏腺毛和散生小皮刺；托叶与叶柄完全合生，缘具稀疏丝状细裂，被腺毛。复伞房花序顶生，具花 5-9，花梗长 2-3.5 厘米，被稀疏腺毛；花径 2-3 厘米；萼筒无毛，萼片卵状披针形，先端尾状渐尖，外面无毛，内面密被柔毛；花瓣粉红色，宽倒卵形；雄蕊多数；花柱合生成柱状，长于雄蕊，无毛。蔷薇果卵球形，无毛。花期 5 月；果期 6-8 月。

产江淮滁县琅琊山林场附近。生于路旁林缘。

3. 荼蘼花　　　　　　　图 154
Rosa rubusa Levl. et Vant.
落叶蔓生灌木，长约 6 米。小枝具钩刺，幼时被较密柔毛。羽状复叶；小叶 5-7，卵状椭圆形或倒卵形，长 3-6（9）厘米，宽 2-4.5 厘米，先端突渐尖，基部圆形或宽楔形，具粗尖锯齿，下面被柔毛；叶柄被柔毛，叶轴被小皮刺和腺毛；托叶大部与叶柄连合，被腺毛及柔毛。伞房花序圆锥状，总梗及花梗被腺毛及柔毛，花梗长 1.5-2 厘米；花径 2.5-3 厘米，芳香；萼被腺毛及柔毛，萼筒球形，萼片内面密被柔毛；花瓣白色，倒卵形；花柱靠合成柱，长于雄蕊，被柔毛，柱头突出。蔷薇果近球形，径约 8 毫米，猩红色至紫褐色；萼片反折，后脱落。花期 5-6 月；果期 7-9 月。

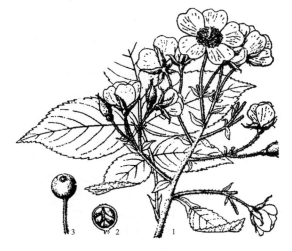

图 154 荼蘼花
1. 花枝；2. 果纵剖；3. 果。

产大别山区金寨白马寨海拔 500 米，岳西鹞落坪海拔 1050 米。分布于陕西、甘肃、湖北、四川、贵州、云南、广西、广东。生于溪边、林缘、灌丛中。

根皮可提制栲胶。鲜花可提取芳香油。果可制果酱及酿酒。

4. 软条七蔷薇 图 155

Rosa henryi Boulenger

落叶蔓生灌木，长达 4 米。小枝具钩刺，花枝无刺。羽状复叶；小叶 5，椭圆形或椭圆状卵形，长 3.5-9 厘米，宽 1.5-5 厘米，先端急尖或渐尖，基部近圆形或宽楔形，具尖锯齿，下面带白色，无毛；叶柄及叶轴疏生小钩刺；托叶窄披针形，全缘，大部与叶柄连合，淡红色。伞房花序，花梗被柔毛和腺毛；花径 3-4 厘米，芳香；萼筒被柔毛和腺点，萼片披针形；花瓣白色，宽倒卵形；花柱靠合成柱，被毛，柱头突出，长于雄蕊。蔷薇果球形，径 8-10 毫米，暗红色；果梗具稀疏腺点；萼片脱落。花期 4-5 月；果期 9-10 月。

图 155 软条七蔷薇
1. 花枝；2. 果序；3. 果纵剖。

产皖南黄山山岔、汤口、双溪阁、眉毛峰、松谷庵、云谷寺、桃花峰海拔 900 米，休宁岭南、流口，歙县清凉峰三河口、劳改队坞海拔 950-700 米，绩溪清凉峰永来、栈岭弯、逍遥乡中南坑海拔 600-1100 米；大别山区霍山马家河、白马尖海拔 850-900 米，金寨师范学校后山海拔 95 米、白马寨打抒权海拔 600-700 米、马鬃岭海拔 800 米、龙井河，岳西大王沟、鹞落坪、妙堂山海拔 1200 米，潜山彭河乡海拔 500 米，舒域万佛山。生于林缘或灌丛中。分布于陕西、河南、江苏、浙江、江西、福建、广东、广西、湖北、湖南、四川、云南、贵州。

4a. 蜜腺湖北蔷薇 （变种）

Rosa henryi Boulenger var. **glandulosa** J. M. Wu et Z. L.Cheng

小叶椭圆形或倒卵状长圆形，先端急尖或圆钝；花淡黄色，花梗、花萼外密被短腺毛。

产大别山区金寨白马寨龙井河海拔 300-500 米溪边灌木中。

花密集，甚香，为一优良观赏蔓生灌木。

5. 光叶蔷薇 图 156

Rosa wichuraiana Crp.

半常绿灌木，匍匐或蔓延。小枝绿色，皮刺粗，带紫红色，散生，托叶下常具成对皮刺，无毛。羽状复叶；小叶 5-7(9)，幼叶紫红色，老叶亮绿色，椭圆形、宽卵形或倒卵形，长 1-3.5 厘米，宽 7-15 毫米，先端圆钝或急尖，基部圆形或宽楔形，具粗锯齿，无毛，上面深绿色，下面色淡，具光泽；托叶披针形，具齿，大部与叶柄连合。伞房或圆锥花序，总梗及花梗幼时被稀疏柔毛或无毛，散生腺刺毛，花梗长 6-20 毫米；苞片卵形，脱落；花径 1.5-2.5 厘米，具香气；萼片卵状披针形，内面密被柔毛；花瓣白色，倒卵形；花柱靠合，被柔毛，稍长于雄蕊，柱头突出。蔷薇果卵球形或近球形，径 6-7 毫米，红色或紫色；果梗腺毛较密；

图 156 光叶蔷薇
1. 花枝；2. 花。

萼片脱落。花期6-7月；果期7-9月。

产大别山区金寨白马寨虎形地下部海拔800米山脊空旷处。分布于浙江、福建、广东、广西、台湾。

白花浓香，为优美观赏树，也可防护坡堤和绿化石山。

6. 川滇蔷薇　　　　　　　图157
Rosa soulieana Crep.

落叶灌木，高达3米。枝条开展，托叶下常具成对皮刺及散生皮刺。羽状复叶；小叶5-7，椭圆形、倒卵形或卵状长圆形，长1-3厘米，宽7-20毫米，先端圆钝或急尖，基部圆形，中部以上具细锯齿，无毛；托叶大部与叶柄连合，缘具腺毛。伞房花序，总梗及花梗无毛，花梗长1厘米以下，有时具腺毛；小苞片无毛；花径3-3.5厘米；萼筒被腺毛，萼片卵形，内面密被短柔毛；花瓣黄白色，倒卵形；心皮多数，密被柔毛，花柱靠合成柱，伸出，被毛，柱头突出，稍长于雄蕊。蔷薇果卵球形，径约1厘米，橙红色至黑紫色，花柱宿存；果梗长约1.5厘米；萼片脱落。花期6-7月；果期11月。

产皖南青阳九华山；大别山区金寨白马寨林场（原木工厂路旁）海拔650-800米。分布于四川、云南、西藏。

图157 川滇蔷薇
1. 花枝；2. 果。

7. 月季花　　　　　　　图158
Rosa chinensis Jacq.

常绿或半常绿，高达2米。小枝具钩刺或无刺，无毛。羽状复叶；小叶3-5，稀7，宽卵形或卵状长圆形，长2.5-6厘米，宽1-3厘米，先端渐尖，基部宽楔形或近圆形，具尖锯齿，无毛；叶柄及叶轴疏生皮刺和腺毛；托叶大部与叶柄连合，缘具腺毛或羽裂。花单生或数朵集生成伞房状，花梗长2.5-6厘米，有时被腺毛；花径4-6厘米，微香；萼片卵形，先端尾尖，羽裂，缘具腺毛；花瓣紫红、粉红、稀白色，重瓣，倒卵形；花柱离生，伸出萼筒口外，约与雄蕊等长，子房被柔毛。蔷薇果卵球形，或梨形，径约1.2厘米，红色；萼片宿存。花期5-10月；果期9-11月。

各地普遍栽培，园艺品种很多，其原始种为单瓣月季花（-var. spontanea（R. et W.）Yu et Ku），分布于湖北、四川、贵州。

安徽省有大量栽培品种、变种。变种中主要有：

图158 月季花
1. 花枝；2. 果；3. 果纵剖。

7a. 紫月季花（变种）
Rosa chinensis Jacq. var. **semperflorens** Koehne.

茎细，刺有或无；小叶较薄，带紫色；花梗细长，花瓣深红色或深桃红色。

7b. 小月季花 （变种）

Rosa chinensis Jacq. var. minima Voss

矮小灌木；花小，玫瑰红色，径约 3 厘米，单瓣或重瓣。

7c. 绿月季花 （变种）

Rosa chinensis Jacq. var. viridiflora Dipp.

花大，绿色，花瓣变态呈小叶状。

喜光。喜温暖湿润气候；喜肥沃土壤。一般用扦插及嫁接繁殖，枝接、芽接、根接均可；宜选通风、透光、排水良好地方栽植，免遭白粉病危害。花可提取芳香油，也可食用。花蕾及根入药，可活血、消肿。花期长，色香俱佳，为美化园林的优良树种，宜在花坛、草坪、路角、假山等处栽植；又可盆栽或切花。

8. 木香花

Rosa banksiae Ait.

落叶或半常绿攀援灌木，高达 10 米。小枝疏生钩刺或无刺，无毛。羽状复叶；小叶 3-5，稀 7，椭圆状卵形或长圆状披针形，长 2-5 厘米，宽 8-18 毫米，先端急尖或微钝，基部楔形或近圆形，具紧贴尖锐细锯齿，上面深绿色，无毛，下面沿中脉疏被柔毛；叶柄近无毛，叶轴被稀疏柔毛，有时疏生皮刺；托叶条形，与叶柄分离；早落。伞形花序多花，花梗长 2-3 厘米，无毛；花径约 2.5 厘米；萼筒内面被白色柔毛，萼片长卵形，先端长渐尖，全缘；花瓣白色或黄色，重瓣或半重瓣，倒卵形，芳香；心皮多数，花柱离生，密被柔毛，短于雄蕊，柱头突出。蔷薇果，近球形，径 3-5 毫米，红色，无毛；萼片脱落。花期 4 月；果期 10 月。

安徽省各地林园广泛栽培作棚架和绿篱，尤以淮北相山庙后院一株的木香花，其基围 93 厘米，年代久远。原产我国南部及西南部；生于山区灌丛中；其他城市也普遍栽培。

该种在安徽省有 1 变种，1 变型：

白木香 Rosa banksiae Ait. var. normalis Regel. 花白色，单瓣，芳香，为木香花野生原始类型；重瓣黄木香 Rosa banksiae Ait. f. lutea（Lindl.）Rehd.，花黄色，重瓣，无香气。

花可提取芳香油。根皮可提制栲胶；根、叶药用，具收敛、止血、止痛之效，也可治肠炎、痢疾、肠出血、消化不良等症。

晚春至初夏开花，芳香宜人，为优良庭园绿化树种。

9. 小果蔷薇

Rosa cymosa Tratt.

常绿攀援灌木，高 2-5 米。小枝细，无毛或被淡黄色柔毛，具钩状皮刺。羽状复叶；小叶 3-5，稀 7，卵状披针形或椭圆形，稀长圆状披针形，长 2.5-6 厘米，宽 8-25 毫米，先端渐尖，基部近圆形，具紧贴尖锐细锯齿，上面亮绿色，无毛，下面色淡，沿脉被稀疏长柔毛；叶柄与叶轴疏生钩刺和腺毛；托叶线形，离生，早落。复伞房花序，花梗长约 1.5 厘米，幼时密被长柔毛，后脱落；花径约 2 厘米；萼片先端常羽裂，卵状披针形；花瓣白色，倒卵形；花柱离生，被毛，柱头稍露出花托口外，与雄蕊近等长。蔷薇果近球形，径 4-7 毫米，红色至墨褐色；萼片脱落。花期 4-5 月；果期 10-11 月。

产皖南原黄山林校后山海拔 450 米，温泉至慈光寺途中；祁门牯牛降历溪坞海拔 280 米，歙县，太平，泾县，广德青阳九华山；大别山区霍山，岳西河图、鹞落坪海拔 650-1100 米，潜山；江淮滁县琅琊山，习见。分布于江西、江苏、浙江、湖南、四川、云南、贵州、福建、广东、广西、台湾。

花可提取芳香油。根皮可提制栲胶。根、叶药用，可止咳、清热化瘀。蜜源树种。

9a. 毛叶山木香（变种）

Rosa cymosa Tratt. var. **puberula** Yü et Ku

小枝、皮刺、叶柄、叶轴、叶上、下两面均密被短柔毛；茎攀援状。

产皖南黄山，偶见；大别山区霍山百莲岩海拔 175 米，金寨，岳西鹞落坪海拔 1050 米，望江二中后山。分布于陕西、湖北。

10. 金樱子   图 159

Rosa laevigata Michx.

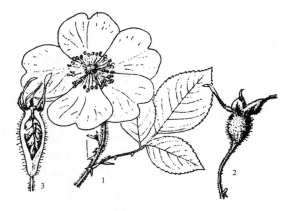

图 159 金樱子
1. 花枝；2. 果；3. 果纵剖。

常绿攀援灌木，高达 5 米，茎被扁钩状皮刺及刺毛。羽状复叶；小叶 3，稀 5，革质，椭圆状卵形、披针状卵形或倒卵形，长 2-6 厘米，宽 1.2-3.5 厘米，先端急尖、渐尖或圆钝，基部近圆形或宽楔形，具细尖锯齿，上面亮绿色，无毛，下面黄绿色，网脉明显；叶柄及叶轴被小皮刺和腺毛；托叶条形，离生或基部与叶柄连合，早落。花单生叶腋或侧枝顶端，花梗长 1.8-2.5 厘米，与萼筒密被腺毛，随果生长变为针刺；花径 5-9 厘米；萼片卵状披针形，先端叶状，直立，全缘，常被刺毛和腺毛，内面密被柔毛；花瓣白色，芳香，宽倒卵形；雄蕊多数；心皮多数，花柱离生，被毛，柱头塞于花托口。蔷薇果近球形或倒卵形，长 2-4 厘米，紫褐色，外密被刺毛；果梗长约 3 厘米，被刺毛；萼片宿存。花期 4-6 月；果期 7-10 月。

产皖南黄山居士林、慈光寺、茶林厂，祁门、石台牯牛降，绩溪清凉峰永来海拔 800 米，歙县清凉峰海拔 450 米，太平七都，旌德，泾县，青阳九华山；大别山区金寨白马寨马屁股尖海拔 740 米，岳西大王沟、鹞落坪海拔 1000 米，潜山天柱山，舒城万佛山。生于向阳山坡灌丛中及田间、溪边常绿阔叶林中。分布于陕西、江西、江苏、浙江、湖北、湖南、广东、广西、台湾、福建、四川、云南、贵州。

喜光。喜温暖湿润气候。对土壤要求不严。

种子、扦插繁殖。

果富含糖分及苹果酸、柠檬酸、果糖、蔗糖等；酿酒和药用，治遗尿、下痢、肠黏膜炎等。根可提制栲胶。

11. 硕苞蔷薇   图 160

Rosa bracteata Wendl.

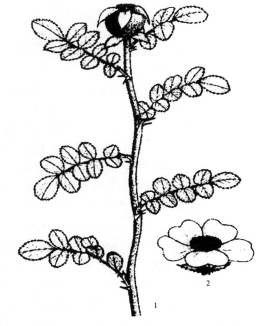

图 160 硕苞蔷薇
1. 果枝；2. 花。

常绿小灌木，高达 1.5 米；茎蔓生或匍匐，皮刺微弯。小枝粗壮，密被黄褐色柔毛，间混生针刺和腺毛，托叶下具成对皮刺。奇数羽状复叶，小叶 5-9，革质，椭圆形或倒卵形，长 1-2.5 厘米，宽 8-15 毫米，先端圆钝，基部宽楔形，具钝据齿，上面深绿色，具光泽，下面沿脉被柔毛或无毛，叶柄与叶轴被小皮刺、稀疏柔毛和腺毛；托叶披针形，离生，羽裂，早落。花单生枝顶，花梗长不及 1 厘米，密被长柔毛和稀疏腺毛；基部具数枚大型宽卵形苞片，缘具不规则缺刻状锯齿，外密被柔毛；花径 4.5-7 厘米；萼片宽卵形，与萼筒外均密被黄褐色柔毛和腺毛，花后反折；花瓣白色，倒卵形；心皮多数，花柱密被柔毛，稍短于雄蕊，柱头塞于花托口。蔷薇果球形，径 2-3.5 厘米，橙红色，果梗密被黄褐色绒毛；萼片宿存。花期 5-6 月；果期 9-10 月。

产皖南黄山海拔 300 米以下沟谷、林缘和灌丛中，休宁。分布于湖南、福建、浙江、台湾。

花大美丽，可植于庭园供观赏。根皮可提制栲胶，亦可药用，具收敛、补痹、强肾之效。花可止咳，叶外敷治疗毒。

12. 拟木香　　　　　　图 161

Rosa banksiopsis Baker

落叶小灌木，高达 3 米。小枝无毛，疏生皮刺或枝条上部无刺。羽状复叶；小叶 5-9，椭圆形或长圆状卵形，长 2.2-4.5 厘米，宽 1-2.2 厘米，先端急尖或圆钝，基部近圆形或宽楔形、具尖锐单锯齿，无毛或下面疏被柔毛，黄绿色；叶柄及叶轴无毛，被稀疏柔毛及皮刺；托叶缘具腺毛，大部与叶柄连合。伞房花序，花梗长 1-2.5 厘米；苞片披针形；花径 2-3 厘米；萼筒被稀疏柔毛及腺毛，或无毛，萼片卵状披针形，先端延长成叶状，内面密被柔毛；花瓣粉红色或玫瑰红色，倒卵形；花柱离生，密被长柔毛，柱头塞于花托口。蔷薇果椭圆形或倒卵状长圆形，长 1.5-2 厘米，具短颈，红色；宿存萼片直立。花期 6 月；果期 9 月。

产大别山区霍山马家河海拔 1400 米，金寨白马寨林场至打抒权海拔 600 米、三道场海拔 1000-1200 米。生于山谷或灌丛中。分布于陕西、甘肃、河南、湖北、四川。

嫁接、分根或种子繁殖。根皮可提制栲胶。观赏树种。

图 161 拟木香
1. 花枝；2. 果。

13. 玫瑰　　　　　　图 162

Rosa rugosa Thunb.

落叶丛生灌木，高达 2 米。枝较粗，密被绒毛、皮刺及刺毛。奇数羽状复叶，小叶 5-9，椭圆形或椭圆状倒卵形，长 1.5-4.5 厘米，宽 1-2.5 厘米，先端急尖或微钝，基部圆形或宽楔形，具钝锯齿，上面无毛，具皱纹，下面灰绿色，被绒毛，网脉显著；叶柄及叶轴被绒毛，疏生小皮刺及腺毛；托叶大部与叶柄连合，具带腺细锯齿，两面被绒毛。花单生叶腋或 3-6 集生，花梗长 5-25 毫米，密被绒毛和腺毛；苞片卵形；花径 4（6）-5.5（8）厘米；萼片卵状披针形，先端尾状渐尖，具羽状裂片而扩展成叶状，内面密被柔毛和腺毛；花重瓣至半重瓣，紫红色至白色，芳香，倒卵形；花柱离生，被毛，稍伸出花托口外，短于雄蕊许多，柱头稍突出。蔷薇果扁球形，径 2-2.5 厘米，砖红色，肉质；萼片宿存。花期 5-6 月；果期 8-9 月。

图 162 玫瑰
1. 花枝；2. 果。

安徽省各地普遍栽培。原产辽宁、山东。朝鲜、日本也有分布。

耐寒，耐旱，对土壤要求不严，在微碱性土壤上也能生长，在富含腐殖质排水良好的中性或微酸性土壤上生长和开花最好。最喜光。不耐积水。萌蘖性强，生长快。

用分株、埋条、扦插、嫁接繁殖。

鲜花瓣可提取芳香油，为名贵香精，制化妆品用。瓣可食；蕾含葡萄糖、没食子酸，可药用，有理气、活血、收敛之效。果富含维生素；种子含油率高；花色艳丽、芳香，栽植可供观赏和美化环境，实为多用途的经济树种。

久经栽培，有下列数变型：

13a. **紫玫瑰** Rosa rugosa Thunb f. **typica** Reg.（变型）花瓣玫瑰紫色。

13b. **红玫瑰** Rosa rugosa Thunb. f. **rosea** Rehd.（变型）花瓣玫瑰红色。

13c. **白玫瑰** Rosa rugosa Thunb. f. **alba**（Ware.）Rehd.（变型）花瓣白色。

14. 钝叶蔷薇 图163

Rosa sertata Rolfa

落叶灌木，高达 2 米。小枝细，被白粉，皮刺细直，散生，托叶下具成对皮刺，稀无刺。羽状复叶；小叶 5-7，稀 11，窄椭圆形或椭圆状卵形，长 1-2.5 厘米，宽 7-15 毫米，先端急尖或圆钝，基部近圆形，具尖锯齿，无毛，下面带灰绿色，沿中脉被柔毛；叶柄及叶轴，疏被腺毛和小皮刺；托叶下部与叶柄连合，缘具腺毛。花单生或 2-5 集生成伞房状花序，花梗长 1.5-3 厘米，无毛或被稀疏腺毛；苞片卵形；花径 3-6 厘米；萼筒被稀疏腺毛，萼片卵状披针形，先端叶状，内面密被黄白色柔毛；花瓣粉红色或紫红色，宽倒卵形，短于萼片；花柱离生，被柔毛，短于雄蕊，柱头微突出。蔷薇果卵球形，径约 1 厘米，先端具短颈，深红色；萼片宿存。花期 5-6 月；果期 8-9 月。

产皖南黄山天门坎、天都峰下面海拔 1350 米、眉毛峰、莲花沟、光明顶、西海、松谷庵、中刘门亭常见，祁门牯年降顶部海拔 1700 米，绩溪清凉峰西凹海拔 1400 米，歙县清凉峰竹铺；大别山区霍山马家河万家红、天河尖海拔 1450 米，金寨白马寨虎形地、东、西凹、天堂寨海拔 950-1600 米，岳西河图、鹞落坪海拔 1100 米，潜山彭河乡大余湾海拔 1100 米，舒城万佛山。生于落叶阔叶林中或黄山松林内、林缘。分布于陕西、山西中条山、河南、浙江、湖南、湖北、四川、云南。

图163 钝叶蔷薇
1. 花枝；2. 果实。

根药用，可调经、治痛风及收敛剂。花芳香，供观赏。

15. 单瓣黄刺玫（变型）

Rosa xanthina Lindl. f. **normalis** Rehd. et Wils.

落叶直立灌木，高达 2.5 米。小枝粗，无毛，散生皮刺。羽状复叶；小叶 7-13，长圆形、宽卵形或卵圆形，长 8 毫米，先端圆钝，基部近圆形，具圆钝锯齿，下面密被柔毛或沿脉被柔毛；小叶近无柄，叶轴被毛和皮刺；托叶线状披针形，大部与叶柄连合，缘具腺齿。花单生，花梗长 1-1.5 厘米，无毛；无苞片；花径 4-5 厘米；萼无毛，萼片披针形，反折；花单瓣黄色；花柱离生，被长柔毛，稍伸出花托口。蔷薇果近球形，径 8-10 毫米，紫褐色。

花期 4-6 月；果期 7-8 月。

产淮北萧县皇藏峪。生于路旁灌丛中。分布于黑龙江、吉林、辽宁、内蒙古、河北、山东、山西中条山海拔 1520 米，陕西、甘肃。

花大美丽，供观赏。

16. 缫丝花

Rosa roxburghii Tratt.

落叶或半常绿灌木，高达 2.5 米；树皮片状剥落。小枝无毛，托叶下常具成对微弯扁皮刺。羽状复叶；小叶 9-13（15），椭圆形或长圆形，稀倒卵形，长 1-2 厘米，宽 6-12 毫米，先端急尖或圆钝，基部宽楔形或近圆形，具细尖锯齿，无毛，网脉明显；叶柄及叶轴疏生小皮刺，无毛；托叶大部与叶柄连合，缘具腺毛。花单生或 2-3 着生枝顶，花梗长 3-5 毫米，被刺毛；苞片卵形；花径 4-6 厘米；萼筒杯状，与萼片密被刺毛，萼片羽裂，内面密被绒毛；花瓣淡粉红色，微香，重瓣，倒卵形；雄蕊多数；心皮多数，着生花托底部，花柱离生，被毛，不外伸，柱头微突出。蔷薇果扁球形，径 3-4 厘米，绿红色，密被针刺毛；果梗被刺毛；萼片宿存，直立。花期 5-7 月；果期 9-10 月。

产皖南黄山慈光寺、黄山树木园栽培，歙县，休宁，青阳酉华、黄田；大别山区霍山诸佛庵，岳西鹞落坪海拔 1120 米。生于溪边灌丛中。分布于江苏、浙江、江西、湖北、四川、贵州、云南、广东。

果富含维生素 C，用于食品、蜜饯、酿酒及医药方面。种子可榨油；叶代茶；根皮、茎皮提制烤胶。果药用，助消化，健胃。

皖南蚕农收蚕茧缫丝时，本种花开始绽放，故称"缫丝花"。

16a. 单瓣缫丝花 （变型）

Rosa roxburghii Tratt. f. **normalis** Rehd. et Wils.

花单瓣，粉红色，径 4-6 厘米。为本种的野生原始类型。

产皖南祁门，休宁，歙县。生于向阳山坡、沟谷及灌丛中。分布于 陕西、甘肃、江西、福建、广西、湖北、四川、云南、贵州。

19. 棣棠花属 Kerria DC.

落叶小灌木。枝细长；冬芽具数枚鳞片。单叶，互生，具重锯齿；托叶钻形，早落。花两性；单生侧枝顶端；萼筒碟形，萼片 5，全缘；花瓣 5，黄色，具短爪；雄蕊多数；花盘环状；离心皮雌蕊 5-8，着生萼筒内，每 1 心皮具 1 胚珠，侧生于缝合线中部，花柱细长，瘦果侧扁，无毛。

1 种，分布于我国和日本。安徽省 1 种，1 变型。

1. 棣棠花　　　　　　　图 164

Kerria japonica（L.）DC.

落叶小灌木，高达 2 米。小枝绿色，具纵纹，无毛。叶卵形或三角状卵形，长 2-10 厘米，先端长渐尖，基部圆形、截形或近心形，具不规则尖锐重锯齿，常浅裂，两面绿色，下面微被柔毛；叶柄长 5-15 毫米，无毛；托叶带状披针形，早落。花单生，着生侧枝顶

图 164 棣棠花
1. 花枝；2. 果。

端，花梗无毛；花径 3-4.5 厘米；萼片卵状椭圆形，无毛；花瓣黄色，宽卵圆形，长于萼片。瘦果倒卵形或扁球形，黑褐色，无毛，具皱折；萼片宿存。花期 5-6 月；果期 7-8 月。

产皖南黄山桃花峰、慈光寺、逍遥亭、皮蓬、始信峰下、北坡刘门亭，休宁岭南，绩溪永未、清凉峰鸟桃湾海拔 700-900 米，栈岭湾，旌德；大别山区霍山诸佛庵，金寨马宗岭、白马寨虎形地海拔 920 米，岳西鹞落坪海拔 1000 米，舒城万佛山小涧冲。生于沟谷旁、岩石缝隙、山坡杂木林中或灌丛中，比较普遍。分布于陕西、甘肃、山东、河南、湖北、江苏、浙江、福建、江西、湖南、四川、贵州、云南。

稍耐阴；喜温暖湿润气候；不耐寒。

种子繁殖或早春分株或秋季嫩枝扦插。

花、枝、叶药用，可消肿、止痛、止久咳，助消化；髓心通草代用品，可催乳、利尿。枝叶青翠，缀以黄花，是美化庭园好树种。

1a. 重瓣棣棠花 （变型）

Kerria japonica（L.）DC. f. **pleniflora**（Witte）Rehd.

花重瓣，黄色。栽培供观赏。

湖南、四川、云南有野生。

20. 鸡麻属 Rhodotypos Sieb. et Zucc

落叶灌木。鳞芽。单叶，对生，具尖锐重锯齿；叶柄短，托叶条形，离生。花两性；单生枝顶；副萼 4；萼筒碟形，萼片 4，卵形，具尖锯齿，与副萼互生；花瓣 4，白色，具短爪；雄蕊多数，排成 4 轮，插生于花盘周围，花盘肥厚，顶端缢缩盖住雌蕊；离心皮雌蕊 4，每心皮 2 胚珠，花柱条形，柱头头状。聚合核果 1-4，为宿存萼片所包被，外果皮干燥，光滑。种子 1。

1 种，分布于我国、日本和朝鲜。安徽省亦产。

鸡麻　　　　　　　　　图 165

Rhodotypos scandens (Thunb.) Makino

落叶灌木，高达 3 米。小枝细，无毛。叶对生，卵形或卵状长圆形，长 4-11 厘米，宽 3-6 厘米，先端渐尖，基部宽楔形或圆形，具不规则尖锐重锯齿。幼叶上面被毛，后渐脱落，下面被绢状丝毛；叶柄长 3-5 毫米；被毛；托叶膜质。花单生；花径 3-5厘米；萼片大，卵状椭圆形，副萼条形，短于萼片 4-5 倍；花瓣白色，近圆形，长于萼片。聚合核果 1-4，倒卵状椭圆形，长约 8 毫米，黑色，具光泽。花期 4-5 月；果期 6-9 月。

产皖南黄山浮溪，路旁偶见，太平；大别山区霍山海拔 800-900 米，金寨，岳西鹞落坪海拔 1020 米，舒城万佛山；江淮滁县琅琊山、皇甫山海拔 100-150 米。生于山坡灌丛及沟边林下蔽阴处。分布于陕西、辽宁、甘肃、山东、河南、江苏、浙江、湖北。朝鲜、日本也有。

根、果药用，治血虚肾亏，为滋补强壮剂。也可栽培供观赏。

图 165 鸡麻
1. 果枝；2. 托叶放大。

21. 悬钩子属　Rubus L.

落叶或常绿，灌木、亚灌木，稀草本。茎多具皮刺、针刺、刺毛或腺毛，稀无刺。叶互生，单叶、3 小叶、掌状或羽状复叶；具叶柄；托叶与叶柄连合或离生。花两性，稀单性异珠；总状、圆锥、伞房或聚伞状花序，顶生或腋生，少数单生；花萼 5（3-7）裂，宿存；花瓣 5，稀无；雄蕊多数；离心皮雌蕊多数，稀少数，着生于隆起的花托上，子房 1 室，胚珠 2，花柱近顶生。聚合果，由多数小核果集生于花托上而形成聚合核果，花托肉质或干燥，黄色、红色或黑色。种子下垂。

400 余种，多数分布于北半球温带，少数分布南半球及热带。我国约 150 种，分布南北各地。安徽省 27 种，8 变种。

1. 单叶；托叶宽，常多裂，离生：
　　2. 花单生叶腋，或 2-5 花成总状花序，顶生 ………………………………………………………… 1. 太平莓 R. pacificus
　　2. 花为总状花序或圆锥花序：
　　　　3. 总状花序顶生或顶生兼腋生：
　　　　　　4. 总状花序顶生；叶革质、下面密被灰色绒毛 …………………………………………… 2. 木莓 R. swinhoei
　　　　　　4. 总状花序顶生兼腋生：
　　　　　　　　5. 短总状花序顶生兼腋生，总梗及花梗密被灰色细柔毛，萼密被灰白色至黄灰色柔毛和绒毛；叶 3-5 浅裂；果黄红色 …………………………………………………………… 3. 湖南莓 R. hunanensis
　　　　　　　　5. 总状花序腋生，总梗及花梗被柔毛或绒毛：
　　　　　　　　　　6. 总梗及花梗密被绒毛，杂被刺毛；叶近圆形，5 浅裂，具不整齐锯齿 ………… 4. 寒莓 R. buergeri
　　　　　　　　　　6. 总梗及花梗密被紫色腺刚毛和淡黄色绢毛，或被长柔毛和紫红色腺毛：
　　　　　　　　　　　　7. 叶卵形或宽卵形，3-5 掌状浅裂，托叶羽裂；果暗红色 ………… 5. 周毛悬钩子 R. amphidasys
　　　　　　　　　　　　7. 叶宽卵形，不规则 3-5 浅裂，托叶掌状深裂；果红色 ………… 6. 东南悬钩子 R. tsangorum
　　　　3. 圆锥花序顶生，或顶生兼腋生：
　　　　　　8. 圆锥花序顶生；小枝、叶下面、总梗及花梗密被灰白色绒毛；叶近圆形或宽卵形，5-7 浅裂 ……… …………………………………………………………………………………………………… 7. 灰白毛莓 R. tephrodes
　　　　　　8. 圆锥花序顶生兼腋生，或总状花序腋生：
　　　　　　　　9. 总梗及小花梗被稀疏柔毛；叶卵状披针形，具疏尖锯齿，近基部常浅裂，无毛，下面沿中脉具小皮刺 ………………………………………………………………………………………… 8. 黄泡子 R. ichangensis
　　　　　　　　9. 总梗及花梗被细毛或近无毛；叶卵形或长圆状卵形，具细锯齿及浅裂，下面被柔毛 ………… …………………………………………………………………………………………………… 9. 高粱泡 R. lambertianus
1. 羽状复叶、3 小叶复叶，或单叶；托叶披针形或条形，与叶柄连合：
　　10. 单叶：
　　　　11. 花单生：
　　　　　　12. 叶盾状着生，卵圆形，3-5 掌状浅裂；单花与叶对生，白色；果橘红色 …… 10. 盾叶莓 R. peltatus
　　　　　　12. 叶不为盾状着生；花单生枝顶，或数花集生短枝顶端：
　　　　　　　　13. 叶近圆形，掌状 5 深裂，具重锯齿，两面脉上被白色柔毛；果红色，下垂 ………………… …………………………………………………………………………………………………… 11. 掌叶复盆子 R. chingii
　　　　　　　　13. 叶卵形或卵状披针形，不裂或 3 浅裂：
　　　　　　　　　　14. 花萼外面密被柔毛；果密被细柔毛，具光泽 ………… 12. 山莓 R. corchorifolius
　　　　　　　　　　14. 花萼外面被柔毛和腺毛；果无毛 ………… 13. 光果悬钩子 R. glabricarpus
　　　　11. 花常 3 朵集生枝顶；叶卵形或卵状披针形，具锯齿及缺刻，无毛，下面淡绿色，沿脉具小弯刺 …… …………………………………………………………………………………………………… 14. 三花莓 R. trianfhus

10. 3 小叶复叶或羽状复叶：

  15. 3 小叶复叶：

    16. 花 1-3 或 2-4 朵集生，白色：

      17. 花 1-3 集生；果扁球形，橙黄色；小叶长圆状卵形或卵状披针形，具不整齐锯齿，稀浅裂 …… ……………………………………………………………………… **15. 黄果悬钩子 R. xanthocarpus**

      17. 花 2-4 集生叶腋或顶生；果球形，橘红色；小叶卵形或卵状披针形；茎常单 1，直立 …… ……………………………………………………………………… **16. 单茎悬钩子 R. simplex**

    16. 花为总状、圆锥、伞房花序，稀复聚伞花序：

      18. 总状或圆锥花序：

        19. 总状或圆锥花序顶生，密被柔毛和红色腺毛；小叶 3-5，下面密被白色绒毛 …… ……………………………………………………………………… **17. 白叶莓 R. innominatus**

        19. 总状花序顶生和腋生，稀圆锥状，密被长柔毛和红色腺毛；小叶 3，下面被柔毛。 ……………………………………………………………………… **18. 腺毛莓 R. adenophorus**

      18. 伞房花序或复聚伞花序，稀总状：

        20. 伞房花序顶生和腋生，或复聚伞花序顶生：

          21. 小枝被柔毛；花梗密被绒毛或腺毛，萼片具皮刺；小叶菱状卵形或宽倒卵形 …… ……………………………………………………………………… **19. 茅莓 R. parvifolius**

          21. 小枝无毛；花梗疏被柔毛，无腺毛；萼片无皮刺；小叶卵形或宽卵形， …… ……………………………………………………………………… **20. 绵果悬钩子 lasiostylus**

        20. 伞房花序或短总状花序，生侧枝顶端：

          22. 小叶披针形或长圆状披针形，上面无毛，下面密被灰白色绒毛 …… ……………………………………………………………………… **21. 牯岭悬钩子 R. kulinganus**

          22. 小叶长卵形或长卵状披针形，上面疏被平伏长柔毛，下面沿脉被长柔毛及小弯刺 …… ……………………………………………………………………… **22. 少花悬钩子 R. spananthus**

  15. 羽状复叶：

    23. 花单生或 1-3 集生叶腋：

      24. 花单生：

        25. 小叶 3-5，卵形或宽卵形，具不整齐重锯齿，下面疏被白色柔毛和腺毛；花单生枝顶；果红色 …………………………………………………………………… **23. 蓬蘽 R. hirsutus**

        25. 小叶 5-7，卵状披针形或披针形；花单生枝顶或短总状花序；果橘红色；小枝、叶柄、叶轴、总梗及花梗密被红色腺刚毛 ………………………… **24. 红腺悬钩子 R. sumatranus**

      24. 花 1-3 集生叶腋：

        26. 花 1-3 腋生，粉红色，萼密被皮刺；小叶 5-7(9)，长圆状卵形或三角状卵形 …… ……………………………………………………………………… **25. 刺悬钩子 R. pungens**

        26. 花 1-2 腋生，白色，萼被柔毛和腺点；小叶 5-7(3-11)，披针形或卵状披针形 ………… ……………………………………………………………………… **26. 空心泡 R. rosaefolius**

    23. 伞房花序具多花，顶生或腋生，花红色，萼被毛；小叶(3)5-7，椭圆形或菱状卵形；茎红褐色 …… ……………………………………………………………………… **27. 插田泡 R. coreanus**

1. 太平莓

图 166

Rubus pacificus Hance

常绿小灌木，高达 60 厘米，攀援。小枝及叶柄散生小皮刺，无毛。单叶，革质，卵状心形或三角状卵形，长 8-15 厘米，宽 5-13 厘米，先端渐尖，基部心形，具细尖锯齿，下面密被或疏被灰色绒毛，掌状 5 出脉；叶柄长 4-8 厘米，无毛；托叶叶状，长达 2.5 厘米。花单生叶腋，或 2-5 花成顶生总状花序，总梗及花梗密被柔毛，花梗长 1-3 厘米；花径 1.5-2 厘米；萼片先端尾尖，密被绒毛；花瓣白色，近圆形，稍长于萼片；雄蕊多数，花丝宽扁，花药被长柔毛；雌蕊多数，无毛。聚合果球形，径 1.2-1.5 厘米，红色。花期 5-6 月；果期 8-9 月。

产皖南黄山汤口、温泉、锁泉桥、半山寺混交林中及桃花峰、云谷寺上部，祁门牯牛降观音堂海拔 410 米，绩溪清凉峰荒坑岩海拔 900 米，休宁岭南，歙县，宁国，泾县，青阳九华山。常生于花岗岩风化的酸性土壤或林下阴湿处，组成灌木层优势群落。分布于浙江、江西、湖南、福建、广东。

耐干旱瘠薄，可作护堤、固坡、保持水土树种。全株药用，活血解毒。

图 166 太平莓（花蕾枝）

2. 木莓　　　　　　　　图 167
Rubus swinhoei Hance

落叶或半常绿灌木，高达 3 米；幼枝被灰白色绒毛及疏生弯刺。单叶，革质，长圆状卵形或长圆状披针形，长 5-11 厘米，宽 2.5-5 厘米，先端渐尖，基部圆或平截，具不整齐尖锯齿，上面深绿色，中脉微被柔毛，下面密被灰色绒毛，中脉疏生小皮刺，侧脉 7-9 对；叶柄长 5-10 毫米，被柔毛及皮刺；托叶卵状长圆形，有时先端条裂。总状花序顶生，总梗、序轴及花梗被绒毛及腺毛，花梗长 1-3 厘米，密被粗腺毛；苞片有时具深裂锯齿；花径约 2 厘米；萼被灰色绒毛，萼片基部密被灰色绒毛及腺毛，反折；花瓣白色，近圆形；雄蕊多数；雌蕊多数，无毛。聚合果球形，径约 1 厘米，黑色；核具明显皱纹。花期 5 月；果期 7 月。

产皖南黄山汤口桥头、温泉至逍遥溪、桃花峰海拔 800 米、眉毛峰、松谷庵至狮子林，绩溪永来 - 石狮 - 栈岭湾海拔 710-1000 米，歙县清凉峰朱家舍海拔 600 米，石台牯牛降金竹洞海拔 710 米，休宁，旌德，泾县，青阳；大别山区霍山真龙地海拔 300 米，岳西大王沟，潜山天柱山余河海拔 650 米，舒城万佛山。生于山坡阴湿地或灌木丛中。分布于浙江、福建、台湾、湖南、湖北、四川、贵州、广西、广东。

果可食。茎皮可提制栲胶。

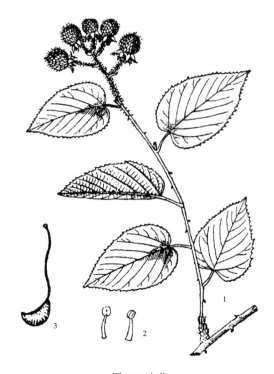

图 167 木莓
1. 果枝；2. 雄蕊；3. 小核果放大。

3. 湖南莓
Rubus hunanensis Hand-Mzt.

落叶攀援小灌木，高达 1.5 米。小枝密被细柔毛及疏生钩状小皮刺。单叶，近圆形或宽卵形，宽 8-13 厘米，先端急尖，基部深心形，具不整锐锯齿，3-5 浅裂，幼时被绒毛和细柔毛，后脱落，掌状 5 出脉；叶柄长 6-9 厘米，密被细柔毛及钩状皮刺；托叶离生，掌状或羽状分裂。短总状花序，总梗及花梗密被细柔毛，花梗长 5-10 厘米；苞片与托叶相似；花径 7-10 毫米；萼密被灰白色或黄灰白柔毛和绒毛，萼片花后直立；花瓣白色，倒卵形；雄蕊短；雌蕊几与雄蕊近等长。聚合果半球性，黄红色，藏于宿萼内；核具细皱纹。花期 7-8 月；果期 9-10 月。

产皖南黄山，山谷林下偶见；大别山区霍山青枫岭大化坪海拔 400 米，岳西鹞落坪海拔 1050 米。分布于江西、浙江、湖南、湖北、福建、台湾、广东、广西、四川、贵州；海拔 500-2500 米。

4. 寒莓　　　　　　　　　　　图 168
Rubus buergeri Miq.

常绿小灌木，匍匐茎长达 2 米，茎上生根。小枝密被柔毛，无刺或疏生小弯刺。单叶，近圆形，径 4-10 厘米，先端钝或圆，基部心形，5 浅裂，具不整齐锯齿，上面微被毛，下面被绒毛，掌状 5 出脉；叶柄长 3-9 厘米，被柔毛；托叶条裂。总状花序腋生，总梗及花梗密被绒毛，杂被刺毛，花梗长 5-9 毫米；苞片与叶柄相似；花径 6-10 毫米，萼被淡黄色绒毛，萼片卵状披针形；花瓣白色，倒卵形，与萼片近等长；雄蕊多数；雌蕊多数，花柱长于雄蕊。聚合果球形，径 6-10 毫米红色至紫黑色；核具粗皱纹。花期 7-8 月；果期 9-10 月。

产皖南黄山小岭脚、慈光寺、北坡松谷庵，泾县，广德柏垫，祁门，太平。生于山坡杂木林内。分布于江西、湖北、湖南、江苏、浙江、福建、台湾、广东、广西、四川、贵州。

果可食、酿酒。根及全株药用，可活血、清热、解毒。叶可提制栲胶。

5. 周毛悬钩子　　　　　　　　图 169
Rubus amphidasys Focke

常绿小灌木，茎蔓生，长达 2 米，无皮刺。小枝、叶柄、叶下面中脉、总梗、花梗及萼均密被紫色腺刚毛和淡黄色绢毛。单叶，厚纸质，卵形或宽卵形，长 5-11 厘米，宽 3.5-9 厘米，先端渐尖，基部心形或深心形，具尖锯齿，3-5 掌状浅裂，两面被柔毛；叶柄长 2.5-7 厘米；托叶羽裂。总状花序，顶生或腋生；苞片羽裂，

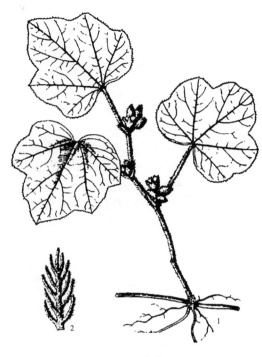

图 168 寒莓
1. 花枝；2. 托叶。

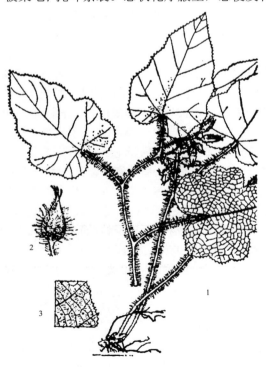

图 169 周毛悬钩子
1. 植株（示花枝）；2. 花蕾；3. 叶下面放大示网脉。

花梗长 5-14 毫米；花径 1-1.5 厘米；萼筒长约 5 毫米，萼片窄披针形，长 1.7 厘米；直立；花瓣白色，宽卵形，短于萼片许多；雄蕊花丝宽扁，短于花柱；子房无毛。聚合果半球形，径约 1 厘米，暗红色；萼片宿存。花期 5-6 月；果期 7-8 月。

产皖南黄山北坡松谷庵，海拔 500 米，休宁岭南，石台牯牛降祁门岔海拔 680-800 米，歙县。生于山坡灌丛中或常绿阔叶林下、溪边、竹林内。分布于浙江、福建、湖南、湖北、四川、贵州、广东、广西。

果可食。全株药用，可活血或治风湿。

6. 东南悬钩子
Rubus tsangorus Hand-Mzt.

落叶藤蔓状小灌木，高达 1.5 厘米。小枝被长柔毛和长短不等紫红色腺毛、刺毛，有时具针刺。单叶，宽卵形、长 5-6 厘米，宽 4-7 厘米，先端短渐尖，基部深心形，不规则 3-5 浅裂，具粗锐锯齿，上面被柔毛，下面被薄层绒毛，后脱落；叶柄长 4-8 厘米，被柔毛和腺毛；托叶掌状深裂。总状花序，总梗、花梗及萼均被长柔毛和红色腺毛，花梗长 5-25 毫米；苞片与托叶相似；花径 1-2 厘米；萼片长 7-12 毫米，先端深裂成 2-3 枚裂片；花瓣白色，宽倒卵形，长 6-7 毫米；雄蕊长约 5 毫米；雌蕊多数，长于雄蕊。聚合果近球形，红色，无毛；核具明显皱纹。花期 5-6 月；果期 8-9 月。

产大别山区金寨白马寨打抒权海拔 680 米，岳西鹞落坪海拔 1050 米，潜山天柱山。生于湿润沟谷林中。分布于江西、湖南、浙江、福建、广东、广西。

7. 灰白毛莓
图 170

Rubus tephrodes Hance

落叶灌木，高达 4 米，茎攀援。小枝密被灰白色绒毛，杂有腺毛和小皮刺。单叶，近圆形或宽卵形，宽 4-8（12）厘米，先端尖，基部心形，5-7 浅裂，具不整齐细锯齿，上面带紫绿色，被柔毛和腺毛，下面灰绿色，密被灰白色绒毛，脉上具刺毛；叶柄长 1.5-3 厘米，密被绒毛、腺毛，杂被极少皮刺；托叶条裂。圆锥花序顶生，总梗及花梗密被灰白色绒毛，花梗长 3-5 毫米；苞片与托叶相似；花径约 1.5 厘米；萼密被灰白色绒毛，萼片披针形；花瓣白色，长圆形，短于萼片；雄蕊多数；雌蕊无毛，多数，长于雄蕊。聚合果球形，径约 1-2 厘米，紫红色。花期 6-8 月；果期 10 月。

产皖南黄山虎头岩、眉毛峰，歙县，太平，祁门，贵池；大别山区霍山石莲岩海拔 170 米，金寨白马寨林场至鱼潭海拔 600 米，岳西鹞落坪海拔 1050 米、大王沟。生于灌丛中或林下。分布江苏、浙江、江西、湖南、湖北、贵州、广东、广西。

根药用，可祛风湿、活血调经；叶可止血；种子为强壮剂。

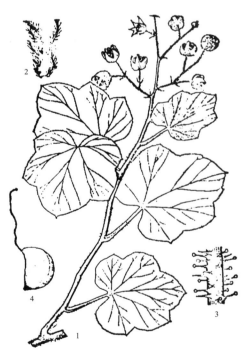

图 170 灰白毛莓
1. 果枝；2. 托叶；3. 小枝一段；4. 小核果。

7a. 无腺灰白毛莓
Rubus tephrodes Hance var. ampliflorus (Lévl. et Vant.) Hand-Mzt.

小枝、花序和花萼均无腺毛和刺毛，或仅小枝和叶柄上被稀疏刺毛和腺毛。

产大别山区霍山英林沟，金寨白马寨林场海拔 650 米，潜山。分布江西、湖南、浙江、江苏、广东、广西、贵州低海拔处。

7b. 长腺灰白毛莓 （变种）

Rubus tephrodes Hance var. **setosissimus** Hand-Mzt.

植珠全体均被长达 5 毫米的紫褐色腺毛和刺毛。

产大别山区岳西大王沟海拔 1020 米。分布于江西、湖南、广东、贵州。生于山顶或山谷。

8. 黄泡子　　　　　　　　　图 171

Rubus ichangensis Hemsl. et Ktze.

落叶灌木、攀援或匍匐。茎细长，散生小钩刺，幼枝初被腺毛，后脱落。单叶，近革质，卵状披针形或长卵形，长 8-15 厘米，宽 3-6 厘米，先端渐尖，基部心形，具疏尖锯齿，近基部常浅裂，无毛，下面中脉具小皮刺；叶柄长 2-3 厘米，具刺；托叶钻形，脱落。圆锥花序顶生，长达 25 厘米，或总状花序腋生，总梗及花梗疏被柔毛和腺毛，花梗长 3-6 毫米；苞片与托叶相似；花径 6-8 毫米；萼片卵形，内面密被白色短柔毛，果时反折；花瓣白色，椭圆形；雄蕊多数；雌蕊多达 30，无毛。聚合果近球形，径 5-7 毫米，红色；核具细皱纹。花期 7-8 月；果期 9-10 月。

产皖南歙县，少见。生于低山沟谷灌丛中。分布于陕西、甘肃、湖北、湖南、四川、贵州、广西、广东。

果味甜，可食用或酿酒。种子油可作润发油。根药用，可利尿、止痛、杀虫。茎皮、根皮可提制栲胶。

图 171 黄泡子
1. 果枝；2. 花。

9. 高粱泡　　　　　　　　　图 172

Rubus lambertianus Ser.

半常绿灌木，枝条细长，具棱，拱曲，疏生钩刺；幼枝疏被柔毛，后脱落。单叶，卵形或长圆状卵形，长 5-10（12）厘米，宽 4-8 厘米，先端渐尖或短尾尖，基部心形，具细锯齿及浅裂，上面微被柔毛，下面被柔毛；叶柄 2-4 厘米，疏具小皮刺，近无毛；托叶披针形，条裂。圆锥花序顶生，腋生者常总状，总梗、花梗及萼筒被细毛或近无毛，散生小皮刺，有时具腺毛，花梗长 5-10 毫米；苞片与托叶相似；花径约 8 毫米；萼片卵状披针形，内面被白色短柔毛；花瓣白色，倒卵形，稍短于萼片；雄蕊多数稍短于花瓣，花丝宽扁；雌蕊 15-20，无毛。聚合果近球形，径 5-8 毫米，红色；核具明显皱纹。花期 8-9 月；果期 10-11 月。

产皖南黄山汤口、温泉、慈光寺、苦竹溪、茶林场，歙县清凉峰大原海拔 950 米，绩溪清凉峰栈岭湾海拔 600 米，石台，祁门牯牛降；大别山区霍山诸佛庵、

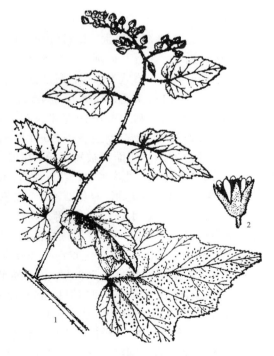

图 172 高粱泡
1. 花枝；2. 花。

廖寺园喻家畈海拔 500 米、白马尖、青枫岭海拔 450 米,金寨马宗岭白马寨马屁股海拔 660 米,岳西河图、鹞落坪 750-1050 米,舒城万佛山海拔 400 米;江淮滁县皇甫山。多生于低海拔山坡、山谷灌丛中阴湿处或林缘。分布于河南、陕西、江苏、浙江、江西、福建、台湾、湖北、湖南、广东、广西、云南。日本、越南、缅甸也有分布。

果可食或酿酒。种子油可润发,根药用,可清热散瘀、止血;叶清热解毒,捣碎外敷可治黄水疮。

10. 盾叶莓　　　　　　　　　　图 173

Rubus peltatus Maxim.

落叶灌木,高达 2 米;茎疏生小皮刺。小枝绿色,被白粉。单叶,盾状着生,卵圆形,长 7-17(22)厘米,宽 6-15 厘米,先端渐尖或尾尖,基部心形,具不整齐细锯齿,3-5 掌状浅裂。上面被平伏硬毛,下面被柔毛,沿脉较密;叶柄长 4.5-10 厘米,无毛,具小皮刺;托叶卵状披针形,全缘。单花与叶对生,径约 5 厘米,花梗长 2.5-4.5 厘米;萼筒无毛,萼片卵状披针形,具齿,两面被白色绢毛;花瓣白色,近圆形,径 1.8-2.5 厘米;雄蕊多数,花丝钻形;雌蕊心皮多达百数,被柔毛。聚合果长圆形,长 3-4.5 厘米,橘红色,小核果多数,密被微柔毛。花期 3-4 月;果期 6-7 月。

图 173 盾叶莓
1. 花枝;2. 花纵剖;3. 聚合果。

产皖南黄山狮子林至松谷庵,海拔 1500 米、皮蓬、北坡清凉台至三道亭,绩溪清凉峰十八龙潭海拔 810 米、逍遥乡野猪垱海拔 1520 米,歙县清凉峰猴生石海拔 1100、天子地海拔 1500 米,休宁,太平,泾县。生于林下阴湿处及沟谷溪边。分布浙江、江西、湖北、四川、贵州。

果可食及药用,治腰腿痛。根皮可提制栲胶。

11. 掌叶复盆子　　　　　　　图 174

Rubus chingii Hu

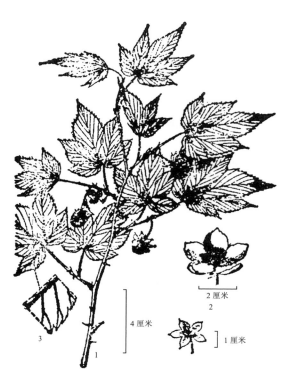

落叶灌木,高达 3 米,茎蔓生。幼枝绿色,被白粉,疏生弯钩刺,无毛。单叶,近圆形,径 5-9 厘米。先端长渐尖,基部近心形,掌状 5 深裂,稀 3 或 7 裂,重锯齿,两面脉上被白色柔毛;叶柄长 3-4.5 厘米,有时具弯刺;托叶线状披针刺,长 6-10 毫米。花单生短枝顶端,花梗长 2-3.5 厘米,无毛;花径 2.5-4 厘米;萼筒被稀疏毛,萼片卵形,两面密被短柔毛;花瓣白色,椭圆形,长 1-1.5 厘米;雄蕊多数,花丝宽扁;雌蕊心皮多数,被柔毛。聚合果球形,径约 2 厘米,红色,下垂,密被灰白色柔毛。花期 3-4 月;果期 5-6 月。

产皖南黄山汤口、慈光寺、半山寺、逍遥溪、桃花峰海拔 420-1280 米、茶林场,休宁五城海拔 400 米、岭南,绩溪清凉峰永来至六井海拔 700 米、徽杭商道海拔 980 米,歙县清凉峰大原、三河口海拔 880-1200 米,旌德,广德,泾县;舒城万佛山。生于山坡、溪边、田野或灌木丛中。分布于江苏、浙江、江西、福建。

果味甜可食、或酿酒、制糖及药用,作强壮剂,根煎水可止咳、活血、消肿。

2 厘米
2
4 厘米
1 厘米
3
1

图 174 掌叶复盆子
1. 果枝;2. 花;3. 叶脉。

12. 山莓

图 175

Rubus corchorifolius L. f.

落叶灌木，高达 3 米。小枝红褐色，幼时被柔毛，杂有腺毛和皮刺。单叶，卵形或卵状披针形，长5-12 厘米，宽 2.5-5 厘米，先端渐尖，基部心形或平截，具不整齐重锯齿，稀 3 浅裂，上面沿脉疏被柔毛，下面被柔毛，脉上具钩状皮刺；叶柄长 5-20 毫米，幼时密被柔毛；托叶线状披针形，被柔毛。花单生或数朵集生短枝顶端，花梗长 6-20 毫米，被细柔毛，花径约 3 厘米；花萼密被灰白色柔毛，萼片三角状卵形；花瓣白色，长圆形，长 9-12 毫米；雄蕊多数，花丝宽扁；雌蕊心皮多数，被柔毛。聚合果球形，径 1-1.2 厘米，红色，具光泽，密被细柔毛。花期 3-4 月；果期 5-6 月。

产皖南黄山汤口海拔 400 米、锁泉桥、慈光寺、始信峰脚下、松谷庵、茶林场，绩溪清凉峰野猪垱海拔 1000 米、荒坑岩海拔 890 米、徽杭商道海拔 960米，歙县，太平；大别山区金寨白马寨龙井河、打抒扠、虎形地海拔 670-925 米、东边凹海拔 1000-1300 米，岳西大王沟、鹞落坪海拔 1080 米，潜山天柱山马祖庵海拔 650 米，舒城万佛山。生于向阳山坡、溪边或灌丛中，山野习见。分布于陕西、河南、江苏、浙江、福建、台湾、江西、湖南、湖北、四川、贵州、云南。越南、缅甸、日本也有分布。

图 175 山莓
1. 花枝；2. 花；3. 雌蕊群及花托；4. 单雄蕊。

果味甜，富含糖、苹果酸、柠檬酸及维生素 C，可生食及制果酱或酿酒。根叶药用，活血、止血、解毒。茎皮、根皮及叶提取栲胶。又为观赏树种。

13. 光果悬钩子

Rubus glabricarpus Cheng

落叶小灌木，高达 3 米。小枝细，皮刺基部宽扁，幼时被柔毛和腺毛。单叶，卵状披针形，长 4-7 厘米，宽 2-4.5 厘米，先端渐尖，基部浅心形或平截，3 浅裂或缺刻状浅裂，不规则重锯齿或缺刻状锯齿，具腺毛，两面被柔毛，沿脉较密，或被腺毛；叶柄细，长1-1.5 厘米，被柔毛、腺毛和小皮刺；托叶线形，被柔毛和腺毛。花单生，径约 1.5 厘米，花梗长 5-10 毫米，与花萼外被柔毛和腺毛，萼片披针形；花瓣白色，卵状长圆形，几与萼片等长，先端钝圆或急尖；雄蕊多数，花丝宽扁；雌蕊多数，子房无毛。聚合果卵球形，径约 1 厘米，红色。花期 3-4 月；果期 5-6 月。

产皖南休宁六股尖海拔 500 米。分布于浙江、福建。生于低海拔至中海拔山坡、山脚、沟边、杂木林中。

14. 三花莓

图 176

Rubus trianthus Focke

图 176 三花莓
1. 花枝；2. 果枝。

落叶灌木，高达 2 米。小枝细，暗紫色，无毛，被白粉，疏生弯钩刺。单叶，卵状披针形或卵形，长 4-9 厘米，宽 2-5 厘米，先端渐尖或尾尖，基部近心形或平截，具锯齿和缺刻，近基部具 2 裂片，无毛，下面淡绿色或灰绿色、沿脉具小弯刺，侧脉 8-12 对，萌枝叶较大，3 裂；叶柄长 1-4 厘米，具小弯刺。花常 3 （1-4）集生枝顶，花梗长 1-2 厘米，无毛；花径约 1 厘米；花萼无毛，萼片三角形，先端尾尖，内面被绒毛；花瓣白色，长圆形或椭圆形，与萼片近等长；雄蕊多数，花丝宽扁；雌蕊 10-50，子房无毛。聚合果球形，径约 1 厘米，红色。花期 4-5 月；果期 5-6（7）月。

产皖南黄山温泉、五里亭、虎头岩、慈光寺至天门坎、桃花峰海拔 1000 米、一线天至莲花峰途中海拔 1600 米、始信峰、眉毛峰海拔 850 米，休宁岭南，绩溪逍遥乡野猪垱至清凉峰海拔 1600 米、永来荒坑岩、徽杭商道海拔 770-890-1100 米；大别山区金寨白马寨虎形地、造钱凹海拔 720-960 米，岳西鹞落坪、大王沟海拔 1020 米，潜山天柱山，舒城万佛山小涧冲海拔 500 米。生于山坡、林缘或灌木丛中。分布于浙江、福建、台湾、江西、湖南、湖北、四川、贵州、云南。

果可食。全株药用，可活血、散瘀。叶可提制栲胶。栽培可供观赏。

15. 黄果悬钩子

Rubus xanthocarpus Bur. et Franch.

低矮小灌木，高仅达 50 厘米。小枝具棱，疏生皮刺及柔毛，幼时较密。3 小叶复叶；小叶长圆状卵形或卵状披刺形，稀椭圆形，顶生小叶长 5-10 厘米，宽 1.5-3 厘米，先端渐尖，基部圆形或宽楔形，具不整齐锯齿，稀 2 浅裂，下面无毛，沿脉具小刺；侧生小叶长 2-5 厘米，宽 1-2 厘米；叶柄长 3-6 厘米，与叶轴均散生小刺；托叶披针形，长 1-1.5 厘米，下部与叶柄连合。花 1-3 集生，花梗长 6-10 毫米，疏被柔毛和皮刺；花径 1-2 厘米；花萼密被细刺和黄毛，萼片卵状披针形，内面密被柔毛；花瓣白色，倒卵圆形或匙形，长 1-1.3 厘米，基部具长爪，被细柔毛；雄蕊多数，短于花瓣，花丝宽扁；雌蕊多数，子房近顶端被柔毛。聚合果近球形或扁球形，径约 1 厘米，橙黄色。花期 5-6 月；果期 8 月。

产皖南祁门，石台，泾县，太平；大别山区霍山、金寨白马寨、岳西鹞落坪海拔 980 米。生于山沟石砾地、山坡、林缘。分布于河南、陕西、甘肃、青海、湖北、四川、云南、西藏。

果味酸甜可酿酒。根药用，可消炎止痛，鲜根煎水可治结膜炎，捣烂外敷治无名肿毒。

16. 单茎悬钩子

Rubus simplex Focke

低矮半灌木，高达 60 厘米；茎单 1，直立，木质，被稀疏柔毛或具钩状小皮刺，花枝从匍匐根上长出。3 小叶复叶；小叶卵形或卵状披针形，长 6-9.5 厘米，宽 2.5-5 厘米，先端渐尖，基部圆形，具不整齐尖锐锯齿，上面被稀疏糙柔毛，下面沿脉被疏柔毛或小皮刺；叶柄长 5-10 厘米，被柔毛和弯刺；托叶线状披针形，基部与叶柄连合。花 2-4 腋生或顶生，稀单生，花梗长 6-12 毫米，被疏柔毛和弯刺；花径 1.5-2 厘米；花萼疏被弯刺和细柔毛；萼片长三角形，外缘及内面被柔毛；花瓣白色，倒卵圆形，被细柔毛，具短爪，与萼片等长；雄蕊多数，花丝宽扁；雌蕊多数，子房顶端及花柱基部被柔毛。聚合果球形，橘红色，无毛。花期 5-6 月；果期 8-9 月。

产大别山区金寨白马寨海拔 850 米。生于山坡路旁或灌丛中。分布于陕西、湖北、四川、江苏。

17. 白叶莓　　　　　　　　　　　　　　　　　　　　　图 177

Rubus innominatus S. Moore

落叶灌木，高达 3 米。枝拱曲，小枝、叶轴及叶柄密被腺毛，疏生微弯皮刺。奇数羽状复叶；小叶 3-5，卵形、宽卵形或长椭圆状卵形，长 4-10 厘米，宽 2.5-5 厘米，先端急尖或短渐尖，基部圆，具不整齐粗锯齿，上面微被柔毛，下面密被白色绒毛；叶柄长 2-4 厘米，被毛；托叶条形，基部与叶柄连合。总状或圆锥花序顶生，密被长柔毛和红色腺毛，总梗及花梗密被黄灰色绒毛状柔毛和腺毛，花梗长 4-10 毫米；苞片线状披针形，被绒毛状柔毛；花径 6-10 毫米；花萼密被绒毛状柔毛和腺毛，萼片卵形，长 5-8 毫米，花果时均直立；花瓣紫红色，倒卵形或近圆形，缘啮蚀状，基部具爪，稍长于萼片；雄蕊稍短于花瓣；雌蕊花柱无毛。聚合果球形，径约1厘米，橙红色，成熟后无毛。花期5-6月；果期8-9月。

产皖南黄山温泉、慈光寺、桃花峰，休宁，贵池，泾县，青阳九华山；大别山区金寨，岳西鹞落坪，舒城万佛山小涧冲。多生于海拔760米山坡、灌丛或沟边。分布于陕西、甘肃、浙江、福建、江西、湖北、四川、贵州、云南、广东。

果味酸甜可食；根药用，治风寒咳嗽。

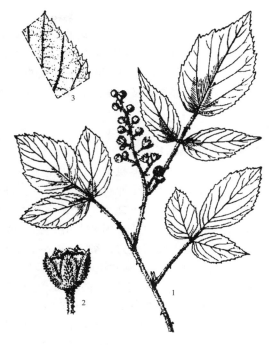

图 177 白叶莓
1. 花枝；2. 花；3. 叶缘部分。

17a. 无腺白叶莓（变种）
Rubus innominatus S. Moore var. **kuntzeanus** (Hemsl.) Bailey

小枝、叶下面、叶柄、总梗、花梗及花萼均无腺毛。

产皖南黄山桃花峰、温泉至云谷寺公路边，绩溪清凉峰海拔770米；大别山区霍山白马尖至黄巢寺海拔1000米、金寨白马寨马屁股下海拔700米，岳西大王沟、鹞落坪海拔1000米。多生于路旁及灌丛中。分布于陕西、甘肃、湖北。湖南、江西、浙江、福建、广东、广西、四川、贵州、云南。

17b. 宽萼白叶莓（变种）
Rubus innominatus S. Moore var. **macrosepalus** Metc.

花序短而紧缩成短总状花序，被黄色绒毛状长柔毛，无腺毛；花萼较大，萼片宽卵形，长8-12毫米，宽5-7毫米。与白叶莓和无腺白叶莓均易区分。

产皖南歙县，休宁；大别山区金寨白马寨，岳西鹞落坪海拔1080米，潜山彭河乡大余湾海拔1250米。生于山坡灌丛中。

17c. 蜜腺白叶莓（变种）
Rubus innominatus S. Moore var. **araioides**（Hance）Yü et Lu

小枝、叶下面、叶柄、总梗、花梗及花萼密被腺毛，锯齿稍尖锐，下面绒毛有时脱落，脉上具腺毛。

产皖南歙县清凉峰乌桃湾海拔770米。生于山坡密林或溪边。分布于江西、浙江、福建、广东。

18. 腺毛莓　　　　　　　　图 178
Rubus adenophorus Rolfe

落叶灌木，高达2米；茎攀援。小枝密被柔毛和红色腺毛，散生皮刺。3小叶复叶；小叶卵形或宽卵形，长4-11厘米，宽2-8厘米，先端渐尖，基部圆形或近心形，具不规则重锯齿，上面疏被柔毛及腺点，下

图 178 腺毛莓
1. 花枝；2. 示枝具腺毛。

面灰绿色，被柔毛并具小皮刺；叶柄长5-8厘米与叶轴被皮刺；托叶钻形，长约1厘米。总状花序顶生和腋生，稀圆锥状，密被长柔毛和红色腺毛，花梗长6-7毫米，被腺毛；苞片披针形；花径6-8毫米；萼片披针形，直立，被腺毛；花瓣紫红色，倒卵形或近圆形，基部具爪；雄蕊花丝线形；雌蕊花柱无毛，子房微被柔毛。聚合果球形，径约1厘米，黑色。花期5-6月；果期9-10月。

产皖南黄山低海拔沟谷及林缘。分布于浙江、福建、广东、广西、湖北、贵州。

19. 茅莓 图179

Rubus parvifolius L.

图 179 茅莓（花枝）

落叶灌木，高达2米；茎拱曲。小枝被柔毛、腺毛及小皮刺。奇数羽状复叶；小叶3(5)，菱状卵形、宽倒卵形或卵圆形，长2.5-6厘米，宽2-6厘米，先端圆钝，基部宽楔形或近圆形，具不整齐粗锯齿或浅裂，上面疏被柔毛，下面密被白色绒毛；叶柄长2.5-5厘米，与叶轴被柔毛及小皮刺；托叶线形，被柔毛。伞房花序顶生和腋生，或复聚伞花序顶生，密被柔毛和稀疏细刺，花梗长5-8毫米，密被柔毛或腺毛；苞片线形，被柔毛；花径6-8毫米；花萼密被柔毛和针刺，萼片披针形，内面被柔毛；花瓣粉红至紫红色，直立，卵圆形；雄蕊花丝白色；子房被柔毛。聚合果球形，径1-2厘米，红色。花期5-6月；果期7-8月。

产皖南黄山桃花峰、温泉、锁泉桥海拔600-800米阔叶混交林中，休宁岭南，绩溪清凉峰天子地海拔500米，祁门，石台牯牛降，泾县，广德，宣城，青阳九华山；大别山区霍山，金寨白马寨、鲍家窝海拔600米，岳西鹞落坪海拔1080米，舒城万佛山；江淮滁县琅琊山，桐城，庐江汤池。生于山坡、林缘向阳处及路边、溪边灌丛中，山野习见。分布于黑龙江、吉林、辽宁、河北、河南、山西中条山、陕西、甘肃、宁夏、湖北、湖南、江西、山东、江苏、浙江、福建、台湾、广东、广西、四川、贵州、云南。

果酸甜可食及酿酒。叶含鞣质3.85%。根含1.31%，可提取栲胶。全株药用，根可消肿止痛、活血祛风湿，茎及鲜叶清热解毒，可治痔疮、颈淋巴结核、煎水洗湿疹，捣烂外敷治疮痛。

19a. 红腺茅莓（变种）

Rubus parvifolius L. var. **adenochlamys**（Focke）Migo

花萼、花梗及叶下面、小枝均被红色腺毛。

产皖南黄山，旌德；大别山区岳西鹞落坪海拔1040米；江淮滁县皇甫山，无为。分布于山西、山西、甘肃、河北、河南、江苏、湖南、四川。

20. 绵果悬钩子

Rubus lasiostylus Focke

落叶灌木，高达2米。小枝带红褐色，被白粉，无毛，皮刺针状。奇数羽状复叶；小叶3(5)，卵形或宽卵形，长3-10厘米，宽2.5-9厘米，先端渐尖或急尖，基部圆形或近心形，具不整齐重锯齿，上面被细柔毛，下面密被白色绒毛，脉上疏具小皮刺，顶生小叶浅裂或3裂；叶柄长6-13厘米；托叶卵状披针形，膜质。伞房花序顶生，具花2-6，常下垂，花梗长2-3厘米；疏被柔毛；苞片大，卵状披针形，膜质；花径2-3厘米；花萼紫红色，无毛，萼片卵状披针形，长约 1.8 厘米；花瓣淡红色，短于萼片，基部具爪；雄蕊花丝线形；雌蕊花柱下部和子房上部密被灰白色或灰黄色长绒毛。聚合果近球形，径 8-10 毫米，红色，密被绒毛，花柱宿存。花期 6 月；果期 8 月。

产大别山区金寨白马寨沟谷处。分布于陕西、湖北、四川。

21. 牯岭悬钩子

Rubus kulinganus Bailey

落叶灌木，高达 2 米。小枝幼时被毛，具极稀疏皮刺或无刺。3 小叶复叶；小叶披针形或长圆状披针形，长 4-8（10）厘米，1.5-3（4）厘米，先端渐尖，基部圆形或宽楔形，具不整齐粗锐锯齿，上面无毛，下面密被灰白色绒毛；叶柄长 5-9 厘米，被柔毛及极稀针刺；托叶线形，被柔毛。伞房花序或短总状花序，花多朵，生于侧枝顶端，总梗及花梗被柔毛，花梗长 5-10 毫米；苞片披针形；花径不足 1 厘米；花萼密被白色绒毛，间被柔毛，萼片卵形；花瓣紫红色，宽椭圆形，被绒毛，基部具爪；雄蕊花丝宽扁，几与花瓣等长；雌蕊花柱基部及子房被柔毛。聚合果球形，径不足 1 厘米，红色，稀被毛。花期 5-6 月；果期 7 月。

产皖南黄山，绩溪清凉峰罗壁岩口海拔 950 米，歙县，太平；大别山区金寨白马寨虎形地、东边凹至天堂寨海拔 980-1300 米，岳西鹞落坪海拔 1200 米、妙道山，潜山，舒城万佛山。生于山坡杂木林下。分布于江西、浙江。

22. 少花悬钩子

Rubus spananthus Z. M. Wu et Z. L. Cheng

攀援灌木，高达 1.5 米。小枝被稀疏长柔毛和稀疏皮刺。3 小叶复叶；小叶长卵形或长卵状披针形，顶生小叶长 4-8 厘米，宽 2-4.5 厘米，先端长渐尖或渐尖，基部宽楔形或近圆形，具不整齐粗锐锯齿，上面疏被平伏长柔毛，下面沿脉被长柔毛，间杂有小弯刺。顶生小叶柄长约 2 厘米，侧生小叶近无柄；叶柄长 3-6 厘米；托叶线形，被柔毛，宿存。伞房状总状花序生侧枝顶端，花达 10 朵，短于叶柄，总梗及花梗密被长柔毛，花梗长 5-10 毫米；苞片线形，被柔毛；花径约 1 厘米；花萼被绒毛及长柔毛，萼片卵状披针形，先端长尾尖，长 5-7 毫米，内面密被白色绒毛；花瓣紫红色，窄倒卵形，基部具长爪，沿中部被长柔毛；雄蕊花丝扁平；雌蕊 20-40，花柱基部和子房被柔毛。花期 5-6 月；果未见。

产大别山区金寨天堂寨。生于海拔 400-900 米山坡灌丛中。

23. 蓬蘽

图 180

Rubus hirsutus Thunb.

落叶小灌木，高 1-2 米。小枝被粗柔毛、腺毛和小钩刺。奇数羽状复叶；小叶 3-5，卵形或宽卵形，长 3-7 厘米，宽 2.-3.5 厘米，先端尖或渐尖，基部圆形或宽楔形，具不整齐重锯齿，两面疏被白色柔毛，下面疏被腺毛；叶柄与叶轴密被柔毛、疏被腺毛或皮刺；托叶披针形，与叶柄连合。花单生枝顶，花梗长 3-4 厘米，被柔毛、腺毛和少数小皮刺；苞片小；花径 3-4 厘米；花萼密被柔毛和腺毛，萼片三角状披针形，内面密被绒毛；花瓣白色。倒卵形，基部具爪；雄蕊花丝较宽；雌蕊花柱和子房无毛。聚合果球形，径约 1.5-2.5 厘米，红色。花期 4 月；果期 6 月。

产皖南黄山温泉、居士林、慈光寺及云谷寺常绿

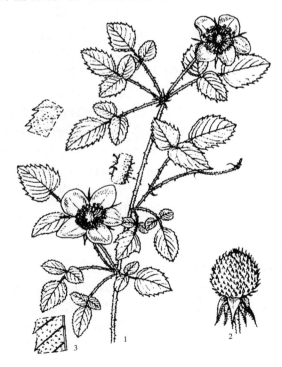

图 180 蓬蘽
1. 花枝；2. 果实；3. 叶部放大，示背面腺毛。

阔叶林下、仙人桥、茶林场，祁门、歙县，休宁；大别山区金寨白马寨海拔800米，岳西，潜山天柱山马祖庵海拔650米，舒城万佛山小涧冲；江淮滁县琅琊山。生于山坡路旁、林缘或灌丛中。分布于河南、江苏、浙江、福建、江西、广东。

叶药用，可消炎、接骨；根可活血、祛风湿。

23a. 短梗蓬蘽（变种）

Rubus hirsutus Thunb. var. **brevipedicellus** Z. M. Wu

叶柄较长，长5-10厘米，顶生小叶先端长尾尖，基部心形，小叶柄长约2厘米。花梗短，仅1.5-3厘米；子房微被腺毛。

产皖南绩溪清凉峰海拔700-1300米。生于山坡、灌木林中。

24. 红腺悬钩子　　　　　　　图181

Rubus sumatranus Miq.

落叶直立或攀援灌木。小枝、叶柄、叶轴、花序轴及花梗密被红色长腺刚毛和微弯皮刺。奇数羽状复叶；小叶5-7（3），卵状披针形或披针形，长3-8厘米，宽1.5-3厘米，先端渐尖，基部圆形，微偏斜，具不整齐重锯齿，两面疏被柔毛，沿中脉较密，下面中脉具小钩刺；叶柄长3-5厘米；托叶条状披针形，基部和叶柄连合。花单生或数朵成短总状花序，花梗长2-3厘米；苞片披针形；花径1-2厘米；花萼被不等长腺毛和柔毛，萼片披针形，先端长尾尖，果期反折；花瓣白色，长倒卵形或匙状，基部具爪；雄蕊花丝线形；雌蕊极多数，花柱和子房无毛。聚合果长圆形，长1.2-1.8厘米，橘红色。花期8月；果期10月。

产皖南黄山海拔500米山坡杂木林中，祁门、牯牛降海拔260米，休宁岭南、六股尖，绩溪黄土坑海拔180米，太平；大别山区霍山白莲崖海拔200米，金寨白马寨虎形地海拔930米，岳西鹞落坪海拔1150米，潜山天柱山、舒城小涧冲；江淮滁县皇甫山海拔200米。生于山坡、山谷、旷地和疏林中。分布于湖北、湖南、江西、浙江、福建、台湾、广东、广西、贵州。朝鲜、日本、印度、老挝、尼泊尔也有分布。

根药用，可清热、解毒、利尿。

图181 红腺悬钩子
1. 果枝；2. 小枝示长腺毛。

25. 刺悬钩子　　　　　　　　　　　　　　　　图182

Rubus pungens Camb.

落叶小灌木，高约50厘米，匍匐状。小枝细长、拱曲，紫褐色，密被腺毛和皮刺。奇数羽状复叶；小叶5-7（9），长圆状卵形或三角状卵形，长2-5（7）厘米，宽1-3厘米，先端渐尖，基部圆形、平截或宽楔形，具缺刻状重锯齿，上面疏被柔毛，下面疏被柔毛和皮刺；叶柄及叶轴疏被小刺；托叶条形，基部与叶柄连合。花单生，或2-3（4）或伞房状花序，腋生，花梗长2-3厘米，被柔毛和针刺、皮刺；花径1-2厘米；花萼被柔毛和腺毛、密被针刺，萼筒半球形，萼片披针形，长约1.5厘米，果时多直立；花瓣粉红色，倒卵形或长圆形，基部具爪；雄蕊不等长，花丝近基部稍宽扁；雌蕊多数，花柱与子房近无毛。聚合果近球形或半球形，径约1厘米，红色。花期4-7月；

果期 6-9 月。

产大别山区岳西美丽乡鹞落坪海拔 1100-1500 米。生于山坡阴处、溪边或密林内。分布于陕西、甘肃、山西、河南、浙江、福建、台湾、湖北、四川、云南、西藏。

果味酸甜可食。根药用，治盗汗、活血、止痛，清热解毒；根和叶消食、利尿。

25a. 香莓（变种）

Rubus pungens Camb. var. **oldhamii**（Miq.）Maxim.

小枝针刺较少；花萼上具疏密不等的针刺或无刺；叶柄、花枝、花梗和花萼上无腺毛，或仅限于局部例如花萼、花枝上被稀疏短腺毛。

产大别山区金寨白马寨虎形地海拔 960 米。喜生于山谷半阴处潮湿地或山地疏、密林中。分布于河南、山西、陕西、甘肃、江西、湖北、浙江、福建、台湾、四川、贵州、云南。朝鲜、日本也有分布。

26. 空心泡

Rubus rosaefolius Smith

落叶灌木，高达 3 米。幼枝被柔毛及扁平弯刺，有时具浅黄色腺点。奇数羽状复叶；小叶 5-7(3-11)，披针形或卵状披针形，长 3-5(7) 厘米，宽 1.5-2 厘米，先端渐尖，基部圆形或宽楔形，具尖锐重锯齿，两面疏被柔毛至无毛，具浅黄色发亮腺点，下面有时具腺毛，沿中脉疏具皮刺，侧脉 7-10 对；叶柄和叶轴疏被柔毛和疏具皮刺；托叶披针形，全缘，疏被柔毛。花 1-2 顶生或腋生，花梗长 1-2.5(3.5) 厘米，被疏或密柔毛和疏具皮刺，常被腺毛；花径约 3 厘米；花萼被柔毛和腺点，萼片卵状披针，长尾尖，花后反折；花瓣白色，长圆形或长倒卵形，长 1-1.5 厘米，长于萼片，基部具爪；雄蕊花丝较宽；雌蕊多数，花柱与子房无毛。聚合果长圆形，长 1.2-1.5 厘米，红色，具光泽。花期 3-5 月；果期 6-7 月。

产皖南绩溪栈岭湾海拔 560 米，太平；大别山区岳西鹞落坪海拔 1040 米，潜山，舒城万佛山；江淮滁县、定远、嘉山、庐江。生于山坡岗地及林下阴湿处。分布于江西、湖南、浙江、福建、台湾、四川、贵州、云南、广西、广东。越南、老挝、泰国、柬埔寨、印度、印尼、日本也有分布。

27. 插田泡 图 183

Rubus coreanus Miq.

落叶灌木，高达 3 米。茎红褐色，具棱和扁平钩

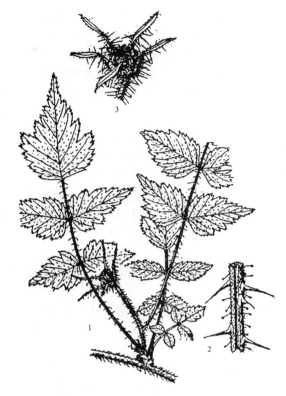

图 182 刺悬钩子
1. 果枝；2. 小枝一段；3. 花。

图 183 插田泡
1. 花枝；2. 果枝；3. 小核果。

刺。奇数羽状复叶；小叶（3）5-7，卵形、椭圆形或菱状卵形，长 3-8 厘米，宽 2-5 厘米，先端急尖，基部宽楔形或近圆形，具不整齐尖锯齿，上面近无毛，下面沿脉被柔毛或绒毛；叶柄长 2-4 厘米，与叶柄被柔毛及疏具小刺；托叶条形，与叶柄连合。伞房花序，多花，顶生或腋生，总梗及花梗被柔毛，花梗长 5-10 毫米，苞片线形，被柔毛；花径 8-10 毫米；花萼被灰色短柔毛，萼片卵状披针形，长 4-6 毫米，果时反折；花瓣淡红色至深红色，倒卵形，与萼片近等长；雄蕊花丝带粉红色；雌蕊多数，子房被稀疏短柔毛。聚合果卵形，径约 5 毫米，红色。花期 5-6 月；果期 6-8 月。

产皖南黄山汤口、白龙桥、居士林、温泉至慈光寺、云谷寺常绿阔叶林中，绩溪清凉峰永来至银龙坞海拔 770 米，太平七都、龙源、青阳九华山；大别山区金寨白马寨阎王鼻子海拔 720 米，白马沟、虎形地海拔 770-920 米，马鬃岭十坪海拔 800 米，岳西鹞落坪海拔 980 米，舒城万佛山，在安徽省分布较普遍。生于山坡、山谷、溪边、杂木林中或灌丛中。分布于陕西、甘肃、河南、江苏、浙江、江西、湖南、湖北、四川。

果含糖分、鞣花酸、枸橼酸、柠檬酸。维生素 C 等，可生食、熬糖、酿酒及药用，作强壮剂，根可止血、止痛、叶可明目。

IV. 李亚科 PRUNOIDEAE

乔木或灌木。单叶，互生；具托叶。心皮 1（2），子房上位，1 室，胚珠 2，垂悬。核果，稀开裂。
安徽省 7 属。

1. 花瓣和萼片形大，5 出数：
　2. 幼叶在芽内常对折式；果无纵沟纹，无白霜：
　　3. 总状花序，具花 10 朵以上，苞片形小：
　　　4. 叶常绿；花序腋生，总梗上无叶 ･････････････････････････････････ 22. **桂樱属 Laurocerasus**
　　　4. 叶凋落；花序顶生，总梗上常具叶，稀无叶 ････････････････････････ 23. **稠李属 Padus**
　　3. 花单生或数朵着生在短总状或伞房状花序上，基部常具明显苞片，宿存或脱落；子房光滑；果肉质多汁，核平滑或稍具棱纹 ･････････ 24. **樱属 Cerasus**
　2. 幼叶在芽内常席卷式，稀对折式；果具纵沟纹，外被茸毛或白霜：
　　5. 腋芽单生，无顶芽；果核常平滑，或具不明显穴孔：
　　　6. 子房和果无毛，常被白霜；花常具梗，花叶同放 ････････････････････ 25. **李属 Prunus**
　　　6. 子房和果常被茸毛，无白霜；花常无梗或具短梗，先叶开放 ･･････････ 26. **杏属 Armeniaca**
　　5. 腋芽 3 个并生，中间为叶芽，两侧为花芽，具顶芽；果核常具穴孔，极稀平滑 ･････ 27. **桃属 Amygdalus**
1. 无花瓣，萼片 10-12，形小，花杂性，心皮 1-2 ･･････････････････････････28. **假稠李属 Maddenia**

22. 桂樱属 Laurocerasus Tourn. ex Dch.

常绿，乔木或灌木，稀落叶。单叶，互生，全缘或具锯齿，羽状脉；具叶柄，与叶缘常具腺体；托叶小，早落。花两性；总状花序上无叶，腋生；苞片先端 3 裂或具 3 齿；萼 5 裂，裂片内折；花瓣白色，长于萼片；雄蕊 10-50，排成 2 轮；雌蕊心皮 1，1 室，胚珠 2，并生，花柱顶生，柱头盘状。核果，干燥，核骨质，平滑或具皱纹。种子 1，下垂。

约 80 种，分布于热带，少数分布亚热带和温带。我国约 13 种。安徽省 3 种。

1. 叶下面被黑色腺点：
　2. 叶草质或微革质，先端长尾尖；两面网脉明显；果近椭圆形成扁球形 ･･････････ 1. **腺叶桂樱 L. phaeosticta**
　2. 叶厚革质，先端急尖或短渐尖，两面网脉不明显或下面几乎肉眼不见；果椭圆形或卵状椭圆形 ･･･････････

.... 2. 华南桂樱 L. fordiana

1. 叶下面无腺点，革质或薄革质，具光泽，全缘，中部以上或近顶端具疏刺状锐锯齿 .... 3. 刺叶桂樱 L. spinulosa

1. 腺叶桂樱

Laurocerasus phaeosticta（Hance）Schneid.

常绿乔木，高达 20 米；树皮灰褐色。小枝暗褐色，无毛或被柔毛；冬芽卵状，芽鳞具缘毛。叶草质或微革质，长椭圆形、长圆形或长圆状披针形，长 6-12（18），宽 2-4 厘米，先端尾尖或渐尖，基部楔形或近圆形，全缘或具刺芒状锯齿，上面无毛，网脉明显，下面被黑色腺点，基部近叶缘常具 2 扁平基腺体，侧脉 6-10 对；叶柄长 3-10 毫米，无毛；托叶披针形，早落。总状花序腋生，长 2.5-7 厘米，无毛或稍被柔毛，花梗长 3-5 毫米；苞片早落；花径 4-6 毫米；花萼外面无毛，萼片卵状，具缘毛；花瓣白色，近圆形，长 2-3 毫米；雄蕊 20-25；子房近无毛，花柱长约 5 毫米。核果球形或扁球形，径约 1 毫米，紫黑色。花期 4-5 月；果期 9-10 月。

产皖南祁门查湾海拔 300-450 米，休宁枫树窝。生于杂木林内。分布于浙江、福建、台湾、江西、湖南、四川、贵州、云南、广西、广东。印度、缅甸、泰国也有分布。

较耐阴，喜温暖气候及肥沃湿润酸性土壤。

种仁含油率 34.5%，油色淡黄，为干性油，供制油膝、肥皂及其他工业用。

2. 华南桂樱

Laurocerasus fordiana（Dunn）Yü et Lu

常绿灌木或乔木，高达 15 米。小枝紫黑色，皮孔明显，幼时被毛。叶厚革质，椭圆形或圆形，长 5-12 厘米，宽 2-4 厘米，先端急尖或短渐尖，基部楔形，全缘，稀具疏齿，无毛，上面具光泽，下面散生黑色小腺点，基部常具 2-4 扁平腺体，或无，侧脉 7-11 对，两面网脉不明显；叶柄长 2-8 毫米，无毛；托叶早落。总状花序单生叶腋，多花（10），长 3-7 厘米，无毛，花梗长 3-8 毫米；苞片早落；花径约 5 毫米；萼筒钟形，无毛，萼片卵状披针形；花瓣白色，近圆形，长 1-2 毫米；雄蕊 25-40；子房无毛，花柱长达 4 毫米。核果椭圆形或卵状椭圆形，长 9-14 毫米，径 6-8 毫米，黑褐色。花期 3 月；果期 5-9 月。

产皖南休宁枫树窝海拔 450 米山坡常绿阔叶林内。分布于广东、广西。柬埔寨、越南也有分布。

3. 刺叶桂樱 常绿樱   图 184

Laurocerasus spinulosa（Sieb. et Zucc.）Schneid.

常绿乔木，稀灌木。小枝紫褐色，皮孔明显，幼时微被毛。叶薄革质，长圆形或倒卵状长圆形，长 5-10 厘米，宽 2-4.5 厘米，先端渐尖或尾尖，基部宽楔形至近圆形，一侧偏斜，全缘或中部以上具稀疏刺状锐锯齿，无毛，上面亮绿色，具光泽，下面色浅，近基部沿叶缘常具 1 或 2 对基腺体，侧脉 8-14 对；叶柄长 5-10（15）毫米；托叶早落。总状花序腋生，长 5-10 厘米，被细短柔毛，花梗长 1-4 毫米；苞片早落；花径 3-5 毫米；花萼微被细柔毛或无毛，萼筒钟形或杯形，萼片卵状三角形；花瓣白色，椭圆形，长 2-3 毫米；雄蕊 25-35，长 4-5 毫米；子房无毛，雌蕊有时败育，趋向单性花。核果扁球形或椭圆形，径约 6-8 毫米，褐色或黑褐色。花期 9-10 月；果期 11- 翌年 3 月。

产皖南黄山，黄山树木园（栽培）、桃花峰、居士林、仙人榜、云谷寺、九龙瀑布常绿阔叶林中及莲花峰脚下，

图 184 刺叶桂樱
1. 花枝；2. 果；3. 花纵剖。

休宁长横坑海拔 450 米，黟县百年山海拔 450 米，绩溪清凉峰银龙坞海拔 780 米，石台，太平；大别山区霍山青枫岭黄巢寺、欧家冲海拔 500-700 米，岳西鹞落坪海拔 980 米，潜山天柱山大龙窝海拔 750 米，太湖大山乡海拔 220 米。分布于江苏、浙江、福建、台湾、江西、湖南、湖北、四川、贵州、云南、广西、广东。菲律宾、日本也有分布。

23. 稠李属 Padus Mill.

落叶小乔木或灌木；分枝多。冬芽鳞覆瓦状排列，叶在芽内对折。单叶，互生，具锯齿，稀全缘，叶柄顶端或叶基缘具 2 腺体；托叶早落。花两性；总状花序上常具叶，顶生；苞片早落；萼筒钟状，萼片 5；花瓣 5，白色，啮蚀状；雄蕊 10- 多数；雌蕊心皮 1，1 室，胚珠 2，子房上位，柱头平。核果，无纵沟纹，中果皮骨质。种子 1，子叶肥厚。

约 20 余种，分布于北温带。我国 14 种，分布全国各地，集中分布长江流域以南。安徽省 6 种。

1. 花柱与花瓣近等长；
　　2. 花序基部具叶：
　　　　3. 叶锯齿细密；花序轴及花梗较细，果期不增粗，皮孔不显著：
　　　　　　4. 叶基部微心形，稀近圆形，先端长渐尖，锯齿短芒状；总状花序长 15-30 厘米 ┅┅┅┅┅┅┅┅┅┅┅┅┅┅┅┅┅┅┅┅┅┅┅┅┅┅┅┅┅┅┅┅┅ **3. 短柄稠李 P. brachypoda**
　　　　　　4. 叶基部圆形，先端尖或短渐尖；总状花序长 10-15 厘米 ┅┅┅┅┅┅┅ **4. 细齿稠李 P. obtusata**
　　　　3. 叶锯齿较疏或波状；花序轴及花梗果期增粗，皮孔显著：
　　　　　　5. 叶两面无毛 ┅┅┅┅┅┅┅┅┅┅┅┅┅┅┅┅┅┅┅┅┅┅┅┅┅┅┅┅┅ **5. 粗梗稠李 p. napaulensis**
　　　　　　5. 叶下面淡绿色，密被白色绢毛至棕色毛 ┅┅┅┅┅┅┅┅┅┅┅┅┅ **6. 绢毛稠李 P. wilsonii**
　　2. 花序基部无叶，仅具褐色鳞片，脱落或宿存 ┅┅┅┅┅┅┅┅┅┅┅┅┅┅ **1. 橉木稠李 P. buergeriana**
1. 花柱突出于花瓣和雄蕊之外；叶具芒状锯齿 ┅┅┅┅┅┅┅┅┅┅┅┅┅┅┅┅┅┅ **2. 灰叶稠李 P. grayana**

1.　橉木稠李　　　　　　图 185

Padus buergeriana（Miq.）Yü et Ku

落叶乔木，高 6-12（25）米。小枝无毛或疏被柔毛；冬芽卵形，无毛。叶椭圆形或卵状椭圆形，长 4-10 厘米，宽 2.5-5 厘米，先端渐尖，基部楔形，稀圆形，具伸展或内弯锯齿，稀波状，无毛或下面脉腋被簇生毛，上面深绿色，下面色淡；叶柄长 1-1.5 厘米，无毛；托叶带形，具齿，花后脱落。总状花序长 5-7 厘米，基部被褐色鳞片，花序轴无毛或被疏柔毛，花梗长约 2毫米；花径 7-8 毫米；萼筒无毛，萼片卵状三角形；花瓣白色，倒卵状圆形；雄蕊 10，花丝细长；花盘环状，紫红色；雌蕊心皮 1，子房无毛，柱头圆盘状或半圆形，紫红色至黑褐色；萼片宿存。花期 4-5 月；果期 7-8 月。

产皖南黄山浮溪、桃花源、云谷寺至三道岭途中，祁门牯牛降观音堂海拔 380 米，绩溪逍遥乡至中南坑海拔 1050 米、清凉峰栈岭弯海拔 1160 米、徽杭商道海拔 950 米，休宁岭南、黟县余家山、百年山海拔 1040 米、歙县清凉峰劳改队、东凹海拔 800-1300 米、三河口海拔 1250 米；大别山区霍山茅山林场，金寨白马寨龙井河、打抒扢海拔 700-900 米，岳西鹞落坪海

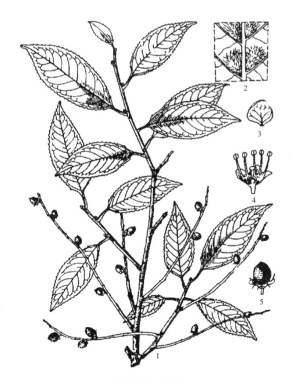

图 185 橉木稠李
1. 果枝；2. 脉腋示簇毛；3. 萼片；4. 花解剖；5. 果。

拔 980 米水沟边，潜山天柱山燕子河海拔 980-1050 米。生于山谷溪沟边林内或山坡。分布于陕西、甘肃、山西、河南、浙江、江西、湖南、湖北、四川、贵州、云南、西藏、广西、广东。不丹也有分布。

2. 灰叶稠李

Padus grayana（Maxim.）Schneid.

落叶乔木，高达 16 米；树皮灰黑色。小枝褐色，无毛；冬芽卵圆形，无毛。叶带灰绿形，卵形或卵状长圆形，长 4-10 厘米，宽 1.8-4 厘米，先端渐尖或尾尖，基部圆形，具芒状锯齿或缺刻状锯齿，无毛；叶柄长 5-10 毫米，无毛，无腺体；托叶长 1.2 厘米，花后脱落。总状花序长 8-10 厘米，基部被毛和叶，总梗及花梗无毛，花梗长 1-4 厘米；花径 7-8 毫米；萼筒钟状，无毛，萼片三角状；花瓣白色，倒卵状长圆形；雄蕊与花瓣近等长，2 轮；花盘圆盘状；雌蕊心皮 1，子房无毛，柱头盘状。核果卵球形，径 5-6 毫米，具短尖，红色至黑褐色，光滑。花期 4-5 月；果期 6-7 月。

产皖南黄山桃花峰海拔 1000 米山坡，沟谷或阔叶混交林中。分布于浙江、福建、江西、湖南、湖北、四川、贵州、云南。日本也有分布。

3. 短柄稠李

Padus brachypoda（Batal.）Schneid.

落叶乔木，高 8（10）米，胸径 18 厘米；树皮灰褐色。小枝幼时被疏柔毛；冬芽卵形，无毛。叶长椭圆形或长圆形，长 6-16 厘米，宽 3-7 厘米，先端渐尖，基部圆形或微心形，具锐锯齿，齿尖带短芒，齿端内弯或伸展，上面深绿色，下面淡绿色，脉腋被簇生毛；叶柄长 1-2.5 厘米，顶端具 1 对腺体，无毛；托叶早落。总状花序多花，长 15-30 厘米，基部具叶，无毛或被疏柔毛，花梗长 3-8 毫米；花径约 1 厘米，萼筒无毛，萼片卵形，具缘毛；花瓣白色，倒卵圆形；雄蕊 20-30，花丝长短不等，2 轮，着生花盘边缘；雌蕊心皮 1，子房无毛，柱头盘状。核果近球形，径 5-7 毫米，紫红色或暗紫色；萼片脱落。花期 4-5 月；果期 7-8 月。

产大别山区霍山马家河至天河尖海拔 1370 米，金寨鲍家窝羊角尖、白马寨西凹海拔 1040 米，岳西鹧落坪海拔 1210 米，舒城万佛山。生于山坡、山沟阔叶混交林内。分布于陕西、甘肃、河南、湖北、四川、云南。

4. 细齿稠李   图 186

Padus obtusata（Koehne）Yü et Ku.

落叶乔木，高达 20 米；树皮灰褐色至黑褐色。小枝红褐色至暗紫褐色，被柔毛或无毛；冬芽卵圆形。叶长椭圆形或卵状椭圆形，长 4.5-11 厘米，宽 2-4.5 厘米，先端急尖、骤尖或短渐尖，基部圆形或宽楔形，具细密锯齿，上面暗绿色，无毛，下面脉腋被簇生毛，中脉、侧脉、网脉明显隆起；叶柄长 1-3 厘米，近无毛，顶端具 2 腺体；托叶早落。总状花序多花，长 10-15 厘米，基部具叶，总梗及花梗被短柔毛，花梗长 2-4 厘米；苞片早落；萼筒钟形，内外面被毛，长于萼片，萼片三角状卵形，具短缘毛；花瓣白色，近圆形或倒卵状圆形；雄蕊 20-25，不规则 2 轮；雌蕊心皮 1，子房无毛，柱头盘状。核果卵球形，径 6-8 毫米，具短尖，黑色或紫黑色。花期 4-5 月；果期 6-10 月。

产皖南绩溪清凉峰栈岭湾海拔 580 米，歙县清凉峰海拔 1560 米，贵池；大别山区金寨白马寨东边凹、打抒扠、吊沟桥、西边凹、天堂寨海拔 760-1560 米，

图 186 细齿稠李
1. 果枝；2. 叶脉，示簇毛；3. 花。

岳西美丽乡、鹞落坪海拔 950-1350 米，潜山彭河乡、天柱山海拔 920-1300 米，舒城万佛山小涧冲海拔 700 米。生于山坡、山谷溪边或杂木林内。分布于陕西、甘肃、浙江、江西、湖南、湖北、四川、贵州、云南。

5. 粗梗稠李

Padus napaulensis（Ser.）Schenid.

落叶乔木，高达 20 米；树皮灰褐色。小枝红褐色至黑褐色，无毛；冬芽卵形，无毛。叶长椭圆形、卵状椭圆形或椭圆状披针形，长 6-14 厘米，宽 2-4 厘米，先端急尖、渐尖或短尾尖，基部楔形或圆形，具粗锯齿或波状，上面深绿色，下面淡绿色，无毛，中脉侧脉明显；叶柄长 8-15 毫米；托叶线形，缘带腺齿，早落。总状花序多花，长 7-15 厘米，基部具叶，总梗及轴被柔毛或近无毛，花梗长约 4 毫米，无毛或被疏柔毛；苞片带形，膜质，褐色；花径约 1 厘米；萼筒杯状，被疏柔毛或无毛，萼片卵状三角形；花瓣白色，倒卵状长圆形，中部以上啮蚀状；雄蕊 22-27，花丝不规则 2 轮，着生花盘边缘；雌蕊心皮 1，子房无毛，花柱盘状。核果卵球形，径约 1 厘米，顶端尖，黑色或暗紫色；萼片脱落；果梗显著增粗，皮孔明显，无毛。花期 4 月；果期 7-10 月。

产皖南黄山，太平，歙县清凉峰。生于山谷、灌丛或杂木林中。分布于陕西、江西、云南。海拔可达 2500 米。

6. 绢毛稠李 四川稠李

Padus wilsonii Schneid.

落叶乔木，高达 20 米；树皮灰褐色。小枝紫褐色，密被短柔毛或近无毛，多年生枝粗壮，皮孔明显；冬芽卵圆形。叶椭圆形、长圆形或长圆状倒卵形，长 6-14 厘米，宽 3-8 厘米，先端短渐尖或短尾尖，基部圆形或楔形，具疏圆钝锯齿，上面带紫绿色，幼时下面密被白色或棕褐色平伏绢毛，中脉和侧脉明显隆起；叶柄长 6-8 毫米，顶端或叶基边缘具 2 腺体；托叶线形，早落。总状花序长 7-14 厘米，基部具 3-4 叶，总梗及花梗随花成长而增粗，皮孔长大，被白色至带棕褐色柔毛，花梗长 5-8 毫米；花径 6-8 毫米；萼筒杯状，长于萼片 2 倍，萼片三角状卵形，与萼筒外被绢状短柔毛；花瓣白色，倒卵状长圆形，先端啮蚀状，基部具爪；雄蕊约 20，不等长，不规则 2 轮，着生花盘边缘；雌蕊心皮 1，子房无毛，柱头盘状。核果卵球形，径 8-11 毫米，具短尖，红褐色至黑紫色，无毛；果梗明显增粗，被短柔毛，皮孔显著变大；萼片脱落。花期 4-5 月；果期 6-10 月。

产皖南黄山云谷寺、桃花峰南坡、浮溪海拔 760 米，祁门牯牛降历溪坞，石台牯牛降祁门岔海拔 530 米，歙县清凉峰永来海拔 630 米、劳改队、东凹海拔 900-1250 米。生于山坡杂木林中或山谷、林缘。分布于陕西、甘肃、浙江、江西、湖南、湖北、四川、贵州、云南、广西、广东。

24. 樱属 Cerasus Mill.

落叶乔木或灌木，腋芽单生或 3 个并生，中间为叶芽，两侧为花芽。幼叶在芽内对折状，后于花开放或花叶同放，单叶，互生，具单锯齿、重锯齿或缺刻状锯齿；叶柄、托叶和锯齿常具腺体。花两性；伞形、伞房状花序或短总状花序，有时 1-2 花腋生，花梗长，花序基部有芽鳞宿存，或有明显苞片；萼筒钟状或管状，萼片反折或直立开张；花瓣白色或粉红色，先端圆钝、微缺或深裂；雄蕊 15-50；雌蕊心皮 1，子房上位。核果径小，成熟时肉质多汁，不开裂，表面无纵沟纹，无白霜；果核表面平滑或具棱纹。

约 100 余种，分布于北半球温带地区。主要种类分布我国西部和西南部，及朝鲜和日本。

本属植物多为果木或为观赏花木，栽培历史悠久，品种极多。安徽省 13 种，2 变种。

1. 腋芽单生：
  2. 花序基部具绿色苞片，果期宿存：
    3. 叶两面被稀疏柔毛，先端骤尾尖或尾尖，叶缘齿端具盘状腺体 ·················· **1. 迎春樱桃 C. discoides**

3. 叶上面被稀疏短伏毛，下面无毛，先端渐尖或骤尖，齿端腺体小或不明显 ┄┄┄ 2. **微毛樱桃 C. clarofolia**

2. 花序基部具褐色苞片，果期脱落：

4. 萼片较萼筒长2倍，具尖锐单或重锯齿，齿端具头状腺体，叶先端尾状渐尖 ┄┄┄ 3. **尾叶樱 C. dielsiana**

4. 萼片较萼筒短或近等长：

5. 叶缘具芒状锯齿；伞房状总状花序总梗长达1厘米，萼片全缘：

6. 具芒状单锯齿或不明显重锯齿，叶两面、叶柄、花梗均无毛 ┄┄┄ 4. **山樱花 C. serrulata**

6. 芒状锯齿：

7. 叶、叶柄、花梗均被短柔毛，芒状锯齿芒不长 ┄┄┄ 4a. **毛叶山樱花 C. serrulata** var. **pubescens**

7. 叶、叶柄、花梗均无毛，芒状锯齿芒较长 ┄┄┄ 4b. **日本晚樱 C. serrulata** var. **lannesiana**

5. 叶缘具尖锯齿，齿端不为芒状：

8. 花梗及萼筒被疏柔毛或被微硬毛：

9. 叶侧脉10-14对，下面淡绿色，被平伏白色疏柔毛 ┄┄┄ 5. **大叶早樱 C. subhirtella**

9. 叶侧脉7-10对、8-11对、9-11对：

10. 叶长5-12厘米，尖锐重锯齿，齿端渐尖，具小腺体；伞形总状花序，具花5-6 ┄┄┄

┄┄┄ 6. **日本樱花 C. yedoensis**

10. 叶长4-8厘米、5-12厘米，锯齿渐尖或尖锐重锯齿，伞形或伞房花序，具花2或3-6：

11. 叶下面灰绿色，被灰黄色微硬毛；托叶膜质，疏生长柄腺体 ┄┄┄

┄┄┄ 7. **浙闽樱桃 C. schneideriana**

11. 叶下面淡绿色，沿脉或脉间被稀疏柔毛；托叶披针形，具羽裂腺齿 ┄┄┄

┄┄┄ 8. **樱桃 C. pseudocerasus**

8. 花梗及萼筒无毛或被极稀疏短柔毛 ┄┄┄ 9. **钟花樱 C. campanulata**

1. 腋芽3，并生，中间为叶芽，两侧为花芽；花单生，稀2-3簇生：

12. 萼筒杯状或陀螺状，萼片与萼筒近等长或稍长于萼筒；子房无毛或花柱基部被疏柔毛：

13. 叶下面被疏短柔毛，倒卵状长椭圆形或倒卵状披针形，中部以上最宽 ┄┄┄ 10. **欧李 C. humilis**

13. 叶下面脉上被疏柔毛：

14. 叶长圆状披针形或椭圆状披针形，中部最宽 ┄┄┄ 11. **麦李 C. glandulosa**

14. 叶卵形或卵状披针形，中部以下最宽 ┄┄┄ 12. **郁李 C. japonica**

12. 萼筒管状，萼片短于萼筒2倍以上，子房被毛；叶卵状椭圆形或倒卵状椭圆形，下面灰绿色，密被灰色绒毛至稀疏 ┄┄┄ 13. **毛樱桃 C. tomentosa**

1. 迎春樱桃 图187

Cerasus discoidea Yü et Li

落叶小乔木，高达3.5米；树皮灰白色。幼枝被疏柔毛至无毛；冬芽卵球形，无毛。叶倒卵状长圆形或长椭圆形，长4-8厘米，宽1.5-3.5厘米，先端骤尾尖或尾尖，基部楔形，稀近圆形，具缺刻状急尖锯齿，齿端小腺体盘状，幼时两面密被平伏长柔毛，老时仅下面沿脉被长柔毛，侧脉8-10对；叶柄长5-7毫米，被稀疏柔毛至无毛，顶端具1-3腺体；托叶

图187 迎春樱桃
1. 果枝；2. 苞片；3. 盘状腺体；4. 花纵剖面。

窄条形，缘具小盘状腺体。伞形花序，花2稀1或3，先叶或花叶同放，基部具褐色革质鳞片；总苞片褐色，顶端齿裂，缘具小头状腺体，总梗长3-10毫米；苞片革质，缘具盘状腺体，花梗长1-1.5厘米，被疏柔毛；萼筒管形钟状，外被疏柔毛，萼片长圆形；花瓣粉红色，长椭圆形，先端2裂；雄蕊32-40；花柱无毛，柱头扩大。核果，径约1厘米，红色。花期3月；果期5月。

产皖南黄山汤岑关海拔1000米，绩溪清凉峰中荡海拔900米，歙县恰舍三阳坑，泾县小溪海拔400-800米，广德罗村；大别山区岳西文坳海拔1090米、鹞落坪，潜山天柱山百花崖海拔1200米。分布于浙江、江西。

2. 微毛樱桃

Cerasus clarofolia（Schneid.）Yü et Li

落叶乔木，高达20米；树皮灰黑色。小枝幼时紫色或绿色，无毛或疏被柔毛；冬芽卵形，无毛。叶卵形或卵状椭圆形，稀倒卵状椭圆形，长3-6厘米，宽2-4厘米，先端渐尖或骤尖，基部圆形，具单锯齿或重锯齿，齿端具腺体，或不明显，上面绿色，下面淡绿色，疏被柔毛或无毛，侧脉7-12对；叶柄长8-10毫米，被疏毛或无毛；托叶披针形具腺齿或羽状分裂腺齿。伞形或近伞形花序，具花2-4；花叶同放；总苞片匙形，褐色，内面被柔毛，总梗长4-10毫米，无毛或被疏柔毛；苞片绿色，果时宿存，卵形，具齿，齿端具锥状或头状腺体，花梗长1-2厘米，无毛或被疏柔毛；萼筒钟状，近无毛，萼片卵状三角形，全缘或具腺齿；花瓣白色或粉红色，倒卵形；雄蕊20-30；花柱基部被疏柔毛，柱头头状。核果长椭圆形，径4-5毫米。花期4-6月；果期6-7月。

产皖南黄山，绩溪清凉峰徽杭商道海拔940米、栈岭湾、永来至峰顶海拔1290-1500米，歙县清凉峰。生于山坡灌丛中，与锐齿臭樱、日本椴、黄山栎等混生。分布于陕西、甘肃、山西、河北、湖北、四川、贵州、云南。

果可酿酒；种子可榨油。

3. 尾叶樱   图188

Cerasus dielsiana（Schneid.）Yü et Li

落叶小乔木，高达10米。小枝无毛，幼时密被褐色长柔毛；冬芽卵圆形，无毛。叶长椭圆形、倒卵形或倒卵状长椭圆形，长6-14厘米，宽2.5-4.5厘米，先端尾状渐尖，基部圆形或宽楔形，具尖锐单锯齿或重锯齿，齿端具腺体，上面无毛，下面沿脉密被开展柔毛，侧脉10-13对；叶柄长8-17毫米，密被开展柔毛至稀疏，顶端或上部具1-3腺体；托叶窄条形，长8-15毫米，缘具腺齿。伞形或近伞形花序，具花3-6；先叶开放；总梗长6-20毫米，被黄色开展柔毛，总苞片褐色，内面密被平伏柔毛；花梗长1-3.5厘米，被褐色开展柔毛；苞片卵圆形，缘撕裂状，具长柄腺体；萼筒钟形，被疏柔毛，萼片长椭圆形，长于萼筒2倍；花瓣白色或粉红色，卵圆形，先端2裂；雄蕊32-36；花柱无毛。核果近球形，径8-9毫米，红色。花期3-4月；果期7月。

产皖南黄山汤口，休宁；大别山区金寨白马寨海拔600米、打抒扠、天堂寨顶部海拔760-1710米、渔潭柳家冲海拔560米。生于山谷、溪边、林内。分布于江西、湖北、四川。

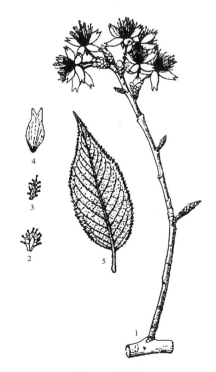

图188 尾叶樱
1. 花枝；2-3. 苞片；4. 花瓣；5. 叶片。

4. 山樱花 图189

Cerasus serrulata（Lindl.）G. Don ex London

落叶小乔木,高达8米;树皮灰褐色。小枝灰白色,无毛;冬芽卵圆形,无毛。叶卵状椭圆形或倒卵状椭圆形,长5-9厘米,宽2.5-5厘米,先端渐尖,基部圆形,具渐尖单锯齿及重锯齿,齿尖具小腺体,上面深绿色,下面淡绿色,无毛,侧脉6-8对;叶柄长1-1.5厘米,顶端具1-3腺体;托叶线形,缘具腺齿。伞房总状或伞形花序,具花2-3;总梗长5-10毫米,总苞片褐红色,倒卵状长圆形,内面被长柔毛;花梗长1.5-2.5厘米,近无毛;苞片淡绿褐色,缘具腺齿;萼筒管状,尖端扩大,萼片三角状披针形,边全缘;花瓣白色,稀粉红色,倒卵形,先端下凹;雄蕊约38;花柱无毛。核果卵球形,径8-10毫米,紫黑色。花期4-5月;果期6-7月。

图189 山樱花
1. 花枝; 2. 叶。

产皖南黄山莲花峰至光明顶、汤岭关、白龙桥、虎头岩、半山寺、云谷寺、眉毛峰、始信峰脚下,歙县,休宁,祁门,太平,泾县,广德;大别山区金寨虎形地海拔960米,岳西鹞落坪海拔1100米。生于山谷杂木林中。分布于黑龙江、河北、山东、江苏、浙江、江西、湖南、贵州。

4a. 毛叶山樱花（变种）

Cerasus serrulata（Lindl.）G. Don var. **pubescens**（Makino）Yü et Li

本变种与原种区别主要在叶下面、叶柄及花梗均被短柔毛。

产皖南黄山居士林、眉毛峰、汤岭关、中刘门亭、皮蓬、西海门、休宁;大别山区金寨白马寨虎形地、马鬃岭十坪海拔800米。生于山坡杂木林中。有时栽培。分布于黑龙江、辽宁、陕西、山西、河北、山东、浙江。

4b. 日本晚樱（变种）

Cerasus serrulata（Lindl.）G. Don var. **lannesiana**（Car.）Makino

本变种与原种区别主要在花多数,重瓣;叶具渐尖重锯齿,齿端具长芒;花具香气。花期3-5月。原产日本,我国各地引种栽培;花大美丽、花梗细长下垂,为有价值的庭园观赏花木,花期长。

5. 大叶早樱

Cerasus subhirtella（Miq.）Sok

落叶小乔木,高达10米;树皮灰褐色。幼枝绿色,密被白色短柔毛;冬芽卵形,鳞片先端被疏柔毛。叶卵形或卵状长圆形,长3-6厘米,宽1.5-3厘米,先端渐尖,基部宽楔形,具细锐锯齿和重锯齿,上面暗绿色近无毛,下面淡绿色,被平伏白色疏柔毛,沿脉较密,侧脉10-14对,直伸;叶柄长5-8毫米,被白色短柔毛;托叶线形,缘具疏腺齿。伞形花序,具花2-3;花叶同放;总苞片倒卵形,外被疏柔毛;花梗长1-2厘米,被疏柔毛;萼筒微呈壶形,外被白色平伏疏柔毛,萼片长圆状卵形,与萼筒近等长;花瓣淡红色,倒卵状长圆形,先端凹缺;雄蕊约20;花柱基部被疏柔毛。核果卵球形,黑色;果梗长1.5-2.5厘米,顶端稍膨大,被疏柔毛。花期4月;果期6月。

原产日本。安徽省沿江各城市,多有栽植。喜光。喜温暖湿润气候,较耐寒;抗污染能力弱。为有价值的观赏花木,开花早。

6. 日本樱花

Cerasus yedoensis（Matsum.）Yü et Li

落叶乔木，高达 16 米;树皮灰色。幼枝绿色被疏柔毛;冬芽卵圆形，无毛。叶椭圆状卵形或倒卵形，长 5-12 厘米，宽 2.5-7 厘米，先端渐尖或骤尾尖，基部圆形，稀楔形，具尖锐重锯齿，齿端具小腺体，上面深绿色，无毛，下面淡绿色，沿脉被疏柔毛，侧脉 7-10 对;叶柄长 1.3-1.5 厘米，密被柔毛，顶端具 1-2 腺体或无;托叶披针形，具羽裂腺齿，早落。伞形总状花序具花 5-6;先叶开放;总梗极短，总苞片椭圆状卵形，两面被柔毛;花梗长 2-2.5 厘米，被短柔毛;苞片匙状长圆形，具腺体;萼筒管状，被疏柔毛，萼片三角状长卵形，缘具腺齿;花瓣白色或带粉红色，椭圆状卵形，先端凹缺;雄蕊约 32，短于花瓣;花柱基部被疏柔毛。核果近球形，径 7-10 毫米，黑色。花期 4 月;果期 5 月。

原产日本，各城市引种栽培。略喜光。喜温暖湿润气候，抗烟尘能力弱。花艳丽，为著名观赏花木。合肥芜湖有栽培，花纯白色，5-6 朵一簇，非常美丽，但花期不长。

7. 浙闽樱桃

Cerasus schneideriana（Kochne）Yü et Li

落叶小乔木，高 2.5-6 米。幼枝灰绿色，密被灰褐色微硬毛;冬芽卵圆形，无毛。叶长椭圆形、卵状长圆形或倒卵状长圆形，长 4-9 厘米，宽 1.5-4.5 厘米，先端渐尖或骤尾尖，基部圆形或宽楔形，具渐尖锯齿，齿端具头状腺体，上面深绿色，近无毛或被平伏疏柔毛，下面灰绿色，被灰黄色微硬毛，脉上较密，侧脉 8-11 对;叶柄长 5-10 毫米，密被褐色微硬毛，顶端具 2 黑色腺体;托叶膜质，缘具稀疏长柄腺体，早落。伞形花序，2 花，稀 1、3;总梗长 2-8 毫米，被硬毛，总苞片先端圆钝;花梗长 1-1.4 厘米，密被褐色硬毛;苞片绿褐色，缘齿端具长柄锥状腺体;萼筒管状，被褐色平伏短柔毛，萼片线状披针形，与萼筒近等长，反折;花瓣淡红色，卵形，先端 2 裂;雄蕊约 40，短于花瓣;子房被疏微硬毛，花柱短于雄蕊。核果椭圆形，径约 5 毫米，紫红色。花期 3 月;果期 5 月。

产大别山区金寨白马寨龙井河海拔 700 米、渔潭柳家冲海拔 560 米。分布于浙江、福建。

此种安徽省地理新分布。

8. 樱桃 图 190

Cerasus pseudocerasus（Lindl.）G. Don

落叶乔木至中乔木，高达 6-8 米;树皮灰白色。幼枝绿色，被疏柔毛或无毛;冬芽卵形。叶卵形或长圆状卵形，长 5-12 厘米，长 3-5 厘米，先端渐尖或尾状渐尖，基部圆形，具尖锐重锯齿，齿端具小腺体，上面暗绿色，下面淡绿色，沿脉及脉间被疏柔毛，侧脉 9-11 对;叶柄长 7-15 毫米，被疏柔毛，顶端具 1 或 2 大腺体;托叶披针形，具羽裂腺齿，早落。伞房状或近伞形花序，3-6 花;先叶开放;总苞片倒卵状椭圆形，缘具腺齿;花梗长 8-19 毫米，被疏柔毛;萼筒钟状，外被疏柔毛，萼片三角状卵圆形，短于萼筒;花瓣白色，卵圆形，先端凹缺;雄蕊 30-35;花柱无毛。核果近球形，径 9-13 毫米，红色。花期 3-4 月;果期 5-6 月。

图 190 樱桃
1. 果枝;2. 花纵剖。

产皖南黄山温泉至汤岭关，绩溪清凉峰栈岭湾海拔 750 米、徽杭商道、荒坑岩海拔 890 米，安庆临江寺后;大别山区金寨白马寨龙井河海拔 675 米、打抒扠、虎形地海拔 750-950 米、后畈村杨家湾，岳西鹞落坪海拔 980 米，舒城晓天。生于阳坡沟边、旷地，多见栽培。分布于辽宁、河北、陕西、甘肃、山西、山东、河南、江苏、浙江、江西、湖南、湖北、四川。朝鲜、日本也有。

喜光。喜排水良好沙质壤土；耐瘠薄。

果生食，亦可酿酒。种仁药用，可表发透疹；根、叶杀虫，治蚊伤。木材坚重致密，供制板料器具之用。本种久经栽培，培育许多优良品种如金红樱桃、短柄樱桃等。

9. 钟花樱
Cerasus campanulata（Maxim.）Yü et Li

落叶灌木或乔木，高达 8 米；树皮黑褐色。幼枝绿色，无毛；冬芽卵形。叶卵形、卵状椭圆形或倒卵状椭圆形，长 4-7 厘米，宽 2-3.5 厘米，先端渐尖，基部圆形，具不整齐急尖锯齿，下面脉腋被簇生毛，侧脉 8-12 对；叶柄长 8-13 毫米，顶端常具 2 腺体；托叶早落。伞形花序，具 2-4 花；先叶开放；总梗长 2-4 毫米，总苞片两面被平伏长柔毛；花梗长 1-1.3 厘米，无毛或被稀疏极短柔毛，苞片绿褐色缘具腺齿；花径 1.5-2 厘米；萼筒钟状无毛或被疏柔毛，萼片长圆形；花瓣粉红色，倒卵状长圆形，先端凹缺；雄蕊约 40；花柱无毛。核果卵球形，径 5-6 毫米；果梗长 1.5-2.5 厘米；萼片宿存。花期 2-3 月；果期 4-5 月。

产皖南黄山小岭，偶见。分布于浙江、福建、台湾、广东、广西。生于山谷、溪边、林缘或疏林中。

早春开花，针形，花色艳丽，可供观赏。

10. 欧李
图 191
Cerasus humilis（Bge.）Sok.

图 191 欧李
1. 花枝；2. 花纵剖；3. 果枝；4. 果核。

落叶灌木，高达 1.5 米。小枝被柔毛；冬芽卵形，被疏柔毛或近无毛。叶倒卵状长椭圆形或倒卵状披针形，长 2.5-5 厘米，宽 1-2 厘米，中部以上最宽，先端急尖或短渐尖，基部楔形，具单锯齿或重锯齿，下面无毛或被疏短柔毛，侧脉 6-8 对；叶柄长 2-4 毫米，无毛或被疏短柔毛；托叶线形，缘具腺体。花单生或 2-3 花簇生，花叶同放，花梗长 5-10 毫米，被疏短柔毛；萼筒外被疏短柔毛，萼片三角状卵圆形；花瓣白色或粉红色，长圆形或倒卵形；雄蕊 30-35；花柱与雄蕊近等长，无毛。核果近球形，径 1.5-1.8 厘米，红色至紫红色。花期 4-5 月；果期 6-10 月。

产大别山区霍山，金寨白马寨海拔 720 米，岳西鹞落坪海拔 1000 米，舒城万佛山；江淮滁县琅琊山，淮南有栽培。分布于黑龙江、吉林、辽宁、内蒙古、河北、河南、山东、山西。生于沙地、灌丛中。

喜光。耐寒；喜湿润、肥沃壤土。用种子、分根或压条繁殖。果含糖，可食用或酿酒。种仁药用，可润肠、利尿。

11. 麦李   图 192

Cerasus glandulosa（Thunb.）Lois.

落叶灌木，高达 1.5 米。小枝幼时被短柔毛；冬
芽卵形。叶长圆状披针形或椭圆状披针形，长 2.5-6
厘米，宽 1-2 厘米，先端渐尖，基部楔形，具细钝
重锯齿，两面无毛或中脉被疏柔毛，侧脉 4-5 对；
叶柄长约 3 毫米，近无毛；托叶线形。花单生或 2
花簇生，花叶同放，花梗长 6-8 毫米，近无毛；萼
筒钟状，无毛，萼筒三角状椭圆形；花瓣白色或粉
红色，倒卵形；雄蕊 30；花柱稍长于雄蕊，近无毛。
核果近球形，径 1-1.3 厘米，红色或紫红色。花期 3-4
月；果期 5-8 月。

产大别山区金寨白马寨林场公路旁海拔 640 米，
岳西鹞落坪海拔 1100 米，安庆；江淮滁县皇甫山、
琅琊山有栽培。分布于陕西、河南、山东、江苏、
浙江、福建、广东、广西、湖南、湖北、四川、云南、
贵州。

图 192 麦李
1. 花枝；2. 花纵剖；3. 果枝；4. 果核。

12. 郁李   图 193

Cerasus japonica（Thunb.）Lois.

落叶灌木，高达 1.5 米。小枝无毛；冬芽卵形。
叶卵形或卵状披针形，长 3-7 厘米，宽 1.5-2.5 厘米，
先端渐尖，基部圆形，具缺刻状尖锐重锯齿，上面深
绿色，下面被疏柔毛或无毛，侧脉 5-8 对；叶柄长 2-3
毫米，被疏柔毛；托叶线形，缘具腺点。花 1-3 簇生，
花叶同放，花梗长 5-10 毫米，被疏柔毛或无毛；萼
筒陀螺形，萼片椭圆形，长于萼筒；花瓣白色或粉
红色，倒卵状椭圆形；雄蕊约 32；花柱无毛。核果
近球形，径约 1 厘米，深红色；核面光滑。花期 5 月；
果期 7-8 月。

产大别山区金寨白马寨南河朱家湾海拔 660 米，
岳西鹞落坪海拔 920 米，舒城万佛山小涧冲。分布于
黑龙江、吉林、辽宁、河北、山东、浙江；生于山坡
林下或灌丛中。常见栽培。

喜光。耐寒、耐旱、耐水湿，对土壤要求不严。
用种子、分根或压条繁殖。果酸甜可食，或酿酒。种
仁入药，名曰郁李仁，可作利尿剂、治慢性便秘。茎
皮含鞣质；茎、叶煮水可杀菜青虫。郁李、郁李仁酊剂，
具显著降压作用。

图 193 郁李
1. 花枝；2. 花；3. 果。

13. 毛樱桃

图 194

Cerasus tomentosa（Thunb.）Wall.

落叶灌木，高达 3 米。幼枝密被绒毛，后脱落；冬芽卵形，被疏柔毛或无毛。叶卵状椭圆形或倒卵状椭圆形，长 2-7 厘米，宽 1-3.5 厘米，先端急尖或渐尖，基部楔形，缘具急尖或粗锐锯齿，上面深绿色，被疏柔毛，下面灰绿色，密被灰色绒毛至稀疏，侧脉 4-7 对；叶柄长 2-8 毫米，初被绒毛至稀疏；托叶线形，被长柔毛。花单生或 2 花簇生，花叶同放或先叶开放，花梗长 2.5 毫米或无；萼筒管状或杯状，外被柔毛或无毛，萼片三角状卵形；花瓣白色或粉红色，倒卵形，先端圆钝；雄蕊 20-25；花柱伸出，子房全部被毛，或仅顶端或基部被毛。核果近球形，径 5-12 毫米，红色。花期 4-5 月；果期 6-9 月。

产皖南黄山，黟县余家山，太平七都，休宁，泾县，歙县清凉峰；大别山区六安，岳西鹞落坪海拔 1200 米，潜山，舒城；江淮滁县琅琊山、皇甫山、定远，庐江。生于山坡、林缘或灌丛中。分布于黑龙江、吉林、辽宁、内蒙古、河北、陕西、山西、甘肃、宁夏、青海、山东、四川、云南、西藏。

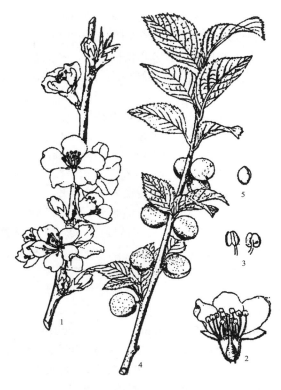

图 194 毛樱桃
1. 花枝；2. 花纵剖；3. 雄蕊；4. 果枝；5. 果核。

25. 李属 Prunus L.

落叶小乔木或灌木。常无顶芽，腋芽单生，鳞片覆瓦状排列。单叶，互生，具锯齿；叶柄顶端或叶基缘常具 2 腺体；托叶早落。花两性；单生或 2-3 花簇生，具短花梗；苞片早落；萼钟状，萼片 5；花瓣 5；雄蕊 20-30；雌蕊心皮 1，子房上位，无毛，1 室，2 胚珠。核果，具纵沟，无毛，常被白霜，种子 1；果核两侧扁平，棱脊圆钝。

约 30 余种，主要分布于北半球，现已广泛栽培。我国 7 种（含栽培）。安徽省 1 种，1 变型。

1. 李树

图 195

Prunus salicina Lindl.

落叶乔木，高 9-12 米；树皮灰褐色。小枝黄红色至紫褐色，无毛；冬芽卵圆形，红紫色。叶长圆状倒卵形、长椭圆形，长 6-8 厘米，宽 3-5 厘米，先端渐尖或急尖，基部楔形。具圆钝重锯齿，杂有单锯齿，上面深绿色，具光泽，下面有时沿脉被疏柔毛或脉腋被簇生毛，侧脉 6-10 对；叶柄长 1-2 厘米，具 2 腺体或无；托叶膜质，早落。花常 3 朵并生，先叶开放，

图 195 李树
1. 果枝；2. 花枝；3. 花纵剖。

花梗长 1-2 厘米；花径 1.5-2.2 厘米；萼筒钟状，无毛，萼片长圆状卵形，具疏细齿，与萼筒近等长；花瓣白色，长圆状倒卵形，先端啮蚀状，具明显带紫色脉纹，具短爪，长于萼筒 2-3 倍；雄蕊约 30，花丝不等长，不规则 2 轮；雌蕊心皮 1，子房及花柱无毛，柱头盘状。核果球形或卵球形，径 3.5-5 厘米，绿色、黄色或红色，有时紫红色，梗凹陷入，顶端微尖，基部具纵沟，被白霜；果肉厚，多汁；果核卵圆形，棱脊圆钝。花期 4 月；果期 6-7 月。

产皖南黄山温泉、慈光寺、茶林场，祁门牯牛降观音堂海拔 330 米，绩溪清凉峰六井海拔 880 米，歙县清凉峰乌桃湾、西凹海拔 670 米，宁国，泾县，宣城，广德；大别山区霍山十道河，岳西鹞落坪海拔 980 米，潜山天柱山大龙窝海拔 720-850 米，舒城万佛山小涧冲海拔 900；江淮滁县皇甫山、琅琊山海拔 200 米。多生于山坡灌丛中或山谷、水旁。分布于甘肃、陕西、山西、四川、云南、贵州、湖南、湖北、江苏、浙江、江西、福建、广东、广西、台湾。安徽省各地多栽培。

酸性土、钙质土均能生长；喜肥沃、湿润、排水良好的黏壤土，在阳光充足、半阴处也均能生长良好。浅根性；寿命约 40 年。萌芽性强；需配植授粉、嫁接、分株繁殖。

本种为温带重要果树之一，除生食外，可制李干、李脯或酿酒。种仁药用，止咳、活血、润肠和利尿；根、叶药用。栽培可供观赏。

1a. 紫叶李（变型）

Prunus cerasifera Ehrhart f. **atropurpurea**（Jacq.）Rehd.

落叶乔木或灌木，高达 8 米。小枝无毛；冬芽卵圆形，紫红色。叶深红色或紫色，椭圆形、卵形或倒卵形，长 4-8 厘米，宽 2-3 厘米，先端突渐尖或急尖，基部楔形或近圆形，具圆钝锯齿，下面沿脉及脉腋被簇生毛，侧脉 5-8 对；叶柄长 6-12 毫米，无毛，无腺体；托叶披针形，早落。花单生，先叶开放；花梗长 1-2 厘米；萼筒钟状，萼片长卵圆形，缘具疏齿，无毛；花瓣白色，微带粉红；雄蕊 25-30，花丝不等长，2 轮；雌蕊心皮 1，子房被长柔毛。核果近球形，暗紫红色，具光泽。花期 4 月；果期 8 月。

原产亚洲西南部及我国新疆。现安徽省各城市庭园、马路中间绿化带均有栽培或作行道树配置树种，十分广泛。

26. 杏属 Armeniaca Mill.

落叶乔木，极稀灌木；小枝无刺，稀具刺；叶芽和花芽并生，2-3，簇生叶腋。幼叶在芽中席卷状；单叶，互生；叶柄常具腺体。花两性；单生，稀 2 花，先叶开放，具短梗或无；萼钟状，萼片 5；花瓣 5；雄蕊 15-45；雌蕊心皮 1，子房上位，1 室，2 胚珠。花柱顶生，被柔毛。核果，具明显纵沟，外被茸毛，稀无毛，肉质，成熟时不开裂，稀干燥开裂，离核或粘核；果核两侧扁平，表面光滑、粗糙或网状。种仁味苦或甜。

约 8 种，分布于东亚、西亚。我国 7 种，分布黄河及淮河流域。安徽省栽培 2 种，4 变型。

1. 一年生枝浅红褐色；圆钝锯齿，叶柄长 2-3.5 厘米，果核表面稍粗糙或平滑 ┄┄┄┄┄┄┄┄ 1. **杏** A. vulgaris
1. 一年生枝绿色；尖锐锯齿，叶柄长 1-2 厘米；果核表面具蜂窝状小孔穴 ┄┄┄┄┄┄┄┄┄┄ 2. **梅** A. mume

1. 杏　　　　　　　　　　　　　　　　　　　　　　　　　　　图 196

Armeniaca vulgaris Lam.

落叶乔木，高达 20 米；树皮灰褐色，纵裂；小枝浅红褐色，具光泽。叶宽卵形或圆卵形，长 5-9 厘米，宽 4-8 厘米，先端急尖或短渐尖，基部圆形或近心形，具圆钝锯齿，无毛或下面脉腋间被柔毛；叶柄长 2-3.5 厘米，基部具 1-6 腺体。花单生，径 2-3 厘米，先叶开放，花梗长 1-3 毫米，被短柔毛；花萼紫绿色，萼筒圆筒形，萼片卵状长圆形，花后反折；花瓣白色或带红色，圆形或倒卵形，具短爪；雄蕊 20-45；子房被短柔毛，花柱稍长于雄蕊。核果球形，稀倒卵形，径约 2.5 厘米或以上，白色、黄色或黄红色，带红晕，微被短柔毛，果肉多汁，熟时不开裂；果核两侧扁，表面稍粗糙或平滑；种仁味苦或甜。花期 3-4 月；果期 6-7 月。

安徽省各地广为栽培。在黄山市洽舍上村有两株古杏树，其中一株高 21 米，胸围 188 厘米，树龄 150 余年，年产量达 200 公斤左右。在全国各城市也广为栽植，以华北、西北、华东种植较广；新疆有野生片林或混生林，山西中条山垣曲七十二混沟也有野生。

树势强键，适应性强；耐寒，耐旱；喜光。深根性，抗盐碱性强，不耐水涝。寿命长达 300 年。嫁接根蘖繁殖。

味甜可食、可制果脯；种子油称杏仁油，药用，止咳平喘和润肠。

环孔材，心材边材区别明显，心材淡红色，纹理斜，质略重，结构细均匀，花纹美丽，为美术用材。

2. 梅 图 197

Armeniaca mume Sieb.

落叶小乔木，稀灌木，高达 10 米；树皮浅灰色或带绿色，平滑。小枝绿色，无毛。叶卵形或椭圆形，长 4-8 厘米，宽 2.5-5 厘米，先端尾尖，基部宽楔形或圆形，具小锐锯齿，灰绿色，幼时两面被短柔毛，后脱落，或仅下面脉腋被短柔毛；叶柄长 1-2 厘米，常具腺体。花单生或 2 朵并生，径 2-2.5 厘米，具香气，花梗长 1-3 毫米；花萼红褐色、绿色或绿紫色，萼筒宽钟形，无毛或被疏柔毛，萼片卵形或近圆形，先端钝圆；花瓣白色或粉红色，倒卵形；雄蕊短或稍长于花瓣；子房密被柔毛，花柱短或稍长于雄蕊。核果近球形，径 2-3 厘米，黄色或绿白色，被柔毛，味酸；粘核；果核两侧扁，腹面和背棱上均具明显纵沟，表面具蜂窝状孔穴。花期 2-3 月；果期 5-6 月。

安徽省各地广为栽培。在和县南义乡一株杜梅树高 5.5 米，胸围 130 厘米，至今生长尚好；在滁县琅琊山醉翁亭景区内一株欧梅，相传为宋朝欧阳修种植，历经苍桑，至今已衰老，后为人所补栽。我国长江流域以南各地栽培，在四川和云南有野生梅树生长。

喜光。喜温暖湿润气候；耐瘠薄，喜肥沃深厚、排水良好黏壤土，不耐水涝。寿命长，可达千年。嫁接、扦插、压条繁殖。有梅毛虫、天牛危害。

图 196 杏
1. 花枝；2. 果枝；3. 雄蕊；4. 雌蕊；5. 果；6. 核仁。

图 197 梅
1. 花枝；2. 叶枝；3. 花纵剖；4. 雄蕊；5. 雌蕊。

梅在我国已有 3000 多年栽培历史，为重要的园林观赏树种；隆冬初春，先叶开放，为早春园景平添一片春色。

味酸，可生食或加工制果脯；入药可生津止渴、止咳、止泻。

木材坚韧，具弹性，供雕刻和细木工用。

梅主要分为果梅和花梅两类，其中花梅根据花色、单瓣、重瓣分出以下 4 个类型：

2a. 玉蝶型梅（变型）

Armeniaca mume Sieb. f. **albo-plena**（Bailey）Rehd.

花蝶形，重瓣，白色，花萼紫色，例如玉蝶、粉蝶等。

2b. 宫粉型梅（变型）

Armeniaca mume Sieb. f. **alphandii**（Carr.）Rehd.

花蝶形，半重瓣至重瓣，粉红色，例如宫粉。

2c. 大红型梅（变型）

Armeniaca mume Sieb. f. **rubliflora** T. Y. Chen

花色大红，甜香浓郁，例如红梅、大红等。

2d. 绿萼型梅（变型）

Armeniaca mume Sieb. f. **varidicalyx**（Makino）T. Y. Chen

花蝶形，单瓣或半重瓣，白色，花萼绿色，例如绿萼梅、单瓣绿萼梅等。

27. 桃属 Amygdalus L.

落叶乔木或灌木。小枝无刺或具刺；具顶芽，腋芽 3，或 2-3 芽并生，两侧为花芽，中为叶芽；幼叶在芽中对折状，后花开放。单叶，互生，具锯齿，叶缘与叶柄常具腺体；具托叶。花两性；单生，稀 2 朵生于 1 芽内，无梗、短梗或稀具长梗；花萼钟状，萼片 5；花瓣 5；雄蕊多数；雌蕊心皮 1，子房上位，1 室，2 胚珠，花柱长。核果，被毛或无毛，熟时果肉多汁，不开裂或干燥开裂，腹部具明显缝合线，果洼较大；果核扁圆或圆形，与果肉粘连或分离，表面具深浅不同的纵横沟纹和孔穴，稀平滑；种皮厚，种仁味苦或甜。

约 40 余种，分布于亚洲中部及地中海地区。我国 12 种，分布西部和西北部。安徽省 3 种，1 变种，4 变型。

1. 核果成熟时肉质多汁或肉薄干燥；叶先端渐尖，不为 3 裂，具细锐锯齿：
　2. 小枝绿色，具光泽，向阳面红色；叶长圆状披针形；核果肉质多汁，果核两侧扁平，顶端渐尖 ………………………………………………………………………… 1. **桃 A. persica**
　2. 小枝褐色；叶卵状披针形；核果质薄干燥，果核两侧不压扁，顶端圆钝 ………… 2. **山桃 davidiana**
1. 核果成熟时干燥无汁；叶先端常 3 裂，具粗锯齿或重锯齿 ……………………… 3. **榆叶梅 A. triloba**

1. 桃

　　　　　　　　　　　　　　　　　　　　　　　　　　　　·　　　　　　　　　图 198

Amygdalus persica L.

落叶小乔木，高达 8 米；树皮暗红褐色。小枝绿色，向阳面红色；冬芽圆锥形，2-3 簇生，中间为叶芽，两侧为花芽。叶长圆状披针形、椭圆状披针形或倒卵状披针形，长 7-15 厘米，宽 2-3.5 厘米，先端渐尖，基部宽楔形，有时下面脉腋被疏柔毛，具粗或细锐锯齿，齿端具腺体或无；叶柄粗壮，长 1-2 厘米，具腺体或无。花单生，先叶开放，径 2.5-3.5 厘米，花梗极短或无；萼筒钟状，绿色而具红色斑点，被短柔毛或无，萼片卵形或长圆形，被柔毛；花瓣粉红色，稀白色，长圆状椭圆形或宽倒卵形；雄蕊 20-30，花药绯红色；子房被柔毛，花柱与雄蕊近等长。核果卵球形或卵状椭圆形，径约 5-7 厘米，常于向阳面具红晕，外密被短柔毛，腹缝线明显，果肉白色多汁，具香味，甜或酸甜，果梗短而深入果洼；果核大，离核或粘核，两侧扁平，具纵横沟纹和孔穴；种仁味苦，稀甜。花期 3-4 月；果期 8-9 月。

产皖南黄山桃花峰、温泉、慈光寺、茶林场；大别山区岳西鹞落坪。生于海拔 1000 米以下杂木林中或林缘；全省各地平原、丘陵普遍栽培。

喜光。耐旱、耐寒；喜排水良好沙质壤土，不耐水湿；适应性强，寿命短。果富含糖份及维生素 C，可生食或制果脯；种仁含油。根、叶、种仁入药，治高血压症。木材坚实细缒，供工艺品用材。

桃树栽培历史悠久，有许多变种和变型，其中果树以蟠桃 -var. compressa（Loud.）Yü et Li 最为著名，果实扁圆；观赏树种以碧桃 -f. duplex Rehd. 花重瓣，淡红色；垂枝碧桃 -f. pendula Dipp. 枝下垂；绛桃 -f. camelliaeflora（Van Houtte.）Dipp. 花半重瓣，深红色。

图 198 桃
1. 花枝；2. 花纵剖；3. 雄蕊；4. 果枝；5. 果核；6. 种仁。

2. 山桃　　　　　　　　　　　　　图 199

Amygdalus davidiana（Carr.）C. de Vos ex Henry

落叶乔木，高达 10 米；树皮暗紫色。枝条直伸，幼枝绿色或带紫色，无毛；冬芽卵形。叶卵状披针形，长 5-13 厘米，宽 1.5-4 厘米，先端渐尖，基部楔形，具细锐锯齿，无毛；叶柄长 1-2 厘米，常具腺体；托叶带状披针形，早落。花单生，先叶开放，径 2-3 厘米，花梗极短或无；花萼无毛，萼钟状，萼片卵形或卵状长圆形，紫色；花瓣粉红色，倒卵形或近圆形，长 1-1.5 厘米，先端钝圆，稀微凹；雄蕊多数，几与花瓣等长；子房被柔毛，花柱稍长于雄蕊。核果近球形，径 2.5-3.5 厘米，淡黄色，外密被短柔毛，果肉薄干燥，不可食，熟时不开裂；果梗短而深入果洼；果核近球形，两侧微扁，顶端圆钝，基部截形，表面具纵横沟纹和孔穴，与果肉分离。花期 3-4 月；果期 7-8 月。

产大别山区金寨白马寨虎形地海拔 919 米，潜山彭河乡海拔 500 米荒野疏林及灌丛中。分布于山东、

图 199 山桃
1. 花枝；2. 花纵剖；3. 花瓣；4. 果枝；5. 果核。

河北、河南、山西中条山、陕西、甘肃、四川、云南。

喜光。耐寒;耐旱、较耐盐碱,多生于石灰岩山地。种子油可制肥皂和润滑油,果核可制工艺品;树皮和茎皮可造纸或作人造棉原料。木材坚重,可供雕刻和细木工等用。花期早,花艳丽,可供观赏。又为华北地区荒山荒地造林树种,在安徽省分布较稀,树形低矮,已达山桃分布的南界。

3. 榆叶梅   图 200

Amygdalus triloba(Lindl.)Ricker

落叶灌木,稀小乔木,高达 3 米。小枝灰褐色,幼时微被短柔毛;冬芽短小。叶在短枝上簇生,一年生枝上互生,宽椭圆形或倒卵形,长 2-6 厘米,宽 1.5-3(4)厘米,先端短渐尖常 3 裂,基部宽楔形,具粗锯齿或重锯齿,上面被疏柔毛或无毛,下面被短柔毛;叶柄长 5-10 毫米,被柔毛。花 1-2(3)簇生,先叶开放,径 2-3 厘米,花梗长 4-8 厘米;萼筒宽钟形,萼片卵形或卵状披针形,无毛;花瓣粉红色,近圆形或宽倒卵形,长 6-10 毫米,先端圆钝或微凹;雄蕊 25-30,短于花瓣;子房密被短柔毛,花柱稍长于雄蕊。核果近球形,径 1-1.8 厘米,顶端具小尖头,红色,外被柔毛,果肉薄干燥,开裂;果核近球形,具厚硬壳,径 1-1.6 厘米,表面具网纹;果梗长 5-10 毫米。花期 4-5 月;果期 5-7 月。

产皖南歙县,安徽省多栽培。分布于东北及河北、山西、甘肃、山东、江苏、浙江。

早春开花,花大美丽。树干低矮,树姿优美,庭园观赏树种。

图 200 榆叶梅
1. 花枝;2. 花纵剖;3-4. 雄蕊;5. 果枝。

3a. 重瓣榆叶梅 (变型)

Amygdalus triloba(Lindl.)Ricker f. **multiplex**(Bge.)Rehd.

花重瓣,深粉红色,萼片通常 10。

安徽省各地栽培。早春开花,与叶同放。

28. 假稠李属 Maddenia Hook. f. et Thoms.

落叶乔木或灌木。芽鳞数枚。单叶,互生,具细尖腺齿;托叶大,具腺齿。花杂性异株;总状花序顶生;萼筒钟状,萼片 10-12 短小;无花瓣;雄蕊 20-40;在雄花中心皮 1,在两性花中心皮 2,稀 1,子房上位,1 室,2 胚珠。核果。种子 1。

6 种,分布于喜马拉雅山区。我国 5 种。安徽省 1 种。

锐齿假稠李   图 201

Maddenia incisoserrata Yü et Ku

落叶灌木或小乔木,高达 5 米。多年生枝黑色或紫黑色,无毛,幼枝红褐色,密被棕褐色柔毛;冬芽卵圆形，红褐色，被毛，鳞片覆瓦状排列，长达 1.5 厘米，缘具密腺齿，具明显平行脉，叶卵状长圆形或长圆形，稀椭圆形，长 5-10（15）厘米，宽 3-5（8）厘米，先端急尖或尾尖，基部近圆形或宽楔形，具缺刻状重锯齿，上面深绿色，稀被疏柔毛，下面淡绿色，无毛，侧脉 10-15 对，与中脉在下面明显隆起，带赭黄色；叶柄长 2-3 毫米，被棕褐色长柔毛；托叶披针形。总状花序，多花，长 3-5 厘米，总梗、轴及花梗密被棕褐色柔毛，花梗长约 2 毫米；苞片披针形，具腺齿或无；萼筒钟状，萼片长圆形，外被柔毛，短于萼筒约 2-3 倍；两性花：雄蕊 30-35，2 轮；雌蕊心皮 1，无毛，柱头偏斜，花柱细长。核果卵球形，径约 8 毫米，顶端具尖头，紫黑色，花柱基部宿存；果梗长 3-4 毫米，密被棕褐色长柔毛。花期 4 月；果期 6 月。

产皖南黄山立马桥附近、二道岭海拔 1100 米、西海海拔 1600 米、北坡狮子林至松谷庵途中，绩溪清凉峰中南坑海拔 1320 米，青阳九华山天台海拔 1255 米，歙县，黟县，休宁；大别山区霍山马家河万家红海拔 1340 米，金寨白马寨虎形地海拔 950-1120 米，岳西大王沟、鹞落坪海拔 1100 米，潜山天柱峯。生于常绿落叶阔叶混交林中以及沟谷、溪边灌丛中或高海拔矮林中。分布河南、山西、陕西、甘肃、四川、贵州。

喜温暖湿润气候，耐寒力强。可植为观赏。

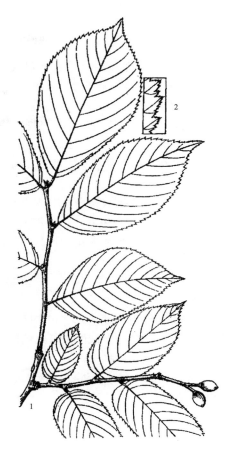

图 201 锐齿假稠李
1. 果枝；2. 叶片边缘。

17. 蜡梅科 CALYCANTHACEAE

落叶或常绿灌木，具油细胞。小枝具纵棱，皮孔明显；鳞芽或叶柄鞘内芽。单叶，对生，全缘或具不明显细锯齿，羽状脉；具短柄；无托叶。花两性，具短梗；单生；花被片多数，螺旋状排列；雄蕊4至多数，具退化雄蕊，花药外向，2室，纵裂；离心皮雌蕊，着生于壶状花托内，子房上位，1室，倒生胚珠1-2，仅1枚发育。聚合瘦果，包藏于肉质果托内，熟时果托尖顶撕裂，外被柔毛。种子无胚乳或微具内胚乳，胚大型，子叶螺旋状。

2属，9种，分布于东亚和北美。我国2属，7种。安徽省2属，5种，2变种。观赏及药用。

1. 花单生枝顶；鳞芽位于叶柄鞘内；花被片红褐色、紫褐色或黄白色，具紫红色边晕或紫红色斑纹，雄蕊10-30 ·· 1. 夏蜡梅属 Calycanthus
1. 花腋生；鳞芽；花被片黄色或内花被片具紫红色条纹，雄蕊4-8 ·············· 2. 蜡梅属 Chimonanthus

1. 夏蜡梅属 Calycanthus L.

落叶灌木。鳞芽位于叶柄鞘内。单叶，对生，全缘或具稀疏浅锯齿。花两性，单生枝顶；花被片15-30，红褐色、紫褐色或黄白色，具紫红色边晕或散生紫红色斑纹，被柔毛；雄蕊10-20，花丝被毛；离心皮11-35。瘦果暗褐色，椭圆形。花期5月；果期10月。

3种，1变种。我国1种产于浙江，余产北美；安徽省1种，引种栽培。

夏蜡梅　　　　　　　　　　图 202

Calycanthus chinensis Cheng et S. Y. Chang

落叶灌木，高达4米。小枝对生，二歧状。叶柄鞘内芽，芽具芽鳞。叶宽卵状椭圆形、倒卵状圆形或宽椭圆形，长13-27厘米，先端短尖，基部宽楔形或圆形，具细锯齿；叶柄长1.1-1.8厘米。花无香气，径4.5-7厘米；外花被片10-14，倒卵形或倒卵状长圆形，长1.4-3.6厘米，白色，具淡紫色边晕，内花被片较厚，中部以上淡黄色，中部以下黄白色，近轴面基部散生淡紫红色细斑纹；雄蕊16-19；离心皮11-12。果托钟形，近顶端微收缩，长3-5厘米；瘦果褐色，长1.2-1.5厘米，基部密被灰白色毛，向上渐稀，具残留花柱。

皖南黄山汤口黄山树木园有引种栽培，仅分布于浙江昌化、天台等地。多生于沟边林下或东北向山坡灌丛中。喜排水良好的湿润山地黄壤。

花大而美丽，初夏开放，为美丽观赏树种。我国产夏蜡梅20世纪70年代始被发现，与北美产的美国夏蜡梅为相对应的种，这对研究植物间断分布和植物区系有很大科学价值，证明两地近代地理环境的相似性。

图 202 夏蜡梅
1. 花枝；2. 果。

2. 蜡梅属 Chimonanthus Lindl.

常绿或落叶灌木。单叶,对生。花两性,腋生,芳香;花被片15-27,黄色、淡黄白色,具紫红色条纹;雄蕊5-6
(7),着生于杯状花托上,花丝丝状,基部连生;离心皮6-14。瘦果着生于壶状果托内。种子1。

7种,我国特产。安徽省5种,2变种。

1. 花单生叶腋:
   2. 半常绿或落叶灌木:
      3. 半常绿灌木;叶长卵状披针形或条状披针形,下面灰绿色,被白粉及柔毛 ⋯⋯ **1. 柳叶蜡梅 C. salicifolius**
      3. 落叶灌木;叶椭圆形或椭圆状卵形,下面无白粉及柔毛 ⋯⋯⋯⋯⋯⋯⋯⋯⋯ **2. 蜡梅 C. praecox**
   2. 常绿灌木:
      4. 叶椭圆状披针形或卵状披针形,先端窄长细渐尖或尾尖状,下面白粉明显;花被片20-24⋯⋯⋯⋯
      ⋯⋯⋯⋯⋯⋯⋯⋯⋯⋯⋯⋯⋯⋯⋯⋯⋯⋯⋯⋯⋯⋯⋯⋯⋯⋯⋯⋯ **3. 亮叶蜡梅 C. nitens**
      4. 叶卵状椭圆形或椭圆形,先端渐尖或长渐尖,下面淡绿色,无白粉,无毛;花被片16-20⋯⋯⋯⋯
      ⋯⋯⋯⋯⋯⋯⋯⋯⋯⋯⋯⋯⋯⋯⋯⋯⋯⋯⋯⋯⋯⋯ **4. 浙江蜡梅 C. zhejiangensis**
1. 花2-6簇生叶腋;叶长卵形或宽卵形,先端渐尖或短渐尖,下面淡绿色无白粉而被短柔毛 ⋯⋯⋯⋯⋯⋯
      ⋯⋯⋯⋯⋯⋯⋯⋯⋯⋯⋯⋯⋯⋯⋯⋯⋯⋯⋯⋯⋯ **5. 簇花蜡梅 C. caespitosus**

1. 柳叶蜡梅 香风茶

图203

Chimonanthus salicifolius S. Y. Hu

半常绿灌木。小枝较细,被硬毛。叶薄革质,长
椭圆形、长卵状披针形或条状披针形,长6-11厘米,
宽2-2.8厘米,先端钝尖或渐尖,基部楔形,全缘,
上面粗糙,下面灰绿色,被白粉及柔毛;叶柄被短柔
毛。花单生,稀双花腋生,淡黄色,花被片15-17,
外花被片椭圆形,边缘及背部被柔毛,中层花被片条
形,先端长尖,被疏柔毛,内花被片披针形,先端锐尖,
基部具爪;雄蕊4-5;心皮6-8。果托梨形,长卵状椭
圆形,长2.3-3.6厘米,先端收缩;瘦果长1-1.4厘米,
深褐色,果脐平,被疏毛。

产皖南黄山,休宁,祁门,歙县洽舍、郑村、长坞,
太平。分布于浙江、江西。叶药用,消食,治感冒。

2. 蜡梅

图204

Chimonanthus praecox(L.)Link

落叶灌木,高达4米。叶椭圆形、椭圆状卵形或
椭圆状披针形,长5-20厘米,宽2-8厘米,先端渐尖,
基部楔形,近全缘,上面粗糙,下面无白粉及柔毛;

图203 柳叶蜡梅(果枝)

叶柄长4-5(8)毫米。花单生叶腋,芳香,径2-2.5厘米;花被片约16,黄色,无毛,具光泽,外花被片椭圆形,
先端圆,内花被片小,椭圆状卵形,先端钝,基部具爪,具紫红色条纹;雄蕊5-7;心皮7-14。果托卵状长椭圆形,
长1-1.5厘米。花期11月至翌年2月;果期6月。

皖南山区、大别山区及各地广泛栽培。陕西秦岭南坡海拔1100以下山谷、灌丛中及湖北西部山区悬岩均
有野生。河南鄢陵培育蜡梅历史悠久。

较喜光，耐干旱，忌水湿。喜深厚、排水良好的土壤。花期长，色香宜人。树龄达百年以上，为珍贵观赏花木。蜡梅栽培历史悠久，我省庭园中常见的有2个变种。

2a. 馨口蜡梅 （变种）
Chimonanthus praecox（L.）Link var. **grandiflorus** Makino

叶长达 20 厘米；花径 3-3.5 厘米，外轮花被片淡黄色，内轮花被片具深红紫色边缘与条纹。

2b. 素心蜡梅 （变种）
Chimonanthus praecox（L.）Link var. **concolor** Makino

花被片全为黄色，香气稍淡。

3. 亮叶蜡梅 山蜡梅
Chimonanthus nitens Oliv.

常绿灌木。叶革质，椭圆状披针形或卵状披针形，长 5-11 厘米，先端细长渐尖或尾尖状，基部楔形，全缘，上面光亮，下面被白粉，灰绿色，无毛。花单生叶腋，径约 1 厘米；花被片 20-24，淡黄色，圆形

图 204 蜡梅（果枝）

或长圆形，外面被柔毛，最内花被片宽卵状披针形，一侧具稀疏锯齿或为菱形。果托坛状、钟形，先端收缩，长 2-4 厘米，外被褐色短绒毛；瘦果，长 1-1.3 厘米。

产皖南祁门闪头、祁红、休宁。生于海拔 200-300 米山麓、沟谷杂木林中。分布于浙江、江西、福建、湖北、湖南、广西、贵州、云南。本种叶色亮绿，花黄色美丽，为优良绿化观赏树种；根可药用。

4. 浙江蜡梅
Chimonanthus zhejiangensis M. C. Liu

常绿灌木，高达 3 米，全株具香气。叶革质，卵状椭圆形或椭圆形，长 5-13 厘米，宽 2.5-4 厘米，先端渐尖，基部楔形或宽楔形，全缘，上面光亮，深绿色，下面淡绿色，无白粉，无毛；叶柄长 5-8 毫米。花单生叶腋，淡黄色；花被片 16-20，外被短柔毛，外花被片卵圆形，中花被片长线状披针形，长 1.2-1.8 厘米，先端细长尖，内花被片披针形，全缘，长 6-15 毫米，具爪；雄蕊 5-7，退化雄蕊 8-15；心皮 6-9。果托薄而小，长 2.5-3.3 厘米，径 1.4-1.8 厘米，多钟形，外网纹微隆起，先端微收缩，口部周围退化雄蕊木质化；瘦果椭圆形，长 1-1.3 厘米，具柔毛，暗褐色。花期 10-12 月；果期翌年 6 月。

皖南黄山树木园有引种栽培，引自浙江。

5. 簇花蜡梅 图 205
Chimonanthus caespitosus T. B. Chao，Z. X. Chen et Z. Q. Liu

灌木，高 1-2 米。小枝疏被柔毛，皮孔隆起，黄褐色；幼枝微具棱，被锈褐色柔毛。叶纸质或稍厚纸质，卵形、长卵形或宽卵形，长 4-10.5（-13）厘米，宽 2.2-4.8（-6.5）厘米，先端渐尖或短渐尖，稀钝圆，基部楔形或宽楔形，全缘，上面疏被粗柔毛，下面淡绿色，被短柔毛，中脉隆起；叶柄长 3-6 毫米，密被淡黄绿色或锈色柔毛。花 2-6 簇生叶腋；外花被片菱状卵形，长 1.5-3 毫米，先端钝圆尖，黄棕色，具光泽，中花被片，长披针

形，长 1.2-1.7 厘米，宽 2-3 毫米，淡黄白色，膜质，具 5 脉，先端长渐尖或尾尖，基部具较多疏柔毛，内花被片长卵形、匙状长卵形，长 6-7 毫米，先端长尾尖，基部较宽，缘具角状小齿，齿被毛；雄蕊 5-7，花丝密被柔毛，花药着生于花丝中上部一侧，退化雄蕊 3-5，被毛；离心皮雌蕊 5-9，子房无毛，花柱细长。果托卵形或长卵形，长 2.5-3.5 厘米，近先端渐收缩呈喙状，喙长 5-10 毫米。

产皖南黄山桃花峰海拔 600 米。安徽省地理新分布。

图 205 簇花蜡梅
1. 果枝；2. 果托；3. 瘦果；4. 花蕾簇生；5. 雌蕊；6-7. 外部花被片；8. 中部花被片；9. 内部花被片；10. 雄蕊；11. 退化雄蕊。

18. 苏木科 CAESALPINIACEAE

乔木、灌木或藤木,稀草本。一回或二回羽状复叶,稀单叶,互生;托叶早落或无。花两性,稀单性或杂性异株,稍不整齐,稀近整齐;总状花序或圆锥花序,稀穗状花序,苞片花萼状;花托极短、杯状或管状;萼片5,分离或上部2片合生,覆瓦状排列,稀镊合状;花瓣5或更少,稀无花瓣,近轴的一片在最内面、其余覆瓦状排列;雄蕊10,或较少,分离或部分连合,花药2室,纵裂或孔裂;有时具花盘;单雌蕊,子房上位,1室,边缘胎座,胚珠1至多数。荚果。种子无胚乳,稀具胚乳。

156属,约2800种,分布于热带、亚热带地区,温带少数。我国18属,约120种,分布华南及西南,安徽省4属,8种,1变型,1栽培型。

1. 二回羽状复叶或间有一回羽状复叶:
  2. 花两性;雄蕊10,分离,2轮排列;小枝常具钩刺 ·············· 1. 苏木属 Caesalpinia
  2. 花杂性或单性异株;雄蕊10,分离,5长5短:
   3. 植株、小枝无刺;总状花序顶生;荚果肥厚 ··············2. 肥皂荚属 Gymnocladus
   3. 植株、小枝具单刺或分枝粗硬刺;总状花序或穗状花序;荚果扁平 ··············3. 皂荚属 Gleditsia
1. 单叶,掌状脉;花簇生于二年生或以上枝干上 ··············4. 紫荆属 Cercis

1. 苏木属 Caesalpinia L.

落叶乔木、灌木或藤本。小枝常具钩刺。二回偶数羽状复叶,互生;小叶全缘;小托叶刺状或无。花两性;总状或圆锥花序,苞片早落;花较大,花托凹陷;萼筒短,萼片5;花冠黄色、橙红色、稀白色;花瓣5、具爪;雄蕊10,分离,2轮排列,花丝基部被毛,花药背着,纵列;具花盘;子房无柄或具短柄,胚珠1-7,花柱圆柱形,柱头平截或凹入。荚果革质或木质,扁平或肿胀,常不裂。种子横生,无胚乳。

约100种,分布于热带和亚热带地区。我国约20种,分布长江流域以南,引入5种。安徽省1种。

云实 图206

Caesalpinia decapetala(Roth)Alston

落叶攀援灌木;树皮暗红色,散生钩刺。幼枝密被灰色或褐色短柔毛和倒钩刺。二回偶数羽状复叶,羽片3-10对,对生;小叶7-15对,长圆形,长1-2.5厘米,宽6-12毫米,两端钝圆,两面被柔毛,后渐脱落。总状花序顶生,直立,长15-35厘米,花梗长2-4厘米,顶端具关节,花易落;萼片5,膜质;花冠黄色;花瓣5,倒卵形,长1-1.2厘米,最下1片具红色条纹;雄蕊10,分离,花丝基部密被柔毛;子房被毛,具短柄,胚珠2,线形,柱头略膨大。荚果长椭圆形,长6-10.5厘米,肿胀,脆革质,具喙尖,腹缝线具窄翅,开裂,褐色,无毛。种子6-9,黑色。花期4-5月;果期9-10月。

产皖南黄山逍遥溪海拔510米、慈光寺、眉毛峰、黄山茶林场,绩溪清凉峰栈岭湾海拔600米,歙县清凉峰乌桃湾海拔950米,太平七都、龙源海

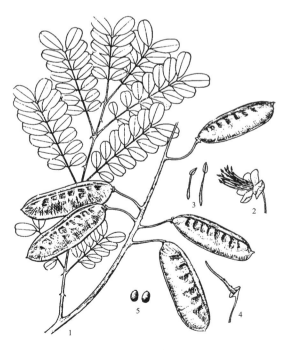

图206 云实
1. 果枝;2. 花;3. 雄蕊;4. 雌蕊;5. 种子。

拔 800-1200 米，石台，贵池，宣城，宁国；大别山区岳西美丽乡鹞落坪海拔 1000 米，潜山天柱峰万涧寨海拔 500 米；江淮滁县琅琊山，耒安，凤阳，合肥；淮北萧县，宿州大方寺。生于山坡灌丛、平原、丘陵及沟河边。分布于甘肃、陕西、河南、江苏、浙江、福建、江西、湖南、湖北、四川、贵州、云南、广西、广东、海南。

喜光。适应性强。具锐钩刺，可作绿篱。种子油制润滑油。根、茎及果药用，性温、味苦涩，无毒，具发表、散寒、活血通络、解毒杀虫之效，治跌打损伤；叶捣碎治烧伤；种子治痢疾、疟疾、乳痈等症。

2. 肥皂荚属 Gymnocladus L.

落叶乔木，无刺。小枝粗壮；无顶芽，腋芽叠生。二回偶数羽状复叶，互生，羽片对生；小叶互生，全缘，基部不对称；托叶小，早落。花单性，雌雄异株、杂性异株或同株，整齐；总状或圆锥花序顶生；花托盘状；萼筒状，4-5 裂；花瓣 4-5；雄蕊 10，分离，长短相间，着生于萼筒口，花药背着，药室纵裂；子房具 2-8 胚珠，花柱短，柱头头状。荚果无柄，肥厚，肉质，2 瓣裂。种子大，扁平，含角质胚乳。

5 种，分布于北美及东亚。我国 3 种，分布东南至西南，引入 1 种。安徽省 1 种。

肥皂荚　　　　　　　　　　　图 207

Gymnocladus chinensis Baill.

落叶乔木，高达 25 米，胸径 1 米；树皮幼时灰色，平滑，老时灰褐色，粗糙，无刺；叶柄下隐芽。幼枝被锈色或白色短柔毛，后渐脱落。羽片 3-6（10）对；小叶 8-12 对，长圆形或披针状长圆形，长 2.5-5 厘米，宽 1-1.5（2）厘米，先端钝圆或微凹，基部歪斜，幼叶被银白色绢毛，老时两面被平伏毛，或下面较密，小叶柄长约 1 毫米；小托叶钻形，宿存。花杂性，与叶同放；总状花序顶生，被短柔毛，总梗长，下垂；苞片小或无；花托深凹，长 5-6 毫米；萼漏斗状圆筒形，具 10 肋，萼片 5，披针形；花冠白色或带淡紫色；花瓣 5，长圆形，稍长于萼片，被硬毛；花丝被柔毛；子房无柄、无毛，具 4 胚珠，花柱粗短，柱头头状。荚果椭圆形，肥厚，长 7-12（14）厘米，径 3-4 厘米，厚约 1.5 厘米，顶端具短喙，暗褐色。种子 2-4，近扁球形，径约 2 厘米，黑色。花期 4-5 月；果期 9-10 月。

产皖南祁门，休宁五城，旌德，泾县，广德，宣城，青阳，安庆，怀宁大龙山；大别山区霍山青枫岭海拔 700 米，金寨，六安，岳西文坳、鹞落坪海拔 1080 米，潜山，舒城；江淮丘陵偶有散生。在淮北涡阳义门镇清真寺内有 1 株元朝所栽，至今已有 700 余年，仍生长良好。分布于江苏、江西、福建、湖南、湖北、陕西、四川、贵州、广东。

较喜光。喜温暖湿润气候及肥沃土壤。

果肥厚，富含皂素，入药可治风湿、便血、肿毒等；种子油为干性油，供工业用；种仁可食。

环孔材至半环孔材，边材浅黄褐色至黄褐色，心材深红褐色，具光泽，纹理直，坚硬，可供家具及农具等用。

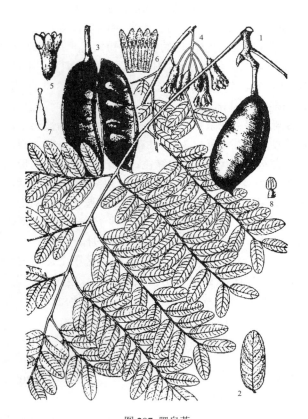

图 207 肥皂荚
1. 果枝；2. 小叶；3. 剖开的果；4. 花序；5. 花；6. 花；7. 雌蕊；8. 雄蕊。

3. 皂荚属 Gleditsia L.

落叶乔木,具单刺或分枝粗硬刺。芽叠生。一回或兼有二回偶数羽状复叶,互生,常簇生于短枝上;小叶偏斜,具锯齿,稀全缘;托叶小,早落。花杂性或单性异株;总状或穗状花序,稀圆锥花序;萼筒钟状,3-5裂;花瓣3-5;雄蕊6-10,离生,花药丁字着生,纵裂;子房具短柄或无,花柱短,柱头顶生。荚果带状,扁平,不裂或迟裂。种子多数,具角质胚乳。

约15种,分布于美洲、中亚、东亚、热带非洲。我国约9种,引入1种。安徽省3种。

1. 荚果斜椭圆形,长3-6厘米;幼枝密被短柔毛;枝刺细短,不分枝或具2-6分枝 …… 1. **野皂荚 G. microphylla**
1. 荚果带状,长5厘米以上;幼枝无毛;分枝刺基部粗圆或扁圆:
　　2. 荚果带状,直或弯,果荚木质 ……………………………………… 2. **皂荚 G. sinensis**
　　2. 荚果镰状,常扭曲,果荚纸质 ……………………………………… 3. **山皂荚 G. japonica**

1. 野皂荚　　　　　　　　图208

Gleditsia microphylla Gordon ex Y. T. Lee

落叶小乔木或灌木,高达4米,具细刺,刺长1.5-5厘米,单1或2-6分枝。幼枝密被短柔毛。一回羽状复叶或兼有二回偶数羽状复叶,具2-4对羽片;小叶5-10(13)对,斜长圆形,长7-25毫米,宽3.5-11毫米,先端钝,基部偏斜,全缘,两面被柔毛,下面较密,后渐脱落。花杂性;总状花序,总梗、序轴被柔毛,花近无梗,簇生;苞片3;两性花径约4毫米;萼4裂,内外面密被短柔毛;花冠白绿色;花瓣4,卵状长圆形,长约2毫米;雄蕊6-8,花丝基部被长柔毛;子房具长柄,无毛。荚果薄革质,斜椭圆形,长3-6厘米,红褐绝,具喙,子房柄长约1.2厘米以上。种子1-3,长圆形,长约1厘米,扁。花期5-6月;果期9月。

产皖南旌德,太平,广德;大别山区霍山,六安,潜山;江淮丘陵滁县皇甫山海拔200米。生于丘陵多石向阳山坡灌丛中或石灰岩山地。分布于河北、山西中条山、河南、山东、陕西。

可作绿篱或四旁绿化、水土保持树种。

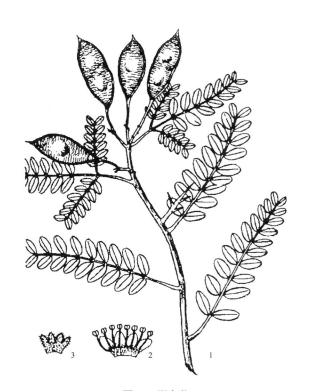

图208 野皂荚
1. 果枝;2. 花瓣展开,示雄蕊;3. 花萼剖展。

2. 皂荚　　　　　　　　图209

Gleditsia sinensis Lam.

落叶乔木,高可达30米,胸径1.2米;树皮暗灰或灰黑色,粗糙;刺粗壮,常分枝,基部粗圆。小枝无毛。一回羽状复叶,幼树及萌芽枝有二回羽状复叶;小叶3-7(9)对,卵形、倒卵形、长圆状卵形或卵状披针形,长2-8厘米,宽1-4厘米,先端钝,具短尖头,基部斜圆形或斜楔形,具细钝锯齿,上面被短柔毛,下面脉明显隆起,小叶柄长1-2(5)毫米,与叶轴被柔毛。花杂性;总状花序,总梗及花梗被柔毛;花冠淡绿色、黄白或白色;雄花径9-10毫米;萼片4;花瓣4;两性花径1-1.2厘米,萼、瓣与雄花相似;雄蕊6-8;子房条形,沿腹缝线被毛,具短柄,柱头浅2裂,胚珠多数。荚果带状,长5-35厘米,弯或直,木质,黑褐色或紫红色,被白色粉霜,子房柄长7毫米以上,果经冬不落。种子多数,长圆形,长约1厘米,扁平,亮棕色。花期4-5月;果期10月。

产皖南黄山温泉、逍遥亭、慈光寺途中沟旁、路旁向阳处,休宁齐云山,绩溪清凉峰海拔600米;大别山区岳西鹞落坪海拔950米，太湖大山乡人形岩海拔250米；江淮丘陵桐城，和县如方山，肥西紫蓬山；淮北凤台刘集乡，砀山城关，太和小杨乡。分布黄河以南，北至河北、山西中条山、西北至陕西、甘肃、东南至贵州、云南、四川、南至福建、广东、广西。农村习见栽培。

喜光。不耐庇荫；深根性；喜深厚湿润肥沃土壤；在石灰岩山地、石灰质土、微酸性土及轻盐碱土上均能长成大树，在干燥瘠薄地生长不良。

种子繁殖，播种前浸水处理或湿沙贮藏催芽；幼苗需防蝼蛄及介壳虫危害。

果富含皂素，可代肥皂洗涤丝绸、毛织品，不损光泽；种子油为高级用油。果荚疹痰、利尿、杀虫；亦为四旁绿化树种。

环孔材。心材边材区别明显，边材黄褐色，具光泽，难干燥，易劈裂，坚硬，难加工，稍耐腐，可作砧板（群众喜用）、建筑、家具用，亦可作桩柱等。

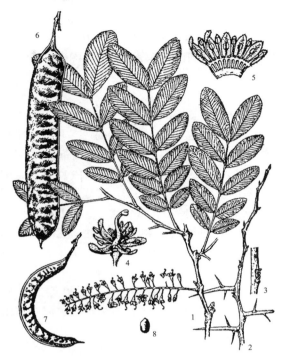

图 209 皂荚
1. 花枝；2. 小枝及枝刺；3. 小枝示叠生芽；4-5. 花及其纵剖；6. 果；7. 果（扭曲的）。

3. 山皂荚

Gleditsia japonica Miq.

落叶乔木，高达25米；树皮灰褐色。小枝紫褐色至灰绿色，无毛；分枝刺粗壮，略扁，紫褐色。一至二回偶数羽状复叶，羽片2-6对；小叶3-10对，卵状长圆形、卵状披针形或长圆形，长2-7厘米，宽1-3厘米，先端钝或微凹，基部宽楔形或圆形，微偏斜，全缘或具波状疏圆齿，上面具光泽，无毛，下面中脉及基部被微柔毛，网脉不明显，小叶柄极短。花单性异株；花序穗状或总状，细长，被短柔毛；雄花序长8-20厘米，雌花序长5-16厘米；雄花径5-6毫米，萼筒外密被褐色短柔毛，萼片3-4，三角状披针形，长约2毫米，花瓣4，椭圆形，长约2毫米，被柔毛，雄蕊6-8；雌花径5-6毫米，萼筒长约2毫米，萼片3-5，花瓣3-5，两面密被柔毛。不育雄蕊4-8，子房无毛，胚珠多数，花柱短，下弯，柱头膨大，2裂。荚果带形，扁平，长20-35厘米，宽2-4厘米，不规则旋扭或弯曲呈镰刀状，先端喙长5-15毫米，果颈长1.5-3.5厘米，果瓣革质，棕色或棕黑色，具光泽。种子多数，深棕色。花期4-6月；果期6-11月。

产皖南黄山，休宁；大别山区霍山诸佛庵桃源河、佛子岭海拔160米，岳西鹞落坪；江淮滁县琅琊山海拔150米；淮北宿县，灵璧。生于向阳山坡或谷地，溪边、路旁也常见栽培。

荚果含皂素，可代肥皂，并可做染料，种子药用；嫩叶可食。木材坚实，心材带粉红色，色泽美丽，纹理粗，可供建筑、器具和支柱等用。

4. 紫荆属 Cercis L.

落叶乔木或灌木。小枝无毛；芽叠生。单叶，互生，全缘，掌状脉；具叶柄；托叶小，早落。花两性；花簇生或呈总状花序；萼钟状，5齿裂；花冠两侧对称；为假蝶形；花瓣5，上部1枚旗瓣和2枚翼瓣较小，下面2枚龙骨瓣较大；雄蕊10，离生，花药背着，药室纵裂；子房具柄，胚珠2-10，花柱线形，柱头头状。荚果扁平，沿腹缝线具窄翅。种子2至多数，胚乳少量。

约11种，分布于南欧、东亚、北美。我国6种，引入1种。安徽省3种，1变型，1栽培型。

1. 荚果无翅，先端长喙状，开裂后果荚扭曲；花8-10朵簇生 ·················· **1. 黄山紫荆 C. chingii**

1. 荚果稍具翅，先端尖，开裂后果荚不扭曲：
　　2. 叶下面近基部被淡褐色簇生毛；花 7-14 朵簇生；荚果暗紫红色 ·················· 2. **巨紫荆 C. gigantea**
　　2. 叶下面无毛；花 5-8 朵簇生；荚果深褐色 ·················· 3. **紫荆 C. chinensis**

1. 黄山紫荆　　　　　　　图 210
Cercis chingii Chun

落叶灌木，高达 6 米；树皮灰褐色，平滑。小枝暗褐或紫褐色，幼时被棕色短柔毛。叶近革质，卵形、圆卵形或肾形，长 3.5-11 厘米，宽 7-10 厘米，先端钝或尖，基部楔形、圆形或心形，稀近平截，下面苍白色，叶脉基部及脉腋被黄褐色柔毛，掌状脉。叶柄长 2-4 厘米。花先叶开放，8-10 朵簇生，花梗长 4-10 毫米；花冠淡紫红色，鲜艳；萼长约 6 毫米。果序长达 1.8 厘米，1-3 果；荚果大刀状，厚革质，长 6-8 厘米，先端长喙状，无翅，黄褐色，干后果荚 2 瓣裂，扭曲。种子 3-8，长 6-8 毫米，着生在黄色海绵状组织中。花期 4 月；果期 10 月。

产皖南黄山云谷寺、桃花峰、皮蓬海拔 800-900 米阔叶林中，歙县清凉峰竹铺，太平。分布于浙江天台山，广东连县龙坪山；南京、杭洲有栽培，生长旺盛。

开花时繁花似锦，鲜艳夺目，为良好观赏树。树皮纤维可制人造棉及代麻用；根皮药用，可活血、消肿、止痛。

2. 巨紫荆 乌桑　　　　　图 211
Cercis gigantea Cheng et Keng f.

落叶乔木，高可达 20 米，胸径 80 余厘米；树皮黑色，平滑，老树具浅纵裂纹。幼枝暗紫绿色至灰黑色，无毛，皮孔淡灰色，2-3 年老枝黑色。叶近圆形，长 5.5-13.5 厘米，宽 5-12.5 厘米，先端短尖，基部心形，下面基部被淡褐色簇生毛，稀无毛；叶柄长 1.8-4.5 厘米。先叶开花，7-14 朵簇生于二年生或以上枝干上，花梗长（7）12-20 毫米；花冠淡红或紫红色，无毛；萼暗紫红色；花瓣长 1.1-1.3 厘米，最内 1 枚花瓣较小，其余 4 枚近相等，具瓣柄；子房具短柄，无毛。荚果条状，长 6.5-14 厘米，径 1.5-2 厘米，先端渐尖，腹缝线具翅，暗紫红色，开裂后，果荚不扭曲。花期 4 月；果期 10-11 月。

产皖南歙县朱家舍海拔 640 米、清凉峰海拔 1050 米；大别山区霍山马家河、茅山，金寨白马寨龙井河海拔 700 米、打抒权海拔 1020 米、东边凹海拔 1050 米，岳西鹞落坪 950 米，舒城万佛山海拔 900 米、徐大坪。生于山谷溪边或路旁。分布于浙江天目山、河南栾川、湖南、湖北、广东、贵州。花、果带紫红色，为优美观赏树种。合肥农大有栽培。

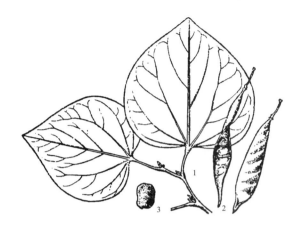

图 210 黄山紫荆
1. 叶枝；2. 果；3. 种子。

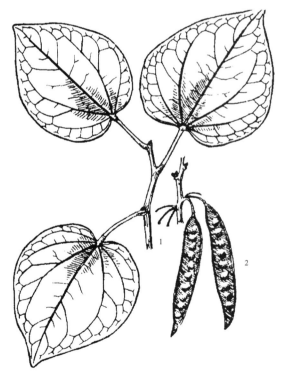

图 211 巨紫荆
1. 叶枝；2. 果枝。

边材白色，心材黄色，坚硬细嫩，纹理直；可供建筑家具用。为珍稀树种。

3.　紫荆 犹大树（教会人士通称）　　　图 212

Cercis chinensis Bge.

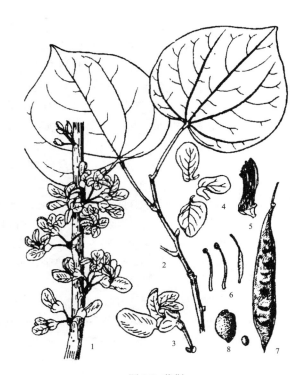

图 212 紫荆
1. 花枝；2. 叶枝；3. 花；4. 花瓣；5. 雄蕊；6. 雄蕊及雌蕊；7. 果；8. 种子。

落叶灌木或小乔木，高达 4 米，通常呈丛生灌木状；树皮灰白色。小枝被柔毛或无毛，皮孔明显。叶纸质，近圆形或三角状圆形，长 6-14 厘米，宽 5-14 厘米，先端骤尖，基部心形，无毛或下面微被毛，叶缘膜质透明；叶柄长 3-5 厘米；托叶长方形，被软毛，早落。先叶开花，5-8 朵簇生于短总梗上，花梗长 6-15 毫米，小苞片 2；花冠紫红色，长 1.4-1.8 厘米；萼红色；龙骨瓣基部被深紫色斑纹；子房深绿色，后期密被短柔毛，荚果薄革质，带状，长 3-10.5 厘米，宽 1.3-1.5 厘米，先端尖而呈短喙状，基部窄长形，沿腹缝线具窄翅，网脉不明显，深褐色，干后果荚不扭曲。种子 2-6，圆扁，径约 4 毫米，花期 4 月；果期 9-10 月。

产皖南黄山温泉、慈光寺、松谷庵，绩溪清凉峰海拔 810 米；大别山区霍山马家河，金寨白马寨东边凹海拔 1015 米、打抒扠、吊桥沟海拔 690-770 米，岳西鹞落坪海拔 1100 米，舒城万佛山。生于杂木林下。现各城市、庭园多有栽培。分布于黄河流域以南，西北至陕西、甘肃、新疆、山西中条山，西至四川、西藏、贵州、云南，南至广东、广西等省均有栽培。

较喜光。喜湿润、肥沃土壤，忌水湿。幼苗移栽易成活；萌芽性强。用种子、压条、扦插繁殖。

树皮、木材、根均可药用，具消肿、活血、解毒之效；花梗为外科疮疡要药；为习见观赏树。

边材淡褐色，心材灰黄色，纹理直，结构细，略坚重，为建筑家具用材。

3a.　短毛紫荆（变型）

Cercis chinensis Bge. f. **pubescens** Wei

灌木，高 2 米。幼枝、叶柄及叶下面脉上均被短柔毛；花纯白色。

产皖南黄山北坡松谷庵。江苏、浙江、湖北、贵州，云南有栽培。

3b.　白花紫荆（栽培型）

Cercis chinensis Bge. cv. **Alba**

花白色。

黄山树木园，合肥市苗圃有栽培。

19. 含羞草科 MIMDSACEAE

常绿或落叶，乔木、灌木、藤木，稀草本。二回羽状复叶，稀一回羽状复叶，互生；小叶全缘，具托叶。花小，两性或杂性，辐射对称；穗状、总状或头状花序，或再排成圆锥花序，苞片脱落；萼管状，5（3-6）齿裂，裂片镊合状排列；花瓣与萼齿同数，镊合状排列，分离或合生成短管；雄蕊 5-10 或多数，分离或合生成单体雄蕊，花药小，2 室纵裂，花丝细长；心皮 1，稀 2-15，子房上位，1 室，胚珠多数，边缘胎座，花柱单一，丝状，柱头小，顶生。荚果，有时具节或横裂。种子具少量胚乳或无，子叶扁平。

约 56 属，2800 种，分布于热带和亚热带地区。我国 9 属，约 63 种，分布西南及东部。安徽省 1 属，2 种。

合欢属 Albizia Durazz.

落叶乔木或灌木。二回偶数羽状复叶，互生，叶总柄具腺体，羽片及小叶对生；小叶近无柄。花两性；头状、聚伞或圆柱状穗状花序，再排成圆锥花序；萼 5 齿裂；花瓣在中部以下合生成漏状状，上部 5 裂；雄蕊多数，花丝细长，基部稍连合；胚珠多数，柱头头状。荚果扁平，略呈厚带状，常不裂。种子间无横隔。

约 150 种，分布于亚洲、非洲、大洋洲热带、亚热带及温带南部。我国约 15 种，引入 2 种。安徽省 2 种。

1. 羽片 2-4 对，稀达 6 对；小叶 5-14（16）对，长圆形，长 1.5-5 厘米，宽 1-1.8 厘米；花冠黄白或粉红色 ········ ·· 1. 山合欢 A. macrophylla

1. 羽片 4-12 对，稀达 20 对；小叶 10-30 对，镰状长圆形，长 6-13 毫米，宽 1.5-4 毫米，花冠淡红色 ······· ··· 2. 合欢 A. julibrissin

1.　山合欢　山槐　青贯（淮南）　　　　　图 213

Albizia macrophylla（Bge.）P. C. Huang［*Albizia kalkora* Prain］

落叶乔木，高达 15 米；树冠开展；树皮灰褐至黑褐色，不裂或浅纵裂。小枝被柔毛，皮孔绛黄色。二回羽状复叶，羽片 2-4（6）对；小叶 5-14（16）对，长圆形，长 1.5-5 厘米，宽 1-1.8 厘米，先端圆或钝，具短尖头，基部近圆形，中脉偏上缘，全缘，两面被灰白色平伏毛，下面较密；总叶柄基部之上具 1 腺体，叶轴顶端具 1 圆形腺体，腺体密被绒毛。头状花序 2 至多数排成伞房状，总梗长 3-5 厘米，被柔毛，花梗长 1.5-3 毫米；萼长管状，长 2-3.5 毫米，密被柔毛，5 齿裂；花冠黄白或粉红色，长 6-7 毫米；花瓣外密被柔毛；雄蕊花丝黄白色，长 2.5-3.5 厘米；子房 1 室，花柱白色。荚果带状，长 7-18 厘米，宽 1.5-2.5（3）厘米，顶端尖，基部长柄状，深棕色。种子 5-13，黄褐色。花期 5-7；果期 9-10 月。

产皖南黄山温泉、人字瀑海拔 530 米、桃花峰、浮溪，歙县清凉峰劳改队；大别山区霍山马家河海拔 1060 米、金寨马宗岭、白马寨海拔 680 米、岳西鹞落坪海拔 1180 米、河图海拔 850 米；江淮滁县皇甫山、琅琊山，淮南八公山，含山太湖山。多生于低山丘陵及平原。在安徽省江淮丘陵大面积灌丛中，多以本种和黄

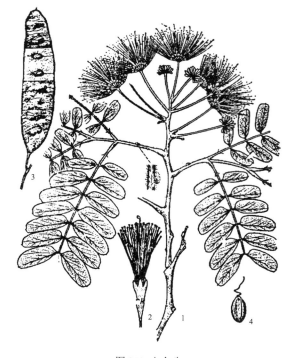

图 213　山合欢
1. 花枝；2. 花；3. 果；4. 种子。

檀为主要组成树种，是当地群众薪炭柴的来源。分布于河北、山西、陕西，西北至甘肃，西南至四川、云南，南至广西、广东、福建，东至台湾。朝鲜、日本也有。

喜光。耐寒、耐干旱瘠薄土壤；速生，为荒山、荒地造林先锋树种。花、根、茎皮药用，可安神。树皮纤维为人造棉和造纸原料。花美丽、为观赏树种。环孔材，结构中等，易干燥开裂；耐水湿；可供家具缝纫机台面及车箱装饰等用。

2.　合欢 绒花树 红贯（淮南）　　　图 214

Albizia julibrissin Durazz.

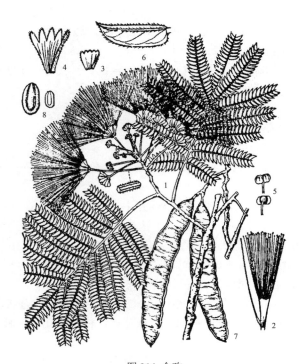

落叶乔木，高达 16 米，胸径 50 厘米；树冠开展；树皮褐灰色，不裂或浅纵裂。小枝褐绿色，具棱，无毛，皮孔黄灰色。二回羽状复叶，羽片 4-12（20）对；小叶 10-30 对，镰状长圆形，长 6-13 毫米，宽 1.5-4 毫米，先端急尖，微内弯，基部平截，中脉近上缘，叶缘及下面中脉被柔毛；总叶柄长约 3.5 厘米，具 1 腺体。头状花序排成伞房状；萼绿色，管状，5 浅裂；花冠淡红色，长 6-10 毫米；花瓣筒状，5 裂；雄蕊多数，花丝长 2.5 厘米，上部粉红色；子房 1 室，花柱白色。荚果带状，长 8-17 厘米，宽 1.5-2.5 厘米，先端尖，基部短柄状，淡黄褐色，不裂。种子椭圆形，褐色。花期 6 月；果期 9-10 月。

产皖南黄山辅村、温泉至慈光寺、茶林场，大平龙源；大别山区霍山佛子岭黄巢寺海拔 800 米，金寨马宗岭、白马寨，岳西鹞落坪海拔 900-1150 米，舒城万佛山；江淮含山昭关海拔 170 米，滁县皇甫山、琅琊山，淮南八公山。为丘陵、平原习见树种。分布于黄河流域以南，北至北京，西北至陕西、甘肃，西至四川、云南，南至广西、广东，东至台湾。朝鲜、日本、印度、越南、缅甸也有分布。

图 214 合欢
1. 花枝；2. 雄蕊及雌蕊；3. 花萼；4. 花冠；5. 雄蕊；6. 小叶；7. 果枝；8. 种子。

喜光。速生；耐干旱气候。树皮煎剂，可利尿、驱虫。茎皮纤维可制人造棉。花可安神。环孔材，心材红褐色，结构细，干燥开裂，耐久用；可供农具、家具、车厢等用。

可作安徽省荒山荒地造林树种；树姿优美，夏季开花艳丽悦目，为城市重要行道树及庭园观赏树种。

20. 蝶形花科 FABACEAE（PAPILIONACEAE）

乔木、灌木或草本，直立或攀援。叶互生；复叶，稀单叶；具托叶，稀无托叶，或刺状。花两性，两侧对称；单生或总状和圆锥花序，稀头状和穗状花序；苞片和小苞片小，稀大型；萼筒状或钟状，5（4）齿裂；花瓣5，稀无花瓣，覆瓦状排列，近轴一片为旗瓣，蕾时位最外面，两片翼瓣位两侧，下面两片龙骨瓣位最内面；或仅有一片旗瓣；雄蕊10（9），连合成单体或两体雄蕊管，也有全部分离，花药2室，纵裂；单雌蕊，子房上位，1室，胚珠1至多数，边缘胎座，花柱单一。荚果开裂或不裂。种子无胚乳或具少量胚乳，种脐显著，子叶2。

约482属，12000种，广布于全世界。我国约108属，1100种，其中木本57属，约450种。安徽省19属，61种，2亚种，6变种，4变型，1栽培型。

1. 雄蕊花丝分离，稀基部合生：
  2. 荚果不为念珠状：
    3. 具顶芽；荚果开裂；种皮深红色或黑褐色 ·············· 1. **红豆树属 Ormosia**
    3. 无顶芽：
      4. 叶柄下裸芽；小叶互生 ·············· 2. **香槐属 Cladrastis**
      4. 鳞芽，芽鳞2；小叶对生 ·············· 3. **马鞍树属 Maackia**
  2. 荚果念珠状，肉质；雄蕊花丝分离或基部合生 ·············· 4. **槐属 Sophora**
1. 雄蕊花丝合生成单体或两体（紫穗槐属，基部合生）：
  5. 花药二型，背着药与基着药互生：
    6. 花丝合生成筒状；总状花序顶生，萼佛焰苞状，花丝筒与花瓣合生；无托叶 ····· 5. **鹰爪豆属 Spartium**
    6. 花丝合生成鞘状，总状花序，稀圆锥花序，腋生或生于二年生老茎上 ············· 15. **油麻藤属 Mucuna**
  5. 花药同型：
    7. 荚果于种子间缢缩或横裂为荚节：
      8. 荚果具2-数荚节，每荚节具1种子，荚果于种子间有关节：
        9. 荚果于种子间稍缢缩或腹缝线平直；雄蕊两体 ·············· 16. **山蚂蝗属 Desmodium**
        9. 荚果背缝线于种子间近全裂（深裂至腹缝线），荚节斜三角形或宽半倒卵形，具子房柄；雄蕊单体 ·············· 17. **长柄山蚂蝗属 Podocarpium**
      8. 荚果具一荚节，仅1种子：
        10. 苞腋具2花，苞片宿存，花梗近顶端无关节 ·············· 18. **胡枝子属 Lespedeza**
        10. 苞腋具1花，苞片早落，花梗近顶端具关节 ·············· 19. **杭子梢属 Cympylotropis**
    7. 荚果于种子间不缢缩，不横裂为荚节：
      11. 羽状复叶小叶互生；荚果扁平不裂；枝叶无丁字型毛 ·············· 9. **黄檀属 Dalbergia**
      11. 羽状复叶小叶对生（槐蓝属小叶互生，但枝叶被丁字型毛），或3小叶复叶：
        12. 小叶下面具透明油点；仅具1旗瓣，无翼瓣和龙骨瓣；种子1 ····· 12. **紫穗槐属 Amorpha**
        12. 小叶无油点：
          13. 植株被丁字型毛；药隔顶端常具腺体或毛；小叶对生或互生 ········· 10. **槐蓝属 Indigofera**
          13. 植株无丁字型毛；药隔顶端无附属物（崖豆藤属具腺体状附属物）：
            14. 雄蕊单体；藤本 ·············· 13. **葛属 Pueraria**
            14. 雄蕊两体：
              15. 花序腋生于老枝节部；荚果具窄翅；奇数羽状复叶；叶柄下芽，托叶刺状 ············· 6. **刺槐属 Robinia**
              15. 花序生于当年生枝上：

16. 花瓣大小不等，旗瓣最大，或龙骨瓣与之等大；3 小叶复叶 ⋯⋯⋯⋯⋯⋯
⋯⋯⋯⋯⋯⋯⋯⋯⋯⋯⋯⋯⋯⋯⋯⋯⋯⋯⋯⋯⋯⋯⋯ **14. 刺桐属 Erythrina**

16. 花瓣近等长；羽状复叶：

    17. 灌木；偶数羽状复叶，叶轴顶端常刺状，托叶脱落，或刺状宿存，无小托叶；
荚果圆筒形或肿胀 ⋯⋯⋯⋯⋯⋯⋯⋯⋯⋯⋯⋯⋯⋯ **11. 锦鸡儿属 Caragana**

    17. 乔木或藤本；奇数羽状复叶：

        18. 具花盘；总状或圆锥花序；叶痕两侧无突起 ⋯⋯⋯ **7. 崖豆藤属 Millettia**

        18. 无花盘；总状花序顶生，下垂；叶痕两侧常有突起⋯⋯ **8. 紫藤属 Wisteria**

1. 红豆树属 **Ormosia** Jacks.

乔木；裸芽，稀鳞芽，具顶芽。叶互生，稀近对生；奇数羽状复叶，稀单叶；小叶对生，全缘；无托叶，稀具小托叶。花两性；总状或圆锥花序；萼钟形，5 齿裂；花冠长于花萼；旗瓣宽圆卵形，翼瓣与龙骨瓣偏斜，具瓣柄；雄蕊 10，花丝分离，花药背着，2 室；子房 1 室，胚珠 1 至多数，花柱线形，柱头偏斜。荚果革质或厚木质，缝线无翅，常 2 瓣裂，花萼宿存。种子无胚乳，子叶肥厚。

约 120 种，分布于热带、亚热带地区。我国约 30 余种，分布华南。星散分布于常绿阔叶林中。安徽省 2 种，其中 1 种自我国南方引入。

木材坚韧，纹理美观，材质优良。

1. 种脐长约 3 毫米；荚果果瓣内壁具横隔膜；小枝、叶下面密被灰黄色绒毛、柔毛；花冠黄白或淡绿色，缘带淡紫色 ⋯⋯⋯⋯⋯⋯⋯⋯⋯⋯⋯⋯⋯⋯⋯⋯⋯⋯⋯⋯⋯⋯⋯⋯ **1. 花榈木 O. henryi**

1. 种脐长 7-8 毫米；荚果内壁无横隔膜；小枝、叶下面疏被毛，后脱落；花冠白色或淡红色⋯⋯ **2. 红豆树 O. hosiei**

1. 花榈木 图 215

Ormosia henryi Prain

常绿乔木，高达 16 米，胸径 40 厘米；树皮灰绿色，不开裂，平滑。小枝密被灰黄色绒毛；裸芽。羽状复叶；小叶 5-9，革质，长圆形，长圆状卵形或长圆状椭圆形，长 4.3-13.5（17）厘米，宽 2.3-6.8 厘米，先端急尖，基部圆形或宽楔形，叶缘微反卷，全缘，上面无毛，下面密被灰黄色柔毛，小叶柄长 4-5 毫米，和叶轴均密被绒毛；无托叶。圆锥花序顶生或总状花序腋生，花序轴、花梗及萼密被灰黄色绒毛，花梗长 7-12 毫米；花径 2 厘米；萼钟形，5 齿裂，裂齿三角状卵形；花冠黄白或淡绿色，边缘带淡紫色；旗瓣近圆形，翼瓣倒卵状长圆形，长约 1.4 厘米，龙骨瓣长约 1.6 厘米；雄蕊 10，不等长，花丝淡绿色，花药淡灰紫色；子房扁，沿腹缝线密被淡褐色长柔毛，胚珠 9-10，花柱线形，柱头偏斜。荚果扁平，长椭圆形，长 7-11 厘米，宽 2-3 厘米，厚革质，干时紫黑色，无毛，顶端喙状，果瓣内壁具横隔膜。种子 2-7，椭圆形，长 8-15 毫米，种脐长 2.5-3 毫米。花期 6-7 月；果期 10-11 月。

产皖南黄山桃花峰脚下、汤口，祁门牯牛降海拔

图 215 花榈木
1. 果枝；2. 种子。

430 米，涪口、景石海拔 200 米，东至木塔；大别山区岳西。生于山坡溪谷两旁阔叶林中。分布浙江、江西、湖南、湖北、广东、四川、贵州、云南。

枝叶药用，能祛风解毒；根皮捣烂，可治跌打损伤及腰痛。

边材淡红褐色，心材新鲜时黄色，后变橘红色至深栗褐色，坚重，结构细，花纹美丽称'花梨木'，为优良家具用材。

2. 红豆树 图216

Ormosia hosiei Hemsl. et Wils.

常绿乔木，高达 30 米，胸径 1 米；树皮幼时绿色，平滑，老时灰色，浅纵裂。小枝幼时被毛，后脱落；裸芽。羽状复叶；小叶 5-7(3-9) 薄革质，卵形、长椭圆状卵形或倒卵形，长 3-10.5 厘米，宽 1.5-5 厘米，先端尖或渐尖，基部楔形或近圆形，无毛，或下面幼时微被柔毛；小叶柄长 2-6 毫米，与叶轴近无毛；无托叶。圆锥花序下垂，花梗长 1.5-2 厘米；花萼钟形，5 浅裂，萼齿三角形，紫绿色，密被黄棕色柔毛；花冠白色或淡红色；旗瓣倒卵形，长 1.8-2 厘米，翼瓣、龙骨瓣均为长椭圆形；雄蕊 10，花药黄色；子房无毛，胚珠 5-6，花柱紫色，线形，弯曲，柱头偏斜。荚果扁平，卵圆形，长 3.3-4.8 厘米，宽 2.3-3.5 厘米，厚革质，顶端具短喙，果颈长 5-8 毫米；果瓣干后栗褐色、无毛，内无横隔膜。种子 1-2，近扁圆形，长 1-1.7 厘米，深红色，种脐白色，长 7-8 毫米。花期 4 月；果期 10-11 月。

安徽省自我国南方引栽，已生长数百年。泾县茂林镇延陵村栽植一株，树高 19 米，胸围 2.4 米，树龄达

图216 红豆树
1. 叶枝；2. 花瓣；3. 花萼；4. 雄蕊及雌蕊；5. 果；6. 种子。

270 余年；在歙县富碣乡富碣村海拔 100 米处栽植的一株，树高 23 米，胸围 1.7 米，树龄达 220 余年，现生长良好。黄山树木园及合肥也有栽培。分布浙江、江苏、福建、江西、湖北、四川、贵州；生于山坡、山谷、河旁、林内。

较耐寒；喜土层深厚、肥沃土壤；萌芽性强，萌芽更新或种子繁殖。有红豆角斑病危害树种；幼苗常遭鼠害。

边材浅黄褐色，心材栗褐色，具光泽，纹理美丽，结构细匀，气干密度 0.758 克 / 立方厘米，干缩小，边材易受虫蛀，不耐腐，心材耐腐朽，易切削，切面光滑，油漆后光亮性好，易胶粘，握钉力强；心材供制高级家具、仪器箱盒、装饰品、高级地板、秤杆、算盘、棋子、烟斗、楼梯扶手等。种子红色或暗红色，可制作念珠。

2. 香槐属 **Cladrastis** Raf.

落叶乔木。叶柄下裸芽，侧芽被毛，2 枚叠生，无顶芽。奇数羽状复叶；小叶互生或近对生，全缘；小托叶有或无。花两性；圆锥花序顶生；苞片和小苞片早落；萼钟形，5 齿裂；花冠白色，稀淡红色；花瓣近等长，旗瓣圆形；雄蕊 10，花丝分离，花药丁字着生；子房线状披针形，1 室，具柄，胚珠多或少数，花柱内弯，柱头小。荚果扁平，两侧具翅或无，边缘明显增厚，迟裂。种皮薄。

约 12 种，分布于东亚、北美。我国 4 种。安徽省 3 种。生长快，材质坚重致密；可提取黄色染料。

1. 荚果两侧具窄翅；小叶两面绿色，小托叶芒状；花序长 10-30 厘米 ······················ 1. **翅荚香槐 C. platycarpa**
1. 荚果两侧无翅；小叶上面深绿色，下面苍白色，无小托叶；花序长达 1.5-30 厘米或长 12-18 厘米：
　　2. 小叶卵状披针形或长圆状披针形，先端渐尖；花长约 14 毫米，子房被疏柔毛 ······· 2. **小花香槐 C. sinensis**
　　2. 小叶长椭圆形或长椭圆状倒卵形，先端渐尖或急尖；花长 1.8-2 厘米，子房密被长柔毛 ······ 3. **香槐 C. wilsonii**

1. 翅荚香槐

图 217

Cladrastis platycarpa(Maxim.)Makino

落叶乔木，高达 16 米，胸径 90 厘米；树皮暗灰色，平滑。小枝无毛。羽状复叶；小叶 7-9（15），互生或近对生，长椭圆形或卵状长圆形，长 5-10 厘米，宽 3-5.5 厘米，先端渐尖，基部近圆形，全缘，两面绿色，上面沿中脉微被柔毛，下面沿中脉被长柔毛，中脉明显隆起；小叶柄长，3-5 毫米，密被灰褐色柔毛；小托叶芒状，无毛。圆锥花序长 10-30 厘米，花序轴和花梗被疏短柔毛，花梗长 3-4 毫米，密被棕色绢毛；萼宽钟状，密被棕色绢毛，萼齿 5；花冠白色，芳香，基部具黄色小点，旗瓣长圆形，长 6 毫米，翼瓣三角状卵形，长约 8 毫米，龙骨瓣卵形；雄蕊 10，分离；子房线形，被淡黄白色疏柔毛，胚珠 5-6，花柱稍弯曲。荚果扁平，长圆形或披针形，长 3-7 厘米，两侧具窄翅，不裂，近无毛。种子 1-4，深褐色。花期 4-6 月；果期 7-10 月。

产皖南绩溪清凉峰永来海拔 800 米，歙县，太平，休宁，祁门；大别山区霍山马家河白马尖海拔 780-1160 米、茅山林场，金寨马宗岭、白马寨打杼沟、马尾股、沙河店、虎形地海拔 700-900 米、燕子河，岳西河图、鹞落坪海拔 900 米，舒城万佛山。生于山谷疏林中和山坡灌木林中。分布江苏、浙江、湖南、广东、广西、贵州、云南。日本也有。

木材材质致密坚重，可作建筑用材、家具、器具等用；也可提取黄色染料。

图 217 翅荚香槐
1. 果枝；2. 果。

2. 小花香槐

Cladrastis sinensis Hemsl.

落叶乔木，高达 20 米。幼枝、叶轴、小叶柄被灰褐色或锈色柔毛。羽状复叶，长达 20 厘米；小叶 9-15，互生或近对生，卵状披针形或长圆状披针形，长 6-10 厘米，宽 2-3.5 厘米，先端渐尖，基部圆形，上面深绿色，下面苍白色，被灰白色柔毛，沿中脉被锈色毛，侧脉 10-15 对，网脉明显；小叶柄长 1-3 毫米；无小托叶。圆锥花序顶生，长 1.5-30 厘米；花长约 14 毫米；花萼钟状，长约 4 毫米，萼齿 5，密被短柔毛；花冠白色或淡黄色，稀粉红色，旗瓣倒卵形或近圆形，长 9-11 毫米，翼瓣箭形，龙骨瓣比翼瓣稍大，基部具一圆耳；雄蕊 10，分离；子房线形，被柔毛，胚珠 6-8。荚果扁平，两侧无翅，长 3-8 厘米，宽 1-1.2 厘米，种子 1-3。种子卵形，褐色，径约 2 毫米。花期 6-8 月；果期 8-10 月。

产大别山金寨，岳西。生于山坡杂木林中。

3. 香槐

图 218

Cladrastis wilsonii Takeda

落叶乔木，高达 16 米，胸径 40 厘米；树皮灰色或黄灰色，平滑。羽状复叶；小叶 7-9（11），纸质，互生，长椭圆形或长椭圆状倒卵形，长 6-10（13）厘米，宽 2-4（6）厘米，先端渐尖，基部稍不对称，幼叶下面沿中脉微被柔毛，老叶上面深绿色，下面苍白色；小叶柄长 4-5 毫米；无小托叶。圆锥花序长 12-18 厘米，花序轴微被褐色柔毛；萼钟形，与花梗密被黄棕色柔毛；花冠白色，长 1.5-2 厘米；旗瓣卵状椭圆形，长 1.4-1.8 厘米，翼瓣箭形，长 1.3-1.5 厘米，龙骨瓣半圆形；雄蕊 10，分离，花药褐色；子房密被长柔毛，无柄，胚珠多数，花柱稍弯。荚果扁平，条形，长 5-8 厘米，宽 8-10 毫米，被粗毛，具喙尖。花期 6-7 月；果期 10 月。

产皖南黄山桃花峰、居士林、青鸾桥、云谷寺、北坡清凉台至松谷庵途中，绩溪六井海拔 700 米，歙县清凉峰劳改队海拔 720 米，祁门牯牛降，青阳九华山；大别山区金寨马宗岭，岳西鹞落坪海拔 1050 米，潜山天柱峰，舒城万佛山小涧冲。生于河沟旁或阔叶林中。分布山西、陕西、河南、浙江、江西、福建、湖北、湖南、广西、四川、贵州、云南。

喜阴湿环境；在舒城万佛山多生于河边、沟谷旁。

根可治关节疼痛，果可炒食，具催吐之效。木材供家具等用。

3. 马鞍树属 Maackia Rupr et Maxim.

落叶乔木或灌木。鳞芽，单生叶腋，无顶芽，奇数羽状复叶；小叶对生或近对生，全缘，小叶柄短；无托叶及小托叶。花两性；总状或圆锥花序顶生，直立；每 1 花具 1 脱落性小苞片；萼钟形，5 齿裂；花冠白色或绿白色；旗瓣反卷，翼瓣基部截形，龙骨瓣背部稍叠生；雄蕊 10，花丝基部连合，花药背着；子房具柄或无，胚珠少数，花柱内弯，柱头顶生。荚果扁平，无翅或沿腹缝线延伸成窄翅，开裂。种子 1-5，种皮薄。

约 12 种，分布于东亚。我国 7 种，分布东北、华北、华东至西部。安徽省 3 种。

1. 小叶 9 以上；荚果椭圆形、条形或卵状长圆形，多少具翅，无果颈；花冠长 9 毫米以下：
 2. 荚果翅宽 2-4 毫米；小叶卵形或椭圆形，9-13；花冠长 9 毫米以下 ……… **1. 马鞍树 M. chinensis**
 2. 荚果翅宽约 1 毫米；小叶卵状披针形或菱状椭圆形，9-11；花冠长约 6 毫米以下 ………………
 …………………… **3. 浙江马鞍树 M. chekiangensis**
1. 小叶 5；荚果镰状条形，无翅，果颈细长，长 5-15 毫米；花冠长 1.7-2 厘米 ………………
 …………………… **2. 光叶马鞍树 M. tenuifolia**

1. 马鞍树 图 219

Maackia hupehensis Talkeda
落叶大乔木，高达 23 米，胸径达 80 厘米；树皮暗灰绿色，平滑。小枝浅灰绿色，幼时及芽被灰白色柔毛。羽状复叶；小叶 9-13，卵形、椭圆形或卵状椭圆形，长 2-6.8 厘米，宽 1.5-2.8 厘米，先端钝，基部宽楔形或近圆形，近对称，全缘，上面近无毛，下面

图 218 香槐
1. 花枝；2. 花萼；3. 旗瓣；4. 翼瓣；5. 龙骨瓣；6. 雄蕊；7. 花药；8. 雌蕊；9. 果；10. 种子。

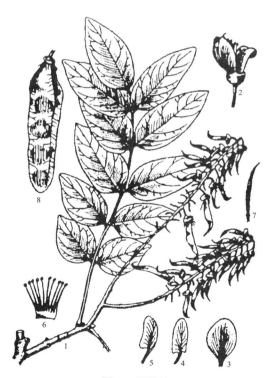

图 219 马鞍树
1. 幼果枝；2. 花；3. 旗瓣；4. 翼瓣；5. 龙骨瓣；6. 雄蕊；7. 雌蕊；8. 果。

疏被柔毛，沿中脉较密，后渐脱落。总状花序长 3.5-8（15）厘米，总梗、花梗及萼密被淡黄褐或锈褐色柔毛，花梗长 2-4 毫米；苞片钻形；萼钟状，长约 4 毫米，5 齿裂；花冠白色；旗瓣圆形，长约 6 毫米，龙骨瓣长约 9 毫米；子房近无柄，密被白色长柔毛。荚果椭圆形或条形，长 4.5-9 厘米，宽约 2 厘米，翅宽 2-4 毫米，褐色，果梗与果序均密被淡褐色柔毛。种子 1-6。花期 6-7 月；果期 9-10 月。

产皖南黄山云谷寺海拔 950 米、桃花峰、狮子林、白鹅岭、松谷庵沟谷林缘，绩溪清凉峰海拔 1120 米；大别山区霍山佛子岭黄巢寺、马家河海拔 930-1082 米，岳西鹞落坪海拔 1000 米以下，潜山彭河乡板仓海拔 900 米。分布陕西、江苏、浙江、江西、河南、湖北、湖南、四川。

幼叶银白色，可栽培供观赏。

2. 光叶马鞍树 图 220

Maackia tenuifolia（Hemsl.）Hand. -Mzt.

落叶灌木或小乔木，高 2-7 米；树皮灰色。幼枝被浅褐黄色柔毛，后渐脱落。羽状复叶；小叶 5（3-7），近无叶柄；顶生小叶倒卵形或菱形，长约 10 厘米，宽约 6 厘米，先端渐尖或急尖，侧生小叶对生，椭圆形或长椭圆形，长 4-9.5 厘米，宽 2-4.5 厘米，先端渐尖或短渐尖，基部楔形、宽楔形或稍圆形，下面中脉被长柔毛；几无小叶柄。总状花序长达 10 厘米，花梗长 8-12 毫米，纤细；萼近杯形，长 8 毫米，具不明显 4 钝齿；花冠绿白色，长 1.7-2 厘米；旗瓣近圆形，翼瓣和龙骨瓣具长爪；子房被长柔毛，长 1.2 厘米，具柄，花柱长约 1 毫米。荚果镰状条形，长 5-10 厘米，宽约 1 厘米，无翅，褐色，密被柔毛，果颈长 5-15 毫米；果梗长约 1 厘米。种子肾形，淡红色。花期 4-5 月；果期 8-9 月。

产皖南祁门牯牛降海拔 480 米，泾县小溪；大别山区岳西鹞落坪，潜山天柱山海拔 400 米、驼岭，舒城万佛山海拔 800 米溪边杂木林中；江淮地区肥西紫蓬山，庐江冶山。分布江苏、浙江、江西、河南、湖北。

木材淡灰黄色，供制普通家具。

图 220 光叶马鞍树
1. 花枝；2. 花萼；3. 旗瓣；4. 翼瓣；5. 龙骨瓣；6. 雄蕊；7. 花药；8. 果；9. 种子。

3. 浙江马鞍树

Maackia chekiangensis Chien

落叶灌木，高 1-1.5 米。幼枝疏被柔毛，后渐脱落。羽状复叶；小叶 9-11，对生或近对生，卵状披针形或菱状椭圆形，长 2.5-6.3 厘米，宽 1.1-2.1 厘米，先端急尖或渐尖，基部楔形，全缘，上面无毛，下面被疏柔毛或脱落；小叶柄长 1-2 毫米。总状花序长达 16 厘米，3 序集生枝顶，花梗长 2-4 毫米，与花序轴及花萼均密被柔毛；苞片钻形；萼钟形，5 齿裂；花冠白色；旗瓣长圆形，长约 5 毫米，顶端微缺，具爪；翼瓣长圆形，具爪，龙骨瓣长约 6 毫米；雄蕊花丝基部连合；子房长圆形，具短柄，密被锈褐色柔毛。荚果椭圆形或卵状长圆形，长 2.5-4 厘米，宽 1.1-1.3 厘米，先端短喙状，无果颈，腹缝具窄翅，微被柔毛。花期 6 月；果期 9 月。

产皖南黄山，歙县清凉峰，青阳九华山；大别山区霍山马家河、佛子岭黄巢寺海拔 930 米，金寨白马寨鸡心石海拔 1100 米，岳西妙道山，潜山彭河乡海拔 850 米。生于疏林中或林缘灌丛中。浙江、江西也有分布。

4. 槐属 Sophora L.

落叶或常绿，灌木、乔木，稀草本。芽小，芽鳞不明显。奇数羽状复叶；小叶对生或近对生，全缘；托叶小。

花两性；总状或圆锥花序；苞片小，常无小苞片；萼宽钟状，5 齿裂；旗瓣形态多变，翼瓣单侧生或双侧生，龙骨瓣与翼瓣相似；雄蕊 10，分离，或基部稍合生，花药丁字着生；子房多具柄，胚珠多数，花柱无毛，柱头棒状或点状。荚果念珠状，果皮肉质、革质或壳质，有时具刺。种子 1 至多数，子叶肥厚。

约 50 种，分布于东亚、北美。我国 16 种。安徽省 3 种，1 变种，1 变型，1 栽培型。

1. 圆锥花序顶生；叶柄基部膨大，包裹芽；荚果念珠状，果皮肉质，不开裂；种子卵球形、卵形：
  2. 子房与雄蕊近等长；荚果较细，连续的念珠状；种子相互靠近，卵球形 ·················· 1. **槐树 S. japonica**
  2. 子房明显短于雄蕊；荚果较粗，疏念珠状；种子相互疏离，卵形，两端稍压扁 ······ 2. **短蕊槐 S. brachygyna**
1. 总状花序顶生；叶柄基部不膨大，芽外露；荚果念珠状不明显，稍四棱形，熟后开裂成 4 瓣；种子长卵形 ···
  ·· 3. **苦参 S. flavescens**

1. 槐树 图 221

Sophora japonica L.

落叶乔木，高达 25 米，胸径 1.5 米；树皮灰褐色，粗糙，纵裂；无顶芽，侧芽为叶柄下芽，青紫色，被毛。小枝绿色，无毛，皮孔明显，淡黄色。羽状复叶；小叶 7-17，对生或近互生，纸质，卵形、长圆形或披针状卵圆形，长 2.5-6 厘米，宽 1.5-3 厘米，先端尖，基部圆或宽楔形，下面苍白色，被平伏毛；叶柄短；托叶钻状，早落。圆锥花序顶生，长达 30 厘米，花梗短于萼；小苞片 2；萼浅钟状，裂齿近等大，被短柔毛；花冠白色至淡黄色，长 1-1.5 厘米；旗瓣近圆形，长约 1.1 厘米，翼瓣卵状长圆形，龙骨瓣与翼瓣等长，约 1 厘米；雄蕊 10，近分离，宿存；子房近无毛。荚果念珠状，长 2.5-8 厘米，种子间缢缩，果皮肉质，不裂。种子 1-6，卵球形，淡黄绿色，干后黑褐色。花期 7-8 月；果期 8-10 月。

产皖南黄山温泉至慈光寺，祁门，绩溪清凉峰栈岭湾海拔 600 米、银龙岛海拔 700 米；大别山区霍山桃源河，岳西鹞落坪；淮北萧县梅村乡，泗县马厂乡，濉溪沈圩乡，宿县大店乡，涡阳龙山等均有古槐树，树龄有的达 1300 年。安徽省南北各地广泛栽植，历史悠久。分布南北各省区，以华北和黄土高原地区尤为多见，在山西中条山阳城、沁水、绛县等地的庙宇古刹千年以上古老大槐树很多，枝叶繁茂经久不衰。

图 221 槐树
1. 果枝；2. 花序；3. 去花瓣之花；4. 旗瓣腹面；5. 旗瓣背面，示爪；6. 翼瓣；7. 龙骨瓣；8. 种子。

适应较干冷气候；幼年稍耐阴，成长后喜光。喜深厚湿润、肥沃、排水良好沙壤土、中性土、石灰性土及轻盐碱土，均能生长。深根性，抗风力强，对二氧化硫、氯气、烟尘等抗性较强。生长较快、寿命长。

用种子育苗繁殖，萌芽性强可无性繁殖。老树多有心腐病及南方湿热天气多有星天牛危害。

木材具光泽，纹理直，结构较粗，不均匀，富弹性，耐腐性强，耐水湿，可供建筑桥樑、家具及小型器具用。

树冠优美，花芳香，是行道树和优良的蜜源植物。花和荚果入药，具清凉收敛、止血降压作用；叶和根皮清热解毒，可治疮毒。

1a. 龙爪槐（栽培型）

Sophora japonica L. cv. **Pendula**

枝条下垂，并向不同方向弯曲盘曲，形似龙爪，极为独特美观。各地庭园广泛栽培。

1b. 五月槐 （变型）

Sophora japonica L. f. **oligophylla** Franch.

本变型小叶 3-5，集生于叶轴顶端，或仅为掌状分裂，下面疏被长柔毛。合肥行道树曾经栽培过，生长良好，颇为新颖奇特。

2. 短蕊槐

Sophora brachygyna C. Y. Ma

乔木，高达 20 米以上；树皮灰褐色。小枝绿色，具灰白色皮孔。羽状复叶长达 20 厘米，叶柄基部明显膨大，鞘内藏芽，托叶早落；小叶 8-14，卵状披针形或卵状长圆形，长 2.5-4(6) 厘米，宽 1.5-2(2.5) 厘米，先端渐尖，有时具芒尖，基部钝圆，稍歪斜，下面灰白色，近无毛，小叶柄长约 3 毫米；有时被散生柔毛；小托叶钻状。圆锥花序长达 25 厘米，花梗短于萼；小苞片脱落；萼钟状，长约 4 毫米，萼齿不明显，被灰白色绒毛；花冠白色或淡黄色；旗瓣近圆形，长 1.3 厘米；翼瓣长圆形，长约 1.1 厘米；雄蕊 10，近离生；子房短于雄蕊，疏被白色柔毛，花柱弯曲。荚果念珠状，粗壮，长 4-6 厘米，径约 1.5 厘米，种子间急骤缢缩，种子相互疏离，果皮肉质，不裂，果颈长 1-2 厘米，顶端骤狭成喙。花期 8-11 月；果期 10- 翌年元月。

产大别山区金寨后畈至白马寨林场海拔 300 米。生于山坡路旁林中。分布浙江、江西、湖南、广西、江苏。

3. 苦参 　　　　　　　　　　　图 222

Sophora flavescens Ait.

落叶亚灌木，高约 1 米，稀达 2 米；茎具棱，幼时疏被柔毛。羽状复叶，长达 25 厘米，托叶披针状线形；小叶 9-21，椭圆形、椭圆状披针形或条状披针形，长 3-4 (6) 厘米，宽 1.2-2 厘米，先端尖或钝，基部圆形或楔形，全缘或波状，下面疏被柔毛；叶轴被柔毛。总状花序顶生，长 15-30 厘米，花梗细弱，长 5-10 毫米；苞片线形；萼钟状，长约 6 毫米，偏斜，萼齿不明显；花冠黄白、黄色或粉红色；旗瓣匙形，长约 1.5 厘米，翼瓣无耳；雄蕊 10，基部 1/4 合生，子房近无柄，被淡黄白色柔毛，胚珠多数，花柱稍弯曲。荚果圆筒形，长 5-11 厘米，微具棱，种子间缢缩，疏被短柔毛，呈不明显念珠状。种子长圆形，长约 6.5 毫米，褐色。花期 6 月；果期 8-10 月。

产皖南黄山温泉至慈光寺、半山寺；大别山区霍山诸佛庵，金寨马宗岭、白马寨虎形地至天堂寨海拔 1380 米，岳西妙堂山海拔 1000 米、美丽乡鹞落坪海拔 950 米、潜山彭河乡海拔 800 米；江淮丘陵滁县琅琊山、皇甫山，海拔 260 米。分布黑龙江、内蒙古，东至台湾，西至青海，西南至四川、贵州、云南。

图 222 苦参
1. 花枝；2. 果枝；3. 去花瓣后的花，示花萼及雄蕊；4. 花冠角剖；5. 根。

喜光。耐干旱瘠薄；在山西中条山多生于沙地、河岸石砾处，溪边、向阳山坡草丛中。

根含苦参碱和金雀花碱，可入药，具清热利湿、抗菌消炎、健胃驱虫之效，亦可治神经衰弱、消化不良及便秘等症；种子制农药，茎皮纤维制麻袋。

在皖南黄山慈光阁后方荒地上及半山寺，偶见。

3a. 红花苦参 （变种）

Sophora flavescens Ait. var. **galegoides** DC.

花冠紫红色，有栽培观赏价值。

5. 鹰爪豆属 Spartium L.

落叶灌木。无顶芽。单叶，疏生，全缘，或茎上无叶；无托叶。花两性；总状花序顶生；萼佛焰苞状，单唇形，具 5 小齿；旗瓣大，倒卵形，反曲，翼瓣较短，龙骨瓣内曲，先端渐尖；雄蕊 10，单体，花药二型，5 长 5 短，短者背着药与长者基着药互生，花丝筒与花瓣合生；子房无柄，胚珠多数，花柱内弯，无毛，柱头面侧生。荚果条形，扁平，开裂。种子基部具硬质附属物。

1 种，原产南欧地中海。我国引入栽培。安徽省引栽。

鹰爪豆 图 223

Spartium junceum L.

落叶灌木，高达 3.5 米。小枝细长，绿色，具纵棱。叶稀少，或无叶；无托叶；叶倒披针形或条形，长 1-2.5 厘米，宽 3.5-5 毫米，先端钝，基部窄楔形，全缘，被柔毛或近无毛，上面中脉凹下；叶柄细，长 3-4 毫米。花长 1.5-2.5 厘米；萼及花冠鲜黄色，芳香。荚果长 5-6 厘米，径 5-6 毫米，两边较厚，黑褐色，被柔毛；果梗长约 6 毫米。种子 10 多粒，红褐色。花期 5-6 月或较长达 9 月。

安徽省各城市园林时有栽培。陕西、河南、江苏、浙江、上海也有栽培。种子繁殖或分蘖繁殖。

花期较长，花色艳丽，供观赏。茎皮可做纤维原料。

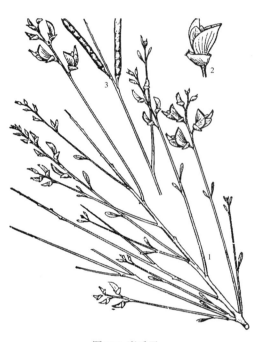

图 223 鹰爪豆
1. 花枝；2. 花；3. 果枝。

6. 刺槐属 Robinia L.

落叶乔木或灌木。叶柄下包芽。叶互生，奇数羽状复叶，托叶刚毛状或刺状；小叶对生，全缘，具小叶柄及小托叶。花两性；总状花序下垂；苞片早落；萼钟状，5 齿裂，上方 2 齿近连合，稍二唇形；花冠多色；花瓣具柄，旗瓣反折，翼瓣弯曲，龙骨瓣内弯；雄蕊两体，1 枚分离，9 枚连合，花药同型，2 室，纵裂；子房室具柄，胚珠多数，花柱钻状，顶端被毛，柱头顶生。荚果扁平，沿腹缝线具窄翅。种子无种阜。

约 20 种，分布于北美及墨西哥。我国引入 3 种。安徽省引入 2 种，2 变型。

1. 小枝、花序轴、花梗被平伏细柔毛至无毛；具托叶刺；小叶长椭圆形；花冠白色；荚果平滑 ·········
··· 1. **刺槐 R. pseudoacacia**
1. 小枝、花序轴、花梗密被红色刺毛及腺毛；无托叶刺；小叶宽长圆形或近圆形；花冠玫瑰红色或淡紫色；荚果被红色硬腺毛 ··· 2. **毛刺槐 R. hispida**

1. 刺槐 图 224

Robinia pseudoacacia L.

落叶乔木，高达 25 米，胸径 1 米；树皮褐色，深纵裂。幼枝稍被毛，后脱落；托叶刺长达 2 厘米；冬芽被毛。羽状复叶，小叶 7-19，对生，卵形或长圆形，长 2-5 厘米，宽 1.5-2.2 厘米，先端圆或微凹，具芒尖，基部圆形或宽楔形，全缘，下面灰绿色，幼时被短柔毛或无毛；小叶柄长 1-3 毫米；小托叶针芒状。总状花序，下垂，花芳香，花梗长 7-8 毫米；苞片早落；萼斜钟状，萼齿 5，密被毛；花冠白色，旗瓣近圆形，长 1.6 厘米，内具黄斑，反折，翼瓣斜倒卵形，与旗瓣等长，龙骨瓣镰状三角形，与翼瓣几等长；雄蕊两体，长 1.2 厘米，无毛；花柱上弯，柱头顶生。荚果扁平，条状长圆形，长 5-12 厘米，平滑，果颈短，腹缝具窄翅，萼宿存。种子 3-10，褐色至黑褐色，种脐偏于一端。花期 4-6 月；果期 8-9 月。

原产美国东部。现全国各地广泛引种栽培。

耐干旱瘠薄；在石灰性、酸性、中性、轻盐碱土上均能生长。速生，在湿润排水良好的低山丘陵、河滩渠道边，生长最快。喜光。不耐蔽荫；浅根系，侧根发达；萌芽性强，为良好防风、固砂保土、改良土壤和四旁绿化树种，也是重要速生用材树种，但寿命较短。

树叶可做饲料及绿肥。花群众取来食用，根、叶、茎皮药用，可利尿、止血。木材坚重，纹理直，结构中，抗腐耐磨，宜作枕木、车辆、建筑、矿柱等多种用材，又是薪炭林树种及优良的蜜源植物。

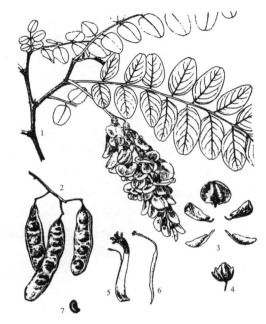

图 224 刺槐
1. 花枝；2. 部分果序；3. 花冠，示旗瓣、翼瓣、龙骨瓣；4. 花萼；5. 雄蕊；6. 雌蕊；7. 种子。

1a. 红花刺槐 （变型）

Robinia pseudoacacia L. f. **decaisneana**（Carr.）Voss

花冠粉红色。

原产北美。安徽省各地公园、花房时有栽培。

1b. 无刺槐 （变型）

Robinia pseudoacacia L. f. **inermis**（Mirbel）Rehd.

植株无刺；树形美观。扦插繁殖。原产北美。安徽省合肥、淮南市及淮北各地林场、苗圃时有培育。

2. 毛刺槐

Robinia hispida L.

落叶灌木，高达 3 米。幼枝密被紫红色硬腺毛及白色曲柔毛，老枝密被褐色刚毛。羽状复叶叶轴被刚毛及白色短曲柔毛；小叶 7-13，近圆形或宽长圆形，长 1.8-5 厘米，宽 1.5-3.5 厘米，先端钝或具短突尖，无毛，下面灰绿色；小叶柄被白色柔毛；小托叶芒状，宿存。总状花序；除花冠外均被紫红色腺毛和白色细柔毛，花冠玫瑰红色或淡紫色；萼紫红色。荚果扁平线形，长 5-8 厘米，被红色硬腺毛，果颈短。很少结果。

原产北美。我国少量引种。安徽省合肥及芜湖有引栽。

花大色美，供观赏。

7. 崖豆藤属 Millettia Wight et Arn.

落叶，藤本、攀援灌木或乔木。叶互生，奇数羽状复叶，稀 3 小叶或单小叶，具托叶或小托叶；小叶常对生，全缘。花两性；总状或圆锥花序，花单生或簇生分枝上；小苞片 2，贴萼生或生花梗中上部；萼宽钟状，萼 4-5 齿裂，花冠多色；旗瓣多反折，翼瓣较小，龙骨瓣前缘多少粘合而稍膨大，瓣柄较长；雄蕊两体，（9+1），花药同型，瓣裂，背着，花丝顶端不膨大；具花盘，或不发达；子房线形，胚珠 4-10，花柱基部常被毛，柱头顶生。荚果扁平或肿胀，开裂或迟裂，子房柄有时伸长成果颈。种子 2 至多数，珠柄肉质而膨大。

约 150 种，分布于热带和亚热带地区。我国 30 余种，分布南方。安徽省 5 种。

1. 旗瓣无毛：
　　2. 圆锥花序顶生：
　　　　3. 花冠淡绿色；小叶 5-7，长圆形 ·················· 1. 绿花崖豆藤 M. championii
　　　　3. 花冠深红色或暗紫色；小叶 7-9，长椭圆形 ·················· 2. 鸡血藤 M. reticulata
　　2. 总状花序腋生，花冠白色；小叶 7-9 ·················· 3. 江西崖豆藤 M. kiangsiensis
1. 旗瓣外面被褐色或黄褐色柔毛；小叶 5：
　　4. 小枝无毛或疏被毛；萼密被锈色柔毛，花冠紫色 ·················· 4. 香花崖豆藤 M. dielsiana
　　4. 小枝密被黄褐色绒毛；萼被黄褐色柔毛，花冠红色带白，具多数条纹 ········ 5. 密花崖豆藤 M. congestiflora

1. 绿花崖豆藤　　　　　　　图 225

Millettia championii Benth.

攀援灌木。羽状复叶；小叶 5-7，卵形或长圆形，长 3-8 厘米，先端渐钝尖或短尾状，基部圆，无毛，小托叶钻形。圆锥花序顶生，长约 15 厘米，花单生于花序分枝节上，花梗被毛；萼近无毛；花冠淡绿色；旗瓣无毛，基部具胼胝；雄蕊单体；具花盘；子房具柄。荚果条形，长 6-12 厘米，无毛，干后黑色。种子 2-3，扁圆形。花期 7 月；果期 8 月。

安徽省南部有产，标本无具体采集地。分布于福建、浙江、江西、广东、广西、云南、贵州。多生于灌丛中。

茎皮含纤维约 37.6%，可供人造棉、造纸及编制原料。

2. 鸡血藤　　　　　　　图 226

Millettia reticulata Benth.

落叶攀援灌木。小枝具细棱，幼时被黄褐色细柔毛。羽状复叶，叶柄长 2-5 厘米，无毛，托叶锥刺形，基部向下突起成一对短而硬的距，宿存；小叶 7-9，长椭圆形或卵形，长 5-6(8) 厘米，宽 1.5-4 厘米，先端钝尖，微凹，基部圆形，全缘，干后黑褐色，近无

图 225 绿花崖豆藤
1. 花枝；2. 果枝；3. 花；4. 花萼、雄蕊及雌蕊；5-7. 花瓣。

毛，两面网脉微隆起，小叶柄长 1-2 毫米，被柔毛，小托叶针刺状，宿存。圆锥花序，长 10-20 厘米，总梗及花梗疏被毛或无毛；苞片早落，小苞片与萼贴生；萼宽钟状或杯状，萼齿钝圆；花冠深红或暗紫色；花瓣长 1.3-1.5 厘米，旗瓣柄短，翼瓣和龙骨瓣，直；雄蕊两体，对旗瓣的 1 枚分离；花盘筒状；子房线形，无毛，花柱上弯。荚果长条形，长约 7-16 厘米，宽 1-1.5 厘米，木质，扁平，瓣裂，紫黑色。种子 3-7，扁圆形。花期 5-8 月；果期 10-11 月。

产皖南黄山汤口、桃花峰海拔 600 米，祁门牯牛降赤岭海拔 400 米，太平龙源、焦村、歙县、休宁、泾县、贵池；大别山区霍山，岳西鹞落坪，太湖罗汉乡海拔 250 米。生于低海拔溪边、林缘或灌丛中。分布于浙江、江苏、福建、江西、湖北、湖南、广西、四川、贵州、云南。

根和种子含鱼藤酮及拟鱼藤酮，可作杀虫药。茎皮纤维可供编制用。藤和根药用，活血强筋骨、兽医用老

茎治牛软脚病、鼓胀病及斑麻症。

本种已广泛植于庭园，用作棚架植物，作观赏树种。

3. 江西崖豆藤

Millettia kiangsiensis Z. Wei

藤本；茎细柔，密被细小皮孔。羽状复叶，叶柄长 2-3 厘米，托叶丝状细尖，基部几无明显距状突起；小叶 7-9，卵形，长 3-5(6)厘米，宽 1-2.5 厘米，先端锐尖，基部圆形，全缘，无毛，网脉不明显，小叶柄长约 2 毫米，小托叶针刺状。总状花序长 8-12 厘米，花单生于花序轴节上，花梗长 2-3 毫米，微被毛；苞片和小苞片卵状披针形；花长 1.2-1.5 厘米；萼钟状，长约 4 毫米，萼齿三角形，短于萼筒；花冠白色，先端红色；旗瓣长圆形，长约 1.4 厘米，几无瓣柄，翼瓣和龙骨瓣直，长圆形，基部具 1 耳；雄蕊两体，对旗瓣的 1 枚分离；花盘筒状；子房线形，无毛，具柄，花柱短，上弯。荚果长条形，长约 10 厘米，宽约 1.2 厘米，扁平，顶端具钩状短喙，基部具短颈，黑色，具皱脉纹。种子 5-9，凸镜形。花期 6-8 月；果期 9-10 月。

产皖南黄山，歙县，太平，海拔 200-600 米，休宁流口。生于旷野和向阳的灌丛中。分布于浙江、江西、福建、湖北、湖南。

4. 香花崖豆藤　　　图 227

Millettia dielsiana Harms et Diels

攀援灌木，长达 5 米；茎皮剥裂。小枝无毛或疏被毛。羽状复叶，叶柄长 5-12 厘米，叶轴具沟，近无毛，托叶线形；小叶 5，椭圆形、窄椭圆形、披针形或窄卵形，长 5-15 厘米，宽 1.5-6 厘米，先端急尖或渐尖，基部钝圆，稀心形，全缘，上面具光泽，下面被平状柔毛或无毛，网脉明显，小叶柄长 2-3 毫米，小托叶锥刺状。圆锥花序长达 40 厘米，着生花的分枝较细，伸展，长 6-15 厘米，花序轴、花梗被褐色柔毛；花单生花序轴节上；苞片线形，宿存，小苞片贴萼生，早落；花长 1.2-2.4 厘米，花梗长约 5 毫米；萼宽钟状，长 3-5 毫米，被锈色柔毛，萼齿上方 2 齿几全连合；花冠紫色；旗瓣宽卵形，密被锈色或银色绢毛，瓣柄短，翼瓣下侧有耳，龙骨瓣镰形；雄蕊两体，对旗瓣的 1 枚分离；花盘浅皿状；子房线形，无柄，密被绒毛，花柱卷曲。荚果条形，长 5.5-12 厘米，近木质，密被灰色绒毛，瓣裂。种子 4-5，透镜形。花期 5-6 月；果期

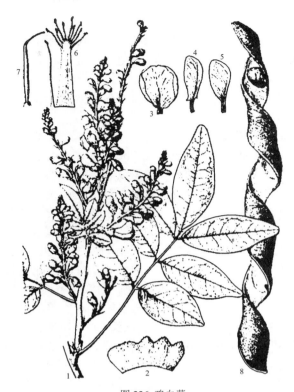

图 226 鸡血藤
1. 花枝；2. 花萼；3. 旗瓣；4. 翼瓣；5. 龙骨瓣；6. 雄蕊；7. 雌蕊；8. 果开裂示种子。

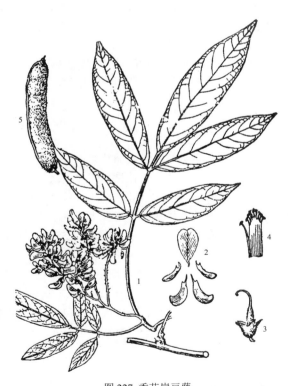

图 227 香花崖豆藤
1. 花枝；2. 花瓣；3. 花萼及雌蕊；4. 雄蕊；5. 果（姚庆渭仿浙江天目山药用植物志）本志引用。

10–11 月。

产皖南黄山汤口、桃花峰脚下，旌德，祁门，休宁，歙县清凉峰生于山坡灌丛中，谷地、溪沟边。分布于陕西、甘肃、浙江、江西、福建、湖北、湖南、广东、海南、广西、四川、贵州、云南，海拔 2500 米以下。越南、老挝也有。

花芳香。茎皮纤维拉力强，可制绳索或造纸。根药用，舒筋活血。

5. 密花崖豆藤 图 228

Millettia congestiflora T. Chen

攀援灌木。小枝密被黄褐色绒毛，旋即脱落，具棱。羽状复叶，叶柄长 4.5–8.5 厘米，被柔毛或无毛，叶轴长 4.5–7 厘米，具浅沟，托叶披针形；小叶 5，宽椭圆形或卵状椭圆形，长 11–13 厘米，宽 6–8 厘米，先端钝尖，基部宽楔形或钝圆，上面疏被柔毛或近无毛，下面疏被柔毛，脉上较密，侧脉 6–7 对，小叶柄长约 3 毫米，被柔毛，小托叶钻形。圆锥花序长 10–16 厘米，分枝粗壮密集，花序轴密被黄褐色柔毛，花单生于花序轴的节上，密集，花长 1.6–2 厘米，花梗长约 3 毫米；苞片、小苞片早落，萼钟状，密被黄褐色柔毛，萼齿短于萼筒；花冠红色带白，具多数条纹；旗瓣宽卵形，密被黄褐色柔毛，基部具耳，翼瓣长圆形，龙骨瓣短镰形；雄蕊两体；花盘环状；子房具短柄，线形，密被毛，花柱上弯。荚果长条形，长达 13 厘米，宽 2.5 厘米，密被灰白色柔毛，顶端具伸长的钩喙，基部渐窄。种子 3–6,间稍缢缩。花期 6–8 月；果期 9–10 月。

图 228 密花崖豆藤（花枝）

产皖南休宁海拔 500–1200 米的疏林内或林缘，常攀援于树上。分布于江西、湖北、湖南、广东、四川。喜光。

8. 紫藤属 Wisteria Nutt.

落叶大藤本。芽鳞 3。奇数羽状复叶，互生，托叶早落，叶痕两侧常有突起；小叶对生，全缘，具小托叶。花两性；总状花序，下垂，具花梗；苞片早落，无小苞片；萼 5 齿裂，上方 2 齿短，大部连合，下方 1 齿较长；花艳丽，芳香；旗瓣及翼瓣基部具 2 胼胝；龙骨瓣内弯；雄蕊两体（9+1），花药同型；花盘明显被密腺环；子房具柄，胚珠多数，花柱无毛，柱头小。荚果长条形，迟裂。种子间缢缩，种子无种阜。

约 9 种，分布于北美、东亚。我国约 5 种，引入 2 种。安徽省 2 种，1 变型。

1. 奇数羽状复叶小叶 7–13；总状花序发自去年生短枝上的腋芽或顶芽，长 15–30 厘米；花冠紫色或紫堇色 ······
   ·· 1. **紫藤 W. sinensis**
1. 奇数羽状复叶小叶 13–19；总状花序发自当年生枝的枝顶，长 20–50 厘米；花冠堇色或堇蓝色 ··············
   ··· 2. **多花紫藤 W. floribunda**

1. 紫藤 图 229

Wisteria sinensis（Sims）Sweet

落叶大藤本；茎左旋转。小枝被柔毛；冬芽卵形。羽状复叶，托叶线形，早落；小叶 7–13，卵形、长圆形或卵状披针形，长 5-8，宽 2-4 厘米，先端渐尖，基部圆形或宽楔形，幼时两面密被平伏柔毛，老叶近无毛，小叶柄长 3-4 毫米，小托叶刺毛状，宿存。总状花序发自去年生短枝上的腋芽或顶芽，长 15-30 厘米，花梗长 1.5-2.5 厘米，花序轴、花梗及萼均被白色柔毛；花冠紫色或紫堇色，长约 2.5 厘米；旗瓣圆形，翼瓣长圆形，龙骨瓣宽镰形，短于翼瓣；子房线形密被绒毛，花柱上弯，无毛。荚果倒披针形，长 10-15 厘米，宽 1.5-2 厘米，具喙，木质，瓣裂。种子 1-5，褐色。花期 4-5 月；果期 9-10 月。

产皖南黄山汤口至居士林、桃花峰脚下，歙县清凉峰海拔 450 米，太平，泾县，铜陵金榔乡，桐城，繁昌，南陵，广德，郎溪，宁国；大别山区霍山大化坪、大河北海拔 600 米，金寨前畈海拔 500 米，岳西鹞落坪，潜山彭河乡。常与中国槐、黄连木、青檀、枫杨等阔叶树混生，成为颇具代表性的低海拔地带性森林群落。分布于辽宁、内蒙古、河北、河南、山西、山东、江苏、浙江、湖南、湖北、广东、陕西、甘肃、四川；生于阳坡、溪边或杂木林中。喜光。种子、扦插或分根繁殖。

广为栽培，作庭园栅架植物，先叶开花，紫穗满垂，缀以稀疏嫩叶，十分优美。鲜花含芳香油；花、种子、茎皮药用，治食物中毒。茎皮可供纤维纺织原料；叶可作饲料。

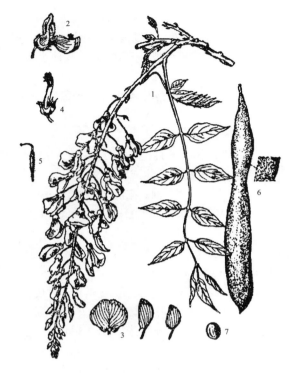

图 229 紫藤
1. 花枝；2. 花；3. 花瓣；4. 花萼及雄蕊；5. 雌蕊；6. 果；7. 种子（姚庆渭描浙江天目山药用植物志）。

1a 银藤 白花紫藤（变型）

Wisteria sinensis(Sims.)Sweet f. **alba**(Lindl.)Rehd. et Wils.

花白色。

分布于湖北，南北各地常见栽培。安徽省有栽培。

2. 多花紫藤

Wisteria floribunda(Willd)DC.

落叶大藤本；茎右旋转。幼枝被柔毛。羽状复叶，托叶线形，早落；小叶 13-19，卵状椭圆形，长 4-8 厘米，宽 1-2.5 厘米，先端渐尖，基部圆形，幼时两面被平伏柔毛，旋脱落，小叶柄长 3-4 毫米，干后黑色，被柔毛，小托叶刺毛状。总状花序生于当年生枝的枝顶，长 20-50 厘米，花序轴密被白色短毛；苞片早落；花长 1.5-2 厘米，花梗长 1.5-2.5 厘米；萼杯状，长 4-5 毫米，与花梗同被密绢毛；花冠堇色或堇蓝色，芳香，长 1.5-2 厘米；旗瓣圆形，翼瓣窄长圆形，基部截形，龙骨瓣较宽，近镰形；子房线形，密被绒毛，花柱上弯，无毛。荚果倒披针形，长 12-19 厘米，宽 1.5-2 厘米，密被绒毛。种子 3-6，紫褐色。花期 4-5 月；果期 5-7 月。

原产日本。我国长江以南各省有栽培。安徽省江淮滁县琅琊山及淮北宿县也有栽培。

本种花在园艺品种上有多种变化、如白色的、淡红色的，以及杂色斑纹和重瓣的均有。

9. 黄檀属 Dalbergia L. f.

落叶乔木或攀援灌木；有时具枝刺。无顶芽，腋芽具 2 芽鳞。奇数羽状复叶，互生，托叶早落；小叶亦互生，全缘，羽状脉。花小，两性；聚伞或圆锥花序，苞片和小苞片脱落，稀宿存；萼 5 齿裂，上方 2 齿部分连合，下方 1 齿最长；花冠多色；花瓣具柄，旗瓣卵形，翼瓣长圆形，龙骨瓣先端多少连合；雄蕊 10，稀 9，单体或 5+5、9+1 的两体，花药纵裂；子房具柄，胚珠少数，花柱内弯，柱头头状。荚果短带状，不裂，无翅。种子 1-数粒。

约 120 种，分布于热带及亚热带。我国约 25 种，分布淮河以南。多为珍贵用材树种及紫胶虫寄主树。安徽省 3 种。

1. 圆锥花序顶生；小叶 9-11；花冠淡黄白色，雄蕊两体（5+5）⋯⋯⋯⋯⋯⋯⋯⋯⋯⋯⋯⋯ 1. **黄檀 D. hupeana**
1. 圆锥花序腋生；雄蕊 9 单体或两体 9+1：
　　2. 萼齿近等长；小叶 7-11；花冠绿白色 ⋯⋯⋯⋯⋯⋯⋯⋯⋯⋯⋯⋯⋯ 2. **藤黄檀 D. hancei**
　　2. 萼齿下方 1 齿最长；小叶 11-15；花冠黄白色 ⋯⋯⋯⋯⋯⋯⋯⋯⋯ 3. **大金刚藤黄檀 D. dyeriana**

1. 黄檀　　　　　　　　　　　　图 230

Dalbergia hupeana Hance

落叶乔木，高达 20 米，胸径 40 厘米；树皮条状纵裂。小枝无毛。羽状复叶；小叶 9-11，近革质，长圆形或宽椭圆形，长 3.5-6 厘米，宽 2.5-4 厘米，先端钝圆，微凹，基部圆，下面被平伏柔毛；叶轴及小叶柄被白色平伏柔毛。圆锥花序顶生或生于小枝上部叶腋，花序轴及分枝无毛，花梗及萼齿被锈色柔毛，花梗长约 5 毫米；萼钟状，5 齿裂，上方 2 齿近连合，最下 1 齿披针形；花冠淡黄白色，长 6-7 毫米；旗瓣圆形，翼瓣倒卵形，与龙骨瓣内侧具耳；雄蕊 10，两体（5+5）；子房具短柄，无毛，胚珠 2-3，花柱纤细，柱头头状。荚果长圆形或带形，长 3-7 厘米，宽 1.3-1.5 厘米，基部渐窄成果颈。种子 1-2，肾形。花期 5-7 月；果期 9-10 月。

产皖南黄山虎头岩、桃花峰、温泉、慈光寺、茶林场，歙县清凉峰猴生石海拔 740 米，旌德，宁国中溪；大别山区霍山佛子岭海拔 800 米，金寨白马寨海拔 820 米、马宗岭十坪大寨冲海拔 800 米，岳西妙堂山、鹞落坪海拔 1050 米，潜山，舒城万佛山；江淮滁县、施集、琅琊山、皇甫山海拔 200 米。生于山坡灌丛中。

图 230 黄檀
1. 花枝；2. 果枝；3. 花；4. 花瓣；5. 雄蕊及雌蕊。

分布于山东、江苏、浙江、江西、福建、湖北、湖南、广西、广东、四川、贵州、云南。

喜光。耐干旱瘠薄；酸性土、中性土及石灰性土均能生长；春季发芽、放叶很迟，故名 "不知春"；深根性，萌芽性强，易更新，为砍伐迹地的先锋树种。

散孔材，木材黄色、浅黄褐色或黄褐色，心材、边材区别不明显，具光泽，纹理斜，结构细，坚韧，气干密度 0.897-0.923 克/立方厘米，易干燥，微裂，耐腐性中等，有蛀虫危害，较难切削，切面光滑，耐冲击，富弹性；可做车轴、工具柄、滑轮、单双杠、手枪托、乐器、家具等。又为紫胶虫寄主树。

2. 藤黄檀　　　　　　　　　　　　图 231

Dalbergia hancei Benth.

藤本。幼枝疏被白色柔毛，枝条有时成钩状或旋扭。羽状复叶，托叶披针形，早落；小叶 7-11，长圆形，长 1-2

厘米，宽 5-10 毫米，先端钝圆而微凹，基部圆形或宽楔形，下面被平伏柔毛；叶轴无毛。圆锥花序腋生，花梗长 1-2 毫米，被褐色柔毛；苞片早落；萼宽钟状，被褐色柔毛，萼齿短钝圆，最下 1 齿先端急尖；花冠绿白色，长约 6 毫米，芳香，具长柄；旗瓣椭圆形，翼瓣及龙骨瓣长圆形；雄蕊单体或两体（9+1）；子房线形，具柄，花柱长，柱头小。荚果扁平，长圆形，长 3-7 厘米，基部收缩为一细果颈，无毛，萼宿存。种子 1-4，肾形。花期 4-5 月；果期 7-8 月。

产皖南黄山，祁门牯牛降历溪坞至观音堂海拔 220-370 米，太平贤村，休宁；大别山区岳西大王沟，舒城万佛山海拔 400 米。生于灌丛或溪边。分布于浙江、江西、福建、广东、海南、广西、四川、贵州。

茎皮纤维制绳索及麻袋；茎皮含鞣质 15%，可提制栲胶。根、茎药用，可强筋活络。

3. 大金刚藤黄檀　　　图 232

Dalbergia dyeriana Prain ex Harms

大藤本。幼枝被毛，后渐脱落，有弯钩。羽状复叶；小叶 11-15，倒卵形、倒卵状长圆形或长圆形，长 2.5-4（5），宽 1-2（2.5）厘米，先端圆或微凹，基部宽楔形，两面疏被平伏柔毛，上面具光泽，下面细脉纤细而密，两面明显隆起；叶轴与叶柄无毛或疏被毛。圆锥花序腋生，长约 5 厘米，总梗、分枝及花梗微被短柔毛，花梗长 1.5-3 毫米；小苞片早落；萼钟状，微被柔毛，萼下部 1 齿最长；花冠黄白色，具稍长瓣柄；旗瓣长圆形，翼瓣倒卵状长圆形，无耳，龙骨瓣窄长圆形，内侧具短耳；雄蕊 9，单体；子房具短柄，微被柔毛，花柱短，柱头头状。荚果窄长圆形，长 6.5-9 厘米，具细尖头，基部具果颈，淡褐色。种子 1（2）。花期 5-6 月；果期 7-8 月。

产皖南黄山浮溪海拔 410 米沟谷旁，石台，祁门牯牛降观音堂海拔 390 米、历溪坞，贵池，太平，歙县；大别山区金寨，岳西河图、大王沟海拔 650-900 米，潜山天柱山千丈崖海拔 400-850 米、彭河乡板仓。生于低山林内或灌丛中，沟谷两侧林缘习见。分布于浙江、湖南、湖北、四川、贵州、陕西。

10. 槐蓝属 Indigofera L.

落叶灌木或多年生草本，常被丁字毛或单毛，稀无毛。奇数羽状复叶，稀 3 小叶或单叶，互生，托叶小；小叶对生，稀互生，全缘，先端常见芒尖，小托叶刚

图 231 藤黄檀
1. 花、果枝；2. 花瓣；3. 雄蕊、雌蕊。

图 232 大金刚藤黄檀
1. 花枝；2. 果枝；3. 花萼；4. 旗瓣；5. 翼瓣；6. 龙骨瓣；7. 雄蕊；8. 雌蕊；9. 果。

毛状。花两性；总状花序腋生，稀头状、穗状或圆锥状；苞片早落；萼5裂；花冠早落；旗瓣具短瓣柄，翼瓣较窄长，具耳，龙骨瓣具距突，与翼瓣钩连；雄蕊两体，花药同型，背着或近基着，药隔顶端常具腺体；子房无柄，胚珠1至多数，花柱线形，无毛，柱头头状。荚果有时具4棱，偶具刺，开裂，内果皮常具红色斑点。种子数粒。

约800种，分布于热带和亚热带地区。我国约100种。安徽省9种，3变种。

1. 小枝及叶无毛；小叶7-15；花冠紫色，疏被柔毛；荚果无毛 ························ **2. 华东槐蓝 I. fortunei**
1. 小枝及叶多少被毛：
  2. 小枝被黄褐色柔毛：
    3. 小叶9-13；花冠淡紫色 ························ **1. 浙江槐蓝 I. parkesii**
    3. 小叶15-25；花冠白色 ················ **1a. 多叶浙江槐蓝 I. parkesii var. polyphylla**
  2. 小枝被平伏丁字毛或无毛：
    4. 花冠淡红色，无毛；小叶7-11，卵状椭圆形或椭圆形 ········· **4. 花槐蓝 I. kirilowii**
    4. 花冠被毛：
      5. 小叶7，稀5-9；花冠长1.3-1.5(1.8)厘米，粉红色或玫瑰红色，被毛········ **5. 苏槐蓝 I. carlesii**
      5. 小叶7-13、13-23：
        6. 小叶两面被毛或下面被平伏丁字毛：
          7. 小叶7-13(15)：
            8. 小叶下面被平伏丁字毛，上面无毛 ·········· **3. 庭藤 I. decora**
            8. 小叶两面被丁字毛 ······· **3a. 宜昌槐蓝 I. decora var. ichangensis**
          7. 小叶13-23，叶轴明显具棱 ············ **3b. 宁波槐蓝 I. decora var. cooperi**
        6. 小叶两面被白色丁字毛：
          9. 小叶较小，长5-25毫米，叶柄长1.5厘米以下：
            10. 小叶5-9，长5-15毫米，叶柄长约1厘米；花冠紫色或紫红色，长约5毫米 ···············
            ·········· **8. 本氏槐蓝 I. bungeana**
            10. 小叶9-11，长1-2.5厘米，叶柄长1-1.5厘米；花冠淡红色或紫红色，长5-6.5毫米·····
            ·········· **7. 马棘 I. pseudotinctoria**
          9. 小叶较大，长1.5-3.7厘米，叶柄长5厘米以下：
            11. 小叶长1.5-2厘米，叶柄长1.3-2.5厘米；花冠红色，长4-5毫米 ····· **6. 槐蓝 I. tinctoria**
            11. 小叶长1-3.7厘米，叶柄长2-5厘米；花冠淡红色，长约6毫米 ····· **9. 多花槐蓝 I. amblyantha**

1. 浙江槐蓝
         图233
Indigofera parkesii Craib

灌木，高达60厘米，茎直立，之字形曲折，稍具棱，被黄褐色柔毛。羽状复叶，叶柄长1-3厘米，叶轴被多节卷毛，托叶线形；小叶9-13，对生，稀上部互生，椭圆形或卵形，长1.3-3(5)厘米，宽1-3厘米，先端圆或急尖，基部楔形或圆形，两面被平伏丁字毛，小叶柄长1.5-2毫米，小托叶钻形。总状花序长3-13厘米，总梗长约1.5厘米，被多节卷曲毛，苞片线形，花梗长2-2.5毫米；萼钟状，疏被多节毛，萼齿披针形；花冠淡紫色；旗瓣倒卵状椭圆形，长1-1.3厘米，被细毛，翼瓣长约1.2厘米，龙骨瓣长达1.4厘米；花药两端具髯毛；子房无毛。荚果棍棒形，长3-4厘米。花期7-8月；果期9-10月。

产皖南休宁海拔700米。生于矿野、山坡疏林内或灌丛中。分布于浙江、福建、江西。

全株药用，清热、解毒及消肿。嫩叶作饲料；全株作绿肥。

1a. 多叶浙江槐蓝（变种）

Indigofera parkesii Craib var. **polyphylla** Y. Y. Fang et C. Z. Zheng

小叶 15-25，卵形或披针形；花白色。

产皖南休宁海拔 400-500 米；灌丛或溪边林缘。分布于浙江、江西、福建。

2. 华东槐蓝 图 234

Indigofera fortunei Craib

灌木，高约 1 米；分枝具棱，无毛。羽状复叶，叶柄长 1.5-4 厘米，叶轴与小叶柄无毛，托叶线形，早落；小叶 7-15，对生，稀互生，卵形、卵状椭圆形或卵状披针形，长 1.5-2.5（4.5）厘米，宽 8-28 毫米，先端钝圆或微凹，基部圆形或宽楔形，被丁字毛或无毛，细脉明显，小叶柄长约 1 毫米，小托叶钻形。总状花序长 8-18 厘米，总梗长达 3 厘米，苞片早落，花梗长约 3 厘米，萼斜杯状，疏被丁字毛，萼齿三角形；花冠紫色或粉红色；旗瓣倒卵形，长 1-1.1 厘米，被短柔毛，翼瓣 9-11 毫米，具瓣柄，龙骨瓣长约 1.1 厘米，距短；花药两端具髯毛；子房无毛。荚果线状圆柱形，长 3-4（5）厘米，径约 3 毫米，褐色，裂开后果瓣旋卷。花期 5 月；果期 10 月。

产皖南黄山居士林、桃花峰、慈光寺、云谷寺，广德横山，芜湖，南陵，繁昌；大别山区霍山真龙地海拔 240 米，六安燕山，潜山天柱山千丈崖、彭河乡海拔 350-550 米，舒城驼岭；江淮滁县皇甫山、琅琊山，庐江冶山，含山，嘉山管店。生于低山疏林中及溪边。分布于江苏、浙江、江西、湖北。

根药用，清热解毒。

3. 庭藤 图 235

Indigofera decora Lindl.

灌木，高 2 米；茎稍具棱，近无毛。羽状复叶，叶柄长 1-1.5 厘米，与叶轴无毛，托叶早落；小叶 7-13，卵状长圆形、宽椭圆形或卵状披针形，长 2-6.5 厘米，宽 1-3.5 厘米，先端尖，基部宽楔形或圆楔形，上面无毛，下面被平伏丁字毛，小叶柄长约 2 毫米，小托叶钻形。总状花序长 12-21 厘米，直立，总梗长 2-4 厘米，花序轴无毛，苞片线状披针形，花梗长 3-6 毫米，无毛；萼杯状，萼齿三角形，无毛；花冠淡紫色或粉红色，稀白色；旗瓣椭圆形，长 1.2-1.5 厘米，被柔毛，翼瓣长 1.2-1.4 厘米，具缘毛，龙骨瓣与翼瓣等长；花药两端具毛；子房无毛。荚果棍棒形，长 4-6.5 厘米，

图 233 浙江槐蓝
1. 花枝；2. 花萼、雄蕊、花柱及柱头；3. 雌蕊纵剖；4. 果；5. 种子；6. 根。

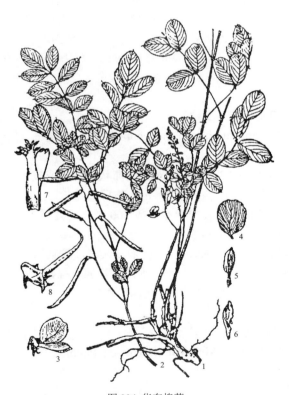

图 234 华东槐蓝
1. 植株一部分；2. 果枝；3. 花；4. 旗瓣；5. 翼瓣；6. 龙骨瓣；7. 雄蕊；8. 幼果。

径约 4 毫米,黑褐色。种子 7-8,椭圆形。花期 5-6 月;果期 8-9 月。

产皖南绩溪清凉峰垱坞、永来海拔 720-780 米,歙县猴生石海拔 800 米,太平贤村海拔 450 米,泾县小溪,旌德;大别山区霍山大河北海拔 150 米、汤家湾海拔 800-960 米,金寨白马寨朱家湾海拔 630 米、马宗岭十坪海拔 680 米、岳西河图海拔 720-820 米、鹞落坪,潜山天柱山千丈崖海拔 350 米,太湖大山乡海拔 360 米。生于灌丛、丘陵荒地上。分布于江苏、浙江、福建、台湾、江西、湖南、湖北、广东、广西。日本也有分布。

根药用,清热解毒。

3a. 宜昌槐蓝 （变种）

Indigofera decora Lindl. var. **ichangensis**（Craib）Y. Y. Fang et C. Z. Zheng

小叶 7-13,两面被丁字毛;荚果成熟时棕褐色,无毛。

产皖南黄山桃花峰海拔 850 米,慈光寺、眉毛峰、云谷寺、松谷庵,太平新明,旌德,青阳九华山迴香阁;大别山区霍山大河北海拔 150 米,金寨白马寨海拔 630 米、鸡心石下海拔 1100 米、南河朱家湾海拔 630 米、马宗岭十坪海拔 680 米、岳西美丽乡鹞落坪海拔 1200 米。生于山坡路旁或灌丛中或疏林中。分布于浙江、江西、湖北、湖南、福建、广东、广西、贵州。

3b. 宁波槐蓝 （变种）

Indigofera decora var. **cooperi** Y. Y. Fang et C. Z. Zheng

小叶 13-23,互生或对生,卵状披针形或披针形,叶轴明显具棱;萼齿近披针形,与萼筒等长。

产皖南黄山九龙瀑布海拔 700 米、迴龙桥下海拔 600 米、三道岭海拔 900 米,休宁岭南古衣海拔 250 米,绩溪逍遥乡中南坑海拔 1200 米,太平,歙县清凉峰。生于溪边、灌丛中。分布于浙江、江西、福建。

根药用;嫩叶作饲料;全株可作绿肥。

4. 花槐蓝　　　　　　　　　　图 236

Indigofera kirilowii Maxim. ex Palibin

小灌木,高约 1 米。幼枝具棱,疏被平伏丁字毛。羽状复叶,叶柄长 1-2.5 厘米,托叶披针形,早落;小叶 7-11,卵状椭圆形、椭圆形或宽卵形,长 1.5-4 厘米,宽 1-2.3 厘米,下面粉绿色,两面疏被平伏丁

图 235 庭藤
1. 花枝；2. 花瓣；3. 雄蕊及雌蕊；4. 果。

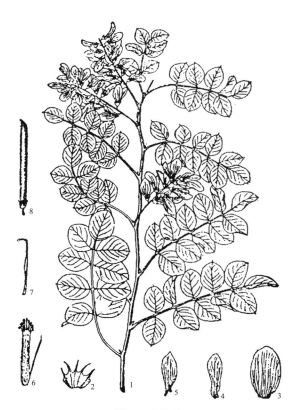

图 236 花槐蓝
1. 花枝；2. 花萼；3. 旗瓣；4. 翼瓣；5. 龙骨瓣；6. 雄蕊；7. 雌蕊；8. 果。

字毛，侧脉两面明显，小叶柄长约 2.5 毫米，密被毛，小托叶宿存。总状花序长 5-12（20）厘米，疏花，总梗长 1-2.5 厘米，苞片线状披针形，花梗长 3-5 毫米，无毛，萼杯状，萼齿披针状三角形；花冠淡红色，无毛，旗瓣椭圆形，长 1.2-1.5 厘米，翼瓣具缘毛；花药宽卵形，两端具短毛；子房无毛。荚果圆柱形，长 3.5-7 厘米，径约 5 毫米，棕褐色，内果皮具紫色斑点，具种子 10 余粒。种子赤褐色。花期 5-7 月；果期 8-9 月。

产皖南黄山温泉至慈光寺。生于疏林内。分布于吉林、辽宁、河北、山西、山东、江苏、浙江、江西、湖北。蒙古、朝鲜也有分布。

枝条可编筐；茎皮纤维可制纤维板、人造棉和造纸原料。叶含鞣质可提取栲胶。嫩叶作饲料，全株作绿肥；种子油制润滑油。

5. 苏槐蓝 图237

Indigofera carlseii Craib

小灌木，高达 50 厘米。幼枝密被平伏丁字毛，后渐脱落。羽状复叶，叶柄长 1.5-3.5 厘米，托叶线状针形，早落；小叶 5-9，对生，椭圆形或卵状椭圆形，长 2-5 厘米，宽 1-3 厘米，先端钝圆，具小刺尖，基部宽楔形，下面灰绿色，两面密被平状丁字毛，小叶柄长 2-4 厘米，与小托叶均被丁字毛。总状花序长 10-20 厘米，总梗长约 1.5 厘米，苞片卵形，花梗长 2-4 毫米；萼杯状，被丁字毛，萼齿披针形；花冠粉红色或玫瑰红色，旗瓣近椭圆形，长 1.3-1.5（1.8）厘米，被毛，翼瓣长 1.3 厘米，具缘毛，龙骨瓣与翼瓣等长；花药卵形，两端具毛；子房无毛。荚果棍棒形，长约 4.5 厘米，顶端渐尖，果瓣裂开后旋卷，内果皮具紫色斑点。花期 5 月；果期 9 月。

图 237 苏槐蓝
1. 花枝；2. 果；3. 花。

产皖南黄山偶见；大别山区金寨白马寨，岳西鹞落坪海拔 1200 米，霍邱海拔 100 米。生于山坡路旁、灌丛中。分布于河南、江苏、江西、湖北、陕西。根药用，具清热补虚之效。

6. 槐蓝

Indigofera tinctoria L.

小灌木，高达 60 厘米，分枝少。幼枝具棱，扭曲，被白色平状丁字毛。羽状复叶，叶柄长 1.5-2.5 厘米，叶轴具沟槽，被丁字毛，托叶钻性；小叶 9-13，对生，倒卵状长圆形或倒卵形，长 1.5-2 厘米，宽 5-15 毫米，先端圆钝或微凹，基部圆形或宽楔形，两面被丁字毛，侧脉不明显，小叶柄长约 2 毫米，被丁字毛，小托叶钻形。总状花序长 2-5（9）厘米，近无总梗，苞片钻形，花梗长 4-5 毫米；花长 4-5 毫米；萼齿被丁字毛；花冠伸出萼外，红色；旗瓣宽倒卵形，长 4-5 毫米，被毛，翼瓣长约 4 毫米，龙骨瓣与旗瓣等长；花药心形；子房无毛。荚果棍棒形，长 1.5-2.5 厘米，径约 2 毫米，种子间缢缩呈念珠状，棕黑色，被丁字毛。种子 5-12，近方形；果梗下弯。花期近乎全年；果期 10 月。

产大别山区舒城万佛山。

叶可提制蓝靛素，可染毛、丝、棉、麻，为直接性染料。全株药用，可清热解毒，外敷可治肿毒。

7. 马棘 图238

Indigofera pseudotinctoria Matsum.

小灌木，高达 90 厘米；多分枝。幼枝明显具棱，被丁字毛。羽状复叶，叶柄长 1-1.5 厘米，与叶轴被丁字毛，托叶早落；小叶 9-11，对生，椭圆形，倒卵形或倒卵状椭圆形，长 1-2.5 厘米，宽 5-11（15）厘米，先端圆形或微凹，具小尖头，基部圆形或宽楔形，两面被丁字毛，小叶柄极短，小托叶小。总状花序长 3-10 厘米，总梗短于叶柄，花梗长约 1 毫米；萼被白色或棕色平伏丁字毛，萼齿不等长；花冠淡红或紫红色；旗瓣长 4.5-6.5 毫米，被丁字毛，翼瓣与龙骨瓣近等长；花药圆球形；子房被毛。荚果棍棒形，长 1.5-3 厘米，径约 2 毫米，幼时密被丁字毛，种子间具横隔；果梗下弯。种子椭圆形。花期 5 月；果期 9-10 月。

产皖南黄山虎头岩、双溪阁，绩溪清凉峰永来海拔 700 米，歙县清凉峰朱家舍海拔 690-800 米；大别山区霍山佛子岭大冲海拔 140 米，金寨师范学校后山海拔 90 米，岳西鹞落坪、河图，潜山天柱山海拔 650 米；江淮滁县琅琊山，生于林缘或灌丛中。分布于江苏、浙江、江西、福建、湖北、湖南、广西、四川、贵州、云南。

根药用，可清凉解表、活血去瘀。

8. 本氏槐蓝
图 239

Indigofera bungeana Walp.

直立灌木，高达 1 米；茎圆柱形。小枝银灰色，被灰白色丁字毛。羽状复叶，叶柄长约 1 厘米，与叶轴被丁字毛，托叶三角形；小叶 5-9，对生，椭圆形或倒宽卵形，长 5-15 毫米，宽 3-10 毫米，先端钝圆，基部圆形，上面疏被丁字毛，下面苍绿色，丁字毛较粗，小叶柄长约 0.5 毫米，小托叶有时不明显。总状花序长 4-6（8）厘米，总梗较叶柄短，苞片线形，花梗长约 1 厘米；萼外被白色丁字毛，萼齿三角状披针形；花冠紫色或紫红色；旗瓣宽倒卵形，长约 5 毫米，外面被丁字毛，翼瓣与龙骨瓣近等长；花药端具突尖；子房线形，被疏毛。荚果线状圆柱形长达 2.5（3.5）厘米，径约 3 毫米，褐色，幼时被短丁字毛，种子间具横隔；果梗下弯。种子椭圆形。花期 6-7 月；果期 8-9 月。

产皖南黄山，太平，绩溪清凉峰永来海拔 770 米；大别山区霍山佛子岭大冲海拔 140 米，金寨师范学校后山，岳西鹞落坪海拔 910 米，潜山天柱山；江淮滁县皇甫山、琅琊山生于山坡草地灌丛中或河滩。分布于辽宁、内蒙古、河北、山西中条山、陕西。

全株药用，可清热止血、消肿生肌，外敷治外伤。

图 238 马棘
1.花枝；2.果枝；3.小叶；4.花；5.花瓣；6.花萼及雄蕊；7.果；8.种子；9.叶上面丁字毛放大。

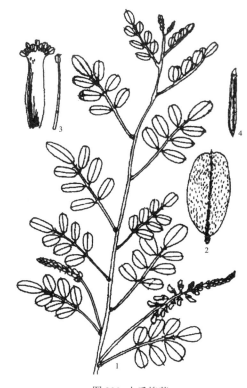

图 239 木氏槐蓝
1.花枝；2.叶；3.雄蕊；4.果。

9. 多花槐蓝 图240

Indigofera amblyantha Craib

图240 多花槐蓝
1. 花枝；2. 花萼；3. 旗瓣；4. 翼瓣；5. 龙骨瓣；6. 雄蕊；7. 雌蕊；8. 果。

直立灌木，高达2米；幼枝禾秆色，具棱，密被平伏丁字毛，后渐脱落。羽状复叶，叶柄长2-5厘米，与叶轴被丁字毛，托叶三角状披针形；小叶7-9，对生，稀互生，长圆形或倒卵状长圆形，长1-3.7(6.5)厘米，宽1-2(3)厘米，先端圆，具小尖头，基部宽楔形，上面疏被丁字毛，下面苍白色，被毛较密，小叶柄长约1.5毫米，密被丁字毛，小托叶小。总状花序长达11厘米，近无总梗，苞片线形，花梗长约1.5毫米，与轴被丁字毛；萼被平伏丁字毛，萼筒长约1.5毫米，与萼齿近等长；花冠淡红色；旗瓣宽倒卵形，长6-6.5毫米，外被丁字毛，翼瓣长约7毫米，龙骨瓣较翼瓣短；花药球形，端具小突尖；子房线形，被毛。荚果窄条形，长3.5-6毫米，径2.5毫米，棕褐色，被丁字毛；种子间具横隔。种子长圆形，花期6-8月；果期9-10月。

产皖南黄山，祁门牯牛降赤岭海拔520米，绩溪清凉峰栈岭湾海拔620米，太平，歙县，黟县，休宁，宣城；大别山区霍山马家河万家红海拔1100米，金寨白马寨马屁股海拔790米、西边凹、虎形地海拔920米，岳西鹞落坪海拔1050米。生于沟边灌丛中、山坡、草地及林缘。分布于山西中条山、陕西、甘肃、河南、河北、江苏、浙江、湖北、湖南、贵州、四川。

全株药用，可清热解毒、消肿止痛；观赏。

11. 锦鸡儿属 Caragana Fabr.

落叶灌木，稀小乔木。偶数羽状复叶，叶轴顶端常刺状，托叶脱落或刺状宿存；小叶对生，全缘，先端具针尖头，无小托叶。花两性；花单生或簇生，花梗具关节；萼5齿裂，常不相等；花冠黄色，稀淡紫色、浅红色或旗瓣带橘红色、土黄色；旗瓣直立、两侧反曲，与翼瓣均具长爪，翼瓣常具耳，龙骨瓣直伸；两体雄蕊(9+1)；子房无柄，稀具柄，胚珠多数。荚果先端尖，开裂，圆筒形或肿胀。

约百余种，分布于中亚、东亚，欧洲也有。我国约60余种。安徽省4种。

1. 小叶2对，簇生：
　2. 幼枝密被灰白色柔毛；叶下面灰绿色，密被柔毛；萼基部具囊，花冠黄色带浅红或紫色；荚果密被长柔毛
　　·· 1. **毛掌叶锦鸡儿 C. leveillei**
　2. 小枝细长，具棱；叶下面无毛；萼基部不为囊状，花冠黄色常带紫红或淡红色，凋落时变红色；荚果无毛
　　·· 2. **红花锦鸡儿 C. rosea**
1. 小叶2对，散生，或5-10对：
　3. 托叶刺状三角形，长7-15(25)毫米；小枝具棱，无毛；小叶2对，长1-3.5厘米 ········ 3. **锦鸡儿 C. sinica**
　3. 托叶刺长3-10毫米；幼枝被毛；小叶5-10对，长3-10毫米 ···················· 4. **小叶锦鸡儿 C. microphylla**

1. 毛掌叶锦鸡儿　　　　　　　图 241

Caragana leveillei Kom.

灌木，多分枝；树皮深褐色。幼枝密被灰白色柔毛；托叶刺长 2-6 毫米；叶轴短，长 4-12 毫米，被灰白色毛，脱落或宿存。小叶 2 对，簇生，楔状倒卵形，长 5-20（30）毫米，先端圆、近平截或微凹，具刺尖头，基部楔形，下面灰绿色，密被柔毛。花单生，花梗长 8-10 毫米；萼基部成囊状，被柔毛，萼齿三角状；花冠长约 2.8 厘米，黄色，带浅红或紫色；旗瓣倒卵状楔形，翼瓣耳短，爪长与瓣片近等长，龙骨瓣爪细长，耳短；子房密被长柔毛。荚果圆柱形，长 2-3（4）厘米，径约 3 毫米，具短尖头，密被长柔毛。花期 4-5 月；花期 7-8 月。

产淮北萧县皇藏峪平顶山。生于向阳坡地。喜光；耐干旱瘠薄。分布于河北、山东、山西中条山、陕西、河南。

2. 红花锦鸡儿　　　　　　　图 242

Caragana rosea Turcz.

灌木，高约 1 米；多分枝；树枝绿褐色或灰褐色。小枝细长，具棱，无毛；长枝托叶刺长 3-4 毫米，短枝者脱落；叶轴刺长 5-10 毫米，脱落或宿存。小叶 2 对，簇生，楔状倒卵形，长 1-2.5 厘米，先端圆或微凹，具细尖头，基部楔形，下面无毛。花单生，花梗长 8-10 毫米，中部具关节，无毛；萼筒常带紫红色，长 7-9 毫米，基部不成囊状，萼齿三角形；花冠黄色，常带紫红或淡红色，凋时变红色；旗瓣长圆状倒卵形，先端凹，翼瓣耳短齿状，龙骨瓣耳不明显；子房无毛。荚果圆筒形，长 3-6 厘米。花期 4-6 月；果期 6-7 月。

产皖南大平七都。安徽省各地城市园林中常见栽培。喜光。耐干燥瘠薄之地。分布东北、华北、山东、江苏、浙江、河南、陕西、甘肃、四川；散生于山坡沟谷灌丛中。

3. 锦鸡儿

Caragana sinica Rehd.

灌木，高达 2 米；树皮深褐色。小枝具棱，无毛。托叶成针刺状三角形，长 7-15 毫米；小叶 2 对，散生，倒卵形或长圆形倒卵形，长 1-3.5 厘米，先端圆或微凹，具针尖或无，基部楔形或宽楔形，下面淡绿色。花单生，花梗长约 1 厘米，中间具关节及苞片；萼钟形，长 1.2-1.4 厘米，基部偏斜；花冠黄色，常带红色，长 2.8-3 厘米；旗瓣窄倒卵形，具短爪，翼瓣稍长旗瓣，

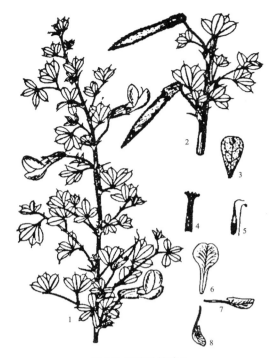

图 241　毛掌叶锦鸡儿
1. 花枝；2. 果枝；3. 小叶；4. 雄蕊；5. 雌蕊；6. 旗瓣；7. 翼瓣；8. 龙骨瓣。

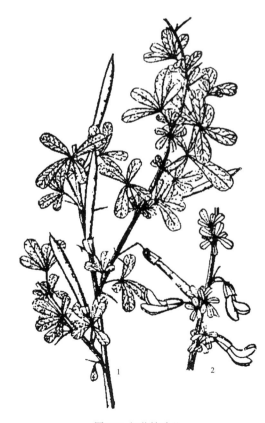

图 242　红花锦鸡儿
1. 果枝；2. 花枝。

爪长于瓣片之半，耳短；子房无毛。荚果圆筒形，长 3-3.5 厘米，径约 5 毫米；花期 4-5 月；果期 7-8 月。

产皖南黄山，绩溪清凉峰六井海拔 700 米、永来海拔 730 米，歙县清凉峰天子地海拔 500 米，太平，广德芦村；大别山区舒城万佛山（偶见）；江淮合肥，滁县，含山，来安，肥西。分布于河北、陕西、山西中条山、河南、江苏、湖北、湖南、浙江、福建、江西、四川、贵州、云南；生于干旱山坡灌丛中。

供观赏或绿篱，园林中常作盆景又为良好蜜源植物和水土保持树种。花、根皮药用，具除风湿、活血、利尿、止咳化痰之功效。

4. 小叶锦鸡儿
Caragana microphylla Lam.

丛生灌木，高达 3 米；树皮黄灰或灰绿色。幼枝具棱，被毛；长枝托叶刺长 3-10 毫米，宿存；叶轴长 1.5-5 厘米，脱落。小叶 5-10 对，羽状排列，倒卵形或倒卵状长圆形，长 3-10 毫米，先端圆钝，稀凹缺，具短针尖，基部宽楔形，幼时密被柔毛。花单生或两朵簇生，花梗长 1-1.5 厘米，近中部具关节，被柔毛；萼筒钟状，长 9-12 毫米，密被柔毛，萼齿三角形；花冠黄色，长约 2.5 厘米，旗瓣宽倒卵形，先端微凹，翼瓣爪长为瓣片之半，耳齿状，龙骨瓣耳不明显；子房无毛。荚果圆筒形，稍扁，长 4-5 厘米，径 5-6 毫米，具锐尖头。花期 5 月；果期 8-9 月。

产淮北萧县皇藏峪。生于石灰岩山地。分布于华北、东北、西北；陕西有较大人工林。蒙古、前苏联也有分布。

耐寒性强，喜光；耐干旱瘠薄。根系发达，具根瘤，固氮可增加土壤肥力。萌芽性强，平茬后，可萌发大量枝条，对固沙保土、防止冲刷作用大。嫩枝鲜叶为牲畜好饲料，又为绿肥树种；枝条可供编织，枝皮为纤维原料，花为蜜源。根、花及种子药用，可滋补、通经，实为多用途之经济树种。

12. 紫穗槐属 Amorpha L.

落叶灌木或半灌木。侧芽叠生。奇数羽状复叶，互生；小叶对生或近对生，全缘，具油腺点，小托叶针状钻形。花两性；穗状花序顶生，直立，苞片钻形；萼钟状，萼齿 5，具油腺点，蝶形花冠退化，仅存旗瓣 1 枚，蓝紫色，向内弯曲并包裹雌、雄蕊；雄蕊 10，两体，花丝基部连合成鞘，成熟时，花丝伸出旗瓣之处，花药 1 室；子房无柄，胚珠 2，花柱外弯，柱头顶生。荚果短小，不裂，表面密被瘤状油腺点；萼宿存。种子 1。

约 25 种，分布于北美及墨西哥。我国引入 1 种。安徽省普遍栽培。

紫穗槐
图 243

Amorpha fruticosa L.

落叶灌木，高达 4 米。幼枝密被毛，后脱落。羽状复叶，互生，叶柄长 1-2 厘米，托叶线形；小叶 11-25，窄椭圆形或椭圆形，长 1-4 厘米，宽 6-20 毫米，先端圆或微凹，具芒尖，基部宽楔形，下面被白色短柔毛，具黑色腺点，小托叶钻形。穗状花序长 7-15 厘米，密被短柔毛，花梗长约 1.5 毫米；萼长 2-3 毫米，萼齿较萼筒短；旗瓣蓝紫色，心形，翼瓣、龙骨瓣退化；雄蕊 10，花药黄色，伸出旗瓣之外。荚果短镰状，密被瘤状油腺点。花期 5-6 月；果期 8-9 月。

安徽省南北各地普遍栽培，以淮北平原为多。原

图 243 紫穗槐
1. 花枝；2. 果枝；3. 花；4. 雄蕊；5. 雌蕊；6. 果。

产北美。我国东北、华北、西北、西南至四川、南至浙江、福建等地均有栽培。

耐干冷气候，适应性强，在高温或长期水淹下均能成活；侧根发达，根系稠密，萌芽性强；发芽率高达80%。

为优良的固沙、防风树种；耐盐碱土，具有改良盐碱土壤的作用。枝条可编制篓筐及作造纸原料、种子油为制肥皂、制润滑油和制油漆原料。花为蜜源；枝叶发酵后可做绿肥，牲畜也爱吃。

13. 葛属 **Pueraria** DC.

藤本，常具块根。羽状 3 小叶互生，托叶基生或盾状着生；小叶 3，大型。花两性；总状花序腋生或集生成圆锥状，上部的花序轴上具节，花簇生在节上，苞片早落，小苞片早落或宿存；萼钟状，上部 2 裂片合生，下部 3 裂片，中裂片较长；花冠伸出萼外，蓝色或紫色；旗瓣基部具附属体及耳，翼瓣与龙骨瓣中部贴生，等大；雄蕊单体；子房近无柄，胚珠多数。荚果扁平或稍肿胀，薄革质，2 瓣裂。

约 15 种，分布于喜马拉雅地区至日本、新几内亚、波利尼西亚群岛。我国 12 种，分布南方。安徽省 1 种。

葛藤　　　　　　　　　　　图 244

Pueraria lobata（Willd.）Ohwi

落叶；粗壮藤本；块根肥厚，全株被黄色硬毛。羽状 3 小叶，托叶盾着，小托叶芒状，与小叶柄近等长，顶生小叶菱状卵形，全缘或 3 浅裂，侧生小叶偏斜，有时具 2-3 浅裂，上面疏被平状柔毛，下面密被柔毛。总状花序长 15-30 厘米，苞片线状披针形，小苞片卵形；花 2-3 簇生于花序轴的节上；萼被黄褐色毛，萼裂片披针形；花冠长 1-1.2 厘米，紫红色；旗瓣近圆形，具短爪，翼瓣及龙骨瓣具耳；子房线形，被毛。荚果条形，长 5-10 厘米，宽约 9 毫米，密被黄色硬毛。花期 8-9月；果期 9-10 月。

产皖南黄山九龙瀑布、云谷寺、松谷庵，歙县清凉峰劳改坞海拔 710 米，石台牯牛降，泾县；大别山区霍山十道河，金寨马宗岭、白马寨，岳西鹞落坪海拔 900 米，潜山天柱山，舒城小涧冲；江淮滁县琅琊山、皇甫山海拔 250 米，安庆桐城。生于山坡杂树林或灌丛中。除新疆、青海、西藏外，分布几遍全国。

喜光，耐干旱瘠薄。用种子或扦插繁殖。鲜根富含淀粉 20% 左右，供食用、糊抖及酿酒。种子可榨油，含油约 15%。叶可做饲料。茎皮纤维可做纺织原料。枝叶繁茂，根系发达，具根瘤固氮，可改良土壤及保持水土。根及花药用，可发汗解热、止呕吐、止泻、解毒和止头痛等。

图 244 葛藤
1. 花枝；2. 花萼展开；3. 花；4-6. 旗瓣、翼瓣、龙骨瓣；7. 花萼、雄蕊；8. 雄蕊；9. 小苞片；10. 子房下腺体；11. 果；12. 种子。

14. 刺桐属 **Erythrina** L.

乔木或灌木。枝具皮刺，髓心大，白色，松软。3 小叶复叶，互生，叶柄长，托叶早落；小叶全缘，羽状脉，小托叶腺体状。花两性；总状花序，苞片有或无；花大，小苞片小；萼佛焰苞状或陀螺状或 2 裂；花冠红色，旗瓣大，较翼瓣、龙骨瓣长,近无柄或长瓣柄,无附属物;雄蕊两体,对着旗瓣的1枚雄蕊离生或仅基部合生,余则合生至中部,花药一式,背着;子房具柄,胚珠多数,花柱内弯,柱头小。荚果具果颈,肿胀,2瓣裂或沿腹缝线开裂,种脐侧生。

约200种,分布于热带和亚热带地区。我国5种。安徽省引栽1种。

花色鲜红美丽,多用作观赏植物。

龙牙花 象牙红

Erythrina corallodendron L.

灌木或小乔木,高达7米。枝干具皮刺。3小叶复叶;顶生小叶菱形或菱状卵形,长4-10厘米,宽2.5-7厘米,先端渐尖而钝或尾尖,基部宽楔形,无毛;叶柄、叶轴具皮刺。总状花序腋生,长达30厘米以上,初被柔毛;萼钟形,口部斜截形,下部有1刺芒状萼齿,无毛;花冠深红色,长4-6厘米;旗瓣长椭圆形,长4.5-6厘米,翼瓣、龙骨瓣短,均无瓣柄;雄蕊两体,短于旗瓣;子房具长柄,被白色短柔毛,花柱无毛。荚果长约10厘米,先端具喙。种子深红色,有黑斑。花期6-11月。

原产热带美洲。安徽省引种栽培。山东、浙江、江苏、福建、台湾、广东、广西、云南等省也有栽培。

花美丽,供观赏。树皮含龙牙花素,可药用,做麻醉剂和止痛镇静剂。材质柔软,可代软木。

15. 油麻藤属 Mucuna Adans.

攀援灌木或草本,稀直立。3小叶复叶,互生,托叶早落;小叶全缘,基出脉3,具小托叶。花两性,大而美丽;总状花序,稀圆锥花序,腋生或生于老茎上;苞片脱落;萼钟形,上部2萼齿合成,下面3齿,中齿较长;花冠伸出萼外;旗瓣长为龙骨瓣之半,龙骨瓣和翼瓣近等长或稍长,内弯,先端尖或喙状;雄蕊两体,花药二式,5枚与花瓣互生者较长,为基着药,另5枚与花瓣对生者较短,为丁字药,花综合生或鞘状;子房无柄,被长柔毛,胚珠少数,花柱丝状,柱头头状。荚果膨胀或扁,2瓣裂,常被刺毛。种子肾形。

约160种,分布于热带和亚热带地区。我国约25种。安徽省2种。种子含多种生物碱;果毛有时含毒素。

1. 荚果纸质,两面具多条斜生薄片状折襞,两边具窄翅,被红锈色刺毛 ……… **1. 褶皮黧豆 M. lamellate**
1. 荚果木质,无斜生薄片状折襞,无翅状边缘,被锈黄色柔毛。种子间缢缩 …………………………
………………………**2. 常绿油麻藤 M. sempervirens**

1. 褶皮黧豆 宁油麻藤　　　　　图245

Mucuna lamellate Wilmot-Dear [*M. paohwashanica* Tang et wang]

攀援灌木;茎长达10米,具纵沟槽。3小叶复叶;叶柄长7-11厘米,托叶脱落;顶生小叶菱状卵形,长6-13厘米,宽4-9.5厘米,先端渐尖,短尖头长约4毫米,基部圆或稍楔形,侧生小叶明显偏斜,长8-14厘米,基部截形,侧脉4-6对,隆起小叶柄长4-5毫米,小托叶线形,无毛。总状花序腋生,长达27厘米,花生于花序上部,通常每节3花,花梗长7-8毫米,密被锈色柔毛和浅黄色平伏毛;苞片、小苞片线状披针形或窄卵形,早落;萼密被绢毛,萼筒杯状;

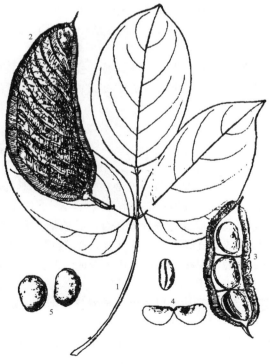

图245 褶皮黧豆
1. 复叶;2. 果;3. 果纵剖;4. 种子及展开的子叶;5. 种子。

花冠深紫色或红色，长约 4 厘米；旗瓣宽椭圆形，浅 2 裂，基部具耳，瓣柄长，翼瓣具耳和瓣柄，龙骨瓣较纤细，具耳和瓣柄；子房线形，花柱长约 3.4 厘米。荚果纸质，半月形，长达 10 厘米，宽达 2.3 厘米，厚达 8 毫米，具 12-16 条斜生薄片状折襞，幼时密被红色刺毛，种子间具深横沟，背缝线两侧具窄翅；花柱宿存。种子 3-5，肾状扁圆形，黑褐色。花期 5-8 月；果期 9-10 月。

产皖南休宁，广德。生于海拔 400-800 米溪边、山谷或灌丛中。分布于浙江、江苏、江西、湖北、福建、广东、广西。

2. 常绿油麻藤 常春油麻藤　　　　　图 246
Mucuna sempervirens Hemsl.

常绿木质大藤本，长达 10 米，径达 30 厘米；树皮具皱纹；幼茎具纵棱。3 小叶复叶，互生，叶柄长 7-16.5 厘米，托叶脱落；顶生小叶卵状椭圆形或卵状长圆形，长 8-15 厘米，宽 3.5-6 厘米，先端渐尖，尖头芒状，基部楔形，侧生小叶极偏斜，长 7-14 厘米，无毛，小叶柄长 4-8 毫米，膨大。总状花序生于老茎上，长 10-36 厘米，每节上生 3 花，具臭味；苞片窄倒卵形、小苞片卵形；萼疏被锈色硬毛，内面密被绢毛；花冠深紫色，长约 6.5 厘米；旗瓣圆形，端深凹，基部具耳，翼瓣、龙骨瓣基部具耳和瓣柄；雄蕊管长约 4 厘米；子房和花柱下部被毛。荚果木质，长条形，长 50-60 厘米，木质，种子间缢缩，被锈黄色柔毛。种子 10-17，棕黑色。花期 4-5 月；果期 9-10 月。

产皖南东至木塔，贵池齐山，泾县；大别山区太湖大山乡人形岩海拔 250 米，生于灌丛、沟谷、河边。分布于陕西、贵州、四川、云南、浙江、江西、湖北、广东、广西。日本也有分布。

茎治腰脊疼痛、四肢麻木等症。茎皮可制麻袋及造纸；枝条编篓筐；块根可提制淀粉；种子可食用及榨油。

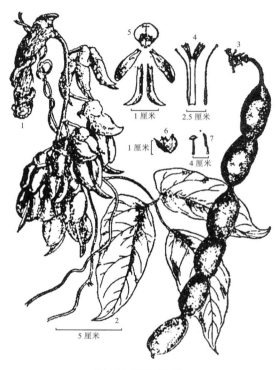

图 246 常绿油麻藤
1. 花序；2. 叶；3. 果；4. 雄蕊及雌蕊；5. 花瓣；6. 花萼；7. 花丝、花药和花柱。

16. 山蚂蝗属 Desmodium Desv.

灌木或草本。复叶具小叶 3 枚或为单叶，具托叶和小托叶；小叶全缘或波状。花两性；总状或圆锥花序，稀单生或成对生于叶腋；苞片宿存或脱落，小苞片有或无；萼钟状，4-5 齿裂；花冠粉红或淡紫色；旗瓣椭圆形或倒卵形，翼瓣多少与龙骨瓣连合，具瓣柄；雄蕊两体，稀单体；子房无柄。荚果扁平，不裂，背腹缝线于种子间稍缢缩或腹缝线平直，具荚节。种脐侧生，无假种皮，稀种脐周围具环形假种皮。

约 250 种，广布于热带和亚热带地区，少数产温带。我国约 50 余种。多药用。安徽省 2 种。

1. 叶柄具窄翅，顶生小叶披针形或宽披针形，先端渐尖；花冠淡绿色或黄白色；荚果长 5-8 厘米 ………………………………………………………………………………………… 1. 小槐花 **D. caudatum**
1. 叶柄无窄翅，顶生小叶椭圆形或倒卵形；花冠紫色；荚果长 1.2-2.5 厘米 …………… 2. 假地豆 **D. heterocarpon**

1. 小槐花 图247

Desmodium caudatum（Thunb.）DC.

落叶小灌木，高达 1 米，分枝多。复叶具小叶 3 枚，叶柄长 1.5-4 厘米，扁平，具深沟和极窄翅，托叶披针状线形，宿存；顶生小叶披针形或宽披针形，长 5-9 厘米，宽 1.5-2.5 厘米，侧生小叶较小，先端急尖或渐尖，基部楔形，全缘，下面疏被毛，侧脉 10-12 对，小叶柄长达 1.4 厘米，小托叶丝状。总状花序腋片，花序轴密被柔毛，杂有钩状毛，每节生 2 花，花梗长 3-4 毫米，密被毛；苞片钻形；花萼窄钟形，被毛，萼上部裂片先端微 2 裂；花冠淡绿或黄白色，长约 5 毫米；旗瓣瓣柄极短，翼瓣及龙骨瓣具瓣柄；雄蕊两体；雌蕊长约 7 毫米，子房在缝线上密被平伏柔毛。荚果条形，长 5-8 厘米，被钩状毛，腹背缝线浅缢缩，荚节 4-7（8）。花期 7-9 月；果期 9-11 月。

产皖南黄山慈光寺、茶林场，休宁岭南三溪，旌德，祁门，广德，歙县，泾县；大别山区霍山大化坪海拔 230 米、青枫岭海拔 460 米，岳西鹞落坪海拔 900-1150 米，潜山天柱山海拔 350 米，太湖罗汉乡海拔 250 米，霍邱。生于林缘及土层深厚湿润处。分布于浙江、江西、湖北、湖南、福建、台湾、四川、贵州、云南。东南亚、朝鲜、日本也有分布。

根、叶药用、清热解毒、活血，可治肠胃炎、腮腺炎、淋巴腺炎及咳嗽、吐血，叶捣烂外敷治疮疖，亦可兽用及防虫害。

图 247 小槐花
1. 果枝；2. 花；3. 花萼；4-6. 花瓣；7. 雄蕊；8. 雌蕊；9. 果。

2. 假地豆

Desmodium heterocarpon（L.）DC.

落叶灌木，高达 3 米。分枝多。幼枝疏被毛。复叶具小叶 3 枚，叶柄长 1-2 厘米，疏被柔毛，托叶宿存；顶生小叶椭圆形或倒卵形，稀近圆形，长 2.5-6 厘米，宽 1.3-3 厘米，侧生小叶较小，先端圆或钝，微凹，具短尖，基部钝，全缘，下面被平状白色长柔毛，小叶柄长 1-2 毫米，密被毛，无窄翅，小托叶丝状。总状花序顶生或腋生，总梗密被淡黄色钩状毛，花序轴被长柔毛，花成对生花序轴节上；苞片复瓦状排列，花梗长 3-4 毫米；萼钟形，长约 2 毫米，4 裂，疏被柔毛，裂片短于萼筒；花冠紫色，长约 5 毫米；旗瓣倒卵状长圆形，瓣柄短，翼瓣具耳及瓣柄，龙骨瓣极弯曲；雄蕊两体；雌蕊长约 6 毫米，子房近无毛。荚果密集，条形，长 1.2-2.5 厘米，腹缝直，背缝波状，荚节 4-9，被钩毛。花期 10 月；果期 10-11 月。

产皖南休宁六股尖，生于山坡阔叶林中。分布于江苏、江西、福建、浙江、湖南、广东、广西、海南岛、云南、四川、贵州。缅甸、泰国、印度、日本有分布。

全株药用，治跌打、骨折及蛇伤；茎皮制绳索和造纸用。

17. 长柄山蚂蟥属 Podocarpium（Benth.）Yang et Huang

草本或小灌木。羽状复叶具小叶 3-7 枚，互生，具托叶和小托叶；小叶对生，全缘或浅波状。花两性；总状或圆锥花序，具苞片，小苞片无，每节着生 2-3 花，花梗被钩状毛或柔毛；萼 4-5 齿裂；旗瓣具短爪，翼瓣及龙骨瓣窄椭圆形；雄蕊单体；子房具柄。荚果具果颈（子房柄），荚节斜三角形或宽半倒卵形，背缝线于种子间深缢几达腹缝线成凹缺，具荚节，腹缝线平直或微缢缩。种脐无环状假种皮；子叶不出土。

约8种，分布于亚洲。我国约7种。分布南北。安徽省2种，1亚种，1变种。

1. 小叶5-7，披针形或长圆形；荚节斜三角形，果颈长1-1.5厘米 ·················· 1. 羽叶长柄山蚂蝗 P. oldhami
1. 小叶3，宽倒卵形或宽卵形或菱形；荚节宽半倒卵形，果颈长3-5毫米：
  2. 顶生小叶先端突尖 ············· 2. 长柄山蚂蝗 P. podocarpum
  2. 顶生小叶先端渐尖：
    3. 顶生小叶宽卵形，长3.5-12厘米，宽2.5-8厘米 ········· 2a. 宽卵叶长柄山蚂蝗 P. podocarpum ssp. fallax
    3. 顶生小叶菱形，长4-8厘米，宽2-3厘米 ·········· 2b. 尖叶长柄山蚂蝗 P. podocarpum var. oxyphyllum

1. 羽叶长柄山蚂蝗   图248

Podocarpium oldhami(Oliv.)Yang et Huang

落叶半灌木，高达1.5米；根茎木质。小枝、叶柄、叶轴及小叶柄疏被黄色柔毛及钩毛。羽状复叶具小叶5-7枚，稀3，叶柄长约6厘米，托叶钻形；小叶披针形、长圆形或卵状椭圆形，长6-15厘米，宽3-5厘米，先端渐尖，基部楔形或钝，全缘，两面疏被柔毛，侧脉5-7对，先端近叶缘上弯，顶生小叶柄长约1.5厘米，小托叶丝状，早落。圆锥花序顶生，花序轴及花梗密被黄色柔毛及钩毛；苞片窄三角形，花梗长4-6毫米，果时延长；萼长约3毫米，上部裂片明显2裂；花冠粉红色，长约7毫米；旗瓣宽椭圆形，瓣柄短，翼瓣及龙骨瓣窄椭圆形；雄蕊单体；子房线形，被毛，具子房柄。荚果长2-3.5厘米，自背缝线深凹至腹缝线，荚节2(1,3)，半菱形或斜三角形，被柔毛及钩毛，果颈（子房柄）长约1厘米。花期8-9月；果期9-10月。

产皖南黄山温泉、慈光寺、云谷寺路边、荒地海拔890米，歙县清凉峰栈岭湾、大原海拔600-950米，泾县涌溪；大别山区金寨白马寨、马宗岭十坪海拔840米，岳西青天海拔850米、鹞落坪海拔1050米，太湖，宿松。生于山谷、路边、沟边或林缘。分布于辽宁、吉林、黑龙江、河北、陕西、山西、江苏、浙江、福建、江西、河南、湖南、湖北、四川、贵州。朝鲜、日本也有分布。

全株药用，可祛风湿、利尿、活血；根皮捣烂敷治筋骨折断。

图248 羽叶长柄山蚂蝗
1. 复叶；2. 果序；3. 花；4. 旗瓣；5. 翼瓣、龙骨瓣；6. 雄蕊；7. 雌蕊；8. 果。

2. 长柄山蚂蝗   图249

Podocarpium podocarpum(DC.)Yang et Huang

半灌木，高达1.5米；茎具条纹。小枝疏被柔毛。羽状复叶具小叶3枚，叶柄长2-12厘米，托叶钻形；顶生小叶宽倒卵形，长4-7厘米，宽3.5-6厘米，先端突尖，基部楔形或宽楔形，全缘，两面疏被柔毛或无毛，侧脉4-5对，先端达叶缘，侧生小叶斜卵形，下面网脉细密凹下，小叶柄长1-2厘米，被柔毛，小托叶丝状。总状花序长20-30厘米，花序轴、花梗及萼均被柔毛及钩毛，每节生2花，花梗长2-4毫米；苞片早落；萼齿4；花冠紫红色，长约4毫米；旗瓣宽倒卵形，翼瓣窄椭圆形，龙骨瓣与之近似，均无瓣柄；雄蕊单体；子房具柄。荚果长约1.6厘米，荚节2(1,3)，背缝线弯曲，节间深凹入达腹缝线，荚节宽半倒卵形，被柔毛及钩毛，果颈长 3-5 毫米。花期 7-9 月；果期 10-11 月。

产皖南黄山云谷寺至狮子林、剪刀峰、北海至松谷庵，绩溪清凉峰海拔 900 米，祁门，歙县，太平，旌德，泾县；大别山区霍山佛子岭，金寨，岳西鹞落坪海拔 1000 米，潜山，太湖大山乡人形岩；江淮滁县皇甫山、琅琊山海拔 200 米。生于深沟谷地、山坡路旁、次生阔叶林中。分布于河北、山西、江苏、浙江、江西、山东、河南、湖北、湖南、广东、广西、四川、贵州、云南、西藏、陕西、甘肃。

2a. 宽卵叶长柄山蚂蝗（亚种）

Podoearpium podocarpum ssp. **fallax**（Schindl.）Yang et Huang

顶生小叶宽卵形或卵形，长 3.5-12 厘米，宽 2.5-8 厘米，先端渐尖或急尖，基部宽楔形或圆形。

产皖南黄山温泉、虎头岩、慈光寺、北海至北坡松谷庵海拔 570 米；大别山区霍山，金寨白马寨，岳西鹞落坪，潜山。分布于东北、华北（除山东外）至陕、甘以南各省区（除西藏外）。

全草药用，祛风湿，活血、止痢。可作家畜饲料。

2b. 尖叶长柄山蚂蝗（变种）

Podocarpium podocarpum var. **oxyphyllum**（DC.）Yang et Huang

小枝无毛。顶生小叶椭圆状菱形或披针状菱形，长 4-8（11）厘米。花冠淡紫色。荚果具 1-2 荚节，半倒卵状三角形，被柔毛及钩毛。

产皖南黄山云谷寺、五里桥海拔 700 米，绩溪清凉峰栈岭湾海拔 850 米、永来海拔 790 米，歙县清凉峰大原海拔 930 米，青阳九华山；大别山区霍山青枫岭海拔 600 米、黄巢寺海拔 160 米、俞家畈、马家河海拔 1250 米，金寨马宗岭、岳西南山一文坳海拔 720 米、鹞落坪；江淮滁县琅琊山。生于山沟路旁土层深厚湿润的环境。分布于秦岭、淮河以南各省（区）。印度尼泊尔、缅甸、朝鲜也有分布。全株药用，治风湿骨痛、咳嗽吐血。幼嫩枝叶为家畜饲料及绿肥料。

图 249 长柄山蚂蝗
1. 花枝；2. 花序；3. 果枝；4. 花；5. 花萼展开；6-8. 花瓣；9. 雄蕊；10. 雌蕊；11. 果。

18. 胡枝子属 **Lespedeza** Michx.

落叶灌木，稀草本。复叶具小叶 3 枚，托叶钻形，宿存；小叶全缘，具芒尖，无小托叶。花两性；总状或头状花序；花双生苞腋，花梗顶端无关节；花两型，具花冠者结实或不结实，无花冠者均结实；萼 5（4）齿裂；花冠超出萼；花瓣具瓣柄；雄蕊 10，两体 9+1；子房上位，胚珠 1，花柱内弯。荚果扁，具网脉。种子 1。

约 60 种，分布于欧洲东北部、亚洲、北美及大洋洲。我国约 20 种。安徽省 16 种，1 亚种。

喜光。耐干旱瘠薄。是保持水土和固沙灌木。茎叶作饲料，有些种可药用。

1. 花不具无瓣花，萼 4（5）裂：
  2. 花序较叶短，近无总梗：
    3. 小叶宽卵形、卵状椭圆形或倒卵形，长 1.5-4.5 厘米，宽 1-3 厘米；荚果长 6-7 毫米 ·······················
··· 1. 短梗胡枝子 **L. cyrtobotrya**

3. 小叶卵状长圆形，长 2.5-5 厘米，宽 1-2 厘米；荚果长约 1.5 厘米 ·················· 2. **广东胡枝子 L. fordii**

2. 花序较叶长或与叶等长：

4. 小叶先端急尖、长渐尖或稍尖，稀稍钝：

5. 花冠淡黄绿色；叶上面鲜绿色，卵状椭圆形 ························· 3. **绿叶胡枝子 L. buergeri**

5. 花冠紫红色：

6. 萼深裂，花长 1-1.5 厘米，总梗长达 10 厘米；小叶长圆状椭圆形 ········ 4. **美丽胡枝子 L. formosa**

6. 萼裂至中部，花长 8-10 毫米，总梗长 3-5 厘米；小叶卵状椭圆形 ······5. **宽叶胡枝子 L. maximowiczii**

4. 小叶先端钝圆或微凹：

7. 小叶下面密被黄白色绢毛或被长柔毛至丝状毛；萼深裂：

8. 植株粗壮，条棱明显；小叶宽卵形；萼片披针形 ················· 6. **大叶胡枝子 L. davidii**

8. 植株无前者粗壮，微具细条棱；小叶长倒卵形或卵状椭圆形；萼片线状披针形 ·········

········ 7. **春花胡枝子 L. dunnii**

7. 小叶下面被疏柔毛至无毛，圆形、椭圆形或卵状长圆形；萼浅裂至中部 ·········· 8. **胡枝子 L. bicolor**

1. 花具无瓣花，萼 5 裂：

9. 茎平卧或斜伸；全株密被毛；花冠黄白色或白色；小叶宽倒卵形或倒卵圆形 ·········· 9. **铁马鞭 L. pilosa**

9. 茎直立：

10. 总梗纤细：

11. 花冠紫色，总状花序多花，总梗稍粗，不为毛发状 ············· 10. **多花胡枝子 L. floribunda**

11. 花冠黄白色，总状花序稀疏，具 3 花，总梗纤细，毛发状 ·········· 11. **细梗胡枝子 L. virgata**

10. 总梗粗壮：

12. 萼片窄披针形，萼长为花冠长的 1/2 以上，花冠黄色或黄白色，无瓣花簇生叶腋呈球状；植株密被黄褐色绒毛；小叶质厚 ································· 12. **绒毛胡枝子 L. tomentosa**

12. 萼片披针形或窄披针形，萼长不及花冠之半或近等长：

13. 萼与花冠近等长，花序较叶短：

14. 小叶披针状长圆形，长 2-3 厘米；花冠黄绿色 ·················· 13. **达乌里胡枝子 L. davurica**

14. 小叶倒披针状条形或长圆形，长 1.5-4 厘米；花冠白色 ·········· 14. **中华胡枝子 L. chinensis**

13. 萼长不及花冠之半：

15. 小叶楔形或线状楔形，长 1-3 厘米，宽 2-5(7) 毫米，先端截形，具芒尖，基部楔形 ·········

····················· 15. **截叶胡枝子 L. cuneata**

15. 小叶长圆形或倒卵状长圆形，长 1-2(2.5) 厘米，宽 5-10 毫米，先端钝圆或微凹，基部宽楔形或圆形 ····················· 16. **阴山胡枝子 L. inschanica**

1. **短梗胡枝子**

图 250

Lespedeza cytobotrya Miq.

直立灌木，高达 2 米。小枝具棱，幼时被白色柔毛。复叶具小叶 3 枚，叶柄长 1-2.5 厘米，托叶 2，暗褐色；小叶宽卵形、卵状椭圆形或倒卵形，长 1.5-4.5 厘米，宽 1-3 厘米，先端圆或微凹，具芒尖，全缘，下面灰白色，被平状疏柔毛，小叶柄长约 2 毫米，密被短柔毛，总状花序较叶短，苞片暗褐色，花梗短；萼筒密被长柔毛，萼齿 4，披针形；花冠紫色，长约 1.1 厘米；旗瓣倒卵形，翼瓣长圆形，短于旗瓣和龙骨瓣。荚果斜卵形，长约 6 毫米，密被锈色绢毛。花期 7-8 月；果期 9 月。

产皖南休宁岭南海拔 250-300 米。生于山坡灌丛或杂木林下。分布于黑龙江、吉林、辽宁、河北、山西、陕西、甘肃、浙江、江西、河南、广东、福建、湖北、四川。

枝条可编织，叶可作饲料。

2. 广东胡枝子

Lespedeza fordii Schindl.

直立灌木，高达 40 厘米。小枝无毛。复叶具小叶 3 枚，叶柄长约 1 厘米，无毛，托叶 2；小叶卵状长圆形、倒卵状长圆形或长圆形，长 2.5-5 厘米，宽 1-2 厘米，先端圆或微凹，具短刺尖，基部圆形，全缘，下面被平状短柔毛至无毛，干叶灰黑色。总状花序较叶短，总梗几无，花梗长 3.5 毫米，小苞片密被柔毛，萼裂齿 4，裂至中部以下，密被毛；花冠紫红色，长 7-8 毫米；旗瓣广倒卵形，翼瓣窄长圆形，龙骨瓣斜倒卵形；子房被毛。荚果长圆状椭圆形，长约 1.5 厘米，扁平，具刺尖和短柄，被平状毛。花期 6 月；果期 8-10 月。

产皖南黄山温泉、桃花峰、眉毛峰、海拔 1000 米，祁门，休宁岭南，歙县清凉峰海拔 450 米。生于路旁、山谷瘠地和沙壤土上。分布于江苏、浙江、江西、福建、湖南、广东、广西。

3. 绿叶胡枝子　　　　　　　　图 251

Lespedaza buergeri Miq.

灌木，高达 3 米。幼枝被长柔毛。复叶具小叶 3 枚，叶柄长 1-3 厘米，托叶 2；小叶卵形或卵状椭圆形，长 3-7 厘米，宽 1.5-2.5 厘米，先端急尖，基部宽楔形，全缘，上面鲜绿色，下面灰绿色，被平伏柔毛。总状花序较叶长，苞片 2，褐色，密被毛，花梗长约 6 毫米；萼齿 4，被柔毛；花冠淡黄绿色或白色，长约 1 厘米；旗瓣近圆形，翼瓣椭圆状长圆形，与旗瓣基部常带紫色，龙骨瓣倒卵状长圆形；雄蕊 10，两体；子房被毛。荚果长圆状卵形，长约 1.5 厘米，被柔毛和具网纹。花期 6-8 月；果期 9-10 月。

产皖南黄山桃花峰、北坡松谷庵海拔 550-1200 米、清凉台至五道亭，祁门牯牛降赤岭、观音堂、降上海拔 1500-1600 米，绩溪清凉峰永来、杨子坞海拔 720 米，石台牯牛降金竹洞海拔 540 米，青阳九华山；大别山区金寨马宗岭、白马寨虎形地、小海淌、东凹海拔 610-1660 米、渔潭鲍家窝，岳西大王沟、鹞落坪，潜山天柱山，舒城万佛山小涧冲；生于山坡林下、山沟路旁。分布于山西、陕西、甘肃、江苏、浙江、江西、台湾、河南、湖北、四川。

4. 美丽胡枝子

Lespedeza formosa（Vog.）Koehne

直立灌木，高达 2 米。幼枝密被柔毛。复叶具小叶 3 枚，叶柄长 1-5 厘米，被柔毛，托叶褐色；小叶卵形、

图 250 短梗胡枝子
1. 花枝；2. 花；3. 果。

图 251 绿叶胡枝子
1-3. 花枝；4. 花萼；5. 花瓣；6. 雌蕊、雄蕊。

卵状椭圆形或椭圆状披针形，长 2.5-6(9) 厘米，先端，圆钝，具短尖，基部楔形或近圆形，全缘，上面疏被柔毛，下面密被平伏短柔毛。总状花序腋生，较叶长，或圆锥花序顶生，总梗长达 10 厘米，与苞片密被柔毛，花梗短，被柔毛；萼长 5-7 毫米，4(5) 深裂，较萼筒长，密被柔毛；花冠紫红色，长 1-1.5 厘米；旗瓣较龙骨瓣短，翼瓣长 7-8 毫米，短于旗瓣和龙骨瓣。荚果倒卵形、卵形或倒卵状长圆形，长 8 毫米，稍偏斜，被锈色柔毛，具网纹。花期 5-6 月；果期 9 月。

产大别山区岳西鹞落坪海拔 1050 米；江淮地区。生于灌丛中。分布于河北、陕西、甘肃、山东、江苏、浙江、江西、福建、河南、湖北、湖南、广东、广西、四川、云南、台湾。朝鲜、日本也有分布。

5. 宽叶胡枝子 拟绿叶胡枝子

Lespedeza maximowiczii Schneid.

直立灌木。小枝稍具棱，被疏柔毛。复叶具小叶 3 枚，叶柄长 1-4.5 厘米，被疏柔毛，托叶褐色；小叶宽椭圆形或卵状椭圆形，长 3-6(9) 厘米，宽 2-4 厘米，先端渐尖或急尖，基部圆形或宽楔形，全缘，上面暗绿色，下面淡绿色，被平伏柔毛。总状花序较叶长，腋生，或圆锥花序顶生，总梗长 3-5 厘米，密被柔毛，花梗长约 3 毫米，小苞片褐色；萼钟状，长 4-5 毫米，5 裂至中部，上方 2 裂齿合生较高，被毛；花冠紫红色，长 8-10 毫米；旗瓣倒卵形，长 9-10 毫米，翼瓣长圆形，长 6-8 毫米，龙骨瓣弯刀形，长 8-9 毫米；子房被毛。荚果卵状椭圆形，长约 9 毫米，被柔毛，具网纹。花期 7-8 月；果期 9-10 月。

产皖南黄山慈光寺，绩溪清凉峰永来海拔 810 米，歙县清凉峰大原海拔 970 米、劳改队海拔 860 米、东凹海拔 1650 米；大别山区霍山马家河、俞家畈海拔 600 米，金寨白马寨、马宗岭海拔 900 米，岳西文坳、庙堂山、鹞落坪海拔 1100-1350 米，潜山彭河乡海拔 250 米，舒城万佛山小涧冲；江淮滁县琅琊山海拔 210 米。分布于浙江、河南。耐干旱。

6. 大叶胡枝子

Lespedeza davidii Franch.

直立灌木，高达 3 米，粗壮。小枝具明显条棱，密被长柔毛。复叶具小叶 3 枚，叶柄长 1-4 厘米，密被硬毛，托叶 2；小叶宽卵圆形或宽倒卵形，长 3.5-7(13) 厘米，宽 2.5-5(8) 厘米，先端圆或微凹，基部宽楔形，全缘，两面密被黄白色绢毛。总状花序腋生或圆锥花序顶生，较叶长，总梗长 4-7 厘米，密被长柔毛，小苞片被毛；萼宽钟形，长约 6 毫米，5 深裂，与萼齿被长柔毛；花冠紫色；旗瓣倒卵状长圆形，长约 1.1 厘米，翼瓣窄长圆形，长约 7 毫米，龙骨瓣与旗瓣近等长；子房密被柔毛。荚果卵形，长 8-10 毫米，稍偏斜，被较密绢毛或具网纹。花期 7-8 月；果期 9-11 月。

产皖南黄山温泉、慈光寺、桃花峰、茶林场，太平七都，旌德，青阳九华山，贵池，歙县清凉峰，祁门；大别山区岳西鹞落坪，潜山天柱山海拔 420-1100 米。生于干旱山坡、路旁或灌丛中。分布于江苏、浙江、江西、福建、河南、湖南、广东、广西、四川、贵州。

耐干旱，可栽作水土保持灌木。

7. 春花胡枝子

Lespedeza dunnii Schindl.

直立灌木，微具条棱，密被黄色柔毛。复叶具小叶 3 枚，叶柄长 7-10 毫米，被黄色或白色柔毛，托叶红褐色；小叶长倒卵形或卵状椭圆形，长 3-5.5 厘米，宽约 2 厘米，先端圆或微凹，具短刺尖，基部圆形，全缘，上面被疏柔毛，下面被长柔毛。总状花序腋生，长 4-5 厘米，较叶长，密被绒毛，花梗长约 1.5 毫米，小苞片 2，红褐色，均被柔毛；萼钟状，长 5-7 毫米，5(4) 深裂，裂齿线状披针形，密被柔毛；花冠紫红色，长约 1 厘米；旗瓣倒卵形，翼瓣长圆形，长 7.5 毫米，龙骨瓣斜倒卵形与旗瓣近等长；子房密被毛。荚果长圆状椭圆形，长约 8 毫米，具长喙，密被长柔毛。花期 4-5 月；果期 6-7 月。

产皖南黄山；大别山区霍山俞家畈、廖寺园海拔 560-1000 米，金寨白马寨马屁股下海拔 690 米，岳西鹞落坪，潜山海拔 860 米，舒城万佛山小涧冲。生于山坡路旁灌丛中及林缘。分布于浙江、福建。

8. 胡枝子 图252

Lespedeza bicolor Turcz.

直立灌木，高达 3 米。幼枝被柔毛，具棱。复叶具小叶 3，叶柄长 2-7（9）厘米，托叶 2，线状披针形；小叶卵状长圆形、宽椭圆形或圆形，长 1.5-6 厘米，宽 1-3.5 厘米，先端钝圆或微凹，具短刺尖，基部近圆形或宽楔形，全缘，下面被疏柔毛至无毛。总状花序腋生，较叶长，有时为疏松圆锥花序，总梗长 4-10 厘米，苞片黄褐色，被柔毛，花梗长约 2 毫米，密被毛；萼长约 5 毫米，5 浅裂，被白色柔毛；花冠紫色，长约 1 厘米；旗瓣倒卵形，翼瓣近长圆形，较短，龙骨瓣与旗瓣近等长。子房被毛。荚果斜卵形，长约 1 厘米，较萼长，被柔毛。花期 7-8 月；果期 9-10 月。

产皖南黄山清凉台海拔 1600 米、天门坎；大别山区岳西鹞落坪海拔 950 米；江淮滁县皇甫山、琅琊山；淮北萧县皇藏峪。生于落叶阔叶林下或灌丛中。分布于黑龙江、吉林、辽宁、河北、内蒙古、山西、陕西、甘肃、山东、江苏、浙江、福建、台湾、河南、湖北、湖南、广东、广西。朝鲜、日本、原苏联也有分布。

图 252 胡枝子
1. 花枝；2. 果。

适应性强，耐干旱瘠薄，萌芽性强，根系发达，具根瘤菌，是水土保持和改良土壤的优良树种。枝叶茂密，是良好的绿肥和家畜好饲料。根药用，清热解毒，花为蜜源，嫩叶可代茶饮用。

8a. 西南胡枝子 （亚种）

Lespedeza bicolor ssp. **elliptica**（Benth. ex Maxim）P.S. Hsu, X.Y.Li et D.X.Gu

萼深裂，裂齿明显长于萼筒，旗瓣较龙骨瓣短。

产皖南黄山温泉、慈光寺，祁门，歙县，休宁，泾县，青阳九华山，安庆；大别山区外用枞阳。分布于河南、山西、陕西、甘肃、湖北、四川、贵州、云南。

9. 铁马鞭

Lespedeza pilosa（Thunb.）Sieb. et Zucc.

半灌木，全株密被毛。茎平卧，细长，长 60-80（100）厘米，匍匐地面。复叶具小叶 3 枚，叶柄长 6-15 毫米，托叶钻形；小叶宽倒卵形或倒卵圆形，长 1.5-2 厘米，宽 1-1.5 厘米，先端圆截形，具小刺尖，基部圆或近截形，两面密被长柔毛，顶生小叶较大。总状花序腋生，较叶短，总梗极短，密被长柔毛，苞片具缘毛，小苞片 2；萼密被长柔毛，5 深裂，具长缘毛；花冠黄白色或白色；旗瓣椭圆形，长 7-8 毫米，翼瓣短于旗瓣和龙骨瓣；无瓣花常 1-3 集生，结实。荚果广卵形，长 3-4 毫米，密被长柔毛。花期 7-9 月；果期 9-10 月。

产皖南黄山汤口、温泉、云谷寺、沽油潭、松谷庵，歙县冶舍，太平龙源，绩溪，广德，祁门，休宁，泾县；大别山区霍山真龙地、佛子岭、百莲崖海拔 200 米，金寨师范海拔 80 米，岳西鹞落坪，太湖大山乡海拔 250 米，舒城小涧冲。生于路边灌丛中。分布于山西、甘肃、江苏、浙江、江西、福建、湖北、湖南、广东、四川、贵州、西藏。朝鲜、日本也有分布。

10. 多花胡枝子 图 253

Lespedeza floribunda Bunge

小灌木，高达 1 米。小枝被柔毛。复叶具小叶 3 枚，叶柄长 3-6 毫米，托叶钻形；小叶倒卵形或倒卵状长圆形，长 1-1.5（2.5）厘米，宽 6-9 毫米，先端钝圆或截形，具小刺尖，基部楔形，下面密被平伏柔毛，侧生小叶较小。总状花序显著较叶长，多花，总梗细长，小苞片卵形；萼长 4-5 毫米，被柔毛，5 裂；花冠紫色、紫红色或蓝紫色；旗瓣椭圆形，长 8 毫米，翼瓣稍短，龙骨瓣长于旗瓣。荚果宽卵形，长约 7 毫米，超出宿存萼，密被柔毛。花期 8-9 月；果期 9-10 月。

产皖南歙县，绩溪，休宁，铜陵；大别山区金寨马鬃岭十坪海拔 800 米，岳西河图、鹞落坪海拔 650-1100 米；江淮滁县皇甫山、琅琊山，含山太湖山，肥西紫蓬山。生于山坡土壤浅的石质山地。分布于辽宁、河北、山西芮城、陕西、宁夏、甘肃、青海、山东、江苏、江西、福建、河南、湖北、广东、四川。

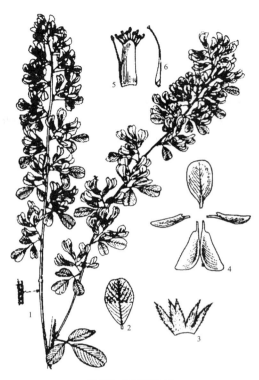

图 253 多花胡枝子
1. 花枝；2. 小叶；3. 花萼；4. 花瓣；5. 雄蕊；6. 雌蕊。

11. 细梗胡枝子 图 254

Lespedeza virgata（Thunb.）DC.

小灌木，高达 1 米。小枝细弱，带紫色，无毛或疏被柔毛。复叶具小叶 3 枚，叶柄长 1-2 厘米，被毛；小叶长圆形或卵状长圆形，长 1-2（2.5）厘米，宽 4-10（15）厘米，先端钝圆，有时具小刺尖，基部圆形，边缘稍反卷，下面密被平状柔毛，侧生小叶较小。总状花序显著超出叶，花稀疏，总梗纤细，毛发状，被毛，花梗长 1-2 毫米，苞片及小苞片披针形；萼长 4-6 毫米，萼齿 5，被疏柔毛；花冠黄白色或白色；旗瓣长 4-6 毫米，基部具紫斑，翼瓣较短，龙骨瓣长于旗瓣或近等长，无瓣花簇生叶腋，结实。荚果宽卵形，长约 4 毫米，较萼短，被柔毛。花期 7-9 月；果期 9-10 月。

产皖南泾县，广德，铜陵；大别山区霍山，岳西鹞落坪海拔 1000 米，潜山驼岭；江淮庐江，凤阳，加山，定远，滁县琅琊山海拔 200 米；淮北萧县皇藏峪，生于土壤较浅的石质山地或向阳山坡灌丛中。分布于华北、陕西、甘肃、湖北、湖南、四川、浙江、江苏。

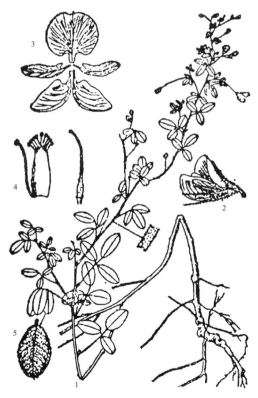

图 254 细梗胡枝子
1. 花枝；2. 花；3. 花瓣；4. 雄蕊及雌蕊；5. 叶。

12. 绒毛胡枝子 图 255

Lespedeza tomentosa（Thunb.）Sieb. ex Maxim.

灌木，高达 2 米。小枝具棱和叶均密被黄色绒毛，分枝少。复叶具小叶 3 枚，叶柄长 2-3（4）厘米，密被黄色绒毛，托叶线形；小叶质厚，长圆形或卵状长圆形，长 3-6 厘米，宽 1.5-3 厘米，先端钝，具小短尖，基部近圆形，下面密被黄带褐色绒毛，叶脉明显隆起，侧生小叶较小。总状花序显著超出叶长，总梗长 4-8（12）厘米，粗壮，花梗长 1-2 毫米，均密被黄褐色绒毛，苞片线状披针形；萼长约 6 毫米，密被黄褐色绒毛，5 深裂；花冠黄色或黄白色；旗瓣长约 1 厘米，与龙骨瓣近等长，翼瓣较短，无瓣花簇生叶脉成球状。荚果倒卵形，长 3-4 毫米，密被褐色绒毛，包于萼内。花期 7-9 月；果期 9-10 月。

产皖南黄山温泉、北坡松谷庵，休宁；大别山区霍山清风岭、欧家冲海拔 640-900 米，金寨马宗岭，岳西鹞落坪，太湖铜山乡海拔 250 米，潜山天柱山；江淮滁县皇甫山、琅琊山，来安。生于荒坡、田埂或灌丛中。分布东北、华北、华中、西南。水土保持植物，又可作饲料、绿肥，茎皮纤维可制作绳索和造纸，根药用，健脾补虚，增进食欲。

13. 达乌里胡枝子　　　　图 256
Lespedeza davurica（Laxm.）Schindl.

小灌木，高达 1 米。幼枝具细棱，被柔毛。复叶具小叶 3 枚，叶柄长 1-2 厘米，托叶线形；小叶长圆形或披针状长圆形，长 2-3 厘米，宽 5-16 毫米，先端圆形，具小刺尖，基部圆形，下面密被柔毛，侧生小叶较小。总状花序较叶短，总梗密被柔毛，小苞片被毛；萼 5 深裂，被柔毛，裂片先端刺芒状，与花冠近等长；花冠黄白色或黄绿色；旗瓣长圆形，长约 1 厘米，基部带紫色，翼瓣长圆形，较短，龙骨瓣较翼瓣长，无瓣花簇生叶腋，结实。荚果倒卵形，长 3-4 毫米，被柔毛。花期 7-8 月；果期 9-10 月。

产皖南祁门；大别山区金寨。生于山坡灌丛中。分布东北、华北、西北、四川、云南。朝鲜、日本也有分布。可作牧草及绿肥，家畜多喜食嫩枝。

14. 中华胡枝子　　　　图 257
Lespedeza chinensis G. Don

小灌木，高达 1 米。幼枝被柔毛。复叶具小叶 3 枚，叶柄长约 1 厘米，被毛，托叶钻形；小叶倒披针状条形、长圆形或卵形，长 1.5-4 厘米，宽 1-1.5 厘米，先端截形，具小刺尖，下面密被柔毛，小叶柄被柔毛。总状花序短于叶，花少，总梗短，花梗长 1-2 毫米，苞片及小苞片被伏毛；萼 5 深裂，被柔毛；花冠白色或黄色；旗瓣椭圆形，长约 7 毫米，翼瓣窄长圆形，长约 6 毫米，龙骨瓣长约 8 毫米，无瓣花簇生于茎下部叶腋。荚果

图 255　绒毛胡枝子
1. 花枝；2. 花萼；3. 花瓣；4. 雄蕊、雌蕊。

图 256　达乌里胡枝子
1. 花枝；2. 小叶；3. 枝部、示托叶、被毛；4. 花；5. 花瓣；6. 雄蕊；7. 雌蕊。

卵圆形,长约 4 毫米,先端具喙,表面具网纹,密被柔毛。花期 8-9 月;果期 10 月。

产皖南黄山汤口、白龙桥、虎头岩、慈光寺、沽油塘常见,歙县清凉峰海拔 450 米;大别山区霍山白莲崖海拔 200 米,金寨马宗岭,岳西鹞落坪海拔 1000 米,舒城小涧冲;江淮滁县皇甫山、琅琊山,定远,来安,庐江,淮南舜耕山。生于灌丛中、林下或路旁。分布于江苏、浙江、江西、福建、台湾、湖北、湖南、广东、四川。根药用,治关节痛。

15. 截叶胡枝子 铁扫帚 　　　　图 258

Lespedeza cuneata(Dum. -Cours)G. Don

小灌木,高达 1 米。小枝被柔毛。复叶具小叶 3 枚,叶密集,叶柄长 5-10 毫米,被柔毛;小叶倒披针形、楔形或线状楔形,长 1-3 厘米,宽 2-5(7)毫米,先端截形或近截形具芒尖,基部楔形,下面密被柔毛,侧生小叶较小。总状花序较叶短,具花 2-4,总梗极短,花梗长 1-3 毫米,被柔毛,小苞片卵形被柔毛及缘毛;萼密被毛,5 深裂;花冠淡黄色。白色或淡红色;旗瓣基部具紫斑,有时龙骨瓣先端带紫色,稍长,翼瓣与龙骨瓣近等长,无瓣花簇生叶腋。荚果卵圆形,长约 3 毫米,较萼长。花期 7-8 月;果期 9-10 月。

产皖南黄山汤口。慈光寺、云谷寺,太平七都,旌德;大别山区霍山大河北海拔 150 米、马家河海拔 850 米,金寨白马寨、马鬃岭十坪海拔 530-800 米,岳西河图、鹞落坪海拔 650-1050 米,潜山;江淮滁县琅琊山,淮南八公山,凤阳。生于路旁草地或杂木林中。喜光。为钙质土壤指示植物。分布于东北、华北、陕西、甘肃、山西、浙江、江苏、湖南,南至广东、云南、贵州、四川。朝鲜、日本、印度也有分布。

全株药用,益肝明目、活血清热、利尿解毒。兽医用作治牛痢疾、猪丹毒。作饲料及绿肥。

16. 阴山胡枝子 　　　　图 259

Lespedeza inschanica(Maxim)Schindl.

小灌木,高达 80 厘米。小枝上部被柔毛。复叶具小叶 3 枚,叶柄长 5-10 毫米,托叶背部具 1-3 条明显脉;小叶长圆形或倒卵状长圆形,长 1-2(2.5)厘米,宽 5-10(15)毫米,先端钝圆或微凹,基部宽楔形或圆形,下面密被柔毛,顶生小叶较大。总状花序与叶近等长,具花 2-6 或单生,小苞片背面密被毛和缘毛;萼长 5-6 毫米,5 深裂,被柔毛;花冠白色;旗

图 257 中华胡枝子
1. 花枝;2. 小叶;3. 花萼;4. 旗瓣;5. 翼瓣;6. 龙骨瓣;7. 雄蕊、雌蕊;8. 果。

图 258 截叶胡枝子
1. 花枝;2. 叶;3. 花;4. 花萼;5. 花瓣;6. 雄蕊、雌蕊;7. 果。

瓣近圆形，长7毫米，基部带大紫斑，翼瓣长圆形，长5-6毫米，龙骨瓣长6.5毫米，先端常带紫色。荚果倒卵形，长约4毫米，密被毛，短于宿存萼，包于萼内。花期8-9月；果期10月。

产大别山区太湖铜山乡政府附近海拔250米。生于山坡杂木林缘或路边。分布于辽宁、内蒙古、河北、山西、陕西、甘肃、河南、山东、江苏、湖北、湖南、四川、云南。朝鲜、日本也有分布。

牛、羊牧草饲料用。

19. 杭子梢属 Campylotropis Bge.

落叶灌木。小枝具棱。复叶具小叶3枚，托叶2，宿存；小叶具芒尖，小叶柄基部具2脱落性小托叶。花两性；圆锥或总状花序；苞片早落，苞腋具1花，花梗近顶端具一关节，花易脱落；萼5齿裂；旗瓣具瓣柄，翼瓣基部具耳及细瓣柄，龙骨瓣先端喙状；雄蕊10，两体(9+1)；子房被毛，具短柄，1室，胚珠1，花柱丝状，柱头顶生。荚果，具网纹，不裂。种子1。

约60种，分布于东亚。我国约40种，多集中于西南部。安徽省1种。

耐干旱，为水土保持的重要灌木，有固氮改良土壤的作用。枝条供编制用；叶作饲料及绿肥；也是重要蜜源或药用植物。

杭子梢   图260

Campylotropis macrocarpa(Bge.)Rehd.

灌木，高达2米。幼枝较圆，密被绢毛。复叶具小叶3枚，叶柄长1.5-3厘米，幼时密被毛，后无毛，托叶披针形；小叶椭圆形或倒卵形，顶生小叶长3-7厘米，宽1.5-3.5厘米，先端圆或微凹，具小芒尖，基部圆形，下面被柔毛，中脉明显隆起，小托叶被绢毛。总状花序较叶长，花序轴密被柔毛，总梗长1-4厘米，与花梗被柔毛，花梗长6-12毫米；苞片与小苞片早落；萼长3-4毫米，浅裂或深裂；花冠紫红色或近粉红色，长1-1.2厘米；旗瓣椭圆形，瓣柄长9-16毫米，翼瓣稍短于旗瓣或等长，龙骨瓣稍呈直角或微钝角微弯。荚果斜椭圆形，长1-1.4厘米，被平伏柔毛或无毛。花期6-9月；果期10月。

产皖南黄山翠薇寺常绿阔叶林缘海拔500米，歙县清凉峰劳改队坞、大原、朱家舍、猴生石海拔610-880米，旌德，太平；大别山区霍山桃源河、诸佛庵、

图259 阴山胡枝子
1. 花枝；2. 叶及托叶；3. 花瓣；4. 雄蕊及雌蕊；5. 花。

图260 杭子梢
1. 花枝；2. 花；3. 花萼；4-6. 花瓣；7. 花萼、雄蕊；8. 雌蕊；9. 果。

马家河、黄巢寺海拔 800-890 米，金寨马宗岭、渔潭至白马寨海拔 540 米、虎形地之上部海拔 1090 米，岳西鹞落坪、大王沟、河图海拔 750-1250 米，舒城万佛山小涧冲；江淮滁县琅琊山。生于山坡、林缘或灌丛中。喜湿润、肥沃的山地褐土。分布于河北、山西、陕西、甘肃、山东、河南、江苏、浙江、江西、福建、湖北、湖南、广西、四川、贵州、云南、西藏。

21. 山梅花科 PHILADELPHACEAE

落叶，稀常绿，灌木或亚灌木，稀小乔木。单叶，对生或轮生，常具锯齿，羽状脉或 3-5 出脉；无托叶。花两性或杂性异株；总状、圆锥、聚伞或头状花序，顶生，稀单生；萼筒多少与子房结合，稀分离，萼裂片 4-5；花瓣 4-5，多为白色；雄蕊 4 至多数，花丝分离或基部连合，花药 2 室；子房上位至下位，1-7 室，花柱 1-7，分离，稀基部连合，胚珠多数，稀单生，中轴胎座，稀侧膜胎座。蒴果，室背开裂。种子小，胚乳肉质，胚小而直。

7 属，约 135 种，分布于欧洲南部至亚洲东部、北美，南至菲律宾、新几内亚、夏威夷群岛。我国 2 属，50 余种。安徽省 2 属，8 种，3 变种。

1. 植株被星状毛；叶具羽状叶脉；雄蕊 10，花丝窄带形，顶端常具 2 裂齿 ·················· 1. 溲疏属 Deutzia
1. 植株无星状毛；叶基脉 3-5 出；雄蕊多数，花丝锥形，无裂齿 ·················· 2. 山梅花属 Philadelphus

1. 溲疏属 Deutzia Thunb.

落叶，稀常绿灌木，被星状毛；枝皮剥落，稀不剥落。小枝对生，中空或具白色髓心；芽鳞覆瓦状排列。叶对生，具锯齿，羽状脉。花两性；伞房、圆锥、聚伞或总状花序，稀单生，通常顶生；花多白色或淡紫色、桃红色；萼下部合生，萼裂片 5；花瓣 5；雄蕊 10，排成 2 轮，花丝窄带状，常具翅，顶端两侧各具一裂齿，花药着生于花丝顶端，内轮有时着生于花丝内侧；花盘环状；子房下位，花柱 3-5，分离。蒴果 3-5 室，室背瓣裂。种子多数，细小，宽镰形或线形，微扁。

约 60 种，分布于东亚、喜马拉雅山区及墨西哥。我国约 40 余种，广布于南北各地。多为林下习见种。花美丽，供观赏。安徽省 4 种，2 变种。

用种子、扦插、压条、分根繁殖。

1. 总状花序，基部有时分枝；锯齿圆钝；萼筒密被锈褐色星状毛 ·················· 1. 圆齿溲疏 D. crenata
1. 圆锥花序；萼筒密被或疏被灰白色星状毛：
    2. 花序柄无毛或被极稀星状毛；叶下面疏被星状毛或近无毛 ·················· 2. 黄山溲疏 D. glauca
    2. 花序柄密被星状毛；叶下面密被星状毛：
        3. 花序较窄，花丝上部裂齿极短或平截；叶缘锯齿稀疏或不明显，下面星状毛中央无单毛 ··················
        ·················· 3. 宁波溲疏 D. ningpoensis
        3. 花序较宽，花丝上部裂齿呈舌状；叶缘锯齿细锐，下面沿中脉星状毛中央具单毛 ··················
        ·················· 4. 长江溲疏 D. schneideriana

1. 圆齿溲疏   图 261

Deutzia crenata Sieb. et Zucc.

落叶灌木，高达 2.5 米。1 年生小枝疏被星状毛，老枝无毛，枝皮略剥落。叶卵形或卵状披针形，长 5-8 厘米，宽 1-3 厘米，先端尖或渐尖，基部圆形或宽楔形，具圆钝细锯齿，上面疏被星状毛，辐射枝 4-6，下面被浅黄褐色或灰色星状毛，辐射枝 6-12，毛被不连续覆盖，叶脉上星状毛中央常具直立单毛；叶柄长 2-4(8)毫米。总状花序基部分枝，长 4.5-7(10)厘米，宽 2.5 厘米以下，多花，被锈色星状毛，中央常杂具单毛；花冠径 1.5-2.5 厘米，花梗长 3-5 毫米；萼密被锈褐色星状毛，萼裂片三角形，果时脱落；花瓣白色，长圆状卵形，长 8-10 毫米；外轮雄蕊较花瓣略短，花丝上部具裂齿，花药具柄；花柱 3(4)，较雄蕊长。蒴果近球形，径约 3-6 毫米，先端略收缩，疏被星状毛。花期 5-6 月；果期 8 月。

原产日本。安徽省黄山、九华山及淮河流域以南地区各地园林中多有引种栽培。

喜光。喜温暖湿润气候；喜生于肥沃疏松、富含腐殖质的中性土壤。

本种夏季白花繁密素雅，树姿优美，可植为庭园观赏花木。在美化环境中，还有 2 个变种：

1a. 重瓣溲疏（变种）

Deutzia crenata Sieb. et Zucc. var. **plena** Maxim.

花重瓣，外面略带玫瑰红色。合肥逍遥津及芜湖戈机山医院有栽培。

1b. 白花重瓣溲疏（变种）

Deutzia crenata Sieb. et Zucc. var. **candidissima-plena** Froebel

花重瓣，白色。

上述 2 变种的观赏价值均优于圆齿溲疏。

喜光。喜温暖气候。原产日本。我国长江流域各省多有栽培。

2. 黄山溲疏　　　　　　　　　图 262

Deutzia glauca Cheng

落叶灌木，高达 2 米。老枝淡紫褐色，枝皮不剥落，无毛。叶宽椭圆形、长圆状椭圆形或卵状菱形，长 5-10 厘米，宽 2-4.5 厘米，先端短渐尖或渐尖，基部圆形或宽楔形，具细密整齐锯齿，上面疏被星状毛，辐射枝 4-6，下面绿色或粉绿色，星状毛较上面稀疏，辐射枝 8-12（6-7）；叶柄长 8-12 毫米。圆锥花序长 6.5-8 厘米，宽 3-4 厘米，花序柄多无毛；萼筒近球形，被星状毛，萼裂片 5，宽三角形；花瓣白色，长圆形，长 1-1.5 厘米，外被星状毛；外轮雄蕊长约 8 毫米，内轮略短，花丝上部两齿平展或略上升，齿先端钝；花柱 3-4（5），长约 1.2 厘米。蒴果半球形，径 5-7 毫米，被星状毛，萼裂片脱落。花期 5 月；果期 6-7 月。

产皖南黄山西海、松谷庵、刘门亭、云谷寺、狮子岭海拔 1600 米、温泉、桃花峰海拔 700-1000 米，普遍，祁门牯牛降，休宁岭南，绩溪清凉峰石狮、永末、栗树棱海拔 800-880 米，青阳九华山天台、黄石；大别山区霍山马家河大核桃园海拔 1200 米，金寨马宗岭、渔潭鲍家窝，岳西妙堂山、鹞落坪海拔 1100 米，潜山天柱山，舒城万佛山。生于山坡灌丛或沟边林缘。分布于浙江、江西、河南、湖北。

喜光。喜温暖湿润气候和疏松、排水良好山地酸性黄壤。

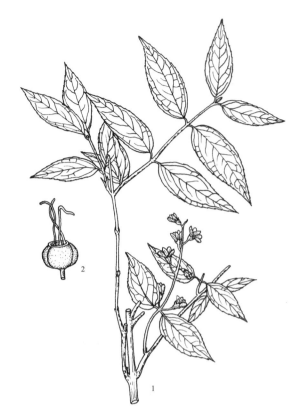

图 261 圆齿溲疏
1. 花枝；2. 果实。

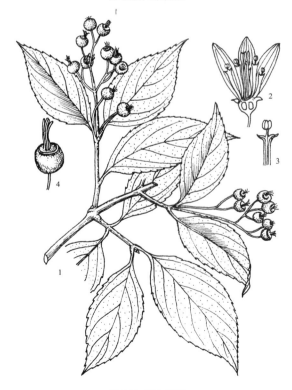

图 262 黄山溲疏
1. 果枝；2. 花纵剖面；3. 雄蕊；4. 果实。

树姿优美，5 月白花盛开，为良好的庭园观赏花木。

3. 宁波溲疏 图 263

Deutzia ningpoensis Rehd.

落叶灌木，高达 2.5 米。幼枝被星状毛，老枝无毛，枝皮剥落。叶厚纸质，卵状披针形、披针形或卵状长圆形，长 3-9 厘米，宽 1.5-3 厘米，先端渐尖，基部圆形或宽楔形，疏生不明显细锯齿，上面被星状毛，辐射枝 4-6，下面密被灰白色星状毛，辐射枝 10-15，毛被连续覆盖；叶柄长 1-2 毫米。圆锥花序长 4-7.5（10）厘米，宽 3-5 厘米，多花；花冠径 1-1.8 厘米，花梗长 3-5 毫米；萼筒密被白色星状毛，萼裂片三角状卵形，长 1.5-2 毫米，与萼筒等长或稍短；花瓣白色，卵状长圆形，被星状毛；外轮雄蕊与花瓣近等长，花丝上部裂齿极短或平截，花药柄较长；花柱 3-4，长于雄蕊。蒴果近球形，径 3-4 毫米，密被白色星状毛，萼裂片脱落，宿存花柱长 6-8 毫米；果序长达 14 厘米。花期 5 月；果期 7 月。

产皖南黄山温泉、硃砂庵、桃花峰、苦竹溪海拔 530-750 米，祁门，石台牯牛降，黟县余家山，绩溪清凉峰永来、六井海拔 770 米，歙县清凉峰乌桃湾海拔 1000 米，太平，泾县小溪，旌德，青阳九华山；大别山区霍山马家河、夹板冲，金寨马宗岭、白马寨海拔 910 米，岳西妙堂山、鹞落坪海拔 1050 米，潜山天柱山，舒城万佛山山坡、沟边、路旁常见。分布于浙江、江西、福建及长江中下游各省。

最喜光。常生于微酸性、中性及石灰岩山地。晚春满树白花盛开，为优良观赏花木。根、叶药用，治感冒、小便不顺利、疟疾、疔疮、骨折等症。

图 263 宁波溲疏
1. 花序枝；2. 雄蕊。

4. 长江溲疏 图 264

Deutzia schneideriana Rehd.

落叶灌木，高达 2 米。幼枝疏被星状毛，枝皮剥落。叶厚纸质，椭圆状卵形、倒卵形或长圆状卵形，长 3.5-7 厘米，宽 1.5-3 厘米，先端短渐尖或渐尖，基部宽楔形或圆形，具细尖锯齿，上面疏被星状毛，辐射枝 4-7，下面密被灰白色星状毛，辐射枝 10-15，中脉下部两侧星状毛的中央具直立单毛；叶柄长 3-5 毫米。圆锥花序宽塔形，长 3-8 厘米，花梗被星状毛；萼筒半球形，密被星状毛，萼裂片三角形，短于萼筒；花瓣白色，长圆形，长约 1 厘米；雄蕊短于花瓣或近等长，外轮花丝上部具 2 裂齿，内轮花丝裂齿合生，呈舌状；花柱 3。蒴果半球形，径 4-7 毫米，萼裂片脱落。花期

图 264 长江溲疏（果枝）

5 月中旬；果期 7-8 月。

产皖南黄山；大别山区金寨，岳西鹞落坪海拔 980 米，潜山天柱山海拔 800 米。生于山坡林缘或溪边灌丛中。分布于湖北、浙江、江西、湖南。喜光。喜温暖、湿润气候和疏松排水良好的酸性土壤；萌发性强。

2. 山梅花属 Philadelphus L.

落叶灌木，稀常绿。小枝对生，具白色髓心，腋芽埋藏于叶柄基部或裸露，芽鳞覆瓦状排列。叶对生，3-5 出脉；无托叶。花两性；总状花序，有时单生或 2-3 花呈聚伞状，稀圆锥花序；花白色，芳香；萼筒倒圆锥形或近钟形，萼裂片 4(5)；花瓣 4(5)，覆瓦状排列；雄蕊多数，花丝锥形，分离，花药卵形或长圆形；子房下位或半下位，4(3-5)室，花柱 4(3-5)，基部连合，柱头分离，线形、棒形、槽状、鸡冠状，或合生成柱状或近头状，胚珠多数。蒴果 4(5) 瓣裂，外果皮纸质，内果皮木栓质，萼裂片宿存。种子多数，细小，纺锤形，前端冠以白色流苏，末端延伸成尾。种皮膜质，具网纹。

约 75 种，分布于亚洲、欧洲、北美。我国约 18 种，12 变种和变型，全国均有分布，以西南各省为多。安徽省 4 种，1 变种。

喜光。喜湿润。常混生于灌丛中、林内或沿沟谷生长。花芳香美丽，并含芳香油。种子繁殖、扦插、压条，易成活。

1. 花柱纤细，柱头棒形；总状花序具花 7-9、7-11：
  2. 花梗及萼外面无毛或疏被糙伏毛；蒴果椭圆形 ················· 1. 光盘山梅花 Ph. laxiflorus
  2. 花梗及萼外面密被灰白色平伏毛，近全部覆盖花萼；蒴果倒卵形 ·········· 2. 山梅花 Ph. incanus
1. 花柱粗状，柱头槽形或匙形；总状花序具花 7-15(30)、5-9(13)：
  3. 萼被白色平伏粗毛或部分被毛，柱头槽形或匙形；小枝表皮纵裂，片状剥落；花冠盘状：
    4. 叶椭圆形或卵状椭圆形，具锯齿，齿端具角质小圆点 ········· 3. 绢毛山梅花 Ph. sericanthus
    4. 叶卵状椭圆形，明显仅具 9-12 齿 ···········
        3a. 牯岭山梅花 Ph. sericanthus var. kulingensis
  3. 萼无毛，柱头槽形；小枝表皮纵裂或不裂，片状剥落或不剥落；花冠十字形 ······················
        4. 浙江山梅花 Ph. zhejiangensis

1. 光盘山梅花   图 265
Philadelphus laxiflorus Rehd.

落叶灌木，高达 3 米。二年生枝表皮薄片状剥落。叶长椭圆形或卵状椭圆形，长 3-8 厘米，宽 1.6-3 厘米，先端渐尖或稍尾尖，基部楔形，具锯齿，上面被糙伏毛，下面无毛或仅叶脉及脉腋疏被长柔毛，离基 3、5 出脉；叶柄长 5-8 毫米。总状花序具花 7-9，最下分枝有时 3 花呈聚伞状，花梗长 5-12 毫米，无毛；萼无毛或疏被糙伏毛，萼筒钟形，萼裂片卵形，长约 6 毫米；花冠盘状，径 2.5-3 厘米；花瓣 4，白色，近圆形，径约 1.6 厘米；雄蕊 30-35，花丝不等长；花盘边缘和花柱疏被长柔毛或无毛；花柱 4 裂至中部，柱头棒形，

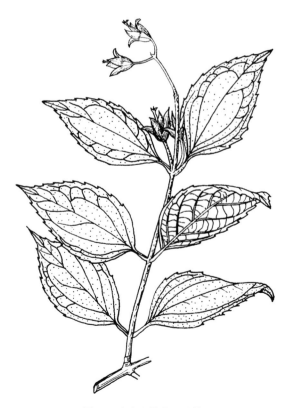

图 265 光盘山梅花（果枝）

短于花药。蒴果椭圆形，径约 6 毫米，萼裂片宿存。种子具短尾。花期 5-6 月；果期 8 月。

产皖南黄山温泉、茶林场山坡灌丛中，休宁，太平，歙县，宣城；大别山区潜山驼岭。分布于江苏、浙江、江西。

为美丽花木树种，庭园栽植，可供观赏。

2. 山梅花 图 266

Philadelphus incanus Koehne

落叶灌木，高达 3.5 米。一年生小枝被柔毛，二年生枝灰色，枝皮不剥落或迟剥落。叶卵形或椭圆形，稀椭圆状披针形，长 6-12.5 厘米，宽 8-10 厘米，先端急尖，基部近圆形，具浅锯齿，上面疏被直立刺毛，下面被平伏短毛，叶脉 3 或 5；叶柄长 5-10 毫米。总状花序，具花 7-11，花序轴长 3-7 厘米，被柔毛，花梗长 5-7 毫米，密被平伏毛；萼密被平伏白毛，萼筒钟形，萼裂片卵形，长约 5 毫米；花冠钟状，径 2.5-3 厘米；花瓣白色，倒卵形或近圆形，长 1.3-1.5 厘米；雄蕊 30-35；花盘无毛；花柱长约 5 毫米，无毛，柱头棒形。蒴果倒卵形，径 5-7 毫米，宿存萼裂片上周位。种子具短尾。花期 5-6 月；果期 7-8 月。

产大别山区金寨白马寨虎形地、雷公洞海拔 850-1000 米，岳西鹞落坪。生于灌木丛中。分布于江苏、江西、河南、陕西、山西、湖北、四川。

花多，洁白美丽，供观赏；嫩叶可代茶饮用。

图 266 山梅花
1. 花枝；2. 果实（示宿存萼片）。

3. 绢毛山梅花 图 267

Philadelphus sericanthus Koehne

落叶灌木，高达 4 米。小枝无毛，二年生枝平滑，后渐开裂成小片脱落。叶卵状椭圆形或椭圆形，长 3-11 厘米，宽 1.5-5 厘米，先端渐尖，基部楔形或宽楔形，具锯齿，上面疏被平伏粗毛或近无毛，下面沿叶脉疏被平伏粗毛。总状花序，具花 7-15，花序轴无毛，花梗长 6-12 毫米，被平伏粗毛；萼被白色平伏粗毛，萼裂片卵形，长 6-7 毫米；花冠盘状，径 2.5-3 厘米；花瓣白色，倒卵形，长 1.2-1.5 厘米；雄蕊 30-35，花药长圆形；花盘和花柱无毛；柱头槽形或匙形。蒴果倒卵形，径约 5 毫米。种子纺锤形，具网纹。花期 5-6 月。

产皖南黄山松谷庵，太平七都，泾县小溪，歙县，绩溪清凉峰栈岭湾、银龙坞、永来海拔 620-700 米，休宁流口，石台牯牛降横山海拔 585 米；大别山区霍山马家河，金寨白马寨龙井、东边凹海拔 740-1100 米，岳西鹞落坪，潜山彭河乡海拔 500 米，舒城万佛山。生于灌丛或杂木林中。分布于江苏、浙江、江西、湖北、湖南、四川、贵州、云南、山西。喜光。喜温暖湿润气候。

图 267 绢毛山梅花
1. 果枝；2. 果；3. 叶下面放大。

花色秀丽，城市公园多有栽培，为绿化观赏树种。

3a. 牯岭山梅花（变种）
Philadelphus sericanthus Koehne var. **kulingensis**（Koehne）Hand. -Mzt.

叶卵状椭圆形，上面无毛或近无毛，边缘明显仅具 9-12 齿；萼部分被白色平伏粗毛，花梗长 1-2 厘米，无毛。花期 6 月。

产皖南黄山锁泉桥附近阔叶混交林中、温泉至虎头岩、中刘门亭皮蓬、文殊院、云谷寺，祁门牯牛降，歙县清凉峰、三阳坑海拔 400 米；大别山区霍山马家河万家红海拔 1550 米，岳西鹞落坪多枝尖海拔 1340-1700 米，舒城万佛山。

4. 浙江山梅花　　　　　图 268
Philadelphus zhejiangesis（Cheng）S. M. Hwang［*Ph. brachybotrys* Koehne var. *laxiflorus*（Cheng）S. Y. Hu］

落叶灌木，高达 3 米。一年生枝无毛，二年生枝纵裂或不裂，片状剥落或不剥落。叶椭圆形或椭圆状披针形，长 5-9 厘米，宽 2-4.5 厘米，先端渐尖，尖头长 5-10 毫米，具锯齿，上面疏被平伏毛，下面沿脉被长硬毛，3 或 5 出脉，网脉明显；叶柄长 5-10 毫米，无毛。总状花序，具花 5-9（13），最下分枝有时 3 花，花序轴长 5-13 厘米，无毛，花梗长 5-12 毫米；萼无毛，萼裂片卵形或卵状披针形，长 4-6 毫米；花冠十字形，径 2.8-3.5 厘米；花瓣白色，椭圆形或宽椭圆形，长 1.2-1.8 厘米，宽 1-1.2 厘米，基部急收缩；雄蕊 31-39，花药卵状长圆形；花盘无毛；花柱粗壮，无毛，柱头檐形。蒴果椭圆形或陀螺形，径 4-5 毫米。种子具短尾。花期 5-6 月；果期 7-11 月。

产皖南黄山温泉逍遥溪、桃花峰、浮溪，歙县清凉峰乌桃湾海拔 1000 米，绩溪清凉峰永耒海拔 770 米，泾县白马山海拔 780 米，休宁，太平，宣城；大别山区岳西鹞落坪。生于山坡灌丛中。分布于浙江、江苏、福建。

安徽省地理分布新纪录。

图 268 浙江山梅花
1. 花枝；2. 雌蕊和萼筒；3. 萼裂片背面观；4. 萼裂片腹面观。

22. 绣球科 HYDRANGEACEAE

落叶，稀常绿；草本、灌木，稀小乔木或藤本。单叶，对生或互生，稀轮生，具锯齿，稀全缘，羽状脉；无托叶。伞房状或圆锥状复聚伞花序；花两性或杂性异株；有时具不孕性放射花，常位于花序周围。萼片1-5，花瓣状；两性花为完全花，形小，萼筒与子房合生，萼片4-10，绿色，花瓣4-10，雄蕊4-10（多数），花丝分离或基部连合，雌蕊由2-5心皮组成，子房下位或半下位，花柱1-6，分离或连合，倒生胚珠多数，侧膜或中轴胎座。蒴果，稀浆果。种子多数，细小，具翅及网纹或无翅，具胚乳，胚直伸。

10属，约115种，主要分布于北温带和亚热带，少数分布于热带。我国9种，约70余种。多观赏或药用。安徽省5属，13种，1变种，2变型。

1. 蒴果顶端孔裂；花柱2-5，常具放射花：
　2. 叶互生；放射花萼片2(3)；两性花萼片4-5 花柱3 ·················· 1. 草绣球属 Cardiandra
　2. 叶对生：
　　3. 放射花萼片3-4合生成四方形或三角形；花柱2 ·················· 2. 梅花甜茶属 Platyerater
　　3. 放射花萼片通常4，分离，或无放射花；花柱2-5 ·················· 3. 绣球属 Hydrangea
1. 蒴果室背开裂；花柱1，短柱状；柱头头状；无放射花或具1枚大萼片的放射花：
　4. 落叶；具1枚大萼片的放射花 ·················· 4. 钻地枫属 Schizophragma
　4. 常绿；无放射花，萼片4-5，花瓣4-5，花瓣连成帽状 ·················· 5. 青棉花属 Pileostegia

1. 草绣球属（草八仙花属 人心药属）Cardiandra Sieb. et Zucc.

多年生草本或半灌木。单叶，互生，有时在小枝顶部对生或近对生，具粗锯齿；无托叶。伞房状聚伞花序或圆锥状伞房花序顶生；花二型：放射花萼片2(3)，花瓣状，分离或基部稍连合，具网纹；两性花小，萼片4-5，镊合状排列，花瓣4-5，覆瓦状排列，雄蕊多数，多轮排列，花丝丝状，花药2室，纵裂，子房下位，不完全3室，胚珠多数，花柱3，柱头近头状。蒴果，顶端冠以宿存萼裂齿及花柱。种子纺锤状，顶端具翅。

约3种，分布于东亚。我国2种，产中南部和台湾。安徽省1种。

草绣球 人心药　　　　　　图269
Cardiandra moellendorffii(Hance)Migo
[*Cardiandra moellendorffii*(Hance)Li]

落叶半灌木，高达1米；茎无分枝。叶长圆状倒卵形、长圆状椭圆形或匙形，长6-13(20)厘米，宽3-6厘米，先端短尖或渐尖，基部楔形，常下延成窄翅，两面被平伏粗毛，侧脉8-10对；叶柄长1-3厘米或几无柄。花序疏散，总梗长达8米，苞片和小苞片宿存；放射花萼片2(3)，宽卵形或近圆形，长5-15毫米，白色；两性花白色至淡紫色，萼筒杯状，疏被平伏毛，花瓣近圆形，长2.5-3毫米，雄蕊15-25，花药肾状

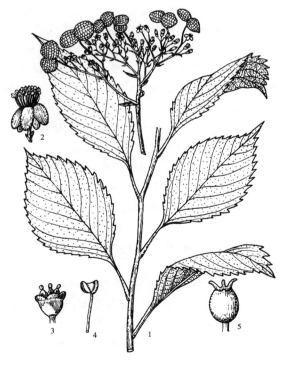

图269 草绣球
1. 花枝；2. 花；3. 花（去花瓣）；4. 雄蕊；5. 果实。

倒心形，子房 3 室，花柱 3。蒴果卵球形，长 2-3 毫米，顶端孔裂。花期 7-8 月；果期 9-10 月。

产皖南黄山狮子林后山及附近路旁、清凉台北坡下面，泾县，贵池；大别山区霍山马家河，金寨，岳西海拔 1300 米以下，潜山彭河乡板仓。生于林缘或沟谷阴湿处。分布于浙江、江西、福建。

根茎药用，治铁打损伤。

2. 梅花甜茶属（蛛网萼属）Platycrater Sieb. et Zucc.

落叶灌木；茎直立或平卧。小枝表皮薄片状剥落；芽鳞 2-3 对。单叶，对生或交互对生，具锯齿。伞房状聚伞花序顶生，苞片宿存；花二型，花少：放射花萼片 3-4 枚合生成四方形或三角形，网脉细密；两性花 4 数，萼筒与子房合生，萼生 4-5，宿存，花瓣 4，肉质，离生，镊合状排列，早落，雄蕊多数，多轮，着生于花盘下侧，花丝基部连合，花药基着，子房下位，2 室，胚珠多数，花柱 2，宿存，柱头乳头状。蒴果，倒卵形，2 室，顶部孔裂。种子多数，两端具翅。

仅 1 种，分布于我国和日本。安徽省亦产。

梅花甜茶　蛛网萼　　　　　　　　　图 270

Platycrater arguta Sieb. et Zucc.

落叶灌木，高达 1 米。小枝无毛，枝皮薄片状剥落。叶膜质或至纸质，长圆形，卵形或披针状椭圆形，长 9-15 厘米，宽 3-6 厘米，先端尾尖或短尖，基部楔形，稍下延，具粗锯齿，上面疏被平伏粗毛，下面疏被弯曲柔毛；叶柄长 1-3（7）厘米，扁平。伞房状聚伞花序径达 8 厘米，近无毛，花少数：放射花径约 2 厘米，萼半透明，黄绿色，萼片 3-4，宽卵形，中部以下合生成三角形、圆形或四方形的盾状萼瓣，径 2.5-2.8 厘米；两性花小，萼筒陀螺状，萼片 4-5，长 4-7 毫米，花瓣 4，卵形，长约 7 毫米，白色，早落，雄蕊极多数，子房下位，花柱果时长达 1 厘米。蒴果倒圆锥状，长约 8 毫米，干时常带紫红色。种子纺垂状，深褐色，具条纹，翅短。花期 7 月；果期 9-10 月。

产皖南黄山。生于海拔 200-600 米的阴湿沟谷，偶见。分布于浙江、江西、福建。

本种为东亚特有的单种属植物，分布于我国和日本。它在研究植物地理、植物区系上具有科学研究价值。数量少，宜加保护和繁殖。

3. 绣球属 Hydrangea L.

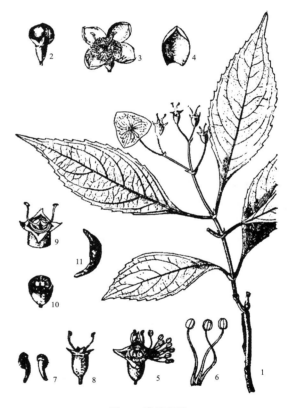

图 270 梅花甜茶
1. 果枝；2. 花蕾；3. 两性花；4. 花瓣；5. 花萼、雄蕊及雌蕊；6. 雄蕊；7. 花柱及柱头；8. 花萼及雌蕊；9. 蒴果顶部；10. 子房横剖；11. 种子。

落叶灌木，稀小乔木或攀援灌木。小枝髓心白色或棕色，枝皮剥落；芽鳞 2-3 对。单叶，对生，稀轮生，具锯齿，稀近全缘。伞房状聚伞花序，稀圆锥状，顶生，苞片早落；花二型，稀一型：放射花萼片 3-4（2-5），分离；两性花萼筒与子房贴生，萼 4-5 裂，花瓣 4-5，分离，镊合状排列，稀连合成帽状，雄蕊 10（8-25），子房半下位或下位 2-5 室或 3-4 室，胚珠多数，花柱短，2-4（5），分离或基部连合。蒴果顶端孔裂。种子两端或周边具翅或无翅，具网纹。

约 80 种，分布于东亚，南至爪哇；北美、中美，南至智利。我国约 45 种，分布于秦岭、长江以南。多数为观赏花木，少数药用。安徽省7种，1变型。

1. 子房近下位；蒴果顶端突出：
　　2. 蒴果顶端突出部分非圆锥形；分离的花瓣基部具爪，花序具放射花，两性花黄色；种子脉纹网状，
　　　　无翅 ·· 1. **中国绣球 H. chinensis**
　　2. 蒴果顶端突出部分圆锥状；分离的花瓣基部截平，花序无放射花或个别种具放射花，两性花蓝色或白色；
　　　　种子具纵脉纹，两端具长翅。
　　　　3. 伞房状聚伞花序：
　　　　　　4. 花多为两性花，蓝色；小枝幼时密被卷曲长柔毛至老时无毛 ·············· 2. **浙皖绣球 H. zhewanensis**
　　　　　　4. 花多为放射花，粉红、淡蓝或白色；小枝粗壮，无毛·················· 3. **绣球 H. macrophylla**
　　　　3. 圆锥状聚伞花序，放射花和两性花白色；叶2-3对，对生或枝上部之叶常3枚轮生·····················
　　　　　　··· 4. **圆锥绣球 H. paniculata**
1. 子房完全下位；蒴果顶端截平：
　　5. 分离的花瓣基部截平；种子两端具翅；灌木：
　　　　6. 叶下面密被颗粒状腺体和灰白色平伏粗毛或脉上被毛；放射花白色或淡紫红色 ·······················
　　　　　··· 5. **腊莲绣球 H. strigosa**
　　　　6. 叶下面无颗粒状腺体；放射花和两性花白色 ·························· 6. **莼蓝绣球 H. longipes**
　　5. 花瓣连成帽状；种子周围具薄翅；攀援藤本 ·························· 7. **冠盖绣球 H. anomala**

1. 中国绣球

图 271

Hydrangea chinensis Maxim. [*H. angusti-sepala* Hayata—*H. umbellata* Rehd. —*H. angustipetala* Hayata—*H. angustifolia* Hayata]

落叶灌木，高达2米。幼枝被短柔毛，后渐脱落小枝常薄片状剥落。叶长圆形或窄椭圆形，稀倒披针形，长6-12厘米，宽2-4厘米，先端渐尖，具尾状尖头，基部楔形，中部以上具疏钝小齿，两面被疏短柔毛或仅脉上被毛，下面脉腋常被簇生毛，侧脉6-7对，纤细；叶柄长5-20厘米，被短柔毛。伞形状或伞房状聚伞花序顶生，长3-7厘米，分枝5或3，被短柔毛；放射花萼片3-4，椭圆形或倒卵形，果时长1.1-3厘米；两性花萼筒杯状，长约1毫米，萼裂齿披针形，长0.5-2毫米，花瓣黄色，椭圆形，长约3.5毫米，基部具短爪，雄蕊10-11，长3-4毫米，子房近半下位，花柱3-4，柱头半环状。蒴果卵球形，长3.5-5毫米。种子无翅，具网状脉纹。花期5-6月；果期9-10月。

产皖南黄山温泉、锁泉桥、云谷寺、桃花峰、中刘门亭、清凉台下、松谷庵等处常绿阔叶林中或落叶阔叶林中，祁门，休宁，歙县，绩溪，太平，青阳，贵池；大别山区金寨马宗岭、白马寨海拔1060米，潜山天柱山，舒城万佛山。分布于台湾、福建、浙江、江西。

图 271 中国绣球
1. 花枝；2. 花；3. 果实。

2. 浙皖绣球

Hydrangea zhewanensis P. S. Hsu et X. P. Zhang

落叶小灌木,高达 1.5 米;树皮常薄片状剥落。幼枝密被卷曲柔毛,后渐脱落。叶椭圆形或菱状椭圆形,长 6-19 厘米,宽 3-8 厘米,先端渐尖,具尾状尖头,基部宽楔形或楔形,稍下延,具锐锯齿,干后两面淡褐色,近无毛,仅脉上被卷曲柔毛,中脉粗壮,侧脉 6-8 对;叶柄长 1-4 厘米,被卷曲柔毛。伞房状聚伞花序,径 8-14 厘米,总梗短,分枝短小,密被卷曲柔毛;放射花萼片 3-4,卵形或宽卵形,果时长 1-2 厘米,淡蓝色;两性花蓝色,萼筒钟状,长达 1.5 毫米,萼裂齿卵状三角形,花瓣长卵形,长约 3 毫米,花后反折,雄蕊 10,花药宽长圆形,子房大半下位,花柱 3(2、4),柱头稍扩大。蒴果长卵形,径约 3 毫米。种子两端具短翅。花期 6-7 月;果期 10-11 月。

产皖南歙县清凉峰南坡。生于山谷、溪边疏林中。分布于浙江天目山和天台山。

安徽省地理新分布。为浙皖两省特有成分。

3. 绣球

Hydrangea macrophylla（Thunb.）Seringe

落叶灌木,高达 4 米;分枝多,树冠球形。小枝粗壮,叶迹大,皮孔明显。叶稍厚,倒卵形、椭圆形或宽卵形,长 6-15 厘米,宽 4-11.5 厘米,先端短尖,基部宽楔形,具粗锯齿,两面无毛或下面被疏卷曲柔毛,侧脉 6-8 对;叶柄粗,长 1-3.5(6)厘米。伞房状聚伞花序近球形,径 8-20 厘米,总梗短,稍被灰色毛,分枝粗壮,密被紧贴柔毛,花密集,多数不育;放射花萼片 4,宽倒卵形,长 1.4-2.4 厘米,宽 1-2.4 厘米,粉红色、淡蓝色或白色;两性花极少数,花梗长 2-4 毫米,萼筒倒圆锥状,长 1.5-2 毫米,被卷曲柔毛,萼裂齿卵状三角形,花瓣长圆形,长约 3.5 毫米,雄蕊 10,子房大半下位,花柱 3-4,柱头半环状。蒴果 2/3 下位,窄卵形,黄褐色,具棱角,果梗长 7-10 毫米。花期 6-7 月。

省内各城市公园、机关、学校多有栽培。

分布于江苏、浙江、福建、湖南、湖北、四川、贵州、云南、广西、广东。为观赏树种。入药可清热抗疟。对二氧化硫抗性较强,可用于厂矿绿化用。

3a. 大绣球花（变型）　　　　　　图 272

Hydrangea macrophylla（Thunb.）Seringe f. **hortensia** Wils.

伞房花序球形,径达 20 厘米,全为放射花;放射花萼片 4,宽卵形或近圆形,全缘或具齿,长 1-2 厘米,白色、粉红或蓝色。蒴果 2/3 下位,窄卵状,花柱 3-4。花期 6-7 月;果期 9 月。

安徽省各地园林多有栽培。放射花由白色渐变为淡红至蓝色,颇艳丽,为著名观赏花木。用扦插、分株和压条繁殖,5-6 月成活率最高。

花、根药用,鲜花治疟疾,根治喉部溃烂及皮肤痒症。对二氧化硫等有毒气体抗性较强,为厂矿绿化的好树种。

图 272 大绣球花（花枝）

4. 圆锥绣球　　　　　　图 273

Hydragea paniculata Sieb.

落叶灌木或小乔木,高达 10 米,胸径约 20 厘米。小枝粗壮,幼时被柔毛。叶对生或枝上部 3 叶轮生,椭圆形或卵形，长 5-14 厘米，宽 2-6.5 厘米，先端渐尖，基部圆形或宽楔形，具细锯齿，上面幼时被毛，下面脉上被毛；叶柄长 1-3 厘米。圆锥状聚伞花序尖塔形，长 8-25 厘米，多花，花序轴及花梗密被柔毛；放射花多，白色，萼片 4，近圆形，长 1-1.8 厘米；两性花白色 5 数，萼裂齿三角形，萼筒陀螺状，花瓣卵形或卵状披针形，长约 3 毫米，雄蕊不等长，子房半上位，花柱 3，基部连合，柱头头状。蒴果近卵形，长 4-5.5 毫米，顶端孔裂。种子两端具翅。花期 7-8 月；果期 10-11 月。

产皖南黄山居士林、逍遥溪海拔 530 米、云谷寺、松谷庵、光明顶，休宁岭南，绩溪清凉峰永末、野猪荡海拔 770-1280 米，旌德，太平，泾县，宣城，歙县，青阳九华山；大别山区霍山马家河海拔 1550 米，金寨白马寨马屁股尖、天堂寨海拔 740-1660-1770 米、马宗岭，岳西鹞落坪、海沟，潜山彭河乡海拔 900 米，舒城万佛山。生于阴湿山谷、疏林中或灌丛中。分布于江苏、浙江、江西、福建、台湾、湖南、湖北、贵州、广西、广东。

根入药，可清热抗疟；树皮含黏液，可作糊料。

本种在安徽省山区分布广，垂直分布范围海拔 530-1770 米，几达山顶，生态适应能力强，值得引种栽培推广。

图 273 圆锥绣球
1. 小枝；2. 花枝；3. 花；4. 果实。

5. 腊莲绣球　　　　　　　　　图 274

Hydrangea strigosa Rehd.

落叶灌木，高达 3 米；树皮薄片状剥落。小枝密被平伏粗毛。叶长圆形、披针形、椭圆状披针形或倒披针形，长 8-28 厘米，宽 2-10 厘米，先端渐尖，基部楔形或圆形，具锯齿，上面疏被平伏粗毛或近无毛，下面带灰绿色，被平伏粗毛或脉上被毛；叶柄长 1.5-7 厘米，密被平伏粗毛。伞房状聚伞花序，被毛；放射花萼片 4-5，近圆形，具疏锯齿或全缘，白色或淡黄色；两性花粉蓝色或紫蓝色，稀白色，萼筒疏被糙毛，萼裂齿三角形，花瓣长圆状卵形，长 2-2.5 毫米，雄蕊长短不等，子房下位，花柱 2，棒状。蒴果半球形，顶端截平，具棱脊。种子两端具短翅和条纹，黄褐色。花期 8-9 月；果期 10 月。

产皖南黄山温泉、锁泉桥两旁常绿、落叶混交林中、桃花峰、半山寺、寨西剪刀峰脚下溪边、中刘门亭、松谷庵海拔 600-1400 米。

6. 莼兰绣球 长柄绣球花　　　　图 275

Hydrangea longipes Franch.

落叶灌木或小乔木，高达 5 米。幼枝被稀疏毛。

图 274 腊莲绣球
1. 花枝；2. 花；3. 果实。

叶宽卵形、椭圆形或长倒卵形，长 8-20 厘米，宽 3.5-12 厘米，先端短尖或渐尖，基部心形、平截或圆形，具不规则牙齿，两面粗糙，被平伏毛，下面较密，侧脉 5-7 对；叶柄长 5-15 厘米。伞房状聚伞花序被毛；放射花萼片 4，宽倒卵形，长 1.3-2.2 厘米，白色，全缘，近无毛；两性花白色，萼筒杯状，萼裂齿三角形，花瓣连成帽状，雄蕊 10，不等长，子房下位，花柱 2，外卷。蒴果半球形，径 2.5-3.5 毫米，具棱脊。种子两端具短翅。花期 6-7 月；果期 9-10 月。

产皖南休宁，祁门；大别山区霍山马家河至天河尖海拔 1560 米，金寨白马寨马屁股下、雷公洞海拔 660-850 米，虎形地，岳西河图、鹞落坪海拔 1100 米，舒城万佛山。生于山谷沟边阴湿的阔叶林中或灌丛中。分布于河南、陕西、甘肃、湖南、湖北、四川、贵州。

7. 冠盖绣球 图 276

Hydrangea anomala D. Don

藤木，有时呈灌木状。小枝无毛，老时薄片状剥落。叶椭圆形、卵形，稀卵状披针形，长 6-17 厘米，宽 3-10 厘米，先端渐尖或突尖，基部宽楔形或圆形，密具尖锯齿，两面无毛或下面脉上疏被柔毛；叶柄长达 5 厘米，疏被长柔毛。伞房状聚伞花序生侧枝顶端，被灰白色卷曲柔毛，后脱落；放射花萼片 4（3、5），近圆形或宽倒卵形，长 1-2.2 厘米；两性花小，无毛，密集，萼筒钟状，长 1-1.5 毫米，萼裂齿 4-5，宽卵形，花瓣连成帽状，花后整个冠盖旋即脱落，雄蕊 10（18），子房下位，花柱 2。蒴果扁球形，顶端平截，孔裂。种子周围具薄翅。花期 5-6 月；果期 9-10 月。

产皖南黄山一道岭、桃花峰次生林中、白鹅岭海拔 1450 米、松谷庵山谷，太平，绩溪清凉峰海拔 1320 米；大别山区霍山白马尖至黄巢寺海拔 1300 米，金寨白马寨虎形地至一道瀑海拔 1200 米、天堂寨 1300-1500 米，岳西鹞落坪海拔 980 米，舒城万佛山。生于山坡林下阴湿石隙中或峭壁上。分布于陕西、甘肃、浙江、江西、湖南、湖北、四川、贵州、云南、广西。

树姿美观，供观赏。药用可清热抗疟，树皮之内皮作收敛剂。

4. 钻地风属 **Schizophragma** Sieb. et Zucc.

落叶木质藤本；茎平卧或藉气生根高攀。老枝表皮片状剥落；芽鳞 2-4 对，被柔毛或睫毛。单叶，对生，全缘或具小齿，稀具粗锯齿；具长柄。伞房状或圆锥状聚伞花序顶生，疏散；花二型或一型：放射花萼片 1，大型，花瓣状；两性花小，4-5 数，萼筒与子房贴生，萼裂齿宿存，花瓣分离，镊合状排列，雄蕊 10，离生，子房下位，4-5 室，花柱 1，

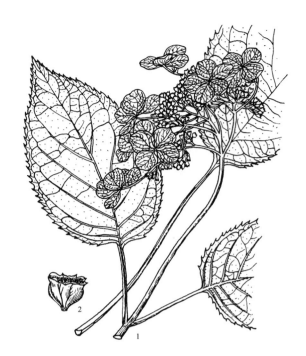

图 275 纯兰锈球
1. 花枝；2. 果实。

图 276 冠盖绣球
1. 花枝；2. 果实。

柱头头状，4-5裂，胚珠多数。蒴果陀螺形或倒圆锥形，具10棱脊，室背开裂。种子多数，纺锤形，两端具翅。

约10种，分布于喜马拉雅地区、东亚。我国9种，东部、东南部和西南部。安徽省3种，1变种，1变型。

1. 叶下面密被乳点，缘具粗锯齿，脉被淡黄色柔毛 ·················· 1. 华东钻地风 S. hydrangeoides f. sinicum
1. 叶下面无乳点：
　　2. 叶中部以上具锯状牙齿，下面黄灰色，密被长柔毛 ······················· 2. 秦榛钻地风 S. corylifolium
　　2. 叶全缘或疏具细小齿：
　　　　3. 叶下面无毛或脉上微被柔毛，有时脉腋被簇生毛；蒴果钟状或陀螺状：
　　　　　　4. 叶两面绿色，无白粉 ······················· 3. 钻地风 S. integrifolium
　　　　　　4. 叶下面绿色，被白粉 ············ 3a. 粉绿钻地风 S. integrifolium var. glaucescens
　　　　3. 叶下面密被柔毛；蒴果窄倒圆锥形 ·················· 4. 柔毛钻地风 S. molle

1. 华东钻地风（变型）

Schizophragma bydrangeoides Sieb. et Zucc. f. **sinicum** C. C. Yang

藤本或攀援状灌木；树皮灰褐色。当年小枝基部具宿存芽鳞。叶宽椭圆形或长圆形，稀近圆形，长6-14厘米，先端突尖或渐尖，基部浅心形或平截，稀稍圆形，基部以上具粗锯齿或缺裂，上面近无毛，下面密被乳点，脉被淡黄色柔毛，侧脉7-10对；叶柄长2-7厘米，幼时被绢毛。花序幼时被长柔毛。放射花萼片宽卵形；两性花萼筒无毛。蒴果倒圆锥形。种子纺锤形，淡黄色，具条纹。

产皖南绩溪逍遥乡至中南坑海拔1320米、清凉峰栈岭湾海拔560-1170米；大别山区金寨白马寨虎形地海拔1050米、小西天途中海拔560-1100米，岳西妙道山。生于山区杂木林下、山脊、溪边、灌丛中、岩石上，多攀援林中乔木上。分布于浙江、江西、湖南、四川、广东。

2. 秦榛钻地风

Schizophragma corylifolium Chun

本质藤本或灌木状。小枝幼时疏被柔毛，具纵条纹。叶宽卵形、近圆形或宽倒卵形，长6.5-11厘米，宽4-8厘米，先端具骤尖头或短尖头，基部浅心形或近圆形，中部以上具锯状牙齿，上面近无毛，下面黄灰色，沿脉密被长柔毛，侧脉6-8对，常具1-4条与侧脉近等粗的2级分枝；叶柄长2-10厘米。伞房状聚伞花序径8-17厘米，幼时被长柔毛；放射花花梗短，长不及1厘米，萼片单生，椭圆形或卵形，长2-3厘米，基出脉3-5条；两性花萼筒倒圆锥状，长约2毫米，萼裂齿长约0.5毫米，花瓣长圆形，长1.8-2毫米，雄蕊近等长，长约3毫米，子房近下位，花柱先端5裂。蒴果倒圆锥形，长4-5毫米，无毛，棱不明显。花期5-6月。

产皖南黄山，青阳九华山海拔900米以下。生于山谷溪边杂木林中。分布于浙江、江西、湖南、广东、四川。

3. 钻地风　　　　　　　　　　　　图277

Schizophragma integrifolium（Franch.）Oliv.

木质藤本或攀援灌木，高达4米以上。小枝具细条纹。叶薄革质，卵形或椭圆形，长8-20厘米，宽

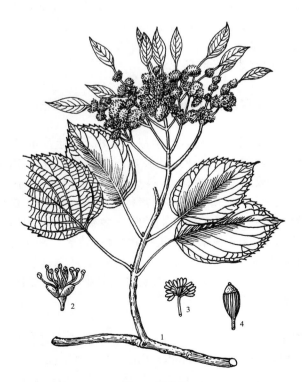

图277 钻地风
1. 花枝；2. 花；3. 果序；4. 果实。

3.5-12.5厘米，先端突渐尖，基部圆形或平截，稀近心形，全缘或疏具硬尖头小齿，下面无毛或脉上微被柔毛，有时脉腋被簇生毛，侧脉7-9对；叶柄长3-8厘米。伞房状聚伞花序被褐色紧贴柔毛至稀疏；放射花萼片单生，稀2-3花聚生，萼片卵形、椭圆形或长圆状披针形，长3.5-7厘米，黄白色；两性花绿色，萼筒陀螺状，长1.5-2毫米，4-5数，花瓣离生，长卵形长2-3毫米，雄蕊不等长，子房近下位，顶端突出萼筒。蒴果钟状或陀螺状或倒圆锥状，长6.5-8毫米，突出部分圆锥状，室背开裂。种子两端翅长1-1.5毫米。花期6-7月；果期10-11月。

产皖南黄山，歙县清凉峰；大别山区金寨白马寨海拔1000米。生于山坡林中，常攀援石壁和树木上。分布于四川、云南、贵州、广西、广东、海南、湖南、湖北、江西、福建、江苏、浙江。

根藤具祛风活血和舒筋骨之效。

3a. 粉绿钻地风 （变种）

Schizophragma integrifolium（Franch.）Oliv. var. **glaucescens** Rehd.

叶下面粉绿色，脉腋常被簇生毛。

产皖南黄山，绩溪永末——栈岭湾海拔1000米；大别山区金寨白马寨龙井河海拔670米，潜山天柱山。生于山谷密林中或林缘，常攀援乔木或石壁上。分布于我国西南、华南、华中和华东。

4. 柔毛钻地风

Schizophragma molle（Rehd.）Chun

攀援灌木。小枝被绣色长柔毛。叶长圆状卵形、椭圆形或长椭圆形，长10-20厘米，宽6-12厘米，先端渐尖或突渐尖，基部圆形或平截，稀浅心形，近全缘或具小齿，上面无毛或仅脉上疏被柔毛，下面密被柔毛；叶柄长1.5-8厘米。伞房状聚伞花序顶生，径10-25厘米，密被锈色柔毛；放射花萼片单生，长圆状卵形或长椭圆形，长2.5-6厘米，宽1-3.5厘米，黄白色；两性花萼筒倒圆锥形，长1.5-2毫米，被毛，萼裂齿1毫米以下，花瓣卵形，长2-2.5毫米，内面被毛，雄蕊不等长，子房近下位。蒴果窄倒圆锥形，长5-7毫米，具10棱，顶端突出部分圆锥形。种子两端翅色较淡。花期6-7月；果期9-10月。

产皖南歙县清凉峰海拔550米。生于溪边、林中或林下。分布于四川、云南、贵州、湖南、广西、广东、江西、江苏、福建。

安徽省地理分布新纪录。

5. 青棉花属 Pileostegia Hook. f. et Thoms

常绿藤本。小枝具气生根。单叶，对生，革质，全缘或具牙齿；具叶柄；无托叶。伞房状圆锥花序，顶生；无放射花；两性花小，4-5数，具短柄；萼片小，覆瓦状排裂；花瓣上部连成帽状，早落；雄蕊8-10，花丝长；子房下位，4-6室，胚珠多数，中央胎座，花柱1，具4-6浅槽，柱头头状，4-6浅裂。蒴果陀螺形，平顶，沿棱脊开裂。种子纺锤形，两端具窄翅。

3种，分布于喜马拉雅地区、东亚。我国2种。安徽省1种。

青棉花 冠盖藤　　　　　　图278

Pileostegia viburnoides Hook. f. et Thoms.

常绿藤本，攀援树上，长达15米。小枝无毛。叶披针状椭圆形、长圆状倒卵形或长椭圆形，长

图278 青棉花
1. 花枝；2. 花；3.（花去帽状花冠）；4. 果实。

10-18 厘米，宽 3-7 厘米，先端渐尖或钝尖，基部楔形或稍圆形，全缘或近顶部疏具牙齿，两面无毛或下面脉腋穴孔内被长柔毛；叶柄长 1-3 厘米。伞房状圆锥花序长 7-10 厘米，径 15 厘米，疏被长柔毛或无毛，花梗长 1-3 毫米；苞片和小苞线状披针形；花白色；萼筒圆锥状，长约 1.5 毫米，萼裂片三角形；花瓣卵形，长约 2.5 毫米；雄蕊 8-10，花丝长 4-6 毫米；花柱长约 1 毫米，无毛，柱头圆锥形，4-6 裂。蒴果圆锥形，长 2-3 毫米，5-10 棱或肋纹，花柱和柱头宿存。种子连翅长约 2 毫米。花期 7-8 月；果期 9-10 月。

产皖南黄山狮子林至松谷庵途中阴湿岩壁上，休宁岭南三溪海拔 350 米，绩溪清凉峰十八龙潭海拔 730-800 米永末，石台牯牛降金竹洞海拔 860 米，祁门，宣城，泾县，广德；大别山区岳西鹞落坪，潜山天柱山马祖庵海拔 650 米，太湖大山乡海拔 200 米。生于山谷杂木林中。分布于浙江、江西、福建、台湾、湖北、湖南、广东、广西、四川、贵州、云南。印度、越南、日本也有分布。

喜攀援于岩壁或树干上；喜生长于阴湿或温暖的生境中，常与薜荔（Ficus pumila L.）等藤本伴生。

根、叶入药。

23. 醋栗科 GROSSULARIACEAE

落叶，稀常绿，灌木。小枝有时具刺。单叶，互生或簇生，常掌状分裂，在芽内折扇状，稀席卷状；无托叶。花两性或单性异株；总状花序，稀簇生或单生；萼 4-5 裂，花瓣状；花瓣 4-5，小或鳞状；雄蕊 4-5，花丝分离，花药 2 室；子房下位，1 室，侧膜胎座 2，胚珠多数，花柱 2。浆果多汁，萼宿存。种子具胚乳，胚小，外种皮胶质状，内种皮坚硬。

1 属，约 150 种，主要分布于北温带及南美。我国约 50 种。安徽省 3 种，1 变种。

茶藨子属 Ribes L.

形态特征与科同。

1. 花为直立总状花序：
   2. 萼绿色或黄绿色；叶宽卵圆形或近圆形，顶部裂片较侧生裂片稍长，先端急尖或短渐尖 ⋯⋯⋯⋯⋯⋯⋯ 1. 绿花茶藨 R. viridiflorum
   2. 萼红褐色；叶长卵圆形或圆形，顶部裂片较侧生裂片长 2-3 倍，先端长渐尖 ⋯⋯⋯⋯⋯⋯⋯⋯⋯⋯⋯⋯ 2. 冰川茶藨 R. glaciale
1. 伞形花序，有时数花簇生，稀单生：
   3. 幼枝、叶、花梗被毛至无毛 ⋯⋯⋯⋯⋯⋯⋯⋯⋯⋯⋯⋯⋯⋯⋯ 3. 簇花茶藨 R. fasciculatum
   3. 幼枝、叶两面、花梗均被较密柔毛 ⋯⋯⋯⋯⋯⋯⋯ 3a. 华茶藨 R. fasciculatum var. chinense

1. 绿花茶藨　　　　　　图 279

Ribes viridiflorum（Cheng）L. T. Lu et G. Yao

落叶灌木，高达 3 米。小枝无毛，无刺；芽鳞数枚，棕褐色。叶宽卵圆形或近圆形，稀长卵圆形，长 2-7 厘米，宽 2-6 厘米，掌状 5 裂，顶部裂片较侧裂片稍长，基部近截形或心形，具粗锐单锯齿，上面深绿色，幼时被疏柔毛和疏腺毛，下面淡绿色，被柔毛；叶柄长 1.5-3 厘米，被长腺毛。花单性异株；总状花序直立；雄花序长 4-9 厘米，具花 8-20；雌花序稍短，具花 6-18；花序轴及花梗被柔毛、无毛或被疏腺毛，花梗长 2-5 毫米，苞片长圆形，长 5-9 毫米；萼辐状，绿色或黄绿色，萼筒蝶状，长 1.5-2 毫米，萼裂片舌状，直立；花瓣小，近圆形，绿白色；雄蕊与花瓣等长或稍长，雌花雄蕊退化；子房无毛，花柱先端 2 裂。浆果球形，径 6-8 毫米，红色。花期 4-5 月；果期 6-7 月。

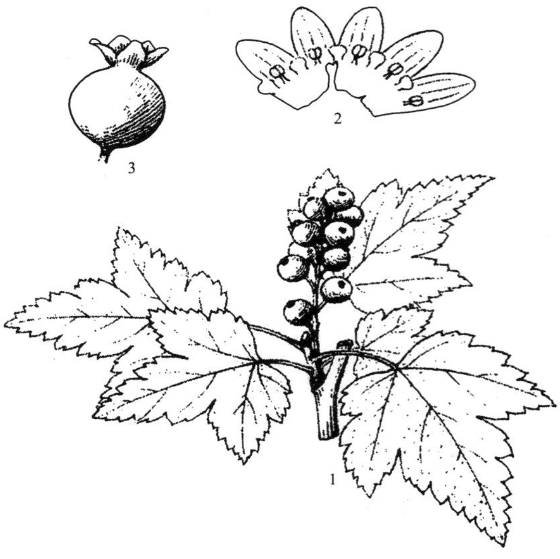

产皖南绩溪清凉峰石狮海拔 900 米，石台牯牛降祁门岔海拔 1180 米；大别山区金寨白马寨虎形地海拔 920-1200 米，潜山彭河乡。生于山坡林中、或路旁。分布于浙江天目山。

图 279 绿花茶藨
1. 果枝；2. 雄花内面；3. 果实。

2. 冰川茶藨　　　　　　　　　　　　　　　　　　图 280

Ribes glaciale Wall.

落叶灌木，高达 3 米。幼枝红褐色，无毛；芽长圆形。叶长卵形或圆形，长 3-5 厘米，宽 2-4 厘米，掌状

3-5裂,顶部中裂片三角状长卵圆形,先端渐尖,较侧裂片长 2-3 倍,基部平截或微心形,具粗大单锯齿间或重锯齿,上面被腺毛,下面无毛或沿脉疏被腺毛;叶柄长 1-2 厘米,浅红色。花单性异株;总状花序直立;雄花序长 2-5 厘米,具花 5-30;雌花序长 1-3 厘米,具花 3-6;花序轴和花梗被柔毛和短腺毛,花梗长 2-4 毫米,苞片缘具腺毛,单脉;萼近辐状,红褐色,萼筒碟形,长 1-2 毫米,萼裂片长卵圆形;花瓣扇形或楔状匙形,短于萼裂片;雄蕊 10 与花瓣等长或稍长,花丝红色,花药紫红色或紫褐色;子房倒卵状长圆形,无毛,花柱先端 2 裂。浆果近球形,径 5-7 毫米,红色。花期 4-6 月;果期 7-9 月。

产皖南黄山浮溪、云谷寺、半山寺、桃花峰海拔 750 米,歙县清凉峰,祁门,大别山区霍山,金寨白马寨西边凹、马宗岭,岳西鹞落坪海拔 900 米,潜山天柱山。生于山谷杂木林中或岩石旁。分布于陕西、甘肃、山西、河南、湖北、四川、贵州、云南、西藏。果味酸,可供食用。

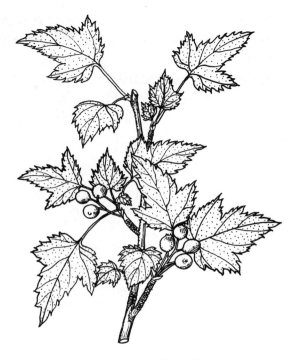

图 280 冰川茶藨(果枝)

3. 簇花茶藨

Ribes fasciculatum Sieb. et Zucc.

落叶灌木,高达 1.5 米。小枝被疏柔毛,老时脱落,无刺;芽小,鳞片棕色或褐色。叶近圆形,长(2)3-4 厘米,宽(2.5)3.5-5 厘米,掌状 3-5 裂,顶部中裂片与侧裂片近等长或稍长,基部截形或浅心形,具粗钝单锯齿,两面被疏柔毛;叶柄长 1-3 厘米,被疏柔毛。花单性异株;伞形花序无总梗;雄花序具花 2-9;雌花 2-4(6)簇生,稀单生,花梗长 5-9 毫米,具关节,苞片长圆形,长 5-8 毫米,单脉;萼黄绿色,无毛,具香味,萼筒杯形,长 2-3 毫米,萼裂片花期反折;花瓣近圆形或扇形,长 1.5-2 毫米;雄蕊长于花瓣,花丝极短;子房梨形,无毛,花柱先端 2 裂。浆果近球形,径 7-10 毫米,红褐色,萼宿存;果梗具关节。花期 4-5 月;果期 7-9 月。

产皖南黄山北海至松谷庵途中海拔 1300 米,太平龙源,泾县,广德;大别山区霍山白马尖至黄巢寺海拔 1200 米,金寨白马寨。生于山坡杂木林中,竹林内或路旁。分布于江苏、浙江。

3a. 华茶藨(变种)　　　　　图 281

Ribes fasciculatum Sieb. et Zucc. var. **chinense** Maxim.

落叶灌木;树皮灰棕色。幼枝灰色,被柔毛。叶冬季常不凋落,翌春放新叶时脱落,卵圆形,长 4-11 厘米,宽 4-10 厘米,3-5 裂,中裂片较长,基部心形或

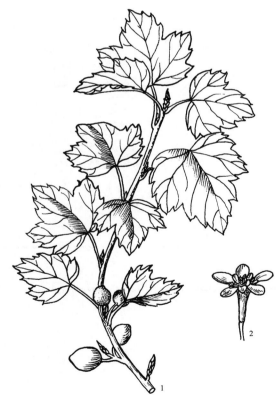

图 281 华茶藨
1. 果枝;2. 雄花。

截形，具不整齐粗锯齿，上面被柔毛，下面较密；叶柄长 1-3 厘米，被短柔毛。花单性异株；数花簇生，黄绿色，花梗长 6-9 毫米；萼浅碟形；花瓣 5；雄蕊 5，花丝极短。浆果近球形，径 6-9 毫米，红褐色，萼宿存。花期 4-6 月；果期 8-10 月。

产皖南泾县，太平；大别山区霍山马家河，金寨白马寨山沟间。果可食和酿酒。

24. 鼠刺科 ESCALLONIACEAE

常绿或落叶；乔木或灌木。单叶，互生稀对生或轮生。花两性，稀杂性，辐射对称；总状花序；萼4-5裂，宿存；萼筒与子房合生；花瓣4-5，离生，镊合状排列；雄蕊5(4、6)，周位着生；具花盘；子房上位或半下位，1-6室，胚珠多数，中轴胎座或侧膜胎座。蒴果或浆果，种子具胚乳。

约10属，130多种，主要分布于南半球。我国2属，16种。安徽省1属，1种。

鼠刺属 Itea L.

常绿或落叶，灌木或小乔木。单叶，互生，革质，具腺齿或刺状齿，稀全缘；托叶小，早落。花两性，白色；总状花序，苞片线形；萼5裂，萼筒杯状，基部与子房合生，萼齿5，宿存；花瓣5，镊合状排列，甚窄；雄蕊5，生花盘周围，花丝钻形；子房2-3室，胚珠两列，生于中轴胎座上，花柱单生，两侧具纵沟，柱头头状。蒴果长圆形，先端2裂，具宿存萼片及花瓣；种子多数，窄纺锤形，或少数，长圆形，种皮壳质。

约26种，分布于东亚。我国15种，分布于长江流域以南。安徽省1变种。

矩形叶鼠刺（变种）　　　　　图282

Itea chinensis Hook. et Arnot var. **oblonga**（Hand. et Mzt.）Y. C. Wu

常绿小乔木或灌木，高达3米。幼枝黄绿色，无毛，老枝具纵棱。叶薄革质，长圆形或长矩圆形，稀椭圆形，长6-12(16)厘米，宽2.5-5(6)厘米，先端尾尖或渐尖，基部圆形或钝，具极明显密集细锯齿，基部近全缘，无毛，侧脉5-7对，与中脉在下面显著隆起；叶柄长1-1.5厘米，粗壮，无毛。总状花序腋生，长(7)12-13厘米，稀达23厘米，单生或2-3簇生，直立，花梗长2-3毫米，被微毛，具叶状苞片，苞片三角状披针形，长约1.1厘米；萼筒浅杯状，被疏柔毛，萼齿三角状披针形；花瓣白色，披针形，长3-3.5毫米，直立，被疏柔毛；雄蕊长于花瓣或等长，花丝被细毛，花药长圆状球形；子房上位，2室，密被长柔毛。蒴果长7-9毫米，先端具喙，深2裂，被柔毛。花期3-5月；果期6-12月。

产皖南黄山北坡松谷庵至芙蓉居海拔550米，歙县三阳坑，绩溪，太平，泾县，石台牯牛降北坡龙门潭海拔120米，祁门牯牛降南坡观音潭海拔400米，休宁岭南五城、山斗、流口。生于山谷、疏林或灌丛中，山坡、路旁多见。根为滋补药。分布于浙江、江西、福建、湖南、广西、四川、贵州、云南。

图282 矩形叶鼠刺
1. 花枝；2. 花；3. 果实。

25. 野茉莉科 STYRACACEAE

常绿或落叶；乔木或灌木；常被星状毛。单叶，互生；无托叶。花两性，稀杂性，辐射对称；总状或圆锥花序，稀单花或数花簇生；萼 4-5 齿裂；花冠合瓣，稀离瓣，常 4-5（8）裂；雄蕊常为花冠裂片数的两倍或同数，花药 2 室，纵裂，花丝大部分合生成管，稀离生，常贴生于花冠筒上；无花盘；子房上位、半下位或下位，2-5 室或有时基部 3-5 室而上部 1 室，每室胚珠 1 至多数，胚珠倒生，中轴胎座，花柱丝状或钻状，柱头不裂或 5-2 裂。核果或蒴果，萼宿存。种子具翅或无翅，具胚乳，胚直或稍弯，子叶大。

12 属，180 多种，分布于美洲、东南亚、非洲西部，少数至欧洲南部温暖地区。我国 9 属，约 48 种，长江以南。安徽省 4 属 14 种，2 变种。

1. 子房上位或近上位：
　　2. 萼与花梗之间无关节，子房上位，上部 1 室，下部 3 室，花丝基部连合，近等长；核果肉质或干燥，不裂或不规则 3 瓣裂；种子 1-2，无翅 ……………………………………………………………………………… 1. **野茉莉属 Styrax**
　　2. 萼与花梗之间具关节，子房近上位，5 室，花丝 1/2 连成管状，5 长 5 短；蒴果室背 5 瓣裂；种子多数，两端具翅 …………………………………………………………………… 2. **拟赤杨属 Alniphyllum**
1. 子房近下位或下位、半下位：
　　3. 圆锥花序，花梗极短，与萼之间具关节；果皮脆壳质 ……………………… 3. **白辛树属 Pterostyrax**
　　3. 总状或聚伞花序顶生，花梗细长，与萼之间无关节；果皮木质 ……………… 4. **秤锤树属 Sinojackia**

1. 野茉莉属（安息香属）Styrax L.

落叶或常绿，乔木或灌木。单叶，互生，被星状毛，稀无毛。花两性，稀杂性；总状花序、圆锥花序或聚伞圆锥花序，稀花单生或数朵集生，小苞片小或极小；萼 5 齿裂，稀 2-3 裂或近波状；花冠 5（4-7）深裂；雄蕊 10（8-13），近等长，花丝基部连合，贴生于花冠筒上，稀离生，花药长圆形，内向；子房上位，上部 1 室，下部 3 室，每室胚珠 1-4，花柱钻状，柱头 3 浅裂或不裂。核果肉质或干燥，不裂或不规则 3 瓣裂，萼宿存。种子 1 或 2，种皮坚硬，种脐大。

约 120 种，分布于热带和亚热带地区。我国约 29 种，8 变种，分布长江流域以南，东北、西北少数。安徽省 10 种，2 变种。

1. 叶下面密被星状绒毛：
　　2. 叶纸质或近革质：
　　　　3. 总状花序，花序轴长；叶柄基部膨大成鞘状包芽，叶宽椭圆形或近圆形，具粗锯齿…… 1. **玉铃花 S. obassius**
　　　　3. 圆锥花序，具多花；叶柄基部不膨大包芽，叶倒卵形或椭圆状倒卵形，中部以上具锯齿 ……………………………………………………………………………………………… 2. **灰叶安息香 S. calvescens**
　　2. 叶革质，椭圆形或椭圆状披针形，下面密被黄褐色或锈褐色星状绒毛；树皮红褐色或灰褐色，薄片状剥落 ……………………………………………………………………… 3. **红皮树 S. suberifolius**
1. 叶下面无毛或疏被星状柔毛：
　　4. 花梗及萼无毛或疏被星状毛：
　　　　5. 花冠裂片边缘常稍内卷，花蕾时镊合状排列 ……………………………… 4. **婺源安息香 S. wuyuanensis**
　　　　5. 花冠裂片边缘平，花蕾时覆瓦状排列：
　　　　　　6. 萼及花梗无毛 ……………………………………………………………… 5. **野茉莉 S. japonicus**
　　　　　　6. 萼及花梗疏被毛 …………………………… 5a. **毛萼野茉莉 S. japonicus var. calycothrix**

4. 花梗及萼被星状柔毛和星状绒毛:

    7. 花冠裂片花蕾时覆瓦状排列；种子被褐色星状毛；果具喙 ················· 6. **芬芳安息香 S. odoratissimus**

    7. 花冠裂片花蕾时镊合状排列；种子无毛:

        8. 乔木；总状花序或圆锥花序；叶近革质:

            9. 总状花序少花；果径 8-13 毫米 ················· 7. **赛山梅 S. confusus**

            9. 圆锥花序多花；果径 5-6 毫米 ················· 8. **垂珠花 S. dasyanthus**

        8. 灌木；总状花序:

           10. 叶椭圆形或倒卵形，长 2-6 厘米，先端尾状渐尖，全缘或上部具不明显疏居齿 ·················
           ············· 9. **长柔毛安息香 S. formosanus** var. **hirtus**

           10. 叶宽椭圆形或倒卵状椭圆形，长 4-11 厘米，先端短尖或短渐尖，具细锯齿 ·················
           ················· 10. **白花龙 S. faberi**

1. 玉铃花

图 283

Styrax obassius Sieb. Et Zucc.

落叶乔木，高达 14 米，胸径 15 厘米，有时呈灌木状；树皮灰褐色，平滑。幼枝略扁，常被褐色星状长柔毛，后脱落。冬芽藏于叶柄基部叶鞘内。叶纸质；小枝最下两叶近对生，叶椭圆形或卵形，长 4.5-10 厘米，先端短尖，基部圆形；叶柄长 3-5 毫米；小枝上部之叶互生，宽椭圆形或近圆形，长 5-15 厘米，宽 4-10 厘米，先端短尖或渐尖，基部稍圆或宽楔形，具粗锯齿，上面无毛或叶脉疏被灰白色星状毛，下面密被灰白色星状绒毛；叶柄长 1-1.5 厘米，基部膨大成鞘状，包被冬芽。总状花序顶生或基部 2-3 歧，长 5-15 厘米，具花 10-20，花序梗及轴无毛，花梗长 3-5 毫米，密被灰黄色星状毛，小苞片线形，早落；花白色或粉红色；萼杯状，顶端具齿；花冠裂片椭圆形，长 1.3-1.6 厘米，密被白色星状毛，花蕾时覆瓦状排列；雄蕊短于花冠，花丝扁平，疏被星状柔毛或近无毛；花柱无毛。核果卵形，径约 1.2 厘米，顶端凸头，密被黄褐色星状毛。种子长圆形，无毛。花期 5-7 月；果期 8-9 月。

图 283 玉铃花
1. 花枝；2. 花；3. 花冠及雄蕊；4. 雌蕊；5. 果。

    产皖南黄山云谷寺海拔 830 米、清凉台、松谷庵，绩溪逍遥乡至中南坑海拔 1380 米，休宁，黟县，太平；大别山区霍山多云尖，金寨白马寨东边凹至天堂寨海拔 910-1500 米，岳西鹞落坪海拔 1450 米，潜山燕子河海拔 1050 米，舒城万佛山老佛顶下山途中次生林内或生于落叶阔叶林中。分布于辽宁、山东、江苏、浙江、江西、湖南。朝鲜、日本也有分布。

    喜光。喜湿润、生于肥沃、疏松山地黄壤或山地黄棕壤。

    散孔材，心材边材无区别，淡黄色至淡褐色，坚硬，富弹性，纹理致密，易加工，可供器具、雕刻、旋作等用。花美丽，芳香，可提取芳香油及供观赏。种子油可制肥皂及润滑油。果药用，治蛔虫病。

2. 灰叶安息香　灰叶野茉莉

图 284

Styrax calvescens Perk.

    落叶中乔木，高达 15 米，胸径 15 厘米，或有时呈灌木状；树皮暗灰色，粗糙。幼枝疏被黄褐色星状毛，后脱落。叶互生，小枝下部两叶有时对生，椭圆形、倒卵形或椭圆状倒卵形，长 3-8 厘米，宽 1.5-4.5 厘米，先端渐尖或短尖，基部楔形，中部以上具锯齿，上面疏被星状毛，沿中脉较密，后渐脱落，下面密被灰色星状绒毛，脉腋被淡黄色星状长粗毛；叶柄长 1-3 毫米，密被星状毛。圆锥花序，长 3.5-9 厘米，多花，花序梗及轴、花梗及苞片均密被灰黄色星状毛，花梗长 5-10 毫米；花白色，长 1-1.5 厘米；萼密被灰黄色星状毛，内面上部被白色柔毛，萼齿三角形；花冠裂片长圆形，长 8-10 毫米，密被星状毛，花蕾时镊合状排列；雄蕊 10，花丝下部连合成管，上部分离，分离部分中部被长柔毛；花柱较花冠长，无毛。核果倒卵形，径约 6 毫米，密被灰黄色绒毛及星状柔毛。种子褐色。花期 5-6 月；果期 7-8 月。

产皖南休宁岭南长横坑海拔 300 米林缘灌丛中。分布于河南、江西、浙江、湖南、湖北。

种子油供制肥皂、润滑剂及油漆填料用。

3. 红皮树 栓叶安息香　　　图 285

Styrax suberifolius Hook. et Arn.［*Styrax oligophlebis* Merr. ex H. L. Li］

常绿乔木，高达 20 米，胸径 80 厘米；树皮红褐色或灰褐色，薄片剥落。叶革质，椭圆形、长椭圆形或椭圆状披针形，长 5-15 厘米，宽 2-5 厘米，先端渐尖，基部楔形，全缘，上面无毛或中脉疏被星状毛，下面密被黄褐色或锈褐色星状绒毛，侧脉 7-12 对；叶柄长 1-1.5（2）厘米密被灰褐色或锈色星状绒毛。总状或圆锥花序，长 6-12 厘米，花序梗及轴和花梗及小苞片均密被灰褐色或锈色星状毛，花梗长 1-3 毫米；花白色，长 1-1.5 厘米；萼顶端波状或具三角形齿，密被灰黄色星状毛；花冠裂片披针形，长 8-10 毫米，密被星状毛，内面无毛，花蕾时镊合状排列；雄蕊花丝扁平下部连合成管，上部分离，分离部分被星状毛；花柱无毛。核果球形或卵形，径 1-1.8 厘米，密被灰色或褐色星状绒毛，3 瓣裂。花期 3-5 月；果期 9-10 月。

产皖南祁门牯牛降观音堂至洗澡盆海拔 350 米；大别山区岳西，太湖大山乡人形岩海拔 250 米。生于山坡杂木林中。分布于长江以南各地，西南至四川、云南，东至台湾、福建。越南也有分布。

喜光。生长快。种子繁殖。春播；用 1 年生苗木造林，与常绿阔叶树种营造混交林，或选择土层深厚湿润疏松的土壤中造林。

散孔材，边材窄，淡黄白色，心材宽，淡红色，纹理直，结构中，易开裂，气干密度 0.55 克 / 立方厘米，易加工，刨面光滑，可供制家具、农具及器具之用。种子油制肥皂或油漆。根、叶可治风湿关节痛、胃痛等症。

图 284 灰叶安息香
1. 花枝；2. 花；3. 雄蕊正面；4. 果；5. 种子；6. 叶下面部分放大。

图 285 红皮树
1. 花枝；2. 花；3-4. 雄蕊；5. 雌蕊；6. 果开裂；7-8. 果及宿萼。

4. 婺源安息香 图286

Styrax wuyuannensis S. M. Hwang

落叶灌木，高达3米。幼枝疏被褐色星状毛，后脱落；芽密被黄色星状毛。叶纸质，椭圆形或椭圆状菱形，长3.5-6厘米，宽1-3厘米，先端长渐尖或尾尖，基部楔形，疏生锯齿，上半部锯齿较明显，两面幼时脉上疏被褐色星状毛，侧脉3-5对，网脉不明显；叶柄长2-5毫米，无毛。总状花序具花2-3，枝顶有单花腋生，花梗细，长1.5-2厘米，无毛；小苞片线状披针形；花白色，长1.3-1.5厘米；萼无毛，具5-6刺状齿；花冠裂片披针形，长1-1.2厘米，外密被黄色星状毛，花蕾时镊合状排列，花冠筒长约3毫米；花丝扁平，下部连合成管，上部分离，分离部分下部被白色星状毛；花柱无毛。核果卵形，径约1厘米，3瓣裂。种子褐色。花期4月；果期8月。

产皖南黄山，休宁流口、五城；大别山区金寨白马寨，岳西鹞落坪，舒城万佛山。散生于阔叶林中、水边或潮湿山坡地上。分布于浙江、江西。

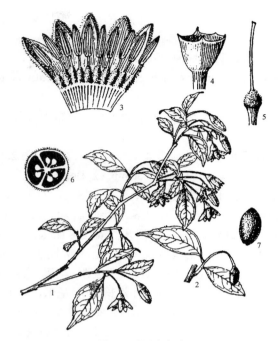

图286 婺源安息香
1. 花枝；2. 果枝；3. 花冠及雄蕊；4. 花萼；5. 雌蕊；6. 子房横剖；7. 种子。

5. 野茉莉 图287

Styrax japonicus Sieb. et Zucc.

落叶小乔木；高达10米，或呈灌木状；树皮暗褐色或灰褐色，不裂。幼枝被淡黄色星状毛，后脱落；芽密被黄色星状毛。叶坚纸质，椭圆形或卵状椭圆形，长4-10厘米，宽2-5(6)厘米，先端短尖或急渐尖，基部楔形或宽楔形，近全缘或上半部具锯齿，上面沿脉被毛，下面脉腋被长簇生毛，侧脉5-7对；叶柄长5-10毫米。总状花序，长5-8厘米，具花3-4，下部常有单花腋生，花梗细，长2-4厘米，无毛，下垂；花白色，长1-2.5厘米；萼无毛，萼齿圆；花冠裂片卵形或椭圆形，长1-2厘米，两面被星状毛，花蕾时覆瓦状排列；雄蕊花丝扁平，下部连合成管，上部分离，分离部分下部被白色长柔毛；花柱近无毛。核果卵形，径8-10毫米，顶端凸尖，外密被灰色星状绒毛，具皱纹。种子具皱纹。花期4-7月；果期9-11月。

产皖南黄山桃花峰、紫云峰、浮溪，太平龙源、旌德；大别山区霍山马家河海拔850米、青枫岭欧家冲海拔1180米，金寨白马寨马鬃岭、白马寨虎形地、打抒权、东边凹、马尾股尖、天堂寨海拔1300米、鲍家窝，岳西鹞落坪、妙道山海拔950米，潜山驼岭、彭河乡海拔750米，舒城万佛山；江淮滁县琅琊山、皇甫山，耒安半塔。自秦岭和黄河以南，东起山东、福建，西南至云南，东南达台湾、广东。朝鲜、日本有分布。喜光。速生。喜微酸性、疏松肥沃、深厚土壤。

散孔材，心边材区别不明显，黄白或淡褐色，纹理致密坚硬，可供制器具、玩具、细木工等用。种子油可

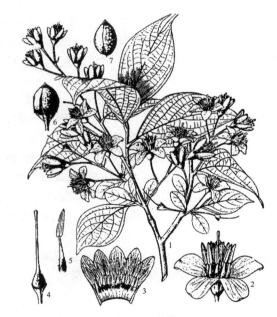

图287 野茉莉
1. 花枝；2. 花；3. 花冠及雄蕊；4. 雌蕊；5. 雄蕊；6. 果；7. 种子。

制肥皂或润滑油。花美丽，供观赏。花、叶、果治风湿症、喉痛等。

5a.　毛萼野茉莉 （变种）

Styrax japonicus Sieb. et Zucc. var. **calycothrix** Gilg

萼及花梗疏被星状毛。

产皖南歙县清凉峰，安徽省少见。分布于山东、贵州。

6.　芬芳安息香　郁香野茉莉　　　　　图288

Styrax odoratissimus Champ. ex Benth.

落叶小乔木，高达 10 米；树皮灰褐色，不裂。幼枝疏被黄褐色星状毛，后脱落。叶纸质，卵形、卵状椭圆形或长圆形，长 4-15 厘米，宽 2-8 厘米，先端渐尖或短尖，基部宽楔形或圆形，全缘或上部疏具锯齿，幼时两面叶脉疏被星状毛，后脱落，下面脉腋被白色星状柔毛；侧脉 6-9 对；叶柄长 5-10 毫米，被毛。总状花序，长 5-8 厘米，具花 10 余或更多，有时单花腋生或 2-4 聚生，花序梗、花梗及小苞片密被黄色星状绒毛；花白色，长 1.2-1.5 厘米；萼密被黄色星状绒毛，萼齿疏被毛；花冠裂片椭圆形或倒卵状椭圆形，长 9-11 毫米，花蕾时覆瓦状排列；花丝扁平，中部弯曲，密被白色星状毛；花柱被白色星状毛。核果近球形，径 8-10 毫米，具短喙，密被灰黄色星状绒毛。种子被褐色星状毛和瘤状突起，稍皱。花期 3-4 月；果期 6-9 月。

产皖南黄山虎头岩、天门坎、莲花沟、九龙瀑布、眉毛峰、云谷寺、松谷庵，祁门牯牛降赤岭头海拔 200-400 米，绩溪永来栈岭湾海拔 1000 米，石台牯牛降金竹洞海拔 700 米，歙县清凉峰里外三打海拔 980 米，太平龙源，青阳九华山；大别山区金寨白马寨虎形地海拔 960 米，岳西鹞落坪。生于阴湿山谷、山坡疏林中。分布于湖北、江苏、浙江、湖南、江西、福建、广东、广西、贵州。

散孔材，淡黄色，纹理致密，坚硬，可供建筑、船舶、车辆、家具等用。种子油供制肥皂和润滑油。

图 288　芬芳安息香
1. 花枝；2. 花；3-4. 雄蕊；5. 果；6. 种子；7. 虫瘿。

7.　赛山梅　　　　　图289

Styrax confusus Hemsl.

落叶小乔木，高达 8 米，胸径 12 厘米；树皮灰褐色，平滑。幼枝密被黄褐色星状毛，后脱落。叶近革质，椭圆形或倒卵状椭圆形，长 4-14 厘米，宽 2.5-7 厘米，先端短尖或短渐尖，基部圆形或宽楔形，具细齿，幼时两面被星状柔毛，后渐脱落，仅中脉被毛，侧脉 5-7 对；叶柄长 1-3 毫米，密被黄褐色星状毛。总状花序，

图 289　赛山梅
1. 花枝；2. 果枝；3. 花；4. 雄蕊；5. 雌蕊；6. 果开裂；7. 种子。

长 4-10 厘米，具花 2-8，小枝上部常具单花腋生，或 2-3 花聚生叶腋，花序梗及轴、花梗及小苞片密被灰黄色星状毛，花梗长 1-1.5 厘米；花白色，长 1.5-2.2 厘米；萼密被黄色或灰黄色星状毛，萼齿三角形；花冠裂片披针形或长圆状披针形，长 1.2-2 厘米，密被白色星状毛，内面顶端被毛；花丝扁平，下部连合成管，上部分离，分离部分下部扩大并密被白色长柔毛。核果近球形或倒卵形，径 8-13 毫米，密被黄灰色星状毛，具皱纹。种子无毛。花期 4-6 月；果期 9-11 月。

产皖南黄山眉毛峰、虎头岩、慈光寺，祁门牯牛降赤岭海拔 250 米，黟县百年山，绩溪清凉峰银龙坞海拔 700 米，歙县，太平，旌德，泾县小溪，青阳九华山；大别山区霍山茅山林场、马家河至天河尖海拔 1160 米、青枫岭海拔 540 米，金寨白马寨海拔 620 米，岳西鹞落坪、河图海拔 1050 米，潜山天柱峰，舒城万佛山。生于丘陵、山区林内或灌丛中。分布于广东、广西、福建、浙江、江西、湖南、湖北、贵州、四川、江苏。

种子油制润滑油、油墨及肥皂。木材气干密度 0.678 克 / 立方厘米，可供制农具等用。

8. 垂珠花　　　　　　　　　　图 290

Styrax dasyanthus Perk.

落叶乔木，高达 20 米；树皮暗灰色或灰褐色。幼枝密被灰黄色星状微柔毛，后无毛。叶近革质，倒卵状椭圆形或椭圆形，长 7-14 厘米，宽 3.5-6.5 厘米，先端短尖或渐尖，基部楔形或宽楔形，上部具稍内弯角质细齿或近全缘，两面疏被星状柔毛，后脱落仅叶脉被毛，侧脉 5-7 对；叶柄长约 7 毫米或极短，密被星状毛。圆锥花序顶生，稀总状花序，长 4-8 厘米，小枝上部有单花腋生或数花聚生，花序梗及轴和花梗及小苞片密被灰黄色星状毛，花梗长 6-12 毫米；花白色，长 1-1.5 厘米；萼密被黄褐色星状毛，萼齿钻形；花冠裂片长圆形，长 6-8.5 毫米，密被白色星状毛，花蕾时镊合状排列；花丝扁平，下部连合成管，上部分离，分离部分的下部密被白色长柔毛，上部无毛；花柱无毛。核果卵形或球形，径 5-6 毫米，具凸尖，密被灰黄色星状毛。种子无毛。花期 3-5 月；果期 9-12 月。

产皖南黄山居士林、慈光寺、眉毛峰，绩溪永来至银龙坞海拔 700 米，休宁，祁门，太平，青阳九华

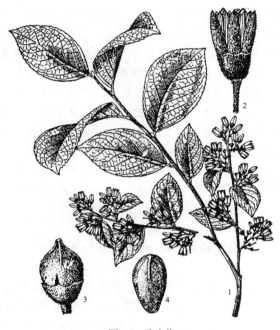

图 290　垂珠花
1. 花枝；2. 花；3. 果；4. 种子。

山；大别山区霍山马家河万家红海拔 1000 米、黄巢寺至猪头尖海拔 1050 米、天河尖海拔 1140 米，金寨白马寨，岳西鹞落坪、枯井园，潜山驼岭，舒城万佛山；江淮含山，庐江，全椒大山，滁县琅琊山。生于沟谷溪边杂木林中。分布于河南、山东、江苏、浙江、湖北、湖南、江西、福建、广西、贵州、云南、四川。

叶药用，可止咳润肺。

9. 长柔毛安息香（变种）

Styrax formosanus Matsum. var. **hirtus** S. M. Hwang

落叶小乔木，高达 3 米。小枝细弱，密被星状短柔毛和稀疏长柔毛。叶椭圆形或倒卵形，长 2-6 厘米，宽 1-3.5 厘米，先端尾状渐尖，基部宽楔形，全缘或上部具不明显疏锯齿，上面疏被长柔毛，下面被黄褐色星状短柔毛和稀疏长柔毛，侧脉 5-6 对；叶柄长约 2 毫米，被短硬毛。总状花序，花梗长 2.5 厘米，密被星状绒毛和稀疏长柔毛；萼杯状，顶端不规则 5 裂，裂齿宽三角形，被星状绒毛；花冠 5 深裂，裂片花蕾时镊合状排列；雄蕊 10，花丝基部扩大，具短柔毛；子房 4 室，胚珠多数。核果卵形，长约 1 厘米，被褐色星状绒毛。种子无毛。

产皖南祁门牯牛降赤岭沟海拔 200 米,休宁齐云山海拔 420 米,绩溪清凉峰永耒海拔 700 米。分布于浙江、湖南、广西。

原种台湾安息香 S. formosanus Matsum. 小枝被灰色绒毛。叶菱状长圆形,长 4-6 厘米,宽 2-3 厘米,先端急尖或短渐尖,基部楔形,幼时密被褐色星状绒毛,后脱落仅下面疏被绒毛,侧脉 7-9 对。产于台湾。

10. 白花龙　　　　　　图 291
Styrax faberi Perk.

落叶灌木,高达 2 米。幼枝密被星状毛。叶纸质,宽椭圆形、椭圆形、倒卵形或倒卵状椭圆形,长 4-11 厘米,宽 3-3.5 厘米,先端短尖或短渐尖,基部宽楔形或近圆形,具细齿,下面疏被星状毛,侧脉 5-6 对;叶柄长 1-2 毫米,密被黄褐色星状毛。总状花序顶生,长 3-4 厘米,具花 3-5,小枝上部常有单花腋生,花序梗、轴及花梗密被灰黄色星状毛,花梗细,长 6-9(15)毫米,下弯;花白色,长 1.2-2 厘米;萼密被灰黄色星状毛,萼齿披针形,缘具褐色腺点;花冠裂片披针形或长圆形,密被白色星状毛,花蕾时镊合状排列;花丝下部连合成管,上部分离,分离的下部密被白色长柔毛。核果倒卵形或近球形,径 5-7 毫米,密被灰色星状毛。花期 4-6 月;果期 8-10 月。

产皖南黄山外围低海拔处,祁门牯牛降赤岭头海拔 200 米,休宁岭南,泾县小溪;大别山区舒城万佛山;江淮滁县琅琊山。

图 291 白花龙
1. 花枝;2. 果枝;3. 花;4. 花冠及雄蕊;5. 雌蕊;6. 果开裂;7. 种子。

2. 拟赤杨属 **Alniphyllum** Matsum.

落叶乔木。裸芽,常叠生。单叶,互生,具锯齿;无托叶。花两性;圆锥或总状花序;花梗与萼之间具关节,小苞片早落;萼杯状,具 5 齿;花冠钟形,5 裂,雄蕊 10,5 长 5 短,花药卵形,基部心形,内向,花丝宽扁,下部连成短筒,基部贴生于花冠;子房近上位,5 室,每室胚珠 8-10,二列着生于中轴上,花柱丝状,柱头 5 浅裂。蒴果长圆形,室背 5 裂。种子多数窄长圆形,两端具不等长膜质翅,翅具网纹。胚直。

5 种,分布于我国南部。越南和印度也有分布。安徽省 1 种。

拟赤杨　　　　　　图 292
Alniphyllum fortunei(Hemsl.)Makino

落叶乔木,高达 20 米,胸径 70 厘米,树皮灰褐色,细纵裂,间有灰黄色斑块。幼枝被毛,小枝具纵纹;裸芽,被灰褐色星状毛。叶椭圆形或倒卵状椭圆形,长 7-15 厘米,宽 4-7 厘米,先端尖或渐尖,基部宽

图 292 拟赤杨
1. 花枝;2. 果序;3. 花冠纵剖面示雄蕊;4. 花萼及雌蕊。

楔形或楔形，具细齿，侧脉 7-11 对，幼叶两面被灰白色或灰黄色星状毛，老叶下面疏被星状毛，有时被白粉；叶柄长 1-2 厘米，被毛。圆锥花序顶生，长 8-15 厘米，或总状花序腋生，花序梗、轴、花梗及萼均被灰黄色短绒毛；萼筒浅碟形，萼齿三角状披针形；花冠白色或微红色，裂片长圆形，长 1.5-2 厘米，两面密被柔毛；花丝筒长约 8 毫米；子房密被黄褐色绒毛。蒴果窄长圆形，长 1.4-1.8（2.2）厘米，径 6-10 毫米。种子连翅长 6-8 毫米，褐色。花期 3-4 月；果期 10-11 月。

产皖南黄山云谷寺至九龙瀑布途中的混交林中、浮溪，祁门牯牛降观音堂至大演坑海拔 390 米，石台牯牛降，歙县新田，休宁，太平，绩溪，泾县小溪；大别山区霍山佛子岭大冲海拔 280 米，金寨梅山，岳西鹞落坪，潜山，舒城万佛山。分布于江苏、浙江、湖南、湖北、江西、福建、台湾、广东、广西、贵州、四川、云南。

喜光，喜温暖湿润气候。在荒山荒地上天然更新良好；在常绿阔叶林中多见其为上层林木，形成常绿落叶混交林，在演替过程中，逐渐被淘汰。

速生；树龄寿命较短。

木材淡红色或淡黄色，心边材区别不明显，轻软，纹理直，结构细致，易干燥，不耐腐，气干密度 0.4-0.47 克 / 立方厘米；易加工，可供火柴杆、包装箱、家具、文具、板料、胶合板、纸浆原料等用。

3. 白辛树属 Pterostyrax Sieb. et Zucc.

落叶乔木或灌木。单叶，互生，具锯齿。花两性；伞房状圆锥花序顶生或腋生，花具短梗，一侧着生；花梗与萼之间具关节；萼钟状，5 脉，与萼齿互生；花冠 5 深裂至基部或在基部稍连合，花蕾时覆瓦状排列；雄蕊 10，5 长 5 短或近等长，伸出花冠之外，花丝扁平，下部连合成管状，上部分离，花药内向，纵裂；子房近下位，3（4-5）室，每室 4 胚珠，柱头微 3 裂。核果，果皮干硬，除圆锥状喙外，几全部为宿存花萼所包围，并与其合生，具翅或棱。种子 1-2。

4 种，分布于东亚。我国 2 种，安徽省均产。

1. 叶下面淡绿色，微被星状毛；核果具 5 窄翅，被星状绒毛 ···························· 1. **小叶白辛树 P. corymbosus**
1. 叶下面密被灰色星状绒毛；核果具 5-10 棱，密被
　黄色长硬毛 ···················· 2. **白辛树 P. psilophyllus**

1. 小叶白辛树　　　　　　　图 293

Pterostyrax corymbosus Sieb. et Zucc.

落叶乔木，高达 15 米，胸径达 45 厘米。幼枝密被星状毛，老枝无毛。叶倒卵形、宽倒卵形或椭圆形，长 6-14 厘米，宽 3.5-8 厘米，先端急尖或短尖，基部楔形或宽楔形，具锐尖锯齿，幼叶两面被星状毛，老叶仅下面微被毛，侧脉 7-9 对；叶柄长 1-2 厘米，上面具槽，被星状毛。圆锥花序伞房状或二歧式，长 3-8 厘米，花梗长 1-3 毫米，小苞片线形，密被星状毛；花白色，长约 1 厘米；萼钟状，萼齿披针形；花冠裂片长圆形，长约 1 厘米，基部稍合生，顶端短尖，两面密被星状毛；雄蕊 10，5 长 5 短，花丝宽扁，内面被星状毛。核果干燥，倒卵形，长 1.5-2.2 厘米，具 5 窄翅，密被星状绒毛，具圆锥状喙，喙长 2-4 毫米。种子长椭圆形，两端尖，无毛。花期 3-4 月；果期 5-9 月。

产皖南黄山温泉至半山寺、天门坎、莲花沟、光

图 293 小叶白辛树
1. 花枝；2. 花；3. 花萼、雄蕊及雌蕊；4. 雄蕊背面；5. 果。

明顶、云谷寺、海拔 400-1800 米，祁门牯牛降海拔 400 米，绩溪清凉峰永来海拔 700-820 米，歙县清凉峰朱家舍海拔 690 米、劳改队坞海拔 760 米，泾县小溪，休宁五城，太平，青阳；大别山区霍山马家河、青枫岭，金寨白马寨、吊桥沟、打抒权、东边凹、龙井河海拔 700-920 米、马鬃岭，岳西鹞落坪，潜山彭河乡、天柱山海拔 500-1250 米，舒城万佛山小涧冲。生于河边、山坡低凹湿润处。分布于江苏、浙江、江西、湖南、福建、广东、山西。日本也有分布。

喜光。速生。散孔材，淡黄色或浅黄褐色，心材边材无明显区别，具光泽，轻软，可供家具、包装箱、器具等用。也可作河岸、低湿处造林树种。

2. 白辛树   图 294

Pterostyrax psilophyllus Diels ex Perk.

落叶乔木，高达 17 米，胸径 60 厘米；树皮灰褐色，浅纵裂。幼枝疏被星状毛。叶长椭圆形、倒卵形或倒卵状长圆形，长 5-15 厘米，宽 5-9 厘米，先端短尖或短渐尖，基部楔形，稀稍圆形，具细齿，近顶端有时具 1-2 粗齿或 3 深裂，幼叶上面被黄色星状柔毛，后脱落，下面密被灰色星状绒毛，侧脉 6-11 对；叶柄长 1-2 厘米，密被星状柔毛，上面具槽。圆锥花序长 10-15 厘米，花序梗、轴、花梗及萼均被黄色或灰色星状柔毛，花梗长约 2 毫米；花白色，长 1.2-1.4 厘米；萼漏斗状，5 脉，萼齿披针形；花瓣长圆形或匙形，长约 6 毫米；雄蕊 10，近等长，花丝宽扁，两面被疏柔毛；子房密被灰白色粗毛，柱头稍 3 裂。核果近纺锤形，长约 2.5 厘米，具 5-10 棱，密被灰黄色长硬毛。花期 4-5 月；果期 8-10 月。

产金寨白马寨海拔 720 米。生于溪边、山坡阔叶林中。分布于湖南、湖北、四川、贵州、广西、云南。日本也有分布。

喜光。萌芽性强。速生。

图 294 白辛树
1. 花枝；2. 叶；3. 花；4-5. 雄蕊；6. 果；7. 叶下面部分放大。

散孔材，淡黄色，纹理直，结构细，轻软，易干燥，不耐腐，易胶粘，易加工，可供家具、火柴杆、器具及纸浆原料等用。作低湿地造林或护堤林或供作绿化树种。

4. 秤锤树属 Sinojackia Hu

落叶乔木。裸芽。单叶，互生，具硬质锯齿；无托叶。花两性；总状或聚伞花序顶生；花白色，常下垂，花梗细长，花梗与萼之间具关节；萼筒倒圆锥形，萼齿 5-7，宿存；花冠钟形，5（6-7）裂，裂片花蕾时覆瓦状排列；雄蕊 10-14，着生于花冠基部，花丝下部连成短管；子房下位或半下位，2-4 室，每室 6-8 胚珠，排成两行，柱头微 3 裂。核果木质，不裂，具皮孔，中果皮木栓质，内果皮坚硬。种子 1，种皮硬骨质，胚乳肉质。

4 种。我国特产。安徽省 2 种。

1. 核果卵形，具钝或凸尖的喙 ··· 1. **秤锤树 S. xylocarpa**
1. 核果长圆状圆柱形，具长渐尖的喙 ························· 2. **狭果秤锤树 S. rehderiana**

1. 秤锤树 图 295

Sinojackia xylocarpa Hu

落叶乔木，高达 7 米，胸径 10 厘米。幼枝密被星状毛。叶倒卵形或椭圆形，长 3-9 厘米，宽 2-5 厘米，先端短尖，基部楔形或近圆形，具硬质锯齿，两面沿侧脉、网脉疏被星状毛；叶柄长约 5 毫米。聚伞花序 3-5 花，花梗长达 3 厘米，细弱下垂，被星状毛；萼筒倒圆锥形，长约 4 毫米，密被星状毛，萼齿 5，披针形；花冠裂片长圆状椭圆形，长 8-12 毫米，两面密被星状绒毛；雄蕊 10-14，花丝宽扁，下部连合成管，疏被星状毛；花柱线形，长约 8 毫米，柱头微 3 裂。核果卵形，长 2-2.5 厘米，红褐色，具浅棕色皮孔，无毛，顶端具钝或凸尖圆锥状喙。种子 1，长圆状线形，长约 1 厘米，栗褐色。花期 3-4 月；果期 7-9 月。

产皖南黄山桃花峰、浮溪。生于海拔 500-800 米林缘或疏林中，汤口黄山树木园有栽培。分布于江苏、浙江、湖北。

我国特有种，稀有而珍贵，有繁殖价值，属濒危树种。供美化园林和观赏用。

图 295 秤锤树
1. 花枝；2. 果枝；3. 花；4. 雄蕊；5. 雌蕊。

2. 狭果秤锤树

Sinojackia rehderiana Hu

落叶小乔木，高达 5 米，或呈灌木状。幼枝被星状毛。叶倒卵状椭圆形或椭圆形，长 5-9 厘米，宽 3-4 厘米，先端短尖，基部楔形或圆形，具硬质锯齿，幼叶两面密被星状毛，后仅叶脉稍被毛或无毛，侧脉 5-7 对；叶柄长 1-4 毫米，被星状毛。聚伞状圆锥花序，疏松，具花 4-6，花梗长达 2 厘米，疏被灰色星状毛；花白色；萼倒圆锥形，长约 5 毫米，密被星状毛，萼齿 5-6，三角形；花冠裂片卵状椭圆形，长约 1.2 厘米，疏被星状长柔毛；子房 3 室，花柱线形，柱头微 3 裂。核果长圆状圆柱形，具圆锥形长喙，长 2-2.5 厘米，径 1-1.2 厘米，褐色，皮孔浅棕色。种子 1，长圆柱形。花期 4-5 月；果期 7-9 月。

皖南黄山树木园有栽培，铜陵市郊区桂竹林内生长有数株，种源可能来自南京，生长尚好。分布于江西、湖南、广东。

秤锤树为一属两种，稀有而珍贵，宜多加繁殖和保护。国家二级保护植物。供庭园绿化观赏。

26. 山矾科 SYMPLOCACEAE

常绿，稀落叶，乔木或灌木。单叶，互生，具锯齿、腺齿或全缘；无托叶。花两性，稀杂性，辐射对称；穗状、总状、圆锥、团伞花序或花单生，花由 1 苞片和 2 小苞片承托；萼 3-5 裂；花冠裂至近基部或中部，裂片 5(11-3)，覆瓦状排列；雄蕊多数至 4 枚，通常 15 以上，花丝连合或分离，排成 1-5 列，花药近球形，2 室，纵裂；子房下位或半下位，3(2-5)室，每室 2-4 胚珠，下垂，花柱 1，柱头头状或 3(2-5)裂。核果或浆果，萼裂片和基部苞片及小苞片常宿存，1-5 室，每室种子 1，胚乳丰富，胚直伸或弯曲，子叶短于胚根。

1 属，约 300 种，广布于亚洲、大洋洲和美洲热带、亚洲热带地区。我国约 79 种，分布长江以南。安徽省 9 种。

山矾属 Symplocos Jacq.

形态特征与科同。

1. 叶中脉在上面隆起或微隆起；花盘被毛，花序团伞状、穗状或总状花序：
  2. 幼枝无毛，具角棱；叶薄革质或革质：
    3. 穗状花序缩短呈团伞状，或长于叶柄，花丝基部连合成 5 体雄蕊：
      4. 穗状花序缩短呈团伞状，雄蕊约 30；小枝略具棱 ·························1. 四川山矾 **S. setchuensis**
      4. 穗状花序长于叶柄，基部有分枝，长约 3 厘米，雄蕊 40-50；小枝具 4-5 棱 ·························
      ························· 2. **棱角山矾 S. tetragona**
    3. 穗状花序与叶柄近等长或略短，花丝基部不连合为 5 体雄蕊 ·························3. **叶萼山矾 S. phyllocalyx**
  2. 幼枝被褐色绒毛，无角棱；叶薄革质 ·························4. **薄叶山矾 S. anomala**
1. 叶中脉在上面凹下或平坦；花盘无毛，稀被柔毛：
  5. 总状花序，子房 3 室；叶常绿：
    6. 花序长 2.5-4 厘米；叶卵形或窄倒卵形；幼枝无毛 ·························5. 山矾 **S. sumuntia**
    6. 花序长 5-7 厘米；叶椭圆形或窄椭圆形；幼枝初被长柔毛，后脱落 ·········6. **银色山矾 S. subconnata**
  5. 团伞花序或圆锥花序，子房 3 室或 2 室；叶常绿或落叶：
    7. 团伞花序，子房 3 室；常绿；叶厚革质；髓心具横隔；芽、幼枝、幼叶柄、苞片及小苞片被红褐色绒毛
    ························· 7. **老鼠矢 S. stellaris**
    7. 圆锥花序，子房 2 室；落叶；叶纸质、膜质或薄纸质：
      8. 叶纸质；幼枝、叶下面及叶柄密被灰黄色皱曲柔毛；核果被紧贴柔毛 ·········8. **华山矾 S. chinensis**
      8. 叶膜质或薄纸质；幼枝被灰白色柔毛，后脱落，叶下面疏被柔毛或仅脉上被柔毛；核果无毛 ·········
      ························· 9. **白檀 S. paniculata**

1. 四川山矾

图 296

Symplocos setchuensis Brand

常绿小乔木，高达 7 米。小枝略具棱，无毛。叶薄革质，长圆形或窄椭圆形，长 7-13 厘米，宽 2-5 厘米，先端渐尖或长渐尖，基部楔形，具尖锯齿，无毛，中脉在上面隆起；叶柄长 5-10 毫米。穗状花序缩短呈团伞状，苞片宽倒卵形，下面被白色长柔毛或柔毛；萼长约 3 毫米，裂片长圆形，下面被白色长柔毛；花冠白色，长 3-4 毫米，5 深裂几达基部；雄蕊约为 30，花丝长短不一，伸出花冠外，基部连成 5 体雄蕊；子房 3 室，花柱较雄蕊短，

柱头 3 裂。核果卵圆形或长圆形，长 5-8 毫米，宿存萼裂片直立，苞片宿存。果核骨质，分成 3 分核。花期 3-4 月；果期 5-6 月。

产皖南黄山温泉、天门坎、眉毛峰、云谷寺、松谷庵，祁门牯牛降，绩溪清凉峰海拔 1050 米，歙县清凉峰，郎溪、广德；大别山区霍山青风岭，金寨白马寨海拔 700 米沟谷旁及大狭谷，岳西妙道山海拔 1150 米、鹞落坪，潜山天柱山千丈崖海拔 1050 米。生于沟谷杂木林中。分布于浙江、江苏、台湾、福建、广西、云南、贵州、四川、江西、湖南。

木材坚韧，可作细木工、家具用材。种子油可制肥皂。也可作绿化树种。

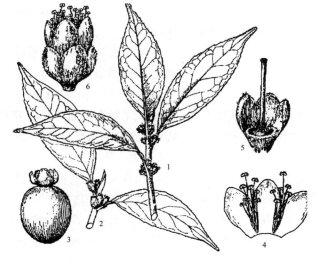

图 296 四川山矾
1. 花枝；2. 果枝；3. 核果；4. 花冠展开示雄蕊；5. 花萼、花盘、雌蕊；6. 花。

2. 棱角山矾

Symplocos tetragona Chen ex Y. F. Wu

常绿乔木。小枝黄绿色，粗壮，具 4-5 棱。叶革质，窄椭圆形，长 12-14 厘米，宽 3-5 厘米，先端急尖，基部楔形，具粗锯齿，两面均黄绿色，中脉在叶上面隆起，侧脉不明显；叶柄长约 1 厘米。穗状花序长约 6 厘米，基部分枝长约 3 厘米，密被毛，苞片、小苞片长宽约 3 毫米；萼 5 裂，裂片圆形，无毛；花冠白色，长约 6 毫米，5 深裂几达基部，花冠筒极短，裂片椭圆形；雄蕊 40-50，花丝基部连成 5 体雄蕊；花盘被毛和腺点；花柱长约 3 毫米，柱头盘状。核果长圆形，长约 1.5 厘米，径约 8 毫米，宿存萼裂片直立。果核骨质，分成 3 分核。花期 4-5 月；果期 9-10 月。

产皖南休宁六股尖。生于海拔 1350 米山坡杂木林中。分布于浙江（栽培）、福建、江西、湖南。

3. 叶萼山矾　　　　　图 297

Symplocos phyllocalyx Clarke

常绿小乔木，高达 7 米。小枝粗，黄绿色，略具棱，无毛。叶革质，窄椭圆形、椭圆形或长圆状倒卵形，长 6-9（13）厘米，宽 2-4 厘米，先端急尖或短渐尖，基部楔形，具波状浅锯齿，中脉和侧脉在上面隆起，侧脉 8-12 对，近叶缘处，分叉网结；叶柄长 8-15 毫米。穗状花序长 8-15 毫米，基部常分枝，花序轴被柔毛，苞片宽卵形；萼长约 4 毫米，裂片长圆形，无毛；花冠白色，长约 4 毫米，5 深裂几达基部；花丝基部不连成 5 体雄蕊；花盘被毛；子房 1 室。核果椭圆形，长约 1-1.5 厘米，径约 6 毫米，宿存萼裂片直立。果核单生，不分成 3 分核。花期 4-5 月；果期 6-7 月。

图 297 叶萼山矾
1. 果枝；2. 果。

产皖南石台牯牛降北坡海拔 500-1100 米常绿阔叶林中。分布于浙江、江西、福建、湖南、湖北、陕西、四川、贵州、西藏、云南、广西、广东。尼泊尔也有分布。茎皮纤维可代麻用或造纸原料。种子油可制肥皂。

4. 薄叶山矾 山桂花 图298

Symplocos anomala Brand

常绿小乔木，高达7米。幼枝及顶芽被褐色短绒毛，老枝黑褐色。叶薄革质，窄椭圆形、椭圆形或倒披针形，长5-7(11)厘米，宽1.5-3厘米，先端渐尖，基部楔形，全缘或疏具浅锯齿，中脉在上面隆起，侧脉两面隆起，7-10对，在离叶缘1-2毫米处分叉网结；叶柄长4-8毫米。总状花序腋生，长8-15毫米，有时基部具1-3分枝，被柔毛，苞片及小苞片卵形，具缘毛；萼长2-2.3毫米，5裂，裂片半圆形，与萼筒等长，具缘毛；花冠白色，具桂花香气，长4-5毫米，裂片椭圆形，长3-4毫米，花冠筒短；雄蕊约30，花丝基部稍合生；花盘盘状，被柔毛；子房3室。核果倒卵形，长7-10毫米，褐色，被柔毛，具纵棱，3室，宿存萼裂片直立或内曲。花期9月；果期翌年5月。

图298 薄叶山矾
1. 花枝；2. 花；3. 雄蕊；4. 雌蕊花萼（去花瓣）；5. 果。

产皖南黄山二道岭、立马桥、半山寺、桃花峰，祁门牯牛降大演坑海拔420米，休宁岭南三溪海拔350米，石台牯牛降祁门岔、金竹洞海拔500米，歙县清凉峰猴生石海拔900米、天子地海拔1250米、三河口海拔1300米、贵池，广德，旌德，青阳九华山慧居寺；大别山岳西鹞落坪，潜山天柱峰海拔1100米，舒城万佛山。生于杂木林中。分布于长江流域及西南、华南各地。

木材浅黄褐色或黄褐色，具光泽，心材边材无区别，坚韧，干缩中等，纹理直，结构细致均匀；可供农具、家具等用。种子油供制机械润滑油。花可提取香精。

5. 山矾

Symplocos sumuntia Buch.

常绿乔木，高达9米。幼枝褐色。叶近革质，卵形、窄倒卵形或倒披针状椭圆形，长3.5-8厘米，宽1.5-3厘米，先端尾尖，基部楔形或圆形，具浅锯齿、波状齿或近全缘，中脉在叶上面2/3以下部分凹下，侧脉、网脉两面隆起，侧脉4-6对；叶柄长5-10毫米。总状花序长2.5-4厘米，被柔毛，苞片宽卵形，长约1毫米，密被柔毛，早落；萼长2-2.5毫米，萼筒无毛，5裂，裂片三角状卵形，与萼筒等长或稍短，被微柔毛；花冠白色，5深裂，长4-4.5毫米，裂片倒卵状椭圆形，长约3-3.5毫米，腹面被微柔毛；雄蕊25-35，花丝基部连合成束；花盘环状，无毛；子房3室，花柱1，柱头头状。核果卵状坛形，长7-10毫米，黄绿色，顶端缢缩，外果皮薄，宿存萼裂片内弯或脱落，核无纵棱。花期4月；果期8月。

产皖南黄山温泉、桃花峰、云谷寺、北海、松谷庵，休宁齐云山，太平，祁门，绩溪，东至，贵池梅街；大别山区岳西鹞落坪海拔900米，潜山天柱山海拔450米。生于杂木林或灌丛中。分布于江苏、浙江、福建、台湾、广东、广西、海南、江西、湖南、湖北、四川、贵州。尼泊尔、不丹、越南也有分布。

木材坚韧，可供家具、农具用。种子油制润滑油。根、叶、花药用；根可治黄胆、关节炎，叶治顽癣。花白色芳香，可浸提香料精膏；叶可代白矾作媒染剂。

6. 银色山矾 图 299

Symplocos subconnata Hand. -Mzt.

常绿小乔木，高达 4 米。幼枝被长柔毛，后脱落，老枝黑色或紫黑色。叶近革质，干后绿色或淡黄色，椭圆形、窄椭圆形、椭圆状披针形或倒披针形，长 7-11 厘米，宽 1.5-3.5 厘米，先端尾尖，基部楔形，具波状齿或尖锯齿，中脉上面凹下，侧脉、网脉两面隆起，侧脉 5-8 对，细直；叶柄长 5-7 毫米，有时被柔毛。总状花序长 5-7 厘米，花序轴被长柔毛，苞片及小苞片早落；萼长约 3 毫米，5 裂，裂片窄三角形，先端尖，具长缘毛，与萼筒等长或稍长于萼筒，萼筒被柔毛；花冠白色，芳香，长 7-8 毫米，5 深裂几达基部，裂片椭圆形；雄蕊约 30，花丝长 5-7 毫米，基部合生部分达 1-2 毫米；花盘环状；子房 3 室。核果卵状坛形，长 6-9 毫米，稍被柔毛，宿存萼裂片直立，常折断。

产皖南祁门查湾，休宁岭南黄土岭小子坑海拔 250 米，广德横山。生于山坡疏林中。分布于广东、广西、湖南。

树形优美，可作园林绿化树种。

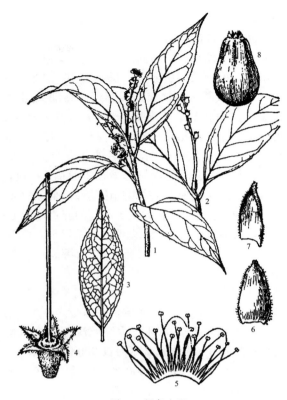

图 299 银色山矾
1. 花枝；2. 果枝；3. 叶；4. 花萼、花盘及花柱；5. 花冠及雄蕊；6. 苞片背面；7. 苞片腹面；8. 果。

7. 老鼠矢 图 300

Symplocos stellaris Brand

常绿乔木，高达 8 米；树皮灰黑色。小枝粗，髓心具横隔；幼枝、芽、幼叶柄、苞片及小苞片被红褐色绒毛。叶厚革质，具光泽，披针状椭圆形或窄长圆状椭圆形，长 6-20 厘米，宽 2-5 厘米，先端急尖或短渐尖，基部宽楔形或圆形，全缘，稀具腺齿，中脉上面凹下，下面明显隆起，侧脉、网脉上面均凹下，下面不明显，侧脉 9-12 对；叶柄长 1.5-2.5 厘米，具纵沟。团伞花序着生于 2 年生枝上，苞片圆形，径 3-4 毫米，具缘毛；萼长约 3 毫米，5 裂，裂片半圆形，长不及 1 毫米，具长缘毛；花冠白色，长 7-8 毫米，5 深裂几达基部，裂片椭圆形，顶端具缘毛；雄蕊 18-25，花丝基部连成 5 束；花盘圆柱形；子房 3 室。核果窄卵状圆柱形，长约 1 厘米，宿存萼裂片直立，核具 6-8 纵棱。花期 4-5 月；果期 6 月。

产皖南黄山温泉居士林、云谷寺、松谷庵、黄山茶林场，祁门牯牛降，绩溪清凉峰，休宁五城，泾县小溪，青阳九华山朝阳庵；大别山区霍山青枫岭、蓝平海拔 500 米，潜山海拔 600 米，舒城万佛山。生于山坡、谷地杂木林中或灌丛中。分布长江以南各地。

种子油制肥皂。木材供制器具等用。

图 300 老鼠矢
1. 果枝；2. 花瓣、雄蕊；3. 雌蕊、花萼；4. 果；5. 种子。

8. 华山矾 图 301

Symplocos chinensis（Lour.）Druce

落叶灌木。幼枝、叶下面及叶柄被灰黄色皱曲柔毛。叶纸质，椭圆形或倒卵形，长 4-7（10）厘米，先端急尖、短尖或圆，基部楔形或圆形，具细尖锯齿，上面被柔毛，中脉凹下，侧脉 4-7 对，在离叶缘 1-2 毫米处分叉网结。圆锥花序长 4-7 厘米，花序轴、苞片及萼密被灰黄色皱曲柔毛，苞片早落，近无花梗；萼长 2-3 毫米，5 裂，裂片卵形，长于萼筒；花冠白色，芳香，长约 4 毫米，5 深裂几达基部；雄蕊约 50，花丝基部连成五体雄蕊；花盘具 5 凸起的腺点，无毛；子房 2 室，顶端圆锥状凸起，无毛。核果卵形，歪斜，长 5-7 毫米，被紧贴柔毛，熟时蓝色，宿存萼裂片内弯。花期 4-5 月；果期 8-9 月。

产皖南黄山松谷庵、西海、光明顶灌丛中，祁门，休宁齐云山海拔 300 米，岭南黄土岭海拔 340 米，歙县清凉峰天子地海拔 1100 米，太平龙源海拔 650 米，东至梅城；大别山区霍山，金寨海拔 900-1710 米，岳西鹞落坪，潜山彭河乡海拔 800 米、驼岭，舒城万佛山海拔 400-1100 米；江淮滁县琅琊山、皇甫山，来安，无为，安庆，合肥。分布于江苏、浙江、福建、台湾、江西、湖南、广东、广西、云南、贵州、四川。

根、叶药用，外敷治跌打损伤；叶研末治烧伤、出血外敷，用鲜叶汁内服治蚊伤。种子油制肥皂。

图 301 华山矾
1. 花枝；2. 花；3. 雄蕊、花瓣；4. 雌蕊、花萼；5. 果；6. 果横切面。

9. 白檀 图 302

Symplocos paniculata（Thunb.）Miq.

落叶灌木或小乔木。幼枝被灰白色柔毛，老枝无毛。叶膜质或薄纸质，宽倒卵形、椭圆状倒卵形或卵形，长 3-11 厘米，宽 2-4 厘米，先端急尖、渐尖或骤狭渐尖，基部宽楔形或稍圆形，具细尖锯齿，上面无毛或被柔毛，下面被柔毛或仅脉上被柔毛，中脉上 1/2 以上处平，1/2 以下处凹下，侧脉上面平或微隆，侧脉 4-8 对，在近叶缘处分叉网结，侧脉 4-8 对；叶柄长 3-5 毫米。圆锥花序长 5-8 厘米，被柔毛，苞片早落，条形，具褐色腺点；萼长 2-3 毫米，5 裂，萼筒倒圆锥形，褐色，无毛或疏被毛，裂片半圆形或卵形，稍长于萼筒，淡黄色，具纵纹，具缘毛；花冠白色，长 4-5 毫米，5 深裂，裂片椭圆形，冠筒长约 0.4 毫米；雄蕊 40-60，花丝长短不一，基部连成 5 体雄蕊；花盘具 5 凸起腺点；子房 2 室，顶端圆锥状，无毛。核果卵形或近球形，长 5-8 毫米，稍偏斜，熟时蓝色，宿存萼裂片直立。

产皖南黄山慈光寺、狮子林、北海始信峰、西

图 302 白檀
1. 花枝；2. 果枝；3. 叶；4. 花冠及雄蕊；5. 花萼、花盘及花柱；6. 果。

海、松谷庵，休宁岭南，黟县，绩溪清凉峰野猪垱、平脚、栈岭湾海拔 1140 米，歙县清凉峰东凹一天子地海拔 1100-1500 米，宣城，广德，青阳九华山；大别山区霍山马家河，金寨马宗岭、白马寨海拔 680-1540 米、燕子河渔潭，岳西鹞落坪、文坳、大王沟，潜山天柱山彭河乡海拔 800-950 米，舒城小涧冲；江淮滁县琅琊山、皇甫山海拔 140 米，来安半塔，含山；淮北萧县。生于山坡、路旁疏、密林中，在阴坡湿润处生长最好。除西北地区外，全国均有分布。朝鲜、日本也有分布。

种子油可制肥皂、油漆。材质致密供细木工用。树姿优美，满树白花，秋果蓝色，供观赏。根、茎、叶药用，治乳腺炎、淋巴腺炎、疝气、肠痈、疮节等用。

27. 山茱萸科 CORNACEAE

　　乔木或灌木，稀草本。单叶，对生或互生，通常全缘，无托叶。花两性，稀单性，组成伞形、聚伞、伞房、头状或圆锥花序；花萼4-5齿裂或不裂；花瓣4-5；雄蕊常与花瓣同数并互生；子房下位，2（1-5）室，每室有一下垂倒生胚珠。果为核果或浆果状核果；种子具胚乳，种皮膜质。

　　14属，约100种，分布于北温带及亚热带。我国6属，约50种。安徽省有5属，9种，2变种。

1. 花两性；核果；叶全缘。
　　2. 叶对生或互生；伞房状复聚伞花序，花序无总苞；核果近球形 ································ 1. **梾木属 Cornus**
　　2. 叶对生；伞形或头状花序，花序具总苞；核果椭圆形或长椭厕形：
　　　　3. 头状花序；总苞苞片花瓣状，白色；果椭圆形或卵形 ··············2. **四照花属 Dendrobenthamia**
　　　　3. 伞形花序，总苞苞片鳞片状，黄绿色；果长椭圆形 ··············· 3. **山茱萸属 Macrocarpium**
1. 花单性，雌雄异株；浆果状核果；叶有锯齿：
　　4. 叶对生，常绿；圆锥花序；子房1室 ································· 4. **桃叶珊瑚属 Aucuba**
　　4. 叶互生，落叶；伞形花序；子房3-5室 ····························· 5. **青荚叶属 Helwingia**

1. 梾木属 Cornus L.

　　落叶乔木或灌木。枝叶常被丁字毛。叶对生，稀互生，全缘。花两性，伞房状复聚伞花序，无总苞；花萼4齿裂；花瓣4，白色或绿白色，镊合状排列；雄蕊4，与花瓣互生；子房下位，2室，每室有1胚珠。核果近球形。

　　约33种，分布于北温带。我国约20种，南北均有分布。安徽省有5种。

1. 叶互生或近互生；果核顶端有深孔 ···································· 1. **灯台树 C. controversa**
1. 叶对生；果核顶端无孔：
　　2. 落叶灌木；小枝血红色，花柱圆柱形，核果熟时白色或带紫蓝色 ············· 2. **红瑞木 C. alba**
　　2. 落叶乔木；小枝深绿色、黄褐色或红褐色；花柱
　　　圆柱形、棍棒状；核果熟时黑色或蓝黑色：
　　　　3. 叶下面密被白色乳点或丁字毛：
　　　　　4. 树皮暗灰色；果蓝绿色至黑色 ··············
　　　　　　 ············· 3. **梾木 C. macrophylla**
　　　　　4. 树皮灰绿色，片状剥落；果紫黑色至黑色
　　　　　　 ············· 5. **光皮树 C. Wilsoniana**
　　　　3. 叶下面无乳点，密被灰白色丁字毛；果黑色
　　　　　 ························· 4. **毛梾 C. walteri**

图303 灯台树
1. 果枝；2. 花；3. 果实；4. 种子。

1.　灯台树 乌牙树　　　　　　　图303
Cornus controversa Hemsl.

　　落叶乔木，高达15米。树皮暗灰色，老树浅纵裂；枝条紫红色，无毛。叶互生，广卵形或广椭圆形，长6-13厘米，先端骤渐尖，基部宽楔形或圆形，上面深绿色，无毛，下面灰绿色，密被白色丁字毛，侧脉6-7对；叶柄长2-6.5厘米。伞房状聚伞花序顶生，花序径7-13厘米，微被短柔毛；花白色；萼齿三角形；花

瓣 4，长圆状披针形；雄蕊 4，稍伸长；子房下位，密被灰白色平伏柔毛。果球形，直径 6-7 毫米。紫红色至蓝黑色，顶端有近方形深孔。花期 5-6 月，果期 8-9 月。

产大别山区金寨，霍山（马家河），潜山（天柱峰），岳西美丽乡、舒城万佛山、六安及皖南青阳九华山、黄山、歙县（清凉峰）、祁门（牯牛降）、宣城、厂德等地。生于海拔 600-1500 米阔叶或针阔叶混交林中。分布于华北、华东、华南、西南及辽宁、甘肃、陕西。

木材细致均匀，可供家具、门窗、玩具、雕刻、铅笔杆等用。种子含油量达 22.9%，可榨油制肥皂及润滑油。树皮含鞣质，可提供拷胶。

2. 红瑞木　　　　　　　　图 304
Cornus alba L.

落叶灌木，高 3 米左右。树皮暗红色；小枝血红色，无毛，被白粉。叶对生，卵形或椭圆形，长 5-8.5 厘米，先端急尖，基部宽楔形，下面粉绿色，疏生平伏柔毛；侧脉 4-6 对；叶柄长 1-2.5 厘米。伞房状聚伞花序顶生，花白色至黄白色；萼齿三角形；花瓣卵状椭圆形；雄蕊 4；子房近倒卵形，疏生柔毛，花柱圆柱形，柱头盘状。核果斜卵圆形，微扁，熟时乳白色或蓝白色。花期 5-6 月，果期 8-9 月。

安徽省各地园林中常见栽培。生于肥沃而湿润的土壤上，喜光，耐寒性强。分布于东北辽宁、华北、江苏、浙江、江西、陕西、甘肃、青海。朝鲜、苏联也有。

种子含油量达 30%，可榨油供工业用。园林中常栽培供观赏用。

图 304 红瑞木
1. 果枝；2. 花；3. 果实；4. 种子。

3. 梾木　　　　　　　　图 305
Cornus macrophylla Wall.

落叶乔木，高 15 米左右。1 年生小枝红褐色，疏生柔毛，有棱。叶对生，椭圆状卵形或椭圆形，长 9-16 厘米，先端渐尖，基部宽楔形或圆形，上面近无毛，下面灰绿色，疏被平伏柔毛；侧脉 6-8 对；叶柄长 1.5-3 厘米。圆锥状聚伞花序，顶生，花梗疏被短毛；花白色，有香气；萼齿三角形；花瓣 4，长圆状披针形；子房下位，倒卵圆形，花柱棍棒状，被平伏细柔毛。核果近球形，熟时蓝黑色。花期 5 月，果期 9-10 月。

产淮北萧县（皇藏峪）；大别山区金寨马鬃岭，岳西，霍山白马尖、黄巢寺；皖南黄山、绩溪太平。生于 500-1200 米山坡或溪边林中。喜光，适于生长石灰岩地区及酸性土壤中。分布于山东、山西、河南、陕西、甘肃、江苏、浙江、台湾。湖北、湖南、江西、四川、贵州、云南。日本、巴基斯坦及印度也有。

木材坚硬，纹理美观，可供家具、桥梁、建筑等用。

图 305 梾木
1. 果枝；2. 花；3. 花去花瓣及雄蕊，示雌蕊；4. 果实。

果肉及种子含油脂，出油率 20-30%，可供食用及工业用。叶和树皮可提拷胶，做紫色染料。花为蜜源。亦为优良的园林绿化树种。

4. 毛梾 图306

Cornus walteri Wanger.

落叶乔木，高达 15 米。树皮黑褐色，纵裂；小枝黄绿色至暗褐色，初被灰白色平伏柔毛，老时平滑无毛。叶对生，椭圆形或卵状椭圆形，长 4-10 厘米，先端渐尖，基部宽楔形，两面被有平伏柔毛，下面较密；侧脉 4-5 对；叶柄长 1-3 厘米。伞房状聚伞花序顶生，花白色，有香气，萼齿三角形，外被白色柔毛；花瓣披针形；雄蕊 4，子房密被灰色短柔毛，花柱棍棒状。核果球形，熟时黑色。花期 5-6 月，果期 9-10 月。

产淮北萧县，宿县；江淮地区滁县琅玡山，来安，庐江，肥西，肥东，定远，巢县，青阳；大别山区金寨白马寨，霍山，皖南黄山，祁门牯牛降，贵池等地。多生于海拔 700 米以下；中性土壤及石灰性土壤的山地。分布于华北、华东、华中、华南、西南、西北等地区。

木材坚硬细致，可供建筑、车轴、工具柄、农具、家具、雕刻等用。果实榨油可供食用、工业用及药用。叶、树皮可提拷胶，树形优美，可作园林观赏树种。

图 306 毛梾
1. 花枝；2. 果枝；3. 花；4. 花去花瓣及雄蕊，示花萼及雌蕊；5. 雄蕊。

5. 光皮树（栽培） 图307

Cornus wilsoniana Wanger.

落叶乔木，高达 18 米。树皮灰绿色，片状剥落、内皮光滑。小枝圆，深绿色，老时棕色，无毛。叶对生，椭圆形或卵状椭圆形，长 6-12 厘米，先端渐尖，基部楔形或宽楔形，上面疏被平伏柔毛，下面密被乳点及丁字毛；侧脉 3-4 对；叶柄长 0.8-2 厘米。花白色；萼齿三角形，长于花盘；花瓣长披针形，长 5 毫米；花柱圆柱形，柱头扁球形。果球形，紫黑至黑色，径 6-7 毫米。花期 5 月，果期 10 月。

分布于河南、甘肃、福建、江西、湖北、湖南、贵州、四川、广东及广西。生于海拔 300-1000 米溪边、林中。安徽省城市公园有引种栽培，如合肥市杏花公园引种，生长状况良好。

喜光。在酸性土及石灰岩山地均生长良好。在土壤深厚湿润肥沃地方，生长旺盛。苗期生长快。一般 6-8 年生开始结实。寿命较长，树龄可达 200 年。抗病虫害能力强，除少数植株染烟煤病外，几无其他病虫害。

用播种育苗，播前应清除果核油脂，可用水浸或沙藏催芽。1-2 年生苗可出圃造林。也可用扦插育苗。

图 307 光皮树
1. 花枝；2. 花。

木材坚硬致密，纹理美观，可作家具、农具等用。果肉及种仁出油率约30%，油可食用及作化工原料。叶作饲料及绿肥。树形美观，供观赏。为有发展前途的油料、用材及绿化树种。

2. 四照花属 Dendrobenthamia Hutch.

乔木或灌木，常绿或落叶。叶对生，全缘或微呈波状。头状花序，总苞苞片4枚，白色，呈花瓣状；花两性；萼4裂；花瓣4，倒卵形；雄蕊4，花盘环状或垫状；花柱粗，柱头平截，子房2室。核果长圆形，多数集合成球形肉质的聚花果。

约10种，分布于东亚。我国产8种，1变种。安徽省有1种，1变种。

1. 叶长椭圆形，较狭窄，下面密被丁字毛；花盘环状 ················· 1. **狭叶四照花 D. angustata**
1. 叶卵状椭圆形，下面被白色柔毛；花盘垫状 ······ ················· 2. **四照花 D. japonica** var. **chinensis**

1. 狭叶四照花 尖叶四照花　　图308
Dendrobenthamia angustata（Chun）Fang

乔木，高达10余米。树皮灰褐色，薄片状剥落；幼枝有毛，后渐脱落。叶长椭圆形，长7-12厘米，先端渐尖，基部楔形，下面密被丁字毛，侧脉3-4对，叶柄长8-12毫米。头状花序径约1厘米，具花50-70朵；总苞苞片长卵形或倒卵形，长2.5-4厘米；花瓣卵形，花盘环状，浅4裂；柱头平截。果序圆球形，熟时红色，径2.5厘米；果序梗长6-10厘米，微被毛。花期6-7月；果期10-11月。

产大别山区岳西（枯井园）、霍山马家河，金寨马鬃岭及皖南黄山，休宁，祁门等地。生于海拔500-700米的林缘、沟边。分布于陕西南部、甘肃南部、湖北、湖南、江西、浙江、福建、广东、广西、四川、贵州、云南。

木材坚硬，可作车轮、农具等用。叶及树皮含单宁，可提炼拷胶。果味甜，可酿酒、制糖。种子可榨油。

图308 狭叶四照花
1. 果枝；2. 花；3. 总苞苞片。

2. 四照花 （变种）　　图309
Dendrobenthamia japonica（DC.）Fang var. **chinensis**（Osborn）Fang

落叶小乔木，高达8米。幼枝被白色柔毛，后渐脱落。叶对生，卵状椭圆形，长5.5-12厘米，先端渐尖，基部圆形或宽楔形，上面疏被柔毛，下面粉绿色，密被白色柔毛，脉腋有淡褐色毛，侧脉4-5对；叶柄

图309 四照花
1. 花枝；2. 果枝；3. 花；4. 花柱及花盘。

长 5-10 毫米，被柔毛。头状花序球形，具花 20-30 朵，总苞苞片卵形或卵状披针形，白色，长 5-6 厘米；萼 4 裂片，内面被有一圈褐色细毛；花瓣 4，黄色，花盘垫状。果序球形，熟时橙红或紫红色，径 1.5-2.5 厘米；果序梗长 5.5-6.5 厘米。花期 5-6 月；果期 9-10 月。

产皖南休宁，太平，贵池，青阳九华山，黄山，歙县清凉峰等地及大别山区金寨，霍山多云尖，潜山天柱山，岳西；生于海拔 700-1650 米的沟谷落叶阔叶林中。分布于山西、河南、陕西、甘肃（南部）、湖北、湖南、江苏、浙江、江西、福建、四川、云南、贵州。

果味甜可生食及酿酒。树形优美，初夏开花，白色总苞覆盖满树，形同白鸽，甚为美观，可选为庭园观赏树林。

3. 山茱萸属 **Macrocarpium** Nakai

落叶乔木或灌木。叶对生，全缘。伞形花序，花小，两性，黄色；总苞苞片 4，排成 2 轮，外轮较大，内轮较小，花后脱落；萼管陀螺形，4 齿裂；花瓣 4，镊合状排列；雄蕊 4；花盘垫状；花柱短柱形，柱头平截，子房 2 室。核果长椭圆形。

4 种，1 产欧洲，1 产美洲，2 种产东亚。我国有 2 种。安徽省有 1 种。

山茱萸 萸肉树　　　　　　　　　　　图 310

Macrocarium officinale（Sieb. et Zucc.）Nakai
[*Cornus officinalis* Sieb. et Zucc.]

落叶小乔木，高达 8 米左右。树皮灰褐色，剥落。嫩枝绿色，老枝黑褐色；芽被柔毛。叶卵状椭圆形或卵形，长 5-12 厘米，先端渐尖，基部宽楔形或圆形，上面疏被平伏柔毛，下面毛较密，脉腋有黄褐色簇生毛；侧脉 6-8 对，上弯呈孤形；叶柄长约 1 厘米左右，有平伏柔毛。伞形花序腋生，先叶开花，总苞苞片 4，卵圆形，黄绿色；花萼 4 裂，裂片宽三角形；花瓣 4，卵状披针形；花梗细，长 0.5-1 厘米，密被柔毛，雄蕊 4；子房下位。核果椭圆形，熟时红色至紫红色，长 1.2-1.7 厘米。花期 4-5 月，果熟期 8-10 月。

产皖南太平，歙县，休宁，祁门，黟县，绩溪，青阳，贵池，石台等地。尤以歙县金川、石台七井的产品较为著名，称为"枣皮之乡"。生于山沟、溪旁或较湿润的山坡林缘。分布于河南、陕西、甘肃、山西中条山、浙江、江西、湖南、四川、贵州、云南、广东。

果实为重要药材，称"萸肉"，有补肝肾、收敛强壮、治腰膝酸痛等效用。树皮及叶可提栲胶，种子可榨油。

图 310 山茱萸
1. 花枝；2. 果枝；3. 花。

4. 桃叶珊瑚属 **Aucuba** Thunb.

常绿灌木或小乔木。小枝绿色。叶对生，全缘或有粗齿，革质，有柄。花单性异株或杂性；圆锥花序；花萼 4 齿裂；花瓣 4，镊合状排列，先端常尾尖；雄蕊 4，与花瓣互生；花盘肉质，四棱形；子房下位，1 室，胚珠 1，下垂，花柱粗短，柱头头状。浆果状核果，椭圆形，顶端有宿存的萼齿与花柱，种子 1。

约 11 种；分布于喜马拉雅山地区至日本。我国产 5 种，由东部经中南至西南。安徽省栽培有 1 种，1 变种。

1. 叶窄长椭圆，上面无黄色小斑；总状圆锥花序长
   10-15 厘米 ·················· 1. 桃叶珊瑚 **A. chinensis**
1. 叶宽椭圆，上面有黄色小斑；圆锥花序长 5-10 厘米
   ·················· 2. 洒金叶珊瑚 **A. japonica** var. **variegata**

1. 桃叶珊瑚　　　　　　　　　图 311

Aucuba chinensis Benth.

常绿灌木。小枝被柔毛，老枝有白色皮孔。叶薄革质，窄长椭圆形或倒卵状披针形，长 10-20 厘米，先端尾尖，基部楔形，全缘或上部有疏生牙齿，下面被硬毛；叶柄长约 3 厘米，被硬毛。雄花成总状圆锥花序，长 13-15 厘米。被硬毛；花瓣卵形，先端尾尖，长 1.5-2 毫米，反曲；雄蕊 4，花丝粗短；雌花序长 3-5 厘米，密被硬毛。果熟时深红色。

安徽省园林中常见引种栽培，植为盆景。耐荫，喜温暖，冬季置于温室中。分布于台湾、广东、广西、云南、四川、湖北。

栽培供观赏用。

2. 洒金叶珊瑚（变种）　　　　图 312

Aucuba japonica Thunb. var. **variegata** D ombr.

常绿灌木。小枝绿色，粗壮，无毛。叶宽椭圆形或长圆形，长 10-15 厘米，先端钝尖，基部宽楔形，疏生粗锯齿，叶上面被黄色小斑点，叶柄长约 2 厘米。圆锥花序，花小。紫色；花瓣先端尾尖较短。果熟时鲜红色。

安徽省园林中常见栽培。较耐寒，合肥可露地栽培。原产日本。我国各地庭园、花房普遍栽培。华北多温室栽培。

供观赏用。

5. 青荚叶属 **Helwingia** Willd.

落叶灌木。叶互生，边缘有腺齿，具叶柄；托叶小。花小，单性，雌雄异株；花序生于叶面，稀生于幼枝上；雄花多至 12 朵，排成伞形花序，雌花 1-6 朵簇生；萼小，花瓣 3-5，镊合状排列；雄蕊 3-5，子房下位，3-5 室，柱头 3-5 裂；胚珠单生，倒垂。浆果状核果，果核 1-4。

约 8 种，分布于喜马拉雅山区至日本。我国约 5 种。安徽省有 1 种。

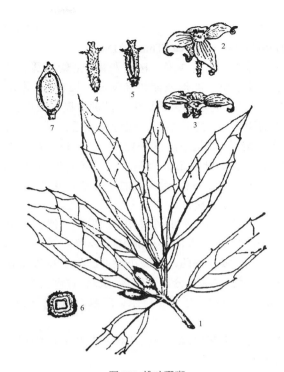

图 311 桃叶珊瑚
1. 果枝；2. 雄花；3. 雄花纵剖；4. 雌花；5. 雌花纵剖；6. 子房横剖；7. 果纵剖。

图 312 洒金叶珊瑚
1. 花枝；2. 果枝；3. 雌花。

青荚叶 叶上珠 图 313

Helwingia japonica（Thunb.）Dietr.

落叶灌木，高达 3 米。树皮灰褐色；幼枝绿色或紫绿色。叶纸质，卵形或卵状椭圆形，长 3-14 厘米，宽 1.5-9 厘米，先端渐尖或尾尖，基部宽楔形或近圆，边缘具细锐锯齿；托叶钻形，边缘有睫毛，早落。花绿色，雌雄异株；雄花序具花 4-12 朵，雌花 1-3 朵簇生，均着生于叶面中脉中部或近基部；花瓣 3-5，三角状卵形；雄花有雄蕊 3-5，雌花花柱 3-5 裂。果近球形，熟时黑色，有 3-5 棱。

产皖南黄山，青阳九华山、酉华，歙县，休宁，太平，广德，贵池；大别山区金寨，霍山多云尖，潜山天柱峰，岳西，舒城小涧冲。生于海拔 400-1600 米的沟边、林缘。分布于河南、陕西、甘肃（南部）、湖北、浙江、台湾、福建、广东、广西、四川、云南、贵州。

果实与叶供药用，治痢疾、疮疖。茎皮纤维工业用。嫩叶可食用。

图 313 青荚叶
1. 花枝及果枝；2. 雄花；3. 花药正反面；4. 果实。

28. 八角枫科 ALANGIACEAE

落叶乔木或灌木。直立,稀攀援状,枝圆柱形,略呈"之"形曲折。单叶互生,掌状分裂或全缘,基部两侧不对称;无托叶。聚伞状花序腋生,稀伞形或单生;小花梗有分节;苞片条形,钻形或三角形,早落;花整齐,两性,白色或淡黄色;花萼小,萼管钟形与子房合生,具 4-10 齿状小裂片;花瓣与萼片同数,舌形或线形,在花蕾中彼此密接呈镊合状排列,花开后花瓣向上反曲;花瓣与雄蕊同数或雄蕊是花瓣的 2-4 倍,花丝线形,分离,内侧带有微毛,花药线形,2 室,纵裂;子房下位,1-2 室;花柱位于花盘中部,柱头头状或棒状,不分裂或 2-4裂;胚珠单生。核果椭圆形,卵形,顶端具宿存萼齿和花盘;种子 1,具丰富胚乳。

1 属,约 30 余种,分布于亚洲、大洋洲和非洲。我国有 10 种,除东北黑龙江、内蒙古及西北新疆、宁夏、青海外,其余各省均有分布。安徽省产 3 种,2 亚种,1 变种。

八角枫属 Alangium Lam.

属特征同科。

1. 花序有花 7-30(-50) 朵;花瓣长 1-1.5 厘米;叶基部锲形,截形,稀近心形 ……………1. **八角枫 A. chinense**
1. 花序有 3-7 朵花,花瓣长 2-3.5 厘米;叶基部常呈心形或圆形:
  2. 叶分裂,分裂者裂片渐尖、锐尖;聚伞花序有花 3-5 朵,总花梗长 1.2-2 厘米;药隔内面无毛;子房 1 室
  …………………………………………………………………………………………2. **瓜木 A. platanifolium**
  2. 叶不分裂;聚伞花序有花 5-7 朵,总花梗长 3-5 厘米;药隔有长毛;子房 2 室 …………3. **毛八角枫 A. kurzii**

1. 八角枫 华瓜木 图 314

Alangium chinense（Lour.）Harms

乔木或灌木,高 3-5 米。胸径有时可达 20 厘米。树皮光滑;淡灰色,小枝呈"之"形。初时被疏柔毛后脱落。叶椭圆形或卵圆形,长 10-18(-24) 厘米,宽 6-14(-19) 厘米,先端短锐尖或钝尖,基部宽锲形或截形,两侧长偏斜,全缘或 3-7 裂,上面无毛,下面脉腋有簇生毛,余处均无毛;基出脉 3-5 条,中脉具侧脉 3-5 对;叶柄长 2.5-3.5 厘米,幼时被柔毛,后渐脱落。二歧聚伞花序具花 7-30 朵;总花梗长 1-1.5厘米,常分节,花梗长 5-15 毫米;萼筒钟状,萼齿 6-8对;花瓣线形,6-8 片,黄色,长 1-1.5 厘米,上部开花后反卷,外面微被柔毛;雄蕊与花瓣同数而近等长,花丝有短毛,花丝长 2-3 毫米,略扁,花药长 5-8 毫米,药隔无毛;花盘近球形;花柱无毛,稀疏生短柔毛,柱头头状,常 2-4 裂。核果卵球形,长 6-7 毫米,宽5-7 毫米,顶端具宿存的萼齿和花盘,直径 5-8 毫米,成熟时黑色,具 1 种子。花期 5-7 月,果熟期 9-10 月。

图 314 八角枫
1. 花枝;2. 叶;3. 叶下面部分放大示脉腋簇生毛;4. 花;
5. 花柱及柱头;6. 花萼及花盘;7. 雄蕊;8. 果。

产皖南绩溪清凉峰北坡海拔 600-800 米,歙县清凉峰南坡海拔 800-1100 米,青阳九华山;大别山区岳西文坳海拔 950 米,潜山彭河乡海拔 850 米,舒城万佛山;江淮滁县琅琊山。生于海拔 1100 米以下山麓坡地林缘或沟旁、路边灌丛中。分布于河南、陕西、甘肃、江苏、浙江、江西、福建、台湾、湖北、湖南、四川、贵州、云南、广东、广西及西藏南部等省（区）。东南亚各国

及非洲东部也有。

根、茎皮入药,治风湿、筋骨痛、跌打损伤及外伤止血等;树皮纤维可供制绳索。

1a. 伏毛八角枫 (亚种)

Alangium chinense(Lour.)Harms ssp. **strigosum** Fang

本亚种与原种区别在于小枝、花序和叶柄均密被淡黄色或黄褐色粗伏毛;叶近圆形或卵形,不分裂或 3-5 浅裂;叶柄较短仅 1-1.8 厘米。

产皖南黄山,祁门牯牛降海拔 570 米,歙县、旌德;大别山区霍山廖寺园、青枫岭海拔 400-500 米,潜山天柱山万间寨海拔 300 米。生于海拔 1000 米以下沟旁,路边或山坡林缘。分布于陕西(南部)、江苏、江西、湖北、湖南、贵州、云南。

1b. 深裂八角枫 (亚种)

Alangium chinense(Lour.)Harms ssp. **triangulare**(Wanger.)Fang

本亚种与原种区别在于叶较小,长 6-14 厘米,宽 5-12 厘米,基部三角形或近圆形,3-5 深裂,凹缺深可以达叶片中部,裂片卵形或披针形。

产皖南山区休宁、歙县、祁门及大别山区太湖,舒城小涧冲,金寨等地。生于海拔 1500 米以下山坡及沟谷两侧疏林林缘。分布于陕西、甘肃、湖北、湖南、四川、贵州、云南。

2. 瓜木

图 315

Alangium platanifolium(Sieb. et Zucc)Harms

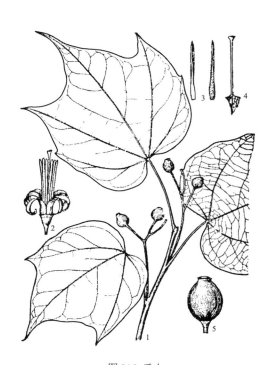

小乔木或灌木,高 3-7 米。树皮灰色光滑;当年生小枝疏被柔毛,多年生枝无毛,小枝略呈"之"字形。叶片纸质近圆形,宽卵或倒卵形,长 10-18 厘米,宽 7-16 厘米,常 3-5 浅裂,先端渐尖或尾状渐尖,基部心形或圆形,上面深绿色,下面淡绿色,两面除幼时脉腋处被柔毛外,余均近无毛,通常有基出脉 3-5 条,具侧脉 3-5 对,叶柄长 3-5 厘米。聚伞花序有花 3-5 朵,长 3-4 厘米,萼筒钟状,萼齿 5-6,三角形;花瓣 6-7,白色稍带紫色,长 2.5-3.5 厘米,外侧被短毛;雄蕊 6-7枚,花丝长 8-14 毫米,略扁,微被短柔毛,花药长 1.5-2厘米,药隔无毛,花盘肥厚,近球形,花柱粗壮,无毛,柱头扁平。核果卵球形或长椭圆形,长 8-12 毫米,宽 4-8 毫米,顶端具宿存的萼齿和花盘。花期 3-7 月,果期 7-9 月。

图 315 瓜木
1. 果枝;2. 花;3. 雄蕊;4. 雌蕊;5. 果。

产皖南黄山、祁门牯牛降海拔 480-700 米,绩溪清凉峰海拔 1320 米,歙县;大别山区霍山马家河,青枫岭,俞家畈,白马尖海拔 600-1440 米,金寨白马寨海拔 700-1400 米,岳西大王沟,潜山天柱山海拔 300 米。江淮地区滁县琅琊山,皇甫山,庐江,桐城等地。生于海拔 300-1600 米的湿润沟谷两侧林下或林缘。分布于辽宁、吉林、河北、山西、河南、陕西、甘肃、山东、浙江、江西、台湾、湖北、四川、贵州和云南。朝鲜、日本也有。

树皮含鞣质,可提取栲胶;树皮纤维供入造棉、造纸;根皮入药。

3. 毛八角枫 图316

Alangium kurzii Craib

灌木和小乔木，高 5-10 米。树皮深褐色，光滑；嫩枝被淡黄色短柔毛，疏生灰白色的圆形皮孔。叶片纸质，近圆形或宽卵形，长 12-14 厘米，宽 7-9 厘米，先端短渐尖，基部扁斜，两侧不对称，心形稀圆形，常全缘，上面深绿色，幼时沿脉被柔毛，脉上很密，脉腋有簇生毛，基出脉 3-5 条，侧脉 5-7 对；叶柄长 2-4 厘米，被黄褐色毛，稀无毛。聚伞花序 5-7 朵，被短柔毛；萼筒漏斗状，密被短柔毛，萼齿 6-8 枚；花瓣 6-8 片，白色，长 2-2.5 厘米；雄蕊 6-8 枚，花丝长 3-5 毫米，疏被柔毛，花药长 12-15 毫米，药隔被长柔毛；花盘近球形；花柱无毛，柱头头状 4 裂。核果椭圆形或长椭圆形，长 1.2-1.5 厘米，宽约 8 毫米，顶端具宿存的萼齿和花盘，成熟时黑色。花期 5-6 月，果期 9 月。

图 316 毛八角枫
1. 果枝；2. 营养或萌发枝叶；3. 花瓣和雄蕊。

产皖南黄山，休宁岭南，黟县百年山，歙县，太平；大别山区金寨马宗岭海拔 1100 米，白马寨海拔 1000 米，岳西妙道山，潜山天柱山，彭河乡海拔 300-500 米，舒城万佛山。生于海拔 1100 米以下山坡疏林中，林缘或路边，沟旁。分布于江苏、浙江、江西、湖南、贵州、广东、广西。缅甸、越南、泰国、马来西亚、印度尼西亚、印度、菲律宾也有分布。

种子可榨油供工业用；根皮入药。

3a. 云山八角枫 （变种）

Alangium kurzii Craib var. **handelii**（Schnarf）Fang

本变种与原种的区别在于：叶为矩圆状卵形或长圆状卵形，幼时两侧有毛，其后除沿脉有微柔毛及脉腋簇生毛外，余处无毛，叶柄长 2-2.5 厘米。核果椭圆形，长 8-10 毫米。

产皖南黄山，歙县，绩溪清凉峰，祁门牯牛降，青阳九华山，休宁；大别山区霍山青枫岭，马家河。生于海拔 600 米以下的山坡疏林中或沟谷林缘。分布于河南南部、江苏、浙江、江西、福建、湖南、贵州、广东、广西。

29. 蓝果树科 NYSSACEAE

落叶乔木。单叶，互生，羽状脉；无托叶。花单性或杂性，雌雄异株或同株；雄花序为头状、总状或伞形，雌花、两性花单生或为头状花序；萼具 5(8) 小齿或全缘；花瓣 5(4-8)，覆瓦状排列；雄蕊 10(8-16)，2 轮，花丝线形或钻形，花药椭圆形，内向或侧向；花盘垫状；子房下位，1 室，稀 2 室，倒生胚珠 1，下垂，花柱钻形。核果或坚果，具宿存花萼、花盘。种子 1，具胚乳，胚直伸。

3 属，约 10 余种，分布于东亚和北美。我国 3 属，9 种。安徽省 2 属，2 种。

为优良观赏树、行道树及速生用材树种。

1. 坚果，果序头状；雄花序头状 ·· 1. **喜树属 Camptotheca**
1. 核果，单生或数个簇生；雄花序伞形 ··· 2. **蓝果树属 Nyssa**

1. 喜树属 Camptotheca Decne.

落叶乔木。单叶，互生，羽状脉。花杂性同株；雌雄花序均为头状，苞片肉质；萼 5 齿裂；花瓣 5，卵形；雄蕊 10，不等长，着生于花盘外缘，排成 2 轮，花药 4 室；子房下位；在雄花中不育，在雌花及两性花中发育良好，1 室，胚珠 1，花柱上部常分 2 枝。果序头状，坚果顶端平截，花盘宿存。种子 1。

1 种。我国特产。国家二级保护植物

喜树　　　　　　　　　　　　　图 317

Camptotheca acuminata Decne.

落叶乔木，高 20-30 米，树干通直；树皮灰色，浅纵裂。小枝髓心片状分隔，被灰色微柔毛，老枝无毛，疏生皮孔；芽鳞缘具柔毛。叶椭圆状卵形或椭圆形，长 12-28 厘米，宽 6-12 厘米，先端突渐兴，基部圆形或宽楔形，全缘或具粗锯齿，幼树上叶锯齿粗大，幼叶上面沿脉被柔毛，后脱落，下面疏被柔毛，脉上较密；叶柄长 1.5-3 厘米。花序头状，径约 1.5 厘米，常数个组成总状复花序，上部为雌花序，下部为雄花序，总梗长 4-6 厘米；萼杯状，5 齿裂；花瓣 5，淡绿色，长圆形，长约 2 毫米，外面密被短柔毛，早落；雄蕊外轮 5 长，内轮 5 短，花丝纤细，花药无毛；花盘显著；子房下位，花柱顶端 2 分枝。坚果长圆形，长 2-3 厘米，具 2-3 纵脊，黄褐色，花盘宿存。花期 5-7 月；果期 9-11 月。

图 317 喜树
1. 花枝；2. 果枝；3. 雄花；4. 雌花；5. 果。

产皖南黄山多生于海拔 1000 米以下林边、溪边；大别山区霍山大化坪海拔 600 米，金寨，六安燕山林场，岳西鹞落坪海拔 1050 米，太湖，宿松及各地公园时有栽培，为良好庭园行道树及绿化树种。分布于江苏、浙江、福建、江西、湖北、湖南、四川、贵州、广东、广西、云南。

喜温暖湿润气候，不耐寒冷。深根性，喜肥沃湿润土壤，不耐干旱瘠薄，对土壤 pH 值要求幅度较宽，酸性、中性或微碱性均能生长；速生。

幼树稍耐荫；萌芽性强，病虫害少，不耐烟尖及有毒气体，工矿区不宜栽植。

木材黄白或浅黄褐色，心边材区别不明显，具光泽，纹理略斜，结构细，均匀，轻软，干燥快，易翘裂，不耐腐，易加工；可供制食品包装箱、手风琴音箱、绘图板、家具等用。种子及根皮含喜树碱，可治癌。

2. 蓝果树属 Nyssa Gronov. ex L.

落叶大乔木。单叶，互生，全缘或疏具锯齿，羽状脉；无托叶。花单性或杂性，雌雄异株；雄花序伞形或总状，具总梗；雄花萼盘状或杯状，5 齿裂，花瓣 5，雄蕊 5-10，花丝长；雌花无柄，花序头状，具总梗，萼 5 齿，花瓣小，雄蕊 5-10，花丝短，花药不孕，花盘不甚发育，全缘或具圆齿，子序下位，1（2）室，1 胚珠，花柱反曲。核果扁，花萼、花盘宿存。果核扁，具沟纹。

约 10 余种，分布于东亚、北美。我国 7 种。安徽省 1 种。

蓝果树 紫树 图 318

Nyssa sinensis Oliv.

落叶乔木，高可达 30 米，胸径 1 米，树干通直；树皮灰褐色，浅纵裂。幼枝淡绿色至紫褐色；冬芽淡紫绿色，密被灰白色柔毛。叶椭圆形或椭圆状卵形，长（8）12-15 厘米，宽 5-6（8）厘米，先端渐尖或突渐尖，基部楔形或稍圆，全缘，幼枝、萌枝具粗锯齿，上面深绿色，干后深紫色，无毛，下面疏被微柔毛；叶柄长 1-2.5 厘米。雄伞形花序总梗及花梗密被柔毛，总梗长 3-5 厘米，花梗长 3-4 毫米，雄花萼裂片细小，花瓣窄卵圆形，早落，雄蕊生花盘外缘；雌花基部具小苞片，花梗长 1-2 毫米，花瓣鳞片状，长约 1.5 毫米，花盘垫状肉质，子房下位。核果椭圆形或长倒卵形，长 1-1.5 厘米，径约 6 毫米微扁，幼时紫绿色至熟时深蓝色，后变深褐色，常 3-4 簇生；果梗长 3-4 毫米，总梗长 3-5 厘米。种皮坚硬，具 5-7 沟纹。花期 4 月；果期 8-9 月。

图 318 蓝果树
1-2. 果枝；3. 雄花；4. 雄蕊。

产皖南黄山逍遥亭、锁泉桥、居士林、半山寺，往桃花峰公路旁多栽植成行道树，在疗养院一株高达 17.40 米，胸围 2.85 米长成大乔木，休宁岭南白际山，石台牯牛降海拔 600 米，歙县清凉峰海拔 1050-1500 米，东至木塔、贵池、黟县，祁门，太平，青阳九华山；大别山区霍山，金寨白马寨海拔 960 米，岳西鹞落坪海拔 1100 米，潜山天柱山海拔 1320 米，舒城万佛山，宿松。多生于常绿阔叶林及常绿、落叶阔叶混交林中。分布于江苏、浙江、江西、湖北、湖南、四川、贵州、福建、广东、广西、云南。

喜温暖湿润气候及深厚肥沃、排水良好酸性土。喜光。耐干旱瘠薄。速生；用种子繁殖。

散孔材，黄白、浅黄褐或浅黄褐带灰色，心材边材区别不明显，具光泽，纹理斜或交错，结构细，均匀，烘干比重 0.49，易干燥，不耐腐；可供家具、车箱、楼板、雕刻等用，板料制成的包装箱宜装茶叶、香烟、食品等，不走味。

30. 五加科 ARALIACEAE

落叶或常绿，乔木，灌木或木质藤本，稀多年生草本。杆枝髓心常较粗大，无刺或具刺。叶互生，稀轮生，有时簇生枝顶；单叶，3 小叶，常掌状复叶或羽状复叶；托叶通常与叶柄基部合生成鞘状，稀无托叶。花整齐，两性或杂性，稀单性异株；头状花序，伞状花序，总状花序或穗状花序，通常再组成圆锥状复花序；苞片早落或宿存；小苞片不显著；花梗无关节或具关节；萼筒与子房合生，边缘具萼齿或波状；花瓣 5-10，通常离生，在花芽中覆瓦状排列或镊合状排列，稀合生成冒状体，花瓣与雄蕊同数而互生，或为花瓣的两倍，稀为不定数，着生与花盘外缘，花丝线形或舌状，花药卵形或长圆形，丁字状着生；花盘上位，肉质，扁圆锥形或环形；子房下位，2-15 室，多室或无定数 1 室，花柱与子房室同数，离生，或下部合生上部离生，或全部合生成柱状，稀无花柱而柱头直接生与子房上，胚珠倒生，单个悬垂于子房的顶端，果实为浆果或核果，外果皮通常肉质，内果皮骨质、膜质或肉质而与外果皮不易区分。种子侧偏，胚乳均一或嚼烂状。

约 80 属，800 余种，分布于南北两半球的热带地区。我国有 21 属，180 余种，除新疆外，分布于全国各地；引种栽培一属，4 种。安徽省有 7 属，21 种，5 变种。

本科植物有许多种为名贵药材，如人参、三七、五加、通脱木、楤木、土当归等；有些树种材质优良，如刺楸、白花树；也有些种类可供观赏，如常春藤，南洋参等。在经济上尤其是医药上，具有重要的经济价值。

1. 乔木或小乔木。
　　2. 叶为单叶，掌状分裂，或同一株树上有掌状分裂或不分裂两种叶形。
　　　　3. 叶片为掌状分裂。
　　　　　　4. 新枝密被锈色或淡黄棕色星状厚绒毛 ……………………………… 1. **通脱木属 Tetrapanax**
　　　　　　4. 枝无毛，有时被白粉，散生宽扁的粗皮刺 ………………………… 2. **刺楸属 Kalopanax**
　　　　3. 叶片不分裂兼掌状分裂两种叶型 …………………………………… 3. **树参属 Dendropanax**
　　2. 叶为羽状复叶。
　　　　5. 叶为一回羽状复叶；花柱全部合生成柱状，或仅先端离生 ………… 4. **羽叶参属 Pentapanax**
　　　　5. 叶通常二至三回羽状复叶；花柱离生或仅基部合生 ……………… 5. **楤木属 Araiia**
1. 灌木，攀援，直立或蔓生。
　　6. 叶为掌状复叶；植物体具刺；茎无气生根 ……………………………… 6. **五加属 Acanthopanax**
　　6. 叶为单叶；植物体无刺；茎借气生根攀援 ……………………………… 7. **常春藤属 Hedera**

1. 通脱木属 Tetrapanax K. Koch

小乔木或常绿灌木。葡匐茎生与地下，无刺。初生新枝被锈色或淡黄色绒毛。单叶，叶片大，掌状分裂；叶柄长；托叶和叶柄基部合生，锥形。花两性；聚生为伞形花序，再组成顶生的圆锥状复花序；花梗无关节；萼筒边缘全缘或具齿；花瓣 4-5，在花芽中镊合状排列；雄蕊 5-4；子房 2 室，花柱 2，丝状，离生。果实为浆果状核果。

仅一种为我国特产。分布于长江流域以南，台湾盛产。安徽省有 1 种。

通脱木　　　　　　　　　　　　　　　　　　　　　　　　　　　　　　　　　　　图 319

Tetrapanax papyriferus（Hook.）K. Koch

常绿灌木或小乔木，高达 6 米。基部直径约 10 厘米。树皮深棕色；小枝粗，髓心大，白色；新枝淡棕色或淡黄棕色；幼时密被锈色或淡黄棕色星状厚绒毛，具明显的叶痕和皮孔。叶大，常集生枝顶；叶片纸质或薄革质，长 50-75 厘米，5-11 掌状分裂，裂片浅或深达叶片的 1/3 或 1/2，稀至 2/3，卵状长圆型或倒卵状长圆形，通常再分裂 2-3 小裂片，先端渐尖，上面深绿色，无毛，下面密被白色或锈色星状厚绒毛，全缘或疏生粗齿，网状侧脉不明显；叶柄粗壮，长 30-50 厘米，无毛；托叶和叶柄基部合生，锥形，长 7.5 厘米，先端渐尖，密被白色或棕色厚绒毛。花淡黄白色；圆锥状复花序密被白色或淡棕色星状绒毛，长 50 厘米以上，分枝多，长 15-25 厘米；苞片披针形，长 1-3.5 厘米，被毛；伞形花序，多花；总花梗长 1-1.5 厘米，花梗长 4 毫米，均密被白色星状绒毛；萼筒边缘近全缘，密被白色星状绒毛；花瓣 4（5），三角状卵形，长 2 毫米，外面密被星状绒毛，离生或合生成帽状体，早落；雄蕊和花瓣同数，花丝长约 3 毫米；子房 2 室，花柱 2，离生，顶端反曲。果实球形，直径约 4 毫米，成熟时紫黑色，花期 10-12 月，果期翌年 1-2 月。

产大别山区霍山真龙地海拔 300-400 米，金寨。常生于海拔 210 米沟河旁和土壤肥厚的荒地或疏林中。分布于陕西（秦岭太白山），南至广东，广西，台湾，福建，浙江，云南，四川。长江流域以南常栽培供观赏及药用。茎髓大，质地松软，色洁白，称"通草"，为中药中之利尿剂，并有清热解毒，消肿，通乳等功效。髓切成薄片称"通草纸"，供纸花及美术工艺品用材料。

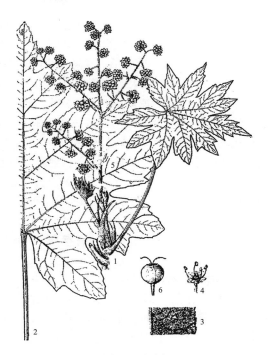

图 319 通脱木
1. 茎顶；2. 叶；3. 叶片下面；4. 花；5. 圆锥花序一部分；6. 果。

2. 刺楸属 **Kalopanax** Miq.

落叶乔木。树干及小枝散生宽扁形皮刺。叶为单叶，掌状分裂，在长枝上疏散互生，在短枝上簇生，边缘具锯齿；叶柄长；无托叶。花两性；聚生为伞形花序，再组成顶生的复圆锥状花序；花梗无关节；萼筒边缘具 5 小齿；花瓣 5，在花芽中镊合状排列；子房 2 室，花柱 2，合生成柱状，柱头离生。果实为核果，近球形；种子 2，扁平，胚乳匀一。

仅 1 种，分布于亚洲东部。安徽省有 1 种。

刺楸 图 320

Kalopanax pictus（Thumb.）Nakai.

乔木，高达 30 米，胸径 1 米；树皮暗灰褐色，纵裂。小枝粗，淡黄棕色或灰棕色，有时被白粉，散生粗皮刺；基部宽扁。叶片纸质，在长枝上互生，在短枝上簇生，圆形或近圆形，宽 9-25 厘米，掌状 5-7 浅裂，裂片宽三角形卵形至长圆状卵形，长不及全叶片的 1/2，苗壮枝上的叶片分裂较深，先端渐尖，基部心形，上面深绿色，无毛，下面淡绿色，幼时疏被

图 320 刺楸
1. 花枝；2. 叶；3. 花；4. 果。

短柔毛，具细锯齿，掌状脉 5-7 条，两面均明显；叶柄细长，长 8-50 厘米，无毛。花淡绿黄色或白色；圆锥状复花序大型，长 15-25 厘米，直径 20-30 厘米；伞形花序直径 1-2.5 厘米，有多数花；总花梗细长，2-3.5 厘米，无毛；花梗长 5-12 毫米，无关节；萼筒边缘具 5 小齿；花瓣 5，三角形卵形；雄蕊 5；花盘隆起；子房 2 室，花柱合生成柱状，柱头离生。果实球形，直径约 5 毫米，蓝黑色，宿存柱头 2 裂。花期 7-8 月，果期 7-12 月。

产皖南黄山，绩溪清凉峰海拔 1400 米，太平龙源海拔 300 米，青阳九华山，广德，泾县；大别山区霍山马家河天河尖 1600 米，金寨白马寨海拔 940 米，舒城万佛山；江淮丘陵滁县琅琊山海拔 80-110 米，来安半塔寺。生于海拔 1000 米以下的林中或灌丛中。分布广，自东北起，南至广东、广西、云南、西自四川西部，东至沿海的广大区域内均有分布。朝鲜、日本和前苏联也有分布。

木材纹理美观，轻韧致密，有光泽，耐摩擦，易加工；供建筑、家具、车辆、乐器、雕刻等用；根皮为民间草药，有清热祛痰、收敛镇痛之效；嫩叶可食；种子榨油工业用；树皮及叶含鞣酸可提栲胶。

3. 树参属 Dendropanax Decne et Planch.

常绿。乔木或灌木，无刺，无毛。叶单生；全缘，不分裂或兼有掌状 2-5 深裂，常具半透明红棕色或红黄色腺点；托叶于叶柄基部合生或无托叶。花两性或杂性；伞形花序单生或数个聚生成复伞形花序；小苞片小；花梗无关节；萼筒全缘或具 5 小齿；花瓣 5，在花芽中镊合状排列；雄蕊 5；花盘肉质；子房 5 室，稀 4-2 室，花柱离生，或基部合生而顶端离生，或基部合生成柱状。果实具明显或不明显的棱，稀平滑；种子扁平或近球形，胚乳均一。

约 80 种，分布于热带美洲及亚洲东部。我国有 16 种，分布于西南至东南各省。安徽省有 1 种。

树参 杞李参　　　　　　　图 321

Dendropanax dentiger（Harms）Merr.

常绿小乔木或灌木，高 2-8 米。叶厚纸质或革质，椭圆形，稀长圆形或侧卵形，长 7-10 厘米，宽 1-4 厘米，先端尖或渐尖，基部楔形或圆形；分裂之叶片倒三角形，掌状 2-3 深裂或浅裂，稀 5 裂，无毛，全缘或近先端处有不明显的细齿 1- 数个，或有明显的疏离牙齿；基部三出脉，侧脉 4-6 对，网脉俩面明显隆起，密被半透明粗大红棕色腺点；叶柄长 5-50 毫米，无毛。伞形花序顶生，单生或 2-5 个聚生成复伞形花序，有花约 20 朵，直径 2-3 厘米，苞片卵形，早落；花梗长 5-7 毫米；小苞片宿存，三角形；萼筒边缘近全缘或具 5 小齿；花瓣 5，三角形或卵状三角形；雄蕊 5；子房 5 室；

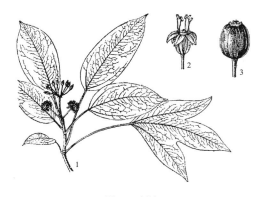

图 321 树参
1. 花果枝；2. 花；3. 果实。

花柱 5；基部合生，顶端离生。果实长圆形或近球形，长 6-8 毫米，直径 4-6 毫米，具 5 棱，每棱又各具脊 3 条，宿存花柱长 1.5-2 毫米，仅基部合生或在上部 1/2 1/3 以上离生，反曲，果梗长 1-3、3 厘米。花期 8-10 月，果期 10-12 月。

产皖南黄山慈光寺、松谷庵，祁门牯牛降海拔 400 米，绩溪清凉峰海拔 800 米，太平；大别山区太湖，宿松、潜山、岳西。生于海拔 1200 米以下常绿阔叶林中、灌丛中，或沿沟谷生长。分布于浙江、湖南、湖北、四川、云南、贵州、广西、广东、江西、福建、台湾。越南、老挝、柬埔寨也有。

根及树皮药用，有驱风湿，通经络，散淤血及强筋骨之效。治偏头疼，风湿骨疼及扭搓伤等。

4. 羽叶参属 Pentapanax Seem.

常绿乔木、灌木或蔓生藤本。枝无刺，常具纵陵，髓心坚实。叶为一回奇数羽状复叶，有小叶片3-9；无托叶或托叶不明显。花两性，稀杂性；总状花序或伞形花序，再组成圆锥状复总状花序或复伞形花序，花序基部具托叶状苞片，宿存；花梗具关节；萼筒边缘具5小齿；花瓣5，稀7-8，在花芽中覆瓦状排列；雄蕊5，稀7-8；子房5室，稀7-8室，花柱全部合生成柱状，或仅先端离生。核果球形，具5棱脊；种子侧扁，胚珠匀一。

约20种，分布于美洲中部，大洋洲和亚洲南部及东南部。我国有15种分布于西南部。安徽省仅有1变种。

黄山锈毛羽叶参（变种）　　　图 322
Pentapanax henryi Harms var. **wangshanensis** Cheng

图 322 黄山锈毛羽叶参
1. 花果枝；2. 花萼及雌蕊；3. 果。

小乔木或灌木，高2-8米。有小叶3-5片；叶柄长6-9厘米；小叶片纸质或膜质，卵状披针形或卵状长圆形，长3-12厘米，宽2-7厘米，先端渐尖或尖，基部圆钝，稀窄锲形，下面脉腋间被簇生毛，边缘具锯齿，齿有刺尖，侧脉6-8对，下面明显隆起，上面网脉不明显；小叶柄长5毫米，顶生小叶柄长达3厘米。圆锥状复伞花序顶生，长达30厘米，被黄褐色柔毛或锈色毛，主轴和分枝柔毛较少；伞形花序直径1.2-2厘米，有花多数；总花梗长2-5厘米；花梗5-10毫米，被柔毛；花白色；花萼无毛，萼筒边缘具5卵形小齿；花瓣5，三角状卵形，开花时反曲；雄蕊5；子房5室，花柱5，全部合生成柱状。果实卵球形。直径6-7毫米，黑色，宿存花柱柱状。花期8-10月，果期11-12月。

产皖南黄山狮子岭—松谷庵；大别山区霍山马家河天河尖海拔1200-1450米，金寨白马寨虎形地往一、二道瀑布途中。生于海拔1100-1600米的山谷林中或石山上。分布于浙江。

5. 楤木属 Aralia L.

落叶小乔木，灌木或多年生草本。小枝粗，稀无刺，髓心大，松软。叶为二至三回羽状复叶；小叶边缘有锯齿，托叶与叶柄基部合生，先端离生，稀不明显或无托叶。花杂性，伞形花序稀为头状花序，再生成圆锥状；苞片或小苞片宿存或早落；花梗具关节；萼筒边缘具5小齿；花瓣5，在花芽中覆瓦状排列；雄蕊5，花丝细长；花盘小，肉质，边缘略隆起；子房5室，稀4-2室，花柱5，稀4-2，离生或仅基部合生。果实浆果或核果状，具5棱，稀4-2棱；种子白色，侧扁，胚乳匀一。

约40种，多分布于亚洲，少数分布于北美。我国约有30种，南北各省均产，以西南部为最多。安徽省有6种。

1. 花梗明显，聚生为伞形花序：
　2. 圆锥状复花序的主轴长，长15厘米以上，一级分枝在主轴上总状排列。
　　3. 顶生伞形花序较大，直径2-4厘米；花梗长8-30毫米：
　　　4. 小枝密生黄褐色细长直刺；小叶片下面灰白色，无毛······1. **棘茎楤木 A. echinocaulis**
　　　4. 小枝疏生细刺；小叶片两面密被黄棕色粗绒毛······2. **黄毛楤木 A. decaisneana**
　　3. 顶生伞形花序较小，直径1-1.5厘米；花梗较短，长2-6毫米：

　　5. 小叶下面被浅黄色或灰色短柔毛，脉上更密 ⋯⋯⋯⋯⋯⋯⋯⋯⋯⋯⋯ 3. **楤木 A. chinensis**

　　5. 小叶下面灰白色，侧脉上被短柔毛，余无毛 ⋯⋯⋯⋯⋯⋯⋯3a. **白背叶楤木 A. chinensis var. nuda**

　2. 圆锥状复花序的主轴短，长 2-5 厘米，一级分枝在主轴顶端指状排列 ⋯⋯⋯⋯⋯ 4. **辽东楤木 A. elata**

1. 花无梗，聚生为头状花序：

　　6. 圆锥状复花序稀疏 ⋯⋯⋯⋯⋯⋯⋯⋯⋯⋯⋯⋯⋯⋯⋯⋯⋯⋯⋯⋯ 5. **安徽楤木 A. subcapitata**

　　6. 圆锥状复花序大型 ⋯⋯⋯⋯⋯⋯⋯⋯⋯⋯⋯⋯⋯⋯⋯⋯⋯⋯ 6. **毛叶楤木 A. dasyphylla**

1. 棘茎楤木　　　　　　　　图 323

Aralia echinocaulis Hand. -Mazz.

　　小乔木，高达 7 米。小枝密生黄褐色细长直刺，刺长 7-14 毫米。二回羽状复叶，长 35-50 厘米，有时更长；叶柄长 25-40 厘米，无刺或疏生短刺；托叶或叶柄合生，栗色；羽状有小叶片 5-9，基部有 1 对小叶；小叶片膜质或纸质，长圆状卵形或披针形，长 4-11.5 厘米，宽 2.5-5 厘米，先端长渐尖，基部歪斜，宽楔形或圆形，两面均无毛，下面灰白色，边缘具疏细锯齿，侧脉 6-9 对，中脉及侧脉在下面常常淡紫红色；小叶片近无柄。圆锥状复花序，大型，长 30-50 厘米，顶生，主轴长，长 15 厘米以上，常带紫褐色，被糠屑状毛；一级分枝在主轴上总状排列，紫褐色，糠屑状毛，后渐脱落；顶生之伞形花序直径约 1.5-3 厘米，有花 12-20 朵；总花梗长 1-5 厘米；苞片卵状披针形；花梗长 8-30 毫米；小苞片披针形；花白色；花萼无毛，萼筒边缘具 5 个卵状三角形小齿；花瓣 5，卵状三角形；雄蕊 5；子房 5 室，花柱 5，离生。果实球形，直径约 2-3 毫米，成熟时紫黑色，具 5 棱，宿存花柱基部合生。花期 6-8 月，果期 9-11 月。

　　产皖南黄山，太平龙源；大别山区霍山蒿山寨，潜山天柱峰，金寨白马寨，舒城小涧冲海拔 800-1300 米。生于海拔 360-1300 米阴坡、山谷、灌丛中。分布四川、云南、贵州、广西、广东、福建、江西、湖北、湖南、浙江。

　　供药用，可健胃，镇痛。

图 323 棘茎楤木
1. 叶部分；2. 果枝；3. 果。

2. 黄毛楤木　　　　　　　　图 324

Aralia decaisneana Hance

　　灌木，高 1-5 米。茎皮灰色，具纵纹或裂隙；小枝密被黄棕色粗绒毛，疏生细刺；刺直而短，基部稍膨大。叶为二回羽状复叶，长达 1.2 米；叶柄粗壮，长 20-40 厘米；被黄棕色粗绒毛或疏生细刺，叶柄和托叶基部合生，先端离生，外面密被锈色绒毛；叶轴和羽片轴密被黄棕色粗绒毛；羽片有小叶 7-13，基部小叶薄革质，卵形或长圆状卵形，长 5-12 厘米，先

图 324 黄毛楤木
1. 叶及果序部分；2. 伞形果序。

端渐尖或尾尖，基部多圆形稀近心形，上面密被黄棕色粗绒毛，下面毛更密，边缘具细尖锯齿，侧脉6-8对，两面明显，网脉不明显；小叶无柄，或有柄长5毫米，顶生小叶长2-3厘米。大型圆锥状复花序，主轴长达15厘米以上，一级分枝达60厘米长，总状排列在主轴上，密被黄棕色绒毛，细刺疏生；顶生伞形花序直径2.5厘米，有花30-50朵；总花梗长2-4厘米，苞片卵状披针形，密被绒毛；花梗长8-15毫米，密被细毛；小苞片宿存；花淡绿白色；花萼无毛；萼筒边缘具5小齿；花瓣5，卵状三角形，雄蕊5，花药白色；子房5室，花柱5，基部合生。果实球形，直径约5毫米，成熟时黑色，具5棱。花期10月至翌年1月，果期12月至翌年2月。

产皖南黄山五里亭、云谷寺九龙瀑布途中；大别山区金寨白马寨。生于海拔600-1200米向阳山坡或疏林中。分布于云南、贵州、广西、广东、福建、江西。

根皮药用，有祛风除湿、散瘀消肿之效，可治风湿腰痛及肝炎，肾水肿等消炎之用。

3. 楤木 图325

Aralia chinensis L

灌木或小乔木，高达8米，胸径10-15厘米。树皮灰色，疏生状粗状直刺；小枝淡灰棕色，密被黄棕色绒毛。疏生细刺。叶为二回或三回羽状复叶，长60-110厘米；叶柄粗壮，长达50厘米；托叶与叶柄基部合生，纸质，耳廓形；羽片有小叶片5-11，稀13，基部有小叶片1对，小叶片纸质至薄革质，卵形，宽卵形或长卵形，长5-12厘米，稀达19厘米，宽3-8厘米，先端渐尖，基部圆形，上面被粗糙毛，下面被淡黄色或灰色短柔毛，脉上更密，边缘具锯齿，稀为不整齐的粗重锯齿或细锯齿，侧脉两面均明显7-10对；小叶片柄极短或无柄，顶生小叶柄长2-3厘米。圆锥状复花序长30-60厘米；一级分枝长20-35厘米，在主轴上总状排列，密被淡黄色或灰色短柔毛；顶生伞形花序，较小，直径1-1.5厘米，有花多数；总花梗长1-4厘米；密被短柔毛；苞片锥形，膜质；花梗短，长2-6毫米，密被短柔毛；花白色，芳香；萼筒边缘具5个三角形小齿，花瓣5，卵状三角形；雄蕊5；子房5室；花柱5室，离生或基部合生。果实球形，直径约3毫米，成熟时黑色，具5棱；宿存花柱离生或合生至中部。花期7-9月，果期9-12月。

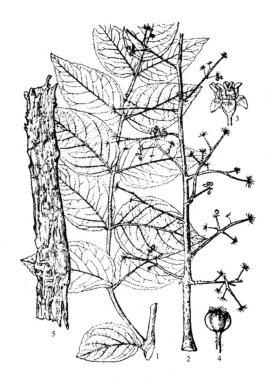

图325 楤木
1. 叶；2. 花果序；3. 花；4. 果；5. 干皮。

产皖南黄山，青阳九华山；大别山区金寨白马寨，霍山大化坪，舒城晓天，潜山天柱山以及江淮地区南部庐江，无为。生于海拔700米的灌丛中或林缘路边。分布于河北中部、山西及陕西南部、甘肃南部，南至广东、广西北部，东起沿海各地，西南至四川中部，云南西北部等广大地区。

种子含油量21%，榨油供工业用；根皮药用，可镇痛消炎，活血散淤，治刀伤、胃炎、肾炎等症。

3a. 白背叶楤木 （变种）

Aralia chinensis L. var. **nuda** Nakai

本变种与原种区别在于小叶下面灰白色，侧脉上被短柔毛；圆锥状复花序的主轴和分枝疏被短柔毛或几无毛，苞片长圆形，长6-7毫米。

产皖南黄山海拔1500米；大别山区金寨白马寨林场虎形地至天堂寨，舒城万佛山，生于海拔900-1700米山坡路旁灌丛中。

4. 辽东楤木　　　　　　　　图 326

Aralia elata（Miq）Seem

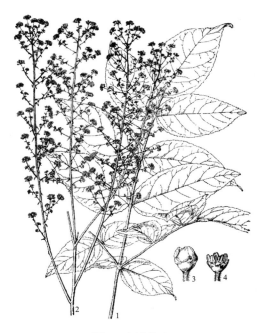

图 326 辽东楤木
1. 叶部分；2. 花序部分；3. 花；4. 花（除去花瓣）。

灌木或乔木，高 2-12 米。树皮灰色不裂。小枝灰棕色，稍密生或疏生细刺；刺长 1-3 毫米，基部膨大；嫩枝上有长达 1.5 厘米的细长直刺。叶为 2-3 回羽状复叶，长 40-80 厘米；叶柄长 18-38 厘米，无毛；托叶与叶柄基部合生，先端离生部分线形，长达约 3 毫米，边缘具纤毛；叶柄和羽毛轴基部通常有短刺；羽毛有小叶片 7-11，基部有小叶片 1 对；小叶片膜质或薄纸，阔卵形，卵形至椭圆状卵形，长 5-15 厘米，宽 2-8 厘米，先端渐尖，基部圆形至心形，稀宽楔形，上面绿色，下面灰绿色，或带灰蓝色，无色或两面脉上被短柔毛或细刺毛，边缘疏生锯齿，有时为粗大齿牙或细锯齿，稀为波状，侧脉 6-8 对，两面明显，网脉不明显；小叶柄长 3-5 毫米，稀长达 1.2 厘米，顶生小叶柄长达 3 厘米。复花序圆锥状长 30-45 厘米，伞房状；主轴短，长 2-5 厘米，一级分枝在主轴顶端指状排列，密被灰色短柔毛；伞形花序直径约 1-1.5 厘米，有花多数或少数；花总梗长 8-40 毫米，花梗长 6-7 毫米，均密被短柔毛；苞片长 5 毫米；小苞片长 2 毫米，披针形；膜质，边缘有纤毛；花淡黄白色；花萼无毛，长 1.5 毫米，边缘具 5 个卵状三角形小齿；花瓣 5，长 1.5 毫米，卵状三角形，开花时反曲；雄蕊 5；子房 5 室，花柱 5，离生或基部合生。果实球形，直径 4 毫米，成熟时黑紫色，具 5 棱，花柱宿存。花期 6-7 月，果期 9 月。

产大别山区岳西，金寨白马寨大干沟公路边。生于海拔 850 米阔叶林中或林缘公路边。分布于黑龙江、吉林、辽宁、河北、山东泰山及崂山。

材质坚硬致密，宜作手杖；嫩叶可食，为著名野菜，可与香椿芽媲美；种子可榨油，供工业或制肥皂用，含油率达 35.9%；皮药用，煎服治浮肿、便秘、糖尿病、胃痉挛等症有效，民间用根打烂敷治刀伤。

5. 安徽楤木

Aralia subcapitata Hoo.

小乔木，高 2-5 米；树皮灰白色，刺稀疏。二回羽状复叶，长达 60 厘米；叶轴疏生细刺和细毛长刺，无毛或疏被长柔毛；羽片 3 对，对生，小叶 3-7，基部具小叶 1 对；小叶纸质，椭圆形至长圆形，长 3-7.5 厘米，宽 2-4 厘米，先端尖或短渐尖，基部楔形或圆形，歪斜，下面脉上被短柔毛，两面脉上疏生细刺，边缘具锯齿，齿距刺尖，侧脉 4-6 对，明显，网脉下面明显，侧生小叶柄长达 3 毫米，或无，顶生小叶柄长约 1.5 厘米。圆锥状复花序稀疏，主轴和分枝紫红色，密被短柔毛；头状花序总状排列，具花约 10 朵；总花梗长 5-10 毫米，被短柔毛；苞片披针形，棕紫色，长约 3 毫米，先端尖，边缘和基部被短柔毛，宿存；花无梗或近无梗，结实后果梗长至 2 毫米，小苞片披针形，棕紫色，长约 1 毫米；萼倒圆锥形，长约 1.5 毫米，无毛，边缘具 5 小齿；子房 5 实，花柱 5，离生。果球形，径 4-5 毫米，紫黑色。花期 7-8 约，果期 9-10 月。

产金寨白马寨林场至天堂寨，霍山，舒城万佛山。生于海拔 1650 米山林中。为安徽省特有种。

6. 毛叶楤木 图 327

Aralia dasyphylla Miq.

灌木或小乔木,高达 10 米。小枝有刺;刺短而直,基部粗壮;新枝密被淡黄棕色绒毛。叶为二回羽状复叶,长达 70 厘米,叶轴密被黄棕色绒毛;叶柄长 30 厘米以上;托叶和叶柄基部合生,先端离生部分三角形,具刺尖;叶轴和羽片轴密被黄棕色绒毛;羽片有小叶片 7-9;小叶片薄革质,卵形或长圆状卵形,长 3.5-11 厘米,宽 3.5-8 厘米,先端渐尖,基部圆形或心形,上面粗糙,下面密被棕色绒毛,边缘具细或粗锯齿,齿有小尖头,侧脉 7-9 对,下面明显,网脉两面均明显;小叶片无柄或有长达 5 毫米的柄,顶生小叶柄长 4 厘米,密被黄棕色绒毛。圆锥状复花序大型,长达 50 厘米;一级分枝长达 20 厘米,密被黄棕色绒毛;第三级分枝长 2-3 厘米,基部有数枚宿存苞片;苞片长圆形,先端钝圆,密被短柔毛;小苞片长圆形。头状花序,直径约 5 毫米;总花梗长 5-15 毫米,密被黄棕色绒毛;花无梗;萼筒边缘具 5 个三角形小齿,无毛;花瓣 5,长圆状卵形,开花时反曲;雄蕊 5;子房 5 室,花柱 5,离生。果实球形,直径约 3.5 毫米,成熟时紫黑色,具 5 棱。花期 8-10 月,果期 10-12 月。

图 327 毛叶楤木
1. 叶; 2. 花; 3. 花枝; 4. 果序。

产皖南祁门棕里潘坑,太平;大别山区潜山天柱山。生于海拔 200-1000 米林中或向阳山坡的灌丛中。分布于浙江、湖北、江西、福建、广东、广西、四川。越南、印度尼西亚和马来西亚也有。

种子含油率 20% 以上,可供制肥皂;根皮入药,有活血散瘀、健胃、利尿的功效。茎皮、根皮含三萜皂苷鞣质、胆硷、挥发油。

6. 五加属 Acanthopanax Miq.

落叶灌木或小乔木,有时蔓生或为藤木,无气生根。通常有刺,稀无刺。叶为掌状复叶或三出叶,有小叶 3-5;无托叶或托叶不明显。花两性,稀单性异株;伞形花序或头状花序通常再生成复伞形花序或圆锥状花序;花梗具不明显的关节或无关节;萼筒边缘具 4-5 小齿,稀全缘;花瓣 4-5,在花芽中镊合状排列;雄蕊 5,花丝细长;子房 2-5 室,花柱 2-5,离生,基部至中部合生,或全部和生成柱状,宿存。果实核果状,球形或扁球形,具 2-5 棱;种子 2-5,胚乳均一。

约 35 种,分布于亚洲。我国有 26 种,除新疆外,几遍全国。安徽省 10 种,4 变种。

1. 子房 2 室:
  2. 花柱离生或基部合生,中部或基部以下合生或合生至中部;小叶片 5,稀 3-4,下面无毛或沿脉疏被刚毛。
    3. 伞形花序腋生或顶生于短枝上:
      4. 灌木;小叶片较小,长 10 厘米以下。
        5. 小叶片 5(3-4);小枝节上疏生反曲扁钩刺 ·················· 1. 五加 A. gracilistylus
        5. 小叶片 3(5);小枝无刺 ·················· 1a. 三叶五加 A. gracilistylus var. trifoliolatus
      4. 小乔木;小叶片较大,长 14 厘米 ·················· 1b. 大叶五加 A. gracilistylus var. major
    3. 伞形花序顶生:
      6. 灌木;植物体疏生下向钩刺 ·················· 2. 白簕 A. trifoliatus

　　　6. 匍伏灌木；植物体无刺 ·· 3. 匍匐五加 A. scandens
　2. 花柱合生成柱状，仅柱头 2 裂片离生。
　　　7. 小叶片 5，下面密被短柔毛 ······································ 4. 两歧五加 A. divaricatus
　　　7. 小叶片 3-5，下面无毛 ·· 5. 合柱五加 A. connatistylus
1. 子房 5 室，有时 4-2 室。
　8. 子房 5 室，稀 4-3 室，花柱 5，稀 4-9，部分合生或全部合生生成柱状；植物体具刺，稀无刺；叶柄顶端
　　　无簇生毛。
　　　9. 花柱基部合生；小枝节间密生红棕色或棕黑色刚毛 ············ 6. 细刺五加 A. setulosus
　　　9. 花柱基部至中部以上合生；小枝节间密生棕褐色刚毛状细刺 ·········· 7. 浙江五加 A. zhejiangensis
　　　　10. 枝刺细长，直而不弯，稀密生下弯的锥形刺。
　　　　　11. 叶片两面均无毛，小叶柄无毛 ························ 8. 藤五加 A. leucorrhizue
　　　　　11. 叶片上面被糙毛，下面沿脉上被黄色短柔毛，小叶柄密被黄色短柔毛。 ·····················
　　　　　　··········· 8a. 糙叶藤五加 A. leucorrhizus var. fulvesccns
　　　　10. 枝刺粗壮，通常弯曲。
　　　　　12. 小叶片下面脉上被短柔毛；花梗无毛或疏被短柔 ········ 9. 糙叶五加 A. henryi
　　　　　12. 小叶片下面无毛，花梗密被短柔毛 ················ 9a. 毛梗糙叶五加 A. henryi var. faberi
　8. 子房 4-2 室；花柱 4-2，仅基部合生；植物体无刺；叶柄顶端具簇生毛 ·······················
　　　······················· 10. 吴茱萸叶五加 A. evodiaefolius

1. 五加 细柱五加　　　　　　　图 328

Acanthopanax gracilistylus W. W. Smith

灌木；高 2-5 米，枝灰棕色，枝软下垂，有时蔓
生状，无毛，叶柄基部疏生反曲扁钩刺。叶有小叶 5，
稀 3-4，在长枝上互生，在短枝上簇生；叶柄长 3-8
厘米，无毛，常有细刺；小叶片纸质或膜质，倒卵状
披针形，长 3-8 厘米，宽 1-3 厘米，先端尖或渐尖，
基部楔形，两面无毛，有时沿脉疏被刚毛，或下面脉
腋被淡黄色或棕色簇生毛，边缘具细钝齿，侧脉 4-5
对，两面明显，网脉不明显；小叶无柄。花序单个腋生，
伞形，稀顶生短枝上，直径约 2 厘米，花多数；总花
梗长 1-4 厘米，无毛；花梗细长，长 6-10 毫米，无毛；
花黄绿色；萼筒边缘近全缘或略有 5 小齿；花瓣 5，长
圆状卵形，先端尖，雄蕊 5；子房 2 室，花柱 2，细长，
离生或基部合生。果实扁球形，直径约 6 毫米，黑色，
宿存花柱长 2 毫米，反曲。花期 4-7 月，果期 8-10 月。

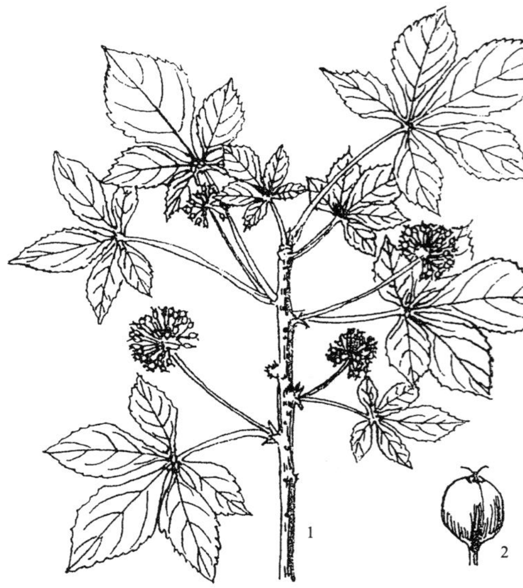

图 328 五加
1. 花枝；2. 果。

　　产皖南黄山，休宁岭南，祁门，绩溪清凉峰海拔
890 米，歙县清凉峰海拔 720 米，泾县小溪海拔 220 米，青阳西华；大别山区霍山，金寨白马寨海拔 650-950 米，
岳西，潜山天柱山海拔 540-1280 米，太湖大山乡海拔 200 米。生于海拔 300-1600 米山地林缘，路边或灌丛中。
分布广，西自四川西部，云南西北部，北自山西西南部，陕西北部，南至云南南部和东南海滨广大省区内均
有分布。

　　著名中药，根皮称"五加皮"，可泡制"五加皮酒"为强壮剂；有祛风湿，强筋骨之效；枝叶煮水可杀棉蚜、
菜虫等；根皮含芳香油。

1a. 三叶五加（变种）

Acanthopanax gracilistylus W. W. Smith var. **trifoliolatus** Shang

本变种与原种的区别在于小枝较细，无刺；小叶三片，稀 5 片。

产皖南黄山，祁门牯牛降，歙县清凉峰海拔 900 米；大别山区霍山白马尖海拔 800 米，潜山天柱峰钢锣尖海拔 1280 米。分布于浙江、江西、湖南等省。

1b. 大叶五加（变种）

Acanthopanax gracilistylus W. W. Smith var. **major** Hoo

本变种与原种的区别在于植株较高大，枝较粗；小叶片椭圆形或长圆形，长达 14 厘米，宽 5 厘米，边缘具粗大钝齿。

产皖南绩溪黄土坑和大别山舒城小涧冲，潜山彭河乡板仓，海拔 950 米。生于海拔 630-1050 米的灌丛中或村旁。分布于浙江杭州。

2. 白簕　　　　　　　　　　　图 329

Acanthopanax trifoliatus（L.）Merr.

攀援状灌木，高 1-7 米。小枝细长柔弱较软；疏被向下钩刺；基部扁平，先端钩曲。叶有小叶 3-5 片；叶柄长 2-6 厘米，无毛；有刺或无刺；小叶片纸质或膜质，椭圆状长圆形或椭圆状卵形，长 3-10 厘米，宽 3-6.5 厘米，先端尖或渐尖，基部楔形，两侧小叶片基部歪斜，上面脉上疏被刚毛或两侧无毛，边缘具细尖钝锯齿，侧脉 5-6 对，明显或不甚明显，网脉不明显；小叶柄长 2-8 毫米。伞形花序 3-10 个，稀多至 20 个组成顶生复伞形花序或圆锥状复花序，直径 1.5-3.5 厘米，有花多数；总花梗长 2-7 厘米，无毛；花梗细长，长 1-2 厘米，无毛；花黄绿色；萼筒边缘具 5 个三角状小齿；花瓣 5，三角状卵形，开花时反曲；雄蕊 5；子房 2 室花柱 2，基部或中部以下合生。果实扁球形，直径约 5 毫米，成熟时紫红色至黑色。花期 8-11 月，果期 9-12 月。

产皖南祁门、歙县、休宁。生于低山、丘陵的林缘、山坡、沟谷、路旁或灌丛中。分布于湖北、湖南、江西、江苏、浙江、福建、台湾、广东、广西、贵州、云南、四川等省。

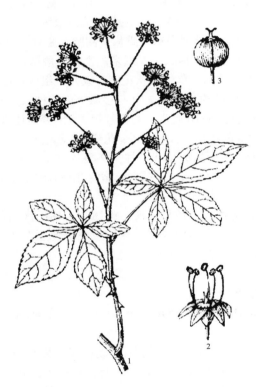

图 329 白簕
1. 花枝；2. 花；3. 果。

根、叶药用，有清热解毒、祛风湿、舒筋活血之效，可治感冒、咳嗽、风湿、坐骨神经痛等症。

3. 匍匐五加　　　　　　　　　　　图 330

Acanthopanax scandens Hoo

蔓生匍匐状灌木。小枝棕灰色，无刺，无毛。叶有小叶 2-3，叶柄长 2-4.5 厘米，无毛；小叶片膜质，中间小叶片卵状椭圆形，长 5-7 厘米，先端渐尖，基部宽楔形，两面被刚毛，边缘具重锯齿，侧脉 4-6 对，隆起而明显，两侧小叶片菱状卵形，基部外侧圆形，稀在枝上部为卵形单叶；无小叶柄。花序 1-3 伞形，顶生或近顶生，中间花大，有花 10-20 朵，侧生者小，有花 2-6 朵；总花梗长 1-2 厘米，无毛；苞片批针形；花梗长约 8 毫米，无毛；小苞片锥形；花萼钟形，萼筒边缘具 5 个三角形小齿；子房 2 室，花柱 2，合生至中部，上部离生，反曲。果实扁球形，直径约 8 毫米，成熟时黑色；种子肾形，白色。花期 6-7 月，果期 9-10 月。

　　产皖南祁门，青阳九华山下闵园和大别山区霍山佛子岭海拔 1050 米，岳西大王沟。生于海拔 1050 米的山坡路旁和林中。分布于浙江、江西等省。

4.　两歧五加　　　　　　　　　　　　　　图 331

Acanthopanax divaricatus（Sieb. et. Zucc）Seem

　　落叶灌木，高 1-3 米。枝初时有毛，后脱落，有向下生短刺；刺粗壮，基部膨大，略扁；新生枝密被绒毛。叶有小叶片 5；叶柄长 4-7 厘米，密被绒毛，后渐脱落，无刺；小叶片纸质，倒卵状长圆形或倒卵形披针形，或长圆状披针形，长 4-7 厘米，宽 2-4 厘米，先端尖或渐尖，基部窄楔形，上面疏被短绒毛，下面密被短绒毛，边缘具单或重锯齿，侧脉 6-8 对，明显，网脉不明显；小叶柄长 1-5 毫米，密被易脱落的短绒毛，或无小叶柄。单生伞状花序，或几个组成短圆锥状花序，直径约 2 厘米，有花多数；总花梗长 1.5-2 厘米，花梗长 3-10 毫米，均密被短柔毛；萼筒边缘具 5 个不明显的小齿，被短柔毛；花瓣 5；雄蕊 5；子房 2 室，花柱 2，合生成柱状，柱头 2 裂片离生。果实球形，直径约 8 毫米，成熟时黑色，宿存花柱长约 2 毫米。花期 8 月，果期 10 月。

　　产皖南歙县，泾县小溪，旌德和大别山区霍山，岳西鹞落坪，金寨白马寨，林场至虎形地至东边洼。分布于江苏、浙江、湖北等省。

5.　合柱五加

Acanthopanax connatistylus S. C. Li et X. M. Liu

　　落叶灌木，高 2 米。小枝灰色，幼枝淡灰黄色，无刺，无毛；芽尖卵形，具鳞片数枚，复瓦状排列。叶有小叶片 3-5；叶柄长 5-7 厘米，无毛；小叶片纸质，长椭圆形或菱形倒卵形，长 8-12 厘米，宽 3-5 厘米，先端渐尖或长尖，基部窄楔形，两面无毛，边缘具不整齐重锯齿（营养枝上）或具细浅齿（花枝上），侧脉 4-6 对，两面隆起，网脉下面明显；小叶柄长 2-8 毫米。伞形花序单生枝顶或叶腋，或由少数伞形花序组成复花序，直径 2-3 厘米，有花 35-45 朵；总花梗长 2-3 厘米，无毛；花梗纤细，长 1-1.5 厘米，无毛；花黄绿色；萼筒边缘具 5 三角形小齿，花瓣和雄蕊未见；子房 2 室，花柱 2，合生成柱状，长 2-3 毫米，柱头先端 2 浅裂。果实倒卵形，长 8-12 毫米，直径 5-7 毫米，初为黄褐色，后变黑色，具明显棱纹。果期 9-10 月。

　　产皖南歙县清凉峰东凹海拔 1380 米，西凹海拔 1400 米，石台牯牛降海拔 1100 米。生于海拔 1400 米以下沟旁山坡。系安徽省特有成分。

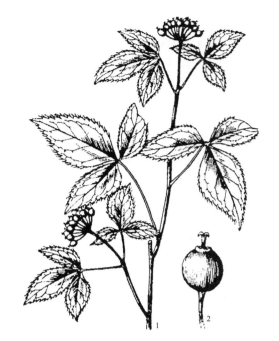

图 330　葡匐五加
1. 果枝；2. 果。

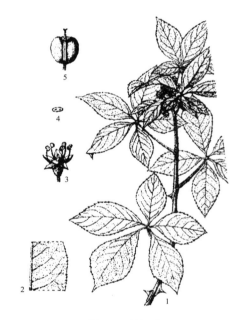

图 331　两歧五加
1. 花枝；2. 小叶片面（示短柔毛）；3. 花；4. 子房横切面；5. 果实。

6. 细刺五加 图 332

Acanthopanax setulosus Franch.

灌木，高 2-5 米。小枝细软下垂，有长短枝，红棕色，节上通常具倒钩状刺 1-3 个，节间密被红棕色或棕黑色刚毛，或无毛，无刺或有刺。有小叶片 5 片；叶柄细，长 2-7 厘米，无毛；小叶片纸质，长圆形卵形或长圆状倒卵形，长 2-5 厘米，宽 1-2 厘米，先端尖或短渐尖，基部窄尖，上面脉上疏被刚毛，下面无毛，边缘中部以上具细齿，侧脉 3-4 对，两面明显，网脉不明显；无小叶柄。伞形花序单生枝短枝上，有时 2-3 簇生，直径约 2.5 厘米，有花多数；总花梗长 2-3 厘米，密被刚毛，后渐脱落；花梗纤细，长 5-10 毫米。无毛；花萼无毛，萼筒边缘具 5 小齿；花瓣 5，卵状长圆形，开花时反曲；雄蕊 5；子房 5 室。花柱 5，基部合生。果实球形，直径 5 毫米，成熟时黑色，具 5 棱。花期 7 月，果期 9 月。

产皖南广德，宁国，太平龙源；大别山区岳西，海拔 400 米。分布四川（宝兴、巫溪）、浙江（西天目山）。

根皮泡酒喝，可强筋骨。

图 332 细刺五加
1. 花枝，示小枝上密生细刺；2. 去花瓣之雄蕊；3. 花药
4. 去花瓣之雌蕊。

7. 浙江五加 图 333

Acanthopanax zhejiangensis X. J. Xue et S. T. Fang

灌木，高约 2 米。枝灰绿色，柔软呈拱形下垂，小枝节间密生棕褐色刚毛状细刺，刺稍向下。有小叶 3-5，叶柄长 1-10 厘米，通常具直刺 1-3；小叶片纸质，倒卵状椭圆形，或椭圆形，长 5-50 毫米，宽 3-18 毫米，先端尖至短渐尖，基部楔形，上面深绿色，下面淡绿色，两面无毛，边缘下部全缘，上部具钝齿，主脉在上面疏被刚毛，下面疏被无腺细毛，侧脉 4-6 对，上面明显，网脉两面明显；小叶几无柄。伞形花序单生短枝顶端，直径 1-1.8 厘米，有花 12-16 朵；总花梗长 2-8 厘米，无毛，稀近中部有 1 朵花；花梗长 3-7 毫米，无毛；花黄绿色；花萼无毛，萼筒边缘具 5 个三角形裂齿；花瓣 4-5，三角形卵形，开花时反曲；雄蕊 4-5；子房 4-5 室，花柱 4-5，基部至中部以上合生。果实球形，直径 6-8 毫米，宿存花柱长约 1 毫米。花期 3-4 月，果期 6-9 月。

产皖南太平（龙源）。分布于浙江天目山老殿附近。生于海拔 1000-1200 米。

安徽省地理新分布。

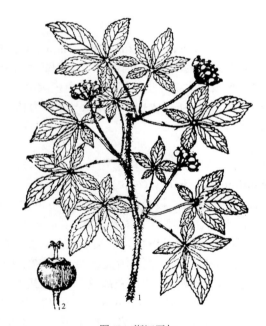

图 333 浙江五加
1. 果枝；2. 果实。

8. 藤五加 图334

Acanthopanax leucorrhizus(Oliv.)Harms

灌木，高可达 4 米，稀蔓生状。枝无毛。近节上具 1 至数个刺，也有无刺，稀节间散生多数倒刺；细刺长直而不弯，基部不膨大，稀密生下弯锥形刺。叶有小叶片 5，稀 3-4；叶柄长 5-10 厘米或更长，先端具有小刺，无毛；小叶片纸质，长圆形，披针形或倒披针，长 6-14 厘米。宽 2.5-5 厘米，先端尾尖或渐尖，基部楔形，两面无毛，边缘具锐利重锯齿，侧脉 6-10 对，两面明显隆起，网脉两面不明显；小叶柄长 3-15 毫米，无毛。伞形花序单个顶生，或数个组成圆锥状复花序，或伞房状，直径 2-4 厘米；有花多数；总花梗 2-8 厘米；花梗长 1-2 厘米；花绿色，有时绿黄色；花萼无毛，萼筒边缘具 5 小齿；花瓣 5，长卵形，花开时反曲；雄蕊 5；子房 5 室，花柱全部合生成柱状。果实卵球形，直径 5-7 毫米，具棱 5，宿存花柱短。花期 6-8 月，果期 8-10 月。

图334 藤五加
1.花枝；2.花；3.果。

产皖南黄山（北海至西海）；大别山区金寨白马寨、天堂寨海拔 1450 米，岳西美丽乡鹞落坪，舒城小涧冲。生于海拔 1000-1600 米沟谷、林缘和灌丛中。分布于甘肃（天水）、陕西（大白山）、四川、云南、贵州、湖北、湖南、江西、浙江、福建（武夷山区）、广东等省。

8a. 糙叶藤五加

Acanthopanax leucorrhizus(Oliv.)Harms var. **fulvescens** Harms et Rehd.

本变种与原种的区别在于小叶片边缘具锐利锯齿，稀重锯齿，上面多少被糙毛，下面沿脉上被黄色短柔毛，或脱落仅脉腋被簇生毛，小叶柄密被黄色短柔毛。

产皖南黄山松谷庵；大别山区霍山马家河海拔 1550 米，金寨白马寨海拔 1330 米，岳西大王沟海拔 750 米，太湖大山乡海拔 350 米。

9. 糙叶五加 图335

Acanthopanax henryi(Oliv.)Harms

灌木，高 1-3 米。枝疏生弯粗状刺；小枝密被短柔毛，后渐脱落。有小叶片 5 片，稀 3；叶柄长 4-7 厘米，密短粗毛；小叶片纸质，椭圆形或卵状披针形，稀倒卵形，长 8-12 厘米，先端渐尖或尖，基部宽楔形，上面深绿色，多少被糙毛，下面灰绿色，叶脉被短柔毛，边缘仅中部以上具细锯齿，侧脉 6-8 对，两面隆起明显，网脉不明显；小叶柄长 3-6 毫米，被粗短毛，或近无小叶柄。伞形花序数个组成短圆锥状复花序，或数个簇生枝顶，直径 1-2.5 厘米，有多数花；总花梗粗状，长 2-3.5 厘米，被粗短毛，后渐脱落；花梗长 8-15 毫米，无毛或疏被短柔毛；萼筒边缘几近全缘；花瓣 5，长卵形，开花时反曲；雄蕊 5；子房 5 室，花柱全部合生成柱状。果实椭圆形或球形，长和直径约 8 毫米，成熟

图335 糙叶五加
1.果枝；2.果纵剖。

时黑色，具 5 浅枝，宿存细花柱，长约 2 毫米。花期 7-9 月，果期 9-10 月。

产皖南黄山白鹅岭，青阳九华山，旌德，广德；大别山区岳西美丽乡。生于海拔 1400-1500 米的林缘或灌丛中。分布于山西中条山（坦曲、夏县）、陕西（南五台山及终南山）、四川（巫溪）、湖北（恩施）、河南（内乡）、浙江（西天目山）。

9a. 毛梗糙叶五加 （变种）
Acanthopanax henryi（Oliv.）Harms **var. faberi** Harms

本变种和原种的区别在于小叶片下面无毛；伞形花序较小，花梗密被短柔毛。

产皖南黄山西海；大别山区霍山马家河海拔 1340-1750 米，岳西美丽乡海拔 1350 米。生于海拔 1200-1750 米灌丛中。分布于陕西、浙江。

10. 吴茱萸叶五加 　　　　　图 336
Acanthopanax evodiaefolius Franch

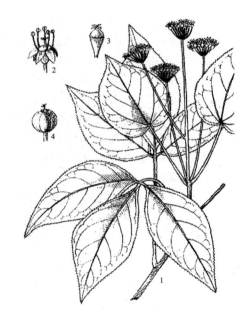

小乔木或灌木，高 2-12 米。树皮平滑，灰白色；枝有长枝或短枝，无刺；小枝红棕色，无毛。叶有小叶片 3，在长枝上互生，在短枝上簇生；叶柄长 5-10 厘米，密被淡棕色短柔毛，后渐脱落，仅叶柄顶端和小叶柄相连处被锈色簇生毛；小叶片革质或纸质，长 6-12 厘米，宽 3-6 厘米，中央小叶片圆状倒拔针形，或卵状椭圆形，先端短渐尖或长渐尖，基部楔形，两侧小叶片基部歪斜，上面无毛，下面脉腋簇生毛，边缘具刺毛状细锯齿，稀全缘，侧脉 6-8 对，在网脉两面均明显；小叶片几近无柄。伞形花序有花多数或少数，数个组成顶生复伞形花序，稀单生；总花梗长 2-8 厘米，无毛，花梗长 8-15 毫米，花后延长，无毛；花萼筒边缘全缘；花瓣卵形 5 瓣，开花时反曲。果实球形或略长，直径 5-7 毫米，黑色，具 2-4 浅棱，花柱长 2 毫米宿存。花期 5-7 月，果期 8-10 月。

图 336 吴茱萸五加
1. 果枝；2. 花；3. 花（除去花冠及雄蕊）；4. 果。

产皖南黄山皮蓬、北海、慈光寺等处，祁门牯牛降海拔 1050 米，绩溪清凉峰北坡海拔 1000-1140 米，歙县清凉峰海拔 1340 米；大别山区金寨白马寨海拔 880-1120 米，岳西，潜山彭河乡板仓海拔 600 米。

7. 常春藤属　Hedera L.

常绿攀援藤本。具气生根，无刺。单叶全缘，叶片在无性不育枝上通常具有裂片或裂齿，在花枝上的常不分裂；叶柄细长；无托叶。花两性；伞形花序单个顶生，或几个组成短圆锥状复花序；苞片小；花梗无关节；萼筒边缘全缘或具 5 小齿；花瓣 5，在花芽中镊合状排列；雄蕊 5；子房 5 室，花柱合生成短柱状。果实球形，浆果状，种子卵形，胚乳嚼烂状。

5 种分布于亚洲、欧洲和非洲北部。我国有 2 变种，分布于中部及西南地区。为观赏植物。安徽省仅有 1 变种。

常春藤 （变种）　　　　　　　　　　　图 337
Hedera nepalensis K. Koch **var. sinensis**（Hobl.）Rehd.

攀缘灌木，茎长 3-20 米，灰棕色或黑棕色，具气生根；一年生小枝被锈色鳞片，鳞片通常具有 10-20 条辐射肋。叶草质，在营养枝上叶通常为三角状卵形或三角形圆形，稀三角形短渐尖，基部截形，稀心形，全缘或三裂；在花枝上叶椭圆状卵形或椭圆状披针形，稀卵形或披针形，长 5-16 厘米，宽 1-10 厘米，先端长渐尖或渐尖，基部楔形，全缘或 1-3 浅裂，上面深绿色，具光泽，下面淡黄绿色或淡绿色，疏被鳞片或无毛，侧脉或网脉两面均明显；叶柄细长，长 2-9 厘米，具鳞片，无托叶。伞形花序单个顶生，或 2-7 个总状排列或伞房状排列成短圆锥状复伞形花序；直径 1.5 厘米至 2.5 厘米，有花 5-40 朵；总花梗长 1-3.5 厘米具鳞片；苞片三角形，花梗长 4-12 毫米；花淡黄色或淡绿白色，芳香；萼密被棕色鳞片，萼筒边缘近全缘；花瓣 5，三角状卵形，外被鳞片；雄蕊 5，花药紫色；花盘隆起，黄色；子房 5 室，花柱全部合生成柱状。果实球形，直径 7-13 毫米。红色或黄色，宿存花柱长 1-1.5 毫米。花期 9-10 月，果实翌年 3-5 月。

图 337 常春藤
1. 花枝；2. 不育枝；3-6. 不育枝上的各型叶；7. 鳞片；8. 花；
9. 子房横切面；10. 果实。

　　产皖南黄山，三道岭海拔 1250 米，绩溪永来清凉峰海拔 760 米，歙县清凉峰西凹海拔 640-1250 米，旌德；大别山区霍山青枫岭，马家河海拔 500-960 米，金寨白马寨海拔 680-1040 米，岳西大王沟，舒城。生于海拔 1250 米以下山地林中，借以气生根攀缘于树干及阴湿的岩壁上。分布于甘肃、陕西、河南、山东、广东、江西、福建、西藏、江苏、浙江。

　　全株药用，有舒筋散风活血之效，治关节酸痛和初期的痛肿毒疮；茎叶含鞣质，可提取栲胶；枝叶浓密常青，供观赏，或可作为立体墙壁绿化。

31. 忍冬科 CAPRIFOLIACEAE

落叶或常绿，灌木、小乔木、藤本，稀草本。单叶，稀复叶，对生，稀轮生，全缘、具锯齿或有时羽状或掌状分裂；叶柄短；无托叶，稀具托叶。花两性；多为聚伞花序或由聚伞花序再组成复伞状花序，或复圆锥状花序，苞片及小苞片有或无；萼4-5裂；花冠4-5裂，辐状、钟状、筒状、漏斗状或高脚碟状，裂瓣片覆瓦状排列，稀镊合状排列，有时两唇形，上唇二裂，下唇三裂，或上唇四裂，下唇单一；雄蕊5(4)，着生于花冠筒上，花药背着，内向；子房下位，1-5(8)室，每室1至多数胚珠，中轴胎座。浆果、核果或蒴果，具1至多数种子。种子内含1直立胚和丰富、肉质的胚乳。

18属，约380余种，分布于北温带。我国12属，200余种。安徽省7属，38种，4亚种，11变种，2变型。

1. 花柱极短，花冠辐射对称；无托叶或托叶条形或腺体状：
  2. 单叶；花药内向；核果具1核 ·· 1. 荚蒾属 Viburnum
  2. 奇数羽状复叶；花药外向；浆果状核果，具3-5核 ··················· 2. 接骨木属 Sambucus
1. 花柱细长，花冠两侧对称；无托叶：
  3. 蒴果 ·· 3. 锦带花属 Weigela
  3. 浆果或坚果：
    4. 浆果具多数种子；花2朵并生叶腋，稀集生为头状或轮状 ··············· 4. 忍冬属 Lonicera
    4. 坚果具1种子：
      5. 雄蕊5，聚伞花序对生，集成顶生圆锥状复花序；叶具三出脉 ······ 5. 七子花属 Heptacodium
      5. 雄蕊4，双花组成伞房状复花序，或聚伞花序或圆锥状复聚伞花序；羽状脉：
        6. 花2朵并生，双花萼筒下部连合紧贴；坚果密被刺毛 ··············· 6. 猬实属 Kolkwitzia
        6. 花单生或双生，萼筒窄长，下部不连合，萼片花后增大、宿存；坚果无毛 ······· 7. 六道木属 Abelia

1. 荚蒾属 Viburnum L.

落叶，稀常绿，灌木或小乔木；常被星状毛。单叶，对生，稀轮生，全缘或具锯齿或分裂；托叶小或无。花小，两性；聚伞花序，集生成伞房状或圆锥状花序，稀花序部分周围具白色大型不孕花或全为不孕花，苞片及小苞片早落；花辐射对称；萼5齿裂，宿存；花冠辐状、钟状、漏斗状或高脚蝶状，5裂；雄蕊5，花丝伸出或内藏，花药内向；子房下位，1室，胚珠1，花柱极短，柱头矢状或3浅裂。核果，核多扁平具宿存萼齿和花柱。种子1，背、腹面具沟槽或无。

约200种，分布于东亚及北美。我国约80余种，广布全国，以西南为多。安徽省12种，1亚种，8变种，1变型。

1. 裸芽；植物体被星状毛，无腺鳞；核果熟时由红色转黑色：
  2. 花序具总梗；果核具2背沟及3腹沟，胚乳坚实；无托叶：
    3. 花序具大型不孕花：
      4. 花序完全为大型不孕花组成 ······························· 1. 绣球荚蒾 V. macrocephalum
      4. 花序仅周围具大型不孕花 ···················· 1a. 琼花 V. macrocephalum f. keteleeri
    3. 花序无大型不孕花：
      5. 花冠白色，辐状，裂瓣片长于或与筒近等长：
        6. 叶长10-19厘米，宽4.5-11.5厘米；花序总梗的第一级辐射枝7出 ············
          ················ 2. 壮大聚花荚蒾 V. glomeratum ssp. magnificum
        6. 叶长3-6(9)厘米，宽2-4.5厘米；花序总梗的第一级辐射枝5出 ········ 3. 陕西荚蒾 V. schensianum

　　　5. 花冠粉红色，漏斗状，裂瓣片短于筒 ⋯⋯⋯⋯⋯⋯⋯⋯⋯⋯ 4. **备中荚蒾 V. carlesii** var. **bitchiuense**
　2. 花序无总梗；果核具 1 深腹沟和 1 浅背沟，胚乳嚼烂状；常具托叶 ⋯⋯⋯⋯⋯5. **合轴荚蒾 V. sympodiale**
1. 鳞芽，鳞片 1-2 对：
　7. 叶不分裂，（稀 2-3 浅裂），叶柄顶端或近顶端无腺体，鳞片全部离生：
　　8. 聚伞花序组成伞状复花序具大型不孕花；果核具 1 上宽下窄腹沟，沟之中上部及背部各具 1 明显隆起脊：
　　　9. 花序全部由大型不孕花组成⋯⋯⋯⋯⋯⋯⋯⋯⋯⋯⋯⋯⋯⋯⋯⋯6. **雪球荚蒾 V. plicatum**
　　　9. 花序仅周围具 4-6 朵大型不孕花 ⋯⋯⋯⋯⋯⋯⋯ 6a. **蝴蝶戏珠花 V. plicatum** var. **tomentosum**
　　8. 花序多种，不具大型不孕花；果核非上述特征：
　　　10. 总状花序组成圆锥状复花序，果核深厚，只具 1 深腹沟 ⋯⋯⋯ 7. **珊瑚树 V. odoratissimum** var. **awabuki**
　　　10. 聚伞花序组成伞状复花序；果核扁，具浅背沟、腹沟；芽鳞片 2 对：
　　　　11. 叶下面全面而均匀地混生金黄色及黑褐色两种腺点，干后上面不变黑色；幼枝无毛⋯⋯⋯⋯⋯
　　　　　⋯⋯⋯⋯⋯⋯⋯⋯⋯⋯⋯⋯⋯⋯⋯⋯⋯⋯⋯⋯⋯⋯⋯⋯⋯ 8. **金腺荚蒾 V. chunii**
　　　　11. 叶下面无腺点或仅有颜色一致腺点：
　　　　　12. 叶常绿，侧脉 5-6 对，最下一对常为离基三出脉状，干后上面变黑色；幼枝、叶柄及花序
　　　　　　　均密被星状毛⋯⋯⋯⋯⋯⋯⋯⋯⋯⋯⋯⋯ 9. **毛枝常绿荚蒾 V. sempervirens** var. **trichophorum**
　　　　　12. 叶凋落；侧脉 5 对以上：
　　　　　　13. 叶柄无托叶：
　　　　　　　14. 花序总梗最长不超过 5 厘米；叶全缘：
　　　　　　　　15. 叶下面具金黄色、深黄色、淡黄色或几无色的透明腺点：
　　　　　　　　　16. 幼枝密被带黄色粗毛或星状毛 ⋯⋯⋯⋯⋯⋯⋯⋯⋯ 10. **荚蒾 V. dilatatum**
　　　　　　　　　16. 幼枝无毛或疏被糙毛：
　　　　　　　　　　17. 幼枝无毛 ⋯⋯⋯⋯⋯⋯ 10a. **光枝荚蒾 V. dilatatum** var. **glabriusculum**
　　　　　　　　　　17. 幼枝无毛或疏被糙毛 ⋯⋯⋯⋯⋯⋯⋯ 11. **浙皖荚蒾 V. wrightii**
　　　　　　　　15. 叶上面无腺点，或下面无上述特征的腺点，如有时具暗褐色非透明腺点，则
　　　　　　　　　小枝及叶柄决不密被宿存的绒状毛：
　　　　　　　　　18. 花冠外面无毛；叶下面脉上被伏毛，有时脉腋被簇生毛，但绝不全面被星
　　　　　　　　　　状毛：
　　　　　　　　　　19. 叶干后变黑色或淡灰黑色：
　　　　　　　　　　　20. 具尖锯齿；果核甚扁，边缘不反卷，腹面扁平或稍厚凹陷⋯⋯⋯
　　　　　　　　　　　　⋯⋯⋯⋯⋯⋯⋯⋯⋯⋯⋯⋯⋯⋯ 12. **茶荚蒾 V. setgerum**
　　　　　　　　　　　20. 锯齿细密、尖锐而常外展；果核边缘向腹面反卷而形成明显地纵向
　　　　　　　　　　　　凹陷，背面明显隆起 ⋯⋯⋯ 12a. **沟核茶荚蒾 V. setigerum** var. **sulcatum**
　　　　　　　　　　19. 叶干后不变黑或黑褐色；果核凹陷，腹面具 1 纵脊 ⋯⋯⋯⋯⋯⋯
　　　　　　　　　　　⋯⋯⋯⋯⋯⋯⋯⋯⋯⋯⋯⋯⋯⋯ 13. **黑果荚蒾 V. melanocarpum**
　　　　　　　　　18. 花冠外面稍被星状毛；小枝、芽、叶柄及花序均密被带黄褐色星状绒毛⋯⋯⋯⋯
　　　　　　　　　　⋯⋯⋯⋯⋯⋯⋯⋯⋯⋯⋯⋯⋯⋯⋯⋯⋯ 14. **南方荚蒾 V. fordiae**
　　　　　　　14. 花序总梗长 6-12 厘米；叶具牙齿⋯⋯⋯⋯⋯⋯⋯ 15. **衡山荚蒾 V. hengshanicum**
　　　　　　13. 叶柄具托叶：
　　　　　　　21. 叶柄长 1-3（6）厘米，叶下面具散生透明微细腺点 ⋯⋯⋯⋯⋯⋯⋯⋯⋯⋯
　　　　　　　　⋯⋯⋯⋯⋯⋯⋯⋯⋯ 16. **腺叶荚蒾 V. lobophyllum** var. **silvestrii**
　　　　　　　21. 叶柄长 3-5 毫米，叶下面无腺点 ⋯⋯⋯⋯⋯⋯⋯ 17. **蚀齿荚蒾 V. erosum**
　7. 叶掌状 3 裂，叶柄顶端具 2-4 腺体；芽鳞 2，合生 ⋯⋯⋯⋯⋯⋯ 18. **天目琼花 V. opulus** var. **calvescens**

1. 绣球荚蒾 木绣球　　　　　　　图 338

Viburmum macrocephalum Fort.

落叶或半常绿灌木，高达 4 米。幼枝、裸芽、叶柄及花序均密被灰白色或黄白色星状毛。叶卵形、椭圆形或卵状长圆形，长 5-10（11）厘米，宽 2-5 厘米，先端钝尖，基部圆形或微心形，具锯齿，上面幼时密被或仅中脉被毛，下面被星状毛，侧脉 5-6 对，近叶缘网结；叶柄长 1-1.5 厘米，聚伞花序径 8-15 厘米，全为大型不孕花，总梗长 1-2 厘米，第一级辐射枝 5 出；萼筒长约 2.5 毫米，与萼齿近等长，无毛；花冠白色，辐状，径 1.5-4 厘米，裂瓣片倒卵圆形；雄蕊长约 3 毫米；雌蕊不育；不结果。花期 4-5 月。

安徽省各地庭园常栽培；花大艳丽，供观赏；用压条及插条繁殖。

图 338 绣球荚蒾（花枝）

1a. 琼花（变型）

Viburnum macrocephalum Fort. f. **keteleeri** (Carr.) Nichols.

本变型的聚伞花序仅周围为大型不孕花，中部为两性花，花后结果；花冠白色，辐状，径 7-10 毫米；雄蕊伸出花冠外；花柱粗短。核果长椭圆形，长 8-11 毫米，先红色后黑色；果核扁，具 2 条浅背沟和 3 条浅腹沟。花期 4 月；果期 9-10 月。

产皖南广德；大别山区霍山，金寨，岳西鹞落坪海拔 400-1150 米山坡林下或路旁。各地城市公园、机关、学校时有栽培。分布江苏、浙江、江西、湖北、湖南。

茎煎水，熏洗疥癣及风湿有效。

2. 壮大聚花荚蒾（亚种）

Viburnum glomeratum Maxim. ssp. **magnificum** (Hsu) P. S. Hsu

常绿灌木，高达 3 米。幼枝密被星状毛；裸芽。叶卵状长圆形或卵形，长 10-19 厘米，宽 4.5-11.5 厘米，先端渐尖或短渐尖，基部微心形，具浅锯齿，上面被疏柔毛，下面密被星状毛；叶柄长 2-3 厘米。复聚伞花序顶生，茎 8-10（15）厘米，总梗长 1-2.5 厘米，第一级辐射枝 7 出，与花梗密被星状毛；萼筒长约 4 毫米，萼齿短；花冠白色，辐状，径约 7 毫米，裂瓣片近圆形，长约 2 毫米；雄蕊 5，长于花冠；子房下位。核果长圆形，长约 1.3 厘米，红色至黑色；果核长 9-11 毫米，径约 6 毫米，具 2 背沟和 3 腹沟。花期 4-5 月；果期 6-7 月。

产皖南歙县，泾县，绩溪清凉峰海拔 600-800 米，太平七都，旌德。生于林下或溪沟边。分布于浙江、江西。

3. 陕西荚蒾　　　　　　　　　图 339

Viburnum schensianum Maxim.

落叶灌木，高达 3 米。幼枝、叶下面、叶柄及花

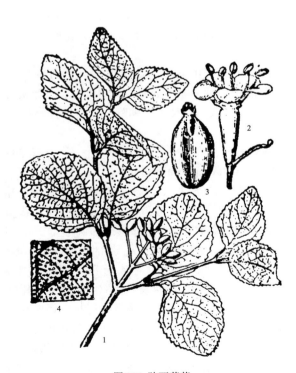

图 339 陕西荚蒾
1. 果枝；2. 花；3. 果；4. 叶下面放大示星状毛。

序均被黄白色星状毛；裸芽被带锈褐色星状毛。叶卵形、卵圆形或倒卵圆形，长 3-6（9）厘米，宽 2-4.5 厘米，先端钝圆，基部宽楔形或圆形，具细密齿，侧脉 6-7 对，近叶缘网结或部分达齿端；叶柄长 7-15 毫米。聚伞花序径 6-7（9）厘米，总梗长 1-1.5 厘米，第一级辐射枝常 5 出；萼无毛；花冠白色，辐状，径约 6 毫米，无毛，裂瓣片长约 2 毫米，短于筒；雄蕊 5，与花冠等长或稍长；子房下位，花柱圆形。核果椭圆形，长约 8 毫米，红色至黄色；果核背部龟裂状隆起而无沟或具不明显 2 背沟和 3 腹沟。

产大别山区岳西鹞落坪海拔 1150 米；江淮定远；淮北萧县皇藏峪。多生于海拔 500 米以下山坡灌丛中。分布于四川、甘肃、陕西、山西、河南、河北、山东、湖北、江苏。

图 340 备中荚蒾
1. 花枝；2. 果序及果；3. 叶腹面，示毛；4. 叶背面，示毛；5. 花。

4.　备中荚蒾（变种）　　　　图 340

Viburnum carlesii Hemsl. var. **bitchiuense** (Makino) Nakai

落叶灌木，高达 3 米。幼枝被星状毛，老枝无毛；裸芽，芽鳞密被灰黄色星状毛。叶卵形或椭圆状卵形，长 3.5-9 厘米，宽 2-6 厘米，先端尖，基部圆形或微心形，具小齿，上面疏被单毛和星状毛，后脱落，下面密被星状毛，侧脉 4-5 对，近叶缘网结或部分伸至齿端；叶柄长 4-12 毫米，被星状毛。伞形状聚伞花序，径约 6 厘米，总梗长 1-2 厘米，与花梗密被星状毛，第一级辐射枝 4-7 出；萼筒短，5 齿裂，无毛；花冠粉红色，漏斗状，冠幅径约 1 厘米，冠筒长约为裂瓣片的 3 倍，5 裂，裂瓣片长约 3.5 毫米；雄蕊 5，短于花冠；子房下位，花柱圆柱形。核果压扁状，长圆形，长 1.1-1.4 厘米，径 5-7 毫米；果核扁，具 2 背沟和 3 腹沟。花期 3-5 月；果期 6-9 月。

产大别山区霍山马家河，金寨白马寨海拔 800-1200 米，潜山彭河乡板仓海拔 700-1200 米，舒城万佛山。生于山坡或山谷林下。朝鲜、日本也有分布。

5.　合轴荚蒾　　　　图 341

Viburnum sympodiale Graebn.

落叶小乔木，高达 10 米，或灌木状。幼枝、叶下面脉上、叶柄、花序及萼齿均被灰黄褐色鳞片状星状毛；裸芽。叶椭圆状卵形、卵形或卵圆形，长 6-15 厘米，宽 6-9 厘米，先端渐尖或尖，基部圆形或微心形，具锯齿，上面幼时脉上被簇状毛或无毛，侧脉 6-8 对，下面小脉横列、明显；叶柄长 1.5-3（4.5）厘米；托叶钻形，有时无小托叶。聚伞花序组成复花序径 5-9 厘米，周围具白色不孕花，无总梗，第一级辐射枝常 5 出；花芳香；萼筒长约 2 毫米，近无毛，萼齿卵圆形；花冠白色微带红，辐状，径 5-6 毫米，裂瓣片长于冠筒；雄蕊 5，花药黄色；不孕花径 2.5-3 厘米，裂瓣片大小

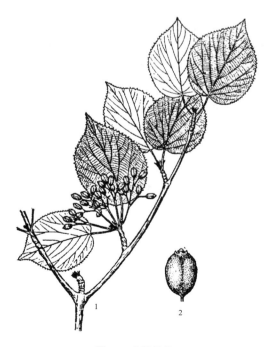

图 341 合轴荚蒾
1. 果枝；2. 果。

不等。核果卵圆形，长 8-9 毫米，红色至紫黑色；果核稍扁，径约 5 毫米，具 1 浅背沟和 1 深腹沟。花期 4-5 月；果期 5-7 月。

产皖南黄山慈光寺至文殊院、狮子林、清凉台下三道亭、云谷寺，歙县清凉峰海拔 1550 米，休宁五城，青阳九华山；大别山区霍山马家河海拔 1560、天河尖，金寨白马寨海拔 960-1400 米，岳西鹚落坪、大王沟海拔 1000-1250 米，潜山彭河乡海拔 800 米，舒城万佛山海拔 1100 米。生于灌丛中或林下。分布于陕西、甘肃、浙江、江西、福建、台湾、湖北、湖南、广东、广西、四川、贵州、云南。

6. 雪球荚蒾

Viburnum plicatum Thunb.

落叶灌木，高达 3 米。小枝四棱状、叶、叶柄及花序被星状毛；鳞芽，鳞片 2。叶宽卵形或倒卵形，稀近圆形，长 4-8（10）厘米，宽 2-6 厘米，先端圆或骤钝尖，基部宽楔形或圆形，稀微心形，具锯齿，下面密被毛，侧脉 8-14 对，网脉横列、并行，成明显长方形格纹；叶柄长 1-2 厘米；无托叶。聚伞花序组成伞状复花序，球形，径 4-8 厘米，全为不孕花，总梗长 1.5-4 厘米被黄褐色星状毛，第一级辐射枝 6-8 出；萼筒倒圆锥形，疏被星状毛，萼齿卵形；花冠白色，辐状，径 1.5-3 厘米，5 裂，裂瓣片倒卵形；雄蕊 5；花柱极短；雌、雄蕊均不育。花期 4-5 月。

我国贵州、湖北、浙江、江苏、山东、河北有栽培。日本也有分布。安徽省各地庭园常有栽培，供观赏。花洁白如雪，聚成球形故名"雪球"，为珍贵而美丽的庭园观赏植物。

6a. 蝴蝶戏珠花　蝴蝶荚蒾（变种）　　　图 342

Viburnum plicatum Thunb. var. **tomentosum** (Thunb.) Miq.

小乔木，高达 5 米。叶宽卵形、长圆状卵形或椭圆状倒卵形，长 5-10 厘米，宽 3.5-9 厘米，两端渐尖，下面常带绿白色，侧脉 10-17 对。伞状复花序径 4-10 厘米，仅周围具白色不孕花 4-6，花梗长；花冠径达 4 厘米，4-5 裂，中央部分为可孕花，径约 3 毫米，稍具香气；萼筒长约 1.5 毫米；花冠黄白色，辐状，裂瓣片宽卵形与冠筒等长；雄蕊稍突出花冠。核果宽卵形或倒卵形，径约 4 毫米，红色至黑色；果核扁，具 1 腹沟，背部具 1 短而隆起之脊。花期 5-6；果期 7-9 月。

产皖南黄山松谷庵、桃花峰、狮子林、云谷寺、茶林场，休宁岭南，绩溪清凉峰永来海拔 700-1300 米，歙县清凉峰海拔 1500 米，广德，青阳九华山回香阁；大别山区金寨白马寨海拔 650-1600 米，岳西鹚落坪、妙堂山、文坳海拔 980-1100 米，潜山彭河乡海拔 800-980 米，舒城万佛山。生于山坡林下或沟谷灌丛中。分布于陕西、浙江、江西、福建、台湾、河南、湖北、湖南、广东、广西、四川、贵州、云南。朝鲜日本也有分布。

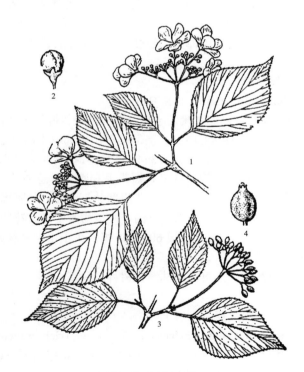

图 342 蝴蝶戏珠花
1. 花枝；2. 花蕾；3. 果枝；4. 果。

本变种花序周围具白色蝶形不孕花，为园林绿化优良树种。根及茎药用，具清热解毒及健脾、消积之功效。

7. 珊瑚树 法国冬青（变种） 图343

Viburnum odoratissimum Ker-Gawl. var. **awabuki** （K. Koch）Zabel ex Rumpl.

常绿小乔木，高达10米，无毛；鳞芽。叶革质，倒卵状长园形或长圆形，稀倒卵形，长5-15厘米，宽3-5厘米，先端钝或短突尖，基部宽楔形，具波状浅钝锯齿或近全缘，上面深绿色，具光泽，下面淡绿色，脉腋间具小孔，孔中常被簇生毛，两面无毛，侧脉6-8对；叶柄长1-3厘米，棕褐色。圆锥状花序，长5-10厘米，径4-6厘米；花芳香；萼5齿裂，萼筒长约1.5毫米，裂片浅钝；花冠白色，辐状，冠筒长2.5-4毫米，裂瓣片长2-3毫米；雄蕊5，花丝短；花柱细，柱头高出萼齿。核果椭圆形或倒卵圆形，长6-7毫米，红色至黑色。花期4-6月；果期8-9月。

安徽省各地庭园多栽培。分布于浙江、台湾。

本种是一种理想园林绿化树种；对煤、烟和有毒气体具有较强的抗性和吸收能力，为城市绿化优良树种，最宜作绿篱及风景树；耐火力强，也可作防火林树种。木材纹理致密，气干密度0.66克/立方厘米，可供细木工等用。用种子、分根、压条及扦插繁殖。

图343 珊瑚树
1. 花枝；2. 小花序。

8. 金腺荚蒾

Viburnum chunii P. S. Hsu

常绿灌木，高达2米。小枝及芽具四棱。叶厚纸质，卵状菱形、菱形或窄长圆形，长5-7（9-11）厘米，宽2-2.5厘米，先端渐尖或近尾尖，基部楔形，中部以上疏具锯齿，稀波状或近全缘，下面疏生金黄色及黑褐色腺点，无毛或脉腋被族生毛，侧脉3-4（5）对；叶柄长4-8毫米，近无毛；无托叶。聚伞花序组成伞状复花序，径1.5-2厘米，疏被黄褐色简单或叉状短粗毛和腺点，总梗长5-18毫米，花生于第一级幅射枝上，花梗短，苞片及小苞片宿存；萼筒钟状，无毛，萼齿卵状三角形；花冠辐状，蕾时带红色。核果球形，径8-9毫米，红色；果核卵圆形，扁，径5-6毫米，背沟、腹沟均不明显。花期5月；果期10-11月。

产皖南祁门，歙县海拔600-800米。生于山谷密林或疏林中的蔽荫处。分布于浙江、江西、福建、湖南、广东、广西、贵州。

果可酿酒、亦可作园林绿化树种。

9. 毛枝常绿荚蒾（变种）

Viburnum sempervirens K. Koch var. **trichophorum** Hand.-Mzt.

常绿直立灌木，高达3米。小枝、叶柄及花序均密被星状毛或杂有单毛；小枝具四棱；鳞芽，芽鳞2对。叶革质，长圆形、椭圆形或近卵形，长4-9厘米，宽1.5-4厘米，先端尖或渐尖，基部宽楔或圆形，全缘或上部疏具明显锯齿，下面被暗褐色腺点，侧脉5-6对，上面深凹陷，下面明显隆起，且微被柔毛；叶柄长1-1.5厘米。聚伞花序组成伞状复花序，径3-5厘米，总梗长约2（4.2）厘米；萼5齿裂，萼筒长约1毫米，无毛；花冠白色，辐状，长约2毫米；雄蕊5，稍长于花冠。核果扁球状卵形，长约1厘米，红色，后变黑色；果核扁，长约7毫米，径约6毫米，背面略隆起，腹面稍扁平，向两端略弯拱。花期5-6月；果期10-12月。

产皖南休宁岭南大溪海拔350米山谷林下。分布于浙江、江西、福建、湖南、广东、广西、贵州、四川、云南。

10. 荚蒾 图344

Viburnum dilatatum Thunb.

落叶灌木，高达 3 米。小枝、芽、叶柄、花序及花萼被带黄色粗毛或星状毛。叶倒卵状椭圆形或宽卵形，长 3-10 厘米，宽 3-5 厘米，先端骤尖或短尾尖，基部圆钝或微心形，具牙齿状锯齿，齿端突尖，下面被带黄色或无色透明腺点，脉腋被簇生毛，侧脉 6-8 对，直达齿端，下面明显隆起；叶柄长 1-1.5 厘米；无托叶。聚伞花序组成伞状复花序，稠密，径 4-10 厘米，总梗长 1-2 厘米，第一级辐射枝 5 出；萼被毛及暗红色腺点；花冠白色，辐状，径约 5 毫米，裂瓣片圆卵形，外被粗毛；雄蕊突出花冠外，花药乳白色；花柱高出萼齿。核果卵形或近球形，长 7-8 毫米，红色；果核扁，具 2 背沟及 3 腹沟。花期 5-6 月；果期 9-10 月。

产皖南黄山居士林至汤口、温泉、云谷寺、狮子林，绩溪清凉峰永来海拔 600-1000 米，黟县拜年山，东至，泾县，青阳九华山，宣城，祁门；大别山区霍山诸佛庵、马家河 650-1350 米，金寨马鬃岭、渔潭、白马寨海拔 750-1020 米，岳西鹞落坪、青天海拔 650 米，潜山天柱峰海拔 1150 米，舒城万佛山海拔 920 米；江淮滁县琅琊山；淮北萧县皇藏峪。生于山坡或山谷疏林中、林缘或灌丛中。分布于陕西、河南、河北及长江流域以南各省（区）。朝鲜、日本也有分布。

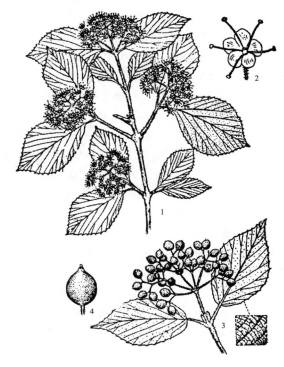

图 344 荚蒾
1. 花枝；2. 花；3. 果枝；4. 果

根、枝、叶、果药用，枝叶清热解毒、疏风解表，治风热感冒；鲜茎、叶治外伤骨折、过敏性皮炎。纤维可制人造棉。

10a. 光枝荚蒾 （变种）

Viburnum dilatatum var. **glabriusculum** P. S. Hsu et P. L. Chiu

落叶灌木。与原种的区别在于幼枝光滑无毛或近无毛。

产皖南黄山，祁门牯牛降双河口海拔 450 米；大别山区金寨白马寨，岳西河图、文坳海拔 1050 米、枯井园海拔 750 米，舒城万佛山海拔 1200 米。生于林缘或林内。分布于浙江。

11. 浙皖荚蒾

Viburnum wrightii Miq.

落叶灌木，高达 3 米。幼枝无毛或疏被糙毛。叶倒卵形、卵形或近圆形，长 7-14 厘米，先端急渐尖，基部圆形或宽楔形，具牙齿状粗尖齿，下面脉上被疏糙伏毛，脉腋被簇生毛，具透明腺点；叶柄长 6-20 毫米。聚伞花序组成伞状复花序，径 5-10 厘米，无毛或疏被短糙毛，总梗长 6-20 毫米。核果红色。花期 5-6 月；果期 9 月。

产皖南黄山青鸾桥溪边林下海拔 800 米，绩溪逍遥乡海拔 1380 米；大别山区金寨马鬃岭海拔 800 米。分布于浙江昌化。

12. 茶荚蒾 刚毛荚蒾 饭汤子

Viburnum setigerum Hance

落叶灌木，高达 4 米。小枝、花萼及花冠无毛，芽及叶干后带黑色。叶卵状长圆形或卵状披针形，稀卵形，长 3-12（15）厘米，宽 2-4 厘米，先端渐尖或长渐尖，基部楔形或圆形，稀微心形，具尖锯齿，下面沿脉被浅黄色长毛，侧脉 6-8 对；叶柄长 1-1.5（2.5）厘米，近无毛。聚伞花序组成伞状复花序，具红褐色小腺点，径 2.5-4 厘米，总梗长 1-2.5 厘米，第一级辐射枝 5 出，花具梗或无梗，芳香；萼紫红色，萼筒长约 2 毫米，萼齿卵形；花冠白色，干后茶褐色至暗褐色，辐状，径 4-6 毫米，裂瓣片卵形，长 2.5 毫米，长于冠筒；雄蕊与花冠几等长；花柱不高出萼齿。果序弯垂；核果卵圆形，长 9-11 毫米，红色；果核甚扁，卵圆形，径 5-7 毫米，沟不明显。花期 4-5 月；果期 9-10 月。

产皖南黄山桃花峰、中刘门亭至皮蓬、莲花沟、始信峰、光明顶，绩溪逍遥乡海拔 1500 米、银龙坞海拔 750 米，泾县小溪，广德，旌德，东至，青阳九华山；大别山区霍山白马尖海拔 1000 米，金寨白马寨 970-1200 米，岳西鹞落坪、河图、大王沟海拔 900 米，舒城万佛山。生于山坡灌丛中或山谷疏林中。分布于江苏、浙江、江西、福建、台湾、广东、广西、湖南、贵州、云南、四川。

12a. 沟核荚蒾 （变种）

Viburnum setigerum Hence var. **sulcatum** P. S. Hsu

本变种的叶锯齿较细密而尖锐，常外卷；果核较小，卵状椭圆形，长 4.5-6 毫米，径 4-5 毫米，背面明显隆起，腹面纵向凹陷。

产皖南黄山北坡三道亭、松谷庵、苦竹溪、寨西剪刀峰、焦村，祁门大演坑，泾县小溪，旌德；大别山区霍山佛子岭海拔 240 米，潜山天柱峰铜锣尖海拔 1200 米。生于山坡丛林灌丛中。

13. 黑果荚蒾　　　　　图 345

Viburnum melanocarpum P. S. Hsu

落叶灌木，高达 3.5 米。小枝及花序疏被星状毛，后脱落；芽密被带黄色星状毛。叶倒卵形或宽椭圆形，稀菱状椭圆形，长 4-12 厘米，宽 3-7.5 厘米，先端骤短渐尖，基部圆形、楔形或微心形，具小牙齿，下面沿脉疏被平伏长毛，脉腋被簇生毛，无腺点，侧脉 6-7 对；叶柄长 1-2（4）厘米；托叶钻形。聚伞花序组成伞状复花序，径约 5 厘米，总梗纤细长 1.5-3 厘米，第一级辐射枝 5 出；萼筒倒圆锥形，长约 1.5 毫米，被星状毛及红褐色腺点；花冠白色，辐射状，径约 5 毫米，裂瓣片宽卵形，略长于筒；雄蕊高出或短于花冠；柱头高出萼齿。核果近球形，长 7-10 毫米，暗紫红色至酱黑色，具光泽；果核扁卵圆形，径约 6 毫米，具 2 浅背沟，腹面 1 纵脊。花期 4-6 月；果期 9-10 月。

图 345 黑果荚蒾
1. 果枝；2. 果核背面。

产皖南黄山桃花峰脚下、文殊院至莲花沟、北坡清凉台至三道亭、松谷庵，太平，歙县三阳坑，青阳九华山；大别山区霍山，金寨白马寨海拔 750-1460 米，岳西鹞落坪海拔 1020 米、枯井园海拔 350 米。生于灌丛中或溪沟边。分布于江苏、浙江、江西、河南。

14. 南方荚蒾　　　　　图 346

Viburnum fordiae Hance

落叶灌木，高达 3 米。小枝、芽、叶柄及花序均密被带黄褐色星状绒毛；芽鳞 2。叶卵形、菱状卵形，稀卵状长圆形，长 4-8 厘米，宽 3-6 厘米，先端钝尖，基部圆楔形或近圆形，基部以上具尖齿，稀近全缘，上面

沿脉有时散生具柄红褐色小腺体,下面被毛,侧脉
5-7 对;叶柄长 7-15 毫米。聚伞花序组成伞状复花序,
径 3-8 厘米,总梗长 1-3.5 厘米,第一级辐射枝 5 出;
萼筒倒圆锥形,萼齿钝三角形;花冠白色,辐状,径 4-5
毫米,裂瓣片卵形,长约 1.5 毫米,长于冠筒;雄蕊
与花冠近等长;花柱高出萼齿。核果卵球形,长 6-7
毫米,红色;果核扁,具 1 背沟及 2 腹沟。花期 4-5 月;
果期 10-12 月。

产皖南黄山,休宁五城,绩溪清凉峰海拔 600 米,
东至,铜陵城郊海拔 100 米。生于山坡林下。分布
于浙江、江西、福建、湖南、广东、广西、贵州、云南。

全株药用,散瘀活血,根煎水治感冒、月经不调;
枝煎水洗湿疹。

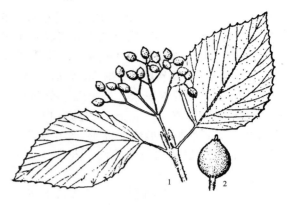

图 346 南方荚蒾
1. 果枝; 2. 果。

15. 衡山荚蒾　　　　　　　　　　图 347

Viburnum hengshanicum Tsiang ex P. S. Hsu

落叶灌木,高 2.5 米。小枝无毛;鳞芽长尖,长
8-10 毫米,鳞片 2 对。叶宽卵形或圆卵形,稀倒卵形,
长 9-14 厘米,宽 6-12 厘米,先端近尾尖或 2-3 浅裂,
基部圆形或浅心形,稀平截,具牙齿,下面苍绿色,
有时近无毛,脉腋稍被簇生毛,侧脉 5-7 对,基脉三
出状;叶柄长 2-4.5 厘米。聚伞花序组成伞状复花序,
径约 5(9)厘米,总梗长 6-10 厘米,第一级辐射枝 7 出,

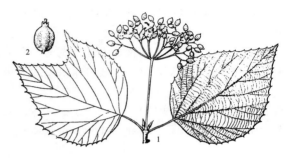

图 347 衡山荚蒾
1. 果枝; 2. 果。

被毛;萼筒圆筒状,长约 1 毫米,萼齿宽卵形;花冠白色,辐状,径约 5 毫米,冠筒与裂瓣片近等长;雄蕊高
出花冠;花柱高出萼齿。核果长圆形,长 7-10 毫米,红色;果核具 2 背沟及 3 腹沟。花期 5-7 月;果期 9-10 月。

产皖南黄山云谷寺、皮蓬、狮子林、北坡清凉台至中刘门亭、松谷庵,歙县清凉峰海拔 750-970 米,绩溪,
祁门,石台;大别山区霍山马家河海拔 1360 米,金寨白马寨海拔 810-1100 米,岳西鹞落坪海拔 1030 米、妙
道山海拔 1250-1350 米、大王沟海拔 1000 米,潜山,舒城万佛山。生于阔叶林中。分布于江西、浙江、湖南、
广西、贵州。

16. 腺叶荚蒾 (变种)

Viburnum lobophyllum Graebn. var. **silvestrii** Pamp.

落叶灌木或小乔木。小枝紫褐色;芽红褐色,无毛或仅顶端具少数纤毛。叶卵圆形、菱状卵形或宽倒卵形,
长 3.5-8.5(12)厘米,先端急短渐尖或渐尖,基部宽楔形或圆形,具浅波状牙齿,下面沿脉疏被短伏毛,脉腋
稍被簇生毛,散生透明微细腺点,侧脉 4-6 对;叶柄纤细,长 1-2 厘米;托叶 1 对。花冠长约 6 毫米,无毛;
雄蕊突出花冠之外。核果近球形,长约 7 毫米,红色;果核扁具 2 浅背沟和 1-3 浅腹沟。花期 6-7 月;果期 9-10 月。

产皖南绩溪清凉峰海拔 1380 米;大别山区金寨白马寨海拔 1010-1200 米,岳西海拔 980 米。分布于四川、
湖北、浙江。

17. 蚀齿荚蒾　宜昌荚蒾　　　　　　　　　　　　　　　　　　　　　图 348

Viburnum erosum Thunb. [*V. ichangense* (Hemsl.) Rehd., *V. erosum* Thunb. var. *ichangense* Hemsl.]

落叶灌木,高达 3 米。小枝、芽、叶柄、花序及萼均密被星状毛及长柔毛。叶卵形或卵状披针形,长 3-8
(10)厘米,宽 1.5-5 厘米,先端尖或渐尖,基部楔形或微心形,具牙齿,上面疏密星状毛,后脱落,下面稍被

毛或沿脉及脉腋被平伏毛,侧脉 7-12 对;叶柄长 3-5 毫米;托叶线状钻形。花序为聚伞花序并组成伞状复花序,径 2-4 厘米,总梗长 1-2.5 厘米,第一级辐射枝 5 出,花梗长;萼筒长约 1.5 毫米,萼齿具缘毛;花冠白色,辐状,径约 6 厘米,近无毛,裂瓣片长约 2 毫米;雄蕊长于或短于花冠,花药黄白色;花柱高出萼齿。核果宽卵圆形或近球形,长 6-7 毫米,红色;果核扁,具 2 浅背沟及 3 腹沟。花期 4-5 月;果期 9-11 月。

产皖南黄山皮蓬、北海至云谷寺海拔 1500 米,祁门牯牛降海拔 520 米,绩溪清凉峰海拔 610 米,青阳九华山、黄石,歙县三阳坑;大别山区霍山马家河海拔 870 米,金寨白马寨海拔 760-800 米,岳西鹞落坪,舒城万佛山海拔 700 米;江淮来安半塔,肥西紫蓬山。生于山坡林下或灌丛中。分布于陕西、山东、江苏、浙江、江西、福建、台湾、河南、湖北、湖南、广东、广西、四川、贵州、云南。

种子油供制肥皂和润滑油。茎皮纤维供制绳索和造纸;枝条供编制用。根、叶药用,具清热、祛风湿之效。

图 348 蚀齿荚蒾
1. 花枝;2. 果序;3. 花;4. 萼齿。

18. 天目琼花 鸡条树(变种) 图 349

Viburnum opulus L. var. **calvescens**(Rehd.) Hara

落叶灌木,高达 3 米;树皮质厚,多少呈木栓质;茎皮灰白色,条裂。小枝具棱,无毛;鳞芽。叶卵圆形或宽卵形,长 6-12 厘米,宽与长相近,先端 3 裂,基部圆形、楔形或微心形,多少下延,基出 3 脉,各裂片边缘具不整齐粗齿,小枝上部叶椭圆形或长圆状披针形,不裂或微 3 裂,先端尖,上面暗黄绿色,无毛或仅基部脉上被疏毛,下面灰绿色,脉腋被簇生毛;叶柄长 2-4 厘米,柄端具 2-4 腺体;托叶 2,条形。聚伞花序组成伞状复花序,径 8-10 厘米,总梗无毛,第一级辐射枝 6-7 条,花序周围具 10-13 朵大型白色不孕花,两性花径约 3 毫米;萼 5 齿裂,萼筒长约 1 毫米,无毛;花冠乳白色,辐状,5 裂,裂瓣片圆形;雄蕊 5,伸出花冠外,花药紫红色。浆果状核果,近球形,径约 8 毫米,红色;果核扁,背沟、腹沟不明显。花期 5-6 月;果期 7-10 月。

图 349 天目琼花
1. 果枝;2. 叶;3. 叶背放大,示毛。

产皖南黄山中刘门亭、皮蓬、西海门、莲花沟至平天矼、北海、光明顶落叶灌丛中,歙县清凉峰东凹海拔 1680 米,绩溪;大别山区金寨金刚台,潜山彭河乡海拔 1250 米。生于落叶阔叶林下或灌丛中。分布于黑龙江、吉林、辽宁、河北、山西、陕西、甘肃、河南、山东、浙江、江西、湖北。朝鲜、日本和俄罗斯也有分布。

2. 接骨木属 Sambucus L.

落叶灌木或小乔木,稀草本。小枝粗,髓心大。奇数羽状复叶,对生;小叶具锯齿;托叶叶状或腺体状。花小,两性;聚伞花序,再组成复聚伞状或圆锥状,顶生;萼齿 5;花冠小,5 裂,辐射状,黄白色;雄蕊 5,花丝短,花药外向；子房 3-5 室，花柱极短，柱头（2）3-5 裂。浆果状核果；小核 3-5。

约 20 余种，分布于温带和亚热带。我国 5-6 种。安徽省 1 种。

接骨木　　　　　　　　　　图 350

Sambucus williamsii Hance

落叶灌木或小乔木，高达 8 米；树皮暗灰色。小枝无毛，老枝浅黄色或淡红褐色，皮孔密生隆起，髓心淡黄褐色。羽状复叶，对生；小叶 3-7（11），卵形、窄椭圆形或长圆状披针形，长 5-15 厘米，宽 1.2-7 厘米；先端渐尖或尾尖，基部圆形或宽楔形，幼叶上面被短柔毛，后脱落，具细锯齿，中下部具 1 或数腺齿，叶具臭气；顶生小叶柄长约 2 厘米；托叶条形或腺体状。聚伞花序圆锥状，微被柔毛至脱落；萼筒长约 1 毫米，萼齿三角状披针形；花冠黄白色，裂瓣片长约 2 毫米；雄蕊与花冠裂瓣片等长，花药黄色；子房 3 室，柱头 3 裂。浆果状核果，卵球形或椭圆形，径约 5 毫米，红色，稀蓝紫黑色，萼片宿存，小核 2-3。花期 4-5 月；果期 6-9 月。

图 350 接骨木
1. 果枝；2. 果；3. 花。

产皖南黄山温泉、慈光寺、黄山茶林场，绩溪，歙县，旌德海拔 1100-1300 米，青阳九华山；大别山区金寨白马寨海拔 650-920 米、岳西鹞落坪、文坳，潜山天柱山、彭河乡海拔 930 米，舒城万佛山。生于林下或灌丛中。分布于黑龙江、吉林、辽宁、河北、山西、陕西、甘肃、山东、江苏、浙江、福建、河南。朝鲜、日本也有分布。

喜光；稍耐阴。阴坡、阳坡、林内、林缘均能生长。喜肥沃、土层较深的山地棕壤土。萌芽性强。用种子、扦插繁殖，易成活。有红蚜虫危害。

为重要中草药，可活血消肿、接骨止痛，枝叶治跌打损伤、骨折、脱臼、风湿、关节炎、腰肌劳损等；根及根皮治痢疾、黄疸，外用治创伤出血；花作蒙汗药，种子油作催吐剂。枝叶茂密，红果累累，可栽培供观赏、绿篱及行道树。

3. 锦带花属　Weigela Thunb.

落叶灌木或小乔木。幼枝稍四方形，小枝髓心坚实。单叶，对生，具锯齿；无托叶。花两性；聚伞花序；萼 5 裂；花冠 5 裂，近整齐或不整齐，花冠筒长于裂片；雄蕊 5，花药内向；子房 2 室，下位，花柱细长，柱头头状。蒴果柱状、具喙，两瓣裂。种子小，多数，具棱角。

约 12 种，分布于东亚及北美。我国 4 种。安徽省 1 变种，栽培 1 种。

1. 叶长卵形或椭圆形，上面疏被糙毛，中脉较密，下面密被糙毛；花冠外面及幼枝被短糙毛或微毛 ……………
…………………………………………………………………… 1. **水马桑 W. japonica** var. **sinica**
1. 叶宽椭圆形或倒卵形，上面中脉疏被平伏毛，下面中脉及侧脉稍被平伏毛；花冠外面及幼枝无毛或疏被柔毛
……………………………………………………………………………… 2. **海仙花 W. coraeensis**

1.　水马桑（变种）　　　　　　　图351

Weigela japonica Thunb. var. **sinica**（Rehd.）Bailey

落叶小乔木，高达6米。叶长卵形、椭圆形或倒卵形，长5-15厘米，宽3-8厘米，先端渐尖，基部宽楔形或圆形，具锯齿，上面疏被糙毛，脉上较密，下面密被短糙毛；叶柄长5-12毫米，被毛。聚伞花序具花1-3；萼深裂至基部，萼齿窄条形，长5-10毫米，被柔毛；花冠白色至淡红色，漏斗状钟形，长2.5-3.5厘米，外面疏被微毛或近无毛，不整齐；花丝白色，花药黄褐色；花柱细长，柱头盘状，伸出花冠外。蒴果柱状，长1-2厘米。种子具窄翅。花期4-5月；果期8-9月。

图351　水马桑
1. 花枝；2. 果。

产皖南黄山温泉、虎头岩、桃花峰、眉毛峰、云谷寺、中刘门亭、西海门、光明顶、休宁岭南、绩溪清凉峰、逍遥乡海拔600-1400米，歙县清凉峰海拔890米，黟县海拔800米，泾县，太平，青阳九华山；大别山区霍山马家河、大化坪，金寨白马寨海拔840-1200米，岳西鹞落坪、青天、大王沟海拔1050米，潜山天柱山海拔750米，舒城万佛山。生于山坡、沟谷、山顶、山下及灌丛中。分布于浙江、江西、福建、湖北、湖南、广东、广西、四川、贵州。

萌芽性强。用种子、分根、扦插及压条繁殖。阴湿地生长良好。花艳丽，为优良观赏植物和蜜源植物。

2.　海仙花

Weigela coraeensis Thunb.

落叶灌木，高达5米。小枝粗，无毛或疏被毛。叶宽椭圆形或倒卵形，长6-12厘米，宽3-7厘米，先端骤尖，稀尾尖，基部宽楔形，具细钝锯齿，上面中脉疏被平伏毛，下面中脉及侧脉稍被平伏毛，侧脉4-6对；叶柄长5-10毫米。花冠淡红色或带黄白色，后变深红或带紫色，钟状漏斗形，长2.5-4厘米，5裂，裂片长约7毫米；雄蕊内藏，花丝无毛；子房无毛、柱头头状。蒴果长约2厘米，先端喙状。种子具翅。花期5-7月；果期8-10月。

蚌埠、淮南、合肥、滁县、芜湖及黄山树木园有栽培。用作庭园绿化观赏。

4.　忍冬属 Lonicera L.

落叶或常绿，灌木或藤本，稀小乔木。小枝髓心白色或黑褐色，有时中空，老枝茎皮常条状剥落；芽鳞1至多对。单叶，对生，稀轮生，全缘，稀波状或浅裂；叶柄短；无托叶，稀具叶柄内托叶。花两性；花常成对腋生，每对花具2苞片和4小苞片，小苞片常合生，稀花无柄、轮生；萼管状，5齿裂；花冠5裂，整齐或唇形；雄蕊5，花药丁着；子房下位，2-3（5）室，花柱细长，柱头头状。浆果，2果分离或成对结合，红色、蓝黑色或黑色。种子多数，具胚乳。

约200种，分布于温带及亚热带地区。我国约100种，以西南最多。安徽省19种，3亚种，2变种，1变型。

用种子或扦插繁殖。全株药用。花果香色宜人，多为优美观赏树种。茎皮纤维可制人造棉、麻袋。种子油制肥皂。根含淀粉可酿酒。

1. 花双生于总梗顶端，其下部无合生叶片，不连合成盘状；灌木或藤本：

  2. 灌木：

    3. 小枝髓心白色而充实：

      4. 芽鳞数对，2-4、7-8：

        5. 花无小苞片或小苞片不明显：

          6. 叶下面中脉下部脉腋间具腺鳞；相邻两花的两萼筒 2/3 以上合生 ┄┄┄ **1. 袋花忍冬 L. saccata**

          6. 叶下面中脉下部脉腋间无腺鳞；相邻两花的两萼筒分离┄┄┄┄┄┄ **2. 北京忍冬 L. elisae**

        5. 花具明显小苞片：

          7. 萼檐无下延帽边状突起：

            8. 冬芽不具 4 棱，内芽鳞在幼枝伸长时增大，且常反折 ┄┄┄┄ **3. 倒卵叶忍冬 L. hemsleyana**

            8. 冬芽具 4 棱，内芽鳞在幼枝伸长时不十分增大：

              9. 总花梗与叶柄近等长：

                10. 叶下面密被毛 ┄┄┄┄┄┄┄┄┄┄┄┄┄┄┄┄┄ **4. 下江忍冬 L. modesta**

                10. 叶下面无毛或脉上疏被柔毛 ┄┄┄┄ **4a. 庐山忍冬 L. modesta var. lushanensis**

              9. 总花梗较叶柄长：

                11. 总花梗长 5-15（25）毫米；叶柄长 4-10 毫米，叶下面有时粉白色，与幼枝均无毛┄┄┄┄

                  ┄┄┄┄┄┄┄┄┄┄┄┄ **5. 光枝柳叶忍冬 L. lanceolata var. glabra**

                11. 总花梗长达 3.8 厘米：

                  12. 总花梗长 1.5-3.8 厘米；叶柄长 2-3 毫米，叶两面被糙毛，下面脉腋有时被

                  腺鳞 ┄┄┄┄┄┄┄┄┄┄┄┄┄┄┄┄┄┄┄┄ **6. 陇塞忍冬 L. tangutica**

                  12. 总花梗长 1-2 厘米；叶柄长 2-5 毫米，叶下面初被灰白色细毡毛，后无毛┄┄┄

                  ┄┄┄┄┄┄┄┄┄┄┄┄┄┄┄┄┄┄ **7. 华北忍冬 L. tatarinowii**

          7. 萼檐具下延帽边状突起 ┄┄┄┄┄┄┄┄┄┄┄┄ **8. 蕊被忍冬 L. gynochlamydea**

      4. 芽鳞 1 对，稀数对：

        13. 芽具一对帽状芽鳞，具纵褶皱；2 萼筒分离，萼筒被刺刚毛和腺毛 ┄┄┄ **9. 刚毛忍冬 L. hispida**

        13. 芽具一对尖顶芽鳞，无纵褶皱，2 萼筒连合，无毛：

          14. 叶上面无毛，下面近基部及中脉间疏被平伏刚毛；幼枝无毛或疏被倒刚毛 ┄┄┄┄┄

          ┄┄┄┄┄┄┄┄┄┄┄┄┄┄┄┄┄┄┄┄ **10. 郁香忍冬 L. fragrantissima**

          14. 叶两面被毛或仅下面中脉被平伏刚毛间杂短柔毛：

            15. 叶下面被平伏刚毛及腺毛，而无短柔毛，有时中脉下部或基部两侧杂被短糙毛 ┄┄┄

            ┄┄┄┄┄┄┄┄┄┄ **10a. 苦糖果 L. fragrantissima ssp. standishii**

            15. 叶下面除被平伏刚毛外还杂被短柔毛及腺毛 ┄┄┄┄┄┄┄┄┄┄┄┄┄┄┄

            ┄┄┄┄┄┄┄┄┄ **10b. 樱桃忍冬 L. fragrantissima ssp. phyllocarpa**

    3. 小枝髓心黑褐色，后渐中空：

      16. 小苞片分离，长为萼筒长的 1/3 或 2/3，总花梗长 1.5-4 厘米，较叶柄长：

        17. 幼枝、叶柄和总花梗被开展直糙毛和腺毛；叶下面密被糙毛┄┄┄┄ **11. 金花忍冬 L. chrysantha**

        17. 幼枝、叶柄和总花梗被或多或少短柔毛；叶下面被绒状短柔毛或近无毛 ┄┄┄┄┄┄┄

        ┄┄┄┄┄┄┄┄┄┄┄┄ **11a. 须蕊忍冬 L. chrysantha ssp. koehneana**

      16. 小苞片合生，与萼筒近等长，总花梗极短，长仅 5 毫米以下，较叶柄短：

        18. 花冠白色后黄色，小苞片及幼叶均绿色 ┄┄┄┄┄┄┄┄ **12. 金银忍冬 L. maackii**

        18. 花冠、小苞片及幼叶均带带淡紫色┄┄┄┄┄┄ **12a. 红花金银忍冬 L. maackii f. erubescens**

  2. 藤本：

    19. 叶两面被毛或下面无毛，带青灰色，毛间具空隙，镜检可见底部，无毡毛：

20. 苞片大，叶状，卵形，长达 3 厘米；幼枝密被黄褐色糙毛及腺毛；总花梗明显，密被柔毛及腺毛；花冠白色后黄色 ·················· 13. 忍冬 L. japonica

20. 苞片小，非叶状，如为叶状，则总花梗极短或几无：

　　21. 花冠长 3 厘米以下：

　　　　22. 总花梗长 3-10 毫米，萼齿无毛 ·················· 14. 淡红忍冬 L. acuminata

　　　　22. 总花梗极短，长 3 毫米以下或几无，萼齿外面及边缘被毛：

　　　　　　23. 花柱密被毛，萼齿条状披针形 ··················15. 毛萼忍冬 L. trichosepala

　　　　　　23. 花柱无毛，萼齿卵状三角形 ··················16. 短柄忍冬 L. pampaininii

　　21. 花冠长 3.5-4.5 厘米；叶下面被蘑菇状橙黄色或橘红色腺毛··················17. 菇腺忍冬 L. hypoglauca

19. 叶或至少幼叶下面被毡毛，毛间无空隙，镜检不见底部：

　　24. 幼枝被短糙毛，毛长不及 2 毫米，后脱落，栗褐色，具光泽 ··················
　　　　·················· 18. 灰毡毛忍冬 L. macranthoides

　　24. 小枝被淡黄褐色长糙毛，毛长 2-3.5 毫米，或无毛··················19. 细毡毛忍冬 L. similis

1. 花 9-18 簇生枝顶，花序下部具 1-2 对叶片基部连成一近圆形的盘；藤本 ·················· 20. 盘叶忍冬 L. tragophylla

1. 袋花忍冬

Lonicera saccata Rehd.

落叶灌木，高达 3 米。幼枝具 2 纵列弯曲糙毛，后脱落，小枝髓心白色而充实；冬芽鳞片 2-3 对。叶倒卵形、倒披针形或菱状长圆形，长 1-5（8）厘米，宽 8-20 毫米，先端钝圆或稍尖，基部楔形，全缘，两面被糙伏毛和稀疏腺毛或无毛，下面脉腋被腺鳞；叶柄长 1-4 毫米。花双生叶腋，苞片叶状；相邻两花两萼筒连合；萼筒杯状，萼齿 5，有时被缘毛及腺毛；花冠黄色、白色或淡黄白色，4-5 裂，裂瓣卵形，长约 2 毫米，缘带紫色，冠筒状漏斗形，长 1-1.3 厘米，有时被糙毛，基部具囊；雄蕊 5，与花冠裂瓣等长或稍伸出；子房下位，3 室，花柱单一，伸出，柱头头状。浆果球形，径 5-6（8）毫米，红色，花期 5 月；果期 6-7 月。

产大别山区金寨天堂寨海拔 1400-1600 米落叶阔叶林下或疏林中。分布于湖北、四川、广西、云南、甘肃、青海、西藏。

2. 北京忍冬

Lonicera elisae Franch.

落叶灌木，高达 3 米余。小枝髓心白色充实，幼枝无毛或与叶柄、花序总梗均被糙毛、刚毛及腺毛；冬芽鳞片 3-4 对。叶卵状椭圆形、卵状披针形或椭圆状长圆形，长 3-8 厘米，宽 2-3 厘米，先端渐尖，基部近圆形，全缘，具缘毛，两面被硬毛，下面较密；叶柄长 3-7 毫米。花双生，总花梗长 5-28 毫米，被毛，苞片宽卵形，长 7-10 毫米，被小刚毛，小苞片无；相邻两花两萼筒分离；萼杯状，萼檐不整齐，萼齿 5；花冠白色或带粉红色，长漏斗状，长 1.5-2 厘米，4-5 裂，裂瓣卵形，冠筒细长，较裂瓣长；雄蕊 5，不伸出冠外；子房下位，3 室，花柱无毛，柱头头状。浆果椭圆形，长约 1 厘米，红色，疏被腺毛和刚毛。花期 4 月；果期 5-6 月。

产大别山区霍山，金寨天堂寨海拔 1000-1650 米，岳西鹞落坪，潜山天柱山海拔 1050-1250 米。生于山谷溪边。分布于山西、陕西、甘肃、河北、河南、湖北、四川。

3. 倒卵叶忍冬

图 352

Lonicera hemsleyana（O.Ktze.）Rehd.

落叶小乔木，高达 4 米；树皮灰白色，层状剥落。幼枝、叶脉、叶缘、叶柄、总花梗及苞片外面幼时均疏被腺毛，后脱落；小枝髓心白色充实；内芽鳞增大且反折。叶倒卵形、倒卵状长圆形或椭圆形，长 5-13 厘米，宽 2-4.5 厘米,先端渐尖或尖,基部楔形、圆钝或平截,全缘,下面脉上疏被刚毛,缘具睫毛或无毛;叶柄长 6-20 毫米。花双生,总花梗长 8-23 毫米,苞片钻形,长 3-5 毫米,小苞生连合成杯状;相邻两花两萼筒下部合生,无毛,萼 5 浅裂,萼齿短,疏生缘毛;花冠白色或淡黄色,唇形,长 9-12 毫米,内面基部密被糙毛,基部具深囊;雄蕊 5,与花柱和花冠几等长,花丝长短不一,无毛;子房下位,花柱无毛,柱头头状。浆果球形,径 8-1 厘米,红色或紫红色。花期 4 月;果期 6 月。

产皖南黄山北坡松谷庵、刘门亭海拔 1500 米,绩溪逍遥乡、清凉峰海拔 1300 米,青阳九华山;大别山区金寨白马寨海拔 730-1350 米,岳西鹞落坪,潜山天柱山海拔 1150-1250 米,舒城万佛山海拔 1200 米。生于溪边杂木林中或山坡灌丛中。分布于浙江、江西、湖北。

图 352 倒卵叶忍冬(果枝)

4. 下江忍冬　　　　　　　　　　　图 353

Lonicera modesta Rehd.

落叶灌木,高达 2 米,幼枝密被柔毛,小枝髓心白色充实;冬芽鳞片数对,宿存。叶菱形、菱状卵形、宽卵形或卵状长圆形,长 2-8 厘米,宽 1-4 厘米,先端圆钝、突尖或微凹,基部楔形或圆形,叶缘稍波状,上面被灰白色腺鳞,下面密被毛;叶柄长 2-4 毫米,密被柔毛。花双生,总花梗长 1-2.5 毫米,被柔毛,苞片钻形,长 2-4.5 毫米,小苞片连成杯状,被微毛;相邻两花两萼筒合生,疏被腺毛,萼齿条状披针形,长约 2.5 毫米,被柔毛及腺毛;花冠白色,基部微红,后变黄色,长 1-1.2 厘米,5 裂,唇形,外被柔毛,冠筒与裂瓣近等长,内面密被毛,基部具浅囊;雄蕊长短不一,花丝基部被毛;子房下位,3 室,花柱被毛。浆果,相邻两果合生,球形,径 7-8 毫米,橘红色至红色。花期 4-5 月;果期 9-10 月。

图 353 下江忍冬
1. 果枝;2. 萼筒、萼齿、苞片放大;3. 花冠放大。

产皖南黄山慈光寺、始信峰、莲花峰、天都峰、北坡中刘门亭,歙县竹铺,绩溪清凉峰海拔 600-880 米,旌德;大别山区霍山马家河海拔 960-1450 米,佛子岭海拔 970 米,金寨白马寨至天堂寨海拔 680-1470 米,岳西青天、鹞落坪、妙道山海拔 1050-1250 米,潜山天柱山海拔 1100 米、彭河乡板仓海拔 820 米,舒城万佛山。多生于落叶阔叶林下。分布于浙江、江西、湖北、湖南。

花芳香,果鲜红色,半透明,可供观赏。

4a. 庐山忍冬

Lonicera modesta Rehd. var. **lushanensis** Rehd.

本变种与原种区别:叶下面无毛或脉上疏被柔毛;幼枝近无毛;花冠基部白色,上部淡紫色。花期 5 月。

产皖南黄山狮子林海拔 1650 米，祁门牯牛降海拔 1700 米，绩溪，歙县清凉峰，青阳九华山；大别山区金寨、岳西鹞落坪海拔 1120 米。生于较高海拔杂木林内或灌丛中。分布于浙江、江西、湖南。

5. 光枝柳叶忍冬（变种）

Lonicera lanceolata Wall. var. **glabra** Chien ex P.S. Hsu

落叶灌木，高达 1.5 米。小枝灰白色，髓心白色；冬芽 4 棱，鳞片数对，宿存。叶卵状披针形或卵形，长 3-5 厘米，宽 1.2-1.8 厘米，先端尖或渐尖，基部圆形，全缘，无毛，下面明显粉白色；叶柄无毛。花双生，总花梗长 1-1.5 厘米，苞片条形，与子房近等长，小苞片合生；相邻两花合生至中部；萼齿三角状披针形；花冠淡紫色或紫红色，唇形，外面无毛，基部具囊；雄蕊 5；子房下位，花柱无毛。花期 5-6 月；果期 8-9 月。

产大别山区金寨白马寨、天堂寨海拔 1050 米，舒城万佛山。生于落叶阔叶林下。分布于湖北、四川、贵州、云南。

6. 陇塞忍冬　　　　　　　　　图 354

Lonicera tangutica Maxim.

落叶灌木，高达 2 米。小枝纤细，髓心白色充实；冬芽鳞片 2-4 对，具脊。叶倒卵形、长圆形或椭圆形，长 1-6 厘米，先端钝，基部楔形，缘具睫毛，两面被毛，下面脉腋有时被腺鳞；叶柄长 2-3 毫米。花双生，总花梗纤细下垂，长 1.5-3.8 厘米，苞片有时叶状；相邻两花两萼筒连合，萼檐杯状，齿三角形；花冠白色或黄白色，具红晕，长 8-13 毫米，基部具囊；雄蕊着生于花冠筒中部，花药内藏或达花冠裂瓣基部；子房下位，花柱伸出裂瓣外。浆果径 5-6 毫米，红色。花期 5-4 月；果期 7-8 月。

产大别山区金寨天堂寨海拔 1500-1700 米灌丛中。分布于陕西、宁夏、甘肃、青海、湖北、四川、云南、西藏。

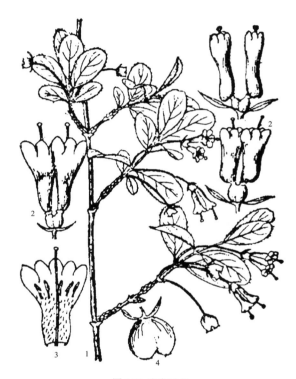

图 354 陇塞忍冬
1. 花枝；2. 双花；3. 花纵剖面；4. 果。

7. 华北忍冬

Lonicera tatarinowii Maxim.

落叶灌木，高达 2 米。小枝髓心白色充实；冬芽具 4 棱及 7-8 对尖芽鳞，宿存。叶长圆状披针形或长圆形，长 3-7 厘米，先端渐尖，基部宽楔形或圆形，幼叶下面被灰白色细毡毛，后脱落；叶柄长 2-5 毫米，无毛。花双生，总花梗长 1-2 厘米，苞片长为萼筒之半，小苞片合成杯状；相邻两花两萼筒大部分合生，稀分离，萼齿三角状披针形；花冠暗紫色，唇形，长 8-10 毫米，内面疏被毛，唇瓣较花冠筒长 2 倍，基部微具浅囊；雄蕊着生于花冠筒喉部；子房 2-3 室，花柱被毛。浆果球形，径 5-6 毫米，红色。花期 5-6 月；果期 8-9 月。

产大别山区金寨天堂寨海拔 1700 米。生于山坡杂木林内或灌丛中。分布于辽宁、河北、山东。可栽培供观赏。

8. 蕊被忍冬　　　　　　　　　图 355

Lonicera gynochlamydea Hemsl.

落叶灌木，高达 3 米。幼枝、中脉及叶柄常带紫色至灰黄色；小枝髓心白色充实。叶长圆状披针形或窄披针形，长4-12厘米，先端长渐尖，基部楔形或圆形，两面中脉被毛，上面疏被柔毛或暗紫色腺点，下面基部两侧被白色长柔毛，缘具短糙毛；叶柄长3-6毫米。花双生，总花梗短于或稍长于叶柄，苞片钻形，小苞片合成杯状，包围2枚分离的萼筒，与萼檐帽边状突起相接；萼齿小，具睫毛；花冠白色带淡紫色或紫红色，长8-12毫米，内外被糙毛，唇形，冠筒基部具深囊；雄蕊稍突出花冠，花丝中部以下被毛；花柱被糙毛。浆果白色至紫红色，两果分离，长圆形或球形，径4-5毫米，具数棱。花期5月；果期8-9月。

产皖南绩溪清凉峰海拔900米，贵池，青阳；大别山区岳西美丽乡海拔1250米。生于山坡林下或灌丛中。分布于陕西、甘肃、湖北、湖南、四川、贵州。

图 355 蕊被忍冬
1. 花枝；2. 花纵剖；3. 果。

9. 刚毛忍冬　　　　　　　　　　图 356

Lonicera hispida Pall. ex Roem. et Schult.

落叶灌木，高达3米。幼枝、叶柄及总花梗均被刚毛、柔毛及腺毛。芽长1.5厘米，芽鳞2，连成帽状，具纵褶皱。叶卵状椭圆形或长圆形，长2-8厘米，先端钝尖，基部圆形、宽楔形或微心形，两面被刚毛及粗毛，或下面脉上疏被刚毛，缘被刚毛状睫毛。花双生，总花梗长5-20毫米，苞片宽卵形，长1.2-3厘米，有时带紫色，具缘毛；2萼筒分离，被腺毛及刺刚毛，稀无毛；花冠白色或淡黄色，长1.5-3厘米，外被糙毛或近无毛，近整齐，裂片短于冠筒，基部具囊。浆果黄色后变红色，长椭圆形，长1-1.5厘米。花期5-6月；果期7-9月。

产大别山区舒城万佛山海拔500米；江淮滁县皇甫山。分布于四川、云南、西藏、新疆、青海、甘肃、宁夏、陕西、河北、山西。

花蕾代金银花药用，清热解毒。安徽省地理新分布。

10. 郁香忍冬　　　　　　　　　　图 357

Lonicera fragrantissima Lindl. et Pax

半常绿或落叶灌木，高达2米。小枝无毛或疏被倒刚毛，杂以小腺毛及小瘤，髓心白色充实；冬芽鳞片2。叶厚纸质或带革质，卵状长圆形、倒卵状椭圆形或卵圆形，长3-8.5厘米，先端短尖，基部宽楔形或圆形，下面近基部及中脉间疏被平伏刚毛；叶柄长2-5毫米，被硬毛。花双生，总花梗长2-10毫米，苞片条状披针形，长5-7毫米，较萼筒长2-3倍；相邻两花两萼筒连合，无毛，萼檐环状；花冠白色或带红色，唇

图 356 刚毛忍冬
1. 花枝；2. 花；3. 果实。

形，长 1-1.5 厘米，内面被柔毛，基部具浅囊；雄蕊 5，花丝长短不一；两花子房下部 1/2 处合生，下位，花柱无毛。浆果球形，径约 1 厘米，部分连合，鲜红色。花期 2-4 月；果期 4-5 月。

产皖南山区；大别山区霍山，金寨天堂寨，岳西鹞落坪海拔 1100 米山坡、沟谷、林下。分布于浙江、江西、湖北、河南、河北。

花芳香；果鲜红色，可食，亦可植于园林中供观赏。

10a. 苦糖果 （亚种）
Lonicera fragrantissima Lindl. et Pax ssp. **standishii** (Carr.) P. S. Hsu et H. J. Wang

本亚种的小枝及叶柄有时被短糙毛；叶较窄长，卵状披针形、卵状长圆形或椭圆形，两面被平伏刚毛及腺毛，有时中脉下部或基部两侧杂被短糙毛；花柱下部疏被糙毛。花期 2-4 月；果期 5-6 月。

产皖南黄山温泉、慈光寺，绩溪清凉峰海拔 850-900 米，歙县清凉峰南坡海拔 1000-1400 米，祁门牯牛降；大别山区霍山，金寨白马寨海拔 650 米，岳西鹞落坪，舒城小涧冲。生于向阳山坡灌丛中或溪旁。分布于陕西、甘肃、河南、山东、湖北、江西、浙江、四川、贵州。

嫩枝、茎、叶及根药用，可治风湿关节痛及劳伤，并捣碎敷治疗、疮、疖等。

图 357 郁香忍冬
1. 果枝；2. 花枝；3. 花。

10b. 樱桃忍冬 （亚种）
Lanicera fragrantissima Lindl. et Pax ssp. **phyllocarpa** (Maxim.) P. S. Hsu et H. J. Wang

本亚种的小枝及叶柄有时被短糙毛；叶卵状椭圆形、卵状披针形或椭圆形，两面被平伏刚毛，下面杂被短柔毛及腺毛。花柱中部以下或仅基部被疏糙毛或无毛。花期 3-4 月；果期 4 月中旬 -6 月。

产皖南黄山；大别山区金寨白马寨海拔 710 米；江淮滁县皇甫山、琅琊山海拔 220 米；淮北萧县。生于阔叶林下或灌丛中。分布于河北、山西、河南、陕西、江苏。

11. 金花忍冬　　　　　　　图 358
Lonicera chrysantha Turcz.

落叶灌木，高达 4 米。幼枝、叶柄及总花梗常被直糙毛和腺毛；小枝髓心黑褐色，后变中空；冬芽窄卵形，具数对鳞片，疏被柔毛及睫毛。叶菱状卵形或菱状披针形，长 4-8（12）厘米，先端渐尖，基部楔形或圆钝，下面密被糙毛；叶柄长 3-7 毫米。花双生，总花梗长 1.5-4 厘米，苞片长 2.5-8 毫米，小苞片分离，近圆形，长约 1 毫米，疏生长缘毛；相邻两花两萼筒分离，被腺毛，萼檐具圆齿；花冠淡黄白色，长 7-20 毫米，外疏被柔毛，唇形，唇瓣较冠筒长 2-3 倍，基

图 358 金花忍冬
1. 花枝；2. 花剖面；3. 苞片、小苞片、萼筒放大。

部具囊，深浅不一；雄蕊及花柱不伸出花冠外，花丝下部密被毛；花柱被柔毛。浆果球形，径5-6毫米，红色，光亮，半透明。花期4-5月；果期8-10月。

产皖南太平七都；大别山区霍山海拔600-800米，金寨海拔800米，岳西鹞落坪，舒城万佛山小涧冲。生于沟谷林下或灌丛中。分布于黑龙江、吉林、辽宁、内蒙古、河北、山西、陕西、宁夏、甘肃、青海、山东、河南、江西、湖北、四川。朝鲜及俄罗斯西伯利亚也有。

11a. 须蕊忍冬（亚种）

Lonicera chrysantha Turcz ssp. **koehneana**（Rehd.）P.S. Hsu et H. J. Wang

本亚种的冬芽鳞片边缘密被白色长睫毛。幼枝、叶柄及总花梗均被稍弯曲柔毛，叶下面密被灰白色柔毛。

产皖南黄山海拔600-1100米山坡及山谷林下，绩溪逍遥乡、清凉峰海拔1350米、荒坑岩海拔910米，太平；大别山区霍山马家河天河尖海拔1350米，金寨白马寨海拔950-1300米，潜山天柱峰海拔920米。分布于山西、山东、江苏、河南、陕西、湖北、广西、四川、云南、西藏。

12. 金银忍冬 金银木　　　　图359

Lonicera maackii（Rupr.）Maxim. [*L. maackii*（Rupr.）Maxim. f. *podocarpa* Franch. ex Rehd.]

落叶小乔木，高达6米，胸径10厘米，常呈灌木状。小枝中空，幼时被柔毛。叶卵状椭圆形或卵状披针形，长5-8厘米，宽3-5厘米，先端渐尖，基部宽楔形或圆形，两面有时疏被柔毛，叶脉及叶柄均被腺质柔毛；叶柄长2-8毫米。花双生，芳香，总花梗长1-2毫米，被腺毛，苞片条形，有时叶状，长3-6毫米，小苞片合生，具缘毛，与萼筒近等长或稍短；相邻两花两萼筒分离，萼檐钟状，萼齿三角形，被短柔毛及腺毛；花冠白色，长达2厘米，唇形，唇瓣较冠筒长2-3倍；雄蕊花丝下部与花柱均被柔毛。浆果球形，径5-6毫米，半透明，暗红色。花期4-6月；果期8-10月。

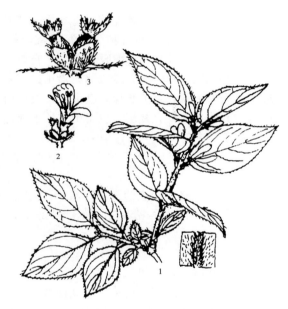

图359 金银忍冬
1. 花枝；2. 花；3. 苞片、小苞片与萼筒放大。

产皖南黄山温泉、慈光寺、刘门亭、松谷庵，旌德，贵池，宣城，广德，青阳九华山；大别山区霍山佛子岭海拔820米，金寨白马寨海拔800米，岳西鹞落坪海拔1250米，潜山天柱峰，舒城万佛山；江淮滁县皇甫山、琅琊山，嘉山，庐江，肥东，肥西紫蓬山。生于阔叶林中、溪流附近的灌丛中。分布于黑龙江、吉林、辽宁、河北、山西、陕西、甘肃、山东、江苏、浙江、河南、湖北、湖南、四川、贵州、云南、西藏。

木材坚韧，耐腐力强；茎皮纤维可制绳及人造棉；叶含鞣质，浸液可杀棉蚜虫；花可提取芳香油；种子油制肥皂；全株药用，消肿止痛，治头晕等症。庭园常见的观赏树种。

12a. 红花金银忍冬（变型）

Lonicera maackii f. **erubescens** Rehd.

本变型的幼叶、小苞片及花冠均带淡紫红色；花较大。

产江淮滁县琅琊山南天门附近海拔250-300米。生于山坡疏林下。分布于甘肃、江苏、河南。

13. 忍冬 金银花   图 360

Lonicera japonica Thunb.

半常绿藤本，茎皮条状剥落，枝中空。幼枝密被黄褐色糙毛及腺毛；冬芽鳞片 4 对，被毛。叶卵形或卵状长圆形，稀倒卵形，长 3-8 厘米，宽 2-3.5 厘米，先端短钝尖，基部圆形或近心形，具糙缘毛，幼叶两面被糙毛，后上面无毛；叶柄长 4-8 毫米，被毛。双花单生叶腋，总花梗密被柔毛及腺毛，苞片叶状，长 2-3 厘米，小苞片长约 1 毫米；萼筒长约 2 毫米，无毛，萼齿卵状三角形，被密毛；花冠白色至黄色，长 3-4.5（6）厘米，唇形，外被柔毛及腺毛；雄蕊及花柱均伸出花冠。浆果球形，径 6-7 毫米，蓝黑色，具光泽。花期 4-6 月；果期 10-11 月。

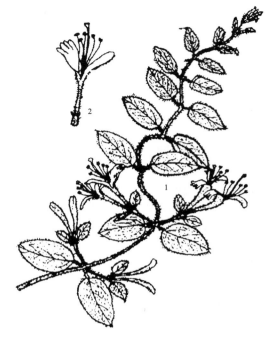

图 360 忍冬
1. 花枝；2. 花。

产皖南黄山温泉阴湿处、桃花峰、青鸾桥，绩溪清凉峰逍遥乡海拔 800 米，石台牯牛降海拔 850 米，旌德，休宁，青阳九华山；大别山区金寨白马寨海拔 760 米，岳西文坳、鹞落坪海拔 1050 米，潜山彭河乡海拔 500 米，舒城万佛山；江淮滁县皇甫山、琅琊山海拔 200 米。其他各地均有栽培。生于山坡林下或乱石堆中。分布于辽宁以南、华北、华中、华东、西南。朝鲜、日本也有分布。

适应性很强，对土壤气候条件要求不严，以土层深厚沙壤土为好。用种子、扦插及分根繁殖。有炭疽病、锈病、蚜虫等危害。

本种是一种具有悠久历史的常用中药，具消炎、抗菌、利尿之功效，治中暑、痔漏及肠炎，煎液治疮疖。花之芳香油，可配制化妆品香精。枝叶茂密，花清香，可植于作绿篱、绿廊、花架等垂直绿化材料，老桩可作盆景。

14. 淡红忍冬

Lonicera acuminata Wall.

落叶或半常绿藤本。幼枝、叶柄及总花梗被卷曲棕黄色糙毛，杂被微腺毛，稀无毛。叶薄革质或革质，长圆形、卵状长圆形或条状披针形，长 4-11 厘米，宽 1.5-3 厘米，先端渐尖，基部圆形或近心形，缘具睫毛，两面被糙毛或有时仅上面中脉被棕黄色平伏糙毛；叶柄长 3-5（7）毫米。双花于枝顶集生，总花梗长 5-25 毫米，有时无毛，苞片钻形，小苞片宽卵形；萼筒长 2-3 毫米，萼齿无毛，有时具缘毛；花冠黄白色带红紫色，漏斗状，长 1.5-2.4 厘米，上唇 4 裂，下唇反曲；雄蕊略伸出花冠，花丝基部被糙毛；花柱下部被糙毛。浆果卵球形，径 6-7 毫米，蓝黑色。花期 6-7 月；果期 10-11 月。

产皖南绩溪，歙县清凉峰海拔 600 米，休宁五城；大别山区潜山天柱山大龙窝海拔 750 米。生于山谷溪边、石缝中或林缘。分布于陕西、甘肃、浙江、江西、福建、台湾、湖北、湖南、广西、广东、四川、贵州、云南、西藏。

花叶清热解毒。

15. 毛萼忍冬

Lonicera trichosepala（Rehd.）P. S. Hsu

落叶藤本。幼枝、叶柄及总花梗均密被黄褐色糙毛。叶纸质，卵圆形、三角状卵形或卵状披针形，长 2.5-5.5（6）厘米，宽 1.5-2.5 厘米，先端渐尖或骤短尖，有时急窄而呈短尖，基部微心形，稀圆形或平截，两面疏被平伏糙毛，腋部毛较密，老时下面灰白色；叶柄长 2-5 毫米。双花簇生枝顶成伞房花序状或单生叶腋，总花梗长约 2 毫米；

萼筒近无毛，萼齿条状披针形，密被糙毛及缘毛；花冠淡红紫色或白色，长 1.5-2 厘米，外面密被倒糙毛，唇形，冠筒长约 1 厘米，上唇 4 裂，下唇反曲；雄蕊 5，花丝基部被毛；子房下位，花柱密被毛。浆果圆卵形，蓝黑紫色。花期 6-7 月；果期 10-11 月。

产皖南黄山半山寺、桃花峰、云谷寺、松谷庵海拔 500-1150 米，歙县清凉峰海拔 640-800 米，绩溪清凉峰十八龙潭海拔 810 米。生于山谷林下或林缘溪沟边。分布于浙江、江西、湖南。

花药用，清热解毒。

16. 短柄忍冬 山银花（青阳）
Lonicera pampaninii Lévl.

常绿藤本，茎皮条状剥落。幼枝及叶柄密被黄褐色卷曲短糙毛至脱落。叶近革质，长圆状披针形、窄椭圆形或卵状披针形，长 3-6(10) 厘米，宽 1-2.5 厘米，先端渐尖，基部近心形，两面中脉被短糙毛；叶柄长 2-5 毫米。双花多簇生枝顶或单生叶腋，芳香，总花梗极短，苞片窄披针形或叶状，小苞片卵圆形，被短糙毛；萼筒长不及 2 毫米，萼齿被毛；花冠白色，基部带红色，长 1.5-2 厘米，外面密被倒糙毛，内被柔毛，唇形，上下唇均反曲；雄蕊及花柱略伸出，花丝基部被毛；花柱无毛。浆果球形，径 5-6 毫米，蓝黑色至黑色。花期 5-6 月；果期 10-11 月。

产皖南黄山北坡十八道湾海拔 1000 米，青阳；大别山区金寨白马寨海拔 680 米。生于山谷林下或灌丛中。分布于浙江、江西、福建、湖南、湖北、广东、广西、四川、贵州、云南。

花药用，治鼻出血、吐血和肠热等症。

17. 菇腺忍冬
Lonicera hypoglauca Miq.

图 361

落叶藤本。幼枝、叶上面中脉及下面、叶柄及总花梗均密被弯曲淡黄褐色柔毛，杂被糙毛。叶卵形或卵状长圆形，长 3-10 厘米，先端短渐尖，基部圆形或近心形，下面有时粉绿色，密被橙黄色或橘红色蘑菇形腺毛；叶柄长 5-12 毫米。双花的总梗单生或多对簇生，苞片条状披针形，被毛，小苞片卵形，具缘毛；萼筒近无毛，萼齿长三角形，具睫毛；花冠白色带淡红晕，长 3.5-4.5 厘米，唇形，冠筒较唇瓣稍长，外面疏被平伏微毛及腺毛或无毛；雄蕊与花柱均稍伸出，无毛。浆果近球形，径 7-8 毫米，黑色，有时被白粉。花期 4-5 月；果期 10-11 月。

产皖南黄山北坡松谷庵；大别山区潜山天柱山大龙窝海拔 750 米。生于灌丛或疏林中。分布于浙江、江西、福建、台湾、湖北、湖南、广东、广西、四川、贵州、云南。

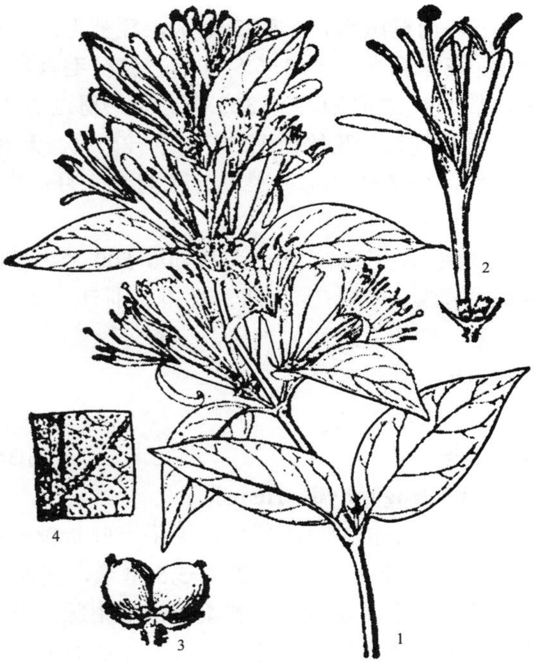

图 361 菇腺忍冬
1. 花枝；2. 花；3. 果；4. 示叶下面腺毛。

18. 灰毡毛忍冬
Lonicera macranthoides Hand.-Mzt.

藤本。幼枝及总花梗被短糙毛，毛长不及 2 毫米，或杂被微腺毛，栗褐色，具光泽；髓部窄。叶革质，卵形、卵状披针形或长圆形，长 7-13 厘米，宽 3-5 厘米，先端尖或渐尖，基部圆形或微心形，下面密被灰白色或灰黄色毡毛（短糙毛组成），杂被橘黄色腺毛，网脉隆起呈蜂窝状；叶柄长 6-10 毫米，被短或长糙毛。花芳香，双花簇生枝梢，总花梗长 0.5-3 毫米，苞片及小苞片被细毡毛；萼筒常被蓝白色粉，稀被毛，长约 2 毫米，萼齿长三角形，被毛；花冠白色，长3.5-4.5厘米，外被平伏倒糙毛及腺毛，唇形，冠筒细，内面密被柔毛，与唇瓣等长或稍长；雄蕊与花柱均伸出，无毛。浆果近球形，径6-10毫米，黑色，被蓝白色粉。花期6-7月；果期10-11月。

产皖南黄山汤口海拔450米，祁门，休宁，石台，歙县。生于溪边或灌丛中。分布于浙江、江西、福建、湖北、湖南、广东、广西、四川、贵州。

花蕾清热解毒，为中药"金银花类"主要品种之一。

19. 细毡毛忍冬　　　　　　　　图362

Lonicera similis Hemsl.〔*Lonicera delavaya* Franch.〕

落叶藤本。小枝被淡黄褐色长糙毛或无毛。叶长圆形、披针形或卵圆形，长4-10(13.5)厘米，宽1.5-4厘米，先端尖或渐尖，基部近圆形或浅心形，上面亮绿色，近无毛，下面密被灰白色或灰黄色细毡毛（细短柔毛组成），脉上被长糙毛，后渐脱落，网脉隆起；叶柄长3-8(12)毫米，被长糙毛或柔毛。双花单生叶腋或少数簇生枝顶，总花梗下方者长达4厘米，向上渐短；苞片三角状披针形，长约2(4.5)毫米，小苞片小；萼筒椭圆形，长约2毫米，疏被毛，萼齿近三角形；花冠白色，长3-6.5厘米，被糙毛及腺毛或无毛，唇形，冠筒细，长3-3.6厘米，超过唇瓣；雄蕊与花冠几等长，花丝无毛；花柱伸出花冠，无毛。浆果卵球形，径7-9毫米，黑色。花期5-7月；果期9-10月。

产皖南黄山，广德。生于海拔400-500米山坡路旁灌丛或阴湿处。分布于陕西、甘肃、浙江、福建、湖北、湖南、四川、广西、贵州、云南。

花叶药用。

图362 细毡毛忍冬
1. 花枝；2. 果

20. 盘叶忍冬　　　　　　　　图363

Lonicera tragophylla Hemsl.

落叶藤本。小枝绿色间紫色，无毛。叶长圆形或卵状长圆形，长5-12厘米，宽4-5.5厘米，先端钝尖，基部楔形，下面粉绿色，被柔毛或沿中脉下部被毛，基部有时带淡紫红色，花序下部具1-2对叶其基部连成一近圆形的盘；叶柄极短或无。聚伞花序簇生枝顶成头状，具花6-9(18)；萼筒壶状，长约3毫米，萼齿小；花冠黄色或橙黄色，长5-9厘米，无毛，唇形，冠筒较唇瓣长2-3倍，内面被毛；雄蕊5，与唇瓣等长；子房3室，花柱伸出。浆果近球形，径约1厘米，黄色至红黄色，熟时深红色。花期6-7月；果期9-10月。

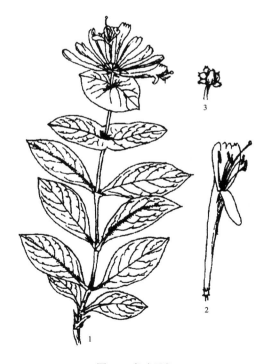

图363 盘叶忍冬
1. 花枝；2. 花；3. 果序。

产皖南黄山中刘门亭、皮蓬、清凉台、松谷庵，歙县竹铺、清凉峰，太平龙源海拔 800 米，绩溪清凉峰海拔 900 米；大别山区霍山马家河海拔 960 米，金寨白马寨虎形地上部海拔 1000-1100 米，岳西鹞落坪海拔 1250 米、妙道山海拔 450 米，潜山，舒城万佛山。生于山涧溪谷及林下。分布于河北、山西、陕西、宁夏、甘肃、浙江、河南、湖北、四川、贵州。

带叶嫩枝及花蕾药用，清热解毒；又为优良观赏植物。

5. 七子花属 Heptacodium Rehd.

落叶小乔木或灌木。单叶，对生，三出脉，全缘；无托叶。花两性；聚伞花序对生，集成顶生圆锥状复花序；花 7 朵；萼筒密被刚毛，5 裂，花后增大，宿存；花冠管状漏斗形，稍唇形，白色，无柄，5 深裂；雄蕊 5，着生于花冠筒内，突出；子房 3 室，2 室不育，花柱被毛，柱头圆盘形。坚果，革质，长椭圆形。种子 1。

1 种，我国特产。

七子花   图 364

Heptacodium miconioides Rehd.

落叶小乔木，高达 7 米；树皮灰白色，片状剥落。幼枝稍具四棱。叶厚纸质，卵形或卵状长圆形，长 8-15 厘米，宽 4-8.5 厘米，先端尾尖，基部圆形或微心形，全缘或微波状，下面脉上被柔毛；叶柄长 5-15 毫米，有时扭曲，疏被柔毛；圆锥状复花序长达 15 厘米，小花序头状，具 7 花，故名，外被 10-14 枚鳞片状苞片及小苞片；萼筒长约 2 毫米，萼裂齿与萼筒等长，密被刺刚毛；花冠白色，芳香，长 1-1.5 厘米，外面密被倒生柔毛。坚果，长椭圆形，长 1-1.5 厘米，具棱，疏被糙毛，宿存萼片具主脉。花期 6-7 月；果期 9-11 月。

图 364 七子花
1. 花枝；2. 花；3. 果。

产皖南泾县，宣城灵隐山，零星分布。生于海拔 600-1000 米溪边灌丛中。分布于湖北兴山、浙江天台山、四明山、义乌。

为优良观花树种；此种极为珍贵、罕见，已临近濒危境地，为国家二级重点保护树种。建议林业部门应重点培育保护，使该树种能得以发展。多年来安徽省未采到此种标本，仅根据文献上皖南有记载，谨附于此，留待日后调查。

6. 猬实属 Kolkwitzia Graebn.

落叶灌木。芽鳞数对，被毛。单叶，对生，无托叶。花两性；花序由双花组成伞房状复花序，顶生，苞片 2；萼 5 裂，裂片窄披针形，疏被柔毛，开展，双花萼筒紧贴，椭圆形，密被粗硬毛，具长喙，基部与小苞片贴生；花冠钟状，5 裂；雄蕊 4，二强，着生于花冠筒内；子房 3 室，2 室不育。坚果 2，合生，密被刺毛。萼裂片宿存。

仅 1 种，我国特产。

猥实 图 365

Kolkwitzia amabilis Graebn.

落叶灌木，高达 3 米。幼枝被糙毛及柔毛。叶椭圆形或卵状长圆形，长 3-8 厘米，宽 1.5-2.5 厘米，先端渐尖，基部圆形或宽楔形，全缘或疏具浅齿，具睫毛，两面疏被柔毛，下面中脉密被长柔毛；叶柄长 1-2 毫米。双花组成伞房状复花序，总花梗长 1-1.5 厘米，花近无柄；萼筒密被长刚毛，上部缢缩似颈，萼裂片长约 5 毫米；花冠粉红色，长 1.5-2.5 厘米，内面带黄色斑纹；花药宽椭圆形；花柱被软毛。坚果 2，合生，卵形，长约 6 毫米，密被黄色刺刚毛，顶端伸出如角，萼裂片宿存。花期 5-6 月；果期 8-9 月。

产皖南黄山，太平新明、七都，贵池梅街，歙县三阳坑，青阳双合酉华。生于海拔 350 米以下山谷和山坡灌丛中。分布于甘肃、山西中条山、陕西、河南、湖北。

花大美丽，庭园常见栽培，供观赏。我国特产，已列入国家 3 级重点保护树种。

图 365 猥实
1. 花枝；2. 花；3. 双果。

7. 六道木属 Abelia R. Br.

落叶灌木。小枝细；冬芽鳞片数枚。单叶，对生，稀 3 叶轮生；无托叶。花两性；花单生、双生，聚伞花序或圆锥状复聚伞花序，苞片 2 或 4；萼筒窄长，萼片 2-5，花后增大宿存；花冠筒状、高脚蝶状或钟状，整齐或稍唇形，4-5 裂；雄蕊 4，或二强；子房 3 室，2 室不育。坚果长圆形。种子 1。

约 25 种，产于东亚。我国 9 种。安徽省 2 种，和栽培 1 种。

1. 叶柄基部不连合；小枝节不膨大；花序由多数聚伞花序集成圆锥状复花序，萼片 5，花冠漏斗形，雄蕊及花柱突出 ··· 1. 糯米条 A. chinensis
1. 叶柄基部连合；小枝节膨大；花双生，萼片 4，花冠高脚碟形、管状钟形，雄蕊及花柱不突出：
　　2. 花序无柄 ································
　　　　············· 2. 六道木 A. biflora
　　2. 花序具柄，长 6-12 毫米 ··········
　　　　············· 3. 南方六道木 A. dielsii

1. 糯米条 图 366

Abelia chinensis R. Br.

落叶灌木，高达 2 米。小枝被柔毛，节不膨大。叶卵形或三角状卵形，长 2-5 厘米，宽 1-3.5 厘米，先端急尖或长渐尖，基部圆形或心形，疏具浅齿，近基部全缘，上面被柔毛，下面淡绿色，近基部中脉及侧脉被长柔毛；叶柄基部不连合。由多数聚伞花序集

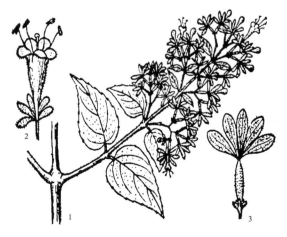

图 366 糯米条
1. 花枝；2. 花；3. 果。

成圆锥状复花序，总花梗被短柔毛后脱落；花具 3 对小苞片；萼筒被柔毛，萼 5 齿裂，倒卵状长圆形，长 5-7 毫米，果期变红色；花冠白色至粉红色，芳香，漏斗形，长 1-1.5 厘米，被柔毛，5 裂；雄蕊二强，与花柱均突出，花柱细长，柱头圆盘状。坚果革质，被柔毛。花期 6-9 月；果期 10-11 月。

安徽省各地常见栽培，供观赏。合肥环城公园栽植 2 株，生长良好。多分布长江以南各地海拔 1500 米以下。生于空旷地、溪边疏林内、岩缝中。

耐干旱瘠薄。根系发达。萌芽性强。观赏树种。全株药用，清热、解毒、止血；叶捣烂敷患处可治腮腺炎，花治牙痛。

2. 六道木　　　　　图 367

Abelia biflora Turcz.

落叶灌木，高达 3 米。幼枝被倒生刚毛，小枝节膨大。叶长圆形或长圆状披针形，长 2-6 厘米，宽 5-20 毫米，先端尖，基部钝或楔形，全缘或疏具粗齿，具缘毛，两面疏被柔毛，脉上毛较密；叶柄长 2-7 毫米，叶柄基部连合，被刺毛。双花生于枝梢叶腋，无总花梗，花梗长 5-10 毫米，被刺毛，小苞片花后不落；萼筒被短刺毛，萼裂片 4，倒卵状长圆形，长约 1 厘米；花冠白色、淡黄色或带淡红色，外被柔毛，杂被倒生刺毛，高脚碟形，4 裂，裂瓣长约 2 毫米；雄蕊及花柱不突出。坚果革质，长 5-10 毫米，疏被刺毛，4 枚增大的萼裂片宿存。花期 5 月；果期 8-9 月。

产大别山区金寨渔潭鲍家窝羊角尖，潜山天柱峰，舒城万佛山。生于阴坡、林内、灌丛中。分布于辽宁、河北、山西、内蒙古、陕西。

稍耐阴，喜湿润土壤。

木材坚硬，具六棱；供制手杖、工艺美术品。果药用，祛风湿、消肿毒，治痈毒红肿。观赏及保持水土树种。

图 367 六道木
1. 果枝；2. 果。

3. 南方六道木　　　　　图 368

Abelia dielsii（Graebn.）Rehd.

落叶灌木，高达 3 米。小枝红褐色，节膨大。叶卵状椭圆形、长圆形或披针形，长 3-8 厘米，宽 5-30 毫米，先端长渐尖，基部宽楔形或钝，上部疏具锯齿，下部全缘，具缘毛，上面疏被柔毛，下面近基部脉间密被短糙毛；叶柄长 3-7 毫米，基部膨大连合，疏被糙毛。双花腋生短枝枝顶，总花梗长 6-12 毫米，小花梗极短或近无，苞片 3；萼筒长约 8 毫米，被硬毛，萼裂片 4，卵状披针形，长约 1 厘米；花冠白色至淡黄色，管状钟形，长约 1.2 厘米，4 浅裂，裂瓣圆形；雄蕊 4，内藏，二强；花柱细长，无毛。坚果长 1-1.5 厘米，具数棱。花期 4-6 月；果期 8-9 月。

产皖南黄山莲花峰、天都峰脚下、光明顶海拔

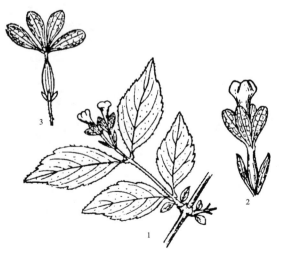

图 368 南方六道木
1. 花枝；2. 花；3. 果。

1810 米、西海、狮子林，在海拔 800 米以上山坡灌丛、杂木林下或林缘常见，祁门牯牛降海拔 1600 米，绩溪清凉峰海拔 740 米，歙县清凉峰海拔 1400 米，太平七都海拔 1070 米，青阳九华山海拔 1200 米；大别山区金寨渔潭、天堂寨海拔 1712 米，岳西鹞落坪、枯井园海拔 750 米，潜山彭河乡海拔 850 米，舒城万佛山海拔 1510 米落叶阔叶林内及林缘、路边常见。分布于四川、云南、贵州、西藏、湖北、河南、山西、陕西、甘肃、宁夏、辽宁、浙江、江西、福建。

干材宜作手杖。观赏树种。

32. 金缕梅科 HAMAMELIDACEAE

常绿或落叶，乔木或灌木。单叶，互生，稀对生，全缘、具锯齿或掌状分裂，羽状脉或掌状脉；具明显叶柄；托叶早落，稀无托叶。花丙性、单性，稀杂性，雌雄同株，稀异株；头状、总状、穗状或圆锥花序；萼 4-5 裂；花瓣与萼裂片同数，或无花瓣，稀无花被；雄蕊 4-5，稀无定数；子房半下位或下位，稀上位，2 室，上半部常分离，花柱 2；中轴胎座。蒴果，常室间或室背裂开为 4 片。种子多数，扁平或具窄翅，具种脐。胚乳肉质，胚直立，子叶长圆形。

27 属，140 种，分布于东亚、北美、中美、非洲、大洋洲。我国 17 属，75 种。安徽省 8 属，12 种，6 变种。多为重要用材和著名观赏树种，又为珍贵药用植物。

1. 种子多数；叶掌状脉；花单性，无花瓣，花柱及萼齿宿存；果序球形 ⋯⋯⋯⋯⋯⋯⋯⋯⋯⋯⋯⋯ 1. 枫香属 Liquidambar
1. 种子 1；叶羽状脉；花两性、单性或杂性，具花瓣或无花瓣；果序不为球形：
　2. 具花瓣，花两性；子房半下位，稀上位：
　　3. 花瓣线形，5 或 4 数：
　　　4. 花药 4 室，2 瓣裂；叶全缘 ⋯⋯⋯⋯⋯⋯⋯⋯⋯⋯⋯⋯⋯⋯⋯⋯⋯ 2. 檵木属 Loropetalum
　　　4. 花药 2 室，单瓣裂；叶具波状齿或全缘 ⋯⋯⋯⋯⋯⋯⋯⋯⋯ 3. 金缕梅属 Hamamelis
　　3. 花瓣倒卵形或鳞状，5 数：
　　　5. 花瓣匙形或倒卵形，黄色，具退化雄蕊 ⋯⋯⋯⋯⋯⋯⋯⋯⋯⋯ 5. 蜡瓣花属 Corylopsis
　　　5. 花瓣针状或披针形，无退化雄蕊 ⋯⋯⋯⋯⋯⋯⋯⋯⋯⋯⋯⋯ 6. 牛鼻栓属 Fortunearia
　2. 无花瓣；子房上位或近上位：
　　6. 穗状花序短，花单性或杂性：
　　　7. 下位花，萼筒极短，花后脱落 ⋯⋯⋯⋯⋯⋯⋯⋯⋯⋯⋯⋯⋯⋯ 7. 蚊母树属 Distylum
　　　7. 周位花，萼筒宿存，花后增大，包果 ⋯⋯⋯⋯⋯⋯⋯⋯⋯⋯ 8. 水丝梨属 Sycopsis
　　6. 头状花序，花两性，萼筒浅杯状，宿存 ⋯⋯⋯⋯⋯⋯⋯⋯⋯⋯ 4. 银缕梅属 Parrotia

1. 枫香树属 Liquidambar L.

落叶乔木。单叶，互生，掌状分裂，掌状脉，具锯齿；叶柄长；托叶线形，多少与叶柄基部连生，早落。花单性，雌雄同株；雄花多数，排成头状或短穗状花序，或再组成圆锥花序，每一雄头状花序具苞片 4；无萼片，无花瓣，雄蕊多而密集，花丝与花药等长，花药 2 室，纵裂；雌花多数，排成头状，花序具苞片 1；萼筒与子房合生，萼裂齿针状，无花瓣，退化雄蕊有或无，子房半下位，2 室，藏于花序轴内，胚珠多数，中轴胎座，花柱 2，柱头线形，具小乳头状突起。果序球形；蒴果木质，室间 2 裂，花柱与萼裂齿宿存。种子多数，具棱或窄翅，种皮坚硬，胚直。

5 种。我国 2 种，1 变种。安徽省 2 种。

1. 雌花及蒴果具尖萼裂齿；头状果序径 3-4 厘米，具蒴果 24-43 ⋯⋯⋯⋯⋯⋯⋯⋯⋯⋯ 1. 枫香树 L. formosana
1. 雌花及蒴果无萼裂齿，或萼裂齿极短；果序径约 2.5 厘米，具蒴果 15-20 ⋯⋯⋯⋯⋯ 2. 缺萼枫香 L. acalycina

1. 枫香树
图 369

Liquidambar formosana Hance

落叶乔木，高达 30 米，胸径 1 米；树皮灰褐色，斑块状剥落。小枝被柔毛；冬芽长卵形。叶宽卵形，掌状 3 裂，先端尾尖，基部心形，具腺齿，下面被柔毛，后脱落，掌状脉 3-5；叶柄长 4-9（11）厘米；托叶线形，长 1-1.4 厘米，分离或略与叶柄连生，红褐色，早落。雄花序短穗状组成圆锥状复花序；雄蕊多数；雌花序头状，具花

22-43,花序总梗长 3-6 厘米;萼裂齿 4-7,针形,长 4-8
毫米,子房被毛,花柱 2,先端弯曲。果序圆球形,径 3-4
厘米,木质,花柱及针刺状萼裂齿宿存。种子多角形,
褐色。花期 3 月;果期 10 月。

产皖南黄山慈光寺、桃花峰、紫云峰、北坡松谷
庵普遍分布,绩溪清凉峰伏岭乡海拔 800 米,歙县岔
口镇海拔 480 米,泾县小溪,太平,休宁,祁门,石
台牯牛降,黟县翠林村,宁国,宣城,广德磗桥乡;
大别山区金寨马宗岭,岳西鹞落坪,潜山龙潭乡,舒
城小涧冲;江淮滁县琅琊山、皇甫山,合肥大蜀山,
肥西紫蓬山。多生于低山区、丘陵或平地的落叶阔叶
林中。分布于秦岭及淮河以南。老挝及朝鲜南部也有
分布。

喜光。深根性,抗风。耐干旱,耐火烧,适应性
强,多生于酸性土或中性土上。常为次生林优势树种
或砍伐迹地上为先锋树种。速生,萌芽性强。拵种育
苗或直拵造林均可。在安徽省皖南山区分布较为广泛,
村庄附近常有大树,胸围达到 634 厘米。

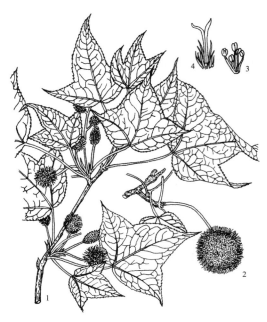

图 369 枫香树
1. 花枝;2. 果枝;3. 雄花;4. 雌花。

散孔材。木材红褐色、浅黄色或浅红褐色,心材边材区别不明显。纹理交错,结构细,强度、硬度中等,易翘裂,
水湿易腐朽、易变色,干燥可耐久;宜旋切作胶合板和制茶叶箱、建筑、室内装修、家具等用。叶可饲天蚕和柞蚕。
树枝可割取枫腊作香料,又可供药用,祛痰、活血、解毒、止痛。果可治腰痛、四肢痛等。树皮、叶可提制栲胶。
秋叶红艳,供观赏。是一多用途的造林树种。

2. 缺萼枫香

Liquidambar acalycina H. T. Chang

落叶乔木,高达 25 米;树皮黑褐色,干圆满通直,深纵裂。小枝无毛。叶宽卵圆形,掌状 3 裂,长 8-13 厘米,
宽 8-15 厘米,先端尾尖,基部微心形,具腺齿,两面无毛或幼叶基部被柔毛,下面略带灰白色,掌状脉 3-5;
叶柄长 4-8 厘米;托叶线形,长 3-10 毫米,被褐色柔毛。雄花序短穗状,多个组成圆锥状,花序总梗长约 3 厘米;
花丝长约 1.5 毫米,花药卵圆形;雌花序头状单生,具雌花 15-26,花序总梗长 3-6 厘米;无萼裂齿或鳞片状,
花柱长 5-7 毫米,被褐色短柔毛,先端弯曲。果序径约 2.5 毫米,干后变黑色,疏松易碎,宿存花柱粗短,无
萼裂齿;种子多数,褐色,具棱。

产皖南黄山慈光寺至半山寺途中海拔 600-1200 米沟边及阔叶林中,歙县金川乡合丰村、清凉峰海拔 800 米,
太平;大别山区岳西鹞落坪。分布于四川、湖北、江苏、江西、湖南、广东、广西、贵州。

抗寒性较枫香强,可在海拔 500 米以上中高山地带选缺萼枫香造林,是可行的。

材质较坚重,较难加工。

2. 檵木属 Loropetalum R. Brown

常绿或半常绿,灌木或小乔木。单叶,互生,全缘;托叶早落。花两性,4 数;短穗状或头状花序,具花 4-8;
萼筒倒圆锥形,与子房合生,被星状毛;萼齿卵形,花后脱落;花瓣条形,花芽时内卷;雄蕊花丝极短,花药 4 室,
瓣裂,药隔突出,退化雄蕊鳞片状,与雄蕊互生;子房半下位,2 室,被星状毛,花柱 2。蒴果木质,被星状毛,
2 片裂,每片 2 浅裂,下半部被宿存萼筒包裹;果梗极短或近无梗。种子 1,长卵形,黑色,种脐白色,种皮角质。

4 种,1 变种。我国 3 种,1 变种。安徽省 1 种,1 变种。

1. 檵木

图 370

Loropetalum chinense（R. Br.）Oliv.

常绿小乔木或灌木；树皮薄片剥落。多分枝，幼枝被星状毛。叶革质，卵形，长 2-5 厘米，宽 1.5-2.5 厘米，先端短尖，基部钝，不对称，全缘，上面稍被粗毛，下面被星状毛，带灰白色，侧脉约 5 对；叶柄长 2-5 毫米，被星状毛；托叶膜质，三角状披针形，长 3-4 毫米。花 3-8 簇生，花梗短，花序总梗长约 1 厘米；苞片线形；萼齿长约 2 毫米；花瓣 4，白色，长 1-2 厘米；雄蕊 4；退化雄蕊鳞片状；子房被星状毛，完全下位，花柱 2，极短。蒴果卵圆形，长 7-8 毫米，径 6-7 毫米，均被星状毛。种子长 4-5 毫米。花期 3-4 月，果期 8-9 月。

产皖南黄山逍遥溪、桃花峰、云谷寺、北坡三道岭，黄山茶林场，分布极普遍，石台，祁门牯牛降海拔 380 米，休宁岭南，黟县，歙县清凉峰海拔 750 米，广德，贵池肖坑，青阳九华山；大别山区霍山青枫岭海拔 490 米，岳西鹞落坪，潜山天柱山。多生于向阳荒山、丘陵灌丛、林缘或公路旁。常与白栎、映山红、短柄枹形成灌丛，有时为优势种。喜光。多生于酸性土壤上。分布于山东东部及长江以南至华南、西南各地。印度也有分布。

图 370 檵木
1. 花枝；2. 果枝；3. 花；4. 花瓣；5. 雄蕊；6. 雌蕊；7. 种子（放大）。

散孔材，边材黄白色或黄褐色，心材带浅红褐色，纹理斜或交错，结构甚细，均匀，坚重，干缩大，强度大，难干燥，易翘裂，难加工，握钉力强，油漆后光亮性颇佳，胶粘易。耐腐、耐水湿，为船舶骨架、浆柱、舵杆、车轴、工具柄等优良用材。枝条柔韧经火烤可扎木排用。全株药用可止血、活血、消炎、止痛。早春白花满枝，供观赏。种子可榨油。叶含鞣质约 5.7%，茎含 8.68% 可提制栲胶。

1a. 红花檵木 （变种）

Loropetalum chinense Oliv. var. **rubrum** Yieh

本变种的花紫红色，长约 2 厘米。
安徽省各城镇广为栽培做行道树绿篱或花圃点缀。

3. 金缕梅属 **Hamamelis** Gronov. ex L.

落叶小乔木或灌木。幼枝被绒毛；裸芽被绒毛。单叶，互生，基部两侧不对称，具波状齿或全缘，羽状脉，第一对侧脉常有第二次分支侧脉；托叶早落。花两性，4 数；短穗状或头状花序；萼筒与子房多少合生，萼齿 4；花瓣 4，条形，花芽时内卷；雄蕊 4，花丝极短，花药 2 室，单瓣裂；退化雄蕊鳞片状；子房近上位或半下位，2 室，每室 1 胚株，垂生。蒴果木质，上半部 2 片裂，每片 2 浅裂，内果皮骨质，干后常与木质外果皮分离。种皮角质，具光泽。

6 种，分布于北美、东亚。我国 2 种。安徽省 1 种，1 变种。

1. 金缕梅

图 371

Hamamelis mollis Oliv.

落叶小乔木，高达 10 米，或呈灌木状。幼枝及顶芽被灰黄色星状绒毛；芽长卵形。叶宽倒卵圆形，长 8-15

厘米，宽 6-10 厘米，先端骤短尖，基部心形，不对称，具波状钝齿，上面被星状毛，下面密被星状绒毛，侧脉约 8 对，最下一对具分支；叶柄长 6-10 毫米，被绒毛；托叶早落。短穗状或头状花序腋生，具数花、无花梗；萼齿卵形，长约 3 毫米，宿存，被星状绒毛；花瓣黄白色，长约 1.5 厘米；雄蕊长约 4 毫米；子房被绒毛，花柱 2。蒴果卵圆形，长约 1.2 厘米，密被褐色星状绒毛，萼筒长约 4 毫米。种子长卵形，长约 8 毫米，黑色。花期 4-5 月；果期 10 月。

产皖南黄山温泉、桃花峰、北海、光明顶、始信峰、西海门广泛分布，海拔 600-1740 米，太平龙源，石台，祁门牯牛降，青阳九华山；大别山区霍山青枫岭海拔 1330 米，金寨白马寨海拔 615-1020 米，岳西妙道山、鹞落坪海拔 1050 米、大王沟海拔 850 米，潜山彭河乡海拔 850 米。生于山体上部落叶阔叶林、高山矮林或灌丛中。分布于江苏、浙江、江西、湖南、湖北、四川、广西。

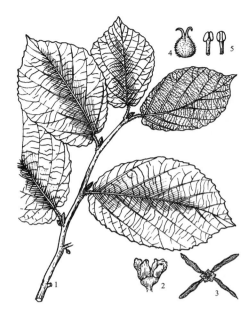

图 371 金缕梅
1. 叶枝；2. 果实；3. 花；4. 雌蕊；5. 雄蕊。

散孔材，心材边材区别不明显，材质中等，纹理斜，结构细；可供细木工农具用材。根药用；茎、叶提制栲胶。种子可榨油。花美丽，可作观赏树木。

珍稀植物。

1a. 长椭圆叶金缕梅 （变种）

Hamamelis mollis Oliv. var. **oblongifolia** M. P. Deng et G. Yao

本变种叶倒卵状长椭圆形；叶柄长于 10 毫米。

产大别山区霍山，金寨马宗岭海拔 900 米，岳西，舒城万佛山。较常见。

4. 银缕梅属 Parrotia C.A.Mey

落叶乔木。幼枝被星状柔毛。单叶，互生，具钝锯齿，羽状脉；托叶 2，披针形，早落。花两性，花序基部具单性花，先叶开放；花序头状，腋生或顶生；萼片 4，宿存；无花瓣；雄蕊着生于萼筒与子房合生处的内侧，1 轮，花丝丝状，下垂，花药基着，4 棱状长柱形，2 室，纵裂，药隔延伸成尖头；子房半下位，2 室，柱头钝。蒴果木质，2 片裂，每片 2 浅裂，与基部宿存的萼筒均密被星状柔毛。种子褐色，具光泽。

2 种。我国 1 种。

小叶银缕梅　　　　　　　　　　图 372

Parrotia subaequale（H. T. Chang）R. M. Hao et H. T. Wei［*Shanidendron subaequale*（H. T. Chang）M. B. Deng, H. T. Wei et X. Q. Wang］

图 372 小叶银缕梅
1. 果枝；2. 果实。

落叶中乔木，高达 8 米；树皮片状剥落，幼枝被星状毛；芽裸露细小，被绒毛。叶薄革质或纸质，倒卵形或卵圆形，长 4-6 厘米，宽 2-4.5 厘米，先端钝或微锐尖，基部圆形，截形或微心形，两侧稍偏斜，不对称，上半部具 4-5 波状钝锯齿，上面沿脉被星状毛，下面密被或疏被星状毛，脉腋被簇生毛，侧脉 4-5 对，最下一对侧脉无二次分支；叶柄长 5-7 毫米，被星状毛；托叶 2，披针形，早落。短穗状花序腋生，具花 4-5，花序总梗长约 1 厘米，被星状毛；苞片卵形或宽卵形，外面密被深褐色毡毛；萼筒浅杯状，萼片 4，长条状或卵圆形，缘具不整齐锯齿，宿存；无花瓣；雄蕊 8-15，（雄花具雄蕊 5-15）；子房上位或近上位，基部与萼筒连合，被星状毛。蒴果近圆形，径约 1 厘米，被星状毛。种子窄纺锤形，长 6-7 毫米，褐色。花期 4-5 月；果期 9-10 月。

产皖南绩溪清凉峰；大别山区金寨白马寨、渔潭，潜山天柱山，舒城万佛山皂角冲、清凉涧海拔 500-700 米次生林中及沟谷两旁。分布于江苏宜兴铜官山，江西庐山。数量少，分布区域窄，开花结实稀，已达濒危境地，宜多加保护，植株数年始开花结实一次，繁殖力弱，应加强保护。

心材棕褐色，纹理致密，坚硬异常。在安徽省大别山有"假红木"之称，具有很高的潜在经济价值。其茎皮中还含有红景天甙元等药用化学成分。

5. 蜡瓣花属 Corylopsis Sieb. et Zucc.

落叶或半常绿，灌木或小乔木。混合芽被多数总苞状鳞片。单叶，互生，基部两侧不对称，具锯齿，齿尖突出，羽状脉，最下一对侧脉分枝；托叶早落。花两性，先叶开放；总状花序下垂；总苞苞片卵形，苞片及小苞片卵形或长圆形；萼齿 5，花后脱落；花瓣 5；雄蕊 5，花药 2 室，纵裂；退化雄蕊 5，先端平截；子房半下位，稀上位，2 室，每室 1 胚珠，垂生。蒴果木质，室间或室背 4 裂，花柱宿存。种皮骨质。

29 种。我国 20 种，4 变种。安徽省 3 种，3 变种。

1. 雄蕊花药红褐色，花丝伸出花冠处 ·· 1. **红药蜡瓣花 C. veitchiana**
1. 雄蕊花药通常黄色，花丝不伸出花冠外：
　2. 退化雄蕊不分裂；花瓣斧形，具短柄；叶宽卵形 ···················· 2. **阔瓣蜡瓣花 C. platypetala**
　2. 退化雄蕊 2 裂：
　　3. 幼枝及叶下面被毛：
　　　4. 叶倒卵圆形或倒卵状长圆形，长 5-9 厘米 ···················· 3. **蜡瓣花 C. sinensis**
　　　4. 叶倒卵形，长 3-5.5 厘米 ················ 3a. **小叶蜡瓣花 C. sinensis** var. **parvifolia**
　　3. 幼枝及叶下面无毛或脉上被毛：
　　　5. 叶宽卵形或长圆形，下面带灰色，无毛或脉上被毛 ········· 3b. **光叶蜡瓣花 C. sinensis** var. **calvescens**
　　　5. 叶近圆形或卵圆形，下面灰白色，无毛 ········· 4. **灰白蜡瓣花 C. glandulifera** var **hypoglauca**

1. 红药蜡瓣花　　　　　　　　　　　　　　　　　　　　　　　　图 373

Corylopsis veitchiana Bean.

落叶灌木，高达 4 米。小枝无毛；芽暗红棕色。叶倒卵状椭圆形或椭圆形，长 5-9 厘米，宽 4-6 厘米，先端急尖或短渐尖，基部微心形，稍偏斜，锯齿齿尖刺毛状，上面无毛，下面带灰色，脉上有时被毛，侧脉 6-7 对；叶柄长 6-8 毫米，无毛；托叶长圆状披针形，长 2.5 厘米。总状花序长 3-4 厘米，下垂，花序总梗长约 1 厘米，被绒毛，基部具 1-2 叶；总苞鳞片 2-4，小苞片 2，具缘毛，内面密被毛；萼筒被星状毛，萼齿具缘毛；花瓣深黄色，匙形，长 5-6 毫米，基部具爪；雄蕊稍伸出花冠外，花药红褐色；退化雄蕊 2 深裂；子房被星状绒毛，与萼筒合生。果序长 5-6 厘米；蒴果圆卵形，径 5-6 毫米，被疏星状毛。种子亮黑色，种脐白色。花期 5 月；果期 9-10 月。

产皖南黄山，歙县清凉峰，休宁；大别山区金寨白马寨东边凹海拔 1000-1650 米，岳西鹞落坪。分布于湖北、四川。

本种花瓣黄色，花药红褐色，春季先叶开花，颇为美观，可作为观赏树。

2. 阔瓣蜡瓣花　　　　　　　　图 374

Corylopsis platypetala Rehd. et Wils.

落叶灌木，高达 2.5 米，幼枝无毛或被腺毛；芽无毛。叶卵形或宽卵形，长 4.-10 厘米，先端急尖，基部心形，偏斜不对称，具波状齿，幼时两面被毛，后脱落，侧脉 6-10 对，上面凹下，最下面一对侧脉分支较明显；叶柄长约 1.5 厘米，无毛或被腺毛；托叶长圆状披针形，长 2-3 厘米，内面被丝毛。总状花序具花 8-20，花序总梗长 2-2.5 厘米；总苞状鳞片多数，早落，苞片长圆形，长约 5 毫米，微被毛，小苞片早落；萼筒长约 1 毫米，无毛，萼齿卵形，先端钝；花瓣斧形，长 3-4 毫米，宽约 4 毫米，具短梗；雄蕊较花瓣短，花药黄色；退化雄蕊先端不裂；子房半下位，无毛，花柱较雄蕊短。蒴果，长 7-9 毫米，种子长 4-5 毫米，种脐白色。花期 4-5 月。

产皖南黄山二道岭、云谷寺、九龙瀑布，祁门牯牛降海拔 500 米，石台牯牛降海拔 640 米，歙县清凉峰海拔 900 米，太平龙源。分布于湖北、四川。

3. 蜡瓣花　　　　　　　　图 375

Corylopsis sinensis Hemsl.

落叶灌木。幼枝及芽被柔毛。叶薄革质，倒卵圆形或倒卵状长圆形，长 5-9 厘米，宽 3-4 厘米，先端急尖或略钝，基部心形，略对称，具锯齿，上面无毛或中脉被毛，下面被灰褐色星状毛，侧脉 7-9 对，最下面一对侧脉近基部分支不明显；叶柄长约 1 厘米，被星状毛；托叶披针形，长 1.2-2 厘米。总状花序长 3-3.5 厘米，被毛，花序总梗长约 1.5 厘米，总苞状鳞片卵圆形，长约 1 厘米，外面被毛，苞片卵形，长约 5 毫米，外面被毛，小苞片长约 3 毫米；萼筒被星状毛，萼齿无毛；花瓣匙形，长 5-6 毫米；雄蕊较花瓣稍短，花药黄色；退化雄蕊 2 裂；子房被星状毛，花柱长 6-7 毫米，基部被毛。果序长 4-6 厘米；蒴果近球形，长 7-8 毫米，被褐色星状毛；宿存萼筒长为蒴果 4/5。种子黑色。花期 4-5 月。

产皖南黄山桃花峰、天门坎、玉屏楼，祁门，绩溪清凉峰永来海拔 600-700 米，太平，青阳九华山；大别山区霍山马家河海拔 1520 米，岳西文坳海拔 1040 米、鹞落坪，潜山彭河乡海拔 950 米，

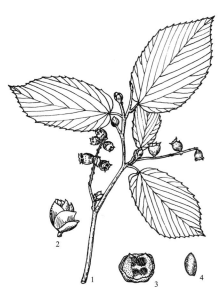

图 373 红药蜡瓣花
1. 果枝；2. 芽；3. 果实；4. 种子（放大）。

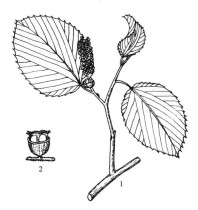

图 374 阔瓣蜡瓣花
1. 花枝；2. 果实。

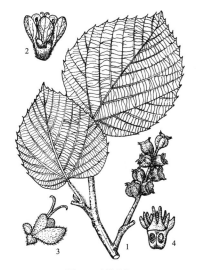

图 375 蜡瓣花
1. 果枝；2. 花；3. 花（去花瓣）；4. 子房纵剖。

舒城万佛山小洞冲。生于山地次生林中或灌丛中。分布于湖北、浙江、福建、江西、湖南、广东、广西、贵州。

散孔材，黄白色而略带红，心材边材区别较明显，硬重，纹理直，结构细；可供细木工用。根皮、叶药用，治精神烦乱昏迷症。

3a. 小叶蜡瓣花 （变种）
Corylopsis sinensis Hemsl. var. **parvifolia** H. T. Chang

本变种的幼枝被毛。叶倒卵形，长 3-5.5 厘米，下面被黄褐色星状毛，侧脉 7-9 对。果序长约 4 厘米，被毛；蒴果长 7-8 毫米，被星状毛，宿存花柱长 5-6 毫米。

产皖南绩溪清凉峰石狮海拔 820 米；大别山区霍山马家河多云尖，金寨白马寨，岳西鹞落坪。

安徽特有植物成分。定名人为张宏达教授，我国著名植物分类学家。

3b. 光叶蜡瓣花 （变种）
Corylopsis sinensis Hemsl. var. **calvescens** Rehd. et Wils.

本变种幼枝无毛。叶宽卵形或长圆形，基部心形或平截，具刺状齿突，下面无毛或脉上被毛，带灰色。总状花序长 3-4 厘米，总苞状鳞片及花序轴被毛；萼筒及蒴果被星状毛，萼齿无毛。

产皖南黄山，青阳九华山；大别山区霍山俞家畈海拔 560 米，金寨白马寨海拔 700-1000 米，岳西鹞落坪，舒城万佛山。

4. 灰白蜡瓣花 （变种）　　　　　图 376
Corylopsis glandulifera Hemsl. var. **hypoglauca** (Cheng) H. T. Chang

落叶灌木。幼枝、芽无毛。叶近圆形或卵圆形，长 5-8 厘米，宽 3.5-5.5 厘米，上面绿色，下面灰白色，无毛；叶柄 6-10 毫米；托叶无毛。花序轴、萼筒及子房均无毛。

产皖南黄山北坡松谷庵，祁门牯牛降海拔 700 米，休宁岭南，黟县百年山，绩溪清凉峰永来、逍遥乡海拔 1000 米，歙县清凉峰海拔 630-1300 米；大别山区舒城万佛山。分布于浙江、江西。

可供庭园绿化观赏。

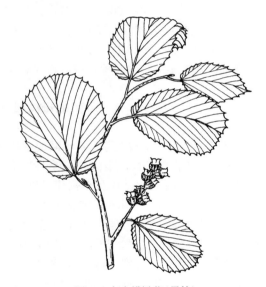

图 376　灰白蜡瓣花（果枝）

6. 牛鼻栓属 Fortunearia Rehd. et Wils.

落叶小乔木或灌木。小枝被星状毛。单叶，互生，具锯齿，羽状脉，最下一对侧脉有分枝；托叶细小，早落。花单性或杂性。具两性花的总状花序顶生，苞片及小苞片细小，早落；萼筒倒圆锥形，萼齿 5，花后脱落；花瓣 5，针状或披针形；雄蕊 5，花丝极短，花药 2 室，侧面裂开；子房半下位，2 室，每室 1 胚珠，花柱 2，线形。雄莱荑花序无总苞；花药卵形，具退化雌蕊。蒴果木质，具柄，室间及室背开裂，内果皮骨质，干后与外果皮分离。种皮薄，子叶扁平。

单种属，我国特产。安徽省有分布。

牛鼻栓　　　　　　　　　　　　图 377

Fortunearia sinensis Rehd. et Wils.

落叶小乔木或灌木，高达 5 米。幼枝被星状毛；芽无鳞状苞片，被星状毛。叶倒卵形或倒卵状椭圆形，长7-16 厘米，宽 4-10 厘米，先端尖，基部圆形或钝，稍偏斜，具锯齿，上面中脉被毛，下面脉上被长毛，侧脉 6-10对；叶柄长 4-10 毫米，被毛。花序长 4-8 厘米，花序总梗、花梗及花序轴，被绒毛，苞片及小苞片披针形，长约 2 毫米，被星状毛；萼筒长约 1 毫米，无毛，萼齿卵形，长约 1.5 毫米，先端被毛；花瓣较萼齿短；子房稍被毛，花柱长约 1.5 毫米，反曲。蒴果卵圆形，长约1.5 厘米。具白色皮孔；果梗长 5-10 毫米。种子卵圆形，长约 1 厘米，光亮，种脐马鞍形，白色。花期 4-5 月。

产皖南黄山汤口、桃花峰、云谷寺、北坡二道亭，茶林场海拔 400-920 米，歙县清凉峰海拔 1050 米；大别山区霍山、金寨马宗岭、白马寨海拔 650-800 米，岳西河图、鹞落坪海拔 850-1000 米，潜山彭河乡海拔 550 米，舒城万佛山；江淮滁县琅琊山，庐江，无为，含山。生于山地灌丛或阔叶林中。分布于陕西、河南、四川、湖北、江西、浙江、江苏。

木材坚韧，农家多用作牛鼻栓，或制作农具及板车部件等。枝、叶药用，治气虚和刀伤出血。

图 377 牛鼻栓
1. 果枝；2. 花；3. 种子。

7. 蚊母树属 Distylium Sieb. et Wils.

常绿灌木或小乔木。幼枝及芽常被垢鳞或星状绒毛。单叶，互生，全缘，稀具小齿，羽状脉；叶柄短；托叶披针形，早落。花单性或杂性，雄花常与两性花同株；穗状花序或总状花序腋生，苞片及小苞片早落；萼筒短，萼齿 2-6，大小不等；无花瓣；雄蕊 4-8，花丝长短不齐，花药 2 室，纵裂，药隔突出；雄花无退化雌蕊；子房上位，2 室，被鳞片或星状绒毛，每室 1 胚珠，花柱 2。蒴果木质，上半部 2 片裂。种子 1，种皮角质。

18 种，我国 12 种，3 变种。安徽省 2 种，1 变种。

1. 叶椭圆形或侧卵形，长为宽 2 倍，或稍短，全缘
　　…………………………… 1. **蚊母树 D. racemosum**
1. 叶长圆形或倒披针形，长为宽 3-4 倍：
　　2. 叶上面干后无光泽，先端具 1-3 小齿 …………
　　………………………2. **杨梅叶蚊母树 D. myricoides**
　　2. 叶上面干后具光泽，全缘 …………………………
　　……… 2a. **亮叶蚊母树 D. myricoides var. nitidum**

1.　蚊母树　　　　　　　　　图 378

Distylium racemosum Sieb. et Zucc.

常绿乔木，高达 16 米；树皮暗灰色，粗糙。幼枝

图 378 蚊母树（果枝）

及芽被垢鳞，老枝无毛。叶椭圆形或倒卵形，长 3-7 厘米，宽 1.5-3.5 厘米，先端钝或略尖，稀圆，基部宽楔形，全缘，下面幼时被垢鳞，后脱落，侧脉 5-6 对，上面不明显，网脉两面不明显；叶柄长 5-10 米；托叶早落。总状花序长约 2 厘米，无毛，苞片披针形，长约 3 毫米；雌雄花同序，雌花位于花序顶端；雄蕊 5-6，花丝长约 2 毫米，花药长约 3.5 毫米；花柱长 6-7 毫米。蒴果卵形，长 1-1.3 厘米，先端尖，2 裂，被褐色星状绒毛。种子长 4-5 毫米，深褐色，具光泽，种脐白色。花期 4-5 月。

安徽省芜湖、合肥、蚌埠、淮南各城市公园及黄山树木园有栽培。分布于福建、浙江、台湾、广东、海南岛。多生于海拔 150-800 丘陵地带常绿阔叶林中。朝鲜及日本也有分布。

木材粉红或浅红褐色，心材边材区别不明显，具光泽，硬重，纹理斜，结构细，均匀，干缩大，难切削；可供车樑、建筑、工具柄等用。树皮含鞣质 6.62%-9.2%，可提制栲胶。栽培供观赏和绿化用。

2. 杨梅叶蚊母树   图 379

Distylium myricoides Hemsl.

常绿小乔木；树皮灰褐色。幼枝及芽被垢鳞。叶长圆形或倒披针形，长 5-11 厘米，宽 2-4 厘米，先端锐尖，基部楔形，上部具数小齿，无毛，侧脉约 6 对，上面网脉不明显；叶柄长 5-8 毫米，被垢鳞。总状花序长 1-3 厘米，雄花与两性花同序，两性花位于花序顶端；花序轴被垢鳞，苞片披针形，长 2-3 毫米；萼齿 3-5，披针形，长约 3 毫米，被垢鳞；雄蕊 3-8，花药较花丝长；子房被星状绒毛，花柱长 6-8 毫米。蒴果卵圆形，长 1-1.2 厘米，被黄褐色星状绒毛。种子长 6-7 毫米，花期 4-5 月。

产皖南黄山北坡松谷庵、白龙桥、锁泉桥、云谷寺海拔 1000 米以下阔叶林中，休宁岭南，太平，泾县；大别山区太湖大山乡海拔 250 米。分布于四川、浙江、福建、江西、广东、广西、贵州。

图 379 杨梅叶蚊母树（果枝）

散孔材，心材边材区别明显，边材甚窄，色淡，心材淡红褐色，具光泽，坚硬，纹理直，结构细，干后易裂；可供建筑、车辆用。果及树皮可提制栲胶。根药用，可治手足浮肿。

2a. 亮叶蚊母树

Distylium myricoides Hemsl. var. **nitidum** H. T. Chang

常绿小乔木。叶长圆形，全缘，上面深绿色，干后具光泽，先端略钝。蒴果近球形。

产皖南黄山北坡松谷庵海拔 700 米处的阔叶林中，休宁岭南。分布于浙江、江西、湖南、广东。

8. 水丝梨属 Sycopsis Oliv.

常绿乔木或灌木。小枝无毛，幼时被垢鳞或星状毛。单叶，互生，全缘或具小齿，羽状脉，或兼具三出脉，具柄；托叶细小，早落。花杂性，通常雄花与两性花同株；穗状或总状花序，有时雄花成假头状花序，总苞苞片卵形；萼筒壶形，被垢鳞或星状毛，萼齿 1-5；无花瓣；雄蕊 4-11 或部分不孕，或畸形成不规则 2-3 束，着生于萼筒边缘；子房上位，2 室，每室，1 胚珠，垂生，花柱 2。蒴果木质，2 瓣裂，每瓣 2 浅裂，萼筒具垢鳞，不规则裂开。种子长卵形，种皮骨质。

9 种。我国 7 种，华南、西南。菲律宾、印度也有分布。安徽省 1 种。

水丝梅   图 380

Sycopsis sinensis Oliv.

常绿乔木，高达 14 米。幼枝被垢鳞，老枝无毛；顶芽裸露。叶长卵形或披针形，长 5-12 厘米，宽 2.5-4 厘米，先端渐尖，基部宽楔形，全缘或中部以上疏生小齿，上面深绿色，具光泽，无毛，或下面橄榄绿色幼时被星状柔毛，侧脉 6-7 对；叶柄长 8-18 毫米，被垢鳞。雄花序近头状，长约 1.5 厘米，具花 8-10，苞片红褐色，卵圆形，长 6-8 毫米；萼齿卵形，细小；雄花雄蕊 10-11，花丝长 1-1.2 厘米，花药红色，长约 2 毫米，退化雌蕊花柱长 3-5 毫米；雌花或两性花 6-14，组成短穗状花序，萼筒长约 2 毫米，子房被毛，花柱长 3-5 毫米。蒴果长 8-10 毫米，萼筒长约 4 毫米，被垢鳞，不规则裂开。花期 4-5 月。

产皖南休宁五城五龙山。生于海拔 1000 米处山坡、沟谷两侧灌丛或阔叶林中。分布于陕西、四川、云南、贵州、湖北、江西、浙江、福建、台湾、湖南、广东、广西。

木材可供家具及建筑等用，也可培育香菇。安徽省稀有珍贵树种。

图 380 水丝梨
1. 果枝；2. 雌花；3. 雌蕊；4. 果。

33. 悬铃木科 PLATANACEAE

落叶高大乔木,单叶,互生,掌状分裂,叶柄基部膨大呈鞘状包藏冬芽,无顶芽;托叶膜质鞘状早落。花单性,雌雄同株,排成紧密球形的头状花序,雌花序有苞片;雄花序无苞片;萼片3-8,三角形;花瓣3-8,倒披针形;雄花具3-8枚雄蕊,花丝短,药隔顶部增大呈盾状;雌花具有3-8个分离心皮,花住伸长,顶端内侧为柱头,子房长圆形,1室,每室1-2直生胚珠。小坚果窄长倒圆锥形,基部围有长毛,花柱宿存;种子1,胚乳少,胚直伸。

1属10种。分布于北美至中美墨西哥,欧洲东南部、亚洲西南部至印度。我国引入3种。安徽省引栽2种。

悬铃木属 Platanus L.

属的形态特征与科同。

1. 叶掌状 3-5 深裂,中裂片长宽近相等;托叶长约 1.5 厘米;果序常 2 个着生于总柄,稀 1 个或 3 个,宿存花柱刺状 ·································· 1. **二球悬铃木 P. hispanica**
1. 叶掌状 3-5 浅裂,中裂片宽大于长;托叶长约 2-3 厘米;果序长单个着生于总柄,宿存花柱极短 ··············· ·································· 2. **一球悬铃木 P. occidentalis**

1. 二球悬铃木 英国梧桐 法国梧桐 　　图 381

Platanus hispanica Muenchh. [*P. acerifolia* Willd.]

落叶大乔木,高可达 35 米;树皮光滑,大块薄片状剥落,内皮呈黄绿色,树干呈块状花斑;嫩枝叶密被黄褐色星状绒毛,老枝无毛,红褐色。叶阔大,长 10-24 厘米,宽 12-35 厘米,掌状 3-5 深裂,中裂片长宽近相等,疏生粗缺刻状齿;幼叶两面具黄色形状绒毛,老叶仅下面脉腋内有毛,基部截形或浅心形,叶柄长 3-5 厘米;托叶长 1-1.5 厘米。花通常四基数,雄花的萼片卵形,被毛;花瓣长为萼片的 2 倍。头状果序 2 个着生于总柄,稀 1 个或 3 个;小坚果多数,长圆形,宿存花柱刺状,基部生有长毛,坚果宿存至翌年五月脱落。花期 4-5 月,果熟期 9-10 月。

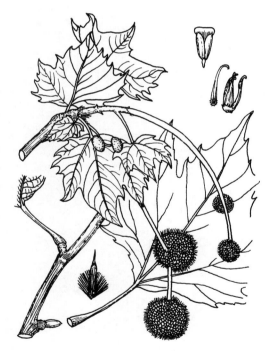

图 381 二球悬铃木

本种为三球悬铃木(P. orientalis L.)与一球悬铃木(P. occidentalis L.)的杂交种,在英国育成,广植于世界各地。我国引种栽植有近百年的历史。安徽省各地广泛栽培作行道树。喜温暖湿润气候,微酸性或中性、深厚、肥沃、湿润、排水良好的土壤,在微碱性石灰土壤上易发生黄叶病。喜光,不耐蔽荫。生长迅速,通常用插条繁殖,选取 10 年生以上母树粗壮萌条作插穗,成活率高,但根系浅,易受风寒。也可以用种子繁殖,其优越性为种源多,成苗率高,根系发达,抗风力强;用 1 年播种苗干作插穗,先生根,后发叶,成活率达 95% 以上。

本种抗二氧化硫,氯气等有毒气体,吸收化学烟雾;木材可制网球拍、胶合板、家具等。树皮、树形美观;树冠冠幅大,为优良的行道树种。

2. 一球悬铃木

Platanus occidentalis L.

落叶大乔木,树皮小块状剥落,有浅沟。老树基部暗褐色;嫩枝被黄褐色星状绒毛。叶阔卵形,长 10-24 厘米,叶宽 10-22 厘米,掌状 3-5 浅裂,中裂片宽大于长,基部截形或心形,幼叶两面具星状绒毛,不久脱落,仅下面脉腋有毛,掌状三出脉;叶柄长 4-7 厘米;托叶长 2-3 厘米,基部鞘状,早落。花 4 至 6 基数,雄花的萼片及花瓣均短小,花丝极短,雌花萼片小;花瓣较萼片长 4-5 倍。果序单生于总柄,宿存花柱极短。小坚果基部具毛,长仅及坚果的一半。花期 5 月;果期 9-10 月。原产北美。安徽省普遍栽培作行道树,唯不及二球悬铃木普遍。树姿雄伟,为优良行道树种。木材坚硬致密,供家具、器具及细木工等用。

34. 旌节花科 STACHYURACEAE

常绿或落叶，灌木或小乔木，稀藤本。茎、枝具白色髓心。芽鳞2-4个，覆瓦状排列。单叶，互生稀簇生，边缘有锯齿；托叶小，早落。花两性或杂性异株；总状或穗状花序，腋生，下垂；花辐射对称，具短梗或几无梗；苞片2；萼片与花瓣各4枚，分离，覆瓦状排列；雄蕊8，离生，花丝细，花药2室，纵裂子房上位，4室，侧膜胎座，胚珠多数；花柱短，柱头4浅裂。浆果球形，4室；种子小，多数，具假种皮，有胚乳，子叶椭圆形。

仅1属，约17种及10变种，主要分布于东亚及喜马拉雅地区。我国有11种及8变种，主产西南地区。安徽省产1种及1亚种。

旌节花属 Stachyurus Sieb.et Zucc.

属的特征同科。

1. 旌节花　　　　　　　　　　图 382：1-2

Stachyurus chinensis Franch.

落叶灌木，高达3米。树皮紫褐色，光滑。叶互生，纸质，卵形，椭圆表或卵状长圆形，长6-15厘米，宽3-6厘米，先端骤尖或尾尖，基部圆形或浅心形，叶缘具粗大锯齿或圆齿状疏锯齿，上面绿色无毛，下面灰绿色，叶脉被疏毛，侧脉5-6对；叶柄长1-2.5厘米。总状花序具花15-20朵，长4-8厘米，花黄色，先叶开放，长约7毫米；苞片三角形；萼片黄绿色，三角形；花瓣倒卵形，长约5-7毫米；子房卵圆形，柱头无毛。浆果球形，直径约6毫米，具多数种子，果柄长2毫米左右。花期3-4月，果熟期7-8月。

产皖南黄山，绩溪清凉峰永来海拔900-1000米，歙县清凉峰海拔1000米，旌德、宣城、泾县、青阳九华山；大别山区霍山马家河海拔950米，金寨白马寨海拔930米，潜山天柱山。分布于华东、华中、西南、华南及甘肃（南部）、河南（南部）。

可栽于庭院供观赏用。茎髓供药用。

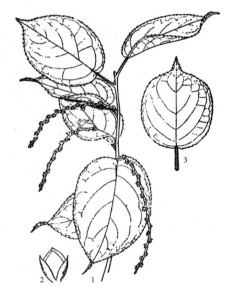

图 382　1-2. 旌节花　3. 宽叶旌节花
1. 花枝；2. 花蕾；3. 叶。

1a. 宽叶旌节花（亚种）　　　　　　　　　　图 382：3

Stachyurus chinensis ssp. **latus**（Li）Y. C. Tang et Y. L. Cao

本亚种与原种的区别在于叶较宽，近圆形或阔卵形，具粗锯齿轮，先端尾尖，基部心形。

产皖南黄山、绩溪清凉峰海拔600-1000米，石台牯牛降祁门岔海拔1120米；大别山区金寨白马寨海拔950米，岳西大王沟，潜山天柱山，霍山。分布于甘肃、陕西、河南、湖南、浙江、湖北、四川、贵州、云南等省。

35. 黄杨科 BUXACEAE

常绿灌木或小乔木,稀为草本。单叶互生或对生;无托叶。花单性;整齐,无花瓣,雌雄同株或异株;花序总状、穗状或簇生,具苞片;雄花萼片4(6或12),排成2轮,雄蕊4-6,与萼片对生,花药2室,瓣裂或纵裂,通常有不育雌蕊;雌花较雄花少,常具短梗,单生,萼片数与雄花相同;子房上位;常3室或少有2-4室;花柱2-3,宿存,每室具2枚倒生悬垂胚珠。果为室背开裂的蒴果,或为核果状浆果;种子常具种阜,胚乳肉质,胚位于中央,直立,子叶扁平或厚。

6属约100种,分布于热带及亚热带,少数至温带。我国有3属,约40余种。安徽省有2属,4种及1变种。

1. 直立灌木,雌花单生于花序顶端;蒴果;叶对生 ·· 1. 黄杨属 Buxus
2. 仰卧亚灌木,雌花生于花序下方;核果状浆果或蒴果;叶互生或簇生枝顶 ·········· 2. 板凳果属 Pachysandra

1. 黄杨属 Buxus L.

常绿灌木或小乔木。小枝圆形、近圆形或四棱形;芽腋生或顶生,具数对复瓦状排列的芽鳞。叶对生,全缘,革质,羽状脉,具短柄。花序短总状或头状,雌雄花同序,顶端生1雌花,其余为雄花;雄花具1小苞片,萼片4,雄蕊4,具不育雌蕊;雌花具小苞片3,萼片6;子房3室,花柱3,柱头面条形,倒披针形或倒心形,有时下延至花柱中部或基部。蒴果,花柱宿存,3瓣裂;种子黑色,有光泽。

约70种,分布于亚洲、欧洲中部、中美及非洲。我国约30种。安徽省有3种,1变种。

1. 叶卵状椭圆形或倒卵状椭圆形:
　　2. 叶长1.3-3.0厘米;节间长10-15毫米;花序腋生,稀顶生 ························· 1. 黄杨 B. sinica
　　2. 叶长5-10毫米;节间长3-5毫米;花序多顶生,兼有生 ············· a. 小叶黄杨 B. sinica var. parvifolia
1. 叶倒卵形,卵状披针形或菱形状卵形:
　　3. 叶卵状披针形或菱状卵形,先端钝尖或渐尖;雄花不育雌蕊较萼片略低;柱头下面延至花柱中部 ········
　　　·· 2. 尖叶黄杨 B. aemulans
　　3. 叶倒卵状匙形或倒披针形,先端微凹;雄花不育雌蕊与萼片近等高;柱头面不下延 ······ 3. 雀舌黄杨 B. bodinieri

1. 黄杨 瓜子黄杨　　　　　　　　图 383

Buxus sinica(Rehd. et Wils)Cheng ex M. Cheng

灌木,偶有小乔木。树皮淡灰褐色,浅纵裂;小枝具四棱,被柔毛。叶倒卵状椭圆形或卵状椭圆形,长1.3-4厘米,宽7-17毫米;叶柄短,长1-2毫米,略被毛。花序短,腋生稀顶生,总梗长约3毫米,密被柔毛;苞片6-8,宽卵圆形,背部被柔毛;雄花无梗,雄蕊较萼片长约1倍;雌花单生于花序顶端;子房卵形,柱头面倒心形或稍下延。蒴果近球形,径7-9毫米,宿存花柱角状开展,长2-3毫米。花期3-4月,果期10-11月。

产皖南黄山云谷寺海拔800米;大别山区岳西、太湖大山乡海拔250米。生于海拔1000米以下溪边、山谷林下。全省各地庭院栽培广泛。分布于山东、陕西、甘肃、河南等省以及长江流域以南各地。

图 383 黄杨
1. 叶枝;2. 雄花;3. 幼果;4. 叶下面放大示中脉钟乳体。

枝叶茂密，抗烟尖，耐修剪，栽培供观赏及作绿篱，木材纹理斜，结构细，坚硬致密，耐腐朽，抗虫蛀，适于制作木梳，乐器、算盘珠、规尺、量具、工艺美术品等；全株药用，治跌打损伤；根治风湿；叶敷治无各肿毒，叶近年治冠心病，有一定疗效。

1a.　小叶黄杨（变种）珍珠黄杨　鱼鳞黄杨　鱼鳞木
（潜山）　　　　　　　　　　　　　图 384

Buxus sinica（Rehd. et Wils.）Cheng ex M. Cheng
var. parvifolia M. Cheng

本变种与原种的区别在于：直立低矮灌木，高50-100 厘米，有时可达 1.5 米；分枝密集，小枝节间长 3-5 毫米。叶椭圆形，长 5-10 毫米，偶达 1.5 厘米，宽不及 1 厘米。花序多顶生，兼有腋生。蒴果径 6-8毫米；宿存花柱粗短，柱头面倒心形，不下延。

产皖南黄山浮溪、云谷寺，歙县清凉峰海拔1700 米，绩溪逍遥乡海拔 1570 米；大别山区金寨白马寨海拔 950-1600 米，岳西鲍家河，潜山天柱山海拔 1250-1380 米，驼岭，舒城万佛山海拔 1350 米。生于海拔 1200 米 -1700 米的溪边、松林或杂木林中；常生于岩壁或岩缝中，形成小块状层片。分布于浙江，江西。

图 384　小叶黄杨
1. 果枝；2. 叶放大；3. 果。

为优美、名贵观赏树，可栽作盆景。木材坚硬致密，可作细木工、雕刻、玩具、图章等用。

2.　尖叶黄杨　　　　　　　　　　图 385

Buxus aemulans（Rehd. et Wils.）S. C. Li et S.
H. Wu〔*Buxus microphylla* Sieb. et Zucc. var *aemulans*
Rehd. et Wils.〕

灌木，高 1-4 米，树皮淡黄棕色。小枝具四棱，近无毛或稍被柔毛。叶菱状卵形或卵状披针形，长2-5 厘米，宽 5-18 毫米，先端微钝或渐尖，基部楔形，下面中脉具稀疏白色线状钟乳体，或无；叶柄长 1-1.5毫米，稍被毛。花序腋生，密集成球形，总梗长约 2毫米，被柔毛；苞片 6 对。雄花无梗，雄蕊较萼片稍长，不育雌蕊低于萼片；雌花单生于花序顶端，花柱短于子房，柱头面倒心形，下延至花柱中部。蒴果径 5-8毫米，干后稍皱；宿存花柱长约 3 毫米，微外弯。

产皖南黄山松谷庵、苦竹溪海拔 750 米，祁门牯牛降双河口、星火海拔 300-500 米，歙县清凉峰 1200米。生于海拔 600-1200 米的谷地、林缘、灌丛中；喜阴湿生境，稍耐阴。分布于四川、湖北、江西、福建、浙江。

图 385　尖叶黄杨
1. 果枝；2. 叶上面放大。

栽培供观赏或植为贫景；花坛中常植为绿篱。

3. 雀舌黄杨　　　　　　　　　　图 386

Buxus bodinieri Levl.

灌木，高 3-4 米，胸径 6 厘米。小枝近四棱，较粗，棕灰色，被柔毛或近无毛。叶薄革质，倒披针形，倒卵形匙形或长圆状倒披针形，长 2-4 厘米，宽 8-18 毫米，先端钝尖或微凹，基部窄楔形，中脉两面隆起，边缘向下反卷，干后侧脉显著，与中脉成 45-60 度交角，下面中脉上具短线状钟乳体；叶柄长 1-2 毫米，疏被柔毛。花序腋生，密集成球形，总梗长约 2.5 毫米；雄花近无梗，雄花花丝长于萼片约 1 倍，不育雌蕊与萼片近等高或略低；雌花有萼片 6，花柱 3，柱头面倒心形，不下延。蒴果卵圆形，长约 7 毫米，宿存花柱 1.5-2 毫米，外弯。花期 8 月，果期 11 月。

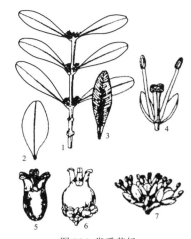

图 386 雀舌黄杨
1. 叶枝；2-3. 叶背腹面；4. 雄花纵剖；5. 雌花；6. 花序；7. 花序。

产皖南太平，青阳九华山，泾县，宣城；大别山区潜山天柱山海拔 450 米。生于海拔 500-700 米石灰岩山谷杂木林中或林缘；安徽省城市，公园有时栽培。分布于云南、广西、广东、四川、湖北、贵州、江西、湖南、福建、浙江、河南。

根、茎、叶药用，叶与肉煮食，可治黄疸，嫩枝煎服，治妇女难产；根煎汁，治吐血。

2. 板凳果属 **Pachysandra** Michx.

匍匐或仰卧半灌木。叶互生或簇生枝顶，上部边缘具粗锯齿或呈波状，基生三出脉或羽状脉。花序穗状，腋生或顶生，雌雄花同序，上部为雄花，下部为雌花；雄花萼片 4，雄蕊 4，不育雌蕊小；雌花萼片 4 或较多，子房 3(2-4) 室，花柱 2-3。核果状浆果或蒴果。

约 5 种，分布于东亚、北美。我国有 4 种，安徽省有 1 种。

顶花板凳果 顶蕊三角咪　　　　　图 387

Pachysandra terminalis Sieb. et Zucc.

仰卧匍匐亚灌木，高达 40 厘米。茎肉质。叶互生或在茎上每隔 3-5 厘米，有 4-6 叶聚生，呈簇生状，倒卵形或菱状卵形，长 4-5 厘米，宽 1.9-3.3 厘米，先端短尖，基部楔形，中部以上具粗齿或浅缺裂；叶柄长 1-1.5 厘米。花序顶生，长约 1-3.5 厘米。核果状浆果，卵形，宿存花柱 2。花期 5 月，果期 10 月。

产大别山区金寨白马寨海拔 1150-1600 米，岳西河图，霍山生于海拔 1000-1600 米阴湿密林内或灌丛中。分布于陕西、四川、湖北、甘肃、浙江（天目山）。

植物体含有生物碱，全株药用，主治风湿疼痛、发热、闭经、精神病、狂躁不安等症；亦可栽作盆景，供观赏。

图 387 顶花板凳果
1. 枝株；2. 雄花；3. 果。

36. 虎皮楠科 DAPHNIPHYLLACEAE

常绿或落叶, 乔木或灌木。单叶, 互生, 常簇生枝顶, 全缘, 叶下面常被白粉及乳点; 无托叶。花小, 单性, 雌雄异株; 总状花序腋生或侧生, 苞片早落。花萼有或无, 萼裂片盘状或 3-6 裂, 覆瓦状排列; 无花瓣, 雄花雄蕊 5-14, 花丝短, 花药 2 室, 纵裂, 有时具退化雄蕊, 无退化雌蕊; 雌花子房上位, 心皮 2, 合生为不完全的 2 室, 每室具 2 (1) 枚悬垂倒生的胚珠, 有时具退化雄蕊, 花柱 1-2 (4), 短于子房或几无花柱, 柱头 2 裂, 反曲或盘旋状。核果, 花柱宿存; 种子 1 (2), 肉质, 胚乳丰富、胚小、顶生。

1 属, 25 种, 分布于亚洲热带和亚热带地区。我国有 12 种。安徽省有 2 种。

虎皮楠属 Daphniphyllum Bl.

属特征同科

1. 花具萼; 叶卵状长圆形或倒卵状椭圆形 ············
   ································· 1. 虎皮楠 **D. oldhamii**
1. 花无萼, 或具 1-2 线形萼裂片, 附着于雄蕊基部;
   叶椭圆形 ················ 2. **交让木 D. macropodum**

1. 虎皮楠
图 388

Daphniphyllum oldhamii (Hemsl.) Rosenth.

常绿乔木, 高达 15 米。树皮灰色或灰褐色, 平滑或粗糙。叶通常簇生枝顶, 倒卵状椭圆形、窄椭圆形或卵状长圆形, 长 8-15 厘米, 宽 1.8-2.8 厘米, 先端渐尖或短尖, 基部楔形, 下面灰绿色, 被白粉及乳点, 全缘, 侧脉 7-12 对; 叶柄长 1-4.5 厘米, 雄花序长 3-6 厘米, 雄花花药长圆形, 药隔尖; 雌花序长 4-5 厘米, 花梗长 6-10 毫米; 花具萼, 早落, 柱头反曲或卷曲, 具退化雄蕊。果序长 3.5-6 厘米; 核果椭圆状球形, 长 6-14 毫米, 被瘤点, 成熟时暗红色, 渐变为黑色。

产皖南祁门牯牛降观音堂—大演坑海拔 400 米, 多生于海拔 380 米的沟谷上侧常绿阔叶林中。分布于台湾、福建、浙江、江西、湖南、湖北、广东、广西、贵州、四川。

木材黄白色或浅灰褐色; 可供家具、文具, 室内装修等用。

2. 交让木
图 389

Daphniphyllum macropodum Miq.

常绿乔木, 高达 20 米, 有时呈灌木状。幼树树皮灰色, 平滑, 老树树皮黑褐色, 粗糙; 小枝粗。叶簇生枝顶, 新叶开放时, 老叶凋落, 故称 "交让木"; 叶椭圆形, 长 9-20 厘米, 宽 3.4-4.6 厘米, 先端短渐尖, 基部楔形, 下面淡绿色, 被白粉及乳点或无乳点,

图 388 虎皮楠
1. 果枝; 2. 雌花; 3. 雄花; 4. 果; 5. 果; 6. 雌花枝; 7. 果。

图 389 交让木
1. 果枝; 2. 雌花; 3. 果; 4. 雄花序; 5. 雄花; 6. 雌花。

中脉粗，基部带红色，侧脉 9-15 对；叶柄带红色，长 2.5-6 厘米；雄花无花被，或有 1-2 线形萼裂片，附着于雄蕊基部，雄蕊 6-10，花药长圆形略扁，药隔细尖或微凹；雌花无花萼，雌蕊几无花柱，柱头 2 裂，反曲。核果椭圆状球形，长 7-12 毫米，直径 5-8 毫米，无宿存花萼，成熟时红黑色，薄被白粉，果梗长 1 厘米或以上；种子 1 枚，稀 2 枚。花期 4-5 月，果期 9-10 月。

产皖南黄山慈光寺、半山寺、立马乔、皮蓬，祁门牯牛降海拔 720 米，歙县清凉峰海拔 1200 米，太平；大别山区金寨白马寨海拔 920-1400 米，岳西妙道山。生于海拔 730-1450 米的沟谷，山坡林中；喜湿润气候。种子繁殖。分布于浙江、福建、台湾、江西、湖北、湖南、贵州、四川、广东，广西。

木材白至淡黄色，纹理斜，结构细密，不耐腐，易加工，刨面光滑，适于制家具、板料，室内装修、文具及一般工艺用材；种子可榨油，供工业用；叶煮成液状，可防治蚜虫。

37. 杨柳科 SALICACEAE

落叶乔木或灌木;树皮常味苦。鳞芽。单叶,互生,稀近对生;具托叶。花单性,雌雄异株,稀杂性;荑荑花序;花无花被,生于苞片腹部;苞片基部具杯状花盘或腺体;雄蕊 2 至多数,花药 2 室,纵裂;雌蕊由 2-4 心皮合成,子房上位,1 室、侧膜胎座,胚珠多数,柱头 2-4 裂。蒴果 2-4 瓣裂。种子小,多数,胚直伸,无胚乳或少量胚乳,基部具多数白色丝毛。

3 属,约 620 种,分布于寒温带、温带和亚热带。我国 3 属均产,约 320 种。安徽省 2 属,20 种,4 变种,3 栽培型。

喜光。适应性强,生长快。插条繁殖或萌芽更新。

木材轻软,纤维细长;可供建筑、板材、造纸及轻工业原料。为我国北方及安徽省江淮丘陵、淮北平原重要防护林、用材林和"四旁"绿化、水土保持林的树种。

1. 萌枝髓心近五角星;具顶芽,芽鳞多数;雌雄荑荑花序均下垂;苞片边缘具缺裂;花盘杯状;叶常宽大,叶柄较长 ·· 1. 杨属 Populus
1. 萌枝髓心圆;无顶芽,芽鳞1;雌雄花序均直立或斜展;苞片全缘;无杯状花盘;叶窄长,叶柄短 ·········· ·· 2. 柳属 Salix

1. 杨属 Populus L.

落叶乔木。具顶芽,芽鳞数枚至多数。具长枝及短枝;萌枝髓心近五角形。单叶,互生,宽大;叶柄长。花单性,雌雄异株;雌雄荑荑花序均下垂,先叶开花;苞片膜质,边缘多撕裂,早落;花盘杯状;雄蕊 4 至多数,花丝较短,花药暗红色;雌蕊 2 心皮合成,子房 1 室,胚珠多数,花柱短。蒴果 2-4 瓣裂。种子基部围具丝絮毛。

约 100 种,分布于欧洲、亚洲、北美。我国 60 余种(含引入)安徽省 6 种,1 变种,3 杂交栽培型。

1. 叶缘具 3-5 浅裂、钝锯齿、深牙齿或波状齿;苞片边缘具长毛:
    2. 长枝与萌枝叶 3-5 掌状分裂,叶下面及叶柄密被白绒毛,毛不脱落 ·················· 1. 银白杨 P. alba
    2. 长枝与萌枝叶不为掌状分裂,叶下面及叶柄无毛或被绒毛:
        3. 叶缘具钝锯齿,叶柄扁,顶端具 2 紫红色突起腺体,下面幼时密被柔毛,后脱落 ············· ·· 2. 响叶杨 P. adenopoda
        3. 叶缘具深牙齿或波状牙齿,叶柄上部扁,顶端常具非紫红色 2-4 腺体,下面密被绒毛,后脱落 ·········· ·· 3. 毛白杨 P. tomentosa
1. 叶缘具锯齿;苞片边缘无长毛:
    4. 叶缘无半透明边或具半透明边:
        5. 叶菱状卵形、菱状椭圆形或菱状倒卵形,基部楔形,叶下面带绿白色,叶柄圆,带红色 ············· ··· 4. 小叶杨 P. simonii
        5. 叶宽菱状卵形或卵状椭圆形,上面绿色,具光泽,叶柄黄绿色 ·············· 5. 大官杨 P. x dakuaensis
    4. 叶缘具半透明边:
        6. 短枝叶菱状三角形或菱状卵圆形,基部宽楔形或稍圆,叶柄顶端无腺体 ·········· ·· 6. 钻天杨 P. nigra var. italica
        6. 短枝叶三角形或三角状卵形,叶柄顶端具腺体,稀无腺体·················· 7. 加杨 P. x canadensis

1. 银白杨　　　　　　　图390

Populus alba L.

落叶乔木，高达 30 米；树皮白色至灰白色。幼枝及芽密被白色绒毛。长枝叶卵圆形，长 4-10 厘米，宽 3-8 厘米，3-5 浅裂，裂片先端钝尖，叶缘具凹缺或浅裂，基部宽楔形、圆形或近心形，侧裂片近钝角开展，幼叶两面被白色绒毛，后上面脱落；短枝叶卵圆形或椭圆状卵形，长 4-8 厘米，宽 2-5 厘米，先端钝尖，基部宽楔形或圆形，稀微心形或平截，具钝锯齿，下面被白色绒毛或脱落；叶柄稍偏，较叶片短或近等长，被白色绒毛。雄花序长 3-6 厘米，序轴被毛；苞片宽椭圆形，长约 3 毫米，缘具牙齿及长柔毛；雄蕊 8-10，花药紫色；花盘斜杯状，具短梗；雌花序长 5-10 厘米；柱头 4 裂，红色。蒴果，窄圆锥形，长约 5 毫米，2 瓣裂，无毛。花期 3-4 月；果期 4-5 月。

安徽省皖南山区偶见栽培；江淮丘陵及淮北平原普遍栽培。仅在新疆额尔齐斯河海拔 450-750 米处有天然林生长；全国其他各省均为引种栽培。

喜大陆性干燥气候。喜光。耐寒、耐干、耐盐碱，不耐湿热。喜沙地、沙壤土及流水沟渠边，不耐黏重瘠薄土壤。深根性，根系发达，萌芽性强，抗风及抗病虫害能力较强，具有防护堤岸及保持水土优良性能。

播种或扦插繁殖。有立枯病、黑斑病、锈病危害实生苗、幼苗及幼林；白杨透翅蛾幼虫危害苗木、幼树主干及树梢。

心材黄褐色，边材白色，纹理较直，结构较细，较轻软，耐腐性较差；可供建筑、桥梁、板料、家具造纸等用。树皮可提制栲胶。树姿美观供观赏或栽植作行道树。

2. 响叶杨　　　　　　　图391

Populus adenopoda Maxim.

落叶乔木，高达 30 米，胸径 1 米；幼树皮灰白色，大树皮深灰色，纵裂。小枝无毛；芽圆锥形，具胶质。叶卵圆形或卵形，长 5-8（15）厘米，宽 4-7 厘米，先端长渐尖，基部平截或心形，稀近圆形，具钝锯齿，下面幼时密被柔毛，后脱落；叶柄扁，长 2-8 厘米，顶端具 2 紫红色腺体。雄花序长 6-10 厘米，苞片条裂，具长睫毛；花盘齿裂；雌花序长 5-6 厘米，序轴密被柔毛。果序长 12-20 厘米，序轴被毛；蒴果卵状长椭圆形，长 4-6 毫米，先端尖，无毛，2 瓣裂。花期 3-4 月；果期 4-5 月。

产皖南黄山桃花峰山脚下、眉毛峰附近阔叶林缘海拔 620 米处偶见，绩溪清凉峰海拔 760 米，歙县三阳坑，太平龙源，青阳九华山；大别山区霍山廖寺园、

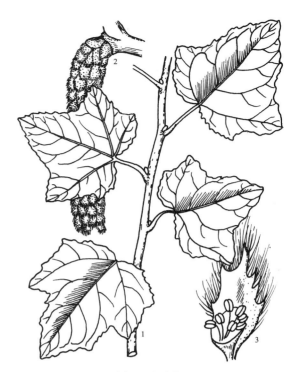

图390 银白杨
1. 枝叶；2. 雄花序；3. 雄花及苞片（放大）。

图391 响叶杨
1. 枝叶；2. 雄花及苞片（放大）。

马家河海拔 850 米，金寨白马寨海拔 700 米，岳西大王沟、鹞落坪，潜山彭河乡海拔 1200 米，舒城万佛山；江淮滁县皇甫山。生于阳坡灌丛中、杂木林中或沿河两岸。分布于甘肃、陕西、四川、湖北、贵州、云南、江西、浙江、湖南。

喜温暖湿润气候，不耐严寒。喜光。天然更新良好。根际萌蘖性强。用种子或分蘖繁殖。

木材白色，心材微红，干燥易裂；可供建筑、器具用。树皮纤维造纸。叶作饲料。

为安徽省长江中下游海拔 1000 米以下土层深厚地方重要造林树种。

3. 毛白杨 图 392

Populus tomentosa Carr.

落叶乔木，高达 30 米，胸径 1 米；树干端直；树皮灰绿至灰白毛，皮孔菱形，老树基部黑灰色，纵裂。幼枝被毛，后脱落；叶芽卵形，花芽卵圆形或近球形。长枝叶宽卵形或三角状卵形，长 10-15 厘米，先端短渐尖，基部心形或平截，具深牙齿或波状牙齿，下面密被绒毛，后脱落，叶柄上部扁，长 3-7 厘米，顶端常具 2-4 腺体；短枝叶卵形或三角状卵形，先端渐尖，具深波状牙齿，下面无毛，叶柄扁，稍短于叶片。雄花序长 10-14 厘米；雄花苞片密被长毛，雄蕊 6-12，花药红色；雌花序长 4-7 厘米；子房圆锥形，柱头 2 裂。果序长达 14 厘米；蒴果圆锥形或长卵形，2 瓣裂。花期 3-4 月；果期 4-5 月。

产皖南山区广德，绩溪，歙县；大别山区霍山也有栽培试验；淮北、江淮丘陵广为栽培。分布于黄河流域，北至辽宁南部，南达江苏、浙江一带。

喜温凉湿润气候。在深厚肥沃湿润壤土或沙壤土上，生长很快；在干旱瘠薄，低洼积水的盐碱地及沙荒地上生长不良，易遭病虫危害；稍耐盐碱。深根性，根际萌蘖性强。耐烟尘，为城市及工矿区优良绿化树种。

有锈病、黑斑病、根癌病危害苗木及根部。

散孔材至半环孔材。心材边材略有区别。木材纹理直，结构细，气干密度 0.457 克／立方厘米，易干燥，易加工，油漆及粘胶性能良好；可供建筑、家具、包装箱、造纸用。树皮含鞣质约 5.18%，可提制栲胶。雄花序喂猪及药用。

为安徽省黄河故道、淮河流域冲积平原及城乡绿化重要造林树种。

4. 小叶杨 南京白杨 图 393

Populus simonii Carr.

落叶乔木，高达 20 米，胸径 50 厘米以上；幼树

图 392 毛白杨
1. 长枝；2. 短枝；3. 雄花序枝；4. 雄花；5-6. 雄花及苞片；7. 果实。

图 393 小叶杨
1. 长枝；2. 短枝；3. 雄花序枝；4-5. 雄花及苞片；6-7. 雌花及苞片；8. 开裂的果实。

树皮灰绿色，老树树皮暗灰色，纵裂。幼树小枝及萌枝具棱，老树小枝圆，无毛；芽细长，先端长尖。叶菱状卵形、菱状椭圆形或菱状倒卵形，长 3-12 厘米，宽 2-8 厘米，中部以上较宽，先端骤尖或渐尖，基部宽楔形、楔形或窄圆，具细锯齿，无毛，下面带绿白色；叶柄圆，长 2-6 厘米。雄花序长 2-7 厘米，序轴无毛，苞片条裂；雄蕊 8-9(25)；雌花序长 2.5-6 厘米；子房柱头 4 裂。果序长达 15 厘米；蒴果小，2(3) 瓣裂，无毛。花期 3-4 月；果期 4-5 月。

皖南山区低山丘陵、江淮地区及淮北平原普遍栽培。分布于东北、华北、华东及甘肃、四川。

耐寒，耐旱，耐高温，能适应中度、弱度盐渍化土壤。根系发达，抗风力强。种子及压条繁殖。

木材纹理直，轻软细致，易加工；可供建筑、胶合板、造纸等用。

为安徽省淮北平原及低湿地的重要造林树种。

5. 大官杨

Populus × dakuaensis Hsu

落叶乔木，高达 10 余米；树冠卵圆形；侧枝开展而上弯；幼树树皮灰绿色，老时暗灰色，纵裂。小枝黄绿色具棱脊。叶菱状卵形或卵状椭圆形，长 4-9 厘米，宽 3-5 厘米，先端渐尖，基部楔形或近圆形，具细锯齿，边缘半透明，上面绿色，具光泽；叶柄黄绿色。雌花序长 3-5 厘米；子房圆锥形或卵形，柱头 2 裂；花盘漏斗状。果序长 5-10 厘米，蒴果三角状锥形或卵圆形，2 瓣裂。花期 3 月中旬；果期 4 月中下旬。

江淮丘陵及淮北平原，普遍栽培。分布于河南，原产地在河南牟县大官庄。

喜光。耐寒，耐旱。在土层深厚处生长良好。本种以无性繁殖为主；干形差，常弯曲，退化现象显著。

木材可供家具、农具及造纸等用，是平原地区"四旁"绿化、行道树及农田防护林的适宜树种。

选为初期造林，成长后，视其生长情况，用其他树种更替。

6. 钻天杨（变种） 图 394

Populus nigra L. var. **italica**（Muenchh.）Koehne

落叶乔木，高达 30 米；树冠圆柱形；树皮暗灰褐色，老时黑褐色，纵裂。小枝圆形，无毛，幼枝有时疏被柔毛；芽长卵形，先端长尖。长枝叶扁三角形，先端短渐尖，基部平截或宽楔形，锯齿钝圆；短枝叶菱状三角形或菱状卵圆形，长 5-10 厘米，先端渐尖，基部宽楔形或稍圆；叶柄上部微扁，长 2-4.5 厘米，顶端无腺体。雄花序长 4-8 厘米，苞片上部边缘细条裂；雄蕊 6-30；雌花序长 3-4.5 厘米；子房卵形，柱头 2 裂。蒴果 2 瓣裂；果梗细长。花期 4 月；果期 5 月。

原产欧洲南部及亚洲西部。安徽省南北各地普遍栽培。

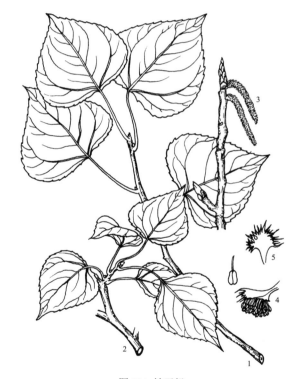

图 394 钻天杨
1. 长枝及叶；2. 短枝；3. 雄花序；4-5. 雄花及苞片并示雄蕊。

木材轻软，可供造纸。树干端直，可作防护林和行道树树种。

7. 加杨 图 395

Populus × canadensis Moench [*P.x. euramericana*（Dode）Guinier]

落叶乔木，高达 30 米，胸径 1 米；树干通直；树皮纵裂。萌枝具棱，小枝无毛，稀微被毛；芽先端反曲。

叶近三角形，长 7-10 厘米，长枝及萌枝叶长 10-20
厘米，先端渐尖，基部平截或宽楔形，无腺体，稀 1-2
腺体，锯齿钝圆，具短睫毛，下面淡绿色；叶柄扁，
长 6-10 厘米。雄花序长达 7 厘米，无毛；雄蕊 15-
25；雌花序少见。果序长达 27 厘米；蒴果卵圆形，先
端尖，2-3 瓣裂。花期 4 月；果期 5-6 月。

原产欧洲；我国引入。安徽省南北各地均有栽
培。是美洲黑杨（Populus deltoides Marsh.）及黑杨
（Populus nigra L.）的杂交种。

较耐寒，耐旱性稍差。喜光。喜温暖湿润气候。
在酸性、微酸性土壤上均能生长。

白粉病危害大树叶及苗木；光肩星天牛危害枝
干嫩皮；还有杨叶锈病、白杨透翅蛾及杨银潜叶蛾等
危害。

散孔材至半环孔材。心材边材略有区别。木材
白色带淡黄褐色，纹理直，气干密度 0.5 克 / 立方米，
易干燥，易加工；可供家具建筑、包装箱、火柴杆等用，
也是造纸及纤维工业优良原料。

图 395 加杨（枝叶）

7a. 沙兰杨 （栽培型）

Populus × canadensis Moench. cv. **Sacrau**79

乔木，树干高大微弯，侧枝稀疏，近轮生；树皮灰白色至灰褐色，基部浅裂。长枝、萌枝具棱，灰绿色至灰白色，
短枝黄褐色；芽三角状圆锥形，先端弯，具赤褐色胶腺。短枝叶三角形或三角状卵形，长 8-11 厘米，宽 6-9 厘米，
先端渐尖或长渐尖，基部平截或宽楔形，具密钝齿，两面具黄色胶腺；长枝叶三角形，较大，先端短尖，基部平截；
叶柄扁，淡绿带红色，长 4-8 厘米，顶端具 1-4 腺体。雌花序长 3-8 厘米，无毛；子房圆形，黄绿色，柱头 2 裂；
花盘浅黄绿色，边缘波状；苞片三角形，顶部具长尖裂片。果序长 20-25 厘米；蒴果长卵圆形，长达 1 厘米，2
瓣裂；果梗长 5-10 毫米。只见雌株。花期 3-4 月。果期 4 月下旬。为美洲黑杨与欧洲黑杨杂种无性系的栽培型。
1954 年引入我国。

安徽省江南当涂，马鞍山，铜陵；江淮丘陵及淮北平原等地有引种栽培。生于土层深厚湿润之地。抗寒性较差。
我国华北、华东、华中及西南各地均有栽培。

有腐烂病、芳香木蠹蛾、白杨透翅蛾等危害。

木材淡黄白色，纹理直，结构细，易干燥，易加工，漆粘性好，气干密度 0.376 克 / 立方厘米；可供家具、
建筑及包装箱、造纸等用，是纤维工业优良原料。

7b. 健杨 （栽培型）

Populus × canadensis Moench cv. **Robusta**

乔木，高达 15 米；树冠塔形，树干圆满通直，枝层明显，呈轮生状；幼树皮光滑，老树基部纵裂。幼枝具棱，
绿色，微带红色，被柔毛；芽圆锥形，紧贴枝；短枝叶三角形或扁三角形，长 10-12 厘米，宽 8-10 厘米，先端渐尖，
基部宽楔形或稍圆，常具 1-2 腺体，具粗锯齿；萌枝叶三角形，先端短渐尖或突尖，基部浅心形，叶脉基部粉红色，
锯齿内曲；叶柄扁，带红色。雄花序长 7-12 厘米，苞片上部细裂；雄蕊 20；雌花未见。花期 4 月。

原产欧洲。安徽省江淮丘陵及淮北平原有引栽。我国河南、山东、河北也广泛栽培。

喜光。较耐寒，对土壤要求不严。

对病虫害抗性较强。扦插或根蘖繁殖。

材质较好;可供矿柱、建筑、胶合板、造纸及纤维工业等用。树干端直,为行道树、农田防护林的造林树种。

7c. 意大利 214 杨 (栽培型)

Populus × canadensis Moench cv. I－214

大乔木;主干通直或微弯,冠与侧枝密集;树皮初光滑,后增厚,纵裂。幼叶红色,三角形或卵状三角形,长 7-12(15)厘米,宽 5-10 厘米,先端长渐尖,基部楔形,具柱状腺体 1-6 个,具波状圆锯齿,叶下面具黄色黏液;叶柄稍带红色,长 3-9 厘米。雌花序黄绿色,无毛;子房圆形;花盘边缘波状;苞片三角形,基部长窄。果序长 18-20 厘米;蒴果短圆锥形,绿色。花期 4 月上旬;果期 5 月中下旬。

安徽省各地平原地区有引种栽培。原产意大利。我国华北、华东等地广泛栽培。

喜光。对土壤要求不严。

2. 柳属 Salix L.

落叶乔木或灌木。无顶芽,侧芽具 1 芽鳞。小枝髓心近圆形。单叶,互生,稀对生;托叶早落或在萌枝上宿存。花单性,雌雄异株;雌雄荑黄花序均直立与叶同放;苞片全缘;无杯状花盘,具 1-2 腺体;雄蕊 1 至多数,花丝长,分离或部分合生,着生于苞片基部,花药黄色;雌蕊 2 心皮合成,子房无柄或具柄,花柱先端 2 裂,各具 1 柱头。蒴果 2 瓣裂。种子细小,基部具白色毛。

约 520 余种,分布于北半球。我国约 257 种。安徽省 14 种,3 变种。

扦插或种子繁殖。多为保持水土、固堤、固沙及"四旁"绿化优良树种。

1. 子房柄较长,果梗更长:
　　2. 腹腺马蹄形,常半抱柄:
　　　　3. 子房柄长约 1 毫米;小枝先端密被锈色柔毛;叶长圆形或窄卵形 ·················· 1. **粤柳 S. mesnyi**
　　　　3. 子房柄长 1-3 毫米:
　　　　　　4. 子房卵状圆锥形;苞片腹面被毛,背面毛较少;小枝被灰色及棕褐色柔毛;叶椭圆形或卵状椭圆形
　　　　　　　　··· 2. **水社柳 S. kusanoi**
　　　　　　4. 子房窄卵形或披针形;苞片两面基部被柔毛:
　　　　　　　　5. 苞片卵形,背腺有时不发育;果卵形;叶披针形或长圆形 ·········· 5. **南川柳 S. rosthornii**
　　　　　　　　5. 苞片不为卵形,背腺小;果卵形或卵状椭圆形:
　　　　　　　　　　6. 花序长 4-5.5 厘米;托叶半圆形:
　　　　　　　　　　　　7. 叶柄顶端具腺点 ·················· 3. **腺柳 S. chaenomeloides**
　　　　　　　　　　　　7. 叶柄顶端腺点特化为小叶片状 ·········· 3a. **腺叶腺柳 S. chaenomeloides var. glandulifolia**
　　　　　　　　　　6. 花序长 3-6 厘米;托叶卵形,叶柄顶端无腺点或不明显;小枝紫红色 ········ 4. **紫柳 S. wilsonii**
　　2. 腹腺不为马蹄形,不抱柄:
　　　　8. 苞片黄绿色,干后褐色:
　　　　　　9. 雄蕊 3-4(6);叶下面带灰白色,密被平伏长柔毛 ·········· 6. **长柄柳 S. dunnii**
　　　　　　9. 雄蕊 3;叶下面被柔毛至无毛 ·········· 7. **日本三蕊柳 S. triandra var. nipponica**
　　　　8. 苞片上部暗褐色;叶长圆状披针形或卵状长圆形,下面被平伏绢毛至无毛,淡绿色或具白霜:
　　　　　　10. 叶下面被毛或无毛 ·········· 12. **皂柳 S. wallichiana**
　　　　　　10. 叶下面密被灰白色绒毛层,毛不脱落 ·········· 12a. **绒毛皂柳 S. wallichiana var. pachyclada**
1. 子房柄短或无;果梗极短:
　　11. 花序椭圆形、长圆形或短圆柱形:
　　　　12. 花序及叶对生或近对生 ·········· 13. **杞柳 S. integra**

12. 花序及叶互生：

13. 小枝细长，下垂 ·· 10. **垂柳 S. babylonica**

13. 小枝不下垂：

14. 小枝被银白色绒毛，老枝紫褐色，无毛 ··················9. **银叶柳 S. chienii**

14. 小枝幼时被毛，但不为银白色绒毛；雌花具腹、背腺 ··············8. **旱柳 S. matsudana**

10. 花序圆柱形：

15. 幼叶下面被短绒毛；花序互生 ·························· 15. **簸箕柳 S. suchowensis**

15. 幼叶下面微被柔毛或无毛：

16. 叶倒披针形长 3-13 厘米，宽 8-15 毫米 ··············· 14. **红柳 S. sino-purpurea**

16. 叶椭圆形或披针形，长 2-4（5.5）厘米 ·············· 11. **小叶柳 S. hypoleuca**

1.　粤柳

Salix mesnyi Hemsl.

落叶小乔木；树皮灰褐色。小枝先端密被锈色柔毛；芽大，微被柔毛。叶长圆形或窄卵形，长 7-11 厘米，宽 3-4.5 厘米，先端长渐尖或尾尖，基部圆形或近心形，稀宽楔形，具粗锯齿，下面近无毛，幼叶两面被锈色柔毛，沿中脉更密；叶柄长 1-1.5 厘米。雄花序长 4-5 厘米，具 2-3 小叶，序轴密被灰白色柔毛；雄蕊 5-6，花丝基部疏被柔毛；苞片宽卵圆形，腹面及边缘被柔毛；具腹、背腺，常分裂；雌花序长 3-6.5 厘米；子房卵状圆锥形，花柱短，柱头 2 裂；苞片长约 2 毫米；具 1 腹腺。果序长约 2.5 厘米；蒴果卵形，无毛。花期 3 月；果期 4 月。

产皖南黄山，广德生于溪沟边。分布于广东、广西、福建、浙江、江西。

2.　水社柳

Salix kusanoi（Hayata）Schneid.

落叶乔木，高达 6 米。小枝被灰色及棕褐色柔毛；芽卵状圆锥形，紫红色，近无毛。叶椭圆形或卵状椭圆形，长约 9 厘米，先端渐尖，基部圆形或微心形，稀近耳形，上面中脉被褐色绢毛，下面幼时被褐色绢毛，老叶沿脉被毛；叶柄长。雄花序长 8-9 厘米，序梗长，具 2-3 小叶；雄蕊 5-6，花丝基部被柔毛；无花盘；苞片卵形或宽椭圆形，腹面被柔毛，背面毛少，具睫毛；具腹、背腺，常分裂；雌花序序梗长约 3 厘米，径约 1 厘米；雌花具腹背腺，先端微凹或分裂。

产皖南旌德。分布于台湾。

3.　腺柳　河柳　　　　　　　　　图 396

Salix chaenomeloides Kimura

落叶中乔木，高达 10-15 米。小枝红褐色，具光泽。叶椭圆形、卵圆形或椭圆状披针形，稀倒卵状椭圆形，长 4-8 厘米，宽 2-4 厘米，先端渐尖或尖，基部楔形，稀稍圆，具腺齿，两面无毛，下面带苍白色；叶柄长 5-12 毫米，顶端具腺点。托叶半圆形或长圆形，具腺齿，早落。雄花序长 4（7）厘米，花梗及序轴被柔毛；苞片卵圆形，长约 1 毫米；雄蕊 4-5，基部被毛；具腹、背腺；雌花序长 4-5.5 厘米，序梗长 2 厘米，序轴被绒毛；雌花与苞片等长，具 1 腹腺，无毛。蒴果倒卵形或卵

图 396 腺柳
1. 叶枝，示托叶；2. 果序枝；3. 雄花；4. 雌花。

状椭圆形，长 3-7 毫米，2 瓣裂。花期 3-4 月；果期 4-5 月。

产皖南黄山逍遥溪边，泾县小溪，青阳九华山及皖南其他各地；大别山区霍山百莲崖海拔 200 米，金寨白马寨，岳西鹞落坪，潜山天柱山海拔 350 米，舒城万佛山；淮南八公山；安徽省南北各地分布较广。多生于山沟、溪旁及河滩地。

分布于河北、山东、山西、河南、陕西、湖北、江苏、浙江。朝鲜、日本也有分布。

喜光。喜水湿。生长快。

散孔材。心材边材区别略明显。木材轻软，纹理直，结构细；可供板料、家具、器具等用。茎皮可提制栲胶及作纤维材料。枝条可用作编织、篮框等。是蜜源树种。

3a. 腺叶腺柳 （变种）
Salix chaenomeloides Kimura var **glandulifolia**（C. Wang et C.Y.Yu）C. F. Fang

本变种叶柄顶端腺体变异成小叶片状。

产皖南黄山，泾县小溪；大别山区岳西鹞落坪海拔 1000 米，潜山彭河乡。分布于陕西。

4. 紫柳　　　　　　　　　　图 397
Salix wilsonii Seemen

落叶乔木，高 10 余米。小枝紫红色，幼时被毛。叶椭圆形，稀椭圆状披针形，长 4-7 厘米，宽 1.5-3 厘米，先端尖或渐尖，基部楔圆形或圆形，具圆锯齿，幼叶带红色，上面疏被柔毛，后脱落，老叶下面带白色；叶柄长 7-10 毫米，被柔毛，顶端无腺点；托叶卵形早落，萌枝托叶肾形，长约 1 厘米以上，具腺齿。花叶同放；花序梗长 1-2 厘米，具 3（5）小叶；雄花序长 2.5-6 厘米，序轴被柔毛；苞片卵形，中下部被柔毛和睫毛；具腹、背腺，常分裂；雄蕊 3-5；雌花序长 2-4 厘米，序轴被柔毛；腹腺宽厚，抱柄，两侧常具 2 小裂片，背腺小，有时无。果序长达 8 厘米；蒴果卵状椭圆形，2 瓣裂。花期 3 月底至 4 月上旬。果期 5 月。

产皖南浮溪海拔 560 米，歙县，绩溪清凉峰永来海拔 730 米，太平，泾县，贵池；大别山区霍山马家河天河尖海拔 1380 米，金寨白马寨海拔 680 米，岳西河图、鹞落坪海拔 700-1400 米、妙道山有小片人工林，潜山天柱山马祖庵海拔 350-650 米，舒城万佛山多生于溪沟边。分布于湖北、湖南、江苏、江西、浙江。

图 397 紫柳
1. 果序枝；2. 雄花；3. 雌花；4. 开裂的果实。

喜温暖湿润气候。耐水湿，在排水良好、土层深厚、疏松沙壤土上生长良好。

木材轻软，细微；可供家具、农具等用。枝条可编制筐篓。

5. 南川柳　　　　　　　　　　图 398
Salix rosthornii Seemen

落叶乔木，或呈灌木状。幼枝被毛，后脱落。叶披针形、椭圆状披针形或长圆形，长 4-7 厘米，宽 1.5-2.5 厘米，先端渐尖，基部楔形，具腺齿，无毛或幼时脉上被毛；叶柄长 7-12 毫米，被柔毛，顶端具腺点；托叶偏卵形，具腺齿，早落，萌枝托叶肾形或偏心形，长达 1.2 厘米。花叶同放；雄花序长 3.5-6 厘米，疏花，序梗长 1-2

厘米，具 3（6）小叶，序轴被柔毛；苞片卵形、基部被柔毛；具腹、背腺；雄蕊 3-6，基部被柔毛；雌花序长 3-4厘米，腹腺大，抱柄。蒴果卵形，长 5-6 毫米。花期 3 月下旬至 4 月上旬；果期 5 月。

产皖南黄山温泉，太平，泾县，广德小老虎洞海拔 850 米；大别山区金寨海拔 600 米，岳西鹞落坪海拔 1100 米，潜山彭河乡、罗汉乡、天柱山海拔 850 米；江淮滁县生于低山丘陵溪边沟旁。分布于陕西、四川、湖北、湖南、江西、浙江、贵州。

喜光。喜温暖湿润气候；在微酸性、中性土上均能生长。耐水湿，为护堤及"四旁"绿化优良树种。

木材轻软；可供造纸及制小型用具。

6. 长柄柳

Salix dunnii Schneid.

落叶小乔木或呈灌木状。小枝紫色，密被柔毛，后脱落。叶椭圆形或椭圆状披针形，长 2.5-4 厘米，先端尖或钝圆，基部宽楔形或圆形，疏具腺点，稀近全缘，上面疏被柔毛，下面带灰白色，密被平状长柔毛；叶柄长 2-3 毫米。雄花序长约 5 厘米，径约 4 毫米，疏花，序梗长约 1 厘米；具 3-5 小叶，序轴密被柔毛；苞片卵形或倒卵形；雄蕊 3-4，基部被柔毛，具腹、背腺；雌花序长约 4 厘米，序梗具 3-5 小叶；序轴被柔毛；雌花具 1 腹腺。果序长 6.5-8 厘米；蒴果长 3-4 毫米。花果期 4-5 月。

图 398 南川柳
1. 雄花序；2. 雄花；3. 果序枝；4. 雌花；5. 萌枝叶形，并示托叶。

产皖南黟县城南海拔 205 米，泾县，广德；大别山区岳西鹞落坪海拔 900-1100 米。多生于溪边。分布于浙江、江西、福建、广东。

7. 日本三蕊柳（变种）

Salix triandra L. var. **nipponica**（Franch. et Sav.）Seemen

落叶灌木或小乔木。幼枝紫褐色，密被短柔毛，后脱落。叶披针形，长 5-12 厘米，宽 1-3 厘米，先端渐尖，基部楔形，具锯齿，幼时两面被柔毛，后脱落；叶柄长 3-10 毫米；托叶卵形，长 5-10 毫米。雄花序长 3-8 厘米；雄蕊 3，腺体 2，花丝基部无毛或被长柔毛；雌花序长 3-7 厘米；子房长卵形，无毛；苞片较长，约为子房长的 2/3；序梗基部的叶全缘，腺体 1。蒴果长 3-5 毫米。花期 4-5 月。

产大别山区霍山，岳西鹞落坪海拔 1300 米，潜山彭河乡海拔 500 米，天柱山、燕子河。分布于江苏、湖南、山东、内蒙、辽宁、吉林。朝鲜、日本也有分布。

8. 旱柳　　　　　　　　　　　　　　　　　　　　　图 399

Salix matsudana Koidz.

落叶乔木，高达 20 米，胸径达 80 厘米；树皮深灰色，纵裂。大枝斜展，幼枝被毛，小枝淡黄色或绿色；芽微被柔毛。叶披针形或条状披针形，长 5-10 厘米，宽 1-1.5 厘米，先端长渐尖，基部窄圆或楔形，具细腺齿，上面无毛，下面带白色，幼叶被丝毛，后脱落；叶柄长 5-8 毫米。雄花序长 1.5-2.5 厘米，序轴被毛；雄蕊 2，花丝分裂，基部被长柔毛；苞片卵形，黄绿色，具腹、背腺；雌花序具短梗及 3-5 小叶，序轴被长毛，具腹、背腺，背腺很小。果序长约 2 厘米。花期 4 月；果期 4-5 月。

安徽省南北各地均有分布。分布于东北、华北、西北及长江流域各地。

耐寒性较强，在绝对最低温度 -39℃条件下，无冻害。喜湿润、排水良好的沙壤土，在河滩、沟谷、低湿地能成林、成材，沙丘、干旱地造林成活率低。深根性，侧根发达，抗风力强，树干强韧，不易风折。寿命一般为 50-70 年，立地条件好的则达 200 年。扦插育苗，或种子繁殖。

有柳锈病危害幼苗、幼树，柳金花虫吃食树叶。木蠹蛾蛀食树干。

散孔材。心材边材区别略明显。

木材纹理直，结构细匀轻软，白色，不耐腐，耐水湿；可供建筑、矿柱、家具、胶合板、包装箱板等用。树皮含鞣质 3.06-5.47%，可提制栲胶。枝条烧炭，供绘图、制火药用。枝条还可编筐；树皮造纸；又为早春蜜源树种。

为安徽省淮北平原"四旁"绿化及营造用材林、防护林和保持水土林的优良树种。

8a. 龙爪柳（变型）

Salix matsudana Koida. f. **tortuosa**（Vilm.）Rehd.

枝强烈卷曲。

各地庭园栽培较普遍，供观赏及池塘边缘绿化。

9. 银叶柳 钱氏柳　　　　　图 400

Salix chienii Cheng

落叶小乔木，高达 8 米，或呈灌木状；树皮褐灰色，纵裂。小枝被绒毛，老枝紫褐色，无毛；芽被柔毛。叶长圆形，窄椭圆形、披针形或倒披针形，长 2-3.5（5）厘米，宽 5-11 毫米，先端尖或钝，基部宽楔形或稍圆形，具细腺齿，幼叶两面被绢毛，老叶上面近无毛，下面带白色，被绢毛；叶柄短。雄花序长 1.5-2 厘米，序梗具 3（7）小叶，序轴被长毛；雄蕊 2，花丝分离或基部合生，基部被毛；苞片倒卵形，两面中部以下密被长毛，背面先端近无毛；具腹、背腺；雌花序长 1.2-1.5厘米；子房卵形，无柄，无毛，柱头 2 裂；苞片卵形，腹面密被长毛；具 1 腹腺。果序长约 2 厘米；蒴果长约 3 毫米，具短梗。花期 3 月。

产皖南黄山温泉附近，绩溪清凉峰永来海拔 770米，歙县，太平，泾县小溪，旌德，青阳九华山；大别山区霍山诸佛庵，金寨马宗岭、白马寨海拔 685米，岳西鹞落坪海拔 950 米，潜山天柱山、彭河乡海拔 850 米；江淮桐城陶冲乡。多生于溪谷边及村舍旁。分布于浙江、江西、湖南、江苏。

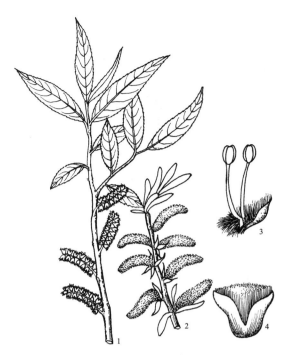

图 399 旱柳
1. 果序枝；2. 雄花序；3. 雄蕊；4. 开裂的果实。

图 400 银叶柳
1. 花序枝；2. 雄花；3. 雌花。

10. 垂柳 图 401

Salix babylonica L.

落叶乔木,高达 18 米;树皮灰黑色,不规则开裂。小枝细长,下垂;芽卵状长圆形,先端尖。叶窄披针形或条状披针形,长 9-16 厘米,宽 5-15 毫米,先端长渐尖,基部楔形,具细锯齿,两面无毛或幼叶微被毛,下面淡灰绿色;叶柄长 5-12 毫米;托叶斜披针形。雄花序长 2-4 厘米,序梗具 3-4 小叶;雄蕊 2,基部稍被毛;苞片披针形,背面基部和边缘被长柔毛;具腹、背腺;雌花序长 2.5-5 厘米;苞片条状披针形,基部被柔毛;雌花具 1 腹腺,花柱极短,2 裂。蒴果长 3-4 毫米,2 瓣裂。花期 3-4 月;果期 4-5 月。

安徽省南北各地、平原地区,河边、水边习见栽培。

耐水湿。常用作护堤树种,在裸露河滩地上或长江堤岸滩地上均能天然下种,形成片林。

实生树,生长较慢,寿命长,可成大材;萌芽及插条树,生长较快,寿命短。城镇园林绿化,宜选择青皮型垂柳雄株栽培,生长快,材质好,且能保持环境卫生。雌株"飞絮"不利净化环境。

散孔材。木材红褐色,纹理直,结构细匀,轻软有韧性;可供矿柱、家具、胶合板、箱版等用。叶及嫩枝可作饲料及肥料。叶可饲柳蚕。叶及茎皮含水杨糖甙,可药用,作清热剂。树皮可提制烤胶。树姿优美,供观赏。

为安徽省长江以南地区、平原、低湿河滩地、河流两岸重要速生用材料种。长江以南至广东,西南至四川、云南习见栽培,北方也有栽培。

图 401 垂柳
1. 枝叶;2. 雌花枝;3. 雄花枝;4. 雄花序;5. 雌花序;6. 雄花;7. 雌花;8. 果实;9. 种子。

11. 小叶柳

Salix hypoleuca Seemen

落叶灌木;树皮黄褐色。小枝暗褐色。叶椭圆形或披针形,稀卵形,长 2-4(5.5)厘米,先端尖,基部宽楔形,全缘,下面带苍白色,无毛;叶柄长 3-9 毫米。雄花序长 2.5-4.5 厘米,序梗长 3-10 毫米,序轴无毛;苞片倒卵形;具 1 腹腺;雌花序长 2.5-5 厘米,花密集,序梗短;苞片宽卵形,先端尖;具 1 腹腺。蒴果窄卵形或卵形,长约 2.5 毫米,近无梗。花期 5 月上旬;果期 5 月下旬至六月上旬。

产大别山区霍山白马尖,金寨白马寨海拔 1400 米、鲍家窝,岳西鹞落坪,潜山天柱山。分布于陕西、甘肃、四川、湖北。生于沟谷。

12. 皂柳 图 402

Salix wallichiana Anderss.

落叶乔木,或呈灌木状。幼枝被柔毛,后脱落;

图 402 皂柳
1. 枝叶;2. 叶下面(局部);3. 雄花;4. 雌花;5. 开裂的果实。

芽卵形，无毛。叶披针形、长圆状披针形、卵状长圆形或窄椭圆形，长 5-10 厘米，宽 1-3 厘米，先端尖或渐尖，基部楔形或圆形，全缘，下面被平状绢毛或无毛，浅绿色或具白霜；叶柄长约 1 厘米；托叶半心形。雄花序长 1.5-3 厘米，常无序梗，序轴密被柔毛；苞片暗褐色，长圆形，两面被长毛；腺体 1；雌花序长 2.5-4 厘米。果序长达 12 厘米；蒴果长约 9 毫米，被柔毛至近无毛。花期 4-5 月；果期 5 月。

产大别山区金寨马宗岭、白马寨，六安海拔 900 米，岳西美丽乡，潜山天柱山，舒城万佛山。生于山谷溪边，为山区常见树种之一。分布于河南、河北、陕西、山西、湖北、湖南、浙江、四川、贵州、云南。印度、尼泊尔有分布。

喜温暖湿润气候和湿润疏松、排水良好的酸性土壤。

木材供箱板家具等用。枝条可编筐。根药用，治风湿性关节炎。

12a. 绒毛皂柳 （变种）

Salix wallichiana Anderss. var. **pachyclada** （Levl. et Vent.） C. Wang et C.F.Fang

本变种叶下面密被灰白色绒毛层，毛不脱落。

产皖南黄山，泾县；大别山区霍山，金寨，舒城万佛山。

13. 杞柳

图 403

Salix integra Thunb.

落叶灌木，高 1-2 米。小枝纤细，富韧性，无毛；芽黄褐色，无毛。叶对生或近对生，萌枝叶有时互生或近轮生，叶长圆形，长 2-5 厘米，先端短渐尖，基部微凹或稍圆形，全缘或上部具尖齿，幼叶发红，老叶下面苍白色，近无叶柄而抱茎。花序基部具小叶；雄花序近卵圆形，长 1.5-2.5 厘米；雄蕊 2，花丝合生，花药淡红色，4 室；苞片近圆形，被柔毛；具 1 腹腺；雌花序长约 2 厘米；子房近无柄，密被丝毛，花柱不明显，柱头 2-4 裂；苞片倒卵形，褐色至黑色。果序长 2-6 厘米；蒴果长 2-3 毫米，2 瓣裂。花期 4-5 月；果期 6 月。

产皖南黄山北海；大别山区霍山俞家畈海拔 1200 米、佛子岭海拔 800 米，金寨白马寨海拔 930-1400 米，岳西鹞落坪，潜山天柱山海拔 750 米，舒城万佛山。生于沟边、河边湿润地。分布于我国东北、黄河流域、淮河流域各地。

喜光。耐水湿，稍耐盐碱。根系发达，丛生。是围堤固沙、保持水土优良树种。枝条细长，富韧性；供制筐笋、簸箕等用。

本种主要特征：叶、花序均对生或近对生，无宿存托叶，与其他种易于区别。

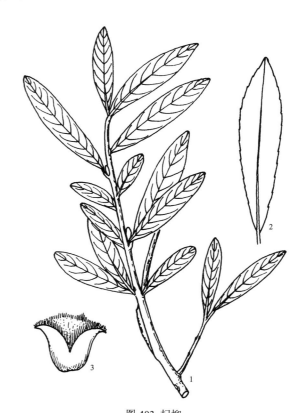

图 403 杞柳
1. 枝叶；2. 叶（放大，示叶缘具细锯齿）；3. 开裂的果实。

14. 红柳

Salix sino-purpurea C. Wang et Ch. Y.Yang

落叶乔木，或呈灌木状。芽红褐色，常对生，无毛。叶倒披针形，互生或对生，长 3-13 厘米，宽 8-15 毫米，先端尖，全缘或上部具尖锯齿，幼叶下面微被柔毛，老叶无毛。花序长 2-3 厘米，无序梗，基部具 2-5 鳞叶；雄蕊花丝合生,基部被柔毛;苞片倒卵圆形,先端黑色,被丝毛;子房被丝毛,柱头短。蒴果无梗,被毛。花期3-5月。

　　产皖南黄山松谷庵以上阴湿地,芜湖;大别山区岳西美丽乡海拔1050米,霍邱;江淮、淮北地区也有分布。生于河边及灌丛中。分布于东北、内蒙古、河北、江苏。蒙古、朝鲜、前苏联也有分布。

15. 簸箕柳　　　　　　　　　图404

Salix suchowensis Cheng

　　落叶丛生灌木。小枝淡黄绿色或淡紫色,无毛,幼枝疏被绒毛。萌枝有时密被毛。叶披针形或倒披针形,长5-10厘米,宽约1.5厘米,先端短渐尖,基部楔形或宽楔形,具细锯齿,上面绿色,下面苍白色,被白粉,幼时被短柔毛;叶柄长4-10毫米;托叶披针形或条形。雄花序长3-4.5厘米,无序梗,基部具1-2小叶;雄蕊花丝合生;苞片匙状长圆形,紫黑色,被长柔毛;雌花序长3-4厘米;子房被绒毛,无柄,花柱明显,柱头2裂;基部具1腹腺。蒴果被毛。花期3月;果期4-5月。

　　产大别山区金寨白马寨虎形地海拔720-950米,岳西鹞落坪,舒城小涧冲;江淮及淮北平原广泛栽培。分布于山东、河南、江苏、浙江。

　　喜光。耐旱。萌芽力强。

　　枝条强韧;可供编筐、篮、箱等用。可作固沙树种。

图404 簸箕柳
枝叶,示托叶。

38. 杨梅科 MYRICACEAE

常绿乔木或灌木；单叶互生，常密被腺体，羽状脉，全缘或有锯齿；无托叶。花单性，无花被，雌雄异株或同株，排列成柔荑花序；雄花序着生于去年生枝条叶腋或新枝基部，单生或簇生；雄花具苞片1枚，雄蕊2-16，花丝短，下部稍合生，花药2室，纵裂；有时具钻形退化子房；雌花单生苞腋，稀2-4集生，常具2-4小苞片，雌蕊2心皮合生，子房上位，1室，具1直立胚珠，花株短，柱头2裂，丝状或薄片状，内具乳头状突起。核果球形成椭圆状，外有排列不规则柱头状凸起，外果皮多肉质，富含汁液，内果皮坚硬；种皮膜质，无胚乳或稍有胚乳，子叶肉质，肥厚。

2属，50余种，分布于热带和亚热带。我国有1属，4种，产东南至西南。安徽省1属，1种。

杨梅属 Myrica L.

常绿或落叶，乔木或灌木；幼枝部分具腺体。根有根瘤。单叶互生，常集生枝顶，全缘或有锯齿，有叶柄，无托叶。花单性，雌雄异株，柔荑花序，腋生；雄花具2-4苞片，无花被，雄蕊4-6；雌花具4枚小苞片，贴生于子房，子房外表具不规则突起，伴随子房发育而膨大，形成肉质乳头状突起。核果卵形或球形。

约50种。我国有4种，分布于西南至东南。安徽省有1种。

杨梅   图 405

Myrica rubra（Lour）Sieb. et Zucc.

常绿灌木或小乔木，高可达15米；树皮灰色，纵向浅裂；小枝较粗，近无毛，皮孔不明显，幼时被圆形树脂腺体。叶革质，常集生枝顶，倒卵状披针或倒卵状长椭圆形，长6-11厘米，宽1.5-4厘米，先端钝圆或钝头，基部楔形，全缘或中上部具锐尖浅锯齿，两面无毛，下面浅绿色，常具稀疏的金黄色树脂腺体；叶柄长0.2-1厘米。花单性，雌雄异株，雄花序圆柱状，单生或几个簇生于叶腋，雄蕊4-6；雌花序短而粗，单生叶腋，子房卵圆形，极小，柱头2，细长，鲜红色。核果球形，直径10-15毫米，有小疣状突起，熟时深红、紫红或白色，多汁液及味酸甜。花期4月，果期6-7月。

产皖南黄山（栽培），祁门红旗石坑，休宁岭南，歙县，广德，东至木塔，宁国等地。生于山谷杂木林中；喜温暖湿润气候，耐阴，喜排水良好的酸性沙壤土，根具菌根，有固氮作用，可肥沃土壤。分布于江苏、浙江、台湾、福建、江西、湖北、广东、广西、云南、四川、贵州。朝鲜、日本、菲律宾也有。

图 405 杨梅
1. 果枝；2. 雌花序；3. 雄花序；4. 雌花；5. 雄花

为著名水果，可生食及作蜜饯，制果酱、果汁、罐头及酿酒；有助于消化、止泻等药效。叶含芳香油，可供食品化工原料用，茎皮含鞣质可提取栲胶；木材可供细木工，作农具等；枝叶浓密，树姿优美，可植于庭园供观赏。

39. 桦木科 BETULACEAE

落叶乔木或灌木。无顶芽，腋芽具芽鳞或裸露。具短枝。幼枝、幼叶常被树脂粒或树脂点。单叶，互生，多具重锯齿，稀单锯齿，羽状脉，侧脉直伸；托叶早落。花单性，雌雄同株；葇荑花序，风媒花；雄花具花被，花被4裂，雄蕊2或4，花丝顶端分叉，花药2室；雌花序球状或穗状，具苞片，每苞片内具2-3雌花，雌花无花被，子房裸露，2室，每室1胚珠，花柱2，宿存。果序球果状或穗状，果苞木质或革质，先端5裂或3裂，宿存或脱落，每果苞具2-3扁平小坚果。种子1，天胚乳，胚直伸，子叶扁平，出土。

2属，140余种。我国2属，70余种，多为天然次生林重要树种。安徽省2属，4种。

树皮富鞣质及油脂。

1. 果苞木质，顶端5浅裂，宿存，每果苞具2小坚果；雄蕊4，药室不分离；冬芽具柄，芽鳞2，稀3-6；叶缘多具单锯齿 ···················· 1. 桤木属 Alnus
1. 果苞革质，顶端3裂，成熟时脱落，每果苞具3小坚果；雄蕊2，药室分离；冬芽无柄，芽鳞3-6；叶缘多具重锯齿 ···················· 2. 桦木属 Betula

1. 桤木属 Alnus Mill.

落叶乔木或灌木；树皮鳞状开裂。小枝具棱；冬芽多具柄，芽鳞2(3-6)。单叶，互生，多单锯齿，稀重锯齿，羽状脉；托叶早落。花单性，雌雄同株；雄花序圆柱形，下垂，雄蕊4，稀1-3，药室不分离，顶端无毛；雌花序短，无花被，每苞片具2雌花。果苞木质，顶端5浅裂，宿存，每果苞具2小坚果；小坚果扁平，具翅。种子1。

40余种，分布于北半球寒温带、温带及亚热带地区。我国11种。安徽省3种(其中引栽1种)。

根系发达，具根瘤或菌根，能增加土壤肥力，固砂保土。为河堤两岸及水湿地带重要造林树种。木材材质轻软。

1. 果序2-5(8)排成总状，果序柄长1-2厘米：
    2. 叶倒卵状 椭圆形或窄长椭圆形，下面脉腋被簇生毛，锯齿细尖；幼枝被细绒毛 ······· 1. 赤杨 A. japonica
    2. 叶倒卵状椭圆形或椭圆形，下面脉腋无簇生毛，齿端具腺点，无毛 ·········· 2. 江南桤木 A. trabeculosa
1. 果序单生叶腋，果序柄长4-7厘米；叶椭圆状倒披针形或椭圆形 ·················· 3. 桤木 A. cremastogyne

1. 赤杨
Alnus japonica(Thunb.)Steud.
落叶乔木，高达20米；树皮灰褐色。幼枝被细绒毛，后脱落，老枝被油腺点；冬芽具柄。叶倒卵状椭圆形、椭圆形或窄长椭圆形，长4-6(12)宽2.5-3厘米，先端突渐尖、渐长尖或突短尖，基部楔形，具细尖锯齿，中脉在上面凹下，下面脉腋被簇生毛，侧脉7-10对；叶柄长1-3厘米，被毛。雄花序2-5个排成总状，下垂。果序椭圆形，长1.2-2厘米，2-5(8)个排成总状，果序柄粗壮，长4-7毫米；总果序柄长2-3厘米；果苞木质，5浅裂；小坚果椭圆形或倒卵形，长3-4毫米，具窄翅。花期2-3月；果期9-10月。

产大别山区霍山黄泥畈海拔250米，霍丘姚李。分布于辽宁、吉林、河北、山东、江苏、台湾。朝鲜、日本也有分布。

喜水湿，常生于低湿、滩地、河谷溪边，有时呈小片纯林。速生，萌芽性强，用种子繁殖。幼苗易遭地老虎及煤污染危害幼苗。

木材淡褐色或红褐色，可供建筑、家具等用。木炭为无烟火药原料。果序、树枝含鞣质，可提制栲胶。

为低湿地、护岸固堤及改良土壤优良造林树种。

2. 江南桤木 水冬瓜（霍山）　图 406
Alnus trabeculosa Hand. -Mzt.

落叶乔木，高达 20 米，胸径 35 厘米；树皮灰色。幼枝具棱，被树脂点；冬芽具短柄，芽鳞 2，无毛。叶倒卵状椭圆形或椭圆形，长 6-16 厘米，宽 2.5-7 厘米，先端尾尖、短尾尖或渐尖，基部圆形或宽楔形，重锯齿具小尖头，有时微内曲，齿端具腺点，上面脉凹下，下面沿脉及脉腋微被毛或近无毛，侧脉 8-12 对；叶柄长 1.5-3 厘米，微被毛。果序长 1.5-2.5 厘米，2-4 个排成总状，果序柄长约 1 厘米；果序总柄长 2-5.5 厘米；果苞木质，长 5-7 毫米，先端 5 浅裂；小坚果长圆形、卵圆形或圆形，果翅极窄，宽为果的 1/5。花期 2-3 月；秋季果熟。

皖南黄山树木园有栽培。产休宁岭南，太平；大别山区霍山马家河真龙地、佛子岭海拔 340 米，金寨马鬃岭海拔 540 米，六安毛坦厂，岳西大王沟、鹞落坪海拔 1100 米，霍丘；江淮桐城，庐江。多生于溪边、河滩、低湿地。分布于河南、江苏、江西、福建、湖南、广东。

散孔材。木材淡红褐色，心材边材区别不明显，质轻软，纹理细，气干密度 0.47 克 / 立方厘米，耐水湿，可供建筑、家具、水桶等用。

可作为安徽省长江中下游以南地区护堤及低湿地重要造林树种。在岳西鹞落坪及桐城均能长成高大乔木，但干形多不直。霍丘曹店一带多栽于水田埂上，生长良好，因其根部根瘤菌有固氮作用，对水稻能增产。

3. 桤木　图 407
Alnus cremastogyne Burk.

落叶大乔木，高达 40 米，胸径 1.5 米；树皮灰褐色，鳞状开裂。小枝无毛；冬芽具短柄。叶椭圆状倒卵形、椭圆状倒披针形或椭圆形，长 4-14 厘米，宽 2.5-8 厘米，先端突短尖或钝尖，基部楔形或稍圆形，疏具细钝锯齿，尖头微内曲或前伸，上面中脉凹下，下面密被树脂点，脉腋有时微被毛，侧脉 8-10 对；叶柄长 1-2 厘米，无毛。雄花序单生，长 3-4 厘米。果序单生叶腋或小枝近基部，长圆形，长 1.5-2.5 厘米，果序柄细，长 4-7 厘米，下垂；果苞长 4-5 毫米，顶端 5 浅裂；小坚果倒卵形，果翅为果宽的 1/2-1/4。花期 2-3 月；11 月中下旬果熟。

皖南休宁五城、屯溪、歙县等地引种栽培作行道树，生长良好。四川广泛分布，贵州、甘肃、陕西、湖南、湖北、江西、广东、江苏等地引种栽培。

图 406 江南桤木
1. 果枝；2. 雄花序；3. 果苞背面；4. 果苞腹面。

图 407 桤木
1. 果枝；2. 果苞（放大）；3. 果实。

喜温暖气候。速生。

散孔材，淡红褐色，心材边材区别不明显，质轻软，纹理直，结构细致，耐水湿；为坑木、矿柱的良好用材；也可供家具、建筑等用。树皮、果序含鞣质，可提制栲胶。叶、嫩芽药用，可治腹泻。

叶含氮量达 2.7%，稻田沤肥可增产。

2. 桦木属 Betula L.

落叶乔木或灌木；树皮平滑成纸质分层剥落或鳞状开裂。冬芽无柄，芽鳞3-6。单叶，互生，具重锯齿，稀单锯齿，叶下面具腺点，羽状脉；托叶早落。花单性，雌雄同株；雄花序圆柱形，2-4 簇生，下垂，每苞片内具 2 小苞片及 3 雄花，花被膜质；雄蕊 2，药室分离，顶端被毛；雌花序圆柱形或长圆形，稀近球形，每苞片内具 3 雌花，无花被；子房 2 室，胚珠 1，花柱 2。果序单生或 2-5 排成总状；果苞革质，鳞片状，3 裂，果熟后脱落，每果苞具 3 小坚果；小坚果扁平，具翅，柱头宿存。

约 100 种，分布于北半球寒温带及温带地区，少数种类分布至北极圈及亚热带中山地区。我国约 30 种。安徽省 1 种。

喜光。耐寒性强。造林先锋树种。寿命短。木材强度大，结构细，易加工。树皮不透水，林区常用来盖工栅屋顶。

光皮桦 图 408

Betula luminifera H. Winkl.

落叶乔木，高达 25 米，胸径 80 厘米；树皮暗棕色，致密光滑。幼枝密被带褐黄色绒毛，后脱落，被蜡质白粉。叶卵形、卵圆形或椭圆状卵形，长 4.5-10 厘米，宽 2.5-6 厘米，先端尖、渐尖或尾尖，基部楔形、平截或微心形，重锯齿具毛刺状尖头，下面沿脉被毛，网脉间密被树脂点或无，侧脉 10-14 对，脉腋被簇生毛；叶柄长 1-2.5 厘米，密被毛或近无毛。雄花序单生叶腋或 2-5 簇生枝顶，花序柄密被树脂腺体。果序单生，长 3-14 厘米，果序柄密被绒毛，杂被树脂点；果苞长约 4 毫米，中裂片长圆形，先端具小尖头，无毛，侧裂片三角状；小坚果倒卵状，长约 2.5 毫米，先端被毛，果翅较果宽一倍。花期 3 月下旬至 4 月上旬；5-6 月上旬果熟。

产皖南黄山慈光寺、桃花峰、眉毛峰、松谷庵海拔 500-1000 米杂木林内常见，歙县洽舍，休宁，太平，绩溪，青阳；大别山区霍山马家河海拔 840 米、青枫岭，金寨天堂寨海拔 1450 米，岳西鹞落坪海拔 1100 米，潜山天柱山燕子河海拔 950 米。生于向阳山坡杂木林内或林缘。分布于河南、浙江、江西、福建、湖南、湖北、陕西、甘肃、四川、贵州、广西、广东。

图 408 光皮桦
1. 果枝；2. 果苞；3. 小坚果

喜光。喜温暖湿润气候及肥沃沙壤土；耐干旱瘠薄。

速生。深根性，根系发达。萌芽性较强。

木材淡黄色或淡红褐色，材质细致坚韧，切面光滑，不挠不裂，干燥性能良好，耐腐性差，宜加防腐处理；油漆后光亮性能好，粘胶易，握钉力强，供枪托、航空、建筑、家具、造纸等用。木屑可提取木醇、醋酸。树皮含芳香油 0.2-0.5%，嫩枝含 0.25%，气味浓，供化妆品、食品香料和代替松节油等用。树皮含鞣质，可提制栲胶及炼质桦焦油，作消毒剂。

生长快，材质优良，病虫害少，在南方山区可用作造林树种。在经济上实为一多种用途树种。

40. 榛科 CORYLACEAE

落叶乔木或灌木。无顶芽。单叶，互生，具锯齿，羽状脉，侧脉直伸齿端；托叶早落。花单性，雌雄同株；菜荑花序，风媒花；雄花无花被，每苞片具雄蕊 3-14，药室分离或不分离；雌花序总状或头状，雌花具花被，每苞片内雌花 2，雌花被与子房贴生，子房下位，不完全 2 室，每室 1 倒生胚珠，稀 2，具单层珠被，由子房室顶部下垂，柱头 2。坚果成熟时由大小苞片发育形成的果苞所包被。种子无胚乳，子叶肉质，胚直伸。

4 属，约 67 种，分布于北半球温带、亚热带地区。我国 4 属，46 种。安徽省 3 属，13 种，3 变种。

1. 果簇生成头状果序；雄花芽裸露越冬；坚果大，径 1 厘米以上；果苞钟状或瓶状 ⋯⋯⋯⋯⋯ 1. 榛属 Corylus
1. 果序总状：
　　2. 果着生于叶状果苞基部；雄花芽为芽鳞包被 ⋯⋯⋯⋯⋯⋯⋯⋯ 2. 鹅耳枥属 Carpinus
　　2. 果苞藏于囊状果苞内；雄花芽裸露越冬 ⋯⋯⋯⋯⋯⋯⋯⋯⋯⋯ 3. 铁木属 Ostrya

1. 榛属 Corylus L.

落叶乔木，砍伐后根际多萌蘖成灌木状。芽鳞多数。单叶，互生，幼叶在芽内对折，具重锯齿，稀单锯齿；托叶早落。花单性，雌雄同株；雄花芽裸露越冬；雄花序圆锥状，下垂，每苞片内具 2 枚贴生小苞片，雄花 1，无花被，雄蕊 4-8，药室分离，顶端具毛；雌花序头状，为芽鳞包被，仅红色花柱外露，雌花成对生于苞片腋部，花被小，不规则齿裂或缺裂，子房下位，2 室，胚珠 1，花柱 2。坚果簇生或单生，全部或大部为果苞所包；果苞钟状、管状或裂片硬化成针刺状。种子 1，子叶肉质。早春先叶开花，秋季果熟。

约 20 种，分布于北美，欧、亚温带地区。我国 8 种。安徽省 2 种，1 变种。

种子富含油脂、蛋白质、淀粉及维生素，味美可食，为重要油料及干果树种。材质优良；树枝、果苞、叶均含鞣质，可提制栲胶。

1. 幼枝黄棕色，密被柔毛及腺毛；果苞在果顶部不缢缩成管状；叶基部心形，两侧略对称：
　　2. 叶柄长 1-3 厘米，疏被柔毛或近无毛 ⋯⋯⋯⋯
　　　⋯⋯⋯⋯⋯⋯⋯⋯⋯ 1. 川榛 C. kweichowensis
　　2. 叶柄长 5-12 毫米，密被短柔毛及腺毛，毛不脱落⋯⋯⋯⋯1a. 短柄川榛 C. kweichowensis var. brivipes
1. 小枝被长柔毛及腺毛，近基部毛较密；果苞在 果顶部缢缩成管状；叶基部深心形，明显不对称⋯⋯⋯⋯
　⋯⋯⋯⋯⋯⋯⋯⋯⋯⋯⋯ 2. 华榛 C. chinensis

1. 川榛　　　　　　　　　图 409

Corylus kweichowensis Hu

[*Corylus heterophylla* Fisch. var. *sutchuensis* Franch.]

落叶中乔木，高达 9 米，胸径 35 厘米；有时呈灌木状；树皮浅灰色，开裂。幼枝黄棕色，密被柔毛，小枝疏被毛及腺头毛，或近无毛；芽鳞缘具须毛。叶椭圆状倒卵形或倒卵圆形，长 6-14 厘米，宽 4-8 厘米，先端短尾尖，基部心形，不规则重锯齿具短尖头，或

图 409 川榛
1. 果枝；2. 坚果。

具缺刻，上面无毛或沿脉被毛，下面沿中脉、侧脉及网脉被毛；或脉腋被簇生毛，侧脉 7-9 对；叶柄长 1-3 厘米，疏被长柔毛、短毛及腺头毛。雄花序 3-7 排成总状，密被灰白色绒毛，苞片具毛刺状尖头。果苞钟形，被粗毛、细毛及腺头毛，裂片条状三角形，具锯齿及缺刻；坚果扁球形，被细毛，顶端密被灰白色粗毛。花期 3 月下旬 -4 月；果期 9-10 月。

产皖南黄山一道岭、狮子林、白鹅岭、西海、云谷寺，歙县清凉峰东凹、西凹海拔 1400 米，太平龙源，青阳九华山；大别山区霍山马家河、廖寺园海拔 900 米，金寨马宗岭、白马寨海拔 780-930 米，岳西鹞落坪海拔 1150 米，潜山彭河乡大余湾海拔 850 米，舒成万佛山。喜生于溪边林缘灌丛中。分布于河南、山东、陕西、甘肃、四川、贵州、湖北、湖南、江西、浙江。

种仁含油量 20%，淀粉 15%，以及蛋白质、糖分，可食亦可榨油。树皮可提制栲胶。嫩叶做饲料。木材坚硬致密，可制手杖及伞柄。

1a. 短柄川榛 （变种）

Corylus kweichowensis Hu var. **brevipes** W. J. Liang

本变种小枝密被短柔毛及腺毛。叶柄短，长 5-12 毫米，密被短柔毛及腺毛，毛不脱落。果苞明显短于坚果。

产皖南黄山，青阳九华山；大别山区霍山马家河，金寨马宗岭、白马寨海拔 680 米、渔潭，岳西文坳、鹞落坪海拔 980 米。生于灌丛中或路边、林缘。分布于浙江、江苏、湖南。

2. 华榛

Corylus chinensis Franch.

落叶大乔木，高达 21 米，胸径 30 厘米；树皮浅褐灰色，纵裂。小枝被粗长毛及腺头毛，近基部毛较密；芽卵形，先端钝，被毛。叶卵形、卵状椭圆形或倒卵状椭圆形，长 8-18 厘米，宽 6-12 厘米，先端突渐尖或短尾状，基部深心形，明显不对称，重锯齿粗钝或钝尖，上面沿中脉被毛，下面沿脉被毛，脉腋被簇生毛，侧脉 7-11 对；叶柄长 1-2.5 厘米，密被粗毛及腺头毛。雄花序 4-6 排成总状，长 2-5 厘米，苞片三角形，密被绒毛，先端毛刺状。坚果 2-8 簇生；果苞在果顶部缢缩成管状，被短毛及腺头毛，顶端深裂，裂片镰状披针形，裂片常再分裂；坚果近球形，径 1-2 厘米。果期 9-10 月。

产皖南绩溪清凉峰栈岭湾海拔 700 米。生于沟边、林内。分布于云南、四川、贵州、湖北、湖南天然次生林中有零星分布。

用种子、分蘖及压条繁殖。

木材暗红褐色，心材边材区别不明显，具光泽，纹理直，结构细，质坚韧；可供建筑、家具、农具、胶合板等用。种仁味美可食，含油率达 50%。为优良用材及干果树种。宜大力发展，扩大栽培面积。

2. 鹅耳枥属 Carpinus L.

落叶乔木，稀为灌木；树皮灰色，平滑或鳞状开裂。芽鳞多数。单叶，互生，重锯齿，稀单锯齿；托叶早落。花单性，雌雄异株；雄花序为芽鳞包被，每苞片内 1 雄花，无小苞片；雄花无花被，雄蕊 3-13，花丝顶端分叉，药室分离，顶端被毛；雌花序单生枝顶，花序轴细长，每苞片内 2 雌花，基部具 1 苞片和 2 小苞片，愈合成叶状果苞；具花被，萼 6-10 齿裂，子房下位，不完全 2 室，胚珠 2，1 枚不育，花柱短，柱头 2，线形。小坚果着生于叶状果苞基部，排成总状果序。种子 1。春季花叶同放，秋季果熟。

约 40 余种，分布于北温带及北亚热带地区。我国约 30 余种。安徽省 9 种，2 变种。

喜钙树种，常生于石炭岩山地。材质坚韧致密，可供细木工、家具、建筑等用。树姿优美，供观赏。

1. 果苞较薄，纸质，两侧近对称，中脉居中，在果序轴上覆瓦状排列，外缘内折，内缘基部具裂片、耳突或内折；坚果纵肋纤细或不明显；叶缘重锯齿具毛刺状尖头，基部深心形：

2. 小枝、叶柄及果序柄无毛或疏被丝毛 ·· 1. **千金榆** C. cordata

2. 小枝、叶柄及果序柄均被毛：

  3. 小枝、果序轴密被柔毛并杂被丝毛；叶柄密被柔毛或凹槽内被毛 ······ 1a. **南方千金榆** C. cordata var. chinensis

  3. 小枝、叶下面沿脉被丝毛，网脉密被柔毛；叶柄密被柔毛及杂被丝毛 ····································

  ·· 1b. **毛叶千金榆** C. cordata var. mollis

1. 果苞近革质，两侧不对称，中脉偏向内缘，在果序轴上排列疏散，外缘不内折，内缘基部具裂片、耳突或仅基部微内折；坚果纵助明显；叶缘具重锯齿或单锯齿：

  4. 果苞外缘、内缘基部均具裂片或钝齿：

    5. 叶基部宽楔形；果苞外缘疏具钝齿，内缘全缘 ·························· 2. **白皮鹅耳枥** C. londoniana

    5. 叶基部多心形；果苞外缘具尖锯齿，内缘疏具钝齿或全缘·········· 3. **大穗鹅耳枥** C. viminea

  4. 果苞外缘基部无裂片，具锯齿，内缘近全缘，内缘基部具裂片、耳突或基缘微内折，稀全缘：

    6. 叶缘锯齿具刺毛状尖头：

      7. 叶下面叶脉被细柔毛，单锯齿及重锯齿，侧脉 15-20 对，每对侧脉间具 1 小齿；果苞长不及 2 厘米，内缘近全缘，无耳突 ····························· 4. **多脉鹅耳枥** C. polyneura

      7. 叶下面叶脉被丝毛，不规则重锯齿，侧脉 14-16 对，每对侧脉间具 1-4 小齿；果苞长 2-3.2 厘米，内缘全缘，基部微内折 ····························· 5. **昌化鹅耳枥** C. tschonoskii

    6. 叶缘锯齿钝、钝尖、前伸或具小尖头：

      8. 单锯齿或每对侧脉间具 1 小齿，网脉明显，被小腺点；果苞基部无耳突 ····················

      ·· 6. **川鄂鹅耳枥** C. henryana

      8. 重锯齿；果苞基部无耳突或具耳突：

        9. 小枝暗褐色或暗紫褐色：

          10. 重锯齿具小尖头或钝尖；果序长 4-7 厘米，果序轴被丝毛；小坚果顶端被丝毛 ····················

          ·· 7. **川陕鹅耳枥** C. fargesiana

          10. 重锯齿钝尖；果序长 7-11 厘米，果序轴被粗长毛；小坚果顶端被长毛 ····················

          ·· 8. **湖北鹅耳枥** C. hupeana

        9. 小枝灰色或带浅褐色；小坚果无毛或疏被树指点，顶端具萼齿 ·········· 9. **鹅耳枥** C. turczaninowii

1. 千金榆

图 410

Carpinus cordata Blume

落叶乔木，高达 18 米，胸径 70 厘米；树皮灰色或黑灰色，纵裂。幼枝疏被丝毛，后脱落。叶卵形、椭圆状卵形或倒卵状椭圆形，长 8-15 厘米，宽 4-5 厘米，先端短尾尖或渐尖，基部深心形，重锯齿具毛刺状尖头，下面沿脉疏被丝毛，脉腋微被簇生毛，侧脉 15-20 对，在上面凹下；叶柄长 1.2-2 厘米，疏被丝毛或无毛。果序长 5-12 厘米，果序轴被毛；果苞卵状长圆形，长 1.5-2.5 厘米，近上部具尖锯齿，外缘内折，内缘基部具圆形裂片，内折，基出脉 5 条，下面沿脉及苞柄被硬毛；小坚果长圆形，纵助不明显。花期 4-5 月；果期 9-10 月。

产大别山区霍山马家河天河尖海拔 1400 米，金寨白马寨海拔 680 米，岳西妙堂山、河图海拔 1250-1600 米，舒城万佛山小涧冲。生于阴、阳坡密林内或

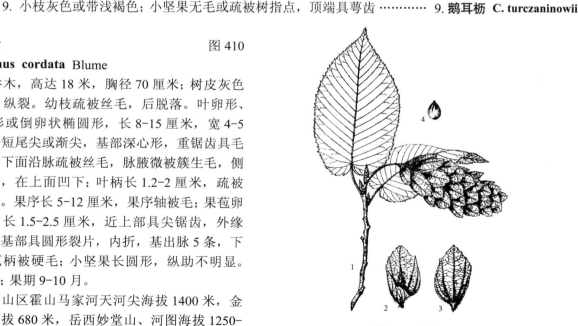

图 410　千金榆
1. 果枝；2. 果苞腹面；3. 果苞背部；4. 小坚果。

沟边。分布于黑龙江、辽宁、河北、山西、宁夏、甘肃、陕西、河南、山东。

木材黄白色，心材边材区别不明显，纹理斜，结构细密，质坚重，气干密度 0.61-0.74 克 / 立方厘米，干燥后常径裂；可供制家具、农具等用。种子含油量 47%，种子油制肥皂及润滑油。

1a. 南方千金榆 华千金榆（变种）

Carpinus cordata Blume var. **chinensis** Franch.〔*Carpinus chinensis*（Franch.）Pei〕

乔木，高达 17 米，胸径 50 厘米。小枝及果序轴密被柔毛并杂被丝毛；叶柄密被柔毛或上面凹槽内被毛。

产皖南黄山云谷寺、北海、白鹅岭、狮子林、西海海拔 1580 米，歙县清凉峰东、西凹海拔 1300 米，太平七都，绩溪清凉峰，祁门，石台牯牛降；大别山区霍山马家河，金寨白马寨海拔 800-1250 米，岳西鹞落坪海拔 980 米，潜山彭河乡海拔 920 米，舒城万佛山小涧冲。生于湿润阴坡、山谷或阔叶林中。分布于浙江、江西、湖北、山西、陕西、甘肃、四川。

1b. 毛叶千金榆 （变种）

Carpinus cordata Blume var. **mollis**（Rehd.）Cheng ex Chen

本变种叶下面叶脉被丝毛，网脉密被柔毛；叶柄密被柔毛及杂被丝毛。

产大别山区金寨海拔 500-600 米。分布于四川、陕西、宁夏、甘肃、山西中条山沁水。

2. 白皮鹅耳枥 短尾鹅耳枥

Carpinus londoniana H. Winkl.〔*Carpinus poilanei* A. Camus〕

落叶乔木，高达 20 米，胸径 40 厘米；树皮灰白色或深灰色，平滑。枝条下垂，幼枝被丝毛，小枝褐色，皮孔灰白色。叶椭圆形或卵状椭圆形，长 6-12 厘米，宽 2.5-31 厘米，先端渐长尖或尾尖，基部宽楔形或圆形，稀心形，重锯齿具小尖头，每对侧脉间具 2-5 小齿，下面中脉疏被细长毛或丝毛，稀无毛，侧脉 11-13 对，脉腋被簇生毛；叶柄粗，长 4-8 毫米，密被绒毛、疏被毛或无毛。果序长 5-10 厘米，果序轴被毛；果苞长 2-2.5 厘米，基部 3 裂，中裂片长圆状条形，先端钝圆或尖，外缘具钝齿，内缘全缘；小坚果无毛，长 3-4 毫米，被树脂粒。花期 2-3 月；果期 8-9 月。

产皖南黄山，祁门，休宁，歙县海拔 800 米以下常绿阔叶林及落叶阔叶林中。分布于浙江、江西、湖南、贵州、四川、云南、广西、广东。

3. 大穗鹅耳枥 雷公鹅耳枥　　　　图 411

Carpinus viminea Wall.

落叶乔木，高达 20 米；树皮深灰色或黑灰色，平滑。小枝黄褐色或暗褐色，皮孔白色，显著；芽无毛。叶椭圆状卵形、卵形或椭圆形，长 6-11 厘米，宽 3-5 厘米，先端尾尖，基部圆形或心形，重锯齿具小尖头或长尖头，每对侧脉间叶缘具 2-4 小齿，下面叶脉疏被毛或无毛，脉腋被簇生毛或无毛，侧脉 12-15 对；叶柄长 1-2.5 厘米，无毛或疏被毛。果序长 5-15 厘米，果序轴疏被毛；果苞半卵状披针形或半卵状长圆形，先端尖或钝尖，外缘具尖锯齿，基部具大缺齿，内缘疏具钝齿或近全缘，基部具小裂片；小坚果无毛，有时上部疏被树脂点，花期 3-4 月；果期 9 月。

产皖南黄山慈光寺、玉屏楼至北海、皮蓬、云谷

图 411 大穗鹅耳枥
1. 果枝；2. 果苞腹面具 - 小坚果；3. 果苞背面。

寺，祁门，休宁，绩溪清凉峰徽杭商道、栈岭湾海拔 940-1200 米，绩溪清凉峰天子地海拔 1300 米，太平七都，大别山区金寨白马寨海拔 860-1150 米，岳西大王沟、妙道山、河图、长岭、鹞落坪海拔 800-1100 米，舒城万佛山。分布于江苏、浙江、江西、湖南、湖北、四川、西藏、云南、贵州、福建、广东、广西。印度、尼泊尔有分布。

萌芽性强，天然更新良好。

散孔材，浅灰褐色至浅红褐色，具光泽，结构细，较难干燥，收缩性较大，耐腐，抗弯力强；可供工具柄、建筑、桥梁等用。

4. 多脉鹅耳枥   图 412

Carpinus polyneura Franch.

落叶乔木，高达 15 米，胸径 60 厘米；树皮薄，致密，黑灰色。小枝细，暗紫褐色，皮孔小，灰色；芽小，端尖，无毛。叶椭圆状披针形、窄椭圆状长卵形或椭圆状卵形，长 4-8 厘米，宽 1.5-2.5 厘米，先端渐尖或尾尖，基部宽楔形或微心形，单锯齿及重锯齿，具毛刺状尖头，每对侧脉间叶缘具 1 小齿，下面叶脉被细柔毛，网脉明显，脉腋被簇生毛，侧脉 15-20 对；叶柄长 5-8 毫米。果序长 3-6（9）厘米，果序轴细被毛；果苞卵形或披针状半卵形，外缘具锯齿，内缘近全缘，基部无耳突；小坚果近顶端被丝毛。花期 4 月；果期 8-9 月。

产皖南祁门，休宁齐云山，歙县海拔 800 米；大别山区金寨马鬃岭十坪——大寨冲海拔 900 米。生于溪边、阴坡或密林中。分布于浙江、江西、福建、湖南、湖北、山西、陕西、四川、贵州。

木材黄棕色，质较坚重，不易锯刨，干时易裂，可供制家具、农具用。

图 412 多脉鹅耳枥
1. 果枝；2. 果苞腹、背面（放大）；3. 小坚果（放大）。

5. 昌化鹅耳枥   图 413

Carpinus tschonoskii Maxim.

落叶乔木，高达 25 米；树皮灰色，平滑。小枝紫褐色，疏被丝毛或无毛。叶长卵形或卵状椭圆形，长 5-12 厘米，宽 2.5-5 厘米，先端渐尖或尾尖，基部宽楔形或稍圆，不规则重锯齿具毛刺状尖头，每对侧脉间叶缘具 1-4 小齿，下面叶脉被丝毛，侧脉 14-16 对，脉腋被簇生毛；叶柄长 8-15 毫米，疏被丝毛或近无毛。果序长 6-12 厘米，果序轴被丝毛；果苞半卵状披针形，直伸或镰状微弯，长 2-3.2 厘米，先端尖或渐尖，外缘具锯齿，内缘全缘，基部微内折，下面沿脉及苞柄被丝毛；小坚果顶端被丝毛。果期 9 月。

产皖南歙县清凉峰东凹海拔 900 米，休宁，祁门；大别山区金寨马鬃岭海拔 890 米，岳西河图林场海拔 700 米。生于落叶阔叶林内或灌丛中。分布于河南、浙江、江西、四川。朝鲜、日本也有分布。

图 413 昌化鹅耳枥
1. 果枝；2-4. 叶片；5. 果苞及小坚果；6. 小坚果（放大）。

木材可供器具和细木工等用。

6. 川鄂鹅耳枥

Carpinus henryana H. Winkl. [*Carpinus hupeana* Hu var. *henryana*(H. Winkl.)P. C. Li]

落叶乔木,高达18米,胸径50厘米;树皮灰色。幼枝被毛,小枝暗紫褐色。叶窄卵状披针形或椭圆状长卵形,长5-8厘米,先端渐尖或近尾尖,基部宽楔形、圆形或微心形,单锯齿,每对侧脉间叶缘具1小齿,齿端常前伸,下面叶脉被丝毛,网脉明显,被小腺点,脉腋被簇生毛或无毛;叶柄长1-1.7厘米。果序长6-7厘米,果序轴被毛;果苞半卵形,先端尖,外缘具锯齿,内缘近全缘或疏具锯齿,基部无耳突,下面沿脉被毛,苞柄被长毛;小坚果近顶端密被丝毛。

产大别山区霍山佛子岭黄巢寺海拔950米,金寨白马寨龙井河海拔800米,岳西鹞落坪海拔950-1350米。生于落叶阔叶林中。分布于陕西、湖北、四川、贵州。

7. 川陕鹅耳枥

Carpinus fargesiana H. Winkl.

落叶乔木,高达20米,胸径80厘米;树皮灰色,平滑。枝条细瘦,暗褐色。叶椭圆状卵形或卵状长椭圆形,长5-7.5厘米,先端尖或渐尖,基部圆形或微心形,重锯齿具小尖头或钝尖,每对侧脉间叶缘具1-2小齿,下面叶脉被丝毛及柔毛,脉腋被簇生毛,侧脉12-15对;叶柄长6-15毫米,被毛。果序长4-7厘米,果序轴被丝毛;果苞半卵形,长1.3-1.5厘米,外缘具尖锯齿或缺齿,内缘近全缘或疏具小齿,基部具耳突,内折;小坚果近顶端被丝毛。花期4-5月;果期7-9月。

产大别山区霍山佛子岭海拔950米,金寨白马寨海拔780-930米,岳西鹞落坪、庙堂山海拔1250米,舒城小涧冲海拔600米;生于溪边、山谷林下。分布于河南、陕西、甘肃、湖北、四川、山西舜王坪。

8. 湖北鹅耳枥   图414

Carpinus hupeana Hu

落叶乔木,高达18米,胸径25厘米;树皮灰色,平滑。小枝暗紫褐色。叶椭圆状卵形或卵状长椭圆形,长5-7厘米,先端尖、渐尖或近尾尖,基部圆形或近心形,重锯齿钝尖,下面叶脉被丝毛,网脉明显,脉腋被簇生毛;叶柄长8-15毫米,被毛或微被毛。果序长7-11厘米,果序轴被粗长毛;果苞半卵形,长1-1.6厘米,外缘具锯齿,内缘直,近全缘,基部具耳突,下面沿脉被毛,近基部较密,苞柄被粗毛;小坚果顶端被长毛。花期4-5月;果期8月。

产皖南黄山桃花峰,祁门牯牛降历溪坞海拔400米,歙县,青阳;大别山区金寨白马寨林场至天堂寨途中海拔750-1340米、鲍家窝,岳西妙道山、青天、鹞落坪海拔980-1250米,舒城万佛山。生于山坡沟谷两侧疏林中。分布于江苏、浙江、江西、湖南、湖北、四川、河南。

9. 鹅耳枥   图415

Carpinus turczaninowii Hance

落叶乔木,高达15米;树皮暗褐灰色,浅纵裂。

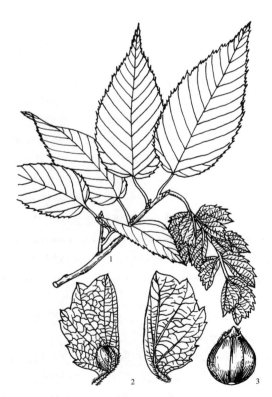

图414 湖北鹅耳枥
1. 果枝;2. 果苞腹:背面(放大);3. 小坚果(放大)。

幼枝密被细绒毛，后脱落，小枝细，带浅褐色或灰色；芽鳞缘具须毛。叶卵形、卵圆形、菱状卵形或长卵形，长 2-6 厘米，先端尖，基部宽楔形、圆形或微心形，重锯齿钝尖或具短尖头，幼时上面中脉被毛，下面中脉、侧脉被毛，后脱落，脉腋被簇生毛，网脉不明显，无腺点，侧脉 10-12 对；叶柄细，长 5-10 毫米，被细柔毛或无毛。果序长 3-6 厘米，果序轴被毛；果苞半宽卵形，外缘具锯齿或不规则缺齿，内缘疏具钝齿或近全缘，基部具耳突，边缘多有锯齿，内折，苞柄被毛；小坚果无毛或疏被树脂点，顶端具宿存萼齿。花期 4-5 月；果期 8-9 月。

产皖南黄山，歙县，绩溪清凉峰海拔 1400 米以下；大别山区霍山青枫岭欧家冲海拔 600 米，金寨白马寨，岳西鹞落坪，潜山彭河乡海拔 500 米阴湿山坡杂木林内；淮北萧县皇藏峪海拔 100-150 米。分布于辽宁、山西、河北、河南、陕西、甘肃、山东、江苏。朝鲜、日本也有分布。

稍耐阴。耐干旱瘠薄，喜肥沃湿润土壤。在干燥阳坡、湿润沟谷、林下均能生长。萌芽性强，可萌芽更新，也可种子繁殖。

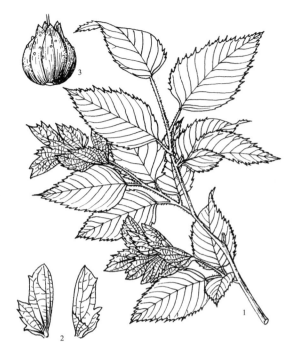

图 415 鹅耳枥
1. 果枝；2. 果苞；3. 小坚果（放大）。

散孔材，心材边材区别不明显，木材红褐色或黄褐色，质坚韧，纹理直，结构细；均匀，可供家具、坑木、桩、柱、农具等用。种子含油量 15-20%，种子油供食用及工业用。树皮及叶含鞣质可提制栲胶。

3. 铁木属 Ostrya Scop.

落叶乔木；树皮鳞状开裂。芽鳞覆瓦状排列。单叶，互生，具重锯齿，羽状脉；托叶早落。花单性，雌雄同株；雄荑黄花序下垂，每苞片内具 1 雄花；雄花无花被，雄蕊 3-14，药室分离，顶端具毛；雌花序直立，每苞片具 2 雌花；雌花具花被，花被与子房贴生，雌蕊为管状总苞所包被，总苞成熟时为囊状，顶端具孔，柱头 2，线形。总状果序具细柄，下垂；结果时总苞发育成囊状果苞；小坚果具纵助，果苞基部被硬毛。果当年成熟。

7 种，分布于欧洲、西亚、东亚、北美及中美。我国 4 种。安徽省 2 种，其中天目铁木 Ostrya rehderiana Chun 文献记载安徽有分布，我室未采到此标本。具体产地不详。

1. 叶卵状椭圆形或卵形，桃形重锯齿具小尖头，侧脉 11-15 对，叶柄长 4-16 毫米；雄花序长 5 厘米 ………………………………………………………………………… 1. **铁木 O. japonica**
1. 叶长椭圆形或卵状长椭圆形，重锯齿具锐尖头或为短刺毛状，侧脉 13-16 对，叶柄长 3-8 毫米；雄花序长 5-10 厘米 ……………………………………………………… 2. **天目铁木 O. rehderiana**

1. 铁木   图 416

Ostrya japonica Sarg.

落叶乔木，高达 20 米，胸径 60 厘米；树皮暗灰色，鳞片状开裂。小枝褐色，被细毛或无毛；芽鳞钝圆，背部具纵纹，无毛，缘微具短须毛。叶卵状椭圆形或卵形，长 3.5-12 厘米，宽 1.5-5.5 厘米，先端渐尖或短尾尖，基部圆形、微心形或宽楔形，圆桃形重锯齿具小尖头，上面中脉微被毛，下面沿脉被毛，侧脉 11-15 对；叶柄长 4-16 毫米，密被毛。雄花序单生叶腋或 2-4 集生短枝顶，长 5 厘米，下垂，苞片半圆形，具短尖头。果 4 至多数集

生成总状果序，长 2-4.5（6）厘米，果序梗长 1.5-2.5
厘米，被毛或微被毛；果苞倒卵状椭圆形，长 1-2 厘米，
径 6-10 毫米，顶端具小尖头，被硬毛；小坚果长卵状
长圆形，长约 6 毫米，淡褐黄色，具光泽。

产大别山区霍山青枫岭大天河海拔 1100 米落叶
阔叶林中，岳西鹞落坪海拔 1050 米沿山坡沟谷两侧
林中。分布于河北、河南、陕西、甘肃、湖北、四川、
山西。朝鲜、日本有分布。

边材黄褐色或浅红褐色，心材红褐色，具光泽，
纹理直，结构甚细，均匀，材质坚重，干缩甚大，切
削较难，不易干燥；可供家具、建筑、器具等用。

珍贵用材树种 稀有，宜多加保护。

2. 天目铁木
Ostrya rehderiana Chun

乔木，高达 18 米，胸径 45 厘米；树干端直，树
皮深灰色，粗糙。小枝暗褐色，被毛或近无毛，皮孔
显著；芽长卵形，先端尖，芽鳞背部具纵纹，先端具
小尖头。叶长椭圆形或卵状长椭圆形，长 3-11 厘米，

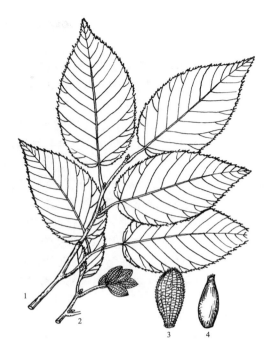

图 416 铁木
1. 枝叶；2. 果枝；3. 果苞；4. 小坚果。

先端尾尖，基部圆形或宽楔形，上面无毛或中脉微被毛，下面中脉、侧脉及网脉被毛，侧脉 13-16 对，重锯齿
具锐尖头或为短刺毛状；叶柄长 3-8 毫米，密被毛。雄花序单生叶腋或 2-3 集生短枝顶，长 5-10 厘米，下垂，
苞片宽卵圆形，先端突尖，红色具纵纹，缘具纤毛。果多数集生为稀疏总状果序，长 3-5 厘米，果序梗长 1.5-2
（3）厘米，密被毛；果苞倒卵状窄椭圆形或长椭圆形，长 2-2.7 厘米，径 6-9 毫米，顶端具小尖头，近基部狭窄，
基部被硬毛；小坚果暗黑褐色，窄长短圆形，长 8-10 毫米，圆领状花被顶端较平整，缘具纤毛。

产皖南山区祁门，休宁。浙、皖两省特有树种。

41. 壳斗科 FAGACEAE

常绿或落叶，乔木，稀灌木。芽鳞覆瓦状排列。单叶，互生，羽状脉；具叶柄；托叶早落。花单性，雌雄同株；单被花，形小，花被 4-7 裂；雄花多为葇荑花序，稀花序为头状，雄蕊与花被裂片同数或为其倍数，花丝细长，花药基着或背着，2 室，纵裂；雌花 1-3（5）朵生于总苞内，总苞单生、簇生或集生成穗状，稀生于雄花序基部，子房下位，2-6 室，每室 2 胚珠，仅 1 颗发育，花柱与子房室同数；总苞在果实成熟时木质化形成壳斗，壳斗盘状、碗状、杯状及壶状，包被坚果，壳斗外被鳞形或线形小苞片、瘤状突起或针刺；每壳斗内具 1-3（5）坚果，每坚果具 1 种子。种子无胚乳，子叶肉质。

8 属，900 多种，分布于温带、亚热带及热带。我国 7 属，300 多种；分布于黑龙江以南广大地区，在长江流域以南本科树种成为组成常绿阔叶林的重要成分。安徽省 6 属，34 种，3 变种。

本科很多树种在安徽林业生产中占有重要地位，木材通俗称栎木，材质坚重，耐腐耐用，为建筑、家具、车辆、矿柱、枕木、器具及薪炭等优良用材；树皮及壳斗含鞣质，可提制栲胶；种仁含淀粉，食用或酿酒或作饲料及工业淀粉之用。水青冈坚果含油脂，榨油可食用或工业用。栓皮栎树皮可制各种软木制品，是重要的工业原料。有些栎类树叶代茶或饲养柞蚕及牲畜饲料，有的带皮树干置于地面，用来培养香菇、木耳及天麻。实为多用途的经济大科。

1. 雄葇荑花序为头状，下垂；雌花每 2 朵生于 1 总苞内；壳斗常 4 裂；坚果卵状三角形，具 3 棱脊；落叶 …… ………………………………………………………………………………………… 1. 水青冈属 Fagus
1. 雄葇荑花序直立或下垂；雌花单朵或多朵生于 1 总苞内；壳斗单生或集生成穗状；常绿或落叶：
  2. 雄花序直立；壳斗具坚果 1-3（5）：
    3. 落叶；无顶芽；子房 6 室；壳斗外小苞片针刺状 ………………………………… 2. 栗属 Castanea
    3. 常绿；具顶芽；子房 3 室：
      4. 壳斗外小苞片长刺状、短刺状或鳞片形，壳斗全包坚果，稀杯状或碗状而半包坚果，坚果 1-3；叶常二列互生 …………………………………………………………………… 3. 栲属 Castanopsis
      4. 壳斗外小苞片鳞片形，稀针刺状，壳斗常杯状、碗状，包被坚果一部分或全包；叶不为二列互生 ………………………………………………………………………………… 4. 石栎属 Lithocarpus
  2. 雄花序下垂；壳斗杯状或碗状，稀全包，壳斗具坚果 1：
    5. 常绿乔木；壳斗外小苞片排成同心环带 ………………………… 5. 青冈栎属 Cyclobalanopsis
    5. 落叶或常绿乔木；壳斗外小苞片覆瓦状排列紧密或张开 ………………………… 6. 栎属 Quercus

1. 水青冈属 Fagus L.

落叶乔木；树皮平滑或粗糙。单叶，互生，缘具锯齿或波状；托叶成对，膜质，线形，早落。花单性，雌雄同株；雄花为下垂头状花序，近总梗顶部具膜质线形或披针形苞片 2-5；雄花花被 4-7 裂，钟状，雄蕊 6-12，具退化雌蕊；雌花每 2 朵生于总苞内，稀 1 或 3 朵，花被 5-6 裂，细小，子房 3 室，每室具 2 顶生胚珠，仅 1 枚发育，花柱 3，基部合生，柱头紫红色。壳斗常 4 裂；小苞片短针刺形、窄匙形、线形、钻形或瘤状突起；坚果三角状卵形，具 3 棱脊。子叶折扇状，出土。

约 11 种，分布于北半球温带及亚热带高山地区。我国 6 种，秦岭淮河以南有分布，是组成落叶阔叶林的上层树种之一，耐阴性强。安徽省 3 种。

散孔材，质重，富韧性，纹理直，结构细，强度中至强，收缩大，稍耐腐。

1. 叶全缘或波状，侧脉在近叶缘处急向上弯并与上一侧脉连结，幼叶被绢状长柔毛；壳斗被条状或窄匙形小苞片 ⋯⋯⋯⋯⋯⋯⋯⋯⋯⋯⋯⋯⋯⋯⋯⋯⋯⋯⋯⋯⋯⋯⋯⋯⋯⋯ **1. 米心水青冈 F. engleriana**
1. 叶缘具锯齿，侧脉直达齿端：
   2. 壳斗小苞片钻形，下弯或呈 S 形，壳斗长 1.8-3 厘米，密被褐色绒毛⋯⋯**2. 水青冈 F. longipetiolata**
   2. 壳斗小苞片鳞片状，具小突尖头，壳斗长 8-12 毫米，无毛 ⋯⋯⋯⋯⋯ **3. 亮叶水青冈 F. lucida**

1. 米心水青冈 米心树 恩氏山毛榉　　　图 417
Fagus engleriana Seem

　　落叶乔木，高达 20 余米；树干分枝低。芽长约 1.5 厘米。叶菱形或卵状披针形，长 5-9 厘米，宽 2-4.5 厘米，先端渐尖或短渐尖，基部圆形或宽楔形，具波状圆齿，稀近全缘，幼叶下面被绢状长柔毛，沿脉较密，老叶近无毛，侧脉 10-13 对，近叶缘处急向上弯并与上一侧脉连结；叶柄长 4-12 毫米。壳斗长 1.2-1.8 厘米，裂片较薄；小苞片稀疏，在基部的为窄匙形，顶端多 2 裂，具脉，叶状，绿色，较上部的为线形，顶部的为针刺形，通常具分枝；总梗长 2.5-7 厘米；每壳斗具 2 坚果，稀 3 个；坚果棱背顶端具细小、三角形突出的翼状体。花期 4 月；果期 8 月。

　　产皖南黄山始信峰、清凉台至五道亭，太平龙源；大别山区霍山马家河天河尖海拔 1600 米，金寨白马寨海拔 1300 米；岳西鹞落坪海拔 1100 米，潜山天柱山、彭河乡海拔 1000 米，舒城万佛山。生于阔叶林中或沟谷旁。分布于四川、贵州、湖北、云南、陕西、河南。

　　木材纹理直或斜，结构中，均匀，硬度中等，强度高，干缩性大，质重；可供家具、车辆、造船等用材。本种砍伐后，萌蘖性强，形成多数枝干。

　　安徽省级保护植物。

2. 水青冈 长柄山毛榉　　　图 418
Fagus longipetiolata Seem.

　　乔木，高达 25 米；树干直，分枝高。芽长达 2 厘米。叶薄革质，卵形或卵状披针形，长 (6)9-15 厘米，宽 4-6 厘米，先端短尖或渐尖，基部宽楔形或近圆形，略偏斜，具波浪状短的尖锯齿，幼叶下面被近平伏短绒毛，老叶几无毛，侧脉 9-14 对，直达齿端；叶柄长 1-2.5 厘米。壳斗 4 瓣裂，长 1.8-3 厘米，密被褐色绒毛；小苞片钻形，长 4-7 毫米，下弯或呈 S 形；总梗稍粗，长 1-10 厘米，弯斜或下垂，无毛；每壳斗具 2 坚果；坚果棱脊顶端具细小翼状突出体，花期 4-5 月；果期

图 417 米心水青冈
1. 果枝；2. 坚果。

图 418 水青冈
1. 果枝；2. 坚果。

8-9 月。

产皖南黄山居士林海拔 700 米、逍遥溪、北海、西海、五道亭，祁门牯牛降。生于平缓山坡常绿或落叶阔叶林中。分布于陕西、贵州、四川、云南、湖北、湖南、广东、广西、浙江、福建。

天然更新良好。种子含油量 40-46%，可供食用或榨油制油漆。木材浅红褐色至红褐色，心材边材区别不明显，具光泽，具特殊气味，纹理直或斜，均匀，结构中，硬重，干缩易裂；可供制家具、农具、造船、坑木等用。

在黄山东坡上杨尖海拔 800-1300 米，常一干多枝；在祁门牯牛降海拔 1320 米，有一片水青冈林木，胸围平均在 1.5-2 米之间，与小叶青冈栎、暖木等混生，耐阴；大别山区舒城万佛山海拔 600 米峡谷旁有散生林木。

安徽省级保护植物。

3. 亮叶水青冈　　　　　　　图 419

Fagus lucida Rehd. et Wils.

落叶乔木，高达 25 米，胸径 1 米。小枝散生白色皮孔，幼枝被绢质绒毛；芽椭圆形，顶端尖。叶卵形或卵状披针形，长 6-11 厘米，宽 3.5-6.5 厘米，先端短尖或渐尖，基部宽楔形或近圆形，稀近心形，具锐锯齿，幼叶上面被绢质柔毛，下面脉上被黄棕色长柔毛，侧脉约 11 对，直达齿端；叶柄长 6-20 毫米，被毛。壳斗长 8-12 毫米，3-4 裂；幼时小苞片密集，鳞片状，具突尖头，老时小苞片稀疏，近基部小苞片不明显或呈舌状；总梗长 2-10（18）毫米，无毛；每壳斗具 1-2 坚果，幼时包果一半，成熟时果顶端伸出。春末夏初花叶同放；秋季果熟。

产皖南祁门牯牛降海拔 1350 米；大别山区霍山马家河天河尖海拔 1350 米，岳西妙道山；东风，潜山彭河乡海拔 600 米、驼岭，舒城万佛山海拔 600 米落叶阔叶林中。分布于湖北、湖南、江西、四川、贵州、广西。

喜生于深厚湿润酸性山地黄壤及山地棕壤，耐阴，生长较慢。当在森林群落中占有优势地位时，则会形成一相对稳定的群落。

安徽省级保护植物。

图 419　亮叶水青冈
1. 带有总苞的小枝；2. 坚果。

2. 栗属 Castanea Mill.

落叶乔木或灌木；树皮纵裂。无顶芽，芽卵形，芽鳞 3-4。单叶，互生，具锐裂齿，齿尖常芒状，羽状脉直达齿端；托叶对生。花单性，雌雄同株；雄葇荑花序直立，腋生；雄花花被 6 裂，雄蕊 10-20，具退化雌蕊；雌花 1-3（7）生于总苞内，单生或生于雄花序下部，花被片 6，子房 6 室，每室 2 胚珠，仅 1 发育。壳斗密被针刺，具坚果 1-3（5）。子叶不出土。

约 12 种，分布于北半球温带及亚热带。我国 3 种，除新疆、青海等地外，各省均有分布。安徽省 3 种均产。种仁含淀粉和糖类，为良好的干果食用类。环孔材，强度中等至强，收缩小至中，耐腐。

1. 每壳斗具坚果 2-3（稀更多），果径大于高或几相等；叶下面被短柔毛或腺鳞：
　　2. 叶下面被灰白色或灰黄色短柔毛；果径 1.5-3 厘米 ·················· **1. 板栗 C. mollissima**

2. 叶下面无毛，被黄色腺鳞；果径不及 1.5 厘米 .... 2. **茅栗 C. seguinii**
1. 每壳斗具坚果 1，果高大于径，锥形；叶无毛，先端长渐尖或尾尖，叶柄细长 1-1.5 厘米 ...... 3. **锥栗 C. henryi**

1. 板栗　　　　　　　　　图 420

Castanea mollissima Blume

　　落叶乔木，高达 20 米，胸径达 80 厘米；树皮深灰色，不规则深纵裂。幼枝被灰褐色绒毛。叶长椭圆形或长椭圆状披针形，长 9-18（22）厘米，宽 4-7（9）厘米，先端渐尖或短尖，基部圆形或宽楔形，具锯齿，齿端具芒状尖头，下面被灰白色或灰黄色短柔毛，侧脉 10-18 对；叶柄长 5-20 毫米，被细绒毛或近无毛；托叶长圆形。雄花序长 9-20 厘米，被绒毛；雄花每簇具花 3-5；雌花常生于雄花序下部，2-3（5）朵生于总苞内，花柱下部被毛。壳斗连刺径 4-6.5 厘米，刺分枝状，密被紧贴星状柔毛；坚果通常 2-3，径 2-2.5 厘米，暗褐色，顶端被绒毛。花期 4-6 月；果期 9-10 月。

　　安徽省南北各地均有栽培；皖南黄山温泉、绩溪清凉峰，黟县余家山，旌德，宁国，广德，贵池，屯溪，歙县，石台，祁门，青阳九华山；大别山区霍山青风岭、苍坪，金寨白马寨，岳西白冒、鹞落坪，潜山天柱山，舒城万佛山，宿松，太湖等地最为习见，海拔一般在 480-860 米低山丘陵、缓坡及河滩地带均有栽培或野生；在江淮滁县，来安，全椒也有少量种植。全国各地除新疆、青海以外，均有栽培。

　　适应性强。喜光。对土壤要求不严，耐旱，以肥沃湿润，排水良好富含有机质的壤土生长为好，盐、钙、黏壤土生长不良。深根性，根系发达。耐修剪，萌芽性较强。

　　用种子或嫁接繁殖。板栗种子宜先进行沙藏催芽。板栗果实为著名干果，营养丰富，种仁含蛋白质 10.7%，脂肪 7.4%，糖及淀粉 70.1%，粗纤维 2.9%，尤以北方板栗品质最佳（如天津良乡板栗）。

　　环孔材。边材窄，浅灰褐色，心材淡栗褐色。纹理直，结构粗，稍重；抗腐耐湿，干燥易裂；易遭虫蛀；可供矿柱、建筑、造船、家具等用。树皮、壳斗可提制栲胶。树皮煎水可治疮毒。

　　有栗干枯病、赤腰透翅蛾危害枝干，栗瘿蜂危害枝叶及花序；栗实象鼻虫、桃蛀螟蛀食果实，栗红蜘蛛危害叶等，宜作到防重于治，防患于未然。

2. 茅栗　　　　　　　　　图 421

Castanea seguinii Dode

　　落叶乔木，高达 20 米。幼枝被短柔毛；茅卵形，

图 420 板栗
1. 花枝；2. 开裂的壳斗与坚果。

图 421 茅栗
1. 果枝；2. 坚果。

长 2-3 毫米。叶长椭圆形或倒卵状长椭圆形，长 6-14 厘米，宽 4-5 厘米，先端渐尖，基部楔形、圆形或近心形，具锯齿，下面被黄色或灰白色腺鳞，幼时沿脉疏被单毛，侧脉 12-17 对；叶柄长 6-10 毫米，被短毛；托叶细长。雄花序长 5-12 厘米；雄花每簇具花 3-5；雌花单生或生于混合花序的花序轴下部，每总苞具花 3-5，常 1-3 发育结实，花柱 9 或 6，无毛。壳斗近球形；小苞片针刺状，连刺径 3-5 厘米；坚果常为 3，有时达 2-7，扁球形，径 1-1.5 厘米。花期 5 月；果期 9-10 月。

产皖南黄山玉屏楼至北海、清凉台至松谷庵、狮子林、桃花峰山路旁落叶阔叶林中，祁门，休宁岭南，歙县清凉峰海拔 1400 米，泾县小溪海拔 220 米，贵池；大别山区霍山诸佛庵，金寨白马寨海拔 105-1500 米，岳西鹞落坪，潜山彭河乡，舒城万佛山。在黄山垂直分布可达 1700 米，为落叶阔叶林中主要组成树种，多呈灌木状或为山上部矮林组成份子。分布于河南、陕西、山西，以及长江流域以南。耐干旱瘠薄。

种仁含淀粉 60-70%，味甘美，供食用或酿酒。环孔材。耐腐性强，加工较难。可制家具、车船、建筑、坑木及作薪炭柴等。树皮、壳斗可提制栲胶。又为嫁接板栗的砧木。

3. 锥栗 尖栗子（皖南）　　　　　　　　图 422

Castanea henryi（Skan）Rehd. et Wils.

落叶乔木，高达 30 米，胸径 1.5 米。幼枝无毛；芽卵形，长约 4 毫米。叶宽披针形或卵状披针形，长 12-18（23）厘米，宽 3-7 厘米，先端长渐尖或尾尖，基部宽楔形或圆形，常一侧偏斜，具芒状锯齿，叶下面无毛；叶柄长 1-1.5 厘米。雄花序长 5-16 厘米；雄花每簇具 1-3（5）花；雌花序常单生于小枝上部叶腋；每总苞具雌花 1（2 或 3），仅 1（2 或 3）发育结实，花柱无毛。壳斗近球形；小苞片刺状，连刺径 2.5-3.5 厘米；坚果单生，卵形，或锥形，径 1.5-2 厘米，具尖头，被黄棕色绒毛。花期 5 月；果期 9-10 月。

产皖南黄山桃花峰、慈光寺、云谷寺，广德，石台，泾县，太平，休宁，黟县红光海拔 420 米，歙县清凉峰海拔 1200 米，祁门、石台牯牛降海拔 500 米，铜陵，青阳九华山海拔 600 米；大别山区宿松，太湖也有分布。分布于浙江、江西、湖南、湖北、福建、广东、广西、四川、贵州、云南。

喜温暖湿润环境，在深厚肥沃、排水良好的酸性土壤生长最好。用种子或嫁接繁殖，播种前宜进行沙藏催芽，播种量每亩 100-120 公斤。

图 422 锥栗
1. 花枝；2. 雄花；3. 雌花；4. 壳斗；5. 坚果。

有白粉病危害叶；根腐病、地老虎、金龟子危害幼苗；栗实象鼻虫危害果实。

果营养丰富供食用。壳斗及树皮含鞣质。根皮入药洗疮毒，花可治痢疾。

木材坚硬，耐水湿为建筑、家具、造船良材。

树干通直，树形美观，生长快，是群众喜爱的珍贵用材树种。

3. 栲属 Castanopsis Spach

常绿乔木。具顶芽。单叶，常二列互生或螺旋状排列，具锯齿或全缘；托叶早落。花单性，雌雄异序或同序；花序直立；雄花花被 5-6 裂，雄蕊 10-12，花药近球形，退化雌蕊密被卷绵毛；雌花单生或 2-5 生于总苞内，花被 5-6 裂，子房 3 室，花柱 3（2.4）。壳斗球形、卵形或椭圆形，稀杯状，开裂，稀不裂，全包坚果，稀部分包被；

壳斗外壁密生或疏生针刺或肋状突起，稀鳞片状；坚果 1-3，仅基部或至中部与壳斗内壁连生，稀连生至上部，果脐圆。子叶平凸，稀具褶皱，子叶不出土。

约 130 种，分布于亚洲热带和亚热带地区。我国 70 余种，分布长江流域以南各地。许多种类是丘陵与亚高山常绿阔叶林的主要树种。安徽省 7 种。根据木材材性分为红锥、槠木、白锥三大类，其中以红锥类（钩栲）木材最坚重、最耐腐，色泽美观，为建筑、家具优良用材；槠木类次之；白锥类木材较松软，不耐腐。

1. 壳斗外壁小苞片鳞片状三角形或瘤状突起，果当年成熟；叶下面淡银灰色 ⋯⋯⋯⋯⋯⋯ 1. **苦槠 C. sclerophylla**
1. 壳斗外壁小苞片为锐刺，果翌年成熟：
  2. 每总苞具 1 雌花，壳斗具 1 果：
    3. 壳斗连刺径 6-8 厘米，4 瓣裂；叶下面被红褐色或灰棕色鳞秕，老叶下面通常灰白色 ⋯⋯⋯⋯⋯⋯
      ⋯⋯⋯⋯⋯⋯⋯⋯⋯⋯⋯⋯⋯⋯⋯⋯⋯⋯⋯⋯⋯⋯⋯⋯⋯⋯⋯ 2. **钩栲 C. tibetana**
    3. 壳斗连刺径 4 厘米以下，不规则瓣裂：
      4. 壳斗外壁密被刺：
        5. 叶两面同色为亮绿色，或老叶下面常带淡薄的银灰色或灰白色，全缘或近先端具极疏浅齿，基部偏斜不对称 ⋯⋯⋯⋯⋯⋯⋯⋯⋯⋯⋯⋯⋯⋯⋯⋯⋯⋯⋯⋯ 3. **甜槠 C. eyrei**
        5. 老叶下面多为淡灰棕色或灰色，中部以上具锯齿或波状齿，基部圆形或宽楔形 ⋯⋯⋯⋯⋯
          ⋯⋯⋯⋯⋯⋯⋯⋯⋯⋯⋯⋯⋯⋯⋯⋯⋯⋯⋯⋯⋯⋯⋯⋯ 4. **东南栲 C. jucunda**
      4. 壳斗外壁被疏短刺：
        6. 叶下面被略松散红棕色或棕黄色鳞秕或紧贴黄灰色或淡灰白色蜡鳞；壳斗连刺径 9-15 毫米
          ⋯⋯⋯⋯⋯⋯⋯⋯⋯⋯⋯⋯⋯⋯⋯⋯⋯⋯⋯⋯⋯⋯⋯ 5. **小红栲 C. carlesii**
        6. 叶下面密被棕红色或棕黄色黄色粉末状鳞秕；壳斗连刺径 1.5-3 厘米 ⋯⋯⋯ 6. **栲树 C. fargesii**
  2. 每总苞具 3 雌花，壳斗具 3 果；叶下面无毛或幼叶下面中脉疏被柔毛，老叶下面被紧贴红棕色、棕黄色或黄灰色鳞秕；壳斗连刺径 2-3 厘米 ⋯⋯⋯⋯⋯⋯⋯⋯⋯ 7. **罗浮栲 C. fabri**

1. 苦槠　　　　　　图 423

Castanopsis sclerophylla（Lindl.）Schott.

常绿乔木，高达 15-25 米，胸径 50 厘米；树皮浅纵裂，片状剥落；小枝略具棱。叶厚革质，长椭圆形、卵状椭圆形或倒卵状椭圆形，长 7-15 厘米，宽 3-6 厘米，先端渐尖、急尖或短尾状，基部宽楔形或近圆形，有时略不对称，中部或上部具锐齿，下面淡银灰色，略具光泽；叶柄长 1.5-2.5 厘米。雄花序常单穗腋生，花序轴无毛；雄蕊 10-12；雌花序长达 15 厘米。果序长 8-15 厘米；每壳斗具 1 果，壳斗球形或半球形，全包或包果大部分，壳斗壁厚 1 毫米之内，常不规则破裂；小苞片鳞片状，鳞片三角形或瘤状突起，基部有时连成圆环；坚果近球形，径 1-1.4 厘米，果脐径 7-9 毫米。花期 4-5 月；果期 9-11 月。

产皖南黄山、辅村，休宁岭南三溪海拔 200 米，歙县清凉峰海拔 450 米，泾县，太平，宣城，繁昌马仁以及在一些山区零星分布；大别山区霍山佛子岭海拔 150 米，岳西鹞落坪，潜山天柱山马祖庵海拔 650 米也有小片纯林、万洞寨海拔 450 米，太湖等半向阳山地、落叶阔叶林或常绿阔叶林中常见。分布于福建、江西、

图 423 苦槠
1. 果枝；2. 坚果。

湖南、浙江、江苏、湖北、广东、广西、陕西。

喜光，幼年耐阴。在湿润肥沃土壤生长良好，山坡山脊亦能适应。生长速度中等。寿命长，皖南地区，一些村落常生长有古老大树。

环孔材。木材淡黄棕色或黄白色。纹理直，不翘曲，材质略坚实，结构致密；可供家具、农具等用；种仁含丰富淀粉，可磨制豆腐。

2. 钩栲　　　　　　　　图424

Castanopsis tibetana Hance

常绿乔木，高达 30 米，胸径 1.5 米；树皮浅纵裂。幼枝、幼叶暗紫红色，干后暗黑色，无毛。叶厚革质，卵状椭圆形、椭圆形或长椭圆形，长 15-30 厘米，宽 5-10 厘米，先端渐尖或突尖，基部圆形或宽楔形，两侧有时不对称，具粗锐齿，叶下面被红褐色或灰棕色鳞秕，老叶下面通常灰白色，侧脉 15-18 对；叶柄长 1.5-3 厘米。雄花序穗状或圆锥状，花序轴无毛；雄花花被裂片内面被疏短毛，雄蕊 10；雌花序长 5-25（30）厘米，花序轴无毛；雌花单生于总苞内，花柱 3。果序长达 20 厘米；壳斗具 1 果，球形，连刺径 6-8 厘米，4 瓣裂，壳斗壁厚 3-4 毫米，刺长 1.5-2.5 厘米，多次分枝；坚果扁圆锥形，高 1.5-1.8 厘米，径 2-2.8 厘米，被毛，果脐与果底部几同大。花期 4-5 月；果期翌年 8-10 月。

产皖南黄山北坡芙蓉居至辅村海拔 600 米，祁门牯牛降赤岭头海拔 370 米，休宁五城、岭南海拔 350 米、流口，铜陵。多生于常绿阔叶混交林中。分布于浙江、江西、福建、湖北、湖南、广东、广西、贵州、云南。

中性偏阴。喜生于沟谷、山麓阴湿、肥沃山地黄埌中。

种仁味甜，生熟食用均可，或磨粉、酿酒。树皮、壳斗可提制栲胶。

木材红褐色，坚重，快干后易裂，为家具、建筑、器械优良用材。

3. 甜槠　　　　　　　　图425

Castanopsis eyrei（Charnp.）Tutch.

常绿乔木，高达 20 余米，胸径 50 厘米；树皮浅裂。小枝及叶无毛。叶革质，卵形、卵状披针形或长椭圆形，长 5-13 厘米，宽 1.5-5.5 厘米，先端长渐尖或尾尖，常弯向一侧，基部不对称，全缘或近先端具疏浅齿，两面同色或有时叶下面带淡薄银灰色或灰白色，网脉甚纤细；叶柄长 7-15 毫米。雄花序穗状或圆锥状，花

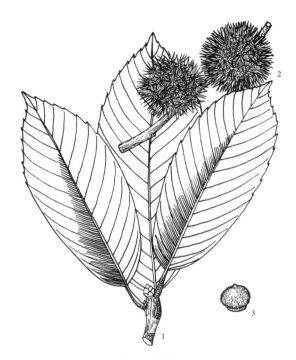

图424 钩栲
1. 枝；2. 果序；3. 坚果。

图425 甜槠
1. 果枝；2. 雌花序之一部；3. 带壳斗的坚果；4. 坚果。

序轴无毛;花被裂片内面被疏柔毛;雌花序长约10厘米,花序轴无毛;雌花单生于总苞内,花柱3或2。壳斗具1果,宽卵形,稀近球形,连刺径2-3厘米,刺长5-10毫米,下部合生或中部合生成刺束,有时连生成刺环,壳斗上部刺较密,壳斗壁及刺被灰色短毛;坚果宽圆锥形,径1-1.4厘米,无毛,果脐小于果底部。花期4-5月;果期翌年9-11月成熟。

产皖南黄山汤口海拔450米、居士林、慈光寺、双溪阁一带,为常绿阔叶林的建群种,在宣城以南、尤以休宁岭南,歙县清凉峰海拔640米、祁门、石台牯牛降海拔730米、太平、东至最为常见;大别山区岳西,潜山天柱山海拔650米,太湖薛义河、大山乡海拔250-300米均有生长,常与青栲、苦槠、绵槠、锥栗、亮叶桦等混生。分布于浙江、台湾、江苏、江西、湖北、湖南、广东、广西、福建、四川、贵州。

在土层深厚肥沃的缓坡谷地生长最好。

种仁可食或制粉丝和酿酒。树皮及壳斗可提制栲胶。环孔材。浅栗褐色或褐色,具光泽,心边材区别不明显;纹理直,结构细至中,硬度中等,略耐腐,干燥慢,不翘曲,易开裂,易加工,刨切性能较好;可供建筑、门窗、造船、车辆、坑木、家具等用。

4. 东南栲   图426

Castanopsis jucunda Hance

常绿乔木,高达26米,胸径80厘米;树皮灰黑色,深纵裂。幼枝、芽鳞、幼叶柄、叶下面及花序轴被易脱落红棕色鳞秕(腊鳞),无毛。叶纸质或近革质,卵形、卵状椭圆形或长椭圆形,稀倒卵状椭圆形,长10-18厘米,宽4-6(8)厘米,先端渐尖,基部圆形或宽楔形,中部以上具锯齿或波状齿,齿常向内弯钩,老叶下面多为淡灰棕色或灰色,上面中脉凹下,侧脉8-11对,直达齿端,网脉纤细;叶柄长1-1.5(2.5)厘米。雄花序穗状或圆锥状,花序轴无毛;花被裂片内面被短卷毛,雄蕊10;雌花序单穗腋生;花部无毛,花柱3或2。果序长达15厘米,果序轴纤细;壳斗具1坚果,球形,连刺径2.5-3厘米,3-5瓣裂;小苞片刺状,刺长6-10毫米,密生,有时较疏,壳斗壁及刺疏被灰色毛及淡棕色鳞秕;坚果圆锥形,高1.2-1.5厘米,径1-1.4厘米,果脐小于果底部。花期4-5月;果期翌年9-10月。

产皖南祁门牯牛降茅棚店双河口、大汈坑—棕里海拔440-470米,休宁,铜陵。分布于长江流域以南各省(区)。

中性偏阴;喜生于土层较深、肥沃山坡和沟谷地带。

木材淡棕黄色,纹理直,致密,不甚坚重,干后易裂;可供制家具及农具等用。种仁甜,可食,淀粉可酿酒。

图426 东南栲
1. 果枝;2. 坚果。

5. 小红栲 小叶槠   图427

Castanopsis carlesii(Hemsl.)Hayata

常绿乔木,高达20米,胸径80厘米;树干凹凸不圆;树皮灰色,不裂或浅纵裂。枝叶无毛。叶卵形、卵状披针形或披针形,长5-13厘米,宽2-5厘米,先端长尖或短尖,基部圆形或宽楔形,全缘或中部以上具锯齿,上面中脉微凹下,支脉明显,下面被略松散红棕色或棕黄色鳞秕或紧贴黄灰色或淡灰白色蜡鳞,稀两面近同色;叶柄长约1厘米,基部增粗呈枕状。雄圆锥花序近顶生,花序轴无毛;雌花序长15厘米以下,花序轴无毛;花柱 3 或 2，极短。果序长 5-10 厘米，稀更长，果序轴疏具不明显皮孔；壳斗具 1 果，球形，稀椭圆形，连刺径 9-15 毫米，壳斗具疣状凸起或具极短刺，散生或数条在基部合生或基部连生成环状，刺顶端黄棕色，无毛，其余与壳斗壁均被灰色短毛；坚果近球形或长圆锥形，径 8-12 毫米，无毛，果脐较小。花期 4-6；果期翌年 9-11 月。

产皖南祁门牯牛降观音堂海拔 390 米，石台北坡牯牛降等地。黄山树木园有栽培；大别山区太湖大山乡海拔 270 米。多生于常绿阔叶林中。分布于台湾、浙江、福建、江西、广东、广西、湖南、湖北、贵州。

幼苗较耐阴，天然更新良好，生长旺盛。

木材淡黄棕色或灰黄色，纹理直，结构粗，不均匀，较软，干后易裂；可供制家具、农具等。树皮可提制栲胶。种仁味甜可食。

5a. 小叶栲（变种）

Castanopsis carlesii（Hemsl.）Hayata var. **spinulosa** Cheng et C.S. Chao

本变种壳斗壁具分枝短刺，刺长 1-3 毫米，不为瘤状。

产皖南祁门牯牛降，太湖海拔 250-500 米。分布于四川、贵州、广西、云南。

6. 栲树 丝栗栲　　　　　　图 428

Castanopsis fargesii Franch.

常绿乔木，高达 30 米，胸径 60 厘米；树皮浅纵裂。幼枝、幼叶下面及幼叶柄被粉状鳞秕，早脱落，无毛。叶长椭圆形或卵状长椭圆形，稀卵形，长 7-15 厘米，宽 2-5 厘米，先端长尖或短尖，基部宽楔形或近圆形，全缘或在中部以上具锐齿，下面密被棕红色或棕黄色粉末状鳞秕；上面中脉凹下，侧脉较细，支脉常不显，叶柄长 5-20 毫米。雄花序穗状或圆锥状；雄花单朵密生花序轴上，雄蕊 10；雌花序长达 25 厘米；雌花单朵散生于花序轴上，花柱短。果序长达 18 厘米；壳斗具 1 果，球形，连刺径 1.5-3 厘米，不规则瓣裂，壳斗壁厚约 1 毫米，刺长 8-15 毫米，基部合生成刺束或分离，刺粗短，疏生，壳斗壁及刺被灰色短毛，或被淡褐锈色鳞秕及稀疏短毛；坚果圆锥形，高 1-1.5 厘米，径 8-12 毫米，无毛，果脐小。花期 4-5 月；果期翌年 8-10 月。

产皖南祁门牯牛降历溪坞海拔 350 米，石台牯牛降龙门潭、祁门岔海拔 450 米，休宁五城，歙县石门，

图 427 小红栲
1. 果枝；2. 坚果。

图 428 栲树
1. 叶枝；2. 果枝。

东至木塔;大别山区太湖。生于常绿落叶阔叶林中。分布于台湾、浙江、福建、江西、广东、广西、湖南、湖北、四川、贵州、云南。

耐阴树种。喜湿润肥沃土壤,在沟谷阴坡生长最好。

种仁具甜味可食或制粉丝、豆腐和酿酒。树皮及壳斗可提制栲胶。环孔材木材黄棕色,纹理直,结构粗而不匀,质软,强度中等,干燥不裂;可供家具、建筑、室内装修、农具等用。

7. 罗浮栲　　　　　　　　　　图 429

Castanopsis fabri Hance

常绿乔木,高达 20 米,胸径 45 厘米;树皮灰褐色,粗糙不裂。幼枝有时疏被柔毛;芽大。叶卵状披针形或窄长椭圆形,长 8-18 厘米,宽 2.5-5 厘米,先端长渐尖或短尖,基部楔形或近圆形,常一侧偏斜,全缘或具锯齿,叶上面中脉凹下,网脉较细,下面无毛或幼叶中脉疏被柔毛,老叶下面被紧贴红棕色、棕黄色或黄灰色鳞秕;叶柄长 1-2 厘米。雄花序单穗或多穗排成圆锥状,花序轴常被稀疏短毛;雄蕊 10-12;每总苞具雌花 3 或 2,花柱 3 或 2。果序长 8-17 厘米,无毛;壳斗具(2)3 果,球形或宽卵形,连刺径 2-3 厘米,不规则瓣裂,刺长 5-10 毫米,多条合生至中部以上成刺束,稀基部合生,刺束被短柔毛;坚果圆锥形或三角状圆锥形,一或二面平,径 8-12 毫米,无毛,果脐大于果底部。花期 4-5 月;果期翌年 9-10 月。

产皖南祁门,休宁海拔 250 米散生于山谷坡地常绿阔叶林中。分布于浙江、福建、江西、台湾、广东、广西、湖南、云南、贵州。越南、老挝也有分布。

适应性较强,对土壤要求不严,在深厚或瘠薄的红壤或山地黄壤均能生长。

图 429 罗浮栲
1. 叶枝; 2. 果序; 3. 示壳斗内面; 4. 坚果。

木材纹理直,结构粗,不均匀,重量中等,质软,干燥稍开裂;可供建筑、家具及旋制胶合板等用。

4. 石栎属 Lithocarpus Blume

常绿乔木。嫩枝常具棱槽;具顶芽。单叶,互生,全缘,稀具锯齿。花单性;雄花序单生或多个排成圆锥状;雄花常 3 或数朵聚成一簇密生于花序轴上,雄蕊 10-12;雌花单朵或 3-5,稀 7 朵聚成一簇密生于花序轴上;子房 3 室,花柱 3,柱头顶生;有时雌雄同序;雌花位于花序轴下部,或两端为雄花而雌花位于中段。每壳斗具 1 果,稀 2,全包果,或为碗状、碟状;坚果翌年成熟,顶端具突尖花柱座;果脐凸起或凹下。子叶出土。

约 250 种,分布于亚洲南部及东南部。我国约 90 种,分布秦岭以南各地,云南及广东、广西为主要分布区。为热带亚热带常绿阔叶林及针叶阔叶混交林主要树种。安徽省 5 种,主要产于皖南山区;大别山区北坡、南坡也有少数分布。

树皮平滑或稍粗糙,不裂,内皮具突起的聚合射线(青冈栎属也是如此),树干具棱槽。心材边材区别明显。本属木材通称稠木,在国内木材生产上常按其材色分为红稠与白稠两大类,红稠栎类木材褐红色至暗红色,坚重致密,耐湿耐腐,材质优良,可供车、船、桥梁、桩柱、器械等用;白稠栎类木材淡黄色或白色,致密稍逊,不耐湿,易受白蚁蛀蚀,材质不如红稠栎类,可供农具、家具等用。

1. 果脐凸起，壳斗底部无垫状突起，壳斗陀螺状，全部或大部包果，稀半包；叶两面同色 ……………… ………………………………………………………………………………… 1. 包果石栎 L. cleistocarpus
1. 果脐凹下，壳斗底部具垫状凸起，壳斗碗状、浅碗状或碟状：
　　2. 小枝无毛：
　　　　3. 壳斗浅碗状，高 6-14 毫米；小枝密被蜡质鳞秕；叶窄长椭圆形，下面灰绿色，干后苍灰色 ………… ………………………………………………………………………………… 2. 绵石栎 L. henryi
　　　　3. 壳斗碟状、碗状或浅碗状；小枝无蜡质鳞秕：
　　　　　　4. 壳斗径 8-14 毫米；叶椭圆形或倒卵状椭圆形，下面苍灰色 ………… 3. 木姜叶柯 L. litseifolius
　　　　　　4. 壳斗径 1.4-2 厘米；叶常卵形或长圆形（萌枝上叶长带状，长约 20 厘米，宽 2-3 厘米），下面被细 粉末状紧实蜡鳞层；坚果宽圆锥形，顶部短锥尖或平坦 ………… 4. 短尾柯 L. brevicaudatus
　　2. 小枝密被灰色或黄色短绒毛；幼叶下面被短毛及秕糠状蜡质鳞秕，干后苍灰色或灰白色 …… 5. 石栎 L. glaber

1.　包果石栎

图 430

Lithocarpus cleistocarpus(Seem.)Rehd et Wils.

常绿乔木，高达 10-15 米；树皮褐黑色，浅纵裂。小枝具明显纵沟棱，无毛；芽鳞无毛，干后常具油润树脂。叶革质，卵状椭圆形或长椭圆形，长 9-16 厘米，宽 3-5 厘米，（萌枝叶较大），先端渐尖，基部渐窄尖，沿叶柄下延，全缘，两面同色，下面具紧实蜡鳞层，幼叶干后褐黑色，具油润光泽，老叶干后下面带灰白色；叶柄长 1.5-2.5 厘米。雄穗状花序单穗或多穗排成圆锥状，花序轴被蜡鳞；雌花 3 稀 5 一簇散生于雌花序轴上，顶部常有少数雄花，花柱 3。壳斗陀螺状或近圆球形，径 2-2.5 毫米，全包坚果或大半包；小苞片近顶部为三角形，稍下以至基部的则与壳壁融合而仅具痕迹，被淡黄灰色蜡鳞；坚果近球形或圆锥形，径约 1.4-1.9 厘米，顶部近平或稍呈圆弧状隆起，柱座四周被稀疏微伏毛，果脐凸出明显，占果面积 1/2-3/4。花期 7-9 月；果期翌年秋冬成熟。

产皖南休宁岭南、流口瓦山，祁门，石台牯牛降海拔 830 米，歙县。为安徽省南部常绿阔叶林中组成树种。耐干旱瘠薄。分布于陕西、湖北、江西、湖南、广西、云南、贵州、四川。

种仁可食或酿酒。树皮及壳斗可提制栲胶。木材浅灰褐色，心材边材区别不明显，稍坚重，不甚耐腐；可供建筑、家具等用。

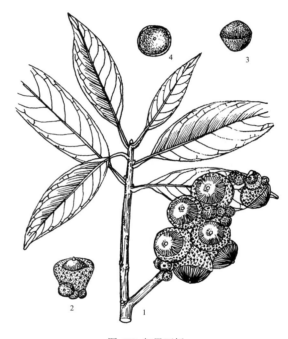

图 430　包果石栎
1. 果枝；2. 带壳斗之坚果；3-4 坚果。

2.　绵石栎　绵槠

图 431

Lithocarpus henryi(Seem.)Rehd. et Wils.

常绿乔木，高达 20 米。幼枝紫褐色，密被蜡质鳞秕，老枝具一层半透明灰白色薄蜡层，无毛。叶革质或硬纸质，窄长椭圆形，长 12-22 厘米，宽 3-6 厘米，先端短渐尖或短尖，基部宽楔形，常一侧稍短且偏斜，全缘，下面灰绿色，干后苍灰色，被较厚蜡鳞层，无毛，侧脉 11-15 对，支脉不明显；叶柄长 1.5-3.5 厘米。雄花序单穗腋生，长 7-13 厘米，花序轴被毛；雌花序长达 20 厘米，顶部常着生少数雄花，花序轴密被灰黄色毡毛状微柔毛；雌花每 3 朵一簇。壳斗浅碗状，径 1.5-2.4 厘米，高 6-14 毫米，包果很少到一半，壳壁顶端缘甚薄，向下渐增厚；小苞片三角形，紧贴，壳斗顶端边缘的常彼此分裂；坚果宽圆锥形或圆锥形，高 1.2-2 厘米，径 1.5-2.4 厘米，顶端尖，常被淡薄白粉，果脐凹下，深 0.5-1 毫米，口径 1-1.5 厘米。花期 8-10 月；果翌年秋季成熟。

产大别山区岳西，潜山。生于海拔 1000 米以下阴坡沟谷常绿阔叶林中。分布于贵州、湖北、湖南、江苏、江西、山西、四川。

3. 木姜叶柯
Lithocarpus litseifolius（Hance）Chun

常绿乔木，高达 20 米，胸径 60 厘米；树皮暗褐黑色，不裂，内皮淡红褐色，脊棱明显突出；枝叶无毛，有时小枝、叶柄及叶面干后具淡薄的白色粉霜。叶纸质至近革质，椭圆形、倒卵状椭圆形或卵形，稀窄长椭圆形，长 8-18 厘米，宽 3-8 厘米，先端渐尖或短突尖，基部楔形或宽楔形，全缘，两面同色或下面带苍灰色，具紧实鳞秕层，侧脉 8-11 对，脉干后红褐色或棕黄色；叶柄长 1.5-2.5 厘米。雄花序多穗，排成圆锥状或单穗腋生，长达 25 厘米；雌花序长达 35 厘米，有时雌雄同序，通常 2-6 穗聚生于

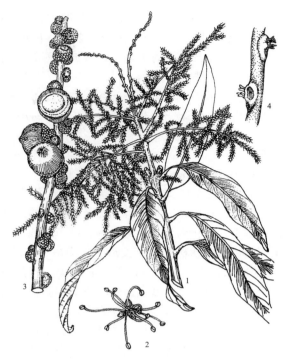

图 431 绵石栎
1. 雄花枝；2. 雄花；3. 果序；4. 雌花序部分。

枝顶，花序轴被疏短毛；雌花每 3-5 朵一簇。果序长达 30 厘米，果序轴纤细，径稀超过 5 毫米；壳斗浅碟状，径 8-14 毫米，顶部边缘常平展，甚薄，向下明显增厚呈硬木质；小苞片三角形，紧贴；坚果宽圆锥形或近球形，高 8-15 毫米，径 1.2-2 厘米，无毛，常被薄白粉，果脐凹下，深 1-4 毫米，口径宽达 1.1 厘米。花期 5-9 月；果翌年 6-10 月成熟。

产皖南祁门牯牛降赤岭头至赤岭口路旁海拔 410 米。分布长江以南各地，为山地常绿阔叶林常见树种之一。在安徽省分布区域较窄。

喜光。耐干旱；在天然林中生长良好。木材心材边材区别明显，心材淡红褐色，边材棕色，年轮菊花心状，材质颇坚重，不甚耐腐。嫩叶味甜，可代茶，通称甜茶。

4. 短尾柯
图 432
Lithocarpus brevicaudatus（Skan）Hayata

常绿大乔木，胸径达 1 米；树干挺直，树皮暗灰色，粗糙。小枝紫褐色，具棱；芽鳞被疏毛。叶革质，卵形、椭圆形、长圆形或近圆形，萌枝幼叶长带状（长约 20 厘米，宽 2-3 厘米），通常 6-15 厘米，宽 4-6.5 厘米，先端短突尖、渐尖或短尾状，基部宽楔形或近圆形，稀浅耳垂状，有时两侧不对称，全缘，叶下面被细粉末状紧实蜡鳞层，侧脉 9-13 对，近圆形的叶侧脉 6-8 对；叶柄长 2-3 厘米。花序轴及壳斗外壁被棕色或灰黄色微柔毛；雄花序多穗排

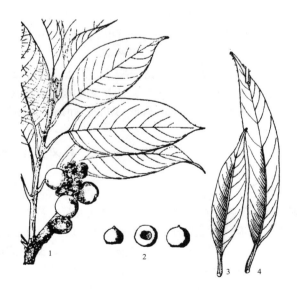

图 432 短尾柯
1. 果枝；2. 果；3-4 叶。

成圆锥状；雌花每 3 朵一簇，稀兼单花散生。壳斗碟状或浅碗状，透熟时近于平展，径 1.4-2 厘米，高稀达 7 毫米；小苞片鳞片状，三角形或近菱形，中央浅肋状突起，紧贴壳壁；坚果宽圆锥形，顶部短锥尖或平坦，径 1.4-2.2 厘米，果壁厚约 1 毫米，常被淡薄的灰白色粉霜，果脐位于底部，口径 9-12 毫米。花期 5-7 月；果翌年 9-11 月成熟。

产皖南黄山九龙瀑布附近、云谷寺、汤口黄山树木园有栽培，青阳九华山。分布于长江流域以南福建、广东、广西、贵州、海南、湖北、湖南、江西、四川、台湾、浙江；生于海拔 300-1900 米山地常绿阔叶林中。

5. 石栎 图 433

Lithocarpus glaber (Thunb.) Nakai

常绿乔木，高达 15 米，胸径 30 厘米；树皮褐黑色，内皮红棕色。小枝、幼叶柄、叶下面及花序轴均密被灰黄色短绒毛，老枝污黑色，毛稀疏。叶革质或厚纸质，倒卵形、倒卵状椭圆形或长圆形，长 6-14 厘米，宽 2.5-5.5 厘米，先端突尖短尾状或长渐尖，基部楔形，全缘或近顶部具 2-4 浅齿，幼叶下面中脉被短毛及秕糠状蜡鳞层，干后苍灰色或灰白色，无毛，侧脉 10 对以下，支脉不明显；叶柄长 1-2 厘米。雄花序多穗排成圆锥状，或单穗腋生；有时雌雄同序，雌花位于雄花之下；雌花每 3 (5) 一簇。壳斗碟状或浅碗状，倒三角形，上宽下窄，径 10-15 毫米，高 5-10 毫米，顶端缘甚薄，向下渐增厚；小苞片鳞片状，三角形，细小，紧贴，密被灰色微柔毛；坚果椭圆形，高 1.2-2.5 厘米，径 8-15 毫米，顶端尖，或长卵形，被淡薄白色粉霜，果脐深达 2 毫米，口径 3-5 (8) 毫米。花期 7-10 月；果翌年秋季成熟。

图 433 石栎
1. 果枝；2. 带壳斗之坚果；3. 坚果；4. 壳斗。

产皖南黄山眉毛峰、桃花峰、浮溪海拔 900 米常绿、落叶阔叶林中，祁门，休宁岭南，歙县清凉峰海拔 400 米，泾县小溪，太平，东至木塔，贵池；大别山区霍山磨子潭、佛子岭狼溪海拔 200 米，潜山天柱山马祖庵，太湖大山乡海拔 300 米；江淮桐城。分布于长江流域以南地区海拔 400-1000 米山地阔叶林中。

喜光。多生于阳坡。耐干燥瘠薄。

种仁食用，制酱、制豆腐及酿酒。叶及壳斗可提制栲胶。

心材红褐色或红褐色带紫，边材灰红褐色，坚硬，具光泽，纹理斜，结构中等而均匀，干燥困难，易开裂翘曲，切面光滑，油漆及胶粘性能良好；可制作家具、车船、建筑等用。

5. 青冈属 Cyclobalanopsis Derst.

常绿乔木；树皮平滑，稀深裂。芽鳞多数，覆瓦状排列。单叶，互生，全缘或具锯齿，羽状脉。花单性，雌雄同株，花被 5-6 深裂；雄花序为葇荑花序，多簇生新枝基部，下垂；雄蕊与花被裂片同数，稀较少，花丝细长，花药 2 室，退化雌蕊细小；雌花序穗状，顶生，直立；雌花单生于总苞内，有时具细小退化雄蕊，子房常 3 室，柱头侧生带状或顶生头状。壳斗杯形、碟形、碗形或钟形，包果部分，稀全包；小苞片鳞片状，鳞片愈合成同心环带，环带全缘或具齿裂；每壳斗具 1 果；坚果顶部具柱座，不育胚珠位种子顶部外侧，果当年或翌年成熟。种子发芽时子叶不出土。

约 150 种，主要分布于亚洲热带及亚热带。我国约 70 种，分布秦岭及淮河流域以南，地区，为组成常绿阔叶林主要成分。

散孔材或半散孔材,红褐色或黄褐色,材质坚重,强度甚大,收缩性大,耐腐;供桩柱、车船、桥梁、木制机械、刨架及运动器械等用。树皮及壳斗可提取栲胶。种子含淀粉,可食或酿酒。安徽省6种,分布淮河以南地区。

1. 坚果卵形、椭圆形或长卵形:
  2. 叶缘具张开锯齿,叶下面被平伏白色单毛,老时脱落,叶多为倒卵状椭圆形 …………………1. 青冈 C. glauca
  2. 叶缘锯齿不显著张开:
    3. 坚果当年成熟;叶长卵形或卵状披针形,侧脉7-13对,有时不达锯齿尖端 …… 2. 细叶青冈 C. gracilis
    3. 坚果翌年成熟;叶长椭圆形或椭圆状披针形,侧脉10-15对,直达齿端 …… 3. 多脉青冈 C. multinervis
1. 坚果倒卵形或长圆状倒卵形、卵形或椭圆形、宽卵形:
  4. 小枝被灰色蜡层;叶长椭圆形或披针状长椭圆形 ……………………………… 4. 云山青冈 C. sessilifolia
  4. 小枝无灰白色蜡层:
    5. 叶侧脉9-14对,下面粉白色,干后暗灰色 ……………………………… 5. 小叶青冈 C. myrsinaefolia
    5. 叶侧脉8-10对,下面灰绿色,干后带褐色 ……………………………… 6. 褐叶青冈 C. stewardiana

1. 青冈 青冈栎 图434

Cyclobalanopsis glauca(Thunb.)Derst.

常绿乔木,高达20米,胸径1米。小枝及芽无毛。叶革质,倒卵状椭圆形或长椭圆形,长6-13厘米,宽2-5.5厘米,先端渐尖或短尾尖,基部圆形或宽楔形,中部以上具疏锯齿,下面被平伏白色单毛,后渐脱落,常被白色鳞秕,侧脉9-13对;叶柄长1-3厘米。果序长1.5-3厘米,具果2-3;壳斗碗形,包果1/3-1/2,径9-14毫米,高6-8毫米,被薄毛,具5-8环带,全缘或具细缺刻;坚果卵形或椭圆形,径9-14毫米,高1-1.6厘米,无毛。花期4-5月;果期10月。

图434 青冈(果枝)

产皖南黄山钓桥庵、居士林、紫云峰、慈光寺、云谷寺及三道亭,为常绿阔叶林建群种之一,海拔1000米以下普遍生长;祁门牯牛降金竹洞海拔800米,休宁,歙县清凉峰海拔700米,泾县,宁国,太平,贵池,铜陵,旌德,广德;大别山区霍山青枫岭海拔600米,金寨马宗岭、白马寨、鲍家窝,岳西枯井园海拔750米、鹞落坪海拔1050米,潜山天柱峰,太湖大山乡海拔250米,舒城万佛山海拔450米,宿松,桐城等最为普遍;江淮庐江,无为,和县,含山有另星生长。分布广,北至青海、陕西、甘肃、河南,东至江苏、福建、台湾,西至西藏,南至广东、广西、云南。多生于山坡或沟谷山林中。在安徽省多生于常绿阔叶与落叶阔叶混交林中或林缘。朝鲜、日本、印度也有分布。

幼树稍耐阴,大树喜光。深根性。对土壤要求不严,在酸、弱碱或石灰岩土壤均能生长,在深厚、肥沃、湿润土壤中生长旺盛,贫瘠土壤中生长不良。幼树生长较慢。萌芽性强,可用育苗或直播造林。

种仁去涩味可制豆腐或酿酒。树皮、壳斗可提制栲胶。

木材灰黄色、灰褐带红色,心材边材区别不明显,纹理直,结构粗而匀,硬重,干缩及强度大,易开裂,耐腐,油漆及胶粘性能良好;为矿柱、桥梁、胶合板、板材、车辆等优良用材。

2. 细叶青冈 小叶青冈栎　　　　　　图 435

Cyclobalanopsis gracilis（Rehd. et Wils.）Cheng et T. Hong

常绿乔木，高达 20 米；树皮灰褐色。幼枝被绒毛，后渐脱落。叶长卵形或卵状披针形，长 4.5-9 厘米，宽 1.5-3 厘米，先端渐尖或尾尖，基部楔形或圆形，叶缘 1/3-2/3 以上具细尖锯齿，下面灰白色，被平伏单毛，侧脉 7-13 对，纤细，不明显；叶柄长 1-1.5 厘米。雄花序长 5-7 厘米，花序轴被疏毛；雌花序长 1-1.5 厘米，顶端生 2-3 花，花序轴及苞片被绒毛。壳斗碗形，包果 1/3-1/2，径 1-1.3 厘米，高 6-8 毫米，被灰黄色绒毛，具 6-9 环带，常具裂齿，尤以下部 2 环带更明显；坚果椭圆形，径约 1 厘米，高 1.5-2 厘米，柱座短，顶端被毛。花期 4-6 月；果期 10-11 月。

产皖南黄山逍遥溪、桃花峰、玉屏楼、云谷寺、五道亭海拔 1300 米以下地带常见，休宁岭南，绩溪，歙县清凉峰海拔 900 米，太平，祁门与石台交界牯牛降，泾县，广德，宣城，宁国，青阳九华山；大别山区霍山马家河海拔 1180 米，金寨白马寨海拔 1100 米，岳西鹞落坪海拔 970 米，潜山，舒城万佛山等地有另星分布。其分布较青冈海拔略高，常与落叶阔叶树种灯台树、蓝果树、青钱柳、枫香等混生。分布于甘肃、江苏、浙江、福建、江西、湖北、湖南、广西、广东、四川、贵州。

木材纹理直，结构粗而匀，坚重，强度大；可供纺织和运动器械、建筑、家具、矿柱等用。

3. 多脉青冈　　　　　　图 436

Cyclobalanopsis multinervis Cheng et T. Hong

常绿乔木，高 12 米；树皮黑褐色。芽被毛。叶长椭圆形、倒卵状椭圆形或椭圆状披针形，长 7.5-15.5 厘米，宽 2.5-5.5 厘米，先端突尖或渐尖，基部窄楔形或近圆形，1/3 以上具尖锯齿，下面被平伏单毛及易脱落灰白色蜡粉层，脱落后带灰绿色，侧脉 10-15 对；叶柄长 1-2.7 厘米。果序长 1-2 厘米，具果 2-6；壳斗杯形，包果 1/2 以下，径 1-1.5 厘米，高约 8 毫米，具 7 环带，近全缘；坚果长卵形，径约 1 厘米，高约 1.8 厘米，无毛。果脐平坦，径 3-5 毫米。果翌年 10-11 月成熟。

产皖南歙县清凉峰大塅海拔 1170 米；大别山区太湖大山乡人形岩海拔 300 米。分布于江西、湖北、湖南、四川、广西。

种仁可制淀粉及酿酒。树皮、壳斗可提制栲胶。

图 435 细叶青冈
1. 果枝；2. 坚果。

图 436 多脉青冈
1. 果枝；2. 带壳斗之幼果。

木材坚韧；可供建筑、车辆、运动器材、家具及各种细木工等用。

4. 云山青冈 云山椆 红椆

Cyclobalanopsis sessilifolia(Blume)Schott.

常绿乔木，高达25米。幼枝被毛，后渐脱落，被灰白色蜡层和淡褐色圆形皮孔；芽圆锥形，长1-1.5厘米，褐色，无毛。叶革质，长椭圆形或披针状长椭圆形，长7-15厘米，宽1.7-4厘米，先端急尖或短渐尖，基部楔形，全缘或顶部具2-4齿，两面近同色，无毛，侧脉10-13对，不明显；叶柄长5-10毫米，无毛。雄花序长5厘米，花序轴被苍黄色绒毛；雌花序长4.5厘米；花柱3裂。壳斗杯形，包果约1/3，径1-1.5厘米，高5-10毫米，被灰褐色绒毛，具5-7环带，下面2-3环具裂齿，其余近全缘；坚果倒卵形或长椭圆状倒卵形，径8-15毫米，高1.7-2.4厘米，柱座基部具几条环纹，果脐微突起，径5-7毫米。花期4-5月；果期10-11月。

产皖南祁门牯牛降，石台祁门岔海拔620米，休宁岭南溪西海拔200-500米，歙县清凉峰海拔1060米。多生于谷地、沟边和阴坡半阴坡或山地常绿阔叶林中。黄山树本园有栽培。分布于江苏、浙江、江西、福建、台湾、湖北、湖南、广东、广西、四川、贵州。日本也有分布。

种仁可制粉丝、糕点及酿酒。树皮、壳斗可提制栲胶。木材坚韧耐磨，可供桥梁、建筑、纱锭用。

5. 小叶青冈 青栲　　　　　　　　　　图437

Cyclobalanopsis myrsinaefolia(Blume)Oerst.

常绿乔木，高达20米，胸径1米。小枝无毛，被淡褐色长圆形皮孔。叶卵状披针形或椭圆状披针形，长6-11厘米，宽1.8-4厘米，先端长渐尖或短尾状，基部楔形或近圆形，中部以上具细锯齿，上面绿色，下面粉白色或粉绿色，干后暗灰色，无毛，侧脉9-14对，常不达叶缘，支脉不明显；叶柄长2.5厘米，无毛。雄花序长4-6厘米；雌花序长1.5-3厘米。壳斗杯形，包果1/3-1/2，径1-1.8厘米，高5-8毫米，壁薄脆，被灰白色柔毛，具6-9环带，全缘；坚果卵形或椭圆形，径1-1.5厘米，高1.4-2.5厘米，顶端圆，无毛，柱座具5-6环纹，果脐平坦，径约6毫米。花期6月；果期10月。

产皖南黄山桃花峰、温泉，绩溪清凉峰北坡海拔750米，休宁岭南，歙县清凉峰南坡海拔1200米，石台牯牛降海拔520米，泾县小溪，青阳九华山；大别山区霍山佛子岭海拔540米、马家河海拔

图437 小叶青冈（果枝）

1000米，金寨白马寨虎形地海拔930米，岳西鹞落坪，潜山天柱山海拔720米，太湖大山乡、桐山乡海拔250-300米，舒城万佛山。生于山地落叶、常绿阔叶混交林中。常与大柄冬青、青冈栎、灯台树、蓝果树、青钱柳、枫香等混生。分布于陕西、河南、江西、浙江、江苏、湖南、福建、台湾、四川、贵州、广西、广东、云南。

中性偏阴。喜生于土层深厚、湿润山谷或山坡腹地。耐旱性差。在石灰岩山地及酸性土壤中均能生长。

种仁去涩味后可制豆腐和酿酒。树皮、壳斗可提取栲胶。

半环孔材，纹理直，结构略粗匀，竖重，具弹性，抗压、耐磨，材质优良；可供建筑、车辆、运动器材、纺织器材、家具、农具、细木工等用。

6. 褐叶青冈　　　　　　　　　　图 438

Cyclobalanopsis stewardiana（A. Camus）Y. C. Hsu et H. W. Jen

常绿乔木，高 12 米。小枝无毛。叶长椭圆状披针形或长椭圆形，长 6-12 厘米，宽 2-4 厘米，先端尾尖或渐尖，基部窄楔形或楔形，中部以上疏生浅齿，幼叶两面被平伏丝毛，老叶无毛，下面灰绿色，疏被毛，干后带褐色，侧脉 8-10 对，上面不明显，下面隆起；叶柄长 1.5-3 厘米，无毛。雄花序长 5-7 厘米，花序轴密被棕色绒毛；雌花序长约 2 厘米，花序轴及苞片被棕色绒毛。壳斗杯形，包果约 1/2，径 1-1.5 厘米，高 6-8 毫米，内壁被灰褐色绒毛，外壁被灰白色柔毛，老时渐脱落，具 6-9 环带，环带与壳斗壁常分离，边缘具粗齿；坚果宽卵形，高 8-15 毫米，无毛，顶端具宿存短花柱，果脐凸起。花期 7 月；果熟期翌年 10 月。

产皖南黄山海拔 700-1000 米常绿、落叶阔叶混交林中，在慈光阁附近有散生或小片纯林，绩溪永来海拔 900 米，石台牯牛降海拔 720 米，歙县清凉峰海拔 900-1400 米、老竹铺，休宁岭南五龙山；大别山区岳西鹞落坪海拔 1040 米，舒城万佛山。生于山上部常绿、落叶混交矮林中。分布于江西、浙江、湖北、湖南、广东、广西、四川、贵州。

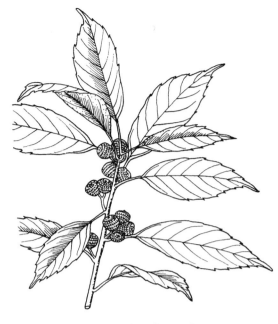

图 438 褐叶青冈（果枝）

6. 栎属 Quercus L.

常绿、半常绿或落叶乔木，稀灌木；树皮深裂或片状剥落。具顶芽，芽鳞多数，覆瓦状排列。单叶，互生，具锯齿，稀深裂或全缘；托叶早落。花单性，雌雄同株；雄花为荑荑花序，簇生，下垂；花被杯形，4-7 裂，雄蕊 6（4-12），花丝细长，花药 2 室，纵裂，退化雌蕊细小或缺；雌花序穗状，直立；雌花单生于总苞内，花被 5-6 深裂，有时具细小退化雄蕊，子房 3（2-5）室，每室具 2 胚珠，花柱与子房室同数，柱头侧生带状，下延或顶生头状。壳斗杯状、碟状、半球形或近钟形；小苞片鳞片形、线形或锥形，覆瓦状排列，紧贴、开展或反曲，每壳斗具 1 果；坚果当年成熟或翌年成熟，顶部具柱座，不育胚珠位种子基部外侧。种子萌芽时子叶不出土。

约 300 种，分布于亚洲、非洲、欧洲、美洲。我国约 60 种，南北各地均有。安徽省 10 种，2 变种；为组成落叶阔叶林的重要森林树种。

本属在省内树种按木材结构可分为麻栎类、乌冈栎类及槲栎类三大类。麻栎类包括麻栎、栓皮栎、小叶栎；乌冈栎类包括乌冈栎、尖叶栎；槲栎类包括槲栎、波罗栎、白栎、黄山栎、炮栎。前两类木材重量、硬度及强度均大于后一类，其共同特点是耐腐性强，耐磨损，耐冲击，富弹性；可供船舶、车辆、桥梁等用，为优良用材树种；花纹美观又为家具良好的材料。

1. 落叶乔木：

　2. 叶缘具芒状锯齿，叶长椭圆状披针形或卵状披针形；壳斗小苞片反卷；果翌年成熟：

　　3. 老叶下面无毛或仅叶下面脉腋被毛；树皮木栓层不发达；壳斗小苞片反卷或微反卷：

　　　4. 壳斗小苞片钻形，反卷；果径 1.5-2 厘米 ·················· 1. 麻栎 **Q. acutissima**

　　　4. 壳斗小苞片线形，直伸或微反卷；果径 1.3-1.5 厘米 ·················· 2. 小叶栎 **Q. chenii**

　　3. 老叶下面密被星状毛；树皮木栓层发达；壳斗小苞片钻形，反卷 ·················· 3. 栓皮栎 **Q. variabilis**

2. 叶缘具波状裂片或粗齿、深锯齿或波状锯齿、波状钝齿、腺齿或锐齿；果当年成熟：

  5. 壳斗小苞片革质，窄披针形，开展或反卷：

    6. 老叶下面被毛；壳斗小苞片长约 1 厘米，红棕色，被褐色丝毛；侧脉 4-10 对 …… **4. 波罗栎 Q. dentata**

    6. 老叶下面沿脉被疏毛，壳斗小苞片长约 4 毫米，红褐色，被短绒毛；侧脉 10-16 对 …………………
    ………………………………………………………………………… **5. 黄山栎 Q. stewardii**

  5. 壳斗小苞片鳞片状，长不及 3 毫米，排列紧密：

    7. 老叶下面被毛：

      8. 小枝密被灰色或灰褐色绒毛；叶缘具波状齿或粗钝齿，幼叶被灰黄色星状毛……… **6. 白栎 fabri**

      8. 小枝粗，无毛；叶缘具波状钝齿，叶下面密被灰白色细绒毛：

        9. 叶缘波状钝齿不内弯 ………………………………………… **7. 槲栎 Q. aliena**

        9. 叶缘具粗大尖锐锯齿，内弯 ………………… **7a. 锐齿槲栎 Q. aliena var. acuteserrata**

    7. 老叶下面常无毛或被灰白色平伏单毛，具腺齿：

      10. 叶柄长 1-3 厘米，叶长 7-17 厘米 ………………………………… **8. 枹栎 Q. serrata**

      10. 叶柄长 2-4 毫米，叶长 5-11 厘米 ………………… **8a. 短柄枹栎 Q. serrata var. brevipetiolata**

1. 常绿乔木：

  11. 老叶下面被毛；小枝密被苍黄色星状毛，常具细棱；叶长圆形或卵状披针形，上部具浅齿或全缘 ………
  …………………………………………………………………… **9. 尖叶栎 Q. oxyphylla**

  11. 叶两面无毛；小枝幼时被绒毛，后脱落，纤细，叶侧卵形或窄椭圆形，中部以上具疏锯齿 …………
  ……………………………………………………………… **10. 乌冈栎 Q. phillyraeoides**

1. 麻栎 图 439

Quercus acutissima Carr

落叶大乔木，高达 30 米，胸径 1 米；树皮深灰褐色，深纵裂。幼枝被黄色柔毛，后渐脱落；芽被毛。叶长椭圆状披针形，长 8-19 厘米，宽 3-6 厘米，先端渐尖，基部圆形或宽楔形，具芒状锯齿，幼时被柔毛，老时无毛或仅叶下面脉腋被毛，侧脉 13-18 对，直达齿端；叶柄长 1-3(5) 厘米，被柔毛，后渐脱落。雄花序长 6-12 厘米，被柔毛；花被常 5 裂，雄蕊 4，稀较多；雌花序具花 1-3；花柱 3。壳斗杯状，包果约 1/2；小苞片钻形，反卷，被灰白色绒毛；坚果卵形或椭圆形，径 1.5-2 厘米，高 1.7-2.2 厘米，顶端圆形，果脐凸起。花期 3-4 月；果期翌年 9-10 月。

全省广布。产皖南黄山汤口、慈光寺、桃花峰山脚下阔叶林中，太平，青阳九华山；大别山区霍山，金寨海拔 680 米，岳西鹞落坪，舒城万佛山；江淮滁县皇甫山、琅琊山，肥西紫蓬山，淮南八公山。多生于中山或丘陵落叶阔叶林中。在江淮地区多为人工林。分布于华东、华中、华南、西南、华北、辽宁及山西。

喜光，不耐荫蔽。深根性，抗风力较强。初期生长较慢，成长后速度加快，在湿润、肥沃、深厚、排水良好的中性至微酸性沙壤土中生长最好。不耐水湿。抗火、抗烟力较强。20 年前生长较快。萌芽性强。用种子育苗繁殖或直播造林。

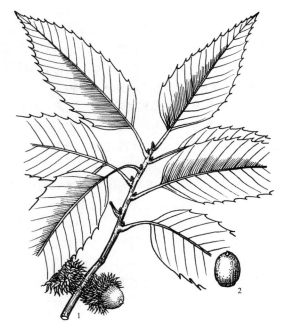

图 439 麻栎
1. 果枝；2. 坚果。

有栗褐天社蛾危害叶片，栗实象鼻虫危害种子，柞天蛾危害树干，需加以防治。

种仁酿酒或作饲料，壳斗、树皮可提制栲胶。种子止泻消肿；叶饲柞蚕；树段砍倒后可培养香菇木耳。

环孔材，边材淡褐黄色，心材红褐至暗红褐色，纹理斜或直，气干易裂，耐腐，耐水湿，硬重，强度大，色泽花纹美观，为造船、家具、军工等优良用材。是我国主要优良用材树种之一。

2. 小叶栎 图 440

Quercus chenii Nakai

落叶高大乔木，高达 30 米；树皮黑褐色，纵裂。幼枝密被黄色柔毛，后渐脱落。叶宽披针形或卵状披针形，长 7-12 厘米，宽 2-3 厘米，先端渐尖，基部圆形或宽楔形，略偏斜，具芒状锯齿，幼时被灰黄色柔毛，后脱落无毛，侧脉 12-16 对；叶柄长 5-15 毫米。雄花序长约 4 厘米，花序轴被柔毛。壳斗杯形，包果约 1/3，径约 1.5 厘米，高约 8 毫米；壳斗上部小苞片线形，长约 5 毫米，直伸或反卷，中部以下为长三角形，长约 3 毫米，紧贴壳斗壁，被细毛；坚果椭圆形，径 1.3-1.5 厘米，高 1.5-2.5 厘米，顶端具微毛，果脐微突起，径约 5 毫米。花期 3-4 月；果期翌年 10 月。

产皖南黄山周村海拔 450 米，太平，歙县，泾县，屯溪，休宁，广德，宁国，宣城，繁昌，铜陵，东至；大别山区霍山黄泥畈、狼溪海拔 180 米，金寨，岳西鹞落坪，潜山天柱山海拔 450 米，太湖大山乡海拔 300 米。江淮滁县，无为，庐江，合肥大蜀山，枞阳等地，有散生。多生于低山丘陵地带。分布于浙江、江苏、湖北、湖南、江西、福建。

喜光。喜生于阳坡为林中上层优势种；在深厚、肥沃、中性至酸性土壤中，长势旺盛。生长速度中等。

环孔材，边材淡红色，心材浅褐色，气干密度 0.816/cm³。纹理直，结构粗，不均匀，重而硬，强度高。易翘裂，耐腐。为优良的薪炭用材，可供家具、车船、建筑、纺织器械等用。栗实含淀粉 63.1%、单宁 7.8% 及蛋白质 5.8%。

3. 栓皮栎 图 441

Quercus variabilis Blume

落叶大乔木，高达 30 米，胸径 1 米；树皮木栓层发达，黑褐色，深纵裂。小枝灰棕色，无毛；芽鳞具缘毛。叶卵状披针形或长椭圆状披针形，长 8-15（20）厘米，宽 2-6（8）厘米，先端渐尖，基部圆形或宽楔形，

图 440 小叶栎（果枝）

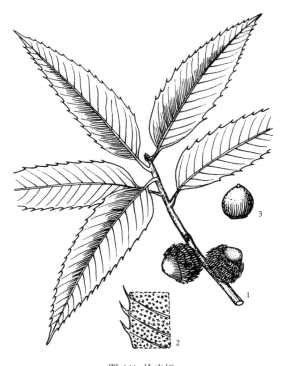

图 441 栓皮栎
1. 果枝；2. 示叶下面毛被；3. 坚果。

具芒状锯齿，老叶下面密被灰白色星状绒毛，侧脉 13-18 对，直达齿端；叶柄长 1-3 厘米，无毛。雄花序长达 14 厘米，花序轴被黄褐色绒毛；花被 2-4（6）裂，雄蕊常 5（10）；雌花序生于新枝上端叶腋；花柱 3。壳斗杯状，包果约 2/3，连小苞片径 2.5-4 厘米，小苞片钻形，反曲，被短毛；坚果近球形或宽卵形，径高约 1.5 厘米，顶端平圆，果脐凸起。花期 3-4 月；果期翌年 9-10 月。

产皖南黄山，绩溪，歙县，祁门，石台，黟县；大别山区霍山，金寨白马寨海拔 680 米、马鬃岭海拔 810 米，岳西鹞落坪，潜山天柱山海拔 350 米，舒城万佛山；江淮滁县皇甫山、琅琊山，庐江冶山，肥西紫蓬山，合肥大蜀山，尤以皖西资源较多。多生于向阳山坡、丘陵，常与麻栎、枫香、黄檀、黄连木、白栎、槲栎、五角枫等落叶树种相混生；低山丘陵有人工栽植的纯林以剥取栓皮为目的。分布辽宁、河北、陕西、山西中条山、甘肃、山东、江苏、浙江、江西、福建、台湾、河南、湖北、湖南、广东、广西、四川、贵州、云南。朝鲜、日本也有分布。

喜光，幼苗耐阴。主根发达。萌芽性强。抗旱、抗火、抗风。适应性广；对土壤要求不严，酸性土、中性土、钙质土均可生长；生长中速，如立地条件好，百年树木、枝叶仍很繁茂。

萌芽更新或种子繁殖；生长 15-20 年生，胸径达 15 厘米即可采剥。一般有栎实象鼻虫、栎褐天社蛾、云斑天牛等危害种子、叶、树干及树皮。

栓皮为不良导体，隔热，隔音，不透水，不透气，不易与化学药品起作用；质轻软，具弹性，比重 0.12-0.24，供绝缘器、冷藏库、软木砖、隔音板、瓶塞、救生器具及填充体等用，为重要工业原料。种仁做饲料及酿酒。壳斗可提制栲胶或制活性炭。小材与梢头可培养香菇、木耳、银耳、天麻和灵芝。

环孔材。边材淡黄色，心材淡红色，重而坚硬，纹理直，花纹美观，结构略粗，强度大，干燥易裂，耐腐，耐水湿，气干密度 0.87 克 / 立方厘米；可供船舶、地板、家具、体育器械等用，为优良用材树种。

4. 波罗栎 槲树 图 442

Quercus dentata Thunb.

落叶乔木，高达 25 米；树皮暗灰褐色，深纵裂。小枝粗壮，具槽，密被灰黄色星状绒毛。叶倒卵形或长倒卵形，长 10-30 厘米，先端短钝尖，基部耳形或窄楔形，具 4-10 对波状裂片或粗齿，幼叶上面疏被柔毛，下面密被灰褐色星状绒毛，老叶下面被毛，侧脉 4-10 对；叶柄长 2-5 毫米，密被棕色绒毛；托叶线状披针形，长约 1.5 厘米。雄花序长约 4-10 厘米，花序轴密被淡黄色绒毛；花被 7-8 裂，雄蕊 8-10；雌花序长 1-3 厘米。壳斗杯形，包果 1/2-2/3，连小苞片径达 4.5 厘米；小苞片革质，窄披针形，长约 1 厘米，张开或反卷，红棕色，被褐色丝毛，内面无毛；坚果卵形或宽卵形，径 1.2-1.5 厘米，高 1.5-2.3 厘米，无毛，柱座高约 3 毫米。花期 4-5 月；果期 9-10 月。

产皖南黄山，休宁岭南；大别山区霍山，金寨，舒城万佛山，六安；江淮滁县皇甫山、施集、琅琊山海拔 200 米，肥西紫蓬山；淮北萧县皇藏峪，宿县大方寺。生于低山丘陵海拔 500-1000 米；江淮地区以北最为常见。分布于黑龙江、吉林、辽宁、河北、山西中条山、陕西、甘肃、山东、江苏、浙江、台湾、河南、湖北、湖南、四川、贵州、云南。

喜光。深根性，耐旱。对土壤要求不严，在酸性土、钙质土，轻度石灰性土壤上均能生长。抗风、抗烟、

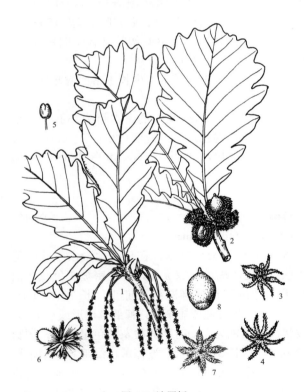

图 442 波罗栎
1. 雄花枝；2. 果枝；3. 雄花；4. 雄花花被；5. 雄蕊放大；6. 雌花；7. 雌花花被；8. 坚果。

抗病虫害能力强。

种仁可酿酒。壳斗、树皮可提制栲胶。叶可饲养柞蚕。木材坚实耐腐，可供桩柱、门窗、地板、农具等用。由于多年砍伐，在丘陵地多呈灌木林。今后在荒山造林时，可选做造林树种。

5. 黄山栎　　　　　　　　　　　　图 443

Quercus stewardii Rehd.

落叶矮乔木，高达 10 米；树皮灰褐色，粗糙，小枝粗壮，幼时被疏毛，老枝皮孔淡褐色。叶倒卵形或宽倒卵形，长 11-15 厘米，宽 7-11 厘米，先端短钝尖，基部窄圆形，具深锯齿或波状锯齿，老叶沿脉被疏毛，侧脉 10-16 对；叶近无柄，被长绒毛；托叶线形，长约 5 毫米，宿存。壳斗杯形，包果约 1/2，径 1.5-2.2 厘米，高约 1 厘米；小苞片线状披针形，长约 4 毫米，红褐色，被短绒毛；坚果近球形，径、高约 1.3-1.8 米，无毛。花期 4-5 月；果期 9 月。

产皖南黄山玉屏楼、天海、西海、仙桃峰、始信峰下、狮子林海拔 1600-1800 米、北坡清凉台下，歙县清凉峰海拔 1400 米；大别山区霍山马家河天河尖海拔 1380-1600 米，金寨天堂寨顶海拔 1440-1770 米，岳西鹞落坪，潜山天柱山，舒城万佛山海拔 1500 米，常形或小片高山矮林。为落叶阔叶矮林带的建群种。分布于浙江、江西、湖北。

耐瘠薄，在干燥沙质土上生长正常。耐寒性及抗风力均强。

种仁制粉丝、糕点及酿酒。木材为环孔材，边材黄色，心材深褐色，气干密度 0.854 克 / 立方厘米；栎实含淀粉 45.1%，单宁 6.2%，蛋白质 6.9，油脂 3.1%。

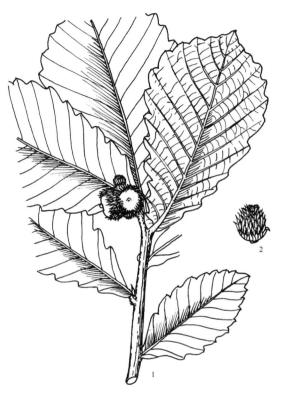

图 443 黄山栎
1. 果枝；2. 未成熟之果苞。

6. 白栎　　　　　　　　　　　　图 444

Quercus fabri Hance

落叶乔木，高达 20 米，在丘陵地带由于砍伐呈灌木状；树皮灰褐色，深纵裂。小枝密被灰色或灰褐色绒毛。叶倒卵形或椭圆状倒卵形，长 7-15 厘米，宽 3-8 厘米，先端钝或短渐尖，基部窄楔形或窄圆形，具波状齿或粗钝齿，幼时两面被灰黄色星状毛，侧脉 8-12 对；叶柄长 3-5 毫米，被棕黄色绒毛。花序轴被绒毛；雄花序长 6-9 厘米；雌花序长 1-4 厘米，具花 2-4。壳斗杯形，包果约 1/3，高 4-8 毫米，径 8-11 毫米；小苞片卵状披针形，排列紧密，在口缘处伸出；坚果卵状长椭圆形或长椭圆形，径 7-12 毫米，高 1.7-2 厘米，无毛，果脐突起。花期 4 月；果期 10 月。

产皖南黄山周村、苦竹溪、慈光阁；休宁岭南、

图 444 白栎
1. 果枝；2. 坚果。

五城，歙县清凉峰海拔 450 米，太平，宣城；大别山区霍山黄泥畈；江淮庐江，无为、滁县珠龙，全椒；以宣城以南各县最为常见。常生于低山地带，与山胡椒、短柄枹、檞树、檞栎等组成落叶栎类占优势的灌丛群落。分布于陕西、山西、江苏、浙江、江西、福建、河南、湖北、湖南、广东、广西、四川、贵州、云南。为亚热带落叶阔叶林重要组成树种。

喜光，幼树稍耐阴。适应性强，岗地、低山丘陵、干燥坡地均能生长；萌芽性强。

树叶含蛋白质 11.80%，栎实含淀粉 47.0%，单宁 14.1%。环孔材，边材浅褐色，心材深褐色，气干密度 0.767 克 / 立方厘米，材质坚硬，可供薪炭柴及培养香菇、木耳等用；树皮、壳斗可提制栲胶。为薪炭柴造林树种。

7. 檞栎　　　　　　　　　　　图 445

Quercus aliena Blume

图 445 檞栎
1. 果枝; 2. 雄花序; 3. 雄花花被; 4. 雄花; 5. 带壳斗之坚果;
6. 坚果。

落叶乔木，高达 20 米；树皮暗灰色，深纵裂。小枝粗壮，无毛，具淡褐色皮孔。叶长椭圆状倒卵形或倒卵形，长 10-20（30）厘米，宽 5-14（16）厘米，先端微钝或短渐尖，基部窄楔形或圆形，具波状钝齿，下面密被灰白色细绒毛，侧脉 10-15 对；叶柄长 1-3 厘米，无毛。雄花序长 4-8 厘米，微被毛；雄蕊约 10；雌花单生或 2-3 朵簇生。壳斗杯形，包果约 1/2；小苞片卵状披针形，排列紧密，被灰白色柔毛；坚果椭圆状卵形或卵形，径 1.3-1.8 厘米，高 1.7-2.5 厘米。花期 4 月；果期 10 月。

产皖南黄山，旌德，青阳九华山；大别山区霍山黄巢寺猪头尖海拔 900 米、大化坪海拔 780 米、真龙地海拔 200 米，金寨白马寨海拔 700-1020 米，潜山，舒城万佛山；江淮滁县施集、琅琊山；淮北萧县皇藏峪，宿县大方寺的石灰岩山地，尤以淮北习见，常与白栎、短柄枹、山槐、黄檀、枫香等落叶树种混生。分布于陕西、山西、河南、湖北、湖南、广东、广西、福建、浙江、江苏、江西、四川、贵州、云南。

喜光。耐干旱瘠薄；多生于阳坡、山谷或荒地。萌芽性强，可萌芽更新，或种子育苗繁殖，或直播造林。

种仁富含淀粉，可酿酒；壳斗、树皮可提取栲胶。环孔材，木材淡黄褐色，坚韧，耐腐，纹理致密，可供坑木、枕木、舟车、军工、建筑、农具、胶合板、薪炭等用。

7a. 锐齿檞栎

Quercus aliena Blume var. **acuteserrata** Maxim.

落叶乔木，高达 30 米。小枝具槽，无毛。叶倒卵状椭圆形或倒卵形，长 9-20（25）厘米，宽 5-9（11）厘米，先端渐尖，基部窄楔形或圆形，具粗大尖锐锯齿，内弯，下面密被灰白色平状细绒毛，侧脉 10-16 对；叶柄长 1-3 厘米，无毛。雄花序长 10-12 厘米；雌花序长 2-7 厘米，花序轴被绒毛。壳斗杯形，包果约 1/3；小苞片卵状披针形，排列紧密，被薄柔毛；坚果长卵形或卵形，径 1-1.4 厘米，高 1.5-2 厘米，顶端具疏毛。花期 3-4 月；果期 10-11 月。

产皖南黄山区上杨尖海拔 900-1280 米，休宁岭南，歙县清凉峰海拔 450 米，太平，宣城，广德，泾县，铜陵，青阳九华山；大别山区霍山佛子岭海拔 820 米，金寨白马寨海拔 880-1350 米、马鬃岭，岳西东风美丽乡鹞落坪海拔 1150 米、庙堂山，舒城万佛山；江淮凤阳。常与茅栗、灯台树、槲栎、山槐、化香、山胡椒等混生。分布于辽宁、河北、山西、陕西、甘肃、山东、浙江、江西、台湾、河南、湖北、湖南、广东、广西、四川、贵州、云南。

叶含蛋白质 12.53%；种子含淀粉 55.8%，含单宁 9.7%。环孔材，边材灰白色，心材黄色，气干密度 0.73克 / 立方厘米。

为水源涵养林和更新造林树种。

8. 枹栎

图 446

Quercus serrata Thunb. [*Quercus glandulifera* Bl.]

图 446 枹栎
1. 雄花枝；2. 果枝；3. 坚果。

落叶乔木，高达 25 米；树皮灰褐色，深纵裂。幼枝被柔毛，后脱落；芽长卵形，长 5-7 毫米，棕色。叶薄革质，倒卵形或倒卵状椭圆形，长 7-17 厘米，宽 3-9 厘米，先端渐尖或急尖，基部窄楔形或圆形，具腺齿，幼叶被平状单毛，老叶下面被灰白色平状单毛或无毛，侧脉 7-12 对；叶柄长 1-3 厘米，无毛。雄花序长 8-12 厘米，花序轴密被白毛；雄蕊 8；雌花序长 1.5-3 厘米。壳斗杯形，包果 1/4-1/3，径 1-1.2 厘米，高 5-8 毫米；小苞片长三角形，缘具柔毛；坚果卵形或椭圆形，径 8-12 毫米，高 1.7-2 厘米，果脐平坦。花期 3-4 月；果期 9-10 月。

产大别山区霍山青枫岭欧家冲海拔 640 米，潜山彭河乡板仓海拔 1000 米。生于沟谷落叶阔叶林中。分布于辽宁、河南、山东、山西、陕西、甘肃、广东、广西、台湾、福建、四川、贵州、云南。

喜光，幼年耐阴。耐干旱瘠薄。在湿润肥沃土壤中生长旺盛。

种仁可取淀粉或酿酒；树皮、壳斗可提制栲胶；叶可饲养柞蚕。木材纹理直，结构粗重而坚硬，宜做车辆或建筑等用。

8a. 短柄枹栎

Quercus serrata Thunb. var. **brevipetiolata**（A.DC.）Nakai

落叶乔木，高达 12 米，或呈灌木状。幼枝被疏柔毛，后脱落。叶常聚生于枝顶，较小，长椭圆状倒卵形或倒卵状披针形，长 5-11 厘米，宽 1.5-5 厘米，先端渐尖，基部窄圆，具内弯浅腺齿，幼叶被丝毛，老叶无毛，侧脉 7-12 对；叶柄短，长 2-4 毫米，无毛。雄花序长 5-6 厘米，花序轴及花被被疏毛；雌花序长不及 1 厘米。壳斗杯形，包果约 1/3；小苞片卵状三角形，在口部伸出，边缘具柔毛；坚果卵状椭圆形，径 8-12 毫米，高 1.2-1.8 毫米，顶端被柔毛，柱座短。

产皖南黄山、汤口、紫云峰海拔 800 米、居士林、天门坎、云谷寺、松谷庵，休宁岭南，绩溪清凉峰永来海拔 770 米，歙县清凉峰海拔 1250 米，祁门，广德，宁国，铜陵，青阳，贵池，东至，太平，泾县小溪；大别山区霍山石道河，金寨马宗岭、白马寨海拔 80-1120 米，岳西文坳、鹞落坪，舒城万佛山；江淮滁县皇甫山、琅琊山海拔 200 米。多生于向阳低山丘陵或山脊。在安徽省广泛分布。由于人为破坏，目前大树难觅，多呈灌木状。分布于山东、山西、河南、陕西、甘肃、江苏、浙江、江西、广东、广西、福建、贵州、四川。

喜光。耐干旱瘠薄。

叶含蛋白质 12.31%；栎实含淀粉 46.3%，单宁 7.7，蛋白质 3.9%。环孔材，边材浅黄白色，心材褐色，木材气干密度 0.75 克／立方厘米。

9. 尖叶栎　　　　　　　　　　图 447

Quercus oxyphylla（Wils.）Hand. -Mzt.

常绿乔木，高达 20 米；树皮黑褐色。小枝密被苍黄色星状绒毛，常具细棱。叶卵状披针形、长圆形或长椭圆形，长 5-12 厘米，宽 2-6 厘米，先端渐尖或短渐尖，基部圆形或浅心形，上部具浅齿或全缘，幼叶两面被星状绒毛，老叶下面被毛，侧脉 6-12 对；叶柄长 5-15 毫米，密被苍黄色星状毛。壳斗杯形，连小苞片径 1.8-2.5 厘米，包果约 1/2；小苞片线状披针形，长约 5 毫米，反卷，被苍黄色短绒毛；坚果长椭圆形或卵形，径 1-1.4 厘米，高 2-2.5 厘米，顶端被苍黄色绒毛，果脐微突起。花期 5-6 月；果期翌年 9-10 月。

产皖南祁门、太平、宣城、贵池海拔 700-1000 米散生于山坡灌丛中。分布于陕西、甘肃、广东、广西、福建、浙江、四川、贵州。

10. 乌冈栎

Quercus phillyraeoides A. Gray

常绿乔木，高达 10 米，或呈灌木状。小枝纤细，灰褐色，幼时被绒毛，后渐脱落。叶革质，倒卵形或窄椭圆形，长 2-6（8）厘米，宽 1.5-3 厘米，先端钝尖或短渐尖，基部圆形或近心形，中部以上具疏锯齿，两面绿色，无毛或下面中脉被疏柔毛，侧脉 8-13 对，叶柄长 3-5 毫米，被柔毛。雄花序长 2.5-4 厘米；花柱长 1.5 毫米，柱头 2-5 裂。壳斗杯形，包果 1/2-2/3，径 1-1.2 厘米，高 6-8 毫米；小苞片三角形，长约 1 毫米，排列紧密，除顶端外被灰白色柔毛；坚果长椭圆形，径约 8 毫米，高 1.5-1.8 厘米，果脐平坦，径 3-4 毫米。花期 3-4 月。果脐 9-10 月。

图 447 尖叶栎
1. 果枝；2. 坚果。

产皖南黄山天子峰海拔 1000 米，祁门龙池坡、牯牛降海拔 800 米，太平七都海拔 200-1000 米。生于山坡、山顶和山谷密林中或山地岩石隙中。分布于陕西、河南、广东、广西、福建、浙江、江西、湖北、湖南、四川、贵州、云南。日本也有分布。

喜光。适应性较强，在干燥瘠薄阳坡均能生长；生长慢，干形不直。

木材坚韧，硬度大，耐腐，难加工，为家具、车轴、细木工等优良用材。种子含 50% 淀粉，酿酒或作饲料。

42. 胡桃科 JUGLANDACEAE

落叶，稀常绿乔木，多具芳香树脂，常被橙黄色盾状着生的圆形腺体。鳞芽或裸芽，常叠生。奇数稀偶数羽状复叶，互生；无托叶。花单性，雌雄同株；雄花为葇荑花序，生于去年枝叶腋或新枝基部而下垂，稀生于枝顶而直立；雄花具 1 大苞片及 2 小苞片，花被 1-4 裂，或无花被，雄蕊 3 至多数，花丝短，花药 2 室，纵裂；雌花为葇荑花序或穗状，生于枝顶；雌花具 1 大苞片及 2 小苞片，花被 2-4 裂，或无花被，雌蕊由 2 心皮组成，子房下位。1 室或基部不完全 2-4 室，胚珠 1，单珠被，花柱短，柱头 2 裂。核果或坚果。种子 1，无胚乳，种皮薄，子叶常 4 裂，肉质，含油脂，子叶出土或不出土。

9 属，约 63 种，分布于北半球温带及热带地区。我国 8 属，24 种，2 变种，引入 4 种。安徽省 5 属，8 种，1 变种。

1. 枝具片状髓心：
　　2. 核果无翅，具鳞芽 ·· 1. 核桃属 Juglans
　　2. 坚果具翅；具裸芽或鳞芽：
　　　　3. 果翅向两侧伸展；雄花序常单生叶腋，雄花花被不整齐；鳞芽或裸芽·············· 2. 枫杨属 Pterocarya
　　　　3. 果翅圆盘状，果核位于翅中央；雄花序 2-4 集生叶腋，雄花花被整齐；裸芽 ·····3. 青钱柳属 Cyclocarya
1. 枝具实心髓：
　　4. 雄葇荑花序下垂；核果无翅，外果皮较薄，常 4 瓣裂；裸芽或鳞芽 ·············· 4. 山核桃属 Carya
　　4. 雌雄花序均为直立葇荑花序，集生枝顶，果苞宿存，革质；小坚果扁平，两侧具窄翅；鳞芽 ·············
　　·· 5. 化香属 Platycarya

1. 核桃属 Juglans L.

落叶乔木。枝具片状髓心；鳞芽。奇数羽状复叶，互生；小叶全缘或具锯齿。花单性，雌雄同株；雄葇荑花序单生或簇生于去年枝叶腋；雄花花被片 1-4，雄蕊 8-40；雌花序生于枝顶；花被 4 裂，子房下位，1 室，胚珠 1，柱头羽状。核果，果皮肉质，熟时开裂或不开裂，内果皮硬骨质，具刻纹或纵脊。子叶不出土。

约 18 种，分布于亚洲、欧洲、美洲温带及热带地区。我国 4-5 种，1 变种，引栽 2 种。安徽省 1 种，1 变种。

1. 小叶全缘，下面脉腋被簇生毛 ········ 1. 核桃 J. regia
1. 小叶具细锯齿，两面被星状毛 ····························
　　··········· 2. 华东野核桃 J. cathayensis var. formosana

1. 核桃 胡桃　　　　　　　　　图 448
Juglans regia L.
落叶乔木，高达 25（30）米；树皮幼时灰绿色不裂，老时灰色浅纵裂。小枝无毛。奇数羽状复叶；小叶 5-9，椭圆状卵形或椭圆形，长 6-15 厘米，宽 3-6 厘米，先端钝圆或微尖，全缘（幼树叶及萌枝叶具不整齐锯齿），下面脉腋被淡褐色簇生毛，侧脉 15 对以下；顶生小叶柄长 3-6 厘米，侧生小叶柄极短或无。雄花序长 13-15 厘米；雌花 1-3 集生枝顶；雌花总苞被白色腺毛，柱头面淡黄绿色。果序轴长 4.5-6 厘米，绿色，

图 448 核桃
1. 果枝；2. 雄花枝；3. 雌花；4. 坚果剖面。

被柔毛；核果球形，幼时被毛，熟后无毛，皮孔褐色；果核径 2.8-3.7 厘米，基部平，具 2 纵钝棱及浅刻纹。花期 4-5 月；果期 9-10 月。

安徽省皖南、大别山区及江淮地区均有零星栽培；淮北霍邱、亳县栽培有万亩核桃林，收入颇丰。新疆霍城、新源、额敏一带，海拔 1300-1500 米山地有大面积野生核桃林。全国各地栽培历史悠久，其中以西北和华北为主要产区。伊朗、吉尔吉斯坦，阿富汗也有分布。

喜温凉气候，不耐湿热；适生于微酸性土、中性土及弱碱性钙质土；不耐盐碱。

喜光。深根性，根际萌芽力强。寿命长达 300 年以上。

用种子、嫁接或分根繁殖。

有黑斑病危害叶、新梢及果实；核桃举肢蛾危害果实；木撩尺蠖、云斑天牛、草履蚧等危害树干及枝叶。

种仁含脂肪 60%-80%，蛋白质 17%-27%，以及钙、鳞、铁、胡萝卜素、硫胺素、核黄素等多种营养物质。核桃油含不饱和脂肪酸 94.5%，易消化吸收，除食用外，可制绘画颜料配剂。果核壳硬，可制活性炭。

半环孔材，心材紫褐色，边材红褐色，纹理直，结构细至中，均匀，坚韧，气干密度 0.56 克/立方厘米，具光泽，不翘不裂；为制枪托、航空器材的优良用材，也可供车、旋工、雕刻及珍贵家具等用。

2.　华东野核桃（变种）　　　　图 449

Juglans cathayensis Dode var. **formosana**（Hayata）A.M.Lu et R.H.Chang

落叶乔木，高 12-25 米。幼枝、叶柄均被腺毛。奇数羽状复叶，长可达 50 厘米（萌枝叶达 80 厘米）；小叶 9-17，长椭圆形、卵状椭圆形或椭圆状披针形，长 6-16 厘米，宽 4-7 厘米，先端急尖，具细锯齿，两面均被星状毛，下面沿脉被腺毛。核果卵球形或卵形，高 3-4 厘米，密被腺毛，熟时不裂；果核径 2.5-3 厘米，具 6-8 纵痕或钝脊，沟纹及浅凹窝不明显，无刺状突起。花期 4 月；果期 8-9 月。

产皖南黄山温泉、眉毛峰南坡、浮溪，歙县清凉峰天子地、西凹海拔 1300 米，青阳九华山；大别山区霍山马家河海拔 1200 米，金寨马宗岭、白马寨海拔 700-850 米，岳西鹞落坪多枝尖海拔 1400 米，舒城万佛山海拔 450 米。散生于疏林中或沟旁。分布于江苏、浙江、山东、江西、湖南、福建、台湾、广东、广西。

喜光。适宜肥沃、排水良好酸性土壤上生长。

果壳厚，坚硬。种子需经处理，发芽率才高。果仁可食。木材用途与核桃同。

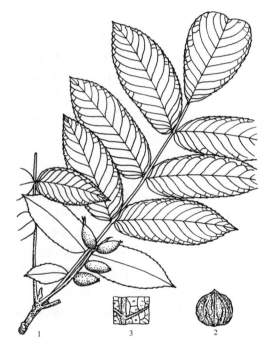

图 449 华东野核桃
1. 果枝；2. 去外果皮之果核；3. 叶下面部分示星状毛被（放大）。

木材纹理直或斜，结构略细，均匀，硬度、强度中等；可供枪托、室内装修，高级家具、钢琴外壳等用。

2. 枫杨属 Pterocarya Kunth.

落叶乔木。小枝髓心片状分隔；鳞芽或裸芽，腋芽单生或数芽叠生，具长柄。叶互生，奇数稀偶数羽状复叶；小叶具细锯齿。花单性；葇荑花序下垂；雄花序单生叶腋；雄花无柄，花被片 1-4，雄蕊 6-18，基部具 1 苞片及 2 小苞片；雌花序单生新枝上部；雌花无柄，贴生于苞腋，具 1 苞片及 2 小苞片，花被片 4 裂，子房下位，花柱短，柱头 2 裂，羽状。果序下垂；坚果具翅，顶端具 4 枚宿存花被片及花柱。种子 1，子叶 4 裂，出土。

约 9 种，分布于北温带。我国 7 种，1 变种。安徽省 2 种。

1. 裸芽，侧芽具副芽，叠生；雄花序生于去年生枝叶腋；果翅长圆形或长椭圆状披针形…… **1. 枫杨 P. stenoptera**
1. 芽鳞 2-4，侧芽单生；雄花序生于新枝基部叶腋；果翅宽椭圆形或卵圆形 …………… **2. 华西枫杨 P. insignis**

1. 枫杨　　　　　　　　　　图 450

Pterocarya stenoptera C. DC.

落叶乔木，高达 30 米，胸径 1 米；幼树皮红褐色，老树皮灰色至深灰色，深纵裂。小枝灰绿色，被柔毛；裸芽密被锈褐色腺鳞。羽状复叶叶轴具窄翅，与叶柄均被柔毛；小叶 10-28，长圆形或长圆状披针形，长 4-11 厘米，先端短尖或钝，具细锯齿，上面被腺鳞，下面疏被腺鳞，沿脉被褐色毛，脉腋被簇生毛。雄花序生于去年生枝叶腋，长 5-10 厘米；雌花序生于新枝顶端，花序轴密被柔毛。果序长 20-40 厘米；坚果具 2 斜展翅，翅由苞片及小苞片发育，翅长圆形或长椭圆状披针形，长 1-2 厘米，无毛。花期 4-5 月；果期 8-9 月。

产皖南黄山辅村、桃花峰、茶林场；大别山区金寨白马寨、马宗岭，舒城万佛山等地，在安徽省南北各地平原丘陵广泛分布。多生于沟谷、溪河两旁、村落或河滩湿地。分布于黄河流域以南华东、华中、华南及西南各省（区）；华北、东北仅有栽培。朝鲜也有分布。

深根性，主根明显，侧根发达。喜光，速生，不耐庇荫。喜温暖湿润气候；耐水湿，在山谷、河滩、溪边低湿地生长最好。喜中性、酸性沙壤土，也能耐轻度盐碱。萌芽力强，萌蘖更新或用种子繁殖。

木材灰褐至褐色，心材边材区别不明显，轻软，纹理交错，均匀，不耐腐朽，干后易受虫蛀；可供家具、农具、茶箱等用。树皮含纤维，质坚韧，供制绳索、麻袋及造纸、人造棉用。幼树作核桃砧木，大树可放养紫胶虫。茎皮煎水可灭钉螺。种子油工业用。

在安徽省各地平原可造林，为固堤护岸及行道树优良速生用材树种。

2. 华西枫杨　　　　　　　图 451

Pterocarya insignis Rehd. et Wils.

落叶乔木，高达 15（25）米，胸径 60 厘米；树皮浅灰或暗灰色，浅纵裂，薄片剥落。小枝粗；顶芽卵状圆锥形，先端长尖，芽鳞 3。羽状复叶叶轴与叶柄密被锈色绒毛；小叶 7-13，卵形或长椭圆形，长 10-16（20）厘米，先端渐尖或尾尖，侧生小叶基部一边心形，一边宽楔形，具细锯齿，上面中脉幼时密被毛，后渐脱落，下面幼时密被黄色至黄褐色腺鳞，中脉密被黄褐色毡毛，侧脉疏被丛卷毛，脉腋被簇生毛；顶生小叶柄长 1-2.5 厘米，侧生小叶几无柄。雄花序

图 450 枫杨
1. 果枝；2. 坚果。

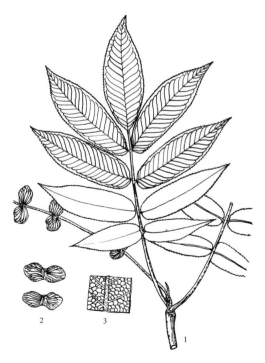

图 451 华西枫杨
1. 果枝；2. 坚果；3. 叶下面部分（放大）。

腋生于新枝基部，长约 20 厘米；雄蕊 9，苞片疏被毛；雌花序腋生于新枝上部，长 18-22 厘米；柱头红色。果序长 40-55 厘米，果序轴被腺鳞，无毛；坚果纺锤状陀螺形，径约 8 毫米，疏被腺鳞；果核下部近果序轴基部一侧具 1 条形或条状披针形苞片，两侧具斜方形翅，长 1.5-2 厘米，被红褐色腺鳞。花期 5 月；果期 8-9 月。

产皖南歙县清凉峰北坡海拔 1100-1300 米；大别山区金寨白马寨海拔 900 米。生于沟谷两旁落叶阔叶林中。分布于浙江、陕西、湖北、四川、贵州、云南。

3. 青钱柳属 Cyclocarya Iljinsk.

落叶乔木。裸芽具柄；小枝具片状髓心。叶互生，奇数羽状复叶，叶轴无翅。花单性；雌、雄花均为葇荑花序，下垂；雄花序 2-4 集生于去年生枝叶腋；雄花花被片 2，具 2 小苞片，雄蕊 20-30；雌花序单生枝顶；雌花花被片 4，具 2 小苞片，子房下位，1 室，柱头 2 裂，羽毛状。坚果翅圆盘状。子叶出土。

2 种，我国特产。

1. 叶长椭圆状或长椭圆状披针形，长 7-14 厘米，宽 2-6 厘米；果连翅径 2.5-6厘米·············· 1. **青钱柳 C. paliurus**
1. 叶窄椭圆状披针形或披针形，长 6-7 厘米，宽 1-1.8 厘米；果连翅径 2.5 厘米以下 ·······················
·· 2. **小果青钱柳 C. micro-paliurus**

1. 青钱柳 　　　　　　　　　　图 452

Cyclocarya paliurus（Batal.）Iljinsk.

落叶乔木，高达 30 米，胸径 80 厘米；幼树皮灰色，平滑，老树皮灰褐色，深纵裂。幼枝密被褐色毛，后渐脱落；芽被褐色腺鳞。叶轴被白色弯曲毛及褐色腺鳞；小叶 7-9（13），互生，稀近对生，长椭圆形或长椭圆状披针形，长 7-14 厘米，宽 2-6 厘米，先端渐尖，基部偏斜，具细锯齿，上面中脉密被淡褐色毛及腺鳞，下面被灰色腺鳞，叶脉及脉腋被白色毛。雄花序长 7-17厘米，花序轴被白色及褐色腺鳞；雌花序长 21-26 厘米，具花 7-10；柱头淡绿色。果序轴长达 30 厘米；坚果扁球形，果梗长 1-3 毫米，密被短柔毛，果翅圆形，径 2.5-6厘米，被腺鳞，顶端具宿存花柱及 4 花被片。花期 5 月；果期 8-9 月。

产皖南黄山温泉、桃花峰、北坡松谷庵，歙县清凉峰猴生石海拔 900 米，祁门，石台牯牛降星火海拔800 米，休宁，绩溪清凉峰海拔 600 米，青阳九华山；大别山区霍山，金寨白马寨，岳西鹞落坪、妙道山，舒城万佛山，六安。多沿沟谷生长。分布于江苏、浙江、江西、福建、台湾、广东、广西、陕西、湖南、湖北、四川、贵州、云南。

图 452 青钱柳（果枝）

喜光，速生。在阔叶林中多为上层林木。要求深厚、肥沃土壤；稍耐旱。萌芽性强。能抗病虫害。种子随采随播，则发芽率高。

木材材质细致，质软，强度中，不耐腐；可供家具及工业用材。树枝含纤维及鞣质，可造纸及提制栲胶。

我国特产，为古老树种，安徽省级保护植物。

2. 小果青钱柳

Cyclocarya micro-paliurus（Tsoong）Iljinsk.［*Pterocarya micro-paliurus* Tsoong］

落叶乔木。小枝髓部薄片状。奇数羽状复叶；小叶 7-9，窄椭圆状披针形或披针形，长 6-7 厘米，宽 1-1.8 厘米，先端渐尖，锯齿细锐，带短芒状，叶下面每一对侧脉脉腋间被白色簇生毛。坚果连同翅小于 2.5 厘米。

产皖南黄山北坡刘门亭海拔 1350 米，歙县清凉峰；大别山区霍山马家河，金寨马鬃岭、白马寨虎形地至天堂寨途中海拔 900-1200 米。

安徽省特有种。1936 年钟补球，根据黄山标本而建立。

4. 山核桃属 Carya Nutt.

落叶乔木。小枝髓心充实；鳞芽或裸芽。叶互生；奇数羽状复叶；小叶具锯齿。花单性，雌雄同株；雄荑黄花序 3 个簇生，下垂；雄花无花被，具 1 大苞片和 2 小苞片，雄蕊 3-10；雌花 1-10 集生枝顶成短穗状，无花被，具 1 苞片和 3 小苞片，苞片愈合形成一浅裂壶状总苞，贴生于子房，子房下位，柱头盘状，2 浅裂。果序直立；果为核果状，外果皮 4 瓣裂，稀不裂，内果皮骨质。子叶富含油脂，不出土。

约 17 种，主要分布于北美东部及亚洲东南部。我国 4 种，引入栽培 1 种。有些种为优良木本油料及用材树种，也是著名干果。安徽省 2 种，其中引入栽培 1 种。

1. 裸芽；小叶 5-7，倒卵状披针形，长 8-18 厘米；果卵球形或倒卵形，长 2.5-2.8 厘米 ··············
·· 1. 山核桃 C. cathayensis
1. 鳞芽；小叶 11-17，长圆状披针形，近镰形，长 4.5-18 厘米；果长圆形，长 4.4-5.7 厘米 ··········
·· 2. 薄壳山核桃 C. illinoensis

1. 山核桃 图 453

Carya cathayensis Sarg.

落叶乔木，高达 30 米，胸径 70 厘米；树皮灰白色，平滑。小枝无毛，密被锈褐色腺鳞；裸芽被褐黄色腺鳞。奇数羽状复叶，叶轴被毛，叶柄无毛；小叶 5-7 椭圆状披针形或倒卵状披针形，长 8-18 厘米，宽约 2.5 厘米，先端渐尖，基部楔形，具细尖锯齿，小叶上面中脉侧脉被簇生毛及单毛，具缘毛，下面密被褐黄色腺鳞，脉上被柔毛及腺鳞，后脱落；顶生小叶柄长约 5 毫米。雄荑黄花序 3 条成一束，长 7.5-12 厘米，花序总梗长 5-12 毫米；雄蕊 5-7，苞片、小苞片及花药被柔毛；雌花 1-3 生于枝顶，短穗状，密被橙黄色腺体。核果卵球形或倒卵形，长 2.5-2.8 厘米，密被褐黄色腺鳞，具 4 纵脊，4 瓣裂；果核卵圆形或倒卵形，长 2-2.5 厘米。花期 4-5 月；果期 9 月中下旬。

产皖南黄山山岔、眉毛峰，歙县朱家舍海拔 640 米，黟县，宁国，旌德，绩溪清凉峰永来海拔 1000 米，太平；大别山区霍山佛子岭狼溪海拔 560 米，岳西鹞落坪海拔 700 米，金寨马鬃岭海拔 800-1200 米。多与茅栗、鹅耳枥、毛栲、灯台树、短柄枹、大果山胡椒等种混生，组成以山核桃为建群种的落叶阔叶林。分布于浙江临

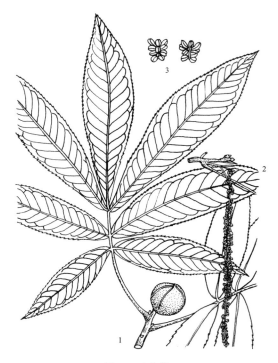

图 453 山核桃
1. 果枝；2. 花枝，示雄花序；3. 雄花（放大）。

安、淳安。

　　喜温暖湿润气候。以石灰岩风化的黑色乌沙土生长最好，黏重强酸性土壤生长不良；不耐积水。中性偏阴，幼树易遭日灼。用种子或嫁接繁殖。寿命长达 200 年以上。

　　为著名木本油料及干果类树种。出仁率 43.7%-49.2%，含油率 69.8%-74%，为优良食用油，种仁还含蛋白质约 18.3% 及丰富的维生素。

　　环孔材。心材红褐色，边材黄白色或淡黄褐色，纹理直，坚韧，气干密度 0.74 克 / 立方厘米，耐腐性中等，耐磨性好；可供高档家具及枪托，为优良军工用材。

2. 薄壳山核桃 美国山核桃　　　　图 454
Carya illinoensis（Wangenh.）K. Koch

　　落叶大乔木，原产地高达 55 米，胸径 2.5 米；树皮灰色，深纵裂。幼枝被淡灰色簇毛；鳞芽卵形，被灰色柔毛。奇数羽状复叶，叶轴被簇毛，叶柄短，被腺毛至无毛；小叶 11-17，长圆状披针形，近镰形，长 4.5-18 厘米，宽 2.1-4 厘米，先端长渐尖，基部一边楔形或稍圆，一边窄楔形，具锯齿，边缘及下面脉腋被簇毛。雄葇荑花序 3 条一束，长 8-14 厘米，下垂；雄蕊 3-5，苞片、小苞片及花药疏被毛；雌葇荑花序穗状，直立，花序轴密被柔毛，具雌花 3-5；子房长卵形，总苞裂片被毛。核果 3-10 集生，长圆形，长 4.4-5.7 厘米，具 4（6）纵脊，黄绿色，被淡黄色或灰黄色腺鳞，4（6）瓣裂；果核长卵形或长圆形，长 3.7-4.5 厘米，平滑，淡褐色，被暗褐色或黑褐色斑点，顶端具黑色条纹，壳较薄，种仁大。花期 5 月；果期 10-11 月。

图 454 薄壳山核桃（果枝）

　　原产北美密西西比河河谷及墨西哥。我国约在公元 1900 年引入，北至北京，南达海南岛均有栽培，生长良好。安徽省皖南芜湖、屯溪、歙县岩寺及江淮滁县、合肥均引栽多年。

　　喜温暖湿润气候。适生于平原或河谷深厚疏松、排水良好富含腐殖质沙壤土及冲积土壤，不耐干旱瘠薄。耐水湿能力强。在微酸性、中性及微碱性土壤上均能生长，耐轻度盐碱。

　　喜光。深根性，根部有菌根共生。用种子、扦插、分根及嫁接均可繁殖。寿命可达 500 年。

　　种仁含脂肪 68%-82%，蛋白质约 14%，糖类约 14%，营养价值高，味美可口，为重要干果及油料树种。

　　心材暗红色或紫色，边材黄白色或淡黄褐色，坚韧致密，富弹性，不易翘裂，材质优良，可供建筑、高级家具、车辆、运动器材、军工等用。树干通直、根深叶茂，为"四旁"绿化及防护林树种。

5. 化香树属 Platycarya Sieb. et Zucc.

　　落叶乔木。小枝髓心充实；鳞芽。叶互生；奇数羽状复叶；小叶具锯齿。花单性或杂性；葇荑花序直立；雄花序 3-5 集生枝顶；雄花苞片不裂，无小苞片，无花被，雄蕊 8-10，花丝短，花药无毛；雌花序单生或 2-3 集生，有时雌花序位于雄花序下部；雌花序由密集而成的覆瓦状排列的披针形苞片组成，每苞片内具 1 雌花，苞片与子房分离；雌花无花被，具 2 小苞片，小苞片与子房贴生，果熟时发育成窄翅，子房 1 室，柱头 2 裂。果序卵状椭圆形、圆柱形或球形，果苞革质，宿存；坚果扁，两侧具窄翅。子叶折扇状，出土。

　　2 种，分布于我国、朝鲜及日本。安徽省 1 种。

化香树 图 455

Platycarya strobilacea Sieb. et Zucc.

落叶乔木, 高达 20 米; 树皮灰色, 浅纵裂。芽鳞宽。奇数羽状复叶; 小叶 7-19(5-23), 卵状披针形或长圆状披针形, 长 4-11 厘米, 宽 1.5-3 厘米, 先端渐尖, 基部偏斜, 具细尖重锯齿, 下面沿脉或脉腋被毛。果序卵状椭圆形或长椭圆状圆柱形, 长 3-4.3 厘米, 苞片披针形, 先端渐尖, 长 6-13 毫米, 宽约 3 毫米; 坚果连翅近圆形或倒卵状长圆形, 长约 5 毫米, 两侧具窄翅。花期 5-6 月; 果期 10 月。

产皖南黄山逍遥亭、桃花峰, 歙县清凉峰海拔 750 米, 祁门牯牛降海拔 500 米, 休宁岭南, 绩溪清凉峰永来海拔 750 米; 大别山区金寨马宗岭、白马寨海拔 680-1130 米, 岳西鹞落坪, 潜山天柱山海拔 760 米, 舒城万佛山; 江淮全椒, 滁县皇甫山、琅琊山, 含山, 庐江。为安徽省南北各地山区、丘陵习见树种。生于向阳山坡落叶阔叶林中。分布于甘肃、台湾、广东、广西、湖南、湖北、四川、贵州、云南。朝鲜、日本也有分布。

喜光, 速生, 耐干旱瘠薄, 为荒山, 荒地先锋造林树种。在酸性土、钙质土上均能生长; 在一些石灰岩山地上能成为主要造林树种。

富含鞣质。树皮纤维供制绳索及纺织原料。根叶可解毒、消肿; 果可理气止痛。树叶浸液可灭农业害虫。亦可作砧木。

边材浅黄褐色至黄褐色, 心材浅栗褐色或栗褐色, 具光泽, 纹理直, 结构细至中, 不均匀, 中或重, 干缩大, 强度中, 不易干燥, 耐久性弱, 切削面光滑, 油漆后光亮性大, 易胶粘, 握钉力强, 不易劈裂; 可供制家具、胶合板、车厢、工具柄及纤维工业原料等用。

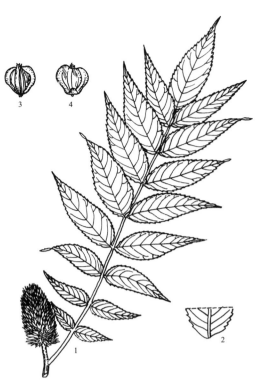

图 455 化香树
1. 果枝; 2. 示小叶基部; 3-4 小坚果腹、背面。

43. 榆科 ULMACEAE

落叶或常绿，乔木或灌木。小枝细；无顶芽。单叶，互生，稀对生，排成二列，基部常偏斜，具锯齿，稀全缘，羽状脉或基部 3（5）出脉；托叶早落。花两性、单性或杂性，雌雄同株或异株，风媒传粉；单被花，花被 4-8 裂；雄蕊 4-8，与花被片对生，稀为花被 2 倍，花丝直立，花药 2 室，纵裂；子房由 2 心皮合成，上位，1-2 室，悬垂胚珠 1，花柱 2 深裂，柱头羽状。翅果、坚果或核果。种子常无胚乳；胚直立或弯曲；子叶扁平，深波状或纵折，先端常裂，稀不裂。

约 15 属，200 余种，分布于温带与热带。我国 8 属，58 种，7 变种，南北各省均有分布。安徽省有 7 属，24 种，1 变种。多为优良用材树种，皮部富含纤维。

1. 花两性，稀杂性，翅果；胚直立，子叶扁平或纵向折叠 ································· 1. 榆属 Ulmus
1. 花单性或杂性；核果或为具翅坚果；胚弯曲，子叶常折叠或内卷：
  2. 坚果：
    3. 花杂性，花药先端无毛；坚果偏斜，上半部具短窄翅；具枝刺 ···········2. 刺榆属 Hemiptelea
    3. 花单性，雌雄同株，花药先端具毛；坚果周围具翅；无枝刺 ···········3. 青檀属 Pteroceltis
  2. 核果：
    4. 侧脉直，达锯齿先端：
      5. 叶脉羽状；核果长不及 7 毫米，上部偏斜或稍偏斜 ················· 4. 榉属 Zelkova
      5. 叶基部 3 出脉；核果长 8-10 毫米，上部不偏斜 ·············5. 糙叶树属 Aphananthe
    4. 侧脉不达锯齿先端：
      6. 核果径不及 5 毫米，果梗不显著；3 稀 5、羽状脉，基部近对称或微偏斜 ·········6. 山黄麻属 Trema
      6. 核果径 5 毫米以上，具果梗；叶基部 3（5）出脉，基部多偏斜·············· 7. 朴属 Celtis

1. 榆属 Ulmus L.

落叶或常绿乔木，稀灌木；树皮多纵裂，粗糙，稀薄片剥落。枝有时具木栓翅或木栓层。单叶，互生，羽状脉，具重锯齿或单锯齿，基部常偏斜。花两性，希杂性，先叶开花或花叶同放，稀秋季开花；聚伞花序或花族生，稀散生于新枝基部；花被 4-8 裂；雄蕊与花被裂片同数而对生，花丝细直，花药 2 室，外向纵裂；子房扁平，1（2）室，花柱 2 裂，柱头 2。翅果扁平，先端具缺口，果翅膜质，花被宿存。种子无胚乳，胚直立，子叶扁平，出土。

约 40 余种，分布于北半球。我国约 20 余种，南北均有分布。安徽省 10 种，1 变种。

喜光。多生于石灰岩山地。深根性。种子繁殖，种子易干燥而失去发芽率。树皮含淀粉。

1. 春季开花，花被钟状浅裂，稀上部为杯状，裂至近中部，下部管状：
  2. 总状聚伞花序，花序轴长，下垂，花梗较花被长 2-4 倍；翅果两面被疏毛，缘密具白色长睫毛 ············
  ·· 1. 长序榆 U. elongata
  2. 簇状聚伞花序或簇生，花序轴极短，花梗长不及 6 毫米；翅果仅果核被毛或两面及边缘多少被毛：
    3. 果核位于翅果中部或近中部，上端常不接近缺口：
      4. 翅果两面及边缘被毛：
        5. 1-2 年生枝密被毛；叶多具单锯齿，倒卵状长圆形或倒卵形 ··········· 2. 毛榆（醉翁榆）U. gaussenii
        5. 幼枝被柔毛，后脱落；叶具重锯齿或单锯齿：
          6. 重锯齿浅钝，叶上面密被硬毛，脱落后具毛迹，下面脉腋被簇生毛，宽倒卵形或倒卵状圆形；翅果长 2.5-3.5 厘米 ··············· 3. 大果榆 U. macrocarpa

　　　　6. 单锯齿，幼叶上面被毛，后脱落，平滑或稍粗糙，下面近无毛，倒卵状长圆形或菱状倒卵形；翅果长 1.5-2.7 厘米 ·············· **4. 杭州榆 U. changii**

　　4. 翅果顶端缺口被毛，余无毛；小枝无毛；

　　　　　　7. 叶长 6-18 厘米，宽 3-8.5 厘米，侧脉 17-26 对；翅果倒卵状圆形或宽椭圆形 ··············
　　　　　　　　·············· **5. 兴山榆 U. bergmanniana**

　　　　　　7. 叶长 2-7（9）厘米，宽 1.5-2.5 厘米，侧脉不达 17 对；翅果近圆形，稀倒卵状圆形 ··············
　　　　　　　　·············· **6. 榆树 U. pumila**

　　3. 果核位于翅果上部或近上部，上端接近缺口：

　　　　8. 翅果两面及边缘多少被毛或仅果核被毛：

　　　　　　9. 翅果两面及边缘多少被毛；叶上面密被硬毛，粗糙，下面密被柔毛；枝有时具木栓翅··············
　　　　　　　　·············· **7. 琅玡榆 U. chenmoui**

　　　　　　9. 翅果除凹缺内被毛外，余处无毛；幼叶上面被硬毛，不粗糙，下面无毛或仅脉腋被毛；枝有时具木栓层 ·············· **8. 春榆 U. davidiana var. japonica**

　　　　8. 翅果缺口被毛，余处无毛：

　　　　　　10. 老叶下面无毛或疏被毛，基部楔形或钝圆；果核淡红或褐色；侧脉 12-16 对 ··············
　　　　　　　　·············· **9. 红果榆 U. szechuanica**

　　　　　　10. 老叶下面密被柔毛，基部偏斜；果核非淡红色；侧脉 20-35 对 ······· **10. 多脉榆 U. castaneifolia**

1. 秋季开花，花被钟状深裂至基部或中下部，下部管状；树皮不规则薄片剥落 ·············· **11. 榔榆 U. parvifolia**

1. 长序榆　　　　　　　　　　图 456

Ulmus elongata L. K. Fu et C. S. Ding

落叶乔木，高达 15 米，胸径 50 厘米；树皮浅灰色，裂成不规则块片。枝有时具膨大木栓层，小枝无毛或疏被毛。叶长椭圆形、披针状椭圆形或披针形，长 7-19 厘米，宽 3-8 厘米，先端渐尖，基部偏斜，重锯齿先端尖而内弯，其外缘具 2-5 小齿，上面被硬毛，下面被柔毛，侧脉 16-30 对。总状聚伞花序，长约 7 厘米，下垂，花序轴明显伸长，被柔毛，花梗无毛，较花被长 2-4 倍；花被 6 浅裂。翅果窄长，两端渐窄，呈菱状椭圆形，长 2-2.5 厘米，径约 3 毫米，先端 2 裂，柱头细，长 6-8 毫米，基部具细长子房柄，长 5-10 毫米，两面被疏毛，缘密具白色长睫毛；果核位翅果中部或稍向上，具宿存花被。

产皖南黄山浮溪、黄山树木园有栽培，祁门牯牛降海拔 510 米，休宁岭南，歙县清凉峰海拔 1050 米；大别山区金寨天堂寨海拔 1100 米，潜山天柱山百花崖海拔 1250 米。多散生于溪谷两侧及山坡阔叶林中。分布于浙江庆元、遂昌、顺溪，福建南平。

上世纪 80 年代在安徽省南部调查发现，为地理分布新纪录。是东亚、北美间断分布又一例证。

查长序榆组过去仅知北美、墨西哥产 3 种，而今在我国东南部发现 1 种，这样，东亚与北美区系亲缘关系之密切以及近代地理环境相似性，又得到一证明。从进化的观点来看，此种为榆属中较为原始的类群，已趋向濒危。为国家二级保护植物。

图 456 长序榆（果枝）

2. 毛榆 醉翁榆　　　　　　图457
Ulmus gaussenii Cheng

落叶乔木，高达 25 米，胸径 80 厘米；树皮纵裂粗糙。1-2 年生枝密被柔毛，有时具扁平木栓翅；芽鳞暗褐色或紫褐色，背部及边缘被毛。叶倒卵状长圆形、倒卵形或菱状椭圆形，长 3-8（11）厘米，宽 2-5厘米，先端钝或渐尖，稀短尖，基部楔形或稍圆形，具单锯齿或兼具重锯齿，上面密被硬毛，脱落后有毛迹，粗糙，下面幼时密被短毛，后渐脱落，仅沿脉疏被毛，脉腋被簇生毛，侧脉 8-16 对；叶柄长 3-6（10）毫米，密被柔毛。2-6 花簇生；花被钟状，4-5 浅裂，裂片外面及边缘被短毛。翅果近圆形或宽倒卵形，长1.8-2.8 厘米，径 1.7-2.7 厘米，两面及边缘被毛；果核位于翅果中部或稍下；果梗长 1-2 毫米，密被短毛。花期 3 月下旬；果期 4 月。

安徽省稀有种。产江淮滁县琅琊山醉翁亭附近溪边及亭之后山石灰岩山麓，零星散生，海拔 100 米左右。江苏句容宝华山有分布。此种在安徽省分布范围狭窄，现残存大树极为稀少，均在百年以上，需加强保护，在石灰岩山区做好育苗繁殖工作，扩大造林面积，以利树种繁衍和发展。

喜光。在湿润肥沃石灰岩山地土壤上，生长良好。

环孔材。边材浅黄褐色，心材栗褐色，纹理直，结构中等，质坚硬，不易遭腐朽和虫蛀。花纹美丽，适作高级家具及工艺美术品。

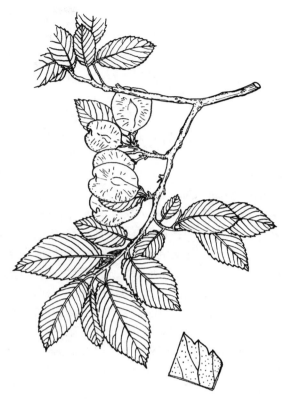

图457 毛榆（醉翁榆）（果枝）

3. 大果榆　　　　　　图458
Ulmus macrocarpa Hance

落叶乔木，高达 20 米，胸径 40 厘米；树皮灰黑色或灰褐色，浅纵裂，粗糙。1-2 年生枝黄褐色或灰褐色，幼时疏被毛，后脱落，有时具扁平木栓翅，稀具 4-6 列木栓翅。叶厚纸质，粗造，宽倒卵形、倒卵状圆形或倒卵形，稀近圆形或宽椭圆形，长 4-9（2-14）厘米，宽 3-6（1.5-9）厘米，先端短尾尖，急尖或渐尖，基部圆形、楔形或心形，具浅钝重锯齿或兼单锯齿，上面密被硬毛，脱落后具毛迹，下面疏被毛，脉腋常被簇生毛，侧脉 6-16 对；叶柄长 5-10 毫米，被毛。5-9花簇生；花被钟形，5 浅裂，缘具长毛。翅果倒卵形、近圆形或宽椭圆形，长 2.5-3.5 厘米，径 2.2-2.7 厘米，被柔毛；果核位于翅果中部；果梗长 2-4 毫米，被短毛。花期 4 月；果期 5-6 月。

产皖南歙县清凉峰海拔 450 米；大别山区霍山俞家畈、马家河海拔 800-900 米、白马尖海拔 1350 米，

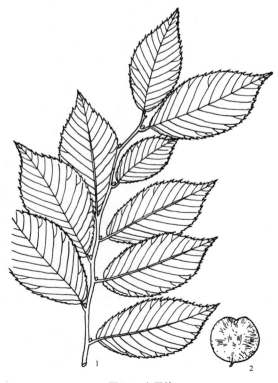

图458 大果榆
1. 枝和叶；2. 果。

金寨白马寨海拔 920 米，岳西鹞落坪海拔 1100 米；淮北萧县皇藏峪，宿县大方寺。散生于石灰岩山地落叶阔叶林中。分布于黑龙江、吉林、辽宁、河北、内蒙古、山西、山东、江苏、河南、陕西、甘肃、青海。朝鲜、蒙古、前苏联西伯利亚也有分布。

喜光。根系发达，侧根萌芽性强。耐寒冷及干燥瘠薄。稍耐盐碱。寿命长。

木材致密，坚硬；可供制车辆及器具。树皮纤维柔韧，可制绳及造纸。种子油供医药及工业用。

4. 杭州榆　　　　　　　　　　　　图 459

Ulmus changii Cheng

落叶乔木，高达 20 米，胸径 90 厘米；树皮灰色或灰褐色，不裂。幼枝密被毛，后脱落；芽被短毛。叶倒卵状长圆形、菱状倒卵形、椭圆状卵形或卵形，长 3-9（11）厘米，宽 2-4 厘米，先端短尖或长渐尖，基部圆形、微心形或楔形，单锯齿，幼叶上面被毛，后脱落，沿脉被短毛，下面近无毛，侧脉 12-20（24）对；叶柄长 3-10 毫米。簇状聚伞花序；具花芽；花被钟形，4-5 浅裂，外侧及裂片边缘具毛。翅果长圆形、宽椭圆形或近圆形，长 1.5-2.7 厘米，被短毛；果核位于翅果中部或稍下；果梗长 2-3 毫米，密被短毛。花期 3 月；果期 4 月。

产皖南黄山温泉、九龙瀑布、山岔海拔 350-690 歙县清凉峰海拔 700 米，祁门牯牛降，太平贤村，泾县小溪海拔 400 米，旌德，南陵；大别山区霍山，金寨马鬃岭，岳西，太湖大山乡，潜山。生于山坡、沟谷、溪涧两旁阔叶林中。分布于江苏、江西、浙江、福建、湖南、湖北、四川。

木材坚实耐用，不翘裂，易加工；可供建筑、家具、车辆等用。

5. 兴山榆　　　　　　　　　　　　图 460

Ulmus bergmanniana Schneid.

落叶乔木，高达 26 米，胸径 90 厘米；树皮灰白色，或深灰色，浅纵裂，粗糙。小枝无毛；芽无毛。叶倒卵状椭圆形、卵形、长椭圆形或椭圆形，长 6-18 厘米，宽 3-8.5 厘米，先端尾尖、长渐尖或急尖，基部稍偏斜，稀近对称、圆形、微心形或楔形，具整齐重锯齿，幼叶上面被短硬毛，后渐脱落，具毛迹，下面脉腋被簇生毛，侧脉 17-26 对；叶柄长 3-10 毫米，近无毛。簇状聚伞花序，少花或多花；花被钟状，4-5 浅裂，裂片缘具毛。翅果近圆形、倒卵状圆形或宽椭圆形，长 1.2-1.8 厘米，径 1-1.6 厘米，缺口、柱头面被毛；果核位于翅果中部或中下部，不接近缺口，黄褐色，翅

图 459 杭州榆
1. 小枝；2. 果枝。

图 460 兴山榆
1. 果枝；2. 果。

淡黄色或黄白色，较薄，核较翅稍窄或近等宽；果梗长 1-2 毫米，近无毛。花期 3-4 月；果期 4-5 月。

产皖南黄山狮子林，歙县清凉峰里外三打海拔 850-1050 米，绩溪永来银龙坞，祁门；大别山区潜山海拔 1250 米，舒城万佛山。生于山谷两旁阔叶林中或林缘。分布于江西、湖北、湖南、河南、山西、陕西、甘肃。

木材坚实，重硬适中，纹理直，结构略粗，具光泽，耐久用；可供家具、器具、车辆及室内装修等用。

6. 榆树 白榆　　　图 461
Ulmus pumila L.

落叶乔木，高达 25 米，胸径达 1 米；树皮不规则深纵裂，暗灰褐色，粗糙。小枝灰色；芽近球形。叶卵状长圆形、卵形或卵状披针形，长 2-6（9）厘米，宽 1.2-3 厘米，先端渐尖或长渐尖，基部圆形，微心型或楔形，具重锯齿或单锯齿，上面无毛；下面幼时被柔毛，后脱落或脉腋被簇生毛；叶柄长 2-8 毫米。花簇生；花被钟状，4 浅裂，边缘具毛；雄蕊 4，花药紫色。翅果近圆形，稀倒卵状圆形，长 1-1.5（2）厘米，缺口被毛；果核位于翅果中部；果梗长 1-2 毫米，被柔毛。花期 3-4 月；果期 4-6 月。

产安徽省南北各地；生于海拔 500 米以下山麓、平原、河岸、丘陵。分布于东北、华北、西北，山西中条山有分布。

喜光。喜湿润、肥沃深厚土壤，干旱贫瘠处也能生长。耐盐碱性较强。耐寒耐旱性强。根系发达，抗风力强。不耐水湿。对烟尘和氟化氢等有毒气体的抗性也较强。

寿命长。生长快。用种子繁殖。

有榆紫金花虫、榆天社蛾、榆毒蛾、黑绒金龟子等虫害。

木材纹理直，结构较粗，花纹美观，具光泽，较难干燥，易翘曲，稍耐腐；可供建筑、家具、农具等用。树皮纤维强韧，可作人造棉及造纸原料。翅果油供食用、医药及轻化工业用。嫩叶作饲料。果、叶、树皮可安神、利尿，治失眠等症。

可为安徽省淮北平原营造用材林、防护林、盐碱地造林及四旁绿化树种。

7. 琅玡榆　　　图 462
Ulmus chenmouii Cheng

落叶乔木，高达 20 米，胸径 60 厘米；树皮淡褐色，长圆形薄片剥落。小枝密被淡黄色柔毛，后渐脱落，老枝有时具木栓翅；芽被毛。叶倒卵形、倒卵状长圆形或椭圆形，长 5-10（14）厘米，宽 3-8 厘米，先端

图 461 榆树
1. 果枝；2. 果。

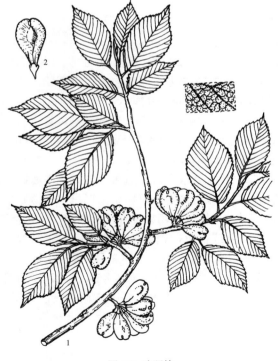

图 462 琅玡榆
1. 果枝；2. 果。

尾尖或急尖，基部稍偏斜，具重锯齿，上面密被硬毛，粗糙，下面密被柔毛，脉上较密，侧脉 15-21 对；叶柄长 5-15 毫米，密被长柔毛。6-8 花簇生；花被上端 4 裂，无毛，裂片缘具毛。翅果倒卵状椭圆形、倒卵形或长圆形，长 1.5-2.5 厘米，径 1-1.7 厘米，被毛或果核毛较密，果翅毛疏或近无毛；果核位于翅果中上部，上端接近缺口；果梗长约 1-2 毫米，被毛。花期 3 月中旬；果期 4 月上旬。

产江淮滁县琅琊山海拔 100-200 米。生于山坡落叶阔叶林中或石灰岩缝中。常与青檀、榉树、黄连木、五角枫、南京椴等混生。江苏句容宝华山及福建北部有分布。

喜光。在路旁及林缘的天然更新幼苗生长良好，树干通直高大。

环孔材。木材坚韧，纹理直，结构中；可供建筑、家具用。可为淮北、江淮石灰岩山地造林树种。现母树稀少，应加强保护，宜采种育苗，扩大造林面积。

8. 春榆 （变种）

Ulmus davidiana planch. var. japonica（Rehd.）Nakai

落叶乔木，高 10-15 米；树皮深灰褐色，浅裂。幼枝被柔毛；幼树、萌枝常具木栓翅。叶倒卵形或椭圆形，长 6-12 厘米，先端突短尖，基部宽楔形，偏斜，具重锯齿，上面具毛迹，甚粗糙，下面被灰白色硬毛，沿脉较密；叶柄长 5-7 毫米，被白毛。簇状聚伞花序，花梗短。翅果倒卵形，长 1.5 厘米，缺口内被毛。花期 4 月；果期 5 月。

产皖南黄山，绩溪清凉峰荒坑岩海拔 910 米；大别山区金寨白马寨海拔 790-1200 米；江淮、淮北石灰岩山地多见。喜生于山谷、溪边、河旁及低丘平原地区。分布于黑龙江、吉林、辽宁、内蒙古、河北、山东、浙江、山西、河南、湖北、陕西、甘肃、青海。朝鲜、日本也有分布。

适应性强，抗碱耐旱。

边材暗黄色，心材暗紫灰褐色，木材纹理直或斜，结构粗，重量与硬度适中，具香味，力学强度较高，弯曲性较好，具美丽花纹；可供家具、造船、室内装修用材。枝皮纤维可制绳。可选做造林树种。

9. 红果榆

图 463

Ulmus szechuanica Fang

落叶乔木，高达 28 米，胸径 80 厘米；树皮纵裂。小枝被毛，有时具木栓层。叶倒卵形、椭圆状倒卵形、卵形或长圆状卵形，长 5-9 厘米，宽 2-5 厘米，先端急尖、渐尖，稀短尾尖，基部楔形或钝圆，具重锯齿，上面幼时被短毛，后渐脱落，下面沿脉被毛或脉腋被簇生毛，侧脉 12-16 对；叶柄长 6-10 毫米，被柔毛。具花芽，花 10 余朵簇生成簇状聚伞花序；花被钟状，4 浅裂，被毛。翅果近圆形或倒卵状圆形，长 1-1.6 厘米，径 9-13 毫米；果核位于翅果中部或近中部，上端接近缺口，淡红色或褐色，翅绿色或黄绿色，凹缺被毛；果梗长 1-2 毫米，被柔毛。花期 3 月；果期 4 月。

产皖南黄山，歙县清凉峰海拔 450 米，祁门，绩溪，泾县；大别山区金寨天堂寨，岳西鹞落坪。散生于海拔 700 米以下低丘、山谷或溪谷两旁阔叶林缘。分布于江苏、浙江、江西、四川。

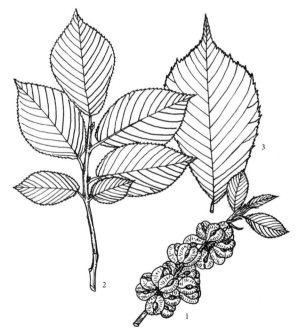

图 463 红果榆
1. 果枝；2. 叶枝；3. 叶（放大）。

心材红褐色，边材黄白色，坚韧，结构略粗；可供建筑、家具等用。树皮纤维可制人造棉及绳索。

可供安徽省长江下游低丘、平原地区"四旁"绿化造林树种。

10. 多脉榆 图 464

Ulmus castaneifolia Hemsl.

落叶乔木，高达 20 米，胸径 50 厘米；树皮纵裂成长圆状块片脱落。幼枝密被黄白色或锈褐色柔毛，后渐脱落；芽被褐色毛。叶长椭圆形、椭圆形或长圆状卵形，稀长圆状倒卵形，质较厚，长 8-15 厘米，宽 3-6 厘米，先端长渐尖或短尾尖，基部甚偏斜，一侧覆盖或部分覆盖叶柄，具重锯齿，幼叶上面密被短硬毛，后渐脱落或沿中脉疏被毛，下面密被长柔毛，脉腋被簇生毛，侧脉 20-35 对；叶柄长 5-12 毫米，密被毛。具花芽，簇状聚伞花序，具 10 余花；花被 4-5 浅裂，具缘毛。翅果长圆状倒卵形或长圆形，长 1.5-2.5（3.3）厘米，径 1-1.6 厘米，仅缺口被毛；果核位于翅果上部或中上部，上端接近缺口；果梗长约 2 毫米，被毛。花期 3 月；果期 4 月。

产皖南祁门，休宁严池，歙县海拔 900 米。生于山谷溪边阔叶林中。分布于湖北、湖南、江西、浙江、福建、广东、广西、四川、贵州、云南。

喜排水良好山地酸性黄壤及沙质壤土，石灰岩山地也能生长。

木材坚韧，结构略粗；可供建筑、车辆、家具等用。

图 464 多脉榆
1. 果枝；2. 叶（放大）。

11. 榔榆 图 465

Ulmus parvifolia Jacq.

落叶乔木，高达 25 米；树皮不规则薄片状剥落，内皮光滑。幼枝密被柔毛，后渐脱落；芽被毛。叶厚纸质，椭圆形、长椭圆形、卵状椭圆形或卵状披针形，长 2-5（8）厘米，宽 1-2（3）厘米，先端渐尖或稍钝，基部圆形或楔形，稍偏斜，具整齐单锯齿，上面沿中脉疏被毛，下面脉腋被簇生毛，侧脉 8-15 对；叶柄长 2-5 毫米。秋季开花；2-6 花簇生或为短聚伞花序；花被 4 深裂，花梗长约 1 毫米，被毛。翅果椭圆形或卵状椭圆形，长 1-1.4 厘米，径 6-8 毫米，凹缺被毛；果核位于翅果中部，翅较果核窄；果梗长 1-3 毫米，被疏毛。花期 8-9 月；果期 9-10 月。

产皖南黄山苦竹溪、慈光寺，太平，旌德；大别山区霍山百莲岩海拔 170 米，岳西鹞落坪，潜山天柱山海拔 350 米，舒城万佛山小涧冲，霍丘姚李；江淮和县，含山，滁县琅琊山；淮北萧县皇藏峪。生于山坡谷地、平原丘陵。

喜光。喜温暖湿润气候。在酸性土壤、中性土壤、钙质土及山地、水边均能生长。

心材红褐色，边材淡褐色，材质坚韧，纹理直，耐水湿；可供建筑、车船及家具等用。树皮纤维可制人造棉。嫩叶及根药用，消肿、止痛。根皮可作线香原料。

为"四旁"绿化造林树种。

图 465 榔榆
1. 花枝；2. 果枝；3. 果；4. 雄花；5. 雌花。

2. 刺榆属 Hemiptelea Planch.

落叶乔木。具枝刺。单叶，互生，具单锯齿，稀重锯齿，羽状脉；托叶早落。花单性或杂性同株，具梗，与叶同放；花单生或 2-4 花簇生于幼枝下部叶腋；花被 4-5 裂，雄蕊常 4；雌蕊子房侧向压扁，1 室，1 胚珠，倒生，花柱短，柱头 2，条形。小坚果扁平，上半边具偏斜之翅，花被、花柱宿存。

1 种，分布于我国及朝鲜。安徽省有分布。

刺榆　　　　　　　　　　　　　图 466

Hemiptelea davidii（Hance）Planch.

落叶乔木，高达 15 米，或呈灌木状；枝刺长 2-6（10）厘米；树皮不规则条状深裂。小枝被毛；芽 3 个聚生叶腋。叶椭圆形或椭圆状长圆形，长 2-6 厘米，先端钝尖，基部宽楔形，具整齐粗锯齿，幼叶上面被毛，后渐脱落，毛迹稍隆起，下面无毛或沿中脉疏被毛，侧脉 8-15 对；叶柄长 2-5 毫米。坚果斜卵圆形，长 5-7 毫米，两侧扁，在背侧具窄翅，形似鸡头，翅端渐窄呈喙状；果梗纤细，长 2-4 毫米。花期 5 月；果期 9-10 月。

产皖南黄山居士林、桃花峰海拔 670 米路旁，休宁岭南海拔 300 米，泾县小溪，太平，东至梅城；大别山区霍山佛子岭海拔 180 米，金寨白马寨、马鬃岭十坪海拔 540 米，潜山天柱山海拔 450 米，舒城万佛山；江淮滁县琅琊山、皇甫山海拔 200 米。生于山坡、路旁或沟边。分布于吉林、辽宁、河北、山西、陕西、山东及长江下游地区。朝鲜也有分布。

喜光。耐寒。深根性，耐干旱瘠薄；对土壤要求不严，在酸性土、中性土、石炭性土均能生长。萌芽性强，可用萌芽更新或用种子及插条繁殖。

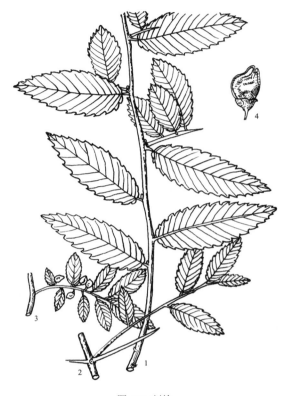

图 466 刺榆
1. 叶枝；2. 叶枝上刺；3. 果枝；4. 果。

材质坚韧、致密，可供器具、车辆及农具等用。嫩叶可食。茎皮纤维可利用。可作绿篱及护坡，固土树种。

3. 青檀属 Pteroceltis Maxim.

落叶乔木，树干凹凸不圆。小枝细。叶质薄，单叶，互生，单锯齿，基部三出脉，侧脉上弯，不伸入锯齿；托叶早落。花单性，雌雄同株；雄花簇生，花被 5 裂，雄蕊 5，花药顶端被长毛；雌花单生于叶腋，花梗被疏毛，花被 4 裂，子房侧向压扁，胚珠倒垂，花柱短，柱头 2 裂，柱头面密被紫色粗毛。坚果周围具圆翅；果梗长。种子胚乳少，胚弯曲，子叶宽。

1 种，我国特产。安徽省有分布。

青檀　　　　　　　　　　　　　图 467

Pteroceltis tatarinowii Maxim.

落叶乔木，高达 20 余米，胸径 1.7 米；树皮浅灰色，长薄片剥落，内皮淡灰绿色。小枝细，疏被柔毛或无毛，皮孔明显；芽卵形。叶薄纸质，卵形或椭圆状卵形，长 2-6.5（8）厘米，宽 1-2.5（4）厘米，先端长渐尖或渐尖，基部稍偏斜，具整齐或不整齐粗锯齿，下面脉腋被簇生毛，基出脉三，侧脉 4-6 对；叶柄长 4-10 毫米。坚果翅较宽，近圆形或近方形，先端凹缺，无毛；果核近球形；果梗长 1.5-2 厘米，纤细。花期 4 月；果期 7-8 月。

产皖南黄山，歙县，太平，绩溪，泾县，石台；大别山区霍山佛子岭、青枫岭海拔 540 米，金寨白马寨，岳西鹞落坪，潜山天柱山千丈崖海拔 750 米，舒城万佛山海拔 450 米；江淮滁县琅琊山，合肥大蜀山；淮北萧县皇藏峪，宿县大方寺，来安半塔。分布于北京、山西、辽宁、山东、江苏、浙江、江西、河南、湖北、湖南、广东、广西、陕西、甘肃、四川、贵州。

安徽省江淮滁县琅琊山石灰岩山地青檀多与麻栎、五角枫、黄连木、琅琊榆等混生；泾县有青檀人工林，以供作宣纸原料。

喜光。耐干旱瘠薄。喜钙，常生于石灰岩山地。萌芽性强。寿命长，岳西深山中千年树龄仍能生长。

树皮、茎皮供纤维原料，我国著名"宣纸"由青檀皮制成。木材纹理直，结构细，坚韧，气干密度 0.73；可供建筑、车辆、家具、制图版及细木工等用。

图 467 青檀
1. 果枝；2. 果。

4. 榉属 Zelkova Spach.

落叶乔木；树皮平滑，大树成鳞片状剥落。芽卵圆形，芽鳞多数，覆瓦状排列。单叶，互生，具单锯齿，羽状脉；托叶成对离生，早落。花单性，雌雄同株；雄花簇生于新枝下部；雌花单生或 2-3 花簇生于新枝上部；花被 4-5 裂；雄蕊 4-5；子房无柄，花柱短，柱头 2，歪生。核果偏斜，宿存柱头喙状；具短梗。

5 种，分布于亚洲西部及中部。我国 3 种。安徽省 2 种。木材坚韧耐腐，为优良用材树种。

1. 叶下面密被灰色柔毛，具桃形单锯齿 ……………
……………………………… 1. 大叶榉 Z. schneideriana
1. 叶下面无毛，具内弯的锐尖锯齿…………………
……………………………… 2. 榉树 Z. serrata

1. 大叶榉　　　　　　　　　　图 468

Zelkova schneideriana Hand. -Mzt.

落叶乔木，高达 25 米；树皮深灰色，不规则片状剥落。小枝细，密被灰色柔毛；2 芽并生，球形，被柔毛。叶长椭圆状卵形、长卵形或卵状披针形，长 1.5-8 厘米，宽 1.5-3.5 厘米，先端长渐尖，基部偏斜或圆形，稀心形，具桃形单锯齿，上面绿色，稍粗糙，被脱落性硬毛、下面浅绿色，干后至紫红色，密被灰色柔毛，

图 468 大叶榉
1. 枝叶；2. 果枝；3. 果。

侧脉7-15(18)对;叶柄长2-5毫米。雄花1-3簇生叶腋;雌花单生于小枝上部叶腋。核果上部偏斜,径约4毫米。花期3-4月;果期10-11月。

产皖南黄山九龙瀑布、慈光寺海拔680米,歙县、祁门;大别山区金寨白马寨海拔700米,岳西鹞落坪,太湖大山乡海拔250米,舒城万佛山;江淮滁县琅琊山、皇甫山,和县如方山。在琅琊山多散生于石灰岩山地的阔叶林中。

喜温暖气候和肥沃湿润土壤,在微酸性、中性、石灰质土及轻度盐碱土上均能生长。深根性,抗风力强,耐烟尘,具防风净化空气作用。初期生长缓慢。较喜光,幼树耐阴。种子繁殖。

心材带紫红色,光泽美观,坚韧,具弹性,少伸缩,不易翘裂,耐水湿,耐腐朽,耐久用,纹理致密;可供建筑、桥樑、造船、家具等用,为优良用材树种,宜在石灰岩山地造林,是城乡"四旁"绿化及营造防风林的优良树种。

2. 榉树　　　　　　　　　　　　图469

Zelkova serrata(Thunb.)Makino

落叶乔木,高达30米;树皮灰白色或褐灰色,片状剥落。幼枝密被柔毛,后脱落至稀疏。叶卵形、椭圆状卵形或卵状披针形,长2-4.5(9)厘米,宽1-2(4)厘米,先端长渐尖,基部心形,稀圆形,具粗尖锯齿,上面绿色,干后深绿,中脉凹下,被毛,下面浅绿,无毛,侧脉8-14对;叶柄长1-4(9)毫米,密被柔毛;托叶紫褐色。雄花花被6-7裂至中部;雌花花被4-5(6)裂,子房被细毛。核果,上部偏斜,径约4毫米,无毛;花被宿存。花期4月;果期10月。

产皖南黄山桃花峰海拔1000米,歙县清凉峰西凹、里外三打海拔850-1170米,绩溪,祁门、石台牯牛降,休宁,黟县,旌德;大别山区霍山多云尖、马家河海拔1100-1300米,金寨白马寨海拔1060米,岳西鹞落坪,舒城万佛山;江淮滁县皇甫山海拔250米。多生于山坡、沟谷两侧阔叶林中。分布于甘肃、陕西、山西、湖北、湖南、四川、云南、贵州、山东、台湾;辽宁南部、江苏有栽培。

图469 榉树(光叶榉)
1. 果枝;2. 小坚果。

5. 糙叶树属 Aphananthe Planch.

落叶或常绿;乔木稀灌木。单叶,互生,具锯齿或全缘,羽状脉或基部三出脉;托叶侧生。花单性,雌雄同株;雄花排成伞房花序,腋生新枝基部,花被4-5深裂,雄蕊4-5;雌花单生新枝上部叶腋,具柄,花被4-5深裂,裂片较窄,花柱短,柱头2。核果,具宿存柱头及花被。胚弯曲或内卷。

5种,分布于大洋洲及东亚。我国2种,分布西南和台湾。安徽省1种。

糙叶树　　　　　　　　　　　　图470

Aphananthe aspera(Thunb.)Planch.

落叶乔木,高达20米,胸径1米;树皮带褐色或灰褐色,粗糙。幼枝被平伏硬毛,后脱落;芽卵形先端尖，被硬毛。叶卵形或卵状长圆形，长 4.5-9（13）厘米，宽 2-5（8）厘米，先端长渐尖或渐尖，基部稍偏斜，基部以上具锐尖单锯齿，两面被平伏硬毛，基出三出脉，侧脉达齿端；叶柄长 3-12 毫米，被硬毛；托叶条形，膜质。子房被毛。核果近球形或卵圆形，径约 8 毫米，黑色，被平伏硬毛；果梗长 5-10 毫米，被硬毛。花期 5 月；果期 9-10 月。

产皖南黄山逍遥溪海拔 550 米，歙县，祁门牯牛降双河口海拔 420 米，黟县，休宁，太平，旌德，绩溪，泾县，宁国，宣城，南宁，青阳九华山；大别山区霍山，金寨，岳西，太湖大山乡海拔 250 米，潜山天柱山三祖寺海拔 80 米、九龙乡；江淮桐城，庐江，合肥；生于常绿阔叶林山麓林缘或沿沟谷生长。喜温暖湿润气候及深厚肥沃的土壤。分布于长江以南各省（区），在暖温带南端山东崂山也偶见，可能为栽培。

木材淡灰黄色，纹理直，结构中等，气干密度 0.64；可供制车轴、农具等用。茎皮供制人造棉及绳索等用；叶制土农药治棉蚜虫；种子油制肥皂。可在淮河以南作绿化树种。

图 470 糙叶树
1. 花枝；2. 果枝；3. 果。

6. 山黄麻属 Trema Lour.

常绿或落叶；小乔木或灌木。单叶，互生，具细锯齿，基部 3（5）出脉，侧脉先端不达锯齿；叶柄短；托叶早落。花单性或杂性；聚伞花序，腋生；花被 4-5 裂；雄蕊 4-5；子房无柄，基部具一环细曲柔毛，花柱短，柱头 2，柱面被毛，胚珠 1。核果；果梗短或不显著。种子胚弯曲或内卷。

约 50 种，分布于热带及亚热带。我国 5 种，分布长江以南。安徽省 2 种。

1. 叶脉羽状，叶上面疏被毛，后脱落，下面沿脉疏被毛 ·················· 1. **羽脉山黄麻 T. laevigata**
1. 基部三出脉，叶上面被硬毛，脱落后具毛迹，下面被较密柔毛，沿脉被较长硬毛，稍粗糙 ·····················
··················· 2. **山油麻 T. dielsiana**

1. 羽脉山黄麻

Trema laevigata Hand. -Mzt.

落叶小乔木或灌木，高达 10 米。小枝被毛，老枝皮孔明显。叶纸质，披针形或长圆状披针形，长 5-10 厘米，宽 1.2-2.2 厘米，先端渐尖或短尾尖，基部圆形或浅心形，具细密单锯齿，上面疏被毛，后渐脱落，下面沿脉疏被毛，叶脉羽状或基部具不明显三出脉，侧脉 5-7 对；叶柄长 5-8 毫米，密被柔毛。聚伞花序，腋生，与叶柄等长，具几朵至 10 余朵花；花被 5 裂，裂片长卵形，疏被毛；雄蕊 5。核果卵圆形或近球形，径约 2 毫米，稍扁，熟时由橘红色变黑褐色，花被脱落。花期 4-7 月；果期 7-11 月。

产皖南绩溪清凉峰永来至栈岭弯海拔 650-1100 米。生于向阳山坡或杂木林内或河谷疏林中。分布于湖北、广西、四川、贵州、云南。茎皮纤维可供制绳索及人造棉。

安徽省地理新分布。

2. 山油麻　　　　　　　　　图 471

Trema dielsiana Hand. -Mzt.

落叶灌木或小乔木，高达 5 米。小枝密被柔毛。叶薄纸质，长圆状卵形、卵形或卵状披针形，长 3-8 厘米，宽 1.2-3 厘米，先端渐尖或尾尖，基部圆形，具细单锯齿，上面被硬毛，脱落后具毛迹，下面被较密柔毛，沿脉被较长硬毛，稍粗糙，基部三出脉，侧脉 2（3）对；叶柄长 2-3 毫米，密被毛。聚伞花序成对腋生，长过叶柄；雄花被片外被细糙毛和紫色斑点。核果卵圆形或近球形，长约 3 毫米，无毛，花被宿存。花期 5-7 月；果期 7-8 月。

产皖南黄山云谷寺、桃花峰山脚下、紫云峰、居士林常绿阔叶林下，祁门牯牛降海拔 340 米，休宁岭南，泾县小溪海拔 230 米，东至：大别山区霍山大化坪海拔 180 米，金寨，岳西河图，太湖大山乡海拔 250 米。生于山谷溪沟边或山坡林缘。分布于江苏、浙江、江西、福建、湖北、湖南、广东、广西、贵州、四川。

茎皮纤维坚韧，细长，富弹性，可供制人造棉及高级文具纸用。

图 471 山油麻
1. 花枝；2. 雄花；3. 雌花。

7. 朴属 Celtis L.

落叶，稀常绿，乔木，稀灌木；树皮灰色或深灰色，不裂，有时具木栓质瘤状突起。芽贴近小枝。单叶，互生，具锯齿或全缘，基部三出脉。花杂性同株；雄花簇生于新枝下部；两性花单生或 2-3 花集生于新枝上部叶腋，稀为总状或聚伞花序；花被 4-5 裂；雄蕊 4-5；雌蕊花柱短，柱头 2，线形，先端全缘或 2 裂，子房 1 室。核果单生或 2-3 腋生，花被及花柱脱落。

约 50 种，分布于北温带和亚热带。我国 22 种，3 变种，除新疆、青海外各地均有分布。安徽省 7 种。

喜光。耐干旱瘠薄，对土壤要求不严，不耐盐碱。生长较快。种子凡殖。果肉味甜。

木材色淡，轻柔，具弹性，可供制家具、砧木、腰鼓等用。

1. 核果单生叶腋：
  2. 小枝、叶柄、果梗均被柔毛或绒毛：
    3. 叶下面脉腋被须毛，叶卵状菱形或倒卵状披针形 ⋯⋯⋯⋯⋯⋯⋯⋯⋯⋯⋯⋯⋯ 1. **朴树 C. sinensis**
    3. 叶下面密被黄色绒毛，叶宽卵形或倒卵状椭圆形 ⋯⋯⋯⋯⋯⋯⋯⋯⋯⋯⋯⋯ 2. **珊瑚朴 C. julianae**
  2. 小枝、叶柄、果梗均无毛、稀被毛：
    4. 叶先端平截或圆，具长尾状突尖头，尖头具锯齿 ⋯⋯⋯⋯⋯⋯⋯⋯⋯⋯⋯ 3. **大叶朴 C. koraiensis**
    4. 叶先端渐尖或尖，卵状椭圆形或宽卵形、卵状长圆形，中部以上具圆锯齿；果单生：
      5. 核果橙褐色，径约 1.2 厘米，果核白色，具蜂窝状粗网纹及 4 肋，果梗较粗，长 2.5-3.5 厘米 ⋯⋯⋯⋯⋯⋯⋯⋯⋯⋯⋯⋯⋯⋯⋯⋯⋯⋯⋯⋯⋯⋯⋯⋯⋯⋯ 4. **西川朴 C. vandervoetiana**
      5. 核果黑色，径 6-7 毫米，果核平滑，有时具不明显网纹，果梗较细，长 1-2.5 厘米 ⋯⋯ ⋯⋯⋯⋯⋯⋯⋯⋯⋯⋯⋯⋯⋯⋯⋯⋯⋯⋯⋯⋯⋯⋯⋯⋯⋯⋯⋯⋯ 5. **黑弹朴 C. bungeana**
1. 核果 1-2 或 2-3 集生叶腋，橙红色：
  7. 小枝密被黄色长柔毛；叶长圆形或倒卵状长圆形，中部以上具圆锯齿；果梗细长，长 1-1.9 厘米，被黄色长柔毛，果单生（2-3）·························· 6. **天目朴 C. chekiangensis**

7. 小枝密被锈色绒毛；叶卵形或窄椭圆形，中部以上疏生圆锯齿或近全缘；果梗与总梗长 1-2 厘米，被柔毛，
果双生（1 或 3）·························· 7. **紫弹朴 C. biondii**

1. 朴树　　　　　　　　　　　　图 472

Celtis sinensis Pers.

落叶乔木，高达 20 米，胸径 1 米；树皮灰色，平滑。小枝密被柔毛。叶宽卵形、卵状菱形、倒卵状披针形或卵状长圆形，长 3-10 厘米，宽 2.5-5 厘米，先端急尖、微突尖或长渐尖，基部稍偏斜，中部以上具圆锯齿或近全缘，下面脉腋具须毛；叶柄长 3-10 毫米。核果单生叶腋，有时 2-3 集生，近球形，径 4-6 毫米，橙褐色；果梗与叶柄近等长，被柔毛；果核白色，具蜂窝状网纹，稍凹下，具肋，顶端钝。花期 4-5 月；果期 9-10 月。

产皖南黄山刘门亭海拔 1495 米、温泉、西海；大别山区金寨白马寨，潜山天柱山，舒城万佛山；江淮丘陵、低山、平原均有分布和栽培，为农村习见树种。分布于淮河、秦岭以南至广东、广西、台湾。

环孔材，淡褐色，纹理直，气干密度 0.61；可供制家具及薪炭柴等用。树皮纤维为人造棉及造纸原料。根皮药用，治腰痛等症。

图 472 朴树（果枝）

2. 珊瑚朴　　　　　　　　　　　　图 473

Celtis julianae Schneid.

落叶乔木，高达 27 米；树皮淡灰色至深灰色，不裂。小枝密被黄色绒毛；芽被褐色毛。叶宽卵形、倒卵形或倒卵状椭圆形，长 6-10（14）厘米，宽 4-7（8.5）厘米，先端短渐尖或尾尖，基部偏斜，上面稍粗糙，叶脉凹下，疏被微硬毛，下面密被黄绒毛，中部以上具钝圆锯齿或近全缘；叶柄长 8-15 毫米。雄聚伞花序密集于新枝基部，花丝被长柔毛；两性花单生于枝条上部叶腋。核果单生叶腋，卵球形，长约 1.3 厘米，橙黄色，无毛；果核卵球形，长约 1 厘米，具蜂窝状网纹，顶端具长约 2 毫米尖头，具 2 肋；果梗较粗，长 1.5-2.2（3）厘米，初被绒毛或无毛。花期 3-4 月；果期 9-10 月。

产皖南黄山，歙县清凉峰栗树棱湾海拔 740 米，绩溪，石台，祁门牯牛降海拔 500 米，休宁，黟县，太平，宣城；大别山区霍山，金寨，潜山天柱山野人寨、三祖寺海拔 80-100 米。生于山谷、坡地及沟谷两侧阔叶林中或林缘。分布于浙江、福建、广东、广西、湖南、湖北、河南、陕西、甘肃、四川、贵州。

茎皮纤维可代麻制绳索造纸，也是人造棉原料。树姿优美公园内常植做绿化观赏树种。

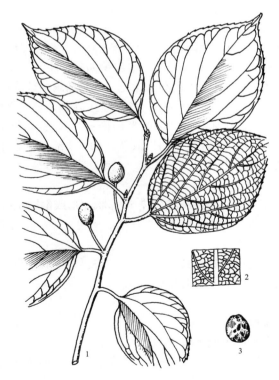

图 473 珊瑚朴
1. 果枝；2. 叶下面；3. 果核。

3. 大叶朴 图 474

Celtis koraiensis Nakai

落叶乔木，高达 15 米；树皮灰色或暗灰色，浅纵裂。小枝无毛；芽内部鳞片具棕色柔毛。叶宽卵形、圆形或倒卵形，长 6-10（15）厘米，宽 3-7（10）厘米，先端平截或圆，有深缺刻，中央具长尾状尖头，尖头具锯齿，基部稍偏斜，圆形、宽楔形或近心形，具内弯粗锯齿，上面无毛，下面脉腋被簇生毛；叶柄长 5-15（20）毫米，初被毛，后脱落，萌枝之叶较大，被硬毛。核果单生叶腋，椭圆状球形或卵圆形，径约 1 厘米，橙褐色；果梗粗，长 1.5-2.5 厘米，无毛；果核椭圆形，径约 8 毫米，灰褐色，具 4 肋及蜂窝状网纹。花期 4-5月；果期 9-10 月。

产大别山区金寨马鬃岭、白马寨海拔 830 米，岳西鹞落坪，舒城万佛山；江淮滁县皇甫山海拔 200 米，来安半塔寺；淮北萧县皇藏峪，宿县大方寺、镇疃寺。散生于山坡、沟谷或阔叶林内。分布于辽宁、河北、山西、山东、河南、陕西、甘肃。

木材可供建筑及小型器具用。树皮纤维可造纸及人造棉用。种子油可做润滑油。

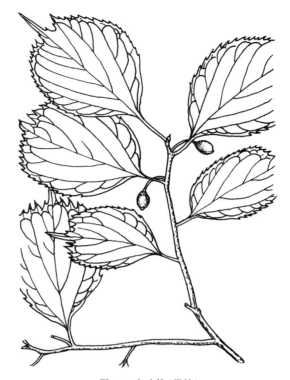

图 474 大叶朴（果枝）

4. 西川朴 图 475

Celtis vandervoetiana Schneid.

落叶乔木，高达 20 米；树皮灰色或褐灰色。小枝无毛；芽被褐色硬毛。叶卵状椭圆形，长 8-13 厘米，宽 4.5-7 厘米，先端渐尖，基部稍偏斜，中部以上具圆锯齿，齿端尖，上面疏被柔毛，下面脉腋被簇生毛；叶柄长 1.2-1.7（1.9）厘米。核果单生叶腋，卵状椭圆形，长 1.7 厘米，径 1.2 厘米，橙褐色；果核长约 9毫米，白色，具蜂窝状粗网纹及 4 肋，顶部有 5 齿牙；果梗较粗，长 2.5-3.5 厘米，无毛。花期 3-4 月；果期 9-10 月。

产皖南祁门牯牛降海拔 500 米。生于溪沟两侧常绿阔叶林中。分布于浙江、江西、福建、广东、湖南、四川、贵州、云南。

木材可供制家具、建筑用。茎皮纤维为制绳或造纸原料。种子油制工业润滑油。

图 475 西川朴（果枝）

5. 黑弹朴 小叶朴 图 476

Celtis bungeana Blume

落叶乔木，高达 20 米；树皮暗灰色。小枝无毛；芽暗棕色，无毛。叶卵形、宽卵形或卵状长圆形，长 4-8 厘米，宽 2-5 厘米，先端渐尖或尖，基部稍偏斜，中部以上具圆锯齿或一侧全缘，上面无毛，下面脉腋具须毛；萌枝叶卵圆形，顶端平截，先端长尾尖，两面粗糙；

叶柄长 3-10 毫米。核果单生,球形,径 6-7 毫米,黑色;果核平滑,有时具不明显网纹;果梗较细,长 1-2.5 厘米,无毛或基部被柔毛。花期 4-5 月;果期 9-10 月。

安徽省各地均有分布和栽培。多生于平原、丘陵向阳山坡。分布于辽宁、内蒙古、河北、山西、宁夏、甘肃、陕西、四川、云南、西藏、贵州、湖南、湖北、河南、江西、江苏、浙江。

稍耐阴。喜深厚湿润中性黏壤土。易遭象鼻虫危害及生虫瘿。

木材致密;可供制滑车、工具及建筑用。

6. 天目朴

Celtis chekiangensis Cheng

落叶乔木,高达 20 米;树皮灰白色至灰褐色。小枝密被黄色长柔毛;芽被柔毛。叶长圆形或倒卵状长圆形,长 3-11.5 厘米,宽 2.5-4.7 厘米,先端长渐尖,基部稍偏斜,中部以上具圆锯齿,齿端尖,两面疏被柔毛;叶柄长 4-9 毫米,密被黄色长柔毛。核果 1-2 生于叶腋,近球形,长约 6 毫米,橙红色;果核具粗网纹及 4 肋;果梗细长,长 1-1.9 厘米,长于叶柄 2-4 倍,被黄色长柔毛。花期 4-5 月;果期 8-9 月。

产皖南绩溪清凉峰栈岭湾海拔 850-1200 米;大别山区霍山马家河海拔 1100 米,岳西鹞落坪。生于沟谷两侧疏林中。分布于浙江西天目山、天台山。

7. 紫弹朴   图 477

Celtis biondii Pamp.

落叶乔木,高达 16 米;树皮暗灰色。小枝密被锈色绒毛;芽被黄褐色柔毛。叶卵形或窄椭圆形,长 2.5-8 厘米,宽 2-3.5 厘米,先端渐尖,基部稍偏斜,中部以上疏生圆锯齿或近全缘,上面叶脉凹下,下面网脉凹下,脉腋被簇生毛;叶柄长 3-8 毫米。核果 2-3 集生叶腋,卵形,径 5-6 毫米,橙红色,无毛;果核近圆形,两侧稍扁,具蜂窝状细网纹及 4 肋;果梗长 1-1.5(1.8)厘米,(总梗极短连同果梗长 1-2 厘米)被柔毛。花期 4-5 月;果期 9-10 月。

产皖南黄山三滴泉海拔 590 米、桃花峰、九龙瀑布、北坡松谷痷海拔 450-700 米,祁门牯牛降海拔 450 米,休宁岭南,绩溪清凉峰栈岭湾,旌德,太平七都,泾县小溪海拔 250 米;大别山区霍山佛子岭、廖寺园海拔 540-830 米,金寨马宗岭、白马寨海拔 720 米,潜山天柱山马祖痷海拔 650-880 米,舒城万佛山海拔 680 米;江淮丘陵有散生。生于向阳山坡、疏林中或石灰岩山地。分布于河南、陕西、甘肃及长江流域以南地区。

木材坚硬;可供家具及车辆用材;种子油供制肥皂。

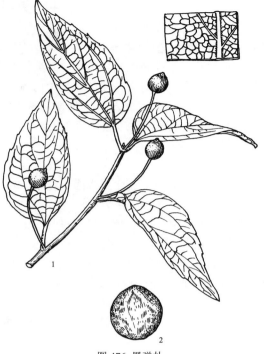

图 476 黑弹朴
1. 果枝;2. 果核。

图 477 紫弹朴
1. 果枝;2. 果核。

44. 桑科 MORACEAE

落叶或常绿乔木、灌木或藤本，稀草本。常具乳汁。单叶或复叶，互生，稀对生，全缘或有锯齿、裂片；托叶早落。小型花，单性同株或异株，常成头状花序、穗状花序或柔夷花序，或隐头花序；雄花花被片 2-4（8）裂，雄蕊与花被片同数而对生，花丝在蕾中内折或直立，花药 2 室，纵裂；雌花花被裂片 4，子房上位或下位，1-2 室，花柱 1-2。瘦果或小核果，为肉质花被所包围，形成聚花果或隐花果。

约 53 属，1400 余种，主产热带和亚热带地区。少数分布至温带地区。我国有 12 属，150 余种。安徽省木本有 4 属 14 种，6 变种。

1. 枝上叶着生处无托叶环；花序不成隐头花序：
  2. 雄花序荑黄花序；枝无刺：
    3. 雌花序短穗状；聚花果圆柱形 ·· 1. **桑属 Morus**
    3. 雌花序头状；聚花果球形 ······································· 2. **构属 Broussonetia**
  2. 雄花序头状；枝有刺 ·· 3. **柘属 Cudrania**
1. 枝上叶着生处有托叶环；花序成隐头花序 ······························· 4. **榕属 Ficus**

1. 桑属 Morus L.

落叶乔木或灌木，无刺。芽鳞 3-6，覆瓦状排列。叶互生，具锯齿，基生脉掌状，稀 3 出脉；托叶小，早落。柔荑花序，具柄，雄花花被片 4，覆瓦状排列，雄蕊 4，在花蕾中内折，退化雄蕊陀螺形；雌花花被片 4，覆瓦状排列，结果时增大为肉质，子房 1 室，花柱 2 裂。瘦果。种子近球形，种皮膜质，胚乳丰富，肉质，胚内弯，子叶长椭圆形，胚根向上，内弯。

约 12 种，主产于北温带。我国约 9 种。安徽省有 4 种，1 变种。

1. 叶缘锯齿粗钝，齿端无刺芒尖：
  2. 花柱无或不明显，二裂柱头长于花柱：
    3. 叶上面光亮，无毛，下面脉及脉腋有疏柔毛
      ································· 1. **桑 M. alba**
    3. 叶上面不光亮，疏生刚伏毛，下面密生柔毛
      ······························ 2. **华桑 M. cathayana**
  2. 花柱明显，长约 4 毫米，二裂柱头与花柱等长
    ····························· 4. **鸡桑 M. australis**
1. 叶缘锯齿粗牙状，齿端有刺芒尖
  ····························· 3. **蒙桑 M. mongolica**

图 478 桑
1. 雄花枝；2. 雌花枝；3. 叶；4. 雄花；5. 雌花。

1. 桑　　　　　　　　图 478

Morus alba L.

落叶乔木或灌木，高达 15 米，胸径 50 厘米；树皮厚，黄褐色。小枝被毛。叶卵形或宽卵形，长 5-15 厘米，宽 5-12 厘米，先端尖或钝，基部圆或浅心形，稍偏斜，锯齿粗钝，有时幼树叶分裂，鲜叶上面光亮，无毛，下面沿脉被疏毛，

脉腋具簇生毛；叶柄长 1.5-2.5 厘米，被柔毛；托叶披针形，早落。雄花序长 2-3.5 厘米，密被细毛，雄花花被片宽椭圆形，淡绿色；雌花序被毛，总梗长 0.5-1 厘米，雌花无柄，花被片倒卵形，外面及边缘被毛，无花柱。聚花果卵状椭圆形，长 1-2.5 厘米，熟时红色或暗紫色，稀白色。花期 4 月，果期 5 月。

原产我国中部及北部，东北、西北、南方及西南各地栽培。朝鲜、日本、蒙古及中亚、高加索、欧洲也有分布。

喜光，幼树稍耐阴，5 年生后需光量较大。喜温暖湿润气候，不耐寒，新梢幼叶易受冻害。对土壤要求不严，耐干旱瘠薄，不耐积水，在土层深厚、湿润、肥沃、pH 值 4.5-7.5，含盐量 0.2% 以下的地方生长最好。主根发达，侧根及须根分布深度达 60 厘米。

我国是栽桑养蚕最早的国家，栽培品种有数百个，由于自然条件和栽培条件不同，大致形成广东荆桑类、湖桑类、嘉定桑类、鲁桑类、格鲁桑类、白桑类等几类，其中有很多优良品种，如伦教 40 号、北区 1 号、白条桑、桐乡、大花桑、黑油桑、梨叶大桑、大白条、黑格鲁、白格鲁、白桑、雄桑等。

可用种子、压条、嫁接方法繁殖。桑树病虫害较多，除适时用药物防治外，还应加强桑园的综合管理，提高桑树的抗病虫能力。

桑叶为家蚕饲料。树皮纤维细柔，可作造纸及纺织原料。根皮、叶、果及枝条药用，可清肺热、祛风湿、补肝肾。果可生食、制果酱及酿酒。木材坚硬耐久，纹理美观；可作桩柱、家具、乐器、雕刻、装饰等用材。

2. 华桑 毛桑　　　　　　　　　　图 479

Morus cathayana Hemsl.

落叶小乔木，高约 8 米。树皮灰色平滑；小枝初有褐色绒毛。叶片卵形至宽卵形，长 4-16(-18.5) 厘米，宽 5-11.4(-16.5) 厘米，先端短尖或长尖，稀尾尖或 3 深裂，基部截形或心形，边缘具粗钝锯齿，叶上面粗糙，疏生伏刚毛，下面密被柔毛；叶柄长 1.5-3.5 厘米，密被柔毛。雄花序长 2-5 厘米，萼片卵形，有灰色或黄褐色短毛；雌花序长 1.5-2.2 厘米，萼片近圆形或倒卵形，有短毛，雌蕊有短花柱，柱头及花柱有毛，花序梗有毛。果穗长 2-3 厘米，白色、红色或黑色。花期 5 月，果期 8-9 月。产皖南休宁、歙县、太平、泾县、青阳；大别山区霍山、潜山、金寨、岳西、太湖、宿松；江淮地区滁县琅琊山、来安、含山、巢湖等地。海拔 650-1300 米。生于山坡疏林林缘及溪谷两旁。分布于河北、山东、河南、江苏、浙江、湖北、四川等地。

果含糖可酿酒；茎皮纤维可制蜡纸及人造棉。叶有毛，不宜饲蚕。

图 479 华桑
1. 雄花枝；2. 雌花枝；3. 雄花；4. 雌花。

3. 蒙桑　　　　　　　　　　　　图 480

Morus mongolica（Bur.）Schneid.

落叶小乔木或灌木；树皮灰褐色，纵裂。叶长椭圆状卵形，长 8-15 厘米，宽 5-8 厘米，先端尾尖，基部心形，单锯齿，齿尖具芒尖，上面无毛或被细毛；叶柄长 2.3-5 厘米。雄花序长约 3 厘米，雄花花被片暗黄色，外面边缘被长毛；雌花序短圆柱形，长 1-1.5 厘米，总梗细，长 1-1.5 厘米，花被片外面疏被柔毛，具花柱。聚花果圆柱形，连柄长 2-2.5 厘米，熟时红色或紫黑色。花期 3-4 月；果期 4-5 月。产淮北萧县皇藏峪。喜光，耐旱，耐瘠薄，适应性强。分布于河北、内蒙古、辽宁、山东、山西、河南、江苏北部、湖北、湖南、四川等省区。

韧皮纤维为高级造纸原料，脱胶后可作纺织原料。根皮药用。

3a. 山桑 黄桑（萧县）（变种）

Morus mongolica Schneid. var. **diabolica** Koidz.

本变种与原种的主要区别，在于叶片长 3-5 深裂，上面粗糙，下面密生灰色柔毛。

产淮北萧县皇藏峪、宿县大方寺、淮北市相山、淮南市上窑等地。多生于石灰岩残丘上及次生灌丛中或人工侧柏林内。主要分布于华北各省（区）

4. 鸡桑   图 481

Morus australis Poir.

落叶灌木或小乔木，高达 2-3 米，稀更高。叶片卵圆形，长 6-15 厘米，宽 4-12 厘米，先端急尖或渐尖成尾尖，基部截形或近心形。边缘有粗锯齿，有时 3-5 裂，上面有粗糙短毛，下面脉上疏生短柔毛，脉腋无毛；叶柄长 1.5-4 厘米；托叶早落。花单性，雌雄异株；雄花序长 1.5-3 厘米，雌花序较短，长 1-1.5 厘米；雄花萼片和雄蕊均为 4，萼片有疏毛，不育雌蕊陀螺形；雌花花萼无毛，柱头 2 裂，有毛，花柱长，宿存，无毛。聚花果长 1-1.5 厘米，成熟时变暗紫色。花期 4-5 月，果熟期 6-7 月。

产皖南歙县清凉峰，海拔 720 米，黄山富溪、汤口海拔 650 米；大别山区金寨天堂寨、霍山、舒域以及安徽省各地低山丘陵，广泛分布。果可酿酒，茎皮可造纸。

分布于河北、山东、河南、陕西、甘肃、江西、浙江、福建、台湾、广东、广西、云南、贵州、四川等地。

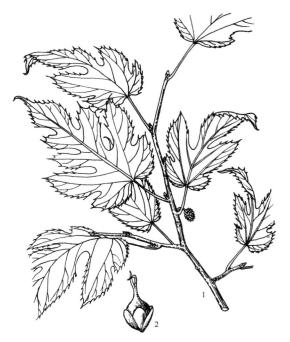

图 480 蒙桑
1. 果枝；2. 雌花。

图 481 鸡桑
1. 果枝；2. 雄花；3. 雌花。

2. 构属 Broussonetia L'Hérit. ex Vent.

落叶乔木或灌木或蔓生藤状灌木，植物体内有白色乳状树液。叶互生，不分裂或 3 裂，有锯齿，三出脉，托叶早落。花单性，雌雄同株或异株；花序为荑黄花序或头状花序，雄花萼片 4，镊合状排列，雄蕊 4，花丝在芽中内折，中央有不育的雌蕊，雌花序为头状花序，由具毛及不脱落的苞片和雌花组成，雌花花萼筒状，膜质，有 3-4 齿，包围子房，花柱侧生，细长如丝，柱头 2，一长一短，胚珠自室顶垂悬。聚花果球形，肉质，由橙红色小核果组成。胚弯曲，子叶长椭圆形，相等，背倚，胚乳甚少。5种，分布于亚洲东部及大平洋岛屿，我国4种，分布河北、山西以南各地，安徽省有2种。

1. 乔木；叶宽卵形或矩圆状卵形，叶上面粗糙，被短刚毛，下面密生细柔毛；花雌雄异株，聚花果直径约1.5-3厘米 ⋯⋯⋯⋯⋯⋯⋯⋯⋯⋯⋯⋯⋯⋯⋯⋯⋯⋯⋯⋯⋯⋯⋯⋯ 1. **构树 B. papyrifera**
1. 灌木，叶长卵形，表面有粗伏毛，下面有细毛到无毛，花雌雄同株，聚花果直径约0.5-1.0厘米 ⋯⋯⋯⋯⋯⋯⋯⋯⋯⋯⋯⋯⋯⋯⋯⋯⋯⋯⋯⋯⋯⋯⋯⋯⋯⋯⋯⋯⋯ 2. **小构树 B. kazinoki**

1. 构树　图482

Broussonetia papyrifera（L.）L'Hérit. ex Vent.

落叶乔木，高可达15米，胸径达60厘米；树皮幼时灰色，平滑，老时灰褐色，浅纵裂；分枝低，大枝斜展，树冠广阔，小枝长，幼时密被灰色粗毛；皮部韧性纤维发达。单叶，互生，宽卵形至矩圆状卵形，长7-20厘米，宽6-15厘米，先端渐尖或短尖，基部心形或圆形，边缘具粗锯齿，不裂或不规则3-5深裂，有时为2裂，幼树及萌发枝上的叶常有分裂，老树上的叶常不裂，上面绿色，密被短刚伏毛，粗糙，下面灰绿色，密被长柔毛；基生三出脉，侧脉4-8对；叶柄长3-10厘米，密被长柔毛；托叶卵状披针形，微带紫色，早落。花单性异株；雄花柔荑花序，长6-8厘米，腋生，下垂，具1-2厘米长的总梗；雄花有短柄，有小苞片2-3枚，披针形，被粗毛，花被4裂，三角状卵形，两面被粗毛。雌花序头状，径约1厘米，雌花有柄；小苞片4枚，棒状，长约3-5厘米，上部膨大呈圆锥形，有毛；花被筒状椭圆形，子房包于花被筒内，花柱侧生，柱头线状，有刺毛。聚花果球形，径1.5-3.0厘米，子房柄肉质，熟时橘红色；小瘦果扁球形。花期5-6月，果8-9月成熟。

图482 构树
1. 雄花枝；2. 雌花枝；3. 果枝；4. 雄花；5. 雌花序；6. 雌花。

木材纹理斜，材质轻，耐腐性强，易翘曲，不易制作家具，适宜作纤维原料；果及根可入药，有补肾利尿之效；叶可喂猪；乳汁可擦癣疮；抗烟性较强，可为工矿区及城镇绿化树种。

产淮北泗县，萧县，濉溪，宿县及淮河以南至皖南各县。多生于海拔500米以下的平原或低山丘陵地区；适应性强，耐干旱、瘠薄，生长迅速，繁殖力强。分布于河北、山西、陕西、甘肃，南达广东、广西，东南至台湾，西南至四川、贵州及云南。日本、印度及越南也有。

2. 小构树　图483

Broussonetia kazinoki Sleb. et Zucc.

落叶灌木，高可达5米；枝细长，蔓生或攀援，幼时有柔毛，后渐脱落，植物体有乳汁。单叶，互生，纸质，卵形至卵状椭圆形，长5-12厘米，宽2-6厘米，先端渐尖，基部近心形或圆形，常偏斜，边缘有锯齿，稀有2-3裂，上面有糙状毛，下面初时有细毛，后渐脱落，基生三出脉，第三级以下的细脉不明显，叶柄长1-2厘米，被毛。花单性，雌雄异株；雄柔荑花序圆柱状，长约1-1.5厘米，花被裂片与雄蕊均为4；雌花序头状，径约5毫米；苞片高脚碟状，顶端有星状腺毛；花柱侧生，线状，有刺。聚花果球形，径约0.5-1.0厘米；肉质，熟时红色;小瘦果近椭圆形,表面有小瘤状凸起。花期4月,果熟期7月。

产皖南休宁,歙县,祁门,太平,泾县,宁国,宣城;大别山区金寨,霍山等县。多生于海拔600米以下的低山丘陵地带。分布于华南、华东及华中各省(区)。日本也有。

茎皮纤维为制优质纸与人造棉的原料;根、叶可入药,治跌打损伤。

3. 柘属 Cudrania Tréc.

灌木或小乔木;直立或攀援状,通常有刺。叶全缘,羽状脉;托叶小,早落。花单性,雌雄异株;头状花序,腋生,雄花萼片3-5,长椭圆形,覆瓦状排列,基部有苞片2-4枚,与苞片贴生,雄蕊4,花丝直立,多少与萼贴生,退化雌蕊锥形或无,雌花萼片4,包围子房,花柱不分裂至2裂,胚珠下垂。聚花果球形,肉质;瘦果卵形,压扁,果皮硬壳质,为肉质苞片和花萼所包围。种皮膜质,稍具胚乳,子叶褶曲。

约10种,分布于亚洲东部至大洋洲;我国产8种,分布于西南至东南部,安徽省产2种。

1. 常绿直立或攀援状灌木;叶先端不裂,侧脉6-10
   对 ·························· 1. 构棘 C. cochinchinensis
1. 落叶灌木或小乔木;叶先端不裂或3-5裂,侧脉
   3-5对 ························ 2. 柘树 C. tricuspidata

1. 构棘 图484

Cudrania cochinchinensis(Lour.)Kudo et Masam.

常绿直立或攀援状灌木,高2-4米;具直或略弯的刺,刺长5-10(-20)毫米。叶革质,倒卵状椭圆形至椭圆形披针形,长3-8厘米,宽1.5-3.5厘米,先端钝或短渐尖,基部楔形,全缘,两面无毛,侧脉6-10对;叶柄长5-10毫米。花单性,雌雄异株;雌、雄花序均为球形头状花序,具短梗,单生或成对着生于叶腋;雄花花被裂片3-5,不等,被毛。雌花花被裂片4,顶端肥厚,被绒毛。聚花果球形,肉质,径约5厘米,熟时粉绿色,被毛;小瘦果包在肉质的花被与苞片中。

产皖南歙县,休宁,祁门,太平;大别山区太湖大山乡,海拔720米,潜山天柱山大龙窝海拔550-850米;江淮地区滁县琅琊山铜矿区有栽培。多见生于山谷、路旁。分布于西南、华南及华东。热带亚洲、

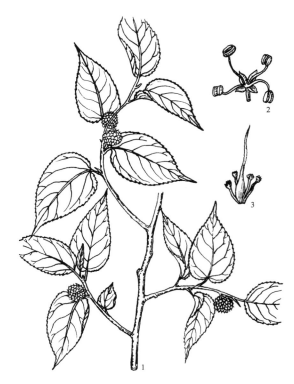

图483 小构树
1. 果枝;2. 雄花;3. 雌花。

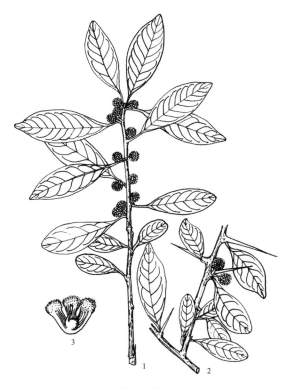

图484 构棘
1. 雄花枝;2. 果枝;3. 雌花纵剖。

非洲东部及澳大利亚也有。

木材煎汁可为黄色染料，枝条也可制作手杖、烟管；果可生食或酿酒；叶可饲蚕；根入药有清热活血、舒经活络之效。

2. 柘树 柘刺   图 485

Cudrania tricuspidata(Carr.)Bur. ex Lavallee

落叶灌木或小乔木，高可达 6 米，常见者多呈灌木状，具乳汁。树皮淡灰褐色，老时不规则薄皮状剥落；幼枝有细毛，后渐脱落，常有长而直的枝刺，刺长 5-35 毫米。单叶，纸质，卵形至倒卵形，长 3-8 厘米，宽 2-6 厘米，叶形常因生境而变异，先端渐尖或长渐尖，基部圆形或宽楔形，全缘或先端有 2-3 裂（幼树、萌发枝及干瘠环境所生长的叶多有分裂），幼叶两面被毛，老时仅下面沿叶脉有细毛；羽状脉，侧脉 3-5 对，两面明显；叶柄长 5-15 毫米。花雌雄异株，雌雄花序均为球形头状花序，具短梗，腋生；雄花有苞片 2 片；花被裂片 4，淡黄色，肉质，顶端肥厚；雄蕊 4，与花被裂片对生；雌花花被裂片 4，顶端肥厚，紧包子房，花柱 1，聚花果近球形，肉质，径约 2.5 厘米，熟时橙黄色至橘红色；小瘦果为宿存的肉质花被和苞片所包。花期 5 月，果熟期 8-9 月。

图 485 柘树
1. 果枝；2. 叶枝；3. 雌花枝；4. 雄花；5. 雌花及雌蕊。

材质坚硬细致，纹理斜，可供农具、工具柄、细木工等小材利用；叶可饲蚕造丝；果可生食及酿酒；树皮纤维拉力强，是很好的造纸原料；根皮入药有止痛、祛风、消炎、活血之效。

产安徽省各地丘陵及平原。大别山区潜山天柱山大龙窝，海拔 850 米；淮北平原，涡阳公吉市乡、利辛、以及宿县均有百年生以上古柘树。生于山坡疏林、灌丛或路旁，喜光，耐瘠薄，多见于石灰岩残丘上。分布于河北南部及华东、中南、西南等省（区）。日本、朝鲜也有。

4. 榕属 Ficus L.

乔木或灌木，有时攀援状，具乳汁。叶互生，稀对生，全缘，有锯齿或缺裂；托叶合生，包围顶芽，早落而留一环状托叶痕。花小，雌雄同株，稀异株，生于肉质中空球形、卵形或梨形等的隐头花序内，花序腋生或生于树干上或无叶的枝条上，口部为覆瓦状排列的苞片所遮蔽，基部有苞片 3，有或无总梗，通常雌雄同序，即雄花、瘿花和雌花同生于一隐头花序内，雄花位于隐头花序的口部附近；异序则雄花及瘿花生于同一花序内，而雌花生于另一花序内，雄花花萼 2-6 裂，裂片覆瓦状排列，雄蕊 1-2 枚，稀较多，花丝在蕾中直立，退化雌蕊缺，稀存在，雌花花萼与雄花相同或不完全或缺，子房直或偏斜，花柱偏生，瘿花和雄花相似，但子房内为一种膜翅目昆虫的幼蛹所占据，胚珠不发育；花柱较短，顶端常膨大，随着隐花果的发育，幼虫变成成虫，将子房咬一孔而飞出。瘦果小，骨质。

本属多数种类的茎枝韧皮纤维可作麻类代用品，有些种类的果可食。

约 1000 种，分布于热带和亚热带地区，我国约产 90 余种，分布于秦岭以南地区，多数产云南及华南；安徽省有 5 种，4 变种。

1. 落叶（稀常绿）直立乔木或灌木；叶下面具有乳头状突起或小瘤点：
    2. 常绿大乔木（原产地）；叶厚革质，长椭圆形，侧脉细而平行 ……………………………… **1. 印度榕 F. elastica**

2. 落叶乔木或灌木；叶片革质或纸质，叶侧脉不平行：

    3. 叶常 3-5 分裂，边缘有锯齿；果顶端常下陷 ···················· **2. 无花果 F. carica**

    3. 叶全缘，各种形状变异较大；果顶端不下陷：

        4. 榕果顶生苞片直立或突起；小枝密被硬毛 ·············· **3. 天仙果 F. erecta** var. **beecheyana**

        4. 榕果顶生苞片不直立或突起或脱落：

            5. 小枝散生灰白色硬毛；花序托单生叶腋；榕果果梗长于 2 厘米；叶条状披针形，纸质 ···········

            ·················· **4. 竹叶榕 F. stenophylla**

            5. 小枝被短柔毛，后无毛，花序托单生；榕果果梗短于 5 毫米；叶提琴形或倒卵形 ·············

            ·················· **5. 琴叶榕 F. pandurata**

1. 常绿攀援灌木：

    6. 叶二型，短枝上的叶大，卵状椭圆形，长枝的叶小，心状卵形；隐头花序单生叶腋；榕果梨形，顶端平截

    ·················· **6. 薜荔 F. pumila**

    6. 叶不为二型，椭圆形、椭圆状披针形；隐头花序单生或对生叶腋；榕果球形、圆卵形或圆锥形：

        7. 榕果顶端尖，顶生苞片直立，长约 3 毫米；叶背密被褐色柔毛或长柔毛 ·············

        ·················· **7a. 珍珠榕 F. sarmentosa** var. **henryi**

        7. 榕果顶端不尖，顶生苞片不明显或脐状突起；叶背面粉绿色，干时浅黄色或灰黄色：

            8. 叶下面网脉不显著隆起；榕果果径 7-10 毫米 ········· **7b. 爬藤榕 F. sarmentosa** var. **impressa**

            8. 叶下面网脉显著隆起；榕果果径 1-1.2 厘米 ········· **7c. 白背爬藤榕 F. sarmentosa** var. **nipponica**

1. 印度榕 印度橡皮树

Ficus elastica Roxb. ex Hornem.

  常绿乔木，高达 30 米（原产地），安徽省常见的观叶盆栽树，高不过 1-2 米。树皮灰白平滑，有丰富的乳汁。叶厚革质，上面平滑而有光泽，长椭圆形或椭圆形，长 5-15 厘米，宽 7-10 厘米，顶端钝尖，基部钝或圆形，全缘，侧脉平行，多而细，不明显；叶柄圆筒形，粗壮，长 2-6 厘米；托叶单生，披针形，长约 15 厘米，淡红色。隐花果长圆形，成对着生于叶腋，无柄，成熟时黄色，长约 1.2 厘米。花期 11 月。

  原产印度、性喜湿热，我国热带地区各大城市有栽培。安徽省常见温室盆栽，或在各大商场做赏叶树。乳汁为橡胶原料。

2. 无花果   图 486

Ficus carica L.

  落叶灌木，高 3-10 米。树皮灰褐色，有显著皮孔；小枝粗状，直立。叶互生，厚纸质，卵圆形、宽卵形，长 10-20（-24）厘米，宽 9-22 厘米，掌状 3-5 裂，稀不裂，裂片圆形，边缘有不规则圆钝齿，上面粗糙，下面密生细小乳头状突起及黄褐色短柔毛，基部浅心形，基生脉 3-5 条，侧脉 5-7 对；叶柄长 2-5 厘米，粗状；托叶三角状卵形，长约 1 厘米，红色。隐头花序单生叶腋，瘿花较雌花花柱为短；雌花生于另一隐

图 486 无花果
1. 果枝；2. 雄花；3. 雌花及雌蕊。

头花序内,有长梗,萼片4-6,披针形,子房圆卵形,光滑,花柱侧生或近顶生。隐花果大,梨形,长3-5厘米,径约2.5厘米,顶部下陷,基生苞片卵形,成熟时呈紫红色或黄色。果期7-8月。

果可生食,具有清热润肺之效。各地天主堂内,常栽培,果作供奉用。

常见的观叶、果栽培种。江淮地区定远、全椒、滁县、淮南市,淮北市以及皖南芜湖、屯溪及沿江铜陵、马鞍山、南陵、繁昌,宣城等地有栽植。喜温暖不耐寒,萌生力量强。

3. 天仙果 (变种)
Ficus erecta Thunb. var. **beecheyana**(Hook. et Arn.)King

落叶小乔木或灌木,高1-8米。树皮灰褐色。小枝和叶柄密被硬毛。叶片厚纸质,倒卵状椭圆形或长圆形,长7-18厘米,宽2.5-9厘米,先端渐尖,基部圆形或浅心形,全缘稀叶上部有疏齿,上面粗糙,疏生短粗毛,下面被柔毛,具有乳头状突起,基生脉三条,侧脉5-7对,弯拱向上;叶柄长1-4(-7)厘米,纤细,密被灰白色短硬毛;托叶三角状披针形,浅褐色,早落。隐头花序单生或成对腋生,梗长5-26毫米,球形或近梨形,幼时被柔毛或短粗毛,顶生苞片突出,基生苞片3,卵状三角形,不脱落;雄花和瘿花同生于一隐头花序中;雄花散生内壁,有或近无梗,萼片3,披针形至线形,长短不一,雄蕊2-3枚,花药长椭圆形,比花丝长,瘿花无梗或有短梗,萼片4-6,披针形,舟状,包围子房,子房卵圆形,花柱侧生,短;雌花生于另一隐头花序内,萼片3-5,花柱长,侧生。隐花果径1.1-1.5(-2.0)厘米,成熟时暗红色,有淡红色斑点。瘦果三角形。花期4月,果期8、9月。

产皖南休宁五城沟谷旁,祁门牯牛降,常与钩藤、岭南花椒混生。分布于浙江、江西、福建、台湾、湖南、广东、海南、广西、沿海岛屿。

根入药可祛风除湿;茎皮纤维可造纸。

4. 竹叶榕
Ficus pandurata Hance var. **angustifolia** Cheng
[*Ficus stenophylla* Hemsl.]

常绿小灌木,高1-3米。小枝散生灰色硬毛,节间短。叶纸质,干后灰绿色,线状披针形,长5-13厘米,先端渐尖,基部楔形或近圆形,上面无色,下面有小瘤体,全缘,背卷,侧脉7-17对;托叶披针形,红色,无毛,长约8毫米;叶柄3-7毫米。榕果椭圆状球形,表面稍被柔毛,直径7-8毫米,成熟时深红色,顶端脐状突起,基生苞片三角形,宿存,总梗长20-40毫米;雄蕊和瘿花同生于雄珠榕果中,雄花,生内壁口部,有短柄,花被片3-4,卵状披针形,红色,雄蕊2-3,花丝短;樱花具柄,花被片3-4,倒披针形,内弯,子房球形,花柱短,侧生;雌花生于另一植株榕果中,近无柄,花被片4,线形,先端钝,瘦果透镜状,顶部具棱骨,一侧微凹入,花柱侧生,纤细,花果期5-7月。

产皖南歙县,休宁,岭南、祁门。多散生于溪沟边及林缘疏林下。分布于浙江、江西、福建、湖南、湖北、贵州、广东、海南和沿海岛屿。

5. 琴叶榕　　　　　　　　　　图487
Ficus pandurata Hance

落叶小灌木,高1-2米;小枝及叶柄幼时生短柔毛,后变无毛。叶互生,纸质,提琴形、倒卵形,长4-11

图487 琴叶榕
1. 果枝;2. 叶部分放大;3. 雌花;4. 雌蕊。

厘米，宽 1.5-4.5(-6.3) 厘米，先端急尖，基部圆形或宽楔形，有三基出脉，侧脉 3-5 对，上面近无毛，下面脉上有短毛；叶柄长 3-5(-8) 毫米，疏被糙毛。花序托单生或成对腋生，有短梗，卵圆形或梨形，熟时紫红色，直径 10 毫米，顶端有脐状凸起，基部有苞片 3；卵形，梗长 4-5 毫米；雄花和瘿花同生于花序托，雄花有梗，生内壁口部，萼片 4，线形，雄蕊 3，稀 2；雌花生在另一花序托内，花被片 4，花柱侧生，很短。榕果单生于叶腋，鲜红色，椭圆形或球形，直径 6-10 毫米，顶部脐状突起，基生苞片 3，卵形，总梗长 4-5 毫米，纤细。花期 6 月，果熟期 9 月。

喜生于溪谷边及阴湿杂木灌丛中。

产黄山，休宁，祁门，太平七都。分布于浙江、江西、福建、广东、广西。

图 488 薜荔
1. 果枝；2. 营养枝；3. 果纵剖。

6. 薜荔
Ficus pumila L.

常绿木质藤本，枝分长短枝，长枝上生不定根攀援于墙壁或树上，结果枝上无不定根。叶二型：长枝上的叶片小而薄，心状卵形，长约 2.5 厘米或更短；短枝上的叶片较大，革质，卵状椭圆形，长 4-10 厘米，先端钝，全缘，上面无毛，下面有短柔毛，网脉突起成蜂窝状；叶柄粗短。隐头花序具短梗，单生于叶腋，基生苞片 3，雄花和瘿花同生于一隐头花序中，隐头花序长椭圆形，长约 5 厘米，径约 3 厘米；雄花生于孔口，有梗，萼片 3-4，条形，雄蕊 2-3；瘿花有萼片 4-5，花柱较短，雌花生于另一隐头花序中，稍大，梨形，雌花有梗，萼片 4-5，条形，花柱较长，生于子房一侧的中部，成熟榕果近球形，长 4-8 厘米，径 3-5 厘米，顶部截平，略具短钝头或为脐状突起，基部楔形。花期 5-6 月，果期 9-10 月。

根、茎、藤、叶及未成熟的隐花果可入药。瘦果可提取淀粉做凉粉酿酒用；根茎可药用，舒筋通络，利尿活血。

产皖南黄山、歙县清凉峰，海拔 450 米；大别山区潜山，岳西，太湖大山乡，宿松，海拔 200 米上下；江淮岳陵南部庐江、含山等地。水沟边，攀援于石桥、石壁上生长。

7a. 珍珠榕 珍珠莲（变种）　　　图 489
Ficus sarmentosa Buch. -Ham. ex J. E. Sm. var. **henryi**（King ex Dlix.）Corner

常绿攀援或匍匐藤状灌木。幼枝密被褐色长柔

图 489 珍珠榕
1. 果枝；2. 雌花。

毛，后变无毛。叶互生，革质，椭圆形或营养枝上叶卵状椭圆形，长 6-12 厘米，宽 2-4（-6）厘米，先端渐尖或尾尖，基部圆形或宽楔形，全缘或微波状，上面无毛，下面密被褐色柔毛或长柔毛，不为粉绿色，网脉隆起成蜂窝状，基生脉 3 条，侧脉 5-8 对；叶柄长 1-2 厘米，粗壮，被毛。隐头花序单生或成对腋生，无梗或有短梗，圆锥形或近球形，长 1.5-2 厘米，径 1.2-1.5 厘米，幼时密被褐色长柔毛，后无毛，顶生苞片直立，长约 3 毫米，基生苞片 3，卵状披针形，长约 3-6 毫米；雄花和瘿花同生于一隐头花序中；雄花具长梗，萼片 4，雄蕊 2；雌花生于另一隐头花序中。隐花果密被黄褐色长柔毛，成对腋生，圆卵形或圆锥形，长 1.2-2 厘米，径约 1-1.5 厘米，顶端尖；顶生苞片直立，长约 3 毫米，基生苞片卵状披针形，长 3-6 毫米。花期 4-5 月，果期 8 月。

瘦果水洗可制作冰凉粉。

产皖南各县以及大别山区霍山，六安，岳西，舒城，金寨天堂寨。生于海拔 700 米以下海边岩石上或灌丛中，常攀援于他树、岩石或墙角上。

分布于华东、华中、华南、西南等地。

7b. 爬藤榕（变种） 图 490

Ficus sarmentosa Buch. -Ham ex J. E. Sm. var. **impressa**（Champ.）Comer

常绿攀援灌木，长 2-10 米。叶片互生，革质，披针形或椭圆状披针形，长 3-7（-9）厘米，宽 1-2（-3）厘米，先端渐尖或长渐尖，基部圆形或楔形，上面光滑，下面粉绿色，干后灰褐色，侧脉 6-8 对，下面网脉稍隆起，构成不显著的小凹点；叶柄长 3-6（-10）毫米，密被棕色毛。隐头花序成对腋生，或单生或簇生于落叶枝的叶痕腋部，球形，径 4-7 毫米，无毛，有短梗，基部有苞片 3，口缘密生有棕色绒毛；雄花和瘿花生于同一隐头花序内；雄花着生于口部，有梗，萼片 3-4，卵形，雄蕊 2-3；瘿花萼片 5；雌花生于另一隐头花序内，雌花萼片 4-5，狭长椭圆形，花柱歪生，细长；成熟榕果球形，光滑，直径 1-1.2 厘米，顶生苞片微呈脐状突起，总梗不超过 5 毫米。花期 4 月，果期 7 月。

产皖南黄山，歙县清凉峰海拔 450 米水沟旁，青阳九华山，祁门牯牛降双河口；大别山区潜山天柱山马祖庵，霍山青枫岭海拔 620 米，舒城万佛山，金寨马宗岭。喜生于山坡溪谷、沟边，林缘常攀援于树干、石壁上。分布于华东、华南及西南各省（区）。

图 490 爬藤榕（果枝）

茎皮纤维是造纸和人造棉的原料，全株可制绳索与犁缆。根、茎藤入药，有祛风湿，止痛等功效。园林中可用作垂直绿化树种。

7c. 白背爬藤榕（变种）

Ficus sarmentosa Buch. -Ham. eX J. E. Sm. var. **nipponica**（Fr. et Sav.）Comer

常绿攀援灌木。幼枝被褐色柔毛。叶片革质，椭圆状披针形，先端尾尖，尖头常弯，基部楔形、圆形或近心形，全缘，边缘略反卷，上面深绿色，无毛，有光泽，下面鲜时粉绿色，干时苍白色，无毛或被疏毛，基生脉 3 条，网脉在下面突起成蜂窝状；叶柄长 0.7-2.5 厘米，密被褐色短柔毛。隐头花序单生或成对腋生，球形，直径 0.8-1.3 厘米，被毛，常有瘤状突起，顶部多少具脐状突起，基生苞片 3，总花梗长 5-7

毫米；雄花和瘿花生于同一隐头花序中，雄花的雄蕊 2 枚；雌花生于另一隐头花序中；花萼均为 4 片。成熟榕果球形，直径 1-1.2 厘米，顶生苞片脐状突起，基生苞片三角卵形，长约 2-3 毫米，总梗长不超过 5 毫米。花果期 3-11 月。

产皖南山区各县。分布于江西、浙江、福建、台湾、广东、广西、四川、贵州、云南、西藏。朝鲜、日本也有分布。

45. 杜仲科 EUCOMMIACEAE

落叶乔木；植株各部折断具银白色胶丝。小枝髓心片状分隔；无顶芽。单叶，互生，羽状脉；无托叶。花单性，雌雄异株；无花被；雄花簇生，具短柄及小苞片；雄蕊 4-10，花丝极短，花药 4 室，纵裂；雌花单生于新枝基部苞腋，花梗短；雌蕊由 2 心皮合成，子房 1 室，扁平，倒生胚珠 2，并列，下垂，柱头 2 裂，反曲。坚果，扁平，具翅；果梗短。种子 1，具胚乳，胚直生。

1 属，1 种。我国特产。

杜仲属 Eucommia Oliv.

形态特征与科同。

杜仲

图 491

Eucommia ulmoides Oliv.

落叶乔木，高达 20 米，胸径 50 厘米；树皮灰色，纵裂；植株各部折断具银色胶丝。叶椭圆状卵形、卵形或椭圆形，长 6-15 厘米，宽 3.5-6.5 厘米，先端渐尖，基部宽楔形或近圆形，具锯齿，上面微皱，下面脉上被毛，侧脉 6-9 对；叶柄长 1-2 厘米。雄花无花被，花梗长约 3 毫米，苞片匙形，长 6-8 毫米，早落；花药线形，长约 1 厘米，花丝长约 1 毫米，药隔突出；雌花无花被，苞片倒卵形；子房具短柄。坚果长 3-3.5 厘米，径 1-1.3 厘米，两侧具窄翅。种子扁平，条形，长约 1.5 厘米。花期 4-5 月；果期 9-10 月。

产皖南黄山岗村，歙县清凉峰南乡海拔 650 米，休宁五龙山、五城，旌德，太平潭家桥，泾县；大别山区霍山白马尖海拔 820 米，金寨何家湾海拔 300 米，岳西来榜、鹞落坪，舒城万佛山等地有栽培，其中歙县南乡、泾县、太平、休宁等地偶见天然分布；安徽省淮河以南各地有栽培。分布于山东、河南、山西、陕西、甘肃、湖北、湖南、江苏、浙江、广东、广西、四川、贵州、云南。

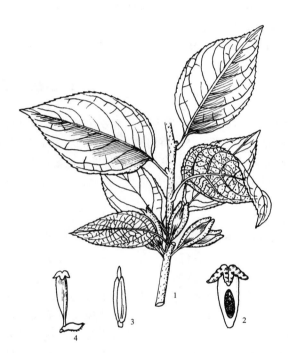

图 491 杜仲
1. 果枝；2. 子房纵剖面；3. 雄蕊；4. 雌花。

喜温凉湿润气候，能耐 -20℃低温。

在酸性土、中性土、微碱性土及钙质土壤中均能生长；在干燥瘠薄、强酸性土壤中生长不良。

喜光，不耐庇荫。深根性，抗风。萌芽性强，可用压条、扦插、分根繁殖及萌芽更新。

杜仲是一种多用途、经济价值高的树种，其树皮含胶量 10.46%-22.5%，果含 12.1%-27.34%，干枝约含 4.67%，干叶含 4%-6%，可提制硬橡胶，其绝缘性能优异，吸水性极小，为海底电缆重要材料；耐酸、碱、油及化学试剂的腐蚀，适宜制造各种耐酸碱容器的衬里，特别是氰氟酸容器和输油胶管；对齿髓无刺激性，可用于补牙；杜仲胶溶液黏着性强，是制造黏着剂重要材料之一。种子出油率达 27%。

树皮药用，对各种类型高血压病均有良好效果，又可用做强壮剂，并治腰膝痛、风湿、习惯性流产等。

散孔材，黄褐色微红，心材边材区别不明显，纹理直，结构细，气干密度 0.762 克／立方厘米，干缩小，少翘裂，易切削，切面光滑，车旋性能良好；可供制家具、雕刻、器具、门窗等用。

国家二级重点保护植物。

46. 大风子科 FLACOURTIACEAE

　　乔木或灌木,常绿或落叶。单叶互生,常排成2列,全缘或具有腺齿;托叶早落或无。花小,单性、两性或杂性;呈聚伞、总状、圆锥花序或簇生,稀单生;萼片通常4-6片(2-15),花瓣存或缺;花托通常具腺体。雄蕊通常多数,稀少数,子房上位,半上位,极少下位,1-2室,胚珠多数倒生,侧膜胎座。果为蒴果、浆果、核果(中国无)。种子有假种皮,少数有翅。

　　80属约500余种,广泛分布于热带和亚热带地区。中国有13属,约28种,主要分布于华南、西南和台湾各省(区)。

1. 叶柄长6-15厘米,具有2-4瘤状腺体,叶基脉5-7出 ················· 1. **山桐子属 Idesia**
1. 叶柄长0.2-5(7)厘米,无瘤状腺体,叶基脉3出或羽状脉
　　2. 浆果,枝有刺,叶脉状 ·································· 3. **柞木属 Xylosma**
　　2. 蒴果,种子具翅,枝无刺,叶基脉3出 ··················· 2. **山拐枣属 Poliothysis**

1. 山桐子属 Idesia Maxim.

　　落叶乔木。单叶,互生,基部5出脉,多少呈心形,有锯齿;叶柄和叶基常有腺体。花单性异株,排成顶生的圆锥花序;萼片5,有时3-6;无花瓣;雄花雄蕊多数;雌花的子房球形,1室,有胚珠多数,生于5(3-6)个侧膜胎座上,花柱5,很少3-6浆果,成熟时红色;种子无翅。

　　产日本和我国西部及中部。安徽省产1种,1变种。

1. 山桐子　　　　　图492

Idesia polycarpa Maxim.

　　乔木,树皮浅灰色,平滑,幼枝及芽被毛,芽鳞数枚。单叶互生,宽卵形,长10-25厘米,宽6-15厘米,先端锐尖或端渐尖,基部圆形或心形,掌状脉常5-7条,脉腋有短簇柔毛;叶缘具疏大浅锯齿,叶柄与叶片近等长,叶柄上及叶基散生腺体。花单性异株,顶生下垂圆锥花序,黄绿色。浆果,球形,径约0.5-1厘米,红色具短柄;种子细小,黑色。花期4-5月,果期10-11月。

　　产皖南黄山浮溪、桃花峰,青阳九华山下闵园,祁门,休宁,太平;大别山区金寨白马寨,舒城万佛山,潜山天柱山,霍山。四川、云南、陕西秦岭、广东、广西、台湾有分布。

　　喜阳光充足、温暖湿润的气候,疏松、肥沃土壤,耐寒、抗旱,在轻盐碱地上可生长,适应性强,为速生用材树种,木材材质轻软,易加工。

　　树干高大,树冠广展,花色黄绿,红果累累,是良好的绿化和观赏树种,常作为庭荫树、行道树;种子含油率高,可代替桐油,故称"山桐子"。

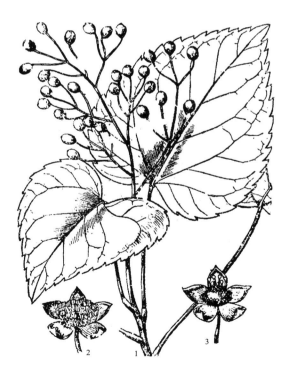

图492 山桐子
1. 果枝;2. 雄花;3. 雌花。

1a. 毛叶山桐子（变种）

Idesia polycarpa Maxim. var. **vestita** Diels

本变种与原种的区别是小枝、叶柄、叶下面及花序均密生短柔毛。

产皖南黄山，祁门牯牛降历溪坞海拔 400 米，绩溪清凉峰栈岭湾海拔 600 米，歙县清凉峰东凹海拔 1000 米；大别山区霍山俞家畈海拔 350 米、马家河白马寨海拔 600-980 米，岳西，潜山天柱山、彭河乡板启，舒城万佛山海拔 700 米。分布同山桐子。

习性与用途同山桐子。

2. 山拐枣属 Polithyrsis Oliv.

落叶乔木。叶具有钝锯齿，基部有 2 腺体，基出脉 5，主脉 3；叶互生，基部卵形，有浅齿，叶柄长。花单性同株，排成圆锥花序；萼片 5；无花瓣；雄花有雄蕊 20-25，有一退化雌蕊；雌花子房一室，有胚珠多颗；花柱 3，柱头 2 裂。蒴果，开裂为 3 果瓣；种子多数，长圆形，有翅。安徽省产 1 种。

山拐枣　　　　　　　　　图 493

Polithyrsis sinensis Oliv.

落叶乔木，高达 15 米；嫩枝、幼叶背面、叶柄和花序轴初有短柔毛，后脱落。叶片椭圆形、宽卵形或心状卵形，长 8-18 厘米，宽 4-10 厘米，顶端渐尖，基部圆形或心形，常不对称，边缘有细锯齿，表面无毛，背面沿叶脉或脉间有柔毛。花序长 10-20 厘米，花小，黄绿色。果柄肉质，扭曲，红褐色；果实长圆形，外果皮革质，内果皮木质，灰褐色。花期 6-7 月，果期 9-10 月。

产皖南黄山桃花峰，绩溪清凉峰栈岭湾海拔 600 米，歙县清凉峰清凉劳改队坞海拔 750 米，泾县小溪；大别山区霍山黄巢寺大王河海拔 860 米、苍坪、真龙地海拔 400 米、佛子岭海拔 820 米，金寨鲍家窝、白马寨海拔 750-800 米，舒城万佛山小涧冲。四川、贵州、云南、广东、广西有分布。

果柄含多量葡萄糖和苹果酸钾，经霜后甜，可生食或酿酒，俗称"拐枣"；果实入药，为清凉利尿药，并能制酒；称"拐枣酒"能治风湿症；木材硬度适中，纹理美，供建筑及制家具和美术工艺品等的用材。

图 493 山拐枣
1. 果枝；2. 雄花；3. 雄蕊。（朱玉善绘）

3. 柞木属 Xylosma Forst

常绿乔木或灌木，常有尖刺。叶互生，有齿缺，无托叶。花单性异株，稀杂性，无花瓣；雄花盘通常 4-8 裂，很少全缘；雄蕊多数，花丝丝状，花药基着，无附属物；雌花花盘环状；子房 1 室，侧膜胎座 2，每胎座上有 2 至数颗胚珠，花柱短或缺。浆果；种子少数。倒卵形，光滑。

约 100 种，分布于热带和亚热带地区，我国有 3-4 种，产秦岭淮河一线以南。安徽省产 1 种。

柞木 图 494

Xylosma japonica（Walp.）A. Gray

常绿乔木，高达 10-15 米；树皮灰棕色，条片状剥落。枝有细锐尖刺，长 1-1.5 厘米。叶卵圆形或椭圆状卵形，先端骤尖，锯齿钝，无毛。果期形紫黑色，萼片宿存，种子 2-3。花期 6-8 月；果期 10-12 月。

产皖南黄山，祁门，太平：大别山区太湖罗溪海拔 250 米；江淮丘陵桐城，安庆，芜湖。云南、广东、广西、台湾。日本、越南也有分布。

喜光：生于低山路边，林缘，为常见的常绿落叶阔叶混交林中的伴生树种。

图 494 柞木
1. 花枝；2. 果枝；3. 雄花；4. 果；5. 具刺小枝。

47. 瑞香科 THYMELAEACEAE

灌木或小乔木，稀草本；茎通常具韧皮纤维。单叶，互生或对生；叶片全缘，具羽状脉，叶柄短，无托叶。花辐射对称，两性或单性，雌雄同株或异株，组成头状、穗状、总状、圆锥状或伞形花序，顶生或腋生，极少单生或簇生；花萼花冠状，常连合成钟状、漏斗状或管状，裂片4-5，覆瓦状排列；花瓣缺，或鳞片状，与花萼裂片同数；雄蕊通常为花萼裂片的2倍或同数，稀4或退化为2或1；花丝着生于萼筒的中部或喉部，花药2室，内向，纵裂；花盘环状、杯状或鳞片状，稀缺如；子房上位，1(-2)室，每室具1颗悬垂的倒生胚珠，花柱头状、丝状或棒状或几缺，柱头通常盘状。果为浆果、核果或坚果，稀为2瓣开裂的蒴果。种子具伸直的胚，胚乳丰富或无。

约48属，650种，广布于南北两半球大陆的热带和温带地区，主要分布于非洲、大洋洲和地中海沿岸地区；我国有10属，100种左右，主要分布于长江以南各省区，安徽省有3属，10种，2变种，1变型。

本科植物经济价值较大，有多种可作熏香料；树脂入药；有的种可作观赏植物，另有些种则因韧皮纤维发达而强韧、细柔，可作纤维和工业造纸原料，种子还可榨油。

1. 叶常对生，稀互生；核果上花萼宿存；花盘，1-4深裂，裂片鳞片状 ·············· 1. 荛花属 Wikstremia
1. 叶常互生；核果上花萼不存；花盘浅杯状或环状偏斜。
  2. 花柱甚短，柱头头状， ······························· 2. 瑞香属 Daphne
  2. 花柱很长，柱头圆柱形，密被疣状突起 ··············· 3. 结香属 Edgeworthia

1. 荛花属 Wikstroemia Endl.

落叶或常绿灌木或小乔木，很少草本。叶对生稀互生。花两性，排成顶生或腋生的总状花序、穗状花序、头状花序或圆锥花序；总花梗明显，通常无苞片，花萼圆筒状或漏斗状，顶端4-5裂，喉部无鳞片，外面被柔毛或近于无毛，无花瓣；雄蕊为花萼裂片的2倍，二轮排列于花萼筒的近顶部或中部，花丝短或无，花药长圆形，基着；下位花盘膜质，1-4深裂，裂片鳞片状；子房上位，1室，有倒生胚珠1粒，花柱顶生，通常短，明显或不明显，柱头头状，合生或离生。果实为核果，基部有残存的花萼，果皮肉质或膜质，种子卵形。

安徽省有6种，1变种和1变型。

1. 花萼4裂：
  2. 头状花序顶生，花萼筒白色 ·························· 1. 光叶荛花 W. glabra
  2. 短总状花序或伞形总状花序；花萼筒黄色，白色或萼筒上下部不同色。
    3. 花萼筒全部为黄色 ······························ 2. 荛花 W. canescens
    3. 花萼筒不同色，顶端淡紫色或红色，下部为白色 ········· 3. 北江荛花 W. monnula
1. 花萼5裂：
  4. 穗状花序；叶对生 ······························· 4. 白花荛花 W. alba
  4. 总状花序；叶对生或互生：
    5. 花萼筒白色，下部稍膨大，无毛，无脉纹 ··············· 5. 安徽荛花 W. anhuiensis
    5. 花萼筒黄色，中间膨大，外面被长柔毛，具10条脉纹 ········· 6. 毛花荛花 W. pilosa

1. 光叶荛花 图 495

Wikstroemia glabra Cheng

小灌木，高约 1.5 米。小枝无毛，具棱角，二年生枝黑紫色，多少龟裂；芽近圆形，被绒毛，脱落。叶互生，膜质，卵形、椭圆形或长圆状椭圆形，长 2-3.5 厘米，宽 1-1.8 厘米，先端钝、尖或短渐尖，有时在顶端凹缺，基部楔形、圆形或截形，全缘，边缘略反卷，叶上面无毛，脉紫色或绿色，幼时在下面密被疏柔毛，后渐变为无毛，侧脉每边 5-10 条，在背面明显隆起，边缘网结；叶柄长约 2 毫米，无毛，绿色。头状花序顶生，具 2-5 朵花，稀 6 朵，总花梗长 5-12 毫米，无毛；花萼筒白色，几圆筒形，长 8-11 毫米，无毛，裂片 4，卵形，顶端圆形、钝或略尖，长及宽均约 4-5 毫米；雄蕊 8，2 轮排列，花药长卵形，深黄色，长 1-1.2 毫米，花丝极短或近无，上轮几达喉部，下轮在中部稍上着生；子房倒卵形，长约 3 毫米，无子房柄，顶部被柔毛，花柱极短，柱头头状；花盘鳞片 1-2 枚偶 3 枚，线形，长约为子房的三分之一或稍长，顶端不规则齿裂，很少钝。花期 5-6 月，果期 6-8 月。

产皖南黄山汤口、云谷寺至西海。生于 700 米以上的林下或开旷向阳处。分布于浙江、江西。

图 495 光叶荛花
1. 花枝；2. 花放大；3. 花被展开；4. 雌蕊；5. 雄蕊。

1a. 紫背光叶荛花 （变型）

Wikstroemia glabra Cheng f. **purpurea**（Cheng）S. C. Huang

本变型与原种的主要区别是老枝无毛，紫红色；花紫色。

产皖南黄山，歙县清凉峰，休宁流口、齐云山等地。生于海拔 200-1700 米的山地灌丛中。分布于浙江、湖南。

2. 荛花 图 496

Wikstroemia canescens（Wall.）Meisn.

小灌木，高 1.5 米；当年生枝灰褐色，二年生枝紫黑色；芽近圆形，被白色绒毛。叶互生，披针形，长 2.5-5.5 厘米，宽 8.25 毫米，顶端尖，基部宽楔形，上面绿色，被平贴丝状柔毛，下面苍白色，被弯卷的长柔毛，侧脉每边 4-7 条，网脉在下面明显。头状花序，生小枝顶端或叶腋；总花梗长 1-2 厘米，有时具 2 枚叶状小苞片，花后逐渐延伸成短总状花序；花黄色，萼筒长约 1.5 厘米，被灰色长柔毛，顶端裂片 4，长圆形，先端钝；雄蕊 8，二轮排列，在萼筒中部以上着生；花

图 496 荛花
1. 花枝，示圆锥共序；2. 花枝，示短穗状花序；3. 花纵剖。

盘鳞片 1-4 枚,披针形;子房棒状,长约 4 毫米,具子房柄,全部被柔毛,花柱短,被柔毛所覆盖,柱头圆形,具乳突。核果干燥。花期 7-8 月,果 7-8 月。

产皖南歙县清凉峰,休宁齐云山,祁门等地。生于海拔 400 米以上山坡林缘和灌丛中。分布于湖南、江西、西藏。

花供药用,茎皮纤维可造纸。

3. 北江荛花 图 497

Wikstroemia monnula Hance

落叶灌木,高 0.7-3 米。幼枝被灰色柔毛,老枝有棱,紫红色,无毛。叶对生,稀互生,纸质,卵状椭圆形至长椭圆形,长 3-6 厘米,宽 1-2.8 厘米,上面绿色,无毛,下面暗绿色,有时呈紫红色,散生灰色细柔毛,先端尖锐,小脉柔弱;叶柄细小。总状花序顶生,伞形花序状,每花序具 6-12 朵花;总花梗长 3-15 毫米,被灰色柔毛;花萼筒白色,顶端淡紫色,外被绢状毛,长 7-9 毫米,裂片 4,卵形,雄蕊 8,二轮排列于萼筒上,上轮花药超出中部,下轮花药在中部着生;花盘鳞片 1,偶为 2,线形或线状长圆形,长为子房的三分之一,子房棒状,具长柄,顶端被黄色茸毛。核果肉质,白色。花期 6-7 月,果期 7-9 月。

产皖南休宁;大别山区岳西,潜山。生于海拔 500 米以上的山坡林下或路边。分布于浙江、湖南、广东、广西、贵州。

根可药用;茎皮纤维供造纸和人造棉。

3a. 休宁荛花 (变种)

Wikstroemia monnula Hance var. **xluningensis** D. C. Zhang et J. Z. Shao

本变种与原种的区别在于叶下面散生柔毛;总状花序具 5-6 朵花,花萼筒紫红色,花盘鳞片 3,阔卵形。

产皖南休宁。生于海拔 650 米的山坡路旁和灌丛中。

4. 白花荛花 图 498

Wikstroemia alba Hand. -Mazz.

常绿灌木,高 0.5-2 米,全株无毛。茎粗壮,多分枝;树皮棕褐色,有纵向细沟;小枝纤细,斜向伸展,光亮,当年生枝淡黄色,稍老则变为紫红色。叶对生,卵形至卵状披针形,长 1.2-3.5 厘米,宽 1-1.2 厘米,顶端急尖,基部宽楔形、圆形或截形,薄纸质,干时变浅褐色,下面暗灰白色,边缘全缘,沿中脉两侧具 6-8 条侧脉,一半展开,渐弯弓,不网结,上面小脉细小,

图 497 北江荛花
1. 花枝;2. 花。

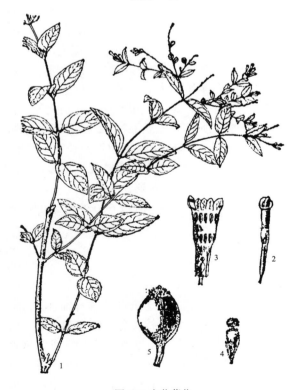

图 498 白花荛花
1. 花枝;2. 花蕾;3. 花纵剖;4. 雌蕊及花盘鳞片;5. 果实。

下面稍隆起。穗状花序具花 10 数朵，组成复合的大
而疏松直立具叶的圆锥花序；总花梗长 2.5 厘米或无，
再 5 出分枝；总花铀长 5-5.5 毫米；小花梗极短，长在 0.5
毫米以内；花萼筒肉质，白色，长 8-11 毫米，裂片 5，
宽椭圆形，顶端钝，边缘波状；雄蕊 10，花药线形，
长 1 毫米，5 枚在萼管三分之一以上着生，另 5 枚在
喉部着生，花盘鳞片 1 枚，线形，长约 1 毫米，子房
梨形，顶端被微柔毛或无毛，具子房柄，长约 1 毫米，
花柱短，柱头圆球形，大。核果卵形，长 3 毫米，具
短柄，栗色，顶端有细刚毛。花期 5-6 月，果期 7-9 月。

产歙县金竹坑，贵池梅街等地。生于海拔 600 米
左右的林下或路旁。分布于湖南、福建、广东。

5. 安徽荛花 图 499

Wikstroemia anhuiensis D. C. Zhang et J. Z.
Shao

灌木，高约 60 厘米。当年生小枝纤细，光滑无毛，
通常绿色，一年生小枝深紫色；芽极小，圆球形，直
径约 0.2 毫米，密被灰白色柔毛。叶对生，膜质，椭
圆形至长椭圆形，长约 6-8 毫米，宽 3-8 毫米，先端
尖锐或钝，基部楔形，全缘，上面绿色，下面埃绿色，
两面无毛，沿中脉两侧具 4-5 对羽状脉，两面均明显
可见；叶柄极短，长约 1 毫米。总状花序，顶生，具 4-6
朵花；总花梗长 7-11 毫米，无毛，花梗长 1-1.2 毫米；
花白色，萼筒圆筒形，下部稍膨大，膜质，无毛，长 8-10
毫米，裂片 5，宽卵形，长约 2 毫米，先端圆、钝或
略尖，边缘全缘；雄蕊 10 枚，二轮排列，上面一轮着
生于萼筒喉部，下面一轮着生于萼筒中部稍上处，花
丝极短，花药狭长圆形，长约 1 毫米；花盘鳞片 1 枚，
膜质、线形，长约 1.5 毫米；子房梨形，长约 2 毫米，
子房柄长约 1 毫米，全体被短柔毛，花柱极短，柱头
近球形，直径约 0.3 毫米。花期 5-8 月。

产歙县（清凉峰）。生于海拔 500-900 米的山坡
路边。

6. 毛花荛花 图 500

Wikstroemia pilosa Cheng

落叶小灌木，高约 1 米。当年生小枝纤细，圆柱形，
黄绿色，被长柔毛；二年生枝黄色，渐变为无毛。叶
对生，近对生或互生，膜质，卵形、椭圆状卵形或椭
圆形，先端锐尖，基部宽楔形或圆形，极少截形，叶
片长 2-3.2 厘米，宽 1-1.8 厘米，上面暗绿色，下面
苍白色，两面均被柔毛，下面更密，侧脉 3-5 对，隆起，

图 499 安徽荛花
1. 花枝；2. 花侧面观；3. 花的纵剖面示二轮雄蕊；4. 雌蕊
及花盘鳞片；5. 叶。

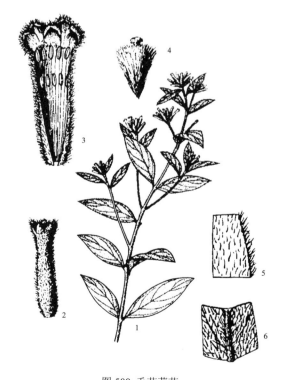

图 500 毛花荛花
1. 花枝；2. 花放大；3. 花萼筒纵切面；4. 雌蕊；5. 叶腹面，
示毛被；6. 叶背面，示毛被。

叶缘或多或少向背面反卷。总状花序，顶生或腋生，具总花梗，密被疏柔毛；花深黄色，具短梗；花萼筒纺锤形，中间膨大，具 10 条脉纹，外面密被长柔毛，内面光滑无毛，长约 1 厘米，裂片 5，长圆形，顶端圆，长 1-1.2 毫米；雄蕊 10，二轮排列，上面一轮近喉部着生，下面一轮着生萼筒中部以上，花丝极短，花药长圆形，长约 1 毫米；花盘鳞片 1 枚，线形，长约 1 毫米，顶端凹或钝；子房纺锤形，密被长柔毛，长约 6 毫米，柱头头状。核果红色，被柔毛。花期 7-8 月，果期 8-10 月。

产皖南青阳九华山；大别山区金寨白马寨，潜山天柱峰，霍山桃源河，舒城驼岭等地。生于海拔 600-1200 寸米的山林灌丛中、山坡路边及琉林下。分布于浙江、江西、湖南、湖北、广西。

茎皮可作纤维用。

2. 瑞香属 Daphne L.

落叶或常绿灌木。冬芽小，具数枚芽鳞。叶互生，稀对生；叶片全缘，具短柄；无托叶。花两性，稀单性，整齐，组成顶生或腋生的头状花序或短总状花序，具早落性的总苞片，萼筒钟状或管状，花冠状，裂片 4(-5) 裂，覆瓦状排列，无鳞片状花瓣；雄蕊 8(-10)，花丝极短，花盘杯状、环状或一侧发达而呈鳞片状；子房 1 室，无柄，内具 1 颗下垂的倒生胚珠，花柱极短或几无，柱头头状。核果，外果皮肉质或干燥。种子 1 颗；胚肉质，无胚乳。

约 80 种，主要分布于欧洲、亚洲，南至印度，印度尼西亚及大洋洲，我国有 44 种，安徽省有 3 种，1 变种。

本属许多植物具发达的韧皮纤维，为高级文化用纸和人造棉原料，有的种类供观赏，少数种类也供药用。

1. 幼枝被淡黄色毛，叶脱落性：
　　2. 花 3-6 朵簇生于叶腋，先叶开放 ··· 1. 芫花 D. genkwa
　　2. 花 3-5 朵成顶生伞形总状花序，叶后开放 ····················· 2. 金寨瑞香 D. jinzhaiensis
1. 幼枝光滑无毛，叶常绿性：
　　3. 花萼筒淡紫红色，外面光滑无毛；花序基部苞
　　　片宿存 ···························· 3. 瑞香 D. odora
　　3. 花萼筒白色，外面被灰黄色绢状毛；花序基部
　　　苞片早落 ······ 3a. 紫枝瑞香 D. odora var. atrocaulis

1. 芫花 药鱼草　　　　　　　　图 501

Daphne genkwa Sieb et Zucc.

落叶灌木，高 30-100 厘米。茎多分枝，枝细长，幼枝密被淡黄色绢状毛，老枝无毛。叶对生或偶为互生，纸质，椭圆形或卵状披针形，长 3-4 厘米，宽 1-1.5 厘米，幼叶下面密被淡黄色绢状毛，先端尖，基部楔形，全缘，老叶除下面中脉微被绢毛外，其余部分无毛，叶柄短，被绢状毛。花 3-6 朵簇生于叶腋，先叶开放，淡紫色或淡紫红色；花萼筒状，长约 15 毫米，外面密被绢状毛，裂片 4，卵形，长 5 毫米，顶端圆形，无花瓣；雄蕊 8，排成二轮，几无花丝，分别着生于花萼筒中部及上部；花盘环状，边缘波状，子房卵形，长约 2 毫米，密被淡黄色柔毛，花柱极短或无，柱头头状。核果白色，卵状长圆形，长约 7 毫米，内含种

图 501 芫花
1. 果枝；2. 花枝；3. 花冠展开；4. 雌蕊。

子 1 粒。花期 4-5 月，果期 5-6 月。

产皖南黄山，青阳九华山，歙县清凉峰，休宁齐云山，宣城，繁昌，芜湖，南陵等地及沿江和大别山区安庆，巢县，滁县，舒城，岳西，金寨，霍山等县。生于海拔 100-1000 米的山坡、路边或疏林中。分布于浙江、四川。

根皮入药，能活血、消肿、解毒；茎皮纤维为优质纸和人造棉的原料，花蕾为利尿、祛痰药；全株亦可作土农药。

2.　金寨瑞香

Daphne jinzhaiensis D. C. Zhang et J. Z. Shao

直立灌木，高约 1 米。当年生小枝，密被淡黄色绒毛，老则脱落，近对生几无毛，通常具条纹，芽卵形，长约 1.3 毫米，宽约 1 毫米，密被淡黄色柔毛。叶对生、近对生或互生，厚纸质，狭椭圆形或披针形，长 3-4.5 厘米，宽 8-13 毫米，先端急尖，基部楔形，边缘全缘，略反卷，上面深绿色，无毛，下面淡绿色，散生黄色柔毛，中脉在上面梢平或下凹，下面明显隆起，侧脉 4-5 对，与中脉成 30-40 度的角开展；叶柄长 2-2.5 毫米，被淡黄色柔毛。总状花序，顶生，具 3-5 朵花；总花梗长 6-8 毫米，花梗长 1-1.5 毫米，均密被淡黄色绒毛；花紫色；花萼筒圆筒状，长 10-12 毫米，外面密被淡黄色绒毛，裂片 4，长椭圆形，长 7 毫米，顶端圆形；雄蕊 8，二轮排列，上轮着生于花萼筒喉部，下轮着生于花萼筒的中部以上，花药黄色，长圆形，长约 1.3 毫米，花丝纤细，长约 0.6 毫米，花盘杯状，高约 0.2 毫米，边缘不裂；子房椭圆形，长约 2 毫米，密被淡黄色长毛，花柱长 0.4 毫米，柱头膨大，头状，直径约 1 毫米，无毛，深褐色。花期 7-8 月，果期 9-10 月。

产大别山区金寨全军、铁冲，霍山佛子岭。生于海拔 500 米左右的山坡灌丛中和路边。

茎皮纤维为优质纸和人造棉原料。

3.　瑞香　　　　　　　　　　图 502

Daphne odora Thunb.

常绿灌木，高达 2 米。幼枝淡紫色，无毛。叶互生，厚纸质；椭圆形至倒披针形，长 5-10 厘米，宽 1.5-3.5 厘米，基部狭，上面暗绿色。花 5-15 朵排成顶生头状花序，无总花梗，基部具数枚披针形的苞片，先端尖，疏生细柔毛，宿存；花淡紫红色，芳香，萼筒长 1-1.8 厘米，光滑无毛，裂片 4，卵形，长约 5 毫米；雄蕊 8，二轮排列，分别着生于萼筒上部和中部，无花瓣；花盘环状，边缘波状；子房长椭圆形，无毛。核果卵状椭圆形，红色。花期 3-5 月，果期 5-6 月。

产皖南休宁，歙县，泾县，铜陵等地。生于海拔 300 米以上的石灰岩山地上。

根供药用，可治骨痛，也用作驱除微毒药，茎皮纤维可供造纸原料，花芳香，栽培供观赏。

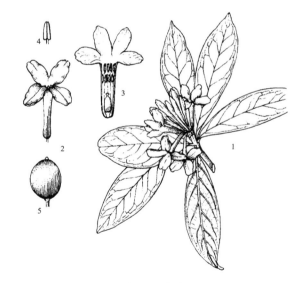

图 502　瑞香
1. 花枝；2. 花；3. 花纵剖面；4. 雄蕊；5. 果实。

3a.　紫枝瑞香　毛瑞香（变种）

Daphne odora Thunb. var. **atrocaulis** Rehd.

本变种与原种主要区别是幼枝与老枝均为深紫色或紫褐色，花萼筒白色，外面被灰黄色绢状毛，花盘外被淡黄色短柔毛，小苞片数枚，早落。

产皖南休宁，歙县，宁国，东至，贵池；大别山区金寨等地。生于海拔 700 米左右的山坡林下。分布于长江流域及台湾、广东、广西。

茎皮纤维供造纸和人造棉；花除供观赏外，可提取芳香油；根、根皮供药用，有活血、散血、止痛的效用。

3. 结香属 Edgeworthia Meissn.

落叶或常绿灌木。枝疏生而粗壮。叶散生,全缘,通常聚集于分枝顶部。花两性,有梗,排成腋生的头状花序,着生于当年生枝上, 先于叶或与叶同时开放; 苞片总苞状或无苞片; 花萼筒状, 先端4裂, 向外开展, 表面密被白色绒毛, 无花瓣; 雄蕊8, 在萼筒内排成二轮, 花药长圆形, 花丝极短, 花盘环状, 有小裂; 子房无柄, 1室, 含1粒倒生胚珠, 子房外被长柔毛, 花柱延长, 柱头线状圆柱形, 其上密被疣状突起。果为核果, 包于花被的基部, 果皮革质; 种子外皮质硬而脆。

约5种, 分布于喜马拉雅山至日本。我国产4种, 安徽省仅有1种。

结香 三桠 图 503

Edgeworthia chrysantha Lindl.

落叶灌木, 高1-2米, 全株被绢状长柔毛或长硬毛。小枝粗壮, 棕红色, 三叉状分枝, 有皮孔。叶散生, 常集聚于枝顶, 纸质, 椭圆状长圆形或椭圆状披针形, 长8-20厘米, 宽2-5厘米, 先端急尖或钝, 基部楔形, 下延, 边缘全缘, 上面疏被柔毛, 下面被长硬毛, 叶脉隆起。花黄色, 芳香, 多数, 集成下垂的头状花序; 总花梗粗壮, 密被长绢毛; 苞片披针形, 长可达3厘米; 花萼筒状, 长1-1.2厘米, 外面被绢状长柔毛, 裂片4, 花瓣状, 卵形, 平展; 花瓣缺, 雄蕊8, 二轮排列, 上轮着生于萼筒喉部, 下轮着生于萼筒中部以上, 花丝极短, 花药长椭圆形; 子房椭圆形, 无柄, 仅上部被柔毛, 花柱细长, 柱头线状圆柱形, 被柔毛。核果皮革质。花期3-4月, 果期7-9月。花开放后, 始放叶。

产皖南山区及大别山区。生于海拔300-1200米的山谷林下或灌丛中, 或栽培于村边田埂上及庭园中。分布于河南、陕西及长江流域各地, 南至广东、广西、云南。

茎皮纤维可造纸和人造棉; 全株入药, 能舒筋接骨、消肿止痛, 治跌打损伤、风湿痛等; 庭园栽培供观赏。

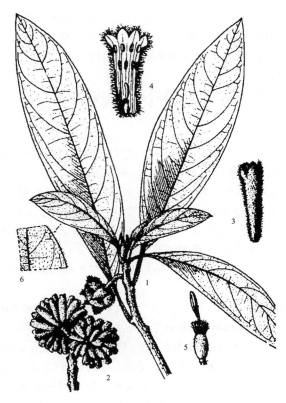

图 503 结香
1. 花枝; 2. 花序; 3. 花; 4. 花展开; 5. 雌蕊; 6. 叶背。

48. 海桐科 PITTOSPORACEAE

常绿灌木、乔木或藤本。单叶，互生，稀对生或近轮生，全缘，稀具锯齿；无托叶。花两性，稀杂性，辐射对称；花单生或组成伞形、伞房、圆锥花序，稀簇生；萼片5；花瓣5，常具爪，分离或靠合；雄蕊5；子房上位，1室或2-5室，胚珠多数，柱头头状或2-5裂。蒴果或浆果。种子具胚乳，胚小。

9属，约360种，广布于东半球热带及亚热带。我国1属，约40余种。安徽省3种，1变种。

海桐属 Pittosporum Banks ex Soland.

常绿小乔木。单叶，互生，常集生枝顶，全缘或具波状钝齿。花两性，稀杂性；花单生或成伞形、伞房、圆锥花序；萼片5；花瓣5，分离或下部靠镊合；雄蕊5，花药背着；子房上位，具子房柄，1室或不完全2-5室，胚珠多数，侧膜胎座或基生胎座，花柱短，柱头单1或2-5裂，常宿存。蒴果2-5瓣裂；种子常具红色黏质假种皮，种皮黑色。

约300种，分布于大洋洲、西南太平洋岛屿、亚洲东部及东南部热带、亚热带地区。我国约40余种。安徽省3种，1变种。

1. 叶倒卵形或倒卵状披针形，先端圆形或微凹，叶缘反卷；萼片卵形，长3-4毫米，被柔毛 …… 1. **海桐 P. tobira**
1. 叶倒卵状披针形、倒披针形或长圆状倒卵形，先端渐尖：
　　2. 花梗纤细，长1.5-3.5厘米；萼片卵形，先端钝：
　　　　3. 叶倒卵状披针形或倒披针形，长5-10厘米，宽2.5-4.5厘米 ………………… 2. **崖花海桐 P. illicioides**
　　　　3. 叶窄披针形，长10-18厘米，宽1.7-3.3厘米 …………… 2a. **狭叶海桐 P. illicioides var. stenophyllum**
　　2. 花梗长6-10毫米；萼片线状披针形，先端尖，缘具睫毛；叶长圆状倒卵形 …………………………………………………………………3. **尖萼海桐 P. subulisepalum**

1.　海桐　　　　　　　　　　　图 504

Pittosporum tobira（Thunb.）Ait.

常绿小乔木或灌木，高达6米；树冠浓密。幼枝被褐色柔毛。叶集生枝顶，革质，倒卵形或倒卵状披针形，长4-9厘米，宽1.5-4厘米，先端圆形或微凹，基部窄楔形，边缘反卷，全缘，上面深绿色，具光泽，幼叶上下两面被毛，老叶无毛，侧脉6-8对；叶柄长达2厘米。伞形花序，密被黄褐色柔毛；花白色至黄色，芳香；萼片被柔毛；花瓣倒披针形，长1-1.2厘米；雄蕊二型，发育雄蕊花丝长5-6毫米；子房密被柔毛。蒴果球形或倒卵状球形，径1-1.2厘米，具棱，3瓣裂，果皮木质，厚约1.5毫米。种子多数，长约4毫米，着生于果瓣内壁中部。花期5-6月；果期9-10月。

安徽省各城市普遍栽培，多修剪成球形或其他形状的树冠，用来做绿篱、庭园观赏树及配置成行道树下层木。

喜温暖湿润气候及酸性、中性土壤，生长快；耐阴。耐修剪。

图 504 海桐
1. 花枝；2. 花（放大）。

散孔材，纹理直，结构细，干后开裂；可制器具、桨、橹等。

2. 崖花海桐   图505

Pittosporum illicioides Makino

常绿灌木或小乔木，高达 6 米。小枝无毛。叶簇生呈假轮生状，薄革质，倒卵状披针形或倒披针形，长 5-10 厘米，宽 2.5-4.5 厘米，先端渐尖或稍尾尖，基部窄楔形，边缘平或微波状，下面无毛，网脉明显；叶柄长 7-15 毫米。伞形花序顶生，花 2-10，花梗长 1.5-3.5 厘米，纤细；萼片无毛；花瓣长 8-9 毫米；雄蕊长约 6 毫米；子房被糠秕或微毛。蒴果球形或倒卵状球形，长 9-12 毫米，3 瓣室背裂开，果皮厚不及 1 毫米；果梗细，长 2-4 厘米。种子 8-15，长约 3 毫米，着生于果瓣内壁中部。

产皖南黄山居士林、桃花峰、汤岭关一带灌丛中、松谷庵，祁门牯牛降海拔 600 米，休宁流口、齐云山，绩溪清凉峰永来、中南坑海拔 700-1200 米，歙县清凉峰朱家舍、西凹海拔 690-1050 米，泾县小溪，旌德，贵池，青阳九华山；大别山区霍山青枫岭海拔 480 米，金寨白马寨海拔 750 米，岳西文王沟海拔 950 米、鹞落坪，潜山彭河乡、天柱山海拔 500-1070 米。多生于阔叶林中。分布于长江流域以南，至广东、广西北部。日本也有分布。

种子油制肥皂。茎皮纤维可造纸。栽培可供观赏。根、叶、种子入药，可治竹叶青蛇咬伤、骨折、咽喉痛等症。

2a. 狭叶海桐   狭叶海金子（变种）   图506

Pittosporum illicioides Makino var. **stenophyllum** P. L. Chiu

本变种叶窄披针形，长 10-18 厘米，宽 1.7-3.3 厘米，边缘浅波状齿明显。

产大别山区霍山俞家畈海拔 700 米，金寨青山乡。分布于浙江龙泉山谷溪旁、湖南蓝山。

3. 尖萼海桐

Pittosporum subulisepalum Hu et Wang

常绿灌木。小枝纤细，无毛。叶薄纸质至薄革质，长圆状倒卵形，稀倒卵形或窄椭圆形，长 6-11 厘米，宽 2-4 厘米，先端渐尖，基部楔形或下延，边缘皱折，稍反卷，上面深绿色，具光泽，无毛，侧脉 6-9 对；叶柄长 5-10 毫米。伞形花序顶生，无毛，花 2-4，花

图 505 崖花海桐
1. 果枝；2. 花枝；3. 去花瓣的花，示雄蕊和雌蕊；4. 种子（放大）。

图 506 狭叶海酮（狭叶海金子）（果枝）

梗长 6-10 毫米；花黄绿色；萼片线状披针形，先端尖，无毛；花瓣窄长圆形，长约 9 毫米，宽约 2 毫米；雄蕊花丝粗大，花药箭形；子房被褐色柔毛，心皮 3，花柱短，柱头扩大。蒴果卵球形，径约 8 毫米，3 瓣裂，子房柄明显；果梗长约 2 厘米。

产皖南黄山锁泉桥、温泉、虎头岩、半山寺，休宁。分布于湖南。

49. 柽柳科 TAMARICACEAE

落叶小乔木、灌木或亚灌木。单叶，互生，叶小，鳞片状，草质或肉质，多具泌盐腺体；叶柄常无；无托叶。花小，两性，态齐；总状或圆锥花序，稀花单生；萼4-5深裂，宿存；花瓣4-5，分离；雄蕊4-5或多数，着生于花盘上，花丝分离，稀基部连合或连合至中部，花药丁字着生，2室，纵裂；子房上位，1室，侧膜胎座，稀基底胎座，倒生胚珠多数，稀少数，花柱短或无。蒴果，室背开裂。种子被毛。

3属，约120种，分布于欧洲、亚洲、非洲，多生于草原及荒漠地区。我国3属，32种。安徽省1属，1种。

柽柳属 Tamarix L.

落叶灌木或小乔木。在木质化的生长枝上生出的绿色营养小枝，密被鳞叶，冬季枯落。叶鳞片状，无柄，抱茎或成鞘状。花两性；总状或圆锥花序，花具短梗，苞片1；萼5(4)深裂；宿存；花瓣5(4)，白色或淡红色；花盘5(4)裂；雄蕊5(4-10)，分离；子房1室，胚珠多数，花柱3-4，柱头头状。蒴果3瓣裂。种子多数，顶端芒柱较短，被束状白色长柔毛。

约90种，分布于亚洲、非洲、欧洲。我国约18种。安徽省仅柽柳1种。

柽柳 观音柳   图 507

Tamarix chinensis Lour.

落叶小乔木，高达8米；树皮红褐至灰褐色。嫩枝绿色，细弱，细长，常下垂，红紫或暗紫红色，具光泽。叶钻形或卵状披针形，长1-3毫米，背面有脊，先端内弯。春花为总状花序，生于去年生小枝上，夏秋花为总状花序，生于新枝上部，组成顶生圆锥花序，常下弯，花梗长3-4毫米；苞片条状披针形或钻形；花5数；萼片卵形；花瓣卵状椭圆形，先端外弯，粉红色，宿存；花柱3。蒴果圆锥形，长约3.5毫米。种子细小，先端具无柄束生毛。花果期5-9月。

产淮北各地；皖南太平；合肥；大别山区金寨等地均有栽培。分布于甘肃、陕西、山西、河北、辽宁及华中、华东、华南、西南等省（区）。

喜光，不耐庇荫。对大气干旱及高温、低湿有较强的适应性。对土壤要求不严，既耐土壤干旱，又耐水湿，耐盐碱性能更为突出，叶能分泌盐分。

生长较快，寿命较长。深根性，根系发达。萌蘖性强，耐沙埋。

可用种子或扦插繁殖，为黄河流域及淮河流域优良的防风固沙和改良盐碱地的先锋造林树种，经种植的盐碱地，含盐量大为下降。

萌条坚韧具弹性，可编制筐篮。木材坚重致密，可制农具等及薪炭柴。幼嫩枝叶药用。花期长，树形美观，可选作庭园观赏树种。

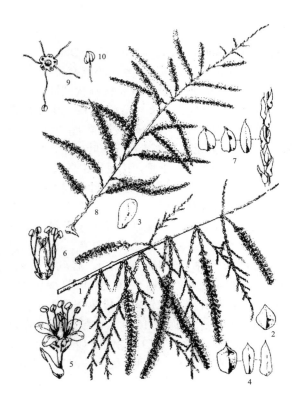

图 507 柽柳
1-7. 春季花；1. 花枝；2. 萼片；3. 花瓣；4. 苞片；5. 花；6. 雄蕊和雌蕊；7. 花枝之叶；8-10. 夏季花；8. 花枝；9. 花盘；10. 花药。

50. 远志科 POLYGALACEAE

草木、灌木、攀援灌木，稀小乔木。单叶，互生，稀对生或轮生，全缘；无托叶。花两性，两侧对称；穗状、总状或圆锥花序，稀单生；具苞片和小苞片；萼片5，内两片较大，呈花瓣状；花瓣3(5)，不等大，下部常合生，远轴1片常呈龙骨瓣状，顶端具鸡冠状附属物；雄蕊8(4-5)，花丝合生成鞘状，与花瓣基部贴生，花药顶孔开裂；花盘环状；子房上位，2(1-3)室，胚珠1，花柱常弯曲，柱头2裂。蒴果、翅果、坚果或核果。种子1-2，常被毛。具种阜或无。

12属，约800种，分布于热带至温带。我国5属，47种。安徽省1属，1种。

远志属 Polygala L.

草本，稀半灌木或小乔木。单叶，互生，稀轮生。花两性；穗状、总状花序，稀圆锥花序；萼片5，不等大，外面3片小，内面2片大，呈花瓣状；花瓣3，白色、黄色或紫色，龙骨瓣具鸡冠状附属物；雄蕊8，花丝合生成鞘，与花瓣贴生，花药顶孔开裂；子房2室，胚珠1，柱头2例。蒴果。种子2。

约600种，广布全世界。我国约40种，分布南北各地，以西南及华南为多。安徽省木本有1种。

黄花远志   图 508

Polygala arillata Buch. -Ham. ex D. Don

落叶小乔木或灌木，高达5米。小枝密被短柔毛；芽密被黄褐色毡毛。叶椭圆形或长椭圆状披针形，长4-14厘米，宽2-3.5(6)厘米，先端渐尖，基部楔形或稍圆，全缘，具缘毛，两面疏被短柔毛；叶柄长约1厘米，被短柔毛至无毛。总状花序与叶对生，约7-10(25)厘米，密被短柔毛，下垂，花梗长3毫米，被毛；苞片1，被毛；花长1.3-2厘米；萼片中间1枚深囊状；花瓣黄色，侧生花瓣较龙骨瓣短，下部合生，龙骨瓣盔状，鸡冠状附属物条裂，无柄。蒴果浆果状，宽肾形或略心形，径约1.3厘米，熟时紫红色，具翅，果瓣具同心环状棱。种子球形，红棕色，径约4毫米，种阜白色，长约4毫米。花期5-10月；果期6-10月。

产皖南黄山桃花峰、二道岭海拔700-900米，绩溪清凉峰栈岭弯、永来海拔1200米，歙县清凉峰天子地海拔1250米，太平，祁门；大别山区霍山，岳西，潜山彭河乡。分布于西南、陕西、湖北、四川、贵州、江西、浙江、福建、广东、云南。尼泊尔、印度、缅甸、越南也有分布。

根皮药用，清热解毒，祛风除湿、补虚消肿，治风湿痛、跌打损伤、小儿肺炎、肝炎、急性肾炎、肠胃炎、支气管炎、百日咳等症。

图 508 黄花远志
1. 花枝；2. 果。

51. 椴树科 TILIACEAE

落叶，乔木、灌木，稀木质藤本或草本。单叶，互生，稀对生；具托叶。花两性，稀单性，辐射对称；聚伞或圆锥花序；萼片 5 (3-4)，分离或多少合生；花瓣与萼片同数或缺，分离，内侧常具腺体；具雌雄蕊柄或无；雄蕊多数，离生或基部合生成束，花药 2 室，纵裂或顶孔开裂，有时具花瓣状退化雄蕊；子房上位，2-10 室，每室胚珠 1 至多数，中轴胎座，花柱单生或分裂，柱头椎状或盾状。坚果、核果、蒴果或浆果，有时具翅。种子具胚乳，稀无胚乳。

约 52 属，500 种，分布于热带及亚热带，少数达温带。我国 13 属，约 85 种。安徽省 2 属，9 种，4 变种。

1. 花瓣内侧基部无腺体；无雌雄蕊柄；无花盘；苞片舌状；坚果或核果 ·················· 1. **椴树属 Tilia**
1. 花瓣内侧基部具腺体；具雌雄蕊柄；花盘发达；苞片不为舌状；坚果 ·················· 2. **扁担杆属 Grewia**

1. 椴树属 Tilia L.

落叶乔木。无顶芽，侧芽单生，芽鳞 2-3。单叶，互生，基部偏斜，具锯齿，稀全缘；具长柄；托叶早落。花两性，白色或黄色；聚伞花序，花序梗下半部与长舌状苞片贴生；萼片 5，镊合状排列；花瓣 5，覆瓦状排列，基部常具小鳞片；雄蕊多数，离生或合生成 5 束，有时具花瓣状退化雄蕊，与花瓣对生；子房 5 室，每室 2 胚珠。坚果或核果；种子 1-2。

约 80 种，主要分布于北温带和亚热带。我国 32 种。安徽省 8 种，2 变种。

萌芽性强。种子有后熟作用，播种前，需催芽。

优良用材树种。茎、皮可供纤维原料。花具蜜腺，芳香，为优良蜜源树种。

1. 萼片厚革质；果干后常开裂；叶卵圆形或宽卵形，下面被星状茸毛；苞片近基部与花序梗合生 ·················
··· 1. **湘椴 T. endochrysea**
1. 萼片薄纸质；坚果干后不裂；苞片下半部与花序梗合生：
  2. 叶下面被星状茸毛：
    3. 嫩枝被毛或无毛；苞片具柄，稀无柄：
      4. 叶缘具芒刺状粗锯齿，叶近圆形：
        5. 嫩枝及芽、叶下面被黄色星状柔毛及黄茸毛 ·············· 2. **糯米椴 T. henryana**
        5. 嫩枝及芽均无毛；叶下面脉腋被簇生毛 ·········· 2a. **光叶糯米椴 T. henryana** var. **subglabra**
      4. 叶缘具整齐细锯齿，不为芒刺状，叶三角状卵形或卵形 ·············· 8. **南京椴 T. miqueliana**
    3. 小枝无毛；苞片无柄；叶卵圆形或宽卵形，缘具细密锯齿，先端骤锐尖，下面被白色星状茸毛 ·········
··· 7. **粉椴 T. oliveri**
  2. 叶下面无毛或脉腋被簇生毛：
    6. 叶全缘或近先端具少数小齿，或具明显锯齿，无毛；苞片上面无毛，下面稍被星状柔毛：
      7. 嫩枝及芽无毛；叶卵状长圆形 ·············· 3. **长圆叶椴 T. oblongifolia**
      7. 嫩枝及芽被茸毛；叶宽卵形 ·············· 4. **毛芽椴 T. tuan** var. **chinensis**
    6. 叶缘具锯齿：
      8. 苞片两面近无毛：
        9. 叶圆形或卵圆形，下面仅脉腋被簇生毛，具尖锐细锯齿，侧脉 6-7 对 ········ 5. **华东椴 T. japonica**
        9. 叶卵形或卵圆形，下面疏被茸毛和脉腋被簇生毛，具细锯齿，侧脉 4-5 对 ·············
··· 6. **少脉椴 T. paucicostata**
      8. 苞片两面被星状柔毛；叶下面被短星状毛；侧脉 6-7 对 ·············· 9. **短毛椴 T. breviradiata**

1. 湘椴　　　　　　　　　　图 509

Tilia endochrysea Hand. -Mzt.

　　落叶乔木。嫩枝及芽无毛。叶卵圆形或宽卵形，长 9-16 厘米，宽 6-12 厘米，先端短尖或渐尖，基部斜心形或斜截形，具疏齿，稀近先端 3 裂，上面无毛，下面被灰色或灰白色星状茸毛，侧脉 5-6 对；叶柄长 2.5-5 厘米。聚伞花序长 9-16 厘米，具花 12-18，花梗被柔毛；苞片窄长圆形，长 7-10 厘米，宽 2-2.5 厘米，上面无毛，下面被灰白色星状柔毛，先端圆或钝，基部窄而下延，近基部 1-1.5 厘米与花序梗合生，柄长 1-2 厘米；萼片长 7-8 毫米，外面被毛；花瓣长 1-1.2 厘米；退化雄蕊较花瓣短；雄蕊与萼片等长；子房被毛，花柱无毛，先端 5 浅裂。果球形，果皮厚，具明显 5 纵棱，密被淡黄色星状毛。花期 7-8 月。

　　产皖南黄山，歙县，绩溪清凉峰，祁门牯牛降姚村岭，黟县，休宁岭南三溪，旌德；大别山区霍山，金寨鲍家窝林场。生于海拔 600-1100 米山坡、林缘或沟谷旁。分布于浙江、江西、福建、湖南、广东、广西。

　　木材坚韧；可供家具、细木工等用。树枝富含纤维，可代蔴，人造棉及纺织用。

图 509 湘椴
1. 花枝；2. 花。

2. 糯米椴　　　　　　　　　　图 510

Tilia henryana Szyszyl.

　　落叶乔木；树皮富含纤维及黏液。嫩枝被黄色星状柔毛；芽被黄茸毛。叶近圆形，长、宽 6-10 厘米，先端宽圆，具短尾尖，基部心形，近对称或偏斜，有时平截，具芒状粗锯齿，上面无毛，下面被黄色星状茸毛，侧脉 5-6 对；叶柄长 3-5 厘米，被黄色毛。聚伞花序 10-12 厘米，具花 3-10，花序梗被星状毛，花梗长 7-9 毫米；苞片窄倒披针形，长 7-10 厘米，宽 1-1.3 厘米，先端钝，基部窄，两面被黄色星状茸毛，下半部 3-5 厘米与花序梗合生，柄长 7-20 毫米；萼片长 4-5 毫米，被星状毛；花瓣长 6-7 毫米；退化雄蕊花瓣状，比花瓣略短；雄蕊与萼片近等长；子房被毛，花柱长约 4 毫米。果倒卵形，长约 7-9 毫米，具 5 条钝棱，被星状毛。花期 7-8 月；果期 9-10 月。

　　产皖南黄山芳村，歙县清凉峰天子地海拔 1050米，绩溪清凉峰，祁门，黟县，广德，青阳九华山；大别山区霍山茅山林场、马家河白马尖海拔 1060 米，金寨白马寨海拔 810-1250 米，岳西鹞落坪、大王沟、海沟，潜山天柱山万涧寨海拔 250-600 米，舒城万佛山。生于山坡、沟谷两侧阔叶林中。分布于陕西、河南、

图 510 糯米椴
1. 花枝；2. 花。

湖北、湖南、江西。

木材坚韧；可供建筑、桥梁、家具等用。树皮富纤维，可制人造棉、麻袋、绳索等。

2a. 光叶糯米椴 （变种）

Tilia henryana Szyszyl. var. **subglabra** V. Engler

本变种嫩枝及芽均无毛。叶下面脉腋被簇生毛，余处无毛。聚伞花序下垂，长 10-15 厘米，具花 20 以上；苞片长圆状条形或倒卵状条形，下面疏被星状毛。

产皖南黄山桃花峰、狮子林，绩溪逍遥乡中南坑、清凉峰栈岭湾海拔 1170 米，广德，青阳九华山；大别山区霍山马家河天河尖，金寨沙河店海拔 1100 米、白马寨、鲍家窝林场海拔 1150 米，岳西鹞落坪，舒城青年队；江淮庐江冶山，含山；淮北萧县皇藏峪，宿县大方寺。生于山坡阔叶林中。分布于江苏、浙江、江西。

适宜土层深厚的阴坡或半阴坡栽植，生长良好。

3. 长圆叶椴 黄山椴树　图 511

Tilia oblongifolia Rehd.

落叶乔木，高达 20 米。嫩枝无毛；芽卵形，无毛。叶卵状长圆形，长 6-11 厘米，宽 3.5-5 厘米，先端渐尖或锐尖，基部斜心形或平截，全缘或近先端具小齿，无毛，侧脉 7-8 对；叶柄细，长 1.5-2.5 厘米，无毛。聚伞花序长 7-10 厘米，多花，花序梗无毛，花梗长 8-10 毫米，无毛；苞片与花序近等长，无柄，上面无毛，下面稍被星状柔毛，下半部与花序梗合生；萼片长 5-7 毫米；花瓣与萼片近等长；雄蕊较花瓣略短；子房被星状茸毛。果球形，被瘤状突起和星状毛。花期 4-5 月；果期 9-10 月。

产皖南黄山浮溪，泾县小溪海拔 350 米，歙县，黟县，休宁；大别山区舒城万佛山九龙潭。生于山坡或溪谷两旁。分布于江西、湖南。

喜凉润气候。稍耐阴。深根性，要求土层深厚、排水良好地带。

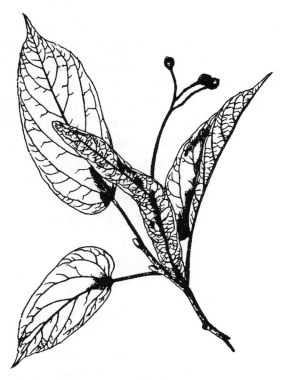

图 511　长圆叶椴（果枝）

4. 毛芽椴 （变种）

Tilia tuan Szyszyl. var. **chinensis** Rehd. et Wils.

落叶乔木，嫩枝及顶芽被茸毛。叶宽卵形，长 10-12 厘米，宽 7-10 厘米，先端短尖或渐尖，基部斜心形或斜平截，具明显锯齿，上面无毛，下面被灰色星状茸毛；叶柄长 3-5 厘米。聚伞花序长 8-13 厘米，具花 16-22，无毛，花梗长 7-9 毫米；苞片窄倒披针形，长 8-12 厘米，无柄，下面被星状柔毛，下半部与花序梗合生；萼片长圆状披针形，长约 5 毫米，内面被长茸毛；花瓣长 7-8 毫米；具退化雄蕊；雄蕊长约 5 毫米；子房被毛。果球形，无棱，具小突起，被星状茸毛。

产皖南黄山；大别山区潜山天柱山万涧寨海波 250-450 米、彭河乡板仓海拔 900-1050 米。分布于江苏、浙江、湖北、四川、贵州。

5. 华东椴　图 512

Tilia japonica Simonkai

落叶乔木。嫩枝被长茸毛，旋脱落；芽无毛。叶圆形或卵圆形，长 5-10 厘米，宽 4-9 厘米，先端骤锐尖，基部心形，对称或稍偏斜，稀近平截，具尖锐细锯齿，上面无毛，下面脉腋被簇生毛，侧脉 6-7 对；叶柄细，长 5-8 厘米，无毛。聚伞花序长 5-7 厘米，具花 6-16 或更多，花梗长 5-8 毫米，纤细；苞片窄匙形或窄长圆形，长 3.5-6 厘米，两面近无毛，下半部与花序梗合生，柄长 1-1.5 厘米；萼片窄长圆形，长 4-5 毫米，外面疏被星状柔毛；花瓣长 6-7 毫米；花瓣状退化雄蕊较花瓣短而窄；雄蕊长约 5 毫米；子房被毛。果卵圆形，被星状柔毛，无棱，不裂。花期 5-6 月；果期 9 月。

产皖南黄山西海、狮子林、始信峰、云谷寺、天门坎至莲花沟海拔 950-1600 米落叶阔叶林或矮林中，绩溪清凉峰北坡野猪荡海拔 1500 米，歙县清凉峰西凹海拔 1380 米，休宁五龙山，祁门，石台牯牛降；大别山区霍山马家河、白马尖海拔 1370-1600 米，金寨白马寨林场至天堂寨海拔 660-1650 米，岳西鹞落坪多枝尖海拔 1690 米，舒城万佛山老佛顶、猪头尖海拔 1340-1450 米。多生于中山顶部，为安徽省山地矮林的主要建群种之一。分布于山东、浙江、江苏。日本也有分布。

可作为安徽省高山顶部水源涵养林的重要造林树种之一。

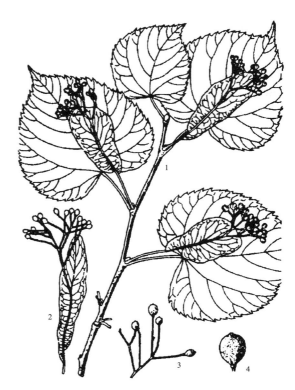

图 512 华东椴
1.花枝；2.花序，示苞片；3.果序；4.果。

6. 少脉椴　图 513

Tilia paucicostata Maxim.

落叶乔木，高达 13 米。嫩枝纤细，无毛；芽细小，顶端被茸毛。叶卵形或卵圆形，长 4-7 厘米，宽 3.5-6 厘米，先端骤锐尖，基部斜心形或斜平截，具细锯齿，两面无毛或下面疏被茸毛，脉腋被簇生毛，侧脉稍稀，4-5 对；叶柄纤细，长 2-5 厘米，无毛。聚伞花序长 4-8 厘米，具花 6-8；苞片长 5-8.5 厘米，宽 1-1.6 厘米，两面近无毛，下半部与花序梗合生，基部具短柄，长 7-12 毫米；萼片长卵形，长约 4 毫米，外面被星状柔毛；花瓣长 5-6 毫米；雄蕊长约 4 毫米；子房被星状柔毛。果倒卵形，长 6-7 毫米，无纵棱，密被灰褐色毛。花期 6 月；果期 8-9 月。

产皖南黄山云谷寺至狮子林、天门坎，休宁冯村，歙县，绩溪清凉峰海拔 1000 米；大别山区霍山马家河、万家红、天河尖海拔 1380-1600 米，金寨天堂寨海拔 1700 米，岳西妙道山，舒城万佛山海拔 1300 米，宿松。多生于山坡两旁疏林中。分布于甘肃、陕西、云南、湖北、四川、河南。

图 513 少脉椴
1.花枝；2.花。

7. 粉椴 图 514

Tilia oliveri Szyszyl.

落叶乔木,高达 18 米;树皮灰白色。小枝及芽无毛;叶卵圆形或宽卵形,长 9-12 厘米,宽 6-10 厘米,先端骤锐尖,基部斜心形或近平截,具细密锯齿,上面无毛,下面被白色星状茸毛,侧脉 7-8 对;叶柄长 3-5厘米,近无毛。聚伞花序长 6-9 厘米,具花 6-15,花序梗长 5-7 厘米,被灰白色星状茸毛,下部 3-4.5 厘米,与苞片合生,花梗长 4-6 毫米;苞片窄倒披针形,长 6-10 厘米,先端圆,基部钝,无柄,上面仅中脉被毛,下面被灰白色星状柔毛;萼片卵状披针形,长 5-6 毫米,被白毛;花瓣长 5-7 毫米;雄蕊约与萼片等长;子房被星状茸毛。果近球形,被小瘤点,被毛,先端尖。花期 5-6 月;果期 9-10 月。

产皖南黄山海拔 1200 米以下山坡阔叶林中或沟谷两侧林缘,黟县余家山,歙县三阳,绩溪百罗园、清凉峰海拔 1450 米,石台,广德柏垫,贵池梅街,青阳九华山;大别山区霍山黄巢寺海拔 950 米、茅山,金寨马鬃岭、白马寨东凹海拔 1100-1230 米,岳西鹞落坪、向山乡,舒城万佛山海拔 600 米。分布于浙江、江西、湖南、湖北、四川、陕西。

心材边材无明显区别,木材白色,质轻,可供制家具等用。茎皮纤维可代蔴,制人造棉和作造纸原料。种子含油分。

图 514 粉椴
1. 花枝;2. 花序;3. 叶背,示星状毛。

8. 南京椴 图 515

Tilia miqueliana Maxim.

落叶乔木,高达 20 米;树干通直,树皮灰褐色,平滑,老时稍裂。嫩枝及芽被黄褐色茸毛;芽卵圆形。叶圆形、三角状卵形或卵形,长 9-12 厘米,宽 7-9.5厘米,先端骤短尖,基部心形或斜心形,具整齐锯齿,上面无毛,下面被灰白或灰黄色星状茸毛,侧脉 6-8对;叶柄长 3-4 厘米,被茸毛。聚伞花序长 6-8 厘米,具花 3-6,被灰茸毛,花梗长 8-12 毫米;苞片窄倒披针形,长 8-10 厘米,两面被星状柔毛,幼时密被茸毛,先端钝,基部窄,下部 4-6 厘米与花序梗合生,稀具短柄,长 3-4 毫米;萼片卵状披针形,长 5-6 毫米;花瓣较萼片略长;退化雄蕊花瓣状;雄蕊较萼片稍短;子房被毛。果近球形,被小瘤状突起及星状毛,无棱突或基部 5 棱。花期 7 月;果期 9 月。

产皖南歙县清凉峰海拔 1100 米;大别山区霍山佛子岭海拔 950 米、青枫岭海拔 400 米,金寨白马寨马鬃岭海拔 1140-1380 米,岳西鹞落坪海拔 1180 米,

图 515 南京椴
1. 花枝;2. 花。

潜山;江淮滁县琅琊山、皇甫山,来安半塔,嘉山,风阳曹店;淮北萧县皇藏峪,宿县大方寺。生于山地阔叶林中或丘陵岗地疏林内。分布于江苏、浙江、江西、河南。日本也有分布。

散孔材,心材边材区别稍明显,心材淡褐色,边材白色,材质稍轻软,结构细均匀,纹理直,易加工,不挠不裂;可供制家具、室内装修、胶合板。茎皮纤维可制人造棉,亦为优良造纸原料。花为优良蜜源;含少量芳香油。

9. 短毛椴

Tilia breviradiate(Rehd.)Hu et Cheng

落叶乔木,高达20米,胸径40厘米;树皮灰色,平滑。嫩枝无毛或稍被微毛;芽稍被柔毛。叶宽卵形,长5-10厘米,宽4-9厘米,先端渐尖或锐尖,稀稍尖,基部斜平截或心形,具锯齿,上面无毛,下面被小而短的星状毛,脉腋被簇生毛,侧脉6-7对;叶柄长2.5-4厘米,初被毛,后脱落。花序长5-8厘米,具花4-10,花序梗被星状柔毛,花梗长7-9毫米;苞片窄倒披针形,长7-9厘米,先端钝,基部楔形,柄长5-6毫米,两面被星状柔毛,下面较密,中部以下与花序梗合生;萼片披针形,长约5毫米,外面被星状毛;花瓣长约7毫米;花瓣状的退化雄蕊稍短;雄蕊长约4毫米。果球形,被毛,具小突起。花期5月;果期9月。

产皖南黄山浮溪,绩溪清凉峰石狮海拔900米,歙县,祁门牯牛降,石台,贵池,青阳九华山;大别山区霍山马家河,金寨沙河店,舒城小涧冲;江淮合肥大蜀山海拔150米,生于山坡、沟谷两侧疏林或次生阔叶林中。分布于江苏、浙江、江西。

木材细密,富弹性;为建筑、车船、机械、家具、胶合板优良用材。树皮纤维优良。花期长,为良好的蜜源植物。树皮抗火,为山区优良防火树种。

2. 扁担杆属 Grewia L.

落叶灌木或乔木。嫩枝常被星状柔毛。单叶,互生,具锯齿或浅裂,基出脉3。花两性,或单性异株;聚伞花序腋生;苞片早落;花序梗及花梗被毛;萼片5,分离,外面被毛;花瓣5,较萼片短,腺体鳞片状,生于花瓣基部,或有时缺,常被长毛;雌雄蕊柄短,无毛;雄蕊多数,离生;子房2-4室,每室2-8胚株,花柱单生,柱头盾状,核果常具纵沟,具1-4分核,核间具假隔膜。

约160余种,分布于亚热带。我国约30种,分布长江流域以南。安徽省1种,2变种。

1. 扁担杆　　　　　　　　　图516

Grewia biloba G. Don

落叶灌木或小乔木。嫩枝被粗毛。叶椭圆形或倒卵状椭圆形,长4-9厘米,宽2.5-4厘米,先端锐尖,基部楔形,具锯齿,两面疏被星状粗毛或无毛,3出脉的两侧脉长过叶长之半;叶柄长4-8毫米。聚伞花序腋生,多花,花序梗长不及1厘米;萼片长4-7毫米,外面被毛;花瓣长1-1.5毫米;雌雄蕊柄长0.5毫米,被毛;雄蕊长2毫米;子房被毛,花柱与萼齐平,柱头扩大,盘状。核果具2-4分核。花期6-7月;果期9-10月。

产皖南歙县乌桃湾海拔1000米,太平七都,休宁,黟县,祁门,石台;大别山区霍山,金寨,岳西鹞落

图516 扁担杆
1. 花枝;2. 果序;3. 叶局部放大,示星状毛。

坪海拔 1180 米，潜山天柱山百丈崖海拔 890 米。生于沟谷或山麓林缘。分布于浙江、江苏、江西、湖南、福建、广东、广西、台湾。

茎皮含纤维 22.95%-37.5%，纤维白色，柔软；可供人造棉及纺织等用。全株药用，治小儿疳积等。

1a. 小花扁担杆 （变种）

Grewia biloba G. Don var. **parviflora**（Bunge）Hand. -Mzt.

本变种叶菱状卵形或菱形，上面疏被柔毛，下面密被黄褐色软茸毛；叶柄长 4-18 毫米；花淡黄色，短小；花柱较短。

产皖南黄山、汤口、山岔苏坑、桃花峰山脚、浮溪、温泉，祁门牯牛降海拔 340 米，绩溪清凉峰海拔 680 米，太平七都，泾县小溪，旌德，东至梅城，青阳九华山；大别山区霍山佛子岭、诸佛庵、马家河海拔 820 米，金寨白马寨海拔 660 米、岳西鹞落坪海拔 1160 米、海沟，潜山彭河乡、天柱山海拔 800 米，舒城万佛山。江淮桐城，滁县琅琊山。生于阔叶林或灌丛中或路旁沟边灌丛中。分布于广东、广西、湖南、贵州、云南、四川、湖北、江西、浙江、江苏、山东、河北、山西、河南、陕西。

1b. 秃扁担杆 （变种）

Grewia biloba G. Don var. **glaberscens** Hand. -Mzt.

本变种叶菱形。小枝、叶两面毛秃净，光滑无毛。

产皖南休宁五城，祁门，歙县；海拔 300 米偶有零星分布。

52. 杜英科 ELAEOCARPACEAE

常绿或半常绿，乔木或灌木。单叶，互生或对生；具托叶或无。花两性，稀杂性；总状或圆锥花序，稀花单生；具苞片或无；萼片 4-5，常镊合状排列；花瓣 4-5 或无，镊合状或覆瓦状排列；雄蕊多数，着生花盘上或花盘外，花药 2 室，常顶孔开裂或短纵裂，药隔突出成喙状或芒状；花盘环状或分裂；子房上位，2 至多室，每室胚珠 2 至多数。核果、蒴果或浆果。种子椭圆形，胚乳丰富。

12 属，约 400 种，分布于热带和亚热带地区。我国 2 属，51 种，引入 1 属，1 种。安徽省 1 属，3 种。

杜英属 Elaeocarpus L.

常绿或半常绿，乔木。单叶，互生，常具长柄，具锯齿或全缘，下面有时具黑色腺点；托叶线形或无。花两性，稀杂性；总状花序腋生；萼片 4-5，分离；花瓣 4-5，分离，先端常撕裂，稀全缘；雄蕊 10-50，花丝极短，花药顶孔开裂，药隔突出；花盘常为 5-10 腺体，稀环状；子房 2-5 室，每室 2-6 胚珠，下垂，生于子房上角，花柱线形。核果，3-5 室，有时仅 1 室发育，内果皮骨质，常具沟纹。种子胚乳肉质，子叶薄。

约 20 种，分布于东亚、东南亚、西南太平洋和大洋洲。我国 38 种，6 变种。安徽省 3 种。

多为用材及观赏树种。

1. 花瓣先端为 4-5 浅裂齿，不撕裂成流苏状；叶卵形或椭圆形，下面被黑色腺点；小枝及老叶无毛 ················
 ·· 1. 薯豆 E. japonicus
1. 花瓣先端撕裂成流苏状；叶下面无腺点；小枝无毛：
　　2. 叶倒卵形或倒卵状披针形，侧脉 5-6 对；花瓣 10(14) 裂 ····················· 2. 山杜英 E. sylvestris
　　2. 叶倒坡针形，侧脉 8-9 对；花瓣 14-18 裂 ····························· 3. 秃瓣杜英 E. glabripetalus

1. 薯豆   图 517

Elaeocarpus japonicus Sieb. et Zucc.

常绿乔木，高达 10 米；树皮浅灰褐色，粗糙。小枝无毛，叶芽被绢毛。叶革质，卵形、椭圆形或倒卵形，长 6-12 厘米，宽 3-6 厘米，先端短渐尖，基部圆形或楔形，疏具锯齿，下面被黑色腺点，侧脉 5-6 对；叶柄长 2-6 厘米。花杂性；总状花序腋生，长 3-6 厘米，花梗长 3-4 毫米；萼片 5，长约 4 毫米，两面被毛；花瓣 5，长圆形，与萼片近等长，全缘或先端具浅裂齿，被毛；雄蕊 15，无芒状药隔；花盘 10 裂；子房 3 室，被毛。核果椭圆形，长 1-1.3 厘米，1 室。种子 1。花期 4-5 月。

产皖南祁门牯牛降观音堂至小演坑海拔 440 米，石台牯牛降金竹洞海拔 540 米，歙县，休宁岭南。生于土层深厚肥沃、排水良好丘陵、山谷地带常绿林或针阔叶混交林中。分布于浙江、福建、台湾、江西、广东、广西、湖南、湖北、四川、云南、海南。越南、日本也有分布。

图 517 薯豆
1. 花枝；2. 果枝；3. 花瓣；4. 雄蕊。

材质较硬重，结构细致；可供家具、箱板、室内装修等用材。枝干为培养白木耳、黑木耳、香菇的优良材料。

2. 山杜英 图 518

Elaeocarpus sylvestris（Lour.）Poir.

常绿乔木，高达10米。小枝纤细，无毛。叶纸质，倒卵形或倒卵状披针形，长4-8厘米，宽2-4厘米，先端钝，基部窄楔形，下延，具波状钝齿，无毛，侧脉5-6对；叶柄长1-1.5厘米。总状花序长4-6厘米，花梗长3-4毫米；萼片5，长约4毫米，无毛；花瓣倒卵形，上部10（14）裂，外面被毛；雄蕊13-15，无芒状药隔；花盘5裂，分离；子房2-3室，被毛，花柱长约2毫米。核果椭圆形，长1-1.2厘米，果核具3腹缝纵沟。花期4-5月。

产皖南祁门牯牛降，休宁六股尖。生于常绿阔叶混交林中。分布于江西、湖南、福建、广东、海南、广西、四川、贵州、云南。越南、老挝、泰国也有分布。

木材纹理直，结构细匀，轻软，干缩，强度小，气干密度0.485克/立方厘米；可供家具、门窗、文具、胶合板等用。茎皮可提制栲胶，也可做造纸原料。

图 518 山杜英
1. 花枝；2. 果枝；3. 花瓣；4. 雄蕊；5. 雌蕊。

3. 秃瓣杜英 图 519

Elaeocarpus glabripetalus Merr.

常绿乔木或半常绿，高达12米。小枝无毛，多少具棱，干后红褐色。叶纸质，倒披针形，长8-13厘米，宽3-4厘米，先端尖，基部窄而下延，具小钝齿，无毛，侧脉8-9对；叶柄长4-7毫米，无毛，干后黑色。总状花序长5-10厘米，花梗长5-6毫米；萼片5，长约5毫米，被微毛；花瓣5，长5-6毫米，先端14-18裂，无毛；雄蕊20-30，花药具毛丛，无芒状药隔；花盘5裂；子房2-3室，被毛，花柱长2-3毫米。核果椭圆形，长1-1.4厘米，果核具浅沟。花期7月。

产皖南祁门牯牛降，休宁五城、六股尖、岭南。生于海拔500米以下沟谷或常绿阔叶林中。冬季叶色紫红，可供庭园绿化，为良好观赏树种。分布于浙江、福建、江西、湖南、广东、广西。

图 519 秃瓣杜英（果枝）

53. 梧桐科 STERCULIACEAE

常绿或落叶，乔木或灌木，稀藤本或草本，常被星状毛；茎皮富含纤维，常具黏液。单叶，稀掌状复叶，互生，稀近对生，全缘、具锯齿或深裂；托叶早落。花单性、杂性或两性；花序腋生，稀顶生，圆锥、聚伞、总状或伞房花序，稀花单生；萼片 5(3-4)，稍合生或分离，镊合状排列；花瓣 5 或无，分离或基部与雌雄蕊柄合生，旋转覆瓦状排列；雄蕊 5 或多数，花丝常合生成管状、舌状或条状，退化雄蕊 5(10)，与萼片对生或无退化雄蕊，花药 2 室，纵裂；子房上位，5(2-12)室，心皮连合或靠合，每室 2(1)或多数倒生胚珠。蒴果或蓇葖果，稀浆果或核果。

8 属，约 1100 种，分布于热带、亚热带，个别种可达温带。我国 19 属，82 种，分布华南、西南，其中引入栽培 6 属，9 种。安徽省 2 属，2 种。多为用材及特用经济树种。

1. 花单性或杂性，无花瓣；单叶掌状 3-5 裂或全缘；蓇葖果 ·················· 1. 梧桐属 Firmiana
1. 花两性，具花瓣；单叶全缘，稀近基部具齿牙；蒴果 ·················· 2. 梭罗树属 Reevesia

1. 梧桐属 Firmiana Marsili

落叶乔木或灌木。单叶，互生，掌状 3-5 裂或全缘，花单性或杂性；圆锥花序，稀总状花序，顶生或腋生；萼 5(4)深裂至近基部，萼片向外卷曲；无花瓣；雄蕊柄顶端具花药 15(10-25)；雌花子房 5 室，每室胚珠 2 或多数，花柱基部靠合，柱头与心皮同数，分离。蓇葖果具柄，果皮膜质，成熟前开裂成叶状，每蓇葖果具种子 1 或多个，着生在叶状果皮的内缘。种子球形，子叶扁平。

约 15 种，分布于亚洲和非洲东部。我国 3 种。安徽省 1 种。

梧桐 青桐　　　　　　　　图 520

Firmiana platanifolia（L. f.）Marsili

落叶乔木，高达 16 米，胸径 50 厘米；树皮青绿色或灰绿色，平滑。小枝粗壮，绿色。叶心形，掌状 3-5 裂，径 15-30 厘米，裂片三角形，先端渐尖，基部心形，无毛或稍被毛，基脉 5-7 出；叶柄与叶片近等长。圆锥花序顶生，长 20-50 厘米；花淡黄绿色；萼 5 深裂至基部，萼片长条形，反曲，外被淡黄色柔毛，内面基部被柔毛；雄蕊柄顶端具花药 15，花丝合生成柱状，退化雌蕊梨形；雌花子房上位，球形，被毛。蓇葖果膜质，成熟前开裂，裂片叶状，长 6-11 厘米，径 1.5-2.5 厘米。种子 2-4，边缘着生，球形，径约 7 毫米，具皱纹。花期 6-7 月；果期 9-10 月。

产皖南黄山，歙县洽舍、长坞、清凉峰海拔 450 米；大别山区霍山，潜山天柱山，舒城万佛山；江淮含山昭关、陈山寺，凤阳。安徽省南北各地广泛分布或栽培。我国从广东、海南至华北各省均有分布或栽培。日本也有分布。

喜光。深根性。喜钙，石灰岩山地习见。常与青檀、榉树、朴树、黄连木等混生；在酸性、中性土上也能生长。耐干旱，不耐水湿。

图 520 梧桐
1. 叶枝；2. 花序；3. 裂开的果；4. 雄花；5. 雌花。

种子繁殖，二年生苗木可出圃定植。

环孔材，淡黄褐色，纹理直，结构粗，轻软，易干燥，少翘裂；可供制家具、乐器、箱板等。种子可食，含油量 40%，种子油可制肥皂及药用。茎皮富含纤维，可供纺织及造纸用。叶、花、根、种子入药，具清热解毒、去湿健脾之效。可栽培供庭园绿化观赏或栽作行道树，寺庙周围僧人也常喜栽植。在石灰岩山地、中性土或微酸性土中栽植造林。

2. 梭罗树属 Reevesia Lindl.

常绿或落叶，乔木或灌木。单叶，互生，全缘或具不明显钝齿。花两性，花多而密集；聚伞状伞房花序或圆锥花序；萼钟状或漏斗状，不规则 3-5 裂；花瓣 5，具爪；雄蕊花丝合生成管，与雌蕊柄贴生形成雌雄蕊柄；雄蕊管顶端 5 浅裂，每裂片外缘具 3 花药，药 2 室分歧，全部花药聚生成头状；子房 5 室，具 5 纵沟，每室倒生胚珠 2，柱头分裂。蒴果木质，室背 5 裂。种子 1-2，形扁，下端具膜质翅，胚乳丰富。

18 种，主要分布于亚洲热带地区。我国 14 种。安徽省 1 种。

密花梭罗

图 521

Reevesia pycnantha Ling

常绿乔木或小乔木，高 6-10 米。小枝灰色，具条纹，幼时微被毛。叶纸质，倒卵状长圆形，长 8-12 厘米，宽 2.5-5 厘米，先端尖或渐尖，基部圆形或近心形，全缘，稀近基部具齿牙，无毛，或幼时中脉基部疏被毛，侧脉 7-8 对；叶柄长 1.5-2.5 厘米。聚伞状圆锥花序顶生，长达 5 厘米，多花，被红褐色星状毛，花梗长 2-3 毫米；萼倒圆锥状钟形，长约 3 毫米，5裂，裂片宽三角形；花瓣长匙形，长约 7 毫米，浅黄色；雌雄蕊柄长约 1 厘米；子房被微毛。蒴果椭圆状梨形，长 1.5-2 厘米，密被淡黄褐色毛。种子连翅长约 1.6 厘米，长圆状镰刀形或长圆状椭圆形。花期 5-7月，果期 10-11 月。

产皖南休宁岭南三溪海拔 400 米山谷溪旁。合肥市杏花公园及芜湖赭山公园有栽培。分布于福建、江西。

花美丽，可作庭园观赏树种。

图 521 密花梭罗
1. 花枝；2. 花；3. 花瓣；4. 雄蕊群；5. 果。

54. 锦葵科 MALVACEAE

草本、灌木或乔木，常被星状毛。单叶，互生，掌状脉；具托叶。花两性，稀杂性，辐射对称；花单生、簇生、聚伞或圆锥花序；萼片3-5，分离或合生，镊合状排列，常具副萼或由小苞片组成的总苞；花瓣5，分离，常与雄蕊柱基部合生；雄蕊多数，花丝合生成柱状，花药1室，花粉被刺毛；子房上位，2至多室，中轴胎座，每室胚珠1至多数。蒴果，室背开裂或分裂成数个果瓣，稀浆果状。种子肾形或倒卵形，被毛或无毛。胚乳少量。子叶扁平，折扇状或卷折。

约50属，1000余种，分布于热带至温带。我国16属，约80种。安徽省2属，4种，4变型。

本科许多种类是重要纤维、观赏及药用植物。

1. 蒴果裂成分果瓣；花药着生于雄蕊柱外部；分果瓣（成熟心皮）具锚状钩刺 ┄┄┄┄┄┄┄┄┄┄ 1. **梵天花属 Urena**
2. 蒴果室背开裂；花药着生于雄蕊柱柱顶；分果瓣无钩刺 ┄┄┄┄┄┄┄┄┄┄┄┄┄┄ 2. **木槿属 Hibiscus**

1. 梵天花属 Urena L.

多年生草本或灌木，被星状柔毛。单叶，互生，掌状分裂或深波状。花两性；花单生或近簇生，腋生或集中枝顶；由小苞片组成的总苞钟状，5裂；花萼常杯状，5深裂；花冠粉红色；花瓣5，外被星状柔毛；雄蕊柱平截或微齿裂，花药多数，着生于雄蕊柱外部，几无柄；子房5室，每室1胚珠，花柱分枝10，反曲，柱头盘状，顶端具睫毛。蒴果近球形，分果瓣具钩刺，不开裂，与中轴分离。种子无毛。

约6种，分布于热带和亚热带地区。我国3种，分布于长江以南各地。安徽省1种。

地桃花　　　　　　　　　图 522

Urena lobata L.

直立亚灌木，高约1米。小枝被星状绒毛。叶近圆形、卵形、长圆形或披针形，长4-7厘米，宽1.5-5厘米，先端常3浅裂，基部圆形或近心形，具锯齿，上面被柔毛，下面被灰白色星状绒毛；叶柄长1-4厘米，被灰白色星状毛；托叶线形，早落。花单生或稍簇生叶腋；花冠淡红色，径约1.5厘米，花梗长约3毫米，被棉毛；小苞片5，长约6毫米，下部合生；萼杯状，裂片5，短于小苞片，均被星状柔毛；花瓣5，长约1.5厘米，被星状柔毛；雄蕊柱长约1.5厘米，无毛；花柱分枝10，微被长硬毛。蒴果扁球形，径约1厘米，分果瓣被星状短柔毛和锚状钩刺。花期7-10月。

产皖南广德，休宁，歙县，宁国。生于干热空旷地或疏林下。分布于长江以南各地。越南、柬埔寨、老挝、泰国、缅甸、日本也有分布。

茎皮纤维坚韧；可供制绳索、人造棉和造纸用。根和全株入药，有祛风活血、清热利湿、解毒消肿之效。

图 522 地桃花
1. 花枝；2. 花；3. 叶下面星状毛；4. 分果瓣；5. 分果瓣上锚状钩刺。

2. 木槿属 Hibiscus L.

草本、灌木，稀乔木。单叶，互生，掌状分裂或不裂，基脉 3-11；具托叶。花两性，小苞片 5 或多数，分离或基部合生；花单生叶腋，稀聚伞花序；萼钟状，稀浅杯状或管状，5 齿裂，宿存；花瓣 5，基部与雄蕊柱合生；雄蕊柱顶端平截或 5 齿裂，花药多数，生于柱顶；子房 5 室，每室 3 至多数胚珠，花柱 5 裂，柱头头状。蒴果背裂成 5 果瓣。种子肾形，被毛或被腺状乳突。

约 200 种，分布于热带和亚热带。我国 24 种（含引入）长江流域以南各地。安徽省 3 种，4 变型。

本属多数种类花大型美丽，为园林观赏花木。其中吊钟花 Hibiscus schizopetalus（Masters）Hook. f. 原产东非，安徽省各大、中城市园林单位均引入栽培。

1. 叶宽卵形或卵状椭圆形，具粗齿或缺刻，不裂；花下垂，花梗近无毛；雄蕊柱长，伸出花冠外 ·················· ·· **1. 朱槿 H. rosa-sinensis**
1. 叶卵圆状心形或菱状卵圆形，常分裂；花直立，花梗被星状短绒毛；雄蕊柱不伸出花冠外：
  2. 小苞片 8，长 8-16 毫米，密被星状绵毛；花白色、淡红色至深红色 ·················· **2. 木芙蓉 H. mutabilis**
  2. 小苞片 6-7（8），长 6-15 毫米，被星状疏绒毛；花紫色、玫瑰红色，白色或蓝色 ········ **3. 木槿 H. syriacus**

1. 朱槿 扶桑   图 523

Hibiscus rosa-sinensis L.

常绿灌木，高达 3（6）米。小枝疏被星状柔毛。叶宽卵形或卵状椭圆形，长 4-10 厘米，宽 2-6.5 厘米，先端渐尖，基部近圆形或宽楔形，具粗齿或缺刻；叶柄长 5-20 毫米；托叶条形，长 5-12 毫米，被毛。花单生近枝端叶腋，常下垂；花梗长 3-7 厘米，近无毛，近顶端具节；小苞片 6-7，条形，长 8-15 毫米，疏被星状柔毛，基部合生；萼钟形，长 2 厘米，被星状柔毛，裂片 5，卵形或披针形；花冠漏斗形，径 6-10 厘米，花瓣倒卵形，玫瑰红色、淡红色或淡黄色；雄蕊柱长 4-8 厘米，伸出花冠外，无毛；花柱分枝 5。蒴果卵形，长约 2.5 厘米，具喙，无毛。花期全年。

安徽省各城镇公园均普遍栽培。原产我国南部；现四川、云南、广西、广东、福建、台湾有栽培，供观赏。

喜温暖气候，不耐寒。喜光。要求肥沃疏松的沙壤土，光线不足或过湿，易脱叶落蕾。全年均可扦插繁殖。

根、叶、花入药，具解毒、利尿、调经和治腮肿之效。茎纤维制绳索。花大艳丽，四季开花，为优美观赏树种或栽植作绿篱。

图 523 朱槿（花枝）

2. 木芙蓉   图 524

Hibiscus mutabilis L.

落叶灌木或小乔木，高达 5 米。小枝、叶柄、花梗及花萼均密被星状毛及细绵毛。叶卵圆状心形，宽 10-15（22）厘米，5-7 裂，裂片三角形，先端渐尖，基部心形，具钝圆锯齿，上面疏被星状细毛，下面密被星状细绒毛，基脉 7-11；叶柄长 5-20 厘米；托叶披针形，长 5-8 毫米。花单生，花梗长 5-8 厘米，近端具节；小苞片 8，条形，长1-1.6厘米,密被星状绵毛,基部合生;萼钟形,长2.5-3厘米,裂片卵形;花白色或淡红色,后深红色,径约8厘米,基部具髯毛;雄蕊柱长2.5-3厘米,无毛,花柱分枝5,疏被毛。蒴果扁球形,径约2.5厘米,被淡黄色刚毛及绵毛,果瓣5。种子被长柔毛。花期8-11月。

皖南黄山树木园有栽培,在芜湖,宣城,郎溪,广德,祁门,休宁;大别山区金寨,六安;江淮丘陵寿县,滁县,巢湖等地广泛栽培,也有生于沟谷、河边、宅旁。分布于湖南,在辽宁、河北、山东、陕西、江苏、浙江、江西、湖北、福建、台湾、广东、广西、四川、贵州、云南均有,栽培很广泛。日本及东南亚也有栽培。

喜光。喜肥沃湿润土壤。耐修剪、扦插、压条、分根繁殖。

茎皮纤维洁白柔韧,耐水湿;可供纺织、制绳及造纸等用。叶、花、根皮入药,具清热解毒、消肿排浓、止血之效。晚秋开花,艳丽多彩,为著名观赏树种。

2a. 重瓣水芙蓉（变型）

Hibiscus mutabilis L. f. **plenus**（Andrews）S. Y. Hu
本变型花重瓣。安徽省各地均有栽培,供观赏。

3. 木槿　　　　　　　　图525

Hibiscus syriacus L.
落叶灌木,高达4米。小枝密被星状绒毛。叶菱状卵圆形,长3-7厘米,宽2-4厘米,长3裂,先端钝,基部楔形,具不整齐齿缺;叶柄长5-25毫米;托叶线形,长约6毫米。花单生,花梗长4-14毫米,被星状短绒毛;小苞片6-7(8),条形,长6-15毫米,被星状疏绒毛;萼片三角形;花冠钟形,径5-6厘米;花紫色,玫瑰红色、白色或蓝色;雄蕊柱长约3厘米;花柱分枝无毛。蒴果卵圆形或长圆形,径约1.2厘米,密被金黄色星状毛。种子背部被黄色长柔毛。花期6-10月。

安徽省各地普遍栽培。原产我国中部。

插条繁殖,极易成活。

茎皮纤维可制绳、织麻袋或制人造棉和造纸。花、果、茎皮入药,花治痢疾,果清肺化痰,解毒止痛。全株制农药,可杀棉蚜。栽培作绿篱及供观赏。

栽培历史悠久,形成多种变种、变型及栽培型。

3a. 白色单瓣木槿（变型）

Hibiscus syriacus L. f. **totus-albus** T. Moore 本变型花纯白色。皖南休宁,宁国有栽培。

图524 水芙蓉
1. 花枝；2. 果；3. 种子。

图525 木槿
1. 花枝；2. 花纵剖；3. 星状毛。

3b. 白色重瓣木槿 （变型）

Hibiscus syriacus L.f. **albus-plenus** Loudon 本变型花白色，重瓣。皖南休宁，宁国，宣城有栽培。

3c. 紫花重瓣木槿 （变型）

Hibiscus syriacus L. f. **violaceus** Gagnep. f. 本变型花青紫色。安徽省各地广泛栽培。

55. 大戟科 EUPHORBIACEAE

常绿或落叶，乔木、灌木、草本，稀藤本；具乳液或无。叶互生，稀对生，单叶或复叶，稀退化为鳞片状，有时具腺体；托叶宿存，稀鞘状，脱落后具环状托叶痕。花小，单性，雌雄同株或异株；聚伞、总状或圆锥花序，稀杯状花序（花序由多数雄花与一朵雌花着生于萼状总苞内，总苞杯状，顶端4-5裂），顶生或腋生；萼片离生或连合，有时退化或无；无花瓣，稀具花瓣；雄蕊多数，离生或连合成柱状，或大部分退化，仅存1枚，花药2（3-4）室，药室纵裂，稀顶孔开裂或横裂；子房上位，3或多室，每室1-2胚珠，花柱与子房室同数，分离或部分连合；花盘环状或分裂为腺体。蒴果或核果，稀浆果状。种子常具种阜，胚乳肉质，胚直，子叶宽扁，稀卷叠。

约300属，5000多种，广布于全世界，以热带地区为多。我国含引入约72属，450种，分布全国各地。安徽省9属，17种，3变种。

1. 植物体不具乳液；子房每室2胚珠：
　2. 单叶：
　　3. 雌花具花盘或腺体，子房1室或3至多室：
　　　4. 子房1室，花柱2-3，顶端常2裂；核果 ………………………………………… 1. **五月茶属 Antidesma**
　　　4. 子房3室或多室，花柱3，柱头2裂，或分离或连合；蒴果：
　　　　5. 具退化雌蕊；蒴果果皮革质 ……………………………………………… 2. **一叶萩属 Securinega**
　　　　5. 无退化雌蕊；蒴果或浆果状 ………………………………………… 3. **叶下珠属 Phyllanthus**
　　3. 雌花无花盘或腺体，子房3-15室；蒴果裂为3-15个2瓣裂的分果瓣 ………… 4. **算盘子属 Glochidion**
　2. 三出复叶，稀5小叶；萼片5；雄蕊5；子房3室 ……………………………………… 5. **重阳木属 Bischofia**
1. 植物体含乳液；子房每室1胚珠：
　6. 花具花瓣；叶掌状脉，全缘或3-7裂，叶柄顶端具2腺体，核果 ………………………… 6. **油桐属 Vernicia**
　6. 雌花无花瓣；叶掌状脉或羽状脉，全缘或具锯齿，叶柄顶端具2腺体或数个；蒴果：
　　7. 被星状毛；雄蕊10-100，分离；子房3（2-4）室 …………………………………… 7. **野桐属 Mallotus**
　　7. 无星状毛；雄蕊2-3至8；子房2-3（4）室：
　　　8. 雄蕊2-3，花丝分离，雄花花萼浅裂或具2-3小齿 ……………………………… 8. **乌桕属 Sapium**
　　　8. 雄蕊8，花丝基部连合，雄花萼深裂 ……………………………………… 9. **山麻杆属 Alchornea**

1. 五月茶属 Antidesma L.

落叶乔木或灌木。单叶，互生，全缘，羽状脉；叶柄短；托叶2。花单性，雌雄异株；花单生于1苞片内，排成穗状、总状或圆锥花序；无花瓣，花萼杯状，3-5（8）裂，覆瓦状排裂；雄花花盘垫状，由腺体组成，雄蕊3-5（2-6），生于花盘内缘或离生于腺体之间，退化雌蕊细小；雌花花盘环状或杯状，子房1室，每室2胚株，花柱2-3，顶端常2裂。核果稍扁，干后常具网状2窝孔。种子1，细小。

约170种，广布于东半球热带及亚热带。我国18种，东部至西南部。安徽省1种。

酸味子　　　　　　　　　　　　　　　　　　　　　　　　　　　　　　　　　　　图526

Antidesma japonicum Sieb. et Zucc.

落叶灌木或小乔木，高达6米。小枝被短柔毛，后渐脱落。叶长圆状披针形，长4-17厘米，宽1-4.5厘米，先端尾尖，基部圆形或楔形，全缘，无毛或下面沿脉被疏柔毛，侧脉6-10对；叶柄长1厘米以下，被短柔毛；托叶线形，早落。总状花序不分枝或少分枝，长1-4厘米；雄花萼钟状，3-5裂，无毛，雄蕊2-5，伸出花萼之外，花丝着生于花盘内；雌花萼较少，子房1室，无毛，花柱3，柱头2裂。核果椭圆形，长5-6毫米，红色；

果梗纤细，长 2-4 毫米。花期 4-9 月；果期 6-12 月。

产皖南祁门牯牛降双河口、观音堂海拔 420 米，休宁岭南三溪、大溪海拔 500 米。混生于常绿阔叶林中。分布于浙江、福建、台湾、湖南、广东、海南、广西。越南、日本也有分布。

种子油为工业用油。

2. 一叶萩属 Securinega Comm. ex Jussieu

落叶灌木。芽被鳞片。单叶，互生，二列，全缘，羽状脉；具短柄。花小，单性，雌雄异株或同株，腋生；萼片 5，无花瓣；雄花簇生，雄蕊 4-5，着生于 5 裂花盘基部，退化雌蕊小或 2-3 裂；雌花单生或数朵簇生，花盘近全缘，子房 3 室，每室 2 胚珠，花柱 3，弯曲，柱头 2 裂。蒴果近球形，果皮革质，开裂为 3 个 2 瓣裂的分果瓣。种子 3-6，三角形，内角有直边，背部半圆形，种皮壳质，内种皮与外种皮之间有空穴；胚直。

约 25 种，分布于亚洲温带及亚热带。我国 3 种，西南及东北部。安徽省 1 种。

图 526 酸味子
1. 雄花枝；2. 雄花；3. 果枝。

一叶萩   图 527

Securinega suffruticosa（Pall.）Rehd.

落叶灌木，高 1.5 米，多分枝。小枝浅绿色，具棱，无毛。叶卵形或椭圆形，长 2-5 厘米，宽 1-2 厘米，先端钝尖，基部宽楔形，全缘或具不整齐波状齿或细齿，下面灰绿色；叶柄长 3-5 毫米；托叶宿存。雌雄异株；雄花 3-12 簇生叶腋，萼片卵形，花盘腺体 2 裂，与萼片互生，退化子房圆柱状，长约 1 毫米，2 裂；雌花单生，花盘几不裂。蒴果三棱状扁球形，径约 4-5 毫米，3 室，3 瓣裂，红褐色无毛。种子卵形，侧扁，长约 3 毫米，褐色，光滑。花期 7-8 月。

产皖南黟县，太平龙源，旌德海拔 300 米，铜陵，芜湖；大别山区霍山大河北、佛子岭海拔 150 米，金寨师院后山，岳西鹞落坪，潜山天柱山三祖寺海拔 70 米；江淮滁县皇甫山，含山，合肥，淮南舜耕山；淮北泗县，灵壁，萧县。生于荒坡灌丛中。分布于西南、华中、华东、华北至东北。朝鲜、日本也有分布。

茎皮纤维供纺织。花、叶药用，对神经系统有兴奋作用。

图 527 一叶萩
1. 叶枝；2. 雄花；3. 果。

3. 叶下珠属 Phyllanthus L.

落叶灌木或草本,稀乔木。单叶,互生,常二列,全缘;叶柄短或无;托叶2。花单性,雌雄同株或异株;花单生、簇生或聚伞花序;无花瓣,萼片4-6,先端钝尖;雄花花盘裂为腺体,与萼片互生,稀无,雄蕊2-5(6至多数),花丝分离或基部合生,药隔无突起,无退化雌蕊;雌花花盘形状不一,稀无,子房3(4-6)室或多室,每室2胚珠,花柱分离或连合。蒴果或浆果状,常扁球形。种子三棱形,无种阜。

约600种,广布于热带和亚热带,少数至北温带。我国约35种,长江流域以南较多。安徽省木本有3种,1变种。

1. 蒴果浆果状;花盘腺体6、5,或不分裂:
  2. 雄花萼片5或4-5,雄蕊5或4-5,花盘具裂齿:
    3. 花雌雄同株;叶卵形或椭圆形,先端尖,具小尖头,下面灰绿色 ················ 1. **青灰叶下珠 P. glaucus**
    3. 花雌雄异株;叶椭圆形或卵形,先端钝或尖,下面稍带白色 ············· 2. **曲梗叶下珠 P. flexuosus**
  2. 雄花萼片4,雄蕊通常2,花盘不分裂 ················ 3. **浙江叶下珠 P. chekiangensis**
1. 蒴果,被短柔毛;叶斜卵形,下面灰白色;雄蕊2,花盘腺体4;雌花花盘环状················
  ················ 4. **毛果细枝叶下珠 P. leptocladus** var. **pubescens**

1. 青灰叶下珠   图 528

Phyllanthus glaucus Wall. ex Muell. -Arg.

落叶灌木,高达4米;全株无毛。小枝紫褐色,细柔,叶卵形或椭圆形,长2-3厘米,宽1.4-2厘米,先端尖,具小尖头,基部宽楔形或圆形,全缘,下面灰绿色;叶柄短;托叶小,宿存。花雌雄同株;簇生叶腋,花梗丝状;雄花数朵至10余朵簇生,花梗长约8毫米,萼片6,宽卵形,黄绿色,雄蕊5,花丝分离,花盘腺体6;雌花常单生于雄花丛中,花梗长约5毫米,萼片6,卵形,花盘环状,子房3室,每室2胚珠,花柱伸出,柱头3裂。蒴果浆果状,径6-8毫米,紫黑色,花柱宿存;果梗长4-5毫米。花期4-5月;果期9-10月。

产皖南黄山温泉、云谷寺,绩溪清凉峰海拔600-1300米,歙县清凉峰海拔900米,休宁,黟县,泾县小溪,青阳九华山,铜陵;大别山区霍山马家河海拔340米,金寨马宗岭、白马寨海拔750-1045米,岳西文坳、鹞落坪,潜山天柱山铜锣尖海拔1100米,舒城万佛山;江淮地区滁县琅琊山。生于山坡疏林中。分布于江苏、浙江、湖北、湖南、江西、广东、广西、四川、贵州、云南、西藏。印度也有分布。

根入药,治小儿疳积。

图 528 青灰叶下珠
1. 花枝; 2. 示雄花丛中一雌花; 3. 雄花; 4. 雌花。

2. 曲梗叶下珠 木本叶下珠

Phyllanthus flexuosus(Sied. et Zucc.)Muell. -Arg.

落叶乔木;全株无毛。叶薄纸质,椭圆形或卵形,长2-5厘米,宽1-2.5厘米,先端钝或尖,基部圆形或宽楔形,全缘,下面稍带白色;叶柄长2-3毫米;托叶早落。花雌雄异株,径约3.5毫米;雄花具短梗，萼片 4，圆形，暗赤紫色，雄蕊 2（3），花盘环状；雌花淡绿色，花梗长 1-1.5 厘米，萼片 3，脱落性，椭圆形，花柱合生成短柱状，3 深裂，柱头全缘。蒴果浆果状，扁球形，径约 6 毫米，3 室。种子长约 3 毫米。花期 5 月。

产皖南黄山慈光寺、桃花峰，祁门牯牛降观音堂海拔 400 米，绩溪逍遥乡中南坑海拔 1300 米；大别山区霍山诸佛庵，金寨渔潭鲍家窝、白马寨西凹海拔 1000 米，岳西鹧落坪，潜山彭河乡，太湖大山乡。生于山坡路旁或疏林中。分布于江苏、浙江、江西、福建、湖北、湖南、广东、广西、四川、贵州、云南。日本也有分布。

3. 浙江叶下珠　　　　　　　图 529

Phyllanthus chekiangensis Croiz. et Metc.

落叶灌木、高达 1 米。小枝细弱，带紫褐色，被短平伏毛和粗糠状毛，后脱落。叶互生，二列，排成 15-30 对，纸质，椭圆状披针形或椭圆形，长 8-15 毫米，宽 3-7 毫米，先端急尖，具小尖头，基部近偏斜，全缘，侧脉 3-4 对；叶柄长 5-10 毫米；托叶 2，披针形。花紫红色；雌雄同株；单生或簇生叶腋；雄花花梗长 4-6 毫米，萼片 4，缘撕裂状，雄蕊 4，花丝连合，花盘不分裂；雌花径 3-4.5 毫米，花梗长 6-12 毫米，萼片 6，缘撕裂状，花盘不分裂，缘增厚而成圆齿，子房 3 室，密被卷曲状长毛，花柱 3，顶端 2 裂。蒴果扁球形，径约 7 毫米，3 瓣裂，外果皮密被皱波状或卷曲状长毛。花期 5-6 月；果期 9-10 月。

产皖南休宁六股尖，石台牯牛降海拔 200 米；大别山区霍邱姚李。生于山涧、溪边阴湿处。分布于浙江、江西、福建、广东、广西、湖北、湖南。

安徽省地理新分布。

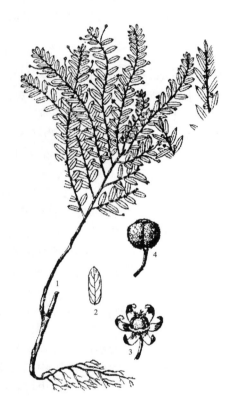

图 529 浙江叶下珠
1. 花枝；2. 叶片；3. 雌花；4. 蒴果。

4. 毛果细枝叶下珠（变种）

Phyllanthus leptocladus Benth. var. **pubescens** P. T. Li et D. Y. Liu

落叶灌木，细弱，分叉或伏卧状。小枝似呈粗丝状。叶斜卵形或长椭圆形，长 6-12 毫米，先端尖，具小尖头，叶下面灰白色。花雌雄同株；雄花 2 或 3 朵簇生，萼片 4，渐尖，具细牙齿，雄蕊 2，花盘具 4 腺体；雌花单生，长 1.2 厘米，长于雄花，萼片 6，花盘环状。蒴果扁球形，径约 4 毫米，被短柔毛。

产皖南休宁六股尖。生于山坡林缘。

4. 算盘子属 Glochidion J R et G. Forst.

落叶或常绿，乔木或灌木。单叶，互生，二列，全缘，羽状脉；具短柄；托叶宿存。花单性，雌雄同株，稀异株；聚伞花序短小或簇生成花束，雌花束位于雄花束之上，生于小枝上部，或雌雄花束分别生于不同的小枝叶腋；无花瓣，常无花盘；雄花花梗纤细，萼片 6（5），雄蕊 3-8，花丝合生成圆柱状，药隔圆锥状，无退化雌雄；雌花花梗粗短或几无梗，子房球形，3-15 室，每室 2 胚珠，花柱合生成圆柱状或各式形状。蒴果近球形或扁球形，具多条纵沟，花柱常宿存，果成熟时纵裂为 3-15 个双瓣裂的分果瓣，分果瓣背裂，外果皮革质或纸质，内果皮硬壳质。种子无种阜，胚乳肉质，子叶扁平。

约 300 种，主要分布于亚洲热带和亚热带地区，至昆士兰和波利尼西亚，美洲、非洲东部较少。我国约 25 种，分布南方各省（区）。安徽省 2 种。

1. 叶、子房及果被柔毛；叶长圆形、长圆状卵形或宽披针形；子房 8-10 室；蒴果外果皮具 8-10 条纵沟槽 ………………………………… 1. **算盘子 G. puberum**
1. 叶、子房及果无毛；叶长椭圆形；子房多室；蒴果外果皮具多条纵沟槽 ……… 2. **湖北算盘子 G. wilsonii**

1. 算盘子　　　　　　　　　图 530

Glochidion puberum（L.）Hutch.

　　落叶灌木或小乔木，高达 3 米。小枝密被短柔毛。叶纸质，长圆形、长圆状卵形或宽披针形，长 3-8 厘米，宽 1-3 厘米，下面密被短柔毛，侧脉 5-7 对；叶柄短；托叶三角形。花 2-5 簇生；雄花生于小枝下部叶腋，稀雌花、雄花同生于叶腋；无花瓣，雄花花梗长 4-8 毫米，萼片窄长圆形或长圆状倒卵形，长 2.5-3.5 毫米，外面被短柔毛，雄蕊 3；雌花花梗长约 1 毫米，子房密被绒毛，8-10 室，花柱合生成杯状。蒴果扁球形，径 8-15 毫米，常具 8-10 条纵沟槽，熟时红色，密被绒毛。种子近肾形，红色。花期 3-10 月；果期 4-12 月。

　　产皖南黄山逍遥亭、温泉、北坡松谷庵，歙县清凉峰海拔 750 米，绩溪清凉峰，旌德，泾县；大别山区霍山马家河海拔 840 米，金寨白马寨海拔 850 米，岳西鹞落坪、文坳海拔 1050 米，舒城万佛山；江淮滁县琅琊山、皇甫山。生于低山丘陵、荒地及山坡灌丛中，为酸性土壤指示植物。分布于陕西、甘肃、江苏、江西、福建、台湾、河南、湖北、广东、海南、广西、四川、贵州、云南、西藏。

　　种子油制润滑油；根、茎、叶可提制栲胶。

图 530 算盘子
1. 花枝；2. 雄花；3. 雌花；4. 果。

2. 湖北算盘子　　　　　　　图 531

Glochidion wilsonii Hutch.

　　落叶灌木，高达 3 米。小枝具棱，无毛。叶纸质，长椭圆形，长 3-8 厘米，宽 1.5-3 厘米，先端尖或短渐尖，基部楔形，下面带灰白色，无毛，侧脉 5-6 对；叶柄长 3-4 毫米，被微毛或几无毛；托叶长 2-2.5 毫米。花绿色，簇生叶腋；雄花花梗长约 8 毫米，萼片 6，长圆形或披针状长圆形，雄蕊 3，合生；雌花具短花梗，萼片 6，倒卵形，子房多室，无毛，花柱合生，顶端多裂。蒴果扁球形，径约 1.5 厘米，具多数纵沟槽，花萼宿存。

图 531 湖北算盘子（果枝）

种子近三棱形，长约 4.5 毫米，红色，具光泽。花期 5 月；果期 6-9 月。

产皖南黄山狮子林至云谷寺，祁门牯牛降海拔 490 米，石台牯牛降，太平贤村；大别山区霍山马家河、岳西文坳、鹞落坪、大王沟，潜山彭河乡、天柱峰海拔 660-1200 米，舒城万佛山。生于山坡路旁灌丛中。分布于江西、湖北、广西、贵州、云南、四川。

茎、叶、幼果含鞣质，可提制栲胶。

5. 重阳木属 Bischofia Blume

落叶或常绿、半常绿乔木；含红色或淡红色乳液。叶互生，三出复叶，稀 5 小叶，具细锯齿；具长柄；托叶小。花单性，雌雄异株，稀同株；总状或圆锥花序，腋生，下垂；无花瓣，无花盘，萼片 5，离生，半圆形，内凹成勺状；雄花萼片镊合状排列，初时包围雄蕊，后外弯，雄蕊 5，分离，与萼片对生，花丝短，花药 2室，内向，纵裂，退化雌蕊短宽；雌花萼片覆瓦状排列，具退化雄蕊，子房 3（4）室，每室 2 胚珠，花柱 2-4，长而肥厚。蒴果浆果状，球形，不裂，外果皮肉质，内果皮坚纸质。种子 3-6，无种阜，胚乳肉质，胚直立，子叶宽扁。

2 种，分布于亚洲热带、亚热带地区及太平洋各岛。我国均有分布。安徽省 1 种。

重阳木 图 532

Bischofia polycarpa（Levl.）Airy-Shaw

落叶乔木，高达 15 米，胸径 50 厘米；树皮浅棕黄色，老时暗黑褐色，纵裂。三出复叶；小叶圆卵形或卵状椭圆形，长 6-9（14）厘米，宽 4.5-7 厘米，先端短尾尖，基部圆形或微心形，具细锯齿；顶生小叶柄长 2.5-3.5 厘米，两侧小叶柄长约 5 毫米。总状花序腋生，下垂；雄花序长 8-13 厘米；雌花序长 3-12 厘米，较疏散；雄花萼片半圆形；雌花萼片同雄花，花柱 2（3）。果浆果状球形，径 5-7 毫米，熟时红褐色。花期 4-5 月；果期 10-11 月。

全省各地广泛分布，其中歙县潜口乡灯塘村一株有 300 年历史，树高 25.5 米，胸围 174 厘米，生长尚好。生于低山林中或河谷沟边，现城市多栽培作行道树。分布于秦岭、淮河以南，至华南北部，在长江流域中下游平原常见栽植。

种子繁殖，速生。喜肥沃湿润土壤。大树有缩叶病危害。

散孔材，心材粉红至暗红褐色，边材宽，黄白至红褐色，后变灰褐色。纹理直，结构细匀，质软，强度、重量中，端裂，加工易。可供建筑、造船、车辆、家具等用。果肉可酿酒。种子含油 30%，可做工业用油。

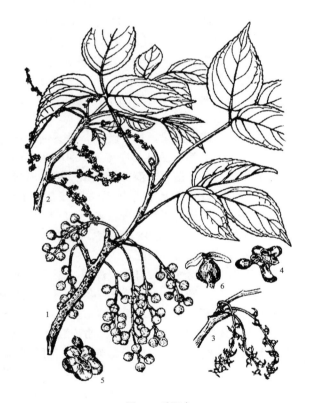

图 532 重阳木
1. 果枝；2. 雄花枝；3. 雌花枝；4、5. 雄花；6. 雌花。

6. 油桐属 Vernicia Lour.

落叶乔木，体内具乳液。单叶，互生，全缘或 3-7 裂，掌状脉；叶柄长，顶端具 2 腺体。花单性，雌雄同株；聚伞花序再排成伞房状圆锥花序，顶生，花长 2 厘米以上；萼 2-3 裂，花瓣 5；雄花花托柱状，雄蕊 8-20，花丝基部合生；雌花萼、瓣同雄花，花盘不明显，子房 3-5（8）室，密被毛，每室 1 胚珠，花柱 3-4，每花柱各 2 裂。核果，卵球形，外果皮肉质，不裂或基部具裂缝。种子具厚壳，富含油脂。

　　3 种，分布于亚洲东部和太平洋岛屿。我国 2 种，分布秦岭以南。安徽省 2 种皆产。

1. 叶柄顶端腺体扁平，腺体无柄；果平滑无棱 ·· 1. 油桐 V. fordii
1. 叶柄顶端腺体杯状，腺体具柄；果具 3 棱和网状皱纹 ·································· 2. 千年桐 V. montana

1. 油桐　　　　　　　　　　　　图 533

Vernicia fordii（Hemsl.）Airy-Shaw

　　落叶小乔木，高达 9 米。小枝无毛。叶卵形或椭圆形，长 5-15（18）厘米，宽 3-12（17）厘米，先端短尖，基部平截或浅心形，稀宽楔形，全缘，有时 3-5 浅裂，幼叶两面被黄褐色短柔毛，基脉 5-7，侧脉 5-6 对；叶柄长达 12 厘米，顶端 2 腺体无柄，扁平，有时叶片弯缺底处具 1 腺体。花先叶开放，白色，具淡红色条纹，径 3-6 厘米；萼长约 1 厘米，2-3 裂，裂片卵形，花瓣倒卵形，长 2-3 厘米，宽 1-1.5 厘米；雄花具雄蕊 8-20，2 轮，外轮花丝离生，内轮花丝基部合生；雌花子房 3-4（8）室，花柱 4，每花柱 2 裂。核果卵球形，径 4-6 厘米，平滑，具细尖头。种子 3-4，椭圆形。花期 3-4 月；果期 10-11 月。

图 533 油桐
1. 花枝；2. 雄花纵剖，示雄蕊；3. 雌花去花瓣，示雌蕊；4. 子房横剖；5. 花；6. 果枝；7. 种子。（陈国译仿绘）

　　产皖南各县。黄山温泉，休宁岭南，歙县清凉峰海拔 640 米，太平七都，泾县，广德；大别山区霍山诸佛庵，金寨白马寨，岳西，潜山天柱山三祖寺海拔 80 米，舒城万佛山；江淮滁县皇甫山、珠龙海拔 250 米，含山。栽培历史悠久，优良耐寒品种较多。分布于陕西、河南、江苏、浙江、江西、福建、湖南、湖北、广东、海南、广西、四川、贵州、云南。

　　喜光。喜温暖湿润气候。喜土层深厚、肥沃疏松、呈微酸性及中性土壤和向阳避风地带生长最好。对大气中二氧化硫反应至为敏感，可作为检测大气中二氧化硫污染的指示植物。通常 3-4 年生开始结果，5-15 年生进入盛果期，30 年后衰老。

　　种子繁殖；直播造林，可与松树、油茶混交或营造纯林。

　　有枯萎病、油桐尺蠖、金龟子、黄蜘蛛、橙斑白条天牛、介壳虫及角斑病等危害。

　　油桐是我国最珍贵的特用经济林树种，有千年以上栽培历史。桐油是重要工业用油，为我国传统出口物资，种子出油率高，每百公斤种子可榨油 30-35 公斤，为优良干性油，性能极好，是油漆和涂料工业的重要原料；又可供制人造汽油、人造橡胶、塑料、颜料、电气、医药制品等用。材质轻软，不易生虫；可供板料、家具等用。树皮含鞣质，可提制栲胶。果壳可制活性炭及提取桐碱。根、叶、花果入药，消肿杀虫。

2. 千年桐　木油树　　　　　　　　　图 534

Vernicia montana Lour.

　　落叶乔木，高达 10 米。小枝皮孔明显，无毛。叶卵形或心形，长 8-20 厘米，宽 6-18 厘米，先端短尖或渐尖，基部心形或平截，全缘或2-4浅裂至深裂，裂片弯缺底部常具杯状腺体，幼叶疏被黄棕色毛，基脉5，侧脉5-8(10)对；叶柄长7-17厘米，顶端有2个具柄腺体。花雌雄异株或同株，白色或具红色脉纹，萼管状，长约1.3厘米，2-3裂，花瓣倒卵状披针形，长2-3厘米；雄花具雄蕊8-10，2轮，内轮花丝较长，基部连合；雌花子房密被黄棕色柔毛，3室，花柱3。核果卵圆形，径3-5厘米，具3棱及网纹。种子扁圆形。花期3-5月；果期9-10月。

产皖南黄山，休宁岩前、占川有引种栽培。多生于低山丘陵地区。分布于浙江、江西、福建、湖南、四川、贵州、云南、广西、广东。

喜光。要求温暖湿润地区，年平均温度20℃以上，故在皖南南端有少量栽培，速生；树令可达100年。在安徽省南端休宁岩前、占川等地引种的木油树已开花结实，但适生区域很狭。

种子繁殖，直播或植树造林。抗病能力强。可作油桐砧木。

种子含油率达57.8%，为良好的干性油，具有干燥快、比重轻、具光泽、不传电、耐热和耐酸、碱、耐腐蚀等特征。用途同油桐。

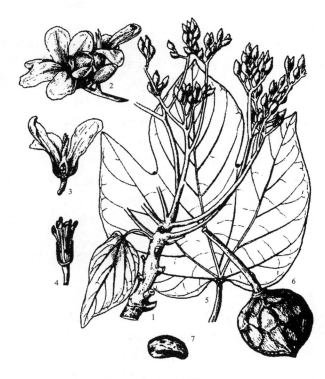

图 534 千年桐
1. 花枝；2. 花序一部分；3. 雌花纵剖，示雌蕊；4. 雄花除去花被，示雄蕊；5. 叶；6. 果；7. 种子。

7. 野桐属 Mallotus Lour.

落叶灌木、乔木，稀藤状，常被星状毛。单叶，互生或对生，全缘或具锯齿，有时分裂，下面常被腺点，近基部具2-数个斑点状腺体，掌状脉或羽状脉；叶柄基部着生或盾状着生。花单性，雌雄同株或异株；总状、穗状或圆锥花序；无花瓣，无花盘，萼3-5裂，裂片镊合状排列；雄花数个簇生苞腋，雄蕊10-100，分离，花药黄色，2室，药隔不突起，无退化雌蕊；雌花单生，花萼佛焰苞状或分裂，子房3(2-4)室，每室1胚珠，花柱各式，分离或基部稍连合。蒴果具皮刺或平滑，裂为2-3(5)个2裂分果瓣，内外果皮分离，中轴宿存，每分果瓣具1种子。种皮脆角质，胚乳肉质，子叶宽扁。

约140种，分布于东半球热带及亚热带。我国约40种，分布长江以南。安徽省3种，2变种。

1. 蒴果无皮刺；叶基脉3：
  2. 叶下面密被褐黄色星状毛和黄色透明腺点；蒴果密被粉末状黄褐色星状毛和腺点 ·················· 1. 杠香藤 M. repandus var. chrysocarpus
  2. 叶下面密被灰黄色星状短绒毛和红色小腺点；蒴果密被红色腺点和星状毛 ······ 2. 粗糠柴 M. philippinensis
1. 蒴果具皮刺；叶基脉(3)5-7：
  3. 叶下面密被白色或灰白色星状绒毛和红色或橙黄色腺点：
    4. 蒴果皮刺黄褐色；叶宽卵形，全缘或具疏钝齿 ·············· 3. 白背叶野桐 M. apelta
    4. 蒴果皮刺紫红色或红棕色；叶卵状三角形或卵状菱形，先端3裂或每边各具1圆齿或裂片 ·················· 4. 红腺野桐 M. paxii
  3. 叶下面疏被黄色或黄褐色星状毛，叶宽三角状圆形，3齿裂 ·················· 5. 野桐 M. japonieus var. floccosus

1. 杠香藤（变种）

Mallotus repandus（Willd.）Muell-Arg. var. **chrysocarpus**（Pamp.）S. M. Husang

落叶灌木或小乔木；有时枝条爬行呈藤状，高达 10 米。幼枝被锈色星状毛或绒毛。叶互生，三角状卵形，长 5-8 厘米，宽 2-5 厘米，先端短渐尖，基部圆形或平截，全缘，上面幼时被星状毛，后脱落，下面带绿色，疏被星状毛和黄色小腺点，基脉 3，侧脉 2-3 对；叶柄长 2.5-4 厘米，被锈色短绒毛。花雌雄异株；雄花序穗状，腋生；雌花序顶生或腋生，长 5-10 厘米，不分枝，花序梗粗壮；雄花近无梗，萼 3（4）裂，密被锈色绒毛，雄蕊多数；雌花萼 3（5）裂，子房球形，3 室，被绒毛，花柱 3（2），分离，柱头长约 2 毫米。蒴果近球形，径约 8 毫米，被黄色星状毛，开裂为 3 个分果瓣。种子黑色，光亮。花果期 6-9 月。

产皖南黄山居士林、慈光寺，祁门牯牛降观音堂海拔 360 米，歙县清凉峰海拔 450 米，泾县小溪，太平七都，旌德，贵池，青阳九华山，黟县，休宁，宁国，宣城；大别山区潜山天柱峰海拔 500-1250 米，太湖大山乡海拔 250 米。生于向阳山坡或灌丛中。分布于陕西、甘肃、四川、贵州、湖北、湖南、江西、江苏、浙江、福建、广东。

种子油为制油墨、油漆和肥皂的原料。茎皮纤维可制人造绵和编绳索。

2. 粗糠柴　　　　　　　　　　图 535

Mallotus philippinensis（Lam.）Muell. -Arg.

落叶乔木或灌木状，高 5-10（18）米；树皮灰褐色，平滑。小枝、幼叶和花序均密被黄褐色星状毛。叶互生或近对生，卵形、长圆形或卵状披针形，长 5-18（22）厘米，宽 3-6 厘米，先端渐尖，基部圆形或楔形，近全缘，基部具 2 褐色扁平腺体，下面密被灰黄色星状短绒毛和散生红色小腺点，基脉 3；叶柄长 2-5（9）厘米。雄花序长 5-10 厘米；雌花序长 3-5 厘米；雄花萼裂片长约 2 毫米，雄蕊 15-32；雌花花萼管状。子房球形，密被星状毛和红色小腺点。果序长达 16 厘米；蒴果 3 棱状扁球形，径 6-8 毫米，密被星状毛和红色腺点。种子球形，黑色，具光泽。花期 4-5 月；果期 5-8 月。

产皖南歙县，太平，石台北坡牯牛降，祁门南坡牯牛降海拔 560 米，贵池；大别山区太湖大山乡海拔 250 米。分布于四川、云南、贵州、湖北、江西、江苏、浙江、福建、台湾、湖南、广东、广西、海南。

木材淡黄色，纹理致密坚韧；可供细木工、车辆、家具等用。茎皮富纤维可造纸。为紫胶虫寄主植物。叶含鞣质；种子油为半干性油，工业用。

图 535 粗糠柴（花枝）

3. 白背叶野桐　　　　　　　　　　图 536

Mallotus apelta（Lour.）Muell. -Arg.

落叶灌木或小乔木，高达 4 米。幼枝、叶柄和花序均密被白色星状柔毛和散生橙黄色腺点。叶宽卵形，长 6-16（25）厘米，先端短尖或渐尖，基部近平截或微心形，具 2 红褐色扁平腺体，全缘或具疏钝齿，下面密被灰白色星状毛和橙黄色腺点，基脉 5，侧脉 6-7 对；叶柄长 5-15 厘米。花序穗状或穗形总状，长 15-35 厘米，顶生；雄花长约 2.5 毫米，萼裂片 4，长 3 毫米，雄蕊 50-75 毫米；雌花长 2.5-3 毫米，基部具三角状苞片，萼裂片 3-5，卵形或近三角形，子房宽椭圆形，花柱 3-4，长约 3 毫米。果序圆柱形，细长，常下垂；蒴果近球形，径 1-1.3

厘米，密被灰白色星状毛和皮刺，皮刺线形，黄褐色，长 4-5 毫米。种子近球形，径约 3.5 毫米，具光泽。

产皖南黄山温泉、桃花峰、云谷寺，在皖南山区分布较普遍；大别山区金寨白马寨，岳西鹞落坪，舒城万佛山海拔 500-650 米。生于向阳山地、路旁或灌丛中，为次生林的先峰树种。分布于云南、广西、广东、湖南、江西。

种子油工业用；茎皮纤维拉力强，供编制绳索；根药用，治慢性肝炎、肝脾肿大、脱肛；叶治外伤出血。木材供细木工和薪炭柴等用。

4. 红腺野桐

Mallotus paxii Pamp.

落叶灌木，高达 3.5 米。幼枝、叶柄和花序均密被黄色或褐色星状柔毛。叶互生，卵状三角形或卵形，稀心形，长 6-12 厘米，宽 5-10（12）厘米，先端渐尖，基部圆形或平截，具不规则锯齿，先端 3 裂或每边各具 1 圆齿或裂片，基部具 2 扁平橙红色腺体，下面密被白色星状绒毛和红色腺点，基脉 5，侧脉 4-6 对；叶柄长 8-10 毫米。花序总状或下部分枝，长 5-16 厘米，顶生；雄花约 3 毫米，花梗长达 4 毫米，萼 5 裂，密被浅黄色星状毛和橙红色腺点，雄蕊 40-55；雌花长 4-5 毫米，萼 5 裂，密被浅黄色星状毛和橙红色腺点，子房球形，花柱 3-4，腹面密被羽毛状突起。蒴果球形，径约 1.5 厘米，3-4 瓣裂，皮刺紫红色或红棕色，长 6-8 毫米，被星状毛和红色腺点。种子球形，黑色。花期 6-8 月；果期 10-11 月。

产皖南黄山，祁门牯牛降海拔 480 米，歙县清凉峰海拔 800 米，旌德，泾县小溪，太平，贵池凤凰岭，东至梅城，青阳九华山；大别山区霍山廖寺园，金寨白马寨海拔 600-1000 米，潜山天柱山马祖庵海拔 750 米，舒城万佛山；江淮滁县施集。生于林缘、空旷山坡或灌丛中。分布于浙江、福建、江苏、陕西、河南、湖北、湖南、广东、广西、四川。

安徽省地理新分布。

5. 野桐（变种）　　　图 537

Mallotus japonicus（Thunb.）Muell-Arg. var. **floccosus**（Muell-Arg.）S. M. Hwang［*Mallotus tenuifolius* Pax］

落叶乔木。幼枝密被浅褐色星状绒毛。叶互生，有时小枝上部近对生，卵形、卵圆形或菱形，长 5-11 厘米，宽 3-11 厘米，先端急尖或渐尖，基部圆形或楔形，

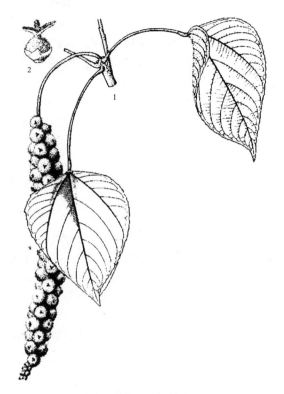

图 536 白背叶野桐
1. 果枝；2. 雌花。

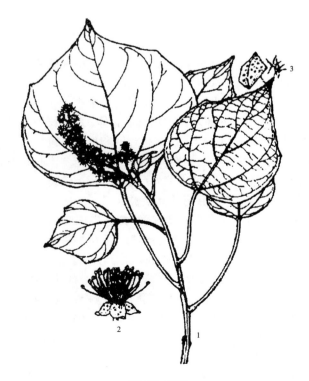

图 537 野桐
1. 果枝；2. 雄花；3. 星状毛。

全缘,不裂或3裂,下面疏被星状粗毛和散生橙红色腺点,基出三出脉,侧脉5-7对,近叶柄处具黑色圆形腺体2;叶柄长5-17厘米。花雌雄异株;花序总状,顶生,直立雄花序下部具3-5分枝,长8-20厘米;雄花萼裂片3-4,长约3毫米,雄蕊25-75;雌花序不分枝,长8-15厘米;雌花萼裂片4-5,长2.5-3毫米,花柱3-4,中部以下合生,柱头长约4毫米。蒴果扁球形,径8-10毫米,密被有星状毛的软刺和红色腺点。种子近球形。花期7-11月。

产大别山区霍山马家河,金寨天堂寨、马宗岭、普安林场海拔1000米,岳西,潜山;淮河以南广泛分布。生于向阳山坡林缘。

种子含油38%,工业用。木材质软,为小型器具用材。

8. 乌桕属 Sapium P. Br.

落叶乔木或灌木;具乳液。单叶,互生,稀近对生,全缘或具锯齿,羽状脉;叶柄顶端常具2腺体;托叶小。花单性,雌雄同株,同序或异序;雄花3(2-10)组成小聚伞花序,再集生成长穗状复花序,苞片基部具腺体,无花瓣,无花盘;雄花小,黄色或淡黄色,簇生于苞腋内,无退化雌蕊,萼杯状,膜质,2-3浅裂或具2-3小齿,雄蕊2-3,离生;雌花常1-数朵生于花序下部,萼3裂,子房2-3室,每室1胚珠,花柱3,分离或基部合生,柱头外卷。蒴果球形,室背开裂为3个分果瓣。种子近球形,外被蜡质假种皮或无,生于宿存中轴上,外种皮坚硬,胚乳肉质,子叶宽平。

约120种,分布于热带地区,少数亚热带地区。我国10种,分布东南和西南部。安徽省3种。

1. 叶下面无腺体;种子被蜡质层:
  2. 叶菱形、菱状卵形,长宽近相等,长3-8厘米,宽3-9厘米,基部宽楔形 ┈┈┈┈┈ 1. 乌桕 S. sebiferum
  2. 叶椭圆形或长卵形,长4-10厘米,宽2.5-5厘米,基部楔形 ┈┈┈┈┈┈┈ 2. 山乌桕 S. discolor
1. 叶下面近叶缘处散生腺体;种子无蜡质层 ┈┈┈┈┈┈┈┈┈┈┈┈┈┈┈ 3. 白木乌桕 S. japonicum

1. 乌桕 图538
Sapium sebiferum(L.)Roxb.

落叶乔木,高达15米;具乳液;树皮灰褐色,纵裂。叶菱形或菱状卵形,稀菱状倒卵形,长3-8厘米,宽3-9厘米,先端宽尖,基部宽楔形,全缘,侧脉6-10对;叶柄长2.5-6厘米,顶端具2腺体;托叶长约1毫米。花序长6-14厘米;雄花苞片宽卵形,每苞片具花10-15朵,小苞片3,缘撕裂状,萼杯状,具不规则细齿,雄蕊2(3),伸出萼外;雌花苞片3深裂,每包片具花1朵,萼片卵形或卵状披针形,子房3室,花柱3,基部合生。蒴果梨状球形,或近扁球形,径1-1.5厘米。熟时黑色。种子3,扁球形,径6-7毫米,黑色,外被白色蜡质层。花期4-7月;果期10-11月。

产皖南黄山逍遥亭、慈光寺,太平,歙县,休宁,祁门,旌德,芜湖;大别山区霍山青枫岭海拔500米,金寨白马寨,岳西来榜、鹞落坪海拔1050米,潜山天柱山,舒城万佛山;江淮滁县皇甫山、琅琊山。生于山坡、田埂、路旁或栽植为行道树。分布广,北自陕西、河南、甘肃、东至台湾,南至海南,西南至四川、贵州、云南。

图538 乌桕
1. 花枝; 2. 雄花; 3. 雌花; 4. 果。

喜光。耐水湿。对氧化氢危害具较强抗性。速生，在河滩、水池、村旁均可栽植，为优良防护林树种。

本种为重要经济和工业油料树种；桕油、桕脂可制金属涂擦剂、固体酒精和制造油漆、油墨等。叶有毒，可杀虫。

半环孔材。木材纹理斜，结构细，质软，强度低，常翘曲，易干燥，不耐腐，易生虫蛀；可供制洗衣板、棋子、雕刻等用。秋叶鲜红、紫红、鲜黄，为良好的行道树及庭园观赏树种。又为密源植物。

2. 山乌桕　　　　　　　　　　图 539

Sapium discolor（Camp. ex Benth.）Muell. -Arg.

落叶乔木，高达 12 米，无毛。叶幼时淡红色，椭圆形或长卵形，长 4-10 厘米，宽 2.5-5 厘米，先端钝或短渐尖，基部楔形，全缘，侧脉 8-12 对；叶柄长 2-7.5 厘米，顶端具 2 腺体；托叶早落。花序总状，顶生，长 4-9 厘米；雄花花梗丝状，长 1-3 毫米，苞片卵形，两侧各具 1 腺体，每一苞片内具花 7，小苞片长 1-1.2 毫米，萼杯状，具不整齐裂齿，雄蕊 2（3）；雌花花梗粗，长约 5 毫米，每一苞片内具花 1，萼 3 深裂，裂片长 1.8-2 毫米，子房 3 室，花柱粗，柱头 3 裂，外卷。蒴果球形，径 1-1.5 厘米，黑色，分果瓣脱落后，中轴宿存。种子近球形，径 3-4 毫米，薄被蜡质假种皮。花期 4-6 月；果期 7-8 月。

产皖南祁门，休宁，歙县，广德。零星分布于路旁、山坡次生林中。分布于浙江、江西、福建、台湾、湖南、湖北、广东、海南、广西、云南、贵州。印度、越南也有分布。

喜光。喜深厚、湿润土壤。种子繁殖。

木材浅黄褐色，心材边材不明显，纹理直，结构细匀，轻软，干缩小；可供制板料、包装箱、雕刻等用。

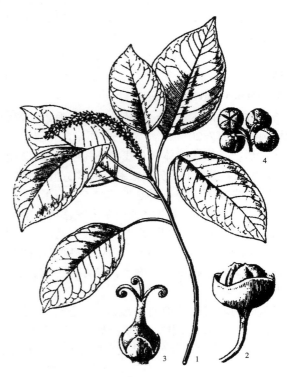

图 539 山乌桕
1. 花枝；2. 雄花；3. 雌花；4. 果序。

3. 白木乌桕　白乳木

Sapium japonicum（Sieb. et Zucc.）Pax et Hoffm.

落叶乔木，高达 8 米。叶卵形、卵状长圆形或椭圆形，长 7-16 厘米，宽 4-8 厘米，先端短尖或凸尖，基部楔形、平截或微心形，两侧不等，全缘，下面近叶缘具散生腺体，侧脉 8-10 对；叶柄长 1.5-3 厘米，呈窄翅状，顶端具 2 盘状腺体；托叶膜质，长约 1 厘米。花序长 4.5-8 厘米，雌雄同株、同序；雄花苞片长 2-2.5 毫米，基部两侧各具 1 腺体，苞腋具花 3-4，萼杯状，裂片具小齿，雄蕊 3（2）；雌花苞片 3 条裂，长 2-3 毫米，苞片三角形，长 1-1.5 毫米，两侧裂片边缘各具 1 腺体，萼片三角形，长 1-1.5 毫米，子房 3 室，花柱基部合生，柱头 3。蒴果三棱状球形，径 1-1.5 厘米，分果瓣脱落后无宿存中轴。种子扁球形，径约 8 毫米，无蜡质层，具棕褐色斑纹。花期 5-6 月；果期 8-9 月。

产皖南黄山三滴泉、桃花峰海拔 610-900 米、狮子林、云谷寺、松谷庵，祁门牯牛降双河口海拔 500 米，绩溪清凉峰栈岭湾海拔 600-1350 米，歙县竹铺东、西凹海拔 680-1400 米，休宁，东至梅城；大别山区金寨、岳西鹧落坪。生于溪边或常绿、阔叶混交林中。分布于山东、浙江、江西、福建、湖南、湖北、广东、广西、贵州、四川。朝鲜、日本也有分布。

种子油可制油漆、系硬化油、供制肥皂、蜡烛等原料。

9. 山麻杆属 **Alchornea** Sw.

落叶乔木或灌木。单叶,互生,缘具腺齿,基部具斑状腺体,掌状脉或羽状脉;托叶2,小托叶2或无。花单性,雌雄异株或同株,同株时,雄花序腋生,雌花序顶生;穗状、总状或圆锥花序;无花瓣;雄花花萼2-5深裂,雄蕊8,花丝基部连合,花药2室,背着;雌花1朵生于苞腋,萼片3-8,子房2-3(4)室,每室1胚珠,花柱(2)3,分离或基部连合,顶部不裂或2裂。蒴果分裂为2-3个分果瓣。种子无种阜或稀具退化种阜,胚乳肉质,子叶宽扁。

约70种,分布于热带、亚热带地区。我国约6种。安徽省1种。

山麻杆

图540

Alchornea davidii Franch.

落叶灌木,高达3米。幼枝及叶被柔毛。叶宽卵形或近圆形,长7-20厘米,宽6-20厘米,先端短尖,基部浅心形,具斑状腺体和2线状小托叶。缘具粗或细锯齿,齿端具腺,下面疏被柔毛,基脉3;叶柄绿色,长3-9厘米,被柔毛。雄花序穗状,长1.5-3厘米,腋生;雄花密集,萼片3-4,雄蕊6-8;雌花序总状,顶生;雌花稀疏,萼片4-5,窄卵形,子房密被毛,花柱离生,长1-1.2厘米。蒴果球形,径约1.4厘米,被毛。种子长约6毫米,种皮具小瘤点。花期3-5月;果期6-7月。

安徽省南北各地均有野生或栽培。产皖南歙县、泾县、休宁、广德、宁国、青阳;大别山区岳西鹞落坪。生于沟谷、溪边。分布于陕西、四川、云南、贵州、广西、河南、湖北、湖南、江苏、江西、福建。

纤维拉力强,供造纸用;种子油供制肥皂;全株药用,可杀虫、解毒。秋末冬初叶变红艳,可栽培供观赏。

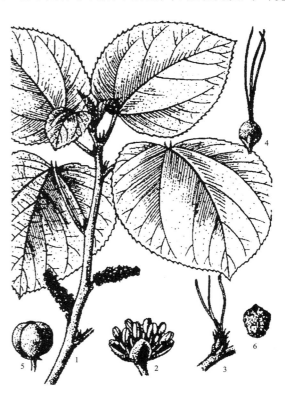

图540 山麻杆
1. 花枝;2. 雄花;3. 雌花;4. 幼果;5. 果实;6. 种子。

56. 山茶科 THEACEAE

常绿或半常绿，乔木或灌木。单叶，互生，革质，全缘或具锯齿，羽状脉；具柄；无托叶。花两性或单性雌雄异株；单生或数朵簇生；苞片 2 至多数；萼片 5 至多数，有时和花瓣或苞片不分化逐渐过渡；花瓣 5 至多数，基部合生，稀分离，白色、红色或黄色；雄蕊多数，排成多轮，外轮花丝常合生，稀 4-5，花药 2 室，背部着生或基部着生，纵裂；子房上位，稀半下位，2-10 室，每室 2 至多数胚珠，中轴胎座，稀基底胎座。蒴果、核果或浆果状。种子胚乳少或缺，子叶肉质。

约 30 属，500 余种，分布于亚热带及热带。我国 15 属，400 余种。安徽省 8 属，26 种，2 变种。

本科是组成亚热带及热带常绿阔叶树种的六大科之一。具有重要经济价值，茶业是著名饮料，油茶是木本重要油料树种，美丽的山茶花品种在国际花卉园艺界享有盛名，木荷属多为用材树种和用做防火林带树种。还有一些树种具药用价值。

1. 花两性，径 2-12 厘米；雄蕊多轮，花丝长，花药背着；蒴果，稀核果状；种子大。
  2. 萼片多于 5，宿存或脱落，花瓣 5-12；种子无翅。
    3. 蒴果中轴脱落；苞片、萼片及花瓣多于 5 ····················· 1. 山茶属 Camellia
    3. 蒴果中轴宿存；苞片 2，萼片 9-11，花瓣 5，花柱多合生 ······ 2. 石笔木属 Tutcheria
  2. 萼片 5，宿存，花瓣 5，种子具翅或无。
    4. 蒴果中轴宿存；宿萼不包蒴果 ·························· 3. 木荷属 Schima
    4. 蒴果无中轴，宿萼大，常包被蒴果 ···················· 4. 紫茎属 Stewartia
1. 花单性或两性，径小于 2 厘米；雄蕊 1-2 轮，花丝短，花药基着；浆果或浆果状：
  5. 胚珠多数，花丝常连合，稀分离；浆果小；叶 2 列。
    6. 花两性；花药具毛：
      7. 苞片 2；子房 3-5 室；顶芽常被毛；种子极多数 ·········· 5. 杨桐属 Adinandra
      7. 无苞片；子房 2-3 室；顶芽无毛；种子 10 以下 ········· 6. 红淡比属 Cleyera
    6. 花单性；花药无毛 ································· 7. 柃属 Eurya
  5. 胚珠 2（3-5），花丝连合；浆果状，果大；叶多列 ········ 8. 厚皮香属 Ternstroemia

1. 山茶属 Camellia L.

常绿灌木或乔木。单叶，互生，革质，具锯齿；具柄。花两性；单花或数朵簇生；苞片 2-6 或更多；萼片 5-16，有时苞片及萼片不分化，称苞被，脱落或宿存；花白色、红色或黄色；花瓣 5-12，基部常连生，稀分离；雄蕊多数，2-5 轮，外轮花丝常连生，并与花瓣基部合生，花药背着，稀基着；子房上位，3-5 室，每室数个胚珠，花柱 3-4。蒴果 3-5 裂，果片木质，中轴脱落。

约 200 余种，分布于东亚。我国 170 余种。安徽省 8 种。

1. 苞片和萼片区别不明显，花开时即脱落；花无梗：
  2. 花丝分离，或基部稍连生；子房被毛：
    3. 花瓣长 3-3.5 厘米；雄蕊多轮；子房被黄长毛，花柱长约 1 厘米；果径 2-4 厘米 ········ 1. 油茶 C. oleifera
    3. 花瓣长 1.5 厘米以下；雄蕊 1-2 轮；子房被长粗毛，花柱长 5 毫米以下；果径 1.5 厘米以下：
      4. 花瓣长 1-1.5 厘米，花柱长 1.5-5 毫米；叶椭圆形，长 3-4.5 厘米，宽 1.5-2.2 厘米 ···················· ·························· 2. 短柱茶 C. brevistyla

　　4. 花瓣长 8-11 毫米。花柱长 2-3 毫米；叶倒卵形，长 1.5-2.5 厘米，宽 1-1.3 厘米·············
··· 3. **细叶短柱茶 C. microphylla**

　2. 花丝连成花丝管；花瓣基部连合；子房无毛：

　　5. 苞被片 14-16；叶椭圆形或倒卵状椭圆形，长于 10 厘米············ 4. **浙江红山茶 C. chekiang-oleosa**

　　5. 苞被片 9-10；叶椭圆形，短于 10 厘米 ··························· 5. **山茶 C. japonica**

1. 苞片与萼片区别明显，常宿存；具花梗：

　6. 子房 3 室，花柱 3 裂；蒴果扁球形，具中轴；叶长圆形或椭圆形，长 4-10 厘米 ········· 6. **茶树 C. sinensis**

　6. 子房仅 1 室发育，花柱顶端 3 裂；浆果无中轴；叶长卵形或长圆形，长 8 厘米以下：

　　7. 幼枝无毛；叶长卵形，先端渐尖或长尾状，基部近圆形；花柱长 1.5-2 厘米 ·············
·· 7. **尖连蕊茶 C. cuspidate**

　　7. 幼枝密被丝毛，叶长圆形或椭圆形，先端渐尖，基部楔形；花柱长 1.4-1.5 厘米 ·············
·· 8. **毛花连蕊茶 C. fraterna**

1.　油茶　　　　　　　　　　　　图 541

Camellia oleifera Abel

　　常绿小乔木。幼枝被粗毛。叶椭圆形、倒卵形或长圆形，长 4-7 厘米，宽 2-4 厘米，先端钝尖，基部楔形，具细锯齿，上面深绿色，具光泽，下面淡绿色，中脉被长毛，侧脉 5-7 对，下面不甚明显；叶柄长 4-8 毫米，被粗毛。花顶生，近无梗；苞被片约 10，宽卵形，长 3-12 毫米，被绢毛；花瓣白色，倒卵形，长 3-3.5 厘米，被绢毛；雄蕊长 1-1.5 厘米，多轮，花药黄色，背着；子房被黄长毛，花柱长约 1 厘米，顶端 3 裂。蒴果球形，径 2-4 厘米，3 或 1 室，每室种子 1，果片厚 3-5 毫米，木质，苞被片脱落；果梗长 3-5 毫米。花期 10 月至翌年 2 月；果期翌年 9-10 月。

　　产皖南黄山逍遥溪、温泉，休宁齐云山，绩溪清凉峰海拔 850 米，旌德，广德，贵池，青阳九华山，普遍栽培；大别山区霍山诸佛庵、真龙地、白马尖海拔 1300 米，金寨白马寨海拔 700 米，六安，岳西鹞落坪，

图 541 油茶
1. 花枝；2. 雄蕊（多数）；3. 雌蕊；4. 果实。

潜山天柱山海拔 750 米，舒城万佛山；江淮含山，桐城等地广泛栽培。分布于江西、湖南、广西、广东、浙江、福建、贵州、云南、湖北、河南；陕西、台湾、江苏有栽培。

　　油茶是异花授粉植物，在天然杂交和人工选择过程中，形成了许多品种类型，如抗性较强出油率较高的中降子、喜诸子、中包红球等；安徽省皖南山区群众可根据气候土壤条件，选择适宜品种栽植造林。

　　喜温暖湿润气候，适应性强，能耐较瘠薄土壤，以山地酸性黄、红壤为宜。用种子繁殖或扦插育苗。

　　油茶种子含油率达 25.22%-33.5%，种仁含油率达 37.96%-52.52%；茶油供食用，可降压、降血脂，为群众喜爱的食用油之一，也可工业用。茶枯可提炼汽油，沤制沼气，作肥皂及农药。果壳、种壳可提活性碳及糖醛、皂素、栲胶等。木材供制小型农具、家具等。植株耐火力强，可作防火林带树种。

2.　短柱茶

Camellia brevistyla（Hayata）Cohen Stuart

　　常绿小乔木。幼枝被毛。叶革质，椭圆形，长 3-4.5 厘米，宽 1.5-2.2 厘米，先端钝，基部宽楔形，具钝齿，下面无毛，具小突起，叶脉两面不明显；叶柄长 5-6 毫米，被毛。花顶生，或腋生，无梗；苞被片 7，长 2-7 毫米，

被毛；花瓣5，白色，宽倒卵形，长1-1.5厘米；雄蕊长5-9毫米，下半部连成短管；子房3室，被长粗毛，花柱3，长1.5-5毫米。蒴果球形，径约1厘米。种子1。花期10月。

产皖南休宁岭南，祁门，青阳九华山二圣殿。生于海拔200米山谷阔叶混交林中。分布于福建、台湾、广东、广西、江西。

3. 细叶短柱茶 图542

Camellia microphylla（Merr.）Chien

常绿灌木。幼枝被柔毛。叶革质，倒卵形，长1.5-2.5厘米，宽1-1.3厘米，先端圆或钝，有时稍尖，基部宽楔形，上半部具细锯齿，上面干后黄绿色，中脉被短柔毛，下面具小突起，脉两面不明显；叶柄长1-2毫米，被柔毛。花顶生，花梗极短；苞被片6-7，宽倒卵形，近无毛；花瓣5-7，白色，宽倒卵形，长8-11毫米，基部分离；雄蕊长5-6毫米，下半部连生，无毛；子房被长粗毛，花柱3，长2-3毫米，无毛。蒴果卵圆形，径约1.5厘米，苞被片脱落。种子2。

产皖南祁门棕里，石台大演、牯牛降海拔280米、星火至祁门岔海拔235米，休宁五城龙田、流口，宁国。生于林下灌丛中。分布于浙江、江西、湖南、贵州。

种子油食用。花白色，果红色，极为美观，可供绿化观赏用。

图542 细叶短柱茶
1. 营养枝；2. 果。

4. 浙江红山茶 图543

Camellia chekiang-oleosa Hu

常绿小乔木，高达10米。幼枝无毛。叶革质，椭圆形或倒卵状椭圆形，长8-12厘米，宽2.5-5.5厘米，先端突短尖，基部楔形或近圆形，具细锯齿，无毛，侧脉约8对，上面明显，下面不明显；叶柄长1-1.5厘米，无毛。花径8-12厘米，无梗；苞被片14-16，宿存，被白色绢毛；花瓣7，红色，外2片倒卵形，长3-4厘米，被白绢毛；内5片宽倒卵形，长5-7厘米，先端2裂；雄蕊3轮，外轮花丝基部连生，内轮花丝离生，花药黄色；子房无毛，花柱长2厘米，顶端3-5裂，无毛。蒴果卵球形，径4-6厘米，顶具短喙，果片厚木质。种子每室3-8，长约2厘米。花期2-4月；果期9月。

皖南休宁岭南及大别山区岳西横河有零星野生；汤口黄山树木园有引种栽培。分布于福建、江西、湖南、浙江。

图543 浙江红山茶
1. 花枝；2. 雄蕊；3. 雌蕊；4-5. 果实；6. 种子。

生长较慢。萌芽性强。抗病虫能力强。

种子含油量 28%-35%。果壳可提制栲胶、制碱及烧制活性炭。花、叶可提制茶精。亦为重要油料树种。

5.　山茶　　　　　　　　　图 544

Camellia japonica L.

常绿小乔木。幼枝无毛。叶革质,椭圆形,长 5-10 厘米,宽 2.5-5 厘米,先端钝尖,基部宽楔形,具细锯齿,侧脉 7-8 对;叶柄长 8-15 毫米。花顶生,无梗;苞被片 9-10,被绢毛,花后脱落;花瓣 6-7,红色,外 2 片几离生,近圆形,长约 2 厘米,内 5 片基部连生,倒卵圆形,长 3-4.5 厘米,无毛;雄蕊 3 轮,长 2.5-3 厘米,外轮花丝基部连生成管,花丝管长约 1.5 厘米,内轮花丝离生;子房无毛,花柱长约 2.5 厘米,顶端 3 裂。蒴果圆球形,径 2.5-3 厘米,2-3 室,每室 1-2 种子,果 3 片裂,木质,厚 3-5 毫米。花期 1-5 月;果期 9-10 月。

安徽省多栽培,品种繁多,花多为红色、淡红色或白色,重瓣。为名贵花木,供观赏。用种子或扦插、压条、嫁接繁殖。

种子含油率 45.2%,种仁含油率 73.2%;油可食用,并作润发、防锈、制肥皂、钟表润滑油。药用:花可止血。

图 544 山茶
1. 营养枝; 2. 花枝。

6.　茶　　　　　　　　　图 545

Camellia sinensis(L.)O. Kuntze

常绿灌木或小乔木,(在云南东南部天然林中有千年以上的野生大乔木)。幼枝无毛。叶薄革质,长圆形或椭圆形,长 4-10 厘米,宽 2-5 厘米,先端钝或尖,基部楔形,具锯齿,下面幼时被毛,后脱落,侧脉 6-9 对;叶柄长 3-8 毫米。花 1-3 腋生,花梗长 4-6 毫米;苞片 2,早落;萼片 5,长 3-4 毫米,宿存;花瓣 7-8,白色,宽卵形,长 1-1.6 厘米,基部稍连生;雄蕊长 8-13 毫米,基部离生或稍连生;子房密被毛,3 室,花柱顶端 3 裂。蒴果扁球形,有时单球或双球形,每球具种子 1-2。花期 8-12 月;果期翌年 10 月下旬。

安徽省皖南山区及大别山区及江淮之间广泛栽培;黄山有少量野生种。在我国秦岭淮河流域以南均有栽培。

喜温暖湿润气候,常生于年均温 15-25℃,年降雨量 1000-2000 毫米,相对湿度 80% 以上的山区,在酸性山地红壤、红黄壤、黄壤地区的土层深厚、疏松、富含腐殖质、排水良好的坡地上,生长最旺盛,茶叶品质也优良。

图 545 茶
1. 花枝; 2. 花(放大); 3. 萼及雌蕊; 4. 雄蕊(多数); 5. 果。

安徽省茶树资源丰富，优良品种较多，可制成的茶叶以黄山毛峰、祁门红茶、太平猴魁、泾县涌溪火青、六安瓜片、霍山黄芽最为著称，远销国内外，为优良饮料。

茶叶含有咖啡碱，为大脑中枢兴奋剂，并有利尿功效。根入药，清热解毒，可治疗风湿性心脏病及肝炎。种子油可食用。

7. 尖连蕊茶 图546

Camellia cuspidata（Kochs）Wright ex Gard.

常绿灌木。幼枝无毛。叶长卵形，长 5-8 厘米，宽 1.5-2.5 厘米，先端渐尖或长尾状，基部近圆形，具细锯齿，上面干后黄绿色，下面淡绿色，无毛，侧脉 6-7 对；叶柄长 3-5 毫米。花单生枝顶，或 1-2 腋生，花梗长约 3 毫米；苞片 3-4，长 1.5-2.5 毫米；萼片 5，长 4-5 毫米；花瓣 6-7，白色，基部连生并与花丝基部合生，长 1.2-2.4 厘米；雄蕊短于花瓣，几离生，花药背着，雄蕊长 1.8-2.3 厘米；子房无毛，花柱长 1.5-2 厘米，顶端 3 裂。蒴果球形，径约 1.5 厘米，果皮薄，苞片及萼片宿存，1 室。种子 1。花期 4-7 月。

产皖南黄山北海、松谷庵，祁门牯牛降海拔 380 米，绩溪清凉峰海拔 980 米，歙县清凉峰西凹、天子地海拔 1200-1300 米，休宁六股尖，青阳九华山；大别山霍山真龙地海拔 250 米，金寨白马寨、马鬃岭十坪至大寨冲海拔 680 米，岳西大王沟、大余湾海拔 750 米。生于常绿阔叶林中及沟谷两旁。分布于福建、江西、广东、广西、湖南、贵州、云南、四川、湖北、陕西。

种子含油率约 20%，可供制润滑油、肥皂等用。

图 546 尖连蕊茶
1. 花枝；2. 花；3. 花萼及花柱。

8. 毛花连蕊茶 图547

Camellia fraterna Hance

常绿灌木或小乔木。幼枝密被丝毛。叶革质，椭圆形或长圆形，长 4-8 厘米，宽 1.5-3 厘米，先端渐尖，基部楔形，具细锯齿，上面干后深绿色，具光泽，下面初被毛，后仅中脉被毛，侧脉 5-6 对；叶柄长 3-5 毫米，被柔毛。花单生枝顶或叶腋，花梗长 3-4 毫米；苞片 4-5，宽卵形，长 1-2.5 毫米被毛；萼片 5，卵形，被褐色长绒毛；花瓣 5-6，白色，长 2-2.5 厘米，外 2 片被丝毛；雄蕊长 1.5-2 厘米，花丝管长约 1 厘米，花药背着；子房无毛，花柱长 1.4-1.5 厘米，顶端 3 裂。蒴果球形，径约 1.5 厘米，果片薄，1 室，种子 1。

产皖南黄山桃花峰，休宁岭南，绩溪清凉峰永来海拔 770 米，歙县清凉峰海拔 450 米，旌德，太平龙源、贵池；大别山区霍山俞家畈海拔 560 米，金寨白马寨、六安毛坦厂，岳西大王沟、鹞落坪，潜山天柱山东关、

图 547 毛花连蕊茶
1. 花枝；2. 萼片；3. 花瓣；4. 雄蕊（多数）；5. 萼及花柱；6. 叶柄（放大）。

彭河乡，太湖大山乡海拔 350 米，舒城小涧冲。生于阔叶林中。分布于江苏、浙江、福建、江西。

2. 石笔木属 Tutcheria Dunn

常绿乔木。单叶，互生，革质，具锯齿，侧脉不明显。花两性，白色或淡黄色；近枝顶叶腋单生，具短梗；苞片 2，和萼片同形，早落；萼片 9-11，革质，被绢毛，半宿存；花瓣 5，近革质，常被绢毛；雄蕊多轮，花丝分离，基部与花瓣连生，花药 2 室，背着；子房 3-6 室，每室 2-5 胚珠，花柱连生，顶端 3-6 裂。蒴果木质，从基部向顶端裂开，中轴宿存。种子每室 2-5，稍扁，长卵形，有时多边形；种皮骨质，种脐纵长，无胚乳。

26 种。我国约 23 种，分布于长江流域以南，以广东、广西、贵州、云南分布较多。安徽省 1 种。

小果石笔木

图 548

Tutcheria microcarpa Dunn

常绿乔木，高达 17 米；树皮棕褐色，不裂。幼枝初被微毛或无毛。叶椭圆形或长圆形，长 5-12 厘米，宽 2-4 厘米，先端锐尖，基部楔形，具细锯齿，上面干后黄绿色，下面无毛，侧脉 8-9 对；叶柄长 5-8 毫米。花白色，径 1.5-3 厘米，花梗极短；苞片 2，卵圆形，长 2-3 毫米；萼片圆形，长 4-8 毫米；花瓣长 8-12 毫米，被绢毛；雄蕊长 6-8 毫米，无毛；子房上位，3 室，被毛，花柱长 6-8 毫米。蒴果三角状球形，径 1-1.5 厘米，两端略尖，3 瓣裂，柱头宿存。种子长 6-8 毫米。花期 6-7 月；果期 10-11 月。

产皖南休宁岭南三溪、大溪吊峒海拔 350 米，祁门牯牛降海拔 420 米。混生于中亚热带常绿阔叶林中。分布于海南、福建、湖南、江西、浙江、云南。

材质坚硬优良，家具优质用材。

图 548 小果石笔木（果枝）

3. 木荷属 Schima Reinw.

常绿乔木。单叶，互生，革质，全缘或具锯齿；具柄。花大，两性；单生于近枝顶叶腋，或多朵排成短总状花序，具短梗；苞片 2-7，早落；萼片 5，革质，覆瓦状排列，离生或基部连合，宿存；花瓣 5，最外 1 枚风帽状，花蕾时全包花朵，其余 4 枚卵形，离生；雄蕊多数，花丝扁平，离生，花药 2 室，被增厚的药隔分开，基着；子房 5 室，被毛，每室 2-6 胚珠，花柱连合，柱头头状或 5 裂。蒴果球形，木质，室背开裂，中轴宿存，顶端五角形。种子肾形，扁平，周围具薄翅。

约 30 种，分布于亚洲热带及亚热带。我国 19 种，分布于华南和西南。安徽省 1 种。

木荷

图 549

Schima superba Gardn. et Champ.

常绿大乔木，高达 30 米，胸径 1 米；树皮灰褐色，纵裂。幼枝无毛。叶革质至薄革质，椭圆形，长 7-12 厘米，宽 4-6.5 厘米，先端锐尖，有时略钝，基部楔形，具钝锯齿，无毛，侧脉 7-9 对；叶柄长 1-2 厘米。花单生于近枝顶叶腋，有时多朵排成总状花序，径 3 厘米，花梗细，长 1-2.5 厘米，无毛；苞片 2，长 4-6 毫米；萼片 5，半圆形，长 2-3 毫米，内面被绢毛；花瓣白色长 1-1.5 厘米，最外 1 枚风帽状；子房被毛。蒴果近球形，径 1.5-2 厘米。花期 6-8 月；果期秋季。

产皖南黄山温泉至慈光寺，祁门，休宁流口，绩溪清凉峰永来海拔 810 米，歙县清凉峰里外三打、乌桃湾海拔 1200-1400 米，旌德，太平；大别山区太湖，舒城万佛山。生于向阳山坡或常绿阔叶林中。分布于江苏、浙江、江西、台湾、福建、湖南、湖北、四川、云南、贵州、广西、广东、海南。

幼枝耐阴，大树喜光。天然下种更新良好，也可萌芽更新。

散孔材，木材浅红褐色至暗黄褐色，心材边材区别不明显，结构细匀，重量重，坚韧致密，不开裂，易加工；最适宜制造纱管、纱锭或供建筑、家具、胶合板、细木工、车船等用。树皮、叶可提制栲胶。山区群众称用来作燃料火力不旺，故安徽省南部山区用此种作防火林带树种，种植在防火道上，耐火力强。

图 549 木荷
1. 花枝; 2. 果实。

4. 紫茎属 Stewartia L.

半常绿或落叶小乔木。单叶，互生，具锯齿；叶柄无翅。花两性；单生叶腋，具短梗；苞片 2，宿存；萼片 5，宿存；花瓣 5，白色或红色，基部连生；雄蕊多数，花丝下半部连生，花丝管上端常被毛，花药背着；子房 5 室，每室 1-3 胚珠，基底着生，花柱合生，柱头 5 裂。蒴果，宽卵圆形，顶端细尖，略具 5 棱，室背 5 片裂，果片木质，无中轴，宿萼常包被蒴果，每室 2 种子。种子扁平，周围具翅。

约 13 种，分布于东亚和北美。我国 8 种。安徽省 3 种。

1. 子房被毛或基部被绢毛：
  2. 子房被毛；蒴果被长柔毛；树皮灰黄色，薄片状剥落；，脱落后，树干平滑，花柱长 1 厘米以下 …………
  …………………………………………………………………………………………… 1. **紫茎 S. sinensis**
  2. 子房基部被绢毛；蒴果中下部被平状细绢毛；树皮暗褐色，具紧密浅裂纹，不片状剥落；花柱长约 1.5 厘米
  ……………………………………………………………………………………… 2. **长柱紫茎 S. rostrata**
1. 子房密被柔毛或长柔毛；蒴果全部被毛；叶卵形或长卵形；萼片先端钝圆，长约 1 厘米 …………………
………………………………………………………………………………………… 3. **短萼紫茎 S. brevicalyx**

1. 紫茎

图 550

Stewartia sinensis Rehd. et Wils.

落叶小乔木，高达 10 米；树皮灰黄色，薄片状剥落；树干端直平滑，枝下高长。冬芽锐尖，芽鳞 5-7，覆瓦状紧密排列；叶椭圆状卵形或卵状椭圆形，长 6-10 厘米，宽 2-4 厘米，先端渐尖，基部楔形，具粗齿，幼叶两面被灰白色绢毛，侧脉 7-10 对；叶柄长约 1 厘米，无翅。花白色，单生叶腋，径 4-5 厘米，花梗长 4-8 毫米；苞片 2，长卵形，长 2-2.5 厘米，先端尖，基部被毛；萼片 5，卵形，长 1-2 厘米，基部连生；花瓣宽卵形，长 2.5-3 厘米，外被绢毛；雄蕊具短花丝管，被毛；子房被毛，花柱单 1，长 1 厘米以下。蒴果长卵形，顶端渐尖，径不

及 1 厘米,全部被毛。花期 6-11 月;果期翌年霜降前后。

产皖南黄山半山寺、云谷寺至狮子林途中、三道亭附近,祁门牯牛降观音堂海拔 400 米,歙县清凉峰海拔 1480 米,绩溪清凉峰永来海拔 1070 米,休宁五城;大别山区霍山,金寨,岳西大王沟、鹞落坪、河图海拔 1050 米,潜山彭河乡海拔 700 米,舒城万佛山,海拔 1250 米。生于阔叶混交林中。分布于湖北、湖南、浙江、江西。

不耐阴;喜湿润气候及肥沃土壤。天然更新能力差。

种子油可食用及工业用作润滑油。木材黄红褐色,具光泽,纹理直或斜,结构细,硬重;可供建筑、造船、家具及细木工等用。

濒危且我国特有植物。

图 550 紫茎
1. 果枝;2. 芽(示芽鳞)。

2. 长柱紫茎

Stewartia rostrata Spongberg

落叶或半常绿小乔木;树皮暗褐色,具紧密浅裂纹,粗糙,不片状剥落。幼枝疏被微毛;芽鳞 2-3,被灰色绢毛。叶椭圆形,长 6-9 厘米,宽 2.5-3.6 厘米,先端锐尖,基部宽楔形,具细锯齿,齿尖刺毛状,上面无毛,下面幼时被疏柔毛,侧脉约 7 对;叶柄长 6-9 毫米,无翅。花白色,单生叶腋,径 4-5 厘米,花梗长 5-7 毫米;苞片 2,长卵形,长 1.8 厘米;萼片 5,卵形,长 1-1.5 厘米;花瓣倒卵形,长 2 厘米;雄蕊多数,基部连生成筒状,短于花瓣;子房基部被绢毛,花柱单 1,长 1.5 厘米。蒴果卵形,径 1.2-1.8 厘米,具明显 5 棱,中下部被平伏细绢毛,宿存花柱尖,长约 1.6 厘米;果梗长 6-8 毫米。种子具窄翅。

产皖南绩溪永来—栈岭湾海拔 1000 米,歙县清凉峰海拔 800 米;大别山区霍山马家河海拔 1100-1300 米,金寨白马寨,岳西妙道山、鹞落坪,潜山彭河乡海拔 900 米、天柱峰海拔 1150 米,舒城万佛山海拔 980 米。生于山坡路旁、河谷两旁的阔叶林中。分布于江苏、浙江、湖南。

3. 短萼紫茎

Stewartia brevicalyx Yan

落叶小乔木;树皮小块片状剥落。幼枝被灰色柔毛。叶卵形或长卵形,长 5-6 厘米,宽 2-3.5 厘米,先端锐尖,基部楔形,具锯齿,上面无毛,下面被平状柔毛;叶柄长 2-5 毫米,被疏柔毛。花白色,单生叶腋,花梗长 5-7 毫米;苞片 2,宽卵形,长 1-1.2 厘米,先端尖;萼片 5,不等长,长约 1 厘米;花瓣倒卵形,外面密被绢状丝毛;雄蕊基部连生;子房长圆锥形,密被长柔毛,花柱单 1。蒴果全部被毛。花期 5-6 月。

产皖南黄山温泉、半山寺、北海、松谷庵海拔 600-1100 米。分布于浙江西天目山。

安徽省地理新分布。

5. 杨桐属 Adinandra Jack.

常绿小乔木或灌木。幼枝被毛;顶芽锥形,被毛。单叶,互生,二列,革质,有时厚纸质,具锯齿或全缘;常具腺点。花两性;单生或双生叶腋,花梗下弯,稀直立;苞片 2;萼片 5,宿存;花瓣 5,白色;雄蕊 15-60,着生于花瓣基部,花丝常连合,稀分离,花药长于花丝,长圆形,基着,外向开裂,被硬毛;子房 3-5 室,每室胚珠多数,着生于中轴胎座下半部,花柱不裂或顶端 3 裂。浆果。种子多数,细小;胚弯曲,子叶半圆筒形。

约 80 余种，分布于亚洲和美洲热带和亚热带。我国约 19 种。分布于南部及西南部。安徽省 1 种。

杨桐 黄瑞木 毛药红淡　　　　　　图 551

Adinandra millettii（Hook. et Arn.）Benth. et Hook. f. ex Hance

常绿小乔木，高约 5 米。幼枝及顶芽疏被短柔毛。叶革质，长圆状椭圆形，长 4.5-9 厘米，宽 2-3 厘米，先端骤尖或短渐尖，基部楔形，全缘，有时上部具细锯齿，上面亮绿色，幼叶下面被平伏柔毛，后脱落；叶柄长 3-5 毫米。花单生叶腋，花梗长 2-2.5 厘米，下弯；苞片 2，早落；萼片 5，三角状卵形，先端尖，边缘具小腺点和睫毛，外被稀疏平伏短柔毛；花瓣白色，卵状长圆形，长约 9 毫米，无毛；雄蕊 25，花药密被白色柔毛；子房 3 室，被毛，每室胚珠多数，花柱单 1。浆果球形，径约 1 厘米，熟时紫黑色，宿存花柱长约 8 毫米。花期 4-5 月；果期 7-8 月。

产皖南休宁岭南、五城，祁门牯牛降观音堂、闪里叶家、大演坑海拔 380 米，东至，歙县。生于阳坡疏林内或灌丛中。分布于福建、浙江、江西（三清山）、广东、广西、湖南、江苏、贵州。

木材可供建筑、枕木、车船、家具等用。

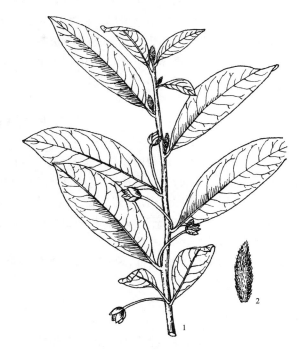

图 551 杨桐（黄瑞木）
1. 果枝；2. 芽。

6. 红淡比属 Cleyera Thunb.

常绿乔木或灌木。顶芽大，长锥形，无毛。单叶，互生，二列，革质。花两性；单生或 2-3 簇生叶腋，花梗不下弯；苞片 2，小或缺；萼 5，边缘具纤毛，覆瓦状排列；花瓣 5，基部稍连合；雄蕊约 25，花丝离生，花药较花丝短，被毛；子房上位，无毛，2-3 室，每室胚珠多数，花柱长，2-3 裂，柱头细。浆果，熟时黑色，具宿存花萼和花柱。种子少数，胚乳肉质。

约 16 种，分布于亚洲及北美。我国约 12 种。分布于西南、东南。安徽省 1 种。

红淡比　　　　　　　　　　　　图 552

Cleyera japonica Thunb.

常绿小乔木，高达 12 米；全株无毛；树皮灰褐色或灰白色。幼枝稍具棱；顶芽大，长锥形。叶椭圆形或倒卵形，长 4-10 厘米，宽 2.5-4.5 厘米，先端钝尖，基部楔形，全缘，边缘稍反卷，中脉上面微隆起，下面不明显，侧脉 6-8 对；叶柄长 8-10 毫米。花单生或簇生叶腋，花梗长 1-1.5 厘米；苞片 2，早落；萼片 5，

图 552 红淡比
1. 花枝；2. 雄蕊（示被毛）；3. 果实。

卵圆形，具纤毛；花瓣 5，白色，倒卵状长圆形；雄蕊 25-30，花药被丝毛；子房 2 室，每室胚珠 10 余，花柱长 8 毫米，顶端 3 浅裂。浆果近球形，径 7-9 毫米，黑色，具宿存花萼和花柱。花期 5-6 月；果期 9-10 月。

产皖南黄山慈光寺、半山寺、云谷寺、松谷庵，祁门牯牛降海拔 470 米，太平，宣城，青阳九华山；大别山区霍山青枫岭海拔 500 米，岳西，潜山。生于山谷、水边、林下。分布于江苏、浙江、江西、福建、台湾、湖南、湖北、广东、广西、四川、贵州。

7. 柃属 **Eurya** Thunb.

常绿灌木或小乔木。幼枝圆或具 2-4 棱；冬芽裸露。单叶，互生，二列，具锯齿。花小，单性，雌雄异株；1-数朵腋生，具短梗；小苞片 2；萼片 5，覆瓦状排列，宿存；花瓣 5，膜质，基部稍连合；雄花具雄蕊 5-28，1 轮，花丝与花瓣基部合生或近分离，花药 2 室，基着，药室不分格或具 2-9 分格，药隔顶端具小尖头，退化子房常显著；雌花子房上位，3-5 室，每室 3-60 胚珠，花柱 5-2，宿存，柱头线性。果浆果状。种子每室 4-20，黑色或褐色，具光泽，被细蜂窝状网纹。

约 140 种，分布于亚洲热带、亚热带及太平洋诸群岛。我国约 80 种，分布于长江、秦岭以南。安徽省 9 种，2 变种。

1. 幼枝与顶芽被微毛：
  2. 小枝细；叶窄椭圆形或椭圆状披针形，先端长渐尖或尾尖；花柱长 2-3 毫米 ·················· 1. **细枝柃 E. loquiana**
  2. 小枝稍粗；叶长圆形、椭圆形或长圆状椭圆形，先端钝或短渐尖；花柱长 1-2 毫米：
    3. 叶长 3-5 厘米，先端钝，近全缘或上半部具细锯齿 ·················· 2. **钝叶柃 E. obtusifolia**
    3. 叶长 4-10 厘米，先端短渐尖，具细锯齿 ·················· 3. **微毛柃 E. hebeclados**
1. 幼枝与顶芽无毛：
  4. 幼枝圆；叶干后下面淡绿色；花药具分格，花柱 3 浅裂：
    5. 幼枝与顶芽无毛 ·················· 4. **格药柃 E. muricata**
    5. 幼枝与顶芽被短柔毛 ·················· 4a. **毛枝格药柃 E. muricata** var. **huiana**
  4. 幼枝具 2-4 棱
    6. 幼枝具 2 棱：
      7. 叶倒卵形，先端圆，常微凹 ·················· 5. **岩柃 E. saxicola**
      7. 叶椭圆形或长圆状椭圆形，先端渐尖、渐钝尖或微凹
        8. 萼片具纤毛；花柱长不及 1 毫米 ·················· 6. **短柱柃 brevistyla**
        8. 萼片无纤毛；花柱长 1 毫米以上。
          9. 叶侧脉在上面隆起，叶干后下面常红褐色；萼片革质，干后褐色，花柱长 1 毫米 ················
          ·················· 7. **窄基红褐柃 E. rubiginosa** var. **attenuate**
          9. 叶侧脉在上面平或微凹，常不明显，叶干后下面淡绿色或黄绿色；萼片膜质：
            10. 叶薄革质；花柱长 2.5-3 毫米 ·················· 8. **细齿叶柃 E. nitida**
            10. 叶厚革质；花柱长约 1.5 毫米 ·················· 9. **柃木 E. japonica**
      6. 幼枝具 4 棱，形成微翅；叶厚革质，长圆形或椭圆形，长 4-7.5 厘米；花药无分格，花柱 3 浅裂 ······
      ·················· 10. **翅柃 E. alata**

1. 细枝柃

Eurya loquiana Dunn

常绿小乔木，高达 5 米。小枝纤细，幼枝黄绿色，与顶芽均被短柔毛。叶窄椭圆形或椭圆状披针形，长 4-9

厘米，宽 1.5-2.5 厘米，先端渐尖，基部楔形，具钝齿，上面暗绿色，具光泽，下面干后红褐色，侧脉约 10 对；叶柄长 3-4 毫米，被微毛。花 1-4 簇生叶腋，花梗长 2-3 毫米，被微毛；小苞 2；萼片 5，卵形，被微毛；花瓣 5，白色；雄花花瓣倒卵形，长 3.5 毫米，雄蕊 10-15，花药无分格，具退化雌蕊；雌花花瓣椭圆形，长约 3 毫米，子房卵形，3 室，无毛，花柱长 2-3 毫米，顶端 3 裂。果浆果状，球形，径 3-4 毫米，黑色。花期 11-12 月；果期翌年春夏季。

产皖南祁门厩基坦海拔 300 米，休宁五城海拔 500 米。散生于常绿阔叶林中或溪谷边。分布于浙江、湖北、湖南、广东、广西、海南、四川、贵州、云南。喜荫湿。

2. 钝叶柃

Eurya obtusifolia H. T. Chang

常绿灌木，高达 2 米。幼枝圆柱形，被微毛；顶芽密或疏被微毛和黄褐色短柔毛。叶长圆形或椭圆形，长 3-5 厘米，宽 1.5-2.5 厘米，先端钝，基部宽楔形或楔形，近全缘或上半部具细锯齿，无毛，侧脉上面稍明显；叶柄长 1-2 毫米，被微毛。花 1-4 腋生，花梗长约 1.5 毫米，被微毛；小苞片 2，近圆形，被微毛；萼片 5，近膜质，卵圆形长约 1.5 毫米，外被短柔毛和纤毛；雄花花瓣 5，白色，长约 3 毫米，雄蕊 10，花药不具分格，具退化雌蕊；雌花花瓣 5，卵形，长约 2 毫米，子房 3 室，球形，花柱长 1-2 毫米，3 浅裂。果浆果状，球形，径约 3 毫米，蓝黑色。花期 2-3 月；果期 8-10 月。

产皖南太平；大别山区太湖大山乡海拔 100 米。分布于陕西、湖北、湖南、四川、贵州、云南。种子含油脂。果入药，治肠炎、泻痢。

3. 微毛柃 图 553

Eurya hebeclados L. K. Ling

常绿灌木，高达 3 米。幼枝圆柱形，黄绿色，与顶芽均被微毛。叶长圆状椭圆形、椭圆形或长圆状倒卵形，长 4-10 厘米，宽 1.5-4 厘米，先端短渐尖，基部楔形，具细锯齿，齿端紫黑色，下面黄绿色，无毛；叶柄长 2-4 毫米，被微毛。花 4-7 簇生叶腋，花梗长约 1 毫米，被微毛；小苞片 2；萼片 5，近圆形，被微毛，边缘干后膜质；花瓣 5，白色；雄花花瓣长圆状倒卵形，长约 3 毫米，雄蕊 15，花药不分格，具退化雌蕊；雌花花瓣倒卵形或匙形，长约 2.5 毫米，子房卵状圆锥形，3 室，无毛，花柱顶端 3 深裂。果浆果状，球形，径 4-5 毫米，蓝黑色，宿存萼片缘具纤毛。花期 12 月至翌年 1 月；果期 8-10 月。

图 553 微毛柃
1. 花果枝；2. 果实。

产皖南黄山汤口、温泉、云谷寺、苦竹溪，祁门牯牛降海拔 380 米，休宁岭南，绩溪清凉峰海拔 900 米，泾县小溪海拔 350 米，贵池高坦，太平贤村，宣城，广德，青阳九华山；大别山区霍山马家河，金寨白马寨，岳西鹞落坪，潜山彭河乡海拔 550-750 米，太湖大山乡木堰村海拔 250 米，舒城万佛山；安庆，桐城。生于林下阴坡地。分布于江苏、浙江、江西、福建、湖北、湖南、广西、四川、重庆、贵州。

微毛柃在安徽省分布较广，资源较丰富，是优良的冬季蜜源植物。

4. 格药柃 图554

Eurya muricata Dunn

常绿灌木或小乔木，高达5米；全株无毛。幼枝粗圆，黄绿色。叶椭圆形，长6.5-12厘米，宽2-4厘米，先端渐尖，基部楔形，具钝锯齿，侧脉上面明显，9-11对；叶柄长3-5毫米。花1-5簇生叶腋，花梗长1-1.5毫米；小苞片2；萼片5圆形，革质；雄花花瓣5，倒卵形，花4.5毫米，白色，雄蕊15-20，药室具分格，具退化雌蕊；雌花花瓣5，白色，卵状披针形，长约3毫米，子房3室，无毛，花柱长约1.5毫米，3浅裂。果浆果状，球形，径4-5毫米，紫黑色。花期9-10月；果期翌年6-8月。

产皖南黄山温泉下大溪沟边海拔600米，休宁岭南，旌德，太平贤村，泾县小溪，贵池岭脚；大别山区霍山马家河海拔1000米、清枫岭海拔500米，金寨梅山水库、白马寨至天堂寨海拔750-1230米，岳西鹞落坪，潜山天柱山，舒城万佛山。生于山坡、林缘。灌丛中。分布于江苏、浙江、江西、福建、广东、湖南。

4a. 毛枝格药柃（变种）

Eurya muricata Dunn var. **huiana**（Kob.）L. K. Ling

本变种顶芽和幼枝被短柔毛。

产皖南旌德海拔450米，祁门；大别山区金寨。分布于浙江、江西、湖南、四川、贵州、云南。

5. 岩柃 图555

Eurya saxicola H. T. Chang

常绿灌木，高达2-3米，全株无毛。幼枝具2棱。叶倒卵形或倒卵状椭圆形，长1.5-3厘米，宽8-15毫米，先端钝，有微凹，基部楔形，具细密锯齿，干后边缘常反卷，下面淡黄绿色，侧脉及网脉上面明显凹下；叶柄长2-3毫米。小苞片2；萼片5，近圆形；雄花花瓣5，白色，倒卵形，长约1.5毫米，雄蕊5-6，花药不具分格；雌花花瓣5，白色，卵形，长约1.5毫米，子房3室，花柱长0.5毫米，3浅裂。果浆果状，球形，径约3毫米，紫黑色。花期9-10月；果期翌年6-8月。

产皖南黄山慈光寺至玉屏楼、北海、狮子峰、西海、始信峰、云谷寺、浮溪；海拔达1600米，歙县清凉峰竹铺，祁门牯牛降海拔1250-1800米。多生于山顶矮林中或悬岩陡壁上，形成纯群落。分布于浙江、福建、湖南、广东、广西。

图554 格药柃
1. 花枝；2. 雄花；3. 雄花纵剖面，示花药具分格；4. 雌花及去瓣之子房；5. 果实。

图555 岩柃
1. 果枝；2. 果实。

6. 短柱柃 图 556
Eurya brevistyla Kob.

常绿小乔木，高达 7 米。幼枝具 2 棱，灰白色；顶芽与萼片被纤毛，余无毛。叶椭圆形或倒卵状椭圆形，长 5-9.5 厘米，宽 2-3.5 厘米，先端渐尖，基部楔形，具锯齿，侧脉在上面隆起，两面明显；叶柄长 2-7 毫米。花 1-3 腋生，花梗长约 1.5 毫米；小苞片 2；萼片 5，圆形膜质；雄花花瓣 5，卵形，长 3-4 毫米，白色，雄蕊 13-15，花药不具分格，具退化雌蕊；雌花花瓣 5，卵形，长约 2.5 毫米，白色，子房 3 室，花柱 3，分离，长不及 1 毫米。果浆果状，球形，径 3-4 毫米，无毛。花期 10-11 月；果期翌年 6-8 月。

产皖南黄山，祁门棕里，广德柏垫，泾县，休宁；大别山区金寨白马寨，岳西鹞落坪海拔 1000 米以下阴坡湿地。分布于江西、福建、广东、广西、湖北、湖南、贵州、云南、四川、陕西。

花为冬季优良蜜源植物。种子可榨油。

图 556 短柱柃
1. 花枝；2. 花；3. 雄蕊；4. 果实。

7. 窄基红褐柃（变种） 图 557
Eurya rubiginosa H. T. Chang var. **attenuata** H. T. Chang

常绿灌木；全株无毛。幼枝 2 棱明显；冬芽长 1-1.8 厘米。叶椭圆形或长圆状椭圆形，长 4-8 厘米，宽 1.5-3 厘米，先端渐钝尖或微凹，基部楔形，边缘反卷，具锯齿，干后下面红褐色，侧脉上面隆起；叶柄长 2-3 毫米。花 1-3 簇生叶腋，花梗长 1-1.5 毫米；小苞片 2，细小；萼片 5，革质；雄花花瓣 5，雄蕊 15，花药不具分格，具退化雌蕊；雌花花瓣 5，长圆状披针形，长约 3 毫米，子房 3 室，无毛，花柱长 1 毫米，顶端 3 裂。果浆果状，球形，径 3-4 毫米，紫黑色。花期 11-12 月；果期翌年 4-7 月。

产皖南黄山桃花峰、慈光寺、云谷寺、浮溪，休宁齐云山，歙县，太平，泾县，广德，祁门。生于海拔 1000 米以下山坡林中。分布于江苏、浙江、江西、福建、湖南、广东、广西、云南。

8. 细齿叶柃
Eurya nitida Kob.

常绿小乔木；全株无毛。幼枝 2 棱，黄绿色；顶芽线状披针形。叶薄革质，椭圆形或长圆状椭圆形，长 4-6 厘米，宽 1.5-2.5 厘米，先端渐尖，基部楔形，具密锯齿或细钝锯齿，下面淡绿色，侧脉上面不明显或微凹，下面稍明显；叶柄长约 3 毫米。花 1-4 簇生

图 557 窄基红褐柃
1. 果枝；2. 雄花；3. 雄蕊；4. 果实。

叶腋，花梗较纤细，长约 3 毫米；小苞片 2；雄花萼片 5，近圆形，长 1.5 毫米，稍膜质，花瓣 5，倒卵形，长 3.5-4 毫米，雄蕊 14-17，花药不具分格，具退化雌蕊；雌花萼片 5，卵形，长约 1.5 毫米，花瓣 5，长圆形，长 2-2.5 毫米，子房卵圆形，花柱长 2.5-3 毫米，顶端 3 裂。果浆果状，球形，径 3-4 毫米，蓝黑色。花期 11 月至翌年 1 月；果期 7-9 月。

产皖南黄山居士林、桃花峰、温泉、半山寺，太平，休宁，祁门，黟县；大别山区岳西鹞落坪海拔 1200 米以下林中。分布于浙江、江西、福建、湖北、湖南、广东、广西、海南、四川、贵州。

冬季开花，为优良蜜源植物。枝、叶、果可作染料。

9. 柃木　　　　　　　　　　　图 558
Eurya japonica Thunb.

常绿小灌木。幼枝具 2 棱，无毛。叶厚革质，椭圆形、倒卵状椭圆形或长椭圆形，长 3-7 厘米，宽 1.5-2 厘米，先端钝，基部楔形，具浅钝锯齿，粗大而明显，在齿的凹陷处具紫黑色小尖头，两面绿色，无毛，侧脉在上面凹陷；叶柄长 3-4 毫米。雄花 1-2 腋生；雄蕊 12-15；雌花 1-2 腋生；萼片膜质，干后淡绿色，卵形，花柱长 1.5 毫米，顶端 3 浅裂。果浆果状，球形，径 3-4 毫米。

产皖南黄山，祁门牯牛降祁门岔，石台；大别山区金寨白马寨海拔 600 米沟谷中。分布于浙江、台湾。朝鲜、日本也有分布。

10. 翅柃　　　　　　　　　　　图 559
Eurya alata Kob.

常绿灌木，高 2 米；全株无毛。幼枝具显著 4 棱，形成微翅。叶椭圆形或长椭圆形，长 4-7.5 厘米，宽 1.5-2.5 厘米，先端渐钝尖或微凹，基部楔形，具细锯齿，侧脉上面常凹下，下面隆起；叶柄长 3-4 毫米。花 1-3 簇生叶腋，花梗长 2-3 毫米；小苞片 2，卵圆形；萼片 5，膜质，卵圆形；雄花花瓣 5，白色，倒卵形，长 3-3.5 毫米，雄蕊约 15，花药具翅，不具分格，具退化雌蕊；雌花花瓣 5，长圆形，长约 2.5 毫米，子房 3 室，无毛，花柱长 1 毫米，3 浅裂。果浆果状，球形，径 3-3.5 毫米，蓝黑色。花期 10-11；果期翌年 6-8 月。

产皖南黄山桃花峰、虎头岩、眉毛峰、云谷寺、松谷庵，祁门牯牛降海拔 470 米，石台牯牛降祁门岔海拔 950 米，绩溪清凉峰永来海拔 770 米，歙县清凉峰天子地海拔 1300 米，黟县，青阳九华山；大别山区

图 558 柃木（果枝）

图 559 翅柃
1. 果枝；2. 雄蕊，示花药具翅；3. 果实。

霍山马家河，金寨，岳西鹞落坪。生于山坡林下。分布于陕西、浙江、江西、福建、湖北、湖南、广东、广西、四川、贵州。

8. 厚皮香属 Ternstroemia Mutis ex L. f.

常绿乔木或灌木。小枝粗；芽鳞多数，覆瓦状排列。单叶，互生，常聚生枝顶，呈假轮生状，革质，全缘或不明显腺状齿。花两性，稀单性；单生叶腋；苞片2，宿存；萼片5，覆瓦状排列，常具腺齿，宿存；花瓣5，基部合生；雄蕊多数，2轮，贴生于花瓣基部，花丝合生，花药基着，2室，纵裂；子房上位，2-3（4）室，每室2（3-5）胚珠，柱头不裂或2-3裂。果为浆果状，果皮革质，不开裂或不规则开裂。种子马蹄形，具胚乳。假种皮成熟时鲜红色。

约100种，分布于中南美洲、亚洲、非洲。我国约16种，分布于长江流域以南各省。安徽省2种。

1. 果球形，径约1.2厘米；花淡黄色；叶倒卵形，全缘或略具钝齿，干后下面淡红色 ··· 1. 厚皮香 **T. gymnanthera**
1. 果长卵形，长1-3厘米；花白色；叶椭圆形，全缘，干后下面黑褐色 ························· 2. 亮叶厚皮香 **T. nitida**

1. 厚皮香 图 560

Ternstroemia gymnanthera（Wight et Arn.）Sprague

常绿小乔木，高达5米；全株无毛；树皮灰褐色，平滑。小枝灰褐色。叶倒卵形或倒卵状椭圆形，长5-8厘米，宽2.5-4厘米，先端短尖，基部楔形，全缘或顶部略具钝齿，上面深绿色，具光泽，下面干时呈淡红褐色，中脉上面凹下，侧脉两面不明显；叶柄长8-15毫米。花两性或单性，径1-1.4厘米；花梗长8-15毫米；两性花：苞片2，卵状三角形，长约2毫米，具腺齿；萼片5，卵圆形或长圆形，长4-5毫米；花瓣5，淡黄色，倒卵形，长6-7毫米；雄蕊约50，花药较花丝长；子房圆卵形，2室，每室2胚珠，花柱短粗，顶端2-3浅裂。果浆果状，球形，径约1.2厘米，苞片与萼片宿存，宿存花柱长约1.5毫米。种子肾形，成熟时假种皮红色。花期4-8月；果期7-10月。

图 560 厚皮香
1. 果枝；2. 花；3. 去雄蕊之花；4. 果实。

产皖南祁门牯牛峰观音堂海拔400米，歙县洽舍、郑村、长坞，太平，黟县，休宁五城；大别山区太湖大山乡海拔360米。散生于常绿阔叶林下。黄山树木园有栽培。分布于浙江、江西、福建、湖北、湖南、广东、广西、云南、四川、贵州。

2. 亮叶厚皮香　　　　　　　　　图 561

Ternstroemia nitida Merr.

常绿小乔木，高约 7 米；全株无毛；树皮灰褐至黑褐色，平滑。小枝灰褐色。叶椭圆形或倒卵状椭圆形，长 6-10 厘米，宽 2-4 厘米，先端短渐尖，基部楔形，全缘，上面深绿色，具光泽，下面淡绿色，干后黑褐色，上面中脉凹下，略明显，下面不明显；叶柄细，长 1-1.2 厘米。花杂性：单生叶腋，花梗纤细，长 1.5-2 厘米；两性花：苞片 2，卵状三角形，长 2 毫米；萼片 5，大小不等，外 2 枚卵形，内 3 枚长圆状卵形；花瓣 5，白色或淡黄色，卵形，长 7 毫米；雄蕊 25-45；子房卵形，无毛，2 室，每室 1 胚珠。果浆果状，长卵形，长 1-3 厘米，紫褐色，宿存花柱顶端 2 深裂，具宿存萼片；果梗长约 2 厘米；每室 1 种子，假种皮深红色或赤红色。花期 6-7 月；果期 8-9 月。

产皖南祁门祁红厥基坦海拔 300 米。散生于山坡常绿阔叶林中。分布于浙江、江西、湖南、福建、广东、广西、贵州、云南。

散孔材，木材红色，纹理直，结构细，材质重；可供家具、雕刻用。城市公园栽培，美化环境。

图 561 亮叶厚皮香（果枝）

57. 猕猴桃科 ACTINIDIACEAE

落叶木质藤本，稀常绿或半常绿。单叶，互生；无托叶。花两性、杂性或雌雄异株，辐射对称；聚伞花序腋生或花单生；萼片5，离生；花瓣5，离生，稀少或多于5；雄蕊10至多数，花药背着，纵裂或顶孔开裂；雌蕊心皮5至多数，子房上位，5至多室，每室胚珠多数或少数，中轴胎座，花柱离生或合生。浆果或蒴果不裂。种子5至多数，具肉质假种皮，胚乳丰富。

2属，80余种，分布于东亚。我国2属，约80种，分布于秦岭以南、横断山脉以东地区。安徽省1属，13种，9变种。

猕猴桃属 Actinidia Lindl.

木质藤本，落叶，稀常绿或半常绿。枝条髓心多片层状，稀实心。单叶，互生，具锯齿，稀全缘。花杂性或雌雄异株；聚伞花序或花单生，花序稀多回分枝；苞片小；萼片（2-4）5；花瓣5-12；雄蕊多数，花药黄色或紫黑色，丁字着生，2室，具退化雌蕊；雌蕊子房上位，多室，胚珠多数，花柱离生，与心皮同数。浆果，种子多数，悬浸于果瓤之中。

50余种，分布于亚洲热带至温带。我国约52种，分布于秦岭以南、横断山脉以东地区。安徽省13种，9变种。

1. 植株无毛或仅萼片和子房被毛，稀叶上面疏被小糙伏毛或下面脉腋被簇生毛。
 2. 浆果无斑点，顶端具喙或无喙；子房瓶状。
  3. 髓片层状；花白绿色或乳白色，萼片4-6，花瓣4-6。
   4. 叶下面淡绿色：
    5. 叶基部圆形或浅心形；花白绿色：
     6. 叶脉不显著；果熟时绿黄色至紫红色 ·············· 1. **软枣猕猴桃 A. arguta**
     6. 叶脉两面均显著；果熟时紫褐色 ·············· 1a. **凸脉猕猴桃 A. arguta** var. **nervosa**
    5. 叶基部心形或深心形；花乳白色 ·············· 1b. **心叶猕猴桃 A. arguta** var. **cordifolia**
   4. 叶下面粉绿色：
    7. 叶下面脉腋被簇生毛：
     8. 叶下面呈显著粉绿色或垩白色：
      9. 叶下面呈一般粉绿色，锯齿内弯 ·············· 2. **黑蕊猕猴桃 A. melanandra**
      9. 叶下面呈极显著垩白色，锯齿不内弯 ·············· 2a. **垩叶猕猴桃 A. melanandra** var. **cretacea**
     8. 叶下面呈苍绿色，锯齿极不显著 ·············· 2b. **退粉猕猴桃 A. melanandra** var. **subconcolor**
    7. 叶下面脉腋无簇生毛，锯齿不甚显著 ·············· 2c. **无髯猕猴桃 A. melanandra** var. **glabrescens**
  3. 髓白色，片层状；花白色；萼片2-5，花瓣5-12：
   10. 萼片5，花瓣5；叶上面疏被糙伏毛；浆果熟时淡橘红色 ·············· 3. **葛枣猕猴桃 A. polygama**
   10. 萼片2-3，花瓣7-9、5-6（9）；叶上面无糙伏毛：
    11. 花药条状长圆形；浆果卵球形具喙，熟时橙黄色 ·············· 4. **对萼猕猴桃 A. valvata**
    11. 花药卵形；浆果卵球形喙不显著：
     12. 叶长3-8厘米，宽1.7-5厘米，具圆锯齿至全缘，中脉和叶柄上无软刺 ··············
      ·············· 5. **大籽猕猴桃 A. macrosperma**
     12. 叶长4-6厘米，宽2.5-3.5厘米，具斜锯齿；中脉和叶柄上具软刺 ··············
      ·············· 5a. **梅叶猕猴桃 A. macrosperma** var. **mumoides**
 2. 浆果具斑点，顶端无喙；子房卵球形或球形：

13. 髓实心：

　　14. 叶椭圆状披针形，疏具硬尖头小齿 ·························· **6. 红茎猕猴桃 A. rubricaulis**

　　14. 叶倒披针形，上部缘具粗大锯齿，革质 ············· **6a. 革叶猕猴桃 A. rubricaulis** var. **coriacea**

13. 髓片层状：

　　15. 叶下面灰黄色：

　　　　16. 叶两面无毛，具粗钝或波状锯齿；萼片无毛 ············· **7a. 异色猕猴桃 A. callosa** var. **discolor**

　　　　16. 叶上面疏被小糙伏毛，具芒刺状小齿；萼片缘微被毛············

　　　　············· **7b. 毛叶硬齿猕猴桃 A callosa** var. **strigillosa**

　　15. 叶下面粉绿色；子房球形，被红褐色茸毛 ············· **8. 清风藤猕猴桃 A. sabiaefolia**

1. 植株薄被或密被毛；小枝、芽、叶、叶柄、花、子房、幼果等多处被毛或密被毛：

　　17. 叶下面被宿存星状毛：

　　　　18. 聚伞花序 2-4 回分歧，花多数；叶下面密被星状短绒毛或短小星状茸毛：

　　　　　　19. 花序 3-4 回分歧，10- 更多花；叶宽卵形，长 8-13 厘米，宽 5-8.5 厘米 ·············

　　　　　　·················· **9. 阔叶猕猴桃 A. latifolia**

　　　　　　19. 花序 2 回分歧，5-7 花；叶卵状椭圆形或椭圆状披针形，长 4-7 厘米，宽 2-3 厘米 ·········

　　　　　　·················· **10. 小叶猕猴桃 A. lanceolata**

　　　　18. 聚伞花序 1 回分歧，1-3 花；叶下面密被星状绒毛：

　　　　　　20. 小枝、叶下面、叶柄、花序和萼片密被乳白色或带黄色星状绒毛；叶卵形或宽卵形 ·········

　　　　　　·················· **11. 毛花猕猴桃 A. eriantha**

　　　　　　20. 植物体多被绒毛或长硬毛：

　　　　　　　　21. 幼枝、叶柄被灰白色绒毛；子房密被金黄色绒毛；果被绒毛，熟时无毛 ·········

　　　　　　　　·················· **12. 中华猕猴桃 A. chinensis**

　　　　　　　　21. 小枝、叶柄被褐色长硬毛；子房密被金黄色刺毛状糙毛；果被 2-3 成束刺毛状长硬毛·········

　　　　　　　　········· **13. 美味猕猴桃 A. deliciosa**

　　17. 叶下面被脱落性星状毛，长卵形或长圆形，基部浅心形或垂耳状；花序密被黄褐色绒毛 ·········

　　　　·················· **14. 浙江猕猴桃 A. zhejiangensis**

1.　软枣猕猴桃　　　　　　　　　　图 562

Actinidia arguta（Sieb. st Zucc.）Planch ex Miq.

　　落叶大藤本，长 30 米以上。小枝近无毛，髓白色至淡褐色，片层状。叶宽卵形或近圆形，长 8-12 厘米，宽 5-10 厘米，先端骤短尖，基部圆形或心形，两侧不对称，紧密锐锯齿，齿不内弯，上面无毛，下面淡绿色，脉腋被簇生毛，侧脉 6-7 对，不显著;叶柄长 3-6（10）厘米。聚伞花序腋生或腋外生，1-3 花，薄被短绒毛，花序梗长 7-10 毫米，花梗长 8-14 毫米；苞片线形；花白绿色，径 1.2-2 厘米；萼片 4-6，两面薄被短茸毛；花瓣 5-6，楔状倒卵形，长 7-9 毫米；雄蕊花药暗紫色；雌蕊子房瓶状，长 6-7 毫米，无毛。浆果绿黄色，球形或柱状长圆形，长 2-3 厘米，熟时紫红色，无斑点，萼片脱落。花期 6-7 月；果期 9 月。

　　产皖南黄山北海散花坞海拔 1400 米、虎头岩、

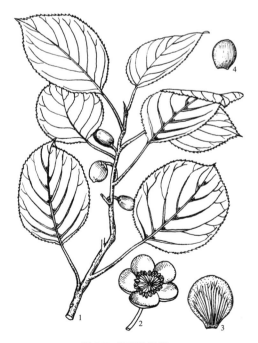

图 562 软枣猕猴桃
1. 果枝；2. 雄花；3. 花瓣；4. 萼片。

文殊院、云谷寺，歙县清凉峰大原海拔 750 米，休宁六股尖，泾县；大别山区霍山马家河天河尖海拔 1340-1450 米，金寨白马寨吊桥沟海拔 750 米，岳西美丽乡鹞落坪海拔 1250 米林内或灌丛中。分布于黑龙江、吉宁、辽宁、山东、山西、河北、河南、浙江、云南、广西。朝鲜、日本也有分布。

果可食，有强壮、解热、收敛之药效。果含淀粉、糖、果胶、蛋白及维生素 C，营养价值高。也可栽培作垂直或棚架绿化遮荫树。

1a. 凸脉猕猴桃 （变种）

Actinidia arguta（Sieb. et Zucc.）Planch. ex Miq. var. **nervosa** C. F. Li

本变种叶下面脉腋和下部脉上被少量卷曲柔毛，两面叶脉显著，侧脉 6-7 对，上端常分叉。浆果柱状长圆形，长 2.5-3 厘米，先端具短喙，熟时紫褐色。

产大别山区岳西来榜、庙堂山、鹞落坪海拔 1300 米。分布于四川、云南、浙江、河南。

安徽省地理新分布。

1b. 心叶猕猴桃 （变种）

Actinidia arguta（Sieb. et Zucc.）Planch. ex Miq. var. **cordifolia**（Miq.）Bean

本变种叶膜质，宽卵形或近圆形，长 5-10 厘米，宽 4-8 厘米，先端急尖或突尖，常后仰，基部心形或深心形，锯齿细密，不内弯，上面近边缘部分常被稀疏小刚毛，果期脱落，下面脉腋被白色簇生毛。花乳白色；花药黑色。

产皖南黄山狮子林海拔 1600 米、西海沟谷，歙县清凉峰海拔 680 米。分布于辽宁、吉林、山东、山西中条山、浙江。

2. 黑蕊猕猴桃　　　　　图 563

Actinidia melanandra Franch.

落叶藤本。小枝无毛，髓褐色或淡褐色，片层状。叶椭圆形，长 7-11 厘，宽 3.5-4.5 厘米，先端短尾尖，基部楔形或宽楔形，两侧不对称，锯齿刺毛状，多内弯，下面粉绿色，侧脉 6-7 对，脉腋被淡褐色簇生毛；叶柄长 1.5-5.5 厘米。聚伞花序薄被小茸毛，1-2 回分枝，具花 1-7，花序梗长 1-1.2 厘米，花梗长 7-15 毫米；苞片钻形；花白绿色，径约 1.5 厘米；萼片 5（4），卵形，长 3-6 毫米，缘具流苏状毛；花瓣 5（4-6），匙状倒卵形，长 6-13 毫米；花药黑色；子房瓶状，无毛。浆果卵球形，长约 3 厘米，无斑点，顶端具喙，萼片脱落。种子长约 2 毫米。花期 5-6 月上旬。

产皖南黄山温泉至半山寺、云谷寺、浮溪，祁门牯牛降，绩溪清凉峰黄土坑海拔 490-690 米，青阳九华山；大别山区霍山马家河海拔 800 米，金寨白马寨，岳西鹞落坪，潜山彭河乡板仓海拔 1340 米，舒城万佛山。散生于阔叶林中。分布于四川、贵州、甘肃、陕西、湖北、浙江、江西。

果可食，果肉淡绿色，汁多味甜，具香味。

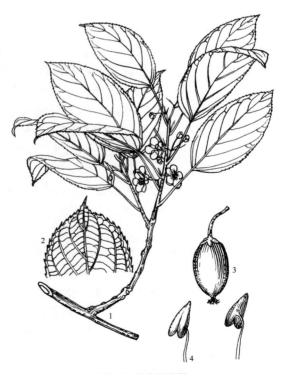

图 563 黑蕊猕猴桃
1. 雄花花枝；2. 叶下面；3. 果实；4. 雄蕊。

2a. 垩叶猕猴桃 （变种）

Actinidia melanandra Franch. var. **cretacea** C. F. Liang

本变种叶长方椭圆形，长 7-9 厘米，宽 3.5-4.5 厘米，先端急尖，基部宽楔形或圆形，锯齿显著，不内弯，下面呈极显著垩白色，脉腋被淡褐色簇生毛。

产大别山区潜山彭河乡海拔 600-900 米。分布于湖北三叉口。

2b. 退粉猕猴桃 （变种）

Actinidia melanandra Franch. var. **subconcolor** C. F. Liang

本变种叶卵形或长圆形，长 5-8 厘米，宽 3-4 厘米，先端急尖，常向后仰，基部圆形，两侧对称或稍不对称，锯齿极不显著，稍内弯，下面白粉退净呈苍绿色，脉腋被簇生毛。花单生。

产皖南黄山；大别山区岳西美丽鄉海拔 1280 米。分布于浙江天目山。

2c. 无髯猕猴桃 （变种）

Actinidia melanandra Franch. var. **glabrescens** C. F. Liang

本变种叶窄椭圆形，长 7-10 厘米，宽 2.5-3.2 厘米，先端尾状短渐尖，基部宽楔形，锯齿不甚显著，稍内弯，无毛，下面脉腋无簇生毛。

产皖南黄山；大别山区金寨白马寨虎形地海拔 920 米，舒城万佛山小涧冲。分布于湖南衡山。

3. 葛枣猕猴桃 木天蓼　　　　　　图 564

Actinidia polygama（Sieb. et Zucc.）Maxim.

落叶大藤本。小枝近无毛，髓白色，实心。叶膜质至薄纸质，卵形或椭圆状卵形，长 7-14 厘米，宽 4.5-8 厘米，先端短渐尖或渐尖，基部圆形或宽楔形，具细锯齿，上面疏被糙伏毛，下面沿脉被卷曲柔毛及少数小刺毛，侧脉约 7 对；叶柄长 1.5-3.5 厘米。花单性异株；雄株为腋生聚伞花序，1-3 花，薄被绒毛，花序梗长 2-3 毫米，花梗长 6-8 毫米，苞片小；花白色，径 2-2.5 厘米，芳香；萼片 5；花瓣 5，倒卵形，长 8-13 毫米；花药黄色；雌株雌花单生叶腋，子房瓶状，无毛，花柱长 3-4 毫米，柱头 18-20 裂。浆果熟时淡橘红色，卵球形或柱状卵球形，长 2.5-3 厘米，无斑点，具喙，萼片宿存。花期 6-7 月；果期 9-10 月。

产皖南绩溪清凉峰海拔 700 米，太平龙源海拔 400 米，祁门，休宁，歙县，广德，贵池，青阳；大别山区霍山佛子岭、马家河海拔 970-1350 米，岳西鹞落坪海拔 1200 米，舒城万佛山。生于山麓、河岸、林缘灌丛中。分布于黑龙江、吉林、辽宁、甘肃、陕西、河北、河南、山东、湖北、湖南、四川、云南、贵州。前苏联、朝鲜、日本也有分布。

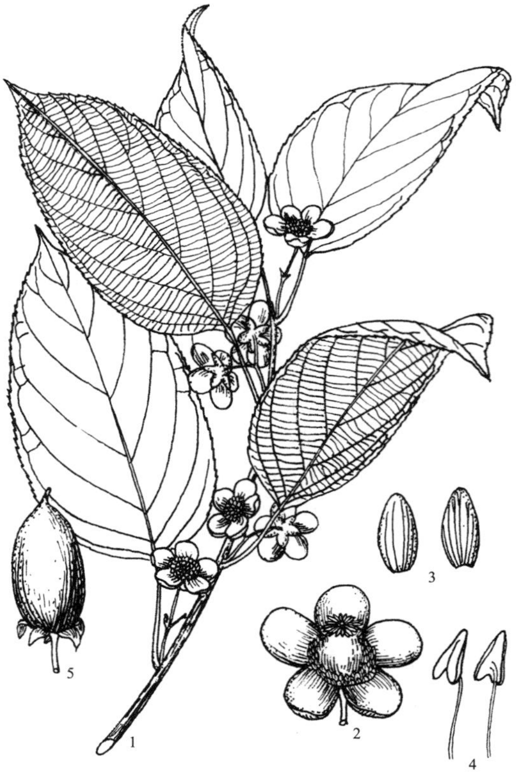

此种在我国分布广泛，资源较丰富。

果味酸甜，可生食及酿酒；具虫瘿的果实入药，治疝气及腰痛；茎内可提取造纸粘剂；嫩叶作蔬菜食用。

图 564 葛枣猕猴桃
1. 花枝；2. 花；3. 萼片；4. 雄蕊；5. 果实。

4. 对萼猕猴桃 图565

Actinidia valvata Dunn

落叶藤本。小枝无毛,髓白色,实心。叶近膜质,长卵形,长5-10厘米,宽2.5-5厘米,先端短渐尖或渐尖,基部圆形或宽楔形,具细锯齿,无毛,侧脉5-6对,不甚发达;叶柄长1.5-2厘米,水红色,无毛。聚伞花序2-3花或花单生,花序梗长约1.5厘米,花梗长约1厘米,均疏被微茸毛;苞片钻形;花白色,径约2厘米;萼片2-3;花瓣7-9,长方倒卵形,长1-1.5厘米;花药橙黄色,条状长圆形;子房瓶状,无毛。浆果熟时橙黄色,卵球形,长2-2.5厘米,具喙,宿存萼片反折。花期5月;果期9-10月。

产皖南黄山桃花峰脚下、茶林场,石台牯牛降祁门岔海拔750米,绩溪永来银龙坞海拔200米,太平耿城,休宁六股尖,旌德;大别山区霍山佛子岭黄巢寺海拔800米。散生于低山坡疏林内。分布于浙江、江西、湖北、湖南、四川。

果汁丰富,生食味辣,平均单果重达9克。

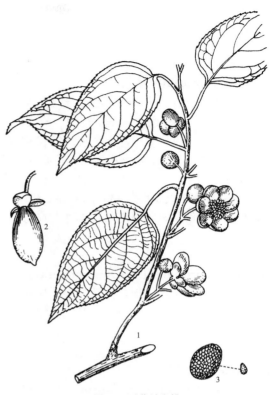

图565 对萼猕猴桃
1. 花枝;2. 果实;3. 种子。

5. 大籽猕猴桃 图566

Actinidia macrosperma C. F. Liang

落叶藤本。小枝髓心白色,实心,无毛或下部薄被锈褐色小腺毛。叶卵形或椭圆形,长3-8厘米,宽1.7-5厘米,先端渐尖、急尖或浑圆,基部宽楔形或近圆形,两侧有时稍不对称,具斜锯齿或圆锯齿至近全缘,下面脉腋被簇生毛,侧脉4-5对;叶柄水红色,长1-2.2厘米,无毛。花常单生,白色,径2-3厘米,花序梗长6-7毫米,花梗长9-15毫米,无毛或被少数腺毛;苞片缘具腺状毛;萼片2(3),先端喙状;花瓣5-6(9),匙状倒卵形,长1-1.5厘米,花药黄色,卵形;子房瓶状,无毛。浆果熟时橘黄色,卵球形,长3-3.5厘米,顶端具乳头状喙,基部宿存萼片有或无,无斑点。种子粒大,长4-5毫米。花期5月中旬;果期10月上中旬。

产皖南歙县;江淮滁县皇甫山至大舒海拔200米。散生于低山疏林中或林缘。分布于广东、湖北、江西、浙江。

5a. 梅叶猕猴桃 (变种)

Actimidia macrosperma C. F. Liang var. **mumoides** C. F. Liang

本变种为落叶灌木状藤本。叶较原种小,具斜锯齿,下面脉腋无簇生毛,中脉和叶柄常具小软刺。萼片2或3;花瓣7-12。种子纵径4-4.5毫米。花期5月;果期9-10月。

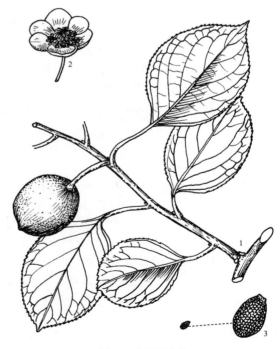

图566 大籽猕猴桃
1. 果枝;2. 花;3. 种子。

产皖南黄山,青阳九华山百岁宫;江淮滁县皇甫山,生于阴坡灌丛中。分布于江苏、浙江、江西。

花繁茂,芳香,花期长,具较高观赏价值。

6. 红茎猕猴桃
Actinidia rubricaulis Dunn

半常绿藤本。当年生小枝红褐色,无毛,髓污白色,实心。叶长圆状披针形或椭圆状披针形,长 7-12 厘米,宽 3-4.5 厘米,先端渐尖,基部钝圆,疏具硬尖头小齿,下面淡绿色,无毛,侧脉 8-10 对;叶柄长 1-3 厘米。花单生,稀 2-3 成聚伞状,花序梗长 2-10 毫米,花梗长 5-12 毫米;花白色,径约 1 厘米;萼片 4-5;花瓣 5,匙状倒卵形,长 5-6 毫米;花丝粗短,花药心形或箭头形;子房密被茶褐色绒毛,花柱粗短。浆果熟时暗绿色,卵球形或柱状卵球形,长 1-1.5 厘米,幼果被毛,后脱落,被枯褐色斑点,宿存萼片反折。花期 4-5 月;果期 10 月。

产皖南祁门,休宁五城海拔 430 米,绩溪。散生于海拔 1000 米沟谷林缘。分布于云南、四川、贵州、广西、湖南。

果具有强壮、解热、收敛之效。本种在皖南山区分布较广,资源较丰富,可开发利用,但不可滥采。

6a. 革叶猕猴桃 (变种)
Actinidia rubricaulis Dunn var. **coriacea**(Fin et Gagn.)C. F. Liang

本变种叶革质,倒披针形,先端急尖,基部楔形,上部具粗大锯齿;花红色。

产皖南休宁西田,祁门棕里,泾县,宣城。散生于海拔 500 米以下灌丛中。分布于四川、贵州、云南、广西、湖南、湖北。

7a. 异色猕猴桃 (变种)
Actinidia callosa Lindl. var. **discolor** C. F. Liang

落叶大藤本。小枝坚硬,干后灰黄色,髓实心或呈不规则片层状。叶椭圆形、矩状椭圆形或倒卵形,长 6-12 厘米,宽 3.5-6 厘米,先端急尖,基部宽楔形,具粗钝或波状锯齿,干后上面褐黑色,下面灰黄色,无毛,叶脉在下面显著隆起;叶柄长 2-3 厘米,无毛。花序和萼片无毛。浆果近球形或卵形,长 1.5-2 厘米,具淡褐色斑点,宿存萼片反折。

产皖南黄山瓷平内山沟,歙县,祁门,休宁西田,泾县,宣城,广德,青阳;大别山区太湖大山乡海拔 100 米。生于低山沟谷或山坡阔叶林中、灌丛中。分布于浙江、福建、台湾、江西、湖南、四川、云南、贵州、广西、广东。

果含少量糖分,可食用。

7b. 毛叶硬齿猕猴桃 (变种)
Actinidia callosa Lindl. var. **strigillosa** C. F. Liang

本变种小枝干后黄褐色,无毛。叶亚膜质,宽卵形,长 10-12 厘米,宽 6.5-8.5 厘米,先端急尖,基部钝圆,两侧稍不对称,具芒刺状小齿,上面疏被小糙伏毛,下面脉腋多少被簇生毛。萼片边缘微被毛。

产大别山区霍山马家河,岳西鹞落坪。生于海拔 700-1000 米灌丛中。分布于湖南、广西、贵州。

8. 清风藤猕猴桃　　　　　　图 567
Actinidia sabiaefolia Dunn

落叶藤本。小枝无毛,皮孔显著,髓心褐色,片

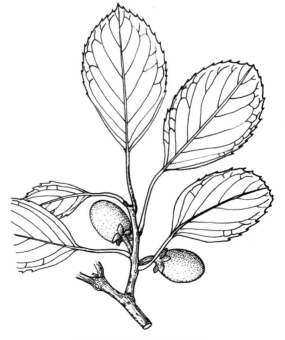

图 567 清风藤猕猴桃(果枝)

层状。叶卵形或长卵形、椭圆形或近圆形,长 4-8 厘米,宽 2-4 厘米,先端圆形或钝而微凹,基部楔形或宽楔形,两侧有时稍不对称,具浅圆齿,下面粉绿色,无毛,侧脉 5-6 对;叶柄水红色,长约 2 厘米。聚伞花序花 1-3,无毛,花序梗长约 5 毫米,花梗长约 1 厘米;苞片披针形;花白色,径约 8 毫米;萼片 5,具缘毛;花瓣 5,倒卵形,长 5-6 毫米;花药黄色;子房球形,被红褐色茸毛。浆果熟时暗绿色,卵球形,长 1.5-1.8 厘米,径 1-1.2 厘米,具小斑点,常单生;果梗水红色。花期 5 月下旬。

产皖南青阳九华山;大别山区金寨白马寨虎形地海拔 920 米。生于山麓或山上部疏林中。分布于福建、江西、湖南。

9.　阔叶猕猴桃　多花猕猴桃　　　　图 568
Actinidia latifolia（Gardn. et Champ.）Merr.

落叶大藤本。花枝绿色或蓝绿色,无毛,幼枝疏被或密被黄褐色绒毛,老枝近无毛;髓白色片层状或中空。叶宽卵形,长 8-13 厘米,宽 5-8.5 厘米,先端短尖或渐尖,基部圆形或浅心形,疏具突尖硬头小齿,上面榄绿色,无毛,下面密被灰色或黄褐色星状短绒毛,侧脉 6-7 对,横脉显著;叶柄长 3-7 厘米。聚伞花序 3-4 回分枝,花 10 朵或更多,花序梗长 2.5-8.5 厘米,花梗长 5-15 毫米,果期伸长并增大,被黄褐色短绒毛,雄花序远较雌花序为长;苞片条形;花径 1.4-1.6 厘米;萼片 5,反折,被带黄色短绒毛;花瓣 5-8,长圆形,长 6-8 毫米,上半部及边缘部分白色,下半部中央橙黄色;花丝纤弱;子房球形,密被污黄色绒毛。浆果熟时暗绿色,圆柱形或卵状圆柱形,长 3-3.5 厘米,具斑点,无毛或两端被残存茸毛。花期 5-6 月;果期 11-12 月。

产皖南祁门牯牛降海拔 700 米,青阳九华山。生于沟谷或灌丛中或采伐迹地上。分布于浙江、台湾、福建、江西、湖南、四川、贵州、云南、广西、广东、海南。越南、老挝、柬埔寨也有分布。

本种在本属中,花序分歧多,结果多。果可食用,栽培价值高。

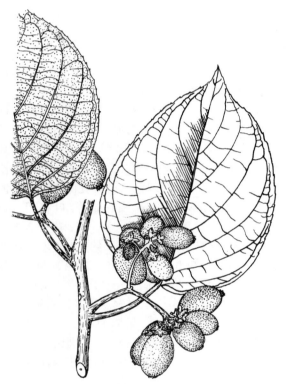

图 568　阔叶猕猴桃（果枝）

10.　小叶猕猴桃　　　　图 569
Actinidia lanceolata Dunn

落叶小藤本。花枝密被锈褐色短茸毛,髓褐色,片层状。叶卵状椭圆形或椭圆状披针形,长 4-7 厘米,宽 2-3 厘米,先端短尖或渐尖,基部楔形,缘上部具小锯齿,上面绿色,有时疏被粉末状微毛,下面粉绿色,密被短小星状绒毛,侧脉 5-6 对,细脉肉眼不易观察;叶柄长 1-2 厘米,密被锈褐色茸毛。聚伞花序 2 回分歧,密被锈褐色茸毛,具 5-7 花,花序梗长 3-6 毫米,花梗长 2-4 毫米;花淡绿色,径约 1 厘米;萼片 3-4,两面被茸毛;花瓣 5,条状长圆形或匙状倒卵

图 569　小叶猕猴桃（果枝）

形，长 4-5.5 毫米；雄花花瓣稍长；子房卵球形，密被
茸毛。浆果绿色，长 8-10 毫米，无毛，被浅褐色斑点，
宿存萼片反折。花期 5-6 月；果期 11 月。

产皖南黄山浮溪，休宁齐云山、白际，祁门牯牛
降赤岭头、观音堂海拔 300 米 -410 米，石台；大别
山区潜山天柱山海拔 450 米，太湖大山乡人形岩海拔
200 米。散生于灌丛中或疏林内。分布于浙江、江西、
福建、湖南、广东。

根药用，能行血补精，治筋骨酸痛。

11. 毛花猕猴桃 图 570

Actinidia eriantha Benth.

落叶大藤本。小枝、叶柄、花序和萼片密被乳白
色或带黄色绵毛；髓白色，片层状。叶卵形或宽卵形，
长 8-16 厘米，宽 6-11 厘米，先端短尖或短渐尖，基
部圆形或浅心形，具尖硬小齿，上面绿色，幼时疏被
糙伏毛，后脱落，下面粉绿色，密被乳白色或带黄色
星状绒毛，侧脉 7-8（10）对，横脉显著；叶柄粗，长
1.5-3 厘米。聚伞花序 1 回分枝，1-3 花；花径 2-3 厘
米；萼片 2-3；花瓣 5，倒卵形，长约 1.4 厘米，顶端
和边缘橙黄色，中央和基部桃红色，缘常缺裂；雄蕊
多数，花丝浅红色，花药黄色；子房球形，密被白色
绒毛。浆果柱状卵球形，长 3.5-4.5 厘米，密被绒毛，
宿存萼片反折。花期 5-6 月；果期 11 月。

产皖南休宁流口，东至葛公区；大别山区金寨白
马寨海拔 660-940 米。生于灌丛中。分布于浙江、福建、
江西、湖南、贵州、广西、广东。

本种果实较大，仅次于中华猕猴桃，口味优于中
华猕猴桃，平均单果量达 15-25（60）克，除食用外，
还可制罐头；根药用，具清热解毒，舒筋活血之功效。

12. 中华猕猴桃 图 571

Actinidia chinensis Planch.

落叶大藤本。幼枝被灰白色绒毛或黄褐色长硬毛
及刺毛，后脱落，髓白色至淡褐色，片层状。叶宽卵
形或三角状倒宽卵形，长 6-8 厘米，宽 7-8 厘米，先
端尖或平截具凹缺，基部钝圆形或浅心形，具睫状小
齿，下面密被灰白色或淡褐色星状绒毛，侧脉 5-8 对，
横脉明显；叶柄长 3-6（10）厘米，被灰白色绒毛或黄
褐色长硬毛及刺毛。聚伞花序 1-3 花，被灰白色丝状
绒毛，花序梗长 7-15 毫米，花梗长 9-15 毫米；苞片小；
花白色至淡黄色，具香气，径约 2.5 厘米；萼片 5（3-7），
密被黄褐色绒毛；花瓣 5（3-7），宽倒卵形，长 1-2 厘

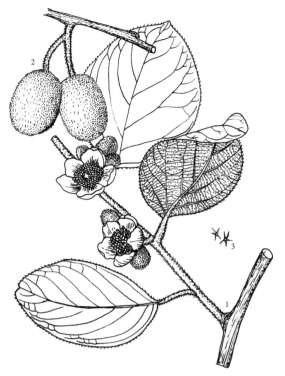

图 570 毛花猕猴桃
1. 花枝；2. 果枝；3. 叶下面的星状毛。

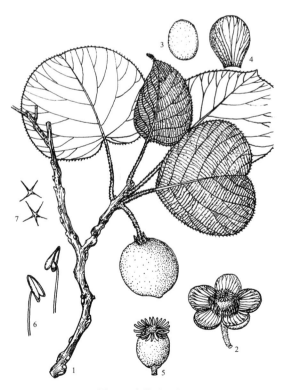

图 571 中华猕猴桃
1. 果枝；2. 花；3. 萼片；4. 花瓣；5. 雌蕊；6. 雄蕊；7. 星状毛。

米；雄蕊极多，花丝窄条形，花药黄色；子房密被金黄色绒毛。浆果黄褐色，近球形，长 4-4.5 厘米，被绒毛、刺毛状长硬毛，熟时脱落，密被淡褐色小斑点，宿存萼片反折。花期 4-5 月；果期 8-10 月。

产皖南黄山居士林、桃花峰、汤口，歙县清凉峰海拔 750-1400 米，石台牯牛降祁门岔海拔 600 米，泾县小溪海拔 350 米，青阳九华山；大别山区金寨马宗岭、白马寨海拔 700 米，岳西文坳、妙堂山、鹞落坪海拔 980-1300 米，潜山彭河乡，舒城万佛山。在皖南山区、大别山区广泛分布于山坡、林缘、灌丛及路旁。分布于陕西、湖北、湖南、河南、江苏、浙江、江西、福建、广东、广西。国外各大洲也有引种。

果富含糖类和维生素 C，可生食，也可制果酱、果脯、果汁等食用品。茎皮及髓含胶质，作造纸胶料。花可提取香精。茎、根、叶药用，可清热利尿，散瘀止血。用种子、压条、扦插繁殖。

13. 美味猕猴桃　　　　图 572

Actinidia deliciosa（A. Chev.）C. F. Liang et A. R. Ferguson

落叶大藤本。小枝被黄褐色长糙毛和长硬毛。叶倒卵形或宽倒卵形，长 7-11 厘米，宽 8-10 厘米，先端短突尖；叶柄被黄褐色长硬毛。花径约 3.5 厘米；子房被糙毛。浆果圆柱形或倒卵形，长 5-6 厘米，被分裂为 2-3 数束状刺毛状长硬毛，熟后毛不脱落。

安徽省各地园艺场及果园时有栽培。分布于甘肃、陕西、河南、四川、贵州、云南、湖南、湖北、广西。

果可食，味美汁甜，品种优良。为新西兰引进中华弥猴桃所育成的新品种。

14. 浙江猕猴桃

Actinidia zhejiangensis C. F. Liang

落叶大藤本。小枝密被黄褐色绒毛，髓白色，片层状；芽球形，密被黄褐色绒毛。叶卵形、长卵形或长圆形，长 5-20 厘米，宽 2.5-8 厘米，先端渐尖或短渐尖，基部浅心形或垂耳状，具细锯齿，下面灰绿色，密被银白色至黄褐色绒毛，或分叉的星状毛，后渐脱落，侧脉约 7 对；叶柄长 1-4 厘米，被褐色绒毛或无毛。聚伞花序花 1-3，密被黄褐色绒毛，花序梗长 1-1.5 厘米；雌花多单生，花淡红色，径 1-2.5 厘米；雄花稍

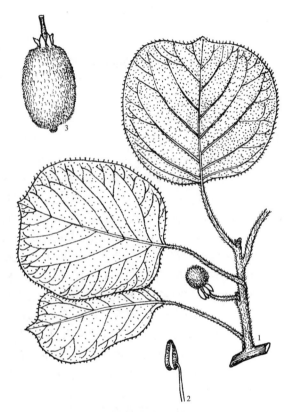

图 572 美味猕猴桃
1. 果枝（幼果）；2. 雄蕊；3. 果实。

小，萼片 4-5，密被褐色绒毛，花瓣 5，倒卵形，雄蕊多数，子房球形，与雄花中退化雌蕊均被黄褐色卷曲绒毛。浆果单生或 2-3 聚生，黄绿色，长圆状圆柱形，长 3.5-4 厘米，两端近平截，表面具一层糠秕状短绒毛和银白色或黄褐色长毡毛，基部具宿存萼片。花期 5 月；果期 9 月。

产大别山区太湖大山乡海拔 250 米。分布于浙江海拔 500-900 米。

营养价值较高，每百克鲜果含维生素 C305 毫克。

安徽省地理新分布。

58. 山柳科 CLETHRACEAE

落叶灌木或乔木,稀常绿。单叶,互生,无托叶。花两性,稀单性,辐射对称,常为顶生的总状花序或圆锥花序,或近伞形状的圆锥花序,花序轴以及花梗有星状毛或簇生毛;花梗基部有苞片,苞片早落或宿存;花萼5深裂,裂片覆瓦状排列,宿存;花冠5裂,分离,覆瓦状排列与萼裂片互生,顶端边缘常缺陷,花后脱落;雄蕊10枚,2轮,外轮与花瓣对生,内轮与萼片对生,花丝钻形或扁形,分离,花药2室,倒箭头形、长圆状卵形或倒心形,成熟时顶孔开裂;子房上位,被毛,3室,每室胚珠多数、花柱单一,常顶端3深裂或3浅裂。蒴果近球形,具宿萼及花柱,成熟后室背开裂为3果瓣;种子小,多数,胚乳肉质,富含油脂。

仅1属,70余种,分布于亚洲东南部、东部,非洲西北部和美洲热带及亚热带地区。我国约有17种,分布于东南至西南及中部等地。安徽省有1种。

山柳属 Clethra Gronov. ex L.

属特征同科的描述

华东山柳　　　　　　　　　图 573
Clethra barbinervis Sieb. et Zucc.

落叶小乔木或灌木,高2-6米。树皮棕褐色或灰褐色,片状剥落;嫩枝密被星状毛,老枝近无毛。叶倒卵状椭圆形、倒卵形或椭圆形,长5-11厘米,宽2-2.5厘米,先端急尖或渐尖,有时尾状尖,基部阔楔形或楔形,边缘具尖锐锯齿,上面无毛,下面脉上有伏贴长硬毛,脉腋间有髯毛,侧脉12-16对,弧曲;叶柄长1-2厘米,具伏贴长毛。总状花序3-6枝再组成圆锥花序,总花梗密被黄锈色粗硬毛,花梗长4-6毫米,被锈色粗硬毛或星状毛;苞片带状,早落;花萼裂片卵圆形,长2-2.5毫米;花冠白色,子房球形,裂片倒卵形,长5-6毫米,宽3-4毫米,先端微凹缺;雄蕊花丝无毛,花药倒箭头形,被长毛;花柱略超出花冠之外,无毛,顶端3裂。蒴果近圆形,直径约4毫米。花果期5-10月。

产皖南歙县沱舍、长坞、新田,绩溪,休宁六股尖;大别山区,岳西,太湖,宿松等地,生于海拔700米以下的山坡疏林中或林缘。分布于山东、浙江、江西、福建、台湾。可栽培供观赏,树姿优美,庭园珍品。

图 573 华东山柳
1. 果枝; 2. 花; 3. 雌蕊; 4. 雄蕊; 5. 果。

59. 鹿蹄草科 PYROLACEAE

多年生常绿草本或草本状半灌木,细长的匍匐根状茎,或为多年生无叶绿素的腐生肉质草本。叶基生或互生,稀对生或轮生,有时退化成鳞片状;单叶全缘或有细锯齿,无托叶。花两性,整齐,单生茎顶或排列成总状花序、伞房花序或伞形花序,具鳞片状苞片;花萼5深裂;花冠5裂,稀3-4裂;雄蕊10枚,稀6-8(12)枚,花药顶孔开裂、纵裂或横裂,花粉成四分体或分散;有或无下位花盘;子房上位,形成不完全4-5或1室,每室胚珠多数,中轴胎座或侧膜胎座,花柱合生成柱状,柱头多少浅裂或不裂。蒴果,稀浆果,扁球形,种子小,多数,胚仅由几个细胞组成,反曲,无子叶分化。

约16属,60余种,分布于北半球温带和寒温带地区。我国有8属,约40种,分布于全国各地。安徽省有5属,5种,1变种。兹介绍木本一属,1种。

喜冬草属 Chimaphila Pursh.

常绿半灌木。茎伏地。单叶,革质,有光泽,通常紧挤成不规则的叶轮;叶片披针形或狭披针形,叶缘有锯齿,具叶柄。花单生或排成顶生伞房花序,弯垂,花梗上有小苞片,花萼5裂,裂片钝头,宿存;花冠白色或粉红色,5裂,裂片圆形,平展或反曲,雄蕊10枚,花丝短,中部膨大,有毛,花药有2角,顶孔开裂;子房上位,球形,有5条沟纹,5室,花柱极短,倒圆锥形,柱头圆形,有波状齿或全缘。蒴果扁球形,有深槽,由顶部向下开裂;种子多数,细小,种皮松弛,有纹,两端突出。

约8种,分布于北半球温带地区。我国有6种,分布于西北、东北,以及湖北、四川至台湾省等。安徽省有1种。

喜冬草　　　　　　　图 574

Chimaphila japonica Miq.

常绿亚灌木,高10-20厘米。茎直立,单一或分枝,无毛。叶对生或轮生,与鳞片叶互生,革质,稍有光泽,叶片宽披针形,长2-3.5厘米,宽6-10毫米,先端急尖,具短尖头,基部圆形或近急尖,无毛,边缘有少数锯齿;叶柄长6-8毫米。花1朵,稀2-3朵,顶生,俯垂,直径1-1.5厘米;花梗直立,密被乳突,上部具苞片1-2枚;花萼5裂,裂片膜质,卵形,长6-7毫米,边缘有不整齐锯齿;花冠白色,5裂,裂片倒卵状圆形,长7-8毫米;雄蕊10,花丝短,下半部膨大,有睫毛,花药有2角,顶孔开裂;子房上位,5室,花柱短,倒圆锥形,柱头圆形,有5个波状齿。蒴果扁圆球形,直径约6毫米。花期5-7月,果期6-9月。

产皖南歙县清凉峰,石台牯牛降,海拔750米;大别山区金寨天堂寨、白马寨、虎形地等处。生于海拔750-1500米山坡松林下。根药用,可清热解毒,消肿节。

图 574 喜冬草
1. 植株;2. 花正面观;3. 花背面观;4. 花萼裂片;5-6. 雄蕊;7. 果。

60. 杜鹃花科 ERICACEAE

　　常绿灌木或乔木，稀半常绿或落叶。鳞芽。单叶，互生，稀对生或轮生；无托叶。花两性，整齐，稀不整齐；单生或为总状、伞形、圆锥花序；具苞片；萼4-5裂，宿存；花冠花瓣合生坛状、钟状、漏斗状、筒状或高脚碟状，上部4-5裂，覆瓦状排列；雄蕊为花冠裂片2倍，稀同数或更多，花丝分离，花药多顶孔开裂，常具附属物；子房上位，数室，每室胚珠多数，中轴胎座，稀单生，花柱和柱头单1。蒴果或浆果。种子细小，具窄翅或无，具胚乳。

　　50属，约1300种，广布于世界各地。我国14属，约800种，以西南分布最多。安徽省4属，13种，1亚种，3变种。

　　本科以观赏植物闻名，有些种类可药用、提制芳香油及栲胶；少数种类有剧毒。

1. 蒴果室间瓣裂；花药无芒状附属物；花大形，花冠略不整齐；叶多全缘…………………… 1. **杜鹃花属 Rhododendron**
1. 蒴果室背瓣裂；花药常具芒状附属物或距、或无，花小形：
　　2. 花药具芒；蒴果缝线不加厚：
　　　　3. 花药顶端芒直立，花冠钟形；顶生伞形或伞房状花序下垂；种子常具翅或角…… 2. **吊钟花属 Enkianthus**
　　　　3. 花药顶端芒反折，花冠壶状；顶生圆锥花序不下垂；种子细小，锯屑状，无翅或角…… 3. **马醉木属 Pieris**
　　2. 花药无芒，花丝近顶端有2距；蒴果缝线加厚 ………………………………………………4. **南烛属 Lyonia**

1. 杜鹃花属 Rhododendron L.

　　常绿、半常绿或落叶，灌木或乔木。冬芽芽鳞覆瓦状排列。单叶，互生，稀近对生，常生枝顶，全缘或具睫毛状细锯齿；具叶柄。花两性；伞形总状花序顶生，稀花单生叶腋；花萼5-10裂，宿存；花冠花瓣合生辐状、钟状、漏斗状或筒状，上部5（6-10）裂；雄蕊5-10或更多，花药背着，无芒，顶孔开裂；花盘5-10裂；子房5-10室，或更多，每室胚珠多数，花柱细长，柱头头状。蒴果5-10瓣裂。种子多数。

　　约900种，分布于北温带，亚洲最多。我国约650种，以西南和西部最多。安徽省11种，1亚种。

　　杜鹃花是世界最著名园林观赏植物。种类多，多生于高寒山区，气候冷凉湿润、土壤肥沃、呈酸性反应的山地黄垆。

1. 落叶或半常绿灌木：
　　2. 落叶灌木：
　　　　3. 雄蕊5，花金黄色；叶下面被灰白色柔毛及疏刚毛；小枝常被刚毛 ………………… 4. **羊踯躅 Rh. molle**
　　　　3. 雄蕊10，花蔷薇色或深红色或鲜红色：
　　　　　　4. 叶2-3轮生状簇生枝顶；花常2朵簇生枝顶，蔷薇色；小枝被淡黄色绢毛；子房及蒴果密被长柔毛
　　　　　　　………………………………………………………………………… 7. **满山红 Rh. mariesii**
　　　　　　4. 叶轮生或散生；花2-6朵簇生枝顶，深红色或鲜红色；小枝密被亮褐色平伏糙毛；子房及蒴果密被糙毛 …………………………………………………………………………… 5. **杜鹃 Rh. simsii**
　　2. 半常绿灌木；雄蕊10；花1-3顶生，萼密被腺毛，花冠纯白色；幼枝密被灰色柔毛 …………………
　　　……………………………………………………………………………… 6. **白花杜鹃 Rh. mucronatum**
1. 常绿灌木或小乔木：
　　5. 雄蕊5，花冠白色或白色带淡紫色：
　　　　6. 萼裂片边缘无毛，萼筒被腺体；叶宽卵形………………………………………… 8. **马银花 Rh. ovatum**
　　　　6. 萼裂片边缘密具腺头毛；叶卵状椭圆形或宽椭圆形 ……………………………… 9. **腺萼马银花 Rh. bachii**

5. 雄蕊 10 或 14 或 16：

　　7. 雄蕊 10：

　　　　8. 花顶生枝端，6-14 花：

　　　　　9. 叶散生：

　　　　　　10. 叶厚革质，椭圆形或倒卵状椭圆形，下面密被黄色至深褐色星状短绒毛；子房无毛⋯⋯⋯
　　　　　　⋯⋯⋯⋯⋯⋯⋯⋯⋯⋯⋯⋯⋯⋯⋯⋯⋯⋯⋯⋯⋯⋯ **2. 都支杜鹃 Rh. shanii**

　　　　　　10. 叶革质，长圆状卵形或倒卵形，缘稍具睫毛，下面中脉被淡棕色丛卷毛；子房被毛⋯⋯⋯
　　　　　　⋯⋯⋯⋯⋯⋯⋯⋯⋯⋯⋯⋯⋯⋯⋯⋯⋯⋯ **3. 麻花杜鹃 Rh. maculiferum**

　　　　　9. 叶簇生枝端，卵状披针形，缘无睫毛；萼被腺状睫毛 ⋯⋯⋯⋯⋯⋯⋯⋯⋯⋯⋯⋯⋯⋯
　　　　　⋯⋯⋯⋯⋯⋯⋯⋯⋯⋯⋯ **3a. 安徽杜鹃 Rh. maculiferum ssp. anhweiense**

　　　　8. 花 1-2 生枝端叶腋；叶卵状椭圆形或倒披针形，无毛；萼无毛 ⋯⋯⋯⋯⋯ **10. 鹿角杜鹃 Rh. latoucheae**

　　7. 雄蕊 14、14-16：

　　　　11. 花 6-12 排成伞形总状花序顶生；叶长圆形或长圆状椭圆形，下面被极细腺体或微毛 ⋯⋯⋯
　　　　⋯⋯⋯⋯⋯⋯⋯⋯⋯⋯⋯⋯⋯⋯⋯⋯⋯⋯⋯ **1. 云锦杜鹃 Rh. fortunei**

　　　　11. 花 6-8（10）排成短总状花序；叶长圆状倒披针形，下面淡黄白色，无毛⋯⋯ **11. 喇叭杜鹃 Rh. discolor**

---

1. 云锦杜鹃　　　　　　　　　图 575

Rhododendron fortunei Lindl.

常绿灌木或小乔木，高达 9 米；树皮片状开裂。幼枝具腺体。叶厚革质，长圆形或长圆状椭圆形，长 6-18 厘米，宽 3-8 厘米，先端钝或近圆形或锐尖，基部圆形、平截或近心形，全缘，下面无毛、被极细腺体或微毛；叶柄长 1-3 厘米，无毛。总状伞形花序顶生，具花 6-12，总花梗长 3-5 厘米，具腺体，花梗长 2-3 厘米，被具柄腺体；萼裂片短，被腺体；花冠漏斗状钟形，长 4-5 厘米，径 7-9 厘米，淡蔷薇色，外面基部被腺体，裂片 7，圆形；雄蕊 14，花丝无毛，花药黄色；子房卵形，长约 5 毫米，10 室，密被腺体，花柱被白色或黄色腺体，柱头头状。蒴果长圆柱形，长 2-4 厘米，径 1-1.5 厘米。花期 4-5 月；果期 10-11 月。

图 575　云锦杜鹃（花枝）

　　产皖南黄山狮子林、温泉、云谷寺，歙县清凉峰大原三河口海拔 1250 米；大别山区霍山马家河、佛子岭，金寨天堂寨、鲍家窝海拔 680-1350 米，岳西鹞落坪海拔 1100 米，潜山彭河乡海拔 1240 米、天柱山、百花崖，舒城万佛山。生于林下或灌丛中。分布于陕西、湖北、湖南、河南、浙江、江西、福建、广东、广西、贵州、云南、四川。

　　喜凉润气候，耐寒，适生于酸性腐殖质丰富土壤中。

　　为美丽园林观赏树种。

2. 都支杜鹃　多支杜鹃　　　　　　　　　图 576

Rhododendron shanii Fang

　　常绿小乔木，或灌木，高达 10 米。小枝无毛。叶厚革质，椭圆形、长圆状椭圆形或倒卵状椭圆形，长 6-10 厘米，宽 4-6.5 厘米，先端圆形，基部钝或近圆形，上面榄绿色，无毛，下面密被黄色至深褐色星状短绒毛，侧脉不明显；叶柄长 1.5-2.5（3）厘米，无毛。总状伞形花序顶生，具 10-14 花，花梗长 1.5-2.5 厘米，淡紫色，密被白色微柔毛；萼小，长约 2 毫米，5 裂，裂片具睫毛；花冠钟形，长、宽均约 4 厘米，外面略淡紫色至干后苍白色，内面上方具红色斑点，基部微橘黄色，裂片 5，倒卵形，长约 1.5 厘米；雄蕊 10，花丝基部被微柔毛，花药黄色；子房无毛，花柱无毛。蒴果圆柱形，长 2-2.5 厘米。花期 4-5 月；果期 9 月。

产大别山区霍山马家河林场海拔 1600 米，金寨鲍家窝羊角尖、天堂寨，岳西鹞落坪多支尖海拔 1650-1700 米，潜山。生于山顶、山脊或悬崖峭壁处。在山顶平缓处形成块状低矮纯林，群落独特，甚为珍贵。宜多加保护，为安徽省名贵稀有树种，系安徽省特有成分。

3. 麻花杜鹃　　　　　　　　　图 577
Rhododendron maculiferum Franch.

常绿灌木，高达 5 米；树皮黑灰色，薄片状剥落。幼枝棕红色，密被绒毛。叶革质，长圆形、椭圆形或倒卵形，长 4-11 厘米，宽 2.5-4.2 厘米，先端钝至圆形，略具小尖头，基部圆形，稀浅心形，有时缘具睫毛，下面黄绿色，中脉被淡棕色丛卷毛或淡褐色绒毛，下半部尤密，侧脉 12-14 对；叶柄长 1.3-2.2 厘米，密被白色绒毛至无毛。总状伞形花序顶生，具花 7-10，总花梗长 1.5-2.5 厘米，密被柔毛，花梗长 1.4-2 厘米，被褐色刚毛状丛卷毛；萼 5 齿裂，被丛卷毛；花冠宽钟形，长 3.7-4 厘米，径 3.8-4.2 厘米，白色或粉红色，基部具深紫色斑，裂片 5，宽卵形，长约 1 厘米；雄蕊 10，花丝基部被毛；子房 6-7 室，被淡黄白色绒毛，基部较密，花柱无毛。蒴果圆柱形，长 1.5-2 厘米，径 4-5 毫米，无毛或被锈色刚毛。花期 5-6 月；果期 9-10 月。

产大别山区金寨天堂寨海拔 1400-1670 米，舒城万佛山猪头尖。散生于阔叶林中。分布于陕西、甘肃、湖北、四川。安徽省植物地理新分布。

3a. 安徽杜鹃　黄山杜鹃（亚种）　　　图 578
Rhododendron maculiferum Franch. ssp. **anhweiense**（Wils.）Chamberlain

常绿灌木，高达 2（4）米。幼枝疏被丛卷毛。叶簇生枝端，卵状披针形或卵状椭圆形，长 3-6 厘米，宽 1.5-3 厘米，先端锐尖，具尖头，基部圆形或宽楔形，无毛，上面网脉纹明显，下面淡绿色，稍带黄色；叶柄长 5-10 厘米，疏被灰色丛卷毛。总状伞形花序顶生，具花 6-10，花梗长 1.7-2.5 厘米，直立，近无毛或有时被簇生卷毛；萼碟形，5 齿裂近无毛，缘被腺状睫毛；花冠钟形，长 2.5 厘米，淡紫色或白色，5 裂，上方一裂片内部被红点，芳香；雄蕊 10，内藏，花丝基部

图 576 都支杜鹃
1. 花枝；2. 雄蕊；3. 雌蕊；4. 果；5. 叶背，示柔毛。

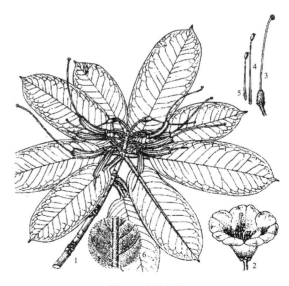

图 577 麻花杜鹃
1. 果枝；2. 花；3. 雌蕊和花萼；4-5. 雄蕊；叶下面示毛被。

被微毛；子房 5 室，疏被丛卷毛和腺体或近无毛，花柱基部被毛，柱头紫色。蒴果圆柱形，长 1.2-1.7 厘米，幼时被腺毛，具纵沟槽，宿存萼片歪斜，浅盘状。花期 4-5 月；果期 10 月。

产皖南黄山狮子林、天都峰、北海、西海、光明顶、清凉台、云谷寺，分布较普遍海拔达 1840 米，绩溪清凉峰海拔 1090 米，歙县清凉峰西凹海拔 1500 米；大别山区金寨天堂寨海拔 1400-1770 米，岳西鹞落坪，潜山彭河乡海拔 1200 米，舒城万佛山。

生于山脊、山顶或岩缝壁上、山谷或黄山松林下。为山上部针阔叶林重要组成树种之一。分布于江西、浙江、湖南、广西。

珍稀植物。

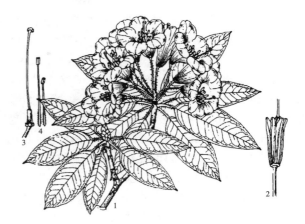

图 578 安徽杜鹃
1. 花枝；2. 果实；3. 雌蕊；4. 雄蕊。

4. 羊踯躅　　　　　　　　图 579

Rhododendran molle G. Don

落叶灌木，高达 1.5 米。幼枝被柔毛及刚毛。叶长圆形或长圆状披针形，长 5-12 厘米，宽 2-5 厘米，先端钝，具尖头，基部楔形，缘具睫毛，上面被柔毛，下面被灰白色柔毛，沿中脉被黄褐色刚毛，老叶仅叶脉被毛；叶柄长 2-6 毫米，被柔毛。总状伞形花序，顶生，具 5-9 花，花梗长 1.2-2.5 厘米，被柔毛；萼 5 裂，裂片不等大，长 3-7 毫米，被柔毛和长睫毛；花冠漏斗形，长 4-5 厘米，径 5-6 厘米，金黄色，上侧具淡绿色斑点，外被绒毛，裂片 5；雄蕊 5，花丝中部以下被柔毛；子房 5 室，被灰白色柔毛及疏刚毛，花柱无毛。蒴果圆锥状长圆形，长 2.5 厘米，被柔毛和疏刚毛，具 5 纵肋。花期 4-5 月；9-10 月。

产皖南黄山汤口、小岭山脚、白亭、茶林场，歙县清凉峰海拔 780 米、三阳，黟县余家山，旌德，泾县小溪，东至；大别山区金寨白马寨海拔 620 米，岳西鹞落坪，潜山彭河乡；江淮滁县皇甫山芝麻凹海拔 230 米、琅琊山，桐城陶冲乡，庐江。生于山坡灌丛中钙质土壤或中性土壤中。分布于江苏、浙江、江西、福建、河南、湖北、湖南、广东、广西、四川、贵州、云南。

全株剧毒，可作麻醉剂及农药；花治皮癣有特效。人误食，则腹泻、呕吐或痉挛；羊食后踯躅而死亡，故名。

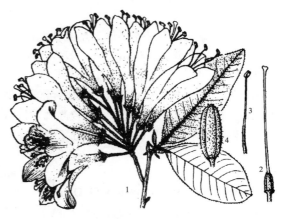

图 579 羊踯躅
1. 花枝；2. 雌蕊；3. 雄蕊；4. 果实。

5. 杜鹃　映山红　　　　　　图 580

Rhododendron simsii Planch.

落叶灌木，有时常绿，高达 3 米。小枝密被亮褐色平伏糙毛。叶二型，春叶椭圆形、卵形或长圆状椭

图 580 杜鹃
1. 花枝；2. 雄蕊；3. 雌蕊；4. 萼片；5. 花纵剖；6. 果实。

圆形，长 1.8-5 厘米，宽 8-18 毫米，先端锐尖或渐尖，基部楔形或宽楔形，两面被平伏糙毛，中脉较密；夏叶倒卵形或倒披针形，长 8-37 毫米，宽 4-12 毫米；叶柄长 2-6 毫米，密被平伏糙毛。花 2-6 簇生枝顶，花梗长 5-10 毫米，密被平伏糙毛；萼 5 裂，裂片卵形或披针形，长 2-6 毫米，被平伏糙毛和睫毛；花冠宽漏斗形，长 4 厘米，蔷薇色、鲜红色或深红色，上方 3 裂片内具深红色点；雄蕊 10，花丝中部以下被微柔毛；子房 10 室，密被褐色平伏糙毛，花柱无毛。蒴果卵圆形，长 8 毫米，被糙毛，萼宿存。花期 3-4 月；果期 9-10 月。

皖南山区、大别山区分布普遍。生于 500-1200 米山坡、灌丛中或松林下，为酸性土壤重要指示植物。分布于江苏、江西、福建、台湾、湖北、湖南、广东、广西、贵州、云南、四川。

喜气候温暖湿润、雨量充沛的红壤或黄壤，呈强酸性反应。春季早春开花，遍山皆红，景观美丽，故俗称"映山红"。

全株药用，有行气活血、补虚之效，可治内伤、风湿疾病等。花色艳丽，品种繁多，有较高观赏价值。扦插繁殖，如环境条件差，栽培不易成活。

6. 白花杜鹃　　　　　　　　　　图 581

Rhododendron mucronnatum G. Don

半常绿灌木，高达 2 米。幼枝密被灰色柔毛或棕色毛；芽鳞外面多胶质。叶二型，春叶常早落，披针形或卵状披针形，长 3-5.5 厘米，两面密被灰色或红色软毛；夏叶宿存，长圆状披针形或长圆状倒披针形，长 1-3.2 厘米，宽 6-12 毫米，两面被软毛；叶柄长 2-6 毫米，被平伏柔毛和刚毛。伞形花序顶生，具 1-3 花，花梗长 5-15 毫米，密被平伏软毛兼被扁平毛，稀被腺头毛；萼绿色，裂片 5，披针形，长 1.2 厘米，被腺毛；花冠宽钟形，长 3.5-4 厘米，白色，芳香，稀蔷薇色或具红色条纹；雄蕊 10(8)，花丝中部以下被柔毛；子房 5 室，密被刚毛，稀被腺毛，花柱无毛。蒴果圆锥状卵球形，长约 1 厘米，被刚毛和腺毛。花期 4-5 月；果期 8-9 月。

产皖南休宁水潭；大别山区霍山磨子潭区白水畈海拔 200-400 米。各城市有栽培，为优美观赏树种。分布于江苏、浙江、江西、福建、广东、广西、四川、云南。

7. 满山红　　　　　　　　　　图 582

Rhododendron mariesii Hemsl. et Wils.

落叶灌木，高达 3 米。小枝近轮生，幼时被淡黄色绢毛。叶 2-3 簇生枝端，卵状披针形，稀宽卵形或

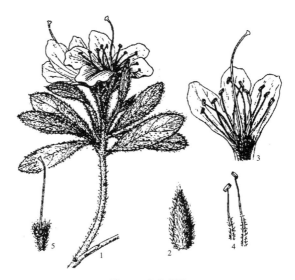

图 581 白花杜鹃
1. 花枝；2. 萼片；3. 花剖面；4. 雄蕊；5. 雌蕊。

图 582 满山红
1. 花枝；2. 雌蕊；3. 雄蕊。

椭圆形或三角状卵形，长4-8厘米，宽2-4厘米，先端锐尖，具尖头，基部楔形，中部以上具细钝齿，上面幼时被淡黄色长绢毛，下面疏被柔毛；叶柄长4-12毫米，紫色，近无毛。花1-2(5)顶生，花梗长4-8毫米，被硬毛；萼5齿裂，常被灰色或淡黄褐色平伏毛；花冠辐射状漏斗形，长3厘米，蔷薇色，裂片5，上侧裂片具红紫色点，无毛；雄蕊10，花丝无毛，花药紫红色；子房5室，密被灰色或淡黄褐色长柔毛，花柱无毛。蒴果椭圆状卵球形或圆柱形，长1.8厘米，密被长柔毛。花期4-5月；果期7-8月。

产皖南黄山汤口、温泉、居士林、莲花沟、北海、云谷寺，休宁岭南，绩溪清凉峰永来海拔800米，泾县小溪，青阳九华山；大别山区霍山马家河海拔950米，岳西鹞落坪，潜山天柱山，舒城万佛山。生于林缘或灌丛中。分布于江苏、浙江、江西、台湾、福建、湖北、四川、贵州、陕西。

花美丽，观赏树种，亦为酸性土壤指示植物。

8. 马银花 图583

Rhododendron ovatum（Lindl.）Planch. ex Maxim.

常绿灌木，高达4米。幼枝被短柄腺体和软毛。叶宽卵形，长3.3-5厘米，宽1.8-2.5厘米，先端尖或钝，具尖头，基部圆形，上面仅中脉被短柔毛；叶柄长8毫米，被软毛。花单生于近枝端叶腋，花梗长1.6厘米，被短柄腺体和软毛；萼裂片5，倒卵圆形，长5毫米，基部被毛，缘无毛，萼筒短，被腺体；花冠5深裂，裂片长2.5厘米，白色至白色带紫色，具粉红色点，内面喉部被柔毛；雄蕊5，花丝扁平，中部以下被柔毛；子房密被短腺毛，花柱无毛。蒴果宽卵形，长6-8毫米，被灰褐色柔毛和疏腺体，外被宿萼。花期4-5月；果期10月。

产皖南黄山汤口至半山寺、一线天、狮子林、清凉台至三道岭、云谷寺、桃花峰，歙县清凉峰海拔810米，休宁流口，泾县小溪，青阳九华山；大别山区霍山桃源河，金寨白马寨小海淌海拔680-1100米，岳西鹞落坪。生于林下或灌丛中。分布于浙江、江苏、福建、江西、湖南、贵州。

9. 腺萼马银花 图584

Rhododendron bachii Levl.

常绿灌木，高达4米。幼枝被柔毛和疏腺头刚毛。叶散生，卵状椭圆形或宽椭圆形，长2-4厘米，宽1-2厘米，先端锐尖，具尖头，基部楔形，中脉被毛；叶

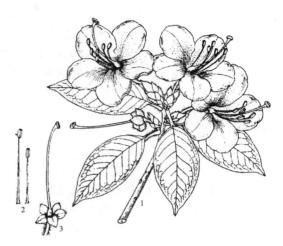

图583 马银花
1. 花枝；2. 雄蕊；3. 花萼和雌蕊。

图584 腺萼马银花
1. 花枝；2. 花；3. 示叶中脉；4. 雄蕊。

柄长 6-10 毫米, 被柔毛。花单生枝端叶腋, 花梗长 1.2
厘米, 被柔毛和腺头刚毛; 萼长 3 毫米, 5 深裂, 裂
片倒卵圆形、卵形或倒卵形, 外被微毛, 缘密具腺头毛;
花冠宽漏斗形, 长 3 厘米, 径 3.5 厘米, 白色带淡紫色,
裂片 5, 上方 3 裂片具深红色细点; 花柱无毛。蒴果
卵形, 长 6 毫米, 外被宿萼。花期 5 月; 果期 10-11 月。

产皖南休宁海拔 400 米。安徽省植物地理新分布。

10. 鹿角杜鹃　　　　　　　　　图 585
Rhododendron latoucheae Franch.

常绿小乔木, 高达 7 米。小枝无毛。叶簇生枝端,
卵状椭圆形或倒披针形, 长 6-7.5 厘米, 宽 2.4-4 厘米,
先端短渐尖, 基部宽楔形, 无毛; 叶柄长 1-1.2 厘米,
无毛。花 1-2 枝端腋生, 花芽芽鳞缘具细锯齿, 无毛,
花梗长 2.5 厘米, 无毛; 萼短, 具不明显 5 小齿; 花冠
窄漏斗形, 长 4.5 厘米, 粉红色, 裂片 5, 无毛; 雄蕊
10, 略伸出花冠外, 花丝扁平, 中部以下被微毛; 子
房无毛, 花柱长 3.5 厘米, 无毛, 柱头 5 裂。蒴果圆
柱形长 3 厘米, 无毛, 具纵肋。花期 4 月; 果期 7-10 月。

产皖南黄山北坡海拔 1200 米以下, 休宁六股尖,
祁门, 旌德, 绩溪清凉峰中南坑、逍遥乡海拔 1200
米, 歙县清凉峰三河口海拔 1250 米。生于林下阴湿处。
分布于浙江、江西、福建、湖南、湖北、广东、广西、
四川、贵州。

图 585　鹿角杜鹃(花枝)

11. 喇叭杜鹃　　　　　　　　　图 586
Rhododendron discolor Franch.

常绿灌木或小乔木, 高 1.5-8 米; 树皮褐色。枝
粗壮, 无毛; 腋芽卵形, 黄褐色, 无毛。叶革质, 长
圆状椭圆形或长圆状披针形, 长 9.5-18 厘米, 宽 2.4-
5.4 厘米, 先端钝尖, 基部楔形, 稀略近心形, 边缘
反卷, 下面淡黄白色, 无毛, 侧脉约 21 对, 下面不
显著; 叶柄粗壮, 长 1.5-2.5 厘米, 无毛。顶生短总
状花序, 具花 6-8(10), 轴长 1.5-3 厘米, 散生腺体,
花梗长 2-2.5 厘米, 无毛或略具腺体; 萼长 2-5 毫米,
裂片 7, 具稀疏腺体, 缘具纤毛及短柄腺体; 花冠漏
斗状钟形, 长 5.5 厘米, 宽约 6 厘米, 淡红色至白色,
裂片 7, 近于圆形, 长约 2 厘米, 宽约 2.5 厘米; 雄蕊
14-16, 不等长, 花丝无毛, 花药白色; 子房卵状圆锥形,
长约 7 毫米, 密被淡黄白色短柄腺体, 花柱被淡黄白
色短柄腺体, 柱头头状。蒴果长圆柱形, 略弯, 长 4-5
厘米, 径约 1.5 厘米, 9-10 室, 具肋纹及腺体残迹。
花期 6-7 月; 果期 9-10 月。

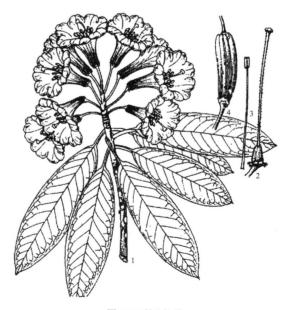

图 586　喇叭杜鹃
1. 花枝; 2. 雌蕊; 3. 雄蕊; 4. 果实。

产皖南歙县清凉峰东凹海拔 1600 米林缘或灌丛中。分布于陕西、浙江、江西、湖南、湖北、广西、四川、贵州、云南。

与云锦杜鹃 R. fortunei Lindl 很相近,唯叶基部常为楔形;萼裂片缘具纤毛。花期较迟。安徽省植物地理新分布。

2. 吊钟花属 Enkianthus Lour.

落叶或半常绿灌木,稀小乔木,枝轮生;冬芽为混合芽,球形。单叶,互生,常簇生枝顶;具叶柄。花两性;伞形花序或伞形总状花序,顶生,花梗细长;具苞片;萼 5 裂,裂片宿存;花冠钟状或壶状,5 浅裂;雄蕊 10,分离,花丝短,花药纵裂,顶端具 2 芒;花盘细小,5 裂或无裂;子房上位,5 室,每室胚珠数枚。蒴果椭圆形或卵圆形,5 棱,室背 5 瓣裂。种子少数,常具翅或角。

约 16 种,分布于喜马拉雅至日本。我国 8 种,分布西南至中部。安徽省 1 种。

灯笼花 图 587

Enkianthus chinensis Franch.

落叶小乔木,高达 6 米。小枝无毛。叶簇生枝顶,长圆形或长圆状椭圆形,长 3-5 厘米,宽 2-2.5 厘米,先端钝,基部圆楔形,具钝锯齿,无毛,网脉在上面不明显,下面明显;叶柄紫红色,长 5-10 毫米,无毛。伞形总状花序,花多数,花梗长 2.5-4 厘米,纤细,无毛,常下垂;萼裂片三角形,具缘毛;花冠宽钟形,长、宽约 1 厘米,肉红色,5 浅裂;雄蕊 10,花丝中部以下被毛;子房疏被白色短毛。蒴果圆卵形,长约 4.5 毫米,果梗上弯。种子具翅。花期 5 月;果期 9-10 月。

产皖南黄山海拔 1600-1800 米的白鹅岭、光明顶、狮子林、北海、西海、莲花峰、天都峰普遍分布,歙县清凉峰西凹海拔 1300 米,绩溪清凉峰逍遥乡野猪荡海拔 1570 米;大别山区霍山,金寨,潜山天柱峰海拔 1400 米以上灌丛中或林缘。分布于浙江、江西、福建、湖北、湖南、广西、四川、贵州、云南。

本种花序伞形,花红色,花梗细长下垂,花开放时,形似一串灯笼,十分美丽;在黄山高海拔处多处形成小块群落,引人注目,为美丽的观赏树种。

图 587 灯笼花
1. 果枝;2. 花枝;3. 雄蕊;4. 花。

3. 马醉木属 Pieris D. Don

常绿灌木或小乔木。芽鳞数枚。单叶,互生,稀对生,具锯齿,稀全缘;叶柄短或无柄。花两性;圆锥花序,稀小总状花序,花梗具关节;具苞片及小苞片;萼片 5,常宿存;花冠壶状,5 浅裂;雄蕊 10,2 轮,内藏,花丝基部膨大,花药在背部具 2 下弯的芒;花盘 10 裂;子房 5 室,每室胚珠多数,花柱圆柱形,柱头头状。蒴果球形,室背 5 瓣裂,裂成 5 果瓣。种子小,多数,锯屑状。

约 10 种,分布于北美或东亚。我国约 6 种,分布东部和西南。安徽省 2 种。

1. 叶椭圆状披针形,先端短渐尖,基部窄楔形,边缘仅中部以上具细圆齿,稀全缘;蒴果常扁球形 ……………………………………………………………… 1. 马醉木 P. japonica

1. 叶披针形、长圆形或倒披针形，先端渐尖或锐尖，基部钝圆或楔形，缘具细锯齿；蒴果卵圆形 ⋯⋯⋯⋯⋯⋯⋯⋯⋯⋯⋯⋯⋯⋯⋯⋯⋯⋯⋯⋯⋯⋯⋯⋯⋯⋯⋯⋯⋯⋯⋯⋯⋯⋯⋯⋯ **2. 美丽马醉木 P. formosa**

1. 马醉木

Pieris japonica（Thunb.）D. Don ex G. Don

常绿灌木或小乔木，高达 4 米；树皮棕褐色。小枝无毛；芽鳞 3-8。叶密集枝顶，椭圆状披针形，长 3-8 厘米，宽 1-2 厘米，先端短渐尖，基部窄楔形，缘 2/3 以上具细圆齿，稀近全缘，无毛，中脉两面隆起，侧脉下面不明显；叶柄长 3-8 毫米。总状或圆锥花序，长 8-14 厘米，直立或下垂；萼片三角状卵形，长约 3.5 毫米，外疏被腺毛；花冠白色，壶状，长 6-7 毫米，无毛，5 浅裂；雄蕊 10，花丝被长柔毛；子房无毛，花柱长约 6 毫米，柱头头状。蒴果近扁球形，径 3-5 毫米。花期 4-5 月；果期 7-9 月。

产皖南黄山北坡辅村，祁门牯牛降海拔 390 米，休宁岭南，绩溪清凉峰永来、中南坑海拔 770-1350 米，歙县清凉峰西凹海拔 1250 米，贵池。散生于山地疏林中。分布于浙江、福建、台湾、江西。日本也有分布。

叶剧毒，可作杀虫剂；牲畜误食可中毒。花下垂，风铃状，可作园林观赏树种。

2. 美丽马醉木　　　　　　图 588

Pieris formosa（Wall.）D. Don

常绿灌木或小乔木，高达 4 米。小枝无毛，具叶痕；芽鳞无毛。叶披针形或长圆形，稀倒披针形，长 4-10 厘米，宽 1.5-3 厘米，下面中脉显著，侧脉不明显；叶柄粗，长 1-1.5 厘米，无毛。总状花序簇生于枝顶叶腋，或有时为顶生圆锥花序，长 4-10（20）厘米，花梗被毛；萼片宽披针形；花冠白色，壶状，外被毛，5 浅裂；雄蕊 10，花丝长约 4 毫米，被白色柔毛；子房无毛，花柱长约 5 毫米。蒴果卵圆形，径约 4 毫米。种子纺锤形，具 3 翅，悬于中轴上。花期 4-6 月；果期 7-9 月。

产皖南休宁六股尖海拔 700 米；大别山区太湖大山乡木堰村、桑植海拔 200-300 米马尾松林下。分布于浙江、江西、湖北、湖南、广东、广西、四川、贵州、云南。

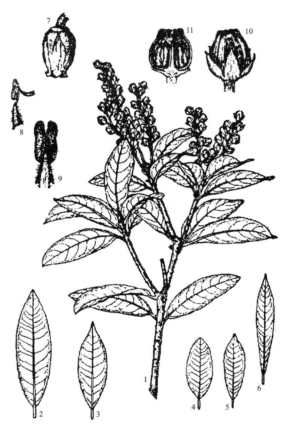

图 588 美丽马醉木
1. 花枝；2-6. 叶形的变异；7. 花；8. 雄蕊；9. 花被；10. 蒴果；11. 蒴果纵裂。

4. 南烛属 Lyonia Nuttall

常绿或落叶灌木，稀小乔木。单叶，互生，全缘；叶柄短，有时具鳞片。花两性；花小，白色；花束腋生或总状花序排成顶生圆锥花序；萼 5（4-8）裂，宿存，与花梗之间有关节；花冠壶状或圆柱状钟形，浅 5 裂；雄蕊 10（8-16），内藏，花丝近顶部具 2 芒状附属物或无，花药钝形，顶孔开裂；花盘 8-10 裂；子房 4-5 室，具 4-5 角，每室胚珠多数，花柱柱状，柱头截平或头状。蒴果室背开裂，裂缝增厚。种子细小，锯屑状。

约 30 种，分布于喜马拉雅、东亚、南北美。我国约 6 种，5 变种。安徽省 3 变种。

1. 蒴果密被柔毛，径 3-5 毫米；叶倒卵形或椭圆形 ⋯⋯⋯⋯⋯⋯⋯⋯⋯⋯ **1a. 毛果南烛 L. ovalifolia var. hebecarpa**

1. 蒴果无毛：

　　2. 叶较薄，纸质，卵形，先端渐尖或急尖；蒴果较小，径约 3 毫米 ······ 1b. 小果南烛 L. ovalifolia var. elliptica

　　2. 叶椭圆状披针形，先端钝尖或渐尖，基部狭窄、楔形或阔楔形 ······ 1c. 披针叶南烛 L. ovalifolia var. lanceolata

1a. 毛果南烛（变种）

Lyonia ovalifolia（Wall.）Drude var. **hebecarpa**（Franch. ex Forb. Et Hemsl.）Chun

　　落叶灌木或小乔木，高达 7 米。幼枝暗红褐色，被微毛至无毛。叶卵形、倒卵形或椭圆形，长 5-12 厘米，宽 3-4 厘米，先端短渐尖，基部近圆形或近心形，全缘，幼时两面被紧贴毛，老时上面无毛，下面脉上被柔毛，近基部脉腋被簇生毛，网脉明显。叶柄长 5-7 毫米，被柔毛。总状花序腋生，长 3-11 厘米，被微毛；萼 5 裂，裂片卵状三角形；花冠白色，椭圆状坛形，长约 8 毫米，5 浅裂，被毛；雄蕊 10，花丝被毛，近顶端具芒；子房被毛，花柱无毛。蒴果近球形，径 3-5 毫米，室背开裂，密被柔毛。花期 6-7 月；果期 8-9 月。

　　产皖南黄山海拔 1400 米向阳山坡，歙县，休宁，祁门牯牛降海拔 300 米，绩溪清凉峰石狮海拔 810-900 米，泾县小溪，旌德，广德，贵池，青阳九华山；大别山区霍山马家河，岳西鹞落坪，潜山彭河乡，舒城万佛山海拔 700 米。

　　茎、叶药用，具强筋益气、收敛止泻之功效。

1b. 小果南烛（变种）　　　　　　图 589

Lyonia ovalifolia（Wall.）Drude var. **elliptica**（Sieb. et Zucc）Hand. -Mzt.

　　本变种叶较薄，纸质，卵形或卵状椭圆形，长 8-10 厘米，先端渐尖或急尖。总状花序腋生，长 3-8 厘米；萼裂片三角状卵形；花冠白色；子房无毛。果序长 12-14 厘米；蒴果径 2-3 毫米。种子细小，锯屑状。

　　产皖南黄山温泉、虎头岩、慈光阁至北海、云谷寺、松谷庵，海拔 200-1300 米；大别山区也有分布。

　　耐瘠薄，喜荫；为强酸性土壤指示植物。

　　根药用，治头昏目眩、跌打损伤等症。

1c. 披针叶南烛（变种）

Lyonia ovalifolia（Wall.）Drude var. **lanceolata**（Wall.）Hand. -Mzt.

　　本变种叶椭圆状披针形或长圆状披针形，长 8-12 厘米，宽 2.5-3 厘米，基部楔形。萼裂片较窄，披针形，长约 4 毫米。茎叶药用。

　　产皖南绩溪，太平，歙县。多见生长于阳坡酸性土中。分布于长江以南，东至台湾，西达云南、西藏，南到广东、广西。

图 589 小果南烛
1. 花枝；2. 雄蕊；3. 花纵剖；4. 果。

61. 越橘科 VACCINIACEAE

落叶或常绿灌木。冬芽小，卵形，芽鳞 2 或数枚；托叶缺。单叶，互生，全缘或具锯齿；具短柄。花两性；总状花序，腋生或顶生，有时单生，苞片宿存或脱落；花萼 4-5 浅裂或分裂极浅；花冠连合成壶状、筒状或钟状，上部裂片 4-5，覆瓦状排列；雄蕊 6-10，花药背部有 2 芒刺或缺，顶端伸长或管状，顶孔开裂；具花盘；子房下位，4-10 室，每室具胚珠多数，中轴胎座。浆果球形，具宿存萼；种子具丰富胚乳和直胚。

400 种以上，分布于亚洲和美洲热带，非洲热带甚少。我国约 2 属，90 种，主要分布于南部各省。安徽省 1 属，7 种，1 变种。

越橘属 Vaccinium L.

常绿或落叶灌木，稀小乔木。叶互生；具短柄。总状花序、单花或少花簇生叶腋，稀聚伞花序；花梗具 2 小苞片；花萼 4-5 齿裂；花冠坛状、钟状或筒状，白色、淡红色，稀红色，4-5 裂；雄蕊 10（5-8），花丝分离，常被毛；花盘垫状或凸起，稀扁平；子房 4-5 室或假 8-10 室。浆果，萼齿宿存。

300 余种，分布于北温带至热带高山。我国 80 余种，南北均有分布，以西南山区为多。安徽省 7 种，1 变种。

1. 花冠管状，4 深裂近基部，裂片花后反卷；花 1-2 朵；花梗细长，顶端无关节 ………………………………………………………………………………… 1. **扁枝越橘 V. japonicum** var. **sinicum**
1. 花冠坛状、钟状或筒状，5 浅裂，有时裂至中部；裂片不反卷：
  2. 落叶；花梗与花萼之间具关节或无：
    3. 小枝密被淡褐色短柔毛；花近无梗；萼齿密被毛，花冠淡绿色 ………………2. **无梗越橘 V. henryi**
    3. 小枝被淡褐色疏柔毛；花梗长约 2 毫米，萼无毛，花冠白绿色，具粉红晕 ………… 3. **有梗越橘 V. chenii**
  2. 常绿；花梗与花萼之间具关节：
    4. 花序无苞片或苞片小，早落：
      5. 花冠宽钟形，口部张开；叶卵状披针形或长卵状披针形，先端渐尖或尾尖 ………………………………………………………………………………………………… 4. **短尾越橘 V. carlesii**
      5. 花冠坛状或筒状，口部稍窄：
        6. 幼枝及叶柄被腺头刚毛 ………………………………………… 5. **刺毛越橘 V. trichocladus**
        6. 幼枝及叶柄被淡褐色或密被淡褐色短柔毛，或无毛和疏被灰柔毛：
          7. 花序轴及花萼密被淡褐色短柔毛；果稍被毛…………………… 6. **黄背越橘 V. iteophyllam**
          7. 花序轴及花萼常无毛或疏被灰柔毛；果无毛 ……………………… 7. **米饭花 V. mandarinorum**
    4. 花序有苞片，有时叶状，宿存，花序轴及花萼、花冠被短柔毛 ……………… 8. **乌饭树 V. bracteatum**

1. 扁枝越橘 图 590

Vaccinum japonicum Miq. var. **sinicum**（Nakai）Rehd.

落叶小灌木，高 10-40 厘米，稀达 1 米。小枝条绿色，扁平，基部较狭，密生淡褐色下陷近圆形皮孔，两面各有纵沟 2 条；冬芽小，狭长卵形，芽鳞 2 枚，无毛。叶纸质，卵状披针形或披针形，长 2-5 厘米，宽 7-20 毫米，边缘有刺毛状细锯齿。下面仅中脉近基部有刺状毛。花两性，单生叶腋；花梗长 4-5 毫米，无毛，下垂，基部有长约 3 毫米的狭披针形苞片 2 枚，无毛；花萼倒钟形，4 裂，裂片长三角形，约与萼筒等长，无毛；花冠粉红色，长约 1 厘米，深 4 裂，裂片条状披针形，无毛，花期强度反卷；雄蕊 6 枚，与花冠等长，花丝粗短，有髯毛，花药每室顶端伸长成2根直立管状附属物，长约5毫米；子房下位，花柱无毛。浆果球形，直径约4毫米，鲜红色。花期6-7月，果期9-10月。

产皖南休宁六股尖，黟县，祁门牯牛降，石台，黄山慈光寺、狮子林，青阳九华山。生于海拔800-1600米山地灌丛或林下阴湿处。分布于长江以南，南至广东北部、广西北部，西南至贵州、四川。

2. 无梗越橘 图 591

Vaccinum henryi Hemsl.

落叶灌木，高达4米，分枝密。小枝密被淡褐色短柔毛。叶卵状长圆形，长4-7厘米，宽1.5-3厘米，先端尖，基部圆，全缘，两面叶脉稍隆起，沿脉和叶柄被褐色短柔毛；叶柄极短。花单生叶腋，有时成假总状；花近无梗；小苞片被毛；花萼钟状，萼齿密被毛；花冠钟状，淡绿色，无毛，裂片反折；雄蕊金黄色，花药无距，花丝略被毛。果球形，深红色至黑色，被柔毛。

产皖南歙县清凉峰，黄山狮子林，休宁；大别山区金寨。生于海拔1000米以上林下及林缘，为酸性土壤指示植物。分布于四川、陕西、湖北、湖南、福建、浙江。

3. 有梗越橘 图 592

Vaccinium chingil Sleumet

落叶灌木，高达4米。小枝被淡褐色疏柔毛，老枝近无毛。叶披针状长圆形，或窄卵状长圆形，长5-7厘米，宽1-2.5厘米，先端渐尖，基部宽楔形，全缘，叶脉两面隆起，两面中脉、下面侧脉及叶柄被柔毛，上面略被

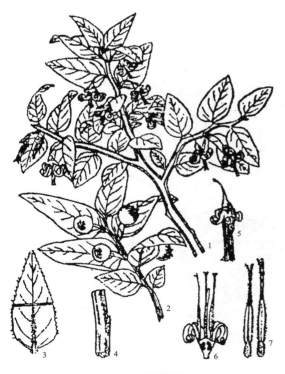

图 590 扁枝越橘
1. 花枝；2. 果枝；3. 叶，示中脉毛被；4. 茎，示冬芽；5. 花。
示花冠反卷；6. 花纵剖面，示子房下位；7. 雄蕊。

图 591 无梗越橘
1. 花枝；2. 花。

平伏小刚毛;近无柄。花单生叶腋;花梗长约 2 毫米,无毛,花萼浅杯状,裂片三角形,无毛;花冠钟状,下垂,白绿色,有粉红晕,长约 4 毫米;花药背部无距,花药管短。

产皖南山区歙县,休宁,祁门。生于林下及林缘酸性土壤中。分布于浙江、江西、湖南。

4.　短尾越橘　　　　　　　　　　　　　　　　　　　　　　　　　　　　　　　　　图 593

Vaccinium carlesii Dunn

常绿灌木,高 1-2 米。分枝多;幼枝有淡灰黄色细柔毛,老枝无毛;冬芽卵圆形,芽鳞数枚,排列松散。叶革质,卵圆形。卵状披针形或椭圆状披针形,长 3-6 厘米,宽 1-2.2 厘米,先端短尾状渐尖,基部近圆形或宽楔形,稀楔形,边缘有疏而浅的细锯齿,侧脉在两面均不显,中脉在上面隆起,有短柔毛;叶柄长 1-2 毫米,密生短柔毛。总状花序腋生,长 2.5-6 厘米,或达 8 厘米,总轴有淡灰黄色短柔毛;花小。无毛;苞片常宿存,披针形。边缘有疏细锯齿,两面无毛;花萼钟状,5 浅裂;花冠白色,宽钟状,长约 3 毫米,先端 5 裂,裂片长约为花冠一半;雄蕊 10 枚,内藏,花药顶部伸长成管状,背面有 2 距,花丝有毛;子房下位。浆果球形,直径约 4 毫米,无毛,紫红色。花期 5-6 月,果期 9-10 月。

产皖南休宁五城,祁门棕里,黟县,歙县等地。生于海拔 400 米以下的山坡、林缘及灌丛中。

图 592 有梗越橘
1. 花枝;2. 花。

图 593 短尾越橘
1. 花枝;2. 花;3. 果实。

5. 刺毛越橘　　　　　　　　　　图 594

Vaccinium trichocladum Merr. et Metc.

常绿灌木。稀小乔木。幼枝密生弯而开展顶端有细头状腺体的红黄色刚毛，长约 2 毫米。老枝条灰棕色，多少有刚毛，稀无。叶革质，卵状披针形至近椭圆形，长 6-8 厘米，宽 2.5-3 厘米，先端渐尖，基部近圆形或圆形，稀近心形，边缘有弯而硬尖头的细锯齿，上面仅中脉有柔毛，下面中脉上有弯而顶端具细头状腺体的红黄色刚毛及淡黄色短柔毛，侧脉上面不显，下面明显隆起，并有淡黄色短柔毛；叶柄长 2-3 毫米，密生弯而顶端有细头状腺体的红黄色刚毛。总状花序腋生或顶生，长达 6 厘米，无毛；花梗长 4-7 毫米；苞片披针形，早落；花萼钟状，5 浅裂，裂片宽三角形，无毛；花冠筒状，下垂，檐部多少狭缩，5 浅裂，裂片极短，无毛。雄蕊 10 枚，子房下位。浆果球形，直径约 5 毫米，淡红棕色，花期 5-6 月，果期 9-10 月。

产皖南休宁齐云山、五城、岭南。生于山谷或林缘，垂直分布于海拔 300-500 米。分布于浙江、福建、江西、广东、贵州。

图 594 刺毛越橘
1. 花枝；2. 花；3. 浆果。

6. 黄背越橘　　　　　　　　　　图 595

Vaccinium iteophyllum Hance

常绿灌木，稀小乔木。分枝稀疏，幼枝密生锈色短柔毛，老枝无毛；芽鳞排列紧密。叶革质，椭圆形，长 6-8 厘米，宽 2-3 厘米，先端短渐尖，基部宽楔形。边缘有细锯齿或锯齿不显，稀近全缘，叶脉明显，中脉和侧脉在上下两面均有锈色短柔毛；叶柄长约 3 毫米，下面有短柔毛。总状花序腋生，长 4-6 厘米，总轴被短柔毛；花梗长 3-4 毫米，被短柔毛；苞片和小苞片披针形，脱落较早；花萼钟状，长约 2 毫米，顶部 5 浅裂，裂片三角形，密生短柔毛；花冠筒状，白色或带粉红色，长约 7 毫米，外面无毛，檐部多少狭缩，上部 5 浅裂，裂片长约为花冠长 1/2；雄蕊 10 枚，花丝有毛，花药背面有 2 距，顶部伸长成管状；子房下位，被毛，花柱无毛。浆果球形，红色，直径 6-7 毫米，稍有毛。

产皖南休宁五城，祁门牯牛降，歙县，黄山；大别山区等地。生于海拔 300-600 米的山坡及灌丛中。分布于长江以南，西南至云南、四川、贵州。

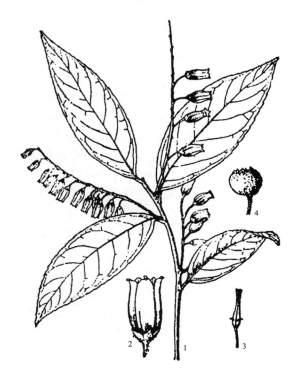

图 595 黄背越橘
1. 花枝；2. 花；3. 雄蕊；4. 果。

7.　米饭花　　　　　　　　　　　图 596

Vaccinium mandarinorum Diels

[*Vaccinium sprengell*（Don）Sleumer]

常绿灌木，高 1-2 米，或达 5 米呈小乔木状。幼枝常无毛或有灰色柔毛；冬芽卵形，芽鳞数枚，排列松散。叶厚草质，卵状椭圆形，椭圆形或倒卵状披针形，长 5-8 厘米，宽 1.2-2.5 厘米，先端短渐尖至渐尖，基部宽楔形，或近圆形，边缘有细锯齿，无毛，有时上面中脉和叶柄有毛；叶柄长 3-5 毫米。总状花序腋生，长 3-10 厘米，常数条集生于枝条顶都，无毛或有微毛，花下垂；花梗长 3-10 毫米；苞片披针形，脱落较早，花萼钟状，顶端 5 浅裂，裂片宽圆形，无毛；花冠筒状。长约 8 毫米，水红色至白色，檐部多少狭缩，上部 5 浅裂，裂片极短，无毛；雄蕊 10 枚，花丝无毛，花药背面有长约 3 毫米的刺芒 2 枚；子房下位。浆果球形，无毛，直径 4-5 毫米，白红色变为深紫色。花期 4-5 月。果期 7-9 月。

产皖南休宁，祁门，歙县，贵池，旌德，广德；大别山金寨白马寨、天堂寨等地，江淮明光老加山有零星分布。生于海拔 900 米以下林缘、山坡及沟旁。分布于长江以南，西南至西藏东南部。

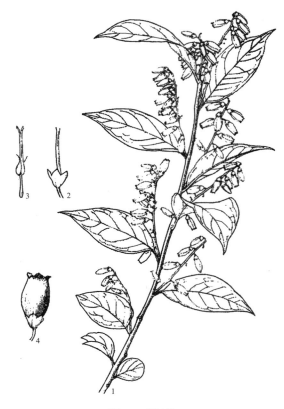

图 596 米饭花
1. 花枝；2. 雌蕊及花萼；3. 雄蕊；4. 花。

8.　乌饭树　　　　　　　　　　　图 597

Vaccinium bracteatum Thunb.

常绿灌木，高约 1 米。稀小乔木状。分枝多，幼枝初有灰色细柔毛，后无毛；冬芽小，卵圆形。芽鳞数放，排列紧密。叶革质，椭圆形、椭圆状卵形或卵形，长 1.5-7 厘米，宽 1-3 厘米，先端短尖，基椭宽楔形，边缘有坚硬细锯齿。上面绿色，有光泽，中脉微有柔毛或无毛，下面中脉有少数瘤状突起；叶柄长 2-4 毫米，无毛。总状花序腋生或生于小枝顶端叶腋，密生灰白色短柔毛；苞片叶状，宿存，狭卵状披针形或披针形，花期长 5-10 毫米，果期增长至 10-14 毫米，边缘疏生刺毛状锯齿。有羽状脉，上面中脉有细柔毛；花梗短；花萼浅钟状，5 浅裂，裂片三角形，长不及 2 毫米，有浅灰褐色细柔毛；花冠白色，圆筒状卵形，檐部狭缩，先端 5 浅裂，长 5-7 毫米，有浅灰褐色细柔毛，常下垂；雄蕊 10 枚，花药无芒状附属物；子房下位，有毛，浆果球形，直径 4-6 毫米，幼时密生细柔毛，紫黑色，稍有白粉，味甜。花期 6-7 月，果期 10-11 月。

产皖南山区；大别山区及江滩丘陵南部地区。生干海拔 1000 米以下的低山丘陵林下或林缘。分布于

图 597 乌饭树
1. 果枝；2. 花，示花被。

长江以南，东至台湾，南至海南，西南到云南。

嫩叶或果取汁染糯米蒸饭名"乌饭"，是昔日长江中下游沿江城镇有名的传统"寒食节""乌饭"小吃；据了解，当地群众常将米饭花、刺毛越橘等的叶和果实与乌饭树的叶和果实混用；叶及果又可治鼻衄，心肾虚弱、支气管炎；根能散淤消肿、止痛，治跌伤红肿、牙痛等症。

62. 金丝桃科 CLUSIACEAE（GUTTIFERAE）

草本、灌木或小乔木，有时具有颜色的黏液，或具腺体。单叶对生，稀轮生，叶片全缘，无托叶。花两性或单性，辐射对称，单生或组成聚伞或圆锥状等花序，萼片通常 4-5，覆瓦状排列或交互对生；花瓣 4-5，覆瓦状或旋转状排列；雄蕊通常多数，稀为定数，花丝分离或常连合成 3-5 束，有时有退化雄蕊；子房上位，3-5 室或 1 室，心皮 3-5，合生，具中轴胎座或侧膜胎座，胚珠 1 至多数，花柱与心皮同数，分离或合生。果实为蒴果、浆果或核果；种子 1 至多数，无胚乳，有或无假种皮。

约 40 属，900 余种，主要分布于热带地区，仅 2 属分布于温带地区；我国有 8 属，约 87 种。安徽省有 2 属，其中木本 1 属，3 种。

金丝桃属 Hypericum L.

灌木。叶对生，有时轮生；叶片全缘，大多具透明或黑色腺点，无柄或具短柄。花两性，黄色，单生或组成顶生或腋生的聚伞花序；萼片 5；花瓣 5，通常偏斜，宿存或脱落；雄蕊通常多数，花丝分离或基部合生成 3-5 束；子房上位，3-5 室，具中轴胎座，或 1 室而具侧膜胎座，胚珠多数，花柱 3-5，分离或合生。果实为蒴果，室间开裂，稀浆果状。种子小，多数，多为圆柱形，无假种皮，胚细而直。

约 400 种，分布于北半球的温带和亚热带地区；我国约有 50 种，广布全国各省、区；安徽有 9 种，其中木本 3 种。

本属不少种类可供园林观赏用，有的可药用。

1. 花柱合生；叶椭圆形。
　2. 果实卵圆形；萼片披针形 ·· 1. 金丝桃 H. monogynum
　2. 果实矩圆形；萼片矩圆形 ·· 2. 长柱金丝桃 H. longistylum
1. 花柱离生；叶卵圆形 ··· 3. 金丝梅 H. patulum

1. 金丝桃　　　　　　　　　　　　　　　　　　　　　　图 598

Hypericum monogynum L.[*Hyppericum chinense* L.]

半常绿小灌木，高可达 60 厘米，茎红褐色，圆柱形，分枝多；小枝常对生，光滑无毛。叶对生，纸质，有透明油点，长椭圆形，长 3-8 厘米，宽 1-2.5 厘米，先端钝尖，基部稍抱茎，上面深绿色，下面粉绿色，全缘，中脉在两面明显，在下面稍凸起，侧脉 7-8 对，网脉两面明显。花黄色，顶生，单生或聚伞花序；花大，直径 3-5 厘米，小苞片披针形；萼片 5，矩圆形，长约 7 毫米，花瓣 5，倒卵形；雄蕊多数，略短于花瓣，基部合生成 5 束；花柱纤细，合生，长约 1.8 厘米，先端 5 裂。蒴果卵圆形，长约 8 毫米。花期 6-7 月，果 8-9 月成熟。

产大别山区霍山、六安；皖南青阳、歙县、祁门及江淮地区合肥、蚌埠、淮南、滁县琅琊山等地。生于海拔 300 米。合肥、蚌埠、芜湖等市公园学校有栽培。分布于陕西、河北、河南、江苏、浙江、台湾、福建、江西、湖北、湖南、广东、广西、四川。

图 598 金丝桃
1. 花枝；2. 果序；3. 雌蕊放大，示花柱及柱头。

日本也有分布。

2. 长柱金丝桃　　　　　　　　　　　　　　　　　　　　　　　　　　　　图 599
Hypericum longistylum Oliv.

半常绿小灌木，高达 1 米；小枝圆柱形，分枝对生。单叶，对生，椭圆形，长 1.3-2.5 厘米，宽 6-14 毫米，先端钝圆，基部楔尖，全缘；侧脉 3-4 对，网脉几不可见，几无柄。花鲜黄色，通常 1 朵顶生或腋生，直径 1-2 厘米；萼片披针形，长 5 毫米；花瓣 5，狭椭圆形，长约 1.8 厘米；雄蕊合生成 5 束，与花瓣等长或稍长；花柱合生，长约为子房的 3.5-6 倍，顶端 5 裂。蒴果矩圆形。花期 6-7 月，果 10 月成熟。

产皖南山区、皖西大别山区。分布于青海、陕西、甘肃、河南、湖北。

3. 金丝梅　　　　　　　　　　　　　　　　　　　　　　　　　　　　　　图 600
Hypericum patulum Thunb.

半常绿或常绿小灌木，高达 1 米；茎红色或暗褐色，有 2 纵棱；分枝对生。单叶，对生，卵状矩圆形至卵状披针形，长 2.5 厘米，宽 1.5-3 厘米，全缘，先端钝圆或尖，有小尖头，基部近圆形，具极短或不显的叶柄，上面绿色，下面粉绿色，并疏生透明的油点。花金黄色，单生或组成聚伞花序，顶生，花大，微内凹，直径约 4-5 厘米，萼片 5，卵圆形，长约为花瓣的 1/2；花瓣 6，近圆形，脱落；雄蕊多数，合生成 5 束，每束有花丝 50-70，花柱 5，与雄蕊等长或稍短。蒴果卵形，有宿存萼。花期 7-8 月，果 10 月成熟。

产皖南休宁。皖南汤口黄山树木园，合肥逍遥津公园有栽培。分布于长江流域以南。

图 599 长柱金丝桃
1. 花枝；2. 示尚未开放的花；3. 雄蕊。

图 600 金丝梅
1. 花枝；2. 花序；3. 雌蕊部分放大，示花柱。

63. 桃金娘科 MYRTACEAE

常绿乔木或灌木。单叶，对生或互生，全缘，具透明油腺点；无托叶。花两性或杂性，辐射对称；单生或组成各式花序；花萼 4-5 裂；花瓣 4-5，分离或连合，或与萼片连成帽盖，稀无花瓣；雄蕊多数，稀少数，生于花盘外缘，花蕾时内卷，花丝分离或稍连合成短管，或成束与花瓣对生，花药 2 室，药隔顶端常具腺体；子房下位或半下位，1-10（13）室，每室 1 至多数胚珠。蒴果、浆果、核果或坚果，有时具分核。种子 1 至多数，无胚乳或具少量胚乳。

约 100 属，3000 余种，主要分布于热带美洲、大洋洲及热带亚洲。我国 8 属，约 90 种，引入栽培 8 属，70 余种。安徽省 2 属（其中为引入 1 属 3 种），5 种。

1. 蒴果，开裂；花萼与花瓣合生成一帽盖体；叶互生 ·· 1. **桉属 Eucalyptus**
1. 浆果，不开裂；花萼与花瓣分离；叶对生或轮生 ·· 2. **蒲桃属 Syzygium**

1. 桉属 Eucalyptus L. Her.

乔木或灌木，含脂状树胶。叶革质，互生（幼苗及萌枝叶对生），全缘，侧脉多数，其先端在叶缘连合成边脉，具柄，常下垂，为等面叶。花单生，或为伞形、伞房或圆锥花序；萼片与花瓣连成帽盖，开花时脱落；雄蕊多数，分离；子房下位，3-6 室。蒴果，顶部 3-6 瓣裂。种子多数，发育种子卵形或多角形，种皮坚硬，有时具翅。

约 600 种，分布于澳大利亚及其附近岛屿，为其主要森林树种，生长快，材质优良，用途广泛，枝叶含挥发油，为工业和医药原料。我国引入约 80 种。安徽省引入数种试验栽培，成功率不高，江淮一带冬季必须具备防寒、保暖条件。

1. 树皮薄，平滑，薄条片或长条片剥落；叶窄披针形或披针形：
　　2. 树皮暗灰色；帽盖短于萼筒 2 倍，顶端尖锐喙状 ·················· 1. **赤桉 E. camaldulensis**
　　2. 树皮灰白色；帽盖长为萼筒 2-4 倍，顶端渐尖 ·················· 2. **细叶桉 E. tereticornis**
1. 树皮厚，较松软，深褐色，纵裂；帽盖具喙，与萼筒等长；叶卵状披针形 ·················· 3. **大叶桉 E. robusta**

1. 赤桉

Eucalyptus camaldulensis Dehnhardt

常绿大乔木，原产地高达 60 米，胸径 3.6 米；树皮平滑，暗灰色或灰白色，薄条片剥落，近基部树皮鳞状开裂，固着。嫩枝圆，顶端略具棱。幼苗及萌枝叶宽披针形，长 6-9 厘米，宽 3-4 厘米；大树叶窄披针形或披针形，长 6-30 厘米，宽 1-2 厘米，稍弯，两面被黑腺点；叶柄长约 2 厘米。伞形花序具花 5-8，花序梗长 1-1.5 厘米，花梗长 6 毫米；花蕾长 8 毫米；萼帽盖长 5 毫米，长为萼管 2-3 倍，先端尖锐喙状。蒴果近球形，径 5-6 毫米，果缘宽而隆起，突出 2-3 毫米，果瓣 4（3-5）。花期 3-4 月。

原产澳大利亚。安徽省屯溪、芜湖有引种栽培。该种虽较耐寒，但严冬时，地上部分仍常受冻害。合肥地区也曾引种，遭严寒而失败。

喜光。耐旱，耐湿热。生长迅速。耐寒性较其他种稍强。根系发达，抗风力强。

边材灰红褐色，心材红褐或暗红褐色，具光泽，纹理交错，结构细匀，坚重，干缩及强度中等，难干燥，易翘裂，油漆后光亮性好，易胶粘，握钉力强，抗白蚁，较耐腐；可供制家具、桥梁及造纸原料用。树皮含鞣质可提取栲胶；叶含芳香油达 0.27；花为良好的蜜源。实为多用途的优良树种，安徽省皖南地区有防寒保暖条件的地区，可以引种栽培。

2. 细叶桉
Eucalyptus tereticornis Smith

常绿大乔木,高可达 45 米,胸径 2 米;树皮平滑,灰白色,长条片剥落,树干基部粗糙,树皮固着。嫩枝细圆,下垂。幼苗及萌枝叶卵形,宽达 10 厘米,过渡形叶宽披针形,大树之叶窄披针形,长 10-25 厘米,宽 1.5-2 厘米,稍弯,先端渐长尖,基部楔形,两面被腺点;叶柄长 1.5-2 厘米。伞形花序具花 5-8,花序梗长 1-1.5 厘米,花梗长 3-6 毫米;花蕾长 1-1.3 厘米;帽盖长圆锥形,长 7-10 毫米,为萼管 3-4 倍,顶端钝或短尖、渐尖。蒴果近球形,径 6-8 毫米,果缘突出约 2 毫米,果瓣 4,突起。

原产澳大利亚。安徽省屯溪、芜湖等地曾引种栽培。我国浙江、江西、福建、湖南、四川、贵州、云南、广西、广东有栽培。

耐轻霜。喜肥沃深厚冲积土。萌芽性强。

木材淡红褐色或深红色,坚重致密,纹理交错,耐腐;为优良用材。叶含芳香油 0.5%-0.9%。树胶含鞣质约 62%。

3. 大叶桉　　　　　　　　　图 601
Eucalyptus robusta Smith

常绿大乔木,高达 30 米;树皮厚,较松软,固着,深褐色,纵裂。幼枝具棱。幼苗及萌枝叶卵形,宽达 7 厘米;大树叶卵状披针形,长 8-17 厘米,宽 3-7 厘米,先端渐尖或渐长尖,基部楔形或近圆形,两面被腺点,叶柄长 1.5-2 厘米。伞形花序具花 4-8,花序梗扁平,长 2.5 厘米,花梗短;花蕾长 1.4-2 厘米;帽盖具喙,与萼管等长。蒴果碗状或筒状钟形,径 1-1.5 厘米,果瓣 3-4,内藏。花期 4-9 月;花后 6-8 个月果熟。

原产澳大利亚。安徽省屯溪、芜湖、合肥曾引种栽培过。如遇冬季低温严寒,地上部分常有冻死现象,不耐持久严寒。喜温暖气候。生长快。喜光。深根性。萌芽性强。

在我国南方广西、广东、云南引种栽培较成功。昆明市栽作行道树生长良好,树高达 20 余米。

边材淡红带灰色,心材赤红色,具光泽,纹理交错,结构细匀,坚硬,干缩大,不易干燥,较难加工,易开裂翘曲,心材耐腐,边材易遭白蚁危害,油漆及胶粘性能良好,握钉力强,为优良用材。枝叶含芳香油 0.16%,叶可制农药防治虫害,树皮含鞣质可提栲胶,树干可培植香菇,实为多用途之树种。

图 601 大叶桉
1. 花枝; 2. 果序; 3. 未开花之花序。

2. 蒲桃属　Syzygium Gaertn.

乔木或灌木。枝常无毛。叶对生,稀轮生,全缘,羽状脉,具透明腺点。聚伞花序或复聚伞花序;花萼 4-5 齿裂;花瓣 4-5,分离或连成帽状;雄蕊多数,分离或基部稍连合,着生于花盘外缘,花蕾时卷曲,花药丁字着生,2 室,纵裂,顶端常具腺体;子房下位,2-3 室,胚珠多数,花柱线形。浆果,具残存环状萼檐(萼片残迹)。种子 1-2,种皮与果皮稍连合,胚直,有时多胚,子叶厚,常结成块。

约 500 余种,分布于亚洲热带,少数产大洋洲及非洲。我国约 74 种,以云南、广西、广东为主要产地。安徽省 2 种。

1. 叶有时轮生，长椭圆形或倒披针形，长 1-1.8 厘米，宽 5-10 毫米；果径 4-5 毫米 ……… **1. 轮叶蒲桃 S. grijsii**
1. 叶对生，宽椭圆形、椭圆形或倒卵形，长 1.5-3 厘米，宽 1-2 厘米；果径 5-7 毫米 ……… **2. 赤楠 S. buxifolium**

1. 轮叶蒲桃

Suzygium grijsii（Hence）Merr. et Perry

常绿小乔木或灌木。幼枝细，具 4 棱。叶三叶轮生，或对生，长椭圆形或倒披针形，长 1-1.8 厘米，宽 5-10（13）毫米，先端钝或尖，基部楔形，全缘，下面被腺点，叶脉明显而密，边脉近叶缘；叶柄长 1-2 毫米。聚伞花序顶生，长 1-1.5 厘米，花梗长 3-4 毫米；花白色；萼筒长约 2 毫米。浆果球形，径 4-5 毫米。花期 5-6 月。

产皖南祁门牯牛降观音堂三河口海拔 400 米，石台牯牛降、合山、金竹洞海拔 280 米，休宁岭南、流口；大别山区岳西，潜山彭河乡海拔 570 米溪谷旁或山麓林缘。分布于浙江、江西、福建、广东、广西。

木材坚重致密，供秤杆及雕刻等用。

2. 赤楠　　　　　　　　图 602

Suzygium buxifolium Hook. et Arn.

常绿灌木或小乔木；树皮深褐色，平滑。小枝四棱形，紫红色。叶对生，革质，椭圆形、倒卵形或窄倒卵形，长 1.5-3 厘米，宽 1-2 厘米，先端钝尖，基部楔形，全缘，下面被腺点，无毛，侧脉多数，不明显；叶柄长约 2 毫米。复聚伞花序顶生，长（1）2-4 厘米，无毛，花梗长 1-2 毫米；花白色，径约 4 毫米；萼筒倒圆锥形，长 2-3 毫米；花瓣 4，分离，花后脱落；雄蕊多数，长 3-4 毫米。浆果卵球形，径 5-8 毫米，紫红色。花期 5 月；果期 9 月。

产皖南黄山汤口、云谷寺至皮蓬、逍遥溪，祁门牯牛降，石台牯牛降祁门岔海拔 800 米，歙县，黟县，休宁五城、六股尖，太平，贵池高坦。生于山谷常绿林中或山麓沟旁。分布于长江流域以南各省。

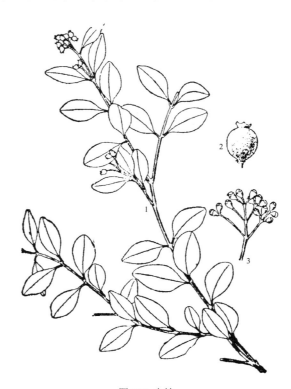

图 602 赤楠
1. 果枝；2. 浆果；3. 花序。

64. 石榴科 PUNICACEAE

　　落叶小乔木或灌木;小枝具四棱,先端常具刺状;冬芽小,外被芽鳞2对。单叶,通常对生或近对生,全缘,顶端常变为刺状无托叶。花大,辐射对称,两性,单生或2-5对花集生于叶腋;花萼钟状或管状,5-8裂,裂片镊合状排列,干时革质;花瓣5-8,覆瓦状排列,在芽内皱褶,雄蕊多数;子房下位,贴生于萼管内壁上部,多室,其室叠生为上下两层,上层为侧膜胎座,下层为中轴胎座,胚珠多数,花柱1,柱头头状。果为浆果状,球形或近球形,顶部有宿存的萼片,果皮厚革质;种子多数,有角棱,被肉质外种皮。1属2种,原产欧洲南部及喜马拉雅山一带,现在世界温暖地区广泛栽培,栽培历史悠久。我国有1种,相传汉时已引种栽培,现黄河以南均有露地栽培,黄河以北多为盆栽,冬季移入室内。安徽省有1种并记述4栽培型。

石榴属 Punica L.

　　属特征同科
　　2种,原产亚洲中部,我国栽培1种。

1. 石榴　　　　　　图 603

Punica granatum L.

　　落叶乔木或灌木。冬芽小,有2对芽鳞。枝端常有刺。单叶,对生或簇生,全缘,无托叶。花大,两性,辐射对称,单生或2-5朵簇生组成聚伞花序;萼革质,萼筒与子房贴生裂片5-9,宿存;花瓣5-9,多皱褶;雄蕊多数,着生于萼筒内壁上部:子房下位或半下,心皮多数,1轮或2-3轮,初呈同心环状排列,后渐成叠生(外轮移至内轮之上),最低1轮具中轴胎座,较高1-2轮具侧膜胎座,胚珠多数。浆果球形,顶端有宿存花萼裂片,果皮厚。种子多数,外种皮肉质,内种皮有汁。

　　产皖南黄山北坡松谷庵,太平龙源,芜湖;犬别山区霍山佛子岭狼溪海拔120米,潜山天柱山(均为栽培),怀远,濉溪,砀山,萧县一带有较大面积栽植,"怀远石榴"远近闻名。

　　原产西亚,果实供食用外,果皮,根及花均供药用,有收敛止泻,杀虫之效。本种由于长期栽培,在我国产生很多栽培型,安徽省常见有下列四个栽培型。

图 603 石榴
1. 花枝;2. 花纵剖面;3. 果。

1a. 小石榴（栽培型）

Punica granatum L. cv. **Nana**

　　低矮小灌木,枝多而细,向上伸展。叶线状披针形,长1-2厘米,宽3-5毫米。花红色,花形较小,多单瓣,花期长。果形较小,成熟时粉红色,味酸涩不可食用。

1b. 重瓣月季石榴（栽培型）

Punica granatum L. cv. **Plena**

低矮小灌木，枝密而上伸。叶细小。花红色，重瓣。

1c. 重瓣红石榴（栽培型）

Punica granatum L. cv. **Pleniflora**

花大，重瓣，猩红色。

1d. 白石榴（栽培型）

Punica granatum L. cv. **Albescens**

花白色，单瓣。

65. 野牡丹科 MELASTOMATACEAE

草本、灌木或小乔木。单叶，对生，少轮生，叶片全缘或有锯齿，常有3-7条基出脉，侧脉平行，稀为羽状脉；无托叶。花序各式，花两性，辐射对称；花萼4-5裂；花瓣4-5，着生于萼筒喉部；雄蕊与花瓣同数或为其2倍，异形或同形，着生于萼筒喉部，花丝分离，花药2室，顶孔开裂，基部具小瘤或附属物或缺，药隔常膨大而下延，子房下位或半下位，通常4-5室，中轴胎座，稀1室而为特立中央胎座，花柱单一，胚珠多数。蒴果或浆果，开裂或不开裂。种子多数，细小，胚小而直，无胚乳。

约240属，3000余种，分布于热带和亚热带地区；我国有25属，160种，分布于台湾至西藏，长江流域以南各省、区；安徽有2属2种。

1. 花5数，雄蕊10枚，其中5枚较大，药隔狭延成一弯曲状，末端2裂的附属体 ··········· 2. 野牡丹属 Melastoma
1. 花常4数，雄蕊8枚，4长4短，长者药隔下延成短柄，前部2裂 ····························· 1. 野海棠属 Bredia

1. 野海棠属 Bredia Bl.

灌木或半灌木，直立；茎圆柱形或四棱形。叶片具细锯齿或近全缘，具3-9基出脉。聚伞花序或由聚伞花序再组成圆锥花序，顶生；花萼漏斗形或陀螺形，常4裂；花瓣通常4，雄蕊8，异形，4长4短，短雄蕊花药基部具小瘤，子房下位或半下位，4室，顶端常具膜质冠。蒴果陀螺形，常具四钝棱，顶端平截，与宿萼贴生，萼裂片常宿存，种子楔形。密布细小斑点。

约30种，分布亚洲东部及印度，我国有14，分布长江流域以南各省（区）。安徽省1种。

秀丽野海棠　　　　　　　　　图 604

Bredia amoena Diels

常绿小灌木，高达80厘米，嫩枝密被红棕色微柔毛和腺毛。叶片坚纸质，卵形至椭调形，长4-10厘米，宽2-5.5厘米，先端渐尖或短渐尖，基部圆形至宽楔形，具疏浅波状齿，两面略被微柔毛或近无毛，基出脉5，侧脉略不明显或明显；叶柄长0.8-2(-3)厘米，被微柔毛。聚伞花序再组成圈锥花序，长4-1.0厘米，总花梗、花序轴及分技、花萼均密被红褐色微柔毛和腺毛；花梗长3-5毫米；花萼钟状漏斗形，萼筒长3-4毫米，裂片短三角形，长约1毫米；花瓣粉红色或紫红色，长7-8毫米，雄蕊长12-15毫米，短者长约8毫米；子房半下位，卵状球形。蒴果近球形，略超出萼筒外，长约4毫米，直径约3.5毫米。花期7-8后，果期8-9月。

产皖南祁门察坑。生于山谷，山坡常绿林下林下，溪边，路旁，海拔1000米以下。分布于浙江、江西、福建、湖南、广东。

全株可供药用。有祛风利湿、活血通经之功效。

图 604 秀丽野海棠
1. 植株；2. 花；3. 雄蕊。

2. 野牡丹属 Melastoma L.

常绿灌木。茎四棱或近圆,常被毛或鳞状平伏糙毛。叶对生,全缘,被毛,基出脉5-7(9)。花单生或伞房花序,顶生;5数;花萼坛形,被毛或被鳞状平伏糙毛;花瓣淡红、红色或紫红色,常倒卵形,常偏斜;雄蕊10,5长5短,长者带紫红色,花药披针形,弯曲,基部无瘤,药隔基部伸长成柄,弯曲,末端2裂,短者较小,黄色,花药基部前方具一对小瘤体,药隔不伸长;子房半下位,5室,顶端密被毛,中轴胎座,有时果时胎座肉质多汁。果卵球形,顶孔先裂或宿萼中部横裂,宿萼顶端平截。种子小,近马蹄形,密被小突起。

约100种,分布于亚洲南部、大洋洲北部、太平洋诸岛。我国9种,产于长江流域以南。安徽省1种。

地菍 图605

Melastoma dodecandrum Lour.

常绿披散或匍匐状半灌木。高10-30厘米。幼枝被平伏糙毛,后脱落。叶卵彤或椭圆形,长1-4厘米,宽0.8-2(3)厘米,先端尖,基部宽楔形,全缘或具细密浅齿,基出脉3-5,上面边缘被平伏糙毛,下面沿基部脉上被极疏平伏糙毛;叶柄长0.2-1.5厘米,被平伏糙毛。聚伞花序有花(1)3朵,基部具2叶状苞片,苞片、花梗被平伏糙毛;萼筒长约5毫米,萼片披针形,长2-3毫米,边缘具刺毛状缘毛,萼片间具1小裂片,花瓣菱状倒卵形,长1.2-2厘米,顶端具一束刺毛,被疏缘毛;雄蕊花药基部具2小瘤。果坛状球形,肉质,不裂,径约7毫米,熟时紫黑色。花期5-7月;果期7-9月。

产皖南祁门,休宁,歙县,太平等地。生于山坡灌木,矮草中,为常见的酸性土指示植物。分布于浙江、江西、福建、湖南、贵州、广西、广东。越南也有。

果实可食,亦可酿酒;全株可供药用,湿肠止痢,舒筋活血,补血安胎,清热燥湿等作用;捣碎外敷可治疮、痈、疽。

图605 地菍
1. 植株;2. 花的纵剖面;3. 雄蕊。

66. 冬青科 AQUIFOLIACEAE

乔木或灌木，常绿，少落叶。单叶互生，稀对生，革质、纸质或膜质，全缘或有锯齿，或有刺状齿；具叶柄或微短。托叶缺。花辐射对称，单性异株，稀两性或杂性，呈腋生的聚伞花序、伞形花序或簇生，稀单花腋生，雌、雄花瓣4-6(-8)，分离或基部连合，覆瓦状排列；雄蕊与花瓣同数且互生，分离，花丝粗短，花药2室，内向纵裂：子房上位，2至多室，每室有1-2胚珠，花柱短或缺，柱头常为头状、盘状或浅裂。果为浆果状核果，顶端常有宿存的柱头，内含1-18分核，通常为4-6枚，分核革质、木质、石质或骨质，背部平滑或有各种线纹、沟或槽，每分核有1粒种子。

4属，约400多种，分布中心为热带美洲和热带至暖带亚洲。我国有1属，约204种，分布秦岭以南各省、区；安徽省有23种，3变种，1变型。

冬青属 Ilex L.

乔木或灌木。叶互生，具柄；托叶小，常宿存。花小，白色、淡红或紫红色；花萼4-8裂，宿存；花瓣4-8，基部合生或分离；雄蕊4-8，花药长椭圆形；子房3-8室。核果红色、黑色，稀黄褐色。

我国有140种，分布于长江流域以南各地和台湾省，有数种分布至河南、陕西和甘肃；安徽省有22种，4变种，1变型，主要分布于大别山区和皖南山区。

冬青属植物为我国和安徽省亚热带常绿阔叶林中常见树种，其中不少种类可作药用，如毛冬青、冬青、铁冬青等。此外，枸骨、小果冬青的树皮能作染料，毛冬青、铁冬青的茎皮可作造纸的糊料，亮叶冬青的树皮可提取树脂，叶含有少量橡胶，有些种类的种子油可制肥皂，树姿美观，常可作庭园绿化树种，木材坚韧细致，可制家具及雕刻用。

1. 落叶乔木或灌木；枝通常具长枝或短枝，当年生枝条通常具明显的皮孔；叶片膜质、纸质或稀亚革质：
  2. 果熟时红色；分核背面平滑，无条纹，内果皮革质；小枝无短枝 ┄┄┄┄┄┄┄┄┄┄ **1. 小果冬青 I. micrococca**
  2. 果熟时黑色至紫色(稀红色)；分核背面有条纹、沟或槽；小枝有长、短枝之分：
    3. 果径达1厘米，具明显宿存花柱，柱头头状或柱状 ┄┄┄┄┄┄┄┄┄ **2. 大果冬青 I. macrocarpa**
    3. 果径1厘米以下，无花柱，柱头盘状：
      4. 果具分核5粒，雄花的花萼5浅裂，裂片边缘啮蚀状 ┄┄┄┄┄┄┄┄ **3. 大柄冬青 I. macropoda**
      4. 果具分核6粒，雄花的花萼6深裂，裂片全缘 ┄┄┄┄┄┄┄┄┄┄┄ **4. 紫果冬青 I. tsoii**
1. 常绿乔木或灌木；均为长枝；当年生枝通常无皮孔；叶片革质，厚革质或稀纸质：
  5. 雌花序单生于叶腋内；分核具单沟或3条纹及2沟；或平滑而无沟，或具不明显的雕刻状条纹：
    6. 雄花序单生叶腋：
      7. 分核具单沟；花序聚伞状；叶缘具齿，稀全缘：
        8. 叶片全缘；叶片主脉在叶上面被短柔毛 ┄┄┄┄┄┄┄┄┄ **5. 木姜冬青 I. litseaefolia**
        8. 叶片具圆齿、锯齿；叶片两面无毛
          9. 叶片主脉在两面隆起；叶柄长1厘米以上 ┄┄┄┄┄┄┄ **6. 香冬青 I. suaveolens**
          9. 叶片主脉在叶上面平，下面隆起；叶柄长1厘米以下 ┄┄┄┄┄ **7. 冬青 I. purpurea.**
      7. 分核背部2沟及具3条纹；花序通常伞状，稀聚伞状；叶片全缘 ┄┄┄┄ **8. 铁冬青 I. rotunda**
    6. 雄花序簇生于叶腋：
      10. 叶片下面无腺点；分核背部中央有一条条纹 ┄┄┄┄┄┄┄┄ **9. 具柄冬青 I. pedunculosa**
      10. 叶片下面具腺点；分核背部具多条条纹或稍隆起的皱纹：
        11. 分核背部平滑，具条纹而无沟 ┄┄┄┄┄┄┄┄┄┄┄ **10. 波缘冬青 I. crenata**

11. 分核背部不平滑，具稍隆起的皱纹 ……………………………………………………… 11. **绿冬青 I. viridis**

5. 雌花序及雄花序簇生于叶腋内；分核具皱纹及洼点，或具凸起的棱：

　12. 簇生雌花序的单个分枝具 1 花：

　　13. 叶具刺或全缘，先端具 1 刺：

　　　14. 每果分核 4，石质：

　　　　15. 叶片厚革质，四角状长圆形或稀卵形，每边具 1-3 对坚刺 ……………… 12. **枸骨 I. cornuta**

　　　　15. 叶片革质，椭圆状披针形，边缘具 3-10 对牙齿状刺…… 13. **华中刺叶冬青 I. centrochinensis**

　　　14. 每果通常分核 2，稀 3-4，木质：

　　　　16. 果分核 4；叶卵状披针形，叶缘具 1-3 对刺…………………………… 14. **猫儿刺 I. pernyi**

　　　　16. 果分核 3；叶卵状长圆形、卵形或椭圆形，叶缘具 4-8 对刺　15. **大别山冬青 I. dabieshanensis**

　　13. 成熟叶片绝无刺，全缘或具锯齿、圆齿状锯齿：

　　　17. 果直径 7 毫米，分核背面具纵脊和不规则的皱纹和洼穴；叶片大型 …… 16. **大叶冬青 I. latifolia**

　　　17. 果直径小于 7 毫米，分核背面具掌状条纹及槽，侧面具皱纹及洼点：

　　　　18. 顶芽、幼枝及叶柄均被短柔毛或微柔毛 ………………………………… 17. **华东冬青 I. buergeri**

　　　　18. 顶芽、幼枝及叶柄均无毛：

　　　　　19. 叶先端尾状渐尖 ………………………………………………… 18. **榕叶冬青 I. ficoidea**

　　　　　19. 叶先端钝、急尖或极短渐尖，绝不尾状渐尖 ……… 19. **方氏冬青 I. intermedia** var. **fangii**

　12. 簇生雌花序的单个分枝具 1-3 花：

　　20. 分核背部有 3 纵纹及 2 沟：

　　　21. 小枝纤细，具脊，横切面四角形；叶片纸质或膜质，椭圆形或长卵形；小枝、叶片、叶柄及花序均
密被长硬毛………………………………………………………………………… 20. **毛冬青 I. pubescens**

　　　21. 小枝上述特点不明显；叶片革质，椭圆形或长圆状椭圆形；小枝、叶片、叶柄及花序无毛……
…………… 21. **厚叶冬青 I. elmerrilliana**

　　20. 分核平滑，或具条纹而无沟，条纹易与
内果皮分离：

　　　22. 叶片两面无毛，厚革质，基部钝，先端骤
然尾状渐尖 …… 22. **尾叶冬青 I. wilsonii**

　　　22. 叶片两面有毛，纸质或薄革质，基
部楔形，先端微凹 …………………
………… 23. **矮冬青 I. lohfauensis**

1.　小果冬青　　　　　　图 606

Ilex micrococca Maxim.

落叶乔木，高 20 米。有长枝和短枝，当年生长枝具明显白色皮孔和叶痕，无毛。叶片纸质，卵形或卵状椭圆形，长 7-13（-18）厘米，宽 3-6.5 厘米，先端渐尖，基部圆形，两侧常歪斜，近全缘或具有尖锐芒状锯齿，中脉上面微凹，下面凸起，侧脉 5-8 对，网脉两面明显；叶柄长 1.5-3 厘米。复聚伞花序，单生，花序的第 2 级主轴长于花梗；雄花 5-6 数，花萼开展，直径 2 毫米，裂片宽三角形，先端钝，无毛，花瓣长圆形，基部稍连合，雄蕊与花冠等长；雌花 6-8 数，花萼直径 2 毫米，萼片宽三角形，花瓣长圆形，子房

图 606 小果冬青
1. 果枝；2. 果实；3. 果核之背面。

圆锥状卵形。果球形,直径3毫米,成熟后红色;分核6-8粒,椭圆形,背部具单一纵沟,侧面平滑,内果皮革质。花期4-5月,果期10月。

产皖南黄山,祁门,歙县,铜陵;大别山区太湖大山乡木堰村海拔250米。分布于长江以南,至台湾、福建、广东、海南、广西、云南、贵州。日本也有分布。

1a. 毛小果冬青 (变型)

Ilex micrococca Maxim. f. **pilosa** S. Y. Hu

本变型与原种之主要区别在于花梗、花萼外面和叶下面被柔毛,而原种无毛。

本种之树皮药用,有止痛之功效。

产皖南祁门查湾与江西交界处沟谷中。分布于湖北、四川、广东、广西、贵州、云南。越南也有分布。

2. 大果冬青   图607

Ilex macrocarpa Oliv.

落叶乔木,高可达15米。树皮灰褐色;有长枝和短枝,小枝具明显皮孔,无毛。叶片纸质,在长枝上互生,在短枝上1-3叶簇生于顶端,卵形、卵状椭圆形、稀长圆状椭圆形,长5-15厘米,宽3-7厘米,先端渐尖,基部宽楔形或圆形,边缘具锯齿,中脉上面凹入,有毛,网脉两面凸起,两面均无毛或幼时有稀疏的微毛;叶柄长5-15毫米。雄花序簇生于长枝或短枝上或单生叶腋,花5-6数,花萼直径3毫米,裂片三角形,花冠直径7毫米,花瓣倒卵状长圆形,雄蕊与花冠等长;雌花单生叶腋,花梗长4-16毫米,无毛,花6-9数,花萼开展,直径5毫米,裂片卵状三角形,花冠直径10-12毫米,基部连合,子房圆锥状卵形,花柱明显。果球形,直径1.2-2厘米,具宿存花柱,柱头头状,熟时黑色,果梗长1.2-3.3厘米;分核7-8粒,椭圆形,长达7毫米,两侧压扁,背部具3条纵纹和2条深沟,内果皮石质。花期4-6月,果期6-9月。

产皖南青阳九华山天池庵;大别山区霍山佛子岭黄巢寺、桃源河、诸佛庵海拔540米,金寨白马寨海拔700米,舒城万佛山。分布于西南、华南、华中和华东。

2a. 长梗大果冬青 (变种)   图608

Ilex macrocarpa Oliv. var. **longipedunculata** S. Y. Hu

本种与大果冬青的主要区别在于果梗长1.4-3.3

图607 大果冬青
1. 果枝; 2. 花; 3. 果。

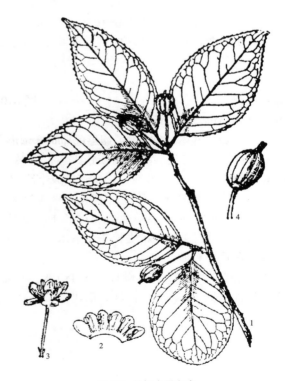

图608 长梗大果冬青
1. 果枝; 2. 雄花; 3. 雌花; 4. 果。

厘米，为叶柄长的 2 倍以上。

本变种的根药用，有固精、止血之功效；用于遗精、月经过多、崩漏等病症。

产皖南太平七都，东至梅城，青阳九华山；大别山区霍山佛子岭大冲海拔 190 米、桃源河，金寨白马寨海拔 680 米，舒城万佛山。

3.　大柄冬青　　　　　　　　　　图 609

Ilex macropoda Miq.

落叶乔木，高达 13 米；树皮青灰色；小枝无毛。叶卵形或宽椭圆形，长 4-8 厘米，宽 2.5-4.7 厘米，先端短尖，基部圆或宽楔形，下延至叶柄，具锐锯齿，上面中脉不明显，被粗毛，侧脉 6-8 对，被粗毛；叶柄长 1-2 厘米。雄花 2-5 簇生，每枝具单花，花梗长 4-7 毫米；雌花单生叶腋或簇生短枝，花梗长 6-7 毫米。果径 5-6 毫米，萼片宿存，柱头盘状，5-6 裂，果梗长 6-7 毫米；分核 5，长圆形，长 4.5 毫米，具纵沟和网纹，石质。花期 5 月，果期 8-10 月。

产皖南黄山西海、北海，歙县清凉峰海拔 1500 米，青阳九华山；大别山区霍山马家河海拔 1000 米、苍坪，金寨白马寨 - 天堂寨海拔 760-1670 米，岳西东风、大王沟、长岭沟海拔 900 米，潜山彭河乡 - 燕子河海拔 800-1080 米，舒城万佛山。分布于浙江、江西、湖北、湖南、福建、四川。

图 609　大柄冬青（果枝）

4.　紫果冬青　　　　　　　　　　图 610

Ilex tsoii Merr. et Chun

落叶灌木或小乔木。叶纸质，卵形或卵状椭圆形，长 5-10 厘米，先端突尖，基部圆或锐锯齿，中脉上面凹下，被微毛，侧脉 9-10 对，网脉连结成小窝；叶柄长 0.6-1 厘米。雄花 1-3 簇生，花梗长 3-4 毫米，萼碟形，径 4 毫米；雌花多单生，花梗长 1-3 厘米。果径 6-7 毫米，紫黑色，果梗长 2-3 毫米；分核 6，有网状条纹和槽，石质。

产皖南祁门，休宁五城木源圩海拔 480 米。分布于广东、广西、贵州、江西、浙江、福建。

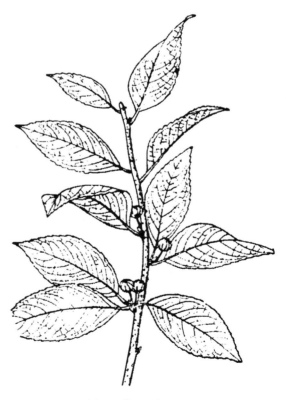

图 610　紫果冬青（果枝）

5. 木姜叶冬青 图611

Ilex litseaefolia Hu et Tang

常绿灌木或小乔木，高4-8米。小枝黑褐色，无毛。叶片革质，椭圆形或卵状椭圆形，长4-13厘米，宽2-5.5厘米，先端渐尖，基部楔形，稍下延，全缘，中脉两面隆起，除上面中脉被锈色短柔毛外余无毛，侧脉9-11对，不明显；叶柄长1-2厘米，上面扁平，被柔毛，下面龙骨状突起，无毛。聚伞花序单生叶腋；花4-5数；花梗长2毫米，花萼直径2-2.5毫米，裂片卵圆形，外而被毛，花冠直径3-4毫米，花瓣长圆形，雄蕊与花冠等长；雌花梗长2-3毫米，花被形态似雄花被，子房宽卵形，柱头盘状。果近球形，紫红色，直径4-7毫米，平滑有光泽；分核4-5粒，椭圆形，背部具浅槽，内果皮骨质。

花期5-6月，果期7-11月。

产皖南祁门海拔680米，休宁岭南长横坑海拔540米沟谷中。分布于浙江、福建、江西、湖南、广东、广西、贵州。

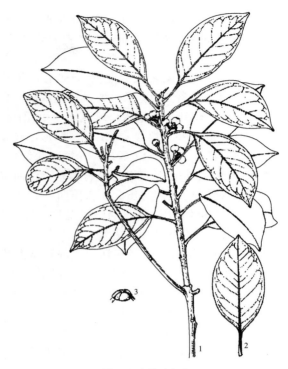

图611 木姜叶冬青
1. 果枝；2. 叶；3. 盘状宿存花柱。

6. 香冬青 图612

Ilex suaveolens（Lévl.）Loes

常绿乔木，高7-15米。小枝灰褐色，有棱，角，叶革质，椭圆形，稀披针形或卵形，长5-13厘米，宽2.5-5厘米，先端渐尖，基部宽楔形或圆钝下延，边缘钝锯齿，中脉长15-30毫米，两面均隆起，侧脉8-9对，不明显；叶柄细长，长1.5-3厘米，具窄翼延伸至叶基，带紫红色。花序近伞形状，稀聚伞状，单生叶腋，总花梗纤细，长1.5-3.5厘米，无毛；雄花淡红色，4-5数，花萼直径3毫米，裂片卵状三角形，花冠直径6-7毫米，花瓣卵状长圆形，雄蕊短于花冠；雌花花萼和花冠似雄花，子房卵球形，柱头厚盘状。果梨形，红色，直径5-6毫米，果梗长7-8毫米；分核4-5粒，椭圆形，平滑，无线纹，中央具1条纵沟。花期4-6月；果期9-12月。

产皖南黄山查湾、芙蓉居，歙县清凉峰猴生石海拔900米，太平。分布于浙江、江西、湖北、福建、广东、广西、四川、贵州。

7. 冬青 图613

Ilex purpurea Hassk.

常绿乔木，高13米。树皮暗灰色；小枝浅绿色，全体无毛。叶片薄革质，长椭圆形至披针形，稀卵形，长5-14厘米，宽2-5.5厘米，先端渐尖，基部宽楔形，

图612 香冬青
1. 果枝；2. 叶。

边缘具钝齿或稀锯齿，中脉上面扁平，下面凸起，侧脉 8-9 对，网脉下面明显，上面有光泽初为紫红色、干后紫褐色；叶柄长 5-15 毫米暗紫色，具纵沟。复聚伞花序单生叶腋；花淡紫色或紫红色，4-5 数，雄花梗长 2 毫米，花萼直径 2.5 毫米，裂片宽三角形，具缘毛，花瓣卵圆形，长 2.5 毫米，雄蕊比花冠短；雌花梗长 5 毫米，花萼和花瓣似雄花；子房卵形，柱头厚盘状。果椭圆形，长 10-12 毫米，光滑，深红色，干后栗色；分核 4-5 粒，长椭圆形，背部有一浅而宽纵沟，内果皮厚革质。花期 4-6 月，果熟期 7-12 月。

种子、树皮和叶药用；常见的庭园观赏树种；嫩叶可代茶，作饮料，俗称"小苦酊"。

产皖南黄山，祁门牯牛降双河口、观音堂海拔 280-370 米，歙县，休宁，青阳九华山，泾县小溪，东至木塔，泾县，广德，宣城，铜陵；大别山区霍山佛子岭、青枫岭海拔 580 米，金寨白马寨海拔 600-830 米，岳西大王沟海拔 900 米，潜山天柱山海拔 560 米；江淮庐江冶山，无为，含山。分布于长江以南至华南、西南。日本也有分布。

图 613　冬青
1. 果枝；2. 花；3. 果实；4. 分核横切面。

8.　铁冬青　　　　　　　　　　　图 614

Ilex rotunda Thunb.

常绿乔木，高 20 米。树皮淡灰色，小枝具棱角，红褐色，无毛。叶片薄革质或纸质，宽椭圆形、椭圆形或长圆形，稀卵形至倒卵形，长 4-10 厘米，宽 2-4.5 厘米，先端短渐尖，基部楔形或钝，全缘，中脉上面稍凹入，下面凸起，侧脉 6-9 对，上面深绿色，有光泽，两面无毛；叶柄长 1-2 厘米。聚伞花序或呈伞形状，单生叶腋，总花梗无毛；花黄白色，4-7 数，雄花梗长 4-5 毫米，花萼直径 2 毫米，裂片三角状；花冠直径 6 毫米，花瓣长圆形，反曲，雄蕊比花冠长；雌花梗长 4-8 毫米，无毛，花萼似雄花花萼，花瓣倒卵状长圆形，长 2 毫米，基部稍连合，子房卵状圆锥形，柱头盘状。果球形，直径 6-8 毫米，熟时红色；分核 5-7，背部具 3 条线纹 2 条浅沟，内果皮近木质。花期 3-4 月，果期次年 2-3 月。

产皖南黄山松谷庵，祁门牯牛降海拔 370 米；大别山区潜山天柱山万涧寨海拔 450 米。分布于长江流域以南至台湾及西南。

本种叶和树皮入药，凉血散血，有清热利湿、消炎解毒，消肿镇痛之功效。另枝叶作造纸糊料。树皮可提制染料和栲胶；本材作细木工用材。

图 614　铁冬青
1. 果枝；2. 果。

8a. 小果铁冬青 （变种）

Ilex rotunda Thunb. var. **microcarpa**（Lindl.）S. Y. Hu

与原种主要区别在于总花梗和花梗均有柔毛，果直径5毫米。

产皖南黄山，祁门，歙县石门乡，石台牯牛降海拔640米，旌德，青阳九华山，东至木塔，广德，泾县；产大别山区霍山欧家冲海拔640米，岳西河图海拔550米，太湖大山乡海拔320米。

此变种较原种铁冬青分布广，叶浸水后具黏质，山区农民大量用于造表心纸糊料。分布区域与铁冬青相似。

9. 具柄冬青   图615

Ilex pedunculosa Miq.

常绿灌木，高4-5米。小枝粗壮，圆柱形，无毛。叶片薄革质，卵形、椭圆形至长圆状椭圆形，长4-10厘米，宽2-3厘米，先端渐尖，基部圆形，边缘近全缘，或近顶端常具不明显的疏锯齿，中脉上面稍凹入，多少被毛，侧脉两面均不明显；叶柄长1-2厘米。聚伞花序单生叶腋，花4或5数；雄花序有3-9花，总花梗长2.5厘米，花梗长2-4毫米，花萼直径1.5毫米，裂片三角形，无毛，花冠直径3毫米，花瓣卵形，基部稍连合，雄蕊短于花冠；雌花序通常退化仅存1花，稀3花，花梗细长，长1-1.5厘米，花萼直径3毫米，裂片三角形，花冠直径5毫米，花瓣卵形，子房宽圆锥状，柱头乳头状。果球形，直径7-8毫米，红色，分核4-5粒，椭圆形，平滑，沿背部中间有1条线纹，内果皮革质。花期6-7月，果期7-10月。

枝、时可供药用。

产皖南黄山西海、北海、玉屏楼，祁门牯牛降海拔1650米，歙县清凉峰海拔1400米；大别山区霍山马家河海拔1340米，金寨白马寨－天堂寨海拔1200-1700米，岳西大王沟海拔900米，潜山天柱峰，江淮庐江文山，无为，含山。分布于台湾、福建、浙江、江西、湖北、湖南、四川、贵州、广西、辽宁。

图615 具柄冬青
1. 果枝；2. 花。

10. 波缘冬青   图616

Ilex crenata Thunb.

常绿灌木，高13米。小枝灰褐色，有棱，密生短柔毛。叶片革质，倒卵形或椭圆形，稀卵形，长1-3.5厘米，宽0.5-1.5厘米，先端圆钝或锐尖，基部楔形或钝，边缘有钝齿或锯齿，下面有褐色腺点，中脉上面凹入或稍平坦，被微毛，侧脉不明显；叶柄长2-3毫米，有微柔毛。雄花序单生于鳞片腋内或当年生枝的叶腋，稀有假簇生于二年生枝上，花4数，花梗长

图616 波缘冬青
1. 果枝；2. 花。

2-3 毫米，花萼直径 2.5-3 毫米，裂片宽三角形，无毛；花冠直径 4-4.5 毫米；花瓣宽椭圆形，基部稍结合；雌花序含 1 花或稀含 2-3 花，单生叶腋，花梗长 4-6 毫米，花冠直径 6 毫米，花瓣卵形，基部稍结合；子房卵状圆锥形，柱头盘状。果球形，直径 6-7 毫米，成熟时黑紫色，分核 4 粒，背部有稍下凹的线纹，但无沟，内果皮革质。花期 5-6 月，果期 8-10 月。

产皖南休宁五城阳台，石台牯牛降祁门岔，海拔 580 米。分布于浙江、福建、江西、海南、广西、陕西。

11. 绿冬青   图 617

Ilex viridis Champ. ex Benth.

常绿灌木或小乔木，高 5 米。小枝绿色，四棱形或具条纹，无毛。叶片革质，卵形、倒卵形或椭圆形，长 2.5-7.5 厘米。宽 1.5-3 厘米，先端渐尖，基部楔形，边缘有钝锯齿，齿端褐色，上面绿色有光泽，下面黄绿色，有褐色腺点，中脉上面深凹，下面凸起，叶柄长 3-5 毫米。雄花序为腋生的聚伞花序，间或有簇生者，花白色，花梗长 2 毫米，4 数，花萼直径 2-3 毫米，裂片宽三角形，无毛，花冠直径 7 毫米；花瓣倒卵形或圆形，基部稍结合，雄蕊短于花冠；雌花序含 1 花，单生叶腋，花梗长 1.2-1.5 毫米，花萼直径 4-5 毫米，裂片近圆形，全缘，花冠似雄花冠；子房卵形，柱头盘状。果球形，直径 9-11 毫米，熟时黑紫色分核 4 粒，近圆形，背部具羽状凸起的线纹，内果皮木质。花期 4-5 月，果期 6-10 月。

树皮含少量橡胶。

产皖南黄山慈光寺海拔 850 米、汤岭关，太平。分布于长江流域以南各地。

12. 枸骨 鸟不宿   图 618

Ilex cornuta Lindl.

常绿灌木或小乔木，高 3-8 米。树皮灰白色，平滑。小枝粗壮，当年生枝具纵脊，无毛。叶片厚革质，两型，四方状长圆形而具宽三角形，先端有硬针刺的齿，或长圆形，倒卵状长圆形而全缘，但先端仍具硬针刺，长（3）4-8 厘米，宽 2-4 厘米，先端尖刺状急尖或短渐尖，基部圆形或截形，全缘或波状，边缘约具 1-2 对硬针刺，上面有光泽，侧脉 5-6 对；叶柄长 2.8 毫米，被微毛。花序簇生叶腋，每枝具单花；花 4 数，雄花花梗长 5-6 毫米，无毛，花萼直径 2.5 毫米，裂片膜质，宽三角形，被疏柔毛，花冠直径 7 毫米，花瓣长圆状卵形，基部稍结合，雄蕊与花冠等长；雌花花梗长 8-9

图 617 绿冬青
1. 果枝；2. 花。

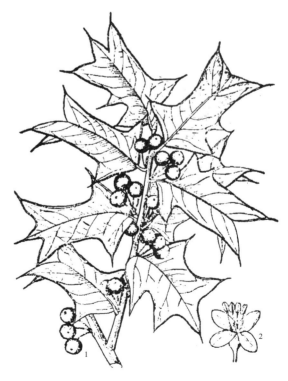

图 618 枸骨
1. 果枝；2. 花。

毫米，结果后长达 1.3-1.5 厘米，雌花的花萼和花冠似雄花，子房长圆状卵形，柱头盘状。果球形，红色，直径 8-10 毫米，分核 4 粒，表面具皱洼穴，背部有 1 纵沟或部分有沟，内果皮骨质。花期 4-5 月，果期 9 月。

树皮及枝叶含咖啡碱、挥发油可供药用；种子油可制肥皂；树皮可供提拷胶。

产皖南黄山清凉峰海拔 450 米，歙县沿舍，太平，旌德，广德；大别山区霍山诸佛庵、青枫岭海拔 60 米，金寨白马寨大湾桥，岳西，潜山天柱峰；芜湖，安庆，合肥、采石等城市公园有栽培。分布于长江中下游各省及福建、广东、广西。

13. 华中刺叶冬青 图 619

Ilex centrochinensis S. Y. Hu

小乔木。小枝具棱，疏被柔毛或无毛。叶革质，长圆状椭圆形或椭圆状披针形，长 4-8.5 厘米，宽 1.5-3.5 厘米，先端突尖，基部楔形，有 4-10 对刺状牙齿或粗锯齿，上面中脉稍凹下，侧脉 4-6 对；叶柄长 5-7 毫米。花簇生叶腋，花梗长 12 毫米，被微毛。果 1-3（5）簇生；果近球形，暗红色，径 6-8 毫米，果梗长 2-3 毫米，被微毛；分核 4，长约 6 毫米，有纵脊、皱纹及洼点，骨质。花期 3-4 月；果期 8-9 月。

产皖南汤口黄山树木园（栽培），祁门牯牛降海拔 470 米，歙县清凉峰海拔 450 米；大别山区岳西河图。分布于湖北、四川、江西、湖南。

图 619 华中刺叶冬青
1. 果枝；2. 叶；3. 果分核。

14. 猫儿刺 图 620

Ilex pernyi Franch.

常绿灌木或小乔木，高 5 米。树皮银灰色。小枝粗壮，有棱角，被短柔毛，叶片革质，三角状卵形、卵形或卵状披针形，长 1.5-3 厘米，宽 5-14 毫米，先端急尖或顶刺状，基部圆形或楔形，边缘具深波状齿，有 1-3 对，通常有 2 对大刺齿，中脉上面凹入，近基部有短柔毛，侧脉 1-3 对，不明显，上面有光泽；叶柄短，长 1-2 毫米，有毛。花序簇生叶腋，花 4 数；雄花梗长 1 毫米，花萼直径 2 毫米，裂片宽三角形或半圆形，具睫毛，花冠直径 7 毫米，花瓣宽椭圆形，雄蕊略长于花冠；雌花梗长 2 毫米，花萼似雄花萼，花瓣卵形，基部连合；子房卵形，柱头盘状。果近球形或扁球形，直径 7-8 毫米，红色，分核 4 粒，倒卵形或长圆形，在较宽端背部微凹陷，并具掌状线纹和沟，内果皮木质。花期 4-5 月，果期 10-11 月。

产大别山区霍山马家河万家红－天河尖海拔 1200-1500 米、黄巢寺猪头尖海拔 1200 米，岳西。分布于秦岭以南及长江流域各地。

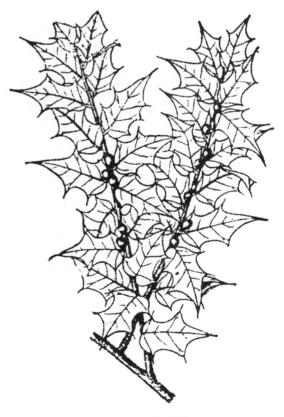

图 620 猫儿刺（果枝）

15. 大别山冬青

Ilex dabieshanensis K. Yao et M. P. Deng

常绿小乔木, 高 5 米, 全株无毛; 树皮灰白色, 平滑。小枝粗壮, 圆柱形, 干时黄褐色或栗褐色, 具纵裂缝及近圆形凸起的叶痕, 当年生幼枝具纵棱角; 顶芽卵状圆锥形, 芽鳞卵形, 中肋凸起, 渐尖, 全缘或具齿。叶生于 1-2 年生枝上, 叶片厚革质, 卵状长圆形、卵形或椭圆形, 长 5.5-8 厘米, 宽 2-4 厘米, 先端三角状急尖, 末端终于一刺尖, 基部近圆形或钝, 边缘稍反卷, 具 4-8 对刺齿, 刺长约 2 毫米, 叶上面干时具光泽, 橄榄色或褐橄榄色, 下面无光泽, 两面透净无毛, 主脉在叶面稍凹陷, 在背面隆起, 侧脉 4-6 对, 与主脉呈 45° 夹角弯拱上升, 在叶缘附近分叉并网结, 在两面明显凸起, 网状脉两面不明显; 叶柄粗壮, 长 5-8 毫米, 干后黄褐色或栗褐色, 上面具浅纵槽或近平坦, 具皱纹; 托叶近三角形, 微小。雄花序呈密团体簇生于 1-2 年生枝的叶腋内, 花梗长 1-1.5 毫米, 无毛; 花 4 基数, 黄绿色 (未完全展开的花蕾); 花萼近盘状, 裂片近圆形, 具缘毛; 花瓣倒卵形, 长约 2 毫米, 基部稍合生; 雄蕊长约为花瓣的 2/3, 花药长圆形; 退化子房卵球形, 直径约 0.75 毫米, 顶端钝。雄花未见。果簇生于叶腋内, 中轴长约 3 毫米, 粗壮, 无毛, 单个分枝具 1 果, 果梗长约 2 厘米, 无毛, 基部具 2 枚卵状长圆形小苞片, 小苞片无毛; 果近球形或椭圆形, 长 5-7 毫米, 直径 4-5 毫米, 具纵棱沟, 干时暗褐色, 宿存花萼 4 裂, 裂片卵状三角形, 宿存柱头厚盘状; 分核 3, 卵状椭圆形, 长约 5 毫米, 背面宽约 3 毫米, 具掌状纵棱及沟, 内果皮革质。花期 3-4 月, 果期 10 月。

本种与刺叶冬青 Ilex bioritsensis Hayata 相似, 惟本种的叶片卵状长圆形, 卵形或椭圆形, 长 5.5-8 厘米, 宽 2-4 厘米; 果梗长可达 2 厘米, 易于区别。

产大别山区霍山大花坪、童家冲。生于海拔 150-470 米的山坡路边及沟边。为安徽省特有植物区系成分。

16. 大叶冬青

图 621

Ilex latifolia Thunb.

常绿乔木, 高达 20 米。树皮灰黑色, 全体无毛。小枝粗壮, 黄褐色, 有纵裂纹和棱。叶片厚革质, 长圆形或卵状长圆形, 长 8-28 厘米, 宽 4.5-7.5 (-9) 厘米, 先端短渐尖或钝, 基部宽楔形或圆形, 边缘有疏锯齿, 中脉上面凹入, 下面强隆起, 侧脉上面明显, 上面深绿色, 有光泽, 下面淡绿色; 叶柄粗短而扁压, 有皱纹, 长 1.5-2.5 厘米。花序簇生叶腋, 圆锥状; 花 4 数; 雄花序每枝有 3-9 花, 雄花梗长 7-8 毫米, 花萼直径 3.5 毫米, 裂片圆形, 花冠反曲, 直径约 9 毫米, 花瓣卵状长圆形, 基部稍结合, 雄蕊与花冠等长; 雌花序每枝有 1-3 花, 花梗长 5-8 毫米, 花萼直径约 3 毫米, 花冠直径 5 毫米, 花瓣卵形, 子房卵形。果球形, 直径 7 毫米, 红色, 外果皮厚, 平滑, 宿存柱头盘状; 分核 4 粒, 长圆状椭圆形, 背部有 3 条纵脊, 内果皮骨质。花期 4-5 月, 果期 9-10 月。

图 621 大叶冬青
1. 果枝; 2. 花。

嫩叶可制茶饮用, 俗称"大苦酊"。叶和果作药用, 也可作庭园的绿化树种。

产皖南黄山松谷庵, 祁门牯牛降海拔 300 米, 休宁齐云山, 歙县清凉峰海拔 1050 米, 太平; 大别山区霍山桃源河、俞家畈海拔 560 米, 金寨白马寨海拔 765 米, 岳西石冈、大王沟, 潜山彭河乡, 太湖大山乡海拔 250 米, 舒城万佛山, 东至香隅, 铜陵。分布于长江流域各地及福建、广东、广西。

17. 华东短梗冬青　　　　图 622
Ilex buergeri Miq.

常绿乔木或灌木，高 10 米。树皮光滑，灰色。小枝有棱，被短柔毛。叶片革质，卵状椭圆形或狭长圆形至披针形，长 5-8 厘米，宽 1.5-3 厘米，先端渐尖或尾尖，基部圆形或宽楔形，边缘具疏而不整齐浅锯齿，中脉上面凹入，被微柔毛，下面隆起，侧脉不明显；叶柄长 5-10 毫米，有短柔毛。花序簇生叶腋，每枝具单生花；苞片、花萼、花瓣被短柔毛及缘毛；花 4 数；雄花花萼直径 2 毫米，裂片三角形，顶端圆形，花冠直径 6.7 毫米，花瓣长圆状倒卵形，基部稍连合；雄蕊比花冠短；雌花花萼、花冠似雄花被；子房卵形，直径 1.8 毫米。果球形或近球形，直径 4-6 毫米，橙红色或橙黄色，外果皮具小瘤状凸起；分核 4 粒，近倒卵形，背部具不整齐条纹和槽，内果皮石质。花期 3-6 月，果熟朝 7-12 月。

产皖南汤口黄山树木园，休宁岭南，黟县，绩溪阳溪，歙县清凉峰海拔 450 米，石台牯牛降金竹洞海拔 540 米，泾县汀溪，东至；大别山区太湖大山乡木堰村。分布于浙江、福建、江西、湖南。

图 622 华东短梗冬青
1. 果枝；2. 果；3. 分核。

18. 榕叶冬青　　　　图 623
Ilex ficoidea Hemsl.

常绿乔木，高 12 米。小枝黄褐色或红褐色，无毛。叶片革质，卵形、卵状椭圆形或长圆形至倒披针形，长 4.5-11 厘米，宽 1.5-3.5 厘米，先端骤狭尾尖，基部楔形或近圆形，边缘有不规则的浅圆齿或锯齿，中脉上面凹入，下面凸起，侧脉 9-10 对，不明显，上面有光泽，两面无毛；叶柄长 10-20 毫米，上面有深沟。聚伞花序或单花簇生于叶腋；花 4 数；雄花序每枝含 1-3 花；花梗长 1-3 毫米；花萼直径 2-2.5 毫米，裂片三角形，无毛；花冠直径 6 毫米；花瓣卵状椭圆形，基部稍合生；雄蕊比花冠短；雌花序每枝有花 1 朵，花梗长 2-3 毫米；花萼浅盆状，裂片三角形，龙骨状突起；花冠直径 3-4 毫米；花瓣卵形；子房卵形，柱头盘状。果球形，直径 5-7 毫米，红色，具微细瘤状突起；分核 4 粒，长椭圆形或近圆形，背部具掌状条纹和沟槽，沿中央纵缝稍呈压平状，侧面具皱纹。花期 3-4 月，果期 10-11 月。

产皖南祁门牯牛降观音堂小演坑海拔 420 米，休宁岭南海拔 300 米。分布于华东、华中、华南、西南及台湾。

图 623 榕叶冬青
1. 花枝；2. 果枝；3. 花。

19. 厚叶中型冬青 方氏冬青（变种）

Ilex intermedia Loes ex Diels var. **fangii** S. Y. Hu

小枝无毛。叶宽椭圆形或披针形，长 9-13 厘米，宽 3-7 厘米，锯齿粗尖。果扁球形，被小瘤点；分核 4，具网状线纹。

产大别山区金寨白马寨林场 - 虎形地 - 东边凹海拔 700-960 米。分布于四川、湖北、贵州、云南、湖南、广东。

20. 毛冬青   图 624

Ilex pubescens Hook. et Arn.

常绿灌木或小乔木，高 3-4 米。小枝灰褐色，有棱，密被粗毛。叶片纸质或膜质，卵形或椭圆形，长 2-6.5 厘米，宽 1.5-2 厘米，先端短渐尖，基部宽楔形或圆钝，边缘有稀疏的小尖齿或近全缘，中脉上面凹下，侧脉 4-5 对，下面有疏粗毛，沿脉有稠密短粗毛；叶柄长 3-4 毫米，密被短毛。花序簇生叶腋；雄花序每枝有 1 花，稀 3 花；花 4 或 5 数；花梗长 1-2 毫米；花萼直径 2 毫米，裂片卵状三角形，被柔毛；花冠直径 4-5 毫米；花瓣倒卵状长圆形；雄蕊比花冠短；雌花序每枝具 1-3 花，花 6-8 数；花萼直径长 2.5 毫米，裂片宽卵形，有硬毛；花瓣长椭圆形，长约 2 毫米；子房卵形，无毛，柱头头状。果球形，直径 3-4 毫米，熟时红色，宿存花柱明显；分核常 6 粒，少为 5 或 7 粒，椭圆形，背部有单沟，两侧面平滑，内果皮近木质。花期 4-6 月，果期 7-8 月。

根含黄酮苷、酚性物质、三萜苷、留体等，叶含齐敦果酸，乌索酸，能增加冠状动脉流量及增强心肌收缩的作用。

原记载分核背部有 3 条线纹，但经笔者检验多次，其背部概为单沟。

产皖南祁门，休宁岭南长横坑海拔 400 米。分布于浙江、福建、台湾、江西、湖南、广东、广西。

21. 厚叶冬青   图 625

Ilex elmerrilliana S. Y. Hu

常绿灌木或小乔木，高 4-7 米，树皮褐色。小枝有棱和皱纹，无毛。叶片厚革质，长椭圆形，稀倒披针形，长 4-12 厘米，宽 1.5-3.5(-4)厘米，先端短渐尖，基部楔形，全缘，无毛，中脉在上面凹入，下面隆起，侧脉两面均不明显；叶柄长 2-8 毫米，无毛。花序簇生叶腋；雄花簇每一分枝具 1-3 花；花梗长 5-10 毫米；花萼直径 3.5 毫米，裂片三角形，锐尖；花冠直径 7-8 毫米；花瓣长圆形，基部稍结合；雄蕊与花冠

图 624 毛冬青
1. 果枝；2. 花；3. 果实。

图 625 厚叶冬青
1. 果枝；2. 花。

近等长或稍短；雌花簇每分枝具单花，宿存柱头头状，花柱圆柱形。果球形，红色，直径 5 毫米；分核 5-7 粒，长圆形，背部中央具 1 条纵沟；内果皮革质，平滑。花期 5 月，果期 7-10 月。

产皖南休宁岭南古衣。分布于湖北、浙江、福建、江西、广东。

22. 尾叶冬青　　　　　　　　图 626
Ilex wilsonii Loes.

常绿乔木，高达 10 米。小枝有棱，近无毛。叶片革质，卵形或椭圆形，长 3-6.5 厘米，宽 1.5-3 厘米，先端尾状渐尖，顶端钝，有骨质小尖，基部楔形或圆形，全缘，上面有光泽，两面无毛，中脉在上面扁平，下面稍凸起；叶柄长 7-10 毫米。花序簇生叶腋；花 4 数；雄花序每枝为聚伞花序或伞形状；花梗长 2.5-3 毫米；花萼直径 1.5 毫米，裂片卵状三角形；花冠直径 4-5 毫米；花瓣卵形，基部稍结合；雄蕊短于花冠；雌花序每枝含 1 花；花梗长 4-7 毫米；花萼和花冠似雄花；子房卵形，柱头厚盘状。果球形，红色，干时紫褐色，平滑，直径 4 毫米；分核 4 粒，椭圆形，背部具 3 条线纹和 2 条浅沟，内果皮革质。花期 5-6 月，果期 8-10 月。

产皖南黄山，绩溪永来、清凉峰十八龙潭海拔 850 米，歙县清凉峰猴生石、天子地、里外三打海拔 1100-1450 米，太平贤村。分布于长江流域以南至西南各地。

图 626 尾叶冬青
1. 果枝；2. 花；3. 果实。

23. 矮冬青　罗浮冬青　　　图 627
Ilex lohfauensis Merr.

常绿灌木或小乔木，高 2-6 米，树皮栗褐色，无皮孔。小枝纤细，密被短柔毛。叶片薄革质或纸质，椭圆形或长圆形，少为菱形或倒心形，长 1-3.5 厘米，宽 5-13 毫米，先端微凹。基部楔形，全缘，两面沿脉均有柔毛，中脉两面稍凸起，侧脉不明显；叶柄长 1-2 毫米，被毛。花序簇生叶腋；花 4-5 数；雄花序每枝有 1-3 花；花梗长 1 毫米；花萼直径 1.5 毫米，被柔毛，裂片圆形，被短毛；花冠直径 4.5 毫米；花瓣宽椭圆形，基部稍结合；雄蕊比花冠短；雌花序每枝含 1 花，花梗长 1 毫米，花萼和花冠似雄花；子房球状卵形，柱头盘状。果球形，直径约 4 毫米，红色；分核 4 粒，宽椭圆形，平滑，背部有 3 条纵纹，无槽，内果皮革质。花期 6-7 月，果期 8-12 月。

产皖南祁门棕里，休宁岭南古衣。分布于浙江、江西、福建、广东、广西。

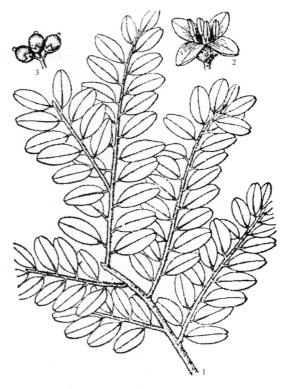

图 627 矮冬青
1. 叶枝；2. 花；3. 果实。

67. 卫矛科 CELASTRACEAE

乔木、灌木或攀援木质藤本。单叶，对生或互生；托叶小，通常早落，或无。花两性或单性，有时杂性同株，辐射对称，排成腋生、侧生或顶生的聚伞花序或圆锥状聚伞花序，有时单生；萼片 4-5，宿存，基部通常与花盘下部合生；花瓣 4-5，覆瓦状排列；花盘肉质肥厚，各式，稀不存；雄蕊 4-5，稀更多，与花瓣互生，花丝存在或缺失，花药 2 室或 1 室，纵裂；子房上位，2-5 室，稀 1 室，具中轴、顶生或少数基底胎座，每室有 1-2 颗直生或侧生胚珠，花柱柱状，柱头通常头状，或 2-5 浅裂。果实为蒴果、浆果、核果或翅果。种子具丰富的胚乳，通常具橙红色假种皮，很少不存。

50 余属，约 800 种，分布于热带、亚热带和温带地区。我国有 10 属，约 120 种，全国均产。安徽省有 5 属，26 种，4 变种，1 变型，4 栽培型。

本科植物有的可药用，有的可提制拷胶、榨油，有的木材可供雕刻及作细工用材；有的可作庭园观赏植物，少数种类具剧毒，如雷公藤误食可致人死命。

1. 心皮 4-5，花盘肥厚：
  2. 叶对生；花 4-5 数，花盘扁平；子房每室具 2-12 胚珠；果时花瓣脱落 ·············· 1. **卫矛属 Euonymus**
  2. 叶互生；花 4 数，花盘环状；子房每室 2 胚珠；果时花瓣宿存 ··············· 4. **永瓣藤属 Monimopetalus**
1. 心皮 2-3；花盘薄或近缺：
  3. 蒴果：
    4. 叶互生；子房心皮 3，3 室（稀 1 室）；蒴果有宿存中轴 ·············· 2. **南蛇藤属 Celastrus**
    4. 叶对生；子房心皮 2，2 室（稀 3 室）；蒴果无宿存中轴 ·············· 3. **假卫矛属 Microtropis**
  3. 翅果 ·············· 5. **雷公藤属 Tripterygium**

1. 卫矛属 Euonymus L.

乔木或灌木，有时攀援或匍匐状，小枝通常方形，无毛，具覆瓦状芽鳞的冬芽。叶对生，稀互生或轮生，具早落性托叶。聚伞花序腋生或侧生，花两性，花萼及花瓣各 4-5 基数，花盘肉质肥厚，扁平，方形或五角形；雄蕊着生于花盘上或边缘，花丝极短或丝状，花药 1-2 室；子房上位，与花盘贴生，3-5 室，每室有 1-2 颗胚珠，花柱较短或无，柱头 3-5 裂。蒴果平滑，或具棱角，或延展成翅，或具刺状突起，每室有种子 1-2 粒。种子白色、红棕色或黑色，被橙红色假种皮，具胚乳。

130 余种，分布于温带及热带地区，我国约有 90 种，全国均有分布，尤以秦岭以南各地为多；安徽省有 15 种，1 变种，1 变型，4 栽培型。

1. 蒴果背部无翅；花药 2 室：
  2. 小枝常被细小疣点；蒴果近球形，平滑或具刺：
    3. 果皮平滑无刺突；冬芽粗大：
      4. 茎枝具随生根（气生根）；常绿藤本灌木；聚伞花序密集；花白绿色 ·············· 1. **扶芳藤 E. fortunei**
        5. 叶小卵形，·············· 1a. **小叶扶芳藤 E. fortunei f. minimus**
        5. 叶椭圆形，质地较厚，下面网脉不明显 ·············· 1b. **爬行卫矛 E. fortunei var. radicans**
      4. 茎枝无随生根（气生根）·············· 2. **冬青卫矛 E. japonicus**
    3. 果皮外被刺突；冬芽较细小：
      7. 小枝圆柱形；叶柄长 1.2 厘米，叶片革质，较宽 ·············· 3. **刺果卫矛 E. acanthocarpus**
      7. 小枝明显四棱；叶柄长约 1 毫米，叶片薄纸质，较窄 ·············· 4. **陈谋卫矛 E. chenmoui**

2. 小枝不具细点状疣点；蒴果不为球形，浅裂或深裂：

 8. 果浅裂至半裂：

  9. 雄蕊无花丝或极短花丝：

   10. 叶缘具钝锯齿；小花梗均具 4 棱；花黄色 ········· 5. **大果卫矛 E. myrianthus**

   10. 叶缘具细浅锯齿；小花梗无 4 棱；花淡绿色 ········· 6. **矩叶卫矛 E. oblongifolius**

  9. 雄蕊有明显花丝：

   11. 花药成熟时紫色；子房每室 2 胚珠；花瓣平滑无皱褶：

    12. 枝有片状木栓翅 ········· 7. **栓翅卫矛 E. phellomanus**

    12. 枝无片状木栓翅：

     13. 叶多为菱状椭圆形，两面无毛；叶柄细长；果径 1 厘米以下 ······ 8. **丝棉木 E. bungeanus**

     13. 叶多为披针状椭圆形，下面脉上有短毛；果径 1 厘米以上 ·········

     ········· 9. **西南卫矛 E. hamiltonianus**

   11. 花药成熟时黄色；子房每室 2-6 胚珠；花瓣中央有皱褶 ········· 10. **肉花卫矛 E. carnosus**

 8. 蒴果深裂至基部：

  14. 落叶灌木，叶缘细锯齿，齿端无黑色腺点：

   15. 枝有木栓翅；叶纸质，椭圆形或倒卵形 ········· 11. **卫矛 E. alatus**

   15. 枝无木栓翅；叶革质，披针形 ········· 12. **鸦春卫矛 E. euscaphis**

  14. 常绿灌木，叶缘尖锯齿，齿端具黑色腺点 ········· 13. **百齿卫矛 E. centidens**

1. 蒴果背部有翅；花药一室：

 16. 果序梗细长下垂；花 5 数，花淡绿色 ········· 14. **垂丝卫矛 E. oxyphyllus**

 16. 果序梗不下垂；花 4 数，花黄色 ········· 15. **黄瓢子 E. macropterus**

1. 扶芳藤   图 628

Euonymus fortunei（Turcz.）Hand. -Mazz.

常绿匍匐或攀援灌木，高 2-5 米。枝上通常有细根；小枝绿色，圆柱形，密布细瘤状皮孔；冬芽卵形，长 5-7 毫米，芽鳞有紫红色边缘。叶片革质，宽椭圆形至长圆状倒卵形，长 5-8.5 厘米，宽 1.5-4 厘米，先端短锐尖或短渐尖，基部宽楔形或近圆形，边缘有钝锯齿，侧脉 5-6 对，网脉不明显；叶柄长 0.4-1.5 厘米。聚伞花序具多数花，总花梗长 4-6 厘米，第二回分枝长 4-9 毫米，花梗长约 1-3 毫米，花瓣卵圆形，长约 4 毫米，花盘近方形；雄蕊花丝长约 2 毫米，着生在花盘的四角边缘，花药黄色，花柱柱状，长约 2 毫米。蒴果近球形，淡红色，直径 4-7 毫米；种子卵形，长约 4-6 毫米，有橙红色假种皮。花期 6-7 月，果期 10 月。

产皖南祁门，绩溪清凉峰石狮海拔 900 米，歙县清凉峰朱家舍海拔 690 米，旌德，太平龙源；大别山区霍山白马尖、青枫岭、俞家畈海拔 560-800 米，金寨白马寨海拔 1100 米，潜山彭河乡、天柱山。分布于山东、山西、河南、陕西、江苏、浙江、江西、湖北、湖南、广西、云南。

图 628 扶芳藤
1. 花枝；2. 果枝。

本种茎叶具活血散淤之功效，民间用以治疗肾炎、跌打损伤。

1a. 小叶扶芳藤 （变型）
—f. **minimus**（Simon-Louis）Rehd.
大别山区霍山佛子岭 - 黄巢寺海拔 1100 米。

1b. 爬行卫矛 （变种）
—var. **radicans**（Miq.）Rehd.
皖南黄山，绩溪清凉峰石狮海拔 900 米；大别山区金寨白马寨，潜山彭河乡海拔 850 米。

2. 冬青卫矛 大叶黄杨   图 629
Euonymus japonicus Thunb.
　　常绿灌木或小乔木，高 1-6 米，小枝绿色，微呈
四棱形，冬芽长 7-12 毫米，绿色，纺锤形。叶片革质，
具光泽，通常椭圆形，或倒卵状椭圆形。长 2-7 厘米，
宽 1-4 厘米，先端渐尖，基部楔形，边缘具钝锯齿，
侧脉 5-6 对，网脉不明显；叶柄长 0.5-1.5 厘米。聚伞
花序一至二回二歧分枝，每分枝有花 5-12 花，总花
梗长 2-6 厘米，花梗短，长约 3 毫米；花直径 0.6-0.8
毫米，绿白色，4 基数；萼片半圆形，细小，长约 1
毫米，花瓣椭圆形；花盘肥大；雄蕊花丝细长，长约 3
毫米，花柱与雄蕊几等长。蒴果淡红色，近球形，直
径约 1 厘米。种子卵形，长 5-7 毫米,有橙红色假种皮。
花期 6-7 后，果期 9-10 月。
　　安徽省各地广为栽培，作为绿篱或庭园观赏植
物。树皮含硬橡胶，民间亦作药用。安徽省广泛栽
培作绿篱。下面几个栽培型，庭园中习见栽培：

2a. 银边黄杨 （栽培型）
Euonymus japonicus Thunb. cv. Albo-marginatus
叶边缘白色。

2b. 金边黄杨 （栽培型）
Euonymus japonicus Thunb. cv. Aureo-marginatus
叶边缘黄色。

2c. 金心黄杨 （栽培型）
Euonymus japonicus Thunb. cv. Aureo-variegatus
叶中部有黄色斑块。

2d. 斑叶黄杨 （栽培型）
Euonymus japonicus Thunb. cv. Viridi-variegatus
叶形较大，鲜绿色，中部有深绿色及黄色斑纹。

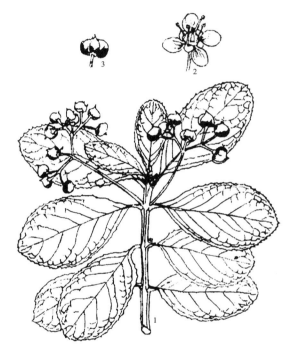

图 629 冬青卫矛
1. 果枝；2. 花；3. 果。

3. 刺果卫矛　　　　　图 630

Euonymus acanthocarpus Franch.

常绿藤状灌木，高 2-4 米，全株无毛。小枝方形，干后棕褐色，老枝散生瘤点状皮孔，枝节常有半环状芽鳞痕；冬芽圆锥形，长 0.8-1 厘米。叶片革质，狭椭圆形、卵状披针形，披针形或倒披针形，长 5-13 厘米，宽 1.5-4.5 厘米，先端渐尖或急渐尖，基部楔形，边缘稍反卷，具疏浅锯齿，近基部全缘，侧脉 6-9 对；叶柄长 0.8-2 厘米。聚伞花序有 7-13 花，总花梗长 2-7.5 厘米，花梗长 4-8 毫米；花黄绿色，直径约 8 毫米，4 基数；萼片半圆形，长约 1.5 毫米；花瓣长圆形，长约 3 毫米；花盘肥厚；雄蕊有明显花丝，长约 2 毫米；子房球状，具刺状突起，花柱长约 2 毫米。蒴果圆球形，淡红色，干后棕褐色，果径约 1 厘米，密生刺状突起，刺长 1-2 毫米；种子被橙黄色假种皮。花期 6-7 月，果期 10-11 月。

产皖南石台牯牛降金竹洞双口海拔 700 米，歙县清凉峰海拔 1300 米。分布于湖北、湖南、江西、广东、广西、四川、云南、贵州。

图 630 刺果卫矛（果枝）

4. 陈谋卫矛　黄山卫矛　　　图 631

Euonymus chenmoui Cheng

落叶匍匐小灌木，植株细弱，高 40-50 厘米。小枝明显方形；冬芽小，圆锥形。叶片薄纸质，窄长卵形或窄椭圆形，偶为椭圆状披针形，长 1.5-4 厘米，宽 0.8-1.7 米，先端急尖，或渐尖，基部楔形或近圆形，边缘有极浅锯齿，侧脉 3-4 对，网脉不明显；叶柄长约 1 毫米。聚伞花序有 3 花，总花梗长 5-10 毫米，花梗长约 5 毫米，中央花梗稍长；花淡黄绿色，直径约 6 毫米，4 基数；萼片半圆形；花瓣阔椭圆形，边缘波状；花盘方形；雄蕊无花丝，着生在花盘的角上；子房球形，无花柱，柱头小。蒴果圆球形，直径 7-9 毫米，被疏短刺，果梗长 1-1.5 厘米。花期 4-5 月，果期 10 月。

产皖南歙县清凉峰西凹海拔 1500 米，黄山天都峰脚下海拔 1600 米。分布于浙江、江西。

图 631 陈谋卫矛
1. 植株一部分；2. 花枝；3. 果。

5. 大果卫矛 图 632

Euonymus myrianthus Hemsl.

常绿灌木或小乔木，高 2-7 米，全体无毛。小枝近方形，有纵沟槽，冬芽小，卵形，长 1.5-3 毫米。叶片革质，通常披针形或倒披针形，稀为倒卵形，长 5-16 厘米，宽 1.5-3 厘米，先端尖或突尖，基部楔形，边缘稍反卷，微波状，边缘疏生浅锯齿，近基部全缘，侧脉 6-8 对，网脉清晰，叶柄长 6-10 毫米。聚伞花序腋生或假顶生，有 3-7 花，总花梗长 1-2.5 厘米，花梗长 4-5 毫米；花黄绿色，直径 8-16 毫米，4 基数，萼片半圆形，膜质，长 1-2 毫米，花瓣椭圆形，长 3-5.5 毫米；花盘四浅裂；雄蕊花丝极短，着生于花盘上；子房无毛，花柱几无。蒴果浅黄褐色，倒卵形或倒心形，有四棱角，顶端凹入，下部渐狭，长 1.1-1.8 厘米，宽 0.7-1.5 厘米。种子卵圆形，长 4-8 毫米，有橙红色假种皮。花期 4-6 月，果期 10-11 月。

产皖南休宁岭南三溪长横坑海拔 500 米。分布于浙江、福建、江西、湖北、湖南、广东、广西、四川、云南。

本种的根具补肝肾、强筋骨的功效，民间用以治疗腰膝酸痛。

图 632 大果卫矛
1. 果枝；2. 花。

6. 矩叶卫矛 图 633

Euonymus oblongifolius Loes. et Rehd.

常绿灌木或小乔木，高 2-7 米。小枝近方形，冬芽小。叶革质或近革质，上面绿色具光泽；下面苍绿色，通常椭圆形至长圆状椭圆形，或长倒卵形，长 5-14 厘米，宽 2-4.5 厘米，先端渐尖或短渐尖，基部楔形，边缘具锯齿，近基部全缘，侧脉 9-12 对，网脉明显；叶柄长约 8 毫米。聚伞花序侧生于当年生小枝上，多回分枝，有 30 余花，总花梗长 2-4 厘米，与分枝均呈方形，花梗长 1-2.5 厘米；花黄绿色，直径 5-7 毫米，4 基数，萼片半圆形；花瓣倒卵圆形，长 1-1.5 毫米，边缘啮蚀状；花盘方形；雄蕊花丝极短，与花药几等长；花柱极明显。蒴果倒圆锥形，长约 8 毫米，具四棱，顶端平截。种子近球形，被橙红色假种皮。花期 5-6 月，果期 10-11 月。

产皖南祁门牯牛降统坑、观音堂 - 小演坑海拔 570 米，石台牯牛降金竹洞海拔 800 米。分布于浙江、福建、江西、湖北、湖南、广东、广西、四川、云南、贵州。

图 633 矩叶卫矛
1. 花枝；2. 果枝。

7. 栓翅卫矛 图634

Euonymus phellomanus Loes.

落叶灌木或小乔木，高达8米。小枝具4条纵木栓翅，老枝木栓翅宽5-6毫米。叶椭圆形、长椭圆形、卵状椭圆形或窄椭圆形，长6-12厘米，宽2-7厘米，先端长渐尖，具细密锯齿；叶柄长0.8-1.5厘米。聚伞花序1-2回二歧分枝，花7-15，稀较少，花序梗长1-1.5厘米，花梗长达5毫米：花径6-8毫米，4数；花丝长2-3毫米，花药紫色。蒴果倒圆心形，长0.7-1.2厘米，径1-1.5厘米，粉红色，具4棱，浅裂。种子椭圆形，长5-6毫米，假种皮橘红色。花期5-7月；果期9-10月。

产淮北萧县皇藏峪。生于落叶阔叶林中。分布于山西、河南、陕西、湖北、四川、甘肃。

图634 栓翅卫矛（果枝）

8. 丝绵木 白杜 图635

Euonymus bungeanus Maxim.

落叶小乔木，高可达6米。小枝近圆柱形，灰绿色；冬芽小，淡褐色。叶片纸质，椭圆状卵形、卵圆形或长圆状椭圆形，长2.5-11厘米，宽2-6厘米，先端长渐尖，基部阔楔形或近圆形，边缘具细锯齿，齿端锐尖，两面无毛，侧脉6-9对，叶碎之，中脉有细丝；叶柄较细，长2-2.5厘米，约为叶片长的1/3-1/4。聚伞花序侧生于新枝上，1-3回分枝，有3-15花，总花梗长1-2.5厘米，花梗长3-4毫米；花黄绿色，直径0.8-1厘米，4基数；萼片近圆形，直径约2毫米；花瓣长椭圆形，长约4毫米，边缘波状；花盘近方形；雄蕊花丝长约1.5毫米，着生在花盘上，花药紫色，稍短于花丝；子房与花盘贴生，花柱长1-1.5毫米。蒴果倒圆锥形，四浅裂，长约1厘米，淡黄色或粉红色。种子白色或淡红色，有橙红色假皮。花期5-6月，果期8-10月。

产皖南黄山，旌德，青阳九华山海拔620米；大别山区金寨白马寨海拔920米，潜山天柱山三祖寺海拔100米，含山，安庆；江淮滁县琅琊山海拔100-120米。分布区域北起辽宁，南到长江以南各地、西至甘肃、陕西、四川。

果可作红色染料；枝、叶、花入药；种子可榨油；木材色白，质致密可作雕刻用。

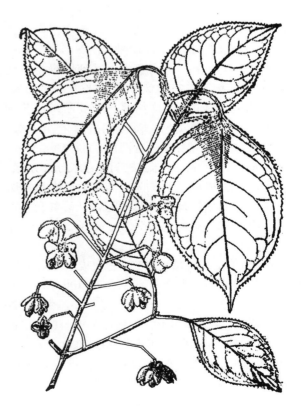

图635 丝棉木（果枝）

9. 西南卫矛 披针叶卫矛 鬼见愁 图 636

Euonymus hamiltonianus Wall.

落叶灌木或小乔木，高达 5 米。小枝具灰绿色，具不甚明显的四棱脊，无木栓翅。叶椭圆状矩圆形至披针形或椭圆形，长 6-14 厘米，宽 2-5 厘米，先端尖或锐尖，基部宽楔形，边缘具细密钝圆齿，下面叶脉明显网结，脉上具粗糙短毛；叶柄长 4-8 毫米。聚伞花序，具 7-15 花；总花梗长 5-25 毫米；花淡绿色，4 数，直径 1.2-1.5 厘米；花丝长于花药，花药紫色。蒴果四裂，倒四棱锥形，淡粉红色；种子灰褐色；假种皮橘红色，顶端具椭圆形裂口。花期 5 月，果熟期 9 月。

皖南黄山，歙县清凉峰天子地海拔 1300 米；大别山区霍山马家河天河尖、多云尖海拔 1430-1700 米，金寨白马寨 - 天堂寨海拔 780-1650 米，潜山彭河乡、燕子河海拔 950 米，舒城万佛山海拔 1600 米。分布于浙江、江西、湖北、湖南、广东、广西、四川、贵州、云南。

图 636 西南卫矛（果枝）

10. 肉花卫矛 图 637

Euonymus carnosus Hemsl.

半常绿乔木或灌木，高 3-10 米。树皮灰黑色，小枝圆柱形，绿色；冬芽芽鳞片先端锐尖。叶片近革质，通常长圆状椭圆形，或长圆状倒卵形，长 4-17 厘米，宽 2.5-9 厘米，先端急尖，基部阔楔形，边缘具细锯齿，侧脉 12-15 对；叶柄长 0.8-1 厘米。聚伞花序有花 5-15 朵，总花梗长 4-6 厘米，花梗长 0.6-0.8 厘米，花淡黄色，直径约 1.5 厘米，4 基数；花萼圆盘状，先端不裂；花瓣近圆形，直径约 4 毫米；花盘近方形，直径约 1 厘米；雄蕊花丝长约 2 毫米，基部扩大，着生在花盘上；子房半球形，花柱柱状，长约 1 毫米。蒴果近球形，具 4 翅棱，淡红色。种子黑色，具光泽，有红色假种皮。花期 5-6 月，果期 8-10 月。

产皖南黄山，祁门牯牛降双河口海拔 280-420 米，绩溪清凉峰栈岭湾、中南坑海拔 600-1100 米，歙县清凉峰、竹筒湾海拔 750-910 米，泾县小溪海拔 230 米，太平龙源，青阳九华山；大别山区霍山白马尖海拔 360-1000 米，金寨白马寨海拔 900-1050 米，岳西大王沟、河图海拔 750 米，潜山彭河乡海拔 600 米，舒城万佛山，太湖。分布于台湾、福建、江西、江苏、湖北。

民间本种以树皮代杜仲入药，治疗腰膝疼痛。

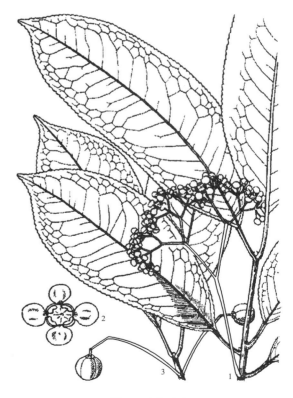

图 637 肉花卫矛
1. 花枝；2. 花；3. 果枝。

11. 卫矛 鬼见愁   图 638

Euonymus alatus（Thunb.）Sieb.

落叶灌木，高 1-3 米，全株无毛。小枝具 4 棱，通常具棕褐色宽阔木栓翅，翅宽可达 1.2 厘米，或有时无翅。叶片纸质，无毛，倒卵形、椭圆形或菱状倒卵形，长 1.5-7 厘米，宽 0.8-3.5 厘米，先端急尖，基部楔形，或阔楔形至近圆形，侧脉 6-8 对，网脉明显；叶柄长 1-2 毫米，或几无柄。聚伞花序腋生，有 3-5 花，总花梗长 0.5-3 厘米，花梗长 0.3-0.5 厘米，结果后可达 0.8 厘米；花淡黄绿色，直径约 0.6 厘米，4 基数；萼片半圆形，绿色，长约 1 毫米；花瓣倒卵圆形，长约 3.5 毫米；花盘方形肥厚，4 浅裂；雄蕊着生于花盘边缘，花丝略短于花药；子房 4 室，通常 1-2 心皮发育。蒴果棕褐色带紫，几全裂至基部相连，呈分果状。种子紫褐色，椭圆形，长 4-6 毫米，具橙红色假种皮，全部包围种子。花期 4-6 月，果期 9-10 月。

产皖南黄山狮子岭海拔 1600 米，绩溪清凉峰海拔 770-1500 米，石台牯牛降海拔 1160 米，泾县小溪海拔 230 米，太平龙源，旌德，贵池；大别山区霍山青枫岭、马家河海拔 600 米，金寨白马寨海拔 750-1000 米，岳西文坳大湾沟海拔 850 米，潜山彭河乡、天柱山、燕子河海拔 500-1000 米，舒城万佛山；肥东，肥西紫蓬山。除新疆、西藏、青海外，全国均有分布。

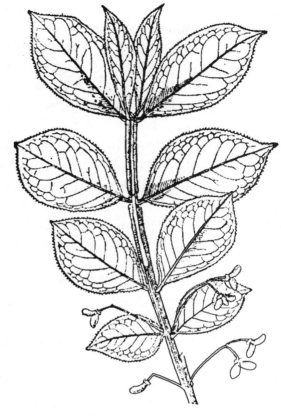

图 638 卫矛（果枝）

本种枝上之木栓翅入药，具有活血、通络、止痛作用，主治妇女月经不调、产后淤血疼痛及跌打损伤症；茎叶可提制烤胶，木材可用作工具把柄及雕刻，种子可榨油；也可作庭园观赏植物。

12. 鸦椿卫矛

Euonymus euscaphis Hand.-Mazz.

常绿直立灌木，高 1.5-3 米。冬芽长约 4 毫米，卵圆形，芽鳞片先端紫黑色。叶片披针形或窄披针形，长 4.5-20 厘米，宽 0.8-2.7 厘米，先端渐尖，基部楔形或圆形，边缘有浅细锯齿，侧脉 9-11 对；叶柄长 2-6 毫米。聚伞花序仍生于当年枝上，有 3-7 花，总花梗细弱，长 0.5-1.5 厘米，结果后可长达 2.5 厘米，花梗长 0.4-1 厘米；花暗红紫色，直径 5-7 毫米，4 基数；萼片半圆形；花瓣卵圆形，边缘啮蚀状，长约 2.5 毫米；花盘方形；雄蕊花丝与花药几等长，长约 1 毫米；子房常仅 1-2 心皮发育。蒴果裂瓣卵圆形，长达 8 毫米。种子椭圆状卵形，长约 6 毫米，被橙黄色假种皮。花期 5-6 月，果期 9-10 月。

据文献记载，本种的花色均为浅绿色，但实际所见的花色为暗红紫色。

产皖南祁门，休宁，歙县清凉峰，泾县小溪。分布于浙江、福建、江西、湖南、广东。

13. 百齿卫矛

图 639

Euonymus centidens Lévl

灌木，高达 6 米；小枝方棱状，常有窄翅棱。叶纸质或近革质，窄长椭圆形或近长倒卵形，长 3-10 厘米，宽 1.5-4 厘米，先端长渐尖，叶缘具密而深的尖锯齿，齿端常具黑色腺点，有时齿较浅而钝；近无柄或有短柄。聚伞形花序 1-3 花，稀较多；花序梗四棱状，长达 1-2 厘米，有棱；花梗稍短；花 4 数，径约 6 毫米，淡黄色；萼片齿端常具黑色腺点；花瓣长圆形；雄蕊无花丝。蒴果黄色，4 深裂。假种皮黄红色。花期 6 月，果期 9-10 月。

产皖南祁门牯牛降观音堂 - 小演坑海拔 460 米、舍会山 - 安平山。分布于四川、云南、贵州、湖北、广西、广东、福建、江西。

14. 垂丝卫矛

图 640

Euonymus oxyphyllus Miq.

落叶灌木，高 2-4 米，全株无毛。小枝圆柱形，冬芽细圆锥形；长 0.5-0.8 厘米。叶片纸质，宽卵形或卵形，长 4-8 厘米，宽 2.5-5 厘米，先端渐尖，基部圆形、宽楔形，或圆形至截形，边缘具细密锯齿，齿端常内弯，侧脉 5-6 对，网脉不明显；叶柄长 3-6 毫米。聚伞花序二至三回分枝，有 7-15 花，总花梗纤细，长 3-7 厘米，花梗长约 3 毫米，花白色或带紫色，直径 8-9 毫米，5 基数；花萼杯状，先端浅裂，裂片近圆形；花瓣卵圆形；花盘圆形；雄蕊花丝极短，花药成熟后 1 室；花柱柱状，柱头膨大呈头状。蒴果球形，红色，直径约 1.5 厘米，悬垂于细长的果序上。种子椭圆形，有红色假种皮。花期 4-5 月，果期 8-9 月。

产皖南黄山桃花峰、天门坎、狮子岭海拔 1000-1600 米，绩溪栈岭湾山脊海拔 1300 米，太平龙源；大别山区霍山佛子岭黄巢寺海拔 1000 米，金寨白马寨 - 天堂寨海拔 960-1500 米，岳西河图海拔 650 米，潜山天柱山百花崖海拔 1250 米，舒城万佛山。分布于辽宁、山东、浙江、江西。朝鲜、日本、前苏联也有分布。

15. 黄瓢子 黄心卫矛

图 641

Euonynus macropterus Rupr.

落叶灌木或小乔木，高达 5 米。小枝紫红色；芽先端尖，长 1-1.2 厘米。叶倒卵形或长圆状倒卵形，中上部最宽，长 4-10 厘米，宽 2.5-6 厘米，先端渐

图 639 百齿卫矛（花枝）

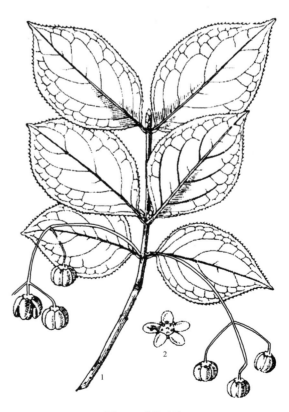

图 640 垂丝卫矛
1. 果枝；2. 花。

尖，基部楔形或宽楔形，具整齐稍钩状细锯齿；叶柄长 0.5-1 厘米。聚伞花序 2 次分枝，花序梗长 4-6 厘米；花 4 数，径约 5 毫米；雄蕊无花丝。蒴果略呈方形，径带翅约 3 厘米，带红色，背棱有 4 翅，翅三角形。假种皮橙红色。

产大别山区霍山白马尖－黄巢寺海拔 1440 米、马家河白马尖海拔 1360 米，金寨白马寨－天堂寨海拔 1470-1670 米。分布于黑龙江、吉林、辽宁、河北。

2. 南蛇藤属 Celastrus L.

木质藤本。小枝幼时常有棱角，髓片状或实心，有时中空，皮孔显著；冬芽具覆瓦状芽鳞片，最外两枚芽鳞片有时特化成刺，宿存。单叶，互生，具柄；托叶小，早落。圆锥状或总状聚伞花序顶生、腋生，或腋生兼顶生；花梗具关节；花小，单性异株或杂性，稀两性，花萼钟状，5 裂，宿存，花瓣 5，扩展，着生于花盘下面；花盘膜质或稍肉质，扁平或杯状，全缘或 5 齿裂；雄蕊 5，着生于花盘边缘，花药 2 室，子房 3 室，每室有 2 颗胚珠，花柱短，柱头 3 裂。蒴果球形或倒卵形，通常黄色，室背开裂，内含种子 1-6粒；种子褐色或黑色，椭圆形、卵球形或新月形，被橙红色肉质假种皮。

图 641 黄瓢子
1. 果枝；2. 花。

约 30 余种，分布于热带和亚热带地区。我国约有 25 种，广布于全国各地，多数产于长江以南地区。安徽 7 种，1 变种。

本属大多数种类之茎皮可供作造纸原料，种子可榨工业用油，有些种类，民间传为药用。

1. 花序顶生；小枝具纵棱 ·· 1. 苦皮藤 C. angulatus
1. 花序腋生、或腋生、顶生并存：
　2. 花序腋生、顶生并存；种子常为椭圆形，稀平凸状或稍弯：
　　3. 叶下面灰白色；种子平凸状或稍弯 ···················· 2. 粉背南蛇藤 C. hypoleucus
　　3. 叶两面同色；种子椭圆形：
　　　4. 冬芽长 0.7-1.2 厘米；果径 1-1.3 厘米 ·············· 3. 大芽南蛇藤 C. gemmatus
　　　4. 冬芽长 2-4 毫米；果径 6-9 毫米：
　　　　5. 叶柄较长（0.7-2 厘米）；花序梗明显（1.3 厘米）·········· 4. 南蛇藤 C. orbiculatus
　　　　5. 叶柄较短（5.8 毫米）；花序梗极短 ············ 5. 短梗南蛇藤 C. rosthornianus
　2. 花序腋生：
　　6. 叶柄较短（4-9 毫米），叶片倒披针形，稀阔倒披针形；花序梗短（-2 毫米）；被棕色短毛，关节在上部
　　　··· 6. 窄叶南蛇藤 C. oblanceifolius
　　6. 叶柄较长（1.0-1.8 厘米），叶片长方椭圆形，稀近长方倒卵形；花序梗长（7-20 毫米）；被极短黄白色短硬毛，关节位于中部之下：
　　　7. 成熟叶叶柄，叶背脉上光滑无毛 ················ 7. 显柱南蛇藤 C. stylosus
　　　7. 成熟叶叶柄，叶背脉上被较密短硬毛 ···· 7a. 毛脉显柱南蛇藤 C. stylosus var. puberulus

1. 苦皮藤   图 642

Celastrus angulatus Maxim.

落叶藤本，长 3-7 米，树皮灰褐色。小枝棕褐
色，具棱，皮孔白色，密布，圆形至卵圆形，髓片
状，白色，冬芽细小，长 2-5 毫米。叶片宽卵形，
椭圆状长圆形或圆形，长 8-14 厘米，宽 7-12 厘米，
先端急尖，基部圆形或近心形，边缘具不规则钝锯
齿，侧脉 6-7 对，下面脉上具短柔毛；叶柄长 1-3
厘米。聚伞花序再组成圆锥状，顶生，长 10-20
厘米；花梗短，长约 1.5 毫米，关节位于花梗顶端；
花单性异株，绿白色或黄绿色；萼片卵形，长约
1.2 毫米；花瓣长椭圆形，长约 3 毫米，边缘波状，
先端钝圆；花盘肉质；雄花，雄蕊着生于花盘边缘，
花丝丝状，长约 4 毫米，花药宽卵形，不育雌蕊卵
形，长约 2 毫米，雄花，不育雄蕊花丝长约 2 毫米；
子房卵球形，花柱极短，长约 1 毫米，柱头头状。
蒴果近球形，黄色，直径约 1.2 厘米。种子椭圆形，
棕色，长约 5 毫米，具橙红色假种皮。花期 5-6 月，
果期 8-10 月。

产皖南祁门牯牛降横渡海拔 150 米；大别山区金
寨天堂寨，舒城，宿松，桐城，安庆；淮南八公山，
江淮滁县琅琊山，定远，含山，全椒，肥西紫蓬山；
淮北萧县、濉溪。分布于甘肃、陕西、河南、山东、
江苏、江西、湖北、湖南、四川、贵州、云南、广西、
广东。

图 642 苦皮藤
1. 花枝；2. 果枝。

2. 粉背南蛇藤   图 643

Celastrus hypoleucus（Oliv.）A. Warb.

落叶藤本，长 2-5 米。小枝圆柱形，具棱线，
灰褐色，无毛；皮孔白色，散生，髓中空，褐色；冬
芽卵球形，长约 2 毫米。叶片坚纸质，通常宽卵形，
或卵状椭圆形，长 4.5-9 厘米，宽 3.5-6 厘米，先端
急尖，基部圆形或几圆形，有时带心形，边缘具疏
锯齿，近基部 1/3 全缘，侧脉 5-6 对，下面被白粉，
干后棕褐色，无毛；叶柄长 0.8-1 厘米。圆锥状聚伞
花序顶生，或兼腋生，长 4-6 厘米，花梗通常劲直，

图 643 粉背南蛇藤
1. 果枝；2. 果瓣内侧，示斑点；3. 种子。

长 4-6 毫米，均被褐色短毛，关节位于花梗的顶端。花未见。蒴果球形，直径约 7 毫米，果瓣内侧具棕色斑点。
种子椭圆球形，微弯，长约 5 毫米，具橙红色假种皮。果期 9-10 月。

产皖南歙县，青阳，贵池；大别山区霍山，金寨天堂寨，海拔 500-1000 米。分布于河南、湖北、陕西、四川、
甘肃。

3. 大芽南蛇藤 图 644

Celastrus gemmatus Loes.

落叶藤状灌木。小枝具白色突起皮孔。冬芽长卵形至长圆锥形，长 0.7-1.2 厘米。叶卵状椭圆形或长圆形，长 6-12 厘米，宽 3.5-7 厘米，先端渐尖，基部圆或宽楔形，具浅锯齿，两面同色，侧脉 5-7 对，网脉密网状，叶柄长 1-2.3 厘米。顶生花序长 3 厘米，侧生花序短而花少。蒴果球形，径 1-1.3 厘米，黄色，3 裂。种子椭圆形，假种皮橘红色。花期 4-9 月，果期 8-10 月。

产皖南黄山，休宁岭南，歙县清凉峰海拔 750 米，泾县小溪，旌德，青阳九华山；大别山区金寨白马寨海拔 700-850 米，岳西大王沟海拔 750 米，潜山彭河乡，太湖；江淮肥西紫蓬山，来安半塔海拔 150 米。分布于甘肃、陕西、河南、江苏、浙江、江西、福建、台湾、广东、广西、湖南、湖北、四川、贵州、云南。

图 644 大芽南蛇藤（果枝）

4. 南蛇藤 图 645

Celastrus orbiculatus Thunb.

落叶藤本，长 3-4 米。小枝四棱形，深褐色，无毛；皮孔近圆形，白色至淡褐色，散生；髓实心，白色；冬芽褐色，卵圆形，细小，长 1-3 毫米，最外两枚芽鳞片成卵状三角形刺。叶片纸质，倒卵形，椭圆状倒卵形，或近圆形，长 6-10 厘米，宽 5-7 厘米，先端急尖，基部楔形至近圆形，边缘具粗锯齿，近基部全缘，侧脉 4-6 对；叶柄长 0.8-1 厘米。圆锥状聚伞花序腋生兼顶生，具 5-7 花，稀单生，总花梗长 2-4 毫米，花梗长 5-6 毫米，关节位于花梗的基部或下部 1/3 处；花单性异株，黄绿色，萼片卵状三角形，长约 1.5 毫米，先端钝圆，边膜质；花瓣长圆形至倒披针形，长 3-5 毫米，宽 1-2 毫米，边缘啮蚀状；花盘薄杯状，5 浅裂，裂片先端钝圆；雄花：雄蕊着生于花盘两裂片之间，长约 3 毫米，不育雌蕊柱状，长约 2 毫米；雌花：不育雄蕊长 1-1.3 毫米，雌蕊长颈瓶状，长约 4 毫米，子房卵球形，花柱柱状，柱头 3 裂。蒴果近球形，黄色，直径 5-8 毫米。种子通常卵球形，或椭圆状球形，长约 5 毫米，宽约 3.5 毫米，淡红褐色，具橙红色假种皮。花期 4-5 月，果期 8-9 月。

喜生于山谷沟边灌木丛中。

产皖南黄山、桃花峰海拔 1100 米，绩溪清凉峰中南坑，贵池；大别山区霍山马家河，金寨白马寨海拔 680-1020 米，潜山天柱山海拔 950 米，舒城万佛山；滁县皇甫山海拔 250 米。分布于江苏、江西、湖北、湖南及西北、华北和东北各省、区。日本及朝鲜也有。

民间以根和茎入药，治疗关节疼痛，跌打损伤，又是蛇药中的要药；茎皮纤维可造纸。

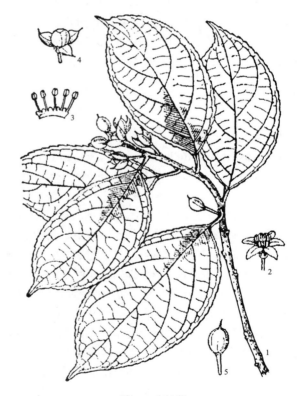

图 645 南蛇藤
1. 果枝；2. 花；3. 雄蕊；4. 果开裂；5. 果。

5. 短梗南蛇藤 图 646

Celastrus rothornianus Loe.

落叶藤本，长 4-6 米。小枝圆柱形，紫褐色，具棱状突起，散生圆形白色皮孔；髓中空或白色片状；冬芽卵形，长约 3 毫米，褐色。叶片狭椭圆形至长椭圆形，或倒卵状披针形，长 4.5-11 厘米，宽 2.5-5 厘米，先端渐尖，基部楔形，边缘具疏细锯齿，侧脉 4-7 对，网脉不明显；叶柄长 4-11 毫米。聚伞花序腋生和侧生，或在雄株兼有顶生，具 3 花或 1 花，总花梗极短或无，花梗长 2-8 毫米，关节位于上部 1/3 处；花单性异株，绿白色，萼片卵状三角形，长约 1.5 毫米；花瓣狭长圆形，长约 3 毫米；雄花：雄蕊着生于花盘裂片之间，长约 2.5 毫米，不育雌蕊圆锥形，长约 1.5 毫米，雌花：不育雄蕊长约 1.3 毫米，雌蕊长颈瓶状，长约 3-3.5 毫米，子房近球形，花柱长约 1.8 毫米，柱头 3 裂，每裂瓣再 2 裂。蒴果近球形，淡黄色，直径约 6.5 毫米。种子椭圆形，微弯，或卵球形，褐色，长约 3 毫米，具橙红色假种皮。花期 4-5 月，果期 10-11 月。

产皖南绩溪逍遥乡海拔 320 米；大别山区金寨白马寨天堂寨、打抒权海拔 650-1020 米。分布于湖南、湖北、陕西、甘肃、四川、云南、贵州、广西、广东、福建、台湾、浙江、江西。

图 646 短梗南蛇藤
1. 果枝；2. 花枝。

6. 窄叶南蛇藤 图 647

Celastrus oblanceifolius Wang et Tsoong［*Celastrus aculeatus* Merr. var. *oblanceifolius*（Wang et Tsoong）P. S. Hsu］

常绿藤本，长可达 10 米。小枝圆柱形，具褐色短毛；皮孔圆形至椭圆形，密布；冬芽细小，卵形，长约 2 毫米，最外面两枚芽鳞片特化成卵状三角形刺。叶片近革质，倒披针形，长 6.5-11 厘米，宽 1.5-4 厘米，先端急尖或短渐尖，基部窄楔形至楔形，边缘具疏而浅的锯齿，侧脉 6-9 对，上面无毛，下面中脉上具短毛；叶柄长 5-8 毫米。聚伞花序腋生或顶生，有 1-3 花，但雄株有时多花，总花梗极短至长约 2 毫米，花梗长 1-4 毫米，均被棕褐色短毛，关节位于花梗上部 1/3 处；花单性异株，黄绿色；萼片椭圆状卵形，长约 2 毫米，先端尖，花瓣倒披针状长圆形，长约 4 毫米，宽约 1.5 毫米，边缘具短睫毛；花盘肉质平坦，不分裂；雄花：雄蕊长约 4 毫米，花丝具乳突状毛，花药顶端具小凸头，不育雌蕊长不及 2 毫米；雌花：不育雄蕊长约 2.5 毫米，雌蕊长颈瓶状，花柱长 1.5 毫米，柱头 3 裂。蒴果球形，直径 7-8 毫米。种子新月形，长约 5 毫米，黑褐色，具明显皱纹，具橙红色假种皮。

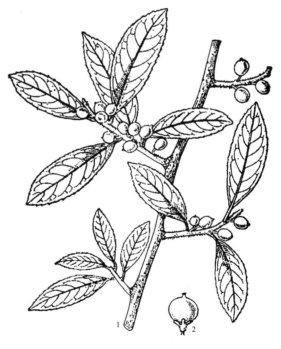

图 647 窄叶南蛇藤
1. 果枝；2. 果。

花期 3-4 月，果期 6-10 月。

产皖南黄山汤口，祁门，休宁岭南；大别山区金寨白马寨海拔 1000 米。分布于浙江、福建、广东、广西、湖南。

7. 显柱南蛇藤 图 648

Celastrus stylosus Wall.

落叶木质藤本。小枝常无毛，稀具褐色短毛。叶长圆状椭圆形或椭圆形，长 6.5-12 厘米，宽 3-6.5 厘米，先端短渐尖或急尖，基部宽楔形或近钝圆，具钝齿，侧脉 5-7 对，下面灰褐色，幼时沿脉常被褐色短毛，后无毛；叶柄长 1-1.8 厘米。聚伞花序腋生，3-7 花，花序梗长 0.7-1.2 厘米，分枝较短；花梗长 5-7 毫米，关节位于中部之下，均被锈色短毛。种子内侧平，外侧弧形或稍新月形。花期 3-5 月，果期 8-10 月。

产大别山区霍山马家河白马尖海拔 1060 米，舒城万佛山海拔 700 米。分布于四川、贵州、云南、湖北、湖南、广东、广西。

图 648 显柱南蛇藤（果枝）

7a. 毛脉显柱南蛇藤 （变种）

Celastrus stylosus Wall. var. **puberulus**（P. S. Hsu）C. Y. Cheng et T. C. Kao [*C. glaucophyllus* Rehd. et Wils. var. *puberulus* P. S. Hsu]

本变种叶片较宽大，成阔椭圆形或长方形椭圆形，长 7-14 厘米，宽 4-9.5 厘米，侧脉较少，4-5 对，偶见 3 或 6 对，叶柄、叶下面脉上被较密短硬毛。

产皖南黄山桃花峰，祁门棕里。

3. 假卫矛属 Microtropis Wall.

常绿乔木或灌木，小枝无毛，常具棱角，叶对生，叶片全缘，无托叶。密伞花序或聚伞花序，腋生或侧生；花小，两性，稀单性；萼片 4-5，基部合生，宿存；花瓣 4-5，基部与花盘贴生，雄蕊 4-5，着生于花盘边缘，花丝短，花药 2 室；花盘杯状或无，子房 2 室，每室有 4 颗胚珠，花柱短，柱头 4 裂。蒴果长椭圆球形，或倒卵状椭圆形，2 瓣裂。种子 1 粒，具柄，种皮平滑，红色或棕色。

约 70 种；分布于亚洲东南部、南部及中美洲至南美洲。我国约有 30 种，分布于西南各地至台湾。安徽有 1 种。

福建假卫矛 图 649

Microtropis fokienensis Dunn

灌木，高 1.5-4 米。小枝无毛，四棱形；腋芽近球形。

图 649 福建假卫矛
1. 花枝；2. 花蕾；3. 花纵切面；4. 萼片；5. 果。

叶对生，革质，通常窄倒卵状披针形，或倒卵状椭圆形至宽椭圆形，长 4-8.5 厘米，宽 1.3-3 厘米，先端急尖或短渐尖，基部窄楔形，全缘，稍反卷，中脉凸起，侧脉 4-5 对，网脉不明显；叶柄长约 5 毫米。密伞花序短小，长约 1.5 厘米，或多花簇生、腋生或侧生偶顶生，总花梗无或长至约 5 毫米，花梗极短或无，通常有 3-9 花；花黄绿色，5 基数；萼片半圆形，边缘具睫毛；花瓣倒卵状长椭圆形；雄蕊着生手花盘的边缘，长约为花瓣的 1/2；子房卵球形，花柱明显，柱头 4 裂。蒴果椭圆形或倒卵状椭圆形，长 1-1.4 厘米，2 瓣裂。种子红棕色，平滑。花期 5-6 月，果期 6-7 月。

产皖南黄山，祁门牯牛降祁门岔海拔 900 米，绩溪清凉峰栈岭湾 - 永来海拔 900 米，休宁，黟县，泾县。分布于浙江、福建、江西。

4. 永瓣藤属 Monimopetalum Rehd.

落叶藤状灌木。小枝节处常具宿存芽鳞。叶互生，具刺毛状小锯齿；托叶锥形，宿存。花较小，两性，4 数；聚伞花序，侧生于去年生枝上；花瓣匙形，较萼片长；雄蕊近无花丝；花盘扁平，与子房愈合；子房 4 室，每室 1-2 胚珠。蒴果 4 深裂，萼片、花瓣宿存，花瓣增大若翅。种子黑褐色，基部被肉质环状假种皮。安徽省产 1 种。我国特产。

永瓣藤 图 650

Monimopetalum chinense Rehd.

藤状灌木，高达 6 米。叶窄卵形或长圆状椭圆形，长 5-8.5 厘米，宽 2-3 厘米，先端长渐尖，基部圆形；叶柄长 1 厘米。聚伞花序 3 至数花；花梗细；苞片对生，锥形，边缘细齿状；花白绿色，径约 5 毫米；雄蕊生于花盘边缘上方。蒴果常 1-2 瓣成熟，种子 1，宿存花瓣倒卵状匙形，长达 1 厘米，下垂；果梗丝状，长约 1 厘米。花期 6 月，果期 7 月。

产皖南祁门牯牛降赤岭海拔 400 米、棕里潘坑、观音堂。分布于江西东北部、西部；多生于低山阔叶林内或溪边石缝中。零星分布。濒危，国家二级保护树种。为皖赣两省特有植物区系成分。

5. 雷公藤属 Tripterygium Hook. f.

藤状灌木。小枝 5-6 棱，密生棕红色细小皮孔。芽具 2 对鳞片。叶互生；托叶早落。聚伞圆锥花序；花杂性同株，白色，5 数；花盘杯状；雄蕊花丝线形，着生于花盘外缘；子房 3 棱形，基部与花盘不愈合，不完全 3 室，每室 2 胚珠，花柱短，柱头 3 裂。翅果具 3 翅，翅膜质，种子 1。种子无假种皮。

3 种，分布于东亚，我国均产。安徽省产 2 种。

图 650 永瓣藤
1. 花枝；2. 花；3. 果。

1. 叶纸质，卵形或长椭圆状卵形，长 6-12 厘米，宽 3-8 厘米，下面具白粉；花序长达 30 厘米 …… **1. 昆明山海棠 T. hypoglaucum**
1. 叶厚纸质或近革质，椭圆形或宽卵形，长 4-7 厘米，宽 3-4 厘米；下面无白粉；花序长 5-7 厘米 …………

························· 2. 雷公藤 T. wilfordii

1. 昆明山海棠 图 651

Tripterygium hypoglaucum（Lévl.）Hutch.

落叶蔓生灌木，长 2-5 米，小枝紫褐色，圆柱形，具 4-6 棱，具柔毛或无毛，冬芽长约 1.5 毫米，最外的芽鳞片卵状三角形，刺状。叶片纸质，卵形至长椭圆状卵形，长 6-12 厘米，宽 3-8 厘米，先端急尖至渐尖，基部宽楔形至近圆形，边缘具重锯齿，侧脉 7-9 对，网脉明显，下面具白粉；叶柄长 5-15 毫米，被褐色短毛。圆锥状聚伞状花序顶生，稀腋生，长可达 30 厘米；花梗长 4-5 毫米，密被褐色柔毛；花黄绿色；萼片卵状三角形，长约 1.5 毫米；花瓣倒卵状椭圆形，长 2-3 毫米，边缘微啮蚀状；花盘圆形，平坦，5 浅裂；雄蕊长约 3 毫米，着生于花盘边缘；雌蕊花柱柱状，柱头不膨大。翅果红紫色，长 1-1.5 厘米，具三翅，基部心形。种子 1 粒，细柱状，黑色。花期 5-7 月，果期 9-10 月。

产皖南黄山桃花峰、狮子岭、五里桥海拔 1600 米，祁门牯牛降顶、祁门岔海拔 640-1700 米，歙县清凉峰里外三打杈海拔 750 米，太平龙源海拔 800-1200 米，青阳九华山。分布于长江以南及西南各地。

根具活血止痛作用，民间用于治疗关节疼痛、类风湿关节炎。

2. 雷公藤 图 652

Tripterygium wilfordii Hook. f.

落叶藤状灌木，高达 3 米。小枝棕红色。叶厚纸质或近革质，椭圆形或宽卵形，长 4-7 厘米，宽 3-4 厘米，先端短尖，基部稍圆，下面淡绿色，侧脉约 5 对，具细锯齿；叶柄长 4-8 毫米。聚伞圆锥花序长 5-7 厘米，被锈色毛；花径 4-5 毫米。果具 3 翅，长圆形，长 1.5 厘米，翅有斜生侧脉。花期 5-6 月，果期 8-9 月。

产皖南黄山狮子林海拔 1600 米，休宁流口，绩溪清凉峰。分布于台湾、长江以南和西南各地及河南。

根、茎、叶皆有毒，可做杀虫剂及农药；民间用叶擦治毒蛇咬伤。茎皮纤维可供造纸。

图 651 昆明山海棠
1. 果枝；2. 花；3. 果。

图 652 雷公藤
1. 果枝；2. 花；3. 果。

68. 铁青树科 OLACACEAE

乔木、灌木或藤本。单叶，互生，无托叶。花小，两性，整齐，圆锥花序式的聚伞花序或总状花序、穗状花序式的聚伞花序或伞形花序，腋生；萼小，杯状，截平或 4-6 齿，结果时增大将果包围或不包围；花瓣 3-6 枚，离生或合生；花盘杯状；雄蕊花丝离生，3 至多数；子房上位或半下位，1-3(-5) 室，每室有胚珠 1 枚，花柱单生，柱头 -5 裂或不裂。果为核果、浆果状或坚果，常被增大的花萼所包围。约 25 属，250 种，分布于两半球的热带和亚热带地区。我国有 5 属，8 种，分布于秦岭以南各省（区）。安徽省仅有 1 属，1 种。

青皮树属 Schoepfia Schreb.

乔木或灌木；枝叶干后常呈黑褐色。叶互生。聚伞花序腋生，多花；萼小，3 深裂，萼钟状，顶端 4-6 裂；雄蕊与花冠的裂片同数而对生，结果时增大，花冠管状近合生，雄蕊着生于花冠筒上；子房半下位，顶端为肉质的花盘，上部 1 室，下部 3 室，胚珠 3，由中轴顶端倒垂。果实核果或坚果状，全部为增大的宿萼所包围。

约 15 种，分布于热带地区。我国有 4 种。安徽省有 1 种。

青皮树　　　　　　　　　图 653

Schoepfia jasminodora Sieb. et Zucc.

落叶小乔木，高达 8 米；树皮灰白色，枝有长枝和短枝。叶纸质，卵形或卵状椭圆形状披针形，长 3.7-5 厘米，宽 2-3.5 厘米，先端渐尖或尾尖，全缘，无毛，叶柄淡红色，长 4-6 毫米。聚伞花序有花 2-5 朵，花序梗长 2.5-5 厘米，小花无梗；花冠淡黄色或白色，钟状；顶端心上 5 裂，裂片向外反曲，内面近花药处有一束糙毛，子房半下位；柱头 3 裂，常伸出花冠之外。核果，椭圆形，初时红色，熟时紫黑色，花期 4-5 月，果熟期 8 月。

产皖南黄山，歙县洽舍，祁门，绩溪逍遥乡中南坑、清凉峰永来海拔 150 米，歙县清凉峰海拔 450 米，泾县小溪，旌德，青阳九华山；大别山区霍山马家河，金寨白马寨海拔 100-700 米，潜山天柱峰铜锣尖海拔 750 米、彭河乡海拔 850 米。生于海拔 1000 米以下的溪边、谷地较阴湿处。分布于长江流域以南各省。

木材洁白细致，可供雕刻及细木工用。

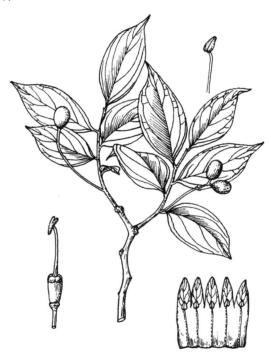

图 653 青皮树

69. 桑寄生科 LORANTHACEAE

寄生灌木或亚灌木,根多寄生于寄生树干韧皮内,吸收营养。叶常绿,稀落叶,单叶、互生、对生或轮生、全缘、革质或纸质,有时退化成鳞片状;托叶缺。花两性或单性,辐射对称或两侧对称,雌雄同株或异株,排成穗状或聚伞花序,有时簇生或单生,通常具苞片 1 枚或兼有小苞片 2 枚;花被 1 轮,4-8 片,有时分化为花萼或花冠;萼贴生子房,花瓣 3-6 片,分离或连成管状;雄蕊与花瓣同数而对生,着生于基部或花被上;子房下位,1 室;胚珠 1 着生于子房内壁。果为浆果或核果,外果皮肉质,中果皮黏胶质;种子 1 枚外种皮缺,有胚乳。

红 65 属,1000 种,分布于热带,少数分布于亚热带及温带地区,我国有 10 属,60 多种,主要分布于长江流域以南各省,寄生于乔木或灌木上,安徽省有 3 属,5 种。

1. 叶片大,常为羽状叶脉,花两性,稀雄蕊或雌蕊不育为单性,具副萼,花被花瓣状…… 1. **钝果寄生属 Taxillus**
1. 有叶则通常为直出脉,或叶退化成鳞片状;花单性,不具副萼,花被萼片状。
  2. 仅具鳞片叶,基部多少合生,小枝扁平,相邻节间排列在同一平面上,雌雄同株,花药 2 室 ……………………………………………………………… 2. **栗寄生属 Kunnerowia**
  2. 具扁平叶片,或仅具鳞片而基部不合生,小枝不扁平,相邻节间相互重直,雌雄同株或异株;花药多室 ………………………………………………………………… 3. **槲寄生属 Viscum**

1. 钝果寄生属 Taxillus Van tiegh

常绿寄生灌木;枝圆柱形,常被星状毛。单叶互生或近对生、革质、全缘;花两性,两侧对称,腋生聚伞或伞形花序;花被多少合生成管状,上部 4 裂;花冠管部上方稍肿胀,微外弯,上部 4 裂,其中 1 裂片较大,均偏向一侧;雄蕊与花冠裂片同数而对生,花药 2-4 室。果实为浆果,卵球形,外果皮革质,中果皮有黏质,内果皮木质或纤维质;种子 1 枚。

我国约 14 种。分布于西南、华中、华南和东南各地。安徽省有 2 种。

1. 叶下面被锈色星状和树枝绒毛;伞形花序 ……… ………………………… 1. **锈毛松寄生 T. levinei**
1. 叶下面被褐色星状毛,稍后完全脱落,聚伞花序 ………………………… 2. **华东松寄生 T. kaempfer**

1. 锈毛松寄生 图 654

Taxillus levinei(Merr.)H. S. Kiu

灌木,高 0.5-2 米;嫩叶和花序密被锈色树枝状毛和星状毛棱小枝无毛,具散生皮孔。叶对生或近对生,革质,长卵形,或椭圆形,长 5-12 米,宽 2-5 厘米,顶端急尖或钝圆,基部宽楔形,干后叶上面榄绿色或暗黄色,下面密被锈树枝状毛及星状毛,侧脉 4-6 对;叶柄长 6-12 毫米,被锈色毛。伞形花序,通常具花 2 朵,腋生,密被锈色树枝状毛及星状毛,总花梗长 2.5-5 毫米,花梗长 1-2 毫米;苞片小,三角形,长约 7 毫米;花托长圆形,长约 3 毫米,副萼全缘,内卷;花冠花蕾时管状,微弯曲,长约 2-2.2

图 654 锈毛松寄生
1. 花枝;2. 花;3. 花冠裂片;4. 果;5. 去花冠示花柱。

厘米，顶部圆球形，顶端钝，开花时红色，顶部 4 裂，裂片匙形，长 5-8 毫米；外折；花丝长 3-5 毫米，花药长 2-2.5 毫米，花柱长于雄蕊，带棱，柱头圆球形，浆果卵圆形，长约 6 毫米，直径约 4 毫米，果皮具颗粒状体，被锈色星状毛。花期 10 月。

产安徽省大别山区太湖大山乡木堰村海拔 180 米。浙江、华南、华中、华东有分布。产区有作松寄生入药的。用治风湿、腰疼。

2. 华东松寄生　　　　　　　　　图 655

Taxillus kaempfer（DC.）Danser

灌木，高 50-100 厘米；橄枝及叶密被褐色星状毛，稍后毛全脱落。下部的径常呈气根状，籍以吸附于寄主上，深入寄主鞘皮部汲取养分。叶小，互生或簇生，倒披针形或长椭圆形，长 2-3 厘米，宽 3-8 毫米，两面无毛，顶端钝，基部楔形，全缘质地厚，仅中脉明显；叶柄短，长约 1-2 毫米；聚伞花序，腋生，有花 2-3 朵；苞片宽三角形或宽卵形，花冠管状，红色，长约 1 厘米，顶部 4 裂，花托卵圆形、无毛。果卵圆形，紫红色。花期 7-8 月，果期次年 4-5 月。

植株供药用，功用与桑寄生近似，补肝肾，除风湿；安胎下乳，强筋骨。

产皖南黄山云谷寺，休宁六股尖等地。寄生于海拔 900-1250 米针阔叶混交林中的南方铁杉，华东黄杉上，树枝上因呈现两种不同的叶形，故黄山僧人称作"异萝松"。分布于福建、浙江。

图 655 华东松寄生

2. 栗寄生属 Kummerowia Schindl.

常绿半寄生小灌木。叉状分枝，节明显，相邻节间排在同一平面上，叶对生，有时退化为鳞片状，亦对生。花小，单性同株，簇生叶腋，基部被毛，无苞片；无副萼；花被萼状，宿存，花被片 3；花药 2 室，合生成聚药雄蕊，纵裂；子房 1 室，柱头头状。浆果小，果肉黏质。种子 1，扁平。

约 25 种，分布于非洲东部及东南部、大洋洲热带和亚热带地区。我国 1 种 1 变种，安徽省 1 种。

栗寄生　　　　　　　　　　　图 656

Kunmerowia striata（Thunb.）Schindl.

小灌木，高达 15 厘米，全株绿色。节间窄倒卵形，长 1.5-1.7 厘米，宽 3-6 厘米，中肋明显。也鳞状，对生，全生成环状。花径约 1 毫米，黄绿色，簇生叶腋。果椭圆形，长约 2 毫米，黄色。花果期 1-8 月。

产安徽省大别山区太湖罗汉乡海拔 250 米。分布于四川、贵州、云南、广东、福建。

图 656 栗寄生
1. 叶枝；2. 花枝；3. 雌花。

3. 槲寄生属 Viscum L.

常绿寄生灌木或亚灌木；枝丛生，2-3 叉状分枝。也对生，稍肉质或退化成鳞片状。花小，单性，雌雄异株或同株，单生或簇生于叶腋内，或生于枝顶的节上；花被 3-4 裂；雄蕊与花被裂片同数，无花丝，花药 4 至多室，多孔开裂；雌花花被与子房合生，萼檐 4 裂，花药阔，无花丝；子房下位，花柱短或无，柱头乳头状或垫状。果实为浆果，有黏液。

约 20 种，分布于东半球的温带至热带地区。我国有 10 种，安徽省有 2 种。

1. 成长植株具叶片；花生于枝端或生于叉状分枝处，果椭圆形 ·················· 1. 槲寄生 V. coloratum
1. 成长植株仅具有鳞叶片；花腋生；果长圆形或卵形 ·················· 2. 棱寄生 V. dispyrosicolun

1. 槲寄生　　　　　　　　图 657

Viscum coloratum（Kom.）Nakai

寄生小灌木，高 30-60 厘米；径圆柱形，黄绿色或绿色，2-3 叉状分枝，节间长 5-10 厘米。叶对生，肥厚，长圆形或到披针形，长 3-7 厘米，宽 7-15 毫米，顶端圆或钝，基部渐狭，全缘，两面无毛，基生脉 3-5 条；无柄。花生于枝端或分叉处，黄绿色，无梗；雄花序聚伞状，通常有花 3 朵；雌花常 1-3 朵簇生。果圆球形，径 6-8 毫米，橙红色。花期 4-5 月果期 9-10 月。

全株供药用，有补肝肾，强筋骨、降压、安神、催乳之效。

产皖南黟县，石台牯牛降星龙海拔 200 米，太平龙源，歙县，休宁、泾县，贵池，铜陵；大别山区霍山前进漫涧冲；江淮全椒，庐江，滁县。河南、湖北、陕西、吉林、辽宁、甘肃有分布。寄生于榆、杨、柳、桦、栎、梨、李、苹果、枫杨、椴树等树上，寄主种类广泛。

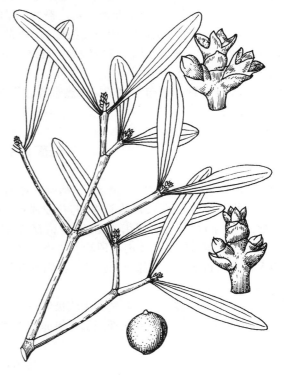

图 657 槲寄生

2. 棱寄生　　　　　　　　图 658

Viscum diospyrosicolum Hayata

灌木，高 30-50 厘米，2-3 歧分枝。茎基部至中部近圆柱形，小枝稍扁，节间长 1.5-2.5 厘米，宽 2-2.5 毫米，具纵肋 2-3 条。叶退化为鳞片状。聚伞花序腋生，具花 3 朵，通常仅 1 朵发育，花序梗几无；总苞舟形；雄花长 1-1.5 毫米；雌花长 1.5-2 毫米。过长圆形或卵形，长 4-5 毫米，3-4 毫米，黄色或红黄色，果皮平滑。花期及果期 4-12 月。

产皖南休宁齐云山，祁门牯牛降。浙江、湖北、湖南、江苏有分布。

寄主多为壳斗科植物。

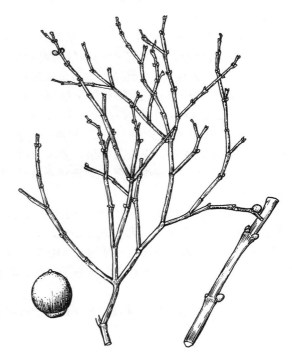

图 658 棱寄生

70. 檀香科 SANTALACEAE

草本、灌木或小乔木，有时呈寄生或半寄生状态。单叶，对生或互生，全缘，有时退化成为鳞片状，无柄或有短柄，无托叶；花小；两性或单性或杂性同株，花单生或排成总状、穗状；头状、聚伞状花序；小苞片单生或成对，离生或与苞片贴生；花被一轮，整齐，绿色；或呈花瓣状，常肉质，基部合生成臂状，与子房贴生，顶端 3-6 裂，裂片镊合状排列或稍覆瓦头排列；雄蕊与花被裂片同数且对生，花药 2 室，纵裂，子房下位或半下位，少数为上位，1 室，胚珠 1-3(-5) 枚，自特立中央胎座顶端悬垂，果实为坚果或核果，不开裂，种子 1 枚，圆形或卵形，胚乳肉质。

约 30 属，400 种，分布于热带、亚热带和温带地区。我国有 7 属，20 多种，分布于南北各省（区）。安徽省有 1 属，2 种。

米面翁属 Buckleya Torr.

半寄生落叶灌木。叶对生，全缘；无柄或具短柄。花单性，雌雄异株；雄花为顶生的伞形花序，有时腋生；雄花花被钟状，4 裂；无苞片；雄蕊 4 枚，与花被片对生而较短；花盘贴生于花被管内；雌花单生于枝端，有时腋生，具短花梗；苞片 4 枚，叶状，与花被片互生，宿存；花被管与子房贴生；花被裂片 4，小形脱落；子房下位，花柱短，柱头 2-4 裂。果实为核果，多肉，顶端有 4 枚叶状苞片。

约 5 种，分布于亚洲东部及北美洲。我国有 3 种，分布于华中和西北各省。安徽省有 2 种

1. 幼叶两面无毛或疏被柔毛，叶宽卵形或披针形；果卵圆形；无毛 ···················· 1. 米面翁 B. lanceolata
1. 幼叶两面被短刚毛，叶倒卵状椭圆形，果卵圆形球形微被柔毛 ···················· 2. 秦岭米面翁 B. graebneriana

1. 米面翁 撞羽 　　　　　　　　　图 659

Buckleya lanceolata（Sieb. et Zucc.）Miq.

[*Buckleya henryi* Diels]

半寄生落叶灌木。叶对生，全缘；无柄或具短柄。花单性，雌雄异株；雄花为顶生的伞形花序，有时腋生；雄花被钟状，4 裂；无苞片；雄蕊 4 枚，与花被片对生而较短；花盘贴生于花被管内；雄花单生枝短，有时腋生具短花梗；苞片 4 枚，叶状，与花被片互生，宿存，花被管与子房贴生；花被裂片 4，小形，脱落；子房下位，花柱短，柱头 2-4 裂。果实为核果，多肉，顶端有 4 枚叶状苞片，宿。花期 6 月，果熟期 9-10 月。本种为安徽省地理新分布。

产皖南黟县百年山海拔 700 米，绩溪清凉峰六井，桩坞海拔 740 米，太平龙源，青阳九华山；大别山区霍山马家河海拔 850 米，金寨白马寨海拔 630 米，潜山彭河乡，舒城万佛山海拔 520 米。分布于浙江、湖北、四川、河南、陕西。生于山坡灌丛中或林缘，喜光，耐旱。

果含淀粉 10%-15%，可盐渍或炒食。鲜叶揉碎可治皮肤痒痛。

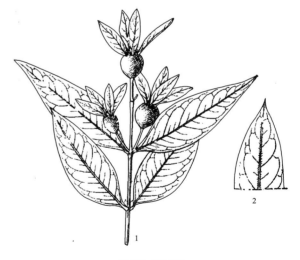

图 659 米面翁
1. 果枝；2. 叶放大示中脉及疏毛。

2. 秦岭米面翁 图 660

Buckleya graebneriana Diels

灌木，高达 2.5 米。幼枝绿色，稍被微柔毛，有棱及纵纹。叶宽卵形或披针形，长 3-9 厘米，宽 1.5-2.5 厘米，先端尾尖，基部楔形，幼叶无毛或疏被短刚毛；近无柄。雄花花梗长 3-6 毫米，花被裂片三角状卵形或卵形，长约 2 毫米。核果椭圆形，长 1-1.5 厘米，具纵沟；宿存苞片披针形或卵状披针形，长 1.8-3 厘米；果梗顶端有节。花期 4-6 月；果期 9-10 月。

产皖南黄山、温泉－汤岭关，旌德；大别山区岳西大王沟、文坳，舒城万佛山。甘肃、陕西、河南疏林里有分布。

用途与米面翁相似。

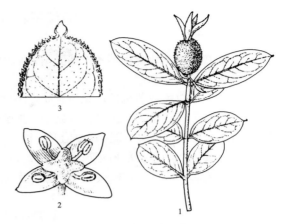

图 660 秦岭米面蓊
1. 果枝；2. 雄花；3. 叶片枝条的顶端。

71. 胡颓子科 ELAEAGNACEAE

落叶或常绿直立灌木或攀援藤本，稀乔木；有刺或无刺，叶片和幼枝上均密生银白色或褐色的鳞片或星状毛。单叶，互生，稀对生或轮生，全缘，不具托叶。花两性或单性，稀杂性，整齐，无花瓣，一至数朵腋生或成伞状，总状花序，白色或黄褐色，花萼管状，通常 4 裂，稀 2，花蕾时成镊合状排列，在子房上面通常明显收缩；雄蕊与萼裂同数而互生，或为其倍数，着生于萼筒内。子房上位，1 室，位于杯状花托内，每室含胚珠1；花柱 1，直立或弯曲，柱头不裂；花盘通常不明显，稀发达成锥状。果实为瘦果或坚果，为增厚的萼筒所包，核果状，红色或黄色；种皮骨质或膜质；无或几无胚乳，具肉质的子叶 2 枚。

约 3 属，80 余种，分布于欧、亚、美三洲的温带及亚热带地区；我国有 2 属约 60 种，安徽省有 1 属，11 种，2 变种。

胡颓子属 Elaeagnus L.

落叶或常绿灌木或小乔木，直立或攀援，常具针刺，稀无刺，通常全体具银白色或棕色的鳞片。冬芽小，卵圆形，外具鳞片。单叶互生，披针形至椭圆形或卵形，全缘，具短柄。两性，稀杂性，单生或数朵簇生于叶腋或短小枝上，成伞形总状花序，通常具梗；花萼筒或钟状，先端 4 裂，基部紧包围子房，子房上面通常明显收缩，雄蕊 4，着生于萼筒喉部与裂片互生，花丝极短，不外露，花药矩圆形或椭圆形，丁字药，内向，2 室纵裂；花柱单一，细弱而伸长，柱头偏向下边，膨大或棒状。果为坚果、呈核果状，矩圆形或椭圆形，稀近球形，红色或黄色，果核椭圆形，内面通常具白色丝状毛。

安徽省有 11 种，3 变种。

1. 常绿性；花秋、冬季开放：
 2. 花柱具星状柔毛 ·· 1. 披针叶胡颓子 E. lanceolata
 2. 花柱无毛：
  3. 蔓生或攀援灌木 ·· 2. 蔓胡颓子 E. glabra
  3. 直立灌木：
   4. 叶上面网脉明显可见 ·· 3. 胡颓子 E. pungens
   4. 叶上面网脉不显：
    5. 叶革质，下面银灰色，密被白色或散生少数褐色鳞片 ·········· 4. 宜昌胡颓子 E. henryi
    5. 叶纸质，下面灰褐色或淡褐绿，密被锈色或淡黄色鳞片 ·········· 5. 巴东胡颓子 E. difficilis
1. 落叶性或半常绿；春夏开花：
 6. 果肉多汁：
  7. 半常绿；叶上面中脉、侧脉凹下：
   8. 叶柄长 5-7 毫米；花淡黄色，被银白色和淡黄色鳞片 ·········· 6. 佘山胡颓子 E. argyi
   8. 叶柄长 2-5 毫米；花黄白色，被黄色长柔毛 ·········· 7. 毛木半夏 E. courtoisi
  7. 落叶性；叶上面中脉、侧脉不凹下：
   9. 果梗直立；果近球形或卵球形 ·········· 8. 牛奶子 E. umbellate
   9. 果梗下弯；果椭圆形或矩圆状椭圆形：
    10. 果梗长 1.5-4 厘米 ·········· 9. 木半夏 E. multiflora
    10. 果梗长 7-9 厘米 ·········· 10. 长梗胡颓子 E. longipedunculata
 6. 果肉粉质 ·········· 11. 沙枣 E. angustifolia

1. 披针叶胡颓子

图 661

Elaeagnus lanceolata Warb.

常绿灌木，高达 4 米，稀有短刺。幼枝淡褐色或淡黄色。叶披针形或椭圆状披针形，长 5-14 厘米，宽 1.5-3.6 厘米，先端渐尖，基部圆，稀宽楔形，边缘微反卷，下面密被银白色鳞片，侧脉 8-12 对；叶柄长 5-7 毫米。花淡黄白色，3-5 簇生成伞形总状花序；花梗锈色；萼筒筒形，长 5-7 毫米，裂片长 2.5-3 毫米；花丝极短，花药长 1.5 毫米；花柱被极少数星状柔毛。果椭圆形，1.2-1.5 厘米，被褐色和银白色鳞片，熟时红黄色；果梗长 3-6 毫米。花期 8-10 月；果期翌年 4-5 月。

产皖南黄山松谷庵海拔 980 米，旌德，广德芦村海拔 500 米；大别山区金寨白马寨－大海淌海拔 920-1600 米，梅山水库海拔 200 米。分布于陕西、甘肃、湖北、四川、贵州、云南、广西。

果药用，止痢疾。可栽培观赏。

2. 蔓胡颓子

图 662

Elaeagnus glabra Thunb.

常绿攀援灌木，高达 5 米。幼枝密被锈色鳞片。叶卵形或卵状椭圆形，长 4-12 厘米，宽 2.5-5 厘米，先端渐尖或长渐尖，基部圆，稀宽楔形，下面灰绿或铜绿色，被褐色鳞片，侧脉 6-8 对；叶柄长 5-8 毫米。花淡白色，下垂，3-7 朵簇生成伞形总状花序；花梗长 2-4 毫米，萼筒漏斗形，长 4.5-5.5 毫米，裂片长 2-3 毫米；花药长 1.8 毫米；花柱无毛。果长圆形，长 1.4-1.9 厘米，被锈色鳞片；果梗长 3-6 毫米。花期 9-11 月；果期翌年 4-5 月。

产皖南广德罗村，宁国，休宁，旌德，海拔 500-720 米；产大别山区金寨，霍山，太湖大山乡海拔 250 米。分布于长江流域及以南各地，西南至四川、贵州，东至台湾。

果可食及酿酒。叶药用可收敛止泻、平喘止咳；根可行气止痛，治风湿、肿痛、胃病等。茎皮富含纤维，可代麻及造纸。可栽培供观赏。

图 661 披针叶胡颓子
1. 果枝；2. 花；3. 花的纵剖面。

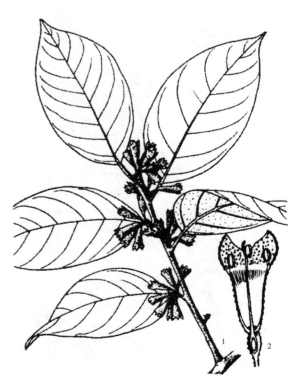

图 662 蔓胡颓子
1. 花枝；2. 花的纵剖面。

3. 胡颓子

图 663

Elaeagnus pungens Thunb.

常绿灌木,高达 4 米,具刺。幼枝密被锈色鳞片。叶椭圆形或宽椭圆形,长 5-10 厘米,宽 1.8-5 厘米,先端钝,基部楔形或圆,边缘微反卷或波状,下面密被银白色和少数褐色鳞片,侧脉 7-9 对,上面网脉明显;叶柄长 5-8 毫米。花白色或淡白色,单生,或 2-3 簇生;萼筒筒形或漏斗状筒形,长 5-7 毫米,裂片长 3 毫米;花柱无毛。果椭圆形,长 1.2-1.4 厘米,幼时具褐色鳞片,熟时红色;果梗长 4-6 毫米。花期 9-11 月,果次年 4-5 月成熟。

产皖南黄山,绩溪清凉峰永来海拔 770 米,歙县清凉峰东凹、大原海拔 1250-1380 米,广德芦村海拔 300 米,青阳九华山;大别山区霍山诸佛庵,金寨白马寨海拔 660-1040 米,岳西鹞落坪海拔 1140 米,舒城万佛山海拔 600 米;江淮滁县汪郢、琅琊山。分布于长江流域及其以南各地。

4. 宜昌胡颓子

图 664

Elaeagnus henryi Warb.

常绿灌木,高达 5 米,具刺。幼枝具淡黄色鳞片。叶片革质或厚革质,宽椭圆形或倒卵状宽椭圆形,长 6-15 厘米,宽 3-6 厘米,先端渐尖或骤尖,基部宽楔形,稀圆,下面银白色,被白色鳞片和少数褐色鳞片;叶柄长 0.8-1.5 厘米。花白色,单生或 2-5 朵簇生成短总状花序,花梗长 2-6 毫米;萼筒管状漏斗形,长 6-8 毫米,裂片 1.2-3 毫米;花柱无毛。果长圆形,多汁,长约 1.8 厘米;果梗长 5-8 毫米。花期 10-11 月,果期翌年 4 月。

产皖南宁国;大别山区霍山青枫岭海拔 500 米,金寨大王沟海拔 900 米,舒城万佛山海拔 400 米。分布于长江流域(江苏除外)及以南各地。

果、根和叶均可药用,功能同胡颓子。

图 663 胡颓子
1. 花枝;2. 花剖面;3. 花(示花被筒);4. 雌蕊;5. 鳞片。

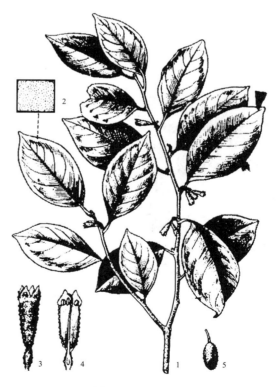

图 664 宜昌胡颓子
1. 花枝;2. 示叶下面之一部;3. 花;4. 花的纵剖面;5. 果。

5. 巴东胡颓子

图 665

Elaeagnus difficilis Serv.

常绿灌木，高达 3 米，无刺。幼枝褐锈色。叶纸质，椭圆形或椭圆状披针形，长 7-14 厘米，宽 3-6 厘米，先端渐尖，基部楔形或圆，幼时上面散生锈色鳞片，下面淡褐绿或灰褐色，侧脉 6-9 对；叶柄长 0.8-1.2 厘米。花深褐色，密被鳞片，总状花序；花梗长 2-3 毫米；萼筒钟形或管状钟形，长 5 毫米，裂片长 2-3.5 毫米；花柱无毛。果长椭圆形，长 1.4-1.7 厘米，密被锈色鳞片；果梗长 2-3 毫米。花期 11 月至翌年 3 月；果期 4-5 月。

产皖南旌德；大别山区金寨白马寨虎形地海拔 700 米。分布于浙江、江西、湖北、湖南、广东、广西、贵州、四川。

6. 佘山胡颓子

图 666

Elaeagnus argyi Levl.

落叶或半常绿灌木，高达 3 米，具刺。幼枝淡黄绿色，密被鳞片。叶椭圆形或长圆状倒卵形，长 1-4（6-10）厘米，宽 0.8-2（3-5）厘米，先端钝或圆，基部宽楔形或圆，下面有时具绒毛，或密被白色鳞片，侧脉 8-10 对，叶柄长 5-7 毫米。花淡黄或泥黄色，质厚，5-7 朵簇生成伞形总状花序；萼筒漏斗状筒形，长 5.5-6 毫米，裂片长 2 毫米；花柱无毛。果倒卵状长圆形，长 1.3-1.5 厘长，幼时散生银白色鳞片；果梗细，长 0.8-1 厘米。花期 1-3 月；果期 4-5 月。

产皖南广德四合山；大别山区金寨白马寨海拔 500 米以下；江淮地区。分布于江苏、浙江、江西、湖北、湖南。可栽培供观赏。

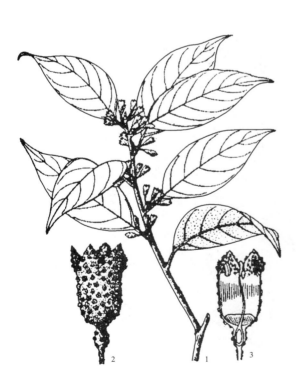

图 665 巴东胡颓子
1. 花枝；2. 花；3. 花纵剖面。

图 666 佘山胡颓子
1. 花枝；2. 果枝；3. 花；4. 花的纵剖面；5. 示雌蕊；6-7. 雄蕊；8. 鳞片；9. 果。

7. 毛木半夏   图 667

Elaeagnus courtoisi Belval

落叶灌木，高达 3 米。幼枝密被淡黄色星状毛。叶倒卵形或倒披针形，长 4-9 厘米，宽 1-4 厘米，新枝基部之叶较小，长 1-2 厘米，宽 0.5 厘米，先端骤尖或钝，基部斜圆或楔形，上面幼时密生黄绿色星状毛，下面被灰黄色星状柔毛或白色鳞片，侧脉 6-8 对，凹下；叶柄长 2-5 毫米。花黄白色，密生黄色毛，单生于叶腋；萼筒细筒形，长 5 毫米，裂片长 3-4 毫米。果椭圆形，长约 1 厘米，被鳞片和柔毛；果梗长 3-4 厘米，有毛。花期 2-3 月；果期 4-5 月。

产皖南太平七都海拔 1180 米，歙县，石台，黟县美溪乡岩潭。

常生于石灰岩山地，喜钙树种。分布于浙江、江西、湖北。果可食及酿酒。

8. 牛奶子   图 668

Elaeagnus umbellate Thunb.

落叶灌木，高达 4 米，具刺。幼枝密被银白色鳞片。叶椭圆形或倒卵状披针形，长 3-8 厘米，宽 1-3.2 厘米，先端钝，基部宽楔形或圆，上面幼时具白色毛或鳞片，下面密被银白色鳞片，侧脉 5-7 毫米。花黄白色，芳香，单生，或 2-7 朵簇生；萼筒管状漏斗形，稀筒形，长 5-7 毫米，裂片长 2-7 毫米，内面几无毛；花柱微被毛。果近球形或卵圆形，长 5-7 毫米，被银白色鳞片，熟时红色；果梗粗，直立，长 0.4-1 厘米。花期 4-5 月；果期 7-8 月。

产皖南休宁，歙县清凉峰海拔 450 米；大别山区金寨青天，潜山彭河乡海拔 900 米；江淮合肥，滁县琅琊山海拔 200 米；淮北萧县。分布于东北南部、华北、华中、西北、西南各地，分布较普遍，海拔高达 3000 米以下灌丛、沟边。

图 667 毛木半夏
1. 花枝；2. 示叶下面之一部；3. 花；4. 花的纵剖面。

图 668 牛奶子
1. 花枝；2. 叶下面放大；3. 果；4. 花。

9. 木半夏

图 669

Elaeagnus multiflora Thunb.

落叶灌木，高达 3 米。幼枝密被锈褐色鳞片。叶椭圆形、卵形或卵状宽椭圆形，长 3-7 厘米，宽 1.2-4 厘米，先端钝尖或骤渐尖，基部楔形，下面密被银白色和散生褐色鳞片，侧脉 5-7 对；叶柄锈色。花白色，单生；萼筒筒形，长 0.5-1 厘米，裂片长 4-5.5 毫米；花柱无毛，稍伸出萼筒喉部。果椭圆形，长 1.2-1.4 厘米，密被锈色鳞片；果梗长 1.5-4 厘米，下弯。花期 5 月，果期 6-7 月。

产皖南黄山，休宁流口、西田，绩溪清凉峰海拔 1550 米，旌德，广德，贵池；大别山区霍山青枫岭海拔 500 米，金寨白马寨海拔 670-1400 米；江淮滁县皇甫山、琅琊山。分布于河北、山东、浙江、福建、江西、湖北、陕西、四川、贵州。

果、叶、根供药用1果可制果酒或馆糖等。也可供观赏。

9a. 倒卵果木半夏 （变种）

Elaeagnus multiflora Thunb. var. **obovoidea** C. Y. Chang

本变种萼筒漏斗形，长 5-7 毫米；花柱长不及萼筒喉部。果倒卵形，长 0.6-1 毫米，被锈色鳞片。

产皖南石台，东至；大别山区潜山天柱山土龙窝海拔 850 米，舒城晓天汪冲；江淮滁县汪郢，肥西紫蓬山。分布于河南、江苏、浙江、江西、湖北。

10. 长梗胡颓子

图 670

Elaeagnus longipedunculata N. Li et T. M. Wu

落叶灌木；幼枝具棱，被鳞片。叶膜质或纸质，椭圆形，长 3-8 厘米，宽 1-3 厘米，先端急尖，基部宽楔形，上面幼时被银白色鳞片，下面密被银白色鳞片，侧脉 5-7；叶柄长 4-6 毫米。花单生，黄白色，花梗细长，

图 669 木半夏
1. 花枝；2. 叶背放大；3. 花；4. 花的纵剖面；5. 果。

图 670 长梗胡颓子
1. 果枝；2. 花；3. 花的纵剖面；4. 示雌蕊花柱先端钩状弯曲；5. 花药；6. 示叶下面鳞片；7. 示叶下面侧脉。

长 2-8 厘米；萼筒圆筒形，长 6-7 毫米。坚果椭圆形，果梗长 7-9 厘米，熟时鲜红色。花期 5-6 月，果期 6-7 月。

产大别山区霍山马家河，金寨白马寨，岳西大王沟鹞落坪海拔 1050 米，潜山天柱山海拔 730-1350 米。

本种为安徽省大别山区特有成分，可引种繁殖供观赏及科学研究。

11. 沙枣 桂香柳   图 671

Elaeagnus angustifolia L.

落叶乔木或小乔木，高 5-10 米，无刺或具刺，刺长 30-40 毫米；棕红色，发亮；幼枝密被银白色鳞片，老枝鳞片脱落，红棕色，光亮。叶薄纸质，矩圆状披针形至线状披针形，长 3-7 厘米，宽 1-1.3 厘米，顶端钝尖或钝形，基部楔形全缘，上面幼时具银白色圆形鳞片，成熟后部分脱落，带绿色，下面灰白色，密被白色鳞片，有光泽，侧脉不甚明显；叶柄纤细，银白色，长 5-10 毫米。花银白色，直立或近直立，密被银白色鳞片，芳香，常 1-3 花簇生新枝基部最初 5-6 片叶的叶腋；花梗长 2-3 厘米；萼筒钟形，长 4-5 毫米，在裂片下面不收缩或微收缩，在子房上骤收缩，裂片宽卵形或卵状矩圆形，长 3-4 毫米，顶端钝渐尖，内面被白色星状柔毛；雄蕊几无花丝，花药淡黄色，矩圆形，长 2.2 毫米；花柱直立，无毛，上端基弯曲；花盘明显，圆锥形，包围花柱的基部，无毛。果实椭圆形，长 9-12 毫米，粉红色，密被银白色鳞片；果肉乳白色，粉质；果梗短，粗壮，长 3-6 毫米。花期 5-6 月，果期 9 月。

图 671 沙枣
1. 花枝；2. 花纵剖；3. 雌蕊纵剖；4. 果；5. 鳞片。

产皖南绩溪清凉峰荒坑岩海拔 760 米；大别山区和淮北地区。为淮北四旁绿化重要树种之一，亦为良好的蜜源植物。分布于辽宁、内蒙古、河北、山西、河南、陕西、甘肃、宁夏、新疆、青海。

11a. 刺沙枣 （变种）

Elaeagnus angustifolia L. var. **spinosa** Ktze.

落叶灌木。具枝刺。产淮北地区萧县。沿黄河故道，分布颇多。水土保持树种。

72. 鼠李科 RHAMNACEAE

乔木或灌木，直立或攀援状。叶互生或近对生，全缘或具锯齿，羽状脉或 3-5 基出脉；托叶小，早落或宿存，或变态为刺状。花小，整齐，两性或单性，稀杂性，雌雄异株；聚伞、伞形、穗状、总状或圆锥花序，或单生、簇生；4（5）基数；萼钟状或管状，萼片镊合状与花瓣互生，花瓣常较萼片小，着生于萼筒内，或无花瓣；雄蕊与花瓣对生；花盘显著，形状各种，全缘，具缺齿或浅裂，子房上位，半下位至下位，通常 3 或 2 室，少有 4 室，每室有 1 颗基生的倒生胚珠，花柱 3 裂或不分裂。核果（或呈浆果状、蒴果状）或蒴果，具 2-4 个开裂或不开裂的分核，每分核具 1 粒种子，种子背部无沟或具沟，或基部具孔状开口。

约 58 属，900 多种，广泛分有于温带、亚热带至热带地区，我国有 14 属 133 种，32 变种和 1 变型，各省、区均有分布，安徽省有 8 属，29 种，13 变种。

1. 浆果状核果：
  2. 果时花序轴膨大并扭曲成肉质；核果无分核 ·· 1. 枳椇属 Hovenia
  2. 果时花序轴无上述特点；核果具分核：
    3. 花无梗，成穗状或穗状圆锥花序 ·· 2. 雀梅藤 Sageretia
    3. 花有梗，成聚伞，聚伞总状、圆锥花序 ·· 3. 鼠李属 Rhamnus
1. 核果：
  4. 叶片具基出三出脉（稀 5 出脉）；托叶成刺：
    5. 核果杯状或草帽状，周围具木栓质或革质翅 ······································ 4. 马甲子属 Paliurus
    5. 核果无翅，为肉质核果 ··· 5. 枣属 Ziziphus
  4. 叶片羽状脉，托叶不成刺：
    6. 叶片具细锯齿；花盘薄，杯状，结果时不增大 ································· 6. 猫乳属 Rhamnella
    6. 叶片全缘；花盘厚，齿轮状或五边形：
      7. 藤状或攀援灌木；果上花柱残存；枝平滑无毛 ····························· 7. 勾儿茶属 Berchemia
      7. 灌木或乔木；果上花柱不存；枝上有微毛 ································· 8. 小勾儿茶属 Berchemiella

1. 枳椇属 Hovenia Thunb.

落叶乔木。幼枝常被短柔毛；冬芽被毛。叶互生，叶片边缘有锯齿，具基生三出脉，三出脉的基部常外露；托叶小。花两性，5 基数，顶生或兼腋生聚伞圆锥花序；萼片阔三角形，内面的中肋隆起，花瓣与萼片互生，生于花盘下，花盘厚肉质，盘状，近圆形，有毛；子房上位，1/2-2/3 藏于花盘内，3 室，每室具 1 颗胚珠，花柱 3 裂。浆果状核果近球形，外果皮革质，内果皮纸质，果时花序轴膨大并扭曲而呈肉质。种子 3 粒，扁圆球形，有光泽，背面凸起，腹面平而微凹，或中部具棱，基部内凹，常具灰白色的乳头状突起。

3 种，2 变种，分布于中国、朝鲜、日本和印度。我国除东北各省及内蒙古、新疆、宁夏、青海和台湾外，其他各省（区）均有分布。安徽省有 3 种，1 变种。

1. 果、果序轴及花萼无毛。
  2. 聚伞圆锥花序；叶具不整齐锯齿或粗锯齿 ·· 2. 北枳椇 H. dulcis
  2. 二歧聚伞圆锥花序；叶具整齐细锯齿或近全缘 ······································ 1. 枳椇 H. acerba
1. 果、果序轴及花萼密被锈色绒毛 ·· 3. 毛果枳椇 H. trichocarpa

1. 枳椇 鸡爪树 南枳椇 图 672

Hovenia acerba Lindl.

乔木，高达 25 米，胸径 1 米。小枝被棕褐色柔毛或无毛。叶宽卵形、椭圆状卵形或心形，长 8-17 厘米，宽 6-12 厘米，先端渐尖或宽楔形，具浅钝细锯齿，上部或近枝顶的叶锯齿不明显或近全缘，上面无毛，下面沿脉被柔毛或无毛；叶柄长 2-5 厘米，无毛。二歧聚伞圆锥花序，对称，顶生和腋生，被棕色柔毛；萼片具网状脉或纵纹，无毛；花瓣椭圆状匙形，具短爪。果径 5-6.5 毫米，无毛，黄褐色或棕褐色。花期 5-7 月；果期 8-10 月。

产皖南黄山、旌德，黟县南屏村；大别山区霍山，金寨白马寨海拔 670-1200 米；江淮滁县施集，合肥；淮北萧县。分布于长江流域以南各地及河南、甘肃、陕西。

2. 北枳椇 图 673

Hovenia dulcis Thunb.

乔木，高 20 余米。小枝无毛，褐色或黑紫色。叶片纸质，椭圆状卵形，卵形，宽椭圆状卵形，长 7-17 米，宽 4-11 厘米，先端短渐尖或渐尖，基部圆形或微心形，边缘具不整齐锯齿，两面无毛或下面仅沿脉被疏短柔毛；叶柄长 2-4.5 厘米。花黄绿色，排成顶生和腋生的聚伞圆锥花序，稀对称；花序轴和花梗均无毛；萼片卵状三角形，具纵条纹或网状脉，无毛；花瓣倒卵状匙形，长 2.4-2.6 毫米，宽 1.8-2.1 毫米，子房球形，花柱 3 浅裂，无毛。核果近球形，直径 6.5-7.5 毫米，无毛，熟时黑色；花序轴果期膨大。种子深栗色或黑紫色，直径 5-5.5 毫米。花期 5-7 月，果期 8-10 月。

皖南黄山、温泉、泾县；大别山区霍山青枫岭、马家河、金寨白马寨、岳西河图海拔 950 米，潜山天柱山万涧寨海拔 320 米，舒城万佛山；江淮地区无为、庐江；淮北萧县。分布于河北、山东、山西、河南、陕西、甘肃、江苏、江西、湖北、四川。

3. 毛果枳椇 图 674

Hovenia trichocarpa Chun et Tsiang

乔木，高达 18 米。小枝无毛。叶长圆状卵形、宽椭圆状卵形或长圆形；稀近圆形，长 12-18 厘米，宽 7-15 厘米，先端渐尖或渐长尖，基部平截、近圆或心形，具圆或钝锯齿，稀近全缘，下面常被黄褐色或黄灰色绒毛；叶柄长 2-4 厘米，无毛或被疏毛。二

图 672 枳椇
1. 花枝；2. 花；3. 花的纵剖；4. 雌蕊示花柱；5. 花药；6. 果枝。

图 673 北枳椇（果枝）

歧聚伞花序，顶生或兼腋生，花序轴密被锈色或棕色
茸毛；花黄绿色；花萼密被锈色茸毛，萼片网脉明显；
花瓣卵圆状匙形；花盘密被锈色长柔毛；花柱3深裂
至基部，下部疏被长柔毛。果球形或倒卵状球形，径
约8毫米，密被锈色或棕色绒毛和长柔毛；果序轴被
锈色或棕色绒毛。种子径4-5.5毫米。花期5-6月；
果期8-10月。

产皖南黄山、太平七都、旌德、东至木塔；大别
山区太湖大山乡海拔680米。分布于浙江、江西、湖北、
湖南、贵州、福建、广东、广西。

3a. 光叶毛果枳（变种）

Hovenia trichocarpa Chun et Tsiang var. **robusta**
（Nakai et Y. Kimura）Y. L. Chen et P. K. Chou

叶两面无毛或下面沿脉被疏柔毛。

产皖南黄山，祁门牯牛降双河口海拔80米，绩
溪清凉峰栈岭湾650米；大别山区白马寨。

图 674　毛果枳椇（果枝）

2. 雀梅藤属 Sageretia Brongn.

藤状或直立灌木，无刺或有刺。小枝互生或近对生。叶纸质至革质，互生或近对生，羽状脉；托叶小，脱落。
花两性，小，5基数，近无梗，常排成穗状或穗状圆锥花序；萼片三角形，内面顶端常增厚，中肋凸起而成小
喙；花瓣匙形，顶端2裂；雄蕊与花瓣等长或略长于花瓣；花盘厚，肉质，壳斗状，全缘或5裂；子房上位，仅
上部露出花盘之外，其余均为花盘包围，基部合生，2-3室，每室1胚珠。浆果状核果；种子扁平。

约35种，分布于中亚、东亚和北美。我国约16种3变种，产西南、西北至台湾。安徽省产4种，1变种。

1. 叶上面侧脉不明显下陷，侧脉3-5对，叶纸质 ·· 1. **雀梅藤 S. thea**
1. 叶上面侧脉明显下陷，侧脉5对以上，叶革质：
　2. 叶上面网脉明显，叶缘浅锯齿 ··· 2. **尾叶雀梅藤 S. subcaudata**
　2. 叶上面网脉不明显，叶缘细锯齿：
　　3. 枝具直刺 ·· 3. **刺藤子 S. melliana**
　　3. 枝具下弯粗钩刺·· 4. **钩刺雀梅藤 S. hamosa**

1. 雀梅藤　　　　　　　　　　　　　　　　　　　　　　　　　　　　　　　　　图 675

Sageretia thea（Osbeck）Johnst.

藤状或直立灌木。小枝具刺，互生或近对生，褐色，被短柔毛。叶纸质，近对生或互生，长圆形或卵状椭
圆形，长1-4.5厘米，宽1-2.5厘米，先端锐尖或钝圆，基部圆形或近心形，边缘具细锯齿，上面无毛，有光
泽，下面疏被短柔毛，侧脉每边3-4条，下面明显凸起；叶柄长5-7毫米，被短柔毛。花黄色，无梗，常2至
数朵簇生排成顶生或腋生的穗状或穗状圆锥花序；花序轴密被短柔毛；萼裂片三角形，外面被短柔毛；花瓣匙
形，顶端2浅裂，短于萼片；花盘杯状；花柱极短，柱头3浅裂。核果近球形，径约5毫米，熟时紫黑色，具1-3
分核。花期8-10月；果期翌年4-5月。

产皖南沿江芜湖；江淮和县，桐城，安庆，庐江，含山太湖山。生于灌木丛中。分布于江苏、浙江、江西、
福建、台湾、广东、广西、湖南、湖北、四川、云南。

嫩叶可代茶，亦可药用；果味酸甜，可食；枝密集具刺，栽培作绿篱。

1a. 毛叶雀梅藤 （变种）

Sageretia thea （Osbeck）Johnst. var. **tomentosa** （Schneid.）Y. L. Chen et P. K. Chou

本变种叶通常卵形、矩圆形或卵状椭圆圆形，下面被绒毛，后逐渐脱落，与上述原种相区别。

产皖南祁门，休宁，泾县，宁国；大别山区岳西、太湖大山乡海拔200米。分布于甘肃、四川、云南、广西、广东、台湾、福建、浙江、江西、江苏。朝鲜也有分布。

2. 尾叶雀梅藤

Sageretia subcaudata Schneid.

藤状或直立灌木。小枝黑褐色，无毛或被疏短柔毛。叶纸质或薄革质，近对生或互生，卵形或卵状椭圆形，短圆形，长4-10(-13)厘米，宽2-4.5厘米。先端长渐尖或尾状渐尖，稀锐尖，基部心形或近圆形，边缘具浅锯齿，上面绿色，无毛。下面初时被柔毛，后渐脱落，或仅沿脉被疏柔毛，侧脉每边6-10条，上面明显下凹，下面凸起，网脉明显；叶柄长5-11毫米，上面具沟，被毛；托叶丝状，长达6毫米；花无梗，黄白色，单生或穗状圆锥花序；花序轴长3-6毫米，被黄色柔毛；苞片三角状钻形，长约1毫米，无毛；花萼外面被短柔毛，萼片三角形，顶端尖；花瓣倒卵形，短于萼片，顶端微凹；雄蕊与花瓣等长。核果球形，具2分核，成熟时黑色；种子宽倒卵形，黄色，扁平。花期7-11月，果期翌年4-5月。

产大别山区金寨白马寨海拔650-1000米。分布于河南、陕西、四川、湖北、湖南、江西、广东、贵州、云南、西藏。

3. 刺藤子 尾尖对节刺　　　　图676

Sageretia melliana Hand.–Mazz.

常绿藤状灌木。具枝刺，小枝圆柱状，被褐色短柔毛。叶常近对生，叶片革质，卵状椭圆形或长圆形，长4-10厘米，宽2-3.5厘米，先端钝尖至渐尖，基部近圆形，边缘具细齿，两面无毛，侧脉5-8对，近边缘呈弧形上弯，在上面明显下陷，下面凸起；叶柄4-8毫米，上面有深沟。花序顶生稀腋生穗状或圆锥花序，密生黄褐色柔毛，花无梗，白色，无毛，花瓣狭倒卵形，短于萼片之半。核果淡红色。花期9-11月，果期翌年4-5月。

图675 雀梅藤
1. 果枝；2. 花；3. 雄蕊；4. 果。

图676 刺藤子
1. 花枝；2. 花放大。

产皖南黄山，歙县清凉峰海拔 670-720 米，旌德，太平；大别山区霍山青枫岭海拔 500 米，金寨白马寨海拔 700 米，岳西妙道山，太湖大山乡海拔 200 米、舒城万佛山。分布于浙江、江西、福建、广东、广西、湖南、湖北、贵州、云南。

4. 钩刺雀梅藤　　　　　　　　　图 677

Sageretia hamosa（Wall.）Brongn.

常绿攀援状灌木。小枝常具钩状下弯的粗刺。叶近对生，叶片革质，常长圆形或长椭圆形，长 9-18 厘米，宽 4-6 厘米，先端尾状渐尖、渐尖或短渐尖，基部圆形或宽楔形，缘具细锯齿，上面无毛，下面中脉具疏长柔毛，有时脉腋具髯毛，侧脉 8-10 对，在上面显下陷，下面显著突起；叶柄长 8-15 毫米。花无毛，无梗，常 4-6 朵簇生，排列成顶生或腋生穗状或圆锥花序，密被褐色短柔毛；子房 2 室，每室具 1 颗胚珠，花柱短，柱头状。核果近球形，长 7-10 毫米，径 5-7 毫米，成熟时深红色或紫黑色，常被白粉，内 2 粒分核；种子 2 粒，扁平，棕色，两端凹入，不对称。花期 7-8 月，果期 8-10 月。

产皖南休宁岭南三溪下溪海拔 300 米。分布于云南、西藏、四川、湖北、湖南、贵州、广西、广东、福建、浙江、江西。

图 677 钩刺雀梅藤
1. 果枝；2. 花；3. 雄蕊；4. 花药；5. 子房纵剖面；6. 子房横剖面。

3. 鼠李属 Rhamnus L.

落叶灌木、小乔木或乔木。顶端常具针刺或无；芽裸露或有芽鳞。叶互生或近对生，边缘有锯齿，极少全缘；托叶小，早落。花小，黄绿色，两性或单性异株，稀杂性，单生或数朵簇生，或排成腋生聚伞花序、聚伞总状或聚伞状圆锥花序；萼钟状或漏斗状，4-5 裂，萼片卵状三角形，内面有隆起的中肋；花瓣 4-5，兜状，基部具短爪，雄蕊 4-5，为花瓣所包，花盘杯状；子房球形，上位，着生花盘上，2-4 室，每室 1 胚珠，花柱 2-4 裂。核果为浆果状，近球形，基部为宿存萼筒所包，有 2-4 分核，每 1 分核有 1 种子；种子背面或背侧具纵沟，少数无沟。

约 150 种，分布温带、亚热带至热带，少数分布于欧洲和非洲。我国有 57 种，14 变种。安徽省有 12 种，3 变种。

1. 顶芽鳞芽，枝具刺或无刺，花单性，雌雄异株，4（5）数：
　　2. 枝叶均互生或稀兼对生：
　　　　3. 叶缘细钝齿，叶基锯齿不明显 ················ 1. **皱叶鼠李 Rh. rugulosa**
　　　　3. 叶缘锯齿钩状内弯：
　　　　　　4. 小枝被柔毛；叶下网脉不明显，侧脉 3-5 对，叶柄长 4-9 毫米，被疏毛··· 2. **山绿柴 Rh. brachypoda**
　　　　　　4. 小枝、叶柄无毛：
　　　　　　　　5. 叶柄长 2-4 毫米；种子上端无沟缝 ················ 3. **山鼠李 Rh. wilsonii**
　　　　　　　　5. 叶柄长 5-10 毫米；种子上端有沟缝 ················ 4. **钩刺鼠李 Rh. lamprophylla**

2. 枝叶对生、近对生、稀兼互生：

　　6. 叶下面脉腋常有浅窝孔 ··· **5. 刺鼠李 Rh. dumetorun**

　　6. 叶下面无上述特点：

　　　　7. 小枝光滑无毛 ··· **6. 锐齿鼠李 Rh. arguta**

　　　　7. 小枝无毛或有毛：

　　　　　　8. 叶菱状倒卵形，菱状椭圆形，稀倒卵状圆形或圆形，长 1.2-4 厘米，宽 0.8-2（3）厘米，叶下面干时
　　　　　　　　灰白色 ··· **7. 小叶鼠李 Rh. parvifolia**

　　　　　　8. 叶不为菱状，叶长超过 4 厘米，宽超过 2 厘米，下面干时不为灰白色：

　　　　　　　　9. 叶下面干时黄色或金黄色，叶脉 5-6 对，枝端刺状 ············ **8. 冻绿 Rh. utilis**

　　　　　　　　9. 叶下面干时浅绿色：

　　　　　　　　　　10. 叶近圆形，倒卵状圆形或卵圆形，稀椭圆形 ············· **9. 圆叶鼠李 Rh. globosa**

　　　　　　　　　　10. 叶倒卵形，倒卵状椭圆形，稀椭圆形，长 3-8 厘米，宽 2-5 厘米·············

　　　　　　　　　　··· **10. 薄叶鼠李 Rh. leptophylla**

1. 顶芽裸露，无芽鳞，小枝无刺，花两性，5 数：

　　11. 叶具齿，倒卵状椭圆形或倒卵形（稀倒披针状椭圆形或长圆形） ········· **11. 长叶冻绿 Rh. crenata**

　　11. 叶近全缘或具不明显疏浅锯齿，长椭圆形或长圆状椭圆形 ·············· **12. 毛叶鼠李 Rh. henryi**

1. 皱叶鼠李　　　　　　　　　　　图 678

Rhamnus rugulosa Hemsl.

灌木，高约 2 米。小枝被细柔毛，枝端具刺。叶
互生，倒卵状椭圆形、倒卵形或卵状圆形，稀卵形
或宽椭圆形，长 3-10 厘米，宽 2-6 厘米，先端锐尖
或短渐尖，稀近圆，基部圆或宽楔形，具细钝齿或下
部为不明显细齿，上面被柔毛，干时常皱折，下面密
被白色柔毛侧脉 5-7（8）对，上面下陷；叶柄长 0.5-1.6
厘米，被白色柔毛。雄花数朵至 20，雌花 1-10 朵簇生；
花被疏柔毛；花梗长约 5 毫米，被疏毛。果长 6-8 毫
米，径 4-7 毫米，熟时紫黑至黑色；果梗长 0.5-1 厘米。
种子纵沟与种子近等长。花期 4-5 月；果期 6-9 月。

　　产皖南太平七都、查村、休宁齐云山、东至、贵池；
大别山区霍山青枫岭海拔 410 米、金寨渔潭、白马寨
海拔 670-720 米、岳西河图海拔 750 米、潜山彭河乡、
天柱山海拔 500-850 米。分布于甘肃、陕西、河南、
江西、湖北、湖南、四川、广东。

图 678 皱叶鼠李（果枝）

1a. 脱毛皱叶鼠李 （变种）

Rhamnus rugulosa Hemsl. var. **glabrata** Y. L. Chen
et P. K. Chou

　　本变种与原种的区别在于幼枝、花、花梗均秃净无毛；叶倒卵状椭圆形或倒卵状披针形，干时，除强烈皱
褶外并呈黑褐色，上面近无毛，下面沿脉被柔毛，脉腋有簇生毛或无。

　　产皖南歙县清凉峰海拔 840 米；大别山区金寨白马寨海拔 1600 米、天堂寨海拔 1750 米、东凹海拔 1370 米。

2. 山绿柴 图 679

Rhamnus brachypoda C. Y. Wu ex Y. L. Chen

灌木，高达 3 米。幼枝被灰褐色柔毛，后渐脱落，小枝细光滑无毛，顶端具针刺。叶在长枝上互生，短枝上簇生，叶片长圆形，卵状长圆形，椭圆形，倒卵状椭圆形，长 3.5-12 厘米，宽 1.2-4.2 厘米，先端渐尖或短突尖或呈尾状尖，基部楔形至宽楔形，边缘有浅锯齿，上面被均匀短柔毛或沿脉被疏毛，下面初时沿脉具毛，果时无毛，常留有庞状突起，侧脉 3-5 对；叶柄长 4-10 毫米，稀更短，被疏毛；托叶条状披针形，长约等于叶柄之半，早落。花单性异株，4 基数，花柱于 1/3 以上处 3 裂，柱头外弯，核果具 3(-2) 粒分核；种子背面有长达种子 1/2 的纵沟。花期 5-6 月；果期 7-11 月。

产大别山区潜山天柱山燕子河海拔 980 米。分布于湖南、江西、浙江、福建、广东、广西、贵州。

图 679 山绿柴
1. 果枝；2. 种子。

3. 山鼠李 图 680

Rhamnus wilsonii Schneid.

灌木或小乔木，高可达 3 米。小枝互生或有时对生，淡灰褐色，无光泽，枝端有时具钝针刺；顶芽鳞片有缘毛。叶互生，稀近对生或在当年生枝基部及短枝顶端簇生，叶片椭圆形，宽椭圆形、稀倒卵状披针形，长 5-15 厘米，宽 2-6 厘米，先端渐尖至尾状，基部楔形，边缘具钩状圆锯齿，两面无毛，侧脉 5-7 对，中、侧脉在上面下陷，下面凸起，网脉较显；叶柄长 2-4 毫米，无毛。花单性异株，4 基数，花梗长 6-10 毫米，子房 3 室，每室有 1 颗胚珠，花柱长于子房，3(-2) 浅裂或近中裂。核果倒卵长球形，长约 9 毫米，具 2-3 粒分核，果梗长 6-15 毫米，无毛。种子倒卵状长圆形，暗褐色，长约 6.5 毫米，背面自基部至中部有长为种子的 1/2 的纵沟或无沟缝。

产皖南祁门牯牛降海拔 380-460 米，休宁齐云山海拔 450 米；大别山区岳西妙道山。分布于浙江、福建、江西、湖南、贵州、广西、广东。

3a. 毛山鼠李（变种）

Rhamnus wilsonii Schneid. var. **pilosa** Rehd.

本变种与原种的区别在于叶通常为宽椭圆形，宽达 7.5 厘米；幼枝、叶下面被柔毛。

产皖南黄山、云谷寺、狮子岭、松谷庵海拔 950 米，休宁岭南，绩溪清凉峰海拔 900-1000 米，青阳九华山；大别山区金寨白马寨，岳西，潜山天柱山海拔 1250 米。

图 680 山鼠李
1. 果枝；2. 种子。

分布于浙江、江西。

4. 钩刺鼠李　　　　　　　图 681
Rhamnus lamprophylla Schneid.

灌木或小乔木，高达 6 米，无毛。枝端刺状。叶互生，长椭圆形或椭圆形，稀披针形或倒披针状椭圆形，长 5-12 厘米，宽 2-5.5 厘米，先端尾尖或渐尖，稀锐尖，基部楔形，具钩状内弯圆点，无毛，侧脉 4-6 对；叶柄长 0.5-1 厘米。雄花 2- 数朵簇生；雌花数朵至 10 朵簇生。果倒卵状球形，长 6-7 毫米，黑色。种子下部 1/4 具短纵沟，上部有沟缝。花期 4-5 月；果期 6-9 月。

产皖南绩溪永来 - 六井海拔 800 米，歙县清凉峰海拔 1500 米灌丛或林内。分布于福建、江西、湖南、湖北、四川、贵州、云南、广西。

图 681　钩刺鼠李
1. 果枝；2. 种子；3. 叶缘放大，示锯齿。

5. 刺鼠李　　　　　　　图 682
Rhamnus dumetorum Schneid.

灌木，高 2-3 米。树皮粗糙无光泽；小枝灰色或灰褐色，对生或近对生，稀互生，枝端有针刺，当年生枝有短柔毛。叶在长枝上对生或近对生，在短枝上簇生，椭圆形或菱状椭圆形，长 2.5-9 厘米，宽 1-3.5 厘米，先端锐尖，基部楔形，边缘具细钝锯，上面疏被短柔毛，下面沿脉有短柔毛，脉腋有簇生毛，稀无毛，侧脉 4-5 对，上面稍下陷，下面凸起；叶柄长 6-10 毫米，有毛。花单性，雌雄异株，小形，黄绿色，多簇生于短枝顶端叶腋，花部 4 基数；雄花萼片 4，三角形，花瓣 4，微小，与萼片互生，雄蕊 4，子房退化；雌花无花瓣，雄蕊退化；子房球形，柱头 2 浅裂。核果球形，径约 5 毫米，基部有宿存的萼筒，具 1-2 分核；果梗长 3-6 毫米，有疏柔毛；种子淡黑色，背面基部有短沟，并有沟缝浅。花期 4-5 月，果期 7-9 月。

产皖南绩溪清凉峰海拔 780 米，太平龙源；大别山区霍山诸佛庵、马家河海拔 1080 米，金寨白马寨海拔 1050 米，潜山天柱山燕子河海拔 980 米、彭河乡板仓海拔 500 米。分布于陕西、甘肃、湖北、江西、浙江。

6. 锐齿鼠李　　　　　　　图 683
Rhamnus arguta Maxim.

灌木，高 1-3 米。树皮灰褐色，小枝对生或近对生；暗紫褐色，渐变灰褐色，枝端有时具针刺。叶在长枝上对生或近对生，在发达的短枝上簇生，卵状心形或卵圆形，长 3-6 厘米，宽 1.5-4 厘米，先端钝尖或突尖，

图 682　刺鼠李（果枝）

基部圆形或心形，边缘具锐而密的锯齿，上面绿色，下面淡绿色，两面无毛；侧脉 4-5(-6) 对，两面稍凸起）叶柄长 1.5-2.5 厘米，被疏短柔毛。花单性异株，花部 4 数；雄花 10-20 簇生于短枝顶端或长枝下部叶腋；雌花 4-5 簇生于叶腋，花枝细，长达 1 厘米；子房球形，3-4 室，花柱 3-4 裂。核果球形，径 6-8 毫米，熟时黑色，基部有宿存萼筒，具 3-4 分核；果梗长 1.3-2.5 厘米；种子淡褐色，背部有长为种子 4/5 纵沟。花期 4-5 月，果期 9-10 月。

产淮北萧县皇藏峪，海拔 150 米以下的山坡疏林中。分布于东北、华北及陕西、甘肃。

7. 小叶鼠李　　　　　图 684

Rhamnus parvifolia Bunge

灌木，高 1.5-2 米。树皮灰色，小枝对生或近对生，灰色至灰褐色，平滑有光泽，强劲，先端针刺状。叶纸质，在短枝上簇生，在长枝上近对生或偶兼有互生，菱状卵圆形或椭圆状倒卵形，长 1-3 厘米，宽 5-15 厘米，先端突尖或钝圆，基部楔形，边缘具细钝锯齿，齿端有腺点，上面暗绿色，近光滑，下面浅绿色，光滑或脉腋被簇生毛；侧脉 2-3 对，有时 4 对，弧状弯曲，两面凸起；叶柄长 5-12 毫米，沟内有细柔毛。聚伞花序腋生。花单性，异株，花部 4 数，花梗长 4-7 毫米，无毛，雌花花柱 2 裂，核果近球形至倒卵形，径 3-4 毫米，熟时黑色，开裂，具 2 核，每核 1 种子，种子长圆状倒卵形，背部有长为种子 4/5 的纵沟。花期 5-6 月，果期 7-9 月。

产淮北萧县，淮北市相山庙宇周围山坡。灌丛中。分布于东北、华北及陕西、甘肃。

果实入药，能清热泻下，主治腹部便秘；外治疥癣等病；耐旱力强，可做水土保持树种。

8. 冻绿　　　　　图 685

Rhamnus utilis Decne

灌木或小乔木。幼枝无毛，对生或近对生枝端常具针刺。无顶芽，腋芽鳞片边缘有白色缘毛。叶对生或近对生，短枝上簇生，狭长椭缘毛。叶对生或近对生，短枝上簇生，椭圆形，长椭圆形或倒卵状椭圆形，稀倒卵形，长 5-14 厘米，宽 2-6 厘米，先端突尖或锐尖，基部楔形，缘具细锯齿，上面无毛或仅中脉具疏柔毛，下面沿脉或脉腋有金黄色柔毛，侧脉 5-8 对，两面均凸起；叶柄长 5-15 毫米；托叶线形，长 1-1.3 厘米。花单性异株，4 基数，具花瓣，花梗长 5-7 毫米，无

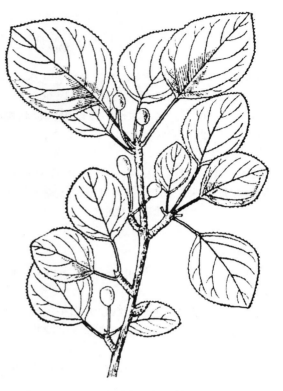

图 683 锐齿鼠李（果枝）

图 684 小叶鼠李（果枝）

毛，雄花、雌花均簇生于叶腋或聚生于小枝下部。核
果球形、熟时黑色，有 2 粒分核。种子背侧基部有短沟。
花期 4-6 月，果期 5-8 月。

产皖南旌德、祁门、太平海拔 100-540 米；大别
山区霍山百莲岩海拔 170 米、青枫岭海拔 600 米、金
寨白马寨海拔 700 米、潜山天柱山海拔 450 米、舒城。
分布于河北、山西、陕西、甘肃、四川、河南、江苏、
浙江、江西、福建、广东、广西、湖北、湖南、贵州。

种子油可作润滑剂；果实、树皮及叶含绿色染料；
山区农民用沸水浸泡枝皮，或将叶煮汁，提取绿色染
料，低温下呈鲜绿色，故称"冻绿"。

8a. 毛冻绿（变种）

Rhamnus utilis Decne var. **hypochrysa**
（Schneid.）Rehd.

本变种与原种的区别在于幼枝、当年生枝、叶柄
及花梗密被灰色绒毛；叶较小，边缘微呈波状，具稀
疏浅圆锯齿。

产江淮滁县皇甫山，生于海拔 100-150 米的路旁
灌丛中。分布于河北、山西、陕西、甘肃、四川、贵州、
广西、湖北、河南。

图 685 冻绿
1. 花枝；2. 花；3. 展开的花共萼及雄蕊；4. 雌蕊；5. 果。

9. 圆叶鼠李 图 686

Rhamnus globosa Bunge

灌木，高达 2 米。当年生小枝红褐色后变褐色，
被短柔毛，枝端具针刺。叶对生或近对生，或簇生于
短枝，倒卵状圆形或近圆形，长 3-4 厘米，宽 1.5-3.5
厘米，先端突尖或短渐尖，基部宽楔形或圆形，边缘
具细钝锯齿，上面绿色，初时被柔毛后渐脱落，或仅
沿脉被疏柔毛，下面淡绿色，全部或沿脉被白色短柔
毛；侧脉 4 对上下，上面下陷，下面隆起，叶柄长 6-10
毫米，密被柔毛；托叶线状披针形，宿存。聚伞花序
腋生；花单性异株；花 4 基数，有花瓣，花萼和花梗
有柔毛；雌花子房近球形，柱头 2 浅裂。核果球形，
径约 6 毫米，熟时黑色，基部有宿存萼筒，有 2 分核，
每分核 1 种子；种子黑褐色，有光泽，背面有长为种
子 3/5 纵沟。花期 5-6 月，果期 8-9 月。

产皖南黄山，绩溪清凉峰海拔 770 米，太平龙源，
泾县小溪，青阳九华山，东至梅城；大别山区寨梅山
海拔 200 米，潜山天柱山海拔 670 米，舒城；江淮滁县、
琅琊山，含山。分布于东北、华北、长江中下游各地
及陕西、甘肃。

图 686 圆叶鼠李（果枝）

10. 薄叶鼠李 图 687

Rhamnus leptophylla Schneid.

灌木，高 2 米，稀达 5 米。小枝灰褐色，无毛或微有毛，对生或近对生，先端具针刺；芽小，芽鳞无毛。叶在长枝上对生，近对生或互生，在短枝上簇生，倒卵形、倒卵状椭圆形或椭圆形，长 3-8 厘米，宽 2-4.5 厘米，先端短突尖，基部楔形至窄楔形，边缘具钝锯齿，两面无毛，仅下面脉腋有时有簇生毛，侧脉 4 对上下，上面下陷，下面隆起；叶柄长 8-18 毫米，近无毛。花单性，雌雄异株，较小，黄绿色，簇生短枝顶端或生于长枝下部叶腋；花梗长 4-5 毫米，无毛，花 4 数，花萼无毛，花瓣 4，与萼片互生。核果球形，熟时黑色，径 4-6 毫米，基部有宿存萼筒，有 2 分核，每分核 1 种子；种子宽倒卵形，背面有长为种子 3/4 的纵沟。花期 4-5 月，果期 7-9 月。

产皖南黄山，歙县新田、清凉峰海拔 300-1000 米，旌德，泾县海拔 230 米；大别山区霍山马家河海拔 1000 米，金寨白马寨海拔 740 米。分布于山东、河南、浙江、福建、江西、广东、广西、湖南、湖北、陕西、四川、云南、贵州。

全株药用，有清热·僻毒、活血之效，材质坚韧，供制器具及小农具。

图 687 薄叶鼠李
1. 果枝；2. 种子。

11. 长叶冻绿 图 688

Rhamnus crenata Sieb. et Zucc.

灌木或小乔木，高达 7 米。幼枝带红色，被毛，枝端有密被锈色柔毛的裸芽，叶互生，倒卵状椭圆形、椭圆形或倒卵形，长 4-14 厘米，宽 2-5 厘米，先端渐尖、短突尖，基部楔形，缘具圆细锯齿，上面无毛，下面被柔毛，侧脉 7-12；叶柄 4-10 毫米，托叶线形，密被柔毛。腋生聚伞花序，花序梗长 4-15 毫米，被毛，萼片与萼筒等长，外被疏毛；花瓣近圆形；雄蕊与花瓣等长而短于萼片；子房球形，无毛，3 室，每室具 1 颗胚珠，花柱不分裂。核果球形，成熟时紫黑色，径 6-7 毫米，具 3 粒分核，各具 1 粒种子，种子无沟。花期 5-8 月，果期 8-10 月。

产皖南黄山刘门亭、汤口、云谷寺，祁门，休宁岭南，绩溪清凉峰海拔 1000 米，歙县清凉峰海拔 900 米，泾县海拔 320 米，旌德，太平，青阳九华山，东至，贵池；大别山区霍山马家河海拔 1340 米，金寨白马寨海拔 1200 米，岳西文坳，潜山彭河乡海拔 800-1000 米，舒城万佛山海拔 700 米。分布于陕西及华北、长江流域至华南、西南。

图 688 长叶冻绿
1. 果枝；2. 花纵剖。

根皮及全草入药,有毒,能杀虫去湿,治疥疮;根和果含绿色素,可作染料。

12. 毛叶鼠李　　　　　　　　　图 689
Rhamnus henryi Schneid.

乔木,高达 10 米以上。幼枝被锈色毛,或后脱落;叶纸质,长椭圆形或长圆状椭圆形,长 7-19 厘米,宽 2.5-8 厘米,先端渐尖,基部楔形,边缘稍反卷,近全缘或具不明显疏浅锯齿,上面无毛或中脉疏被毛,下面密被灰白或浅黄绒毛,侧脉(8)9-13 对;叶柄长 1.2-3.5 厘米,被白色或锈色毛。腋生聚伞花序或聚伞总状花序;总花梗长 0.2-1.2 厘米或近无梗,被柔毛;萼片三角形;花瓣倒心形,先端 2 浅裂;子房 3 室,无毛,稀被毛,花柱 3 深裂至基部。果倒卵球形,长约 5 毫米,红色至紫黑色,具 3 分核。种子倒卵形,长约 5 毫米。花期 5-8 月,果期 7-10 月。

产大别山区霍山磨石山。分布于西藏、四川、广西、云南、贵州。

图 689 毛叶鼠李

4. 马甲子属 Paliurus Mill.

落叶乔木或灌木。单叶互生,全缘或有锯齿,基生 3 出脉;托叶常成刺状。花两性,形小,5 基数,排成聚伞花序或聚伞圆锥花序;花萼 5 裂,萼片有明显网状脉;花瓣 5,匙形或扇形,两侧常内卷,雄蕊 5,基部与瓣爪离生;花盘厚,肉质,与萼筒贴生,无毛,边缘具 5 或 10 齿裂;子房上位,仅基部与花盘合生,2-3 室,每室具 1 胚珠,柱头 3 深裂。核果木质,基部有宿存的萼筒,周围具平展的盘状、铜钱状或钮扣状的木质翅。

约 6 种,分布于东南亚和南欧。我国有 5 种。安徽省有 3 种。

1. 叶柄基部具下弯钩刺 ······ **2. 硬毛马甲子 P. hirsutus**
1. 叶柄基部具直刺,不成钩刺:
 2. 叶先端圆钝或微凹,具细锯齿 ··············
 ·················· **3. 马甲子 P. ramosissimus**
 2. 叶先端长渐尖或渐尖,具细钝齿或圆齿 ········
 ·················· **1. 铜钱树 P. hemsleyanus**

1. 铜钱树　　　　　　　　　图 690
Paliurus hemsleyanus Rehd.

乔木,高达 10 余米。小枝黑褐色或紫褐色,无毛。叶椭圆状卵形或宽卵形,长 4-11 厘米,顶端尾尖或渐尖,基部宽楔形或近圆形,稍偏斜,边缘有细锯齿或圆钝齿,两面无毛;叶柄长 6-20 毫米;无托叶刺或幼树叶柄基有 2 针刺。聚伞花序无毛,花黄绿色,径约 5 毫米;萼裂片三角形或宽卵形,花瓣匙形;雄

图 690 铜钱树
1. 果枝;2. 花枝;3. 花;4. 种子。

蕊长于花瓣，花盘五边形；5 浅裂；子房 3 室，花柱 3 深裂。核果周围有薄木质的阔翅，铜钱状，直径 2-3.8 厘米；无毛，紫褐色，果梗长 1.2-1.5 厘米。花期 5-6 月，果期 8-9 月。

产皖南绩溪清凉峰海拔 600 米，泾县，太平七都海拔 560 米，青阳酉华，贵池；江淮滁县琅琊山，含山昭关海拔 110 米，合肥大蜀山。石灰岩山地指示树种；可作嫁接枣树的砧木。分布于甘肃、陕西、河南、江苏、浙江、江西、湖南、湖北、四川、云南、贵州、广东、广西。

2. 硬毛马甲子 长梗铜钱树　　　　图 691

Paliurus hirsutus Hemsl.

小乔木，高 5 米左右。小枝紫褐色，有明显的皮孔，被柔毛。叶宽卵形或卵状椭圆形，长 4-11 厘米，先端突尖或渐尖，基部近圆形，偏斜，边缘具细锯齿或近全缘，上面沿脉密被柔毛，下面沿脉被长硬毛，叶柄长 5-12 毫米，被柔毛，基部有一个下弯的钩状刺。聚伞花序密被短柔毛，腋生；萼片宽卵形或三角形，疏被柔毛；花瓣匙形或扇形，雄蕊与花瓣等长；花盘五边形，5 或 10 个齿裂；子房 3 室，花柱 3，稀 4 深裂。核果周围具木栓质窄翅，呈钮扣状，直径 1-1.3 厘米，无毛，果梗长 6-10 毫米，被短柔毛。花期 6-8 月，果期 8-10 月。

产皖南太平，零星分布；合肥大蜀山有栽培。多生于石灰岩山地；喜光，适于温暖湿润气候。分布于湖北、江苏、福建、江西、广东、广西、湖南。

3. 马甲子　　　　图 692

Paliurus ramosissimus（Lour.）Poir.

灌木，高 2-4 米。小枝褐色或深褐色，被锈褐色短柔毛，后脱落，分枝多。叶宽卵形或椭圆状卵形，长 3-6 厘米，顶端钝或圆形，基部宽楔形或近圆形，稍偏斜，边缘具细锯齿，幼叶下面密被棕褐色细柔毛，后渐脱落，仅沿脉被短、柔毛或无毛；叶柄长 5-9 毫米，被毛，基部有 2 个斜向直刺。聚伞花序密被锈褐色短柔毛，腋生；花绿黄色，直径约 5 毫米，萼裂片宽卵形，花瓣匙形，短于萼片，雄蕊与花瓣等长；花盘圆形，边缘有 5 或 10 齿裂，子房 3 室，花柱 3 深裂。核果周围具 3 浅裂木质狭翅；呈杯盘状直径 1-1.7 厘米，密被褐色短绒毛；果梗亦被棕褐色绒毛。花期 7-8 月，果期 9-10 月。

产皖南黄山，祁门牯牛降海拔 400 米，绩溪清凉峰杨子坞海拔 760 米，太平；江淮合肥大蜀山。分布

图 691 硬毛马甲子
1. 花、果枝；2. 花；3. 果，示宿存萼片；4. 果，示宿存柱头。

图 692 马甲子
1. 花、果枝；2. 果；3. 果的横剖面。

于陕西、四川、湖北、江苏、浙江、江西、福建、台湾、广东、广西、湖南、贵州、云南。

5. 枣属 *Ziziphus* Mill.

乔木或藤状灌木。枝常具皮刺。叶互生，叶片全缘或具齿，具基生三（稀五）出脉；托叶常变成刺。花两性，5 基数，常组成腋生具总花梗的聚伞花序或腋生、顶生聚伞总状或聚伞圆锥花序；萼裂片广展，内面具凸起的中肋；花瓣倒卵圆形或匙形，与雄蕊等长，有时无花瓣；花盆厚，肉质，5 或 10 裂；子房球形，下半部或大部被包藏于花盘内且部分合生，2 乳稀 3-4 室，每室有 1 颗胚珠，花柱 2，稀 3-4 浅裂或中裂，极稀深裂。核果圆球形或长圆形，不开裂，顶端有小尖头，基部有宿存的萼筒。种子无或有稀少的胚乳，子叶肥厚。

约 100 种，主要分布亚洲和美洲的热带地区；我国有 12 种，3 变种，分布南北诸多省。安徽省有 1 种，2 变种。

1. 枣树　枣　　　　　　　　　　　　图 693
Ziziphus jujuba Mill.

落叶小乔木，高达 10 余米。具长枝及短枝，长枝呈之子形曲折，具 2 托叶刺，一长一短，长刺长可达 3 厘米，短刺下弯，长 4-6 毫米；短枝矩状，当年生枝绿色，弯垂，单生或 2-7 个簇生于短枝上。叶二列状排列，叶片卵形或卵状椭圆形，长 2.5-7 厘米。宽 1.5-4 厘米，顶端钝或圆，具小尖头，基部近圆形，边缘具圆锯齿，两面无毛或仅下面沿脉微被毛，具基生三出脉；叶柄长 1-6(-10) 毫米；托叶刺后期常脱落。花无毛，单生或 2-8 个密集成腋生聚伞花序；花梗长 2-3 毫米；花盘 5 裂，子房两室；花柱 2 中裂。核果矩圆形或长卵圆形，长 3-6 厘米，熟时由红色变红紫色；核两端锐尖，2 室，具 1 或 2 粒种子。种子扁椭圆形，长约 1 厘米。花期 5-7 月，果期 8-9 月。

图 693 枣
1. 花枝；2. 果枝；3. 枝的一部分，示托叶刺；4. 花；5. 果；
6. 果核。

皖南太平七都、焦村，青阳九华山、酉华；大别山区霍山，金寨马宗岭海拔 700 米，潜山天柱山；淮南八公山上窑，滁县，定远；其他各地也有栽培。分布于东北、黄河及长江流域各地，南至广东，西南至贵州、云南。

果实味甜，可生食，又可制蜜饯和果脯，因含有丰富的维生素，又为上等滋补品；入药为缓和强壮药，主治脾胃虚弱、腹泻、痢疾等，又可用以治过敏性紫斑病、贫血及高血压等症；树皮治刀伤出血和腹泻；木材为雕刻的良材。

1a. 无刺枣（变种）
Ziziphus jujuba Mill. var. **inermis**（Buneg）Rehd.

长枝无刺，幼枝无托叶刺。果较大。花期 5-7 月，果期 8-10 月。

产皖南贵池高坦风凰岭；大别山区潜山。分布与枣相略同，海拔 1600 米以下地区广泛栽培。

1b. 酸枣（变种）
Ziziphus jujuba Mill. var. **spinnosa**（Bunege）Hu

灌木或乔木。叶长 1.5-4 厘米，宽 0.6-2 厘米。果近球形、短椭圆形、扁球形或卵形，径 0.7-1.3 厘米，紫红或紫褐色，果肉薄，味酸，核两端钝。花期 5-7 月，果期 8-10 月。

产皖南太平;大别山区潜山;江淮含山昭关,滁县琅琊山,嘉山,凤阳,来安。分布于辽宁、内蒙古、河北、山东、山西、河南、陕西、甘肃、宁夏、新疆、江苏。

核仁入药,有镇静安神之效,主治神经衰弱、失眠等症。果肉富含维生素 C,可生食或作果酱。

6. 猫乳属 **Rhamnella** Miq.

落叶乔木或灌木。芽外面有数枚芽鳞。单叶互生,边缘有细锯齿或近全缘,羽状脉,托叶披针形或三角形,常宿存。腋生聚伞花序,具短总梗,或数花簇生于叶腋;花小,黄绿色,5 数,萼片宿存,先端内面增厚,中肋中部有喙状突起,花瓣倒卵状匙形,两侧内卷;雄蕊周位,花药背着;子房上位,基部着生于花盘上,花盘薄,5 边形,浅杯状,结果时不增大,1 室或不完全 2 室;花柱 2 浅裂。核果柱状椭圆形,或圆柱形,红色或橙黄色,干后黑色,基部为宿存的萼筒所包,种子 1-2。

7 种,分布于东亚。我国均产。安徽省有 1 种。

猫乳 图 694

Rhamnella franguloides(Maxim.)Weberb.

灌木或小乔木,高 2-6 米。幼枝灰绿色,被短柔毛。叶纸质,倒卵状椭圆形或倒卵状矩圆形,长 2-9 厘米,宽 1.5-4 厘米,先端尾状渐尖或急尖,基部圆形,边缘具细锯齿,或近全缘,上面绿色,无毛,下面淡绿色,脉上被短柔毛,侧脉 7-9(-11)对;叶柄长约 2-5 毫米,密被短柔毛;托叶披针形。花黄绿色,两性,组成腋生聚伞花序;萼片卵状三角形,边缘被毛;花瓣与萼片互生;雄蕊包于花瓣中,子房球形。核果柱状椭圆形,红色或橙红色,干后紫黑色。花期 5-7 月,果期 7-10 月。

产皖南泾县小溪,贵池,东至;大别山区霍山青枫岭大化坪海拔 560 米,金寨白马寨鲍家窝海拔 720米,潜山天柱峰,舒城万佛山海拔 440 米;江淮滁县皇甫山、琅琊山、淮南八公山。根药用,治疥疮;茎皮含绿色染料。分布于河北、山西、河南、山东、江苏、浙江、江西、湖南、湖北、陕西。

图 694 猫乳
1. 果枝;2. 叶背面放大,示叶脉毛。

7. 勾儿茶属 **Berchemia** Neck.

藤状或攀援灌木。枝平滑无毛。叶互生,叶片全缘或近全缘,具羽状脉,托叶基部合生宿存,但不特化成刺。花序顶生和腋生,稀 1-3 花腋生,花两性,具梗,无毛,5 基数;萼筒短,萼片三角形,稀条形或狭披针形,内面中肋顶端增厚,无喙状突起,花瓣匙形或兜状,两侧内卷,短于或与萼片等长,基部具爪,雄蕊具背着药;花盘厚,齿轮状,具 10 不等裂;子房上位,中部以下被包藏于花盘内,2 室,每室有 1 胚珠,花柱粗短,不分裂,微凹或 2 浅裂。核果近圆柱形,熟时由红色变为紫黑色,下托以通常增大的花盘。

约 31 种,主要分布于亚洲东部至东南部的温带、亚热带至热带地区;我国有 18 种,6 变种,集中分布于西南、华南、中南及华东地区;安徽省产 4 种,3 变种。

1. 花序不分枝，聚伞总状花序：
  2. 小枝、叶柄和花序轴无毛 ……………………
  …………………… 1. **牯岭勾儿茶 B. kulingensis**
  2. 小枝、叶柄和花序轴被金黄色柔毛 …………
  ……… 2. **毛叶勾儿茶 B. polyphytta** var. **trichophytta**
1. 花序分枝，聚伞圆锥花序：
  3. 花序轴被毛；叶下面脉间区被毛 …………
  ………………… 3. **大叶勾儿茶 B. huana**
  3. 花序轴无毛；叶下面脉间区无毛：
    4. 顶生窄聚伞圆锥花序；叶下脉腋被微毛……
    ………………… 4. **腋毛勾儿茶 B. barbigera**
    4. 宽聚伞圆锥花序或下部兼有腋生总状花序；
    叶下面沿脉基部被短毛 …………
    ………………… 5. **多花勾儿茶 B. floribunda**

图 695 牯岭勾儿茶
1. 果枝；2. 花；3. 果。

1. 牯岭勾儿茶 图 695

Berchemia kulingensis Schenid.

藤状灌木。小枝无毛，平展；叶片纸质，卵状椭圆形或卵状长圆形，长 2-6 厘米，宽 1.5-3.5 厘米，先端钝圆或尖，具小尖头，基圆形或近心形，侧脉 7-9 对，在两面微凸；叶柄长 6-10 毫米，无毛，托叶披针形，约 3 毫米。花绿色，无毛，常 2-3 个簇生而再排成疏散聚伞总状花序，极少有分枝，长 3-5 厘米，无毛；萼片三角形，先端渐尖，边缘具缘毛；花瓣倒卵形，稍长。核果长圆柱形，长 7-9 毫米，红色，熟时黑紫色，下托以盘状花盘，果梗长 2-4 毫米，无毛。花 6-7 月，果期次年 4-6 月。

产皖南黄山立马桥、云谷寺、天都峰脚下、西海，休宁岭南古衣海拔 250 米，绩溪清凉峰 1380 米；江淮滁县。分布江苏、江西、浙江、湖北、四川、贵州、广西。

2. 毛叶勾儿茶 （变种）

Berchemia polyphylla var. **trichophylla** Hand.-Mazz.

小枝、叶柄和花序轴密被金黄色柔毛，叶下面或沿脉被柔毛。产江淮滁县皇甫山－獾子洼。分布于贵州、云南。

3. 大叶勾儿茶 图 696

Berchemia huana Rehd.

藤状灌木。小枝光滑无毛，绿色。叶片纸质，卵形或卵状长圆形，长 6-10 厘米，宽 3-6 厘米，先端

图 696 大叶勾儿茶
1. 花枝；2. 叶背面放大，示叶脉毛；3. 展开的花瓣及雄蕊；4. 花；5. 花盘及雌蕊。

圆形或稍钝，稀锐尖，基部圆形或近心形，上面无毛下面密被褐黄色短柔毛，侧脉 10-14 对，在两面微凸起；叶柄较粗壮，无毛，长 1.4-2.5 厘米，托叶卵状披针形。花黄绿色，无毛；聚伞总状圆锥花序生于枝顶和腋生，花序长 5-15 厘米，分枝长达 8 厘米，密被短柔毛。核果圆柱状椭圆形，长 7-9 毫米，熟时紫红色或紫黑色，下托以盘状花盘。花期 7-9 月，果期次年 5-6 月。

产皖南黄山，青阳九华山，祁门牯牛降海拔 300 米，绩溪清凉峰海拔 600-900 米，黟县，旌德，泾县；大别山区岳西，舒城万佛山。分布于江苏、浙江、福建、江西、湖南、湖北。

3a. 脱毛大叶勾儿茶 （变种）
Berchemia huana Rehd. var. **glabrescens** Cheng ex Y. L. Chen

本变种与原种区别在于叶片下面仅沿脉或侧脉下部被疏短柔毛。

产皖南黄山，太平七都，青阳。

4. 腋毛勾儿茶　　　　　图 697
Berchemia barbigera C. Y. Wu et Y. L. Chen

藤状灌木。小枝平滑无毛。叶片薄纸质，卵状椭圆形或卵状长圆形，长 4-9 厘米，宽 3-5.5 厘米，先端钝或圆，基部圆形，上面无毛，下面干时灰绿色，仅脉腋簇生淡灰褐色细柔毛，侧脉 9-13 对；叶柄长 1-2.5 厘米，无毛。花黄绿色，无毛，组成顶生的窄聚伞圆锥花序，花序轴无毛，花梗长 2-3 毫米。核果圆柱形，长约 5-8 毫米，熟时先红色，后变黑色。花期 6-8 月，果期次年 5-6 月。

产皖南黄山的云谷寺、狮子岭、北海；大别山区霍山马家河天河尖海拔 1380 米，金寨白马寨海拔 900-1450 米，舒城万佛山。分布于浙江。

图 697 腋毛勾儿茶
1. 枝叶；2. 叶背脉腋簇生毛；3. 果放大。

5. 多花勾儿茶　　　　　图 698
Berchemia floribunda （Wall.） Brongn

藤状灌木。幼枝光滑无毛。上部叶片较小，长 4-9 厘米，宽 2-5 厘米，卵形或卵状椭圆形至卵状披针形，先端急尖，下面往往无毛，叶柄短于 1 厘米；下部叶片较大，长达 11 厘米，宽 6.5 厘米，椭圆形至长圆形，先端钝或圆，稀短渐尖，基部圆形，稀心形，上面无毛，下面干时栗褐色，仅沿脉基部被疏短柔毛，侧脉 9-14 对，两面稍凸起，叶柄长 1-3.5 厘米，稀 5.2 米，无毛，托叶狭披针形。花多数，通常数朵簇生并再排成顶生而具长分枝的宽大聚伞状圆锥花序，或下部兼有腋生聚伞总状花序，长达 15 厘米，花序轴无毛或被疏微毛，花梗长 1-2 毫米；萼片三角形，先端尖，花瓣倒卵形；雄蕊与花瓣等长。核果柱形，长 7-10 毫米。花期 7-10 月。果期次年 4-7 月。

图 698 多花勾儿茶
1. 果枝；2. 果放大。

产皖南黄山，黟县，太平七都，青阳西华；大别山区霍山马家河、青枫岭海拔 490-850 米，金寨白马寨海拔 670-1000 米，潜山天柱山燕子河海拔 750-1080 米；江淮滁县琅琊山。分布于山西中条山、河南、陕西、甘肃、四川、云南、西藏、贵州、湖南、湖北、江苏、浙江、福建、江苏、浙江、福建、江西、广东、海南、广西。

5a. 矩叶勾儿茶（变种）

Berchemia floribunda（Wall.）Brongn. var. **oblongifolia** Y. L. Chen et P. K. Chou

本变种以其叶片长圆形或狭长圆形，先端圆形；花序轴被疏毛，稀无毛，与原种相区别。

产皖南黄山汤口、一道岭，生于海拔 450-950 米，沟谷杂木林中。分布于浙江、江西、福建崇安。

8. 小勾儿茶属 Berchemiella Nakai

灌木或小乔木，全株近无毛。叶互生，基部常不对称，全缘，羽状脉。聚伞总状花序，顶生，花两性；花萼 5 裂，萼片三角形，内面中肋中部具小喙状突起，萼筒盘状；花瓣顶端圆或微凹，两侧内卷，具短爪；花药背着；子房上位，中部以下包于花盘内，2 室，花柱粗短，开花后脱落，柱头微凹或 2 浅裂；花盘厚，五边形。核果，萼筒宿存。

3 种，分布于中国、日本。我国 2 种，1 变种。安徽省产 1 种，1 变种。

1. 小勾儿茶

Berchemiella wilsonii（Schneid.）Nakai

落叶灌木，高达 6 米。小枝无毛。叶椭圆形，长 7-10 厘米，宽 3-5 厘米，先端钝，基部圆，上面无毛，下面脉腋微被髯毛，侧脉 8-10 对；叶柄长 4-5 毫米。花序长 3.5 厘米；花芽球形；花浅绿色。花期 7 月。

产皖南绩溪清凉峰永来海拔 800-1000 米；大别山区潜山，舒城万佛山，潜山驼岭。分布于湖北。

1a. 毛柄小勾儿茶（变种）　　　图 699

Berchemiella wilsonii（Schneid.）Nakai var. **pubipetiolata** H. Qian

本变种叶下面被毛，沿脉尤密，叶柄被卷曲毛。

皖南绩溪永来银龙坞、栈岭湾海拔 700-1000 米；大别山区霍山马家河-大核桃园海拔 960 米，舒城万佛山海拔 400 米。

本变种为稀有珍贵的第三纪孑遗植物，现已临近濒危境地，是国家三类重点保护植物。安徽省地理分布新纪录，为钱宏所建立。

图 699 毛柄小勾儿茶
1. 果枝；2. 叶背放大，示毛。

73. 葡萄科 VITACEAE

　　木质或草质藤本，稀为直立灌木，常有与叶或花对生的卷须。单叶或复叶，互生；具托叶，早落。花小，辐射对称，两性或单性，组成顶生、腋生或与叶对生的聚伞、圆锥或伞房花序；花萼杯状，4-5 裂或不裂；花瓣 4-5，镊合状排列，分离或基部连合，或顶端黏合成帽状，易脱落；雄蕊与花瓣同数，着生于花盘外围，与花瓣对生；花盘杯形或分裂；子房上位，2-8 室，每室 1-2 倒生胚珠，花柱单一，短或缺如，柱头头状或盘状，稀 4 裂，果为浆果，有 2-4 种子；种皮硬，胚乳丰富。

　　约 12 属 700 种余种，主要分布于热带、亚热带及温带地区。我国有 8 属约 110 种，南北均有分布。安徽省有 6 属 26 种，7 变种，1 变型。

1. 树皮无皮孔；髓褐色；圆锥花序；花瓣顶部互相黏着，花后呈帽状脱落 ·······················6. **葡萄属 Vitis**
1. 树皮具皮孔；髓白色；聚伞花序；花瓣分离。
　　2. 花 5 数。
　　　　3. 卷须顶端叉状分枝，无吸盘；花盘明显。
　　　　　　4. 枝条具皮孔；单叶、掌状或羽状复叶 ·······················1. **蛇葡萄属 Ampelopsis**
　　　　　　4. 幼枝具 4 棱；掌状复叶，小叶 5 ·······················5. **俞藤属 Yua**
　　　　3. 卷须顶端膨大成吸盘；花盘不明显 ·······················3. **爬山虎属 Parthenocissus**
　　2. 花 4 数。
　　　　5. 花两性；柱头不裂 ·······················2. **乌蔹莓属 Cayratia**
　　　　5. 花单性；柱头 4 裂 ·······················4. **崖爬藤属 Tetrastigma**

1. 蛇葡萄属 Ampelopsis Michx.

　　落叶木质藤本。枝具皮孔，髓心白色；卷须与叶对生，叉状分枝，顶端不膨大成吸盘。单叶或复叶，互生，具长柄。花两性；聚伞花序与叶对生，具苞片；花萼盘状，不明显 5 浅裂或不裂；花瓣 5，早落；雄蕊 5，花丝短；花盘隆起呈杯状，4-5 裂；子房 2 室，胚珠每室 2，花柱短，圆柱状，柱头不明显。浆果小，近球形。种子 1-4。

　　约 25 种，分布于亚洲、美洲温带及亚热带。我国约 15 种，广布于西南、华南及东北。安徽省 5 种，4 变种，1 变型。

1. 单叶：
　　2. 叶深裂：
　　　　3. 叶下面无毛 ·······················1. **掌裂草葡萄 A. aconitifolia** var. **glabra**
　　　　3. 叶下面被毛 ·······················6. **异叶蛇葡萄 A. humulifolia** var. **heterophylla**
　　2. 叶不裂或浅裂：
　　　　4. 叶肾状三角形或心状三角形，3 浅裂，边缘具浅牙齿。
　　　　　　5. 小枝无毛；叶下面脉腋偶具毛 ·······················2. **牯岭蛇葡萄 A. brevipedunculata** var. **kulingensis**
　　　　　　5. 小枝密被微细柔毛 ·······················**微毛蛇葡萄 A. brevipedunculata** var. **kulingensis** f. **puberula**
　　　　4. 叶心状卵形或心形，不分裂或不明显 3 浅裂，边缘有浅圆齿 ·······················7. **蛇葡萄 A. sinica**
1. 掌状或羽状复叶：
　　6. 羽状复叶：
　　　　7. 叶多为二回羽状复叶；小枝无毛 ·······················3. **广东蛇葡萄 A. cantoniensis**
　　　　7. 叶多为一回羽状复叶；小枝有细柔毛 ·······················4. **羽叶蛇葡萄 A. chaffanijonii**

6. 掌状复叶或单叶:

   9. 掌状复叶:

      10. 小枝、花序及叶柄有短柔毛 ·············· **5. 三裂蛇葡萄 A. delavayana**

      10. 小枝、花序及叶柄密被锈色毛 ·············· **毛三裂蛇葡萄 A. delavayana** var. **gentiliana**

   9. 单叶; 小枝、花序及叶柄无毛或疏被毛 ·············· **7. 蛇葡萄 A. sinica**

1.　掌裂草葡萄 （变种）

Ampelopsis aconitifolia Bunge var. **glabra** Diels

  缠绕藤本; 根纺垂形, 常数个聚生; 小枝细长, 无毛。单叶, 掌状 3-5 深裂; 裂片菱形或菱状狭卵形, 中间裂片长 5-9 厘米, 宽 3-7 厘米, 缘具不规则粗锯齿, 稀羽状分裂, 两面无毛。花序梗直伸或缠绕, 无毛; 总花梗较叶柄长; 花小, 黄绿色; 花萼不分裂; 花瓣卵形; 花盘边缘平截; 雄蕊较花瓣短; 花柱细。浆果球形, 径约 6 毫米, 熟时橙黄色。花期 5-6 月, 果熟期 9-10 月。

  产大别山区霍山青枫岭, 潜山天柱山, 六安, 舒城, 金寨, 岳西; 江淮丘陵庐江, 无为, 来安, 定远, 凤阳, 嘉山, 滁县皇甫山、琅琊山; 淮北平原灵璧, 濉溪等地。生于海拔 800 米以下的山地、荒坡处。分布于辽宁、吉林、河北、四川、内蒙古、山西、山东、陕西、甘肃、湖北、江苏等省(区)。

  根药用, 有活血、散瘀、消炎、消肿之功效。

2.　牯岭蛇葡萄 （变种）　　　　　　　图 700

Ampelopsis brevipedunculata （Maxim.）Trautv. var. **kulingensis** Rehd.

  木质藤本; 卷须分叉; 小枝无毛。单叶, 纸质, 肾状三角形或心状三角形, 长 6-14 厘米, 宽 5-12 厘米, 顶端渐尖或尾状渐尖, 基部心形, 通常 3 浅裂, 稀不分裂, 边缘具浅牙齿, 扁三角形, 顶端有小尖头, 上面无毛, 下面脉上具微柔毛, 脉腋常为蹼趾状, 有微柔毛; 叶柄长 3-4 厘米, 近无毛。花序为多分歧的聚伞花序, 与叶对生; 花梗细, 有细柔毛; 花小, 淡黄色; 花萼浅杯状; 花瓣 5; 雄蕊 5, 与花瓣对生; 花盘浅杯状; 子房 2 室, 与花盘合生。浆果球形, 径 8-10 毫米, 熟时浅蓝色。花期 5-6 月, 果期 8-9 月。

  产皖南山区黄山, 绩溪清凉峰永来, 广德柏垫, 祁门, 黟县; 大别山区舒城万佛山等地。生于海拔 1100 米以下的山谷、山坡杂木林下。分布于广东、广西、贵州、四川、湖北、湖南、江西、浙江、江苏。

  果实可酿酒; 根、茎入药, 有清热解毒、消肿祛湿之效。

图 700 牯岭蛇葡萄

2a.　微毛蛇葡萄 （变型）

Ampelopsis brevipedunculata （Maxim.）Trautv. var. **kulingensis** Rehd. f. **puberula** W. T. Wang

本变型与牯岭蛇葡萄区别在于小枝、叶、叶柄等均密被锈色极短细柔毛, 毛长约 0.1 毫米。

产皖南山区黄山、歙县。生于海拔 800 米以下的山林中。分布于江西。

用途同牯岭蛇葡萄。

3. 广东蛇葡萄 图 701

Ampelopsis cantoniensis（Hook. et Arn.）Planch.

木质藤本，幼嫩部分疏被短柔毛。卷须粗壮；幼枝紫色，老枝褐色，有棱。叶常为二回羽状复叶，有小叶 3-7；小叶椭圆形，大小不等，长 2.5-9 厘米，宽 1.5-5 厘米，先端短尖，基部钝或阔楔形，边缘有不明显的钝锯齿，干时上面褐色，有浅色小圆点，下面白色，常被白粉，网脉明显。二歧聚伞花序，3-4 次分叉；总花梗长 4-6 厘米；花萼 5 浅裂；花瓣 5，顶端钝；花柱锥形。浆果倒卵形，径 5-6 毫米，熟时紫黑色；果梗长 5-15 毫米，有突起之疣点。花期 6 月，果熟期 9-10 月。

产皖南山区黄山松谷痷、汤岭关，旌德，石台，祁门，太平、休宁等地。生于海拔 1000 米以下的山谷、林中。分布于云南、广东、广西、福建、浙江、江西、湖南、贵州、湖北、台湾。印度尼西亚亦有分布。

4. 羽叶蛇葡萄

Ampelopsis chaffanjonii（Levl.）Rehd.

木质藤本；小枝有细柔毛，有棱或无棱；芽卵形，芽鳞锈褐色。叶多为一回羽状复叶，有小叶 3-5；小叶长圆形或狭椭圆形，长 6-13 厘米，宽 2-6 厘米，先端渐尖，基部阔楔形或圆钝，边缘具极浅的疏齿，上面绿色，无毛，下面中脉上有疏毛或近于无毛，主脉和侧脉在下面隆起；中间小叶的叶柄长约 3 厘米，侧生小叶柄长 8-10 毫米，被细柔毛。二歧聚伞花序，与叶对生，3-5 次分叉；总花梗长 3.5 厘米；花黄绿色，5 数；萼片 5；花瓣 5。果扁球形。

产皖南山区黄山汤岭关，绩溪清凉峰，旌德，休宁五城；大别山区太湖大山乡。生于海拔 850 米以下的山谷、溪边、林下。分布于云南、四川、贵州、湖南、湖北、江西。

5. 三裂蛇葡萄 图 702

Ampelopsis delavayana（Franch.）Planch.

木质藤本；小枝、花序梗和叶柄通常有短柔毛。叶多为掌状复叶，具 3 小叶；中间小叶椭圆形，长 3-8 厘米，顶端渐尖，基部楔形，有短柄或无柄，侧生小叶偏斜卵形；有时枝条下部叶为单叶，不分裂或 3 浅裂，长 5-10 厘米，边缘具粗锯齿，基部心形，上面近无毛，下面有短柔毛。聚伞花序，与叶对生；花序梗长 2-3 厘米；花淡绿色；花萼边缘稍分裂；花瓣 5；雄蕊 5；花盘浅杯状。浆果球形或扁球形，熟时蓝紫色，径 6-8 毫米。花期 5 月，果熟期 8-9 月。

图 701 广东蛇葡萄
1. 花枝和果枝；2. 花；3. 花（去花瓣）；4. 果实。

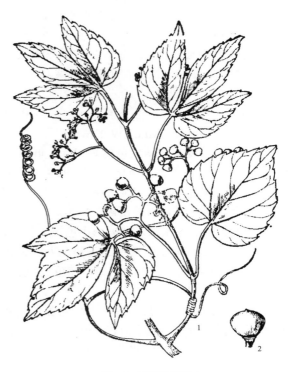

图 702 三裂蛇葡萄
1. 果枝和花枝；2. 果。

产皖南山区黄山，祁门牯牛降，太平龙源，青阳九华山；大别山区霍山黄巢寺、大花坪，潜山天柱山等地。生于海拔850米以下的山林。分布于华东、华中、西南等省（区），北达陕西南部。

根皮入药，有消肿止痛，舒筋活血，止血的作用。

5a. 毛三裂蛇葡萄 （变种）

Ampelopsis delavayana (Franch.) Planch. var. **gentiliana**（Levl. et Vant.）Hand. -Mazz.

本变种与原变种的区别在于叶掌状3全裂，侧生小叶又2深裂；小枝、花序和叶柄均密被锈色毛。

产皖南山区泾县小溪；大别山区霍山青枫岭，金寨白马寨。生于海拔600米以下的山林中。分布于云南、贵州、四川、湖北、陕西和甘肃南部。

6. 异叶蛇葡萄 （变种）　　　　　图703

Ampelopsis humulifolia Bunge var. **heterophylla**（Thunb.）Koch

木质藤本；枝条光滑或偶有微柔毛；髓心片层状；卷须与叶对生，分叉。叶质地坚韧，宽卵圆形，长和宽均为7-15厘米，掌状3-5深裂，分裂超过中部，下面淡绿色，多少有毛。聚伞花序，与叶对生，疏松；总花梗细，长于叶柄；花淡黄色；萼片合生成杯状；花瓣5；雄蕊5；子房2室，着生于花盘上。浆果球形，径6-8毫米，熟时淡蓝色；种子1-2。花期5-6月，果期8月。

产皖南山区黄山，绩溪清凉峰北坡，歙县清凉峰南坡，东至梅城；大别山区潜山天柱山。生于海拔1000米以下的林缘或灌丛中。分布于广东、湖南、湖北、江西、福建、浙江、江苏、辽宁、台湾。

图703 异叶蛇葡萄

7. 蛇葡萄　　　　　　　　　　图704

Ampelopsis sinica (Miq.) W. T. Wang

木质藤本；小枝密被锈褐色细短柔毛。叶纸质，心形或心状卵形，不分裂或不明显3浅裂，长4-7厘米，宽4-6厘米，侧裂片小，顶端钝边缘有浅圆齿，上面有短柔毛，下面淡绿色，密被锈褐色短柔毛，或至少脉上密生；叶柄长3-5厘米，密被锈褐色短柔毛。聚伞花序，与叶对生；花黄绿色；萼片5；花瓣5；花盘杯状；雄蕊5；子房2室。浆果近球形，成熟时鲜蓝色。花期5-6月，果期10月。

产皖南山区黄山，泾县小溪，太平龙源，绩溪、祁门、休宁、歙县等地，生于海拔450米以下的低山疏林中。分布于广东、广西、贵州、湖南、江西、浙江、江苏、湖北、四川。

根、茎等供药用，治风湿及关切疼痛等症。

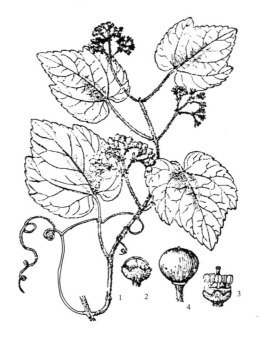

图704 蛇葡萄
1. 花枝和果枝；2. 花；3. 花；4. 果实。

2. 乌蔹莓属 Cayratia Juss.

落叶或常绿木质攀援藤本，稀为草质藤本；树皮有皮孔；卷须与叶对生，通常有分枝。叶互生，有小叶 3-9 枚，常具 5 小叶，掌状或鸟趾状排列，小叶有柄。腋生聚伞或伞房状聚伞花序；花两性，各部 4 数；花萼不明显；花瓣镊合状排列，上部向外开展；雄蕊与花瓣对生；花盘杯状，4 裂或全缘，贴生于子房；子房 2 室，每室 2 胚珠；花柱钻形，柱头小，不分裂。浆果，种子 2-4，腹部具 1-2 深槽。

约 45 种，分布于亚洲东部及热带地区。我国有 13 种 4 变种。安徽省有 2 种，1 变种。

1. 叶无毛或近无毛；中央小叶较小：
  2. 花瓣外面近顶部有角状突起；中央小叶披针形或
    狭长圆形 ⋯⋯⋯⋯ **1. 角花乌蔹莓 C. corniculata**
  2. 花瓣无角状突起；中央小叶卵形或椭圆状卵形
    ⋯⋯⋯⋯⋯ **3. 樱叶乌蔹莓 C. oligocarpa** var. **glabra**
1. 叶下面密被灰白色毛；中央小叶较大⋯⋯⋯⋯⋯⋯
  ⋯⋯⋯⋯⋯⋯⋯⋯⋯⋯⋯⋯ **2. 大叶乌蔹莓 C. oligocarpa**

1. 角花乌蔹莓   图 705
Cayratia corniculata（Benth.）Gagnep.

落叶攀援藤本；茎纤细，无毛；卷须顶端分叉。叶为复叶，小叶 5，排成鸟足状；中间小叶较大，披针形或狭长圆形，长 4-9(-14) 厘米，宽 1.5-3.5 厘米，行端渐尖，基部楔形或阔楔形；侧生小叶较小，卵形，边缘有稀疏的波状浅锯齿，齿顶有短尖，两面无毛。聚伞花序腋生，具长柄，无毛；花小；花萼浅杯状；花瓣 4，矩圆形，顶部稍合生，每花瓣顶端有一明显的角状突起，直立或弯曲；雄蕊 4；花柱短，锥形。浆果球形，熟时黑色；种子 1-4，卵状三角形，背面有 2 条深沟。

产皖南山区歙县清凉峰，休宁等地。分布于广东、广西、江西、福建、台湾。

块根入药，具有清热解毒、除风化痰之功效。

2. 大叶乌蔹莓   图 706
Cayratia oligocarpa Gagnep.

落叶木质藤本；茎圆柱形，有棱，被黄褐色短柔毛；卷须顶端常分二叉。叶为复叶，小叶 5，排成鸟足状；中间小叶较大，狭卵形，长 8-14 厘米，先端渐尖，基部宽楔形或钝圆，上面脉上有毛或近于无毛，下面

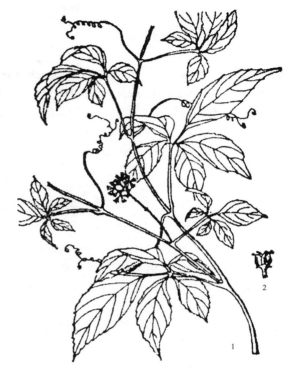

图 705 角花乌蔹莓
1. 花枝；2. 果实。

图 706 大叶乌蔹莓（果枝）

密被灰白色毛;侧生小叶较小,卵形,边缘有稀疏的波状浅锯齿;叶柄有疏柔毛;花瓣4,无角状突起,有短柔毛;雄蕊4,花药卵圆形,花丝于花盘;花盘杯状;子房陷于花盘内。浆果球形,熟时黑色。

产皖南山区歙县清凉峰。分布于四川、贵州、湖南、湖北、江西、浙江、山东等省。

茎藤富含纤维,可制绳索或造纸;根可入药。

2a.　樱叶乌蔹莓（变种）

Cayratia oligocarpa Gagnep. var. **glabra**（Gagn.）Rehd.

本变种与原种的区别在于叶两面无毛或近于无毛,中央小叶椭圆状卵形,先端长渐尖或尾状渐尖,边缘每侧有 20 个以上齿牙。

产皖南山区祁门牯牛降,休宁长横坑。生于海拔 600 米左右的山林中。分布于云南、贵州、四川、湖北、湖南、江西、浙江、福建、广东、广西。

3.　爬山虎属 Parthenocissus Planch.

落叶或稀为常绿攀援木质藤本。树皮有皮孔,髓心白色;卷须顶端膨大为吸盘;冬芽圆形,具 2-4 枚芽鳞。叶掌状分裂或 3 裂,有长叶柄。花两性,稀杂性;复聚伞花序,与叶对生,或密集于枝顶成圆锥状;花萼小,不分裂;花瓣 5,稀 4;雄蕊与花瓣同数且对生;花盘不明显或缺;子房 2 室,每室 2 胚珠。浆果,熟时蓝色或蓝黑色。有 1-4 种子;种子球形,腹部有 2 小槽。

约 15 种,分布于北美洲和亚洲。我国有 10 种,分布于西南至东部各省。安徽省有 3 种。

1. 叶二型;单叶 3 裂或不裂;复叶具 3 小叶:
　2. 花枝上的叶为单叶;幼枝及老枝下部的叶常 3 全裂
　　或为 3 小叶复叶 ………… 3. **爬山虎 P. tricuspidata**
　2. 花枝上的叶 3 小叶复叶;营养枝上的叶常为单
　　叶……………… 1. **异叶爬山虎 P. heterophylla**
1. 叶一型,掌状复叶具 5 小叶 …………………
　…………………… 2. **绿爬山虎 P. laetevirens**

1.　异叶爬山虎　　　　　图 707

Parthenocissus heterophylla（Bl.）Merr.

木质藤本;茎、枝无毛,髓心白色,片层状;卷须顶端有吸盘。叶二型,营养枝上的叶常为单叶,心形,长 2-4 厘米,边缘有稀疏小牙齿;花枝上的叶为三小叶复叶,具长柄,中间小叶长卵形至长卵状披针形,长 5-9 厘米,宽 2-5 厘米,先端渐尖,基部宽楔形或圆形,侧生小叶斜卵形,厚纸质,边缘有不明显的小齿,上面深绿色,下面淡绿色或苍白色,两面无毛;叶柄细弱,长 5-11 厘米。复聚伞花序,生于短枝顶端叶腋,短于叶柄;花萼全缘;花瓣 5 或 4;花柱圆柱形。浆果球形,熟时紫黑色。

产皖南山区黄山云谷寺、立马桥,休宁流口,绩

图 707　异叶爬山虎
1. 花枝;2. 花。

溪清凉峰永来,青阳,歙县清凉峰,太平;大别山区霍山青枫岭,金寨白马寨,潜山天柱山,六安,岳西等地。生于海拔 1100 米以下的岩石、树上、林下。分布于云南、广东、广西、福建、江西、湖南、贵州、四川、湖北、

浙江、台湾。

可用于庭园、棚架、墙壁等处的垂直绿化。

2. 绿爬山虎 图708

Parthenocissus laetevirens Rehd.

木质攀援藤本;幼枝近圆柱形,有微棱。掌状复叶,小叶3-5,狭倒卵形或倒卵形,长5-8厘米,宽2-4厘米,基部不偏斜,先端渐尖,基部楔形,边缘中部以上有锯齿,上面亮绿色,近于无毛,下面淡绿色,沿脉有灰黄色柔毛,侧脉7-10对,两面隆起,网脉较明显;总叶柄长6-8厘米,有稀疏短柔毛。复聚伞花序,开展,与叶对生。浆果球形,熟时紫黑色。花期6-7月,果期9-10月。

产皖南黄山桃花峰,绩溪清凉峰,祁门棕里,青阳九华山,歙县,太平,贵池,泾县,广德,宣城;大别山区霍山青枫岭,金寨白马赛,潜山天柱山万涧寨,岳西,舒城,庐江等地。生于海拔1000米以下的山坡、路旁、林下。分布于云南、广东、广西、福建、江西、湖南、贵州、四川、湖北、浙江、台湾。

可用于庭园、棚架、墙壁等处的垂直绿化,亦可制作盆景。

图708 绿爬山虎
1. 果枝;2. 花蕾;3. 雄蕊;4. 果实。

3. 爬山虎 爬墙虎 图709

Parthenocissus tricuspidata (Sieb. et Zucc.) Planch.

木质攀援藤本;枝条粗壮;卷须多分枝,顶端有吸盘。叶二型,宽卵形,长10-20厘米,宽8-17厘米,幼枝及老枝下部的叶常3全裂或为3小叶复叶,花枝上的叶为单叶,基部心形,边缘有粗锯齿,上面无毛,下面脉小有柔毛;叶柄长8-12厘米。复聚伞花序,生于短枝上,长4-8厘米;花5数;花萼全缘;花瓣顶端反卷,黄绿色;雄蕊5枚,与花瓣对生;花盘贴生于子房,不明显;子房2室,每室2胚珠。浆果球形,熟时蓝黑色,径6-8毫米。花期6月,果熟期9-10月。

产安徽省淮河以南各地,皖南山区黄山,绩溪清凉峰逍遥乡,祁门牯牛降,歙县,太平,贵池,宣城,芜湖;大别山区霍山青枫岭,金寨白马赛,潜山彭河板仓;江淮丘陵滁县皇甫山、琅琊山等地。生于海拔1000米以下的山坡、路旁、林下。分布于东北辽宁、吉林,南至广东、广西、西至贵州、四川、河南、陕西及华东各省(区)。

秋季叶变黄红色,为观叶植物,可用于庭园、棚架、墙壁、假山等处的垂直绿化,亦可制作盆景;有吸尘、

图709 爬山虎
1. 花枝;2. 花;3. 果实。

抗污染、降低噪音作用；根、茎入药，有破瘀血、消肿解毒之效；果可酿酒。

4. 崖爬藤属 Tetrastigma Planch.

落叶或常绿木质藤本。有卷须缠绕状或顶端有吸盘。掌状或鸟足状复叶，小叶 3-7，稀为单叶。伞房状的聚伞花序，腋生；花小，4 数，单性，雌雄异珠，或杂性；花萼浅碟状；花瓣顶端常有小尖头；雄蕊与花瓣对生；花盘与子房的基部合生；子房 2 室，每室 2 胚珠；花柱短，柱头 4 裂。浆果球形，有种子 2-4；种子腹背两面常有沟槽。

约 90 种，分布于亚洲热带和大洋洲。我国约 35 种，分布于西南、华南、北达秦岭。安徽省有 1 种。

三叶崖爬藤 图 710
Tetrastigma hemsleyana Diels et Gilg.

落叶攀援藤本；小枝细弱，无毛；卷须不分叉。掌状复叶，小叶 3，质薄，侧生小叶基部偏斜，中间小叶稍大，卵形或卵状披针形，长 3-7 厘米，宽 2-3 厘米，先端短渐尖或渐尖，有小尖头，边缘疏生浅锯齿，具腺尖头，上下两面具疏柔毛或近无毛；叶柄长 2-3 厘米。聚伞花序腋生；总花梗短于叶柄，长 2-2.5 厘米；花小，黄绿色；小花梗有短硬毛；花单性，雌雄异珠；花萼小；花瓣 4，顶端有不明显的小角；花盘明显；柱头 4 裂，呈星状开展。浆果球形，红褐色，熟时黑色。

产皖南山区歙县，太平；大别山区金寨，霍山等地。生于海拔 900 米以下的杂木林中。分布于云南、广东、广西、福建、浙江、江西、湖南、湖北、贵州、四川、台湾。

块根或全珠药用，有活血化瘀、解毒、化痰之作用。

5. 俞藤属 Yua C. L. Li

幼枝具 4 棱，掌状复叶，小叶 5 枚，两面均被白粉；卷须 2 叉分枝，先端无吸盘，纤细，非总状分枝。

因卷须先端纤细，无吸盘，故自爬山虎属中分出，另立一新属（new genus），称俞藤属。

1. 俞藤 粉叶爬山虎 图 711
Yua thomsonii（Laws.）C. L. Li［*Parthenocissus thomsonii*（Laws.）Planch.］

木质攀援藤本：枝紫色；卷须长而二叉分枝，末端无吸盘；幼枝 4 棱形。掌状复叶；小叶 5，稀 3，纸质，

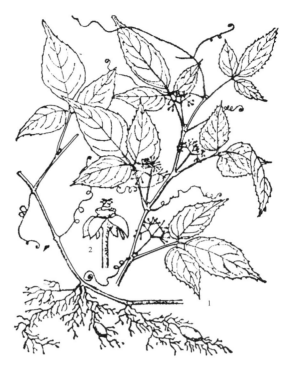

图 710 三叶崖爬藤
1. 花枝；2. 花。

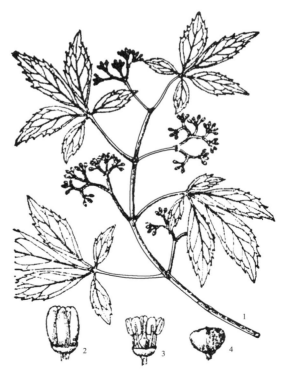

图 711 俞藤（粉叶爬山虎）
1. 花枝；2. 花；3. 花（去花瓣）；4. 果实。

卵形至披针状卵形，边缘中部以上有疏锯齿，上面沿中脉无毛，下面有短柔毛或近无毛，两面均被白粉，中间小叶较大，长 4-7 厘米，宽 1.5-3 厘米，侧生小叶较小；叶柄长 3-5 厘米。复聚伞花序，与叶对生：总花梗短于叶柄，长 2-2.5 厘米；花 5 数；花萼盘状，全缘；花瓣椭圆形，开展；花盘与子房贴生；花药黄色，花丝细弱；花柱钻状；子房 3 室。浆果扁球形，径 6-7 毫米，熟时黑色。

产皖南山区祁门牯牛降赤岭、观音堂，黄山，休宁，黟县，歙县，绩溪清凉峰永来；大别山区霍山佛子岭，金寨白马寨，潜山等地。生于海拔 800 米以下的山地、路旁、林下。分布于云南、贵州、广西、四川、湖南、湖北、江西、浙江。

果味甜可食；根药用，可治关节炎等症；亦可作公园、住宅绿化材料。但因卷须顶端无吸盘，故非理想之垂直缘化材料。

1a. 华西俞藤（变种）

Yua thomsonii（Lawb.）C. L. Li var. **glaucescens**（Diels et Gilg.）C. L. Li

本变种与原种区别在于叶下面苍白色，白粉秃净。

产大别山区潜山天柱山万涧寨。生于海拔 400-500 米处的林中。

6. 葡萄属 Vitis L.

落叶木质藤本，稀常绿。茎髓心褐色；卷须与叶对生，单一或分叉。单叶，互生，掌状分裂，稀为掌状复叶；托叶 2 枚，早落。圆锥花序，与叶对生；花小、绿色，5 数，两性或单性或为杂性异株；花萼小或不明显；花瓣顶部相连，基部分离，花后呈帽状脱落；花盘下位，含蜜腺 5；子房 2 室，每室 2 胚珠；花柱圆锥形。浆果球形或近球形，有 2-4 种子；种子梨形，基部具喙状尖头，腹面有 2 沟。

约 60 种，分布于温带至亚热带地区。我国约 27 种。安徽省有 13 种，3 变种，1 变型。

1. 小枝具刺：
  2. 小枝上皮刺较密，稀有小瘤状突起；果熟时蓝紫色 ················ **5. 刺葡萄 V. davidii**
  2. 小枝上皮刺较疏，有小瘤状突起；果熟时淡蓝色 ··········· **5a. 瘤枝葡萄 V. davidii** var. **cyanocarpa**
1. 小枝无刺：
  3. 小枝具腺状刚毛：
    4. 叶下仅密生柔毛，无腺状刚毛 ························· **1. 腺枝葡萄 V. adenoclada**
    4. 叶下密生柔毛，并杂生腺状刚毛 ························ **12. 秋葡萄 V. romanetii**
  3. 小枝和叶均无腺状刚毛：
    5. 叶菱状椭圆形或菱状卵形，基部楔形 ···················· **8. 菱状葡萄 V. hancockii**
    5. 叶心形、卵形或宽卵形，基部心形、截形或圆形：
      6. 叶无毛 ················· **4. 东南葡萄 V. chunganensis**
      6. 叶有毛，至少下面有疏柔毛：
        7. 下面密被绒毛，完全覆盖底面：
          8. 叶 3 裂：
            9. 叶长 4-8 厘米，3 深裂，下面密被灰色或锈色绒毛 ······ **3. 蘡奥 V. bryoniifolia** var. **mairei**
            9. 叶长 11-25 厘米，3 浅裂，稀不分裂或 3 深裂，下面密被白色绒毛 ······ **6. 桑叶葡萄 V. ficifolia**
          8. 不分裂或不明显 3 浅裂。叶下面仅有绒毛 ············ **11. 毛葡萄 V. quinquangularis**
        7. 叶下面疏被毛，不完全覆盖底面：
          11. 叶 3 裂：
            12. 叶基部心形，弯缺打开，边缘的牙齿较小；野生 ············ **2. 山葡萄 V. amurensis**

　　　12. 叶基部深心形：
　　　　　13. 网脉明显蜂窝状 ·· 9. **金寨山葡萄 V. jinzhaiensis**
　　　　　13. 网脉非峰窝状 ·· 13. **葡萄 V. vinifera**
　　　11. 叶不分裂或不明显 3 浅裂：
　　　　　14. 叶卵形，基部浅心形或截形，脉腋和脉上有蛛丝状毛：
　　　　　　　15. 叶较大，长达 11 厘米，宽达 9 厘米 ························ 7. **葛藟 V. flexuosa**
　　　　　　　15. 叶较小，长和宽均约 5 厘米 ·········· 7a. **小叶葛藟 V. flexuosa** var. **parvifolia**
　　　　　14. 叶心形、心状宽卵形或五角状卵形：
　　　　　　　16. 叶脉两面隆起，网脉明显 ·································· 14. **网脉葡萄 V. wilsonae**
　　　　　　　16. 叶脉平或微隆起，网脉不明显 ·················· 10. **华东葡萄 V. pseudoreticulata**

1.　腺枝葡萄
　　Vitis adenoclada Hand.-Mazz.
　　木质粗壮藤本；茎皮片状剥落；小枝无刺，有棕褐色短柔毛，并杂生腺刚毛。叶互生，卵圆形，长 6-9 厘米，宽 6-8 厘米，先端不裂或 3 浅裂，基部心形或近截形，边缘具浅锯齿，齿端有短尖头，上面脉上有短柔毛，下面密被灰色或灰褐色柔毛，无腺刚毛；叶柄长 6-10 厘米，有柔毛和腺刚毛。圆锥花序，与叶对生；花序轴密被锈色短毛；花淡黄绿色，5 数。浆果球形，熟时紫黑色。花期 5-6 月，果期 9 月。
　　产皖南山区祁门牯牛降赤岭，黄山；大别山区霍山黄巢寺。生于海拔 900 米以下的山林中。分布于湖南、山西中条山。

2.　山葡萄　　　　　　　　　　　　　　　　图 712
　　Vitis amurensis Rupr.
　　木质藤本；枝条有棱，幼嫩时绿色或紫红色，后为黄褐色，有细毛。叶互生，宽卵形，长 4-17 厘米，宽 4-18 厘米，先端尖锐，3 裂或不裂，基部宽心形，弯缺打开，边缘具浅锯齿，上面暗绿色，无毛，下面淡绿色，沿脉有短毛，脉腋有簇生毛；叶柄长 4-12 厘米，有疏毛。圆锥花序，与叶对生，长 8-13 厘米；花序轴被白色长柔毛；花小，黄绿色，直径约 2 毫米；雌雄异株；雄花雄蕊 5，雌蕊退化；雌花具 5 退化雄蕊；子房近球形；花盘浅杯状，无毛。浆果球形，径约 1 厘米，熟时蓝黑色，具蓝白色粉霜；种子 2-3，倒卵圆形，微带红色。花期 5-6 月，果熟期 8-9 月。
　　产大别山区霍山马家河万家红，舒城万佛山老佛顶。生于海拔 1200 米以上的山顶灌丛、石缝中，或 900 米以下的山林中。分布于山东、山西、河北、内蒙古及东北诸省。

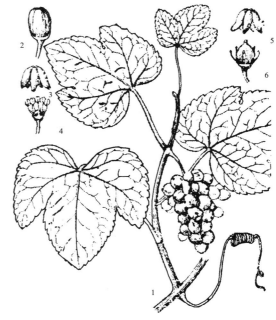

图 712 山葡萄
1. 果枝；2. 花蕾；3. 雄花花冠；4. 雄花（去花瓣）；5. 雌花花冠；6. 雌花。

3.　蘡薁（变种）　　　　　　　　　　　　　　　图 713
　　Vitis bryoniifolia Bunge var. **mairei**（Levl.）W. T. Wang［*V. adstricta* Hance］
　　木质藤本；幼枝有锈色或灰色绒毛；卷须不分叉或 1 次分叉。叶宽卵形，长 4-8 厘米，宽 3-5 厘米，3 深裂，中央裂片较大，菱形，再 3 裂或不裂，上面疏生短毛，下面密被灰色或锈色绒毛；叶柄长 1-3 厘米，密被灰色或锈色绒毛。圆锥花序，长 5-8 厘米；花序轴有锈色短柔毛；花小，径约 2 毫米，无毛；花萼盘状，全缘；花瓣 5，早落;雄蕊 5。浆果紫色,被紫色蜡粉,径 8-10 毫米。花期 4-5 月,果熟时 7-8 月。

产皖南山区广德、休宁、祁门;大别山区金寨天堂寨,潜山天柱山,霍山,舒城;江淮丘陵滁县皇甫山、琅琊山,庐江,合肥等地。生于海拔 1700 米以下的山林、路旁。分布于云南、广东、福建、浙江、江西湖南、湖北、江苏、台湾。

果实味酸,富含糖分,可酿酒;茎藤可作纤维或造纸;根及全株药用,可祛风湿、消肿毒。

4. 东南葡萄 图 714

Vitis chunganensis Hu

木质藤本;幼枝圆柱形,棕褐色,细条状剥落,无毛;卷须与叶对生。叶心形或宽卵形,纸质,长 9-19 厘米,宽 10-13 厘米,先端短渐尖,基部心形,微呈耳状,边缘有疏浅锯齿,上面淡绿色,下面被浓密白粉,无毛,侧脉在下面微隆起;叶柄长 7-8 厘米,无毛。圆锥花序,长约 10 厘米;花序轴疏被微柔毛;花小,淡黄绿色,无毛;花萼盘形,近全缘;花瓣 5,长约 1.5 毫米;花盘不明显。浆果球形,径约 1 厘米,暗紫色。

产皖南祁门安平山,休宁岭南。生于海拔 300 米以下的山林中。分布于广东、广西、贵州、湖南、江西、福建、浙江。

果可食用或酿制果酒。

5. 刺葡萄 图 715

Vitis davidii(Roman.)Foex

木质藤本;小枝密生直立或先端弯曲的皮刺,长 2-4 毫米;卷须分叉。叶宽卵形至卵圆形,长 5-15 厘米,宽 6.5-14 厘米,不裂或不明显 3 浅裂,先端短渐尖,基部心形,边缘有波状柔毛;叶柄长 6-13 厘米,疏生皮刺。圆锥花序,与叶对生,长 5-15 厘米;花小,直径约 2 毫米;花萼不明显 5 浅裂,无毛;花瓣 5,上部合生,早落;雄蕊 5。浆果球形,蓝紫色,径 1-1.5 厘米。花期 5 月,果期 9-10 月。

产皖南山区黄山,祁门牯牛降,歙县清凉峰,青阳九华山,黟县,休宁,贵池,泾县;大别山区霍山马家河,潜山天柱山、彭河、岳西、金寨,舒城,六安等地。生于海拔 1300 米以下的山谷、林下。分布于云南、贵州、湖南、江西、浙江、江苏、湖北、四川、甘肃和陕西。

果实可食或酿酒;叶经秋变红色,可观赏;种子

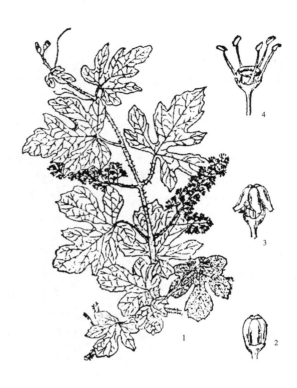

图 713 蘡薁
1. 花枝;2.3 花;4. 花(去花瓣)。

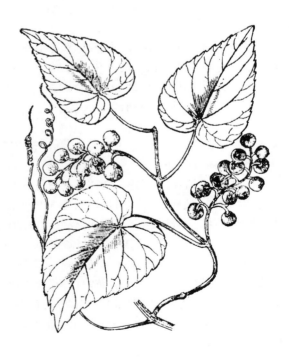

图 714 东南葡萄(果枝)

可榨油；根入药，可治筋骨伤痛。

5a. 瘤枝葡萄（变种）

Vitis davidii（Roman.）Foex var. **cyanocarpa**（Gagn.）Sarg.

本变种与原种区别在于小枝具黑色小瘤状突起；皮刺较稀疏；果熟时淡蓝色。

产皖南山区黄山桃花峰，祁门牯牛降观音堂，休宁，太平，黟县，广德，青阳九华山小天台。生于海拔 800 米以下的山林。分布于湖南、湖北、浙江、江西。

6. 桑叶葡萄　　　　　　　　图 716

Vitis ficifolia Bunge

木质藤本；小枝幼时有棱；幼枝、叶柄和花序轴均密被白色蛛丝状柔毛，后逐渐脱落；卷须长，分叉。叶宽卵形或卵形，长 11-25 厘米，宽 7-13 厘米，多为 3 浅裂，偶为 3 深裂或不裂，先端尖，基部宽心形或近截形，边缘有小齿，上面几无毛，下面有白色绒毛或灰白色蛛丝状柔毛；叶柄长 4-12 厘米。圆锥花序，长 10-15 厘米，分枝近水平开展；花具细梗，无毛；花萼不明显；花瓣 5，长圆形，长约 2 毫米，顶部合生，早落；雄蕊 5，与花瓣近等长。浆果球形，紫黑色，被紫色蜡粉，直径约 7 毫米；种子 1-4。花期 5-6 月，果熟期 7-8 月。

产大别山区潜山天柱山；江淮丘陵滁县皇甫山、琅琊山。生于海拔 850 米以下的林中。分布于江苏、浙江、湖北、陕西、河南、河北、山东、山西。

果可食，能止渴利尿，亦可酿酒。

7. 葛藟　　　　　　　　　图 717

Vitis flexuosa Thunb.

木质藤本；枝长细长，灰褐色，幼枝有灰白色绒毛，后变无毛。叶卵形或狭卵形，长 4-11 厘米，宽 3-9 厘米，不分裂，顶端渐尖，基部浅心形蓝天近截形，边缘有波状小齿牙，下面无毛，下面脉上有稀疏蛛丝状毛或短毛，脉腋间偶有簇生毛；叶柄长 3-7 厘米，有灰白色蛛丝状绒毛。圆锥花序；花单性，黄绿色；花萼盘形；雄花雄蕊 5，退化子房小；雌花子房圆锥形，有退化雄蕊 5。浆果球形，径 6-8 毫米，熟时黑色；种子 2-3。花期 6 月，果熟用 8-9 月。

全省广布。产皖南山区黄山桃花峰，绩溪永来；大别山区金寨白马寨，潜山天柱山，霍山，岳西；江

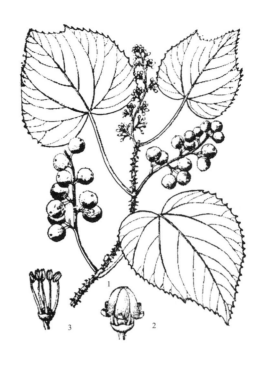

图 715　刺葡萄
1. 花枝和果枝；2. 两性花；3. 雄花（去花瓣）。

图 716　桑叶葡萄（花枝）

淮丘陵滁县皇甫山、琅琊山;淮北平原萧县皇藏峪。
生于海拔900米以下的低山丘陵。分布于长江流域以
南各省(区)。

果可生食或酿酒;根、茎、果可入药,用于治疗
关节酸痛;种子可榨油;可作葡萄砧木。

7a. 小叶葛藟 (变种)

Vitis flexuosa Thunb. var. **parvifolia** (Roxb.)
Gagn.

本变种与原种的区别在于叶较小,长和宽均为4-6
厘米。

产皖南山区黄山云谷寺,休宁岭南,绩溪清凉峰
银龙坞、永来;大别山区霍山佛子岭,金寨白马寨,
潜山天柱山,舒城万佛山;江淮丘陵滁县琅琊山。分
布于长江流域以南各省,北达陕西、河南。

8. 菱叶葡萄

Vitis hancockii Hance

落叶攀援藤本;小枝无刺,亦无刚毛。叶菱状椭
圆形或菱状卵形,基部宽楔形或楔形,边缘有稀疏的
浅锯齿,下面有疏柔毛;叶柄极短或近无柄。圆锥花序,
与叶对生;花淡绿色,花部5数。浆果球形,熟时黑色。
花期4-5月,果熟期7-8月。

产皖南山区休宁西田,黄山,歙县,青阳;江淮
丘陵枞阳等地。分布于江西、浙江、福建。

9. 金寨山葡萄　　　　　　图718

Vitis jinzhainensis X. S. Shen

藤本。茎长3-5米;小枝圆柱形,径约6毫米,
具细沟,无毛或近无毛。叶具长柄;叶厚纸质,宽卵
形或近圆形,长12-15厘米,基部宽深心形,顶端3
浅裂,裂片三角形,顶端急尖,缘具小牙齿,基出脉
5条,侧脉6-7对,下面隆起,形成明显网脉,网眼
浅蜂窝状,网脉及脉腋被短柔毛,上面叶脉凹陷;叶
柄长4-7厘米,无毛。圆锥花序长5-7厘米,花序梗
长2-3厘米,无毛;花未见。浆果球形,黑色,径8-9
毫米。

产大别山区金寨海拔1400米、马宗岭海拔800米。

10. 华东葡萄　　　　　　图719

Vitis pseudoreticulata W.T. Wang

木质藤本;枝条紫红色,有疏柔毛。叶心状宽卵形,薄纸质,长6-8厘米,宽7-10厘米,不裂或不明
显3浅裂,先端短渐尖,基部心形,边缘具粗锯齿,上面绿色,近无毛,下在面沿脉有灰色短毛或蛛丝状毛,

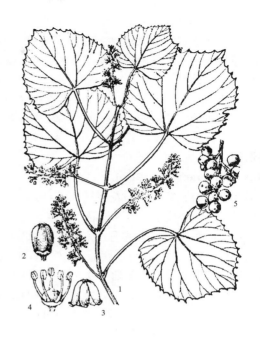

图 717 葛藟
1. 花枝; 2. 花蕾; 3. 帽状花冠; 4. 花(大花瓣); 5. 果序。

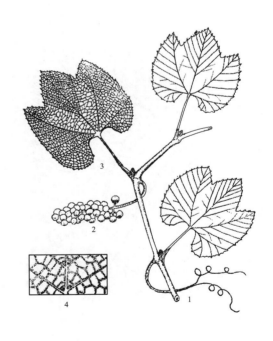

图 718 金寨山葡萄
1. 卷须; 2. 果; 3. 叶背; 4. 叶背放大。

侧脉几天隆起，网脉不明显；叶柄长 5-6 厘米，密被灰色蛛丝状毛，后渐脱落。圆锥花序，长 6-16 厘米，常自下部分枝，被短柔毛和蛛丝状毛；花萼盘状，直径约 1 毫米，边缘微波状；花瓣 5，长约 1.5 毫米，无毛；两性花的雄蕊长约 1.5 毫米，雄花雄蕊长达 2.2 毫米，花药卵形；花盘全缘。浆果球形，直径约 1 厘米，熟时紫色，外被白色蜡粉。

产皖南山区石台七都，太平龙源；大别山区潜山天柱山千丈崖、万润寨、彭河，岳西。生于海拔 850 米以下疏林中。分布于广西、湖南、江西、浙江、江苏。果可生食或酿酒。

11. 毛葡萄

图 720

Vitis quinquanglaris Rehd.

木质藤本；幼枝淡红色，与花序轴、叶柄均密生白色或浅褐色蛛丝状毛。叶卵形或五角状卵形，长 8-12 厘米，宽 6-8 厘米，不分裂或不明显 3 浅裂，顶端急尖，基部近截形或浅心形，边缘有波状小齿牙，嫩时上面有绒毛，后变光滑，下面密被淡褐色绒毛，完全覆盖底面；叶柄长 3-7 厘米，有毛。圆锥花序，长 8-15 厘米；花小，淡黄绿色，具细梗，无毛；花萼不明显；花瓣 5，长约 1.8 毫米；雄蕊 5。浆果球形，熟时紫黑色，直径 6-8 毫米；种子 1-3 枚。花期 6 月，果熟期 8-9 月。

产皖南山区绩溪清凉峰山荡，太平龙田；大别山区金寨白马寨，潜山天柱山万润寨，霍山，岳西；江淮丘陵滁县琅琊山等地。生于海拔 1700 米以下的沟边、林缘等处。分布于云南、广西、贵州、江西、浙江、江苏、湖北、四川、河南、甘肃、陕西及台湾。

果可食或酿酒；根皮入药，可调经活血、补虚。

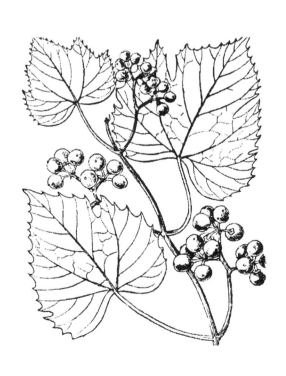

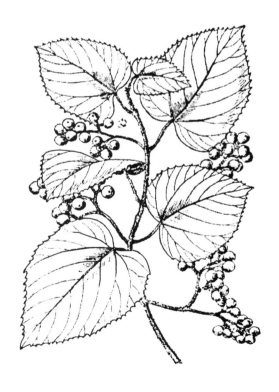

图 719 华东葡萄（果枝）　　　　　　　　图 720 毛葡萄（果枝）

12. 秋葡萄 图721

Vitis romanetii Roman.

木质藤本；幼枝密生柔毛，并杂生腺刚毛；老枝棕褐色。叶宽卵圆形或圆形，长 8-15 厘米，宽 7-14 厘米，不明显 3-5 浅裂或不裂，基部心形，边缘有浅圆锯齿，齿端有短尖头，上面脉上稍有毛，下面密被黄棕色蛛丝状毛，并杂生腺刚毛；叶柄长 7-10 厘米，具细柔毛和腺刚毛。圆锥花序，与叶对生；花序轴疏生短柔毛；花小形，淡黄绿色，无毛；花萼盘形，全缘；花瓣 5，长约 2 毫米，上部相互合生，早落；雄蕊 5。浆果球形，直径约 1 厘米，熟时紫黑色。花期 5 月，果熟期 7-8 月。

产皖南山区绩溪清凉峰荒坑岩，青阳；大别山区金寨白马寨，潜山天柱山万涧寨，舒城，岳西；江淮丘陵滁县琅琊山。生于海拔 1700 米以下的山谷、林中。分布于江苏、湖南、四川、湖北、甘肃、河南、山西。

果可生食，亦为酿酒原料。

13. 葡萄 图722

Vitis vinifera L.

木质藤本；茎皮片状剥落；卷须分叉。叶卵圆形，长和宽均为 7-15 厘米，3 深裂至中部，先端尖，基部深心形，弯缺常闭锁，边缘有粗齿，两面无毛或下面有短柔毛；叶柄长 4-8 厘米。圆锥花序，与叶对生；花杂性异株，淡黄绿色；花萼盘形；花瓣 5，长约 2 毫米，下部合成帽状，早落；雄蕊 5 枚。浆果球形或椭圆形，外被白粉。花期 4-5 月，果熟期 8-9 月。

安徽省各地广泛栽培。原产亚洲西部。我国北部、西部栽培普遍，品种繁多。

果实为著名果品，食用或制作葡萄酒或葡萄干；果皮可作食用色素；果渣可提取酒石酸，亦可入药；根藤入药，可止呕、安胎。

图 721 秋葡萄
1. 花枝；2. 花瓣；3. 花（去花瓣）；4. 果实。

图 722 葡萄
1. 果枝；2. 雌花；3. 雄花（去花瓣）。

14. 网脉葡萄 图 723

Vitis wilsonae Veitch.

木质藤本；幼枝近圆柱形，有白色蛛丝状柔毛，后变无毛。叶心形或心状宽卵形，长 8-15 厘米，宽 5-15 厘米，不裂或不明显 3 浅裂，边缘有小牙齿，下面沿脉有锈色蛛丝状毛，叶脉两面隆起，网脉明显，两面常月白粉；叶柄长 4-7 厘米。圆锥花序，长 8-15 厘米；花小，淡绿色；花萼盘形，全缘；花瓣 5；雄蕊 5 枚。浆果球形，直径 7-12 毫米，蓝黑色，有白粉。

产皖南山区黄山桃花峰、狮子峰，绩溪清凉峰；大别山区金寨白马寨，潜山天柱山燕子河。生于海拔 1600 米以下的山谷、林缘。分布于云南、四川、贵州、湖南、湖北、浙江。

图 723 网脉葡萄
1. 花枝；2. 花蕾；3. 雄蕊；4. 果实。

74. 紫金牛科 MYRSINACEAE

常绿灌木、半灌木或小乔木，稀藤本。单叶，互生，稀对生或近轮生，全缘或具锯齿，常具腺点或腺状条纹，无托叶。总状、圆锥状、聚伞状、伞形或近伞形花序，顶生、腋生或簇生于具鳞片的短枝上或侧生于特殊花枝上，具苞片，有时具小苞片；花两性或单性，辐射对称，4-5 基数，稀 6 数；花萼基部连合或近分离，与花冠常具腺点，宿存；花冠通常深裂至基部或连合，裂片覆瓦状、镊合状或回旋状排列；雄蕊与花冠裂片同数而对生，花丝分离或仅基部连合，花药纵裂，稀孔裂；子房上位，稀半下位，1 室，花柱单一，柱头点状、盘状、头状，或扁平成舌状、流苏状，稀浅裂，胚珠少至多数，特立中央胎座或基生胎座。浆果状核果，稀蒴果，不裂或不规则开裂，外果皮多为肉质；种子 1 或多粒，具肉质或角质胚乳。

约 35 属 1000 余种，主要分布于南、北半球热带和亚热带地区。我国有 6 属 129 种 18 变种，主要分布于长江流域以南各省（区）。安徽省有 3 属，8 种，1 变种，1 变型。

1. 子房半下位；花萼基部或花梗上有 1 对小苞片；果实有多数种子；种子有棱 ·················· 2. **杜茎山属 Maesa**
1. 子房上位；花萼基部或花梗上无小苞片；果实有 1 粒种子；种子常无棱。
  2. 花两性，花冠裂片在蕾中呈右向旋转状排列，花柱细长 ·················· 1. **紫金牛属 Ardisia**
  2. 花单性，偶两性，花冠裂片在蕾中呈覆瓦状或镊合状排列，花柱短 ·················· 3. **铁仔属 Myrsine**

1. 紫金牛属 Ardisia Swartz.

灌木或半灌木，稀小乔木。叶互生，稀对生或近轮生，有时簇生，全缘或有锯齿，具边缘腺点或无。聚伞花序、伞形花序、或近伞形花序，顶生或腋生，着生于侧生花枝上；花两性，常为 5 基数；花萼分离或仅基部连合，具腺点；花冠深裂至基部至基部附近连合，右向旋转状排列，常具腺点；雄蕊着生于花冠基部，花丝短，花药几与花冠裂片等长；子房上位，常为球形或卵球形，花柱丝状，柱头点状。浆果状核果，球形或扁球形，常呈红色，具腺点，内果皮硬壳质或骨质，有种子 1 粒；种子球形或扁球形，基部内凹，胚乳丰富。

约 300 种，主要分布于热带美洲、太平洋诸岛及亚洲东部至南部。我国有 68 种 12 变种，分布于长江流域以南各地。安徽省有 6 种，1 变种，1 变型。

1. 叶缘具浅圆齿或极浅的齿牙，齿缝间或齿尖具边缘腺点：
  2. 叶片革质或厚纸质；侧生花枝常有叶：
    3. 叶缘齿缝间具边缘腺点：
      4. 叶缘近全缘或有不规则浅圆齿，齿缝间边缘腺点不明显；花梗被细柔毛；植株高 20 厘米以下 ······
      ·················· 1. **九管血 A. brevicaulis**
      4. 叶缘皱波状，具圆齿，齿缝间边缘腺点明显；花梗无毛；植株高达 40 厘米以上 ··············
      ·················· 3. **朱砂根 A. crenata**
    3. 叶缘齿缝间具略突出的边缘腺点，边缘脉靠近叶缘 ·················· 5. **大罗伞树 A. hanceana**
  2. 叶片膜质，长为宽的 4 倍以上；侧生花枝常无叶 ·················· 4. **百两金 A. crispa**
1. 叶缘具锯齿，齿缝间或齿尖无边缘腺点：
  5. 叶片下面疏被鳞片；萼裂片三角状卵形，花冠无腺点 ·················· 2. **小紫金牛 A. chinensis**
  5. 叶片无毛或下面中脉被细柔毛；萼裂片卵形，花冠具腺点 ·················· 6. **紫金牛 A. japonica**

1. 九管血 血党 图 724
Ardisia brevicaulis Diels

半灌木，具匍匐根状茎，高 15-20 厘米，茎不分枝，皮灰棕色，幼嫩时被微柔毛。叶厚纸质，长圆状椭圆形、狭卵形或椭圆状卵形，长 7-15 厘米，宽 3.5-7 厘米，先端急尖或渐尖，基部宽楔形至近圆形，边缘全缘或疏具浅圆齿，两面具稀疏腺点，下面被褐色微柔毛，侧脉 12-15 对，至近叶缘处上弯，连成不规则的边脉，边缘腺点较密；叶柄长 0.7-1.5 厘米，被微柔毛。伞形花序着生于侧生花枝顶端，有花 5-12 朵；花枝上 1.5-7 厘米，近顶端有 1-2 片苞叶；花梗长 5-12 毫米；花萼基部连合，裂片卵形或披针形，长 2-3 毫米，具黑色腺点；花冠白色，略带粉红色，裂片卵形，具黑色腺点；雄蕊短于花冠，花药披针形，背部具腺点；雌蕊与花冠几等长。果直径 4-5 毫米，疏具黑腺点，熟时紫红色，果梗红色，宿存萼浅红色。花期 6-7 月，果期 10-12 月。

产皖南山区祁门牯牛降，休宁岭南三溪等地。生于海拔 500 米以下的林下、竹林、河旁。分布于浙江、江西、福建、湖北、湖南、广东、广西、四川、贵州、云南、台湾。

全株入药具有清热解毒辣、祛风湿等作用。

图 724 九管血（血党）

2. 小紫金牛
Ardisia chinensis Benth.

小灌木，具蔓生走茎，匍匐生根；茎常丛生，高 15-45 厘米，幼时被锈色微柔毛与褐色鳞片，后渐脱落而具皱纹。叶厚纸质，倒卵状椭圆形或椭圆形，长 3-7 厘米，宽 1-2.5 厘米，先端急尖或渐尖，基部楔形，边缘中部以上具波状齿，下面被褐色鳞片，侧脉多数，直达叶缘；叶柄长 2-5 毫米。花序近伞状，有花 3-5 朵，单生于叶腋或近顶生；总花梗长 1.5-2 厘米，花梗长 5-8 厘米，着生顶端的花梗则与总花梗近等长，均被柔毛和灰褐色鳞片；花萼裂片三角状卵形，具缘毛，具疏腺点或无；花冠白色，裂片宽卵形，无腺点；雄蕊较花冠短，花药卵形，急尖；雌蕊与花冠近等长。果直径 4-5 毫米，由鲜红转为黑紫色，具纵条纹。花期 5-6 月，果期 11-12 月。

产皖南山区黄山北坡松谷庵。生于海拔 600 米以下的山谷阴湿处。分布于浙江、江西、福建、广东、广西、台湾。

全株可入药，功效同紫金牛；可用于室内花卉装饰。

3. 朱砂根 图 725
Ardisia crenata Sims

小灌木，高 0.4-1.5 米，全体无毛。根肥大，肉质，外皮微红色。叶互生，常聚枝顶，椭圆形、椭圆状披针形至倒披针形，长 6-14 厘米，宽 1.8-4 厘米，先端渐尖或急尖，基部楔形，边缘皱波状，具圆齿，齿缝间有黑色腺点，两面具点状凸起的腺体，侧脉 12-18 对，连成不规则的边脉；叶柄长约 1 厘米。伞形或聚伞花序，生于侧枝顶端和叶腋，有花 5-10 朵；花枝长 4-10 厘米，近顶端常具 2-3 片叶，稀无叶；花梗长 7-15 毫米；花萼仅基部连合，裂片卵状椭圆形，长约 1.5 毫米，具腺点；花冠粉红色，裂片 5，卵形，基部连合，盛开时常翻卷，具腺点；雄蕊较花冠略短，花药箭状卵形，背部具腺点；雌蕊与花冠近等长，子房具腺点。果球形，直径 5-7 毫米，鲜红色,花柱与花萼宿存。花期 6-7 月,果期 10-11 月。

产皖南山区黄山,祁门牯牛降,休宁岭南,歙县清凉峰,青阳九华山;大别山区霍山青枫岭,舒城万佛山等地。生于海拔 800 米以下的林下阴湿处。分布于长江流域以南地区及西藏东南部;印度、缅甸、马来西亚、印度尼西亚、朝鲜及日本亦有分布。

根入药,具有清热解毒、活血祛瘀之功效;果榨油,可制皂;叶绿果红,悬垂枝顶,甚为美观,可制作盆景或作地被观赏。

3a. 红凉伞（变型）

Ardisia crenata Sims f. **hortensis**（Migo）W. Z. Fang et K. Yao

本变型与原种的主要区别在于叶片下面、花梗、花萼均呈紫红色,叶下面有明显紫红色粒状腺点。

产皖南山区太平贤村,泾县小溪,祁门,黟县,歙县,休宁;大别山区霍山青枫岭,岳西文坳、河图,太湖大山乡等地。生于海拔 1000 米以下的山谷、林下、河旁。分布于浙江、江西、福建、湖南、广东、广西、四川、贵州、云南。

美丽的观赏植物,最宜盆栽。

4. 百两金　　　　　　　　　图 726

Ardisia crispa（Thunb.）A. DC.

灌木,具匍匐根状茎,高 0.5-1 米,除侧生花枝外,无分枝。叶膜质或近纸质,狭长圆状披针形或椭圆状披针形,长 7-22 厘米,宽 1.5-4.5 厘米,先端长渐尖,基部楔形,边缘全缘或略叶波状,具明显的边缘腺点,两面无毛,下面有较边缘腺点细的黑色腺点,侧脉 8-10 对,不连结成边脉;叶柄长 5-8 毫米。花序近伞形,顶生于侧生花枝上;总花梗长 5-10 厘米,通常无叶;花梗长 1-1.5 厘米,微弯,被细柔毛;花萼裂片长圆状卵形,顶端急尖或钝,长约 1.5 毫米,具 3 条纵脉,散生腺点;花冠白色或略带红色,裂片卵形,长 4-5 毫米,具腺点;雄蕊较花冠略短,花药披针形,背部无或有少数腺点;雌蕊与花冠等长或略长。果直径 4-6 毫米,鲜红色,具疏腺点。花期 5-6 月,果期 10-11 月。

产皖南山区黄山云谷寺、回龙桥,祁门牯牛降,太平,石台牯牛降;大别山区太湖大山等地。生于海拔 1200 米以下的山谷。分布于长江流域以南至广东、广西。日本及印度尼西亚亦有。

根与叶可入药;果可食;种子可榨油,供制皂用;叶经冬不凋,果实红丽,适于盆栽观赏。

图 725　朱砂根
1. 果枝；2. 果裂开。

图 726　百两金

4a. 细柄百两金 （变种）

Ardisia crispa（Thunb.）A. DC. var. **dielsii**（Levl.）Walker

本变种与原种区别在于植株矮小，高 30-60 厘米；叶片狭而长，狭披针形，长 7-21 厘米，宽 1-2.5 厘米，侧脉极弯曲上升，叶柄长约 5 毫米；花枝近顶端具 1-2 片叶或无。

产大别山区霍山青枫岭，海拔 600 米左右的林下。分布于广东、广西、四川、贵州、云南及台湾；日本亦有。全株入药，有消炎止血作用，可治刀伤、喉痛等。

5. 大罗伞树

Ardisia hanceana Mez.

灌木，高 0.5-2 米，无毛，除侧生花枝外，无分枝。叶厚纸质，椭圆状或长圆状披针形，稀倒卵形或倒披针形，长 6-17 厘米，宽 1.5-3.5 厘米，先端急尖或渐尖，基部楔形，近全缘或具边缘反卷的波状圆齿，齿尖具边缘腺点，下面近边缘常具隆起的疏腺点，侧脉 12-18 对，隆起，近边缘连成边缘脉，边缘常明显反卷；叶柄长 0.5-1.5 厘米，被细柔毛。花序近复伞形，无毛，着生于顶端下弯的侧生花枝上；花枝长 7-24 厘米，上部具少数叶；总花梗长 1-2.5 厘米；花梗长 1-1.7 厘米；花萼仅基部连合，裂片卵形，长 1.5-2 毫米，具不明显的腺点；花冠白色或带紫色，长 4-5 毫米，裂片卵形，具腺点，内面近基部具乳头状突起；雄蕊、雌蕊与花冠等长，花药箭状披针形，背部疏生腺点。果球形，直径 6-8 毫米，深红色。花期 5-6 月，果期 10-11 月。

产皖南山区黄山汤口至温泉。生于海拔 1000 米以下的山谷、林下。分布于浙江、江西、福建、湖南、广东、广西。喜生于强酸性土壤。

6. 紫金牛 图 727

Ardisia japonica（Thunb.）Blume

小灌木，具匍匐茎，长而横走，稍分枝；茎高 20-40 厘米，不分枝，幼时密被短柔毛，后渐无毛。叶对生或近轮生，常 3-4 枝聚生于茎顶，厚纸质，狭椭圆形至宽椭圆形，或为椭圆状倒卵形，长 3-9 厘米，宽 1-4.5 厘米，先端急尖，基部狭楔形至楔形，边缘具细锯齿，散生腺点，除下面中脉被细柔毛外，两面无毛，侧脉 5-8 对，细脉网状；叶柄长 6-10 毫米，被细柔毛。花序近伞形，腋生，有花 2-5 朵，稀 7 朵，常下垂；总花梗长 5-7 毫米，花梗长 6-10 毫米，均被微柔毛；花长 4-5 毫米；萼裂片三角状卵形，带红色，具缘毛；花冠白色或带粉红色，裂片宽卵形，具红色腺点；雄蕊较花冠略短，花药披针状卵形，背部具腺点；雌蕊与花冠等长。果直径 6-8 毫米，由鲜红色转为紫黑色，具疏腺点。花期 5-6 月，果期 9-11 月。

产皖南山区黄山云谷寺，祁门牯牛降，黟县；大别山区霍山青枫岭，金寨白马寨、岳西田林、大王沟，太湖大山，舒城万佛山等地。生于海拔 1000 米以下的林下，河旁阴湿处，常成小片生长。分布于陕西至长江流域以南各省（区）；朝鲜、日本亦有。

根及全株入药，具有止咳化痰、祛瘀解毒、利尿

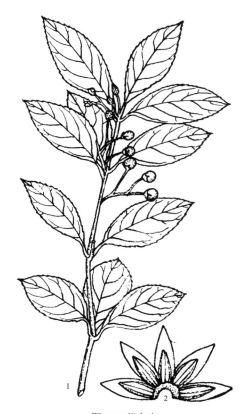

图 727 紫金牛
1. 果枝；2. 花瓣、雄蕊展开。

止痛之效，主治咽喉肿痛、关节疼痛、闭经、肺结核、慢性支气管炎、黄疸性肝炎及劳损等疾病；枝叶常绿，果实红艳，悬生枝上经久不凋，制作盆景或配置于花坛、假山、篱笆墙等处最为适宜。

2. 杜茎山属 Maesa Forsk.

灌木，直立或呈攀援状。叶片全缘或具锯齿，常具腺状条纹或腺点。总状花序或圆锥花序，常腋生；苞片小，小苞片2，常紧贴于花萼基部或着生于花梗上；花5基数，两性或单性；花萼漏斗状，下部与子房贴生，萼裂片镊合状排列，具腺状条纹或腺点，宿存；花冠白色或淡黄色，钟形，常具腺状条纹；雄蕊着生于花冠筒上，与花冠裂片对生，花丝短，分离，花药卵形或肾形，2室，纵裂；子房半下位，花柱短，圆柱形，柱头不分裂或3-5浅裂，胚珠多数。肉质浆果或干果，顶端具宿存花柱，常具腺状条纹或纵行肋纹；种子细小，多数，具棱。

约200种，主要分布于东半球热带地区，少数分布于大洋洲或太平洋诸岛。我国有29种1变种，主要分布于长江流域以南各地。安徽省有1种。

杜茎山

Maesa japonica（Thunb.）Moritzi. ex Zoll.

灌木，有时攀援状，高1-5米，全株无毛；小枝具细条纹，疏生皮孔。叶厚纸质或革质，椭圆形、椭圆状披针形或长圆状倒卵形，长5-14厘米，宽2-6厘米，先端渐尖、急尖或钝，稀尾状渐尖，基部楔形、钝或圆形，全缘或中部以上具稀疏粗锯齿，下面中脉明显隆起，侧脉5-8对，先端直达齿端；叶柄长5-13毫米。总状花序常单生或2-3个聚生叶腋，长1-4厘米；苞片卵形；花梗长2-3毫米；小苞片宽卵形或肾形，紧贴花萼基部；花萼长约2毫米，萼裂片卵形，具明显的腺状条纹；花冠长3-4毫米，具腺状条纹；雄蕊着生于花冠筒中部以上，内藏，花丝与花药等长，花药卵形，背部具腺点；柱头分裂。果球形，直径4-5毫米，肉质，具腺状条纹。花期3-4月，果期10月，稀5月。

产皖南山区祁门牯牛降、查湾，休宁岭南；大别山区太湖大山乡等地。生于海拔500米以下的林下阴湿处。分布于浙江、江西、福建、湖北、湖南、广东、广西、四川、云南、台湾。日本及越南北部亦有。

全株供药用，具有消肿、解毒、祛风寒之功效，茎叶外敷可治跌打损伤。

3. 铁仔属 Myrsine L.

半灌木或灌木；小枝纤细，被毛或无毛。叶缘常具锯齿，有时具腺点；叶柄常下延至小枝上，形成棱角。花序近伞形或簇生，腋生、侧生于短枝顶端或生于无叶的老枝叶痕上；花单性，雌雄异株或两性花与单性花同株，每花基部具1苞片，4-5数；花萼分离或仅基部连合，萼裂片覆瓦状排列，宿存；花冠常深裂至基部，具缘毛及褐色腺点；花丝分离或基部连合，常短于花药，花药卵形或肾形；子房上位，卵形或近椭圆形，花柱短圆柱形，柱头点状、微裂或成流苏状，胚珠少数，1轮。浆果状核果，内含种子1粒。

约7种，分布于非洲、亚洲热带、亚热带地区。我国有4种，分布于长江流域以南各省（区）。安徽省有1种。

光叶铁仔　　　　图 728

Myrsine stolonifera（Koidz.）Walker

灌木，高0.6-3米；小枝圆柱形，紫褐色，无毛。叶片近革质，椭圆状披针形或长椭圆形，稀倒卵形，

图 728 光叶铁仔

长 3-10 厘米，宽 1.5-4 厘米，先端长渐尖或渐尖，基部楔形，全缘或中部以上具 1-2 对齿，无毛，上面中脉凹下，侧脉微隆起，下面中、侧脉均隆起，边缘具腺点，其余部分密生小窝孔；叶柄长 0.5-1 厘米，下延不明显。花 5-6 朵簇生于具鳞片的裸枝叶痕上或腋生；苞片戟形或披针形；花梗长 2-3 毫米；花长约 2.5 毫米，5 基数；两性花花萼裂片狭椭圆形，具腺点；花冠白色或粉红色，基部稍连合，裂片长圆形或匙形，长于萼裂片 1 倍，外面具腺点，内面密布乳头状突起；雄蕊长约为花冠的一半，花丝与花药等长或稍长，花药近肾形，背部具腺点；子房卵形，花柱细长，柱头点状或微 2 裂。果球形，直径 3-5 毫米，紫红色后转蓝黑色。花期 4-6 月或 10-11 月，果期翌年 10-11 月。

产皖南山区黄山云谷寺、松谷庵，祁门牯牛降，歙县清凉峰，石台牯牛降等地。生于海拔 1200 米以下的林下。分布于浙江、江西、福建、广东、广西、四川、贵州、云南、台湾。日本亦有。

枝、叶入药可治牙痛、刀伤、肠炎、风湿及子宫脱垂等；叶经冬犹存，果实艳丽，长存枝上，不失为观赏植物中的佳品，可用于庭院、墙壁等处的绿化。

75. 柿树科 EBENACEAE

乔木或灌木。单叶，互生，稀对生或轮生，全缘；无托叶。单生或聚伞花序；花单性，稀两性，雌雄异株或杂性同株；花萼 3-5 裂，宿存，常在果时增大；花冠钟状、坛状或管状，3-5 裂，裂片常为旋转状排列，稀覆瓦状或镊合状排列；雄蕊常为花冠裂片数的 2-4 倍，或同数而互生，花丝分离或 2 枚连合成对，着生在雌蕊下或花冠筒的基部，花药 2 室，纵裂；雌花中常有退化雄蕊；子房上位，2-16 室，每室有 1-2 胚珠，中轴胎座，花柱 2-8，分离或基部连合；雄花中有不发育子房。浆果肉质；种子有丰富的胚乳，胚直立。

约 5 属 300 余种，广布于热带地区。我国有 1 属约 56 种，主要分布于西南至东南地区。安徽省有 1 属，4 种，2 变种。

柿属 Diospyros Linn.

乔木或灌木；冬芽卵形，具 3 枚鳞片，无顶芽。单叶，互生，稀对生，全缘。单生或为聚伞花序；花雌雄异株或杂性同株；花萼 3-5 裂；花冠钟状、坛状或管状，3-5 裂；雄花有雄蕊 3 至多数及退化子房；雌花有 0-10 退化雄蕊；子房上位，2-16 室，每室有 1-2 胚珠，花柱或柱头 2-8。浆果球形或椭圆形，有增大的宿存萼片；种子长圆形，常两侧压扁，有丰富胚乳。

200 余种，广布于热带地区。我国有 56 种，主要分布于西南部至东南部，北至辽宁。安徽省有 6 种，2 变种。

1. 枝具刺，小枝有毛；花萼近全裂 ················· 6. **老鸦柿 D. rhombifolia**
1. 枝无刺，小枝无毛或有毛；花萼深裂或浅裂：
  2. 常绿灌木或小乔木；小枝无毛；叶片革质 ············· 4. **罗浮柿 D. morrisina**
  2. 落叶乔木或灌木；小枝有毛或无毛；叶片纸质或膜质：
    3. 叶下面常为灰白色；浆果无毛，直径 1.5-2 厘米，熟时红色或蓝黑色，常被白粉：
      4. 芽常钝头，有毛；小枝无毛或近无毛，有明显长圆形或线形皮孔；叶基部截形、圆形或浅心形；果径 1.5-2 厘米，熟时红色；果萼 4 深裂 ······ 1. **粉叶柿 D. glaucifolia**
      4. 芽常尖头，无毛；小枝有毛，疏生圆形皮孔，无光泽；叶基部楔形或宽楔形；果径 1.5 厘米，熟时蓝黑色；果萼 4 中裂或深裂 ········· 3. **君迁子 D. lotus**
    3. 叶下面不为灰白色；浆果有毛或无毛，直径 3-8 厘米：
      5. 树皮灰白色，豹皮状，大片状剥落；浆果熟时黄绿色，有黄褐色毛，并有粘胶状物渗出 ················ 5. **油柿 D. oleifera**
      5. 树皮灰黑色，方块状纵裂；浆果熟时多为橙黄色，无毛，无粘胶状物渗出 ········· 2. **柿 D. kaki**

1. 粉叶柿 浙江柿 图 729
Diospyros glaucifoila Metc.
落叶乔木，高 5-25 米；树皮灰褐色，块状纵裂；小枝灰褐色，近无毛，有灰白色长圆形或近线形皮孔；芽较小，长 3-4 毫米，扁圆形，钝状，有毛。叶片纸质，宽椭圆形、卵形、卵状椭圆形或卵状披针形，长 6-17 厘米，宽 3-8 厘米，先端急尖或渐尖，基部截形、圆形或浅心形，上面深绿色，下面灰白色，两面无毛或下面有毛，有白粉，侧脉 6-7 对；叶柄长 1-3.5 厘米。花单生或 2-3 朵聚生叶腋，总花梗有锈红色毛；花单性，常雌雄异株；雄花未见；花梗极短；花萼 4 浅裂，长 3-4 毫米，裂片宽三角形，长 1.5 毫米，有毛；花冠坛状，长约 1 厘米，基部乳白色，4 裂，裂片顶端带紫红色，边缘具少数短柔毛。浆果球形，直径 1.5-2.5 厘米，熟时红色，被白霜；果梗粗短，长约 2 毫米；果萼长 7-8 毫米，宽 6-8 毫米，外面有伏毛。花期 5-6 月，果期 8-10 月。

产皖南山区黄山，歙县清凉峰猴生石，泾县小溪；大别山区霍山青枫苓黄巢寺，金寨白马寨，潜山天柱山万涧寨，舒城万佛山等地。生于海拔 900 米以下的山谷、河旁、林下。分布于浙江、江西、福建。

2. 柿

图 730

Diospyros kaki Thunb.

落叶小乔木，高 4-10 米；树皮灰黑色，块状纵裂；幼枝有绒毛；老枝灰白色，有长圆形皮孔。嫩叶片膜质，老叶厚纸质宽椭圆形、长圆状卵形或倒卵形，长 5-16 厘米，宽 3-10 厘米，先端急尖或凸渐尖，基部宽楔形或近圆形，上面深绿色有光泽，下面疏生褐色柔毛；叶柄长 1.5-4 厘米，有毛。花雌雄异株或杂性同株。雄花：3 朵集成短聚伞花序，总花梗长 3-5 毫米；苞片披针状线形，长约 6 毫米；花梗长 2-8 毫米；花萼 4 深裂，长 4-6 毫米，裂片披针形；花冠坛状，黄白色，长 9-10 毫米，花冠筒长约 6 毫米，裂片狭卵形；雄蕊 16 枚，有毛。雌花单生于叶腋，花梗长 0.8-1.3 厘米；花萼长约 1.3 厘米，萼筒有毛，4 深裂，裂片宽三角形，长约 8 毫米，无毛，果时可达 2 厘米；花冠白色，坛状，长 1-1.2 厘米；子房卵形，无毛，花柱 4 裂，有毛；退化雄蕊 8 枚。浆果圆形或扁球形，直径 3.5-8 厘米，熟时橙黄色或桔红色，有光泽，无毛；果梗粗壮，长 8-10 毫米，有毛。花期 4-5 月，果熟期 8-10 月。

产皖南山区黄山，旌德，太平龙源，石台七都；大别山区霍山青枫岭；江淮丘陵和县，滁县琅琊山；淮北平原各地等。分布于长江流域各省（区）；日本及印度亦有。

木材质硬耐腐，纹理细，可作家具及细木工等用材；果可鲜食或制柿饼、饮料等，为我国主要水果之一，栽培历史悠久，品种繁多，主要分为涩柿和甜柿两大类；柿霜及柿蒂入药，有止咳祛痰之效；柿漆可油漆雨伞等；秋季树叶金黄，果实艳丽，悬挂树上经久不落，为良好的绿化及观赏树种。

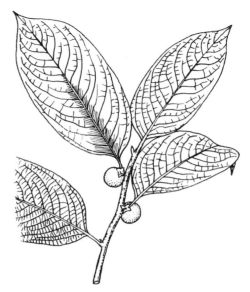

图 729 粉叶柿（浙江柿）（果枝）

图 730 柿
1. 花枝；2. 果。

2a. 野柿（变种）

Diospyros kaki Thunb. var. **sylvestris** Makino

本变种与原种区别在于小枝及叶柄密生黄褐色短柔毛；叶片较柿树小且薄，少光泽；子房有毛；果实直径 1.5-5 厘米，较小，种子多数。

产皖南山区黄山，祁门牯牛降，青阳九华山；大别山区霍山青枫岭，岳西河图，潜山天柱山；江淮丘陵滁县，含山昭关，庐江冶山，来安半塔等地。分布于华东、华南、华中及西南地区；日本亦有。

果可食用，亦可提取柿漆；可作用材和柿树砧木。

3. 君迁子 黑枣 图 731

Diospyros lotus L.

落叶乔木，高 3-20 米；树皮灰褐色，不开裂；幼枝灰褐色，有短柔毛，老时脱落，有稀疏白色圆形皮孔，无光泽；芽稍压扁，尖头，长约 4 毫米，无毛。叶片纸质，椭圆形、长圆状椭圆形或长椭圆形，长 5-10 厘米，宽 2.5-6 厘米，先端渐尖或长渐尖，基部楔形或宽楔形，稀圆形，上面密生短柔毛，后脱落，下面粉绿色，毛较长，叶脉上尤甚，侧脉 7-10 对；叶柄短，长 0.6-1 厘米，有毛。花单性，雌雄异株。雄花：2-3 朵簇生叶腋，近无柄；花萼长约 2 毫米，4 中裂，裂片长约 1 毫米，宽三角形；花冠坛状，白色，长 6-8 毫米；雄蕊 16 枚，着生于花冠筒基部，花丝及药隔有毛，内有退化子房。雌花：单生，近无柄；花萼 4 浅裂，裂片宽卵形，先端急尖近钝圆，外面有短毛；花冠坛状，有退化雄蕊 8 枚；子房 8 室，每室 1 胚珠，花柱 4，分离，基部有毛。浆果长圆形或近球形，熟时蓝黑色，具蜡粉而无毛，长 1.5-1.7 厘米，直径 1.3-1.4 厘米；果萼长 6-8 毫米，宽 8-9 毫米，近中裂或深裂，先端急尖或钝圆，有脱落性毛。花期 5-6 月，果期 10-11 月。

产皖南山区太平龙源，休宁，广德，泾县，绩溪，宁国，繁昌，郎溪；大别山区霍山马家河，金寨白马寨、鲍家窝，潜山彭河、天柱山，舒城万佛山；江淮丘陵滁县琅琊山等地。生于海拔 1000 米以下的山谷、林下。分布于辽宁、河北、山东、山西、中条山、陕西、甘肃、江苏、浙江、江西、湖北、湖南、广东、四川、云南等省。

果可生食或酿酒制醋；可作用材及柿树砧木。

图 731 君迁子（黑枣）
1. 雄花枝；2. 雌花枝。

3a. 多毛君迁子 （变种）

Diospyros lotus L. var. **mollissima** C. Y. Wu

本变种与原种区别在于小枝和叶两面密被柔毛。

产皖南山区太平龙源；大别山区霍山马家河，金寨白马寨，潜山彭河板仓，舒城万佛山等地。生于海拔 1000 米以下的山地。分布于云南，四川，甘肃南部，陕西南部。

4. 罗浮柿

Diospyros morrisiana Hance

常绿灌木或乔木，高 3-4（20）米；小枝近无毛，老枝密生小圆形皮孔。叶片革质，椭圆形或长椭圆形，长 3.5-12 厘米，宽 2-5 厘米，先端急尖或尾尖而钝，基部楔形或宽楔形，上面无毛，下面沿中脉有微柔毛，侧脉 5-6 对，与中脉在上面下陷，下面隆起；叶柄长 7-13 毫米。花单性，雌雄异株。雄花：2-5 朵簇生叶腋；花梗长 2-4 毫米，有毛；花萼长 2-3 毫米，4 浅裂或中裂，裂片三角形，有毛或无毛；花冠淡黄色，坛状，长约 0.5 厘米，4 裂，无毛；雄蕊 16 枚，花丝及花药多少有柔毛。雌花未见。浆果球形，直径 1.2-1.8 厘米，淡黄色，有白霜；果梗粗壮，长约 3-4 毫米；果萼长 5 毫米，4 浅裂，裂片宽三角形，长 2 毫米，宽约 4.5 毫米。花期 5-6 月，果期 8-11 月。

产皖南山区休宁岭南、东流，海拔 450 米左右杂木林中。分布于浙江、江西、福建、广东、云南、台湾。

茎皮、果、叶入药有消炎解毒、收敛之效；果可提柿漆；可盆栽观赏。

5. 油柿 图 732

Diospyros oleifera Cheng

落叶乔木，高达 15 米；树皮灰白色，大块状剥落，豹皮状；当年生枝有开展的灰黄色绒毛，后渐脱落，疏生小圆形皮孔；芽卵形，短而压扁，外部鳞片无毛，内部鳞片密生伏毛。叶片纸质，长圆形、长圆状倒卵形或倒卵形，稀椭圆形，长 7-19 厘米，宽 3-9 厘米，先端渐尖或尾尖，基部圆形、斜圆形或宽楔形，两面密生灰黄色绒毛，上面毛略短，老时仅下面有黄褐色毛，侧脉 5-9 对，上面凹入，下面稍凸出；叶柄长 5-10 毫米，被开展的灰黄色绒毛。花黄白色，常雌雄异株。雄花 3-5 朵成小聚伞花序，全部密生灰褐色开展绒毛；总花梗细，长 5-10 毫米；花梗长 1.5-3 毫米；花萼 4 浅裂，长 3-4 毫米，裂片卵状三角形，长 2-3 毫米，宽 2 毫米，先端稍钝；花冠坛状，长约 0.7 厘米，4 裂，裂片肾形或扁圆形，长约 2 毫米，宽约 3.5 毫米，边缘反卷；雄蕊 16 枚，花丝短，内面与药隔有白色绒毛，花药箭头状；退化子房圆锥形，有绒毛。雌花：单生，花梗粗壮，长 3-6 毫米；花萼长 0.7-1 厘米，4 中裂，裂片圆形或宽卵形，翻卷，长 4-6 毫米，宽约 6 毫米；花冠略长于萼，花冠筒长 4-6 毫米，无毛，4 裂，裂片宽倒卵形，长 5-8 毫米，先端钝圆，两面无毛，内有退化雄蕊 12 枚；子房近球形，密被黄褐色绒毛。浆果卵圆形或扁球形，有时具 4 槽，直径 4-7 厘米，熟时黄绿色，有光泽，被毛，并有粘胶状物渗出。花期 5 月，果期 10-11 月。

产皖南山区祁门牯牛降，休宁流口，绩溪清凉峰，泾县，广德；大别山区金寨白马寨、鱼潭鲍家窝，太湖大山乡等地。生于海拔 800 米以下的山地阔叶林中。分布于浙江、江苏、江西、福建。

可作柿树砧木；为提取柿漆的主要树种；亦可用于园林观赏。

图 732 油柿
1. 果枝；2. 示叶下面被柔毛。

6. 老鸦柿 图 733

Diospyros rhombifolia Hemsl.

落叶有刺灌木，高 1-3 米；树皮褐色，有光泽；老枝灰黄色；幼枝有污色短毛，老时脱落，有小圆形皮孔；芽卵形，鳞片密被黄棕色绒毛。叶片纸质，卵状菱形或倒卵形，长 3-7 厘米，宽 2-4 厘米，先端急尖或钝，基部楔形，上面沿脉有黄褐色短柔毛，后渐脱落，下面的毛较长；叶柄长 2-5 毫米。花单生于叶腋，单性，雌雄异株。雄花：花萼裂片线状披针形，长约 3 毫米；花冠白色，坛形，长 6-7 毫米，内有雄

图 733 老鸦柿
1. 花枝；2. 花，示花萼与花冠。

蕊 16 枚及退化子房。雌花：花萼几全裂，裂片 4，线形、线状披针形或椭圆形，长 1.1-1.6 厘米，宽 0.3-0.5 厘米，果时长达 2-3 厘米，具有明显的纵脉，先端急尖，边缘具疏毛，宿存；花冠白色，坛形，长约 7 毫米，裂片 4，卵形，长约 3 毫米；子房卵形，密被白色柔毛，柱头 4 裂。浆果球形，长 2-2.5 厘米，宽 1.6-2 厘米，初时密被棕黄色长柔毛，熟时渐脱落，呈棕红色，有蜡质及光泽，顶端具宿存花柱；果梗长 1.2-2 厘米。花期 4-5 月，果期 8-10 月。

产皖南山区黄山，旌德，青阳九华山；江淮丘陵全椒，滁县皇甫山、琅琊山等地。生于海拔 800 米以下的山地向阳处。分布于华东地区各省。

根、枝入药，可治肝硬化、跌打损伤等；果有微毒，不可食；用于园林观赏须防儿童误食。

由于树形低矮，干枝较细，不宜用作柿树之砧木。

76. 芸香科 RUTACEAE

灌木、乔木、攀援藤本，稀为草本。茎枝有刺或无刺；通常含挥发油。复叶、单叶或单身复叶，互生，稀对生；叶片常具透明油点；无托叶。花两性，稀单性，辐射对称，稀左右对称，总状花序、聚伞圆锥花序、伞房状圆锥花序或穗状花序，稀为单花；萼片4-5，若无花瓣则为5-8，通常基部合生，少离生；花瓣4-5，覆瓦状排列，稀镊合状排列；雄蕊生于花盘的基部，与花瓣同数，或为花瓣的倍数，花丝分离，有时合生成数束，花药2室；子房上位，心皮4-5，稀较少或更多，分离或不同程度的合生；胚珠每室通常为2，稀1或更多；花柱离生或合生。果为蓇葖果、蒴果、柑果、浆果、核果或翅果；种子有胚乳或无，胚直立或弯生。

约155属1400种，主要分布于热带和亚热带，温带少量分布。我国有28属154种，主要分布于西南和华南，华北与东北也有少量分布。安徽省木本植物有9属，30种，3变种，2变型。

1. 叶对生：
　2. 子房每室1胚珠；浆果状核果 ·· 6. **黄檗属 Phellodendron**
　2. 子房每室2胚珠；蓇葖果 ·· 2. **吴茱萸属 Evodia**
1. 叶互生：
　3. 心皮离生或仅基部合生；蓇葖果：
　　4. 茎有皮刺；复叶；子房每室2胚珠 ·· 9. **花椒属 Zanthoxylum**
　　4. 茎无皮刺；单叶；子房每室1胚珠 ·· 5. **臭常山属 Orixa**
　3. 心皮合生；柑果、浆果或核果：
　　5. 浆果或核果：
　　　6. 单叶；浆果状小核果 ·· 8. **茵芋属 Skimmia**
　　　6. 羽状复叶；浆果 ·· 4. **九里香属 Murraya**
　　5. 柑果：
　　　7. 落叶性，三出复叶；果密被柔毛 ··· 7. **枳属 Poncirus**
　　　7. 常绿性，单身复叶；果极少被毛。
　　　　8. 叶背面网脉不明显；子房2-7室，每室2胚珠；果直径不超过3厘米 ······ 3. **金柑属 Fortunella**
　　　　8. 叶背面网脉明显；子房8-15室，每室4-12胚珠；果直径3厘米以上 ········· 1. **柑橘属 Citrus**

1. 柑橘属 Citrus L.

常绿灌木或小乔木，通常具刺；幼枝有棱。单身复叶，稀单叶，互生，有半透明的油点；叶柄有翼叶，稀无。花单生、簇生或为总状花序，白色或带淡紫色，芳香，两性，稀退化为单性；花萼筒浅杯状，常5裂，宿存；花瓣通常5，匙形或长圆形，覆瓦状排列；雄蕊15枚以上，花丝合生成数束，稀散生；子房8-15室，稀更多，每室有胚珠4-12枚。柑果，形状多样，直径3厘米以上，表面密生油胞，瓣囊8-15，每瓣囊有种子1至多数或无；种子形状多样，多胚或单胚，胚白色或淡绿色。

约20种，原产亚洲热带和亚热带，现已引种至世界各地。我国共有20余种，主要分布于秦岭以南各地。安徽省有8种，2变种。

1. 叶柄与叶片间有隔痕；花白色；果实圆形、扁圆形或梨形：
　2. 花为总状花序：
　　3. 花序梗、花萼、幼枝被白色柔毛；果实直径在10厘米以上，种子单胚 ····················· 2. **柚 C. grandis**

3. 花序梗、花萼、幼枝不被柔毛；果实直径在 10 厘米以下，种子多胚：

    4. 果面油胞凹入，味酸，中心柱半空虚：

        5. 宿存萼片无特别增厚 ·· 1. 酸橙 **C.aurantium**

        5. 宿存萼片特别增厚，且紧贴果皮 ················ 1a. **代代花 C. aurantium L.** var. **amara**

    4. 果面油胞凸出，味甜，中心柱充实 ························· 7. **甜橙 C. sinensis**

2. 花单生或簇生：

    6. 翼叶明显而大；子叶白色：

        7. 翼叶与叶片几等大 ··································· 3. **宜昌橙 C. ichangensis**

        7. 翼叶与叶片不等大：

            8. 果实小，扁圆，皮薄、与瓤囊易分离 ················· 4. **香橙 C. junos**

            8. 果实大，圆形或卵圆形，皮厚、与瓤囊不易分离 ······· 8. **香圆 C. wilsonii**

    6. 翼叶不明显；子叶淡绿色 ·································· 6. **宽皮桔 C. reticulata**

1. 叶柄与叶片间无隔痕；花淡紫色：

    9. 果实长椭圆形或卵形 ·· 5. **香橼 C. medica**

    9. 果实卷曲或张开呈手指状 ···························· 5a. **佛手 C. medica** var. **sarcodactylis**

1. 酸橙   图 734

Citrus aurantium L.

常绿小乔木；多分枝，有刺；幼枝有棱。叶互生，宽卵形至卵状长圆形，长 5-12 厘米，宽 2.5-5 厘米，顶端渐尖，基部宽楔形，全缘或有微波状锯齿，两面无毛，有油点；翼叶狭长形或倒心形。花单生或簇生，间有花序，常生于当年生枝的叶腋或枝顶，白色，芳香；萼片 5，有茸毛；花瓣 5，背面有油点；雄蕊约 25 枚；子房近球形；花柱细长。果实近球形，橙黄或橙红色，油胞凹入或平生，瓤囊 10-12，中心柱空虚；种子多数，多胚；子叶白色。花期 4-5 月，果熟期 11-12 月。

产皖南山区休宁，歙县；大别山区潜山天柱山白水湾有栽培。分布于长江流域以南各省（区）。印度、越南、缅甸、日本亦有分布。

可作柑桔类的砧木；果实可提取柠檬酸，药用有破气消积之功效；种子含油约 30%。

1a. 代代花（变种）

Citrus aurantium L. var. **amara** Engl.

本变种与原种区别在于花后宿存萼片显著增大；果橙红色，翌年夏季又变青色。

安徽省各温室多有栽培。分布于我国南部各省（区）。

室内观赏植物；花可制作花茶，名"代代花茶"；幼果、果实、种子、叶均可入药，有理气宽胸之效。

图 734 酸橙
1. 花枝；2. 雄蕊；3. 雌蕊。

2.　柚　　　　　　　　　　　　图 735

Citrus grandis（L.）Osbeck

常绿小乔木；幼枝有棱，密被白色柔毛，有刺，稀无刺。叶宽卵形至椭圆状卵形，长7-15厘米，宽2-7.5厘米，先端渐尖而微凹，基部宽楔形至圆形，边缘有钝锯齿，上面无毛，下面仅中脉被柔毛；叶柄短，被柔毛，翼叶倒心形。总状花序；花大，长达2.5厘米，白色至淡紫红色；花梗、花萼、子房被白色柔毛；花萼杯状，4-5浅裂；花瓣近匙形而反折，背面散生油点；雄蕊20-25枚或更多，比花瓣短，花药大；子房圆球形，柱头与子房等粗。果大，直径10-25厘米，梨形、圆球形或扁圆形，淡黄色，表面光滑或稍粗糙，油胞大，突起，皮厚难剥离，瓤囊10-15；种子楔形，呈两行排列，有明显的肋状棱；单胚，胚与子叶均乳白色。

皖南山区歙县、休宁、祁门等地有栽培，各地温室亦有栽培。我国长江流域以南广泛栽培。越南、泰国、印度、斯里兰卡、缅甸亦产。

亚热带主要果树之一，品种品系众多，分为酸柚类和甜柚类，亦可分为白柚类和红柚类。果可鲜食，果皮为蜜饯原料；种仁含油60%；根、叶、果皮药用，有消食化痰、理气散结之效；全株可栽培观赏。

图 735 柚
1. 花枝；2. 果实。

3.　宜昌橙　　　　　　　　　　图 736

Citrus ichangensis Swingle

常绿小乔木，高1-3米；枝条粗壮有棱，棘刺细长腋和生。叶互生，卵形至长椭圆形，长3-3.5厘米，宽1.5-2.5厘米，顶端尾状尖而微凹，基部宽楔形或圆形，边缘有细钝齿，有半透明的油点；翼叶大，与叶片几等长。花单生于二年生枝的叶腋，内面白色，外面带紫色；萼片5；花瓣5，长圆形；雄蕊约20枚，花丝连成数束；子房近球形，柱头与子房近等粗。果近圆球形或卵圆形，淡黄色，有香气，长5-8厘米，顶端有乳头状突起，具圆环状槽，瓤囊8-11，果肉酸苦；种子卵状楔形。花期4-5月，果熟期10月。

皖南山区歙县有栽培，各地温室亦有栽培。

可作柑桔类的砧木用；果实供药用。

图 736 宜昌橙
1. 花枝；2. 雄蕊；3. 雌蕊。

4.　香橙　　　　　　　　　　　　　　　　　　图 737

Citrus junos Sieb. ex Tanaka

常绿小乔木，高达6米，多分枝；幼枝细弱，有棱，刺生于叶腋。叶互生，椭圆形至卵状披针形，长4-9厘米，宽1.5-4厘米，顶端渐尖，基部圆形或宽楔形，近全缘或有浅波状锯齿，背面黄青色，中脉隆起，两面均有油点；叶柄长1-3厘米，有倒卵形的宽翼。花单生于叶腋，白色，两性；萼片5；花瓣5，匙形，背面散生粗大油点；雄蕊14-22，基部连合成数束，较花瓣短，着生于花盘的四周。果扁圆形，直径4-6厘米，黄色，果面油胞凹入或平，有特殊香气，果皮与瓤囊易剥离，瓤囊 9-10，果味酸苦；种子通常 20-25，多胚；子叶白色。花期 5 月，果熟期 10 月。

皖南山区歙县，休宁，祁门；大别山区潜山，岳西，宿松等地均有零星栽培。分布于长江流域以南各省（区）。

宜作柑桔类的砧木；果实供药用；果汁可代柠檬汁。

图 737 香橙
1. 花枝；2. 果纵剖。

5. 香橼 枸橼

Citrus medica L.

常绿灌木；幼枝有棱，腋生粗而硬的短刺。叶互生，叶柄与叶片间无隔痕，叶片长圆形或椭圆形，长 5-14 厘米，宽 3-7 厘米，顶端钝，有时有凹缺，基部宽楔形，边缘有波状齿，两面无毛，散生油点。花单生或成总状花序；花萼 5 浅裂，裂片三角形；花瓣 5，长圆形，里面白色，外面淡紫色；雄蕊 30 枚以上；花柱常宿存。果实长椭圆形或卵形，橙黄色，芳香，果皮极厚，先端纵裂。花期 5 月，果熟期 11-12 月。

安徽省部分温室有栽培。

可供观赏；果皮与叶富含芳香油，可作调料；果实入药，有理气止呕、健胃消食之功效；花能平肝理气、开郁和胃。

5a. 佛手（变种）　图 738

Citrus medica L. var. **sarcodactylis**（Noot.）Swingle

本变种与原种区别在于果实卷曲或张开如手指状，裂数等于心皮数目，卷曲如拳者，称"拳佛手"，张开如指者，称"开佛手"。

安徽省各地温室多有栽培。

主要供室内观赏，佛手供玩赏。

6. 宽皮橘 柑橘　图 739

Citrus reticulata Blanco

常绿灌木或小乔木，高 2-4 米；枝柔弱，通常具刺。叶近革质，椭圆形至披针形，长 5-11 厘米，宽 2.5-6 厘米，顶端渐尖而微凹，基部楔形，全缘或具细钝齿；叶柄有狭翼。花单生或簇生于叶腋，乳白色；花萼浅杯状，5 裂，裂片三角形；花瓣 5，长圆形；雄蕊 18-24，连合成数束；子房 8-15 室。果扁圆形，橙色、黄色或橙红色，直径 5-8 厘米，果皮易于瓤囊剥离，瓤囊 8-11，中心柱大而空虚；多胚，子叶淡绿色。

图 738 佛手
1. 叶枝；2. 花枝；3. 果。

产皖南山区歙县，休宁，祁门，贵池；大别山区潜山，太湖，宿松，桐城及江淮丘陵安庆等地有栽培。分布于长江流域各省（区）。

亚热带主要果树之一，栽培历史悠久，品种繁多。果实供鲜食或加工成果汁、罐头；果皮、幼果入药，为理气化痰和健胃药；核仁及叶有活血散结、消肿之功效；种子油可作润滑油；良好的观赏植物。

图 739 宽皮桔（柑桔）
1. 花枝；2. 花纵剖；3. 果。

图 740 甜橙
1. 花枝；2. 果纵剖。

7. 甜橙 橙 图 740

Citrus sinensis（L.）Osbeck

常绿小乔木；细枝具棱，无毛，有刺或无刺。叶宽卵形或椭圆形，长 5-11 厘米，宽 2-5.5 厘米，顶端短尖，基部宽楔形，全缘或具疏钝齿，有透明的油点；叶柄有狭翼。花单生、簇生或成总状花序，白色，两性；花萼杯状，4-5 浅裂；花瓣 5，长圆形或匙形；雄蕊 20 或更多，花丝连合成数束，花药大；子房近球形，花柱细长，柱头与子房几同宽。果实近球形，橙黄色或橙红色，果面油胞突出或平，果皮与瓤囊不易剥离，瓤囊 10-13，中心柱充实；多胚，子叶白色。花期 4-5 月，果熟期 11-12 月。

皖南山区歙县，休宁及大别山区宿松等地均有栽培。分布于长江以南各省（区）。越南、缅甸、印度、斯里兰卡亦有分布。

亚热带主要水果之一；鲜果皮可提取橙皮油，干果皮药用；种子含油 30%。

8. 香圆 图 741

Citrus wilsonii Tanaka

常绿乔木，高 6-9 米；枝细软，有短刺，无毛。叶互生，卵圆形或长椭圆形，长 5-12 厘米，宽 2.5-7 厘米，顶端渐尖，基部宽楔形，全缘或具波状齿，两面无毛，有油点；叶柄长 1.3-4 厘米；翼叶倒心形，上部宽 1-3.5 厘米。花两性，单生或簇生，白色；花萼5 裂，裂片三角形；花瓣 5，倒卵形；雄蕊 24-30 或更多，花丝连合；子房近圆球形，10-11 室，花柱细长。果实圆形或卵圆形，橙黄色，芳香，直径 8-10 厘米，

图 741 香圆
1. 花枝；2. 雄蕊；3. 雌蕊。

表面粗糙，果皮厚 8 毫米以上，不易剥离，果肉酸，中心柱充实；种子 80-90 粒以上，多胚；子叶白色。

皖南山区歙县，休宁，祁门，太平，宣城、绩溪；大别山区潜山、太湖宿松、霍山、六安等地均有零星栽培。分布于长江中下游地区。

果实入药，能理气化痰，亦可作蜜饯；全株可观赏。

2. 吴茱萸属 Evodia J. R. et G. Forst.

落叶乔木或灌木，无刺。裸芽。叶对生，奇数羽状复叶或三出复叶，稀单身复叶；小叶对生，全缘或近全缘，通常有油点。聚伞圆锥花序或伞房状圆锥花序，顶生或腋生；花小，单性异株，稀两性，苞片对生；萼片 4-5，覆瓦状排列，外面常被短毛；花瓣 4-5，镊合状或覆瓦状排列，较萼片长 3-4 倍，内面通常被毛；雄花的雄蕊 4-5，着生于花盘基部，花丝中部以下被长柔毛，退化雌蕊 3-5 裂；雌花的心皮 4-5，离生或黏合，每室 2 胚珠，花柱黏合或合生，退化雄蕊 4-5。蓇葖果，分裂为 4-5 果瓣，每果瓣有种 1-2；种子近球形，黑色或栗棕色，有光泽；胚直立，胚乳含油丰富。

约 150 种，分布于东半球热带和亚热带，北温带亦有少量分布。我国约有 20 种，主要分布于西南至东南部。安徽省有 3 种，1 变型。

1. 蓇葖果每果瓣有种子 1 枚，果瓣先端无喙状尖头。
  2. 灌木或小乔木；叶下面淡绿色，叶肉有油点。
    3. 小叶两面被长柔毛 ···3. 吴茱萸 E. rutaecarpa
    3. 小叶上面中脉、叶缘被细毛，下面无毛或脉腋被毛 ······· 3a. 密果吴茱萸 E. rutaecarpa f. meionocarpa
  2. 乔木；叶下面灰白色，叶肉无油点 ··2. 臭棘吴茱萸 E. fargesii
1. 蓇葖果每果瓣有种子 2 枚，果瓣先端有喙状尖头 ·······································1. 臭檀吴茱萸 E. deniellii

1. 臭檀吴茱萸 臭檀 图 742
Evodia daniellii (Benn.) Hemsl.

落叶乔木，高达 14 米；树皮暗灰色；一年生枝密被短毛。奇数羽状复叶，对生，叶轴常被短毛；小叶 5-11，卵形至长圆状卵形，长 6-12 厘米，宽 3-5 厘米，顶端渐尖，基部圆形或宽楔形，两侧稍不对称，边缘有不明显的细圆锯齿或全缘，上面几无毛，下面沿中脉两侧常密被白色长柔毛，或脱落后变无毛，脉腋间有簇生毛。顶生聚伞圆锥花序，花轴及花梗均密被短柔毛；花白色；萼片 4-5 深裂；花瓣 4-5，长圆形；雄花有雄蕊 5，退化雌蕊密被毛，顶端 4-5 裂；子房近球形，成熟心皮 4-5，稀为 3。果紫红色，表面有油点与细毛；果瓣长 6-7 毫米，先端有喙状尖，长 2-3.5 毫米，每一果瓣有种子 2；种子椭圆形，黑色而有光泽。花期 6-7 月，果熟期 9-10 月。

产大别山区霍山白马尖、万家红、佛子岭，金寨白马寨，舒城万佛山，小涧冲，潜山；淮北市蔡里林场。生于海拔 600-1400 米的山坡、谷地。分布于辽宁、河北、山东、河南、陕西、山西、甘肃、湖北。朝鲜、日本也有分布。

图 742 臭檀吴茱萸
1. 花枝；2. 果；3. 种子。

种子可入药或榨油；生长迅速，可作为用材树种，木材可制作农具和家具；亦可用于园林绿化。

2. 臭辣吴茱萸 臭辣树　　　　　图 743
Evodia fargesii Dode

落叶乔木，高约 12 米；树皮光滑，灰黑色，皮孔灰白色；枝条暗紫褐色。奇数羽状复叶，对生，叶轴初时被毛，后脱落；小叶 5-11，椭圆状披针形至狭披针形，长 5-10 厘米，宽 2-4 厘米，顶端渐尖或长渐尖，基部楔形，两侧稍不对称，边缘有不明显的钝锯齿或全缘，齿缝处有油点，上面仅中脉被稀疏短毛，下面灰白色，无油点，沿中脉被疏柔毛或脱落，中脉基部两侧密生长柔毛。顶生聚伞圆锥花序，苞片对生；花白色或淡青色，单性，5 基数；成熟心皮 4-5，稀为 3。果紫红色至淡红色，表面有油点，两侧被细毛，先端无喙状尖头；果瓣 4-5，每一果瓣有种子 1；种子卵球形，黑色而有光泽。花期 7-8 月，果熟期 9-10 月。

产皖南山区黄山，休宁岭南，绩溪清凉峰栈岭湾，歙县清凉峰三河口、天子池、里外三打、乌桃湾，东至，祁门，太平，青阳，贵池，广德；大别山区霍山佛子岭、黄巢寺，金寨白马寨，岳西庙堂山，潜山彭河，舒城万佛山；江淮丘陵庐江等地。生于海拔 1300 米以下的疏林、河旁。分布于长江流域各省，南至广东、广西。

果实入药，可散寒止咳。

图 743 臭辣吴茱萸
花枝。

3. 吴茱萸　　　　　图 744
Evodia rutaecarpa（Juss.）Benth.

落叶灌木或小乔木，高 2-8 米；小枝紫褐色，幼枝被锈色长柔毛；裸芽，密被紫锈色长柔毛。奇数羽状复叶，对生；小叶 5-9，对生，近无柄或有短柄，椭圆形至卵形，长 6-12 厘米，3-6 厘米，顶端急尖或渐尖，基部宽楔形或圆形，全缘或有不明显的钝锯齿，上面被柔毛，下面密被白色长柔毛，叶肉内有粗大的油点。顶生聚伞圆锥花序，花序轴密被锈色长柔毛；花白色，5 基数，雌雄异株；萼片广卵形；花瓣长圆形；雌花的花瓣较雄花的大；子房长圆形，每室有 2 胚珠。果序松散，果实不密集成团，熟时紫红色，有粗大的油点，通常 2-4 果瓣，果瓣先端无喙状尖头，内有种子 1 枚；种子卵球形，黑色而有光泽，表面有小窝点。花期 6-7 月，果熟期 9-10 月。

产皖南山区黄山，绩溪清凉峰，石台牯牛降、七都，祁门，休宁，歙县，泾县，芜湖、宣城，广德，贵池，青阳，铜陵；大别山区霍山青枫岭，金寨，潜

图 744 吴茱萸
1. 花枝；2. 雌花；3. 幼果。

山天柱山，舒城万佛山，太湖大山乡；江淮丘陵无为等地。生于海拔 700 米以下的山地。分布于长江流域及其以南各省。

果实入药，可散寒、止痛、解毒、杀虫；种子可榨油；叶可提取芳香油或做黄色染料。

3a. 密果吴茱萸 （变型）

Evodia rutaecarpa（Juss.）Benth. f. **meinocarpa**（Hand.-Mazz.）Huang

本变型与原种区别在于花序密集；果实成熟时在果序上密集排列，呈金字塔形。

产皖南山区黄山，祁门，太平，青阳九华山，石台，广德；大别山区霍山佛子岭，潜山，太湖大山等地。生于海拔 800 米以下的山地。分布于我国东南部至南部。

3. 金柑属 Fortunella Swingle

常绿灌木或小乔木；幼枝有棱，老枝圆形，叶腋间有刺或无刺。单身复叶，互生，表面深绿色，背面淡绿色，两面无毛，密被细小油点；叶柄有窄翼或无。花白色，芳香，两性，单生或聚生于叶腋；萼片 5，细小，合生至中部；花瓣 5，覆瓦状排列；雄蕊通常为花瓣的 4 倍或为 18 枚，花丝多少合生成数束；子房的圆球形，生于略突起的花盘上，3-7 室，每室有并列胚珠 2；花柱较子房短或等长，柱头头状，有粗大油点。果为柑果，椭圆形、卵形或圆球形，果皮较平滑，有香气，表面密生油点，油点凸起或平生，果皮可食，瓤囊 3-7 瓣，种子卵形，胚绿色。

约 6 种，分布于亚洲东南部及东部。我国分布于长江以南各省，北方栽于温室。安徽省野生 1 种，栽培 3 种。

1. 叶先端圆，稀钝尖，卵状椭圆形；叶柄长 5-10 毫米；
　　果扁球形，径 1-1.5 厘米 ⋯⋯⋯ 2. **山金柑 F. hindsii**
1. 叶先端钝尖、短渐尖，宽椭圆形、卵状披针形、椭圆状卵形：
　　2. 果球形，径 2-2.5 厘米 ⋯⋯⋯ 3. **圆金柑 F. japonica**
　　2. 果不为球形：
　　　　3. 叶卵状披针形或长圆形，先端钝尖，有时尖头微凹 ⋯⋯⋯⋯4. **金柑 F. margarita**
　　　　3. 叶椭圆卵形或宽披针形，先端短渐尖⋯⋯⋯
　　　　⋯⋯⋯⋯⋯⋯⋯⋯1. **金弹 F. crassifolia**

1. 金弹　　　　　　　　图 745

Fortunella crassifolia Swingle

常绿灌木；枝有棱，无刺或有腋生小刺。叶互生，革质，椭圆形至卵状披针形，长 3-8 厘米，宽 2-3 厘米，顶端渐尖，基部宽楔形，叶缘中部以上有明显锯齿，两面密生细小油点，无毛；具短柄，有狭翼或几无翼。花两性，单生或 2-3 朵集生于叶腋，白色，芳香。果阔卵状椭圆形或近球形，橙黄色，上面有凸起的油点，瓤囊 5-7 瓣，稀 7-8 瓣，有香气。6 月始花，一年可开多次，主果熟期 11 月。

皖南山区有露地栽培，其他地区常见盆栽。

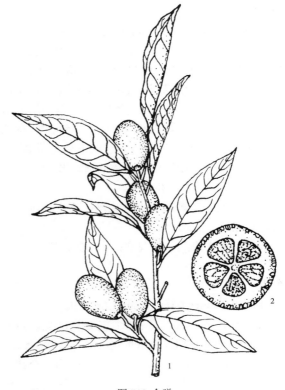

图 745 金弹
1. 果枝；2. 果横剖。

果皮与果肉味甜,可生食或作蜜饯;观赏花木。

2. 山金柑 金柑　　　　　　图 746

Fortunella hindsii(Champ.)Swingle

常绿灌木,高约 1 余米;幼枝有棱,刺腋生。单身复叶,卵状椭圆形,长 2.2-6 厘米,宽 1.2-2.3 厘米,顶端钝而微凹,稀钝而尖,基部宽楔形,全缘或中部以上有细钝锯齿,上面深绿色,有光泽,侧脉微现,下面淡绿色,网脉清晰,两面散生油点;叶柄短,长 5 毫米以下,具极狭的翼叶。花小,单生,稀2-3 朵集生于叶腋;萼片 5,卵状三角形;花瓣 5,椭圆形;雄蕊 20,较花瓣短;子房近圆球形,3-4 室,柱头与子房等粗。果圆形或卵圆形,长 1-1.5 厘米,果径达 1 厘米,橙黄而带朱红色;种子长圆形,平滑,上狭下宽,子叶青绿色。花期 5-7 月,果熟期11-12 月。

产皖南山区休宁等地;皖南歙县有栽培,北方多有盆栽。生于山谷溪边灌丛中。分布于广东、广西、江西、福建、浙江、香港。

可供观赏;作柑桔类砧木;果皮含有芳香油,可生食或作调味品。

3. 圆金柑 金柑　　　　　　图 747

Fortunella japonica(Thunb.)Swingle

常绿灌木或小乔木;幼枝有棱。叶互生,长圆状披针形,长 2.5-5 厘米,宽 10-16 毫米,顶端钝或急尖,基部楔形至宽楔形,全缘或中部以上有细锯齿,上面浓绿色,有光泽,下面中脉凸起;叶柄有狭翼。花白色,单生或数朵腋生;花萼与花瓣均为 5;雄蕊 20,稀较少,长短不一,花丝扁而宽,中部以下合生成数束,较花瓣短;子房近圆球形,4-6 室。果圆球形,橙黄色,果皮厚,平滑;种子小,胚绿色。

皖南沿江芜湖,繁昌有少量栽培。原产我国,秦岭以南均有栽培。

春节前后果实成熟,供观赏;果可食或制凉果。

4. 金柑 金橘　　　　　　图 748

Fortunella margarita(Lour.)Swingle

常绿灌木或小乔木,高 3 米;多分枝,无刺或有短刺。叶披针形至长圆形,长 5-9.5 厘米,宽 2-3.5 厘米,顶端尖或稍钝,常微凹,基部宽楔形或圆形,全缘或有不明显的钝锯齿,上面浓绿色,下面中脉凸起,两面散生细小油点;叶柄具狭翼。花单生或集生于叶腋,

图 746 山金柑（果枝）

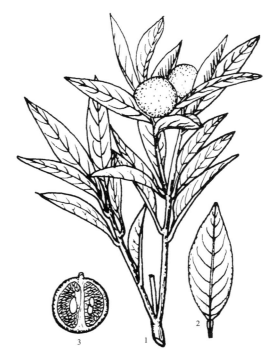

图 747 圆金柑
1. 果枝；2. 叶；3. 果纵剖。

白色，芳香；萼片5，卵形；花瓣5，长椭圆形；雄蕊20-25，不等长，合生成数束；子房近圆球形，花柱较子房短。果长圆形至长倒卵形，金黄色，芳香，上面平滑而散生油点，瓤囊4-5，果皮甜，果肉酸；种子卵圆形。花期5-7月，果熟期10-11月。

安徽省各地温室有栽培。原产我国南部。

盆栽供观赏；果可制作蜜饯；果药用有理气止咳之效。

4. 九里香属 **Murraya** Koenig ex L.

灌木或小乔木，无刺。奇数羽状复叶，互生，小叶亦互生；通常无翼叶。伞房状聚伞花序，顶生或腋生；花白色，两性；花萼小，4-5深裂。花瓣4-5，分离，覆瓦状排列，常有油点；雄蕊8-10，着生于环状的花盘周围，花丝由基部向上变纤细；子房近圆球形至长圆形，2-5室，每室1-2胚珠，花柱细长，通常较子房长2倍以上，柱头头状。浆果卵圆形或近圆球形，有种子1-2枚；种子长圆形或圆球形，种皮有毛或无。

约10种，分布于亚洲热带和亚热带，澳大利亚东北部亦有。我国约有8种，分布于西南至华南地区。安徽省引入1种，温室栽培。

九里香 图 749

Murraya exotica L.

常绿灌木或小乔木，高1-2米，分枝多。奇数羽状复叶。互生，叶轴无翼叶，密被短柔毛；小叶3-7，互生，倒卵形，长1.5-5厘米，宽1-2.3厘米，顶端圆钝或微凹，基部楔形，全缘，上面深绿色，有光泽，仅沿中脉被微毛，背面散生透明油点，无毛；具短柄，被微柔毛。聚伞花序，顶生或腋生；花芳香，花梗细长；萼片5，三角形，宿存；花瓣5，白色，倒披针形，有油点；雄蕊10，长短相间；子房2室，花柱棒状，柱头增广，常比子房宽。果实朱红色，纺锤形或橄榄形；种子1-2枚，种皮被棉质毛。花期5-6月，果熟期9-11月。

安徽省各地温室栽培。分布于我国南部至西南部。

供观赏；花可提取芳香油；全株药用，有活血化瘀、行气活络之效。

5. 臭常山属 **Orixa** Thunb.

落叶灌木；枝条平滑，暗褐色；冬芽小。单叶，互生，薄纸质或膜质，有细小油点；具短柄。花黄绿色，

图 748 金柑（金橘）
1. 果枝；2. 果纵剖。

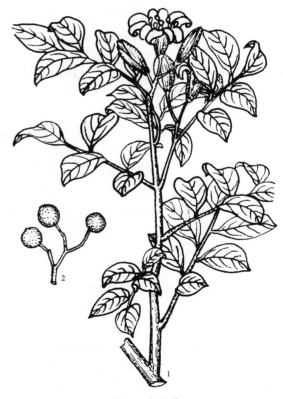

图 749 九里香
1. 花枝；2. 果枝。

单性异株；雄花排成总状花序，侧生于新枝的基部，花后整个脱落，每朵花的花柄基部有一个大苞片，萼筒基部有对生的2个苞片；萼片与花瓣均为4数；雄蕊4，着生于花盘的基部；雌花单生于叶腋，有退化雄蕊4；子房上位，心皮4，基部合生，花柱短，柱头4浅裂。蓇葖果，有4枚果瓣，成熟时由顶端瓣裂，每瓣有种子1枚；种子黑色，近圆球形，胚略弯生；子叶大。

仅1种，分布于中国、日本、朝鲜。我国分布于长江流域以南各省。安徽省有1种。

臭常山 日本常山 　　　　　　　　　　图750

Orixa japonica Thunb.

落叶灌木，高1-1.5米；枝无刺，嫩枝被短柔毛。单叶，互生，有恶臭，倒卵形或卵状椭圆形，长3-15厘米，宽2-8厘米，顶端急尖或钝头，基部宽楔形，全缘或具细钝锯齿，上面无毛或仅叶脉生有短毛，下面有长柔毛，散生黄色半透明油点。花小，黄绿色；萼片与花瓣均4枚，边缘有细毛；雄蕊4，与花瓣互生，花丝基部宽扁，较花瓣短；心皮4，离生。蓇葖果，具4枚扁平的果瓣，外果皮有肋纹，内果皮革质；种子黑色，圆球形，成熟时由内果皮反转弹出。花期4-5月，果熟期8-9月。

产皖南黄山桃花峰、休宁、歙县、泾县；大别山区霍山马家河、佛子岭、金寨白马寨、马鬃岭、潜山彭河、舒城万佛山等地。生于海拔1300米以下的山谷、溪边、林缘。分布于我国东部至湖北、贵州、四川、湖南、陕西。

根药用，能治疟疾；茎与叶煎汁可治牲畜虱子；根含日本常山碱；叶含挥发油。

图750 臭常山
1. 小枝；2. 示叶具透明油点；3. 种子。

6. 黄檗属 Phellodendron Rupr.

落叶乔木；树皮厚，内皮常为淡黄色；枝无顶芽，侧芽被锈色茸毛，包于叶柄基部内。奇数羽状复叶，对生；小叶具短柄，边缘常有钝齿，齿缝处有油点。花小，黄绿色，单性异株，排成顶生聚伞圆锥花序或伞房圆锥花序；萼片5，卵形，外面常被毛；花瓣5，覆瓦状排列，长圆形；雄花雄蕊5，较花瓣长，生于花盘基部四周，退化雌蕊细小，花药背着，药室纵裂，花丝线形；雌花子房5室，每室有悬垂的胚珠1枚，花柱粗短，柱头5浅裂，退化雄蕊呈鳞片状。浆果状核果，近球形，黑色，有特殊气味，分核4-10，每核有种子1枚；种子卵状长圆形，胚直立。

约4种，分布于亚洲东部，我国有2种，1变种，分布于东北、华北至西南部。安徽省有1变种，另引入2种。

1. 叶轴和叶柄无毛或几无毛；小叶片背面几无毛或仅沿中脉两侧被毛。
　2. 叶轴、花序轴较纤细；小叶片薄纸质，下面中脉几无毛，边缘近全缘 ⋯⋯⋯⋯⋯⋯⋯⋯ **1. 黄檗 Ph. amurense**
　2. 叶轴、花序轴较粗壮；小叶片纸质，下面中脉密被长柔毛，边缘有细钝齿和缘毛 ⋯⋯⋯⋯⋯⋯⋯⋯⋯⋯⋯⋯⋯⋯⋯⋯⋯⋯⋯⋯⋯⋯⋯⋯⋯⋯ **1a. 秃叶黄皮树 Ph. Chinense var. glabriusculum**
1. 叶轴和叶柄密被锈褐色短柔毛；小叶片下面密被毛或至少叶脉上有长柔毛；果序上的果实密集成团 ⋯⋯⋯⋯⋯⋯⋯⋯⋯⋯⋯⋯⋯⋯⋯⋯⋯⋯⋯⋯⋯⋯⋯⋯⋯⋯⋯⋯⋯⋯⋯⋯ **2. 黄皮树 Ph. chinense**

1. 黄檗 图 751

Phellodendron amurense Rupr.

落叶乔木，高 6-13 米；树皮纵裂，外层木栓质发达，内层薄，鲜黄色；小枝无毛。奇数羽状复叶，对生，长 15-33 厘米，叶轴及叶柄无毛或几无毛；小叶对生，5-13 枚，卵形至卵状披针形，长 4-12 厘米，宽 1.6-6 厘米，先端长渐尖，基部宽楔形，稍偏斜，边缘具细钝齿，有缘毛，齿缝处有粗大油点，上面无毛，下面中脉两侧有长柔毛。聚伞圆锥花序顶生；花小，雌雄异株，黄绿色，5 基数；雄花的雄蕊较花瓣长，退化雌蕊细小。浆果状核果，圆球形，黑色，直径约 1 厘米；种子 2-5 枚。花期 5-6 月，果熟期 9-10 月。

皖南山区休宁；大别山区金寨，霍山；江淮丘陵霍丘，无为，合肥等地均有栽培。分布于东北、华北各省（区），朝鲜、前苏联、日本亦有。

木材可作军工用材及飞机用材或制做家具；树皮可作软木塞，内皮作染料，晒干入药具有清热泻火、燥湿解毒之效，亦可作黄连的代用品；果实甜者可食，苦者可作驱虫剂。

图 751 黄檗
1. 果枝；2. 雄花；3. 雌花。

2. 黄皮树 图 751

Phellodendron chinense Schneid.

落叶乔木，高 4-8 米；树皮薄，纵裂，内层黄色；小枝无毛。奇数羽状复叶，对生，叶柄密被短柔毛；小叶对生，7-15 枚，矩圆状卵形至矩圆状披针形，长 4-10 厘米，宽 2-4 厘米，先端长渐尖，基部宽楔形或圆形，偏斜，边缘全缘或具细钝齿，上面仅中脉被短毛，下面密被长柔毛。圆锥花序顶生，花序轴密生短毛；花单性异株；萼片 5；花瓣 5-8；雄花的雄蕊 5-6，雌花具退化雄蕊。浆果状核果，圆球形，黑色，有核 5-6，密集成团，果序轴及果梗常密被短毛。花期 5-6 月，果熟期 10 月。

安徽省各地药圃常有栽培。分布于四川、湖北。

树皮入药或作染料；种子可榨油。

2a. 秃叶黄皮树 （变种）

Phellodendron chinense Schneid. var. **glabriusculum** Schneid.

本变种与原种区别在于叶轴、叶柄及小叶柄均无毛或近无毛；小叶片中脉被疏柔毛。

产大别山区金寨马鬃岭十坪，岳西，宿松，太湖等地；霍丘叶集、亳县等地有栽培。生于海拔 850 米左右的沟谷、林中。

图 752 黄皮树
1. 果枝；2. 叶（示被柔毛）。

树皮药用；内皮可作染料；果实可提取芳香油；种子可榨油。

7. 枳属 Poncirus Raf.

落叶灌木或小乔木，具粗大腋生单刺；枝绿色，扁而有棱。掌状三出复叶，互生，总叶柄有翼叶，与叶片连接处有关节；小叶无柄。花白色，生于二年生枝上，先叶开放或花叶同放，近无柄；萼片与花瓣各 5 枚；雄蕊 8-10，或多至 20，离生；子房圆球形，被短柔毛，6-8 室，每室有 4-8 胚珠，两列，花柱粗短。柑果圆球形，成熟时黄绿色至橙黄色，密被柔毛，油点多；种子多数，胚白色，无胚乳。

仅 1 种，分布于我国秦岭至淮河以南，北至山东。安徽省也有。

枳 枳实　　　　　　　　　　　图 753

Poncirus trifoliata（L.）Raf.

灌木或小乔木，高达 5 米，分枝多，无毛；刺基部扁平，长 1-4.5 厘米；髓心片层状；芽小，腋生，芽鳞数枚。叶互生，具 3 小叶，顶生小叶较大；侧生小叶卵形、椭圆形或倒卵形，长 1.5-4.5 厘米，宽 1-2 厘米，顶端圆而微凹，基部楔形，叶缘具钝齿或近全缘，表面沿中脉被短毛，背面光滑无毛。花单生或成对腋生，白色或花瓣顶端带淡紫色，芳香；萼片 5，卵形或狭长圆形，被短毛；花瓣 5，长圆状倒卵形，覆瓦状排列；雄蕊 8-20；子房 6-8 室。柑果球形，橙黄色，直径 3-5 厘米，表面密被细茸毛，油点多，果味酸苦；种子多数，长椭圆状卵形，子叶乳白色。花期 4-5 月，果熟期 10 月。

安徽省广泛分布，产皖南山区绩溪清凉峰永来，太平；大别山区霍山桃源河，宿松；江淮丘陵淮南，安庆；淮北平原临泉，淮北市等地。

果实药用，幼果名枳实，成熟果去壳后名枳壳，可破气消积、疏肝止痛，主治胃脘胀满、消化不良、疝气、乳房结块、脱肛等症；果皮及花含挥发油；种子可榨油。常栽植作篱笆。

图 753 枳（枳实）
1. 果枝；2. 花枝；3. 雄蕊。

8. 茵芋属 Skimmia Thunb.

常绿灌木或小乔木；枝无毛，有芳香气味。单叶互生，常集生于枝条的上部，革质，全缘。聚伞圆锥花序，顶生；花白色或黄色，单性、两性或杂性；萼片 4-5，卵圆形，基部合生，边缘有缘毛；花瓣 4-5，覆瓦状排列，长椭圆形，长为萼片的 2-4 倍，不等长；雄花有雄蕊 4-5，生于花盘的四周，退化雌蕊常呈棒状，顶端常 2-4 叉裂；雌花有退化雄蕊 4-5，较子房短；子房 2-5 室，每室 1 胚珠，柱头头状，不明显 5 浅裂。浆果状核果，球形至长圆形，红色至紫黑色，顶端有花柱的遗迹，每果有 2-5 核；种子 2-3，稀 1-4，胚直立，胚乳肉质。

约 6 种，分布于亚洲热带和亚热带。我国有 3 种，分布于东南、西南及南部。安徽省省有 1 种。

茵芋 黄山桂（黄山）　　　　　　　　　　图 754

Skimmia reevesiana Fort.

常绿灌木，高约 1 米。单叶，常集生于枝顶，长圆形至披针形，长 6-12 厘米，宽 1.5-3 厘米，顶端短渐尖，基部楔形，全缘，上面深绿色，有光泽，中脉浮突，沿中脉被微柔毛，下面淡绿色，两面均散生油点；有短柄，长 5-8 毫米。聚伞圆锥花序，顶生，花轴粗壮，被微柔毛；花白色，芳香，两性，5 基数；萼片广卵形，有短缘毛；花瓣卵状矩圆形；雄蕊较花瓣长或等长；子房近圆球形，4-5 室。浆果状核果，朱红色，长圆形至倒卵状长圆形，有分核 2-3，核近三角形。花期 5 月，果熟期 7-11 月。

产皖南山区黄山桃花峰、狮子岭、刘门亭，绩溪清凉峰野猪荡，歙县清凉峰天子池，青阳九华山等地；大别山区金寨。生于海拔 1600 米以下的山谷、溪边阴湿处。分布于浙江、江西、湖南、湖北、福建、贵州、广东及广西。

叶绿果红，花白芳香，可与桂花比美，故称"黄山桂"，可植庭院观赏。

图 754 茵芋
1. 幼果枝；2. 雄蕊。

9. 花椒属 Zanthoxylum L.

落叶或常绿灌木、小乔木，直立或攀援状，有香气，通常有皮刺。奇数羽状复叶，互生，稀 3 小叶或单身复叶，小叶对生或互生，通常边缘有锯齿，齿缝处有透明油点。聚伞或圆锥花序，顶生或腋生；花小，通常单性异株，稀两性或杂性；花被片 5-8，排成 1-2 轮；后者，外轮萼片 4-5，广卵形，内轮花瓣 4-5，长圆形，覆瓦状排列；雄花的雄蕊 4-8，有细小的退化雌蕊，先端 2-4 裂；雌花通常无退化雄蕊，若有则为极小的鳞片状；雌蕊通常 2-5 心皮，每心皮 1 室，每室 2 胚珠；子房圆形至卵球形，通常无柄，花柱常分离或黏合状。蓇葖果，成熟时紫红色或黄褐色，表面有粗大油点，内果皮黄色，薄革质，自顶端沿背腹两缝线开裂，内有种子 1 枚；种子近球形，黑色而光亮，有胚乳，胚直立或略弯生。

约 250 种，分布于亚洲、非洲、大洋洲和美洲。我国约 50 余种，南北均有分布，长江以南各省最多。安徽省有 7 种，1 变型。

1. 花被片 5-9，排成一轮，颜色相同；雄花雄蕊 5-9；雌花有心皮 2-4，成熟果瓣鲜红色或暗紫色：
　2. 叶有明显的翼叶：
　　3. 嫩枝、嫩叶柄及花轴均无褐色绒毛 ·· 1. **竹叶花椒 Z. armatum**
　　3. 嫩枝、嫩叶柄及花轴被锈褐色绒毛 ·············· 1a. **毛竹叶花椒 Z. armatum f. ferrugineum**
　2. 叶无翼叶，或在叶轴腹面有狭的叶质边缘：
　　4. 果基部变狭，伸长如漏斗管部的短柄（但非果梗）···························· 7. **野花椒 Z. simulans**
　　4. 果基部无伸长如漏斗管部的短柄。
　　　5. 叶轴有极狭的翼叶；小叶卵形或卵状长圆形，下面基部两侧通常有长柔毛；花序顶生 ·················
　　　··· 3. **花椒 Z. bungeanum**
　　　5. 叶轴无翼叶；小叶披针形或卵状披针形，下面无毛；花序顶生或腋生 ······2. **岭南花椒 Z. austrosinense**
1. 萼片、花瓣 4 或 5，排成二轮；萼片绿色或紫色；花瓣淡黄色或白色；雄蕊 4 或 5；雌花有心皮 4，稀 3；成熟果瓣通常不呈紫红色或褐红色：
　6. 乔木或灌木。
　　7. 乔木，一二年生枝空心，或有较大的海绵质髓部；小叶长 6 厘米以上 ·············· 4. **朵花椒 Z. molle**
　　7. 灌木，一二年生枝实心，髓部小；小叶长 6 厘米以下 ······················ 6. **崖椒 Z. schinifolium**

6. 攀援藤本；叶轴着生有弯曲的小皮刺 ············
······························ 5. **花椒簕 Z. scandens**

1. 竹叶花椒   图 755

Zanthoxylum armatum DC.

常绿灌木或小乔木，高 1-3 米；幼枝光滑，皮刺基部扁而宽。奇数羽状复叶，互生，叶轴具明显的翼叶和皮刺；小叶 3-7，对生，无柄或近无柄，披针形或椭圆状披针形，稀卵形，长 2.5-9 厘米，宽 1.5-4 厘米，顶端渐尖或急尖，基部楔形，全缘或有细钝锯齿，齿缝处有粗大油点，上面中脉常有皮刺。聚伞圆锥花序，腋生，或生于侧枝顶端；花单性，黄绿色；花被片 6-8，一轮；雄花的雄蕊 6-8，花线细长，常与花药等长；雌花心皮 2-4，通常 1-2 发育成熟。蓇葖果红色，表面有凸起的粗大油点；种子卵圆形，黑色而有光泽。花期 4-5，果熟期 8-9 月。

产安徽省各地，皖南山区黄山、绩溪永来银龙坞、清凉峰栈岭湾；大别山区金寨白马寨、鲍家窝，岳西文坳；江淮丘陵全椒等地。生于海拔 1000 米以下的灌丛、林下。分布于我国东南部至西南部，北至陕西、甘肃等省。

果皮可作调味品；果实、枝叶可提取芳香油；种子富含油脂；果、根、叶均可入药，可散寒止痛、消肿、杀虫；根含生物碱。

图 755 竹叶花椒
1. 幼果枝；2. 雄花；3. 雌花；4. 果。

1a. 毛竹叶花椒（变型）

Zanthoxylum armatum DC. f. ferrugineum (Rehd. et Wils.) Huang

本变型与原种区别在于嫩枝和嫩叶柄及花轴被锈色绒毛，翼叶狭小。

产皖南黄山，祁门，休宁，绩溪清凉峰，太平龙源，歙县清凉峰，贵池岭脚，东至梅城，安庆；大别山区霍山青枫岭，金寨白马寨，岳西文坳、来榜、河图，潜山天柱山等地。生于海拔 1000 米以下的灌丛、林缘。

2. 岭南花椒   图 756

Zanthoxylum austrosinense Huang

落叶小乔木或灌木，高 1-5 米；茎干有基部增大的皮刺；当年生枝紫红色，密生油点；二年生枝暗紫色，皮刺直出或向上弯曲，有近圆形皮孔，各部无毛。奇数羽状复叶，互生，叶轴无翼叶而疏生皮刺；小叶 7-11，纸质，披针形或卵状披针形，长 2-6.5 厘米，宽 8-20 厘米，顶端渐尖，基部圆形，稍偏斜，边缘具细钝锯

图 756 岭南花椒
1. 幼果枝；2. 果瓣及种子。

齿，下面中脉凸起，两面与齿缝处均有粗大的透明油点，无毛；侧生小叶几无柄，顶生小叶有细长柄。聚伞圆锥花序，顶生或腋生。果紫红色，表面有粗大起的油点，果梗长 8-11 毫米，成熟心皮常为 1-3；种子卵球形，长约 4 毫米，黑色，有光泽。

产皖南山区休宁岭南。生于海拔 750 米以下的山谷、林缘。分布于江西、湖南、广东、广西。

3. 花椒　　　　　　　　　　图 757

Zanthoxylum bungeanum Maxim.

落叶灌木或小乔木，高 1-5 米；茎干通常有增大的皮刺。奇数羽状复叶，互生，叶轴腹面有狭窄的叶质边缘，具小针刺，无毛；叶柄两侧常有一对基部宽的皮刺；小叶 5-9，对生，卵形或卵状长圆形，长 1.5-7 厘米，宽 1-3.5 厘米，顶端短渐尖或钝而微凹，基部圆形或钝，两侧不对称，边缘有细钝齿，齿缝处有油点，背面中脉有向上的钩刺，基部两侧通常被一簇长柔毛；侧生小叶无柄，顶生小叶有柄。聚伞圆锥花序顶生；花单性；花被片 4-8，一轮；心皮通常 3-4，无子房柄。果球形，红色或紫红色，表面有粗大凸起的透明油点；种子圆球形，黑色，有光泽。花期 4-5 月，果熟期 8-9 月。

产皖南山区祁门牯牛降观音堂，休宁，歙县，太平，广德、宣城，青阳，贵池，东至，铜陵；大别山区霍山百莲岩，金寨白马寨；江淮丘陵滁县皇甫山、琅琊山，凤阳，定远，嘉山，来安，全椒，六安，含山；淮北平原宿县、濉溪、萧县等地。除新疆与东北外，全国广泛分布。

果实为调味品；果实可提取芳香油，名"花椒油"，入药有散寒燥湿、杀虫之效；种子可榨油；叶可制土农药；亦为良好的护坡及水土保持植物。

4. 朵花椒　朵椒　　　　　图 758

Zanthoxylum molle Rehd.

落叶乔木，高 4-15 米；树干具鼓钉状皮刺；小枝髓心大或空心，幼枝密被淡黄色绒毛。奇数羽状复叶，互生，长 35-75 厘米，叶轴紫红色，被短绒毛；小叶对生，通常 7-9，卵圆形至矩圆形，长 6-18 厘米，宽 3-10 厘米，顶端短骤尖，基部圆形或宽楔形，通常全缘或沿中部以上有细圆锯齿，叶缘有粗大的油点，上面绿色而稍有光泽，散生小油点，初时被短柔毛，后渐脱落，下面青灰色，密被长绒毛。伞房圆锥花序，顶生，花轴被短绒毛，着生短小的皮刺；花白色，小而多，单性，5 基数；雄花退化的心皮先端 3 叉裂；雌花心皮 5，

图 757 花椒
1. 花枝；2. 雄花；3. 雌花；4. 果瓣及种子。

图 758 朵花椒
1. 花枝；2. 雄花；3. 雌花。

子房球形，花柱短小，柱头头状。果紫红色，表面有油点，成熟心皮 2-3；种子卵圆形或为三角状半圆形，黑色而有光泽。花期 7-8 月，果熟期 9-10 月。

产皖南山区黄山浮溪剪刀峰，绩溪清凉峰栈岭湾，休宁，祁门，太平，泾县；大别山区霍山廖寺园、茅山，金寨白马寨，岳西妙道山、河图，舒城万佛山等地。生于海拔 1000 米以下的山谷、溪边、灌丛中。分布于江西、浙江。

果、叶、根均能入药，有散寒健胃、止吐泻和利尿之功用；叶与果实可提取芳香油；种子含有油脂。

5.　花椒簕　　　　　　　　　　图 759

Zanthoxylum scandens Bl.

木质藤本，茎枝上有直立或略下弯的皮刺。奇数羽状复叶，长 11-24 厘米，叶轴腹面有狭窄的叶质边缘，着生向后弯曲的细小皮刺，无毛；小叶 13-23，对生或近对生，卵形或卵状长圆形，长 2.5-6 厘米，宽 1.2-3 厘米，顶端急尖或长尾状渐尖，基部楔形或圆形，两侧略不对称，全缘，厚纸质至革质，上面深绿色而有光泽，两面无毛。伞房圆锥花序，腋生；花淡青色，单性；萼片 4，卵形；花瓣 4；雄花的雄蕊 4，退化心皮小而先端 2 叉裂；雌花心皮 4，通常有一鳞片状退化雄蕊，果红色或红褐色，密生粗大油点，果瓣顶端有短喙状尖头；种子近圆球形，黑色而有光泽。花期 4-5 月，果熟期 9 月。

产皖南山区休宁五城。生于海拔 650 米以下的山谷、灌丛中。分布于长江以南各省。

6.　青花椒　崖椒　　　　　　　图 760

Zanthoxylum schinifolium Sieb. et Zucc.

落叶灌木，高 1-2.5 米；茎枝无毛，有皮刺。奇数羽状复叶，互生，叶轴腹面有狭窄的叶质边缘；小叶 11-23，对生或近对生，椭圆形或椭圆状披针形，长 1.5-5.5 厘米，宽 7-20 毫米，顶端急尖或渐尖而微凹，基部楔形，常不对称，边缘有细锯齿，齿缝处有粗大油点，上面有细毛，下面苍绿色，中脉凸起，散生油点。伞房圆锥花序，顶生，花多而小，绿色，单性；萼片 5，广卵形；花瓣 5，长圆形或卵形；雄花的雄蕊 5，退化雌蕊细小，先端 2-3 裂；雌花心皮 3，几无柱头。果紫红色，成熟果瓣 1-3，先端有短小的喙状尖头；种子卵圆形，黑色而有光泽。花期 6-7 月，果熟期 9-10 月。

产皖南山区祁门双河口，休宁岭南，太平，泾县，

图 759 花椒簕
1. 幼果枝；2. 雄花；3. 果。

图 760 青花椒
1. 幼果枝；2. 雄花；3. 果瓣及种子；4. 叶（部分放大）。

广德，宣城，芜湖；大别山区霍山，岳西河图，潜山，金寨；江淮丘陵滁县，六安，含山，庐江，全椒，定远，来安；淮北平原亳县等地。生于海拔 900 米以下的山谷、溪边、灌丛中。分布于我国南北各省，朝鲜、日本亦有。

果可作调味品；果可提取芳香油；根、叶、果均可入药。

7. 野花椒 图 761

Zanthoxylum simulans Hance

落叶灌木，高 1-2 米；枝有皮刺，皮孔小而呈白色。奇数羽状复叶，叶轴腹面有狭窄的叶质边缘和小皮刺；小叶 5-9，稀 11，对生，卵圆形或卵状长圆形，长 2-8 厘米，宽 2-4 厘米，顶端短渐尖或钝，基部楔形或钝圆，边缘有细钝锯齿，上面深绿色，散生短刺毛，下面中脉通常有刺毛，两面与齿缝处均有油点。聚伞圆锥花序，顶生；花黄绿色；花被片 5-8，一轮；雄花的雄蕊 5-8，成熟心皮 1-2，稀为 3。果红色至紫红色，基部变狭且伸长成漏斗状的短柄，表面有粗大油点；种子圆球形，黑色而有光泽。花期 4-5 月，果熟期 8-9 月。

产皖南山区黄山，休宁，歙县，广德，铜陵，太平，青阳九华山，贵池商坦，东至；大别山区霍山青枫岭、茅山、大化坪，金寨白马寨、马鬃岭十坪；江淮丘陵滁县，淮南，全椒，来安，巢县，合肥，定远，嘉山；淮北平原萧县，宿县，灵璧，泗县等地。生于海拔 500 米以下的灌丛、坡地。

图 761 野花椒
1. 花枝；2. 雄蕊；3. 雄花。

果皮与叶均作调料；果、叶、根入药，有散寒、健胃、止泻、利尿作用，亦可提取芳香油。

77. 苦木科 SIMAROUBACEAE

常绿或落叶,乔木或灌木;树皮具苦味。羽状复叶,稀单叶,互生,稀对生,无托叶。花单性或杂性,极少两性,整齐,雌雄同株或异株,组成总状花序、圆锥花序或聚伞花序;萼片 3-5,通常基部连合;花瓣 3-5,稀无花瓣;雄蕊与花瓣同数或为其倍数,2 轮,外轮雄蕊与花瓣对生,花丝基部通常有鳞片,多具花盘,环形或延伸;子房上位,心皮 2-5,合成复雌蕊,每室 1 胚珠,稀 2 或数个;花柱上部分离,中部以下连合。核果、翅果或浆果;种子常单生,无胚乳或有少量胚乳。

32 属 200 种,分布于热带、亚热带、少数至温带地区。我国有 4 属 10 种。安徽省有 2 属,2 种。

1. 鳞芽;小叶 13-35,边缘基部常有 1-4 缺齿,齿端有腺体;花序顶生;翅果 ⋯⋯⋯⋯⋯⋯⋯⋯ 1. **臭椿属 Ailanthus**
1. 裸芽;小叶 7-15,边缘有锯齿,基部无缺齿和腺体;花序腋生;核果 ⋯⋯⋯⋯⋯⋯ 2. **苦树属 Picrasma**

1. 臭椿属 Ailanthus Desf.

落叶乔木;枝条粗壮;冬芽圆球形,具 2-4 芽鳞。奇数羽状复叶,互生;小叶 13-35,边缘基部常有 1-4 缺齿,齿端有腺体。花杂性或单性异株,圆锥花序,顶生;每花基部常有 1 小苞片;萼片 5-6;花瓣 5-6,镊合状排列;雄蕊 10,着生于花盘基部;花盘 10 裂;子房 2-6 深裂,果时分离成 1-6 个椭圆状矩圆形翅果;种子 1,位于翅果中部,有少量胚乳,子叶圆形或倒卵形。

约 10 种,分布于亚洲和大洋洲北部。我国产 5 种。安徽省有 2 种。

1. 翅果小,长 3-5 厘米 ⋯⋯⋯⋯⋯⋯⋯⋯⋯⋯⋯⋯⋯⋯⋯⋯⋯⋯⋯⋯⋯⋯ 1. **臭椿 A. altissima**
1. 翅果大,长 6 厘米以上 ⋯⋯⋯⋯⋯⋯⋯⋯⋯⋯⋯⋯⋯⋯⋯⋯⋯⋯ 2. **大果臭椿 A. sutchuensis**

1. 臭椿　　　　　　　　　图 762

Ailanthus altissima Swingle

乔木,高达 30 米,胸径可达 1 米以上;树皮灰白色至灰褐色,稍平滑或有浅裂纹;枝条粗壮,具髓心,小枝叶痕呈马蹄形。奇数羽状复叶,长 30-50 厘米;小叶 13-25,卵状披针形或卵状椭圆形,长 4-15 厘米,宽 2-5 厘米,先端长渐尖,基部近圆形,偏斜,边缘上部全缘,近基部有 1-2 对大缺齿,齿端有腺体,下面常有白粉,沿中脉有毛。大型圆锥花序;花小,淡黄绿色。翅果扁平,长椭圆形或纺锤形,长 3-5 厘米,宽 1-1.2 厘米,熟时黄褐色或淡红褐色;种子 2 枚,位于翅果中部。花期 5-6 月,果熟期 8-10 月。

安徽省南北各地广泛分布,产皖南山区黄山、歙县清凉峰;大别山区霍山青枫岭;江淮丘陵滁县皇甫山、琅琊山,和县,淮南;淮北平原各地。生于海拔 900 米以下的山地、村旁。分布于我国北部、西北部、东南部至福建、台湾。适应性强,喜光,耐寒,对土壤条件要求不严,耐干燥瘠薄土壤,但不耐水湿。

木材轻软而有弹性,易加工,耐水湿,可供家具、造纸之用;叶可饲养樗蚕;种子油可作工业原料;根皮

图 762　臭椿(果枝)

可入药；对毒性气体及粉尘抗性较强，为城乡、工厂、矿山等处的良好绿化树种。

2. 大果臭椿

Ailanthus sutchuensis Dode

翅果大，长6-7厘米，宽1.5-2厘米。产江淮丘陵淮南市八公山。生于村庄、路旁。

2. 苦树属 Picrasma Bl.

落叶乔木或灌木；树皮味极苦；冬芽裸露，奇数羽状复叶，互生，小叶7-15，叶缘有锯齿。聚伞花序腋生；花黄绿色，杂性或单性；萼片4-5，覆瓦状排列，宿存；花瓣4-5，较萼片长，镊合状排列；雄花的雄蕊4-5，着生于花盘外缘，与花瓣互生；心皮2-5，分离，每心皮1胚珠，花柱中部连合，上部分离。核果，呈浆果状，有1-5个分核组成，基部有膨大宿存萼片。

8种，分布于热带、亚热带地区。我国仅有1种。安徽省1种。

苦树　　　　　　　　　　　图763

Picrasma quassioides（D. Don）Benn.

乔木或小乔木，高达10米；幼枝青绿色或紫红色，无毛，具黄色皮孔；叶、枝、树皮味极苦。芽锈色，密被毛。奇数羽状复叶，互生，长20-30厘米；小叶7-15，卵形至长圆状卵形，长4-10厘米，宽2-4厘米，先端渐尖或锐尖，基部宽楔形或近圆形，边缘具不整齐钝锯齿，两面无毛或下面仅沿脉有细毛；小叶柄短或几无柄。聚伞花序腋生，总花梗长达12厘米；花单性，雌雄异株或杂性，淡黄绿色，直径约8毫米，被毛；花瓣倒卵形，长2.5-3毫米；雄蕊较花瓣长，着生于花盘基部。核果倒卵形，长6-7毫米，3-4个并生，初时绿色，熟时蓝黑色。花期5-6月，果熟期9-10月。

图763 苦树
1. 花枝；2. 果枝。

全省广泛分布，产皖南山区黄山，绩溪逍遥乡中南坑，歙县清凉峰乌桃湾，石台牯牛降祁门岔，青阳九华山；大别山区金寨白马寨，岳西美丽乡，潜山彭河、燕子河，舒城万佛山；江淮丘陵滁县皇甫山、琅琊山，来安，凤阳，嘉山；淮北平原萧县皇藏峪，宿县大方寺等地。生于海拔1300米以下的山坡、谷地。分布于黄河流域以南各省（区），朝鲜、日本及印度亦有分布。

木材轻软，可供家具及器具用材；树皮、根皮味苦、有微毒，可入药或制土农药及杀菌剂。

78. 楝科 MELIACEAE

乔木或灌木。叶互生,一至三回羽状复叶,稀为三出复叶或单叶;无托叶。花两性,稀单性,整齐,雌雄同珠,稀异株,组成圆锥花序,稀为总状或穗状花序;花萼小,裂片4-5;花瓣4-5,稀3-10,分离或小部分连合;雄蕊通常为花瓣的2倍,或与花瓣同数,合生成管状顶端全缘或撕裂,花药着生于管的内侧,稀离生;花盘环状、浅杯状、柄状或缺;子房上位,2-5(8)室,中轴胚座,每室有胚珠1-2或更多,倒生或半倒生。蒴果、浆果或核果,开裂或不开裂;种子有翅或无翅,有胚乳或无,常有假种皮。

约50属1400种,分布于热带和亚热带,极少分布至温带。我国有14属约60种,主要分布于华南和西南各省(区)。安徽省有3属,4种,1变种。

1. 一回羽状复叶或为3小叶复叶:
  2. 雄蕊花丝几乎全部合生成1管;浆果;种子无翅 ·· 1. 米仔兰属 Aglaia
  2. 雄蕊花丝分离;蒴果;种子有翅 ·· 3. 香椿属 Toona
1. 二至三回羽状复叶 ··· 2. 楝属 Melia

1. 米仔兰属 Aglaia Lour.

灌木或乔木;各部分常被鳞片或星状毛,稀无毛。叶为一回羽状复叶,很少为3小叶复叶或单叶;小叶全缘。圆锥花序,腋生或顶生;花小,杂性,通常球形;花萼4-5齿裂或深裂;花瓣3-5,凹陷,覆瓦状排列;雄蕊管球形、壶形、陀螺形或卵形,全缘或有短钝齿,花药5-6枚,稀7-10枚,内藏或半突出;花盘不明显或无花盘;子房卵形,1-3室,每室2胚珠,花柱极短,柱头盘状、圆锥状或圆柱状。浆果,卵形、倒卵形或近球形,不开裂,外果皮革质;种子1-3,通常有胶粘状肉质假种皮。

约300种,分布于印度、马来西亚和大洋洲。我国约10种。安徽省引入栽培1种。

米仔兰 米兰 香桂花   图764

Aglaia odorata Lour.

灌木或小乔木,高4-7米;小枝无毛或顶部常被锈褐色星状鳞片。羽状复叶,长5-12厘米,有小叶3-5,总轴和叶柄具窄翅;小叶对生,具短柄,倒卵形或长圆形,长2-7厘米,宽1-3.5厘米,先端钝,基部楔形,两面无毛,全缘。圆锥花序腋生,长5-10厘米,疏松;花小,极芳香;花萼5裂,裂片圆形;花瓣5,鲜时黄色,干时黑红色,倒卵形或长圆形;雄蕊管略短于花瓣,倒卵形或近钟形,花药5枚,近卵形;子房卵形,密被黄色粗毛。果卵形或近球形,长约1.2厘米。花期夏、秋两季。

安徽省各地广为栽培,冬季宜置温室越冬。分布于广东、广西、贵州、四川、福建、云南等省(区)。原产东南亚。

花可提取芳香油或熏茶;枝、叶入药,治跌打损伤、痈疮;室内观赏佳品。

图764 米仔兰
1. 花枝;2. 花。

2. 棟属 Melia L.

落叶乔木或灌木。二至三回羽状复叶，互生，小叶全缘或有锯齿。圆锥花序，腋生；花两性；花萼 5-6 裂；花瓣 5-6，分离；雄蕊 10-12，花丝合生成管状，上端 10-12 齿裂，花药着生于雄蕊管上缘内侧的齿裂间；花盘环状；子房 5-8 室，花柱细长，每室有胚珠 1-2。核果，外果皮肉质，内果皮木质；种子无翅。

约 20 种，分布于亚洲和澳洲。我国有 3 种，分布于东南和西南各省。安徽省 1 种，引入 1 种。

2. 小叶边缘有锯齿或浅裂；花序与羽叶近等长；子房 5-6 室；果较小，长 1.5-2 厘米 ………1. **棟树 M. azedarach**
3. 小叶边缘全缘或有不明显的疏锯齿；花序短于羽叶，仅为羽叶长的一半；子房 6-8 室；果较大，长约 3 厘米
……………………………………………………………………………………………… 2. **川棟 M. toosendan**

1. 棟树 苦棟　　　　　　　　　图 765

Melia azedarach L.

乔木，高 15-20 米；树皮暗褐色，纵裂；小枝具明显的皮孔和叶痕。二至三回奇数羽状复叶，长 20-50 厘米；小叶卵形至椭圆形，长 3-7 厘米，宽 2-3.5 厘米，先端尖，基部稍偏斜，边缘有锯齿或浅裂。圆锥花序与羽叶近等长；花萼 5 裂，裂片披针形，被短柔毛；花瓣 5，倒卵状匙形，长约 1 厘米，淡紫色，被短柔毛；雄蕊 10 枚，合生成管状，紫色；子房 5-6 室，球形，花柱细长，柱头头状。核果近球形，长 1.5-2 厘米，果核 5-6 室，每室有 1 种子；种子椭圆形。花期 4-5 月，果期 10 月，经冬不凋，宿存至翌年春季发新时候，始逐渐脱落。

全省广布，产皖南山区黄山，贵池高坦；大别山区霍山佛子岭；江淮丘陵和县，含山昭关，全椒，滁县等地。分布于黄河流域以南地区。速生，喜光，喜温暖气候，对土壤要求不严。

木材用途广泛；树皮、根皮可制土农药或杀菌剂，亦可提取栲胶；耐烟尘和抗二氧化硫，为四旁绿化习见树种。

图 765 棟树
1. 花枝；2. 果枝。

2. 川棟

Melia toosendan Sieb. et Zucc.

落叶乔木，高 5-10 米；幼枝灰黄色，密被星状鳞片；二年生小枝暗红色，叶痕和皮孔明显。二回奇数羽状复叶，有小叶 7-9 枚；小叶对生，质薄，卵形或窄卵形，长 3-6 厘米，宽 2-3.5 厘米，先端长渐尖，基部楔形，全缘或有不明显的疏锯齿，两面无毛。圆锥花序，生于小枝顶部，长 6-15 厘米，约为羽叶长的一半；花较大，淡紫色或白色；花萼和花瓣均为 5-6；雄蕊 10-12；花盘近杯状；子房近球形，无毛，6-8 室。核果大，熟时淡黄色，椭圆状球形，长约 3 厘米，果皮薄，核有棱；种子长椭圆形，扁平。花期 5 月，果熟期 9-10 月。

淮北平原临泉、宿县、阜阳等地有引种栽培。喜温暖湿润气候，不耐严寒。分布于四川、贵州、广西、湖南、陕西、河南、甘肃。

可作用材；果、根、茎皮入药，可祛湿止痛、杀虫。

3. 香椿属 Toona Roem.

落叶乔木；芽有鳞片。叶互生，一回偶数羽状复叶。圆锥花序，顶生或腋生；花小，白色或绿色，两性；花萼 4-5 裂；花瓣 4-5，覆瓦状排列；雄蕊 4-6，花丝分离，着生于 5 棱的肉质花盘上，与萼片对生，退化雄蕊 5 或缺；子房 5 室，每室有胚珠 8-12，排成 2 列，子房柄厚，成一个 5 棱形的短柱，子房着生其上。蒴果木质，胞间开裂为 5 果瓣；种子多数，扁平，两端或一端有翅。

约 15 种，分布于亚洲和大洋洲。我国有 3 种。安徽省有 1 种，1 变种。

3. 雄蕊 5 枚，全部发育；子房和花盘被毛；种子两端有翅；小叶下面有柔毛 ·················
·················· 1. 毛红椿 T. ciliata var. pubescens
4. 雄蕊 10 枚，其中 5 枚不发育；子房和花盘无毛；种子仅一端有翅；小叶两面无毛 ·········· 2. 香椿 T. sinensis

1. 毛红椿 红毛棟子（变种）　　　　图 766
Toona ciliata Roem. var. **pubescens**（Fr.）Hand.
–Mazz.［（*T. sureni*（Bl.）Merr. var. *pubescens*（Fr.）Chun ex How et T. Chen）］

大乔木，高可达 30 米；树皮厚，深灰褐色，薄片状开裂；小枝具稀疏皮孔，有细柔毛。一回偶数羽状复叶，互生，长 30-40 厘米；小叶 6-12 对，长 11-12 厘米，宽 3.5-4.5 厘米，对生或近对生，卵状或长圆状披针形，先端尾状渐尖，基部不对称，一侧圆钝，另一侧楔形，全缘，上面沿中脉有柔毛，下面被灰白色柔毛，脉上更密；小叶柄长 3-8 毫米。圆锥花序，与叶近等长，顶生，花序梗及小花梗密被锈褐色细柔毛；花白色，有香味；萼片卵圆形，外面被微柔毛，边缘具缘毛；花瓣长圆形，被柔毛，边缘具缘毛；雄蕊 5 枚，花药椭圆形；花盘与子房等长，密被锈褐色粗毛；子房 5 室，每室胚珠 8-10 个。蒴果长椭圆形，木质，干时褐色，长 2.5-3.5 厘米，外果皮密生褐色皮孔；种子两端有翅，翅扁平，膜质。花期 5-6 月，果熟期 9 月。

产皖南山区泾县桃岭、大坑，太平新明，石台牯牛降，休宁渭桥，宁国板桥；大别山区岳西妙道山等地。生于海拔 600 米以下的山谷、溪边。分布于云南、四川、贵州、广东、江西、湖南。

木材红褐色，芳香，耐磨，制高档家具，建筑等多种用途。

图 766 毛红椿（果枝）

2. 香椿　　　　　　　　　　　　　　　　图 767
Toona sinensis（A. Juss.）Roem.

落叶乔木，高 10-15 米；树皮暗红褐色，条状剥落；幼枝有柔毛。偶数羽状复叶，长 30-50 厘米；小叶 8-10 对，对生，椭圆形或椭圆状披针形，长 8-15 厘米，宽 2.5-4 厘米，先端尾尖，基部圆形，稍偏斜，边缘具疏锯齿，稀全缘，除下面脉腋有簇生毛外两面无毛，有香气；叶柄长 5-10 毫米。圆锥花序顶生；花萼杯状，具 5 钝齿；花瓣 5，长椭圆形，白色，芳香；能育雄蕊 5 枚，退化雄蕊 5 枚，与能育雄蕊互生；子房和花盘无毛。蒴果狭卵圆形，深褐色，外果皮具稀疏皮孔，长 1.5-3 厘米，5 瓣裂；种子椭圆形，仅一端有膜质翅。花期 5-6 月，果期 8 月。

　　产皖南山区歙县清凉峰里外三打，石台牯牛降祁门岔，青阳九华山，贵池高坦，芜湖；大别山区金寨白马寨，潜山天柱山；江淮丘陵滁县、和县等地。生于海拔 1200 米以下的山坡、山谷中。分布于华北至西南各省。安徽省各地栽培普遍，尤以太和县最为有名，产量最高，质量最佳，历史悠久，品种繁多。喜光和温暖气候，以沙质壤土生长最好。

　　木材淡红色，纹理美观，坚重而有光泽，可与非洲的"桃花心木"相比，为高档用材；种子可榨油；根皮及果可入药；幼嫩枝叶作木本蔬菜。

图 767 香椿
1. 果枝；2. 花（示雄蕊、雌蕊）。

79. 无患子科 SAPINDACEAE

常绿或落叶乔木或灌木，稀攀援状草本。叶通常为羽状复叶，稀单叶，三出或掌状复叶，互生，多无托叶。圆锥花序或总状花序；花小形，单性或杂性，辐射对称或左右对称；萼片4-5，分离或连合；花瓣4-5，或无花瓣；雄蕊8-10，着生于花盘之内或偏于一侧，花丝分离，有毛；子房上位，2-4室，每室1-2胚珠，稀更多，生于中轴胎座上；花柱单一或分裂。蒴果，开裂或不开裂，或坚果、核果、翅果；种子有或无假种皮。

约150属2000余种，广布于热带、亚热带地区，少量分布至温带。我国有25属50余种，主要分布于华南及西南地区。安徽省有3属，3种，1变种。

1. 子房每室1胚珠 ·· 2. 无患子属 Sapindus
1. 子房每室2-8胚珠：
  2. 花两侧对称；花盘偏于一侧；子房每室2胚珠；果皮薄，膜质 ·············· 1. 栾树属 Koelreuteria
  2. 花辐射对称；花盘整齐；子房每室7-8胚珠；果皮厚，木质 ·············· 3. 文冠果属 Xanthoceras

1. 栾树属 Koelreuteria Laxm.

落叶乔木；芽仅有芽鳞2枚。一至二回单数羽状复叶，互生，小叶边缘有锯齿或缺刻，稀全缘。圆锥花序，顶生或生于枝上部叶腋；花杂性，黄色，不整齐；花萼不对称，5深裂；花瓣4-5，大小不等，基部有爪；花盘偏于一侧；雄蕊8或较少；子房3室，每室2胚珠，花柱3。蒴果，膨大如囊状，中空，果皮膜质，3裂；种子球形，黑色。

4种，除1种分布于斐济群岛外，其余均分布于我国。安徽省有1种，1变种。

1. 二回羽状复叶；小叶边缘全缘或近顶部一侧有锯齿；
  蒴果顶端钝而有短尖 ······························
  ·············· 1. 黄山栾树 K. bipinnata var. integrifoliola
1. 一至二回羽状复叶；小叶边缘有不整齐锯齿或缺刻；
  蒴果顶端渐尖 ·············· 2. 栾树 K. paniculata

1. 黄山栾树 全缘叶栾树（变种）   图768
Koelreuteria bipinnata Franch. var. **integrifoliola**
（Merr.）T. Chen

落叶乔木，高达20米；树皮暗灰色；小枝棕红色，密生皮孔。二回奇数羽状复叶，连叶柄长30-50厘米，总叶轴和羽片叶轴上面一边有卷曲短柔毛，稀老时无毛，或至少在羽片着生处仍有卷曲短柔毛；复叶有羽片4对，第二回羽片通常有小叶7-9，仅复叶基部一对羽片各为3小叶，叶厚纸质，长椭圆形至长椭圆状卵形，长3-10厘米，宽1.5-4.5厘米，先端渐尖，基部圆或宽楔形，通常全缘，偶有锯齿或近顶端一侧有疏锯齿，两面无毛或沿叶脉有卷曲的短柔毛。圆锥花序；花黄色；萼片5，边缘有睫毛；花瓣5，瓣爪有长柔毛；雄蕊8，花丝有毛。蒴果肿胀，椭圆形，由膜质3枚薄片组成，长4-5厘米，顶端钝而有短尖，嫩

图768 黄山栾树
1. 枝；2. 果序。

时紫红色；种子近圆形，黑色。花期7-8月，果期9-10月。

产皖南山区黄山，太平贤村，祁门，休宁，黟县；大别山区太湖大山乡等地；其余地区时有栽培。生于海拔700米以下的山地。分布于长江流域以南及西南诸省（区）。1900年引入美国。

2. 栾树　　　　　　　　　　图 769
Koelreuteria paniculata Maxim.

落叶乔木，高达10余米；幼枝有柔毛，一年生枝有近圆形皮孔。一至二回羽状复叶，长达40厘米，叶轴通常上面一边有卷曲短柔毛；小叶7-15，纸质，卵形或卵状披针形，长4-8厘米，宽2.5-3.5厘米，边缘具不规则粗锯齿或缺刻，幼时两面有平伏长毛，脱落后仅脉上有卷曲短柔毛；叶柄长2-5毫米，被卷曲短柔毛。圆锥花序，顶生，长25-40厘米，花序轴被柔毛；萼片5裂，两侧对称，有睫毛；花瓣4，条状披针形，淡黄色，中心紫色，长8-9毫米；雄蕊8枚。蒴果三角状长卵形，囊状中空，由膜质3枚薄片组成，长4-5厘米，先端渐尖，成熟前紫红色；种子圆形，黑色。花期6-7月，果熟期9-10月。

产皖南山区旌德；江淮丘陵滁县皇甫山、琅琊山；淮北萧县，宿县，凤阳等地。生于海拔200米左右的山地。分布于东北、华北、华东、西南及陕西、甘肃等地；朝鲜、日本亦有分布。

速生，可作用材树种；果实美丽，状如灯笼，为良好的庭院、道路、风景名胜区观赏树种。

图 769 栾树
1. 枝；2. 花序；3. 花；4. 果。

2. 无患子属 Sapindus L.

乔木。一回偶数羽状复叶，互生；小叶2- 数对，对生或互生，全缘。圆锥或总状花序，腋生或顶生；花小，杂性异株，整齐；萼片4-5；花瓣4-5；雄蕊8-10；花盘环状，肉质；子房2-4室，每室1胚珠。果为核果状，外果皮肉质，含皂素，内果皮纸质或革质；种子黑色，无假种皮，胚弯曲。

约13种，分布于热带及亚热带地区。我国有4种，分布于长江流域及其以南地区。安徽省仅1种。

无患子　　　　　　　　　　图 770
Sapindus mukorossi Gaertn.

落叶乔木，高达20余米；树皮淡黄褐色或灰黄色；芽叠生，上面芽大，下面芽小。偶数羽状复叶，连叶柄长约30厘米，总叶轴有柔毛或无毛；小叶6-16，纸质，对生或近对生，狭卵状披针形至椭圆状披针形，长7-15厘米，宽3-5.5厘米，先端短渐尖，基部

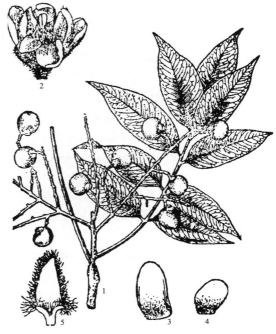

图 770 无患子
1. 果枝；2. 花；3、4. 花瓣；5. 萼片。

宽楔形至近圆形，偏斜，全缘，无毛，侧脉纤细，15-30 对，两面均明显；小叶柄长 3-8 毫米。圆锥花序顶生，长 15-30 厘米，有茸毛；花小，通常为两性，辐射对称；萼片 5，卵状披针形，具睫毛；花瓣 5，长圆形，有爪，内面基部有 2 个耳状小鳞片；雄蕊 8，花丝下部有长柔毛。核果球形，果实基部一侧有一不发育的分果瓣脱落后留下的痕迹，果径约 1.8 厘米，熟时黄色或橙黄色；种子黑色，硬骨质。

淮河流域以南地区均有分布，产皖南山区黄山，歙县乌桃湾，太平；大别山区霍山桃源河；江淮丘陵合肥，安庆，滁县琅琊山等地。生于海拔 800 米以下的山地。长江以南，东至台湾，西至湖北，西南至四川、贵州，南至广东、海南。稍耐阴。喜温暖气候。

木材纹理斜，结构中，强度中，可用于制作木梳等；果皮含皂素，可代肥皂用；树冠浓密，枝叶扶疏，果叶金黄，可作为庭院、路旁、村庄及风景区绿化树种。

3. 文冠果属 Xanthoceras Bunge

落叶灌木或小乔木；冬芽卵圆形，有芽鳞数枚。单数羽状复叶，互生；小叶通常对生，狭椭圆形至披针形，边缘有锯齿，无柄。总状花序，顶生或腋生，在基部和侧生的花多为不孕花；花杂性同株，辐射对称；花萼 5，覆瓦状排列；花瓣 5，有爪；花盘 5 裂，常在各裂片上有 1 角状附属物；雄蕊 8；子房 3 室，每室 7-8 胚珠。蒴果球形，果皮木质，熟时 3 瓣开裂；种子无明显的假种皮。

仅 1 种，为我国特产，分布于东北、西北及华北。安徽省引入栽培。

文冠果　　　　　　　　图 771

Xanthoceras sorbifolia Bunge

落叶灌木或小乔木，高可达 8 米；树皮灰褐色，长状开裂；小枝紫色，幼时有毛，后渐脱落。单数羽状复叶，互生，连叶柄长 15-30 厘米；小叶 9-19，狭椭圆形至披针形，长 3-5 厘米，宽 1-2 厘米，先端尖，基部楔形，边缘有细锐锯齿，上面暗绿色，无毛，下面疏生星状毛。总状花序顶生，长 12-30 厘米；花杂性，整齐；花萼 5，长约 5 毫米，长圆形，覆瓦状排列；花瓣 5，白色，基部有红色或黄色斑点，倒卵形，长约为花萼的 3 倍，有爪；花盘薄，5 裂，各裂片背部有 1 角状橙色的附属物；雄蕊 8，花丝多离生；子房 3 室，每室有胚珠 7-8 枚。蒴果球形，径约 3.5-6 厘米，果皮厚，木栓质，熟时裂为 3 果瓣；种子近球形，熟时暗紫色，径约 1 厘米。花期 4-5 月，果熟期 7-8 月。

安徽省淮北、合肥、芜湖等地有栽培。分布于东北、华北、西北及长江流域中下游地区。适应性强，抗干旱、寒冷、瘠薄。

木本油料树种，种子含油量 50%-70%，可生食或作食用油；亦为良好的观赏树种。

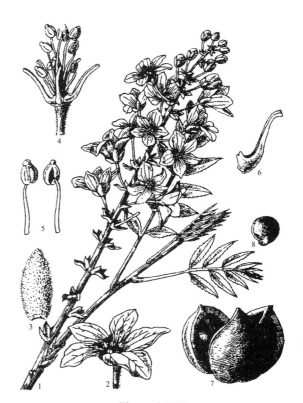

图 771 文冠果
1. 花枝；2. 雄花；3. 萼片；4. 雄花去花被，示雄蕊及花盘；5. 发育雄蕊；6. 花盘碎片及角状体；7. 果；8. 种子。

80. 清风藤科 SABIACEAE

落叶或常绿，乔木、灌木或攀援木质藤本。叶互生，单叶或羽状复叶；无托叶。花两性或杂性异株，辐射对称或两侧对称，组成顶生或腋生的聚伞花序或圆锥花序，有时单生；萼片通常 5 片，稀 3 或 4 片，覆瓦状排列；花瓣通常 5 片，稀 4，覆瓦状排列，大小相等，或内面 2 片比外面 3 片小；雄蕊 5 枚，稀 4 枚，与花瓣对生，全部发育或外面 3 枚药室退化，花药 2 室，常有窄或宽的药隔；花盘杯状或环状；子房上位，通常 2 室，每室 1-2 胚珠。核果由 1-2 个成熟心皮构成，不开裂；无胚乳或有极薄胚乳。

3 属 100 余种，主要分布于亚洲和美洲热带地区，有些种分布于亚洲东部温带地区。我国有 2 属 45 种 5 亚种 9 变种，主要分布于西南部、中南部至台湾省。安徽省 2 属，8 种，2 亚种，3 变种。

1. 直立乔木或灌木；单叶或羽状复叶；圆锥花序；花两侧对称；雄蕊仅内面 2 枚发育 ······ **1. 泡花树属 Meliosma**
1. 攀援木质藤本；单叶；聚伞花序或单生；花辐射对称；雄蕊全部发育 ················ **2. 清风藤属 Sabia**

1. 泡花树属 Meliosma Bl.

常绿或落叶，乔木或灌木；冬芽裸露，被褐色绒毛。单叶或羽状复叶，全缘或有锯齿。圆锥花序顶生或腋生；花小，两性或杂性；萼片 4-5，覆瓦状排列，近等大；花瓣 5，大小不等，外面 3 片较大，常凹陷，内面 2 片极小，常 2 裂，有时 3 裂或不裂，或为鳞片状附着于发育的雄蕊上；雄蕊 5 枚，外面 3 枚退化，无花药，里面 2 枚发育雄蕊与里面小花瓣对生，花丝短，药隔扩大为一杯状体；子房通常 2 室，很少 3 室，花柱短，钻性。核果近球形、梨形，中果皮肉质，内果皮骨质，1 室；胚具长而弯曲的胚根，无胚乳。

约 50 种，分布于亚洲东南部与美洲中部和南部。我国有 29 种 7 变种，广布于西南部、中南部至东北部，但东北部较少见。安徽省有 4 种，1 亚种，4 变种。

1. 叶为单叶：
  2. 叶倒卵形或倒卵状椭圆形，基部楔形或狭楔形；花内面 2 片花瓣 2 裂，短于发育雄蕊：
    3. 圆锥花序向下弯垂，主轴及侧枝明显的"之"字形曲折；叶先端渐尖 ················
       ························· 1. **垂枝泡花树 M. dilleniifolia ssp. flexuosa**
    3. 圆锥花序直立，主轴及侧枝不呈"之"字形曲折，叶先端圆或近平截 ········ 4. **细花泡花树 M. parviflora**
  2. 叶长椭圆形或倒卵状长椭圆形，基部圆或钝圆；花内面 2 片花瓣不分裂，长于发育雄蕊 ················
       ························· 2. **多花泡花树 M. myriantha**
1. 叶为羽状复叶：
  4. 叶轴顶端小叶柄无节，复叶连同叶柄长 15-30 厘米；萼片通常 5 枚 ················ 3. **红枝柴 M. oldhamii**
  4. 叶轴顶端小叶柄具节，复叶连同叶柄长 60-90 厘米；萼片通常 4 枚 ················ 5. **暖木 M. veitchiorum**

1. 垂枝泡花树（亚种） 图 772

Meliosma dilleniifolia（Wallich ex Weight et Arontt）Walp. ssp. **flexuosa**（Pamp.）Beus

落叶灌木或小乔木，高达 5 米；芽、嫩枝、叶柄。花序均被褐色长柔毛；腋芽通常 2 枚并生。单叶，互生，倒卵形或倒卵状椭圆形，长 5-18 厘米，宽 3-6 厘米，先端渐尖或骤狭急尖，中部以下渐狭而下延成窄楔形，边缘具稀疏的凸尖粗锯齿，上面具疏短毛，下面脉上有柔毛，脉腋处有髯毛，侧脉 11-18 对；叶柄长 0.5-2 厘米。圆锥花序顶生，向下弯曲，连轴长 12-20 厘米，花序轴及侧枝在结果时呈"之"字形曲折；花小，白色，直径 3-4 毫米；萼片 5，卵形，长 1-1.5 毫米；花瓣大小不等，外面 3 片近圆形，长 2.5-3 毫米；内面 2 片长仅 0.5 毫米，通常 2 裂；发育雄蕊长 1.5-2 毫米；子房无毛。核果近卵形，长约 5 毫米；果核偏斜，有凸起网纹，中肋锐凸起。花期 5-7 月，果熟期 8-9 月。

产皖南山区黄山西海、桃花峰，休宁岭南，祁门，黟县，绩溪清凉峰，平坑脚、逍遥乡，石台七都，旌德，歙县清凉峰天子池，青阳九华山；大别山区霍山白马尖、佛子岭，金寨白马寨，岳西大王沟、文坳，潜山天柱山、彭河，舒城万佛山等处。生于海拔 1300 米以下的灌丛、山坡。分布于陕西、江苏、浙江、江西、湖北、湖南、四川、广东。

2. 多花泡花树　　　　　　　　图 773

Meliosma myriantha Sieb. et Zucc.

落叶乔木，高达 15 米；树皮灰褐色，块状剥落；嫩枝被锈褐色柔毛。单叶，互生，薄纸质，倒卵状圆形、长圆形或卵状长圆形，长 10-30 厘米，宽 4-14 厘米，先端锐渐尖或锐尖，基部圆或钝圆，边缘锯齿延至近基部，上面近无毛，下面被扩展柔毛，脉上被柔毛，侧脉 20-30 对，平行直达刺状齿端；叶柄长 1-2.5 厘米，被柔毛。圆锥花序顶生，直立，被锈褐色柔毛；花小，白色，直径约 3 毫米；萼片 4 或 5，卵形，长约 1 毫米，具缘毛；花瓣 5，外面 3 片近圆形，长约 1.5 毫米，内面 2 片狭披针形，与外面花瓣几等长，不分裂；子房无毛。核果倒卵形或圆球形，直径 4-5 毫米，熟时红色；果核中肋稍钝凸起，两侧具细网纹。花期 5-7 月，果熟期 8-9 月。

产皖南黄山，祁门牯牛降双河口，休宁，歙县，绩溪永来，泾县小溪；大别山区岳西，潜山天柱山，舒城万佛山等地。生于海拔 1000 米以下的山坡、沟谷。分布于山东、江苏、浙江。

木材可制农具、家具及细木工。

2a. 异色泡花树（变种）

Meliosma myriantha Sieb. et Zucc. var. **discolor** Dunn

本变种与原种区别在于叶缘锯齿不达基部；侧脉 12-24 对，叶下面被疏毛或仅沿脉上被毛；花序被毛亦较少。

产皖南黄山，绩溪清凉峰北坡，休宁，祁门，泾县，黟县，歙县清凉峰东凹。生于海拔 1000 米以下的山地。分布于浙江、江西、湖南、福建、贵州、广东、广西。

2b. 柔毛泡花树（变种）

Meliosma myriantha Sieb. et Zucc. var. **pilosa** （Lecomte）Law

本变种与原种区别在于叶缘锯齿通常在中部以

图 772 垂枝泡花树
1. 花枝；2. 内花瓣及雄蕊；3. 内花瓣。

图 773 多花泡花树
1. 花枝；2. 果枝；3. 花蕾；4. 花解剖，示花瓣及雄蕊；5. 雌蕊。

上，侧脉 10-20 对，叶下面、叶柄、花序均密被黄褐色柔毛，叶上面亦多少被毛。

产皖南黄山，歙县，祁门，绩溪清凉峰；大别山区金寨白马寨。生于海拔 900 米以下的山谷。分布于陕西、江苏、浙江、江西、福建、湖北、湖南、四川、贵州。

3. 红枝柴 羽叶泡花树 南京泡花树　　图 774
Meliosma oldhamii Maxim.

落叶乔木，高达 15 米；树皮暗灰色，光滑；小枝近无毛；腋芽球形或扁球形，密被褐色柔毛。单数羽状复叶，互生，连叶柄长 15-30 厘米，叶轴顶端小叶柄无节；小叶 7-15 枚，叶轴和小叶柄被褐色柔毛，小叶长椭圆形、卵状椭圆形或狭卵形，长 5-10 厘米，宽 2-4 厘米，先端急尖或渐尖，基部钝圆或阔楔形，边缘具稀疏锐齿，两面疏生柔毛或老时仅下面脉上疏生毛，脉腋有髯毛，侧脉 7-8 对。圆锥花序顶生，长 15-30 厘米，被褐色柔毛；花小，白色；萼片通常 5，椭圆状卵形，长约 1 毫米，外面 1 片较狭小；花瓣 5，外面 3 片近圆形，宽约 2 毫米，里面 2 片稍短于花丝，2 裂；雄蕊 5，3 枚退化；子房被黄色粗毛。核果球形，直径 4-5 毫米；果核具明显凸起的网纹，中肋隆起。花期 5-6 月，果熟期 8-9 月。

图 774 红枝紫
1. 果枝；2. 叶。

产皖南山区黄山，休宁岭南，绩溪清凉峰，泾县，歙县清凉峰，太平，青阳九华山，东至；大别山区霍山俞家畈，金寨白马寨、马宗岭，岳西，潜山彭河，舒城万佛山；江淮丘陵滁县琅琊山等地。生于海拔 1200 米以下的山地。分布于河南、陕西、江苏、浙江、江西、湖北、贵州、广东、广西。

木材坚硬可制作车辆及家具等。种子油可作润滑油。

3a. 有腺泡花树（变种）
Meliosma oldhamii Maxim. var. **glandulifera** Cufod.
本变种与原种区别在于小叶下面被疏短的棒状腺毛。

产皖南山区泾县，歙县，广德，太平，青阳；大别山区霍山马家河，金寨白马寨，潜山天柱山等地。生于海拔 1200 米以下的山地林中。分布于江西、湖南、广西。

3b. 髯毛泡花树（变种）
Meliosma oldhamii Maxim. var. **sinensis**（Nakai）Cufod.
本变种与原种区别在于叶下面脉腋具髯毛。

产皖南山区黄山，休宁五城，太平，青阳九华山；大别山区舒城万佛山等地。

4. 细花泡花树　　图 775
Meliosma parviflora Lecomte
落叶小乔木或灌木，高达 10 米；树皮灰色，平滑；小枝被锈褐色柔毛。单叶，互生，倒卵形，长 5-11 厘米，宽 3-7 厘米，先端圆或近平截，具短急尖，中部以下渐狭而下延成柄，上部边缘有浅波状疏齿，上面深绿色，近无毛，下面脉上有疏毛，脉腋具髯毛，侧脉 7-14 对，先端直达齿端；叶柄长 6-17 毫米。圆锥花序顶生，直立，长 10-30 厘米，被柔毛，主轴圆柱形，有时稍弯曲，但不呈"之"字形曲折；花小，密集，白色，直径 1.5-2 毫米；萼片 5，近圆形，边缘有睫毛；花瓣 5，个面 3 片近圆形，内面 2 片小，2 裂，裂片有缘毛；花盘环状；子房被短柔毛。核果球形，具明显凸起细网纹，中肋锐隆起。花期 7 月。果熟期 9-10 月。

产皖南山区绩溪逍遥乡，石台七都，广德，贵池；大别山区霍山漫水河，金寨白马寨，潜山彭河乡，舒城万佛山等地。生于海拔 1300 米以下的山坡、林缘。分布于江苏、浙江、湖北、四川。

木材可制家具等。

5. 暖木 图 776

Meliosma veitchiorum Hemsl.

落叶乔木，高达 20 米；树皮灰褐色，纵裂；枝条粗壮，有粗大圆形叶痕。单数羽状复叶，互生，连柄长 60-90 厘米，基部膨大，叶轴顶端小叶柄具节；小叶 7-11 枚，卵形或卵状椭圆形，长 6-20 厘米，宽 4-10 厘米，先端渐尖，基部圆形，通常偏斜，上面几无毛，下面脉上常被棕褐色柔毛，全缘或具粗锯齿，侧脉 6-12 对，不达边缘。圆锥花序顶生，大型，长 40-45 厘米，常有稀疏柔毛，主轴及分枝密生粗大皮孔；花小，白色；萼片通常 4，椭圆形，长 1.5-2.5 毫米，外面 1 片较狭；花瓣 5，外面 3 片倒心形，长 1.5-2.5 毫米，内面 2 片长约 1 毫米，2 裂，具缘毛。核果近圆球形，直径约 1 厘米；果核半球形，平滑，中肋显著隆起。花期 5-6 月，果熟期 8-9 月。

产皖南山区黄山，绩溪清凉峰，祁门牯牛降，休宁，歙县；大别山区霍山多云尖，金寨马鬃岭，潜山彭河、板仓，舒城万佛山等地。生于海拔 900 米以上的山坡。分布于河南、陕西、山西（中条山）、湖北、浙江、湖南、四川、贵州及云南。本种喜温暖，系中亚热带植物区系成分。

木材可制家具、板材；树皮可提取栲胶。

2. 清风藤属 Sabia Colebr.

落叶或常绿攀援木质藤本；冬芽小；小枝于发叶后基部常残存芽鳞，坚硬。单叶，互生，全缘。聚伞花序腋生或排成圆锥状、伞状，或单生；花两性，稀杂性；萼片 5 片或 4 片，覆瓦状排列，有时大小不等；花瓣通常 5，很少 4，比萼片长且与萼片近对生；雄

图 775 细花泡花树
1. 花枝；2. 花；3. 内花瓣及雄蕊。（《安志》原图，江建新绘）

图 776 暖木
1. 果枝；2. 小枝，示叶痕；3. 花。

蕊 4-5，全部发育，附着于花瓣基部，花药卵圆形或长圆形，药室内侧纵裂，内向或外向；子房 2 室，基部为花盘所围绕，花柱 2 枚，合生。核果由 2 个心皮发育成 2 个分果爿，有时仅 1 心皮发育，中果皮肉质，内果皮脆壳质，中肋有或无，两侧面有蜂窝状凹穴或条状凹穴或平坦；种子 1 枚，近肾形，有斑点，胚具折叠的子叶，无胚乳或胚乳退化成薄膜状。

约 30 种，分布于亚洲南部及东南部。我国有 16 种，5 亚种，2 变种，主要分布于西南部，少数达西北部。安徽省有 3 种，1 亚种。

1. 花单生于叶腋：
  2. 老枝上无留存刺状叶柄基部；花基部无苞片 ……………………… 1. **鄂西清风藤** S. campanulata ssp. ritchieae
  2. 老枝上常留存刺状叶柄基部；花基部有 4 枚苞片 ………………………………………… 3. **清风藤** S. japonica
1. 花 2-7 朵排列成聚伞花序或伞状花序：
  3. 嫩枝、叶两面及嫩叶柄、花序均无毛；叶柄长 7-12 毫米；伞状聚伞花序 ………… 2. **灰背清风藤** S. discolor
  3. 嫩枝、嫩叶柄及叶下面、花序均被柔毛；叶柄长 3-5 毫米；聚伞花序 ……………… 4. **尖叶清风藤** S. swinhoei

1. 鄂西清风藤（亚种） 图 777

Sabia campanulata Wall. ex Roxb. ssp. **ritchieae**（Rehd. et Wils.）Y. F. Wu

落叶攀援木质藤本；小枝淡黄绿色，无毛。叶互生，狭卵状披针形、长圆状卵形或长椭圆形，长 4-9 厘米，宽 3-5 厘米，先端渐尖或尾状渐尖，基部圆形或楔形，上面绿色，无毛，下面灰绿色，嫩时脉上偶有疏毛；叶柄长 3-10 毫米。花单生叶腋，深紫色，基部无苞片，花梗长 1-2 厘米，果时长至 3 厘米；花瓣 5，宽卵形或近圆形，长 5-6 毫米，果时不增大，早落；雄蕊 5，花药外向开裂；花盘肿胀，高大于宽，边缘环状；子房无毛。分果爿阔卵形或卵圆形，长 6-7 毫米，宽 8 毫米；果核中肋两侧有蜂窝状凹穴，腹部稍凸出。花期 5 月，果熟期 7-8 月。

产皖南山区黄山，祁门，绩溪清凉峰，石台牯牛降，歙县清凉峰，青阳九华山，休宁，黟县、广德；大别山区金寨白马寨，岳西美丽乡、妙道山，潜山天柱山，舒城万佛山等地。生于海拔 1300 米以下的山谷、溪边、林缘。分布于江苏、浙江、江西、福建、湖北、湖南、四川、贵州、广东、陕西、甘肃。

图 777 鄂西清风藤
1. 花枝；2. 果枝；3. 花，示雄蕊；雌蕊。

2. 灰背清风藤 图 778

Sabia discolor Dunn

落叶攀援木质藤本；小枝黄绿色，无毛。叶互生，纸质，卵形、椭圆状卵形或椭圆形，长 4-7 厘米，宽 2-5 厘米，先端尖或钝尖，基部圆形或宽楔形，两面无毛；叶柄长 7-12 毫米。聚伞花序呈伞状，有花 2-5 朵，无毛；总花梗长 1.5-2.5 厘米，花梗长 4-8 毫米；萼片 5，三角状卵形，长 0.5-1 毫米；花瓣 5，卵形或椭圆状卵形；雄蕊 5，略长于花瓣，花药外向开裂；子房无毛。分果爿倒卵状圆形或倒卵形，宽约 6 毫米；果核中肋明显凸起，两侧具不规则凹穴，腹部凸出。花期 4-5 月，果熟期 6-8 月。

产皖南山区黄山，歙县，青阳九华山等地。生于海拔 1000-1500 米的山谷、林缘。分布于浙江、江西、福建、广东、广西。

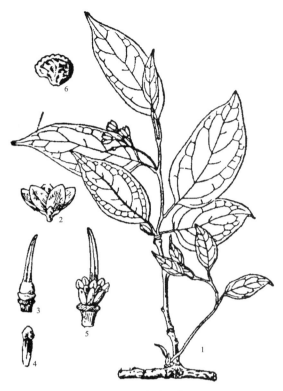

图 778　灰背清风藤
1. 花枝；2. 花；3. 花去花被，示花盘和雌蕊；4. 雄蕊；
5. 花去花被示雄蕊和雌蕊；6. 分果爿。

图 779　清风藤
1. 果枝；2. 花；3. 枝条留存刺状叶柄基部。

3.　清风藤　　　　　　　　　　　　　　　　　　　　　　　　　图 779

Sabia japonica Maxim.

落叶攀援木质藤本；嫩枝绿色，具细柔毛，老枝紫褐色，常残留刺状叶柄基部。叶互生，卵状椭圆形或卵形，长 3-8 厘米，宽 2-4 厘米，先端短尖，基部钝圆，全缘，上面深绿色，近无毛，下面脉上有疏毛；叶柄长 2-5 毫米。花先叶开放，单生叶腋，下垂，基部具苞片 4 枚，苞片倒卵形；萼片 5，近圆形或卵形，长约 5 毫米，具缘毛；花瓣 5，淡黄绿色，倒卵形或倒卵状椭圆形，长 3-4 毫米；雄蕊 5，略短于花瓣，花药外向；子房卵形，被细毛。核果由一个心皮发育或由 1-2 心皮发育成双生状分果爿组成，分果爿近圆形或肾形，直径 5-7 毫米；果核中肋明显，两侧有蜂窝状凹穴；果梗长 2-3 厘米。花期 3-4 月，果熟期 6-8 月。

产皖南山区黄山，泾县小溪，祁门，绩溪清凉峰，太平，石台牯牛降，歙县清凉峰，休宁，青阳九华山，黟县、广德；大别山区金寨白马寨，岳西，潜山，舒城，霍山等地。生于海拔 1000 米以下的山谷、溪边、路旁。分布于江苏、浙江、江西、福建、广东、广西。

植株含清风藤碱；茎可入药；可用于城市垂直绿化。

4.　尖叶清风藤　　　　　　　　　　　　　　　　　　　　　　　图 780

Sabia swinhoei Hemsl. ex Forb. et Hemsl.

常绿攀援木质藤本；嫩枝细弱，密被褐色柔毛。叶互生，椭圆状卵形、椭圆形或宽卵形，长 4-8 厘米，宽 2-5 厘米，先端渐尖或尾状渐尖，基部圆形或楔形，边缘略呈波状反卷，上面中脉有细毛，下面有短柔毛；叶柄长 3-5 毫米，被柔毛。聚伞花序，有花 2-7 朵，被柔毛，总花梗长 7-15 毫米，花梗长 3-6 毫米；萼片 5，卵形，长 1-1.5 毫米，外面具不明显的红色腺点；花瓣 5，卵状披针形，长 3.5-4.5 毫米；雄蕊 5，花药内向开裂；花盘浅杯状；子房无毛。分果爿深蓝色或紫褐色，近圆形或倒卵形，长 7-9 毫米；果核中肋不明显，两侧有不规则的条状凹穴。花期 4-5 月，果熟期 7-9 月。

产皖南山区祁门牯牛降，歙县，休宁等地。生于海拔 600 米以下的山谷、林缘。分布于江苏、浙江、江西、福建、湖北、湖南、四川、贵州、广东、广西、台湾。

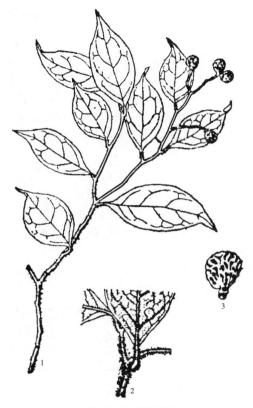

图 780 尖叶清风藤
1. 果枝；2. 枝叶部分；示柔毛 3. 分果爿。

81. 漆树科 ANACARDIACEAE

落叶或常绿，乔木或灌木，稀木质藤本；树皮有树脂。羽状复叶或掌状 3 小叶，稀单叶，互生，稀对生，通常无托叶，或托叶不明显。圆锥花序顶生或腋生；花小，两性、单性或杂性；花萼 3-5 裂；花瓣 3-5，稀为单被或无花被；雄蕊通常为花瓣的两倍，稀同数或多数，着生于花盘外面基部或花盘的边缘；花盘环状、坛状或杯状，全缘或 5-10 裂。或柄状突起；心皮通常 1-5，花柱 3，子房上位，稀下位，通常 1 室，稀 2-5 室，每室有 1 胚珠，侧生。核果，外果皮薄，中果皮厚，具树脂，内果皮硬骨质或革质，1 室或 3-5 室，每室有种子 1；种子无胚乳或有少量胚乳。

约 60 属 600 余种，主要分布于世界热带、亚热带，少量延伸到北温带。我国有 16 属 50 余种，引入 5 属 5 种。安徽省有 5 属，8 种，1 亚种，1 变种。

1. 叶为单叶，全缘；果序上有不育花的花梗伸长而成的羽状毛 ·································· **2. 黄栌属 Cotinus**
1. 叶为羽状复叶或掌状 3 小叶：
  2. 花无花瓣，雄蕊 3-5 ·· **3. 黄连木属 Pistacia**
  2. 花有花瓣，镊合状排列：
    3. 植物体无乳汁；子房 5 室；核果大，椭圆形，果核上部有 5 枚小孔 ·············· **1. 南酸枣属 Choerospondias**
    3. 植物体有乳汁；子房 1 室；核果小，扁球形：
      4. 圆锥花序顶生；果皮被腺毛和具节柔毛或单毛，成熟后红色，外果皮与中果皮连合，内果皮分离
       ·· **4. 盐肤木属 Rhus**
      4. 圆锥花序腋生；果皮通常无毛，成熟后淡黄色，外果皮与中果皮分离，中果皮蜡质，白色，内果皮连合 ··
       ······················ **5. 漆树属 Toxicodendron**

1. 南酸枣属 Choerospondias Burtt. et Hill

落叶乔木。奇数羽状复叶，互生，常聚生于枝条上部；小叶对生，基部常显著偏斜。聚伞状圆锥花序，由雄花和两性花组成，腋生或近顶生，雌花单生；花单性、两性或杂性异株；花萼 5 裂，浅杯状；花瓣 5，覆瓦状排列；雄蕊 10，与花盘裂片互生，着生于花盘基部，花药长圆形，药背着；花盘 10 裂；子房上位，5 室，每室有 1 胚珠，花柱 5，柱头头状。核果卵圆形、长圆形或椭圆形，中果皮肉质，糊状，内果皮骨质，顶部有 5 枚小孔。

单种属。分布于印度东北部、中南半岛、我国南部及日本。

南酸枣 山楝（泾县）　　　　　　　图781
Choerospondias axillaris（Roxb.）Burtt. et Hill

乔木，干形通直，高达 25 米以上。树皮灰褐色，长块状剥落；小枝粗壮，暗紫褐色，无毛，有近圆形锈褐色皮孔，叶痕大，维管束痕 3。奇数羽状复叶，长 20-30 厘米，叶轴基部略膨大；小叶 7-19，对生，

图 781 南酸枣
1. 花枝；2. 果枝。

纸质，卵形至卵状披针形，长 4-12 厘米，宽 2-5 厘米，先端长渐尖，基部宽楔形至近圆形，通常偏斜，幼苗叶缘有粗锯齿，大树叶缘全缘，两面无毛或下面脉腋有簇生毛，侧脉两面均突起；小叶柄纤细，长 2-5 毫米，顶生小叶柄长达 2 厘米，中脉在叶柄背面突起并下延至叶柄基部。圆锥花序，由雄花和两性花组成；花萼 5 裂，阔三角形，边缘具紫红色腺状睫毛；花瓣 5，反卷，有褐色腺纹；雄蕊 10；花盘 10 裂；雌花单生；子房上位，5 室。核果椭圆形，熟时黄色，长 2-2.7 厘米，果核顶部有 5 个发芽孔。花期 4 月，果熟期 8-9 月。

产皖南山区祁门，休宁，歙县，泾县，广德，宁国等地；江淮之间有栽培。生于海拔 1400 米以下的山谷。分布于浙江、江西、福建、湖北、湖南、广东、广西、贵州、四川、云南。日本、印度亦有分布。

速生用材树种，木材可制家具等，纹理美丽；树冠扶疏，春叶红晕，秋叶金黄，为良好的庭院观赏树，亦可作行道树、风景林树等。

2. 黄栌属 Cotinus Adans

落叶灌木或小乔木，木材黄色；树汁有臭味。单叶，互生，无托叶，近圆形，全缘；叶柄细长。聚伞状圆锥花序顶生；花小，杂性同株；花萼 5 齿裂，卵状披针形，宿存；花瓣 5，长圆形，长为萼片的 2 倍；雄蕊 5，着生于环状花盘的下部，花药内向纵裂；子房偏斜，压扁，1 室，胚珠 1，花柱 3，侧生。核果肾形，极压扁，花柱残存；果序上有多数不孕花的花梗伸长而成的羽状毛，淡红色。

约 5 种，分布于南欧、亚洲东部及北美温带地区。我国有 3 种，分布于华北及西北以南诸省（区）。安徽省有 1 变种。

毛黄栌 烟花树（变种）　　　　图 782

Cotinus coggygria Scop. var. **pubescens** Engl.

落叶灌木，高 2-4 米；树汁有强烈气味；小枝有灰色短柔毛。单叶互生，宽椭圆形，稀近圆形，长 5-8 厘米，宽 4-6 厘米，先端通常圆形，或有小凹缺，基部宽楔形或圆形，全缘，通常两面有灰色柔毛，下面沿主脉毛更密，或脉腋间有髯毛，侧脉 8-11 对；叶柄长 1-3 厘米，微有毛。圆锥花序顶生，花序轴被灰白色柔毛；花杂性，淡黄色，直径约 3 毫米。果序长 5-10 厘米，不孕花的花梗伸长，密生淡紫红色羽毛状长毛；核果小，倒卵形，干燥，稍歪斜，熟时红色。花期 4-5 月，果熟期 9-10 月。

产皖南山区青阳九华山；大别山区潜山；淮北灵璧，濉溪，萧县皇藏峪，宿县大方寺等地。生于海拔 400 米以下的低山丘陵。分布于河南、湖北、四川、陕西。欧洲中南部至中亚地区亦有分布。

初夏花后，枝条上宿存有淡紫色羽毛状花梗，秋叶红艳，甚为美观，为观赏佳品；树叶圆形，可题诗作画，或制作工艺品，有"红叶传情"之传说。

图 782 毛黄栌（果枝）

3. 黄连木属 Pistacia L.

落叶或常绿，乔木或灌木。羽状复叶，稀三出复叶或单叶，互生，小叶对生或近对生，全缘，无托叶。圆锥花序或总状花序，腋生；花小，雌雄异株；雄花：具 1-2 个苞片，花被 1-2 裂；雄蕊 3-5，花丝极短，与花盘贴生，花药大，长圆形，底着药，不育雌蕊小或无；雌花：具 1-2 苞片，花被片 2-5，小，干膜质，无不育雄蕊，花盘小或无；心皮 3，合生，1 室 1 胚珠，花柱短，柱头 3 裂。核果卵圆形，稍偏斜，压扁；种子无胚乳。

　　约 10 种，分布于地中海、亚洲及中南美洲。我国有 3 种。安徽省有 1 种。

黄连木　　　　　　　　　　　图 783

Pistacia chinensis Bunge

　　落叶乔木，高达 20 米。幼枝棕褐色，被短柔毛，具皮孔。偶数羽状复叶，叶轴有短柔毛或近无毛；小叶 5-7 对，对生，披针形或卵状披针形，全缘，长 4-10 厘米，宽约 2 厘米，先端渐尖，基部楔形，偏斜，幼时有毛，后变无毛或仅主脉有柔毛；叶柄短，有微柔毛。圆锥花序腋生，花序轴有短柔毛及皮孔，花序长 10-24 厘米；花小，先叶开放，无花瓣。核果倒卵状扁球形，直径 5-6 毫米，初为白色，熟时红色至蓝紫色。花期 3-4 月，果熟期 9-11 月。

　　产皖南黄山，太平，泾县，南陵，芜湖；大别山区霍山青枫岭，金寨白马寨；江淮丘陵滁县琅琊山，含山昭关，肥西紫蓬山等地。生于海拔 1200 米以下的山地、丘陵。分布于河北、陕西、山西、河南、山东、江苏、浙江、福建、广东、广西、湖北、湖南、四川、贵州、云南、台湾。菲律宾亦有分布。

　　心材黄色，美观，可作家具等用材；种子油可用于制皂、照明、润滑油；果实和树皮均可提取栲胶；树皮可代黄檗皮入药；嫩枝叶可作野生蔬菜；秋叶黄红色，美观，可用于观赏。

图 783 黄连木
1. 果枝；2. 雄花；3. 雌花；4. 果。

4. 盐肤木属 **Rhus** L.

　　落叶或常绿，乔木或灌木，有时为藤本；裸芽小，近球形。奇数羽状复叶，互生，小叶对生或近对生，通常有锯齿。圆锥花序顶生；花小，杂性，苞片披针形或卵形；花萼 5 裂；花瓣 5，覆瓦状排列；雄蕊 5，着生于淡褐色花盘下面；子房上位，胚珠 1，花柱 3。核果球形，压扁，被腺毛和具节柔毛或单毛，成熟时红色，外果皮与中果皮连合，内果皮分离。

　　约 250 种，分布于亚热带及温带。我国约有 7 种。安徽省有 2 种，2 变种，引入栽培 1 种。

1. 小叶边缘有粗锯齿：
　　2. 小叶基部对称；花淡黄白色；果序疏松，下垂，淡红色 ················· 1. **盐肤木 R. chinensis**
　　2. 小叶基部不对称；花淡红色；果序密集，直立，紫红色 ················· 4. **火炬树 R. typhina**
1. 小叶边缘全缘：
　　3. 小叶下面无毛，叶轴多无翅；小枝近无毛 ················· 2. **青麸杨 R. potaninii**
　　3. 小叶下面有毛，叶轴有翅；小枝有毛 ················· 3. **红麸杨 R. punjabensis** var. **sinica**

1.　盐肤木　　　　　　　　　　　　　　　　　　　图 784

Rhus chinensis Mill.

　　落叶小乔木，高 5-10 米；小枝密生灰褐色或黄红色柔毛，有皮孔；裸芽，密生黄褐色柔毛。奇数羽状复叶，互生，叶轴有绿色翅,有长柄;小叶 7-13,卵形至卵状椭圆形,长 5-12 厘米,宽 2-5 厘米,边缘有锯齿,先端微突尖,基部宽楔形,稀近圆形,最上面的一片小叶基部下延成翅状,上面近无毛或主脉上有污黄色毛,下面密被褐色柔毛,近无柄。圆锥花序顶生,密生灰褐色柔毛;花小,杂性,淡黄白色;萼片 5;花瓣 5,覆瓦状排列;雄蕊 5,插生于花盘下部;子房上位,胚珠 1,花柱 3 裂,分离。核果近圆形,稍压扁,径约 5 毫米,熟时橘红色,有灰白色短腺毛。花期 8-9 月,果熟期 10 月。

产皖南山区黄山,歙县清凉峰,太平,青阳九华山,广德;大别山区霍山马家河,金寨白马寨,潜山彭河;江淮丘陵滁县皇甫山、琅琊山等地。生于海拔 1500 米以下的向阳山坡。除新疆、青海外,几遍全国;日本、朝鲜、马来西亚亦有分布。

五倍子蚜虫的春季主要寄主,产生的虫瘿为"五倍子",可作栲胶、染料,亦可入药;嫩枝叶可作猪饲料或野生蔬菜。亦为园林绿化树种,浅根性,20 年生后,长势衰退。四川峨眉因气候温湿适宜,蚜虫寄生成功有一定产量;安徽省尚未有成功之先例。

图 784 盐肤木
1. 花枝;2. 花;3. 去花萼和花瓣。

1a. 光枝盐肤木(变种)

Rhus chinensis Mill. var. **glabrus** S. B. Liang

本变种与原种区别在于小枝光滑无毛。

产大别山区霍山马家河天河尖,金寨白马寨。生于海拔 900 米以上的山林中。

2. 青麸杨 图 785

Rhus potaninii Maxim.

落叶小乔木,高 5-8 米;树皮灰褐色;小枝无毛,有皮孔;裸芽,密生黄褐色绢状毛。奇数羽状复叶,互生,叶轴有柔毛,无翅或最上部有窄翅;小叶 7-11,卵形至卵状椭圆形,长 5-10 厘米,宽 2-4 厘米,全缘,先端渐尖,基部近圆形,稍偏斜,两面仅中脉有柔毛或近无毛,侧脉至叶缘处不显,具极短的叶柄。圆锥花序顶生,长 7-20 厘米,被柔毛,苞片钻形;花小,白色;萼片 5,外面被柔毛,边缘有睫毛;花瓣 5,两面被柔毛,边缘有睫毛,开花时向外反卷;雄蕊 5,花丝线形;花盘厚,无毛;子房球形,密被白色绒毛。核果近圆形,稍压扁,径约 3-4 毫米,熟时红色,有具节柔毛和腺毛。花期 5-6 月,果熟期 8-9 月。

产大别山区霍山马家河大核桃园,金寨,岳西多枝尖。生于海拔 1300 米左右的山林中。分布于陕西、山西、河南、浙江、福建、江西、四川、贵州、云南。

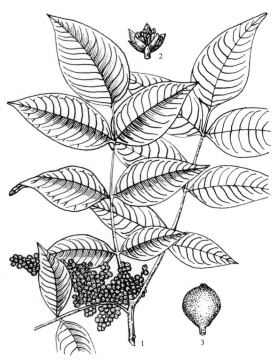

图 785 青麸杨
1. 果枝;2. 花;3. 果。

可放养五倍子蚜虫；木材用途同红麸杨。

3. 红麸杨（变种）

Rhus punjabensis Stew. var. **sinica**（Diels）Rehd. et Wils.

落叶小乔木，高 5-10 米；小枝密生灰褐色或黄红色柔毛，有皮孔；裸芽，密生黄褐色柔毛。奇数羽状复叶，互生，叶轴有绿色翅，有长柄；小叶 7-13，卵形至卵状椭圆形，长 5-12 厘米，宽 2-5 厘米，边缘有锯齿，先端微突尖，基部宽楔形，稀近圆形，最上面的一片小叶基部下延成翅状，上面近无毛或主脉上有污黄色毛，下面密被褐色柔毛；近无柄。圆锥花序顶生，密生灰褐色柔毛；花小，杂性，淡黄白色；萼片 5；花瓣 5，覆瓦状排列；雄蕊 5，插生于花盘下部；子房上位，胚珠 1，花柱 3 裂，分离。核果近圆形，稍压扁，径约 5 毫米，熟时橘红色，有灰白色短腺毛。花期 8-9 月，果熟期 10 月。

产大别山区霍山马家河天河尖，海拔 1000-1400 米林中。分布于云南、贵州、湖南、湖北、陕西、甘肃、四川、西藏。木材白色，质坚，可制家具和农具，可放养五倍子蚜虫。

4. 火炬树 美国漆树

Rhus typhina Nutt.

落叶小乔木，高 5-9 米；树皮环状剥落；小枝密生灰褐色柔毛，皮孔明显；裸芽，密生黄褐色柔毛。奇数羽状复叶，互生，叶轴有绿色窄翅；小叶 7-13，卵状椭圆形，长 5-10 厘米，宽 2-4 厘米，边缘有粗锯齿，先端长渐尖，基部楔形，偏斜，两面有长柔毛，近无柄。圆锥花序顶生，直立，密生灰褐色柔毛；花小，杂性，密集，淡黄白色；萼片 5；花瓣 5，覆瓦状排列；雄蕊 5，插生于花盘下部；子房上位，胚珠 1，花柱 3 裂，分离。核果近圆形，稍压扁，径约 5 毫米，熟时果密集，紫红色，有灰白色短腺毛。花期 8-9 月，果熟期 10 月。

安徽省江淮和淮北地区部分城市园林有栽培。原产北美。

美丽著名的观赏树种，宜栽植为行道树和风景林。

5. 漆属 Toxicodendron Mill.

落叶，乔木，灌木或藤本，有乳汁。奇数羽状复叶或掌状 3 小叶，叶轴无翅，小叶全缘，对生。圆锥花序腋生，常生于枝条上部；花小，雌雄异株，苞片披针形；花萼 5 裂，宿存；花瓣 5，覆瓦状排列，通常有褐色条纹，开放时反卷；雄蕊 5，着生于花盘基部；花盘环状、盘状或杯状浅裂；子房上位，1 室 1 胚珠，花柱先端 3 裂。核果小，扁球形，歪斜，外果皮无腺毛，光泽，成熟时与中果皮分离，中果皮蜡质，白色，与内果皮连合；种子扁球形。

约 20 种，分布于亚热带及温带地区。我国约有 15 种。安徽省有 4 种，1 亚种。

1. 攀援状灌木；掌状 3 小叶；雄蕊内藏，花丝钻形 ⋯⋯⋯⋯⋯⋯⋯⋯⋯⋯ 1. **毒漆藤 T. radicans ssp. hispidum**
1. 乔木或灌木；奇数羽状复叶；雄蕊伸出，花丝线形：
  2. 外果皮有刺毛；小叶 13-17 ⋯⋯⋯⋯⋯⋯⋯⋯⋯⋯⋯⋯⋯ 4. **毛果漆树 T. trichocarpum**
  2. 外果皮光滑无毛；小叶 7-15：
    3. 叶下面、小枝及叶柄均无毛；果干后皱缩 ⋯⋯⋯⋯⋯⋯⋯ 2. **木蜡树 T.succedaneum**
    3. 叶下面、小枝及叶柄有毛；果光滑：
      4. 小叶长 12 厘米，宽 4 厘米，脉间距不及 5 毫米 ⋯⋯⋯⋯⋯ 3. **野漆树 T. sylvestre**
      4. 小叶长达 16 厘米，宽达 7 厘米，脉间距 5 毫米以上 ⋯⋯⋯⋯ 5. **漆树 T. vernicifluum**

1. 毒漆藤 野葛（亚种） 图 786

Toxicodendron radicans（L.）O.Kuntze ssp. **hispidum**（Engl.）Gills

落叶攀援状灌木；小枝淡棕褐色，有皮孔，幼时有柔毛，有纵条纹。掌状 3 小叶；叶柄长 5-10 厘米，被黄色柔毛;侧生小叶长圆形或卵状椭圆形,长 6-15 厘米,宽 3-8 厘米,先端急尖,基部偏斜,全缘,中脉偏生,近无柄;顶生小叶椭圆状倒卵形,长 8-19 厘米,宽 4-10 厘米,幼时上面脉上疏生柔毛,老时上面无毛,仅下面沿中脉和侧脉疏褐柔毛或近无毛,脉腋处有簇生毛;小叶柄长 5-20 毫米,被柔毛。圆锥花序腋生,长可达 5 厘米,花序轴和小花梗均被淡黄褐色硬毛;花黄绿色;花萼裂片卵形,无毛,长约 1 毫米;花瓣长圆形,无毛,长约 3 毫米,开花时外卷;雄蕊 5,与花瓣近等长;花盘无毛;子房球形,柱头 3 裂。核果略偏斜,斜卵形,长约 5 毫米,宽约 6 毫米,外果皮淡黄色,被长达 1 毫米的刺状毛,有纵沟纹,中果皮蜡质,内果皮黄色,坚硬。

产大别山区金寨白马寨虎形地、鸡心石、西边洼,岳西河图等地。生于海拔 1000-1400 米的山谷、溪边。分布于湖南、湖北、四川、贵州、云南、台湾。

树干乳汁有毒,融之,易引起漆疮。

图 786 毒漆藤(野葛)
1. 果枝; 2. 果。

2. 野漆树 图 787

Toxicodendron succedaneum(L.)O. Kuntze

落叶灌木或小乔木,高达 10 米;树皮灰色,不规则浅裂;小枝无毛,有白粉,淡灰黄色,疏生皮孔。奇数羽状复叶,长 15-25 厘米;小叶 7-15 枚,薄革质,椭圆状长圆形或椭圆状披针形,长 6-12 厘米,宽 2-4 厘米,全缘,先端渐尖或短尾尖,基部宽楔形,上面绿色,光泽,下面淡灰绿色,两面无毛,有白粉,侧脉细而密,约 12-20 对,脉间有发育不良的短侧脉,侧脉至近叶缘处明显网结。圆锥花序腋生,长 5-11 厘米,无毛;花小,杂性,黄绿色,直径约 2 毫米;花萼 5 裂,卵圆形;花瓣 5,长卵状披针形;雄蕊 5,着生于花盘上;子房上位。核果球形,稍压扁,偏斜,淡黄色,径约 6-8 毫米,干时发皱。花期 5-6 月,果熟期 10 月。

产皖南山区黄山温泉至慈光阁,祁门,绩溪清凉峰,宁国,歙县清凉峰,铜陵,石台牯牛降,宣城;大别山区霍山马家河、佛子岭,岳西妙道山,金寨白马寨,舒城万佛山等地。生于海拔 1300 米以下的山谷、山脊。分布于华北的河北及河南、华东、华中、华南、西南等省(区);日本、印度、马来西亚亦有分布。

果皮含蜡质,可制蜡烛等;种子油为半干性油,可制皂或作油漆;木材可制家具。

3. 木蜡树 图 788

Toxicodendron sylvestre(Sieb. et Zucc.)O. Kuntze

落叶小乔木,高达 10 米;树皮灰色,块状剥落;

图 787 野漆树
1. 果枝; 2. 雄花去花瓣; 3. 两性花。

小枝淡灰黄色，有短柔毛，疏生皮孔；嫩枝及冬芽有棕黄色毛。奇数羽状复叶，叶轴有毛；小叶 7-13 枚，薄革质，卵形至卵状长圆形，长 4-12 厘米，宽 3-5 厘米，先端渐尖，基部宽楔形至近圆形，偏斜，全缘，上面有短柔毛或近无毛，下面密生黄色短柔毛，侧脉 12-20 对，脉距不及 5 毫米；叶柄短，通常有短毛。圆锥花序腋生，长 8-18 厘米，花序轴密生棕黄色毛；花小，杂性，黄色；萼片及花瓣均为 5；雄蕊 5；子房 1 室，花柱 3。核果球形，稍压扁，偏斜，淡棕黄色，宽约 8 毫米，无毛，干时发皱。花期 5-6 月，果熟期 10 月。

产皖南山区石台牯牛降祁门岔，太平龙源，青阳九华山，贵池，歙县，休宁，泾县，铜陵，宣城，广德；大别山区霍山马家河，金寨白马寨，岳西，六安，潜山彭河乡等地。生于海拔 1000 米以下的山地。分布长江以南各地。

果皮含蜡质；种子油可制皂、油漆、油墨。

4. 毛漆树 图 789

Toxicodendron trichocarpum（Miq.）O. Kuntze

落叶小乔木，高达 10 米；幼枝被粗毛，干时有纵棱，有皮孔。奇数羽状复叶，叶轴密被粗毛；小叶 13-17 枚，卵圆形至矩圆形，长 4-10 厘米，先端渐尖，基部圆形，全缘，有时有波状锯齿，上面无毛或有时有粗毛，下面有粗毛。圆锥花序腋生，花序轴有粗毛和柔毛，总梗长 6-15 厘米；花小，杂性，黄绿色；花萼 5 裂；花瓣 5；子房 1 室，花柱 3。核果球形，压扁，淡黄色，径约 6 毫米，被硬粗毛，不久后硬粗毛脱落，露出白色中果皮，有弧状纵肋。花期 6 月，果熟期 8-9 月。

产皖南山区黄山天都峰，休宁岭南，绩溪清凉峰，泾县，青阳；大别山区霍山马家河，岳西大王沟等地。生于海拔 700 米以上的山坡、山顶。分布于浙江、福建、江西、湖南、湖北、贵州等省；日本、朝鲜亦有分布。

本种不产漆；木材可供民用材。

5. 漆树 图 790

Toxicodendron vernicifluum（Stokes）F. A. Barkl.

落叶乔木，高达 15 米；树皮灰白色，幼时平滑，老时不规则纵裂；小枝淡灰黄色，有圆形皮孔，枝上部及芽密生黄褐色粗毛。奇数羽状复叶；小叶 7-19 枚，长卵形或椭圆形，长 6-16 厘米，宽 3-7 厘米，先端渐尖，基部宽楔形至圆形，偏斜，全缘或不规则浅波

图 788 木蜡树
1. 果枝；2. 两性花。

图 789 毛漆树
1. 果枝；2. 果（示被短刺毛）。

状，侧脉 8-16 对，脉间距 5 毫米以上，幼时两面有毛，成熟后至少下面脉上有毛；小叶柄长不超过 2 毫米。圆锥花序腋生，长 12-25 厘米，花序轴密被黄褐色粗毛；花小，杂性或单性雌雄异株，黄绿色；花萼 5 深裂，卵状披针形，有柔毛；花瓣 5，长圆形；雄蕊 5，与花瓣互生；子房上位，花柱短。核果球形，压扁，先端偏斜，淡黄色，有光泽，径约 3-6 毫米，中果皮蜡质，内果皮坚硬，与中果皮连合。花期 5-6 月，果熟期 10 月。

产皖南山区黄山，太平龙源，青阳九华山，泾县，旌德，贵池，宣城；大别山区六安，霍山，潜山，太湖，岳西，舒城，金寨白马寨；江淮丘陵滁县，来安，全椒，宿松等地。生于海拔 1500 米以下的向阳山坡。分布于辽宁至西藏，南至台湾；日本、朝鲜、印度等国亦有分布。

著名经济林树种，我国有两千多年的栽培历史。从树干采集（树皮韧皮部）到的树脂，名"生漆"，为宝贵的涂料，具有耐热、防水、耐腐蚀等特性；花可养蜂；果实可榨油；木材可制家具等；漆汁易致皮肤过敏，卫矛枝条煎水对治漆毒有特效。

图 790 漆树
1. 果枝；2. 花。

82. 槭树科 ACERACEAE

乔木或灌木，落叶，稀常绿；冬芽具多数覆瓦状排列的芽鳞，稀具 2-4 枚芽鳞或裸露。单叶，稀为羽状或掌状复叶，对生，不裂或掌状分裂，具叶柄；无托叶。花序伞房状、穗状、总状或聚伞状，自着叶枝的顶芽或侧芽生出；花小，绿色或黄绿色，两性、杂性或单性，雄花与两性花同株或异株；萼片与花瓣均 4-5，稀无花瓣，覆瓦状排列；花盘环状；雄蕊 4-10，通常 8，着生于花盘的内侧或外侧；子房上位，2 室，每室 2 胚珠，仅 1 枚发育，花柱 2 裂，基部合生。果实为小坚果，一侧或周围常有翅；种子无胚乳，外种皮膜质，子叶扁平。

2 属 200 余种，主要分布于欧洲、亚洲及北美洲的北温带地区。我国有 2 属 140 余种。安徽省有 1 属。

槭属 Acer L.

乔木或灌木，落叶或常绿；冬芽被覆瓦状排列的芽鳞，或具 2-4 枚芽鳞。单叶或复叶，对生，不裂或掌状分裂。花序伞房状、总状或圆锥状；花小，单性花和两性花同株，或单性异株；萼片与花瓣均 4-5，稀无花瓣；花盘环状；雄蕊通常 8，着生于花盘的内侧或外侧；子房 2 室，花柱上部 2 裂，稀不裂。果实为 2 枚相连的小坚果，每小坚果的上侧具长翅，两翅张开呈不同角度。

200 余种，分布于北半球温带。我国有 140 余种，西南地区为分布中心。安徽省有 23 种，1 亚种，7 变种，3 变型（包括引入 1 种）。

1. 单叶：
 2. 常绿性：
  3. 叶下面蜂窝状，被白粉，多少有毛，中脉及侧脉在上面略下陷 ………… 6. **樟叶槭 A. cinnamomifolium**
  3. 叶下面网状，无白粉，无毛，中脉及侧脉在上下两面均隆起 …………………… 7. **紫果槭 A. cordatum**
 2. 落叶性：
  4. 叶不分裂或两侧微有分裂，中裂片远较侧裂片发达：
   5. 二年生枝绿色；叶片通常不分裂，幼叶下面中脉有毛，老时无毛；花序总状 …… 8. **青榨槭 A. davidii**
   5. 二年生枝灰褐色；叶不裂或不明显 3-5 裂，下面疏被白色柔毛；花序伞房状 …………………………
   …………………………………………………………………………………… 10. **苦茶槭 A. ginnala ssp. theiferum**
  4. 叶为掌状分裂：
   7. 叶柄基部有乳汁；叶通常 3-5 裂，裂片边缘全缘（天目槭及元宝槭有少数缺刻）：
    8. 花序顶生；叶上面中脉无毛：
     9. 果序总梗长不及 1 厘米：
      10. 叶下面被毛及星状毛 ……………………………………………… 1. **锐角槭 A. acutum**
      10. 叶下面无毛，仅脉腋有簇生毛 …………………………………… 2. **阔叶槭 A. amplum**
     9. 果序总梗长 1-2 厘米：
      11. 叶片下面有淡黄色长柔毛；子房有疏柔毛 ……… 14. **卷毛长柄槭 A. longipes var. pubigerum**
      11. 叶片下面无毛；子房无毛：
       12. 叶裂片全缘，基部多为心形；翅长约为小坚果的 1.5-2 倍 …………………………
       …………………………………………………………………………… 15. **五角枫 A. mono**
       12. 叶裂片常有少数缺刻，基部多为楔形；翅与小坚果近等长 …… 24. **元宝槭 A. truncatum**
    8. 花序侧生于二年生枝条上；叶上面中脉有宿存毛，裂片边缘常有 1-2 缺刻 …………………………
    …………………………………………………………………………………… 23. **天目槭 A. sinopurascens**
   7. 叶柄基部无乳汁；叶 1-9 裂，裂片边缘有锯齿：

13. 叶片 1-3 裂或 5 裂至不裂：
    14. 当年生小枝灰褐色，皮孔显著；叶下面被白粉，裂片边缘全缘或近全缘；树皮长块状剥落。
        15. 小枝及花序初时被柔毛，后变无毛 …………………… 4. **三角枫 A. buergerianum**
        15. 小枝及花序被宿存绒毛 …………… 4a. **宁波三角枫 A. buergerianum** var. **ningpoense**
    14. 当年生枝紫褐色，几无皮孔；叶下面无白粉，裂片边缘有重锯齿；树皮不裂或浅纵裂。
        16. 叶多为 5 浅裂，侧裂片较短，先端钝尖 ……………………… 11. **葛萝槭 A. grosseri**
        16. 叶多为 3 浅裂，侧裂片较长，先端锐尖 …………… 11a. **小叶葛萝槭 A. grosseri** var. **hersii**
13. 叶片 5-9 裂，偶为 11 裂：
    17. 花序伞房状，每花序只有少数花（5-6 朵）：
        18. 子房有毛；叶柄和花梗通常嫩时有毛：
            19. 叶通常 9 裂，下面仅脉腋有簇生毛 …………………… 13. **临安槭 A. linganense**
            19. 叶通常 5 裂，下面有毛：
                20. 当年生枝条、叶下面和叶柄有宿存的长柔毛 …… 5. **昌化槭 A. changhuaense**
                20. 当年生枝有绒毛，叶下面和叶柄嫩时有长柔毛，老时渐脱落 …………………
                    …………………… 21. **毛鸡爪槭 A. pubipalmatum**
        18. 子房无毛；叶柄和花梗通常无毛：
            21. 叶片较小，直径约 6-12 厘米，通常 7 裂 …………………… 19. **鸡爪槭 A. palmatum**
            21. 叶片较大，直径约 12-14 厘米，通常 9 裂：
                22. 叶柄长约 4-5 厘米，粗壮 …………………… 22. **杈叶槭 A. robustum**
                22. 叶柄长 5-6 厘米以上，细弱 …………………… 3. **安徽槭 A. anhweiense**
    17. 花序伞房状、圆锥状或总状，每花序有多数花：
        23. 叶柄及叶下面有黄色平伏柔毛 ……………………… 20. **毛脉槭 A. pubinerve**
        23. 叶柄及叶下面仅脉腋处有毛：
            24. 翅果较大，长 2.8-3 厘米 ……………………… 25. **婺源槭 A. wuyuanense**
            24. 翅果较小，长 2-2.5 厘米：
                25. 叶纸质，裂片边缘有紧贴的细圆锯齿；圆锥花序长为宽的 1.5-2 倍；小坚果
                  肋纹微凸，两翅张开近于水平 ……………… 9. **秀丽槭 A. elegantulum**
                25. 叶薄革质，裂片边缘有钝尖锯齿；圆锥花序长与宽几相等；小坚果肋纹凸出，
                  两翅张开稍近于水平 ……………… 18. **橄榄槭 A. olivaceum**
1. 复叶：
  26. 羽状三出复叶，小叶仅 3 枚：
    27. 当年生枝条灰褐色，皮孔明显；小叶顶端锐尖至短渐尖，下面嫩时密生长柔毛；小坚果密被短柔毛
        …………………… 17. **毛果槭 A. nikoense**
    27. 当年生枝条灰绿色，皮孔不明显；小叶顶端尾状渐尖，下面疏生短柔毛；小坚果无毛…………………
        …………………… 12. **建始槭 A. henryi**
  26. 羽状复叶，小叶 3-9 枚 …………………… 16. **复叶槭 A. negundo**

1. 锐角槭

Acer acutum Fang

    落叶乔木，高 10-18 米；树皮褐色至灰褐色，平滑或微裂；小枝无毛；二年生枝深褐色；冬芽褐色，卵圆形，芽鳞 6 枚，边缘有纤毛。叶纸质，5-7 裂，先端长渐尖，基部浅心形，长 9-15 厘米，宽 6-18 厘米，裂片阔卵形或三角形，边缘全缘，两裂片间的凹缺钝尖，上面深绿色，无毛，下面被宿存的淡黄色短柔毛，并夹杂星状毛；叶柄长 4-12 厘米，褐短柔毛，老时脱落。伞房花序，总花梗长不及 5 毫米，微被短柔毛；花

杂性，黄绿色；萼片5，长圆形，边缘具纤毛，外侧微被疏柔毛；花瓣5，倒卵形，无毛；雄蕊8，外生花盘；子房、花柱均无毛。小坚果压扁状，长2.5-2.8厘米，翅宽7-8毫米，两翅张开呈锐角。花期4月，果熟期8月。

产皖南山区绩溪清凉峰荒岩坑。生于海拔900米左右的山林中。分布于浙江。

本种仅分布于浙、皖两省，分布区狭窄，为珍稀树种。

1a. 五裂锐角槭（变种）

Acer acutum Fang var. **quinquefidum** Fang et P. L. Chiu

本变种与原种区别在于叶5裂。

产大别山区霍山白马尖、俞家畈，金寨白马寨，岳西大王沟等地。生于海拔600-1400米山林中。分布于浙江。

1b. 天童锐角槭（变种）　　　　　图791

Acer acutum Fang var. **tientungense** Fang et Fang f.

本变种与原种区别在于叶下面有宿存淡黄色短柔毛，并夹杂星状毛。

产大别山区霍山青枫岭、廖寺园，金寨白马寨、马鬃岭、鲍家窝，岳西河图、鹞落坪，舒城万佛山等地。生于海拔600-1100米的山地阔叶林中。分布于浙江。

图791 天童锐角槭（果枝）

2. 阔叶槭

Acer amplum Rehd.

落叶乔木，高10-20米；树皮灰褐色，平滑不裂；幼枝紫绿色；二年生枝黄褐色，皮孔黄色，卵形或圆形；冬芽卵圆形，芽鳞覆瓦状排列，先端钝尖，边缘有纤毛。叶3-5裂，基部截形或浅心形，长10-18厘米，宽9-16厘米，裂片阔卵形，先端渐尖或长尖，边缘全缘，裂片间的凹缺钝圆，上面黄绿色，下面淡绿色，无毛，仅脉腋间有黄褐色簇生毛，主脉5-7条，在下面凸起；叶柄长7-10厘米，近无毛。伞房花序，总花梗长2-4毫米；花杂性，黄绿色，雄花与两性花同株；萼片5，淡绿色，无毛；花瓣5，较萼片略长；雄蕊8，花丝极短；子房有腺体，柱头2裂，反卷。小坚果压扁状，长3-4.5厘米，翅上部较宽，两翅张开成钝角。花期4月，果期9月。

产皖南山区黄山桃花峰，绩溪清凉峰，青阳九华山，歙县清凉峰里外三打；大别山区霍山马家河多云尖、佛子岭黄巢寺，金寨白马寨，岳西河图、大王沟，潜山彭河，舒城万佛山等地。生于海拔1400米以下的山地。分布于湖北、江西、浙江、四川、湖南、贵州、云南、广东。

木材可制作家具、厢板、文具等；树形优美，可供观赏。

2a. 天台阔叶槭

Acer amplum Rehd. var. **tientaiense**（Schneid.）Rehd.

本变种与原种区别在于叶较小。叶长6-14厘米，宽7-16厘米，3深裂，中裂片长圆状卵形，先端长渐尖，边缘浅波状。翅果长2.5-3.5厘米，翅成钝角。

产皖南山区石台牯牛降祁门岔。生于海拔800米左右林中。分布于浙江。

3. 安徽槭 图 792

Acer anhweiense Fang et Fang f.

落叶小乔木，高 5-10 米；树皮淡灰褐色，光滑不裂；小枝绿色或淡紫绿色，无毛；冬芽卵形，先端尖。单叶近圆形，直径 12-14 厘米，9 裂，稀 7 裂，基部深心形，裂片长圆卵形，先端锐尖，边缘具紧贴细锯齿，裂片长约为叶片的 1/3 至 1/2，裂片间的凹缺钝尖至锐尖，上面深绿色，下面淡绿色，被灰色稀疏短柔毛，脉腋间有簇生毛，主脉在下面隆起；叶柄长 5-6 厘米，细弱，基部略膨大。伞房状花序。果序总梗长 4-5 厘米，果梗长 1.5-2 厘米，小坚果凸起，卵圆形，脉纹显著，翅长圆形，宽约 8 毫米，连同小坚果长 2.5-3 厘米，两翅张开成钝角。花期 5 月，果期 9 月。

产皖南山区黄山，歙县清凉峰，石台七都，青阳九华山；大别山区霍山白马尖，金寨白马寨大海淌，潜山彭河等地。生于海拔 1000-1500 米的山地阔叶林中。分布于浙江。

本种为皖、浙两省植物区系中的特有成分，数量稀少，宜注意保护。

图 792 安徽槭（果枝）

4. 三角槭 三角枫 图 793

Acer buergerianum Miq.

落叶乔木，高 5-15 米；树冠开张，枝叶稠密；树皮灰色，长块状剥落；树干基部凹凸不平；小枝灰褐色至红褐色，皮孔明显，近无毛，略被白粉；冬芽小，褐色，长卵圆形。叶卵形至倒卵形，3 浅裂，基部圆形或宽楔形，裂片三角形，先端渐尖，边缘全缘，上面深绿色，无毛，下面淡绿色，被柔毛或脉上被毛，并被白粉，基出脉 3 条，网脉明显；叶柄长 2.5-5.5 厘米，无毛。伞房状圆锥花序，总花梗长 1.5-2 厘米；花杂性；萼片 5，卵形，被柔毛；花瓣 5，狭长圆形；雄蕊 8，着生于花盘内侧；花柱短，柱头 2 裂，子房密被淡黄色长柔毛。小坚果压扁状，凸起，长 2-2.5 厘米，黄褐色，两翅张开成成锐角，或近直立。花期 5 月，果熟期 9 月。

产皖南山区黄山，绩溪清凉峰，泾县小溪，太平龙源，旌德；大别山区霍山佛子岭大冲；江淮丘陵滁县皇甫山、琅琊山等地。生于低海拔山地及丘陵地区。分布于山东、河南、江苏、浙江、江西、湖北、湖南、贵州、广东。日本亦有。

木材可做各种器具及细木工用；种子可榨油；树姿优美，秋叶黄红色，为园林绿化中的佳品。

图 793 三角槭（三角枫）（果枝）

4a. 宁波三角械 （变种）

Acer buergerianum Miq. var. ningpoense（Hance）Rehd.

本变种与原种区别在于当年生小枝和花序密生淡黄色或灰白色宿存绒毛，叶长与宽近相等；雄蕊较花瓣长2倍；翅张开成钝角。

产皖南山区广德柏垫。生于海拔300米左右的林中。分布于江苏、浙江、江西、湖北、湖南、云南。

5. 昌化械

图794

Acer changhuaense（Fang et Fang f.）Fang et P. L. Chiu

落叶小乔木，高3-7米；当年生小枝密被灰色长柔毛，老枝绿色，近于无毛。叶近圆形，直径4-5厘米，基部浅心形，通常5裂，裂片长圆卵形，先端锐尖，边缘具紧贴的锐尖细锯齿，裂片间的凹缺锐尖，基部裂片较小，上面深绿色，无毛，下面密被淡黄色柔毛，脉上毛更密，主脉5条，两面均显著；叶柄长1.5-2厘米，密被淡黄色长柔毛。伞房花序，有花5-7朵；花杂性，花梗初时被灰色长柔毛，后渐脱落；萼片5，淡红褐色，边缘有疏纤毛；花瓣5，倒卵形，红黄色；雄蕊8，外生花盘；子房紫色，密被长柔毛。小坚果凸起，球形，长1.8-2厘米。花期4月，果期9月。

产皖南山区歙县芳村、清凉峰等地。生于海拔500-900米的山坡。分布于浙江。

本种为浙、皖两省植物区系中的特有成分，资源稀少，应严加保护。

图794 昌化械（果枝）

6. 樟叶械

图795

Acer cinnamomifolium Hayata

常绿小乔木，高10米；树皮黑褐色；小枝细弱，当年生枝淡紫褐色，被密绒毛；多年生枝淡红褐色，近无毛，皮孔卵形。叶革质，长圆状椭圆形或长圆状披针形，长8-12厘米，宽4-5厘米，基部圆形或阔楔形，先端钝尖，全缘或近于全缘，上面绿色，无毛，下面淡绿色，被白粉和淡褐色绒毛，老时毛渐脱落，主脉在上面凹下，下面凸起，侧脉3-4对，最下面一对侧脉由基部生出，与中脉组成3出脉；叶柄长1.5-3.5厘米，淡紫色，被绒毛，花的特征未详。果梗长2-2.5厘米，被绒毛；小坚果凸起，长7毫米，宽4毫米，连同翅长2.8-3.2厘米，张开成锐角或近于直角。花期4月，果期7-9月。

皖南黄山等地自湖南引种栽培，生长良好。分布

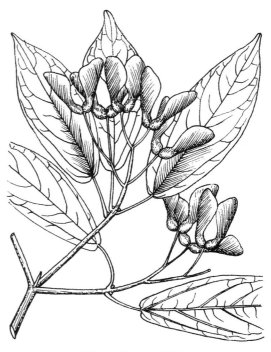

图795 樟叶械（果枝）

于浙江、福建、江西、湖北、湖南、贵州、广西、广东。

为良好的庭院树及行道树。

7. 紫果槭 图796

Acer cordatum Pax

常绿小乔木，高 5-10 米；树皮暗灰色，光滑不裂；嫩枝淡紫色，老枝淡灰绿色。叶薄革质，卵形或卵状长圆形，长 4-9 厘米，宽 2-4 厘米，先端渐尖，基部浅心形，边缘上半部有稀疏的浅锯齿，下半部全缘，两面光滑无毛，基部 3 出脉，中脉和侧脉在上下两面均隆起，下面网脉显著，无白粉；叶柄紫色，长 4-10 毫米，无毛。伞房花序，生于小枝顶端；萼片 5，紫色，倒卵形；花瓣 5，阔倒卵形，淡黄白色；雄蕊 8，着生于花盘内侧边缘；花盘微裂，无毛；子房无毛；花梗长 5-8 毫米。小坚果凸起，紫红色，无毛，连翅长 1.5-2 厘米，两翅张开成钝角或近于水平；果梗长 1-2 厘米。花期 4 月，果期 8-9 月。

产皖南山区祁门棕里，休宁岭南、五城等地。生于海拔 500 米以下的山谷、河旁。分布于湖北、湖南、四川、贵州、浙江、江西、福建、广东、广西。

木材可用于细木工、家具等；秋季果红叶绿，为良好的园林绿化树种。

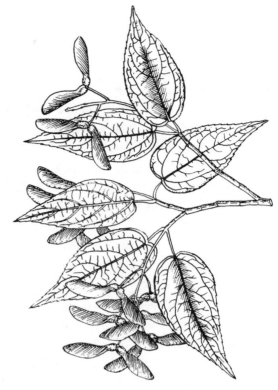

图796 紫果槭（果枝）

8. 青榨槭 图797

Acer davidii Franch.

落叶乔木，高 6-12 米；幼时树皮绿色，老时灰绿色而有黑色条纹，常纵裂成蛇皮状；小枝无毛，皮孔稀疏；芽长卵圆形，绿褐色，鳞片外侧无毛。叶长圆形或长圆状卵形，长 6-14 厘米，宽 4-9 厘米，先端渐尖或尾尖，基部心形或圆形，边缘具不整齐的钝圆锯齿，上面深绿色，无毛，下面淡绿色，嫩时沿中脉两侧被黄褐色短毛，老时渐脱落至无毛，叶脉羽状，侧脉 11-12 对，在下面凸起；叶柄细，长 2-8 厘米，嫩时有褐色短毛。总状花序，顶生，下垂；花杂性，雄花与两性花同株；萼片 5，椭圆形，先端微钝；花瓣 5，倒卵形，长与萼片相等；雄蕊 8，生于花盘外侧。小坚果连翅长 2.5-3 厘米，两翅张开成钝角或近于水平。花期 6 月，果期 9 月。

产皖南山区黄山松谷庵、逍遥溪，祁门牯牛降，休宁岭南，绩溪清凉峰，石台七都，泾县，青阳；大别山区霍山，金寨白马寨，岳西大王沟，潜山天柱山，舒城万佛山等地。生于海拔 1200 米以下的山地、河旁。分布于华北、华东、中南及西南各省（区）。

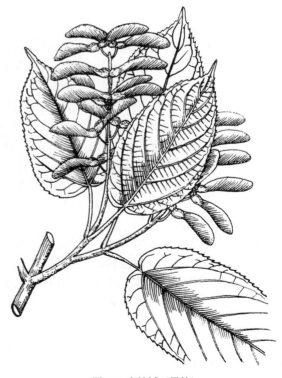

图797 青榨槭（果枝）

树皮富含纤维,可作工业原料;木材可做家具、器具和建筑用材;种子可榨油;树冠浓密,枝叶扶疏,硕果累累,可供观赏。

9. 秀丽槭　　　　　　　　　　　图 798

Acer elegantulum Fang et P. L. Chiu

落叶小乔木, 高 4-12 米;树皮粗糙, 深褐色, 不开裂;小枝无毛, 淡绿色;二年生枝深紫色。叶纸质, 长 5-8 厘米, 宽 7-10 厘米, 基部心形, 通常 5 裂, 中央裂片与侧裂片卵形或三角状卵形, 先端尾尖或短渐尖, 边缘具紧贴的细圆锯齿, 裂片间的凹缺锐尖, 上面绿色, 无毛, 下面淡绿色, 脉腋有簇生毛, 侧脉 10-11 对;叶柄长 2-14 厘米, 无毛。圆锥状花序, 长为宽的 1.5-2 倍, 无毛, 总花梗长 2-3 厘米;花杂性, 雄花与两性花同株, 花梗长 1-1.2 厘米;萼片 5, 绿色, 无毛;花瓣 5, 深绿色, 与萼片近等长, 雄蕊 8, 长于花瓣;花盘位于雄蕊的外侧;子房紫色, 密被淡黄色长柔毛。小坚果近于球形, 连同翅长 2-2.5 厘米, 两翅张开近于水平。花期 5 月, 果期 10 月。

产皖南山区黄山, 歙县清凉峰永来;大别山区霍山马家河, 金寨白马寨等地。生于海拔 600-1200 米的山林。分布于浙江、江西。

根皮入药, 可治关节酸痛、骨折;秋叶黄红色, 可作园林绿化树种。

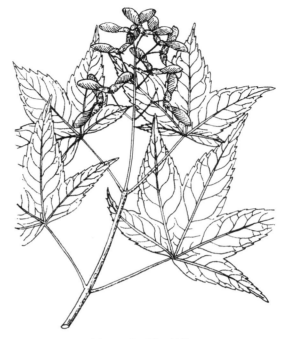

图 798 秀丽槭 (果枝)

10. 苦茶槭 (亚种)

Acer ginnala Maxim. ssp. **theiferum** (Fang) Fang

本亚种与原种区别在于叶片边缘不裂或不明显 3-5 裂。

产皖南山区黄山, 泾县小溪, 太平龙源, 歙县, 青阳九华山;大别山区霍山佛子岭黄巢寺, 金寨白马寨, 岳西枯井园, 潜山天柱山、彭河, 宿松, 太湖, 舒城万佛山;江淮丘陵滁县皇甫山。琅琊山, 含山昭关, 枞阳;淮北平原萧县皇藏峪等地。生于海拔 700 米以下的山地、丘陵。分布于华东和华中各省(区)。喜光, 耐旱, 对土壤条件要求不严。

树皮、叶及果均可提取栲胶或作黑色染料;树皮纤维可造纸和作人造棉;嫩叶可制茶, 名"高茶", 具有清热、明目、降血压之功效, 茶汁可去丝绸衣服上的斑渍;种子可榨油;亦可用于庭园观赏。

11. 葛萝槭　　　　　　　　　　　图 799

Acer grosseri Pax

落叶乔木, 高 5-10 米;树皮绿色, 有黑色纵条纹;

图 799 葛萝槭 (果枝)

小枝绿紫色，无毛。叶 5 浅裂或不裂，长 7-9 厘米，宽 5-6 厘米，先端尾状渐尖，基部浅心形，边缘具细锐重锯齿，中裂片三角形或三角状卵形，侧裂片和基部的裂片钝尖或不发育，上面深绿色，无毛，下面淡绿色，嫩时脉腋有淡黄色簇生毛，老时渐脱落；叶柄长 2-3 厘米，无毛。总状花序，细弱下垂；花杂性，雌雄异株；萼片 5，椭圆形，无毛；花瓣 5，倒卵形，雄蕊 8，生于花盘外侧；子房紫色，无毛。小坚果连翅长 2-3 厘米，无毛，一面凸，一面凹，两翅张开成钝角。花期 5 月，果熟期 9 月。

产大别山区霍山马家河，金寨白马寨，舒城万佛山等地。生于海拔 600-1000 米的阔叶林中。分布于河北、河南、山西、陕西、甘肃、湖北。

木材可制家具等；种子可榨油；树皮纤维可制人造棉等；树皮绿色，可供观赏。

11a. 小叶葛萝槭 （变种）

Acer grosseri Pax var. **hersii**（Rehd.）Rehd.

本变种与原种区别在于叶卵形，常 3 深裂，侧裂片较长，先端锐尖，长 5-8 厘米，宽 5-7 厘米。

产皖南山区黄山天都峰，绩溪清凉峰，太平龙源，青阳九华山；大别山区霍山马家河，金寨白马寨，岳西大王沟，潜山天柱山，舒城万佛山等地。生于海拔 600 米以上的山地。分布于河南、湖北、浙江、江西。

12. 建始槭　　　　　　　　图 800

Acer henryi Pax

落叶乔木，高约 10 米；树皮浅褐色，粗糙，不裂；当年生小枝灰绿色，皮孔不明显，有短柔毛；老枝浅褐色，无毛；冬芽小，芽鳞 2，镊合状排列。三出羽状复叶；小叶长椭圆形，长 6-12 厘米，宽 3-5 厘米，先端渐尖或长尾尖，基部楔形至阔楔形，边缘中部以上有锯齿，顶生小叶柄长约 1 厘米，侧生叶柄长 3-5 毫米，上面无毛，下面有稀疏短柔毛，沿脉和脉腋较密，老时渐脱落；总叶柄长 4-8 厘米，有短柔毛。穗状花序下垂，长 7-9 厘米，有短柔毛，常自小枝侧旁抽出，花序下无叶；花单性，雌雄异株；萼片 5，卵形；花瓣 5，短小；雄花通常有雄蕊 5；雌花子房无毛，柱头反卷。小坚果凸起，长圆形，肋纹显著，连同翅长 2-2.5 厘米，两翅张开成锐角或近于平行；果梗甚短，长不及 2 毫米。花期 4 月，果期 9 月。

图 800 建始槭（果枝）

产皖南山区黄山桃花峰、北海，祁门，泾县，贵池，青阳，歙县清凉峰；大别山区霍山马家河，金寨白马寨、马鬃岭，岳西河图，舒城万佛山；江淮丘陵滁县皇甫山、琅琊山，来安半塔等地。生于海拔 200-1300 米的山谷、河旁。分布于山西、河南、陕西、甘肃、江苏、浙江、湖北、湖南、四川、贵州。

秋叶红黄色，果实红艳而繁多，可作行道树、庭院树或风景林树种植于园林中。

能生长于酸性、中性及微碱性山地黄壤中。

13. 临安槭　　　　　　　　图 801

Acer linganense Fang et P. L. Chiu

落叶乔木，高 5-7 米；树皮深褐色；小枝细弱，淡紫绿色，无毛，有白粉；芽长卵圆形，鳞片覆瓦状排列。叶纸质，近圆形，基部深心形，直径 5-6 厘米，常通 9 裂，裂片长圆形，先端锐尖，边缘具紧贴的锐锯齿，裂片间的凹缺锐尖,两面无毛,仅下面脉腋有黄色簇生毛,侧脉7-9条,在下面显著;叶柄细弱,长2.5-5.5厘米,无毛。伞房花序,总梗长2-3厘米;花杂性,雄花与两性花同株;萼片5,淡紫绿色,内面具稀疏的长柔毛;花瓣5,淡黄白色,阔卵形;雄蕊8,生于花盘内侧;子房密被淡黄色长柔毛,花柱淡紫色,无毛,柱头不反卷。小坚果凸起,连翅长2-2.4厘米,两翅张开成钝角。

产皖南山区黄山温泉至鳌鱼洞,太平,歙县清凉峰东凹,青阳九华山;大别山区金寨白马寨,岳西大王沟、河图,潜山天柱山燕子河,舒城万佛山等地。生于海拔700-1600米的山坡、林下。分布于浙江。

本种为浙皖植物区系的特有成分,应妥加保护。

14. 卷毛长柄槭 (变种)

Acer longipes Franch. ex Rehd. var. **pubigerum** (Fang) Fang

落叶乔木,高4-5米;树皮灰色或紫灰色,微裂;当年生枝淡紫褐色,多有淡黄色卷曲长柔毛;多年生枝淡紫色,有皮孔;冬芽小,具少数鳞片,边缘有纤毛。叶纸质,长5-6厘米,宽7-8厘米,基部近心形,常5裂,稀3裂,裂片卵形或三角状卵形,先端钝尖或锐尖,边缘全缘,下面嫩时被淡黄色长柔毛,脉上更密;叶柄细,长5-9厘米,无毛或上段有短柔毛。伞房花序,顶生,长8厘米,直径7-12厘米,无毛,总花梗长1-1.5厘米;花杂性,雄花与两性花同株,先叶后花;萼片5,长圆状椭圆形,先端微钝,黄绿色,长4毫米;花瓣5,黄绿色,长圆状倒卵形,与萼片等长;雄蕊8,无毛,在雄花中长于花瓣,在两性花中较短,花药黄色,球形;花盘位于雄蕊外侧,微裂;子房被疏柔毛,柱头反卷。小坚果近球形,压扁状,直径8毫米,连同翅长3-3.5厘米,翅宽1厘米,两翅张开成锐角。花期4月,果期9月。

产大别山区岳西枯井园,舒城万佛山等地。生于海拔700-1100米的山林中。分布于浙江。

15. 五角枫 色木槭　　　　　图802

Acer mono Maxim.

落叶乔木,高10-20米;树皮灰褐色,粗糙,浅纵裂;小枝灰褐色,无毛,有淡褐色皮孔;冬芽卵圆形,芽鳞外常被棕色细柔毛或无毛,边缘有纤毛。叶近圆形,掌状5裂,稀7裂,长6-8厘米,宽9-10厘米,裂片深约为叶片的1/3,裂片宽三角形,下面一对小,先端尾状渐尖,基部心形或截形,边缘全缘,上面深绿色,无毛,下面淡绿色,脉腋处有黄色簇生毛,余处无毛;叶柄细弱,长4-11厘米,无毛。圆锥状伞房花序顶生,总花梗长1-2厘米;花多数,杂性,雄花

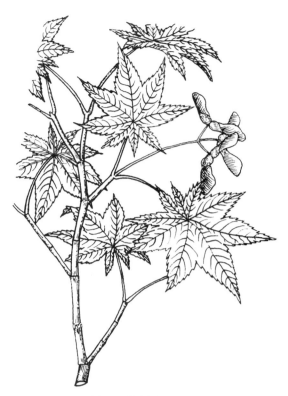

图801 临安槭(果枝)

图802 五角枫(色木槭)

与两性花同株；萼片 5，黄绿色，长圆形；花瓣 5，淡白色，宽倒披针形，长约 3 毫米；雄蕊 8，插生于花盘内侧；子房无毛或近于无毛，在雄花中不发育，柱头 2 裂，反卷。小坚果略呈压扁状，连同翅长 2-2.5 厘米，翅长为坚果的 1.5-2 倍，两翅张开成锐角或近于钝角。花期 4-5 月，果期 8-9 月。

产皖南黄山桃花峰，石台七都，休宁，歙县，青阳，绩溪清凉峰；大别山区霍山马家河，金寨白马寨，舒城万佛山，岳西枯井园；江淮丘陵滁县、来安半塔；淮北平原萧县皇藏峪等地。生于海拔 1300 米以下的山地。分布于东北、华北、华中、西南及西北（陕西、甘肃）等地区。适应性强，耐干旱、瘠薄，喜湿润凉爽气候。

木材为优质用材，可供家具、器具、雕刻、车船等用；树皮可提栲胶；树皮、枝叶可造纸及制纤维板等；种子油为优质食用油，亦可用于工业上；全株可作行道树及庭院观赏树。

16. 梣叶槭 复叶槭

Acer negundo L.

落叶乔木，高 5-15 米；树皮灰褐色，粗糙，不裂；小枝有白粉，灰褐色；冬芽小，芽鳞 2，镊合状排列。羽状复叶；小叶 3-9 枚，卵形或椭圆状披针形，长 6-8 厘米，宽 2-4 厘米，先端渐尖，基部阔楔形，边缘上部有粗锯齿，顶生叶柄长 3-4 厘米，侧生叶柄长 3-5 毫米，上面深绿色，无毛，下面脉腋有簇生毛，余处亦有毛；总叶柄长 5-7 厘米。雄花组成聚伞花序，雌花组成下垂的总状花序，均自无叶的小枝侧旁抽出；花小，黄绿色，雌雄异株，先叶开放；萼片 4，椭圆形；无花瓣及花盘；雄花雄蕊 4-6，花丝长超过花萼；雌花子房无毛。小坚果凸起，连同翅长 3-3.5 厘米，翅稍向内弯，两翅张开成锐角；果梗长约 2 厘米。花期 3-4 月，果期 8-9 月。

原产北美北部，安徽省江淮丘陵凤阳，定远，滁县；淮北平原宿县，怀远，涡阳，蒙城，阜阳等地引种栽培。我国东北、华北、西北至长江流域均有引种，生长良好。喜光耐寒，抗烟力强。

木材可作家具及细木工用材；花为良好的蜜源；亦可植为行道树和庭院树观赏。

17. 毛果槭 日光槭　　　　　　　图 803

Acer nikoense Maxim.

落叶乔木，高 10-15 米；树皮灰褐色，粗糙，不裂；小枝粗壮，褐色，嫩时有毛，皮孔明显；冬芽锥形，鳞片覆瓦状排列，被短柔毛。三出羽状复叶；小叶厚纸质，长圆状椭圆形或长圆状披针形，长 6-12 厘米，宽 3-6 厘米，先端锐尖，边缘具稀疏的钝锯齿，顶生小叶基部楔形，小叶柄长 5-15 毫米，被疏柔毛，侧生小叶基部偏斜，小叶柄无或极短，上面绿色，沿脉有柔毛，下面灰绿色，被长柔毛，叶脉在下面凸起，上面凹下；叶柄长 3-5 厘米，被灰色长柔毛。聚伞花序由 3-5 花组成；花杂性，雄花与两性花异株；萼片 5，黄绿色，倒卵形；花瓣 5，长圆倒卵形；雄蕊 8，无毛；花盘位于雄蕊的外侧；子房密被短柔毛，柱头 2 裂。小坚果近球形，凸起，密被短柔毛，连同翅长 4-5 厘米，翅略向内弯，两翅张开近于直角或钝角。花期 4 月，果期 9 月。

产皖南山区黄山皮蓬，石台七都，祁门牯牛降，歙县清凉峰；大别山区霍山廖寺园，金寨白马寨，舒城万佛山等地。生于海拔 600-1300 米的阔叶林中。分布于浙江、江西；日本亦有。

本种为华东及日本区系成分，对研究东亚地质历

图 803 毛果槭（日光槭）

史有一定意义；可作用材树种；亦可用于观赏。

18. 橄榄槭　　　　　　　　　　　　图 804

Acer olivaceum Fang et P. L. Chiu

落叶小乔木，高 5-12 米；树皮粗糙，淡褐色，不开裂；小枝无毛，淡绿色。叶薄革质，宽大于长，长 5-6 厘米，宽 7-8 厘米，基部浅心形或近于截形，通常 5 裂，裂片三角状卵形或卵形，先端渐尖或短急尖，边缘具紧贴的钝尖锯齿，近基部全缘，裂片间凹缺钝尖，上面橄榄色，无毛，下面淡绿色，脉腋有簇生毛，侧脉 11-12 对；叶柄长 4-5 厘米，无毛。圆锥状或圆锥伞房状花序，长与宽几相等或宽大于长，总花梗长 3-3.5 厘米；花杂性，雄花与两性花异株，花梗长 1.5-2 厘米；萼片 5，边缘具纤毛，内侧被长柔毛；花瓣 5，淡白色，长与萼片近相等；雄蕊 8，长于花瓣；花盘位于雄蕊外侧；子房紫色，被淡黄色柔毛。小坚果近于球形，肋纹凸出，连同翅长 2-2.5 厘米，两翅张开成钝角。花期 4 月，果期 10 月。

图 804　橄榄槭（果枝）

产皖南山区黄山，石台七都，休宁岭南，绩溪清凉峰；大别山区霍山佛子岭，金寨白马寨、马鬃岭，岳西妙道山，潜山天柱山，舒城万佛山等地。生于海拔 700-1200 米的山地。分布于浙江、江西等省。

秋叶黄红色，枝条橄榄色，可供园林栽植观赏。

19. 鸡爪槭

Acer palmatum Thunb.

落叶小乔木，高 3-10 米；树皮灰色，浅纵裂；小枝细弱，紫红色至淡灰色，皮孔稀疏。叶近圆形，直径 6-12 厘米，基部心形或浅心形，5-9 掌状分裂，通常 7 裂，裂片深达叶片 1/2 处，裂片长圆形或披针形，先端渐尖或尾尖，边缘具细锐重锯齿，两裂片间凹缺通常锐尖，上面深绿色，无毛，下面淡绿色，初密生柔毛，后仅在脉腋处有簇生毛，叶柄长 2-3 厘米，细弱，无毛。伞房花序，总花梗长 2-3 厘米，无毛；花杂性，雄花与两性花同株；萼片 5，卵状披针形，先端锐尖；花瓣 5，椭圆形，先端钝圆；雄蕊 8，较花瓣短，生于花盘内侧；子房无毛，花柱上端 2 裂。小坚果紫红色至棕黄色，凸起球形，有明显网纹，连翅长 1-2.5 厘米，两翅张开成钝角。花期 5 月，果期 9 月。

淮河以南地区习见。产皖南黄山，休宁岭南，绩溪清凉峰；大别山区霍山马家河，金寨白马寨，岳西妙道山、大王沟，舒城万佛山等地。生于海拔 1400 米以下的疏林中。分布于河南、江苏、浙江、江西、湖北、湖南、贵州。朝鲜、日本亦有。

叶片掌状分裂，秋叶绯红，干形通直，树冠圆满，美丽的园林绿化树种，各地栽培普遍，历史悠久，类型众多。

19a. 红槭　（变型）

Acer palmatum Thunb. f. atropurpureum（Van Houtte）Scher.

叶较大，深裂，紫红色。园林、庭园盆栽广泛。

19b. 羽状槭　（变种）

Acer palmatum Thunb. var dissectum（Thunb.）K. Koch

叶掌状 7-9 深裂，裂片披针形，边缘有羽状缺刻。安徽省庭园中常见盆栽。

19c. 小鸡爪槭 （变种）

Acer palmatum Thunb. var. *thunbergii* Pax

叶较小，直径仅 4 厘米，深 7 裂，裂片边缘具锐尖重锯齿；小坚果翅较短。安徽省庭园中常见盆栽。

20. 毛脉槭　　　　　　　　　图 805

Acer pubinerve Rehd.

落叶乔木，高 7-10 米；树皮深灰色，光滑不裂；小枝无毛，灰褐色；冬芽小，卵圆形，先端尖，芽鳞边缘有纤毛。叶近圆，基部浅心形，长宽近相等，10-12 厘米，5 裂，裂片卵形，先端长尖，边缘具紧贴的钝尖锯齿，中裂片长 6-7 厘米，基部宽 4 厘米，侧裂片较小，裂片间的凹缺钝形，上面绿色，下面淡绿色，被淡黄色短柔毛或长柔毛，沿脉更密，主脉 5 条，在下面微隆起；叶柄长 4-5 厘米，密被柔毛。圆锥花序；花杂性，雄花与两性花同株，先叶后花；萼片 5，淡紫色；花瓣 5，白色，卵形；雄蕊 8；花盘无毛，位于雄蕊外侧；子房密被淡黄色柔毛。小坚果嫩时紫色，熟时淡黄色，长圆形，凸起，连同翅长 2-2.5 厘米，翅长圆倒卵形，两翅张开成钝角或近于水平。花期 4 月，果期 10 月。

产皖南山区祁门，休宁；大别山区金寨渔潭等地。生于海拔 500-1000 米的山地阔叶林中。分布于浙江、福建、江西。

本种分布区狭窄，可列为珍稀树种，加以保护。

图 805 毛脉槭
1. 果枝；2. 叶基放大。

21. 毛鸡爪槭　　　　　　　　图 806

Acer pubipalmatum Fang

落叶乔木，高达 15 米；树皮深灰色，微纵裂；小枝细弱，灰绿色至灰褐色，当年生枝被白色绒毛，老枝近无毛；冬芽紫色，边缘具纤毛。叶基部截形或近于心形，长 4-5.5 厘米，宽 5-7.5 厘米，深 5 裂，稀 7 裂，裂片披针形，深达叶片的 4/5，先端锐尖，边缘具锐尖重锯齿，裂片间的凹缺锐尖，上面深绿色，嫩时被短柔毛，后渐脱落，下面淡绿色，嫩时密被长柔毛，后渐脱落；叶柄长 2-4 厘米，幼时密被长柔毛，以后渐稀疏。伞房花序顶生，由 5-8 朵花组成，总花梗长 2-3 厘米，被长柔毛；花杂性，紫色；萼片 5，紫色，卵形，边缘有纤毛；花瓣 5，淡黄色，无毛；雄蕊 8；花盘位于雄蕊的外侧；子房密被长柔毛，柱头短；花梗长约 5 毫米，被柔毛。小坚果近于球形，紫褐色，连同翅长 1.6-2 厘米，两翅张开成钝角。花期 5 月，果期 9 月。

产皖南山区绩溪清凉峰石狮，太平，歙县，祁门牯牛降；大别山区金寨白马寨，舒城万佛山，潜山彭河，岳西等地。生于海拔 600-1400 米的山谷、林中。分布于浙江。

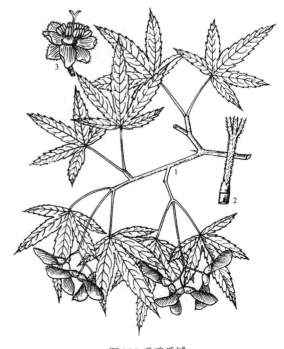

图 806 毛鸡爪槭
1. 果枝；2. 小枝被毛；3. 花。

本种亦为浙、皖植物区系特有成分，应加强保护。用途同鸡爪槭，主要用于园林绿化。

21a. 美丽毛鸡爪槭 （变种）

Acer pubipalmatum Fang var. **pulcherrimum** Fang et P. L. Chiu

本变种与原种区别在于叶较小，长 2.5-3 厘米，宽 4-4.5 厘米，下面近于无毛；叶柄长仅为 1.5-2.5 厘米；果翅较短，连同小坚果长 9-15 毫米。

产大别山区金寨白马寨，海拔 700 米左右的疏林中。分布于浙江省。

21b. 羽毛毛鸡爪槭 （新变型）

Foma nova affinis A. pubipalmato Fang f. sed folio saeoe 5-7 segmentis profunde，segmento pinnatifidis vadosis，margine serratis differt.

Acer pubipalmatum Fang f. **segmentosum** S. C. Li et X. M. Liu，f. nov.

本变型叶片 5-7 深裂，裂片羽状边缘浅裂，有锯齿而易于原种区别。

产大别山区霍山佛子岭黄巢寺，金寨白马寨马屁股尖、龙井河，岳西枯井园，潜山彭河乡板仓。生于海拔 700-900 米的阔叶林中。

22. 杈叶槭

Acer robustum Pax

落叶乔木，高 6-12 米；幼时树皮绿色，老时灰绿色而有黑色条纹，常纵裂成蛇皮状；小枝无毛，皮孔稀疏；芽长卵圆形，绿褐色，鳞片外侧无毛。叶长圆形或长圆状卵形，长 6-14 厘米，宽 4-9 厘米，先端渐尖或尾尖，基部心形或圆形，边缘具不整齐的钝圆锯齿，上面深绿色，无毛，下面淡绿色，嫩时沿中脉两侧被黄褐色短毛，老时渐脱落至无毛，叶脉羽状，侧脉 11-12 对，在下面凸起；叶柄细，长 4-5 厘米；嫩时有褐色短毛。总状花序，顶生，下垂；花杂性，雄花与两性花同株；萼片 5，椭圆形，先端微钝；花瓣 5，倒卵形，长与萼片相等；雄蕊 8，生于花盘外侧。小坚果连翅长 2.5-3 厘米，两翅张开成钝角或近于水平。花期 6 月，果期 9 月。

产大别山区霍山白马尖至黄巢寺，潜山天柱山铜锣尖，舒城万佛山等地。生于海拔 1000-1400 米的山地阔叶林中。分布于华北等地。

本种与安徽槭易于混淆，区别在于本种叶柄粗壮，较短，长仅有 4 厘米。

可栽植于园林供观赏。

22a. 小杈叶槭 （变种）

Acer robustum Pax var. **minus** Fang

本变种与原种区别在于叶较小，叶长 4.5-5 厘米，宽 5-6 厘米，常开裂。

产大别山区金寨白马寨东边洼，海拔 800-1300 米林中。分布于华北地区。

23. 天目槭 图 807

Acer sinopurpurascens Cheng

落叶乔木，高 6-10 米；树皮灰色，平滑；当年生小枝紫绿色，略被短柔毛，后脱落；冬芽卵形，绿褐色，

图 807 天目槭（果枝）

芽鳞多数，边缘有纤毛。叶 3-5 浅裂，基部浅心形或截形，长 5-7 厘米，宽 6-8 厘米，中裂片长圆卵形，先端锐尖，全缘或具少数稀疏缺刻，侧生裂片三角卵形，全缘或具 1-2 个缺刻，基部裂片很小，上面深绿色，下面淡绿色，嫩时两面被短柔毛，老时仅上面中脉和下面脉腋有毛；叶柄长 4-8 厘米，老时无毛。总状或伞房总状花序；花单性，雌雄异株，紫色，侧生于二年生枝上，先叶开放；萼片 5，倒卵形；花瓣 5，雄蕊 8，外生花盘；子房有短柔毛，花柱无毛，2 裂。小坚果凸起，脉纹显著，连同翅长 3.5 厘米，两翅张开成直角或近于平行。花期 4 月，果期 9 月。

产皖南山区黄山，绩溪清凉峰，太平贤村，歙县清凉峰；大别山区金寨白马寨，岳西枯井园，舒城万佛山，霍山黄巢寺等地。生于海拔 1200 米以下的山地林中。分布于浙江、江西。

可作用材树种；亦可植于园林中观赏。

24. 元宝槭 平基槭 图 808

Acer truncatum Bunge

落叶乔木，高 8-12 米；树皮灰褐色，浅纵裂；嫩枝绿色，老枝棕灰色，无毛；冬芽小，卵形。叶宽矩圆卵形，长 5-10 厘米，宽 8-12 厘米，5 裂，稀 7 裂，基部截形或微呈心形，裂片三角形，先端渐尖，全缘，裂片常 1-3 浅裂，裂片间的凹缺钝尖，上面深绿色，无毛，下面淡绿色，仅在脉腋处有簇生毛，掌状脉 5 条，自基部伸出；叶柄长 2.5-7 厘米。伞房花序，总花梗长 1-2 厘米；花杂性，雄花与两性花同株；萼片 5，黄绿色，长圆形；花瓣 5，淡黄白色，长圆倒卵形；雄蕊 4-8，生于花盘内侧；花盘微裂；子房无毛，花柱 2 裂，柱头反卷。小坚果压扁状，连同翅长约 2.5 厘米，翅长圆形，两侧平行，张开成直角或钝角。花期 4-5 月，果熟期 8-10 月。

产淮北平原萧县皇藏峪，宿县大方寺；其他地区多有栽培。分布于吉林、辽宁、内蒙古、河北、山东、山西。喜温凉气候，耐干旱瘠薄，生长迅速，抗烟力强。

木材肉红色，细致、坚韧，可作车辆、家具、建筑等用材；种子油可供食用或作工业原料；可作行道树、庭院树及四旁绿化树栽培。

图 808 元宝槭

25. 婺源槭 图 809

Acer wuyuanense Fang et Wu

落叶小乔木，高 5-10 米；树皮深灰色，不裂；小枝细弱，淡绿色，无毛；冬芽细小，卵圆形。叶近圆形，长宽近相等，径 7-9 厘米，基部圆形、截形或浅心形，通常 5 裂，裂片长圆卵形，先端长渐尖，边缘具紧贴的钝尖锯齿，裂片间凹缺钝尖，深达叶片中部以下，上面深绿色，无毛，下面淡绿色，仅脉腋间有黄褐色簇生毛，主脉两面隆起；叶柄细，长 3-6 厘米，无毛。总状花序顶生；花杂性，雄花与两性花同株，花梗长

图 809 婺源槭（叶枝）

1.5-2.5 厘米；萼片 5，淡紫色，卵形或长圆卵形，花瓣 5，白色，略短于萼片；雄蕊 8；花盘位于雄蕊外侧；子房密被淡黄色硬毛，花柱无毛。小坚果长圆形，略凸起，连同翅长 2.8-3 厘米，翅镰刀形，两翅张开近于水平。花期 4 月，果期 9 月。

产皖南山区黄山浮溪，绩溪清凉峰，休宁流口，旌德；大别山区金寨白马寨等地。生于海拔 400-1000 米的山地林中。分布于江西。

本种为皖赣两省植物区系中的特有成分，稀少，应加以保护。

83. 七叶树科 HIPPOCASTANACEAE

落叶乔木或灌木，稀常绿。叶痕三角形，冬芽通常有黏液。叶为掌状复叶，对生；小叶 3-9 片，边缘具锯齿或有时全缘；小叶柄有或无；无托叶。聚伞圆锥花序顶生，侧生小花序为蝎尾状聚伞花序或二歧聚伞花序；花不整齐或近整齐，杂性，雄花通常与两性花同株；花萼裂片 5，基部合生成管状或钟形，或离生，覆瓦状排列或镊合状排列；花瓣 4-5，与萼片互生，不等大，离生，覆瓦状排列，基部有爪；雄蕊 5-9，花丝分离，不等长，着生于花盘内侧；花盘全部发育成环状，或部分发育而偏于一侧；子房上位，3 室或退化至 1-2 室，每室 2 胚珠，叠生，或 1 枚上升而另 1 枚下垂，花柱 1，细长，柱状扁圆不裂。蒴果，革质，平滑或有刺，3 裂或近球形，室背开裂；种子通常每室 1 枚，稀 2 枚，种皮革质，种脐大，淡白色，无胚乳。

2 属 30 种，广布于北温带。我国有 1 属，8 种。安徽省有 1 属，1 种。

七叶树属 Aesculus L.

落叶乔木或灌木；冬芽肥大，有数对鳞片。掌状复叶，对生；小叶 5-9 片，边缘具锯齿；无托叶。聚伞圆锥花序顶生，直立，侧生小花序为蝎尾状聚伞花序；花杂性，雄花与两性花同株，雄花生于花序上部，两性花生于花序基部；花萼裂片 4-5，钟形，镊合状排列；花瓣 4-5，不等大，覆瓦状排列；雄蕊 6-7，花丝分离，不等长，着生于花盘内侧；花盘微分裂或不分裂；子房上位，无柄，3 室，每室 2 胚珠，花柱 1，细长。蒴果，室背开裂；种子 1-3 枚，无胚珠。

约 30 种，广布于欧洲、亚洲和美洲。我国 8 种，主要分布于西南部。安徽省引入 1 种。

七叶树

图 810

Aesculus chinensis Bunge

落叶乔木，高达 25 米；树皮灰褐色，鳞片状剥落；树冠圆形，主枝开展；小枝粗壮，交互对生，无毛或嫩时有微柔毛，皮孔淡黄色；冬芽肥大，四菱形，有树脂。掌状复叶，对生，叶柄长 10-12 米；小叶 5-7 片，纸质，长圆状披针形或长圆状倒披针形，长 8-16 厘米，宽 3-5 厘米，先端短锐尖，基部楔形，上面深绿色而有光泽，下面淡绿色，主脉两侧疏被微柔毛，边缘具细密锯齿，中脉下面隆起，侧脉 13-17 对；中央小叶柄长 1-2 厘米，两侧小叶柄长 5-10 毫米，被灰色微柔毛。聚伞圆锥花序顶生，圆筒状，长 15-25 厘米，总花梗长 5-10 厘米，被微柔毛；小花序有花 5-10 朵，长 2-2.5 厘米，花梗长 2-4 毫米，被微柔毛；花白色，微带红晕；花萼裂片 5，边缘具纤毛；花瓣 4，长圆状倒卵形，边缘具纤毛；雄蕊 6，花丝细长线状，花药长圆形，淡黄色；子房在雄花中不发育，在两性花中发育良好，卵圆形，花柱无毛。蒴果球形或倒卵圆形，顶部短尖或钝圆而中部略凹下，直径 3-4 厘米，淡黄褐色，无刺，密生斑点，果壳干后厚 4-6 毫米，1 室，3 瓣裂；种子 1，圆球形，直径 2-3.5 厘米，栗褐色，种脐大，白色而明显。花期 4-5 月，果期 9-10 月。

黄山市树木园，合肥市苗圃，芜湖赭山公园等地引种

图 810 七叶树
1. 花枝; 2. 花蕾; 3. 花; 4. 雄蕊。

栽培。分布于我国秦岭山区，野生；华北至长江流域均有栽培。适应性强，生长迅速，喜生于温暖湿润气候，稍耐寒。

木材质轻软，易加工，可作造纸或家具等用材；树皮及根含碱，可制皂；种子可榨油，亦可入药，有解郁闷、安心神之效；叶含鞣质；花可作黄色染料；嫩芽可代茶；树冠浓密，花繁叶茂，为良好的行道树、庭院树、风景林树种。

84. 省沽油科 STAPHYLEACEAE

　　乔木或灌木。单数羽状复叶，稀为单叶，对生或互生；具托叶或缺。圆锥花序或总状花序腋生或顶生；花整齐，两性，稀为单性雌雄异株；花萼 5，分离或连合，覆瓦状排列；花瓣 5，覆瓦状排列；雄蕊 5，与花瓣互生，花药背向或内向；花盘通常明显，有时缺；子房上位，3 室，稀 2 或 4 室，连合或分离，每室 1 至数个胚珠，倒生，花柱分离或合生，柱头头状。蒴果、蓇葖果、核果或浆果；种子 1 至数枚，种皮肉质、角质或具假种皮。

　　5 属约 60 种，分布于热带亚洲、美洲及北温带。我国有 4 属 22 种，主要分布于南方各省（区）。安徽省有 3 属，4 种，1 变种。

1. 叶对生，有托叶；花萼多少分离，不连合成管状；花盘显著；心皮 2-3，每心皮具多数胚珠：
　　2. 小叶 5-11；蓇葖果，果皮软革质；种子具假种皮 ······················ 1. 野鸦椿属 Euscaphis
　　2. 小叶 3-7；蒴果，果皮薄膜质，泡状膨大；种子无假种皮 ··············· 2. 省沽油属 Staphylea
1. 叶互生，无托叶；花萼连合成钟状或管状；花盘小或缺，心皮具 1 胚珠 ······· 3. 银鹊树属 Tapiscia

1. 野鸦椿属 Euscaphis Sieb. et Zucc.

　　落叶灌木或小乔木；芽具 2 芽鳞。单数羽状复叶，对生；具托叶；小叶 5-11，边缘具细锯齿，具小叶柄及小托叶。圆锥花序顶生；花两性；花萼、花瓣各 5 枚，覆瓦状排列；花盘环状，具圆齿；雄蕊 5，着生于花盘基部外缘，花丝基部扩大；子房上位，心皮 2-3，裂片全裂，成为一室，无柄；花柱 2-3，基部稍连合，柱头头状。蓇葖果 1-3 个，软革质，基部具宿存而开展的花萼，沿内腹缝线开裂；种子 1-2，具假种皮，近革质，子叶圆形。

　　3 种，分布于日本至中南半岛。我国有 2 种。安徽省有 1 种，1 变种。

1. 野鸦椿　　　　　　　　图 811
Euscaphis japonica（Thunb.）Dippel

　　落叶小乔木或灌木，高 3-8 米；树皮灰色，具纵条纹；小枝及芽紫红色。单数羽状复叶，对生，长 12-32 厘米；小叶 5-11，长卵形、椭圆形或卵状披针形，长 4-8 厘米，宽 2-4 厘米，先端渐尖，基部圆或宽楔形，边缘具紧贴细锯齿，齿尖有腺体，上面绿色，下面沿脉有白色细柔毛；小托叶线形。圆锥花序顶生，长 12-21 厘米；花黄白色，径 4-5 毫米；萼片长圆形，长约 1.5 毫米，宿存；花盘盘状；心皮 3，分离。蓇葖果倒卵状椭圆形，稍弯曲，长 1-2 厘米，果皮软革质，紫红色，有纵脉纹；种子近圆形，径约 5 毫米，假种皮肉质，种皮黑色，有光泽。花期 5-6 月，果熟期 9-10 月。

　　全省广布，产皖南山区黄山松谷庵，祁门，休宁岭南，绩溪清凉峰，旌德，广德芦村，贵池高坦，东至梅城；大别山区金寨马宗岭、白马寨，潜山天柱山、彭河；江淮丘陵滁县，含山，庐江，和县，无为等地。

图 811 野鸦椿
1. 果枝；2. 示叶柄柔毛。

生于海拔1000米以下的山谷、林中。除西北各省外，广布于全国各地，主要分布于长江以南各省（区）；日本、朝鲜亦有分布。

种子含油脂，可供制皂、润滑油等用；树皮可提取栲胶；根及果入药；嫩枝叶可作野生蔬菜或青饲料；果实艳丽，为良好的观赏植物。

1a. 建宁野鸦椿 （变种）

Euscaphis japonica（Thunb.）Dippel var. **jianningensis** Q.J.Wang

本变种与原种区别在于小枝有柔毛；叶下面亦有柔毛。

产大别山区金寨鲍家窝及江淮丘陵地区。分布于浙江。

安徽省地理新分布。

2. 省沽油属 Staphylea L.

落叶灌木或小乔木；小枝具条纹形皮孔；芽卵形，具2-4芽鳞。单数羽状复叶，对生；具托叶；小叶3-7，边缘有锯齿。圆锥花序顶生或为总状花序腋生；花白色，整齐，两性；萼片5，多少分离，不连合成管状；花瓣与萼片同数，近等长，覆瓦状排列；花盘平头状；胚珠多数，侧生于腹缝线上，成二列。蒴果薄膜质，泡状膨大，通常2-3裂，具2-3室，每室1-4种子；种子近球形或卵圆形，无假种皮，胚乳肉质，子叶扁平。

约11种，分布于欧洲、印度、尼泊尔至我国及日本和北美。我国有4种。安徽省有2种，1变种。

1. 顶生小叶基部下延，具短柄，长不超过1厘米；蒴果膀胱状，扁平，先端2裂 ………… **1. 省沽油 S. bumalda**
1. 顶生小叶基部不下延，具长柄，长2-4厘米；蒴果梨形，膨大，先端3裂 ……… **2. 膀胱果 S. holocarpa**

1. 省沽油　　图812

Staphylea bumalda DC.

落叶灌木，稀为小乔木，高2-5米；树皮灰褐色或紫红色；枝条淡绿色，具皮孔。三出羽状复叶，对生，柄长2-3厘米；小叶椭圆形或卵圆形，长3-8厘米，宽2-5厘米，先端锐尖或渐尖，基部圆形或楔形，边缘具细锯齿，上面深绿色，下面苍白色，脉上具短柔毛，顶生小叶基部常下延；叶柄长5-10毫米，侧生小叶具短柄或几无柄。圆锥花序顶生，直立；萼片长椭圆形，淡黄白色；花瓣白色，倒卵状长圆形，比萼片稍大，长5-7毫米；雄蕊与花瓣近等长，子房上部及花柱下部离生，被长毛，花柱2，柱头头状。蒴果膀胱状，长2-3.5厘米，薄膜质、膨大，扁平，2室，先端2裂，顶部截形而中间凹陷；种子椭圆形而扁，长约5毫米，黄色，有光泽。花期4-5月，果熟期8-9月。

图812 省沽油
1. 果枝；2. 种子。

产皖南黄山桃花峰，绩溪永来，歙县清凉峰，石台七都，青阳九华山，休宁，祁门，贵池；大别山区霍山马家河，金寨白马寨，岳西妙道山，潜山彭河、驼岭，六安，舒城万佛山；江淮丘陵庐江，滁县等地。生于海拔1600米以下的山地灌丛、山谷。分布于黑龙江、辽宁、吉林、河北、山西、陕西、江苏、浙江、湖北及四川。

种子油可制皂及作油漆。嫩枝叶可作野生蔬菜，名"花儿菜"（舒城）。

2. 膀胱果 大果省沽油 　　　　　图 813

Staphylea holocarpa Hemsl.

落叶灌木或小乔木，高 3-8 米；树皮灰褐色；枝条光滑无毛。三出羽状复叶，对生；小叶长圆状披针形或狭卵形，长 5-10 厘米，宽 3-5 厘米，先端渐尖或突渐尖，基部钝圆或阔楔形，边缘具细锯齿，上面绿色，下面苍白色，通常无毛，顶生小叶基部不下延，具长叶柄，长 2-4 厘米。圆锥状伞房花序顶生，具细长总花梗；花白色或粉红色，长约 1 厘米。蒴果梨形或椭圆状倒卵形，长 3-5 厘米，宽 2.5-3.5 厘米，膨大，先端 3 裂，基部渐狭；种子近椭圆形，长约 6 毫米，淡灰褐色，有光泽。花期 4-5 月，果熟期 9 月。

产皖南黄山，歙县清凉峰，青阳；大别山区霍山白马尖，金寨马鬃岭，潜山天柱山，岳西，舒城万佛山；江淮丘陵无为等地。垂直分布可达 1500 米以上，多生于山谷阴湿处。分布于陕西、甘肃、湖北、湖南、广东、广西、贵州、四川及西藏等省（区）。

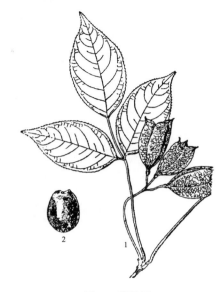

图 813 膀胱果
1. 果枝；2. 种子。

3. 银鹊树属 Tapiscia Oliv

落叶乔木，具芽鳞 2-3 片。单数羽状复叶，互生，无托叶；小叶 3-10 对，具短柄，有锯齿。圆锥花序腋生，雄花序由长而纤细的总状花序组成，花密集，单生于苞腋内；花两性或单性而雌雄异株；萼筒钟状，5 裂；花瓣 5，比萼片稍长；雄蕊 5，突出，与花瓣互生；花盘小或缺；子房上位，1 室 1 胚珠，花柱 1，较雄蕊为长；雄花较小，具退化子房。核果状浆果或浆果，果皮肉质或革质，不开裂，内含 1 种子；种子具角质胚乳。

3 种，分布于我国长江以南各省（区）。安徽省有 1 种。

银鹊树 瘿椒树 　　　　　图 814

Tapiscia sinensis Oliv.

落叶乔木，高达 20 米；树皮灰白色，浅纵裂；小枝暗褐色，无毛；芽卵形，通常多紫红色。单数羽状复叶，长 15-30 厘米；小叶 3-9，长卵形或卵形，长 6-14 厘米，宽 3-6 厘米，先端渐尖，基部圆形或微心形，边缘具锯齿，上面无毛，下面灰白色，被乳头状白粉点，沿脉有白色柔毛，脉腋有簇生毛；侧生小叶柄短，顶生小叶柄长 2-6 厘米。圆锥花序腋生，雄花与两性花异株；雄花序下垂，长可达 20 厘米；两性花的花序长约 10 厘米，着生于粗壮枝上；花小，长约 2 毫米，黄色；两性花的花萼钟状，长约 1 毫米，5 浅裂；花瓣 5，狭倒卵形，比萼稍长；雄蕊 5，与花瓣互生，伸出花外；子房 1 室，具 1 胚珠；雄花有退化雌蕊。核果状浆果，红褐色，近球形或椭圆形，长 5-7 毫米。花期 5 月，果熟期 9-10 月。

产皖南黄山温泉，黟县，歙县清凉峰，祁门，绩

图 814 银鹊树
1. 果枝；2. 花枝；3. 示叶背面柔毛。

溪清凉峰，休宁，广德芦村；大别山区霍山马家河，岳西河图，舒城万佛山等地。生于海拔 1300 米以下的山谷、河旁、林下。分布于浙江、湖北、湖南、广东、广西、贵州、四川、云南。

　　木材色白轻软，可作家具、胶合板等用；枝繁叶茂，秋叶金黄，花黄色、芳香，可作园林绿化观赏树种。古老而稀有植物。

85. 马钱科 STRYCHNACEAE

乔木、灌木或木质藤本，稀草本。茎直立、缠绕或攀援。单叶，对生，少数互生或轮生，全缘或具微齿；托叶极退化。聚伞或圆锥花序，有时近穗状或单生；花两性，辐射对称；花萼 4-5 裂；花冠连合成高脚碟状、漏斗状或辐状，通常 4-5 裂，裂片在蕾中覆瓦状、镊合状或旋转状排列；雄蕊着生于花冠筒上或喉部，与花冠裂片同数而互生；雌蕊由 2 心皮合生，子房上位，2 室，每室胚珠多数，稀 1 枚，中轴胎座，花柱单一，柱头常 2 浅裂，稀 4 裂。蒴果、浆果或核果；种子常具翅，胚小而直立，胚乳肉质或软骨质。

约 34 属 650 种，分布于热带和亚热带。我国有 8 属约 13 种，主要分布于西南部至东部。安徽省木本有 1 属，2 种。

蓬莱葛属 Gardneria Wall. ex Roxb.

常绿攀援灌木。枝圆柱形，无毛，节上有线状隆起的托叶痕。叶对生，全缘，具短柄；托叶在两叶柄基部通化成一线痕。花单生或组成聚伞花序，腋生；花萼小，宿存，4-5 裂；花冠略近辐状，花冠筒极短，檐部 4-5 裂，裂片在蕾中镊合状排列；雄蕊 4-5，着生于花冠筒上，花丝几无，花药分离或合生；子房卵圆形，2 室，每室 1 胚珠，花柱圆柱状，柱头头状或 2 浅裂。浆果球形；种子稍扁平，胚小，胚乳肉质。

5 种，分布于亚洲东部和东南部。我国有 5 种，分布于西南部和南部。安徽省有 3 种。

1. 萼片、花冠裂片、雄蕊均 5 枚：
　2. 花 2-3 歧聚伞花序 ·· 3. 蓬莱葛 **G. multiflora**
　2. 花单生或 2 朵并生 ······································ 2. 俯垂蓬莱葛 **G. nutans**
1. 萼片、花冠裂片、雄蕊均 4 枚 ···························· 1. 狭叶蓬莱葛 **G. augustifolia**

1. 狭叶蓬莱葛

Gardneria angustifolia Wall.

常绿攀援灌木。枝条圆柱形，无毛。叶近革质，披针形至长圆状披针形，长 6-9 厘米，宽 1-1.5 厘米，先端渐尖，基部楔形，全缘，上面深绿色，具光色，下面苍白色，叶脉不明显，侧脉每边 5-7 条；叶柄长 3-7 毫米；托叶痕在茎节上呈线状突起。花多单生于叶腋；花梗长 1.5-2.5 厘米，花梗基部有 1 枚钻形苞片，长约 1 毫米，近中部有 1-2 枚钻形小苞片；花萼杯状，4 裂，裂片圆形，先端渐尖，具睫毛；花冠白色，辐状，花冠筒长约 1 毫米，顶端 4 裂，裂片披针形，长 8 毫米，宽 2-3 毫米，先端急尖；雄蕊 4，花丝几无，花药合生；子房球形，花柱长约 7 毫米，柱头不明显 2 裂。浆果球形。花期 6 月，果期 9 月。

产皖南祁门，休宁岭南古衣，绩溪清凉峰，石台牯牛降，太平龙源，青阳九华山；大别山区舒城万佛山等地。生于海拔 800-1100 米的林下灌丛、树上、石上。分布于浙江、四川、贵州及云南。

2. 俯垂蓬莱葛 线叶蓬莱葛 少花蓬莱葛

Gardneria nutans Sieb. et Zucc.

藤本或攀援灌木，长达 4 米；除花萼、花冠被毛外，全株无毛。小枝圆。叶线状披针形或线形，长（4）6-12 厘米，宽 1-1.5（3）厘米，先端长渐尖，基部楔形，两面中脉均隆起，侧脉 8-9（10）对，网脉不明显；叶柄长 3-5 毫米。花单生叶腋或 2 朵并生，常下垂。花 5 数；花梗长 1.5-2 厘米，近基部具 2 钻形苞片；萼片宽卵形，长 1-1.5 毫米，具睫毛；花冠白至黄白色，花冠筒长约 1 毫米，内面被柔毛，裂片窄椭圆形或披针形，长 6-8 毫米；雄蕊着生花冠筒基部，花药分离；花柱伸出。浆果球形，径 7-10 毫米，红色。种子 1。花期 4-7 月；果期 10 月。

产皖南黄山，祁门、休宁五城、黟县，绩溪，太平。生于海拔 600 米以下林缘、林下或灌丛中。分布于台湾、浙江、广西、贵州、四川、云南。

3. 蓬莱葛 图 815

Gardneria multiflora(Pamp.)Makino

常绿攀援灌木。枝条圆柱形，无毛，节上有线状隆起的托叶痕。叶片革质，椭圆形或椭圆状披针形，长 5-14 厘米，宽 2-4 厘米，先端渐尖，基部宽楔形，边缘全缘，略反卷，上面深绿色，有光泽，中脉在上面凹下，侧脉在两面均凸起，每边 5-8 条；叶柄长 5-8 毫米；托叶痕退化成线状痕迹。聚伞花序，由 5-6 朵花组成，腋生；总花梗长 3-6 毫米，基部有三角形苞片；小苞片钻形；花萼 5 裂，裂片半圆形，不等大，具睫毛；花冠黄色，直径约 1.2 厘米，花冠筒短，顶端 5 裂，裂片披针状椭圆形，镊合状排列，檐部内面边缘有两条龙骨状突起；雄蕊 5，着生冠筒上，花丝极短，花药离生，长约 2.5 毫米；子房 2 室，每室 1 胚珠，花柱长约 5 毫米，柱头 2 浅裂。浆果圆球形，径约 7 毫米，成熟时红色；种子稍扁平，黑色。花期 6-7 月，果期 9 月。

产皖南黄山，泾县小溪；大别山区霍山佛子岭黄巢寺，金寨，潜山天柱山，太湖大山乡等地。生于海拔 1100 米以下的山谷、河旁、林中。分布于浙江、江苏、江西、湖北、湖南、广东、广西、四川、贵州、云南、台浮。日本亦有。

常绿性，喜攀援，可供观赏，用于园林绿化。

图 815 蓬莱葛

86. 醉鱼草科 BUDDLEJACEAE

乔木或灌木。单叶,对生,少数互生,全缘或具锯齿;托叶在叶柄间连生或退化成一线痕。聚伞花序排成头状、穗状或圆锥状;花两性,辐射对称;花萼钟形,4裂,宿存;花冠连合成高脚碟状或漏斗状,4裂,裂片覆瓦状排列;雄蕊4,着生于花冠筒下部、中部或喉部;子房上位,2室,每室胚珠多数,中轴胎座,柱头2裂。蒴果;种子细小,有翅或无翅,胚小而直立,胚乳肉质或软骨质。

约2属100余种,分布于热带和亚热带地区。我国有1属50余种,主要分布于华北以南地区。安徽省有1属,3种。

醉鱼草属 Buddleja L.

乔木或灌木。单叶,对生,少数互生,全缘或具锯齿;托叶在叶柄间连生或退化成一线痕。聚伞花序排成头状、穗状或圆锥状;花两性,辐射对称;花萼钟形,4裂,宿存;花冠连合成高脚碟状或漏斗状,4裂,裂片覆瓦状排列;雄蕊4,着生于花冠筒下部、中部或喉部;子房上位,2室,每室胚珠多数,中轴胎座,柱头2裂。蒴果;种子细小,有翅或无翅,胚小而直立,胚乳肉质或软骨质。

100余种,分布于热带和亚热带地区。我国有50余种,主要分布于华北以南地区。安徽省有3种。

1. 雄蕊生于花冠筒中部或略上:
  2. 子房2室无毛 ·· 1. **白背叶醉鱼草 B. davidii**
  2. 子房2室密被绒毛 ·· 3. **密蒙花 B. officinalis**
1. 雄蕊生于花冠筒下部或近基部 ································· 2. **醉鱼草 B. lindleyana**

1. 白背叶醉鱼草 大叶醉鱼草   图 816
Buddleja davidii Franch.

落叶灌木,高达2米。分枝多,小枝四棱形且具窄翅,嫩枝、嫩叶下面及花序均密被白色星状毛和鳞片。叶对生,卵形至卵状披针形或椭圆状披针形,大小不一,长2.5-13厘米,宽1.2-4.2厘米,先端渐尖,基部宽楔形或圆形,全缘或疏生波状细锯齿,中脉上面凹下,侧脉两面均凸起,每边7-14条,至近叶缘处相连接;叶柄长0.5-1厘米。穗状花序由多数聚伞花序集生枝顶而成,常偏于一侧,长21-54厘米,下垂;小苞片狭线形,着生于花萼基部;花梗极短;花萼4浅裂,裂片三角状卵形,与花冠筒均密被棕黄色细鳞片;花冠紫色,稀白色,花冠筒稍弯曲,长约1.2厘米,径约3毫米,内面具柔毛,顶端4裂,裂片半圆形;雄蕊4,花丝极短,着生于花冠筒的中部或略上;子房2室,每室胚珠多数,花柱单一,柱头2裂。蒴果长圆形,长约5毫米,外面被鳞片;种子多数,褐色,无翅。花期6-8月,果期10月。

产皖南山区祁门等地。生于海拔700-100米的河旁、林下。分布于河南、陕西、浙江、江苏、江西、福建、湖北、湖南、广东、四川。

全株可入药;亦可用于园林观赏。

图 816 白背叶醉鱼草
1. 花枝; 2. 花

2. 醉鱼草　　　　　　　　　　　　图 817

Buddleja lindleyana Fort.

落叶灌木，高达 2 米。分枝多，小枝四棱形且具窄翅、嫩枝、嫩叶、花序均有棕黄色星状毛和鳞片。叶对生，卵形至卵状披针形或椭圆状披针形，大小不一，长 2.5-13 厘米，宽 1.2-4.2 厘米，先端渐尖，基部宽楔形或圆形，全缘或疏生波状细锯齿，中脉上面凹下，侧脉两面均凸起，每边 7-14 条，至近叶缘处相连接；叶柄长 0.5-1 厘米。穗状花序由多数聚伞花序集生枝顶而成，常偏于一侧，长 21-54 厘米，下垂；小苞片狭线形，着生于花萼基部；花梗极短；花萼 4 浅裂，裂片三角状卵形，与花冠筒均密被棕黄色细鳞片；花冠紫色，稀白色，花冠筒稍弯曲，长约 1.2 厘米，径约 3 毫米，内面具柔毛，顶端 4 裂，裂片半圆形；雄蕊 4，花丝极短，着生于花冠筒的基部；子房 2 室，每室胚珠多数，花柱单一，柱头 2 裂。蒴果长圆形，长约 5 毫米，外面被鳞片；种子多数，褐色，无翅。花期 6-8 月，果期 10 月。

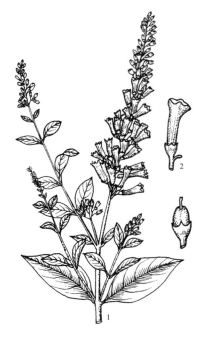

图 817 醉鱼草
1. 花枝；2. 花；3. 果。

全省低山丘陵均有分布。产皖南黄山，休宁岭南，绩溪清凉峰，太平，歙县清凉峰，广德，青阳九华山；大别山区霍山，金寨，岳西，舒城万佛山等地。生于海拔 800 米以下的河旁、林缘。分布于河南、陕西、浙江、江苏、江西、福建、湖北、湖南、广东、四川。

根和全株入药，具有化痰止咳、散瘀止痛之功效，用于治疗哮喘咳嗽、风湿关节疼痛、跌打损伤；枝、叶揉碎可毒鱼、灭蛆等；可植园林中观赏。

3. 密蒙花

Buddleja officinalis Maxim.

落叶灌木，高达 2 米。分枝多，小枝四棱形且具窄翅，嫩枝、嫩叶、花序均有棕黄色星状毛和鳞片。叶对生，卵形至卵状披针形或椭圆状披针形，大小不一，长 2.5-13 厘米，宽 1.2-4.2 厘米，先端渐尖，基部宽楔形或圆形，全缘或疏生波状细锯齿，中脉上面凹下，侧脉两面均凸起，每边 7-14 条，至近叶缘处相连接；叶柄长 0.5-1 厘米。穗状花序由多数聚伞花序集生枝顶而成，常偏于一侧，长 21-54 厘米，下垂；小苞片狭线形，着生于花萼基部；花梗极短；花萼 4 浅裂，裂片三角状卵形，与花冠筒均密被棕黄色细鳞片；花冠浅紫色，稀白色，花冠筒稍弯曲，长约 1.2 厘米，径约 3 毫米，内面具柔毛，顶端 4 裂，裂片半圆形；雄蕊 4，花丝极短，着生于花冠筒的中部或略上，子房 2 室，每室胚珠多数，花柱单一，柱头 2 裂。蒴果长圆形，长约 5 毫米，外面被鳞片；种子多数，褐色，无翅。花期 6-8 月，果期 10 月。

产皖南广德等地。生于海拔 800 米以下的河旁、林缘。分布于河南、陕西、浙江、江苏、江西、福建、湖北、湖南、广东、四川。

可用于园林绿化。

87. 木犀科 OLEACEAE

常绿或落叶乔木、灌木或木质藤本。单叶或奇数羽状复叶;对生,稀互生或轮生;无托叶。圆锥花序或聚伞花序顶生或腋生,或簇生、单生而不成花序;花两性,稀单性雌雄同株或杂性异株,辐射对称;花萼杯状或钟形,通常较小,顶端4-15裂或近截平,稀缺如;花冠钟形、漏斗形或高脚蝶形,4-12裂,有时缺如;雄蕊2,稀3-5,附着于花冠或出自子房下部,花药2室,药隔常延长于药室之上;子房上位,2室,每室2-10胚珠,稀1,花柱单生,柱头2尖裂。核果、浆果、蒴果或翅果;种子1-4,稀更多,多有胚乳。

约29属600种,分布于温带和热带地区。我国有13属,200余种,南北各省(区)均有分布。安徽省有9属,33种,2亚种,8变种。

1. 果为翅果:
  2. 翅果宽椭圆形至卵形,周围有狭翅;单叶,全缘 ·················· 2. 雪柳属 Fontanesia
  2. 翅果线形或倒披针形,翅在果的顶端伸长;羽状复叶,有锯齿 ·········· 4. 白蜡树属 Fraxinus
1. 果不为翅果:
  3. 蒴果:
    4. 花黄色,花冠筒比裂片短 ······························ 3. 连翘属 Forsythia
    4. 花紫色、淡红色或白色,花冠筒比裂片长 ·················· 9. 丁香属 Syringa
  3. 核果或浆果:
    5. 核果或浆果状核果;乔木或灌木;单叶:
      6. 常绿性;花簇生为短圆锥花序,腋生 ·············· 8. 木犀属 Osmanthus
      6. 落叶性或常绿性;聚伞状圆锥花序,顶生:
        7. 花冠裂片线状匙形,长1-2厘米,花瓣分离或仅基部连合 ····· 1. 流苏树属 Chionanthus
        7. 花冠裂片卵形或长圆形,长不及5毫米,花瓣连合,具花冠筒。
          ·· 6. 女贞属 Ligustrum
        8. 花冠筒长于裂片或近等长,裂片先端非盔状:
        8. 花冠裂片先端盔状 ··························· 7. 木樨榄属 Olea
    5. 浆果;藤本或直立灌木,三出或羽状复叶,稀单叶 ··········· 5. 素馨属 Jasminum

1. 流苏树属 Chionanthus L.

落叶灌木或乔木。冬芽具数枚芽鳞。单叶,对生,全缘或有锯齿。聚伞状圆锥花序顶生;花白色,两性或单性而雌雄异株;花萼4裂;花冠4深裂达基部,裂片线状匙形;雄蕊2,稀3-4,藏于花冠筒内或稍伸出,花药几无花丝或具短花丝;子房上位,2室,每室2胚珠,花柱短,柱头2裂。核果卵形或椭圆形,内含种子1粒。

2种,分布于亚洲东部和北美。我国有1种,1变种,安徽省均产。

1. 流苏树   图 818

Chionanthus retusus Lindl. ex Paxt.

落叶灌木或乔木,高2-10米;小枝灰褐色,嫩枝有短柔毛。叶厚纸质,椭圆形、长圆形或倒卵形,长2-8厘米,宽1-4厘米,先端急尖或钝圆,常微凹,基部宽楔形或楔形,全缘或具微细锯齿,幼时沿中脉被柔毛,后两面无毛,侧脉4-6对,网脉在下面凸起呈蜂窝状;叶柄长5-15毫米,有柔毛。聚伞状圆锥花序顶生,长5-15厘米,总花梗有短柔毛;花单性;花梗长5-10毫米;花萼4深裂,裂片披针形,长2.5-3毫米,宽0.5毫米;花冠白色,4深裂达基部,仅基部稍合生,裂片线状倒披针形,长约1.5厘米,宽2.5毫米,先端钝;雄蕊2,与花冠筒近等长,无花丝。核果椭圆形,长1-1.2厘米,直径6-7毫米,熟时黑色,宿存萼片长3-4毫米;

果梗长 1.2-1.5 厘米，基部呈关节状。花期 4-5 月，果期 6 月。

产皖南祁门，休宁，歙县，黟县，广德，铜陵，青阳九华山；大别山区霍山青枫岭，金寨，舒城万佛山，岳西，太湖；潜山彭河，江淮丘陵全椒，肥西紫蓬山，滁县琅琊山深秀湖，庐江等地。生于海拔 800 米以下的山谷、河旁。分布于河北、山西、甘肃及其以南地区；朝鲜、日本亦有。

木材可作细木工用材；嫩叶可制茶；花洁白、美观，可供观赏，并可作桂花之砧木。喜光，耐旱。

1a. 齿叶流苏（变种）　　　　　图 819

Chionanthus retusus Lindl. ex Paxt. var. **serrulatus** Koidz.

本变种与原种区别在于叶边缘具细锐锯齿。

产皖南休宁流口，绩溪北坡清凉峰，泾县小溪，歙县南坡清凉峰，石台七都；大别山区霍山清枫岭；江淮丘陵庐江冶山等地。生于海拔 700 米以下的林下。

可作观赏花木。

图 818 流苏树（果枝）

2. 雪柳属 Fontanesia Labill.

落叶灌木或小乔木。单叶，对生，全缘。圆锥花序顶生，具叶；花小，两性；花萼小，4 齿裂；花冠白色，4 深裂，仅在基部稍合生，镊合状排列；雄蕊 2，花丝伸出于花冠外；子房上位，2-3 室，每室 2 胚珠，悬垂于室顶，柱头 2 裂。翅果宽椭圆形或卵形，扁平，周围有狭翅；种子每室 1 粒。

2 种，分布于亚洲和欧洲地中海地区。我国有 1 种，安徽省亦产。

雪柳　五谷树　　　　　　　图 820

Fontanesia fortunei Carr.

落叶灌木或小乔木，高 2-8 米；树皮灰白色，长条状浅纵裂；小枝灰色，微具 4 棱，无毛；冬芽小，卵球形，鳞片 2-3 对。单叶，对生，纸质，卵状披针形至披针形，长 2.5-10 厘米，宽 1-2.5 厘米，先端长渐尖，基部楔形，全缘，两面无毛，侧脉 4-6 对；叶柄长 2-4 毫米，无毛。圆锥花序具叶，顶生或腋生，生于当年生枝上；花梗长 2-4 毫米，无毛；花萼小，浅杯状，长约 1 毫米，顶端 4 尖齿；花冠白色或带淡红色，4 深裂达基部，裂片长圆形，长 2.5 毫米，宽 0.7 毫米，先端钝；雄蕊 2，伸出花冠外；雌蕊长 2.5-3 毫米，柱头 2 裂。翅果宽椭圆形，扁平，周围有狭翅，长 8-9 毫米，宽 4-5 毫米，顶端微凹，花柱宿存，基部圆楔形。花期 5-6 月，果期 9-10 月。

图 819 齿叶流苏（花枝）

产皖南黄山，绩溪清凉峰；大别山区霍山佛子岭，金寨白马寨、燕子河，岳西，太湖大山乡海拔 250 米；江淮丘陵肥东，安庆，桐城，枞阳，肥西紫蓬山，含山太湖山。生于海拔 800 米以下的山坡、路旁。分布于山东、河南、河北、山西、陕西、江苏、浙江。

茎枝可供编织；茎皮可制人造棉；可用于园林绿化，又因其耐修剪，易萌发，也可栽作绿篱；枝条柔韧性强，可编筐篓。

果成熟时，其形状因气候之变化而常有变异，群众据此推测农作物当年之丰收或歉收，故俗称"五谷树"。

3. 连翘属 Forsythia Vahl.

落叶灌木；小枝直立或下垂，圆柱形或 4 棱形，中空或片状分隔。单叶或三出复叶；叶片全缘或有锯齿，稀 3 深裂。花单性，雌雄异株，先叶开放，1-5 朵生于叶腋，具花梗；花萼 4 深裂，裂片长圆形或圆形；花冠黄色，4 深裂，裂片狭长圆形或椭圆形，比花冠筒长，覆瓦状排列；雄蕊 2，着生于花冠基部；子房上位，2 室，每室 4-10 胚珠，悬垂于室顶，花柱细长，柱头 2 裂。蒴果卵球形或长圆形，室背 2 裂，果瓣木质或革质；种子多数，具狭翅，无胚乳。

7 种，分布于欧洲各国及日本。我国有 5 种。安徽省有 3 种。

1. 小枝条髓心片层状。
　2. 叶全缘或中部以上疏生细锯齿 ·················
　·············· 1. 秦连翘 **F. giraldiana**
　2. 叶缘具不规则锯齿 ········ 3. 金钟花 **F. viridissima**
1. 小枝条髓心中空 ·············· 2. 连翘 **F. suspensa**

1. 秦连翘 图 821

Forsythia giraldiana Lingelsh.

落叶灌木，高 1-3 米；小枝直立，4 棱形，淡绿色，无毛，髓心片状分隔；冬芽褐色。单叶，对生，纸质，椭圆状长圆形、卵状披针形或倒卵形，长 3-7 厘米，宽 1-2.5 厘米，先端渐尖或急尖，基部楔形，边缘中部以上有细锯齿，两面无毛，中脉上面常微凹，下面凸起，侧脉 4-6 对；叶柄长 5-8 毫米，无毛。花先叶开放，1-3 朵簇生于叶腋；花梗长 5-7 毫米，无毛，基部有数枚钻形苞片；花萼钟形，4 裂至中部，裂片卵形或椭圆形，长 2-3 毫米，为花冠筒之半，宽 1-1.5 毫米，先端钝，边缘有睫毛；花冠黄色，钟形，长约 1.6 厘米，4 深裂，

图 820 雪柳
1. 花枝；2. 花瓣、雄蕊；3. 果。

图 821 秦连翘
1. 果枝；2. 花枝。

裂片狭长圆形，长约 1.2 厘米，宽 5 毫米，先端钝；雄蕊 2，着生于花冠筒基部，与花冠筒近等长；雌蕊柱头 2 裂。蒴果卵球形，长 1-1.5 厘米，直径 6-8 毫米，顶端尖，基部圆形，表面常散生棕色鳞秕或疣点；果梗长 6-7 毫米，基部苞片宿存。花期 3-4 月，果期 7-8 月。

产大别山区岳西美丽乡，太湖大山乡。生于海拔 900 米左右的阔叶林中。分布于甘肃、陕西、河南、四川、湖北、湖南、山东、山西中条山。

可用于庭园绿化、观赏。

2. 连翘　　　　　　　　　　图 822

Forsythia suspensa（Thunb.）Vahl

落叶灌木，高 1-3 米；小枝常下垂，稍呈 4 棱形，灰褐色，中空；冬芽褐色。单叶，有时为三出复叶，纸质，卵形、宽卵形或长圆状卵形，长 3-10 厘米，宽 2-5 厘米，先端急尖，基部圆形或宽楔形，边缘中部以上具不规则锯齿，两面无毛，上面中脉常微凹，下面凸起，侧脉 4-6 对；叶柄长 1-2 厘米，无毛；三出复叶的侧生小叶远小于顶生小叶，小叶无柄。花先叶开放，常单生于叶腋；花梗长 6-10 毫米，无毛，基部有数枚钻形苞片；花萼钟形，4 裂至基部，裂片长圆形，长 5-7 毫米，与花冠筒近等长，先端钝，边缘有睫毛；花冠黄色，钟形，4 深裂，裂片倒卵状椭圆形或长圆形，长达 2 厘米，宽 6-8 毫米，先端钝或急尖；雄蕊 2，着生于花冠筒基部，与花冠筒近等长；雌蕊长 4-5 毫米，柱头 2 裂。蒴果卵球形，长约 1.5 厘米，顶端尖，基部圆形，表面散生疣点；果梗长 8-10 毫米，基部苞片宿存。花期 3 月，果期 9 月。

产皖南泾县；大别山区金寨天堂寨，舒城万佛山，生于海拔 500-1000 米的山谷、林中。分布于黑龙江、辽宁、吉林、河北、山西、陕西、甘肃、内蒙古、山东、河南、江苏、湖北、四川、云南。

喜光，耐寒。果实入药，具有清热解毒、消肿散结、排脓利尿之功效，可治热病初期、疮疡肿痛、丹毒、淋病等症；种子油可供制皂和化妆品之用；可用于园林绿化，习见栽培。

3. 金钟花　　　　　　　　　　图 823

Forsythia viridissima Lindl.

落叶灌木，高 1-3 米；小枝直立，4 棱形，淡绿色，无毛，髓心片状分隔；冬芽褐色。单叶，对生，纸质，椭圆状长圆形、卵状披针形或倒卵形，长 3-7 厘米，宽 1-2.5 厘米，先端渐尖或急尖，基部楔形，边缘具不规则锯齿，两面无毛，中脉上面常微凹，下面凸

图 822 连翘
1. 叶枝；2. 花枝；3. 花瓣；4. 果。

图 823 金钟花
1. 花枝；2. 叶枝；3. 花瓣；4. 果。

起，侧脉 4-6 对；叶柄长 5-8 毫米，无毛。花先叶开放，1-3 朵簇生于叶腋；花梗长 5-7 毫米，无毛，基部有数枚钻形苞片；花萼钟形，4 裂至中部，裂片卵形或椭圆形，长 2-3 毫米，为花冠筒之半，宽 1-1.5 毫米，先端钝，边缘有睫毛；花冠黄色，钟形，长约 1.6 厘米，4 深裂，裂片狭长圆形，长约 1.2 厘米，宽 5 毫米，先端钝；雄蕊 2，着生于花冠筒基部，与花冠筒近等长；雌蕊柱头 2 裂。蒴果卵球形，长 1-1.5 厘米，直径 6-8 毫米，顶端尖，基部圆形，表面常散生棕色鳞秕或疣点；果梗长 6-7 毫米，基部苞片宿存。花期 3-4 月，果期 7-8 月。

产皖南黄山，绩溪清凉峰，旌德，郎溪，青阳九华山；大别山区金寨白马寨，潜山，霍山等地。生于海拔 800 米以下的河旁、林下。分布于浙江、江苏、江西、湖北、福建、四川、贵州。欧洲、朝鲜亦有。

果实入药有排脓解毒、杀菌之功效；种子油可用于化妆品；早春开花，朵朵金黄，甚为美观，可植于墙垣、路旁、假山、绿篱等处观赏，安徽省城市公园、庭院习见栽培。

4. 白蜡树属　Fraxinus L.

落叶乔木或灌木；冬芽圆锥形，具 1-2 对芽鳞，稀为裸芽。奇数羽状复叶，对生；无托叶；小叶 3-9，稀更多，叶轴常有沟槽。圆锥花序生于当年或去年生枝上；花两性、单性或杂性同株或异株；花萼小，杯形，顶端 4 齿裂或近截平，有时缺如；花冠白色或淡黄色，4 深裂，镊合状排列，有时退化成无花瓣；雄蕊 2；子房上位，2 室，每室 2 胚珠，悬垂于室顶。翅果扁平，线形或倒披针形，翅在果的顶端伸长；种子单生，扁平，长椭圆形，种皮薄，胚乳肉质。

60 种，除个别种分布于赤道地区外，全部分布于北温带地区。我国有 20 余种，南北均有分布。安徽省产 7 种，引入 1 种，1 变种。

1. 花序顶生及腋生于当年生枝顶：
   2. 花具花瓣：
      3. 花瓣 4：
         4. 小叶 3-7，长 2-4.5 厘米，具钝齿；花瓣白色带黄绿色，条形 …………… 2. **小叶白蜡树　F. bungeana**
         4. 小叶 3-5，长 5-12 厘米，疏具浅齿或全缘；花瓣白色，裂片条状长圆形 ……… 4. **苦枥木　F. insularis**
      3. 花瓣 5-6；侧生小叶无柄或柄极短，紫红色 ………………………………… 5. **庐山白蜡树　F. sieboldiana**
   2. 花无花瓣或具不整齐 1-4 退化花瓣：
      5. 小叶宽 1.8 厘米以上：
         6. 花萼长 1-2(3) 毫米：
            7. 花单性异株或同株，雌花花萼长筒状，长 2-3 毫米；小叶先端渐尖或钝；翅果倒披针形 ……… ……………………………………………………… 3. **白蜡树　F. chinensis**
            7. 花杂性，雄花于两性花异株，花萼钟形，长 1-2 毫米；小叶先端尾尖；翅果条形 ……… ……………………………………………………… 6. **大叶白蜡树　F. rhynchophylla**
         6. 花萼长仅 1 毫米，深裂至中下部 …………………………………………………… 7. **尖萼梣　F. longicuspis**
      5. 小叶宽 8-15 毫米 …………………………………………………………………… 1. **窄叶白蜡树　F. baroniana**
1. 花序腋生于去年生枝上：
   8. 小枝密被柔毛；小叶 5(7-9)，具圆齿或全缘，下面被白色绒毛 ……… ……………………………………………………… 8. **美国红梣　F. pennsylvanica**
   8. 小枝无毛；小叶 7-9(11)，具不规则锯齿，两面无毛或下面疏被柔毛 ……… ……………………………………………………… 8a. **美国绿梣　F. pennsylvanica var. subintegerrima**

1.　窄叶白蜡树

Fraxinus baroniana Diels

落叶乔木或小乔木，高 4-10 米；冬芽圆锥形，黑褐色；枝条暗灰色，散生皮孔，无毛。奇数羽状复叶，连同叶柄长 15-22 厘米，小叶 5-7，稀 9；叶柄长 4-6 厘米，有明显沟槽；小叶革质或薄革质，长圆形或长圆状卵形，长 3-10 厘米，宽 1-1.8 厘米，先端渐尖或急尖，基部宽楔形或楔形，边缘有锯齿，上面无毛，下面沿中脉下部有灰白色柔毛；侧生小叶柄较短，长 2-5 毫米，顶生小叶柄长 1-1.5 厘米，小叶柄基部通常稍膨大呈关节状，叶柄、叶轴和小叶柄均无毛，有时在沟槽内有灰褐色短柔毛。圆锥花序生于当年生枝顶，无毛；花梗长 5-6 毫米，无毛；花萼杯状，长约 1.5 毫米，顶端不规则齿裂或啮蚀状，无毛；花冠缺如；雄蕊 2，长约 5 毫米；花柱短，柱头 2 裂。翅果倒披针形，长 3-3.5 厘米，宽 3.5-4 毫米，顶端急尖，中部以下渐狭成圆柱形，宿存花萼紧抱果实基部，长 1.5-2 毫米，顶端呈不规则 2-3 裂。花期 4-5 月，果期 8-9 月。

产皖南山区祁门等地。

2.　小叶白蜡树　　　　　　　　　　图 824

Fraxinus bungeana DC.

落叶小乔木或灌木，高 2-5 厘米；冬芽圆锥形，黑褐色；小枝淡黄色，密被短柔毛，渐秃净，皮孔细小，椭圆形，褐色。奇数羽状复叶，连同叶柄长 5-15 厘米，小叶 5-7，稀 9；叶柄长 2.5-4.5 厘米，有明显沟槽；小叶硬纸质，阔卵形，菱形至卵状披针形，长 2-5 厘米，宽 1.5-3 厘米，先端渐尖或急尖，基部宽楔形或楔形，边缘有锯齿，两面光滑无毛，中脉在两面凸起，侧脉 4-6 对，细脉明显网结；小叶柄较短，长 0.2-1.5 厘米，顶生小叶柄与侧生小叶柄几等长。圆锥花序顶生或腋生于生年生枝梢，长 5-9 厘米，疏被绒毛，花序梗扁平，长约 1.5 厘米；花梗细长，长约 3 毫米；雄花花萼小，杯状，萼齿三角形；花冠白色至淡黄色，裂片线形，长 4-6 毫米，雄蕊与裂片近等长；两性花花萼较大，萼齿锥尖，花冠裂片长达 8 毫米，雄蕊明显短，雌蕊具短花柱，柱头 2 浅裂。翅果匙状长圆形，长 2-3 厘米，宽 3-5 毫米，上中部最宽，先端急尖，钝圆或微凹，翅下延至坚果中下部，坚果长约 1 厘米，略扁；花萼宿存。花期 4-5 月，果期 8-9 月。

产皖南山区黄山桃花峰，歙县清凉峰等地。分布于辽宁、河北、河南、山西（中条山）、山东、四川。木材坚韧有弹性可制家具、农具；树皮味苦称作"秦皮"，为健胃收敛剂。

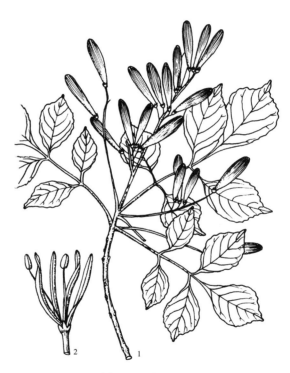

图 824　小叶白蜡树
1. 果枝；2. 花（示花瓣、雄蕊）。

3.　白蜡树　　　　　　　　　　　　　　　　　　图 825

Fraxinus chinensis Roxb.［*Fraxinus szaboana* Lingelsh.］

落叶乔木或小乔木，高 4-10 米；冬芽圆锥形，黑褐色；枝条暗灰色，散生皮孔，无毛。奇数羽状复叶，连同叶柄长 15-22 厘米，小叶 5-7，稀 9；叶柄长 4-6 厘米，有明显沟槽；小叶硬纸质，卵形、倒卵状长圆形至披针形，长 3-1O 厘米，宽 1.5-5 厘米，顶生小叶与侧生小叶近等大，先端渐尖或锐尖，基部宽楔形或楔形，边缘有锯齿，上面无毛，下面沿中脉下部有灰白色柔毛，中脉在上面平坦，侧脉 8-10 对，下面凸起，明显网结；小叶柄长 3-5

毫米。圆锥花序顶生或腋生枝梢，长 8-10 厘米；花序梗长 2-4 厘米，光滑，无皮孔；花雌雄异株；雄花密集，花萼小，钟状，长约 1 毫米，无花冠，花药与花丝近等长；雌花疏离，花萼大，桶状，长 2-3 毫米，4 浅裂，花柱细长，柱头 2 裂。翅果匙形，长 3-4 厘米，宽 4-6 毫米，上中部最宽，先端锐尖，常呈梨头状，基部渐狭，翅平展，下延至坚果中部，坚果圆柱形，长约 1.5 厘米；宿存花萼紧贴于坚果基部，常在一侧开口深裂。花期 4-5 月，果期 8-9 月。

产皖南黄山北坡刘门亭；大别山区金寨白马寨、金刚台，潜山天柱山；江淮丘陵寿县、凤阳、淮南、滁县琅琊山等地。生于海拔 1500 米以下的谷地、溪边。分布于东北，南至福建、广东等地区；越南、朝鲜亦有。

枝、叶可饲养白蜡虫，用于制取白蜡；木材中优质用材，可制家具、板材等；亦为道路、四旁、堤岸等处的良好绿化树种。四川峨眉由于气候温湿条件良好，群众栽植白蜡树于田埂、丘陵放养白蜡虫，采取白蜡，已成重要的经济来源。但安徽省尚无放养白蜡虫之先例。

4. 苦枥木 图 826

Fraxinus insularis Hemsl.

乔木，高达 20 米，胸径达 85 厘米。小枝无毛，灰褐色。小叶 3-5，卵形、卵状披针形或长圆形，长 5-12 厘米，宽 2-4 厘米，先端渐尖，基部近圆形或宽楔形，疏具浅齿或全缘，两面无毛或脉上微被毛。圆锥花序顶生或腋生，无毛；花萼杯状，长约 1 毫米，具 4 钝齿或平截；花瓣白色，裂片条状长圆形；雄蕊较花瓣长。翅果条形，长 2.5-3 厘米。花期 3-6 月；果期 8-10 月。

产皖南山区黄山天海、皮蓬，休宁，绩溪清凉峰，青阳九华山，歙县清凉峰等地。生于海拔 1500 米以下的山坡、林中。分布于浙江、福建、湖北、湖南、广东、四川、台湾等省；日本亦有。

5. 庐山白蜡树

Fraxinus sieboldiana Bl. [*Fraxinus mariesii* Hook. f.]

落叶小乔木或灌木，高 2-7 米；冬芽圆锥形，黑褐色；枝条细弱，灰褐色，幼枝密被灰黄色短柔毛，老枝无毛。奇数羽状复叶，连同叶柄长 10-15 厘米，小叶 5，稀 3 或 7；小叶薄革质或近纸质，长圆形、长圆卵形或卵状披针形，长 2-9 厘米，宽 1-3 厘米，顶生小叶较大，自上而下渐小，先端渐尖或急尖，基部宽楔形或楔形，

图 825 白蜡树（果枝）

图 826 苦枥木
1. 叶枝；2. 花序；3. 果序。

边缘有钝锯齿，上面无毛，下面沿中脉被细微短柔毛或近无毛；叶柄长 2.5-4 厘米，沟槽不明显，侧生小叶柄极短，长 0-1 毫米，顶生小叶柄长 5-10 毫米，叶柄、叶轴和小叶柄均有短柔毛。圆锥花序生于当年生枝顶，密被灰黄色短柔毛；花梗纤细，长 4 毫米；花萼微小，4 深裂达基部，裂片披针形，长 0.5 毫米；花冠裂片 4，线状匙形，长约 6 毫米，先端钝，自上而下渐狭，仅基部稍合生；雄蕊 2，长约 7 毫米；花柱短，柱头 2 裂。翅果线状倒披针形，扁平，长 2.2-3.2 厘米，宽 4.5-5 毫米，顶端钝或微凹，宿存花萼微小或近脱落。花期 5 月，果期 6-7 月。

产皖南山区黄山北坡刘门亭、祁门、旌德；大别山区霍山十道河、金寨白马寨、燕子河、潜山等地。生于海拔 1500 米以下的杂木林中。分布于浙江、江西、福建等省。

6. 大叶白蜡树

Fraxinus rhynchophylla Hance［*Fraxinus chinensis* var. *rhynchophylla*（Hance）Hemsl；*Fraxinus chinensis* Roxb. var. *acuminata* Lingelsh］

乔木，高达 16 米，胸径达 1 米。小枝无毛。小叶 5(3-7)，宽卵形、倒卵形或长圆形，长 5-15 厘米，先端尾尖，基部宽楔形或近圆形，具粗钝圆齿，上面无毛，下面脉上被毛。圆锥花序顶生或腋生；花杂性；两性花与雄花异株；花萼钟形，长 1-2 毫米；无花瓣或稀具不整齐 1-4 退花花瓣。翅果条形。花期 5 月；果期 9-10 月。

产大别山区霍山马家河、金寨、潜山天柱山；江淮地区凤阳、寿县、定远、淮北宿县。分布于东北、山东、河北、陕西、甘肃、云南、四川、湖北、河南、江苏、浙江、福建。朝鲜半岛、日本亦有分布。

7. 尖萼梣 图 827

Fraxinus longicuspis Sieb. et Zucc.

落叶乔木或小乔木，高 4-10 米；冬芽圆锥形，黑褐色；枝条暗灰色，散生皮孔，无毛。奇数羽状复叶，小叶 3-5，常为 3，卵状椭圆形或椭圆形，先端长渐尖，基部宽楔形，边缘具尖锯齿或钝齿，两面无毛，下面网脉明显；叶柄上面具沟槽。圆锥花序生于当年生枝条上，长 6-12 厘米；花单性或两性；花萼小，5 深裂，裂片尖锐，无花瓣；雄蕊 2 枚，花药椭圆形，花丝稍长；雌蕊具细长花柱，柱头棒状增粗，先端 2 裂。翅果倒披针形或椭圆状披针形，长 2.5-3 厘米，宽 3-4 毫米，先端钝圆或微凹，花萼宿存，裂片深而尖锐。花期 5 月，果期 9-10 月。

产皖南山区绩溪清凉峰天子池；大别山区霍山马家河，金寨白马寨，岳西河图等地。生于海拔 600-1400 米的山地。

图 827 尖萼梣（果枝）

8. 美国红梣

Fraxinus pennsylvanica Marshall

落叶乔木，高 10-15 米；冬芽圆锥形，黑褐色；枝条灰色，散生皮孔，光滑无毛。奇数羽状复叶，连同叶柄长 15-20 厘米，小叶 5-9，常为 7 片；叶柄长 4-5 厘米，有沟槽；小叶薄革质，卵状披针形至披针形，长 4-10 厘米，宽 1.5-3.5 厘米，先端长渐尖，基部宽楔形或楔形，边缘有锯齿，上面无毛，下面沿中脉下部密被灰白色长柔毛；侧生小叶柄短，长 0-1 毫米，叶柄和叶轴除沟槽内有短柔毛外，余处无毛。圆锥花序生于去年生无叶的侧枝上，无毛。翅果倒披针形，长 2-3.5 厘米，宽 4-6 毫米，顶端钝而微凹，中部以下渐狭成圆柱形，宿存花萼小，长 1 毫米，顶端啮蚀状；果序长 6-9 厘米，果梗长 5 毫米。果期 9 月。

安徽省淮北、江淮丘陵等地有引种栽培，作为行道树、庭院树或防护林树种栽植。原产北美。

8a. 美国绿梣

Fraxinus pennsylvanica Marshall var. **subintegerrima**（vahl）Fern.

乔木，高达 20 米。小枝无毛。小叶 7-9（11），椭圆状长圆形或披针形，长 5-12 厘米，具不规则锯齿，两面无毛或下面疏被柔毛，侧生小小叶柄极短或近无柄，圆锥花序短，无毛；花萼不规则多裂或 4 裂。翅果匙形，基部窄，长 2.5-4 厘米。花期 4 月；果期 9 月。

原产北美。华北，黑龙江，辽宁沈阳，江苏南京，陕西，甘肃，宁夏，新疆均有引种栽培。安徽省江淮，淮北地区等地有引种栽培。

喜光，耐寒，最低气温 -36.8℃ 的条件下，也能生长。在土壤干旱或含盐量较大的条件下应深栽。种子繁殖，植苗造林。

5. 素馨属 Jasminum L.

常绿或落叶灌木；茎直立或攀援；小枝绿色，常有棱。单叶或奇数羽状复叶，对生，稀互生；叶柄常有关节；无托叶。二歧或三歧聚伞花序、聚伞状圆锥花序、总状花序、伞房花序或伞形花序，稀单生；花大，两性，高脚蝶状；花萼杯状、钟状或圆筒状，4-10 裂，裂片通常线形，有时呈叶状或三角形，长或短；花冠筒长，顶端 4-10 裂，覆瓦状排列；雄蕊 2，内藏，花丝极短，花药背着，药室纵裂；子房上位，2 室，每室 2 胚珠。浆果，双生或仅 1 个发育而单生，花萼宿存；种子每室 1-2 粒。

约 300 种，分布于东半球的温带至亚热带地区。我国有 44 种。安徽省有 6 种。

1. 枝及叶近互生 ·· 1. **探春花 J. floridum**
1. 枝及叶对生。
  2. 三出复叶或单叶与三出复叶混生。
    3. 小枝圆柱形。
      4. 叶革质，顶生小叶与侧生小叶近等大 ···
        ················ 2. **清香藤 J. lanceolarium**
      4. 叶纸质或近膜质，顶生小叶通常是侧生小叶的 2 倍 ············ 6. **华素馨 J. sinense**
    3. 小枝 4 棱形。
      5. 常绿性；花与叶同放，较大，直径 3.5-4 厘米 ···········3. **野迎春 J. mesnyi**
      5. 落叶性，花先叶开放，较小。直径 2-2.5 厘米 ············4. **迎春花 J. nudiflorum**
  2. 单叶 ············· 5. **茉莉花 J. sambac**

1. 探春花   图 828

Jasminum floridum Bunge

半常绿缠绕灌木，长 1-3 米；幼枝绿色，有棱，无毛。叶互生，单叶或三出复叶；小叶椭圆状卵形至卵状长圆形，稀倒卵形，长 1-3 厘米，宽 0.7-1.3 厘米，先端急尖至凸尖，基部楔形或宽楔形，边缘有细小的芒状锯齿或全缘，反卷，上面中脉凹下，下面凸起，两面无毛；叶柄长 5-7 毫米，顶生小叶柄长 5-7 毫米，侧生小叶近无柄。聚伞花序顶生，无毛；花萼杯状，

图 828 探春花
1. 花枝；2. 花。

无毛，长 2 毫米，顶端 5 裂，裂片钻形，与萼筒近等长；花冠黄色，花冠筒长 1-1.2 厘米，顶端 5 裂，裂片长圆形或宽卵形，长 5-7 毫米，宽 3.5 毫米，先端急尖，具小尖头；雄蕊 2，内藏。浆果椭圆形或近圆形，长 5-7 毫米；种子椭圆形，扁平。花期 5 月，果期 9 月。

安徽省各地广为栽培，供观赏。分布于陕西、河南、湖北、四川、贵州。

2.　清香藤　　　　　　　　　　　　　　图 829

Jasminum lanceolarium Roxb.〔*Jasminum lanceolarium* var. *puberulum* Hemsl.〕

木质藤本，长 3-5 米；幼枝绿色，圆柱形，无毛或有疏毛。三出复叶，对生；小叶革质，椭圆形、长圆形或卵状披针形，长 5-12.5 厘米，宽 1.5-6.5 厘米，顶生小叶片与侧小叶片近等大或稍大，边缘全缘，稍反卷，上面绿色有光泽，无毛或稀有微毛，下面淡绿色，无毛至有密柔毛，并有褐色小斑点，侧脉两面不明显；叶柄长 1.5-2.5 厘米，与顶生小叶柄等长，无毛，侧生小叶柄较短，上部叶关节状。复聚伞花序顶生，无毛或有短柔毛；花梗长 0-2 毫米；花萼杯状，长 1.6-2.5 毫米，顶端 4-5 裂，无毛；花冠白色，花冠筒长 2-2.5 厘米，顶端 4 裂，裂片长圆形或卵状长圆形，长 7-10 毫米，宽 4-5 毫米，先端急尖；雄蕊 2，着生于花冠筒上，内藏；子房 2 室。浆果球形，直径约 1 厘米，单生或 1 大 1 小双生；果梗粗壮。花期 6 月，果期 11 月。

图 829 清香藤（果枝）

产皖南休宁岭南三溪海拔 200 左右的阔叶林中。分布于浙江、江西、湖北、湖南、福建、广东、广西、四川、贵州、云南、台湾。越南、缅甸、印度亦有。

茎藤入药，可治风湿性关节炎、风寒头痛等；花可提取芳香油。

3.　野迎春　云南黄馨

Jasminum mesnyi Hance

常绿蔓性灌木；枝条绿色，直立或弯曲，4 棱形，无毛。单叶或三出复叶，对生；小叶圆形、长圆状卵形或狭长圆形，长 1.5-3.5 厘米，宽 8-11 毫米，三出复叶的顶生小叶比侧生小叶大，先端钝，有小尖头，基部楔形，边缘全缘或有细微锯齿，上面中脉平，下面凸起，侧脉不明显，两面无毛；叶柄长 6-9 毫米，无毛，顶生小叶近无柄，侧生小叶无柄。花大，单生于枝下部叶腋；苞片叶状；花梗长 5-7 毫米，无毛；花萼钟形，无毛，萼筒长 2 毫米，顶端 6-7 裂，裂片叶状，狭长卵形，长 5-6 毫米，先端急尖或渐尖；与萼筒近等长；花冠黄色，直径 3.5-4 厘米，花冠筒长 7-10 毫米，呈半重瓣，裂片椭圆形或长圆形，长 1.4-1.8 厘米，宽 0.9-1.4 厘米，先端钝圆，具小尖头；雄蕊 2，内藏。浆果未见。花期 4 月。

合肥芜湖、淮南等地有栽培，常栽作盆景，供观赏。分布于四川、贵州、云南。

4.　迎春花　　　　　　　　　　　　　　图 830

Jasminum nudiflorum Lindl.

落叶灌木，高 0.5-3 米；枝绿色，直立或弯曲，幼枝 4 棱形。三出复叶，对生，有时幼枝基部有单叶；小叶卵形至长圆状卵形，长 1-2.5 厘米，宽 5-10 毫米，顶生小叶比侧生小叶大，先端急尖至凸尖，基部楔形，边缘全缘，有缘毛，两面无毛；叶柄长 5-10 毫米，无毛，顶生小叶近无柄，侧生小叶无柄。花先叶开放，单生于己落叶的去年生枝的叶腋；花梗长 2 毫米，具叶状绿色的狭窄苞片；花萼裂片 5-6，线形或长圆状披针形，与萼筒等长或稍长于萼筒；花冠黄色，花冠筒长 1-1.5 厘米，通常 6 裂，裂片倒卵形或椭圆形，约为花冠筒长度之半，先端钝；雄蕊 2，内藏。浆果未见。花期 3-5 月。

全省各地普遍栽培。分布于四川、贵州、云南、陕西、甘肃。

花、叶入药，有活血解毒、消肿止痛之功效；早春开花，先叶开放，朵朵金黄色小花布满枝头，夺人眼目，盆栽、地植均宜，为园林绿化中的佳品。

5. 茉莉花   图 831

Jasminum sambac（L.）Aiton

常绿灌木，高 0.5-1 米；幼枝绿色，被短柔毛或近无毛。单叶，对生，薄纸质，宽卵形、椭圆形或倒卵形，长 4-7.5 厘米，宽 3.5-5.5 厘米，先端急尖或钝，基部宽楔形或圆形，全缘，稍反卷，两面无毛或下面脉腋有簇生毛，侧脉 5-6 对；叶柄长 4-5 毫米，有短柔毛或近无毛。聚伞花序顶生或腋生，有花 3-4 朵；花梗长 4-6 毫米，有柔毛；花萼杯状，萼筒长 2 毫米，顶端 8-9 裂，裂片线形，长 5 毫米；花冠白色，极芳香，花冠筒长 5-10 毫米，顶端 5 裂或为重瓣，裂片宽卵形，与花冠筒近等长，先端钝圆；雄蕊 2，内藏；子房上位，2 室，每室 2 胚珠。浆果未见。花期 5-11 月。

全省各地广为栽培，特别皖南歙县、休宁等地人工培植普遍，制造茉莉花茶。原产印度；福建、湖南、广东、广西、贵州、云南有野生。

叶和根均可入药；花可制茉莉浸膏，作香料和熏茶；可作盆栽观赏。

6. 花素馨 华清香藤

Jasminum sinense Hemsl.

缠绕藤本，长 1-7 米；枝圆柱形，幼枝密被灰黄色短柔毛。三出复叶，对生；小叶纸质，卵状或卵状披针形，长 2.5-9 厘米，宽 1.5-4.5 厘米，顶端小叶明显较大，为侧生小叶的 2 倍，边缘全缘，反卷，两面密被灰黄色柔毛或老时上面变无毛，侧脉 4-5 对，上面平，下面凸起；叶柄长 1.5-2 厘米，与顶生小叶柄近等长，侧生小叶近极短，长 1-2 毫米，有柔毛。复聚伞花序顶生，密被灰黄色柔毛；花梗长 0-3 毫米；花萼杯状，萼筒长 2.5 毫米，顶端 5 裂，裂片线形，有柔毛，长 2-3 毫米；花冠白色，高脚蝶状，花冠筒长 1-3 厘米，顶端 5 裂，裂片披针形，长 1 厘米，宽 3 毫米，先端渐尖；雄蕊 2，内藏；子房 2 室，花柱丝状。浆果宽椭圆形，长 8 毫米。花期 8-9 月，果期 10 月。

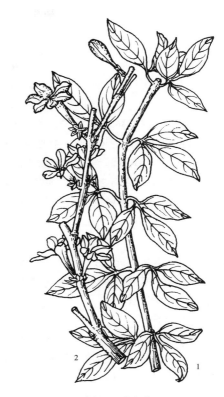

图 830 迎春花
1. 叶枝；2. 花枝。

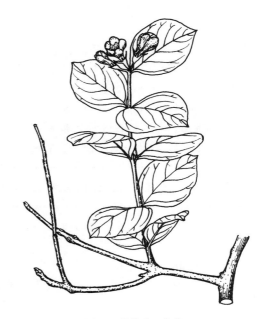

图 831 茉莉花（花枝）

产大别山区太湖大山乡海拔 250 米左右的阔叶混交林中。分布于浙江、江西、湖北、福建、湖南、四川、贵州、云南等省。

6. 女贞属 Ligustrum L.

常绿或落叶，灌木或小乔木至乔木。冬芽卵圆形，芽鳞 2 枚。单叶，对生，全缘。聚伞花序再组成圆锥花序，顶生；花小，两性；花萼杯状或钟形，4 裂或不规则齿裂；花冠白色，钟形或漏斗形，4 裂，镊合状排列；雄蕊 2，外露或内藏，着生于花冠筒喉部，内藏或伸出花丝长或短；子房球形上位，2 室，每室 2 胚珠，倒生，下垂，花柱丝状，外露或内藏，柱头 2 浅裂。浆果状核果，内果皮薄，膜质或纸质；种子 1-4，胚乳肉质。

约 50 种，分布于亚洲和欧洲。我国有 38 种。安徽省有 9 种，2 亚种，1 变种。

1. 花冠筒与裂片近等长：
　　2. 叶长 1-4（5.5）厘米，先端钝 ·· 9. 小叶女贞 L. quihoui
　　2. 叶长 3-17 厘米，先端尖、长渐尖、渐尖，稀钝：
　　　　3. 核果椭圆形或长圆形：
　　　　　　4. 核果不弯曲：
　　　　　　　　5. 花冠筒与花萼近等长；叶椭圆形或卵状披针形 ················ 4. 华女贞 L. lianum
　　　　　　　　5. 花冠筒较花萼长 2 倍；叶椭圆形或宽卵状椭圆形 ········ 3. 日本女贞 L. japonicum
　　　　　　4. 核果稍弯曲或弯曲；肾形：
　　　　　　　　6. 核果近肾形；植株无毛；叶革质 ························ 6. 女贞 L. lucidum
　　　　　　　　6. 核果长倒卵形；植株多少被毛；叶纸质 ·········· 10. 粗壮女贞 L. robustum
　　　　3. 核果近球形；叶厚纸质，两面多少被毛 ·················· 11. 小蜡 L. sinense
1. 花冠筒较裂片长 2 倍或更长：
　　7. 圆锥花序长 1-6.5 厘米，径 1-3（4.5）厘米：
　　　　8. 花冠筒长 8 毫米以下，花药长 3 毫米以下，叶纸质，叶上面侧脉不明显凹下：
　　　　　　9. 叶椭圆形或卵形、长圆状披针形或倒卵状椭圆形：
　　　　　　　　10. 叶长 8-30 毫米，宽 4-13 毫米 ········ 2. 东亚女贞 L. obtusifolium ssp. microphyllium
　　　　　　　　10. 叶长 1.5-6 厘米，宽 5-25 毫米 ········ 8. 辽东水蜡树 L. obtusifolium ssp. suave
　　　　　　9. 叶椭圆形、披针形或椭圆状卵形，长 4-7 厘米，宽 2-3 毫米 ········ 7. 蜡子树 L. leucanthum
　　　　8. 花冠筒长 9-11 毫米，花药长 4-5 毫米；叶薄革质，叶上面侧脉明显凹下 ·············
　　　　··· 5. 长筒女贞 L. longitubum
　　7. 圆锥花序长 10-18 厘米，径 8-16 厘米；叶厚纸质，长圆状椭圆形、长圆状披针形或倒卵形 ········
　　···································· 1. 扩展女贞 L. expansum

1. 扩展女贞

Ligustrum expansum Rehd.

常绿乔木或小乔木，高 5-10 米；树皮灰色，光滑不裂，大树皮块状剥落；枝条无毛，有皮孔。单叶，对生，革质，卵形、宽卵形、椭圆形或椭圆状卵形，长 8-13 厘米，宽 4-6.5 厘米，先端渐尖或急尖，基部宽楔形，全缘，两面无毛，或仅叶脉被柔毛，上面深绿色，有光泽，下面淡绿色，有腺点，上面中脉平坦，下面凸起，侧脉 5-7 对；叶柄长 1.5-2 厘米，无毛。圆锥花序顶生，长 12-20 厘米，无毛；花近无梗；花萼杯状，长 1.5 毫米，顶端近平截，无毛；花冠白色，花冠筒长 2.5 毫米，顶端 4 裂，裂片卵形或长圆形，与花冠筒近等长，先端急尖或钝；雄蕊 2，着生于花冠喉部，伸出花冠外；雌蕊柱头 2 裂。浆果状核果，长圆形，长 8-10 毫米，直径 3-4 毫米，熟时蓝黑色；果梗长 2 毫米；种子单生，表面有皱波。花期 7 月，果期 10 月至翌年 3 月。

产大别山区霍山黄巢寺，金寨白马寨西边洼、龙井河等地。生于海拔 700-1350 米的山谷阔叶林中。

2. 东亚女贞 （亚种）

Ligustrum obtusifolium ssp. **inicrophyllum**（Nakai）P. S. Green〔*Ligustrum ibota* Sieb. et Zucc. var. *microphyllum* Nakai〕

落叶灌木，高 0.5-1 米；枝条灰色，被微柔毛。叶近纸质，长圆形，长 1-2.5 厘米，宽 0.5-1.5 厘米，先端急尖或钝，基部楔形或宽楔形，全缘，两面无毛，侧脉 3-4 对，上面不明显，下面明显；叶柄长 0.5-1 毫米，无毛。圆锥花序顶生，长 1.8-2.5 厘米，有微细短柔毛；花梗长 2 毫米，无毛；花萼杯状，长 1.5 毫米，顶端 4 裂，裂片宽三角形，无毛；花冠白色，漏斗形，花冠筒长 4 毫米，顶端 4 裂，裂片长圆形，长约 2 毫米；雄蕊 2，花丝短，花药长 2.5 毫米；花柱线形，柱头近头状。浆果状核果球形，直径 4-6 毫米，熟时黑色。花期 6 月，果期 9-10 月。

产大别山区金寨白马寨、鲍家窝羊角尖等地。生于海拔 600-900 米的阔叶林中。分布于江苏连云港、浙江、福建。朝鲜济州岛、日本九州有分布。

3. 日本女贞　　　　　图 832

Ligustrum japonicum Thunb.

常绿灌木，高 1-2 米；枝条黑褐色，无毛。叶近厚革质，椭圆形或卵状椭圆形，长 5-10 厘米，宽 2-3.5 厘米，先端钝或钝圆，基部宽楔形或楔形，全缘，稍反卷，上面暗绿色，下面淡绿色，有细小腺点，中脉上面微凹或平坦，下面凸起，侧脉 3-4 对；叶柄长 3-4 毫米，被短柔毛。圆锥花序顶生，金字塔形，长宽近相等，长 7-9 厘米，密被短柔毛；总花梗长 2-2.5 厘米，花近无梗；花萼杯状，长 1-1.2 毫米，顶端近平截，无毛；花冠白色，有臭味，花冠筒长 1.5 毫米，顶端 4 裂，裂片长圆形，长 2 毫米，宽 1 毫米，先端急尖；雄蕊 2，着生于花冠喉部，伸出花冠外；子房卵球形，花柱伸出花冠外，柱头近头状。浆果状核果，长圆形，长 8-10 毫米，直径 4-5 毫米，熟时紫黑色。花期 6 月，果期 10 月。

合肥芜湖等地有栽培；江苏、浙江等地亦有栽培。台湾有天然分布。日本亦有分布。

4. 华女贞　　　　　图 833

Ligustrum lianum P. S. Hsu

常绿灌木，高约 2 米；枝条灰色，当年生枝黄

图 832　日本女贞
1. 花枝；2. 花。

图 833　华女贞
1. 花序枝；2. 花；3. 果序。

褐色，被微柔毛或近无毛，散生皮孔。叶薄革质，卵形、长圆形或长圆状卵形，长 5-8 厘米，宽 2.5-3.5 厘米，先端渐尖或尾状渐尖，基部宽楔形或近圆形，全缘，上面亮绿色，中脉微被柔毛，平坦，下面淡绿色，无毛，有腺点，侧脉 4-5 对，上面不明显，下面明显，略弯，至叶缘处网结；叶柄长 5-15 毫米，被微柔毛或近无毛。圆锥花序顶生，金字塔形，长 4-6 厘米；总花梗长 2 厘米，被微柔毛，花序轴近无毛；花梗长 0.5-1 毫米，无毛；花萼杯状，长 1.2 毫米，顶端具 4 个波状小齿或近平截，无毛；花冠白色，花冠筒长 1.2-1.5 毫米，顶端 4 裂，裂片卵形或长圆形，长 2 毫米，先端急尖；雄蕊 2，着生于花冠喉部，伸出花冠外；子房卵球形，花柱细瘦，柱头近头状。浆果状核果，椭圆形，长 7 毫米，直径 5 毫米，熟时黑色；果梗长 1-2 毫米；种子单生。花期 7 月，果期 10 月。

产皖南祁门查湾、牯牛降观音堂海拔 380 米；大别山区太湖大山乡海拔 300 米。生于海拔 800 米以下的山谷阔叶林中。分布于浙江、福建、广东。

5.　长筒女贞 长筒亨氏女贞

Ligustrum longitubum P. S. Hsu〔*Ligustrum henryi* Hemsl. var. *longitubum* P. S. Hsu〕

常绿灌木，高 1-2 米；枝条灰色或灰褐色，纤细，密被灰黄色短柔毛。叶薄革质，长圆形、长圆状卵形、卵形或椭圆形，长 1.5-5 厘米，宽 1-2.5 厘米，先端急尖、渐尖或钝，基部楔形或宽楔形，全缘，上面深绿色，下面淡绿色，有腺点，有时具红褐色疣点状腺斑，两面无毛，侧脉 5-6 对，上面平坦，下面微凸，近叶缘处网结；叶柄长 1-1.5 毫米，无毛。圆锥花序顶生，长 3-5 厘米，密被短柔毛；花近无梗或有 1-1.5 毫米短梗，无毛；花萼杯状，长 1.8 毫米，顶端 4 齿裂，裂齿微小，无毛；花冠白色，漏斗状，花冠筒长 8-10 毫米，顶端 4 裂，裂片长圆形卵形，长 2.5-3 毫米，先端急尖；雄蕊 2，于花冠裂片近等长；花柱线形，柱头 2 浅裂。浆果状核果，长圆形，长 6-8 毫米，直径 3-4 毫米。花期 6 月，果期 9-10 月。

产皖南祁门牯牛降，休宁岭南、五城，黄山剪刀峰，黟县等地。生于海拔 1200 米以下的山谷、林中。分布于浙江、江西。

6.　女贞　　　　　　　　　图 834

Ligustrum lucidum Ait.

常绿乔木或小乔木，高 5-10 米；树皮灰色，光滑不裂，大树皮块状剥落；枝条无毛，有皮孔。单叶，对生，革质，卵形、宽卵形、椭圆形或椭圆状卵形，长 8-13 厘米，宽 4-6.5 厘米，先端渐尖或急尖，基部宽楔形，全缘，两面无毛，上面深绿色，有光泽，下面淡绿色，有腺点，上面中脉平坦，下面凸起，侧脉 5-7 对；叶柄长 1.5-2 厘米，无毛。圆锥花序顶生，长 12-20 厘米，无毛；花近无梗；花萼杯状，长 1.5 毫米，顶端近平截，无毛；花冠白色，花冠筒长 2.5 毫米，顶端 4 裂，裂片卵形或长圆形，与花冠筒近等长，先端急尖或钝；雄蕊 2，着生于花冠喉部，伸出花冠外；雌蕊柱头 2 裂。浆果状核果，长圆形，长 8-10 毫米，直径 3-4 毫米，熟时蓝黑色；果梗长 2 毫米；种子单生，表面有皱波。花期 7 月，果期 10 月至翌年 3 月。

产皖南黄山，祁门牯牛降，休宁岭南长横坑，泾县，旌德；大别山区潜山天柱山等地；其他地区广为栽培。生于海拔 700 米以下的山谷、林中。分布于陕西、甘肃、江苏、浙江、江西、福建、湖北、湖南、广东、广西、四川、贵州、云南。

图 834 女贞
1. 花序枝；2. 花；3. 花枝。

枝叶可放养白蜡虫，提取白蜡；种子油可供工业用；果实入药，有滋肾益肝、乌发明目之效，可治阴虚内热、腰膝酸软、头昏眼花、神经衰弱等症；叶入药可治口腔炎、咽喉炎；树皮研粉可治烫伤、痈肿等；根及茎泡酒可治风湿；为优良的园林绿化树种，用途广泛。

6a. 落叶女贞 （变种）

Ligustrum lucidum Ait. var. **latifolium**（Cheng）Cheng

本变种与原种区别在于落叶性；果实稍弯曲；圆锥花序宽大。

产大别山区潜山天柱山；淮北平原萧县、宿县、阜阳等地。分布于浙江、江苏。

7. 蜡子树　　　　　　　　　图835

Ligustrum leucanthum（S. Moore）P.S.Green

〔*Ligustrum molliculum* Hance〕

落叶灌木，高1-3米；枝条灰色，幼时有短柔毛，老时无毛，散生皮孔。叶厚纸质，长圆形或长圆状卵形，长2-13厘米，宽1-5厘米，先端急尖或渐尖，稀圆钝，基部楔形或宽楔形，全缘，上面中脉平坦而无毛或微凹而槽内有短柔毛，下面凸起，沿中脉有柔毛或无毛。圆锥花序顶生，长3-5厘米，直立或稍下弯，有短柔毛；花梗长1.5-2毫米，有微柔毛或无毛；花萼杯状，长1毫米，顶端近平截，有毛或无毛；花冠白色，漏斗状，花冠筒长5-7毫米，顶端4裂，裂片长圆状卵形，长2毫米，宽1.1毫米；雄蕊2，花丝短，花药长达花冠裂片中部或中部以上；花柱线形，柱头近头状。浆果状核果，宽椭圆形或近球形，长7-10毫米，直径5-8毫米，熟时蓝黑色；果梗长2-4毫米。花期6月，果期11月。

图835 蜡子树（果枝）

产皖南山区黄山北海、狮子峰，祁门牯牛降，绩溪清凉峰（北坡），歙县清凉峰（南坡）；大别山区金寨白马寨、马鬃岭、鲍家窝羊角尖，岳西大王沟，潜山天柱山，舒城万佛山；江淮丘陵庐江冶山等地。生于海拔700-1600米的山谷、林下。分布于陕西、山东、江苏、浙江、江西、湖北、福建、湖南、四川。

种子油可制肥皂或作机械润滑油。

8. 辽东水蜡树 （亚种）

Ligustrum obtusifolium Sieb. et Zucc. ssp. **suave**（Kitag.）Kitag.

常绿乔木或小乔木，高5-10米；树皮灰色，光滑不裂，大树皮块状剥落；枝条无毛，有皮孔。单叶，对生，革质，卵形、宽卵形、椭圆形或椭圆状卵形，长8-13厘米，宽4-6.5厘米，先端渐尖或急尖，基部宽楔形，全缘，两面无毛，上面深绿色，有光泽，下面淡绿色，有腺点，上面中脉平坦，下面凸起，侧脉5-7对；叶柄长1.5-2厘米，无毛。圆锥花序顶生，长12-20厘米，无毛；花近无梗；花萼杯状，长1.5毫米，顶端近平截，无毛；花冠白色，花冠筒长2.5毫米，顶端4裂，裂片卵形或长圆形，与花冠筒近等长，先端急尖或钝；雄蕊2，着生于花冠喉部，伸出花冠外；雌蕊柱头2裂。浆果状核果，长圆形，长8-10毫米，直径3-4毫米，熟时蓝黑色；果梗长2毫米；种子单生，表面有皱波。花期7月，果期10月至翌年3月。

产皖南山区黄山桃花峰，绩溪清凉峰北坡，青阳九华山，歙县清凉峰南坡；大别山区霍山马家河，金寨白马寨，舒城万佛山等地。生于海拔1500米以下的山地、河谷旁。分布于辽宁，山东，江苏，浙江。

9. 小叶女贞　　　　　　　　图 836

Ligustrum quihoui Carr.

常绿灌木，高 1-3 米；枝条灰色，当年生枝密被灰黄色短柔毛。叶薄革质，长圆形、长圆状卵形或倒卵形，长 1.5-4 厘米，宽 0.8-2.5 厘米，先端钝或钝圆，稀急尖，基部楔形，全缘，上面亮绿色，下面淡绿色，有腺点，中脉上面平坦或下半部微凹，下面凸起，侧脉 4-5 对；叶柄长 2-4 毫米，近无毛。圆锥花序顶生，具叶状苞片，长 8-14 厘米，密被灰色短柔毛；花无梗；花萼杯状，长 0.7-1 毫米，顶端 4 齿裂，无毛；花冠白色，花冠筒长 2 毫米，顶端 4 裂，裂片卵形或长圆形，长 2 毫米，宽 1.2 毫米，先端急尖；雄蕊 2，着生于花冠喉部，伸出花冠外；花柱丝状，柱头近头状。浆果状核果，宽椭圆形或近球形，长 6-8 毫米，直径 5-6 毫米，无梗，熟时黑色。花期 7 月，果期 10 月。

产皖南黄山西海，黟县余家山，休宁齐云山，太平龙源，石台七都，旌德；大别山区金寨鲍家窝；江淮丘陵庐江冶山，滁县琅琊山；淮北萧县等地。生于海拔 500 米以下的疏林、溪边。分布于河北、山东、陕西、河南、山西、浙江、江西、湖北、湖南、四川、贵州、云南等省。

图 836　小叶女贞
1. 花枝；2. 花；3. 果枝。

10. 粗壮女贞

Ligustrum robustum（Roxb.）Blume

常绿乔木或小乔木，高 5-10 米；树皮灰色，光滑不裂，大树皮块状剥落；枝条无毛，有皮孔。单叶，对生，革质，卵形、宽卵形、椭圆形或椭圆状卵形，长 8-13 厘米，宽 4-6.5 厘米，先端渐尖或急尖，基部宽楔形，全缘，两面无毛，上面深绿色，有光泽，下面淡绿色，有腺点，上面中脉平坦，下面凸起，侧脉 5-7 对；叶柄长 1.5-2 厘米，无毛。圆锥花序顶生，长 12-20 厘米，无毛；花近无梗；花萼杯状，长 1.5 毫米，顶端近平截，无毛；花冠白色，花冠筒长 2.5 毫米，顶端 4 裂，裂片卵形或长圆形，与花冠筒近等长，先端急尖或钝；雄蕊 2，着生于花冠喉部，伸出花冠外；雌蕊柱头 2 裂。浆果状核果，长圆形，长 8-10 毫米，直径 3-4 毫米，熟时蓝黑色；果梗长 2 毫米；种子单生，表面有皱波。花期月，果期 10 月至翌年 3 月。

产皖南祁门牯牛降观音堂、洗澡盆、查湾；大别山区太湖大山乡等地。生于海拔 500 米以下的山谷林中。

图 837　小蜡
1. 花序枝；2. 果序枝；3. 花雄蕊。

11. 小蜡　　　　　　　　图 837

Ligustrum sinense Lour.

落叶灌木，稀小乔木，高 2-5 米；枝条灰色，密被短柔毛，有时果期近无毛。叶纸质，长圆形或长圆状卵形，长 2.5-6 厘米，宽 1-3 厘米，先端钝或急尖，常微凹，基部宽楔形或楔形，全缘，稍反卷，上面多无毛，下面有短柔毛，有时仅中脉有柔毛，有细小腺点，中脉上面平或微凹，下面凸起，侧脉 5-8 对，近叶缘处网结；叶柄长 2-5 毫米，有毛或无毛。圆锥花序顶生，长 5-9 厘米，有短柔毛；花梗长 2-4 毫米，近无毛；花杯状，长 1 毫米，顶端近平截，无毛；花冠白色，花冠筒长 1.5-2 毫米，顶端 4 裂，裂片长圆形或长圆状卵形，长 2.5-3 毫米，宽 1.5 毫米，先端急尖或钝；雄蕊 2，伸出花冠外；花柱线形，柱头近头状。浆果状核果近球形，直径 4-5 毫米，熟时黑色；果梗长 2-5 毫米。花期 7 月，果期 9-10 月。

产皖南黄山眉毛峰，绩溪清凉峰，太平，歙县清凉峰，旌德，青阳九华山；大别山区金寨白马寨、岳西大王沟、河图，潜山彭河、天柱山；江淮丘陵滁县琅琊山，含山太湖山等地。生于海拔 1000 米以下的山谷。分布于长江以南各省（区）。

果实可酿酒；种子油可制皂；茎皮可制人造棉；药用可抗感染、止咳；优良的园林绿化树种，用途广泛。

7. 木犀榄属 Olea L.

常绿乔木或灌木。单叶对生，全缘或具锯齿；叶叶柄。圆锥花序顶生或腋生，有时总状或伞形花序。花小，两性或单性，有时杂性异株；花萼钟状，4 裂或近平截，裂片三角状或卵形，具纤毛；花冠 4 裂，裂片较花冠筒短或长，在花蕾中镊合状排列，雄蕊 2(4)，着生花冠筒基部，内藏；子房 2 室，每室胚珠 2，下垂，花柱短或无，柱头头状或微 2 裂。核果，内果皮骨质，或纸质。种子 1，胚乳肉质或骨质，子叶叶状。

40 余种，分布于非洲、亚洲、欧洲及澳大利亚和太平洋群岛。我国约 12 种，引入栽培 1 种。安徽省引种栽培 1 种。

油橄榄 齐墩果　　　　　　图 838

Olea europaea L.

常绿小乔木，高 5-6 米；树皮深纵裂。小枝四棱形。叶对生，近革质，披针形至窄椭圆形，先端稍钝，具小凸头，全缘，内卷，中脉两面隆起，侧脉不甚明显，下面密被银白色皮屑状鳞片。圆锥花序腋生，长 2-6 厘米；花两性，白色，芳香；花萼钟状，裂片短；花冠长约 4 毫米，裂片卵形；花丝短；子房近圆形，无毛。核果椭圆形或近球形，长 2-2.5 厘米，紫黑色或黑色。花期 4-5 月；果期 10-12 月。

原产欧洲南部地中海沿岸地区。

皖南当涂；大别山区太湖，宿松等地引种栽培，生长一般。多年前合肥安农大曾栽培过未能成功。

8. 木犀属 Osmanthus Lour.

常绿灌木或小乔木；冬芽具 2 枚芽鳞。单叶，对生，全缘或有锯齿。腋生短聚伞花序、总状花序、圆锥花序或簇生；花两性或单性，雌雄异株或雌花、两性花异株，芳香；花萼小，杯状，顶端 4 裂；花冠白色、黄色至橙红色，4 浅裂或深裂至近基部，稀缺如，覆瓦状排列；雄蕊 2，稀 4，花丝短；子房上位，2 室，每室 2 胚珠，花柱圆柱形，柱头头状或 2 浅裂。核果，内果皮坚硬或骨质；种子 1，种皮薄，有肉质胚乳。

约 40 种，分布于亚洲和美洲。我国有 30 余种。安徽省有 5 种，1 变种，4 栽培型。

图 838 油橄榄
1. 花枝；2. 花；3. 果。

1. 短圆锥花序腋生；叶柄长 1-4 厘米：

    2. 叶革质或厚革质，全缘 ·························· 4. 厚边木犀 **O. marginatus**

    2. 叶薄革质或纸质，上半部通常有少量钝锯齿或波状锯齿，稀全缘 ············· 5. 牛矢果 **O. matsumuranus**

1. 花簇生或成束生于叶腋；叶柄通常长 1 厘米或更短：

    3. 叶全缘，压干后平展，侧脉不明显 ·························· 1. 宁波木犀 **O. cooperi**

    3. 叶有锯齿或疏锯齿，稀全缘，压干后常皱褶，侧脉明显：

        4. 叶缘锯齿刺状 ·························· 3. 柊树 **O. heterophyllus**

        4. 叶缘锯齿不为刺状 ·························· 2. 桂花 **O. fragrans**

1. 宁波木犀
Osmanthus cooperi Hemsl.

常绿乔木或小乔木，高 4-8 米；枝灰褐色，无毛。叶革质，长圆形或长圆状卵形，稀倒卵形，长 6-10 厘米，宽 2.5-4 厘米，先端渐尖、短尾状渐尖或急尖，基部楔形，边缘全缘或营养枝上有疏锯齿，稍反卷，两面无毛，上面亮绿色，下面淡绿色，中脉上面微凹，下面凸起，侧脉两面均不明显，干后平坦；叶柄长 1 厘米，无毛。花簇生或成束生于叶腋，常 3-5 朵 1 束，基部有 1 杯状苞片，长 2-3 毫米，先端 2 尖裂；花梗长 4-6 毫米，无毛；花萼浅杯状，长 1 毫米，顶端 4 裂，裂片三角形，长 0.5 毫米，无毛；花冠白色，长 2.5-3 毫米，顶端 4 裂，裂片长圆形或卵形，长 1.5-2 毫米，宽 1.1-1.4 毫米，先端钝；雄蕊 2，着生于花冠基部，长 2 毫米，达花冠裂片中部，花丝短。核果长圆形，长约 1.5 厘米，直径 8 毫米。花期 7-8 月，果期翌年 2-3 月。

产皖南黄山，祁门石坑，绩溪清凉峰，歙县，太平，旌德，东至木塔等地。生于海拔 800 米以下的阔叶混交林中。分布于浙江、江苏。

2. 桂花 木犀
图 839

Osmanthus fragrans（Thunb.）Lour.

常绿乔木或小乔木，高 3-10 米；树皮灰色，光滑不裂，或块状剥落；嫩枝灰绿色，老枝灰褐色，无毛，皮孔明显。叶革质，长椭圆形或长圆状披针形，稀倒卵状长椭圆形，长 6-12 厘米，宽 2-4.5 厘米，先端渐尖或急尖，基部楔形，边缘通常上半部有锯齿、疏锯齿或全缘，上面暗绿色，下面淡绿色，有细小腺点，侧脉 7-12 对，上面常凹下，下面凸起，至边缘网结，压干后褶皱状；叶柄长 5-15 毫米，无毛。花簇生或成束生于叶腋，3-5 朵 1 束，基部有 1 杯状革质苞片，长 3-4 毫米，先端 2 尖裂；花梗长 6-10 毫米，无毛；花萼浅杯状，长 0.6 毫米，先端 4 齿裂，裂齿三角形；花冠淡黄白色，芳香，长 4 毫米，顶端 4 深裂，裂片长圆形，长 3.5 毫米，宽 1.5 毫米；雄蕊 2，花丝短，着生于花冠筒上；子房卵球形，花柱短。核果椭圆形，长 1-1.5 厘米，直径 8-10 毫米，熟时紫黑色。花期 8-10 月，果期翌年 2-4 月。

产皖南黄山，休宁五城，太平，旌德；大别山区潜山黄尖村；江淮丘陵含山等地；各地广为栽培。原产我国西南部，全国除边远地区外，广泛栽植；日本、

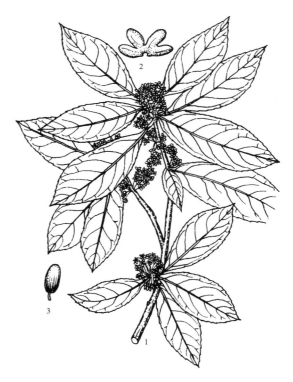

图 839 桂花
1. 花枝；2. 花瓣；3. 果。

印度亦有。合肥植物园专设"桂花园区"，花盛开时，游人流连忘返。

果实可榨油供食用；花入药有散寒破结、生津化痰、明目之效；花可提取芳香油，制桂花浸膏，用于各种化妆品及食品中，还可制桂花茶、桂花糖、桂花酒等；树冠浓密，枝叶常绿，花小芳香，为园林绿化中的佳品。

常见有4个栽培型：丹桂（cv. Aurantiacus）：花橙红色，金桂（cv. Thunbergii）：花橙黄色，银桂（cv. Latifolius）：花银淡黄白色，四季桂（cv. Semperiflorens）：一年多次开花，但花香气淡。

3. 柊树 刺桂 图 840

Osmanthus heterophyllus（G. Don）P. S.Green

常绿灌木或小乔木，高 1-6 米；枝灰色，嫩枝被短柔毛。叶厚革质，卵形或长圆形，长 2.5-4.5 厘米，宽 1-2.5 厘米，先端尖锐，基部楔形或宽楔形，边缘有 1-4 对刺状锯齿，除上面中脉有短柔毛外，两面无毛，侧脉 2-5 对，上面隆起；叶柄长 5-10 毫米，近无毛。花簇生或成束生于叶腋，常 5 朵 1 束，基部有 1 杯状革质苞片，长 1-2 毫米；花梗长 5-7 毫米，无毛；花萼杯状，长 1 毫米，顶端 4 齿裂；花冠白色，芳香，长 3 毫米，顶端 4 裂，裂片长圆形，长 2.5 毫米，宽 1.5 毫米，先端钝；雄蕊 2，伸出花冠外；花柱短，柱头近头状。核果卵形，长 1.5 厘米，直径 10 毫米，熟时蓝黑色。花期 11 月。

全省各地温室有栽培。原产日本；上海、南京、杭州等地亦有栽培，叶形奇特，四季翠绿，供观赏，常见花房、公园栽作盆景，供赏玩。

4. 厚边木犀 图 841

Osmanthus marginatus（Champ. ex Benth.）Hemsl.

常绿乔木或小乔木，高达 7 米；枝灰色，无毛。叶厚革质，椭圆状长圆形或倒卵状长圆形，长 8-15 厘米，宽 3-5 厘米，先端生凸尖，有时急尖或钝，基部宽楔形或楔形，稍下延于叶柄，边缘全缘，稍反卷，两面无毛，上面亮绿色，下面淡绿色，中脉在上面平坦，下面凸起，侧脉 7-9 对，两面平坦；叶柄粗壮，长 1-2.5 厘米，无毛。圆锥花序腋生，长约 1 厘米，无毛，基部有数枚三角形苞片；花梗长 1.5-2 毫米，无毛，基部有 1 小苞片，与花梗近等长；花萼浅杯状，4 深裂，裂片卵形，长 1.5 毫米，先端钝，缘有睫毛；花冠白色，长 3 毫米，顶端 4 深裂，裂片长圆形，长约 2 毫米，宽 1-1.3 毫米，先端钝；雄蕊 2，稍伸出花冠外；子房有鳞毛，花柱长 2 毫米，柱头近头状。核果椭圆形，

图 840 柊树
1. 花枝；2. 花（剖面示雄蕊）；3. 果。

图 841 厚边木犀（花枝）

长 1.5-1.8 厘米,直径约 10 毫米。花期 5 月,果期 9-10 月。

产皖南祁门,休宁岭南三溪,东至东流等地。生于海拔 800 米以下的阔叶林中。分布于浙江、福建、广东等省。

4a. 厚叶木犀 (变种)

Osmanthus marginatus(Champ. ex Benth.)Hemsl. var. **pachyphyllus**(H.T.Chang)R.L.Lu

本变种与原种区别在于叶质地较厚。

产皖南祁门牯牛降观音堂海拔 400 米左右的阔叶林中。分布于浙江、福建、广东等省。

5. 牛矢果　　　　　　　　图 842

Osmanthus matsumuranus Hayata

常绿灌木或小乔木,高 3-7 米;树皮灰褐色;枝灰色或灰褐色,无毛。叶薄革质或纸质,长圆状倒卵形或倒披针形,长 7-11 厘米,宽 2-4 厘米,先端渐尖或短尾状渐尖,有时急尖,基部楔形至狭楔形,边缘上半部有少数钝锯齿或波状锯齿至全缘,两面无毛,中脉上面平坦,下面隆起,侧脉 5-10 对,上面平而下面微凸;叶柄长 1-2 厘米,无毛。圆锥花序腋生,长 1-1.5 厘米,无毛,基部有数枚苞片;花梗长 4-5 毫米,无毛,基部有 1 枚披针形小苞片,与花梗近等长;花萼杯状,长 1.2 毫米,顶端 4 裂,裂片卵形,长 0.6 毫米,先端钝;花冠淡黄色,长 3 毫米,顶端 4 裂,裂片长圆形,长 1.5-2 毫米,宽 1 毫米,先端钝;雄蕊 2,稍伸出于花冠外;花柱短,柱头近头状。核果长圆形,长 1.5-2 厘米,直径 7-9 毫米,熟时紫黑色。花期 6 月,果期翌年 9-10 月。

产皖南黄山汤口,休宁五城,太平,石台牯牛降等地。生于海拔 700 米以下的山谷、林中。分布于浙江、广东、广西、云南、台湾。越南、老挝、柬埔寨、缅甸、印度等国亦有。

图 842　牛矢果
1. 果枝;2. 花。

9. 丁香属 Syringa L.

落叶灌木或小乔木;冬芽卵形,外具褐色鳞片,通常无顶芽。单叶,对生,全缘或有时分裂,稀为羽状复叶。圆锥花序顶生或腋生于二年生枝上;花两性,花叶同放;花萼小,杯状或钟状,通常 4 裂;花冠紫色、淡红色或白色,有香气,漏斗状,顶端 4 裂,裂片比花冠筒短,镊合状排列;雄蕊 2,内藏或外露;子房上位,2 室,柱头 2 裂。蒴果长圆形或近圆柱形,室背 2 裂,果瓣革质;种子每室 2 粒,边缘有膜质翅。

30 余种,分布于亚洲和欧洲东南部。我国约有 27 种。安徽省引入栽培 1 种,2 变种。

1. 紫丁香　　　　　　　　　　　　　　　　　　图 843

Syringa oblata Lindl.

落叶灌木或小乔木,高达 4 米;冬芽卵形,无毛;小枝粗壮,灰色,幼时被腺毛,后渐脱落而无毛。叶厚纸质,卵圆形至肾形,长 3.5-10 厘米,宽 3-11 厘米,通常宽大于长,先端渐尖,基部浅心形至截形,全缘,两面无毛,中脉在下面稍凸起,侧脉 4-5 对;叶柄长 1-2 厘米,无毛。圆锥花序出自二年生枝条侧芽,长 6-15 厘米,总花梗疏被腺毛或无毛；花梗长 1-3 毫米，有腺毛或无毛；花萼杯状，长 1.2 毫米，顶端 4 裂，裂片三角形，长不及 0.5 毫米；花冠紫色，有香味，漏斗形，冠筒长约 1.3 厘米，顶端 4 裂，裂片椭圆形，长 4-5 毫米，宽 3-3.5 毫米，先端钝；雄蕊 2，着生于花冠筒中部或稍上部，内藏；花柱棍棒状，柱头 2 浅裂。蒴果长圆形，压扁状，长 1-2 厘米，宽 5-7 毫米，顶端尖，基部宽楔形，褐色，平滑无毛，有光泽，室背 2 裂，果瓣革质；种子每室 2 粒，长圆形，扁平，周围有翅。花期 4 月，果期 7 月。

产华北、西北及东北各地，现全省各地多有栽培。分布于内蒙古、辽宁、吉林、陕西、甘肃、山东、四川。朝鲜亦有。对二氧化硫有一定净化作用，可选择栽植于工矿区域。

嫩叶可制茶；花芳香美丽，供园林观赏，亦可提取芳香油。

图 843 紫丁香
1. 花枝；2. 花；3. 果。

1a. 白丁香 （变种）

Syringa oblata Lindl. var. **alba** Hort. ex Rehd.

本变种与原种区别在于小枝有短柔毛；叶片较小，长约 3 厘米，宽 3-3.5 厘米，下面有微细短柔毛；花冠白色。

全省各地广为栽培。

分布与用途同紫丁香。

1b. 毛紫丁香 （变种）

Syringa oblata Lindl. var. **giraldii** Rehd.

本变种与原种区别在于花萼紫红色。

全省部分地区有栽培。

分布与用途同紫丁香。

88. 夹竹桃科 APOCYNACEAE

多数为攀援或直立灌木,稀多年生草本或乔木;有乳汁。单叶,多对生或轮生,少互生,全缘;无托叶。花两性,整齐,单生或集成聚伞花序;花冠合瓣,5 裂。花萼 5 裂,基部内面常有腺体;雄蕊 5 枚,生于花冠的筒部或喉部且与其裂片互生,花丝短,花药内向,且常与柱头黏着,花粉粒状;常有花盘;雌蕊由 2 心皮组成,子房上位,稀半下位,柱头常肥厚成头状,胚珠 1 至多数。蓇葖果常 2 枚并生,少为浆果、蒴果或核果;种子常一端有种毛或有膜翅。

约 250 属,2000 多种,分布于世界热带、亚热带地区,少数在温带地区。我国有 47 属约 180 种,主要分布于长江以南各省(区)及台湾等,少数分布于北部及西北部。安徽省 4 属,7 种,1 变种,1 栽培型。

1. 小乔木、灌木或小灌木;花冠喉部有副花冠:
  2. 半灌木;枝、叶常对生,叶缘有细齿;有肉质花盘 ·············· **1. 罗布麻属 Apocynum**
  2. 小乔木或灌木:叶轮生,稀对生,全缘;无花盘 ·············· **2. 夹竹桃属 Nerium**
1. 木质藤本;花冠高脚碟状,喉部无副花冠:
  3. 花药顶端被长柔毛;雄蕊生于花冠筒中部以上;两蓇葖果常一长一短 ·············· **3. 毛药藤属 Cleghornia**
  3. 花药顶端无毛;雄蕊生于花冠筒膨大之处;两蓇葖果等长 ·············· **4. 络石属 Trachelospermum**

1. 罗布麻属 Apocynum L.

直立半灌木,具乳汁;枝条对生或互生。叶对生,稀近对生或互生,叶柄基部及腋间具腺体。顶生或腋生圆锥状聚伞花序;花萼 5 裂;花冠圆筒状钟形,5 裂,花冠筒内面基部具副花冠,裂片 5 枚,离生或基部合生;雄蕊 5 枚,着生于花冠筒基部,花药箭头状;雌蕊 1 枚,柱头基部盘状,顶端钝,2 裂,花柱短,子房半下位,由 2 枚离生心皮所组成;花盘环状,肉质。蓇葖 2,圆筒状;种子多数,细小,顶端具有一簇白色绢质的种毛。

全世界约 14 种,我国产 1 种,分布于西北、华北、华东及东北各省区。安徽省也产。

罗布麻

Apocynum venetum L.

直立半灌木,高 1.5-4 米,具乳汁;枝条光滑无毛,紫红色或淡红色。叶对生或近对生,叶片椭圆状披针形至卵圆状长圆形,长 1-8 厘米,宽 0.5-2.2 厘米,顶端急尖至钝,具短尖头,基部急尖至钝,叶缘具细牙齿,两面无毛;叶脉在叶上面不明显,侧脉每边 10-15 条,在叶缘前网结;叶柄长 3-6 毫米;叶柄间具腺体,老时脱落。顶生或腋生圆锥状聚伞花序,花梗长约 4 毫米,被短柔毛;花萼 5 深裂,两面被短柔毛;花冠圆筒状钟形,紫红色或粉红色,花冠筒长 6-8 毫米,直径 2-3 毫米,花冠裂片卵圆状长圆形,顶端钝或浑圆,长 3-4 毫米,宽 1.5-2.5 毫米,每裂片内外均具 3 条明显紫红色的脉纹;雄蕊着生在花冠筒基部,长 2-3 毫米;花药箭头状,花丝短,密被白茸毛;雌蕊长 2-2.5 毫米,花柱短,上部膨大,下部缩小,柱头基部盘状,顶端钝,2 裂;子房由 2 枚离生心皮所组成,被白色茸毛,花盘环状,肉质,顶端不规则 5 裂,基部合生,环绕子房,着生在花托上。蓇葖 2,下垂,圆筒形,长 8-20 厘米,直径 2-3 毫米,外果皮棕色,无毛;种子多数,卵圆状长圆形,黄褐色,长 2-3 毫米,直径 0.5-0.7 毫米,顶端有一簇白色绢质的种毛;种毛长 1.5-2.5 厘米。花期 4-9 月,果熟期 9-10 月。

产江淮丘陵滁县、全椒、定远、淮北泗县、灵璧、五河、砀山、萧县、蚌埠。分布于新疆、青海、甘肃、陕西、山西、河南、河北、江苏、山东、辽宁及内蒙古。

　　本种茎皮纤维具有细长柔韧而有光泽、耐腐、耐磨耐拉的优质性能，为高级衣料、渔网丝、皮革线、高级用纸等原料，在国防工业、航空、航海、车胎帘布带、机器传动带、橡皮艇、高级雨衣等方面均有用途。叶含胶量达 4-5%，作轮胎原料；嫩叶蒸炒揉制后当茶叶饮用，有清凉去火，防止头晕和强心的功用；种毛白色绢质，可作填充物。麻秆剥皮后可作保暖建筑材料。根部含有生物碱供药用。

　　本种花多，美丽、芳香，花期较长，具有发达的蜜腺，是一种良好的蜜源植物。

2. 夹竹桃属　Nerium L.

　　直立灌木。叶轮生，稀对生，革质，羽状脉，侧脉密生而平行。顶生伞房状聚伞花序；花萼 5 裂，裂片披针形，内面基部具腺体；花冠漏斗状，红色，栽培有演变为白色或黄色，花冠筒圆筒形，上部扩大呈钟状，喉部具 5 枚阔鳞片状副花冠，每片顶端撕裂；花冠裂片 5，或更多而呈重瓣；雄蕊 5，着生在花冠筒中部以上，花丝短，花药箭头状，被长柔毛；无花盘；子房由 2 枚离生心皮组成，柱头近球状。蓇葖 2，离生，长圆形；种子长圆形，种皮被短柔毛，顶端具种毛。

　　约 4 种，分布于地中海沿岸及亚洲热带、亚热带地区。我国引入栽培有 2 种，1 栽培型。安徽省引种 1 种，1 栽培型。

1.　夹竹桃　　　　　　　　图 844

Nerium indicum Mill.

　　常绿灌木；嫩枝条具棱，被微毛，老时毛脱落。叶 3-4 枚轮生，窄披针形，顶端急尖，基部楔形，叶缘反卷，长 11-15 厘米，宽 2-2.5 厘米，叶面无毛，叶背幼时被疏微毛，老时毛渐脱落；中脉在叶上面陷入，在叶下面凸起，侧脉两面扁平，纤细，密生而平行，每边达 120 条，直达叶缘；叶柄扁平，长 5-8 毫米，幼时被微毛，老时毛脱落；叶柄具腺体。顶生聚伞花序；总花梗长约 3 厘米，被微毛；花梗长 7-10 毫米；苞片披针形，长 7 毫米；花芳香；花萼 5 深裂，红色，披针形，长 3-4 毫米，外面无毛，内面基部具腺体；花冠深红色或粉红色，栽培演变有白色或黄色，花冠单瓣或重瓣；雄蕊着生在花冠筒中部以上，花丝短，被长柔毛，花药箭头状；无花盘；心皮 2，离生，柱头近圆球形。蓇葖 2，离生，长圆形，长 10-23 厘米，直径 6-10 毫米，

图 844 夹竹桃
1. 花枝；2. 花冠展开；3. 果实。

无毛；种子长圆形，褐色，被锈色短柔毛，顶端具长约 1 厘米黄褐色绢质毛。盛花期夏秋，果期一般在冬春季。

　　全国各省区有栽培，长江以北栽培易受冻害，须在温室越冬。安徽省南北城市均有栽培。

　　花大、艳丽、花期长，常作观赏。茎皮纤维为优良混纺原料；种子含油量约为 58.5%，可榨油供制润滑油。叶、树皮、根、花、种子均含有多种配醣体，毒性极强，人、畜误食能致死。叶、茎皮可提制强心剂，但有毒，用时需慎重。

1a.　白花夹竹桃（栽培型）

Nerium indicum Mill. cv. Paihua　花为白色。

　　云南、广西、广东、河北和安徽省等省（区）有栽培，常见于公园和机关单位和住宅区绿化带。

3. 毛药藤属 Cleghornia Wight

木质藤本，具乳汁；茎、枝无毛。叶对生，羽状脉。顶生圆锥状聚伞花序；花萼小，5 裂，内面基部具腺体；花冠高脚碟状，花冠筒圆筒形，顶端裂片 5 枚；雄蕊 5 枚，着生在花冠筒中部以上，花丝短，离生，花药卵圆状长圆形；子房由 2 枚离生心皮组成，花柱丝状，柱头棍棒状，顶端圆锥形 2 裂；花盘环状，5 裂，围绕子房周围。蓇葖 2，无毛；种子线状披针形，顶端具黄白色绢质种毛。

约 3 种，分布于我国和泰国。我国产 2 种，产于我国西南部、中部和南部，稀见于东部各省区。安徽省产 1 种。

毛药藤

Cleghornia henryi（Oliv.）P. T. Li［*Sindechites henryi* Oliv.；*S. henryi* Oliv. var. *parvifolia* Tsiang］

木质藤本；茎、枝无毛，具乳汁。叶薄纸质，长圆状披针形或卵状披针形，长 5.5-12.5 厘米，宽 1.5-3.7 厘米，顶端尾状，尾尖长 1-2 厘米，两面无毛；中脉和侧脉在叶上面扁平，中脉在叶下面凸起，侧脉扁平，纤细密生，几平行，每边 20 多条，叶缘前网结；叶柄长 4-10 毫米，叶柄及叶腋内具线状腺体。顶生聚伞花序；花白色，长 1-1.2 厘米，宽 6 毫米；花萼裂片卵圆形，外面无毛，花萼内面有 10-15 枚腺体，腺体顶端 2 裂；花冠长 9 毫米，花冠筒圆筒形，长 7 毫米，喉部膨大，裂片卵圆形，顶端钝，两面被短柔毛；雄蕊着生在花冠筒近喉部，花丝短，花药卵圆形，顶端急尖，基部具耳，药隔顶端被长柔毛；子房由 2 枚离生心皮组成，顶端具长柔毛，花柱长 3.5 毫米，柱头顶端 2 裂。蓇葖 2，线状圆柱形，长 3-14 厘米，直径 2.5-3 毫米，无毛，绿色；种子线状长圆形，扁平，长 1.3 厘米，宽约 1.5 毫米，顶端具长 2.5 厘米黄色绢质种毛。花期 5-7 月，果期 7-10 月。

产于皖南黄山，祁门，休宁，黟县，歙县。分布于贵州、云南、四川、湖北、湖南、广西、江西、浙江。

本植物在广西民间常作补药用，称之为"土牛党七"，但孕妇忌用。

4. 络石属 Trachelospermum Lem.

攀援灌木，全株具白色乳汁。叶对生，具羽状脉。花序聚伞状，有时呈聚伞圆锥状，顶生、腋生或近腋生，花白色或紫色；花萼 5 裂，内面基部具 5-10 枚腺体；花冠高脚碟状，花冠筒圆筒形，在雄蕊着生处膨大，喉部溢缩，顶端 5 裂，裂片长圆状镰刀形或斜倒卵状长圆形；雄蕊 5 枚，着生在花冠筒膨大之处，花丝短，花药箭头状；花盘环状，5 裂；子房由 2 枚离生心皮所组成，花柱丝状、柱头圆锥状或卵圆形或倒圆锥状。蓇葖 2，长圆状披针形；种子线状长圆形，顶端具白色绢质种毛。

约 30 种，分布于亚洲热带和亚热带地区、稀产温带地区。我国产 10 种，6 变种，分布几乎全国各省（区）。安徽省产 4 种，1 变种。

1. 花冠筒近基部或基部膨大；雄蕊着生于花冠筒基部或近基部：
  2. 叶厚纸质；花紫色；蓇葖平行粘生；种子不规则卵圆形 ⋯⋯⋯⋯⋯⋯⋯⋯⋯⋯⋯⋯ 1. **紫花络石 T. axillare**
  2. 叶薄纸质；花白色；蓇葖叉生；种子线状披针形 ⋯⋯⋯⋯⋯⋯⋯⋯⋯⋯⋯⋯⋯ 2. **短柱络石 T. brevistylum**
1. 花冠筒中部、喉部或近喉部膨大；雄蕊着生于花冠筒中部、喉部或近喉部。
  3. 雄蕊着生在花冠筒的近喉部，花冠裂片展开⋯⋯⋯⋯⋯⋯⋯⋯⋯⋯⋯⋯⋯⋯⋯ 3. **贵州络石 T. bodinieri**
  3. 雄蕊着生在花冠筒的中部，花冠裂片反曲：
    4. 叶通常椭圆形，不呈异形；茎和枝条不具气生根 ⋯⋯⋯⋯⋯⋯⋯⋯⋯⋯⋯ 4. **络石 T. jaaminoides**
    4. 叶通常披针形，呈异形；茎和枝条具气生根 ⋯⋯⋯⋯⋯⋯ 4a. **石血 T. jasminoides** var. **heterophyllum**

1. 紫花络石

Trachelospermum axillare Hook. f.

木质藤本，无毛或幼时具微长毛；茎具多数皮孔。叶厚纸质，倒披针形或倒卵形或长椭圆形，长 8-15 厘米，宽 3-4.5 厘米，先端尖尾状，基部楔形，稀圆形；侧脉多至 15 对，在叶下面明显；叶柄长 3-5 毫米。腋生或近顶生聚伞花序；花梗长 3-8 毫米；花紫色；花萼裂片紧贴于花冠筒上，卵圆形，内有腺体约 10 枚；花冠高脚碟状，花冠筒长，5 毫米，花冠裂片倒卵状长圆形，长 5-7 毫米；雄蕊着生于花冠筒的基部；子房无毛，花柱线形，柱头近头状。蓇葖长圆形，平行，无毛，长 10-15 厘米，直径 10-15 毫米；种子暗紫色，倒卵状长圆形或宽卵圆形，长约 15 毫米，宽 7 毫米；具长约 5 厘米细丝状种毛。花期 5-7 月，果期 8-10 月。

产皖南祁门牯牛降双河口统坑，海拔 610 米。分布于浙江、江西、福建、湖北、湖南、广东、广西、云南、贵州、四川和西藏等省区。

植株可提取树脂及橡胶；茎皮纤维拉力强，可代麻制绳和织麻袋。种毛可作填充料。

2. 短柱络石

Trachelospermum brevistylum Hand. -Mazz.

木质藤本，全部无毛。叶薄纸质，狭椭圆形至椭圆状长圆形，长 5-10 厘米，宽 3 厘米，顶端近尾状渐尖，基部钝至宽锐尖；叶柄长 2-5 毫米。花序顶生及腋生，比叶为短；花梗长 5-7 毫米；苞片披针形；花萼裂片卵状披针形，长 1-2 毫米；花白色，花冠筒长 4.5 毫米，裂片斜倒卵形，长 6-7 毫米；雄蕊着生于花筒的基部；子房长椭圆状，柱头近头状；花盘裂片离生，长及子房之半。蓇葖叉生，线状披针形，长 11-23.5 厘米，直径 0.3-0.5 厘米，外果皮黄棕色；种子长圆形，长 1-2.8 厘米，直径 1.5-2.5 毫米；种毛色白绢质，长 2.5-3 厘米。花期 4-7 月，果期 8-12 月。

产皖南黄山，休宁；大别山区南坡岳西，潜山，太湖，海拔 1000-1100 米。分布于四川、贵州、广西、广东、湖南、福建。

3. 贵州络石　乳儿绳

Trachelospermum bodinieri（Levl.）Woods ex Rehd. [*T. cathayanum* Schneid.]

攀援灌木。幼枝被黄褐色短柔毛，稀近无毛，老时无毛，变紫红色。叶纸质至厚纸质，长圆形至长圆状椭圆形，或倒卵状长圆形，长 4-10 厘米，宽 1.5-4 厘米，基部急尖，顶部渐尖，稀短尖，叶上面无毛，叶下面幼时被短柔毛，以后毛脱落；叶上面中脉和侧脉扁平，叶下面中脉凸起，侧脉叶缘前网结，每边约 12 条；叶柄长 3-7 毫米，无毛或被短柔毛，上面具槽。顶生或腋生圆锥状聚伞花序，花白色，芳香；总花梗长 2-6 厘米，无毛或被疏短柔毛；花梗长 5-15 毫米，苞片披针形，长 2-3 毫米；花萼裂片长圆形或长圆状披针形，具缘毛，长 2-3 毫米，花萼内面基部有 10 个腺体；花冠筒近喉部膨大，长 7-10 毫米，雄蕊背后的筒壁上和喉部被柔毛，花冠裂片无毛；雄蕊着生在花冠筒的膨大处，花药不伸出花喉外，花丝短，被短柔毛；子房由 2 枚离生心皮组成，无毛，花柱丝状，柱头卵圆形；花盘环状，5 裂。蓇葖 2，叉生，线状披针形，长 12-28 厘米，直径 3-5 毫米，无毛；种子线状长圆形，长 1.5-2 厘米，直径约 3 毫米，顶端具长 1.5-2 厘米白色绢质种毛。花期 4-7 月，果期 8-12 月。

我国特产。产皖南祁门，休宁和沿江铜陵叶山。分布于西藏、四川、云南、贵州、广西、广东、湖南、湖北、浙江。

幼藤纤维可制绳索，藤心可编制藤具。花含芳香油，可提制浸膏。

4. 络石　　　　　　　　　　　　　　　　　　　　　　　　　　　　　　　图 845

Trachelospermum jasminoides（Lindl.）Lem.

常绿木质藤本；茎赤褐色，圆柱形，有皮孔；小枝被黄色柔毛，老时渐无毛。叶革质或近革质，椭圆形至卵状椭圆形或宽倒卵形，长 2-10 厘米，宽 1-4.5 厘米，顶端锐尖至渐尖或钝，有时微凹或有小凸尖，基部渐狭至钝，叶上面无毛，叶下面被疏短柔毛，老渐无毛；上面中脉微凹，侧脉扁平，下面中脉凸起，侧脉每边 6-12 条，扁平或稍凸起；叶柄短，被短柔毛，老渐无毛；叶柄内和叶腋外钻形腺体，长约 1 毫米。腋生或顶生聚伞花序，与叶等长或较长；花白色，芳香；总花梗长 2-5 厘米，被柔毛，老时渐无毛；苞片及小苞片狭披针形，长 1-2 毫米；花萼 5 深裂，裂片线状披针形，长 2-5 毫米，外面被有长柔毛及缘毛，内面无毛，基部具 10 枚鳞片状腺体；

花冠筒圆筒形，中部膨大，外面无毛，内面在喉部及雄蕊着生处被短柔毛，长 5-10 毫米，花冠裂片长 5-10 毫米，无毛；雄蕊着生在花冠筒中部，花药箭头状；花盘环状；子房由 2 个离生心皮组成，无毛，花柱圆柱状，柱头卵圆形，顶端全缘。蓇葖 2，叉生，无毛，线状披针形，长 10-20 厘米，宽 3-10 毫米；种子褐色，线形，长 1.5-2 厘米，直径约 2 毫米，顶端具长 1.5-3 厘米白色绢质种毛。花期 3-7 月，果期 7-12 月。

产皖南休宁五城，岭南；大别山区金寨白马寨，海拔 600-950 米，潜山天柱山海拔 600 米，岳西文坳海拔 1050 米，江淮滁县琅琊山、皇甫山；淮北萧县，灵壁，宿县。分布于山东、江苏、浙江、福建、台湾、江西、河北、河南、湖北、湖南、广东、广西、云南、贵州、四川、陕西。

根、茎、叶、果实供药用，有祛风活络、利关节、止血、止痛消肿、清热解毒之效能，我国民间有用来治关节炎、肌肉痹痛、跌打损伤、产后腹痛等；安徽地区有用作治血吸虫腹水病。乳汁有毒，对心脏有毒害作用。茎皮纤维拉力强，可制绳索、造纸及人造棉。花芳香，可提取"络石浸膏"。

图 845 络石
1. 花枝；2. 花与花蕾；3. 花冠筒展开；4. 果实；5. 种子。

4a. 石血 （变种）

Trachelospermum jasminoides (Lindl.) Lem. var. **heterophyllum** Tsiang

与原种主要区别是：茎和枝条具气生根；异型叶，通常披针形，长 4-8 厘米，宽 0.5-3 厘米。

产皖南休宁，太平，歙县，泾县，黟县；大别山区金寨白马寨海拔 120 米，霍山百莲岩海拔 170 米。分布于山东、江苏、浙江、河北、河南、湖北、湖南、广东、广西、贵州、四川、陕西、甘肃、宁夏。

根、茎、叶供药用，作强壮剂和镇痛药，并有解毒之效。

89. 萝藦科 ASCLEPIADACEAE

多年生草本、藤本或攀缘灌木，极少为直立灌木或乔木，具乳汁。叶对生或轮生，稀互生，全缘，叶柄顶端常具有丛生腺体。聚伞花序通常伞形；花5数，花冠合瓣，通常辐状；通常具副花冠；花药彼此粘生，花丝合生成管状，腹部与雌蕊粘生成合蕊柱，花药顶端常有膜片；花粉联结成花粉块；子房上位，柱头基部5棱，蓇葖果双生；种子顶端具一丛白色绢质种毛。

全世界约250属2200余种，分布于全世界热带、亚热带，少数至温带地区。我国产44属约250种，分布于西南及东南部，少数在西北与东北各省区及台湾等。安徽省木本产1属1种。

牛奶菜属 Marsdenia R. Br.

攀援木质藤本，稀直立灌木或半灌木。叶对生。聚伞花序伞形状，单生或分歧，顶生或腋生；花中等或小形；花萼5深裂，基部内面有腺体，稀缺；花冠钟状、坛状或高脚碟状；与雄蕊合生的副花冠，裂片5枚；合蕊柱较短；花药顶端具有透明的膜片；花粉块直立，通常长圆形，具柄；子房由2个心皮所组成，柱头长喙状或凸起，高出于花药之上。蓇葖披针形；种子顶端具白色绢质的种毛。

约100种，分布于美洲、亚洲及热带非洲。我国产22种。分布于华东、华南及西南各省区。安徽省产1种。

牛奶菜 　　　　　　　　　　图846

Marsdenia sinensis Hemsl.

木质藤本，全株被绒毛。叶卵圆状心形，长8-12厘米，宽5-7.5厘米，顶端短渐尖，基部心形，叶上面被稀疏微毛，下面被黄色绒毛；侧脉5-6对，弧形上升，到边缘网结；叶柄长约2厘米，被黄色绒毛。腋生聚伞花序，长1-3厘米；花序梗、花梗和花萼均被黄色绒毛；花萼内面基部有10余个腺体；花冠白色或淡黄色，长约5毫米，内面被绒毛；副花冠短，高仅达雄蕊之半；花药顶端具卵圆形膜片；花粉块直立，肾形；柱头顶端2裂。蓇葖纺锤状，长约10厘米，直径2.5厘米，外果皮被黄色绒毛；种子卵圆形，扁平，长约5毫米；种毛长约4厘米。花期夏季，果期秋季。

产皖南休宁岭南三溪大溪，海拔300米。分布于浙江、江西、湖北、湖南、福建、广东、广西和四川。

全株供药用，民间用作壮筋骨，治跌打损伤，利肠健胃。

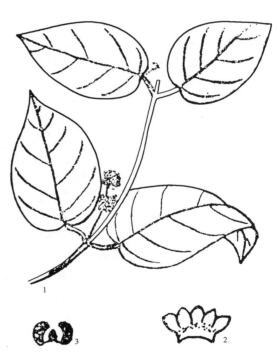

图846 牛奶菜
1. 花枝；2. 花冠展开；3. 花粉块。

90. 杠柳科 PERIPLOCACEAE

藤本、藤状灌木、亚灌木或灌木。主根圆柱状。具乳液。叶对生，全缘，羽状脉；具柄，无托叶。顶生或腋生的聚伞花序，具苞片和小苞片。花两性，辐射对称，花 5 数；萼筒极短；花冠合瓣，副花冠裂片离生；雄蕊着生花冠筒近基部，花药连生内向，紧贴膨大柱头，花丝离生，花药器匙形，直立；无花盘，心皮 2，离生，胚珠多数。蓇葖果 2，或 1 个不发育。种子扁平，边缘薄，顶端有白色绢毛；胚直立，子叶扁平。

约 50 属，200 种，分布于热带、亚热带地区。我国 6 属，11 种。安徽省 1 属 1 种。

杠柳属 Periploca L.

藤状灌木，具乳汁，除花外无毛；叶对生，具柄，羽状脉。顶生或腋生聚伞花序；花萼 5 深裂，内面基部有 5 个腺体；花冠辐状，花冠筒短，裂片 5，通常被柔毛；副花冠异形，环状，着生在花冠的基部，5-10 裂，其中 5 裂延伸丝状，被毛；雄蕊 5，生在副花冠的内面，花丝短，离生，背部与副花冠合生，花药卵圆形，渐尖，背面被髯毛；子房由 2 枚离生心皮所组成，花柱极短，柱头盘状，顶端 2 裂。蓇葖 2，叉生，长圆柱状；种子长圆形，顶端具白色绢质种毛。

约 12 种，分布于亚洲温带地区、欧洲南部和非洲热带地区。我国产 4 种。安徽省产 1 种。

杠柳　　　　　　　　　　　　　　　图 847

Periploca sepium Bunge

落叶蔓性灌木，具乳汁，除花外，全株无毛；茎皮灰褐色；小枝有细条纹，具皮孔。叶卵状长圆形，长 5-9 厘米，宽 1.5-2.5 厘米，顶端渐尖，基部楔形；中脉在叶上面扁平，在叶下面凸起，侧脉每边 20-25 条；叶柄长约 3 毫米。腋生聚伞花序；花萼裂片卵圆形，长 3 毫米，宽 2 毫米，内面基部有 10 个小腺体；花冠紫红色，辐状，直径 1.5 厘米，花冠筒长约 3 毫米，裂片长圆状披针形，长 8 毫米，内面被长柔毛，外面无毛；副花冠环状，10 裂，其中 5 裂延伸丝状被短柔毛；雄蕊着生在副花冠内面，并与其合生，背面被长柔毛；心皮离生，无毛，柱头盘状凸起。蓇葖 2，圆柱状，长 7-12 厘米，直径约，毫米，无毛，具有纵条纹；种子长圆形，长约 7 毫米，宽约 1 毫米，黑褐色，顶端具长 3 厘米白色绢质种毛。花期 5-6 月，果期 7-9 月。

产江淮滁县琅琊山深秀湖一带，全椒，定远；淮北砀山，亳州，泗县，灵壁，萧县。分布于吉林、辽宁、内蒙古、河北、山东、山西、江苏、河南、江西、贵州、四川、陕西和甘肃。

根皮、茎皮可药用，能祛风湿、壮筋骨强腰膝；

图 847 杠柳
1. 花枝；2. 根；3. 花冠裂片；4. 副花冠与合蕊柱；5. 果实；
6. 种子。

治风湿关节炎、筋骨痛等，我国北方都以杠柳的根皮，称"北五加皮"，浸酒，功用与五加皮略似，但有毒，不宜过量和久服，以免中毒。茎、叶具白色乳汁，含弹性橡胶；种子可榨油。

91. 茜草科 RUBIACEAE

　　草本、灌木或乔木,枝多带刺,有时攀援状。叶对生或轮生,单叶,边常全缘;托叶各式,在叶柄间或在叶柄内,有时与普通叶一样,宿存或脱落。花两性或稀单性,辐射对称,有时稍左右对称,有各式的排列;萼管与子房合生,萼檐截平形、齿裂或分裂,有时有些裂片扩大而成花瓣状;花冠合瓣,通常 4-6 裂,稀更多;雄蕊与花冠裂片同数,互生,很少 2 枚;子房下位,1 至多室,但通常 2 室,每室有胚珠 1 至多颗。果为蒴果、浆果或核果;种子无翅,很少具翅。

　　约 500 属,6000 种,主产热带和亚热带地区,少数分布于温带或北极地带。我国有 75 属,477 种,大部产西南部至东南部,西北部和北部极少。

　　安徽省产 13 属,20 种,1 亚种,4 变种。

1. 花极多数,密集于球状的花托上,形成球形的头状花序:
　　2. 直立乔木或小灌木;花冠紫红色或白色花具小苞片;植株无钩状刺:
　　　　3. 头状花序单 1 或 2-3 个,顶生或腋生;叶片披针形 ································· 1. 水团花属 Adina
　　　　3. 头状花序 10 余个排成总状,顶生;花冠淡黄色;叶片卵形或宽卵形 ········· 2. 鸡仔木属 Sinoadina
　　2. 藤本;花无小苞片;总花梗常变态为钩状刺 ·· 13. 钩藤属 Uncaria
1. 花不密集于球状的花托上,不形成球形的头状花序:
　　4. 花萼裂片相等或不相等,花序中有些花的 1 枚萼裂片极度扩大形成具柄的叶状体:
　　　　5. 浆果;藤状灌木 ··· 8. 玉叶金花属 Mussaenda
　　　　5. 蒴果,室间开裂;落叶大乔木 ·· 4. 香果树属 Emmenopterya
　　4. 花萼裂片正常,无扩大成叶状的萼裂片:
　　　　6. 子房每室有胚珠 2 至多数:
　　　　　　7. 果干燥,蒴果 ··· 11. 流苏子属 Coptosapelta
　　　　　　7. 果肉质。
　　　　　　　　8. 柱头 1;子房 1 室;花常单生 ··· 5. 栀子属 Gardenia
　　　　　　　　8. 柱头 2;子房 2 室,花常数朵成束或排成短的聚伞花序 ············· 12. 狗骨柴属 Diplospora
　　　　6. 子房每室只有 1 枚胚珠:
　　　　　　9. 数朵花集成头状花序,单生或再排成圆锥或伞形花序状 ············· 7. 巴戟天属 Morinda
　　　　　　9. 花单生、簇生于叶腋或成聚伞花序:
　　　　　　　　10. 子房 4-9 室;花簇生叶腋 ·· 6. 粗叶木属 Lasianthus
　　　　　　　　10. 子房 2 室或不完全 4 室,花单生、簇生叶腋或聚伞花序顶生或腋生:
　　　　　　　　　　11. 直立灌木或小乔木,花单生或数花簇生于叶腋:
　　　　　　　　　　　　12. 植株有针刺,萼檐裂片短于萼筒 ······························ 3. 虎刺属 Damnacanthus
　　　　　　　　　　　　12. 植株无针刺,萼檐裂片长于萼筒 ······························ 10. 白马骨属 Serissa
　　　　　　　　　　11. 缠绕藤本,聚伞花序顶生或腋生 ·································· 9. 鸡矢藤属 Paederia

1. 水团花属 Adina Salisb.

　　灌木或小乔木。叶对生;托叶窄三角形,深 2 裂达全长 2/3 以上,常宿存。顶生或腋生头状花序。花 5 数,近无梗;小苞片线形至线状匙形;花萼管相互分离,萼裂片线形或匙形,宿存;花冠高脚碟状至漏斗状;雄蕊着生于花冠管的上部,花丝短,无毛,花药突出冠喉外;柱头球形,子房 2 室。蒴果室背室间 4 爿开裂。种子卵球状至三角形,两面扁平,顶部略具翅。

本属有 3 种；我国 2 种，分布于广东、海南、广西、福建、江西、浙江、贵州。安徽省产 2 种。

1. 叶有柄；头状花序明显腋生 ·· 1. 水团花 A. pilulifera
1. 叶无柄；头状花序顶生，或顶生占优势，也有腋生的 ················· 2. 细叶水团花 A. rubella

1.　水团花 水杨梅　　　　　　　　　　图 848

Adina pilulifera (Lam.) Franch. ex Drake

常绿灌木至小乔木，高达 5 米；顶芽不明显。
叶对生，厚纸质，椭圆形至椭圆状披针形，或有时
倒卵状长圆形至倒卵状披针形，长 4-12 厘米，宽
1.5-3 厘米，顶端短尖、渐尖或钝头，基部钝或楔形，
上面无毛，下面无毛或有时被稀疏短柔毛；侧脉 6-12
对，脉腋窝有稀疏的毛；叶柄长 2-6 毫米，无毛或
被短柔毛；托叶 2 裂，早落。头状花序腋生，稀顶生；
小苞片线形至线状棒形，无毛；总花梗长 3-4.5 厘
米，中部以下有轮生小苞片 5 枚；花萼管基部有
毛，上部有疏散的毛，萼裂片线状长圆形或匙形；
花冠白色，窄漏斗状，花冠管被微柔毛，花冠裂
片卵状长圆形；雄蕊 5 枚，花丝短，着生花冠喉部；
子房 2 室，花柱伸出，柱头小，球形或卵圆球形。
蒴果楔形，长 2-5 毫米；种子长圆形，两端有狭翅。
花期 6-7 月。

产于长江以南各省（区）。安徽省分布于皖南祁
门牯牛降观音堂至小演坑海拔 400 米。

全株可治家畜瘢痧热症。木材供雕刻用。根系发
达，是很好的固堤植物。

图 848　水团花（花枝）

2.　细叶水团花 水杨梅

Adina rubella Hance

落叶小灌木，高 1-3 米；小枝具赤褐色微毛，后无毛；顶芽不明显。叶对生，近无柄，薄革质，卵状披针
形或卵状椭圆形，全缘，长 2.5-4 厘米，宽 8-12 毫米，顶端渐尖或短尖，基部阔楔形或近圆形；侧脉 5-7 对，
被短柔毛；托叶小，早落。顶生或兼有腋生头状花序，单生，总花梗略被柔毛；小苞片线形或线状棒形；花萼
管疏被短柔毛，裂片匙形；花冠管长 2-3 毫米，5 裂，花冠裂片三角状，紫红色。蒴果长卵状楔形，长 3 毫米。
花、果期 5-12 月。

产皖南黄山，祁门牯牛降双河口至统坑，海拔 200 米，休宁岭南，歙县，石台牯牛降星龙村，海拔 200 米、
泾县小溪，海拔 220 米，太平；大别山区霍山大化坪百莲岩，海拔 210 米，金寨城郊，海拔 80 米，太湖大山
乡人形岩，海拔 250 米；江淮滁县皇甫山、琅琊山，含山。分布于广东、广西、福建、江苏、浙江、湖南、江
西和陕西。

茎纤维为绳索、麻类、人造棉和纸张等原料。全株入药，枝干通经；亦为优良的固堤植物。

2. 鸡仔木属 **Sinoadina** Ridsd.

乔木。叶对生；托叶窄三角形，早落。花序顶生，聚伞状圆锥花序式，由 7-11 个头状花序组成，节上托叶苞片状；花 5 基数，近无梗；小苞片线形至线状棒形；花萼管彼此分离，花萼裂片钝头，宿存；花冠高脚碟状或窄漏斗形；雄蕊着生于花冠管的上部，花丝短。蒴果室背室间 4 爿开裂；种子三角形或具三棱角，无翅。

本属为单种属。

鸡仔木 水冬瓜　　　　　　　　图 849

Sinoadina racemosa（Sieb. et Zucc.）Ridsd.［*Adina racemosa*（Sieb. et Zucc.）Miq.］

半常绿或落叶乔木，高 4-12 米；树皮灰色，粗糙；小枝无毛。叶对生，薄革质，宽卵形、卵状长圆形或椭圆形，长 9-15 厘米，宽 5-10 厘米，顶端短尖至渐尖，基部心形或钝，有时偏斜，上面无毛，间或有稀疏的毛，下面无毛或有白色短柔毛；侧脉 6-12 对，无毛或有稀疏的毛，脉腋窝无毛或有稠密的毛；叶柄长 3-6 厘米，无毛或有短柔毛；托叶 2 裂，裂片近圆形，早落。头状花序常约 10 个排成聚伞状圆锥花序式；花具小苞片；花萼管密被苍白色长柔毛，萼裂片密被长柔毛；花冠淡黄色，长 7 毫米，外面密被苍白色微柔毛，花冠裂片三角状，外面密被柔毛。蒴果倒卵状楔形，长 5 毫米，有稀疏的毛。花期 6-7 月，果期 9-10 月。

产皖南祁门牯牛降双河口，海拔 420-500 米、休宁岭南、太平七都龙岩。分布于四川、云南、贵州、湖南、广东、广西、台湾、浙江、江西、江苏。木材褐色，供制家具、农具、火柴杆、乐器等。树皮纤维可制麻袋、绳索及人造棉等。

图 849 鸡仔木
1. 果枝；2. 花；3. 花展开；4. 种子。

3. 虎刺属 **Damnacanthus** Gaerm. f.

灌木；枝被粗短毛、柔毛或无毛，具针状刺或无刺。叶对生，全缘，卵形，长圆状披针形或披针状线形；托叶生叶柄间，三角形，上部常具 2-4 锐尖，易碎落。花 2 朵成束腋生；顶部叶腋常 2-3 束组成具短总梗的聚伞花序，下部叶腋 1 束或因 1 朵脱落而变单花；苞片小，鳞片状；花梗通常长 2-3 毫米；萼小，杯状或钟状，宿存；花冠白色，管状漏斗形，外面无毛，内面喉部密生柔毛，檐部 4 裂，裂片三角状卵形；雄蕊 4，着生于冠管上部，花丝短，花药 2 室，背着；子房 2 或 4 室，花柱无毛，上部 2 或 4 裂。核果红色，球形，直径 7-10 毫米；种子角质，腹面具脐。

本属约 13 种，2 变种，主产东亚温带地区。我国产 11 种，分布于南岭山脉至长江流域和台湾。安徽省产 3 种。

1. 针刺长（3-）6-25 毫米；叶上面中脉线状凸起 ·············· 1. **虎刺 D. indicus**
1. 针刺长 1-4（-6）毫米或仅顶叶具残存退化短刺；叶上面中脉下部常凹陷：
　　2. 叶卵形至长圆状卵形，罕长圆状披针形，长达 8 厘米；针刺长 2-6 毫米 ········ 2. **浙皖虎刺 D. macrophyllus**
　　2. 叶披针形或长圆状披针形，长达 15 厘米；通常仅顶叶托叶腋具残存退化刺，长 1-2 毫米 ············
·············· 3. **短刺虎刺 D. giganteus**

1. 虎刺 伏牛花

Damnacanthus indicus Gaertn. f.

具刺灌木，高 0.3-1 米；茎上部密集多回二叉分枝，嫩枝密被短粗毛，有时具 4 棱，节上托叶腋常生 1 针状刺，刺长 4-20 毫米。叶常大小叶对相间，大叶长 1-3 厘米，宽 1-1.5 厘米，小叶长可小于 0.4 厘米，卵形、心形或圆形，顶端锐尖，全缘，基部常歪斜，钝、圆、截平或心形；中脉上面隆起，下面凸出，侧脉每边 3-4 条，上面无毛，下面仅脉处有疏短毛；叶柄长约 1 毫米，被短柔毛；托叶生叶柄间，初时呈 2-4 裂，后合生成三角形或戟形，易脱落。花两性，1-2 朵生于叶腋，2 朵者花梗基部常合生，有时在顶部叶腋可 6 朵排成具短总梗的聚伞花序；花梗长 1-8 毫米，基部两侧各具苞片 1 枚；苞片小，披针形或线形；花萼钟状，长约 3 毫米，绿色或具紫红色斑纹，几无毛，裂片 4，常大小不一，三角形或钻形，长约 1 毫米，宿存；花冠白色，管状漏斗形，长 0.9-1 厘米，外面无毛，内面自喉部至冠管上部密被毛，檐部 4 裂，裂片椭圆形，长 3-5 毫米；雄蕊 4，着生于冠管上部，花丝短，花药紫红色；子房 4 室，花柱顶部 3-5 裂。核果红色，近球形，直径 4-6 毫米。花期 3-5 月，果熟期冬季至次年春季。

产皖南黄山温泉至慈光寺、祁门牯牛降、歙县呈坎，海拔 420-500 米。分布于西藏、云南、贵州、四川、广西、广东、湖南、湖北、江苏、浙江、江西、福建、台湾等省（区）。

本种常被引种作庭园观赏，其根肉质，药用有祛风利湿、活血止痛之功效。

2. 浙皖虎刺

Damnacanthus macrophyllus Sieb. ex Miq. [*Damnacanthus shanii* K. Yao et M. B. Deng-*Damnacanthus subspinosus* Hand.-Mazz.]

具短刺灌木，高 1-2 米；嫩枝被短粗毛，具粗细相间条纹 8；刺短，长 1-6 毫米，偶见小型叶，正常叶卵形至长圆状卵形，罕长圆状披针形，长 3-8 厘米，宽 1-3 厘米，上面无毛，下面初时脉处被短毛，后变无毛，顶端短渐尖或急尖，基部楔形或圆，全缘；中脉下面凸起，上面常稍凹陷，侧脉每边 3-7 条，下面凸起，上面平；叶柄长 1-2 毫米，无毛或疏被短毛；托叶生叶柄间，易碎落，钝三角形，顶具刺芒。花梗长约 2 毫米；萼裂片三角形；花冠长约 10-15 毫米，檐部 4 裂，裂片卵状三角形；雄蕊 4。果梗长约 5 毫米，核果近球形，红色，直径约 5 毫米。花期春季，果熟期冬季。

产皖南黄山，祁门查坑，海拔 180 米、深坑西峰寺海拔 300 米。分布于浙江、福建、广东北部、贵州、云南。

3. 短刺虎刺　　　　　图 850

Damnacanthus giganteus（Mak.）Nakai

具短刺灌木，罕小乔木，高 0.5-2 米，有时可达 7.5 米；幼枝常具 4 棱，初时疏被微毛，后变无毛，刺极短，长 1-2 毫米，通常仅见于顶节托叶腋，其余节无刺，有时因刺宿存而大多数节具刺。叶革质，披针形或长圆状披针形，长 4-15 厘米，宽 2-5 厘米，幼时下面脉被短毛，后两面无毛，顶端渐尖或急尖，基部圆，全缘；中脉在下面凸起，在上面凹陷，有时平；侧脉每边 5-7 条，在下面凸起，在上面不明显，凹陷或平；叶柄长 2-5 毫米，初时被毛，后变无毛；托叶生叶柄间，初时上部二裂，后合生、加厚成三角形或半圆形，早落。花俩成对腋生于短总梗上，通常 1 对，

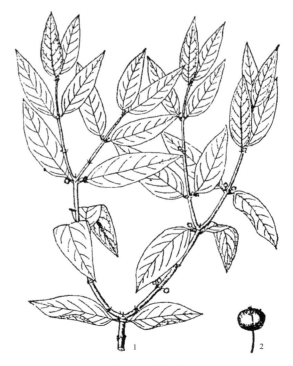

图 850　短刺虎刺
1. 果枝；2. 果实。

有时 2-4 对；苞片小，鳞片状；花梗长约 2 毫米；花萼钟状，长 2-3 毫米，初时外被毛，檐部 4 裂，裂齿三角形；花冠白色，革质，管状漏斗形，长 15-18 毫米，外面无毛，内面自喉部至管上部密被柔毛，檐部 4 裂，裂片卵形或卵状三角形，长 3 毫米；雄蕊 4，着生于花冠喉部，花丝长 2 毫米，花药长 2 毫米，基着，外露；子房 4 室，花柱外伸，顶部 4 裂。核果红色，近球形，直径 5-8 毫米；种子近球形。花期 3-5 月，果熟期 11 月至次年 1 月。

产皖南黄山松谷庵，海拔 800 米，祁门牯牛降观音堂至小演坑海拔 400 米，休宁岭南长横坑，海拔 450 米、石台牯牛降金竹洞，海拔 670 米。分布于浙江、江西、福建、湖南、广东、广西、贵州、云南。

民间称本种为"黄脚鸡"、"老鼠胎"，其肉质、链珠状根民间作补益药用，有补气血，收敛止血等功效。

4. 香果树属 Emmenopterys Oliv.

乔木。叶对生，具柄；托叶早落。顶生圆锥状的聚伞花序；萼管近陀螺形，裂片 5，脱落，有些花的萼裂片中有 1 片扩大成叶状，其色白且宿存；花冠漏斗形，冠管狭圆柱形，冠檐膨大，5 裂；雄蕊 5 枚，着生于冠喉之下，花丝线形，花药长圆形，背着，2 室；花盘环状；子房 2 室，柱头头状或不明显 2 裂。蒴果室间开裂为 2 果爿，有或无 1 片花瓣状、具柄、扩大的变态萼裂片；种皮海绵质，有翅，具网纹。

约 2 种，分布于我国、泰国和缅甸。我国有 1 种。安徽省产 1 种。

香果树　　　　　　　　　　图 851

Emmenopterys henryi Oliv.

落叶大乔木，高达 30 米，胸径达 1 米；树皮灰褐色，鳞片状；小枝有皮孔，粗壮。叶纸质或革质，阔椭圆形、阔卵形或卵状椭圆形，长 6-30 厘米，宽 3.5-14.5 厘米，顶端尖、渐尖或稀钝，基部短尖或阔楔形，全缘，上面无毛或疏被糙伏毛，下面被柔毛或仅沿脉上被柔毛，或无毛而脉腋内常有簇毛；侧脉 5-9 对，在下面凸起；叶柄长 2-8 厘米，无毛或有柔毛；托叶大，三角状卵形，早落。顶生圆锥状聚伞花序；花芳香，花梗长约 4 毫米；萼管长约 4 毫米，裂片近圆形，具缘毛，脱落，变态的叶状萼裂片白色、淡红色或淡黄色，纸质或革质，匙状卵形或广椭圆形，长 1.5-8 厘米，宽 1-6 厘米，有纵平行脉数条，有长 1-3 厘米的柄；花冠漏斗形，白色或黄色，长 2-3 厘米，被黄白色绒毛，裂片近圆形，长约 7 毫米，宽约 6 毫米；花丝被绒毛。蒴果长圆状卵形或近纺锤形，长 3-5 厘米，径 1-1.5 厘米，无毛或有短柔毛，有纵细棱；种子小而有阔翅。花期 6-8 月，果期 8-11 月。

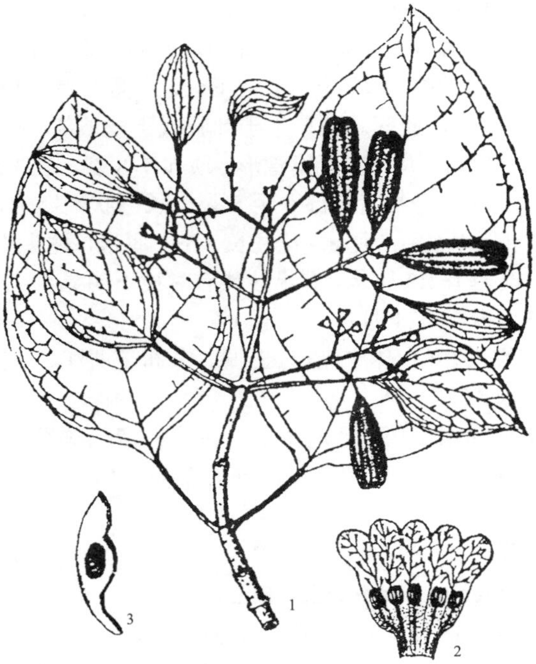

图 851 香果树
1. 果枝；2. 花冠展开；3. 种子。

产皖南黄山桃花峰，休宁，歙县清凉峰西凹海拔 800 米，泾县小溪，太平贤村；大别山区霍山诸佛庵、佛子岭大冲、马家河白马尖海拔 1060-1120 米，金寨白马寨海拔 1200 米，岳西枯井园，潜山天柱山马祖庵，彭河乡海拔 700 米，舒城万佛山。分布于陕西、甘肃、江苏、浙江、江西、福建、河南、湖北、湖南、广西、四川、贵州、云南东北部至中部。

树干高耸，花美丽，可作庭园观赏树。树皮纤维柔细，是制蜡纸及人造棉的原料。木材无边材和心材的明显区别，纹理直，结构细，供制家具和建筑用。耐涝，可作固堤植物。香果树为我国特有成分，珍贵树种，在深谷混交林中，2-3 年始开花结果一次。

5. 栀子属 Gardenia Ellis

灌木或很少为乔木,无刺或很少具刺。叶对生,少有 3 片轮生或总花梗对生的 1 片不发育;托叶生于叶柄内,三角形,基部常合生。花大,腋生或顶生,单生、簇生或很少组成伞房状的聚伞花序;萼管常为卵形或倒圆锥形,萼檐管状或佛焰苞状,顶部常 5-8 裂,裂片宿存,稀脱落;花冠高脚碟状、漏斗状或钟状,裂片 5-12,扩展或外弯,旋转排列;雄蕊与花冠裂片同数,着生于花冠喉部,花丝极短或缺,花药背着;花盘通常环状或圆锥形;子房下位,柱头棒形或纺锤形,全缘或 2 裂。浆果大,平滑或具纵棱,革质或肉质;种子扁平或肿胀,种皮革质或膜质。

约 250 种,分布于东半球的热带和亚热带地区。我国有 5 种,1 变种,产于中部以南各省区。安徽省产 2 种,1 变种。

1. 叶狭披针形至线状披针形, 宽 0.4-2.3 厘米;果长圆形, 有纵棱, 棱有时不明显 ·················
  ··· 1. **狭叶栀子 G. stenophylla**
1. 叶长圆状披针形至椭圆形, 宽通常在 2.5 厘米以上;果卵形、近球形、椭圆形或长圆形, 有翅状纵棱 5-9 条
  ·· 2. **栀子 G. jasminoides**

1. 狭叶栀子
Gardenia stenophylla Merr.

灌木,高 0.5-3 米;小枝纤弱。叶薄革质,狭披针形或线状披针形,长 3-12 厘米,宽 0.4-2.3 厘米,顶端渐尖而尖端常钝,基部渐狭,常下延,两面无毛;侧脉纤细,9-13 对,在下面略明显;叶柄长 1-5 毫米;托叶膜质,长 7-10 毫米,脱落。花单生于叶腋或小枝顶部,芳香,盛开时直径达 4-5 厘米,具长约 5 毫米的花梗;萼管倒圆锥形,长约 1 厘米,萼檐管形,顶部 5-8 裂,裂片狭披针形,长 1-2 厘米;花冠白色,高脚碟状,冠管长 3.5-6.5 厘米,宽 3-4 毫米,顶部 5 至 8 裂,长圆状倒卵形,长 2.5-3.5 厘米,宽 1-1.5 厘米,顶端钝;花丝短,花药线形,伸出,长约 1.5 厘米;花柱长 3.5-4 厘米,柱头棒形,顶部膨大,长约 1.2 厘米,伸出。果长圆形,长 1.5-2.5 厘米,直径 1-1.3 厘米,有纵棱或有时棱不明显,成熟时黄色或橙红色,顶部有增大的宿存萼裂片。花期 4-8 月,果期 5 月至翌年 1 月。

产皖南祁门,休宁流口、五城。分布于浙江、广东、广西、海南。

果实和根供药用,有凉血、泻火、清热解毒的效用。植株外形多姿,花美丽,可作盆景栽植。

2. 栀子 图 852
Gardenia jasminoides Ellis

灌木,高 0.3-3 米;嫩枝常被短毛。叶对生,革质,稀为纸质,少为 3 枚轮生,叶通常为长圆状披针形、倒卵状长圆形、倒卵形或椭圆形,长 3-25 厘米,宽 1.5-8 厘米,顶端渐尖、长渐尖、短尖或钝,基部楔形或短尖,两面常无毛;侧脉 8-15 对,在下面凸起,在上面平;叶柄长 0.2-1 厘米;托叶膜质。花芳香,通常单朵生于枝顶,花梗长 3-5 毫米;萼管倒圆锥形或卵形,长 8-25 毫米,有纵棱,萼檐管形,膨大,顶部 5-8 裂,通常 6 裂,裂片披针形或线状披针形,长 10-30 毫米,宽 1-4 毫米,宿存;花冠白色或乳黄色,高脚碟状,喉部有疏柔毛,冠管狭圆筒形,长 3-5 厘

图 852 栀子
1. 花枝;2. 果枝。

米，宽 4-6 毫米，顶部 5 至 8 裂，通常 6 裂，倒卵形或倒卵状长圆形，长 1.5-4 厘米，宽 0.6-2.8 厘米；花丝极短，花药线形，长 1.5-2.2 厘米，伸出；花柱粗厚，长约 4.5 厘米，柱头纺锤形，伸出，长 1-1.5 厘米，宽 3-7 毫米。果卵形、近球形、椭圆形或长圆形，黄色或橙红色，长 1.5-7 厘米，直径 1.2-2 厘米，有翅状纵棱 5-9 条，顶部的宿存萼片长达 4 厘米，宽达 6 毫米；种子扁，近圆形而稍有棱角，长约 3.5 毫米，宽约 3 毫米。花期 3-7 月，果期 5 月至翌年 2 月。

产皖南黄山汤岭关至焦村、祁门牯牛降观音堂海拔 380 米、休宁岭南、黟县、歙县清凉峰，海拔 450 米、石台牯牛降祁门岔－金竹洞，海拔 540 米、旌德、太平、大别山区潜山县大龙窝，海拔 430 米、太湖县大山乡，海拔 250 米。分布于山东、江苏、浙江、江西、福建、台湾、湖北、湖南、广东、香港、广西、海南、四川、贵州和云南，河北、陕西和甘肃有栽培。

干燥成熟果实是常用中药，其主要化学成分有去羟栀子甙，又称京尼平甙（Geniposide），栀子甙（Gardenoside）、黄酮类栀子素（Gardenin）、山栀甙（Shanzhjside）等；能清热利尿、泻火除烦、凉血解毒、散瘀。叶、花、根亦可作药用。从成熟果实亦可提取栀子黄色素，在民间作染料用，在化妆等工业中用作天然着色剂原料，又是一种品质优良的天然食品色素，没有人工合成色素的副作用，且具有一定的医疗效果；它着色力强，颜色鲜艳，具有耐光、耐热、耐酸碱性、无异味等特点，可广泛应用于糕点、糖果、饮料等食品的着色上。花可提制芳香浸膏，用于多种花香型化妆品和香皂香精的调合剂。

2a. 白蟾 （变种）

Gardenia jasminoides Ellis var. **fortuniana**（Lindl.）Hara

本变种与原种区别在于：花重瓣。原产我国和日本。我国中部以南各省区有栽培，多见于大中城市。安徽省各地广泛栽培，供观赏。

6. 粗叶木属 Lasianthus Jack

灌木，常有臭气；枝和小枝圆柱形，节部压扁。叶对生，二行排列，叶片纸质或革质；侧脉弧状，小脉横行，不分枝或分枝，亦有网状；托叶生叶柄间，宿存或脱落。花小，簇生叶腋，或组成腋生、具总梗的聚伞状或头状花序，通常有苞片和小苞片；萼管小，檐部 3-7 裂，有时截平；花冠漏斗状或高脚碟状，喉部被长柔毛，裂片 3-7，通常 5；雄蕊 5，生冠管上部或喉部，花丝短；子房 3-9 室，花柱被毛或无毛，柱头 3-9，通常 4-6。核果小，外果皮肉质，成熟时常为蓝色；种皮膜质。

约 150-170 种，分布于亚洲的热带和亚热带，大洋洲和非洲也有；我国有 34 种 10 变种，产长江流域及其以南各省区，西至西藏东南部，东至台湾。安徽省产 1 种，1 变种。

1. 日本粗叶木 污毛粗叶木

Lasianthus japonicus Miq.

灌木；枝和小枝无毛或嫩部被柔毛。叶近革质或纸质，长圆形或披针状长圆形，长 9-15 厘米，宽 2-3.5 厘米，顶端骤尖或渐尖，基部短尖，上面无毛或近无毛，下面脉上被贴伏的硬毛；侧脉每边 5-6 条，小脉网状，罕近平行；叶柄长 7-10 毫米，被柔毛或近无毛；托叶小，被硬毛。花无梗，常 2-3 朵簇生在一腋生、很短的总梗上，有时无总梗；苞片小；萼钟状，长 2-3 毫米，被柔毛，萼齿三角形，短于萼管；花冠白色，管状漏斗形，长 8-10 毫米，外面无毛，里面被长柔毛，裂片 5，近卵形。核果球形，径约 5 毫米。

产皖南休宁流口。分布于浙江、江西、福建、台湾、湖北、湖南、广东、广西、四川和贵州。

1a. 榄绿粗叶木 (变种)   图853

Lasianthus japonicus Miq. var. **lancilimbus** (Merr.) Lo

与原种的区别是叶下面中脉上无毛,叶片披针形。花期5-8月,果期9-10月。我国特有。产于皖南祁门牯牛降观音堂,海拔400米,休宁、东至海拔200-700米。分布于江苏、浙江、江西、福建、湖北、湖南、广东、广西、四川、贵州和云南。

7. 巴戟天属 Morinda L.

藤本、藤状灌木、直立灌木或小乔木。叶对生,罕3片轮生;托叶生于叶柄内或叶柄间,分离或2片合生成筒状,紧贴,膜质或纸质。头状花序圆柱形或近球形,由少数至多数花聚合而成,木本种花序单1腋生或生于1叶位而与另1叶对生,藤本种为数花序伞状排于枝顶;花无梗,两性,3-4基数,4-5基数或5-7基数(乔木种);花萼半球形或圆锥状,顶截平或具1-3齿;花冠白色,漏斗状、高脚碟状或钟状,喉部密被毛或无毛;雄蕊与花冠裂片同数,着生于喉部或裂片侧基部,花丝短;雌蕊具花柱或无花柱,柱头圆锥状。聚花果卵形、桑葚形或近球形,单果为核果;种子近三棱形或长圆形。

约102种,分布于世界热带、亚热带和温带地区。我国有26种、1亚种、6变种,分布于西南、华南、东南和华中等长江流域以南各省、区。安徽省产1亚种。

羊角藤 (亚种)   图854

Morinda umbellata L. ssp. **obovata** Y. Z. Ruan

攀援或缠绕藤本,有时呈披散灌木状;嫩枝无毛,绿色,老枝具细棱,蓝黑色。叶纸质或革质,倒卵形、倒卵状披针形或倒卵状长圆形,长6-9厘米,宽2-3.5厘米,顶端渐尖或具小短尖,基部渐狭或楔形,全缘,上面常具蜡质,光亮,无毛,下面淡棕黄色;中脉通常两面无毛,罕被粒状细毛,侧脉每边4-5条,无毛或有时下面具粒状疏细毛;叶柄长4-6毫米,常被不明显粒状疏毛;托叶筒状,膜质,长4-6毫米,顶截平。花序3-11伞状排列于枝顶;花序梗长4-11毫米,被微毛;头状花序直径6-10毫米,具花6-12朵;花4-5基数,无花梗;各花萼下部彼此合生,上部环状,顶端平,无齿;花冠白色,稍呈钟状,长约4毫米,檐部4-5裂,裂片长圆形,外面无毛,内面中部以下至喉部密被髯毛,管部宽,无毛;雄蕊与花冠裂片同数,着生于裂片侧基部,花药长约1.2毫米,花丝长约1.5毫米;花柱通常不存在,柱头圆锥状,常二裂。聚花果由3-7花发育而成,成熟时红色,近球形或扁球形,直径7-12毫米;单果为核果;种子棕色,近三棱形。花期6-7月,果熟

图853 榄绿粗叶木(变种)
1. 果枝;2. 果实。

图854 羊角藤 (亚种)
1. 果枝;2. 花序;3. 花;4. 花冠展开。

期 10-11 月。

产皖南黄山，祁门牯牛降观音堂至大演坑海拔 400 米，休宁岭南古衣海拔 250 米，石台牯牛降祁门岔 - 金竹洞，大别山区太湖大山乡海拔 250 米。分布于江苏、浙江、江西、福建、台湾、湖南、广东、香港、海南、广西。

8. 玉叶金花属 Mussaenda L.

乔木、灌木或缠绕藤本。叶对生或偶有 3 枚轮生；托叶生叶柄间，全缘或 2 裂。顶生聚伞花序；苞片和小苞片脱落；花萼管长圆形或陀螺形，裂片 5 枚，脱落或宿存，其中有些花的萼裂片中有 1 枚极发达呈花瓣状，很少全部成花瓣状，白色或其他颜色，有长柄，通常称花叶；花冠黄色、红色或稀为白色，高脚碟状，花冠管通常较长，外面有绢毛或长毛，里面喉部密生黄色棒形毛，花冠裂片 5 枚；雄蕊 5 枚，着生于花冠管的膨胀部位，花丝很短或无，花药线形；子房 2 室，花柱丝状，柱头 2 个。花盘环形。浆果肉质，萼裂片宿存或脱落；种子小，种皮有小孔穴状纹。

约 120 种。分布于热带亚洲、非洲和太平洋诸岛。我国约 31 种、1 变种、1 变型，产于西南部至东部以及西藏和台湾。安徽省产 2 种。

1. 正常的萼裂片近叶状，披针形，花叶倒卵形 ·· 1. 大叶白纸扇 M. shikokiana
1. 正常萼裂片非叶状，线形，花叶阔椭圆形 ·· 2. 玉叶金花 M. pubescens

1. 大叶白纸扇　　　　　图 855
Mussaenda shikokiana Makino [*M. esquirolii* Levl.]

直立或攀援灌木，高 1-3 米；嫩枝密被短柔毛。叶对生，薄纸质，广卵形或广椭圆形，长 10-20 厘米，宽 5-10 厘米，顶端渐尖或短尖，基部楔形或圆形，幼嫩时两面有稀疏贴伏毛，脉上毛较稠密，老时两面均无毛；侧脉 9 对；叶柄长 1.5-3.5 厘米，有毛；托叶卵状披针形，常 2 裂，长 8-10 毫米，外面疏被贴伏短柔毛。顶生聚伞花序，有花序梗；苞片托叶状，较小，小苞片线状披针形，长 5-10 毫米，被短柔毛；花梗长约 2 毫米；花萼管陀螺形，长约 4 毫米，被贴伏的短柔毛，萼裂片近叶状，白色，披针形，长达 1 厘米，宽 2-2.5 毫米，外面被短柔毛；花叶倒卵形，长 3-4 厘米，近无毛，柄长 5 毫米；花冠黄色，花冠管长 1.4 厘米，上部略膨大，外面密被贴伏短柔毛，膨大部内面密被棒状毛，花冠裂片卵形，外面有短柔毛，内面密被黄色小疣突；雄蕊着生于花冠管中部；花柱无毛，柱头 2 裂。浆果近球形，直径约 1 厘米。花期 5-7 月，果期 7-10 月。

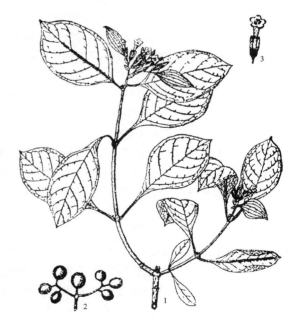

图 855 大叶白纸扇
1. 花枝；2. 果序；3. 花。

我国特有。产皖南祁门牯牛降棚店 - 双河口，海拔 300 米，石台牯牛降祁门岔 - 金竹洞，海拔 520 米。分布于广东、广西、江西、贵州、湖南、湖北、四川、福建、浙江。

植物体含胶液，可粘鸟，故称"粘鸟胶"。

2.　玉叶金花　白纸扇

Mussaenda pubescens Ait. f.

攀援灌木,嫩枝被贴伏短柔毛。叶对生或轮生,膜质或薄纸质,卵状长圆形或卵状披针形,长5-8厘米,宽2-2.5厘米,顶端渐尖,基部楔形,上面近无毛或疏被毛,下面密被短柔毛;叶柄长3-8毫米,被柔毛;托叶三角形,长5-7毫米,深2裂。顶生聚伞花序;苞片线形,有硬毛,长约4毫米;花梗极短或无梗;花萼管陀螺形,长3-4毫米,被柔毛,萼裂片线形,通常比花萼管长2倍以上,基部密被柔毛,向上毛渐稀疏;花叶阔椭圆形,长2.5-5厘米,宽2-3.5厘米,有纵脉5-7条,顶端钝或短尖,基部狭窄,柄长1-2.8厘米,两面被柔毛;花冠黄色,花冠管长约2厘米,外面被贴伏短柔毛,内面喉部密被棒形毛,花冠裂片长圆状披针形,长约4毫米,渐尖,内面密生金黄色小疣突;花柱短。浆果近球形,长8-10毫米,直径6-7.5毫米,疏被柔毛,果柄长4-5毫米,疏被毛。花期6-7月。

产皖南休宁岭南。分布于广东、香港、海南、广西、福建、湖南、江西、浙江和台湾。

茎叶味甘、性凉,有清凉消暑、清热疏风的功效,供药用或晒干代茶叶饮用。

9.　鸡矢藤属　Paederia L.

柔弱缠绕灌木或藤本,揉之发出强烈的臭味。叶对生,很少3枚轮生,具柄,通常膜质;托叶在叶柄内,三角形,脱落。腋生或顶生圆锥花序式的聚伞花序,具小苞片状或无;萼管陀螺形或卵形,萼檐4-5裂,裂片宿存;花冠管漏斗形或管形,被毛,喉部无毛或被绒毛,顶部4-5裂,裂片扩展,边缘皱褶;雄蕊4-5,生于冠管喉部,花丝极短,花药线状长圆形;花盘肿胀;子房2室,柱头2,纤毛状。果球形,或扁球形,外果皮膜质,有光泽,分裂为2个圆形或长圆形小坚果;小坚果膜质或革质,背面压扁;种子与小坚果合生,种皮薄。

20余种,大部产于亚洲热带地区,其他热带地区亦有少量分布。我国有11种、1变种,分布于西南、中南至东部,而以西南部为多。安徽省产3种,1变种。

1. 圆锥花序疏松 ·· 1. **疏花鸡矢藤 P. laxiflora**
1. 小头状花序或聚伞花序扩展为圆锥花序式。
　2. 花序末次分枝上的花非蝎尾状排列;叶两面被锈色绒毛 ·············· 2. **粗毛鸡矢藤 P. cavaleriei**
　2. 花序末次分枝上的花蝎尾状排列;叶两面无毛或被毛
　　3. 茎和叶无毛或近无毛 ································· 3. **鸡矢藤 P. scandens**
　　3. 茎和叶被毛或近无毛 ··············· 4. **毛鸡矢藤 P. scandens** var. **tomentosa**

1.　疏花鸡矢藤

Paederia laxiflora Merr. ex Li

半灌木状藤本,长约2米,除花外全部无毛或近无毛;茎平滑,直径3毫米;小枝无毛,直径1毫米。叶纸质或近膜质,披针形,通常长15-19厘米,宽1.5-3厘米,顶端微渐尖,基部近截平的圆形,生于小枝上的叶比较小,基部短尖,两面无毛;侧脉每边6条;叶柄长1.2-2厘米。腋生和顶生疏松的圆锥花序,具长3-7厘米的总花梗,无毛或在分枝的末梢被柔毛;花无梗或梗极短;萼管无毛,长1毫米,干后变黑色,萼檐裂片极短;花冠白带紫色,长6-7毫米,外面密被短柔毛。花期5-6月,果期冬季。

产皖南黄山云谷寺至狮子岭途中,四百台下。分布于江西、福建、湖北、广西、云南。

2.　粗毛鸡矢藤

Paederia cavaleriei Levl.

缠绕灌木;茎和枝被绣色绒毛。叶近膜质,卵形、长圆状卵形至长圆形,长6-18厘米,宽2.5-10厘米,顶端长渐尖,基部圆形或截状心形,两面均被锈色绒毛,下面被毛稍密;侧脉每边5-10条;叶柄被毛,长2-8

厘米；托叶三角状披针形，长 6-10 毫米，外面被绒毛，内面无毛或有柔毛，花具短梗，聚集成小头状，有小苞片，此小头状再排成腋生或顶生的复总状花序，长 7-21 厘米，具总花梗；萼管倒卵形，长 1.8 毫米，无毛或被毛，萼檐裂片 5，三角形，无毛或被毛；花冠管状，上部稍膨大，长 8 毫米，外面被粉末状绒毛，裂片 5，极短，长约 5 毫米。成熟的果球形，直径 4.5-5 毫米，光滑，草黄色；小坚果无翅，浅黑色。花期 6-7 月，果期 10-11 月。

产皖南黄山，海拔 730 米。分布于我国南部、中部、东部和西部及台湾。

3. 鸡矢藤 鸡屎藤　　　　　　图 856

Paederia scandens（Lour.）Merr.

藤本，茎长 3-5 米，无毛或近无毛。叶对生，纸质或近革质，卵形、卵状长圆形至披针形，长 5-15 厘米，宽 1-6 厘米，顶端急尖或渐尖，基部楔形或近圆或截平，有时浅心形，两面无毛或近无毛，有时下面脉腋内有束毛；侧脉每边 4-6 条；叶柄长 1.5-7 厘米；托叶长 3-5 毫米，无毛。腋生和顶生圆锥花序式的聚伞花序，末次分枝上着生的花常呈蝎尾状排列；小苞片披针形，长约 2 毫米；花具短梗或无；萼管陀螺形，长 1-1.2 毫米，萼檐裂片 5，裂片三角形；花冠浅紫色，管长 7-10 毫米，外面被粉末状柔毛，里面被绒毛，顶部 5 裂，花药背着，花丝长短不齐。果球形，成熟时近黄色，有光泽，平滑，直径 5-7 毫米；小坚果无翅，浅黑色。花期 5-7 月。

广泛分布于安徽省南北各地。分布于陕西、甘肃、山东、江苏、江西、浙江、福建、台湾、河南、湖南、广东、香港、海南、广西、四川、贵州、云南。

图 856 鸡矢藤
1. 花枝；2. 花；3. 花冠展开；4. 雌蕊（具宿萼）。

本种主治风湿筋骨痛、跌打损伤、外伤性疼痛、肝胆及胃肠绞痛、黄疸型肝炎、肠炎、痢疾、消化不良、小儿疳积、肺结核咯血、支气管炎、放射反应引起的白细胞减少症、农药中毒；外用治皮炎、湿疹、疮疡肿毒。

3a. 毛鸡矢藤（变种）

Paederia scandens（Lour.）Merr. var. **tomentosa**（Bl.）Hand.-Mazz.

本变种与鸡矢藤的区别是：小枝被柔毛或绒毛；叶上面被柔毛或无毛，下面被小绒毛或近无毛；花序常被小柔毛；花冠外面常有海绵状白毛。花期夏、秋。

广泛产于安徽省南北各地。分布于江西、广东、香港、海南、广西、云南等省区。

10. 白马骨属 Serissa Comm. ex A. L. Jussieu

多分枝灌木，无毛或小枝被微柔毛，揉之发出臭气。叶对生，近无柄，通常聚生于短小枝上，近革质，卵形；托叶与叶柄合生成一短鞘，有 3-8 条刺毛，不脱落。花腋生或顶生，单朵或多朵丛生，无梗；萼管倒圆锥形，萼檐 4-6 裂，裂片锥形，宿存；花冠漏斗形，顶部 4-6 裂；雄蕊 4-6 枚，生于冠管上部，花丝线形，略与冠管连生，花药近基部背着，线状长圆形；子房 2 室，花柱线形，2 分枝，分枝线形或锥形，全部被粗毛。果为球形的核果。

本属 2 种，分布于我国和日本。安徽省产 2 种。

1. 叶革质，卵形至倒披针形，长 6-22 毫米，宽 3-6 毫米；花单生或数朵丛生；花冠管比萼檐裂片长 ············
··· 1. **六月雪 S. japonica**

1. 叶薄纸质，倒卵形或倒披针形，长 15-40 毫米，宽 7-13 毫米；花通常数朵丛生；花冠管与萼檐裂片等长 ······
··· 2. **白马骨 S. serissoides**

1. 六月雪　　　　　　　　　图 857

Serissa japonica（Thunb.）Thunb.

　　小灌木，高 60-90 厘米，有臭气。叶革质，卵形至倒披针形，长 6-22 毫米，宽 3-6 毫米，顶端短尖至长尖，全缘，无毛；叶柄短。花单生或数朵丛生于小枝顶部或腋生，边缘浅波状的苞片被毛；萼檐裂片细小，锥形，被毛；花冠淡红色或白色，长 6-12 毫米，裂片扩展，顶端 3 裂；雄蕊突出冠管喉部外；花柱长，柱头 2。花期 5-7 月。

　　产皖南黄山，青阳九华山；大别山区潜山；江淮滁县皇甫山、琅琊山。分布于江苏、江西、浙江、福建、广东、香港、广西、四川、云南。

2. 白马骨

Serissa serissoides（DC.）Druce

　　小灌木，通常高达 1 米；嫩枝被微短柔毛，后变无毛。叶通常丛生，薄纸质，倒卵形或倒披针形，长 1.5-4 厘米，宽 0.7-1.3 厘米，顶端短尖或近短尖，基部收狭成一短柄，除下面被疏毛外，其余无毛；侧脉每边 2-3 条，在叶片两面均凸起；托叶具锥形裂片，膜质，被疏毛。花无梗，生于小枝顶部，有苞片；苞片膜质，斜方状椭圆形，长渐尖，长约 6 毫米，具疏散小缘毛；花托无毛；萼檐裂片 5，呈披针状锥形，极尖锐，长 4 毫米，具缘毛；花冠管长 4 毫米，外面无毛，喉部被毛，裂片 5，长圆状披针形，长 2.5 毫米；花药长 1.3 毫米；花柱长约 7 毫米，2 裂。花期 4-6 月。

　　产皖南石台牯牛降金竹洞，海拔 650 米，歙县清凉峰大原，海拔 880 米；大别山区霍山青枫岭欧家冲，海拔 500 米。分布于江苏、浙江、江西、福建、台湾、湖北、广东、香港、广西。

图 857 六月雪
1. 花枝；2. 花；3. 花冠展开；4. 果实。

11. 流苏子属 Coptosapelta Korth.

　　藤本或攀缘灌木；小枝圆柱形。叶对生，具柄；托叶在叶柄间，三角形或披针形，脱落。花单生于叶腋或为顶生的圆锥状聚伞花序；萼管卵形或陀螺形。萼檐短，5 裂，宿存；花冠高脚碟状，裂片 5；雄蕊 5，着生在花冠喉部，花丝短，花药细长；子房 2 室，柱头纺锤形。蒴果近球形，2 室，室背开裂；种子小，种皮膜质，周围扩展成流苏状的翅。

　　约 13 种，分布于亚洲南部和东南部，南至巴布亚新几内亚。我国有 1 种。安徽省也产。

流苏子　　　　　　　　　图 858

Coptosapelta diffusa（Champ. ex Benth.）Van Steenis［*Thysanospernum diffusum* Champ. ex Benth.］

　　藤本或攀缘灌木，长通常 2-5 米；枝被柔毛或无毛，幼嫩时密被黄褐色倒伏的硬毛。叶厚纸质至革质，卵形、卵状长圆形至披针形，长 2-9.5 厘米，宽 0.8-3.5 厘米，顶端短尖、渐尖至尾状渐尖，基部圆形，两面无毛或稀被长硬毛，中脉在两面均有疏长硬毛，边缘无毛或有疏睫毛；侧脉 3-4 对；叶柄长 2-5 毫米，有硬毛，稀无毛；托叶披针形，长 3-7 毫米，脱落。花单生于叶腋；花梗长 3-18 毫米，无毛或有柔毛，常在上部有 1 对长约 1 毫米的小苞片；花萼长 2.5-3.5 毫米，无毛或有柔毛，萼管卵形，檐部 5 裂，裂片卵状三角形，长 0.8-1毫米；花冠白色或黄色，高脚碟状，外面被绢毛，长 1.2-2厘米，冠管圆筒形，长 0.8-1.5 厘米，内面上部有柔毛，裂片 5，长圆形，长 4-6 毫米，内面中部有柔毛；雄蕊5 枚，花丝短，花药线状披针形，长 3.5-4 毫米，伸出；花柱长约 13 毫米，无毛，柱头纺锤形，长 2.5-3 毫米，伸出。蒴果稍扁球形，中间有 1 浅沟，直径 5-8 毫米，长 4-6 毫米，淡黄色，果皮硬，木质，顶有宿存萼裂片，果柄纤细，长可达 2 厘米；种子多数，近圆形，薄而扁，棕黑色，直径 1.5-2 毫米，边缘流苏状。

花期 5-7 月，果期 5-12 月。

产皖南祁门牯牛降双河口至茅棚店，海拔 300 米、观音堂至小演坑，海拔 400 米，休宁岭南，绩溪，歙县。分布于浙江、江西、福建、台湾、湖北、湖南、广东、香港、广西、四川、贵州、云南。

根辛辣，可治皮炎。

图 858 流苏子
1. 营养枝；2. 花枝；3. 花；4. 子房纵切；5. 果实；6. 种子。

12. 狗骨柴属 **Diplospora** DC.

灌木或小乔木。叶交互对生；托叶具短鞘和稍长的芒。腋生聚伞花序；花 4(-5) 数，小，两性或单性（或杂性异株）；萼管短，萼裂片常三角形，花冠高脚碟状，白色，淡绿色或淡黄色，花冠裂片旋转排列；雄蕊着生在花冠喉部，花丝短，花药背着，雌花中的退化雄蕊具空的药室；子房 2 室，在雄花中的子房室空虚，花柱 2 裂；花盘环状。核果淡黄色、橙黄色至红色，近球形或椭圆球形，小，常具宿存萼；种子具角，半球形、球形、近卵形或稍扁平，具线形或逗号形种脐。

20 多种，分布于亚洲的热带和亚热带地区。我国有 3 种，分布于长江流域以南各省区，东至台湾。安徽省产 1 种。

狗骨柴　　　　　　　　图 859

Diplospora dubia（Lindl.）Masam. ［*Tricalysia dubia*（Lindl.）Ohwi］

灌木或乔木，高 1-12 米。叶革质，少为厚纸质，卵状长圆形、长圆形、椭圆形或披针形，长 4-19.5 厘米，宽 1.5-8 厘米，顶端短渐尖、渐尖或短尖，尖端常钝，基部楔形或短尖，全缘，有时两侧稍偏斜，两面无毛；侧脉纤细，5-11 对；叶柄长 4-15 毫米；托叶长 5-8 毫米，下部合生，顶端钻形，内面有白色柔毛。

图 859 狗骨柴
1. 果枝；2. 花；3. 花纵剖；4. 子房横切。

花腋生密集成束或组成具总花梗、稠密的聚伞花序；总花梗短，有短柔毛；花梗长约 3 毫米，有短柔毛；萼管长约 1 毫米，萼檐稍扩大，顶部 4 裂，有短柔毛；花冠白色或黄色，冠管长约 3 毫米，花冠裂片长圆形，约与冠管等长；雄蕊 4 枚，花丝长 2-4 毫米，与花药近等长；雌花花柱长约 3 毫米，柱头 2 分枝，线形。浆果近球形，直径 4-9 毫米，有疏短柔毛或无毛，成熟时红色；果柄有短柔毛，长 3-8 毫米；种子近卵形，暗红色，直径 3-4 毫米，长 5-6 毫米。花期 4-8 月，果期 5 月至翌年 2 月。

产皖南休宁。分布于江苏、浙江、江西、福建、台湾、湖南、广东、香港、广西、海南、四川、云南。

木材致密强韧，加工容易，可为器具及雕刻细工用材。据称在江西井冈山地区居民用其根治黄疸病

13. 钩藤属 Uncaria Schreber

木质藤本，无毛或有短柔毛，营养侧枝常变态成钩刺。叶对生；侧脉脉腋通常有陷窝；托叶全缘或有缺刻，2 裂，承托头状花序的托叶有时近叶状，腹面基部或整个表面具黏液毛。头状花序顶生于侧枝上，常单生，稀分枝为复聚伞圆锥花序状。花 5 数，近无梗时有小苞片，有梗时无小苞片；总花梗具稀疏或稠密的毛；小苞片线状或线状匙形；花萼管短，无毛或有稠密的毛，萼裂片三角形至窄三角形或线形，椭圆形或近圆形至卵状长圆形，无毛或有稠密的毛；花冠高脚碟状或近漏斗状，外面无毛或有稠密的毛，花冠裂片卵状长圆形或椭圆形，外面无毛，或具短柔毛以至稠密的毛，里面无毛或具短柔毛；雄蕊着生于花冠管近喉部，花丝短，无毛；花柱伸出，柱头球形或长棒形，子房 2 室。小蒴果 2 室，外果皮厚，纵裂，内果皮厚骨质，室背开裂；种子小，中央具网状纹饰，两端有长翅，下端的翅深 2 裂。

本属有 34 种，主要分布于热带和亚热带地区。我国有 11 种、1 变型。安徽省产 1 种。

钩藤　　　　　　　　　图 860

Uncaria rhynchophylla（Miq.）Miq. ex Havil.

藤本；嫩枝较纤细，方柱形或略有 4 棱角，无毛。叶纸质，椭圆形或椭圆状长圆形，长 5-12 厘米，宽 3-7 厘米，两面均无毛，顶端短尖或骤尖，基部楔形至截形；侧脉 4-8 对，脉腋陷窝有黏液毛；叶柄长 5-15 毫米，无毛；托叶狭三角形，2 裂，外面无毛，里面无毛或基部具粘液毛。头状花序单生叶腋，总花梗具一节，苞片微小，或成单聚伞状排列，总花梗腋生，长 5 厘米；小苞片线形或线状匙形；花近无梗；花萼管疏被毛，萼裂片近三角形，长 0.5 毫米，疏被短柔毛，顶端锐尖；花冠管外面无毛，或具疏散的毛，花冠裂片卵圆形，外面无毛或略被粉状短柔毛，边缘有时有纤毛；花柱伸出冠喉外，柱头棒形。果序直径 10-12 毫米；小蒴果长 5-6 毫米，被短柔毛，宿存萼裂片近三角形，星状辐射。花、果期 5-12 月。

产皖南祁门牯牛降观音堂至小演坑，海拔 370-420 米，歙县，黟县和休宁。分布于广东、广西、云南、贵州、福建、湖南、湖北、江西。

本种带钩藤茎为著名中药（钩藤），功能清血平肝，息风定惊，用于风热头痛，感冒夹惊，惊痫抽搐等症，所含钩藤碱有降血压作用。

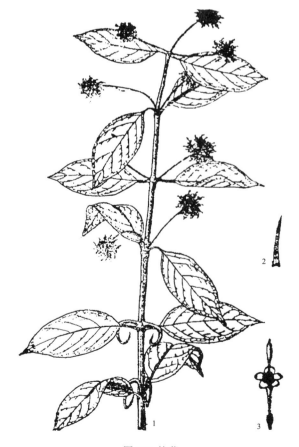

图 860 钩藤
1. 花枝；2. 托叶；3. 花。

92. 紫葳科 BIGNONIACEAE

乔木。灌木或为攀援木质藤本，稀为草本。叶对生或轮生，稀互生，单叶或复叶，无托叶。花常大形而美丽，两性，左右对称，排成顶生或腋生的圆锥花序或总状花序；花萼管状，上部平截或 5 齿裂；花冠合瓣，钟状至漏斗状，4 裂或 5 裂，裂片覆瓦状排列，常呈 2 唇形，上唇 2 裂，下唇 3 裂；雄蕊与花冠裂片互生，通常仅 4 枚或 2 枚雄蕊发育，其余的 1 枚或 3 枚不育或退化，着生于花冠筒上；具花盘；子房上位，2 室而为中轴胎座或 1 室而为侧膜胎座，胚珠多数，倒生，花柱细长，柱头 2 裂。蒴果室背或室轴开裂，也有肉质呈浆果状而不开裂；种子扁平，常有翅和毛。

约 120 属，650 种，主要分布于世界热带、亚热带地区，少数种可伸展至温带。我国有 22 属，49 种，分布于南北各地。安徽省有 2 属，7 种（含引入栽培 3 种）。

1. 单叶对生或有时 3 叶轮生，掌状脉，边缘无锯齿；乔木或直立灌木，无气根 ·················· 1. **梓树属 Catalpa**
1. 羽状复叶对生，羽状脉，边缘有锯齿；攀援藤本，有气根 ·················· 2. **凌霄属 Campsis**

1. 梓树属 **Catalpa** Scop.

落叶乔木，稀常绿。冬芽具芽鳞数枚。单叶，对生，或有时 3 叶轮生，全缘或略分裂，基出脉 3 条或 5 条成掌状，叶下面脉腋间常有暗色或紫黑色腺斑；叶柄长。圆锥花序或总状花序，顶生，花萼球形，常 2 或 3 裂，有时为不规则的分裂，裂片顶端尖或芒尖；花冠钟形、2 唇形，上唇 2 裂较小，下唇 3 裂较大；雄蕊与花冠裂片互生，发育雄蕊 2 枚，花丝细长，着生于花冠的下唇内，其余 2-3 枚为不育或退化雄蕊，内藏；子房上位，2 室。胚珠多数。蒴果，细长圆柱形，2 瓣裂，内有种子多数。排成 2 或 4 列；种子椭圆形，扁平，两端有白色纤维质丝状毛。约 14 种，分布于美洲和亚洲东部，安徽省有 3 种，另自美洲引入栽培 2 种。

1. 圆锥花序：
  2. 花淡黄色；叶基部有时 3-5 浅裂；蒴果长达 30 厘米 ·················· 1. **梓树 C. ovata**
  2. 花白色：
    3. 叶下面被短柔毛，脉上较密；花萼无毛；蒴果长达 40 厘米 ·················· 2. **紫葳楸 C. bignonioides**
    3. 叶下面密被毛，基部脉腋具绿色腺斑；花萼有毛；蒴果长达 55 厘米 ·················· 3. **黄金树 C. speciosa**
1. 伞房花序或总状花序：
  4. 花白色至淡红色；叶先端长渐尖，基部脉腋具紫色腺斑 ·················· 4. **楸树 C. bungei**
  4. 花淡红色或淡紫色；叶先端渐尖，无紫色腺斑 ·················· 5. **灰楸 C. fargesii**

1. 梓树

图 861

Catalpa ovata Don.

落叶乔木，高 6-10 米。茎多分枝，枝条扩展，树冠宽阔，树皮灰色或灰褐色，浅纵裂或有薄片剥落；嫩枝和叶柄被毛并有黏质。单叶，对生，或偶 3 叶轮生，宽卵形或卵圆形，稀近圆形，长 10-25 厘米，宽 7-25 厘米，先端急尖，基部心形或近圆形，全缘或 3-5 浅裂，基生 3 脉或 5 脉，基部脉腋处有紫色腺斑，上面暗绿色，脉上疏生长柔毛，下面淡绿色，仅中脉上有柔毛；叶柄长 6-14 厘米，嫩时有长柔毛。圆锥花序顶生，长 10-25 厘米，花序轴稍有毛，花多数；花萼近球形，2 裂，裂片顶端尖；花冠 2 唇形，长约 2 厘米，淡黄色或黄白色，内有黄色条纹和紫色斑点；发育雄蕊 2 枚，花丝长，着生于下唇内；子房上位，2 室。胚珠多数。蒴果细长圆柱状，长 20-30 厘米，直径 4-7 毫米，嫩时疏生长柔毛，经久不落，悬挂树梢；种子长 8-10 毫米，两端有束毛，连毛长 22-28 毫米。花期 5-6 月，果期 9-11 月。

安徽省各地广泛栽植。分布于我国长江流域以北广大地区。日本也有。

木材在生产上统称梓木，材质好，加工易。不翘曲不开裂。尺寸性稳定，为制做古乐器七弦琴和月琴的背板及现代工业造船的船壳和划桨的优良用材，亦为四旁绿化树种。

2.　紫葳楸

Catalpa bignonioides Walt.

落叶乔木，高 10-15 米。大枝扩展，树冠呈圆头形；树皮薄，淡褐色，呈薄鳞片状剥落。单叶，轮生或对生，卵圆形，长 10-20 厘米，先端短渐尖，基部截形至近心形，有时在近基部有 1 对小裂片，上面绿色，稍光泽，几无毛，下面有短柔毛，脉上毛被较别处更多；叶揉碎有一种不愉快的气味；叶柄长 8-16 厘米。圆锥花序，长 15-20 厘米，有花多数，花两性，花萼无毛不规则分裂或 2 裂；花冠钟状，白色，2 唇形，直径 4-5 厘米，下唇裂片全缘。内面具有 2 条黄色纵条纹，并散生有紫褐色斑点，能育雄蕊 2 枚，内藏，退化雄蕊 2 枚或 3 枚，花药不育或缺，子房上位，2 室。蒴果长 20-40 厘米，直径 6-8 毫米，果壳薄。花期 6-7 月。

原产美国东部。我国华东、华中等地均有引种。合肥、安庆等地有栽培，常作行道树。

3.　黄金树　　　　　　　　　　　图 862

Catalpa speciosa Ward.

落叶乔木。高 10-15 米。树皮厚，红褐色。呈厚鳞片状开裂。单叶，对生，宽卵形或卵状矩圆形，长 15-35 厘米，宽 11-22 厘米。先端长渐尖，基部截形至心脏形，全缘，极稀 1 或 2 浅裂，上面鲜绿色，无毛。下面密被柔毛，基部有基生三出脉，脉腋间被有绿色腺斑，叶柄长 10-15 厘米，稍有柔毛。圆锥花序顶生，长约 15 厘米，由少数花组成，最多有花 10 余朵；花萼有毛，2 裂，裂片近圆形，被毛；花冠 2 唇形，白色，直径约 6 厘米，长 4-5 厘米，稍歪斜，下唇裂片微凹，上面有 2 条黄色条纹及鲜明的淡紫褐色斑点，发育雄蕊 2 枚；子房 2 室。蒴果通常长不足 40 厘米，直径约 15 毫米，果壳壁厚；种子长 2-2.5 厘米，连毛长 3.4-4.5 厘米，宽约 6 毫米。花期 5-6 月。果期 9-11 月。

原产美国东南部。我国华北，华东等地也有栽培。安徽省合肥，芜湖、安庆、马鞍山、淮南及黄山等地均有栽培。供观赏或作行道树。生长前期不比本地产梓树优良。

图 861　梓树（花枝）

图 862　黄金树
1. 花；2. 果实。

4. 楸树 图863

Catalpa bungei C. A. Mey.

落叶乔木，高 10-20 米，干形通直，树冠窄长；树皮灰褐色或黑褐色，浅纵裂；小枝灰褐色，有光泽，有黄褐色皮孔。单叶，对生，稀 3 叶轮生，三角状卵形或宽卵状椭圆形，长 6-16 厘米，宽 6-12 厘米，先端长渐尖，基部截形、宽楔形或心形，全缘，幼树的叶常有浅裂，两面无毛，基生 3 出脉，脉腋处有紫色腺斑；叶柄长 2-8 厘米。总状花序或呈伞房状，有花 3-12 朵，花两性；花萼 2 裂，萼片顶端有 2 尖裂；花冠钟状，白色至淡红色，长约 4 厘米，内有紫色斑点；发育雄蕊 2 枚，退化雄蕊 3 枚，花丝长，着生于下唇内；子房 2 室。蒴果长 25-55 厘米，直径约 5 毫米，种子多数；种子狭长椭圆形，长 12-14 毫米，宽 2-3 毫米，两端有毛束，连毛长 40-50 毫米，但因自花不亲和性，往往不孕无果。花果期 4-10 月。

安徽省淮北平原、江淮丘陵、滁县琅琊山；大别山区、沿江丘陵地区及皖南宣城、广德、青阳等县均有生长。分布于我国黄河流域和长江流域各地。

图863 楸树
1. 花枝；2. 果。

楸树在安徽省品种甚多，根据阜阳地区林科所研究，其中以大红芽、箭杆楸最为优良，干形通直，枝下高为树高的 2/3，通常多采用无性繁殖，尤以嫁接和埋根成活率高，苗木健壮，生长迅速，适应性强，不耐水湿及干旱，楸树对二氧化硫和氮气有较强的抗性，可为工业区绿化的优良树种。

5. 灰楸

Catalpa fargesii Bur.

落叶乔木，高达 25 米，幼枝、花序、叶柄均被分枝毛。叶厚纸质，卵形、三角状心形或三角状卵形，长 13-20 厘米，先端渐尖，基部平截或微心形，基脉3，幼叶被毛，后脱落；叶柄长 3-10 厘米。花序具花 7-15；花冠淡红或淡紫色，内面具紫色斑点，钟状，长约 3.2 厘米；雄蕊花药分叉，长 3-4 毫米。蒴果长 55-80 厘米，果壳革质，2 裂。种子椭圆状线形，薄膜质，两端具丝毛，连毛长 5-6 厘米。花期 3-5 月；果期 6-11 月。

产皖南歙县上丰乡溪头、紫坑。分布于陕西、甘肃、华北、中南、华南、西南等省（区）。群众多作庭园观赏树、行道树，村庄多有栽培。

材质优良，供建筑家具用。嫩叶、花可食，叶可喂猪。果药用、利尿，根皮可治皮肤病。茎皮、叶作农药，治稻螟、飞虱。

2. 凌霄属 **Campsis** Lour.

攀援木质藤本，常有气根，稀落叶灌木。茎灰白色。叶对生，单数羽状复叶，小叶边缘有锯齿多具短柄。花形大、两性，橙色至鲜红色，排成顶生的圆锥花序或聚伞花序；花萼钟状，革质，其不等大的 5 齿裂；花冠漏斗状钟形，在花萼以上扩大，稍呈 2 唇形开展，有 5 裂，边缘歪斜，裂片顶端圆形，雄蕊 4 枚，2 长 2 短，内藏；子房 2 室，基部花盘明显。蒴果，2 瓣裂；内有种子多数，压扁，两端有翅。

约 3 种。分布于北美洲及亚洲东部。我国有 2 种。安徽省均有。

1. 小叶通常 7-9 枚，稀达 11 枚，两面无毛；花萼裂片与花萼筒等长；花冠鲜红 ………… 1. 凌霄 **C. grandiflora**

1. 小叶 9-11 枚，下面有柔毛，或至少沿中脉有柔毛；花萼裂片短于花萼筒；花冠外面橙色，檐部鲜红色 ………
……………………………………………………………………………………………………… 2. 美国凌霄花 C. radicus

1. 凌霄　　　　　　　　　　　　　　图 864

Campsis grandiflora（Thunb.）Loisel.

［*Campsis chinensis*（Lam.）Voss. et Sieber.；
Bignonia grandiflora Thunb.］

落叶木质藤本，有少数气生根或无气生根，
常攀附于其他物上，节间有毛。单数羽状复叶，
对生，小叶常 7-9 枚，极稀 11 枚，近无柄，卵形
至卵状披针形，长 3-6 厘米。宽 1.5-3 厘米，先
端渐尖，基部宽楔形至近圆形，稍不对称，边缘
有锯齿或齿缺，两面无毛，两小叶柄间有淡黄色
柔毛。大而松散的圆锥花序或聚伞花序，顶生；
花萼钟状，大小不等的 5 裂，裂片披针形，与萼
筒等长，花冠漏斗状钟形，上部 5 裂，鲜红色，
花冠筒稍长于花萼裂片，但决不超过 3 倍于花萼
裂片，冠檐直径约 7-8 厘米。蒴果顶端钝，具柄，
室背开裂，果瓣皮革质；内有种子多数，压扁，
具 2 枚透明的扇形翅。花期 6-8 月，果期 10-11 月。

产皖南山区和大别山区，以及江淮地区的和
县、庐江、定远、全椒等地；各地公园常有栽培。
生于谷溪沟旁杂木林缘或灌丛中，喜附生于石壁
上。分布于我国东部、中部、南部及西南部地区。
日本也有。

花大色艳，为庭园棚架优良藤蔓材料。

图 864 凌霄（花枝）

2. 美国凌霄花　　　　　　　　　　图 865

Campsis radicus（L.）Seem.

［*Bignonia radicus* L.］

落叶木质藤本，长达 10 米，具有气生根，常
攀附于他物上。单数羽状复叶，对生。小叶 9-11 枚，
椭圆形至卵状矩圆形，长 3-6 厘米，先端长渐尖，
基部楔形，边缘有锯齿，上面无毛，下面有柔毛或
至少沿中脉有柔毛；具短柄。圆锥花序，顶生；花
萼 5 裂。裂片三角形，较萼筒短；花冠漏斗状钟形，
外面橘红色，檐部鲜红色。长 6-9 厘米，长 3 倍于
花萼，萼檐直径 4-5 厘米。蒴果圆筒状长圆形，长
8-12 厘米，革质，先端有喙，沿缝线有龙骨状突起；
种子多数，压扁，具 2 翅。花期 7-9 月。果期四月。

原产美国东南部。我国华东、华南、华中等

图 865 美国凌霄花
1. 花枝；2. 雌蕊。

地也有栽植。安徽省各地公园常见栽培，于走廊棚架上，遮阴供观赏。观赏价值同凌霄。

93. 厚壳树科 EHRETIACEAE

灌木或乔木,稀为灌木,常有糙毛或刚毛,稀无毛。叶互生,有时下部对生,常全缘,或有锯齿,无托叶。花序常顶生,二歧或单歧蝎尾状聚伞花序,稀总状花序;花两性,整齐,稀两侧对称;花萼 5 裂;裂片覆瓦状排列,稀镊合状排列;花冠合生,白色、黄色或蓝色,辐状、漏斗状或钟状,5 裂,裂片覆瓦状排列,稀旋转状排列,雄蕊 5 枚,生于花冠筒上,与花冠裂片互生,花药 2 室;子房 2 室,每室 1-2 胚珠;花柱 1,稀 2,顶生或生于子房裂缝的基部,柱头头状或 2 裂。核果,或 4(2)枚小坚果;种子常无胚乳,子叶扁平或具褶。

约 18 属。分布于非洲及亚洲热带、亚热带。兹介绍安徽省木本植物 1 属,2 种。

厚壳树属 Ehretia P. Br.

直立灌木或乔木。叶互生,具柄,全缘或有锯齿,无毛或有粗毛。聚伞花序多少二歧分枝,成伞房花序或圆锥花序,顶生或腋生;花萼 5 浅裂,覆瓦状排列;花冠筒状或钟状,白色,5 裂,裂片开展或外弯,呈覆瓦状排列;雄蕊 5 枚,生于花冠筒上,花丝细长,花药卵形或椭圆形,伸出;子房 2 室,每室 2 胚珠,花柱顶生,柱头 2 深裂,头状或棒状。核果球形,无毛,黄色,橙色,有 4 粒种子或因发育不全,仅有 1-3 粒种子;种子直立,种皮薄,胚乳少。

约 50 种,主要分布于非洲及亚洲热带和亚热带地区。我国有 11 种,3 变种,分布于长江以南各省(区)。安徽省 2 种。

1. 叶下面仅脉腋间有簇生毛;圆锥花序顶生或腋生;花冠裂片长于花冠筒;核果橙红色,成熟后变黑褐色,直径约 4 毫米·························· 1. **厚壳树 E. thyrsiflora**
1. 叶下面有细柔毛,上面有糙毛;圆锥花序伞房状;花冠裂片短于花冠筒;核果黄色,成熟后变黑色,直径约 1 厘米·························· 2. **粗糠树 E. macrophylla**

1. 厚壳树　　　　　　　　　　图 866

Ehretia thyrsiflora(Sieb. et Zucc.)Nakai

落叶乔木,高 3-15 米。树皮暗灰色、作不规则纵裂;小枝光滑。有显著皮孔。叶倒卵形至长椭圆状倒卵形或椭圆形,长 5-18 厘米。先端渐尖或急尖,基部楔形或圆形,边缘有细锯齿,上面暗绿色。下面淡绿色,脉腋间有簇生毛;叶柄长 0.8-2.5 厘米。圆锥花序顶生或腋生,长 5-20 厘米;花白色,芳香,无柄或具短柄;花萼 5 裂,裂片卵圆形,边缘有细毛;花冠辐状,5 裂,裂片长圆形,长 2-3 毫米,筒长约 1 毫米;雄蕊 5 枚,生于花冠筒上,与花冠近等长;子房上位。2 室,花柱顶生,柱头头状。核果球形,直径约 4 毫米,橙色,成熟后变为黑褐色。花期 4-5 月,果期 7 月。

产安徽省大别山区、金寨白马寨、岳西陀尖山海拔 1000 米以下;江淮丘陵滁县琅琊山、皇甫山、庐江冶山;皖南黄山、歙县、祁门、观音堂、休宁等地,生于海拔 800 米以下疏林中。淮北濉溪县、临泉新集乡、宿县、祁县戴庵村等地均有零星散生。分布于我国华东、华中及西南各省(区)。

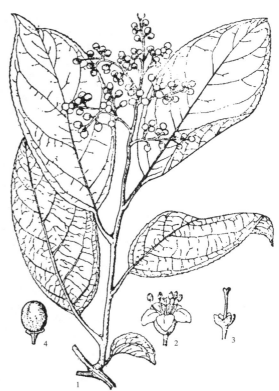

图 866 厚壳树
1. 果枝; 2. 花; 3. 雌蕊(示花柱); 4. 果实。

2. 粗糠树 图 867

Ehretia macrophylla Wall.

[*Ehretia dicksonii* Hance]

落叶乔木,高 4-13 米。枝和小枝被白色硬毛。叶椭圆形或狭倒卵形,长 9-18 厘米,宽 6-10 厘米,先端渐尖,基部圆形或浅心形,边缘有小牙齿,上面粗糙,有糙伏毛,下面密生短柔毛。圆锥花序伞房状,序梗有毛;花芳香;花萼长约 4 毫米,5 中裂,有短毛;花冠白色,裂片 5,长约 3.5 毫米,筒部长约 6.5 毫米;雄蕊 5 枚,伸出;花柱上部 2 裂。核果黄色,近球形,直径约 1 厘米,成熟后黑色。花期 4 月,果期 6-7 月。

产皖南祁门、歙县、旌德、绩溪、石台等地。生于海拔 500-800 米阔叶林中。分布于我国华东、华中及西南各省(区)。叶可作猪饲料。

图 867 粗糠树
1. 果枝;2. 雌蕊;3. 花冠展开。

94. 马鞭草科 VERBENACEAE

灌木或乔木，少藤本，稀草本。叶对生，稀轮生或互生；单叶或掌状复叶，很少羽状复叶；无托叶。花序顶生或腋生，聚伞、总状或穗状花序，或由聚伞花序再组成伞房状、圆锥状或头状，稀单花；花两性，两侧对称，少辐射对称；花萼宿存，杯状、钟状或管状，稀漏斗状，顶端常有 4-5 齿或为截头状，稀 2-3 齿或 6-8 齿；花冠合瓣，花冠管圆柱形，顶端常 4-5 裂，少多裂，裂片覆瓦状排列；雄蕊 4 枚，稀 2 枚或 5-6 枚，生于花冠筒上，花丝分离，花药常 2 室，内向纵裂或顶端孔裂；花盘小而不显著；子房上位，全缘或 4 浅裂，常 2-4 室，或为假隔膜分为 4-10 室，每室 1-2 胚珠。花柱顶生，稀微下陷于子房裂缝中，柱头 2 裂或不裂。核果或蒴果，常分裂为 2 或 4 枚分果核。

80 余属，3000 多种，主要分布于世界热带和亚热带地区，少数见于温带。我国有 21 属，180 余种，主要分布于长江以南各省（区）。安徽省有 9 属，24 种。6 变种，其中木本植物有 7 属，20 种，6 变种。

1. 花密集成头状；核果肉质 ·· 1. 马缨丹属 Lantana
1. 聚伞花序组成各式花序：
  2. 无苞片；蒴果 4 瓣裂几达基部·· 2. 冬红属 Holmlskioldia
  2. 苞片排成 1 层或无苞片；蒴果或核果：
    3. 蒴果 4 瓣裂；单叶，全缘或具锯齿 ··· 4. 莸属 Caryopteris
    3. 核果或成浆果状：
      4. 掌状复叶（除单叶蔓荆外）·· 3. 牡荆属 Vitex
      4. 单叶或 3 小叶复叶
        5. 花序腋生；果熟时紫、红或白色 ·· 6. 紫珠属 Callicarpa
        5. 花序顶生或腋生：
          6. 花冠 4 裂，结果时萼不明显增大 ·· 7. 豆腐柴属 Premna
          6. 花冠 5 裂，结果时萼明显增大 ·· 5. 大青属 Clerodendrum

1. 马缨丹属 Lantana L.

直立或藤状灌木，有强烈气味。茎方形，单叶，对生；有柄，边缘有锯齿，表面多皱。头状花序顶生或腋生，有总花梗，苞片基部宽展，小苞片极小，花萼小，膜质，顶端截平或具短齿；花冠顶端 4-5 浅裂，裂片近相等或略呈 2 唇形，花冠筒细长向上略宽展；雄蕊 4 枚，生于花冠筒中部，内藏；子房 2 室，每室 1 胚珠，花柱短，内藏柱头偏斜，近头状。果实成熟后常分裂为 2 枚分果核。

约 150 种，主要分布于美洲热带地区。我国引入 2 种。安徽省栽培 1 种。

马缨丹 五色梅　　　　　　　　　　　　　　　　　　　　　　　　　图 868
Lantana camara L.
灌木，高 1-2 米，偶藤状，长达 4 米。茎方形，有短柔毛，常有下弯的钩刺。单叶对生，揉之有强烈气味，叶片卵形至卵状长圆形，长 3-9 厘米，宽 1.5-5 厘米，顶端急尖或渐尖，基部心形或楔形，边缘有钝齿，两面均有糙毛；叶柄长约 1 厘米。花序直径 1.5-2.5 厘米，花序梗粗壮，长于叶柄，苞片披针形，长为花萼的 1-3 倍；花萼筒状，膜质，长约 1.5 毫米，顶端有极短的齿；花冠黄色或橙黄色，开花后不久逐渐转变为粉红色至深红色，直径 4-6 毫米，花冠筒长约 1 厘米；子房无毛。果圆球形，直径 4 毫米。紫黑色。花期全年。

原产美洲热带地区。我国华东、华中、华南等地均有引种，并在南方可逸为野生。淮南、滁州、合肥、巢湖、马鞍山、芜湖等地有栽培，供观赏，冬季需移入温室。

全株可药用，根治久热不退，风湿骨痛、腮腺炎、肺结核；茎叶煎水洗治疥癣、皮炎；鲜花煎服，治腹痛吐泻；鲜花、叶捣烂外擦，治跌打损伤。

2. 冬红属 **Holmlskioldia** Retz.

灌木。小枝被毛。叶对生；全缘或有锯齿，具叶柄。聚伞花序腋生或聚生于枝顶；花萼膜质，由基部向上扩展成碟状，近全缘，色艳；花冠筒弯曲，顶端5浅裂；雄蕊4枚，2长2短，生于花冠筒基部，与花柱同伸出花冠外，花药纵裂；子房稍压扁，有4胚珠，花柱细长，柱头2浅裂。果实4裂几达基部。

约11种，分布于亚洲西部，马达加斯加和非洲热带地区。我国有1种。安徽省有栽培。

冬红　　　　　　　　　　　　　图 869

Holmskioldia sanguinea Retz.

常绿灌木，高3-7米。小枝四棱形，被毛。叶对生，膜质，卵形或宽卵形，长5-10厘米，宽2.5-5厘米，顶端渐尖，基部圆形或近截形，边缘有锯齿，两面均有稀疏毛及腺点，但沿脉毛较密；叶柄长1-2厘米，具毛及腺点，有沟槽。聚伞花序常2-6个再组成圆锥状，每个聚伞花序有3朵花，中间一朵花柄较长，花柄及花序梗密被短腺毛及长单毛；花萼砖红色或橙红色，由基部向上扩展成-阔倒圆锥形碟状，直径可达2厘米，周缘略呈不明显的五角状。有稀疏睫毛，网状脉明显；花冠砖红色，花冠筒长2-2.5厘米，有稀疏腺毛；雄蕊4枚，花丝长2.5-3厘米，花柱与花丝近等长。果实倒卵形，长约6毫米。4深裂，包藏于扩大的宿萼内。花期冬末春初。

合肥、马鞍山、芜湖等地偶有栽培，供观赏。分布于我国喜马拉雅山区；华东、华南、华中等地都有栽植。

3. 牡荆属 **Vitex.** L.

乔木或灌木。小枝常四棱形。叶对生，有柄，掌状复叶，稀单叶。聚伞花序或由聚伞花序组成圆锥状、伞房状以至近穗状，顶生或腋生，苞片小；花萼钟状，稀管状或漏斗状，顶端近截平或有5小齿，有时略为2唇形，宿存，果期稍增大；花冠白色、浅蓝色、淡紫色或淡黄色，略长于萼，2唇形，上唇2裂，下唇3裂、中间裂片较大；雄蕊4枚，2长2短，或近等长，内藏或伸出花冠外；子房近球形或近卵形，2-4室，每室1-2胚珠，花柱丝状，

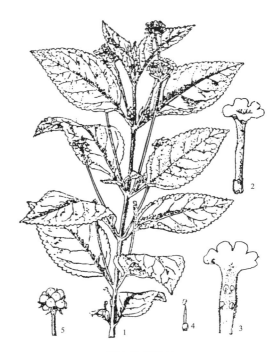

图 868 马缨丹
1. 植株；2. 花；3. 花冠展开，示雄蕊；4. 雌蕊；5. 果实。

图 869 冬红
1. 花枝；2. 花。

柱头 2 裂。核果球形、卵形至倒卵形。

约 250 种,主要分布于世界热带地区。我国约有 20 种,主要分布于长江以南各省(区)。安徽省有 1 种,3 变种。

1. 掌状复叶,小叶常 5 枚:
　　2. 小叶全缘,偶有少数锯齿 ·· 1. 黄荆 **V. negundo**
　　2. 小叶边缘有多数锯齿,浅裂以至深裂:
　　　　3. 小叶边缘有多数粗锯齿 ·················· **1a. 牡荆 V. negundo** var. **cannabifolia**
　　　　3. 小叶边缘的锯齿缺刻状,浅裂以至深裂 ·········· **1b. 荆条 V. negundo** var. **heterophylla**
1. 单叶,叶片倒卵形或近圆形 ···················· **2. 单叶蔓荆 V. trifolia** var. **simplicifolia**

1. 黄荆　　　　　　　　　　　　　图 870

Vitex negundo L.

灌木或小乔木,小枝四棱形。密生灰白色绒毛。掌状复叶。具 5 小叶稀 3,中间小叶最大,两侧依次递小,小叶片长圆状披针形至披针形,长 4-13 厘米,宽 1-4 厘米,顶端渐尖,基部楔形,全缘或每边有少数锯齿,上面绿色,下面密生灰白色细绒毛,若具 5 小叶时,中间 3 片小叶有柄,最外侧 2 片小叶无柄或近无柄。聚伞花序组成圆锥状,顶生,长 10-27 厘米,花序梗密生灰白色绒毛;花萼钟状,顶端有 5 裂齿,外有灰白色绒毛;花冠淡紫色,外有微柔毛;顶端 5 裂,2 唇形;雄蕊伸出花冠筒外;子房近无毛。核果倒卵形,棕黑色,径约 2 毫米。花期 4-6 月,果期 7-10 月。

产皖南太平,广德,宣城;大别山区霍山,金寨白马寨等地。生于海拔 500 米以下的山坡、路旁或灌丛中。我国南北都有,主要分布于我国长江以南各省(区)。非洲(东部)、亚洲(东南部)及南美洲也有。

根可以驱蛲虫;茎叶治久痢;种子为清凉性镇静、镇痛药;民间用揉碎的叶治脚气病;茎皮可造纸及制人造棉;花和枝叶可提取芳香油;种子油可供工业用;花含蜜汁,为蜜源植物;枝条可供编织。

图 870 黄荆 (植株)

1a. 牡荆 (变种)

Vitex negundo L. var. **cannabifolia**(Sieb. et Zucc.)Hand.-Mazz.

本变种与原种主要区别在于:小叶边缘有多数粗锯齿,下面疏生柔毛。

产皖南太平聂家山,广德,宣城,繁昌,泾县,宁国;大别山区南坡潜山,太湖,岳西等地。生于海拔 780 米以下的向阳山坡、路边或灌丛中。分布于我国华东,以及河北、山西、湖北、湖南、广东、广西、四川、贵州、云南。日本也有。

用途与原种大致相同,此外山区群众用黄豆发酵制酱,用其枝叶覆盖以驱蚊蝇。

1b. 荆条 （变种） 图 871

Vitex negundo L. var. **heterophylla**（Franch.）Rehd.

本变种与原种主要区别在于：小叶片边缘缺刻状锯齿、浅裂以至深裂。

产淮北萧县，濉溪，宿州，泗县，灵壁等地。生于海拔 300 以下的山坡路旁。分布于辽宁、河北、山西、山东、河南、陕西、甘肃、江苏、湖南、贵州、四川。日本也有。

用途同原种。

2. 单叶蔓荆 沙头藤 （变种） 图 872

Vitex trifolia L. var. **simplicifolia** Cham.

灌木。茎匍匐，节处常生不定根，小枝四棱形，密生细柔毛。单叶，对生；叶片倒卵形或近圆形，长 2.5-5 厘米，宽 1.5-3 厘米，顶端通常钝圆或有短尖头，基部楔形，全缘，上面绿色，下面灰色，侧脉 5-6 对，两面稍隆起。聚伞花序组成圆锥状，顶生，花序梗密被灰白色绒毛；花萼钟形，顶端 5 浅裂，外面有绒毛；花冠浅紫色，长 1-1.5 厘米，花冠筒内有较密的长柔毛，顶端 5 裂，2 唇形，下唇中间裂片较大；雄蕊 4 枚，伸出；子房球形，密生腺点，花柱无毛，柱头 2 裂。核果近球形，直径 5 毫米，黑色，宿萼外被灰白色绒毛。花果期 7-11 月。

产安徽省淮河以北地区。生于沙滩、盐碱地河边及沟边。分布于辽宁、河北、山东、江苏、浙江、江西、福建、台湾、广东、广西、云南。日本、印度、缅甸、泰国、越南、马来西亚、澳大利亚、新西兰也有。

根系发达，有固沙作用。果实入药，能治感冒风热、神经性头痛、风湿骨痛、赤眼等症；茎叶可提取芳香油。

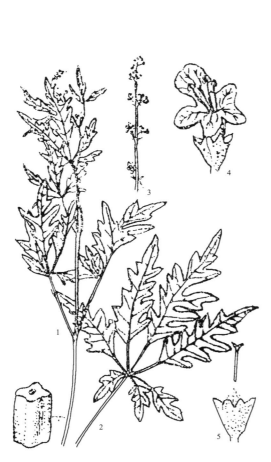

图 871 荆条
1. 花枝；2. 叶；3. 花序；4. 花；5. 花萼和雌蕊。

图 872 单叶蔓荆（花枝）

4. 莸属 Caryopteris Bunge

直立或披散灌木，稀为草木。单叶，对生，全缘或具齿，常具黄色腺点。聚伞花序腋生或顶生，常再组成伞房状或圆锥状，稀单花腋生；花萼宿存，钟状，常5裂，偶4裂或6裂，裂片三角形或披针形，果期稍增大；花冠常5裂，2唇形，下方中间裂片较大，全缘至流苏状；雄蕊4枚，2长2短，或近等长，伸出；子房4室，每室1胚珠，花柱线形，柱头2裂。蒴果常球形，成熟后分裂为4个多少具翅或无翅的果瓣，瓣缘锐尖或内弯，腹面内凹成穴并抱着种子。

约15种，分布于亚洲中部和东部。我国约有13种，主要分布于西南，少数见于西北、华中、华东等地。安徽省有3种，1变种。

1. 茎上部草质，下部木质；茎四棱；单花腋生；叶片纸质 ┈┈┈┈┈┈┈┈┈┈┈┈┈┈ 1. 单花莸 **C. nepetaefolia**
1. 小灌木；茎圆柱形，聚伞花序腋生和顶生；叶片厚纸质。
    2. 叶片卵状披针形、卵形或长圆形，宽 1-4 厘米 ┈┈┈┈┈┈┈┈┈┈┈┈┈┈┈ 2. 莸 **C. incana**
    2. 叶片狭披针形，宽 4-8 毫米 ┈┈┈┈┈┈┈┈┈┈┈ 3. 狭叶兰香草 **C. incamna** var. **angustifolia**

1. 单花莸　　　　　　　　　　图 873

Caryopteris nepetaefolia（Benth.）Maxim.

多年生草本，有时蔓生，基部木质化，高 30-80 厘米。茎四棱，有柔毛。叶片纸质，宽卵形至近圆形，长 1.5-5 厘米，宽 1.5-4 厘米，顶端钝，基部阔楔形至圆形，边缘具 4-6 对钝齿，两面均被柔毛及腺点；叶柄长 3-10 毫米。单花腋生，有长 1.5-3 厘米的纤细花柄，近花柄中部具两枚锥形细小苞片；花萼杯状，长约6毫米,顶端5裂,裂片卵状三角形或卵状披针形，具明显脉纹；花冠淡蓝色或白色带紫色斑纹，顶端5裂，2唇形，下唇中间裂片较大，全缘，花冠筒长 6-9 毫米，雄蕊4枚，与花柱同伸出花冠筒外，子房密生绒毛。蒴果4瓣裂，果瓣倒卵形，无翅，表面被粗毛，不明显凹凸成网纹，长约4毫米，淡黄色。花果期 5-9 月。

产大别山区；皖南山区；以及江淮滁县，全椒等地。生于海拔 600 米以下的阴湿山坡、林缘路旁或水沟边。分布于江苏、浙江、福建。

全草药用，能祛暑解表、利尿解毒；全草又能提取外用止血药粉。

2. 莸 兰香草　　　　　　图 874

Caryoptris incana（Thunb.）Miq.

小灌木，高 25-60 厘米。嫩枝圆柱形，略带紫色，密被灰白色柔毛。叶片厚纸质，披针形、卵形或长圆形，长 1.5-9 厘米，宽 8-40 毫米，先端钝，基部楔形或近圆形，边缘有粗齿，稀近全缘，被短柔毛，两面有黄色腺点，上面明显；叶柄被柔毛，长 3-17 毫米。聚伞花序紧密，腋生和顶生，无苞片和小苞片；花萼杯状，外面密被短柔毛；花冠淡紫色或淡蓝色，二唇形，外面被短柔毛，花冠管长 3.5 毫米，喉部有毛环，5裂，下唇中裂片较大，

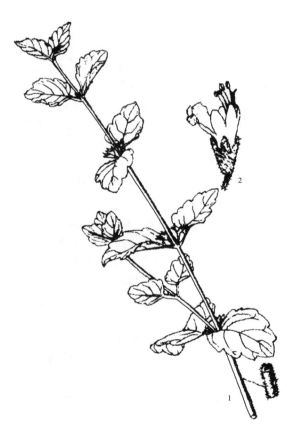

图 873 单花莸
1. 植株上部；2. 花。

边缘流苏状；雄蕊4，开花时与花柱均伸出花冠管外；子房顶端被短毛，柱头2裂。蒴果倒卵状球形，被粗毛，直径约2.5毫米，果瓣有宽翅。花果期6-10月。

产大别山区和皖南山区。生于海拔700米以下较干旱的山坡、路旁及林缘。分布于江苏、浙江、江西、湖北、湖南、福建、台湾、广东、广西。日本、朝鲜也有。

全草入药，有疏风解表、祛痰止咳、舒筋活络、散瘀止痛功效；能治感冒发热、风湿骨痛、慢性气管炎、百日咳、产后瘀血作痛等症；外用可治跌打损伤、毒蛇咬伤、疮肿、湿疹以及生漆过敏等症。

2a. 狭叶兰香草（变种）

Caryopteris incana(Thunb.)Miq. var. **angustifolia** S. L. Chen et R. L. Guo

本变种与原种区别在于：叶片狭披针形，长3-4厘米，宽4-8毫米，顶端渐尖。

产大别山区金寨（前畈）。生于海拔500米以下的山坡石缝中。分布于浙江、江西。

图 874 莸
1. 花枝；2. 花；3. 雌蕊；4. 果埋于增大宿萼内。

5. 大青属 Clerodendrum L.

灌木或小乔木，稀攀缘状木质藤本或草本。冬芽圆锥形；幼枝四棱形至近圆柱形，有浅或深棱槽。单叶，对生，稀3-5叶轮生，全缘，波状或有锯齿，很少浅裂至掌状深裂。聚伞花序或由聚伞花序组成疏松或紧密的伞房状或圆锥状、或短缩近头状，顶生、假顶生（生于小枝近顶端叶腋）或腋生，苞片宿存或早落；花萼杯状或钟状，少筒状，顶端近平截或有5齿，偶6齿，果期常明显增大，宿存，全部或部分包被果实；花冠高脚杯状或漏斗状，顶端5裂，裂片近等长或有2片较短，略偏斜，稀6裂；雄蕊常4枚，花丝等长或2长2短，生于花冠筒上部，常伸出花冠外，花药卵形或长卵形，纵裂；子房4室，每室1胚珠，花柱线形，柱头2浅裂。浆果状核果，外面常有4浅槽或成熟后裂为4枚分果核。

约400种，主要分布于世界热带和亚热带地区。我国约有34种，主要分布于西南、华南地区。安徽省有6种。

1. 柔弱木质藤本；聚伞花序常腋生；花萼裂片白色 ·· 1. 龙吐珠 C. thomsonae
1. 直立灌木；聚伞花序常组成伞房状、头状或圆锥状，顶生，稀腋生；花萼裂片非白色：
  2. 聚伞花序密集呈头状或伞房状：
    3. 花序下面苞片早落；花萼裂片三角形或狭三角形，长1-3毫米；花柱短于雄蕊；叶有强烈臭味··········· ·· 2. 臭牡丹 C. bunge
    3. 花序下面苞片不脱落；花萼裂片线状披针形，长4-10毫米；花柱长于雄蕊 ···· 3. 尖齿臭茉莉 C. lindleyi
  2. 聚伞花序疏松呈伞房状：
    4. 枝内髓部色白而坚实，无薄片横隔；叶片长椭圆形至卵状椭圆形 ············· 4. 大青 C. cyrtophyllum
    4. 枝内髓部较疏松，有薄片横隔；叶片阔卵形、卵形、三角状卵形或椭圆状卵形：
      5. 花冠筒长1-1.5厘米；叶片厚纸质，基部两侧稍不对称，脉腋常有几个盘状腺体 ··········· ··· 5. 浙江大青 C. kaichianum
      5. 花冠筒长约2厘米；叶片纸质。基部两侧对称，脉腋无腺体 ······· 6. 海州常山 C. trichotomum

1. 龙吐珠 图875

Clerodendrum thomsonae Balf.

柔弱木质藤本，高 2-5 米。幼枝四棱形，被黄褐色短柔毛，老时无毛。基部嫩时疏松，老后中空。叶片纸质，狭卵形或卵状长圆形，长 4-10 厘米，宽 1.5-4 厘米，顶端急尖或渐尖，基部近圆形，全缘，上面被小疣毛，略粗糙，下面近无毛，基出 3 脉，叶柄长 1-2 厘米。聚伞花序腋生或假顶生，二歧分枝，长 7-15 厘米，宽 10-17 厘米，苞片狭披针形，长 0.5-1 厘米；花萼白色，长 1.5-2 厘米，基部合生，中部膨大，有 5 棱脊，顶端 5 深裂，裂片三角状卵形；花冠深红色，外被细腺毛，花冠筒长约 2 厘米，顶端 5 裂，裂片椭圆形，雄蕊 4 枚，与花柱同伸出花冠外；柱头 2 浅裂。核果近球形，棕黑色，直径约 1.4 厘米，宿萼不增大，红紫色。花期 3-5 月。

原产非洲西部。我国各地均有引种。合肥、芜湖、马鞍山等地温室偶有栽培，供观赏。

叶入药，可治慢性中耳炎。

图 875 龙吐珠
1. 花枝；2. 花。

2. 臭牡丹 图876

Clerodendrum bungei Steud.

灌木，高 1-2 米。小枝近圆形，皮孔明显，幼嫩部分被褐色或紫色柔毛。叶片纸质，有强烈臭味，宽卵形或卵形，长 8-20 厘米，宽 5-15 厘米，顶端尖或渐尖，基部心形或近截形，边缘具粗或细锯齿，侧脉 4-6 对，两面疏生短柔毛或近无毛，下面基部脉腋有数个盘状腺体，叶柄长 4-17 厘米。聚伞花序密集，呈头状或伞房状，顶生，苞片叶状，披针形或卵状披针形，长约 3 厘米，早落，小苞片披针形，长约 1.8 厘米；花萼钟状，紫红色或下部绿色，长 3-9 毫米，被短柔毛及少数盘状腺体，顶端 5 裂，裂片三角形或狭三角形。长 1-3 毫米；花冠淡红色、红色或紫红色，花冠筒长 2-3 厘米，裂片倒卵形，长 5-8 毫米；雄蕊与花柱同伸出花冠外；子房 4 室，花柱短于雄蕊，柱头 2 裂。核果倒卵形至球形，直径 6-12 毫米，蓝黑色。花果期 5-11 月。

产皖南黄山，休宁五城、祁门，太平，广德，泾县；大别山区金寨，霍山，岳西，安庆；江淮地区滁县琅琊山、庐江，无为；淮北地区宿县镇疃寺等地。分布于我国华北、西北、西南，以及江苏、浙江、江西、湖南、湖北。印度、越南、马来西亚也有。本种在安徽省分布较广，酸性、中性、微碱性土壤均能生长。

根、茎、叶入药，有祛风解毒、消肿止痛功效；

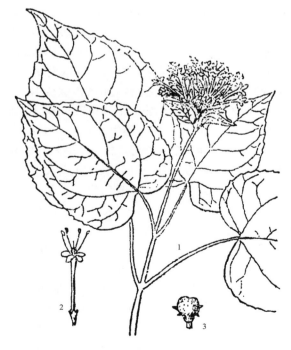

图 876 臭牡丹
1. 花枝；2. 花；3. 果实。

治痈疽、疔疮、乳腺炎、关节炎、湿疹、牙痛等症。

3. 尖齿臭茉莉　　　　　　　　图 877
Clerodendrum lindleyi Decne. ex Planch.

灌木，高 0.5-3 米。幼枝近四棱形，老枝近圆形，皮孔不显，被短柔毛。叶片纸质，宽卵形或三角状卵形，揉之有臭味，两面有短柔毛，下面沿脉较密，基部脉腋有数个盘状腺体，叶缘有不规则锯齿或波状齿；叶柄长 2-11 厘米。聚伞花序密集呈头状或伞房状，顶生，花序梗被短柔毛，苞片多，披针形，长 2.5-4 厘米，被短柔毛、腺点和少数盘状腺体，花后不落，花萼钟状，紫红色，长 1-1.5 厘米，顶端 5 裂，裂片线状披针形，长 4-10 毫米；花冠紫红色或淡红色，花冠筒长 2-3 厘米，裂片倒卵形，长 5-7 毫米；雄蕊与花柱同伸出花冠外；花柱长于雄蕊。核果近球形，直径 5-6 毫米，蓝黑色，大半被增大的紫红色宿萼所包埋。花果期 6-11 月。

产皖南山区祁门，休宁，石台等地。生于海拔 1200 米以下的山坡、沟边、林下或路边。分布于浙江、江苏、江西、湖南、广东、广西、贵州、云南。

根、叶或全株入药，治妇女月经不调、风湿骨痛、骨折、中耳炎、毒疮、湿疹等症。

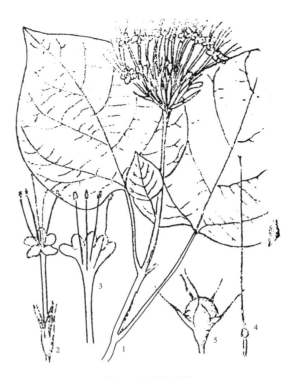

图 877 尖齿臭茉莉
1. 花枝；2. 花；3. 花冠展开，示雄蕊；4. 雌蕊；5. 果实。

4. 大青　　　　　　　　图 878
Clerodendrum cyrtophyllum Turcz.

灌木或小乔木，高 1-10 米。幼枝被短柔毛，枝内髓部色白而坚实，叶片纸质，长椭圆形至卵状椭圆形，长 6-17 米，宽 3-7 厘米，顶端渐尖或急尖，基部圆形或宽楔形，常全缘，两面无毛或沿脉疏生短柔毛，下面常有腺点，侧脉 6-8 对；叶柄长 1-5 厘米。聚伞花序组成疏展的伞房状，顶生或腋生，长 10-16 厘米，宽 20-25 厘米，苞片线形，长 3-7 毫米，花小，有柑橘香味；花萼杯状，粉红色，长 3-4 毫米，果期增大，变成紫红色；花冠白色，花冠筒长 1 厘米，顶端 5 裂，裂片卵形，长 5 毫米；雄蕊 4 枚，花丝长约 1.6 厘米，与花柱同伸出花冠外；子房 4 室，每室 1 胚珠，柱头 2 浅裂。果实球形或倒卵形。直径 5-10 毫米，蓝紫色，具紫红色宿萼。花果期 6 月至翌年 2 月。

产安徽省淮河以南各地。生于海拔 1500 米以下的山坡、林缘、林下或溪谷边。分布于我国华东、中南、西南各省（区）。朝鲜、越南和马来西亚也有分布。

图 878 大青
1. 花枝；2. 果实。

根、叶入药，有清热、泻火、利尿、凉血、解毒功效；治乙脑、流感、感冒高热、痢疾、黄疸、喉咽肿痛等症。

5. 浙江大青 黄山大青 凯基大青　　　图 879

Clerodendrum kaichianum P. S. Hsu

落叶灌木或小乔木，高 2-3 米。嫩枝略四棱形，密生褐色短柔毛；老枝褐色，髓白色，有淡黄色薄片状横隔。叶片厚纸质，椭圆状卵形或卵形，长 8-10 厘米，宽 5-11 厘米，顶端渐尖，基部宽楔形或近截形，两侧稍不对称，全缘，上面疏被短糙毛，下面仅沿脉疏被短糙毛，侧脉 5-6 对，基部脉腋常有几个盘状腺体；叶柄长 3-6 厘米。聚伞花序组成疏松的伞房状，顶生，常自花序基部分为 4-5 枝。花序梗粗壮，苞片易脱落；花萼钟状，淡红色，外面疏生细毛和腺点，长约 3 毫米，顶端 5 裂，裂片三角形，长约 1 毫米；花冠乳白色或淡红色，外面具腺点，花冠筒长 1-1.5 厘米，顶端 5 裂，裂片卵圆形或椭圆形，长约 6 毫米，宽约 3 毫米；雄蕊 4 枚，与花柱同伸出花冠外，花丝长于花柱；柱头 2 裂。核果蓝色，倒卵状球形至球形，直径约 1 厘米，基部为紫红色的宿萼所托。花果期 7-10 月。

产皖南黄山，祁门牯牛降，宣城，太平贤村；大别山区金寨马鬃岭，潜山天柱山。生于海拔 300-1300 米的山谷、山坡阔叶林下或溪边、路旁、林下。分布于浙江、江西、福建。

图 879 浙江大青
1. 花枝；2. 花；3. 花冠展开，示雄蕊；4. 雌蕊。

6. 海州常山　　　图 880

Clerodendrum trichotomum Thunb.

灌木或小乔木，高 1.5-10 米。幼枝略被黄褐色柔毛或近无毛。老枝灰白色，具皮孔，髓白色，有淡黄色薄片状横隔。叶片纸质，阔卵形、卵形、椭圆状卵形或三角状卵形，长 5-16 厘米，宽 3-13 厘米，顶端渐尖，基部宽楔形至截形，偶心形，全缘或具波状齿，两面疏生短柔毛或近无毛，侧脉 3-5 对，叶柄长 2-8 厘米。聚伞花序组成疏松的伞房状，顶生或腋生，常二歧分枝，末次分枝着花 3 朵，花序长 8-18 厘米，花序梗长 3-6 厘米，苞片叶状，椭圆形，早落；花萼紫红色，基部合生，中部略膨大，有 5 棱脊，顶端 5 深裂；花冠白色或带红色，花冠筒细，长约 2 厘米，顶端 5 裂，裂片长椭圆，长 5-10 厘米；宽 3-5 毫米；雄蕊 4 枚，与花柱同伸出花冠外，花丝长于花柱；柱头 2 裂。核果近球形，直径 6-8 毫米，包藏于增大的宿萼内，蓝紫色。花果期 6-11 月。

图 880 海州常山（花枝）

产皖南黄山云谷寺至狮子林途中，海拔 900-1200 米；大别山区金寨白马寨，舒城万佛山，海拔 500 米上下。分布于我国辽宁、甘肃以及华北、华东、中南、西南各省（区）。朝鲜、日本、菲律宾也有。

全株入药，有祛风湿、清热利尿、止痛、平肝火降压功效；茎叶煎汤外用，可治牛马灭虱。

6. 紫珠属 Callicarpa L.

直立灌木，稀乔木、藤木或攀缘灌木。嫩枝有星状毛或粗糠状短柔毛。叶对生，叶缘有锯齿，稀全缘，常被毛和腺点；无托叶。聚伞花序腋生，苞片细小，稀叶状，花小，辐射对称；花萼杯状或钟状，稀筒状，顶端4深裂至截头状，宿存；花冠紫色、红色或白色，顶端4裂，雄蕊4枚，生于花冠筒基部，花药卵形至长圆形，药室纵裂或顶端孔裂；子房上位，4室，每室1胚珠，花柱常长于雄蕊，柱头膨大，不裂或不明显2裂。浆果状核果，紫色、红色或白色。

190余种，主要分布于亚洲和大洋洲热带和亚热带地区。我国约有47种，主要分布于长江以南各省（区）。安徽省有8种，2变种。

1. 花丝长约为花冠的2倍，药室纵裂；花序梗长1-3厘米：
  2. 花序梗长为叶柄的2倍以上；叶片的最宽处在中部以上：
    3. 花萼无毛；叶片基部楔形，边缘仅上半部疏生锯齿，两面无毛 ·················· 1. 白棠子 **C. dichotoma**
    3. 花萼有毛；叶片基部心形，边缘密具锯齿，两面有毛：
      4. 萼齿尖锐，齿长1-2毫米；叶柄长5-8毫米 ·················· 2. 长柄紫诛 **C. longipes**
      4. 萼齿钝三角形，齿长不超过0.5毫米；叶柄极短或近无柄 ·················· 3. 红紫珠 **C. rulbella**
  2. 花序梗短于或近等于叶柄；叶片的中部最宽：
    5. 叶片下面面有红色腺点 ·················· 4. 紫珠 **C. bodinieri**
    5. 叶片下面有黄色腺点：
      6. 叶片下面和花萼、花冠均疏被星状毛 ·················· 5. 老鸦糊 **C. giraldii**
      6. 叶片下面和花萼、花冠均密被灰白色星状柔毛 ·················· 5a. 毛叶老鸦糊 **C. giraldii** var. **lyi**
1. 花丝短于或稍长于花冠，但不为花冠的2倍，药室孔裂；花序梗长不超过1厘米：
  7. 花丝短于花冠；叶柄极短或无柄；叶片基部近心形 ·················· 6. 光叶紫珠 **C. lingii**
  7. 花丝等于或稍长于花冠；叶柄长2-8毫米；叶片基部楔形：
    8. 叶片下面密生显著的红色腺点 ·················· 7. 华紫珠 **C. cathayana**
    8. 叶片下面有黄色腺点：
      9. 叶片倒卵形、卵形或卵状椭圆形，宽4-6厘米 ·················· 8. 日本紫珠 **C. japonica**
      9. 叶片倒披针形或披针形，宽2-3厘米 ·················· 8a. 窄叶紫珠 **C. japonica** var. **angustata**

1. 白棠子树   图881

Callicarpa dichotoma（Lour.）K. Koch.

灌木，高1-2米。小枝纤细，紫红色，幼嫩部分略有星状毛。叶片倒卵形，长3-7厘米，宽1-2.5厘米，顶端急尖或尾尖，基部楔形，边缘上半部疏生锯齿，两面无毛，背面密生细小黄色腺点，侧脉5-6对；叶柄长2-5毫米。聚伞花序纤弱，宽1-2.5厘米，2-3次分歧，花序梗长为叶柄的3-4倍，疏生星状毛，苞片线形；花萼杯状，无毛，顶端有不明显的4齿或近无齿；花冠紫红色，长1.5-2毫米，无毛；花丝长约为花冠的2倍，花药卵形，细小，药室纵裂；子房无毛，具黄色腺点。果实球形，紫色，直径约2毫米。花期5-6月，果期7-11月。

产皖南山区及大别山区以及江淮地区庐江、无为、定远等地。生于海拔600米以下的山坡、溪边或灌丛中。分布于山东、河北、河南、江苏、浙江、江西、湖北、湖南、福建、台湾、广东、广西、贵州。日本、越南也有。

全株药用，治感冒、跌打损伤、气血瘀滞、妇女闭经、外伤肿痛等症；茎叶可提取芳香油。

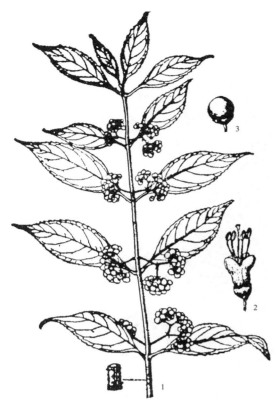

图881 白棠子树
1. 果枝；2. 花；3. 果。

图882 长柄紫珠
1. 花枝；2. 花；3. 果实；4. 雄、雌蕊。

2. 长柄紫珠 图882

Callicarpa longipes Dunn

灌木，高2-3米。小枝棕褐色，有毛。叶片倒卵状椭圆形至倒卵状披针形，长6-13厘米，宽2-7厘米，顶端急尖至尾尖，基部心形，稍偏斜，两面有毛，下面有细小黄色腺点，边缘具三角状的粗锯齿，侧脉8-10对；叶柄长5-8毫米。聚伞花序宽约3厘米，3-4次分歧，花序梗长1.5-3厘米，花有短柄；花萼钟状，有毛，萼齿急尖或锐三角形，齿长1-2毫米；花冠红色，疏被毛，长约4毫米；花丝长约为花冠的2倍，花药卵形，长约1毫米，药室纵裂；子房无毛。果实球形，紫红色。直径1.5-2毫米。花期6-7月，果期8-12月。

产皖南黄山。生于海拔300-500的山坡灌丛或疏林中。分布于浙江、江西、福建、广东。

叶药用。对伤口出血，有止血作用。

3. 红紫珠 图883

Callicarpa rubella Lindl.

灌木，高约2米。小枝被黄褐色星状毛和腺毛。叶片倒卵形或倒卵状椭圆形，长8-20厘米，宽3-9厘米，顶端尾尖或渐尖，基部心形或近耳形，有时偏斜，边缘具细锯齿或不整齐的粗齿，两面有毛，下面有黄色腺点，侧脉6-10对；叶柄极短或近于无柄。聚伞花序宽2-4厘米，4-6次分歧，花序梗长2-3厘米，苞片细小；花萼有毛和黄色腺点，萼齿钝三角形，齿长不超过0.5毫米；花冠紫红色、淡紫色或白色，长约3毫米，外被细毛和黄色腺点；花丝长约为花冠的2倍，药室纵裂；子房有毛。果实紫红色，直径约2毫米。花期5-7月，果期7-11月。

产皖南黄山，石台，休宁，祁门牯牛降等地。生于海拔300-1000米的山坡，河谷、林下灌丛中。分布于浙江、江西、湖南、广东、广西、四川、贵州、云南。印度、锡金、缅甸、越南、泰国、印度尼西亚、马来西亚也有。

图 883 红紫珠
1. 果枝；2. 花；3. 果实。

图 884 紫珠
1. 花枝；2. 花；3. 果枝；4. 果实。

民间用根炖肉服用，可通经和治妇女红、白带病；嫩芽可揉碎擦癣；叶可用作止血、接骨。

4. 紫珠 珍珠枫 图 884

Callicarpa bodinieri Lévi.

灌木，高 1-2 米。小枝被粗糠状星状毛。叶片卵状长椭圆形至椭圆形，长 7-18 厘米，宽 4-7 厘米，顶端渐尖，基部楔形，边缘有细锯齿，上面有短柔毛。下面密被星状柔毛，两面密生暗红色或红色细粒状腺点；叶柄长 0.5-1 厘米。聚伞花序宽 3-4.5 厘米，5-7 次分歧，花序梗长 1 厘米，苞片细小，线形；花萼长约 1 毫米，外被星状毛和暗红色腺点，萼齿钝三角形；花冠紫红色，长约 3 毫米，被星状柔毛和暗红色腺点；花丝长约为花冠 2 倍；花药椭圆形，细小，长约 1 毫米，药室纵裂；子房有毛。果实球形，紫色，无毛，直径约 1.5 毫米。花期 6-7 月，果期 8-11 月。

产皖南黄山，歙县，绩溪清凉峰；大别山区霍山真龙地，金寨白马寨，潜山天柱山。生于海拔 200-1300 米的林下、林缘及灌丛中；分布于河南、江苏、浙江、江西、湖北、湖南、广东、广西、四川、贵州、云南。

根或全株入药，能通经活血；治月经不调、虚劳、白带、产后血气痛、感冒风寒等症。

5. 老鸦糊 图 885

Callicarpa giraldii Hesse ex Rehd.

灌木，高 1-3 米。小枝圆柱形，灰黄色，被星状毛。叶片纸质，宽椭圆形至卵状长椭圆形，长 5-15 厘米，宽 2-7 厘米，顶端渐尖，基部楔形或下延成狭楔形，边缘有锯齿，上面黄绿色。稍有微毛，下面淡绿色，疏被星状毛和细小黄色腺点，侧脉 8-10 对，主脉、侧脉和细脉在叶下面隆起，细脉近平行；叶柄长 1-2 厘米。聚伞花序宽 2-3 厘米，4-5 次分歧，花序梗长约 1 厘米；花萼钟状，疏被星状毛，具黄色腺点，萼齿钝三角形；花冠紫红色。稍有毛，具黄色腺点，长约 3 毫米；花丝长约为花冠的 2 倍，花药卵圆形，药室纵裂；子房有毛。

果实球形，紫色，直径约 2.5 毫米。花期 5-6 月，果期 7-10 月。

产皖南黄山，太平新明、贤村，绩溪清凉峰，海拔 700 米；大别山区霍山真龙地，岳西美丽乡海拔 1400 米。生于海拔 200-1400 米的疏林和灌丛中。分在于甘肃、陕西、江苏、浙江、江西、湖北、湖南、福建、广东、广西、四川、贵州、云南。

全株入药，能清热，和血，解毒；治小米丹（裤带疮）、血崩等症。

5a. 毛叶老鸦糊（变种）
Callicarpa giraldii Hesse ex Rehd. var. **lyi**（Lévl）C. Y. Wu

本变种与原种主要区别在于：小枝、叶下面及花的各部分均密被灰白色星状柔毛及金黄色腺点。产皖南黄山，绩溪黄泥坑，歙县清凉峰；大别山区舒城小涧冲等地。生于海拔 200-770 米林下或林缘。分布于河南、江苏、浙江、江西。湖南、广东、广西、四川、贵州、云南。

用途同原种。

6. 光叶紫珠　　　　　　　　图 886
Callicarpa lingii Merr.

灌木，高约 1.5 米。幼枝紫褐色，微有星状毛。叶片倒卵状长椭圆形或长椭圆形，长 13-21 厘米，宽 3-7 厘米，顶端渐尖或急尖，基部近心形，两面无毛或上面有微毛。下面密生细小黄色腺点，侧脉 10-12 对，边缘具细齿或近全缘；叶柄极短或近于无柄。聚伞花序细弱，长约 2.5 厘米，2-4 次分歧，被黄褐色星状毛，花序梗长约 4-8 毫米，苞片线状披针形；花萼杯状，长约 2 毫米，无毛或微有星状毛，萼齿钝三角形或近无齿；花冠紫红色，近无毛，长约 4 毫米；花丝短于花冠，花药长圆形，长约 1.5 毫米，药室孔裂；花柱略长于雄蕊。果实倒卵形或卵形，直径 2.5 毫米，有黄色腺点。花期 6 月，果期 7-10 月。

产皖南休宁，黄山，歙县，石台，祁门等地。生于海拔 300 米的林缘、灌丛及山坡。分布于江西、浙江。

叶药用，可止血。

7. 华紫珠　　　　　　　　图 887
Callicarpa cathayana H. T. Chang

灌木。高 1.5-3 米。小枝纤细，幼嫩部分稍有星状毛，老后脱落。叶片常为卵状披针形，长 4-10 厘

图 885 老鸦糊
1. 果枝；2. 花；3. 雌蕊；4. 果。

图 886 光叶紫珠
1. 花枝；2. 雌蕊；3. 花冠展开；4. 花；5. 果实。

米，宽 1.5-3 厘米，顶端渐尖，基部常下延成狭楔形，两面近于无毛，而有显著的红色腺点，侧脉 5-7 对，在两面均稍隆起，边缘密具细锯齿；叶柄长 2-8 毫米。聚伞花序细弱，宽约 1.5 厘米，3-4 次分歧、略有星状毛，花序梗长 4-7 毫米，苞片细小；花萼杯状，具星状毛和红色腺点，萼齿不明显或钝三角形；花冠紫色，疏生星状毛，有红色腺点；花丝等于或稍长于花冠，花药长圆形，药室孔裂；子房无毛，花柱略长于雄蕊。果实球形，紫色。直径约 2 毫米。花期 5-7 月，果期 8-11 月。

产皖南广德，泾县，太平，祁门，歙县黄山；大别山区潜山，霍山，六安，舒城万佛山，金寨白马寨。生于海拔 1000 米以下的山坡、谷地、林下。分布于河南、江苏、浙江、江西、湖北、福建、广东、广西、云南。

民间用根治发热、痢疾、止痒，用叶治吐血、便血、崩漏、创伤出血等症。

图 887　华紫珠
1. 花枝；2. 花；3. 雄蕊；4. 果枝；5. 果实。

8.　日本紫珠　紫珠　　　　　　　图 888

Callicarpa japonica Thunb.

灌木，高约 2 米。小枝圆柱形，幼嫩部分被星状毛。叶片形状变异大，倒卵形、卵形或卵状椭圆形，长 7-12 厘米，宽 4-6 厘米，顶端急尖或长尾尖，基部楔形，两面常无毛，背面有黄色腺点，边缘有锯齿，叶柄长 5-8 毫米。聚伞花序细弱而短小，宽约 2 厘米，2-3 次分歧，花序梗长 6-10 毫米；花萼杯状，萼齿钝三角形；花冠白色或淡紫色，长约 3 毫米，无毛；花丝与花冠近等长或稍长，花药长约 1.8 毫米，伸出花冠外，药室孔裂。果实球形，直径约 2.5 毫米。花期 6-7 月，果期 8-10 月。

产皖南黄山，石台牯牛降，青阳九华山；大别山区霍山马家河，金寨，岳西，太湖，生于海拔 400-850 米的山坡、谷地、溪旁及灌丛中。分布于辽宁、河北、山东、江苏、浙江、台湾、江西、湖北、湖南、四川、贵州。日本、朝鲜也有。

8a.　窄叶紫珠

Callicarpa japonica Thunb. var. **angustata** Rehd.

本变种与原种主要区别在于：叶片狭窄，倒披针形或披针形，长 6-10 厘米，宽 2-3 厘米。

图 888　日本紫珠
1. 花枝；2. 花；3. 花冠展开，示雄蕊；4. 雌蕊。

产皖南黄山狮子林，石台牯牛降，青阳九华山，泾县；大别山区霍山马家河，岳西妙道山等地。生于海拔 1000-1600 米山坡、溪旁、林下及灌丛。分布于陕西、河南、江苏、浙江、江西、湖北、湖南、台湾、广东、广西、贵州、四川。

7. 豆腐柴属 Premna L.

乔木或灌木,有时攀援。单叶,对生;全缘或有锯齿,无托叶。花序位于小枝顶端,常由聚伞花序细成伞房状或圆锥状,苞片常锥形或线形,稀披针形;花萼杯状或钟状,顶端 2-5 裂或近截形,宿存,花后常稍增大。花冠外部常有毛和腺点,上部常 4 裂,裂片向外开展,多少呈 2 唇形,上唇 1 裂片全缘或微凹,下唇 3 裂片近相等或中间 1 裂片较长,花冠筒短,喉部常有一圈白色柔毛;雄蕊 4 枚,常 2 长 2 短,内藏或伸出;子房 4 室,每室 1 胚珠,花柱丝状,柱头 2 裂。核果球形、倒卵球形或倒卵状长圆形,基部为宿萼所包围。

约 200 种,主要分布于亚洲和非洲热带地区。我国约有 45 种,主要分布于南部地区,安徽省有 1 种。

豆腐柴 腐婢　　　　　　　　　　图 889

Premna microphylla Turcz.

直立灌木。嫩枝有短柔毛,老枝无毛。叶揉之有臭味,卵状披针形、椭圆形、卵形或倒卵形,长 3-13 厘米,宽 1.5-6 厘米。顶端急尖至长渐尖,基部渐狭窄,下延。全缘至有不规则的粗齿,无毛,或有短柔毛;叶柄长 0.5-2 厘米。聚伞花序组成圆锥状,顶生;花萼杯状,顶端 5 浅裂,近 2 唇形,有时带紫色,密被毛至近无毛,边缘常有睫毛;花冠淡黄色,长约 7 毫米,外有柔毛和腺毛,内有柔毛,喉部较密。核果紫色,球形至倒卵形。花果期 5-10 月。

产皖南黄山周围低海拔地区广泛分布,宁国,宣城,广德,泾县亦甚为习见;大别山区金寨、潜山,舒城,岳西,霍山,六安等地及沿江丘陵地区。生于山坡、林下或林缘。分布于我国华东、中南、华南以及四川、贵州等省。日本也有。

叶可制豆腐,清凉可口;根、茎、叶入药,清热解毒,消肿止血;主治毒蛇咬伤、无名肿胀、创伤出血等症。

图 889 豆腐柴
1. 花枝;2. 花;3. 花冠展开,示雄蕊;4. 雌蕊;5. 果。

95. 毛茛科 RANUNCULACEAE

多年生或一年生草本，少数为木质藤本或灌木。叶通常互生或基生，少数对生，单叶或复叶，通常掌状分裂，叶脉掌状，偶有羽状，网状连结，少数为开放的二叉状分枝；无托叶。花两性，稀单性，辐射对称，稀两侧对称，单生或组成各种聚伞花序或总状花序；萼片 5 或更多，少数 2-4，绿色，当花瓣不存在或特化成分泌器官时，常较大而呈花瓣状，有时早落，有时基部延长成距；花瓣缺，或 2-5，或更多，常有蜜腺，或常特化成分泌器官，这时此萼片小得多，呈杯状、筒状、二唇状，基部常有囊状或筒状的距；雄蕊通常多数，离生，螺旋状排列，花药 2 室，纵裂，退化雄蕊有时存在；心皮多数、少数或 1 枚，离生，偶合生，在多少隆起的花托上螺旋状排列或轮生，沿花柱腹面生明显或不明显的柱头组织，胚珠多数、少数至 1 个，倒生。果实为蓇葖荚果或瘦果，少数为蒴果或浆果；种子有小的胚和丰富的胚乳。

约 50 属，1100 多种，分布于北温带和寒温带。我国有 40 属，约 736 种，分布于全国。安徽省有 16 属，51 种，14 变种，2 变型。其中木本的只有铁线莲 1 属，17 种，2 变种。

铁线莲属 Clematis L.

常绿或落叶木质藤本，稀为直立灌木或草本。叶对生，偶有茎下部叶互生，三出或羽复叶，少数为单叶；叶片或小叶片全缘、有锯齿、牙齿或分裂；有柄，有时叶柄基部扩大而连合。花两性，稀单性；聚伞花序、圆锥状聚伞花序或花簇生，少数单生；萼片花瓣状，通常 4 或 6-8，直立成钟状、管状或开展，花蕾时常镊合状排列；无花瓣；雄蕊多数，有毛或无毛，退化雄蕊有时存在，心皮多数，分离，每心皮有 1 枚下垂胚珠。瘦果，冠以伸长呈羽毛状花柱，少数种柱头不伸长呈喙状。

约 300 种，分布于全球。我国有 110 种，分布于全国，以西南地区种类较多。安徽省有 16 种，2 变种，1 变型。

1. 单叶，或有时夹有三出复叶；花丝两侧有长柔毛：
  2. 萼片白色或淡黄色；花梗上有苞片；单叶，边缘疏生刺尖状小齿 ························ 1. **单叶铁线莲 C. henryi**
  2. 萼片紫色；花梗上无苞片；单叶，间有三出复叶 ························ 2. **金寨铁线莲 C. jinzhaiensis**
1. 叶为三出复叶、或二回三出复叶或羽状复叶：
  3. 花丝被毛 ························ 3. **大叶铁线莲 C. heracleifolia**
  3. 花丝无毛：
    4. 花大，单生；花梗中部有两片叶状苞片，萼片 4-8，开展，叶全缘，或有少数锯齿：
      5. 萼片 4，深紫色，背面被厚的曲柔毛及绒毛 ························ 4. **毛萼铁线莲 C. hancockiana**
      5. 萼片 6，背面沿 3 条直的中脉形成一线状披针形的带清晰可见，被短毛：
        6. 花柱结果时不伸长成喙状，从子房到柱头有伏毛；叶下面网脉不凸出 ······5. **短柱铁线莲 C. cadmi**
        6. 花柱结果时伸长，有羽状毛，花柱顶端无毛；叶下面网脉凸出 ········· 6. **大花威灵仙 C. courtoisii**
    4. 花簇生或束生。或为圆锥花序，或 3-5 花着生；花梗或花枝上无叶状苞片：
     7. 花通常单生且与叶簇生；基部有宿存芽鳞 ························ 7. **绣球藤 C. montana**
     7. 花为圆锥花序。或为 3-5 花的总状或聚伞状花序：
       8. 花药长。长椭圆形至长圆状线形，长 2-6 毫米；小叶片或裂片金缘。偶而边缘有齿：
         9. 瘦果圆柱状锥形，无毛。黑色；全株除萼片及花柱外。其余无毛，两面网脉凸出 ···············
           ···························· 8. **柱果铁线莲 C. uncinata**
         9. 子房、瘦果有毛，卵形至卵圆形；全株多少有毛：
           10. 叶干后变黑：

11. 1 至 2 回羽状复叶，有 5-11 枚小叶或更多，革质，小叶先端钝、锐尖、凸尖或微凹 ··· 9. **太行铁线莲 C. kirilowii**

11. 1 回羽状复叶，通常有 5 小叶，少为 3 或 7，纸质，小叶先端渐尖：

    12. 花小，直径 1-2 厘米；常为圆锥花序，多花：

        13. 小叶片纸质，较大，长 1.5-10 厘米，宽 1-7 厘米，两面网脉不明显，下面近无毛或疏生短柔毛 ····················· 10. **威灵仙 C. chinensis**

        13. 小叶片较厚而小，长 1-3.5(-5) 厘米，宽 0.5-2(-2.5) 厘米，两面网脉常较明显，下面有较密的短柔毛 ············ 10a. **毛叶威灵仙 C. chinensis f. vestita**

    12. 花较大，直径 2-5 厘米，单生或聚伞花序常苞 3-5 花 ·· 11. **安徽威灵仙 C. anhweiensis**

10. 叶干后不变黑：

    14. 全为三出复叶或间有单叶；花单生或聚伞花序有 3-7 花。稀 7 朵以上 ························· 12. **山木通 C. finetiana**

    14. 一回羽状复叶，通常 5 小叶。有时 7 或 3；聚伞花序多花 ··· 13. **圆锥铁线莲 C. terniflora**

8. 花药短，椭圆形至狭长圆形，长 1-2.5 毫米；小叶片或裂片有齿：

    15. 全为三出复叶；花梗上小苞片小、钻形或无：

        16. 小叶片较小，长 2.5-8 厘米，宽 1.5-7 厘米，下面疏生短柔毛，边缘有锯齿 ·············· 14. **女萎 C. apiifolia**

        16. 叶片较大，长 5-13 厘米，宽 3-9 厘米，下面常密生短柔毛，边缘有少数牙齿 ············ 14a. **钝齿铁线莲 C. apiiflora var. obtusidentata**

15. 叶为二回或一至二回羽状复叶，茎上部有时为三出叶：

    17. 除茎上部有三出复叶，通常为 5-21 小叶，为一至二回羽状复叶或二回三出复叶；子房、瘦果无毛 ············ 15. **杨子铁线莲 C. ganpiniana**

    17. 除茎上部有三出叶外。通常为 5 小叶，为一回羽状复叶，很少基部一对为 2-3 小叶；子房。瘦果有毛：

        18. 花较小，直径 1.5-2 厘米；圆锥花序腋生，多花，花序梗基部常有 1 对叶状苞片 ······ 16. **毛果铁线莲 C. peterae var. trichocarpa**

        18. 花较大，直径 2-3.5 厘米；聚伞花序腋生，通常 3-7 花，花序梗基部无叶状苞片 ······ 17. **粗齿铁线莲 C. argentilucida**

1. 单叶铁线莲   图 890

Clematis henryi Oliv.

常绿木质藤本。根细长。中间部分膨大成纺锤状或卵状块根。小枝有柔毛。单叶，对生。叶卵状披针形。长 9-17 厘米，宽 2-7 厘米。先端渐尖，基部心形，边缘具刺头状浅齿。两面无毛或下面叶脉上幼时被紧贴的绒毛，网脉明显；叶柄长 2-6 厘米。花常单生或聚伞花序有花 3-5 朵。腋生；总花梗与叶柄几等长。下部有 2-4 对交叉对生的苞片；花萼钟状，白色或淡黄色，直径 2-2.5 厘米，萼片 4，卵形，肥厚，顶端急尖，内面无毛，平行纵脉明显。背面上部及边缘具白色绒毛；无花瓣；雄蕊较花萼短。花药无毛。花丝线形。两侧有长柔毛，长过花药。瘦果狭卵形，生短柔毛。羽状花柱长达 3.5 厘米。花期 11-12 月，果期翌年 3-4 月。

产皖南黄山，青阳九华山及休宁等地。生于溪边、山谷、阴湿的坡地。林下及灌丛中。海拔 200-700 米。分布于长江中、下游以南各省（区）。

根入药，能清热解毒，治小儿高热惊风，咽喉痛等。

2. 金寨铁线莲 图891

Clematis jinzhaiensis Zh. W. Xue et X. W. Wang

藤本。茎近于圆柱形，仅节处被柔毛。单叶，间有三出复叶；叶片薄纸质，卵状椭圆形，长6-10厘米，宽3-5.5厘米，先端渐尖，基部圆形或浅心形，边缘在基部以上有不整齐的圆齿，两面无毛，网脉不显；叶柄常扭曲，长3-5厘米，腹凹背凸，仅沟凹处被柔毛。单花腋生；花梗长6-9厘米，无毛；无苞片；花钟状，下垂；萼片4，紫色，狭椭圆形至卵状披针形，长1.6-2.3厘米，宽0.5-0.7厘米，顶端圆钝，两面光滑无毛，边缘密被淡黄色绒毛；雄蕊与萼片近等长或稍短，花药线形，长约3.5毫米，宽约0.5毫米，花丝线形，宽1毫米，基部无毛，余部及药隔背部被淡黄色长柔毛；心皮长为雄蕊之半，子房卵形，被短柔毛，花柱线形，被黄色长柔毛。果实未见。花期9月。

产安徽省大别山区金寨天堂寨打抒权、白马寨，生于林下阴湿处，海拔950米。

木种与曲柄铁线莲 C. repens Finet et Gagnep. 和华中铁线莲 C. pseudootophora M. Y. Fang 相似，不同处在于本种萼片紫色，花梗无苞片，药隔顶端无尖头状突起，可以区别。

3. 大叶铁线莲 图892

Clematis heracleifolia DC.

直立草本或亚灌木。茎粗壮，高达1米，具明显的纵条纹，密生白色糙绒毛，表皮呈纤维状剥落。三出复叶；小叶片亚革质或厚纸质，两面有短柔毛，尤以下面脉上较密，后变疏，顶生小叶具柄，卵圆形、宽卵形至近圆形，长6-10厘米，宽3-9厘米，先端短尖，基部圆形或楔形，边缘具不整齐的粗锯齿，不分裂或3浅裂，侧生小叶近无柄，斜卵形；叶柄粗壮，长达15厘米，被毛。聚伞花序顶生或腋生；花梗粗壮，被毛；花杂性，雄花与两性花异株；雄花较雌花略大，雄花有退化雌蕊，雌花有退化雄蕊；萼片4，蓝紫色，长1.5-2厘米，宽5毫米，长椭圆形至宽线形，常在反卷部分增宽，内面无毛，背面密生短柔毛；花丝线形，无毛，花药线形与花丝等长，药隔有毛；心皮被白色绢状毛。瘦果卵圆形，长约4毫米，红棕色，宿存花柱丝状，长达3厘米，有白色长柔毛。花期8-9月，

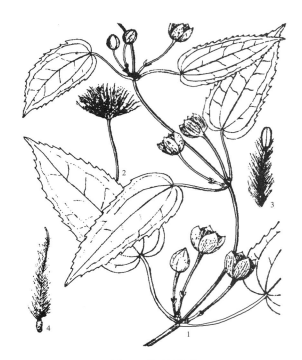

图890 单叶铁线莲
1. 花枝；2. 聚合果；3. 雄蕊；4. 瘦果。

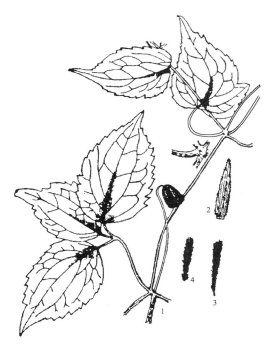

图891 金寨铁线莲
1. 花枝；2. 萼片；3. 雄蕊；4. 心皮。

果期 10 月。

产皖南黄山，休宁，歙县清凉峰；大别山区金寨。生于山坡沟谷、林缘及路旁灌丛中，海拔 200-1000 米。分布于东北及河北、山西、山东、河南、陕西、江苏、浙江、湖北、湖南等省。朝鲜、日本也有。

4. 毛萼铁线莲 图 893
Clematis hancockiana Maxim.

木质藤本，长 1-2 米。茎圆柱形，节部常膨大，老茎无毛。三出复叶、羽状复叶或二回三出复叶；有小叶片 3-9 枚；小叶片宽卵形至卵状披针形，长 4-6 厘米，宽 2-4 厘米，先端钝尖，基部宽楔形或圆形，全缘，有小叶柄；叶柄长 4-11 厘米，被稀疏开展的柔毛。单花腋生；花梗直立，长 4-8（-13）厘米，被衡疏曲柔毛，中部生 1 对叶状苞片；萼片 4，紫红色或蓝紫色，长椭圆形，长 1.5-2.5 厘米，宽 5-7 毫米，内面无毛，脉纹微现，背面被厚的曲柔毛及绒毛；雄蕊外轮较长，内轮微短，花丝无毛，紫黑色，花药线形，与花丝近等长；子房及花柱下部被黄色长柔毛，花柱上部及柱头外侧仅被短柔毛，内侧无毛。瘦果扁平，宽卵形或近于圆形，被黄色短柔毛，宿存花柱长 3.5-5 厘米，被灰黄色长柔毛，柱头不膨大。花期 5 月，果期 6 月。

产皖南宣城。生于山坡及灌丛中，海拔 100-300 米。分布自浙江东北部至河南南部、江苏西南部。

5. 短柱铁线莲 图 894
Clematis cadmia Buch. -Ham. ex Wall.

草质藤本，长约 1 米。茎细柔，圆柱形，被稀疏开展的柔毛。二回三出复叶或羽状复叶，被开展的疏柔毛或近于无毛；小叶狭卵形或椭圆状披针形，长 2-5 厘米，宽 1-2 厘米，先端钝尖，基部楔形，全缘或有 2-3 裂片，下面疏生短柔毛，网脉不凸出，小叶柄不显；叶柄长 2-3 厘米。单花腋生；花梗细瘦，长约 7-10 厘米，被开展的疏柔毛，中下部有 1 对叶状苞片；花直径 3-6 厘米；萼片（5-）6，长 2-3 厘米，顶端钝尖，内面无毛，脉纹显著，背面沿 3 条纵的中脉形成一线状披针形的带，被短绒毛，边缘无毛；雄蕊长约 7 毫米，花药长于花丝，花丝无毛；从子房到柱头有伏毛，花柱结果时不伸长，喙状，柱头不膨大。瘦果宽卵形，扁平，连宿存的喙状花柱长 1.2-1.5 厘米，棕红色，幼时被伏毛，后渐脱落。花期 4-5 月，果期 6-7 月。

图 892 大叶铁线莲
1. 花枝；2. 花；3. 萼片。

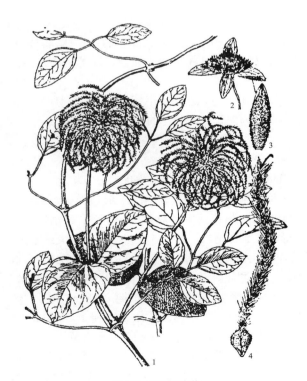

图 893 毛萼铁线莲
1. 果枝外形；2. 一朵花；3. 萼片（外面）；4. 瘦果。

产安徽省大别山区金寨，白马寨，天堂寨，舒城万佛山，太湖县，望江；沿江芜湖、安庆。生于溪边及路边的草丛中，喜阴湿环境，海拔100-700米。分布于江西北部、浙江北部、江苏南部及湖北京部。越南、印度也有。

6. 大花威灵仙 华东铁线莲　　　　图895
Clematis courtoisii Hand. -Mazz.

木质攀援藤本，长2-4米。茎圆柱形，具稀疏开展柔毛。三出复叶至二回三出复叶；小叶长圆形或卵状披针形，长5-7厘米，宽2-4厘米，先端渐尖或长尖，基部圆形或宽楔形，全缘，有时有2-3裂片或有缺刻状锯齿，下面网脉凸突；叶柄长6-10厘米。花单生叶腋，花梗长12-18厘米，被稀柔毛，中部有1对叶状苞片，苞片较叶片宽；花直径5-10厘米；萼片6，长2-6厘米，宽1-3厘米，内面无毛，脉纹微现，背面3条纵的中脉形成的带内被稀疏柔毛，外侧被密的短绒毛，边缘无毛；雄蕊暗紫色，长达1.5厘米，花药短于花丝，花丝无毛；心皮除花柱顶端无毛外，其余有绢状毛，果时花柱伸长，有绢状羽毛，柱头膨大，无毛。瘦果近圆形，棕红色，被稀疏柔毛，宿存花柱长1.5-3厘米。花期5-6月，果期6-7月。

产皖南太平，歙县、青阳西华；大别山区金寨、低山丘陵地。生于山坡及溪边、路旁的杂木林、灌丛中，海拔200-700米。分布于河南南部、江苏南部、浙江北部、湖南东部。

全草药用，可治蛇咬伤；根能解毒、利尿等；花大形美丽，为配置庭园绿化的优良植物。

7. 绣球藤　　　　图896
Clematis montana Buch. -Ham. ex DC.

木质藤本，长达8米。茎圆柱形，后变无毛。三出复叶，数叶与花簇生或对生；小叶卵形、宽卵形至椭圆形，长2-7厘米，宽1-5厘米，先端急尖或渐尖，3浅裂或不明显，边缘缺刻状锯齿由多而锐至粗而钝，两面疏生短柔毛，有时下面较密；叶柄长5-6厘米。花1-6朵与叶簇生；花直径3-5厘米；花梗长5-10厘米，疏生短柔毛；萼片4，白色，长1.5-2.5厘米，宽0.8-1.5厘米，内面无毛，背面疏生短柔毛；雄蕊多数，无毛，长约1厘米，花药椭圆形；心皮多数，无毛，花柱具黄褐色羽毛。瘦果扁卵形，无毛，干后变黑色，长约6毫米，羽状花柱长达2.2厘米。花期5-6月，果

图894 短柱铁线莲
1. 花枝；2. 雄蕊；3. 心皮；4. 聚合果；5. 瘦果。

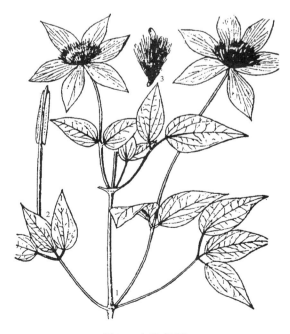

图895 大花威灵仙
1. 花枝；2. 雄蕊；3. 雌蕊。

熟期 7-8 月。

产皖南黄山，青阳九华山，大别山区金寨。生于
山坡、山谷灌丛中、林缘或沟旁，海拔 1200-1600 米。
分布于河南西部、陕西、宁夏、甘肃南部、湖北西部、
四川、福建北部、江西、湖南、广西北部、贵州、云南、
西藏南郡。从喜马拉雅山区西部一直到尼泊尔、锡金
及印度北部也有。

茎藤可作发表药，且有利尿消肿之效，亦可供
观赏。

8. 柱果铁线莲　　　　　　　　　图 897

Clematis uncinata Champ.

常绿藤本，植株干时变黑，全株除花柱有羽状毛
及萼片背面边缘有短柔毛外，其余无毛。茎中空，圆
柱形，有纵条纹。一至二回羽状复叶；有小叶 5-15 枚，
但常为 5 枚，有时基部叶为单叶或三出复叶；小叶片
纸质或薄革质，宽卵、卵形、长圆状卵形至卵状披针形，
长 3-13 厘米，宽 1.5-7 厘米，先端锐尖至短渐尖，基
部圆形或宽楔形，全缘，下面有白粉，网脉明显。圆
锥状聚伞花序腋生或顶生，多花；萼片白色，披针形，
长 1-1.5 厘米，雄蕊无毛，花丝线形。瘦果圆柱状钻形，
长 5-8 毫米，宿存花柱长 1-2 厘米。花期 6-7 月，果
期 7-9 月。

产皖南黄山桃花峰，广德，祁门，贵池，大别山
区金寨、岳西美丽乡等地。生于山地疏林或林缘，海
拔 200-1000 米。分布自陕西南部至长江中、下游及
中南各省（区）。

根茎药用，有解毒、利尿作用。

9. 太行铁线莲　　　　　　　　　图 898

Clematis kirilowii Maxim.

木质藤本，干后常变色。茎、小枝有短柔毛，老
枝近无毛。羽状复叶，有 5 小叶，或基部 1 对小叶 3
深裂、3 全裂，或再分成 3 小叶，中间 1 对小叶及顶
端的小叶全缘、2-3 裂或存时再分成 3 小叶；小叶或
裂片薄革质；常为卵形、卵圆形或椭圆形，长 1.5-7
厘米，宽 0.5-4 厘米，先端急尖或钝。或微凹，基部，
圆形、截形或楔形，全缘，两面网脉凸出，沿叶脉疏
生短柔毛或近无毛。聚伞花序，或为总状、圆锥状聚
伞花序，有花 3 至多朵，或花单生，腋生或顶生；花
序梗、花梗有较密的短柔毛；花径 1.5-2.5 厘米；萼片
4 或 5-6，白色，开展，狭倒卵形或椭圆形，长 0.8-1.5
厘米，宽 3-7 毫米，顶端常截形，少有钝圆，背面有

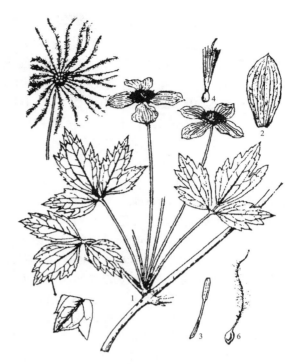

图 896 绣球藤
1. 花枝；2. 萼片；3. 雄蕊；4. 雌蕊；5. 聚合果；6. 瘦果。

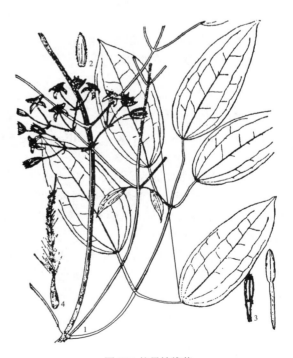

图 897 柱果铁线莲
1. 花枝；2. 萼片；3. 雄蕊；4. 瘦果。

短柔毛，边缘密生绒毛，内面无毛；雄蕊无毛，花药长 2.5-5 毫米。瘦果卵形至椭圆形，扁，长约 5 毫米，有柔毛，边缘凸出，宿存花柱长约 2.5 毫米。花期 6-8 月，果期 8-9 月。

产安徽省淮北地区宿县。生于山坡草地、丛林或路旁，海拔 100-200 米左右。分布于山西南部中条山。东部太行山、河北、山东、河南、江苏。

10. 威灵仙 铁脚威灵仙　　　　　　　图 899

Clematis chinensis Osbeck

　　木质藤本，干后变黑。茎近无毛。一回羽状复叶，小叶常 5 枚，有时 3 或 7；小叶纸质，卵形至卵状披针形，长 1.5-10 厘米，宽 1-5 厘米，先端锐尖至渐尖，基部宽楔形、圆形至浅心形，两面疏生短柔毛至近无毛，全缘。常为圆锥状聚伞花序，多花，腋生或顶生；花直径 1-2 厘米；萼片 4(-5)，长圆形或长圆状倒卵形。长 0.5-1(-1.5) 厘米，顶端凸尖，下面边缘密生绒毛或中间有短柔毛，其余无毛；雄蕊无毛；心皮多数，花柱下部被紧贴的长柔毛，上部及柱头被短毛。瘦果扁，3-7 枚，卵形至宽椭圆形，长 5-7 毫米，疏生紧贴的柔毛，羽状花柱长 2-5 厘米。花期 6-9 月。果期 8-11 月。

　　产皖南沿江繁昌，东至；大别山区岳西妙道山，海拔 1200 米以及沿淮河以南江淮地区，生于山坡、山谷灌丛中或沟边路旁草丛中，海拔 50-450 米。分布于长江中下游及以南各省。越南也有。

　　根入药，有祛风湿、活血通络、利尿，镇痛之效；全株亦可作农药。

10a. 毛叶威灵仙（变型）

Clematis chinensis Osbeck f. vestita Rehd. et Wils.

　　本变型与原种的主要区别，在干小叶片通常较厚而小，常为卵形或长圆形，长 1-3.5(-5) 厘米，宽 0.5-2 (-2.5) 厘米，先端钝或锐尖，下面有较密的钝柔毛，老时易脱落。花期 6-8 月。

　　产安徽省江淮地区合肥、滁县等地。生于山坡路旁草丛中。分布于陕西、江苏、浙江、湖北。

图 898 太行铁线莲
1. 花枝；2. 花萼背腹面；3. 果实。

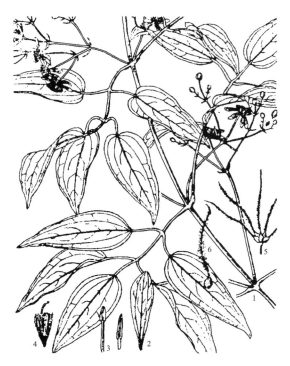

图 899 威灵仙
1. 花枝；2. 萼片；3. 雄蕊；4. 雌蕊；5. 聚合果；6. 瘦果。

11. 安徽威灵仙

图 900

Clematis anhweiensis M. C. Chang

藤本，长 3 米多，干后变黑。茎青白色，带紫红色，近圆柱形，有纵条纹，小枝稍有短柔毛，后变无毛。一回羽状复叶，有 5 小叶，有时茎上部为三出叶；小叶纸质，卵状披针形至卵形，长 4-8 厘米，宽 1.5-5 厘米，先端渐尖，基部近圆形、楔形或浅心形，全缘，两面沿叶脉稍有短柔毛或近无毛，小叶柄长 0.5-3 厘米；叶柄长 3-7 厘米。花单生或为 3 花的聚伞花序。3 花时，中间的花梗无苞片；花序梗连花梗长 3-12 厘米，稍有短柔毛，中部以下常有 1 对苞片；苞片线形。狭披针形至卵形。长 1-3 厘米。宽 0.1-1 厘米，有柄或无柄；花直径 2-4 厘米；萼片 4，白色，开展，倒卵状长圆形或倒卵形，长 1-2 厘米，顶端凸尖。背面疏生柔毛。边缘密生短绒毛，内面无毛。雄蕊无毛。瘦果 5-6 枚。宽卵形，长约 8 毫米，宽约 5 毫米，有柔毛，宿存花柱长达 4 厘米，有带淡褐色的长柔毛。花期 5 月，果期 7 月。

产皖南贵池、歙县。生于山坡、山脚、溪边、路旁灌丛中，海拔 200 米左右。分布于浙江。

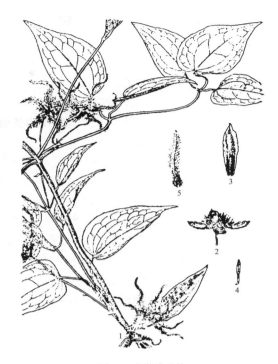

图 900 安徽威灵仙
1. 部分茎（示叶和瘦果）；2. 花；3. 萼片（外面）；4. 雄蕊；5. 瘦果。

12. 山木通

图 901

Clematis finetiana Lévi. et Vant. [*Clematis pavoliniana* Pamp.]

半常绿木质藤本。干后棕红色。茎圆柱形，有纵条纹。无毛。三出复叶，基部有时为单叶；小叶薄革质，狭卵形或披针形，长 4-10 厘米，宽 1.5-3.5 厘米，先端锐尖至渐尖，基部圆形，脉在两面隆起，全缘，无毛。聚伞花序或假总状花序，腋生或顶生；有花 3-5 朵，有时 1 或 7；花梗无毛；苞片小，钻形；萼片 4（-6），白色，开展，狭椭圆形或披针形，长 1-2 厘米，背面边缘被短绒毛。中间被疏毛，内面无毛；雄蕊无毛，花药狭矩圆形，长于花丝，药隔明显。瘦果镰刀状狭卵形，长约 5 毫米，有柔毛，宿存花柱长达 3 厘米，有黄褐色羽状柔毛。花期 4-5 月，果期 6-10 月。

产淮河以南。生于山坡疏林，溪边、路旁灌丛中，海拔 100-1000 米。分布于河南。湖北、四川、江苏（南部）。浙江、江西、湖南。贵州、云南、广东、广西。

茎药用，有通窍利尿作用，叶可治关节疼痛。

图 901 山木通
1. 花枝；2. 雄蕊；3. 瘦果。

13. 圆锥铁线莲 黄药子 图 902

Clematis terniflora DC.〔*Clematis paniculata* Thunb.〕

木质藤本。茎、小枝有柔毛。后变无毛。一回羽状复叶，常为 5 小叶，有时 7 或 3。偶尔基部一对 2-3 裂至 2-3 小叶；小叶狭卵形至宽卵形，长 2-8 厘米。宽 1-5 厘米，先端钝或锐尖，有时微凹，基部宽楔形至圆形，有时浅心形。全缘，两面沿叶脉疏生短柔毛或近无毛，上面网脉不明显或明显，下面网脉突出。圆锥状聚伞花序腋生或顶生，通常稍比叶短。多花，长 5-15(-19) 厘米，较开展，与花梗均被短柔毛；苞片小，披针形；花直径 1.5-3 厘米；萼片通常 4，白色，开展，狭倒卵形或长圆形，顶端锐尖或钝。长 0.8-1.5(-2) 厘米。宽约 4(-5) 毫米。背面有短柔毛，边缘密生绒毛；雄蕊无毛。瘦果橙黄色，常 5-7 枚，倒卵形至宽椭圆形，扁，长 5-9 毫米，宽 4-5 毫米，边缘增厚，有紧贴的柔毛，宿存花柱长达 4 厘米。花期 6-8 月。果期 8-11 月。

产皖南黄山，海拔 700 米；及淮河以南江淮地区。生于山地、丘陵的林缘或路旁草丛中，海拔 700 米以下。分布于河南、陕西东南部、湖北、江苏、浙江、江西·湖南北部。朝鲜、日本也有。

根入药，有凉血、降火、解毒之效。

图 902 圆锥铁线莲
1. 花枝；2. 雌蕊；3. 雄蕊；4. 聚合果；5. 瘦果。

14. 女萎 图 903

Clematis apiifolia DC.

藤本。小枝和花序梗、花梗密生贴伏短柔毛。三出复叶，小叶片卵形至宽卵形，长 2.5-8 厘米，宽 1.5-7 厘米，常有不明显 3 浅裂，边缘有缺刻状粗齿或牙齿，上面疏生贴伏短柔毛或无毛，下面通常疏生短柔毛或仅沿叶脉较密，顶生小叶较两侧小叶片大。圆锥状聚伞花序多花；花直径约 1.5 厘米；萼片 4，开展，白色，狭倒卵形，长约 8 毫米，两面有短柔毛，背面较密；雄蕊无毛，花丝比花药长 5 倍。瘦果纺锤形或狭卵形，长 3-5 毫米，顶端渐尖，不扁，有短毛，羽状花柱长约 1.2 厘米。花期 7-9 月，果期 9-10 月。

产皖南青阳九华山，旌德以及大别山区各地。生于山地林缘，海拔 500 米左右。分布于江苏南部、浙江、福建、江西。朝鲜、日本也有。

根、茎药用，能消肿、利尿，并能治关节痛。

图 903 女萎
1. 果枝；2. 雄蕊；3. 雌蕊。

14a. 钝齿铁线莲（变种）

Clematis apiifolia DC. var. **obtusidentata** Rehd. et Wils.

［*Clematis obtusidentata*（Rehd. et Wils.）Hj. Eichl.］

本变种与原种的主要区别，在于小叶片较大，长 5-13 厘米，宽 3-9 厘米，通常下面密生短柔毛，边缘有少数钝牙齿。产地同原种。分布于江西、湖北、湖南、四川、贵州、广西北部。

15. 扬子铁线莲 图 904

Clematis ganpiniana（Lévl. et Vant.）Tamura

［*Clematis brevicaudata* DC. var. *ganpiniana*（Levl. et Vant.）Hand. -Mazz.］

藤本，干后发黑。枝有棱，小枝近无毛。一至二回羽状复叶，或二回三出复叶，有 5-21 小叶，基部两对常为 3 小叶或 2-3 裂，茎上部有时为三出叶；小叶卵形，有时卵状披针形，长 1.5-10 厘米，宽 0.8-5 厘米，先端锐尖至长渐尖，基部圆形、心形或宽楔形，边缘有粗锯齿、牙齿或为全缘，两面近无毛或疏生短柔毛。圆锥状聚伞花序，或由 3 花组成的聚伞花组成伞房状花序，顶生或腋生，常比叶短，花序梗长达 6 厘米；花梗细，长 1.5-3 厘米，中部以下有披针形或钻形的小苞片 2；花直径 1.5-2 厘米；萼片 4，开展，白色，狭倒卵形或长椭圆形，长 0.5-1.5 厘米，内面无毛，背面两边有白色绒毛条带；雄蕊无毛，花药长 1-2 毫米。瘦果常为扁卵圆形，红棕色，长约 5 毫米，宽约 3 毫米，无毛，宿存花柱长达 3 厘米。花期 7-9 月，果期 9-10 月。

产皖南黄山，歙县清凉峰；大别山区金寨、白马寨、天堂寨、岳西、潜山、舒城、安庆。生于山坡、溪沟边的灌丛中或疏林中，海拔 290-1200 米。分布于陕西南部、湖北、四川、浙江北部、江西、湖南、贵州、广东西部、广西北部。

16. 毛果铁线莲（变种） 图 905

Clematis peterae Hand. -Mazz. var. trichocarpa W. T. Wang

藤本。一回羽状复叶有 5 小叶；小叶卵形或长卵形，少数卵状披针形，长 2-8 厘米，宽 1.5-4 厘米，先端锐尖或短渐尖，基部圆形或浅心形，边缘疏生 1 至数枚以至多枚锯齿状牙齿或全缘，两面疏生短柔毛至近无毛。圆锥状聚伞花序多花，腋生或顶生；花梗密生短柔毛，花序梗基部常有 1 对叶形苞片；花直径

图 904 扬子铁线莲
1. 植株一部分；2. 花序；3. 萼片；4. 雄蕊；5. 雌蕊。

图 905 毛果铁线莲
1. 植株（一部分）；2. 果枝（示果序）；3. 瘦果。

1.5-2 厘米；萼片 4，开展，白色，倒卵形至椭圆形，长 0.7-1.1 厘米，顶端钝，两面有短柔毛，背面边缘密生短毛；雄蕊无毛；子房有柔毛。瘦果卵形，稍扁干，有柔毛，宿存花柱纤细，长 1-1.5 厘米。花期 9 月，果期 10 月。

产皖南，歙县清凉峰，休宁齐云山，江淮地区滁县皇甫山，全椒。生于山坡灌丛或疏林中，海拔 300-900 米。分布于河南、陕西、甘肃、江苏、浙江、江西、湖南。四川、云南等省。

茎入药，有清热利尿作用。

17. 粗齿铁线莲　　　　图 906
Clematis argentilucida（Lévl. et Vant.）W. T. Wang

落叶藤本，小枝老时外皮剥落，与叶柄和花序均密生白色短柔毛。一回羽状复叶，有 5 小叶，有时茎生叶为三出；小叶卵形或椭圆状卵形，长 5-10 厘米，宽 3.5-6.5 厘米，先端渐尖，基部圆形，宽楔形或微心形，常有不明显三裂，边缘有粗大锯齿状牙齿，两面有疏柔毛；叶柄长 3.5-6.5 厘米。腋生聚伞花序具 3-5(-7) 花，或为顶生圆锥状聚伞花序，较叶短；花直径 2-3.5 厘米；萼片 4，开展，白色，近长圆形，长 1-1.8 厘米，宽约 5 毫米，顶端钝，两面有短柔毛，内面较疏至近无毛；雄蕊无毛。瘦果扁卵圆形，长约 4 毫米，有柔毛至近无毛，羽状花柱长达 3 厘米。花期 5-7 月，果期 7-10 月。

产皖南黄山，歙县；大别山区金寨天堂寨、马宗岭，霍山马家河，潜山等地。生于山坡灌丛中、沟边，海拔 650-1200 米。分布于我国华北、西北、华中及中南地区。

根入药，能行气活血、祛风湿、止痛；茎藤亦能杀虫。

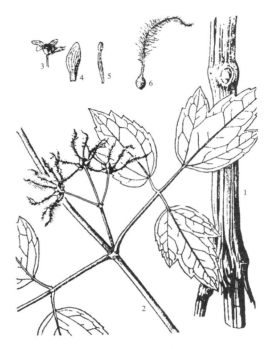

图 906 粗齿铁线莲
1. 茎一部分；2. 果枝；3. 花；4. 萼片；5. 雄蕊；6. 瘦果。

96. 芍药科 PAEONIACEAE

　　落叶亚灌木或多年生草本。具纺锤形或圆柱形块根。2回三出复叶或羽状复叶，互生；小叶全缘、缺裂或具粗齿；无托叶。花两性，大型，艳丽，辐射对称；花单生枝顶，稀2或数朵顶生或腋生，苞片2-6；萼片3-5宿存；花瓣5-13，白色、黄色、红色或暗紫红色，倒卵圆形；雄蕊多数，离心发育，花丝纤细，花药黄色，基部着生，外向纵裂，甲虫传粉；离心皮雌蕊先熟，心皮(2)5(6)，离生，花柱极短，柱头扁平，外卷，胚珠多数，2列；花盘杯状，囊状或盘状，革质或肉质。聚合蓇葖果，小蓇葖果腹缝开裂。种子多数，近球形。种子深褐色至黑色，具光泽、胚形小，胚乳丰富。

　　1属，40余种，分布于欧亚大陆温带地区，北非、美洲少数。我国约40余种。安徽省1种。

　　野生牡丹10余种，为我国特产，世界著名花卉。根皮药用，称"丹皮"。栽培品种极多，历史悠久。

芍药属 Paeonia L.

　　形态特征与科同。

牡丹　　　　　　　　　　　　　　图907

Paeonia suffruticosa Andr.

　　落叶亚灌木，茎高达2米，分枝短粗。2回三出或2回羽状复叶，小叶卵形、宽卵形、卵圆形、椭圆形或卵状披针形，具粗齿、浅裂或深裂，稀全缘，有时下面被毛；小叶具柄或无柄。花单生枝顶，径达20厘米，稀双生，花梗长4-6厘米，苞片3-6，长圆形、扁圆形或棉桃形；萼片4-5，匙形、披针形或卵圆形，宿存；花瓣12至多数，白色、淡绿色、黄色、粉红色、红色、紫红、紫色、黑紫色；雄蕊多数，常瓣化，花药黄色，花丝白色、淡红或红紫色；心皮5或较多，密被粗毛，有时瓣化，柱头及花盘颜色因品种而异。蓇葖果发育或不育。花期4-5月；果期8-9月。

　　全省各地园林花圃广泛栽培，以铜陵"丹凤"、亳州"丹皮"最为著名。

　　全国南北各地栽培品种多达1000余种，栽培历史悠久。

　　喜温凉干燥气候。喜光，耐半阴。不耐炎热高湿，稍耐寒。在地势高燥、土层深厚、肥沃疏松、排水良好的砂质壤土上生长最好。

　　根皮制成中药称"丹皮"，具活血、镇痛、降压、通经功效。花酿酒及提取香精；叶可作染料。

图907 牡丹
1. 植株；2. 雌蕊心皮。

97. 大血藤科 SARGENTODOXACEAE

落叶藤本。茎枝髓心红褐色。3 小叶复叶。互生；具长柄；无托叶。花单性，整齐，雌雄异株，稀同株；总状花序侧生，下垂，与叶同放；萼片 6；2 轮，花瓣状；花瓣 6，形小，密腺状；雄花具 6 雄蕊，花丝短，花药长圆形，2 室，外向纵裂，药隔微凸出，通常具 4-5 线形退化离心皮雌蕊；雌花具多数离心皮雌蕊，生于球形或卵形花托上，螺旋状排列，心皮 1 室，1 胚珠。聚合浆果，小浆果具细长子房柄。种子具胚乳，胚小，直生。

1 属，1 种。

大血藤属 Sargentodoxa Rehd. et Wils.

形态特征与科同。

大血藤　　　　　　　　　　　　　　图 908

Sargentodoxa cuneata（Oliv.）Rehd. et Wils.

落叶木质藤本，长达 10 米以上；各部无毛或近无毛。小枝具纵棱脊；冬芽鳞片多数。叶厚纸质，全缘，叶脉带红色；顶生小叶菱状卵形或菱状倒卵形，长 4-15 厘米，宽 3-10 厘米，先端尖，基部楔形，小叶柄长 5-50 毫米；侧生小叶斜卵形，先端渐尖，基部偏斜，内侧窄楔形，外侧近圆形，小叶近无柄；总叶柄长 4-12 厘米。花黄色或黄白色，径约 1.5 厘米。果序长 15-22 厘米，小浆果椭圆形或近球形，长 7-10 毫米，熟时暗蓝色，被白粉，子房柄长 6-18 毫米。种子卵形，黑色，具光泽。花期 4-5 月；果期 9-10 月。

产皖南黄山逍遥溪，祁门牯牛降 - 赤岭海拔 500 米，休宁岭南、流口，黟县，绩溪永来海拔 800 米，歙县清凉峰劳改队坞海拔 800 米，青阳九华山；大别山区霍山青枫岭欧家冲海拔 600 米，金寨马宗岭、白马寨打抒权海拔 680 米、鲍家窝，六安燕山林场，潜山天柱山；江淮南部无为。分布于甘肃、陕西、河南、湖北、江苏、浙江、福建、江西、湖南、广东、香港、海南、广西、贵州、云南、四川。

根和藤茎药用，活血通经，强筋壮骨，治跌打损伤。茎藤可做造纸原料。

安徽省省级保护树种，药用价值高。

图 908 大血藤
1. 果枝；2、3. 花被；4、5. 雄蕊、腹背面；6. 果；7. 种子。

98. 木通科 LARDIZABALACEAE

落叶、常绿木质藤本，稀灌木。冬芽大。叶互生，掌状或三出复叶，稀羽状复叶；无托叶。花单性，雌雄同株或异株，稀杂性，辐射对称；总状花序，稀圆锥花序；萼片花瓣状，（3）6枚，2轮，覆瓦状或外轮镊合状排列；花瓣6，退化成蜜腺状，较萼片小，稀无花瓣；雄蕊6，花丝离生或多少连合成管，花药外向，2室，纵裂，药隔常呈角状或凸头状；雌花具6退化雄蕊；心皮3(6-9)，螺旋状着生于膨大花托上，上位，离生，柱头偏斜，近无花柱，胚珠多数，纵裂，稀单生；雄花具退化心皮。肉质蓇葖果或浆果，不裂或腹缝开裂。种子多数，种皮脆角质，胚乳肉质，胚直伸，胚根向下。

7属，约50种，分布于亚洲东部，2属产南美智利。我国5属，39种，2亚种，8变种，5变型。安徽省4属，9种，2亚种。

1. 直立灌木；奇数羽状复叶具小叶13以上；花杂性，无花瓣；总状圆锥花序；冬芽外鳞片2⋯⋯⋯⋯⋯⋯⋯⋯⋯⋯⋯⋯⋯⋯⋯⋯⋯⋯⋯⋯⋯⋯⋯⋯⋯⋯⋯⋯⋯⋯⋯⋯ **1. 猫儿屎属 Decaisnea**
1. 攀援藤本；掌状复叶；花单性，具花瓣或无；总状花序腋生；冬芽具多枚覆瓦状排列外鳞片：
　　2. 小叶边缘浅波状或全缘，先端凹缺、圆或钝；萼片3，无花瓣，雄蕊离生；近无花丝，花药内弯，心皮3-9⋯⋯⋯⋯⋯⋯⋯⋯⋯⋯⋯⋯⋯⋯⋯⋯⋯⋯⋯⋯⋯⋯⋯⋯⋯⋯⋯⋯ **2. 木通属 Akebia**
　　2. 小叶全缘，先端渐尖或骤尖；萼片6，雄蕊离生或合生，具花丝，花药直伸，心皮3：
　　　　3. 萼片肉质，先端钝，花瓣6，雄蕊离生⋯⋯⋯⋯⋯⋯⋯⋯⋯⋯⋯⋯⋯ **3. 八月瓜属 Holboellia**
　　　　3. 萼片薄，先端渐尖，无花瓣或花瓣6，雄蕊花丝连合成管状⋯⋯⋯⋯⋯⋯ **4. 野木瓜属 stauntonia**

1. 猫儿屎属 Decaisnea Hook. f et Thoms.

直立灌木；分枝少。冬芽外鳞片2。奇数羽状复叶，互生；小叶对生，全缘。花杂性；总状圆锥花序；萼片6，花瓣状，2轮，近覆瓦状排列；无花瓣；雄蕊6，花丝连合成管状，花药两缝开裂，药隔成角状附属体，退化心皮小；雌花：具退化雄蕊6，心皮3，离生，胚珠多数，2列。肉质蓇葖果，腹缝开裂。种子多数，扁平。

2种，分布于喜马拉雅地区。我国1种。安徽省亦产。

猫儿屎　　　　　　　　　图909

Decaisnea insignis（Griff.）Hook. et Thoms.［*Decaisnea fargesii* Franch.］

落叶灌木。枝粗而脆，髓心粗大。奇数羽状复叶，互生，长50-80厘米；小叶13-25，膜质，卵形或卵状长圆形，长6-14厘米，先端尾尖，基部宽楔形或圆形，下面青白色，被粉状柔毛，后脱落。圆锥花序疏散，下垂，较叶短；花浅绿色，钟状，下垂；萼片卵状披针形或线状披针形；心皮圆锥形，长5-7毫米，柱头马蹄形，偏斜。肉质蓇葖果圆柱形，下垂，长5-10厘米，径约2厘米，熟时蓝色，具小疣，外面具环状缢纹。种子长约1厘米，倒卵圆形，黑色，具光泽。花期5-6月；果期9-10月。

产皖南黄山狮子林至北坡松谷庵、刘门亭，绩溪

图909 猫儿屎
1. 花枝；2. 果。

清凉峰中南坑海拔 1350 米，歙县清凉峰西凹海拔 1300 米，太平，休宁，青阳九华山；大别山区霍山海拔 800-1600 米；江淮无为。生于沟谷溪旁疏密林中。

果味甜，可生食及酿酒。种子油可食用及制肥皂。根、果药用，清热解毒，果皮含有橡胶质，可试验开发。

2. 木通属 Akebia Decne.

落叶或半常绿缠绕藤本。掌状复叶，互生或簇生短枝上；小叶 3 或 5，稀 6-8，全缘或浅波状，先端凹缺、圆或钝。花单性，雌雄同株，同序；总状花序腋生，雄花小而多，生于花序上部，雌花 1- 数朵生于花序下部；萼片 3，花瓣状，紫红色或绿白色，近镊合状排列；无花瓣；雄花：萼片花时反折，雄蕊 6，离生，花丝极短，花药外向，纵裂，内弯，具退化心皮；雌花：心皮 3-9(12)，圆柱形，柱头盾状，胚珠多数，侧膜胎座。肉质蓇葖果长圆状圆柱形，腹缝线开裂。种子卵圆形。

4 种，分布于亚洲东部，我国 3 种，2 亚种。安徽省 2 种，1 亚种。

1. 小叶 5，纸质，倒卵形或倒卵状长圆形，下面青白色；伞房总状花序腋生 ························· 1. 木通 A. quinata
1. 小叶 3，近革质或革质，卵形、宽卵形或卵状长圆形，下面浅绿色；总状花序生于短枝叶丛中：
  2. 叶缘具波状齿或浅裂 ····························· 2. 三叶木通 A. trifoliata
  2. 叶常全缘 ··························· 白木通 A. trifoliata ssp. australis

1. 木通 五叶木通 图 910

Akebia quinata (Thunb.) Decne.

藤本；全株无毛。茎纤细。掌状复叶；小叶 5，纸质，倒卵形或倒卵状长圆形，长 2-5 厘米，宽 1.5-2 厘米，先端圆或凹缺，具小凸尖，基部圆形或宽楔形，全缘，下面青白色。伞房总状花序腋生，雄花生上部，雌花生下部，总花梗长 2-5 厘米；花稍芳香；雄花萼片紫红色，长 6-10 毫米，花梗长 7-10 毫米；雌花萼片暗紫色，长 1-2 厘米，花梗长 2-3 厘米；心皮 3-6(9)，具退化雄蕊。肉质蓇葖果孪生或单生，长圆形或椭圆形，长 5-8 厘米，径 3-4 厘米，熟时紫色。花期 4-5 月；果期 6-8 月。

产皖南黄山海拔 700 米，绩溪清凉峰徽杭商道海拔 960 米，广德，宣城，芜湖；大别山区金寨白马寨海拔 700 米，潜山彭河乡；江淮安庆，滁县琅琊山。生于低山丘陵、林缘灌木丛中，常攀援树上。分布于河南、山东及长江流域以南各地。

茎皮、果药用，解毒、催乳。果味甜可食。种子含油量 20%，茎藤编织用，观赏树种，可栽植于庭园或公园中。

图 910 木通
1. 植株一段；2. 花；3. 果。

2. 三叶木通 八月炸 图 911

Akebia trifoliata (Thunb.) Koidz.

落叶藤本，全株无毛。掌状复叶，互生或在短枝上簇生；小叶 3，近革质，卵形或宽卵形，长 4-7.5 厘米，

宽 2-6 厘米，先端钝或略凹缺，具小凸尖，基部平截
或圆形，具波状齿或浅裂，下面浅绿色。总状花序
生于短枝叶丛中，总轴基部具 1-3 雌花，以上为雄花
15-30；雄花：花梗长 2-5 毫米，萼片淡紫色，宽椭圆形，
长 2.5-3 毫米；雌花：花梗长 1.5-3 厘米，萼片紫褐色，
近圆形，长 1-1.2 厘米；心皮 3-9，柱头橙黄色。肉质
蓇葖果长圆形，长 6-8 厘米，径 2-4 厘米，熟时灰白
稍淡紫色。花期 4-5 月；果期 7-8 月。

产皖南黄山松谷庵海拔 900 米，绩溪清凉峰栈岭
湾、永来、徽杭商道海拔 600-960 米，歙县清凉峰朱
家舍海拔 640 米，广德，休宁，青阳；大别山区霍山
青枫岭欧家冲、马家河海拔 640-1250 米、天河尖海
拔 1400 米，金寨白马寨、鲍家窝海拔 680 米，六安，
岳西。分布于山西、河南、陕西、甘肃、湖北。沟谷、
山地阴坡疏密林中常见。

根、藤、果药用，消炎、利尿、镇痛。果可食。
种子可榨油。

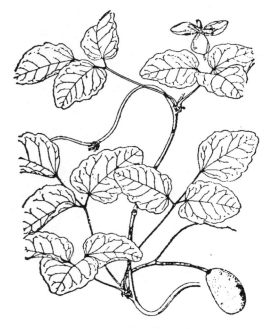

图 911 三叶木通（果枝）

2a. 白木通（亚种）

Akebia trifoliata（Thunb.）Koidz. ssp. **australis**（Diels）T. Shimizu

本亚种小叶革质，卵状长圆形或卵形，全缘。花期 4-5 月；果期 6-9 月。

产皖南黄山，泾县，东至，歙县清凉峰，青阳九华山；大别山区霍山马家河海拔 850 米，岳西美丽乡。山谷、
水边林中，常攀援树上或灌丛中。果可食。根、茎、果药用，通乳。舒筋活络，为利尿特效药。

<h2 align="center">3. 八月瓜属 Holboellia Wall.</h2>

常绿缠绕木质藤本。冬芽鳞片多数。掌状复叶或三出复叶，互生，具长柄；小叶 3-9，全缘，小叶柄不等长。花单
性；伞房总状花序腋生，稀腋生花束；萼片 6，肉质，花瓣状，绿白或紫色，外轮 3，镊合状排列，长圆形，内轮 3，
较小；花瓣 6，蜜腺状，近圆形，与雄蕊对生；雄花雄蕊 6，离生，花药外向，退化心皮 3，锥尖；雌花：退化雄蕊 6；
心皮 3，离生，圆柱形或棍棒状，直立，柱头顶生，每心皮胚珠多数。肉质蓇葖果，不裂。种子多数。

约 14 种。我国 12 种，2 变种。安徽省 3 种。

1. 三出复叶；小叶厚革质，椭圆形或卵状椭圆形，长 6-10 厘米，宽 4-5 厘米，先端渐尖，下面粉绿色，无
　 乳突 ·· 1. **鹰爪枫 H. coriacea**
1. 掌状复叶；小叶 3-7，近革质；下面苍白色，密被乳凸。
　 2. 小叶倒卵状长圆形或长圆形，长 6-14 厘米，宽 4-6 厘米，基部楔形；雄花外轮萼片长倒卵形 ·············
　 ·· 2. **牛姆瓜 H. grandiflora**
　 2. 小叶窄长圆形或长圆状披针形，长 5-9 厘米，宽 1.2-2 厘米，基部钝或圆形；雄花外轮萼片线状长圆形
　 ·· 3. **五风藤 H. fargesii**

1. 鹰爪枫　　　　　　　　　　　　　　　　　　　　　　　　　　　　　　　　　　　　图 912

Holboellia coriacea Diels

常绿木质藤本。三出复叶；小叶厚革质，椭圆形或卵状椭圆形，稀披针形，顶生小叶有时倒卵形，长 6-10

（15）厘米，宽 4-5（8）厘米，先端渐尖，基部圆或楔
形，缘略背卷，下面粉绿色。伞房总状花序，雌雄同序；
雄花：花梗长约 2 厘米，萼片白色，外轮长约 1 厘米，
内轮较窄，花瓣径不及 1 毫米，雄蕊长 6-7.5 毫米；
雌花：花梗长 3.5-5 厘米，萼片紫色，外轮长约 1.2 厘
米。肉质蓇葖果长圆状柱形，长 5-6 厘米，径约 3 厘米，
黑色，密被小疣点。种子椭圆形，长约 8 毫米，黑色，
具光泽。花期 4-5 月；果期 6-8 月。

产皖南黄山桃花峰海拔 800 米，绩溪清凉峰永来
海拔 770 米，歙县清凉峰朱家舍海拔 640 米，宣城，
广德，太平，青阳九华山溪边、山谷、习见。分布于甘肃、
陕西、河南、四川、贵州、湖南、湖北、浙江、江苏、
江西、广东。

果可食。种子榨油。茎皮药用。

图 912　鹰爪枫
1. 花枝和果枝；2. 雄花；3. 雄花（去花被）；4. 雌花（去花被）。

2. 牛姆瓜

Holboellia grandiflora Reaub.

常绿藤本，长达 6 米。掌状复叶，叶柄长 7-20 厘米；
小叶 3-7，近革质，倒卵状长圆形或长圆形，长 6-14
厘米，宽 4-6 厘米，先端渐尖或骤尖，基部楔形，缘
略背卷，下面苍白色，密被乳凸。花淡绿至淡紫色，芳香；伞房总状花序，总花梗长 2.5-5 厘米，2-4 簇生叶腋；
雄花：外轮萼片长倒卵形，长 2-2.2 厘米，内轮线状长圆形，花瓣长约 1 毫米，雄蕊长约 1.5 厘米；雌花：外轮
萼片宽卵形，长 2-2.5 厘米，内轮卵状披针形，心皮披针状柱形，长约 1.2 厘米。肉质蓇葖果长圆形，孪生，长 6-9
厘米。种子多数，黑色。花期 4-5 月；果期 7-9 月。

产皖南黄山，祁门，绩溪清凉峰徽杭商道海拔 800 米，歙县清凉峰里外三打海拔 1100 米，休宁。常攀援树上。
分布于四川、云南、贵州。

果可酿酒。茎叶药用。种子油工业用。

3. 五风藤　五叶瓜藤

Holboellia fargesii Reaub.

常绿藤本，长达 6 米。掌状复叶；小叶（3）5-7（9），近革质，窄长圆形、长圆状披针形或倒披针形，长 5-9
（11）厘米，宽 1.2-2（3）厘米，先端短尖，基部钝、宽楔形或近圆形，缘略背卷，下面苍白色，密被乳凸，顶
生小叶柄长约 3 厘米，侧生小叶柄长 1-2 厘米。雄花绿白色至淡黄色，雌花红色至紫红色；伞房短总状花序，
总花梗短，多个簇生叶腋；雄花：花梗长 1-1.5 厘米，外轮萼片线状长圆形，长 1-1.5 厘米，内轮较小，花瓣径
不及 1 毫米，雄蕊长约 1 厘米；雌花：花梗长 3.5-5 厘米，外轮萼片倒卵状圆形或宽卵形，长 1.4-1.6 厘米，心
皮棍棒状。肉质蓇葖果长圆形，长 5-9 厘米，熟后紫色。花期 4-5 月；果期 7-8 月。

产皖南黄山，祁门牯牛降，绩溪清凉峰，石台，休宁岭南，宁国，黟县；大别山区青枫岭欧家冲海拔 500 米，
潜山天柱峰大龙窝海拔 800 米。生于山坡路旁阔叶林中。分布于甘肃、陕西、四川、云南、西藏、贵州、湖北、
湖南、广西、江西、福建。

4. 野木瓜属 **Stauntonia** DC.

常绿藤本。冬芽具数层芽鳞，外层芽鳞宽短，内层舌状或带状。掌状复叶，互生；小叶 3-9，稀三出复叶，

全缘。花单性，雌雄同株或异株；花多朵组成伞房总状花序；雄花：萼片6，花瓣状，外轮镊合状排列，卵状长圆形或披针形，先端渐尖，内轮3，线形，无花瓣或具6枚蜜腺状花瓣，雄蕊6，花丝管状或下部连合，药隔尖角状或成凸头状附属体，退化心皮3；雌花：萼片较雄花大，退化雄蕊6，无花丝，心皮3，无花柱，胚珠多数。肉质蓇葖果3个聚生、孪生或单生，有时腹缝线开裂。种子多数。

约25种，分布于东亚。我国23种。安徽省3种，1亚种。

1. 花药顶端附属体凸头状，长约1毫米：
    2. 小叶下面淡绿色，倒卵形、宽匙形或长圆状倒披针形，先端长尾尖 ⋯⋯⋯⋯⋯⋯⋯⋯⋯⋯
    ⋯⋯⋯⋯⋯⋯⋯⋯⋯⋯⋯⋯⋯⋯⋯⋯⋯⋯⋯⋯ 1. 尾叶那藤 S. obovatifolia ssp. **urophylla**
    2. 小叶下面粉白绿色：
        3. 小叶倒卵形、长圆形或宽椭圆形，先端圆、尖或渐尖；萼片较薄 ⋯⋯⋯⋯ 2. 倒卵叶野木瓜 S. **obovata**
        3. 小叶匙形，先端长尾尖，具丝状尖头，下面具乳凸；萼片较厚⋯⋯⋯⋯⋯ 3. 黄蜡果 S. **brachyanthera**
1. 药隔顶端无附属体，钝或凹入 ⋯⋯⋯⋯⋯⋯⋯⋯⋯⋯⋯⋯⋯⋯⋯⋯⋯⋯⋯ 4. 钝药野木瓜 S. **leucantha**

1. 尾叶那藤 （亚种）

Stauntonia obovatifolia Hayata ssp. urophylla（Hand-Mzt.）H. N. Qin

木质藤本。小叶倒卵形、宽匙形或长圆状倒披针形，长4-10厘米，宽2-4.5厘米，先端长尾尖，基部窄圆或宽楔形，下面淡绿色。雄花：外轮萼片长1-1.2厘米，花药顶端附属体长约1毫米。花期4月；果期6-7月。

产大别山区潜山天柱山仙瀑岩割肚乡天柱村下湾组、阳排岭海拔700米。生于山谷、溪边疏密林中。分布于江苏、浙江、江西、福建、广东、广西、湖南、湖北、贵州。

2. 倒卵叶野木瓜

Stauntonia obovata Hemsl.

藤本。茎枝纤细。掌状复叶，小叶3-5（6）；小叶薄革质，倒卵形、长圆形、宽椭圆形或倒披针形，长3.5-6（11）厘米，宽1.5-3（6）厘米，先端圆、尖或渐尖，缘略背卷，下面粉白绿色，两面叶脉不明显或上面微凹下。总状花序2-3簇生叶腋，长4-5厘米，少花；花雌雄同株，白带淡黄色；雄花：外轮萼片稍薄，卵状披针形，长1-1.1厘米，宽3.5-4毫米，无花瓣，花丝连成管状，药隔成微小凸头；雌花：萼片和雄花相似，心皮棒状，退化雄蕊鳞片状。肉质蓇葖果椭圆形或卵圆形，长4-5厘米，褐黑色，密被疣点。花期2-4月；果期9-11月。

产皖南黄山八仙台。分布于江苏、浙江、福建、台湾、广东、香港、广西、湖南、贵州、云南、四川；生于山谷密林中，或灌丛中。

3. 黄蜡果 图913

Stauntonia brachyanthera Hand. -Mzt.

藤本。掌状复叶；小叶5-9，纸质，匙形，长5-13.5厘米，宽2.5厘米，先端长尾尖，具丝状尖头，下面稍青白色，具乳凸，干后黄绿色，下面粉白色，上面

图913 黄蜡果
1. 果枝；2. 果实（纵剖面）。

叶脉凹下。总状花序长 10-27 厘米，上部为雄花，下部具数朵雌花，或雌雄异序；花白绿色；雄花：萼片稍厚，外轮卵状披针形，长 9-12 毫米，先端兜状，圆顶，干后卷曲，内轮 3，窄线形，内面具乳凸状绒毛，雄蕊花丝连合，花药顶端具极小凸头；雌花：萼片与雄花相似，心皮长约 5 毫米。肉质蓇葖果椭圆形，长 5-7.5 厘米，径 3-5 厘米，熟后黄色，平滑或稍疣凸。花期 4 月；果期 8-11 月。

产皖南黄山海拔 250-640 米，祁门，休宁五域，广德，太平茶林场聂家山海拔 390 米；大别山区潜山天柱山南坡仙瀑岩，太湖大山乡海拔 250 米。分布于湖南、广西、贵州；生于山谷密林中，山顶疏林灌丛中也有。

果味甜可食。根药用。

4. 钝药野木瓜 九月黄　　　　图 914
Stauntonia leucantha Diels ex Y. C. Wu

本质藤本。掌状复叶；小叶 3-5(7)，近革质，长圆状倒卵形、近椭圆形或长圆形，长 5-7(9) 厘米，宽 2-3 厘米，先端骤尖或渐尖，基部钝或近圆形，缘略背卷，下面粉绿色，两面叶脉凹下，基脉近 3 出。花白色，雌雄同株；总状花序长 3.5-7 厘米；雄花：萼片近肉质，外轮 3，窄披针形或卵状披针形，长 9-12 毫米，内轮 3，窄线形，雄蕊长 4-5 毫米，花丝上部稍离生，下部合生成管，花药顶端钝，退化心皮丝状；雌花：萼片与雄花相似，心皮 3，卵状圆柱形，具退化雄蕊。肉质蓇葖果长圆形，长约 7 厘米，宽约 4 厘米，厚约 3 厘米，两端稍窄，熟后黄色，后黑色，平滑或具不明显疣凸，花期 4-5 月；果期 8-10 月。

产皖南祁门，休宁五城海拔 500-520 米，绩溪，歙县。生于山坡背阴处灌丛中或林缘。分布于江苏、浙江、福建、台湾、广东、香港、广西、湖南、贵州、云南、四川。

图 914 钝药野木瓜
1. 花枝；2. 花；3. 花纵剖；4. 花丝；5. 花药。

99. 防己科 MENISPERMACEAE

攀援或缠绕藤本，稀直立灌木或小乔木。单叶，互生，掌状脉，稀羽状脉；叶柄两端常肿胀；无托叶。花单性，雌雄异株；聚伞花序、聚伞圆锥花序、聚伞总状花序或聚伞伞形花序，稀单花；苞片小；萼片轮生，每轮（2）3（4），稀1，离生，稀合生，有时螺旋状着生；花瓣（1）2轮，每轮（2）3（4），稀1，或无花瓣，离生，稀合生；雄蕊（2）6或8，花丝离生或合生，花药1-2室或假4室，纵裂或横裂；雌花退化雄蕊有或无，心皮（1-2）3-6或多数，离生，子房上位，1室，2胚珠常1枚退化，花柱顶生，柱头分裂或条裂，稀全缘；雄花退化雌蕊小或无。核果，具皱纹或凸起，稀平滑，胎座迹半球状、球状、隔膜状或片状，有时不略显或无。种子常弯，种皮薄，胚乳有或无，胚小，弯，子叶扁平，叶状或半柱状。

65属，约350种，分布于热带和亚热带地区，少数温带。我国19属，约70种。安徽省5属，7种，1变种。

本科植物均含生物碱，为著名药用植物。有的种类枝条强韧，为编织藤具主要原料。

1. 雄蕊离生，心皮2-6；叶非盾状，稀盾状：
  2. 花药横裂：
    3. 外轮萼片与内轮近相等长，均具黑色条纹；花序着生在无叶茎上 ·················· 1. **秤钩风属 Diploclisia**
    3. 外轮萼片较内轮小，无黑色条纹；花序着生在具叶枝上 ·················2. **木防己属 Cocculus**
  2. 花药纵裂：
    4. 雄蕊9-12，药室顶部开裂，萼片6，2轮排列；叶非盾状着 ······ 3. **风龙属**（汉防己属）**Sinomenium**
    4. 雄蕊12-18，花药背着，萼片4-8，螺旋状着生；叶盾状着生 ············ 4. **蝙蝠葛属 Menispermum**
1. 雄蕊合生，心皮1；叶盾状 ··· 5. **千金藤属 Stephania**

1. 秤钩风属 Diploclisia Miers

藤本。叶革质，掌状脉；叶非盾状。花单性，雌雄异株；花序腋生或生于无叶茎上；聚伞花序或聚伞圆锥花序。雄花6，2轮，内轮较外轮稍宽，干后具黑色条纹，花瓣6，缘内折，抱被花丝，雄蕊6，花丝离生，花药横裂；雌花萼片与雄花相似，花瓣顶端2裂，退化雄蕊6，心皮3，柱头外弯，缘具齿状皱褶。核果，背部具龙骨，两侧各具小横肋。种子马蹄形，胚乳少量，子叶扁平。

约2种，分布于亚洲热带。我国均有。安徽省1种。

秤钩风　　　　　　图 915

Diploclisia affinis（Oliv.）Diels

木质藤本，数米长。幼枝被细柔毛；腋芽2，叠生。叶宽卵形，长3-6厘米，宽3-7厘米，先端细尖，基部圆形，全缘，幼叶两面密被细长毛，老时仅下面脉上被稀疏细毛，脉3-5出；叶柄长4-8厘米，幼时被细柔毛。聚伞花序腋生，总花梗长3-4厘米；花小，白色，花梗长3-4毫米；萼片长圆形，外轮与内轮萼片等大，具黑色条纹；花瓣6，卵形，先端尖。核果倒卵状圆形，长约8毫米，熟时橙色至紫黑色，果下部一侧延伸一钩状突起。花期4-5月；果期6-7月。

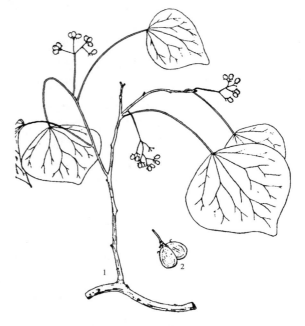

图 915 秤钩风
1. 果枝；2. 果实。

产皖南黄山，祁门牯牛降观音堂小演坑海拔 420 米山坡灌丛中。分布于长江流域以南地区。

茎制藤具。老茎能通牛便。茎叶清热解毒、治蛇咬伤。

2. 木防己属 Cocculus DC.

藤本，稀直立灌木或小乔木。叶非盾状，3 出脉或掌状脉。花单性，异株；聚伞花序或聚伞圆锥花序，腋生或顶生；雄花萼片 6，2 轮，外轮小，花瓣 6，两侧基部具内折小耳，先端 2 裂，雄蕊 6-9，花丝离生，花药横裂；雌花萼片、花瓣与雄花相似，具退化雄蕊，心皮（3）6，花柱柱状，柱头外弯伸展。核果两侧扁，花柱残迹近基部，内果皮骨质，背部具龙骨，两侧具多数小横肋。种子胚乳少量，子叶扁平，胚极短。

约 8 种，广布美洲中部、北部、亚热带地区。我国 2 种，1 变种。安徽省 1 种。

木防己 打鼓藤　　　　　　　　　　　图 916

Cocculus orbiculatus（L.）DC.

藤本。老枝近无毛。叶纸质至薄革质，线状披针形、宽卵形、椭圆形或近圆形，有时倒卵形或倒心形，长 5-10 厘米，宽 1.5-7 厘米，先端渐尖、短尖或 2 裂，基部钝、圆、楔形或近心形，全缘或 3 裂，稀掌状 5-7 裂，两面被柔毛或仅下面被毛，3 出脉；叶柄长 1-3 厘米，被白色柔毛。雄花序为聚伞或聚伞圆锥花序，被毛；雄花：外轮萼片卵状椭圆形，长 1-1.2 毫米，内轮萼片倒卵形或近圆形，长约 2.5 毫米，先端 2 裂，雄蕊与花瓣近等长；雌花序较雄花序短；雌花萼片花瓣与雄花相似，具退化雄蕊，心皮 6。核果，熟时红色至紫黑色，扁球形，果核背部两侧具小横肋状雕纹。

产皖南黄山逍遥溪云谷寺海拔 530-870 米，绩溪清凉峰银龙坞、永来海拔 770 米，歙县清凉峰海拔 450 米，休宁岭南古衣海拔 300 米，太平长源焦村双溪海拔 290 米，当涂采石；大别山区霍山，金寨渔潭鲍家窝柳家冲海拔 560 米，潜山天柱山海拔 450 米、三祖寺海拔 80 米；江淮滁县皇甫山大舒海拔 200 米、琅琊山，淮南，当涂。分布于辽宁、山东、江苏、浙江、福建、江西、湖北、湖南、广东、海南、广西、贵州、四川、云南、陕西、河南。

图 916 木防己
1. 雄花枝；2. 果枝；3. 雄花花瓣及雄蕊；4. 雌花及雌蕊；5. 种子。

茎枝制藤具；根药用，解毒、止痛。

3. 风龙属（汉防己属）Sinomenium Diels

木质藤本。叶具长柄，非盾状着生，掌状脉。聚伞圆锥花序腋生；雄花：萼片 6，2 轮，伸展或近外反，花瓣 6，基部缘内折，抱被花丝，雄蕊 9-12，花丝离生，药室顶部开裂；雌花：萼片和花瓣与雄花相似，退化雄蕊 9，心皮 3，柱头分裂。核果，扁球形，稍歪斜，花柱残迹近基部，果核近骨质，具鸡冠状隆起的背肋，两侧各具一列小横肋状雕纹，胎座双片状。种子半月形，胚乳丰富。

单种属。安徽省 1 种，1 变种。

1. 风龙 汉防己 图 917

Sinomenium acutum（Thunb.）Rehd. et Wils.

大藤本，长达 20 余米。幼枝被柔毛或近无毛。叶
薄革质，近圆形或椭圆状卵形，长宽均 6-15 厘米，先
端渐尖，基部心形，全缘或具角，有时 5-9 裂，幼
叶两面被绒毛，后渐脱落，掌状脉（3）5-7；叶柄长
5-9 厘米，基部稍扭曲，被柔毛或近无毛。雄花序长
10-30 厘米，分枝开展，被绒毛和柔毛；雄花萼片黄色，
内凹，外轮 3，长圆形，长 2-2.5 毫米，宽不及 1 毫米，
内轮近卵形或倒卵形，长 2-2.5 毫米，宽达 1.5 毫米，
花瓣稍肉质，边内卷，长不及 1 毫米，宽 1.5-2 毫米，
雄蕊长 1.6-2 毫米；雌花序较短；雌花心皮无毛。核果
熟后紫色具白霜，果核长 5-6 毫米。花期夏季；果期
秋末。

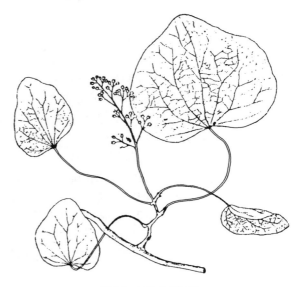

图 917 风龙（汉防己）
植株及花枝。

产皖南黄山眉毛峰海拔 800 米，祁门牯牛降双河
口海拔 600 米，绩溪清凉峰荒坑岩海拔 890 米，歙县
清凉峰劳改队坞海拔 840 米；大别山区霍山俞家畈廖寺园海拔 900 米，金寨白马寨。生于溪沟边或灌丛中，根能
伸入石隙中生长。分布陕西、河南、长江流域以南各地。

根藤药用，利尿、祛风湿、舒筋活血及治风湿关节痛。枝条强韧，可编藤器。

1a. 毛汉防己 （变种）

Sinomenium acutum（Thunb.）Rehd. et Wils. var. **cinerum**（Diels）Rehd.

本变种叶两面均被柔毛，下面毛尤密。

产皖南太平七都海拔 1100 米；大别山区霍山马家
河大核桃园海拔 960 米，金寨，岳西美丽乡海拔 950 米。
分布于陕西，湖北，四川，浙江。

用途同汉防己。

4. 蝙蝠葛属 Menispermum L.

落叶藤本。叶盾状着生，常具角状裂片。花两性；
圆锥花序腋生；雄花：萼片 4-8（10），近螺旋状着
生，膜质，窄而凹，覆瓦状排列，花瓣 6-9，近肉质，
肾状心形或近圆形，缘内卷，雄蕊 12-18，花丝柱
状，花药背着，椭圆形或近球形，纵裂；雌花：萼
片和花瓣与雄花相似，退化雄蕊顶端肥厚，心皮 2-4，
具短柄，近半卵形，两侧扁，花柱短，柱头外弯，
宽而分裂。核果 2-3，花柱残迹近基部，果核肾状
圆形或宽半月形，甚扁，背脊鸡冠状，具 2 列小瘤体，
胎座亦片状。种子胚乳丰富，胚近环状，子叶半柱形，
长于胚根。

图 918 蝙蝠葛
1. 雄花枝；2. 果枝；3. 种子。

2 种，东亚 1 种，北美 1 种。我国 1 种。安徽省 1 种。

蝙蝠葛　　　　　　　　　　　　　　　　　　　　　　　　　　　　　图 918

Menispermum dauricum DC.

落叶藤本，长达 13 厘米。茎无毛。叶近心形、圆肾形或卵形，长宽均 3-12 厘米，近全缘或 3-9 裂，下面具白霜，掌状脉 5-7(9-12)；叶柄长 9-12 厘米，盾状着生。圆锥花序单生或双生，雄花序总花梗长 3-8 厘米，被毛，苞片线状长圆形；雄花：萼片膜质，缘黄色，倒披针形或倒卵状椭圆形，长 1.5-3.5 毫米，宽 8-15 毫米，花瓣稍肉质，肾状心形，长 1.5-2.5 毫米，宽 1.2-2 毫米，具爪，缘近兜状，雄蕊 12，花药近球形；雌花序单生；雌花：萼片和花瓣与雄花相似，同色，具退化雄蕊，雌蕊柄柱状。核果 1-2，径约 1 厘米，熟后紫色至黑色，果核径 6-8 毫米。花期 6-7 月；果期 8-9 月。

产皖南祁门，歙县，太平，贵池；大别山区岳西；江淮滁县皇甫山一快活岭海拔 250 米、琅琊山，此种分布广泛。分布于东北、西北、华北、华中、华东；生于低山地区阴湿地及山谷、河滩、灌丛中。

要求排水良好沙壤土。种子、扦插、分株繁殖。为篱垣攀援材料。叶形奇特，供观赏。根茎药用。

5. 千金藤属 Stephania Lour.

草质或木质藤本；具块根或无。叶具长柄，盾状着生；掌状脉。花单性；聚伞伞形花序，稀聚伞圆锥花序，腋生或生于老叶茎上；雄花：萼片 3-4，（1)2 轮，覆瓦状排列，花瓣 3-4，与内轮萼片互生，稀无花瓣，聚药雄蕊具 6-8 花药；雌花：花被辐射对称，萼片和花瓣均 3-4，均 1 轮，或左右对称，具 1(2)萼片和 2(3)花瓣，雌蕊 1 心皮，子房囊状卵形，柱头分裂。核果，花柱残迹近基部，果核骨质，背部两侧具雕纹。种子马蹄形，胚与种子同形，子叶半柱状。

40 余种，分布于亚洲和非洲热带和亚热带地区。我国约 30 种。安徽省 3 种。

1. 雌花花被辐射对称，萼片和花瓣各 3 或 4；雌雄花序同形：
　　2. 雄花萼片 6 或 8，2 轮；根条状，非肉质；叶三角状近圆形或三角状宽卵形，长宽均 6-15 厘米 ……………………………… **1. 千金藤 S. japonica**
　　2. 雄花萼片 4，仅 1 轮；根柱状，肉质；叶宽三角形或三角状近圆形，长 4-7 厘米，宽 5-8.5 厘米 …………………………… **2. 粉防己 S. tetrandra**
1. 雌花花被左右对称，萼片 1(2-3)，花瓣 2(4)，肉质；聚伞头状花序，雄花序成总状花序式 ……… ………………… **3. 金线吊乌龟 S. cepharantha**

1.　千金藤　　　　　　　　图 919

Stephania japonica（Thunb.）Miers

藤本，长达 5 米，全株无毛。根条状。叶三角状近圆形或三角状宽卵形，长 6-10(15)厘米，宽与长近相等，先端钝或有时微缺，基部近平截或微圆，干后两面苍白绿色，下面稍粉白，掌状脉 7-9；叶柄长 3-12 厘米，稍纤细，盾状着生。聚伞复伞形花序腋生，总花梗长达 4 厘米，伞梗 4-8；雄花：萼片 6 或 8，2 轮，膜质，倒卵状椭圆形，长约 1.5 毫米，花瓣 3-4，宽楔形，长不及 1 毫米，聚药雄蕊长约 1 毫米；雌花：萼片 3-4，1 轮，卵形或倒卵形，长

图 919 千金藤
1. 花枝；2. 果序；3. 雌花；4. 雄花；5. 种子。

不及 1 毫米，花瓣长约 0.4 毫米。核果红色，扁球形，果核宽倒卵圆形，长 7-8 毫米，背部两侧具雕纹。花期春末；果期秋季。

产皖南祁门，绩溪清凉峰永来海拔 720 米，石台牯牛降星火—刘家畈海拔 250 米，太平七都，贵池，广德，宣城，泾县，青阳，芜湖；大别山区霍山，金寨，舒城；江淮无为，定远，滁县皇甫山。生于 400 米以下山坡、溪边灌丛中。分布于长江流域以南各地。

根、茎药用，清热解毒、利湿、收敛止血。

2. 粉防己 石蟾蜍

Stephania tetrandra S. Moore

落叶藤本。主根柱状，肉质。叶纸质，宽三角形或三角状近圆形，长 4-7 厘米，宽 5-8.5 厘米，先端具凸尖，基部微凹或近平截，两面被伏贴柔毛或上面无毛，掌状脉 9-10，网脉密；叶柄长 3-7 厘米，盾状着生。聚伞头状花序腋生，在长 4-10 厘米的总花梗上总状排列，下垂；雄花：萼片 4-5，倒卵状椭圆形，连爪长 0.8 毫米，具缘毛，花瓣 5，肉质，长 0.6 毫米，边缘内折，聚药雄蕊长约 0.8 毫米。核果近球形，熟后红色，长 5-6 毫米。花期夏季；果期秋季。

产皖南休宁，广德，贵池，太平七都。生于海拔 500 米以上山坡、丘陵旷野地区。分布于浙江、福建、江西、湖南、湖北、广东、海南、广西。

根药用，味辛苦，性寒，祛风除湿、利尿通淋等症。

3. 金线吊乌龟 头花千金藤

Stephania cepharaantha Hayata et. Yamamoto

藤本；全株无毛。块根团块状或近圆锥状。叶纸质，三角状扁圆形或近圆形，长 2-6 厘米，宽 2.5-6.5 厘米，先端具小凸尖，基部圆形或近平截，全缘或稍浅波状，掌状脉 7-9；叶柄长 1.5-7 厘米，纤细。聚伞头状花序，雄花序总花梗丝状，成总状花序式，雌花序总花梗粗，单序腋生；雄花：萼片（4）6（8），匙形或近楔形，长 1-1.5 毫米，花瓣 3-4（6），近圆形或宽倒卵形，长约 0.5 毫米；雌花：萼片 1（2-3），长约 0.8 毫米，花瓣 2（4），肉质，较萼片小。核果宽倒卵圆形，长约 6.5 毫米，熟后红色。花期 4-5 月；果期 6-7 月。

产祁门牯牛降海拔 250 米，休宁六股尖，歙县清凉峰，太平龙源，贵池；大别山区金寨天堂寨，六安，舒城，潜山天柱山海拔 450-670 米；江淮庐江，滁县琅琊山。生于海拔 100-650 米阴湿山坡、灌丛中。分布西北至陕西汉中、长江流域以南各地。

根药用，消肿解毒，外敷治毒蛇咬伤及无名肿毒。含西法安生、小胺甲醚等多种药用生物碱。块根含千金藤素，抗痨，治胃溃疡和矽肺又可作兽药（白药）。

100. 南天竹科 NANDINACEAE

常绿灌木。2-3 回奇数羽状复叶，互生，叶轴具关节；无托叶。花小，两性，白色；顶生圆锥花序，苞片钻形，宿存；萼片与花瓣相似，多轮，每轮 3，外轮小，内轮较大；花瓣 6，较萼片稍大；雄蕊 6，离生，与花瓣对生，花丝短，花药纵裂；子房上位，1 心皮，1 室，胚珠 2，侧膜胎座。浆果，球形。种子 2，形小。

1 属，1 种。分布于中国和日本。

南天竹属 Nandina Thunb.

形态特征与科同。

南天竹　　　　　　　　　　　　图 920

Nandina domestica Thunb.

常绿丛生灌木，茎干分枝少，高达 3 米，无毛。2-3 回奇数羽状复叶，长 25-50 厘米，宽 15-25 厘米；具长叶柄，叶鞘褐色包茎，羽片对生；小羽片具小叶 3-5，小叶革质，椭圆状披针形，长 3-10 厘米，宽 1-2.5 厘米，先端渐尖，基部楔形，全缘，深绿色至冬季渐变红色，无毛，羽状脉。顶生圆锥花序；花白色；花药红色。浆果球形，径 5-8 毫米，熟时鲜红色至紫红色，顶端具硬尖。种子扁圆形。花期 5-7 月；果期 9-11 月。

产皖南祁门牯牛降 - 降上海拔 1336 米，太平，绩溪清凉峰，广德，旌德，歙县清凉峰，泾县，青阳；大别山区霍山午旗河、大冲、长岭、佛子岭海拔170-900 米以下，金寨，六安，舒城，潜山。生于海拔 700 米以下沟谷阴湿处、林缘、灌丛中。分布于黄河以南各地。为石灰岩钙质土壤指示植物。

喜凉爽湿润气候，要求排水良好肥沃土壤；稍耐阴，强光下生长不良。拵种、扦插或分株繁殖。

南天竹为公园、庭院、建筑小区观赏绿化树种，尤其冬季红果满树，为雪地增添一美丽景色。全株药用，果为镇咳药，根、枝叶强筋活络。木材坚硬，可制作小型手工艺品。种子含油约 12%。安徽省长江以北地区，盆栽南天竹，冬季宜移入温室，防寒。

图 920 南天竹
1. 植株；2. 花；3. 雌蕊；4. 花瓣。

101. 小檗科 BERBERIDACEAE

灌木或多年生草本，稀小乔木。茎具刺或无。单叶或复叶，互生，稀对生或基生；托叶有或无。花两性，辐射对称；单生或簇生，总状、穗状、伞形、聚伞花序或圆锥花序；花被（2）3 数，稀无花被；萼片 6-9，通常花瓣状，离生，2-3 轮；花瓣 6，扁平、盔状或蜜腺体；雄蕊与花瓣同数，对生，花药 2 室，瓣裂或纵裂；子房上位，1 室，胚珠多数或少数，基生或侧膜胎座。浆果、蒴果或瘦果。种子有时具假种皮，胚乳丰富。

16 属，约 650 种，分布于北温带和亚热带高山地区。我国 10 属，约 320 种。安徽省 2 属，8 种。

1. 枝常具刺；单叶；萼片 6，2 轮 ·· 1. 小檗属 Berberis
1. 枝常无刺；奇数羽状复叶；萼片 9，3 轮 ····································· 2. 十大功劳属 Mahonia

1. 小檗属 Berberis L.

落叶或常绿灌木。枝具刺，内皮层和木质部黄色。单叶，互生，着生侧生短枝上，叶片与叶柄间有关节相连。花 3 数，单生或簇生；总状、伞形或圆锥花序，小苞片 3，早落；萼片 6，2 轮，稀 3 或 9，1 或 3 轮，黄色；花瓣 6，黄色，内侧近基部具 2 腺体；雄蕊 6，与花瓣对生，花药瓣裂；子房 1 室，胚珠 1-12（15），基生，花柱短或无。浆果。种子 1-10，无假种皮。

约 500 种，分布于北温带、热带非洲和南美。我国 250 余种。安徽省 6 种。

多数种类根皮和茎皮含小檗碱，可代黄连药用；也可在公园栽植观赏。

1. 花簇生或呈花序式；茎刺 3 分叉，或茎刺单一，稀 3 分叉；果熟时蓝黑色、红色、深紫色；常绿或落叶灌木：
　　2. 花 10-25、2-14 簇生；果熟时蓝黑色；常绿灌木：
　　　　3. 叶厚革质，坚硬，椭圆形、披针形或倒披针形，叶缘平，具 10-20 对刺齿，下面淡绿色 ·················
　　　　·· 1. 豪猪刺 B. julianae
　　　　3. 叶薄革质，长圆状倒披针形或长圆状窄椭圆形，中部以上具 2-10 对刺齿，稀全缘，下面被白粉 ······
　　　　·· 2. 华东小檗 B. chingii
　　2. 具花序，稀簇生；果熟时红色或深紫色；落叶或常绿灌木：
　　　　4. 伞形花序，花 2-5，具总花梗，或花簇生状，无总花梗；叶全缘，下面灰白色；果熟时红色 ·············
　　　　·· 3. 日本小檗 B. thunbergii
　　　　4. 总状花序，花 5-15；叶缘具 5-8（12）细锯齿，下面淡绿色，稍具光泽；果熟时深紫色，被厚重带蓝色蜡粉；
　　　　　　宿存花柱长 1 毫米 ·· 4. 长柱小檗 B. lempergiana
1. 总状花序，花 3-15、10-27，茎刺单一，稀 3 分叉；果熟时红色；落叶灌木：
　　5. 叶长圆状菱形，全缘，下面灰白色 ····································· 5. 庐山小檗 B. virgetorum
　　5. 叶近圆形或宽椭圆形，缘具 15-40 对刺齿，下面淡绿色 ··············· 6. 安徽小檗 B. anhweiensis

1. 豪猪刺　　　　　　　　　　　　　　　　　　　　　　　　　　　　　　　图 921

Berberis julianae Schneid.

常绿灌木。幼枝淡黄色，疏被黑色疣点；茎刺粗，3 分叉。叶厚革质，坚硬，椭圆形、披针形或倒披针形，长 3-10 厘米，宽 1-3 厘米，叶缘平，具 10-20 对刺齿，下面淡绿色，下面中脉凹下，侧脉微显，两面网脉不明显；叶柄长 1-4 毫米。花 10-25 朵簇生，黄色，花梗长 8-15 毫米，小苞片卵形；萼片 2 轮；花瓣长圆状椭圆形，先端缺裂；胚珠 1。浆果长圆形，长 7-8 毫米，熟时蓝黑色，被白粉，花柱宿存。花期 3 月；果期 5-11 月。

产皖南休宁岭南，祁门牯牛降，绩溪清凉峰外横坞海拔 740 米，太平七都海拔 1100 米山谷林下阴湿处，或落叶阔叶林中。分布于湖北、湖南、广西、四川、贵州。

根可作黄色染料，根部含小檗碱 3% 及其他多种生物碱，供药用，清热解毒、抗菌消炎。园林栽植供观赏。

2. 华东小檗

Berberis chingii Cheng

常绿灌木。幼枝淡黄色，具黑色疣点，老枝暗灰色；茎刺粗，3 分叉。叶薄革质，长圆状倒披针形或长圆状窄椭圆形，长 2-8 厘米，宽 8-25 毫米，中部以上具 2-10 对刺齿，稀全缘，下面被白粉，上面中脉凹下，侧脉 5-10 对微显，下面侧脉与两面网脉不明显；叶柄长 2-4 毫米。花 2-14 朵簇生，黄色，花梗长 7-18 毫米，小苞片三角形；萼片 2 轮；花瓣倒卵形，先端缺裂；药隔钝；胚珠 2-3。浆果椭圆形或倒卵状椭圆形，长 6-8 毫米，被白粉，花柱宿存。花期 4-5 月；果期 6-9 月。

产皖南祁门牯牛降双河口海拔 900 米，贵池，太平，休宁。生于山沟林下或山坡灌丛中。分布于江西、湖南、福建、广东。

3. 日本小檗

Berberis thunbergii DC.

落叶灌木。幼枝淡红带绿色，老枝淡红色；茎刺单一，稀 3 分叉。叶纸质，倒卵形、匙形或菱状卵形，长 1-2 厘米，宽 5-15 毫米，先端圆形或钝尖，基部窄楔形下延成柄，全缘，下面灰绿色，两面网脉不明显；叶柄长 2-8 毫米。伞形花序具 2-5 花具总花梗，或花簇生状无总花梗，花梗长 5-10 毫米，小苞片卵状披针形，带红色；花黄色；萼片 3 轮；花瓣长圆状倒卵形，先端微凹；药隔平截；胚珠 1-2。浆果椭圆形，长约 8 毫米，熟时红色，稍具光泽，花柱脱落。花期 4-6 月；果期 7-10 月。

皖南黄山树木园有栽培；其他合肥、芜湖公园花房有引种。大别山区金寨天堂寨有野生。原产日本。

喜湿润、肥沃、深厚、排水良好土壤；耐旱。播种或杆插繁殖。栽培观赏。

4. 长柱小檗　　　图 922

Berberis lempergiana Ahrendt

常绿小乔木，高约 2 米。老枝深灰色；茎刺 3 分叉，长 1-3 厘米。叶革质，长椭圆形，长 3.5-6.5 厘

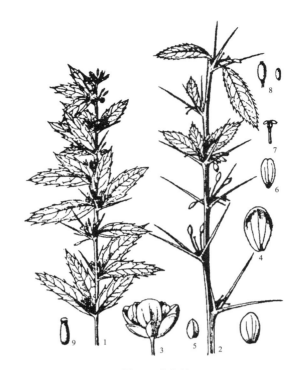

图 921 豪猪刺
1. 花枝；2. 果枝；3. 花；4. 萼片；5. 小苞片；6. 花瓣；7. 雄蕊；8. 雌蕊；9. 果实。

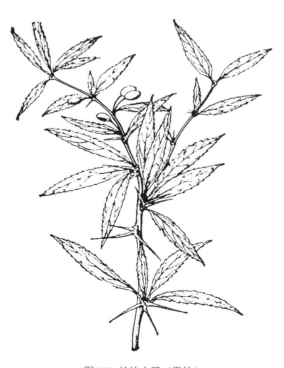

图 922 长柱小檗（果枝）

米，宽 1-2.3 厘米，先端钝而具小尖头，基部楔形，缘具 5-8(12)细锯齿，齿端针刺状，下面淡绿色，稍具光泽；叶柄长 1-5 毫米。总状花序具 5-15 花，花梗长 8-19 毫米，稍带红色，苞片长 1.5-4 毫米；萼片外面小内面大；花瓣 6，长圆形至倒卵状宽椭圆形，长 5-5.5 毫米，先端 2 裂或不整齐；雄蕊 6；子房具 2-3 胚珠，柱头圆盘状，花柱长。浆果椭圆形，长 7-9 毫米，熟时深紫色，被厚重带蓝色蜡粉，花柱宿存。种子 2-3。

产皖南太平七都七井山海拔 1100 米山坡林缘、溪谷灌丛中。分布于浙江、江西。

根皮、茎内皮代黄檗用，可抗菌消炎；煎水治肝炎、胆囊炎。

5. 庐山小檗

Berberis virgetorum Schneid.

落叶灌木。幼枝紫褐色，老枝灰黄色，无疣点；茎刺单一，稀 3 分叉。叶薄纸质，长圆状菱形，长 3.5-8 厘米，宽 1.5-4 厘米，基部渐下延，全缘，有时稍波状，下面灰白色，侧脉显著；叶柄长 1-2 厘米。总状花序具 3-15 花，长 1-3 厘米，总花梗长 1-2 厘米，花梗细，长 4-8 毫米，苞片披针形；萼片 2 轮；花瓣椭圆状倒卵形，先端钝，全缘；药隔钝；胚珠 1。浆果椭圆形，长 8-12 毫米，熟时红色，花柱脱落。花期 4-5 月；果期 6-10 月。

产皖南绩溪清凉峰平坑脚海拔 1120 米；大别山区霍山黄泥畈，金寨白马寨打抒权海拔 680 米，岳西河图海拔 950 米，潜山天柱山燕子河海拔 1050 米山地灌丛中，河边、林内、村旁也有生长。分布于陕西、江西、福建、湖北、湖南、广西、广东、贵州。根皮、茎富含小檗碱，代黄连，清热泻火、抗菌消炎。

6. 安徽小檗 图 923

Berberis anhweiensis Ahrendt

落叶灌木。幼枝暗紫色，老枝灰黄或淡黄色，散生黑色疣点；茎刺单一，少数 3 分叉，长 1-1.5 厘米。叶纸质，近圆形或宽椭圆形，长 2-6 厘米，宽 1.5-3 厘米，基部楔形，下延，缘具 15-40 对刺齿，下面淡绿色，上面中脉和侧脉隆起，两面网脉显著，无毛；叶柄长 5-15 毫米。总状花序具 10-27 花，长 2-6 厘米，总花梗长 1-1.5 厘米，无毛，花梗长 4-7 毫米，无毛，苞片长约 1 毫米，小苞片卵形；花黄色；萼片 2 轮；花瓣椭圆形，先端全缘；药隔平截；胚珠 2。浆果椭圆形或倒卵圆形，长约 9 毫米，熟时红色，花柱脱落。花期 4-6 月；果期 7-10 月。

产皖南黄山天都峰、天海、皮蓬，绩溪逍遥乡野猪咀至清凉峰海拔 1400 米，歙县清凉峰东凹海拔 1730 米，太平，休宁六股尖，青阳九华山；大别山区霍山马家河万家红至天河尖海拔 1340 米、白马尖海拔 1600 米、多云尖，金寨白马寨天堂寨主峰、西边凹海拔 1590 米，潜山天柱峰关山洞，舒城万佛山。生于山上部或山顶灌丛中或林内。分布于浙江、湖北。

植株花鲜黄色，如移栽山下繁殖，当为上佳的观赏树种。植物体内含小檗碱，根皮药用价值高，尚待开发。

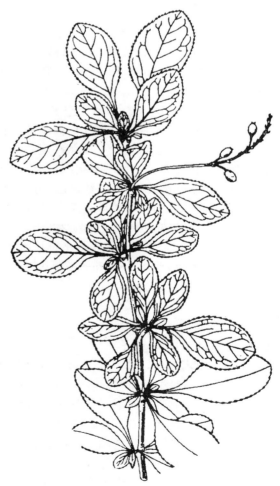

图 923 安徽小檗（果枝）

2. 十大功劳属 Mahonia Nutt.

常绿灌木或小乔木，木质部黄色。奇数羽状复叶，互生；具叶柄或无叶柄，叶柄基部阔扁呈鞘状抱茎，叶轴具膨大关节；小叶对生，侧生小叶具叶柄或无叶柄，具锯齿或牙齿，稀全缘。花两性；总状或圆锥花序顶生，自芽鳞腋内发出，簇生状；花黄色；萼片 9，3 轮；花瓣 6，2 轮；雄蕊 6，花药瓣裂；子房 1 室，基生胚珠 1-7，花柱极短或无，柱头盾状。浆果。

约 60 种，分布于东亚、东南亚、北美、中美、南美。我国约 35 种。安徽省 2 种。

1. 叶柄长 2.5-9 厘米；小叶 5-9，窄披针形或窄椭圆形，下面淡黄色，偶稍苍白色；浆果熟时紫黑色 ……… 1. **十大功劳 M. fortunei**
1. 叶柄长 5-25 毫米；小叶 7-15，卵形、近圆形或长圆形，下面被白粉；浆果熟时深蓝色 …… 2. **阔叶十大功劳 M. bealei**

1. 十大功劳　　　　　　图 924
Mahonia frotunei（Lindl.）Fedde

常绿灌木，高达 2（4）米。奇数羽状复叶长 10-28 厘米，叶柄长 2.5-9 厘米；小叶 5-9，侧生小叶无柄或近无柄，窄披针形或窄椭圆形，长 4.5-14 厘米，宽 9-25 毫米，5-10 对刺齿，上面暗绿色至深绿色，叶脉不明显，下面淡黄色，偶稍苍白色，叶脉隆起。总状花序 5-10 簇生，长 3-7 厘米，宿存芽鳞披针形或三角状卵形，长 5-10 毫米，花梗长 2-2.5 毫米，苞片卵形，长 1.5-2.5 毫米；外萼片卵形或三角状卵形，中萼片、内萼片均椭圆形，长 4-5.5 毫米；花瓣黄色，长圆形，先端微缺裂，基部腺体明显；雄蕊药隔不延伸，顶端平截；花柱无，胚珠 2。浆果球形，径 4-6 毫米，熟时紫黑色，被白粉。花期 7-9 月；果期 9-11 月。多见栽培于城市庭园或公园中，未见野生。分布于浙江、江西、湖北、广西、贵州、四川。

全株药用，清热解毒、滋补强壮。

繁殖用分株法，甚易成活。

图 924 十大功劳
1. 果枝；2. 花。

2. 阔叶十大功劳
Mahonia bealei（Fort.）Carr.

常绿小乔木或灌木状，高达 4（8）米。奇数羽状复叶，长 27-51 厘米，叶柄长 5-25 毫米；小叶 7-15，下面被白粉，最下一对小叶卵形，稍小，向上小叶近圆形、或长圆形，稍大，长 2-10.5 厘米，宽 2-6 厘米，基部宽楔形或圆，偏斜，有时心形，具 2-6 对粗锯齿，齿端硬刺尖，顶生小叶则长 7-13 厘米，宽 3.5-10 厘米，小叶柄长 1-6 厘米。总状花序 3-9 簇生；宿存芽鳞、卵形或卵状披针形，长 1.5-4 厘米，花梗长 4-6 厘米，苞片宽卵形或卵状披针形，长 3-5 毫米；外萼片卵形，中萼片椭圆形，内萼片长圆状椭圆形，长 6.5-7 毫米；花瓣黄色，倒卵状椭圆形，长 6-7 毫米，先端微缺，基部腺体明显；雄蕊药隔不延伸，顶端平截或圆；花柱短，胚珠 3-4。浆果卵圆形，长约 1.5 厘米，径 1-1.2 厘米，熟时深蓝色，被白粉。花期 9 月至翌年 1 月；果期 3-5 月。

产皖南黄山，太平，祁门，休宁六股尖，歙县，绩溪；大别山区霍山佛子岭，金寨白马寨。生于海拔 800 米以下中低山沟谷阔叶林下、阴湿中性或石灰岩山地。分布于陕西、河南、浙江、江西、福建、湖北、湖南、广东、广西、四川。

全株药用，清热解毒、消肿、止痛，也可用作农药，防治稻苞虫、稻卷叶虫等虫害。

102. 马兜铃科 ARISTOLOCHIACEAE

多年生草本或木质藤本、灌木或亚灌木。单叶，互生，基部心形，全缘或 3-5 裂；具柄；无托叶。花两性，具腐肉臭味；花单生、簇生、总状、聚伞状或伞房花序，顶生、腋生或生老茎上。单被花辐射对称或两侧对称；花被花瓣状，1（2）轮；花被筒钟状、瓶状、筒状或球状，檐部圆盘状、壶状或圆柱状，3 裂或一侧具 1-2 舌片，裂片镊合状排列；雄蕊 6 至多数，1（2）轮，花丝短，离生或与花柱、药隔连成合蕊柱，花药 2 室，外向纵裂；子房下位，稀半上位，4-6 室，倒生胚珠多数，中轴胎座或侧膜胎座，花柱粗短，4-6（8）裂。蒴果。种子多数，种脊海绵状或翅状，胚乳丰富，胚小。

7 属，约 400 种，分布于热带、亚热带，南美洲较多。我国 4 属，60 余种。安徽省 1 属，木本 1 种。

马兜铃属 Aristolochia L.

落叶草质或木质藤本，稀亚灌木或常绿灌木。具块根。芽小，数个叠生。叶全缘或 3-5（7）裂，基部心形，羽状脉或掌状基脉 3-7 出；具叶柄；无托叶。花两性；总状花序，稀花单生，腋生或生老茎上；苞片着生总花梗或花梗基部至近中部。花被 1 轮，两侧对称；花被筒基部膨大，中部筒状，直伸或弯曲，檐部（2）3（6）裂，或一侧分裂成 1-2 个舌片，颜色艳丽，常具腐肉味；雄蕊（4）6（10）或更多，1 轮连成合蕊柱，无花丝，花药外向纵裂；子房下位（4-5）6 室或子室不完全，侧膜胎座稍凸起或向子室中央靠合至连接，胚珠多数。蒴果室间开裂或沿侧膜处开裂。种子多数。

约 350 种，分布于热带至温带地区。我国约 30 种，木本有 8 种。安徽省木本 1 种。

绵毛马兜铃 图 925

Aristolochia mollissima Hance

攀援木质藤本；全株被白色绵毛，幼枝密被白色绵毛，老枝无毛；根于浅土中横走，分枝多，直径达 1 厘米，易萌发不定芽。叶卵形或椭圆状卵形，长 3-10 厘米，先端圆钝，基部心形；叶柄长 2-5 厘米。花单生叶腋，花梗长 2-4 厘米，近中部具卵形苞片；花被筒长 3-3.5 厘米，中部弯曲，3 裂，紫色。蒴果圆柱形，长约 3 厘米，径约 1 厘米，沿背缝具宽翅，6 瓣裂，黑褐色。

产皖南各地丘陵荒地，田埂路边沟旁；江淮丘陵滁县皇甫山大舒海拔 200 米、琅琊山山坡草丛、路边。分布于山东、浙江、江西、贵州、湖南、湖北、河南、陕西、山西。

全株药用，祛风湿，通经络，治筋骨痛及胃痛。

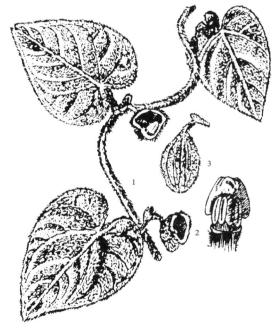

图 925 绵毛马兜铃
1. 植株一段；2. 花药与合蕊柱；3. 果。

103. 胡椒科 PIPERACEAE

草本、灌木或攀援藤本，稀乔木，常具香气。单叶，互生，稀对生或轮生，两侧常不对称；托叶多少贴生叶柄或无托叶。花小，两性、单性雌雄异株或间杂性；密集成穗状花序或再排成伞形花序，稀排成总状花序式；花序与叶对生或腋生，稀顶生；苞片小，盾状，稀杯状或勺状；无花被；雄蕊 1-10，下位，花丝离生，花药 2 室，分离或汇合；子房上位，1 室，直生胚珠 1-2，柱头 1-5，花柱极短或无。浆果小，果皮肉质或薄或干燥。种子内胚乳少量或外胚乳丰富。

9 属，约 3100 种，分布于热带和亚热带地区。我国 4 属，约 70 种。安徽省 1 属，木本 1 种。

胡椒属 Piper L.

灌木或攀援藤本，稀草本或小乔木。茎、圆柱形，具纵棱，枝节膨大，揉之具香气。叶互生，全缘；托叶多少贴生叶柄或否，早落。花单性，雌雄异株，稀两性或杂性；穗状花序与叶对生，稀顶生，花序较总花梗常粗 3 倍以上，苞片离生，稀与花序轴或与花合生，盾状或杯状；无花被；雄蕊 2-6，花药 2 室，2-4 裂；子房离生或有时嵌生于花序轴中，而与其合生，1 室，胚珠 1，柱头（2）3-5。浆果。

约 2000 种，分布于热带地区。我国约 60 种。安徽省记载木本 1 种。

山蒟　　　　　　　　图 926

Piper hancei Maxim.

攀援木质藤本，长达 10 余米。茎、枝具细纹，节上生根。叶纸质或近革质，卵状披针形或椭圆形，稀披针形，长 6-12 厘米，宽 2.5-4.5 厘米，先端短尖或渐尖，基部渐窄或楔形，有时钝，或有时略不等，叶脉 5-7，网脉明显；叶柄长 5-12 毫米；叶鞘长为叶柄之半。聚集成的穗状花序与叶对生；雄花序长 6-10 厘米，径约 2 毫米，总花梗与叶柄近等长或稍长，花序轴被柔毛，苞片近圆形，盾状，具短柄，近轴面和柄上被柔毛，雄蕊 2，花丝短；雌花序长约 3 厘米，果期延伸，苞片被柔毛，子房近球形，离生，柱头 4 或稀 3。浆果球形，径 2.5-3 毫米，黄色。

产皖南祁门新安乡内东源村海拔 250-300 米，休宁五城山斗海拔 310 米、齐云山，生于溪沟边，攀援岩石或树上。分布于浙江、福建、江西、湖南、广东、广西、贵州、云南。

全株供药用，能祛风止痛，治咳嗽、感冒。

图 926 山蒟
1. 雄花枝；2. 雌花枝。

104. 金粟兰科 CHLORANTHACEAE

草本、灌木，稀乔木，常具香气。茎具明显的节。单叶，对生，具锯齿，羽状脉；叶柄基部两侧常内卷多少合生；托叶小，钻状。花两性或单性；穗状、圆锥或头状花序，顶生或腋生；两性花和雄花无花被，雌花具浅杯状 3 齿裂的花被筒；两性花具雄蕊 1 或 3，着生子房一侧，花丝不明显，药隔发达，花药 2 室或 1 室，纵裂，雌蕊 1 心皮，子房下位，1 室，直生胚珠 1，下垂；单性雄花具雄蕊 1。核果。种子胚乳丰富，胚小。

5 属，约 70 种，分布于热带和亚热带。我国 3 属，约 16 种，木本有 5 种。安徽省 2 属，2 种。

1. 雄蕊 3，下部或基部多少连合；柱头平截或分裂 ·················· 1. 金粟兰属 chloranthus
1. 雄蕊 1，肉质，棒状或卵圆形；柱头近头状 ················· 2. 草珊瑚属 Sarcandra

1. 金粟兰属 Chloranthus Swartz

亚灌木或多年生草本。茎具明显的节。叶对生或轮生状；叶柄基部两侧多少内卷，合生；托叶小。花两性；穗状花序或穗状圆锥花序；无花被，基部具顶端 2-3 齿裂的苞片；顶生花序的雄蕊 3；腋生或下部节上所生的花序的雄蕊逐渐退化为 1；花药下部合生，2 或 1 室；子房 1 室，胚珠 1，花柱无，柱头截平或分裂。核果。

约 17 种，分布于亚洲热带和亚热带。我国 13 种，5 变种。安徽省木本 1 种。

金粟兰　珠兰　　　　　　　　　　图 927

Chloranthus spicatus（Thunb.）Makino

常绿亚灌木，高达 60 厘米。茎无毛。叶厚纸质，椭圆形或倒卵状椭圆形，长 5-11 厘米，宽 2.5-5.5 厘米，先端钝尖，基部楔形，具腺齿，下面淡黄绿色，侧脉 6-8 对；叶柄长 8-18 毫米。穗状圆锥花序顶生，稀腋生，苞片三角形。花芳香，黄色；雄蕊 3，药隔连成卵状体，不整齐 3 裂，中裂片较大，有时 3 浅裂，花药 15，2 室，两侧裂片小，各具 1 花药，1 室；子房倒卵圆形。核果熟时黄白色。花期 4-7 月；果期 8-9 月。

安徽省皖南多见栽培于花圃，用以制造花茶。分布于福建、广东、贵州、四川、云南；生于海拔 1000 米以下山坡、沟谷、密林下。野生少见，多为栽培。

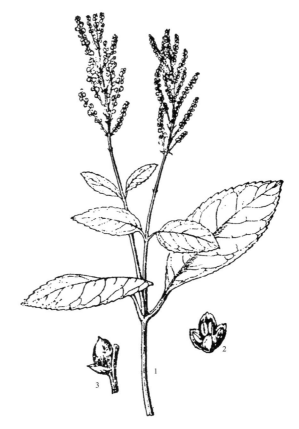

图 927 金粟兰
1. 花枝；2. 花腹面观（示雄蕊）；3. 花序节。

2. 草珊瑚属 Sarcandra Gardn.

亚灌木，全株无毛。叶对生，具腺齿；托叶小。花两性；穗状花序分枝，或圆锥状，苞片三角形，宿存；无花被；花无梗，雄蕊 1，2 室，药隔肉质，棒状或球状，药室侧向至内向，纵裂；子房 1 室，胚珠 1，花柱无，柱头近头状。核果。

3 种，分布于东亚至印度。我国 2 种。安徽省 1 种。

草珊瑚

Sarcandra glabra（Thunb.）Nakai

常绿亚灌木，高达 1.1 米。茎、枝节均膨大。叶革质，椭圆形、卵形或卵状披针形，长 6-17 厘米，宽 2-6 厘米，先端渐尖，基部楔形，具粗锐腺锯齿；叶柄长 5-15 毫米，基部合生成鞘状；托叶钻形。穗状圆锥花序顶生，总花梗长 1.5-4 厘米，苞片三角形。花黄绿色；雄蕊 1，肥厚，棒状或扁棒状，花药 2 室，药室较药隔短；子房球形，无花柱。核果球形，径 3-4 毫米，熟时亮红色。花期 6-7 月；果期 8-10 月。

产皖南祁门，休宁山斗海拔 300 米。生于常绿阔叶林下或林下阴湿地。分布于浙江、江西、福建、台湾、湖南、湖北、广东、香港、广西、贵州、四川、云南。

全株药用，清热解毒、祛风活血、消肿止痛、抗菌消炎，可治感冒、胰腺癌、直肠癌、肝癌。鲜叶可提取草珊瑚油。果鲜红色，可栽培供观赏。

105. 千屈菜科 LYTHRACEAE

　　草本、灌木或乔木。枝四棱形,有时具棘状短枝。单叶,对生,稀轮生或互生,全缘;托叶小或无。花两性,辐射对称;单生或簇生,或穗状、总状、圆锥花序、或聚伞状圆锥花序、顶生或腋生;花萼筒状或钟状,平滑或具棱或具距,3-6 裂,镊合状排列,裂片间具附属体;花瓣与萼裂片同数或无花瓣,在花芽内皱褶状;雄蕊为花瓣倍数,稀多或少,花丝芽时内折;子房上位,2-6 室,每室侧生胚珠数颗或多颗,稀 2-3,中轴胎座,花柱单生,柱头头状或 2 裂。蒴果,革质或膜质,2-6(1)室,横裂、瓣裂或不规则裂,稀不裂。种子多数,无胚乳,子叶平展或折叠。

　　约 25 属,550 种,分布于热带和亚热带地区。我国 11 属,约 47 种。安徽省木本 1 属,3 种。

紫薇属 Lagerstroemia L.

　　落叶、常绿灌木或乔木。叶对生、近对生或聚生小枝上部;托叶小。花两性,辐射对称;圆锥花序顶生或腋生;花萼半球形或陀螺形,革质,常具棱或翅,5-9 裂;花瓣(5)6(9),基部具爪,爪细长,缘波状或具皱纹;雄蕊 6 或多数,着生萼筒近基部,花丝细长,长短不一;子房 3-6 室,每室胚珠多颗,花柱长,柱头头状。蒴果木质,基部多少与萼黏合,室背 3-6 瓣裂。种子多数,顶端具翅。

　　约 55 种,分布于亚洲东部、东南部、南部热带、亚热带地区。我国 16 种,引入栽培 2 种。安徽省 3 种。

　　本属树种木材坚硬,纹理直,结构细致,性能优良,切面光滑,易干燥,抗白蚁,为珍贵室内装修材及优良造船材。

1. 花萼两面无毛;叶无毛:
　2. 花萼长 7-10 毫米;蒴果长 1-1.3 厘米;小枝四棱形,具窄翅;叶椭圆形或倒卵形,叶柄极短或无柄 ……
　　　…………………………… 1. 紫薇 L. indica
　2. 花萼长不及 5 毫米;蒴果长 6-8 毫米;小枝圆柱形或具不明显四棱;叶长圆状披针形,叶柄长 2-5 毫米 …………… 3. 南紫薇 L. subcostata
1. 花萼外面密被柔毛,具 12 棱;叶下面密被柔毛或绒毛 …………… 2. 福建紫薇 L. limii

1. 紫薇 痒痒树 百日红　　　　　　图 928
Lagerstroemia indica L.

　　落叶小乔木,高达 7 米,或灌木状;树皮薄,茶褐色,易剥落,干平滑;枝干多扭曲。小枝细,具四棱,稍成窄翅。叶互生或近对生,纸质,椭圆形、宽长圆形或倒卵形,长 3-7 厘米,宽 1.5-4 厘米,先端短尖、钝或微凹,基部宽楔形或近圆形,无毛或下面沿脉被微柔毛;叶柄极短或无柄。花淡红、淡紫或白色,径 3-4 厘米;顶生圆锥花序长 7-20 厘米;花萼长 7-10 毫米,无棱,两面无毛,裂片 6,无附属体;花瓣 6,皱缩,长 1.2-2 厘米,具长爪;雄蕊 36-42,外面 6 枚长;子房 3-6 室,无毛。蒴果椭圆状球形或宽椭圆形,长 1-1.3 厘米,熟时至干后紫黑色,室背开裂。种子长约 8 毫米。花期 6-9 月;果期 9-12 月。

图 928 紫薇
1. 果枝;2. 花。

产皖南黄山，青阳九华山；大别山区霍山马家河、黄巢寺海拔 1000 米。现各地城市、公园广泛栽培。常见的栽培型有开白花的银薇 cv. Alba、及开蓝紫色花的翠薇 cv. Rubra 两栽培型。分布于广东、海南、广西、湖南、福建、江西、浙江、江苏、湖北、河南、河北、山东、陕西、四川、云南、贵州。

稍耐阴；喜肥沃湿润土壤，耐干旱，钙质土及酸性土均生长良好。种子、压条、扦插繁殖。木材坚硬耐腐，供建筑用。花期长，故称"百日红"，鲜艳美丽，庭园优良观赏树。

2. 福建紫薇

Lagerstroemia limii Merr.［*Lagerstroemia chekiangensis* Cheng］

小乔木或灌木状。小枝密被灰黄色柔毛，后渐脱落。叶互生或近对生，革质至近革质，椭圆形或长圆状椭圆形，长 6-10 厘米，宽 3-8 厘米，先端短渐尖，基部圆形，上面近无毛，下面沿脉密被柔毛，侧脉 10-17 对；叶柄长 2-5 毫米，密被柔毛。顶生圆锥花序、序轴及花梗密被柔毛，苞片长圆状披针形；花淡红紫色，径 1.5-2 厘米；萼筒杯状，径约 6 毫米，具 12 棱，密被柔毛，5-6 裂，长 3-3.5 毫米，裂片间具明显发达的附属体；花瓣圆卵形，具皱纹，爪长 6 毫米；雄蕊约 30-40；子房无毛，花柱长 1.3-1.8 厘米。蒴果卵圆形，顶端圆，长 8-12 毫米，径 5-8 毫米，褐色具光泽，具浅槽纹，约 1/4 包于宿萼内，4-5 裂。种子连翅长 6-8 毫米。花期 5-6 月；果期 7-8 月。

产皖南祁门，休宁六股尖，歙县清凉峰海拔 450 米，泾县，旌德；大别山区太湖罗溪乡海拔 250 米。分布于福建、浙江、湖北；生于低海拔森林中。

3. 南紫薇

Lagerstroemia subcostata Koehne

落叶乔木或灌木状，高达 10 余米；树皮薄，灰色至茶褐色。小枝圆柱形或具不明显四棱，有时被硬毛或无毛。叶膜质，长圆形、长圆状披针形，稀卵形，长 2-9（11）厘米，先端渐尖，基部宽楔形；叶柄长 2-5 毫米。花密生，白色或玫瑰红色，径约 1 厘米；顶生圆锥花序长 5-15 厘米，被灰褐色微柔毛；花萼 5 裂，裂片三角形，直立，无毛或有，具 10-12 棱；花瓣 6，皱缩，长 2-6 毫米，具爪；雄蕊 15-30；子房无毛。蒴果椭圆形，长 6-8 毫米，3-6 瓣裂。花期 6-8 月；果期 7-10 月。

产皖南泾县，东至木塔；大别山区霍山真龙地海拔 360 米，金寨马鬃岭海拔 1100 米，潜山天柱山海拔 420 米。分布于台湾、广东、广西、湖南、湖北、江苏、江西、浙江、福建、四川。

喜湿润肥沃环境，生于林缘溪边。木材坚韧致密；花药用，败毒消瘀。

106. 茄科 SOLANACEAE

草本、亚灌木、灌木或小乔木；有时具皮刺，稀具枝刺。单叶，全缘或分裂，稀羽状复叶，互生或花枝上2叶对生；无托叶。花两性，辐射对称或稍两侧对称，4-5基数；花单生、簇生或各式聚伞花序，顶生、枝腋生或叶腋生；花萼（2）5（10）裂，花后增大或不增大，宿存，稀裂片基部周裂脱落，基部宿存；花冠筒辐状、漏斗状、高脚碟状、钟状或坛状，檐部5裂，稀4-7或10裂，裂片蕾期覆瓦状、镊合状排列，或折合而旋转；雄蕊与花冠裂片同数而互生，着生花冠筒上；子房上位，2心皮，2室或1室或具假隔膜在下部分隔成4室，稀3-5室，花柱单一，细长，柱头头状或2浅裂，中轴胎座，胚珠多数稀少至1枚。浆果多汁或无汁，或蒴果。种子多数，胚乳丰富，肉质。

约80属，3000余种，广布于世界温带、亚热带至热带地区，美洲热带种类多。我国24属，105种，35变种。安徽省木本1属，2种（包括引入栽培1种）。

枸杞属 Lycium L.

灌木；常具枝刺。单叶，互生或簇生于缩短的短枝上，全缘，具短柄。花两性；单生或2至数朵簇生叶腋；花萼钟状，具不等大2-5裂齿或裂片，花后不增大，宿存；花冠漏斗状，稀筒状或钟状，（4）-5裂，裂片基部具耳片；雄蕊（4）5，着生花冠筒中部或中部以下，花丝离基部稍上具一圈绒毛或无；子房2室，花柱丝状，柱头2浅裂。浆果肉质，球形或长圆形，熟时红色，稀紫黑色。

约80种，分布于南美洲，少数欧亚大陆温带。我国7种，3变种。安徽省2种（其中1种栽培）。

1. 叶披针形或长圆状披针形；枝刺少，小枝灰白或灰黄色，具纵棱纹；花萼常2裂 ⋯⋯ 1. **宁夏枸杞 L. barbarum**
1. 叶卵形、菱状卵形或卵状披针形；枝刺明显，浅灰色；花萼3裂或不规则4-5裂 ⋯⋯⋯⋯⋯⋯⋯⋯⋯⋯⋯⋯⋯⋯⋯⋯⋯⋯⋯⋯⋯ 2. **枸杞 L. chinense**

1. 宁夏枸杞（栽培）

Lycium barbarum L.

灌木，高达2米，分枝细密。小枝灰白或灰黄色，具纵棱纹，枝刺少。叶披针形或长圆状披针形，长2-3（6）厘米，宽4-6（10）毫米，基部楔形。长枝上花1-2腋生，短枝上花2-6与叶簇生，花梗长1-2厘米；花萼钟形，2裂，或裂片顶端具2-3裂齿；花冠漏斗状，紫堇色，筒部长8-10毫米，裂片长圆状卵形，长4-6毫米，耳片明显；雄蕊生花冠中部以下，等长于花柱或稍伸出花冠，花丝离基部稍上及花冠筒内壁等高处具一圈绒毛。浆果宽椭圆形、长圆形或近球形，长8-20毫米，熟时红色。种子长约2毫米。花期5-10月；边开花边结果。

合肥，淮南，蚌埠，铜陵等地有栽培。分布于辽宁、内蒙古、山西、陕西、甘肃、宁夏、青海、新疆、西藏。

耐盐碱、耐干旱，为保持水土优良树种。

果实为著名中药材，称枸杞子，味甘甜，营养丰富，具滋肝补肾、生精益气、治虚安神、祛风明目等功效，亦可浸制枸杞酒和熬制枸杞膏。根皮为著名中药称"地骨皮"，能清热凉血，退虚热；嫩叶又可作猪、羊饲料。

2. 枸杞   图929

Lycium chinense Mill.

灌木，高达1米。枝细弱，常弓曲或俯卧，浅灰色，枝刺长5-20毫米，小枝顶端刺状。叶卵形、菱状卵形、长椭圆形或卵状披针形，长1.5-5厘米，宽5-25毫米，基部楔形。花单生或双生长枝叶腋，短枝上与叶簇生，花梗细，长约1厘米；花萼3裂或不规则4-5裂，裂片稍具缘毛；花冠漏斗状，淡紫色，长9-12毫米，花冠筒短于或与裂片等长，裂片长圆状卵形，具缘毛，基部具耳片；雄蕊短于花冠，花丝近基部密生一圈绒毛，并交织成椭圆状毛丛，与毛丛等高处的花冠筒内壁亦密生一圈绒毛，花柱长于雄蕊，伸出花冠外。浆果卵圆形、长圆形或长椭圆形，长 7-15(22) 毫米，熟时红色。花果期 5-10 月。

产皖南绩溪清凉峰栈岭湾海拔 600 米，旌德；江淮地区淮南、滁县琅琊山；淮北平原、荒地、路边、沟旁。全省各地分布比较广泛。分布于内蒙古、辽宁、河北、陕西、山西、甘肃、宁夏、山东、华东、华中、华南、西南。常生于荒地、盐碱地、路边、村旁。

为著名药材，根皮药用；嫩叶可食；果实有明目之效。耐干旱、抗盐碱，为优良保持水土树种。花紫色，花期长，红果满枝，又为优美观果树种。

图 929 枸杞
1. 花果枝；2. 花冠展开，示雄蕊；3. 果。

107. 玄参科 SCROPHULARIACEAE

草本、灌木或乔木。单叶，互生、对生或轮生；无托叶。花两性，两侧对称；总状、穗状或聚伞状花序，常组成圆锥状花序；花萼（2）4-5 齿裂，宿存；花冠合瓣、轮状、漏斗状、钟状或圆柱状，4-5 裂，裂片覆瓦状排列，二唇形或广展；雄蕊 4，2 强，花药 2 室，纵裂；花盘有或退化；子房上位，2 心皮，2 室，每室胚珠多数，中轴胎座，花柱单生，柱头 2 裂或不裂。蒴果或浆果。种子多数，具胚乳。

约 200 属，3000 种，广布世界各地。我国 60 属，630 多种，分布全国。安徽省木本有 1 属，5 种。

泡桐属 Paulownia Sieb. et Zucc.

落叶乔木。小枝节间髓心中空；侧生叶芽叠生，芽鳞 2-3 对。单叶，对生，全缘，具角或 3-5 浅裂；叶柄长。花两性；聚伞圆锥花序顶生，苞片叶状。花蕾密被黄色星状毛，无鳞片；花紫色或白色；花萼 5 裂，宿存；花冠漏斗状或钟状，二唇形，上唇 2 裂稍短，向上反折，下唇 3 裂较长，多直伸；雄蕊 4（5-6），2 强，内藏，花药叉分；子房上位，2 室，花柱细长，上端微弯。蒴果木质，室背开裂；种子小而多，具膜质翅。

10 余种，分布于亚洲东部。我国均有分布。安徽省 5 种。

1. 聚伞圆锥花序总花梗与花梗近等长：
  2. 叶下面密被白色无柄或近无柄的分枝毛：
    3. 叶长卵形；蒴果椭圆形：
      4. 果长 6-10 厘米，径 3-4 厘米；花冠长 8-12 厘米，内面小紫斑中兼具大紫斑⋯⋯⋯⋯⋯⋯⋯⋯⋯⋯⋯⋯⋯⋯⋯⋯⋯⋯⋯⋯⋯ **1. 白花泡桐 P. fortunei**
      4. 果长 3.5-6 厘米，径 1.8-2.4 厘米；花长 7-9.5 厘米，内面具小紫斑及紫线纹⋯⋯⋯⋯⋯⋯⋯⋯⋯⋯⋯⋯⋯⋯⋯⋯⋯⋯⋯⋯⋯⋯⋯⋯ **2. 楸叶泡桐 P. catalpifolia**
    3. 叶卵形；蒴果卵圆形，长 3-5 厘米，径 2-3 厘米；花冠内面密被深紫色斑点 ⋯⋯⋯⋯⋯⋯⋯⋯⋯⋯⋯⋯ **3. 兰考泡桐 P. elongata**
  2. 叶下面密被白色长柄分枝毛及两面兼被腺毛⋯⋯⋯ **4. 毛泡桐 P. tomentosa**
1. 聚伞圆锥花序无总花梗或总花梗极短；叶宽卵形，两面密被单条分节粗腺毛 **5. 台湾泡桐 P. kawakamii**

1. 白花泡桐　　　　　　　图 930

Paulownia fortunei（Seem.）Hemsl.

落叶大乔木，高达 30 米，胸径 1-3 米；树干端直；树皮灰白色至灰黑色，纵裂。幼枝被毛，后渐脱落。叶近革质，长卵形、椭圆状长卵形或卵形，长 10-25 厘米，先端渐尖，基部心形，稀近圆形，全缘或微波状，稀 3-5 浅裂，下面灰白或灰黄色，密被白色无柄分枝毛；叶柄长 6-14 厘米。花序圆筒状或窄圆锥形，下部分枝粗短，总花梗与花梗近等长；花萼倒圆锥状钟形，长 2-2.5 厘米，浅裂被毛，毛易脱落；花冠白色或淡紫色，漏斗状、扁，长 8-12 厘米，内面小紫斑中兼

图 930 白花泡桐
1. 营养枝；2. 果枝一部分；3. 果实和宿萼；4. 种子；5. 花。

具大紫斑。蒴果椭圆形、卵状椭圆形或倒卵状椭圆形、长 6-10 厘米，径 3-4 厘米，果皮厚 3-5 毫米；幼时被毛。

产大别山区、江淮，淮北各地。生于海拔 1000 米以下山坡、山谷或低丘。分布于陕西、河北、河南、山东以及长江流域中下游各省（区）。

喜光，稍耐阴；喜温暖湿润气候，稍耐严寒；喜深厚肥沃、湿润疏松、排水良好土壤，pH 值 4-7.5 均能正常生长，但不耐积水。深根性；速生。

对病虫害及对氯气和二氧化硫有害气体抗性较强。

木材淡黄白色，气干密度 0.286 克 / 立方厘米，纹理直，结构均匀，不挠不裂，轻软、耐久用，可供航空模型、乐器用；耐湿、抗火，不易传热。树叶供绿肥，种子含油量达 24.2%，又为优良的行道树种。

2. 楸叶泡桐

Paulownia catalpifolia Gong Tong

落叶乔木，高达 20 米，胸径 1 米；树干端直；树皮灰褐色至黑灰色，纵裂至粗糙；树冠塔形至卵圆形。叶厚纸质或近革质，长卵形，幼树叶卵形或宽卵形，有时浅裂，长 12-28（35）厘米，宽 10-18 厘米，先端长渐尖或渐尖，基部心形，全缘或微波状，下面灰白色或淡灰黄色，密被白色无柄分枝毛；叶柄长 10-18 厘米。花序窄圆锥形或圆筒形；聚伞花序总花梗与花梗近等长；花萼窄倒圆锥形，长 1.4-2.3 厘米，径 1-1.5 厘米，约 1/3 浅裂，毛易脱落；花冠淡紫色，具香气，筒状漏斗形，长 7-9.5 厘米，内面具小紫斑及紫线。蒴果椭圆形，长 3.5-6 厘米，径 1.8-2.4 厘米，顶端喙状而歪，果皮厚 1.5-3 毫米，初被毛。花期 4（5）月；果期 9-10 月。

产江淮巢湖银屏绣英农村附近散生；淮北萧县，亳县，宿县镇疃寺也有栽培。分布于黄河流域中下流，北京以南、淮河以北。

喜光，稍耐庇荫；适宜温凉、较干冷气候，在耐寒、耐旱、耐瘠薄的砂壤土及黏壤土均能生长，但在土层深厚、疏松湿润排水良好的壤土上为最好。深根性；速生。

木材灰白色，具光泽，花纹美丽，气干密度 0.341 克 / 立方厘米，顺压和静曲品质系数之和为 2665，属高品质系数木材，为泡桐属材质最好的一种，为我国传统出口物资。树冠稠密，又为优良四旁绿化树种。

3. 兰考泡桐

Paulownia elongata S. Y. Hu

落叶乔木，高达 20 米，胸径 1 米；树皮紫褐色至褐灰色，浅纵裂；树冠疏散。叶卵形，长 15-25（30）厘米，宽 10-20 厘米，先端钝尖，基部心形，全缘或浅裂，下面灰白色或淡灰黄色，密被无柄或近无柄分枝毛；叶柄长 10-18 厘米。花序窄圆锥形或圆筒状，长 30-40 厘米，下部分枝粗短，聚伞花序总花梗与花梗近等长；花萼倒圆锥形，长 1.5-2.2 厘米，径 1.3-2.2 厘米，1/3 浅裂，毛易脱落；花冠紫色，具香气，漏斗状钟形，长 8-10 厘米，下唇筒壁具 2 纵褶，内面密被深紫色斑点。蒴果卵圆形或椭圆状卵圆形，长 3-5 厘米，径 2-3 厘米，喙短，果皮厚 1.5-2.5 毫米，幼时被毛。种子连翅长 5-6 毫米。花期 4-5 月；果期 9-10 月。

安徽省淮北地区沿黄河故道广泛栽植，以砀山，亳县，涡阳，蒙城，萧县，宿县，阜阳，固镇为多。分布于河北、山西、陕西、河南、山东、江苏、湖北。广泛种植于"四旁"绿化及农田，形成桐粮间作，有的地方成片造林。

喜光，不耐庇荫；喜温暖气候，较耐寒；喜深厚、疏松湿润、排水良好壤土上生长，不耐积水。深根性；速生。

播种、埋根、埋干或留根均可育苗造林。有丛枝病危害严重，幼苗易发生立枯病、黑豆病，可用硫酸亚铁、波尔多液防治。

木材灰红或灰黄，疏松轻软，气干密度 0.291-0.302 克 / 立方厘米，顺压和静曲品质系数之和为 2106-2251，属于中等品质系数和高等品质系数之间；传统出口物资。全株药用，止咳化痰；花、叶可做饲料及肥料；种子可榨油。

4. 毛泡桐

Paulownia tomentosa(Thunb.)Steud.

落叶乔木，高达 15 米，胸径 1 米；树皮浅灰至深灰，浅纵裂。幼枝密被腺毛和分枝毛。叶纸质，卵形、长卵形或三角状卵形，长 20-30 厘米，宽 15-28 厘米，基部心形，全缘或浅裂，上面被腺毛和柔毛，沿脉被分枝毛，下面密被具白色长柄分枝毛，兼被腺毛；叶柄长 10-26 厘米，密被腺毛和分枝毛。花序宽圆锥形或成圆锥花丛，下部分枝细长；聚伞花序总花梗与花梗近等长，长 8-25 厘米；花萼盘状钟形，长 1-1.5 厘米，径 1.2-1.5 厘米，深裂过半，毛被宿存；花冠鲜紫色，具香气，管状钟形，长 5-7 厘米，外被腺毛，内具紫斑及紫线，稀近无。蒴果卵圆形，长 3-4 厘米，径 2-2.7 厘米，喙细长，果皮厚约 1 毫米，密被腺毛。种子连翅长约 3 毫米。花期 4-5 月；果期 9 月。

产大别山区霍山佛子岭黄泥畈、徐家冲海拔 190 米，金寨白马寨、渔潭柳家冲海拔 560 米，岳西美丽乡海拔 1150 米，潜山天柱峰；江淮滁县沙河集；淮北宿县固镇，萧县。分布于辽宁、河北、山西、陕西、河南、山东、江苏、浙江、江西、湖北、湖南；多为栽培，山区也有野生。

喜光；喜温暖气候，耐寒冷及干旱；喜深厚肥沃土壤。深根性；速生。

木材淡黄白色或淡紫色，气干密度为 0.360 克 / 立方厘米，顺压和静曲品质系数之和为 2109，材质优良，较坚韧，隔潮，隔热，耐腐性强，为出口桐木之一，颇受欢迎。花、叶、根皮药用，具祛风止痛、消毒药效。

5. 台湾泡桐 华东泡桐 图 931

Paulownia kawakamii Ito

落叶小乔木，高达 12 米，幼时植株密被长腺毛；树皮幼时绿色，密被长腺毛，老时灰褐色。叶卵圆形或宽卵形，长 11-30 厘米，宽 8-27 厘米，先端短尖，基部心形，全缘或 3-5 浅裂，两面及叶柄均密被单条分节粗腺毛，上面毛 4-10 节，节间较短，兼具蛛丝状毛和盘状腺鳞，下面毛 3-5 节，节间较长。花序宽圆锥形，长达 1 米，分枝稀疏粗壮；聚伞花序具 3 花，无总花梗而为伞状，或总花梗极短，花梗长 5-15 毫米，被黄褐色毛；花萼长约 1.3 厘米，具棱脊，深裂过半，裂片窄长，毛宿存；花冠钟状，长 3.5-5 厘米，紫色或淡紫色，外被腺毛及柔毛。蒴果卵圆形，长 2-2.5 厘米，径约 2 厘米，果皮薄，外具黏性乳头状腺体，宿存萼裂片反卷。种子连翅长 2.5-3.5 毫米。花期 4 月；果期 8-9 月。

产皖南歙县清凉峰三河口海拔 1000 米阔叶林中，祁门，东至。分布于浙江、福建、台湾、江西、湖北、湖南、广东、广西、贵州、四川。

喜温暖湿润气候；不耐寒；生长慢。全株多黏质腺体，抗虫害。

图 931 台湾泡桐
1. 花序；2. 花序；3. 花；4. 果实。

108. 苦苣苔科 GESNERIACEAE

多年生草本或小灌木。地上茎有或无。单叶,对生或轮生,或基生成簇,稀互生,全缘或具齿,稀羽状分裂;无托叶。花两性,两侧对称;双花聚伞花序(2 花顶生)或单歧聚伞花序,稀总状花序,苞片 2,稀 1、3 或多数;花萼 5 全裂或深裂,辐射对称,稀两侧对称,裂片镊合状排列,稀覆瓦状排列;花冠辐状或钟状,5 裂或二唇形,上唇 2 裂,下唇 3 裂;雄蕊 5-4,生花冠筒上,花丝线形,有时中部宽,花药成对靠合,2 室,药室平行,极叉开或略叉开,顶端汇合或不汇合;花盘位于花冠和雄蕊间,环状或杯状;雌蕊 2 心皮构成,子房上位或下位,1 室或不完全 2 室,侧膜胎座,胚珠多数,倒生,花柱 1,柱头 2 或 1,成片状、头状、扁球状或盘状。蒴果,室背或室间开裂。种子多数,小。

约 140 属,2000 余种,分布于热带、亚热带至温带地区。我国 56 属,约 413 种。安徽省 1 属,1 种。

吊石苣苔属 Lysionotus D. Don

附生小灌木或半灌木。单叶,对生或轮生,稀互生;具短柄。花两性;聚伞花序,苞片对生;花萼 5 裂,宿存;花冠筒细漏斗状,二唇形;下方 2 雄蕊能育,内藏,花丝线形,常扭曲,花药连着,药隔背部附属物有或无,具退化雄蕊,位于上方;花盘环状或杯状;子房线形,花柱短,柱头盘状或扁球形。蒴果室背开裂成 2 瓣,每瓣又纵裂为 2 瓣。种子两端各具 1 条长毛。

约 30 种,自印度北部、尼泊尔向东经我国、泰国、越南至日本。我国 28 种,8 变种。安徽省 1 种。

吊石苣苔

图 932

Lysionotus pauciflorus Maxim.

附生小灌木。茎长 7-30 厘米,上部疏被短毛。叶密集枝端,下部 3-4 叶轮生,革质,线形、线状倒披针形、窄长圆形或倒卵状长圆形,长 1.5-5.8 厘米,宽 4-20 毫米,先端急尖或钝,基部楔形,中部以上具少数牙齿或小齿,稀近全缘,无毛,侧脉 3-5 对,不明显;叶柄长 1-9 毫米。聚伞花序顶生,具花 1-5,苞片披针状线形,花梗长 3-10 毫米;花萼长 3-4 厘米,5 裂至近基部,裂片窄三角形;花冠白色带淡紫色条纹或淡紫色,长 3.5-4.8 厘米,无毛,筒细漏斗状,二唇形,上唇 2 浅裂,下唇 3 裂;能育雄蕊 2,退化雄蕊 3;花盘杯状,高 2.5-4 毫米,具尖齿;雌蕊长 2-3.5 厘米,无毛。蒴果线形,长 5.5-9 厘米。种子纺锤形,长 0.6-1 毫米,毛长 1.2-1.5 毫米。花期 7-8 月;果期 8-10 月。

产皖南黄山松谷庵,祁门牯牛降观音堂洗澡盆海拔 380 米,绩溪清凉峰荒坑岩海拔 900 米,歙县清凉峰劳改队坞海拔 930 米,泾县,宣城,太平,贵池,休宁;大别山区霍山青枫岭欧家冲海拔 500 米,金寨白马寨天堂寨海拔 1200 米,岳西陀尖山,舒城万佛山海拔 500 米,潜山天柱山马祖庵海拔 650 米,六安。生于山地沟谷、石崖或攀援树干上。

全株药用,具益肾强筋、散瘀镇痛、舒筋活络之功效,治跌打损伤、风湿疼痛、胃痛等症。

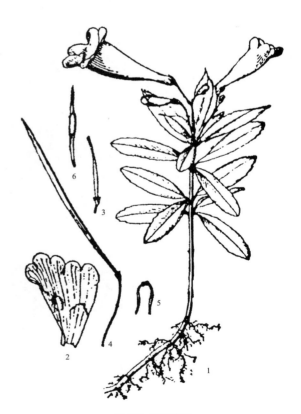

图 932 吊石苣苔
1. 植株;2. 花冠展开;3. 雌蕊;4. 果;5. 雄蕊;6. 种子。

单子叶植物纲 MONOCOTYLEDONEAE

　　茎不形成树皮；具闭合维管束，内无形成层，散生茎内，茎直径生长较小。叶具平行脉，为闭合脉序。具须根，根内通常无形成层。花部通常 3 基数。种子具胚乳；胚常具 1 子叶。

　　69 科，约 5 万种。我国 47 科。4000 余种，木本植物 600 余种。安徽省 5 科，19 属，93 种（含种下等级 22 种［13 变种，4 变型，5 栽培型］）。

109. 芭蕉科 MUSACEAE

多年生粗壮草本或基部带木质，具匍匐茎或无；茎或假茎高大，不分枝，有时木质，或无地上茎。叶大型，螺旋着集生茎顶或成 2 例，羽状脉；具叶柄和叶鞘。花单性或两性，两侧对称；聚伞花序密集成穗状，总轴上部的花束为雄花，下部为雌花，结成果束。花被片合生成筒状，顶部 5 裂，外层 3 裂片为萼片，内面 2 裂片为花瓣；后面 1 花瓣离生，与花被筒对生；雄蕊 6，1 枚退化；子房下位，3 室，每室胚珠多数，中轴胎座，花柱丝状，柱头 3，浅裂或头状。浆果肉质或革质。

3 属，70 余种，分布于亚洲和非洲热带地区。我国 3 属；约 12 种。安徽省有 1 属，1 种。

芭蕉属 Musa L.

高大、多年生草本，基部有时半木质化，具根茎，多次结实。假茎全由叶鞘紧密层层重叠而成，基部不膨大或稍有膨大，真茎开花前短小。叶螺旋状排列，叶柄伸长，且在下部增大成一抱茎的叶鞘，叶片长圆形，中脉粗大；侧脉多数，呈羽状平行排列。花序顶生，由叶鞘内伸出，直立、下垂或半下垂；苞片扁平或具槽，穿时旋转或多少覆瓦状排列，绿、褐、红或暗紫色，通常脱落，每 1 苞片内有花 1 或 2 列，上部苞片内的花为雄花，有时夹有不孕花，下部苞片内的花为雌花，偶夹有两性花；萼片 3 并与前面 2 花瓣合生成 1 花被管，在近轴一面分裂至基部先端具 5（3+2）齿，两侧齿先瑞具钩、角或其他附属物或无任何附属物，后面 1 花瓣离生，较大，与花被管对生，雄蕊 6，其中 1 枚退化成假雄蕊；子房下位，3 室，胚珠多数。浆果肉质，不裂，有少数或多数种子，但在单性结果类型中为例外；种子近球形，双凸镜形或形状不规则，在胚乳上方有 1 外胚乳室。

约 40 种，分布于亚洲东南部。我国有 10 种，分布于西南部至台湾。安徽省栽培 1 种。

芭蕉　　　　　　　　　　　　图 933

Musa basjoo Sieb.

多年生草本，茎直立，基部半木质化，高达 4 米。具根状茎和假茎。叶片长圆形，长达 3 米，宽达 40 厘米，先端钝圆，基部圆稍呈肾状，中脉明显，粗大，侧脉多数，平行，表面鲜绿色，有光泽；叶柄粗壮，长约 30 厘米；叶鞘长，相互包裹。花序生于上部叶腋间，下垂，花轴粗妆，大苞片佛焰状，红褐色或紫色；雄花生于花序上部，雌花生于花序下部，雌花在每一苞片内有花 10 余朵，排成 2 列；合生花被片长 4-4.55 厘米，具 5（3+2）齿；离生花被片与合生花被片几等长，顶端具小尖头。浆果长三棱形，有时有 4-5 角棱，长 5-7 厘米，近无柄，内有多数种子；种子黑色，具疣突及不规则棱角。花期 8-9 月。

安徽省皖南及大别山区各地房前宅后多有栽植，江淮地区也有栽培，但冬季常遭霜冻，翌年春夏之交又能萌发复生。

在阳光充足，排水良好的沙质壤土上生长良好。

叶柄及茎的纤维可作造纸或纺织原料；佛焰苞可

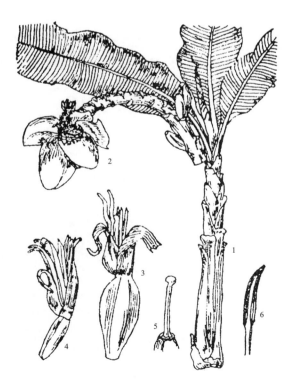

图 933 芭蕉
1. 植株（缩小）；2. 花序；3. 雌花；4. 雄花；5. 雌蕊；6. 雄蕊。

供药用；根、茎含有淀粉，可供酿酒，根与生姜、甘草煎服，可治淋症及消渴症（糖尿症）；根治感冒、胃痛。果实不能食用。云南西双版纳野象喜食其茎、叶。

习见的庭园绿化植物、供观赏。秦岭、淮河以南栽培很广，不耐寒冷。

110. 菠葜科 SMILACACEAE

灌木或亚灌木,极稀草本;多攀援,稀直立;常具根状茎。茎、枝有皮刺或无刺。单叶互生或对生,基脉 3-7,有网脉;叶柄常具叶鞘和卷须,稀缺。花单性异株,稀两性;伞形花序,稀总状、穗状或圆锥花序。花被片 6,离生或合生成筒状;雄蕊 6,稀 3 或多至 12 枚,花药 2 室;子房 3 室,每室胚珠 1-2,直生或半倒生,花柱缺或极短,柱头 3 裂;雌花有退化雄蕊。浆果;种子 1-3。

安徽省有 2 属,16 种。

1. 花被片离生或基部合生,6 数,2 轮,雄蕊花丝离生;花序梗细圆,极稀扁,花序单生叶腋……1. 菠葜属 Smilax
1. 花被片合生成筒状,雄蕊花丝合生成筒状;花序梗较扁,着生点与叶腋有芽间隔……… 2. 肖菠葜 Heterosmilax

1. 菠葜属 Smilax L.

攀援或直立灌木,极稀草本;具根状茎。枝常有刺,稀具疣状突起或刚毛。叶 2 列互生,全缘,基脉 3-7,有网脉;叶柄两侧常有翅状鞘,稀缺,鞘上方有 1 对卷须或无,至叶片基部的叶柄有一色泽较暗的脱落点,其位置因种类而异。花单性异株;伞形花序单生叶腋,或数至多个伞形花序排成圆锥状或穗状,花序梗着生点上方或有一枚鳞片与叶柄对生,细圆;花被片 6,2 轮,离生,有时靠合;雄蕊 6,稀 3 或多至 18,花丝常离生;雌花子房 3 室,每室胚珠 1-2,柱头 3 裂,有退化雄蕊 1-6。浆果;种子 1-3。

约 300 种,分布于热带及亚热带地区。我国 76 种。安徽省有 15 种。

1. 伞形花序或者圆锥花序总梗基部具一枚与叶柄相对的鳞片:
　2. 伞形花序,花序托不膨大 ……………………………………………………………… 1. 尖叶菠葜 S. arisanensis
　2. 3-7 伞形花序组成圆锥花序 ……………………………………………………………… 2. 圆锥菠葜 S. bracteata
1. 伞形花序总梗基部不具与叶柄相对的鳞片
　3. 花序轴短于叶柄:
　　4. 花 6 棱球形;叶基脉 5,最外一对脉分别与叶缘靠合 ……………………………… 3. 土茯苓 S. glabra
　　4. 花球形;叶基脉 5-7,最外边脉不与叶缘靠合 ……………………………… 4. 短梗菠葜 S. scobinicaulis
　3. 花序轴长于或等于叶柄:
　　5. 常绿攀援灌木;叶基脉 5-7,最外一对脉分别与叶缘靠合 ……………………… 5. 缘脉菠葜 S. nervo-marginata.
　　5. 落叶攀援灌木;叶基脉 3-7,最外一对脉不与叶缘靠合:
　　　6. 叶鞘耳状半圆形或卵形,与叶柄等长或稍长,叶脱落点位于叶基 ………… 6. 托柄菠葜 S. discotis
　　　6. 叶鞘较窄或者稍耳状,但绝不呈半圆形或卵形。
　　　　7. 花序托椭圆形 ……………………………………………………………… 7. 长托菠葜 S. ferox
　　　　7. 花序托不为椭圆形:
　　　　　8. 花序托膨大:
　　　　　　9. 花序托延长,伞形花序几成总状;叶下面粉白色,被柔毛 ………… 8. 柔毛菠葜 S. chingii
　　　　　　9. 花序托膨大呈球形或近球形:
　　　　　　　10. 叶鞘耳状,每侧宽 2-4mm;叶基脉 3 ………………………… 9. 小果菠葜 S. davidiana
　　　　　　　10. 叶鞘不明显,每侧宽 0.5-1mm;叶基脉 3-5 ………………… 10. 菠葜 S. china
　　　　　8. 花序托不膨大或稍长:
　　　　　　11. 基出脉 3:

12. 叶下面粉白色，先端钝圆，基部微凸；叶柄常有卷须 ··········11. **三脉菝葜 S. trinervula**

12. 叶下面淡绿色，先端急尖或渐尖；少数叶柄有卷须 ······ 12. **武当菝葜 S. outanscianensis**

    11. 基出脉 3-7:

      13. 鞘长占叶柄的 2/3，无卷须，叶脱落点在叶柄顶端 ··········· 13. **鞘柄菝葜 S. stans**

      13. 鞘长占叶柄的 1/2，有卷须:

        14. 一年生枝稍草质，具长针刺；叶下面绿色 ················ 14. **华东菝葜 S. sieboldii**

        14. 一年生枝木质明显，疏生皮刺；叶下面粉白色 ········ 15. **黑果菝葜 S. glauco-china**

1. 尖叶菝葜   图 934

Smilax arisanensis Hay.

攀援灌木；全株无毛。枝无刺或有皮刺。叶纸质或薄革质，长圆形、长圆状披针形或卵状披针形，长 7-15 厘米，宽 1.5-5 厘米，先端渐尖或长渐尖，基部圆，基脉（3）5，下面绿色；叶柄长 0.7-2 厘米，常扭曲，鞘窄，长占叶柄 1/2，常有卷须，脱落点近顶端。伞形花序，花序梗较叶柄长 3-5 倍，基部有 1 枚鳞片与叶柄对生，花序托不膨大。花绿白色；雌花有退化雄蕊 3。浆果球形，径约 8 毫米，紫黑色，果柄长 1.2-1.8 厘米，果序柄长 1.2-2.5 厘米。花期 4-5 月；果期 10-11 月。

产皖南黄山；大别山区霍山马家河海拔 850 米，金寨白马寨。分布于浙江、福建、台湾、江西、广东、广西、四川、贵州、云南。

2. 圆锥菝葜   图 935

Smilax bracteata Presl.

攀援灌木；全株无毛。枝疏生皮刺或无刺。叶纸质，椭圆形或卵形，长 5-17 厘米，先端突尖，基部圆或浅心形，基脉 3-5；叶柄长 1-1.5 厘米，鞘窄，长占叶柄 1/2-1/5，常有卷须，叶脱落点位于叶柄上部。3-7 伞形花序组成圆锥花序，多花，花序梗基部有 1 小苞片，花序托球形，花序着生点有 1 枚与叶柄对生的鳞片。花暗红色；雌花有 3 退化的雄蕊。浆果球形，径约 5 毫米，紫色，果柄长 1 厘米。种子球形，有 3 棱。花期 11 月至翌年 2 月；果期 6-8 月。

产皖南泾县，青阳。分布于福建、台湾、广东、海南、广西、湖南、贵州、云南。

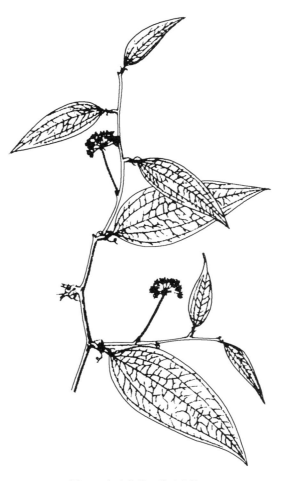

图 934 尖叶菝葜（雌珠花枝）

3. 土茯苓   图 936

Smilax glabra Roxb.

攀援灌木；全株无毛。根茎不规则块状。枝无皮刺。叶革质，披针形、椭圆状披针形或卵状披针形，长 4-19 厘米，宽 1-4（-7）厘米，下面绿色或带粉白色。基脉 5，最外一对靠合叶缘且增厚、成 3 基脉状；叶柄长 0.5-2 厘米，鞘窄，长占叶柄 3/5-1/4，有卷须，脱落点位于近顶部。伞形花序有 10 余花，花序梗长 1-8 毫米，花

图 935　圆锥菝葜
1. 叶；2. 幼果枝；3. 雄株花枝；4. 雄花；5. 雄花外花被片；
6. 雄花内花被片；7. 雌花序；8. 雌花；9. 雌蕊；10. 子房纵
剖；11. 雌花外花被片；12. 雌花内花被片；13. 退化雄蕊。

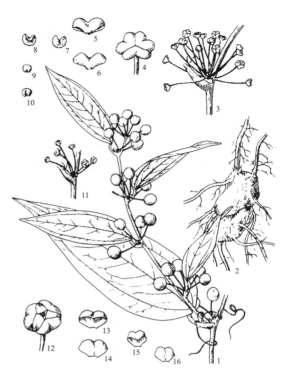

图 936　土茯苓
1. 果枝；2. 根茎；3. 雄花序；4. 雄花；5、6. 雄花外花被片；
7、8. 雄花内花被片；9、10. 雄蕊；11. 雌花序；12. 雌花；
13、14. 雌花外花被片；15、16. 雌花内花被片（孙英宝仿
张泰利）。

序托膨大。花绿白色，径约 3 毫米，6 棱形；雌花有 3 退花雄蕊。浆果球形，径 0.6-1 厘米，紫黑色，被白粉，果柄长 0.7-1 厘米。花期 7-11 月；果期 11 月至翌年 4 月。

　　产皖南黄山、祁门、石台、黟县，休宁、歙县、绩溪、青阳、泾县，广德，铜陵；大别山区岳西园岭林场，海拔 1100 米等地。生于山坡、沟谷、路边、林下，习见种。分布于华东、华中、西南各省（区）。根状茎入药，有清热解毒、除湿、舒筋、活络功效；根状茎又可作兽医药用，富含淀粉，可用作酿酒。

4.　短梗菝葜　　　　　　　　　　　图 937

Smilax scobinicaulis C. H. Wright

　　茎和枝条通常疏生刺或近于无刺，较少密生刺。刺针状，长 4-5 毫米，稍黑色，茎上的刺有时较粗短。叶卵形或椭圆状卵形，干后有时变为黑褐色，长 4-12.5 厘米，宽 2.5-8 厘米，基部钝或浅心形；叶柄长 5-15 毫米。总花梗很短，短于叶柄，一般不到叶柄长度的一半。雌花具 3 枚退化雄蕊。浆果直径 6-9 毫米，黑色，果柄长 4-8 毫米，果序柄长 0.3-1 厘米，无毛。花期 5 月；

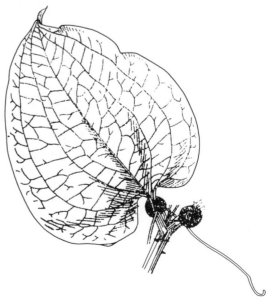

图 937　短梗菝葜（果枝一部分）

果期 8-10 月。

　　产皖南歙县清凉峰；大别山区金寨白马寨龙井沟，海拔 700-1000 米。生于山坡阴湿地、林下、灌丛中。分布于河北、山西、河南、陕西、甘肃、福建、江西、湖南、湖北、四川、贵州、云南。

5. 缘脉菝葜　　　　　　　　　　图 938

Smilax nervo-marginata Hayata

　　常绿攀援灌木；全株无毛；具粗短的根状茎。枝淡绿色，疏生小疣，无皮刺。叶革质，长圆形、椭圆形、卵状椭圆形或披针形，长 6-12 厘米，宽 1.5-4.5（-7）厘米，先端渐尖，基部钝圆，干后两面淡黄微绿色，基脉 5（7），基脉及网脉两面凸起，最外 2 脉靠合叶缘；叶柄长 0.6-1.8 厘米，稍盾状着生，不扭曲，鞘窄，不占叶柄 1/3-1/4，有卷须，脱落点位于叶柄顶端。伞形花序有数至 10 余花，花序梗稍扁而长，较叶柄长 2-4 倍，花序托膨大球形。雄花紫褐色。浆果球形，径 0.7-1 厘米，黑褐色，果柄极细，长 4-6 毫米，果序柄扁平，长 1.4-2.4 厘米，绿色。花期 4-5 月；果期 9-10 月。

　　产皖南黄山云谷寺下至九龙瀑布、苦竹溪，休宁岭南，歙县清凉峰。生于山坡路旁、林下、灌丛、草丛中。分布于浙江、江西、湖南、贵州。日本也有分布。

图 938　缘脉菝葜
1. 花枝；2. 花。

6. 托柄菝葜　　　　　　　　　　图 939

Smilax discotis Warb.

　　攀援灌木；全株无毛。茎、枝疏生皮刺或无刺。叶纸质，椭圆形，长 4-10（-20）厘米，基部心形，下面被白粉，基脉 3-5，纤细；叶柄长 3-5（-10）毫米，鞘耳状半圆形或卵形，每侧宽 3-5 毫米，与叶柄等长或稍长，叶脱落点位于顶端，有时具卷须。伞形花序，花序梗较叶柄长，花数朵。雌花有 3 退化雄蕊。浆果球形，径 6-8 毫米，黑色，被白粉，果序具 1-7 果，果柄长 0.7-1 厘米。花期 4-5 月；果期 10 月。

　　产皖南休宁，歙县清凉峰；大别山区金寨白马寨，岳西大王沟。生于海拔 800-1350 米的林下、灌丛中或山地背阴处。分布于河南、陕西、甘肃、江西、浙江、福建、台湾、湖南、湖北、四川、贵州、云南。

图 939　托柄菝葜
1. 花枝；2. 枝一段放大，示叶鞘。

7. 长托菝葜 图 940

Smilax ferox Wall. et Kunth.

攀援灌木；全株无毛。枝疏生皮刺。叶革质或厚纸质，椭圆形或卵状椭圆形，长 3-16 厘米，下面带粉白色，稀近绿色，基脉 3(5)；叶柄长 0.5-2.5 厘米，鞘较宽，长占 1/2-3/4，少数叶柄有卷须，脱落点位于鞘上方。近伞形花序具数到 10 余花，花序梗长 1-2.5 厘米，花序托长，椭圆形。花黄绿色或白色，雄蕊占花被片 2/3 或更长。浆果球形，径 0.8-1.5 厘米，红色，果序具 2-11 果，果柄长 1-2 厘米，果序柄长 1-2 厘米。花期 3-4 月；果期 11-12 月。

产皖南山区；大别山区金寨白马峰，生于海拔 750 米上下。分布于广东、广西、湖南、湖北、四川、贵州、云南。

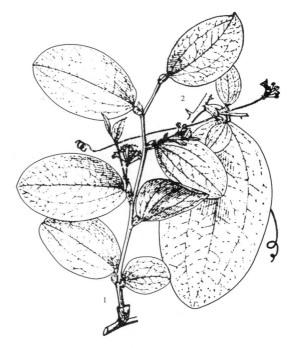

图 940 长托菝葜
1. 花枝；2. 叶枝一段，示叶鞘、卷须。

8. 柔毛菝葜 图 941

Smilax chingii Wang et Tang

攀援灌木。枝无毛，疏生皮刺。叶革质，卵状椭圆形或披针形，长 5-18 厘米，宽 1.5-8 厘米，上面无毛，下面带粉白色，被柔毛，基脉 3，两面微凸起；叶柄长 0.5-2 厘米，无毛，鞘宽 2.5-4 毫米，长占叶柄 1/2-2/3，有时具卷须，叶脱落点位于中部。伞形花序，花序梗较叶柄长。雌花具 6 退花雄蕊，无毛。浆果球形，径 1-1.4 厘米，熟时红色，果序有果 2-13，果柄长 1.5-2.5 厘米，果序柄长 2-3 厘米，均无毛。花期 3-4 月；果期 10-12 月。

产皖南黄山。生于海拔 600-1600 米山地，山坡、沟谷林下及灌丛中。分布于福建、江西、广东、广西、湖南、湖北、四川、贵州、云南。

9. 小果菝葜 图 942

Smilax davidiana A. DC.

攀援灌木。根状茎粗短。茎长 1-2 米稀可达 4 米，具疏刺。叶坚纸质，干后红褐色，椭圆形，长 3-7 厘米，宽 2-4.5 厘米，先端微凸或短渐尖，基部楔形或圆形，下面淡绿色；叶柄短，长 5-7 毫米，约占全长的 1/2-2/3，具鞘，有细卷须，脱落点位于近卷须上方；鞘耳状，宽 2-4 毫米，明显比叶柄短。伞形花序生于叶尚幼嫩的小枝上，有花几朵至 10 几朵；总花梗长 5-14 毫米；花序托膨大，近球形，具宿存的小苞片；花黄绿色；雄花外花被片长 3.5-4

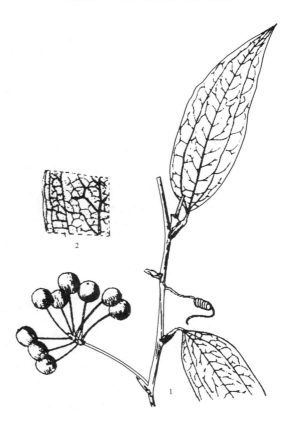

图 941 柔毛菝葜
1. 果枝；2. 叶下面部分放大。

毫米，宽约 2 毫米，内花被片宽约 1 毫米；花药比花丝宽 2-3 倍；雌花比雄花小，具 3 枚退化雄蕊。浆果直径 5-7 毫米，熟时暗红色。花期 3-4 月，果期 10-11 月。

产皖南黄山，休宁岭南，旌德；大别山霍山大化坪、大河北，金寨白马寨龙井河，潜山天柱山千丈崖；江淮肥东，滁县琅琊山、皇甫山。生于林下、灌丛中或山坡、路旁阴湿处。分布于江苏、浙江、江西、福建、广东、广西、湖南、湖北、河南、贵州。越南、老挝、泰国有分布。

图 942 小果菝葜（果枝）

10. 菝葜　　　　　　　　　图 943

Smilax china L.

落叶攀援灌木；全株无毛。根茎不规则块状，径 2-3 厘米。茎及枝疏生皮刺。叶薄革质，圆形、卵形、椭圆形、卵圆形或倒卵形，长 3-10 厘米，下面淡绿或带苍白色，白粉易脱落，基脉 3-5；叶柄长 0.5-1.5 厘米，鞘长占叶柄 1/2-2/3，叶柄几全，有卷须，叶脱落点位于近卷须处，或落后有突起。伞形花序有 10 至多花，花序梗长 1-2 厘米，较叶柄长，花序托球形。花绿黄色；雄蕊长为花被片 2/3 或更长。浆果球形，径 0.7-1.5 厘米，红色，被白粉。花期 2-5 月；果期 9-11 月。

皖南黄山，祁门，绩溪清凉峰；大别山霍山佛子岭黄巢市、俞家畈、黄泥畈，金寨白马寨、庙社沟、大海淌，岳西文坳，潜山天柱山千丈崖，舒城万佛山；江淮滁县琅琊山。生于海拔 590-1600 米山林、旷野、路边、河谷。分布于辽宁、山东、河南、江苏、浙江、福建、台湾、江西、湖北、湖南、四川、贵州、云南、广东、广西、海南、香港。菲律宾、缅甸有分布。

块茎含淀粉，可酿酒，含鞣质 14.35%，可提取栲胶；药用，祛风利湿，消肿解毒，治跌打损伤、风湿骨痛、胃肠炎、感冒、消化不良；叶治烫伤、疮疖。

图 943 菝葜
1. 根；2. 花序枝一段；3. 叶，示叶鞘、卷须。

11. 三脉菝葜　　　　　　　　图 944

Smilax trinervula Miq.

落叶攀援灌木；全株无毛。枝疏生皮刺或无。叶厚纸质，椭圆形，长 2-5 厘米，先端微凸，基部钝圆，下面带粉白色，基脉 3；叶柄长 3-5 毫米，鞘长占叶柄 1/2，有卷须，叶脱落点位于鞘上部。总状花序具 3-5 花，或 1-2 朵腋花，花序梗长 3-7 毫米，稍长于叶柄。花绿黄色；雌花有退化雄蕊 6。浆果球形，径 5-6 毫米，红色。花期 3-4 月；果期 10-11 月。

产大别山区潜山天柱山千丈崖，海拔 850 米，金寨白马寨龙井河，海拔 700 米，霍山海拔 1200 米。分

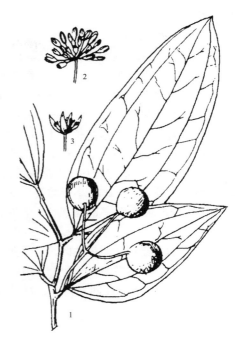

图 944 三脉菝葜
1. 叶、果枝；2. 花枝。

图 945 武当菝葜
1. 果枝；2. 雄花序；3. 雄花。

布于浙江、江西、福建、湖南、湖北、贵州。

12. 武当菝葜

图 945

Smilax outanscianensis Pamp.

攀援灌木；全株无毛。枝无刺或疏生皮刺。叶草质，干后膜质或膜纸质，椭圆形、卵长圆形，长 4-10 厘米，基脉 3；叶柄长 0.4-1 厘米，鞘窄，长占叶柄约 1/2，少数须，脱落点位于近中部。伞形花序有数花，花序梗长 0.5-1.2 厘米，稍长于叶柄，托稍长。花绿黄色；雌花有退化雄蕊 3-6。浆果球形，径 0.7-1 厘米，紫黑色。花期 5 月；果期 9-10 月。

产大别山霍山青枫岭。生于海拔 450 米处。分布于江西、湖北、湖南、四川。

13. 鞘柄菝葜

Smilax stans Maxim.

落叶灌木或半灌木，直立或披散，高 0.3-3 米。茎和枝具棱，无刺。叶纸质，卵形、卵状披针形或近圆形，长 1.5-4 厘米，宽 1.2-3.5 厘米，下面稍苍白色或有时有粉生物，基脉 5；叶柄长 0.5-1.2 厘米，向基部渐宽成鞘状，背面有多条纵槽，无卷须，脱落点位于茎顶端。伞形花序有花 1-3 朵或更多；总花梗纤细，比叶柄长 3-5 倍；花序托不膨大；花黄绿色，有时淡红色；雄花外花被片长 2.5-3 毫米，宽约 1 毫米，内花被片稍狭；雌花比雄花略小，具 6 枚退化雄蕊。浆果直径 6-10 毫米，熟时黑色，具粉霜。花期 5-6 月，果期 10 月。

产皖南黄山光明顶，绩溪清凉峰龙乌；大别山区霍山马家河万家红，金寨白马寨龙井河，岳西大王沟，潜山天柱山。生于海拔 750-1800 米林下、灌丛中或山坡阴处。分布于河北、山东、山西、陕西、宁夏、甘肃、青海、河南、浙江、台湾、江西、广西、湖南、湖北、四川、贵州、云南、西藏。

14. 华东菝葜　　　　　　　　　图 946

Smilax sieboldii Miq.

攀援灌木或半灌木。根状茎粗短。茎长 1-2 米，小枝常带草质，干后稍凹瘪，一般有刺；刺多半细长，针状，稍黑色。叶卵形，草质，长 3-9 厘米，宽 2-5 厘米，先端长渐尖，基部截形；叶柄长 1-2 厘米，约占一半具狭鞘，有卷须，脱落点位于上部。伞形花序具几朵花；总花梗纤细，长 1-2.5 厘米，长于叶柄或近等长；花序托不膨大；花绿黄色；雄花花被片长 4-5 毫米；雄蕊稍短于花被片；雌花小于雄花，具 6 枚退化雄蕊。浆果直径 6-7 毫米，熟时蓝黑色。花期 5-6 月，果期 10 月。

产大别山区的金寨和岳西等地区。生于海拔 1600 米以下林中或旷野杂草丛中。分布于辽宁、山东、河南、江苏、浙江、福建、台湾、江西。日本、朝鲜有分布。

15. 黑果菝葜　　　　　　　　　图 947

Smilax glauco-china Warb.

攀援灌木。根状茎粗短，成不规则块状，有节结状隆起。茎圆柱形，长 0.5-4 米，质坚硬，常疏生刺，刺长 1-3 厘米。叶厚纸质，椭圆形，长 5-9 厘米，宽 2.5-5 厘米，基部圆形或楔形，下面苍白色，主脉 3-5；叶柄长 7-15 厘米，鞘约占叶柄的一半长，有卷须，脱落点在上部。伞形花序生于叶稍幼嫩的小枝上，具数至 10 余朵花；总花梗长 1-3 厘米；花序托膨大，具小苞片；花黄绿色；小花梗长 1-1.5 厘米；雄花长 4-5 毫米，雄蕊 6；雌花稍短，具 3 枚退化雄蕊，花柱 3，向外反卷。浆果球形，直径 7-8 毫米，熟时黑色，具粉霜。花期 3-5 月，果期 10-11 月。

产皖南绩溪清凉峰，休宁、泾县、青阳九华山；大别山区金寨、岳西、霍山、六安；江淮滁县皇甫山，琅琊山等地。生于海拔 200-1400m 的林内、灌丛中或山坡。分布于陕西、甘肃、山西、河南、四川、贵州、湖北、湖南、江苏、浙江、江西、广东、广西。

2. 肖菝葜属 Heterosmilax Kunth

无刺攀援灌木，稀直立。叶纸质，稀近革质，有 3-5 条主脉和网状支脉；叶柄具或不具卷须，在上部有一脱落点，因而在叶片脱落时总带有一段叶柄。伞形花序生于叶腋或鳞片腋内；总花梗多少扁平，在总花梗着生点和叶柄之间常有一腋生芽；花小，雌雄异株；花被片合生成筒状，称花被筒，筒口一般有 3 小齿；

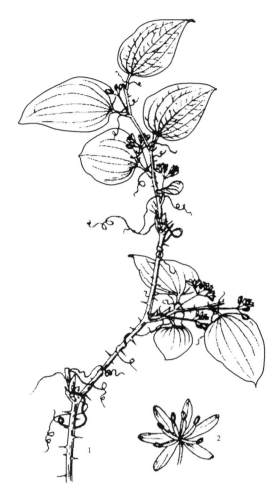

图 946 华东菝葜
1. 花枝；2. 雄花。

图 947 黑果菝葜
1. 果枝；2. 雄花。

雄花有 3-12 枚雄蕊，花丝多少合成一柱状体；花药基着，2 室，无退化子房；雌花有 3-6 枚退化雄蕊，生于子房基部或筒上；子房 3 室，每室 2 胚珠，柱头 3 裂。浆果球形，有 1-3 粒种子。

约有 10 种，分布于亚洲东部的热带和亚热带地区。我国有 6 种，主产长江流域以南地区。安徽省产 1 种。

肖菝葜　　　　　　　　　　　　图 948

Heterosmilax japonica Kunth

攀援灌木，无毛。小枝有钝棱。叶纸质，卵状披针形或近心形，长 6-20 厘米，宽 2.5-12 厘米，先端渐尖或短渐尖，有短尖头，基部近心形，主脉 5-7条，边缘 2 条到顶端与叶缘汇合，支脉网状，两面明显；叶柄长 1-3 厘米，在下部 1/4-1/3 处有卷须和狭鞘。伞形花序有花 20-50 朵，生于叶腋或生于褐色的苞片内；总花梗扁，长 1-3 厘米；花序托球形，直径 2-4 毫米；花梗纤细，长 2-7 毫米；雄花筒矩圆形，长 3.5-4.5 毫米，顶端有 3 枚钝齿，雄蕊 3，长约为花被的 2/3，花丝的一半合生成柱，花药长约为花丝的 1/2；雌花被筒卵形，长 2.5-3 毫米，具 3 枚退化雄蕊，柱头 3 裂。浆果球形而稍扁，长 5-10 毫米，宽 6-10 毫米，熟时黑色。花期 6-8 月，果期 7-11 月。

产皖南山区；大别山区金寨马宗岭。生于路旁、山谷、山坡阳处或丛林下。分布于浙江、福建、台湾、广东、海南、广西、江西、湖北、湖南、贵州、四川、云南、陕西、甘肃。

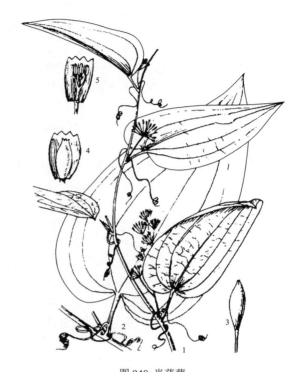

图 948 肖菝葜
1. 雄球花枝；2. 小枝一段，示叶片、叶柄、卷须；3. 雄花；
4. 雌花；5. 雄花纵剖，示雄蕊。

111. 龙舌兰科 AGAVACEAE

多年生草本。灌木状或乔木状。有根茎，地上茎短或发达，有时无。叶常聚生茎顶或基生，窄长，厚或肉质，富含纤维，全缘或有刺状锯齿。花两性、杂性或单性异株，辐射对称或稍两侧对称；穗状、总状或圆锥花序，分枝常具苞片。花被筒短或长，裂片不等或近相等；雄蕊 6，着生花被筒上或花被裂片基部，花丝丝状或近基部肥厚，离生，花药线形，背部着生，2 室，纵裂；子房上位或下位，3 室，中轴胎座，每室胚珠 1 至多数，花柱细长。蒴果室背开裂或浆果；种子具肉质胚乳。

20 属，670 余种，主产热带和亚热带地区，少数产澳大利亚。我国 2 属，6 种，引入栽培 4 属，10 种。安徽省引种栽培的木本有 2 属，4 种，3 变种。

本科有些种类为重要的纤维植物，有些种类的树脂供药用，有些种类树形美观，供观赏。

1. 子房上位；小乔木或灌木或无地上茎；花被片分离 ·············· 1. **丝兰属 Yucca**
1. 子房下位；有根状茎；花被片下部合生成短管 ·············· 2. **龙舌兰属 Agave**

1. 丝兰属 Yucca Dill. ex L.

常绿木本，灌木状或小乔木状。无茎或有茎。叶坚挺，聚生干顶或基生，边缘常有刺或丝状纤维。圆锥花序顶生。花近钟形或杯状，白色或青紫色，芳香，大而下垂；花被裂片 6，离生或基部合生；雄蕊 6，较花被短，花丝肉质；子房上位，3 室，每室胚珠多数，花柱粗，顶端 3 裂。蒴果或稍肉质。种子多数，稍扁，黑色。

约 30 种，分布于中美至北美。我国有引种栽培。安徽省引栽 3 种。

1. 植物体茎短；叶的边缘具许多稍弯曲的丝状纤维；花被乳白色；蒴果开裂 ·············· 1. **丝兰 Y. smalliana**
1. 植物体具极明显的茎；叶的边缘无稍弯曲的丝状纤维；花被边缘带紫色；蒴果不开裂：
  2. 叶边缘幼时具少数疏离的齿，老叶全缘 ········
    ························ 2. **凤尾丝兰 Y. gloriosa**
  2. 叶边缘密生细锯齿 ······· 3. **剑叶丝兰 Y. aloifolia.**

1. 丝兰　　　　　　　图 949

Yucca smalliana Fern.

常绿木本，植株近无茎。叶近地面丛生，直伸开展，丝状披针形，长 30-75 厘米，宽 2.5-4 厘米，稍具白粉，边缘具白色丝状纤维。圆锥花序高 1-3 米。花白色，径 5-7 厘米。花期 6-8 月，晚间开放，丝兰蛾传粉，受精结实。蒴果开裂，长约 5 厘米。

原产北美。我国南北各地有栽培。易成活，耐寒、耐旱、耐水湿，对土壤、肥料要求不严，在碱性土生长不良，其他类型土壤均能生长。多用分根蘖繁殖，春季根部萌蘖露出地面时，即可分栽，每个蘖芽带一些母株的肉根，则易成活。2-3 年后，可再分根蘖繁殖。四季常青，花、叶优美，常栽植花坛中心及行道树绿化带中。叶纤维强韧，可作椅垫、褥子衬料及造纸原料。合肥、芜湖等城市都有引种栽培，供观赏。

图 949 丝兰
1. 植株全形；2. 花序的一段；3. 叶先端的一段。

2. 凤尾丝兰 图 950

Yucca gloriosa L.

常绿木本，植株具短茎，有时高达 5 米，常分枝。叶坚硬，挺直，簇生茎顶，条状披针形，长 40-80 厘米，宽 4-6 厘米，先端硬刺状，边缘无丝状纤维。圆锥花序较窄，高 1-1.5 米。花白或淡黄白色，顶端常带紫红色；花被裂片卵状菱形，长 4-5.5 厘米，宽 1.5-2 厘米。果倒卵状长圆形，长 5-6 厘米，不裂，下垂。花期 7-9 月。

原产北美。我国南方各省栽培。用分根蘖繁殖，也可插茎繁殖，截取长 9-12 厘米茎端，除去部分叶片，下部埋入土中，栂可生根，长成新植株。母株切口周围可萌发多数新芽，新芽长成后，又可作插茎繁殖。安徽省各城市都有引种栽培，供观赏用；叶富纤维，边缘撕开可作绳索，供捆扎嫁接用。

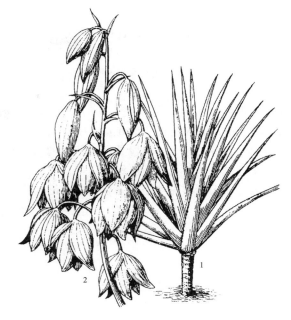

图 950 凤尾丝兰
1. 植株；2. 花序。

3. 剑叶丝兰 刀叶兰

Yucca aloifolia L.

常绿灌木，与近缘种"凤尾兰"相近，但叶较短而狭，长 30-40cm，宽 2-3cm，叶缘密生细锯齿，叶质较厚。

原产墨西哥及西印度地区。我国长江流域有少量引种。安徽省有引种栽培，供观赏。

3a. 金边丝兰（变种）

Yucca aloifolia L. var. **marginata** Bommer

与原种区别于叶缘带金黄色。安徽省公园和庭园有引种栽培，供观赏。

2. 龙舌兰属 Agave L.

多年生植物；具根状茎。无茎或有极短的茎。叶呈莲座状排列，大形，质硬，倒披针形，边缘常有刺或偶而无刺，顶端常有硬尖刺。花茎粗壮高大，具分枝，有叶或鳞片；花通常排列成大型稠密的顶生穗状花序或圆锥花序，花被片下部合生成短管，花被裂片 6，狭而相似；雄蕊 6，着生于花被管喉部或管内；花丝细长，常伸出于花被外，花药丁字形着生；子房下位，3 室，每室有胚珠多数，花柱线形，柱头 3 裂。蒴果长椭圆形，室背 3 瓣开裂，种子多数，薄而扁平，黑色。

约 300 多种，原产西半球热带干旱和半干旱的地区，尤以墨西哥的种类最多。我国引种栽培多种，其中比较重要的有 4 种。安徽省引种栽培 1 种，2 变种。

1. 龙舌兰 图 951

Agave americana L.

多年生植物。根状茎短木质。叶呈莲座式排列，通常 30-40 枚，有时 50-60 枚，大型，肉质，倒披针状线形，长 1-2 米，中部宽 15-20 厘米，基部宽 10-12 厘米，叶缘具有疏刺，顶端有 1 硬尖刺，刺暗褐色，长 1.5-2.5 厘米，圆锥花序大型，多分枝；花黄绿色，花被管长约 1.2 厘米，花被裂片长 2.5-3 厘米，雄蕊长约为花被的 2 倍。蒴果长圆形，长约 5 厘米；开花后花序上生成的珠芽极少。

安徽省合肥、芜湖、铜陵等地有栽培，供观赏用。

1a. **金边龙舌兰**（变种）

Agave americana L. var. **marginata** Trel.

本变种与原种的区种在于：叶缘具有金黄色的边。

安徽省合肥、芜湖、铜陵等市有栽培。

1b. **撒金龙舌兰**（变种）

Agave americana L. var. **variegata** Hort.

与原种的区别在于：叶边缘具有金黄色的边，叶边缘和中部还具一些黄色的条纹和斑块。

安徽省城市公园常见栽培，冬季多置于花房中。

图 951　龙舌兰（植株）

112. 棕榈科 Palmae

常绿乔木或灌木，稀为藤本。茎直立，不分枝或缩短，常留有宿存的叶基。叶丛生于茎顶或分散互生，掌状或羽状分裂，稀全缘，革质；叶柄基部常扩大成纤维状鞘。花小，两性或单性，排列在分枝或不分枝的肉穗花序上；佛焰苞1至多数，包围在花序的分枝和花序梗的基部；花被片6，2轮，离生或合生；雄蕊6，2轮排列，稀3或9，花丝分离，花药2室；子房上位，1-3室，稀4-7室，每室具1胚珠。浆果或核果。

约217属，250余种，分布于热带和亚热带地区。我国有22属，72余种，主产东南和西南部。安徽省木本有5属，7种（引进栽培）。

1. 叶圆形，掌状分裂：
   2. 叶柄两边有尖刺，叶分裂至叶的中部，裂片柔弱下垂，裂片先端2裂 ··············· **1. 蒲葵属 Livistona**
   2. 叶柄上通常无刺，叶柄顶端与叶片连接处有小突戟：
      3. 叶裂片通常20片以上，分裂至中部或稍下部，不达叶的4/5，裂片顶端常2裂 ···············
      ···············**2. 棕榈属 Trachycarpus**
      3. 叶裂片较少，通常10片左右，裂片先端有数个尖齿 ··············· **3. 棕竹属 Rhapis**
1. 叶不为圆形，1回或2-3回羽状分裂：
   4. 叶为2-3回羽状全裂，裂片菱形，顶端偏斜，有不规则的缺刻 ···············**鱼尾葵属 Caryota**
   4. 叶为羽状全裂，裂片狭披针形，常成4裂 ··············· **5. 刺葵属 Phoenix**

1. 蒲葵属 Livistona R. Br.

乔木，秆直立，矮小或高大，树干有环纹，顶部常有宿存的老叶鞘和棕色网状纤维。叶有皱褶，叶柄长，两侧有倒刺。花两性，小而带绿色，排列成延长疏散、分枝的肉穗花序，自叶丛中抽出；佛焰苞片多数而套着花被，花萼与花冠3裂几达基部，雄蕊6，花丝合生成一环，花药心形；子房由3个近分离的心皮组成，花柱短。果为一球形或长椭圆形的核果；种子腹面有凹穴，胚乳均匀。

约20种，分布于热带亚洲。我国有4种，分布于南部及台湾。安徽省温室栽培1种。

蒲葵　　　　　　　　　　图 952

Livistona chinensis（Jacq.）R. Br

常绿乔木，似棕榈，高达20米；秆直立，不分枝，有密接环纹。叶大，宽肾形，直径达1米以上，掌状深裂至中部，裂片条状披针形，先端2裂而下垂，叶柄长达2米以上，棱形，下部有倒刺2列。花淡绿色，肉穗花序，排成圆锥状，长达1米以上；佛焰苞棕色，筒状，革质，2裂。核果，椭圆形至长圆形，长1.8-2厘米，径约1厘米，成熟时黑色。春夏开花；11月果成熟。

安徽省有引种，多系温室栽种；山区各地农村村舍，家前屋后，常栽植，取其叶制蓑衣。分布于我国南部。越南也有。

图 952 蒲葵

嫩叶制作蒲扇；老叶可制蓑衣，斗笠或作屋顶的遮盖，叶裂片中脉可制牙签；果可药用，治癌肿、白血病；根可治哮喘；叶治功能性子宫出血，也可供观赏。

2. 棕榈属 Trachycarpus H. Wendl.

常绿乔木，秆直立。叶掌状分裂，有长柄。花淡黄色，单性或两性或杂性，雌雄同株或异株；为多分枝的肉穗状或圆锥状花序，从叶丛中抽出；佛焰苞多数，显著；花萼及花冠 3 裂；雄蕊 6；子房 3 室或顶部 3 裂而基部联合，柱头顶生。核果球形或肾形。

约 8 种，分布于亚洲的热带或温带。我国有 5 种，分布于西南部至东南部。安徽省栽培 1 种。

棕榈　　　　　　　　　　　　　　　图 953

Trachcarpus fortunei（Hook.）H. Wendl.

常绿乔木；高 3-8（15）米，直立。老叶鞘基纤维状，包被秆上。叶多簇生秆顶，叶片圆扇形，径 50-70 厘米，掌状深裂至中部或中下部，裂片硬直，呈狭长皱褶，先端 2 浅裂，老叶顶端往往下垂；叶柄长 0.5-1 米。花淡黄色，小、单性，雌雄异株；肉穗花序排列成圆锥花序，佛焰苞多数，被锈色绒毛；萼片、花瓣均为卵形，3 裂；雄蕊 6，花丝离生，花药短；子房 3 室，柱头 3，常反曲。核果球形至长椭圆形或肾形，径 0.5-1 厘米，成熟时蓝灰色，被白粉。4-6 月开花，8-10 月果实成熟。

安徽省大别山区潜山、太湖、宿松、舒城、六安；皖南山区农村家前屋后，广泛栽植；江淮以及淮北宿县等地，偶见栽植。分布于长江以南至广东。

为庭园观赏或作行道树；是重要的纤维植物，可供作棕绳、棕垫、棕床、雨披等；种子可榨油，提取植物蜡。

图 953 棕榈
1. 植株；2. 花序；3. 花；4. 雄花；5. 果序。

3. 棕竹属 Rhapis L. F.

丛生灌木或小乔木，秆细如竹，直立，上部包围网状纤维的叶鞘，叶聚生于秆顶，叶片扇形，掌状深裂几达基部，裂片具平行皱褶，通常叶裂片 3 至多数；叶柄细长。花单性，雌雄异株，无梗，簇生于叶丛中；花萼及花冠有 3 裂齿，雄花具雄蕊 6，着生于花冠管上，2 轮，花丝短；雌花具退化雄蕊，心皮 3，离生。果为浆果。

约 15 种。分布于亚洲东部及东南部。我国 7 种，分布于南部至西南部。安徽省引种栽培 2 种。

1. 叶掌状深裂几达基部，裂片 10-20，条形，叶柄顶端的小戟突起常呈三角形 ················· 1. **棕竹 R. humilis**
1. 叶掌状深裂不达基部，裂片 5-10，短而宽，叶柄顶端的小突起呈半圆形 ················· 2. **筋头竹 R. excelsa**

1.　棕竹　　　　　　　　　　　　　　　图 954

Rhapis humilis Blume

常绿丛生灌木，高 2-3 米，栽培者高不及 1 米。秆圆柱形，有节，上部被黄褐色、网状纤维质叶鞘。叶扇形，径约 35 厘米，掌状深裂几达基部，裂片 10-20，条形，长 23-25 厘米，顶端的小戟突起常呈三角形。花淡黄色，单性,雌雄异株;肉穗花序较长,具多分枝。浆果球形。花期4-5月,果成熟8-10月。

原产于我国南部至西南部。安徽省部分地区温室栽培,供观赏。秆可作手杖、伞柄。

2. 筋头竹 观音竹

Rhapis excelsa(Thunb.)**Henry** ex Rehd.

本种与棕竹极相似。其主要区别在于:叶裂片为5-10深裂,裂片短而宽,叶柄顶端的小戟突起呈半圆形。

分布于我国东南部至西南部。日本也有栽培。安徽省温室盆栽。

供观赏,秆可作手杖、伞柄;根治劳伤;叶鞘纤维治鼻血,咯血及产后血崩。

4. 鱼尾葵属 Caryota L.

乔木,秆单生或丛生,有环状叶痕。叶大,2回羽状全裂(稀3回),聚生于秆顶,小叶半菱形,状如鱼尾;小叶半菱形,状如鱼尾,叶鞘纤维质。佛焰花序常有多数悬垂的分枝或不分枝,呈圆锥花序,生于叶丛中;佛焰苞3-5,管状;花单性,雄雌花同生于于花序上,常3朵聚生,其中央1朵较小的为雌花,2朵较大的为雄花,或全部为雄花;雄花萼片3,圆形,分离,覆瓦状排列,花瓣3,条状长圆形,镊合状排列;雄蕊6至多数;雌花萼片3,圆形,覆瓦状排列,花瓣卵状三角形,镊合状排列;子房3室,柱头3裂。果为浆果状核果,近球形,直径达1.2厘米以上,有种子1-2。

约12种。分布于亚洲南部,东南部至澳大亚热带地区。我国有4种,分布西南部至东南部。安徽省温室栽培1种。

鱼尾葵 图955

Caryota ochlandra Hance

乔木,高达20米,秆单生,有环纹。叶大,2回羽状全裂,顶端下垂,羽片每边18-30片,小叶长15-30厘米,厚而硬,顶端1片呈扇形,侧边裂片菱形似鱼尾,顶端裂片先端及侧裂片内缘的二分之一以上有齿缺和粗齿。花序长约3米,花3朵聚生,雌花生于2雄花间;雄花长约1.6毫米;雌花长约6毫米;果球形,径约1.8厘米,成熟时淡红色;有种子1-2。花期7月。

图954 棕竹
1. 植株;2. 叶下部,示叶柄顶端小戟突;3. 果序;4. 叶部分放大,示细横脉。

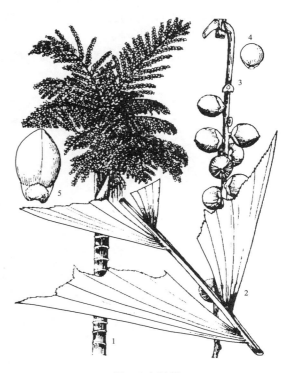

图955 鱼尾葵
1. 植株;2. 部分叶裂片;3. 部分果序;4. 果;5. 雄花。

安徽省各地温室引种栽培。分布于广东、贵州。

供观赏，行道绿化；秆内含有大量淀粉可作桃椰粉的代用品；根可药用，强筋壮骨。

5. 刺葵属 Phoenix L.

灌木或小乔木，秆单生或丛生，直立或匍斜。叶为羽状全裂，裂片狭披针形，芽时内向折叠，最下部的常退化为针状刺。肉穗花序分枝，生于叶丛中，由革质的佛焰苞内抽出；花单性，雄雄异株，雌雄花的花萼裂片；花瓣均为 3，并通常离生，雄蕊 6，有时 3-9，心皮 3，分离，无花柱，柱头钩状。果长圆形或长椭圆形，具种子 1 颗，有凹槽。

约 17；分布于亚洲和非洲热带地区。中国 1 种，分布广东、广西、云南和台湾。近年来我国南方已引种栽培数种。安徽省温室栽培 2 种。

1. 茎丛生；叶裂片较宽，条形，4 列排列，上面被白色蜡粉；果紫黑色 ·················· 1. 刺葵 P. hancena
1. 茎单生或丛生，裂片披针形，2 列排列，下面沿叶脉被灰白色鳞秕；果枣红色 ········ 2. 软叶刺葵 P. roebelenii

1. 刺葵 图 956

Phoenix hancena Naud.

丛生灌木，高 1-2 米。叶羽状全裂，长达 2 米；裂片条形，4 列排列，长 15-30 厘米，宽 1-1.5 厘米或较宽，下部的裂片退化为针状刺。肉穗花序生于叶丛中，多分枝，长达 60 厘米，花序轴扁平；花单性，雌雄异株；雄花花萼杯状，顶端 3 齿裂，花瓣 3 片，矩圆形，长 4-5 毫米，雄蕊 6；雌花球形，心皮 3，分离。果短圆形，长 1-1.5 厘米，成熟时紫黑色，基部有宿存的花被片。

分布于广东、广西、云南和台湾。安徽省合肥、芜湖等市的温室有栽培。

图 956 刺葵
1. 佛焰苞与花序；2. 雌花；3. 果；4. 雌分枝花序；5. 叶顶部羽片；6. 叶中部，示羽片排列。

2. 江边刺葵 图 957

Phoenix roebelenii O'Brien.

灌木，高 1-3 米，基部常膨大成球状，秆单生或丛生，有残存的三角状叶柄基部。叶羽状全裂，长约 1 米，常下垂；裂片披针形，柔软，2 列排列，近对生，长约 20-30 厘米，宽约 1 厘米，先端有长锐尖头，稍下垂，下面沿叶脉被灰白色鳞秕，下部的裂片退化成为细长的软刺。肉穗花序生于叶腋，长约 30-50 厘米，花序轴扁平；总苞 1 枚，上部舟状，下部管状约与花序等长；雌花序短于雄花序；花单性；雌雄异株，雄花花萼有 3 齿裂，花瓣 3，雌花卵圆形。果短圆形，长约 1.4 厘米，直径约 6 毫米，具尖头，枣红色，果皮薄，有枣叶。

安徽省部分地区温室引种栽培。原产越南及马来半岛。供观赏。

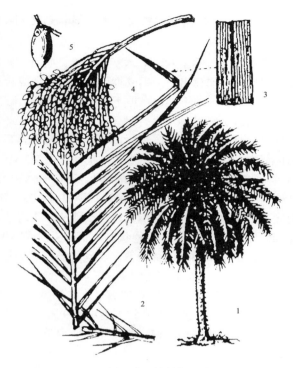

图 957 江边刺葵
1. 植株；2. 叶；3. 叶部分放大；4. 果序；5. 果实。

113. 禾本科－竹亚科 GRAMINEAE-BAMBUSOIDEAE Nees

多年生草本，乔木状、灌木状或藤本。竹秆（地上茎）及竹鞭（地下茎）有 3 个类型：1. 合轴丛生型，地下茎及节间均短，顶芽出土，生成竹秆，由腋芽生成新的地下茎，竹秆在地面丛生；2. 单轴散生型，地下茎顶芽不出土，形成新的地下茎，在地下蔓生，节间长，腋芽出土生成竹秆，竹秆在地面散生；3. 复轴混生型，植株兼有上述两种类型的地下茎。地下茎的节间近实心，须根生于节上；出土的芽称"竹笋"，外被笋箨（芽鳞），内为秆箨，具箨鞘、箨耳、箨舌、箨叶。秆箨脱落后，在竹秆节上形成箨环（鞘环），箨环以上为秆环，二环之间称节内，环上生芽，发生小枝。单叶互生，2 列，具平行脉，叶柄短，与叶鞘连接处成关节，易自叶鞘脱落；叶鞘顶端内面具叶舌，两侧具叶耳。花序有两种类型：1. 单次发生花序（真花序），花序轴及分枝均常实心，分枝处节不明显，腋内无芽，枝腋有时具枕瘤；2. 续次发生花序（假花序），主轴及分枝均具节和节间，与营养枝无异，小枝的腋芽形成假小穗和假小穗丛。花两性，稀单性或杂性；小穗具 1 至多朵小花，外被 2 颖片，稀 1 颖片或无；由多数小穗组成穗状、总状、头状或圆锥状复花序。每小花具外稃和内稃；鳞被 2-3(-6)，透明，稀无鳞被；雄蕊 (2)3-6，稀少数，花丝细长，花药丁字着生；雌蕊由 2-3 心皮构成，花柱 1-3，柱头(1)2-3，羽毛状。颖果。胚小，胚乳粉质。

50 余属，850 余种。我国 23 属，约 350 种，引入栽培 4 属。依《中国树木志》的分类系统为基本依据，参照植物志的内容，把安徽省竹类鉴定为 9 属，43 种，10 变种，4 变型，5 栽培型。

合轴丛生竹喜暖热气候，主产华南、台湾、云南南部；单轴散生竹较耐寒，产于长江中下游各地亚热带、热带高海拔地区。

用途广，供建筑、农具、编织、造纸、观赏等用。

1. 地下茎单轴型或复轴型，地面竹秆散生：
  2. 秆每节具一主枝，上面每节有时分枝较多；枝基部与秆贴生：
    3. 秆环隆起，屈膝状或微隆起；秆箨宿存或脱落；雄蕊 6 ················· 1. **赤竹属 Sasa**
    3. 秆环较平，秆箨宿存，紧抱主干；雄蕊 3 ················· 2. **箬竹属 Indocalamus**
  2. 秆每节 2 分枝至多分枝：
    4. 秆每节 2 分枝，分枝一侧扁平，具明显沟槽；雄蕊 3 ················· 3. **刚竹属 Pyllostachys**
    4. 秆每节 3 分枝至多分枝：
      5. 秆每节通常 3 分枝，稀 5 分枝，分枝长，具次级分枝：
        6. 秆分枝一侧中部以下具沟槽；无限花序，假小穗无柄：
          7. 秆箨箨叶极小，长不及 2 厘米；枝环通常明显隆起；假小穗基部具分枝 ················· 4. **方竹属 Chimonobambusa**
          7. 秆箨箨叶明显；枝环微隆起或平；假小穗基部具苞片 ················· 5. **业平竹属 Semiarundinaria**
        6. 秆节间圆筒形，通常基部具沟槽；有限花序，小穗具柄 ················· 6. **青篱竹属 Arundinaria**
      5. 秆每节 (3-)5-7(-20) 分枝，分枝短，无次级分枝 ················· 7. **鹅毛竹属 Shibataea**
1. 地下茎合轴型，地面竹秆丛生，或秆柄延伸成假鞭，地面竹秆疏散：
  8. 地面竹秆通常为较密的单丛；地下茎秆柄不延伸；秆中型或大型 ················· 8. **簕竹属 Bambusa**
  8. 地面竹秆通常为散生或较疏离的多丛；地下茎秆柄延伸或不延伸；秆小型； ················· 9. **箭竹属 Sinarundinaria**

1. 赤竹属 Sasa Makino et Shibata

灌木状竹类，地下茎复轴型或单轴型。秆散生或丛生，圆筒形，无沟槽，每节 1 分枝，枝径与秆径相近；秆环显著隆起，屈膝状，或微隆起，节内较大。秆箨宿存或脱落。叶大，侧脉多数，方格状网脉明显。圆锥花序顶生；小穗具柄，具数小花，颖片膜质，不等长。外稃先端尖锐或具小尖头；内稃先端 2 裂，背部具 2 脊，脊具纤毛；鳞被 3 雄蕊 6，分离；花柱短，柱头 3 裂，羽毛状。

37 种，主产日本，少数分布朝鲜半岛、俄罗斯萨哈林岛。我国约 8 种，产于长江流域以南各地，多分布在海拔较高山地。安徽省产 1 种。

华箬竹   图 958

Sasa sinica Keng

秆高约 2 米，径 5 毫米，节间长约 10 厘米，中空；新秆节有下有柔毛；老秆有毛，有白粉，节下明显，秆环较平。秆箨长于节间，宿存，密被长柔毛，后渐脱落，两侧有长毛，边缘具纤毛；无箨耳和繸毛；箨舌高 1-2 毫米；箨叶窄带状披针形，长 3-8 厘米，直立或开展。每小枝 1-3 叶；叶鞘密被柔毛，后渐脱落，无叶耳和繸毛，叶舌高约 2 毫米，背部密生柔毛；叶椭圆状披针形或带状披针形，长 11-36 厘米，宽 2-5.5 厘米，两边有细锯齿，下面淡绿色，基部有柔毛，侧脉 6-11 对；叶柄长 0.5-1 厘米。圆锥花序长 6-8 厘米，小穗梗长 0.4-1.7 厘米，与花序轴均密被淡黄色柔毛；小穗长 1.4-3.5 厘米，小花 4-10 厘米。笋期 4-5 月。

产皖南黄山北海，绩溪清凉峰野猪荡海拔 1200-1400 米，太平七都；大别山潜山天柱峰，金寨天堂寨，海拔 900 米以上。

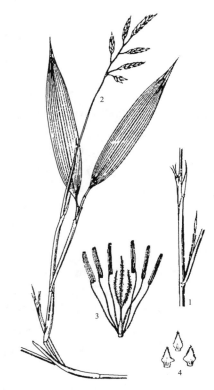

图 958 华箬竹
1. 秆及秆箨；2. 花枝及叶；3. 小花，示雄蕊，雌蕊；4. 鳞被。

2. 箬竹属 Indocalamus Nakai

灌木状竹类；地下茎单轴型或复轴型。秆散生或丛生，直立，节间圆筒形，无沟槽；每节 1 分枝，枝常直展，其直径与秆相近；秆环较平，节内较长。秆箨宿存，紧抱主秆。叶大，侧脉多数。圆锥多数。圆锥花序顶生；小穗多数，具柄，小花数朵，颖片 2，先端渐尖或尾尖。外稃具数脉，先端渐尖或尾尖；内稃先端常 2 裂，背部具 2 脊；鳞被 3，近等长；雄蕊 3；花柱多 2，分离或基部连合，柱头 2，羽毛状。

20 余种，产东亚。绝大多数种分布于我国长江流域以南亚热带地区。安徽省有 2 种，1 变种。

1. 箨环下有一圈木栓质环状物隆起；箨耳与叶耳发达 ·················· 1. **箬叶竹 I. longiauritus**
1. 箨环下无木栓质环状物；箨耳与叶耳无 ·················· 2. **阔叶箬竹 I. latifolius**

1. 箬叶竹 长耳箬竹   图 959

Indocalamus longiauritus Hand. -Mazz.

秆高 2 米，径约 5 毫米，中部节间长 10-20 厘米，中空，较小，无毛，有白粉，节下尤明显，秆环平。秆箨长于节间，被棕色刺毛，边缘有棕色纤毛；具箨耳和繸毛，或具少数繸毛；箨叶披针形或线状披针形，长达 5 厘米，不抱茎，易脱落。每小枝 2 至数叶；叶鞘无毛，叶耳和繸毛显著；叶椭圆状披针形，长 40-50 厘米，宽 7-11 厘米，下面沿中脉一侧有一行细毛，余无毛，侧脉 15-17 对，网脉甚明显；叶柄长约 1 厘米，上面有柔毛。

产皖南歙县清凉峰、多景园，石台七井，旌德碧云，太平新华，青阳九华山；大别山区霍山青枫岭、桃源河、马家河，金寨白马寨打抒权，潜山天柱山马祖庵，太湖马祖乡。生于海拔 1000 米以下山坡、沟谷林下。分布于四川、贵州、湖南、广西、河南。山区群众用箬叶垫茶篓，包粽子，制斗笠。

1a. 半耳箬竹（变种）

Indocalamus longiauritus Hand. -Mazz. var. **semifalcatus** H. R. Zhao et Y. L. Yang

与原种区别在于：箨耳和叶耳均为半截的镰形，叶片下面中脉两侧均无成行的微毛。

产皖南泾县、广德一线以南各地普遍分布。用途同箬叶竹。

2. 阔叶箬竹 图 960

Indocalamus latifolius（Keng）McCl.

秆高 3 米，径 1 厘米，中部节间长 20-30 厘米，中空；新秆绿色，无毛，秆环微隆起。秆箨短于节间，密被棕色倒生刺毛，边缘具棕色纤毛；无箨耳和繸毛；箨舌微弧形或近平截，先端具极短纤毛；箨叶三角状披针形，长 1.5-2 厘米，宽 1-2 毫米，直立。每小枝 1-3 叶；叶鞘无毛，边缘有纤毛，叶耳不明显，繸毛不发育或疏生易落繸毛；叶椭圆状披针形或带状披针形，长 12-40 厘米，宽 4-7 厘米，下面无毛，侧脉 7-15 对；叶柄长约 1 厘米。圆锥花序顶生，长 10-18 厘米，花序轴、分枝及小穗密被灰黄色柔毛；小穗紫红色，每小穗具 5-9 小花；颖片疏被柔毛，外颖长 0.5-1 厘米，5-7 脉，内颖长 0.8-1.3 厘米，7-9 脉。外稃长 1.3-1.5 厘米，先端长渐尖，疏被柔毛；内稃窄，长 0.5-1 厘米，背部脊间有柔毛。

产皖南黄山，休宁，绩溪，歙县，太平，石台，宁国，宣城，广德，青阳；大别山区霍山，潜山，岳西；江淮天长议涧镇；淮北界首县有人工栽植。生于海拔 1350 米林下半阳坡、阳坡。分布于江苏，浙江，河南，陕西南部。用途同箬叶竹。

3. 刚竹属 Phyllostachys Sieb. et Zucc.

常绿乔木或灌木；地下茎单轴散生，顶芽不出土，横走土中，一部分侧芽出土，形成竹笋。秆呈圆筒形，节间在分枝一侧具纵滑槽或微扁平，每节通常 2 分枝，稀为单枝。秆箨革质，随成长之竹秆，逐渐脱落，箨叶带状三角形至带状披针形；有箨舌、箨耳，鞘口繸毛发达或缺如。小枝具 1 枚至数枚叶片，叶互生，带状披针形或披针形，具叶鞘，鞘口有叶耳及繸毛，

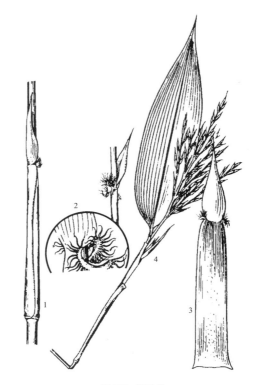

图 959 箬叶竹
1. 秆及秆箨；2. 秆及秆箨上部放大；3. 秆箨背面；4. 花枝。

图 960 阔叶箬竹
1. 秆及秆箨；2. 花枝及叶枝；3. 小花，示外稃、内稃及小穗轴；4. 雄蕊；5. 鳞被；6. 雌蕊。

脱落或宿存，或无；主脉与次脉平行，其间有小横脉，形成长方形网络，上面亮绿色，下面灰绿色，叶柄短。花序圆锥状、复穗状或头状，由多数小穗组成，小穗外被叶片状或苞片状佛焰苞；小花 2-6，颖片 1-3 或不发育；外稃先端尖锐，内稃有 2 脊，鳞被 3，形小；雄蕊 3，花丝细长；雌蕊花柱细长，柱头羽状 3 裂，颖果。

约 50 余种。主要分布于亚洲东部，以秦岭淮河一线以南，南岭山脉以北为其分布中心。有少数种类能耐 -20℃短时低温，并能越过淮河，远至北京生长。本属种类多，面积大，分布广是我国最重要的经济竹类，在林业生产上占有重要地位，对保持水土维持和改善生态环境，亦有巨大的功能。

安徽省有 27 种，2 变种 4 变型 5 栽培型。

1. 秆箨具或多或少的斑点，或至少笋箨具斑点：
　2. 秆箨有箨耳和䍁毛：
　　3. 竹秆分枝以下秆环平，仅箨环隆起；秆箨箨耳发育微弱，䍁毛发达 …………………… 1. **毛竹 Ph. edulis**
　　3. 竹秆分枝以下，秆环箨环均隆起：
　　　4. 新秆无毛；秆箨被毛，斑点较密或稀疏：
　　　　5. 新秆密被白粉：
　　　　　6. 秆箨淡红棕色，无明显紫色脉纹；秆环微隆起或较平 ………………… 2. **灰水竹 Ph. platyglossa**
　　　　　6. 秆箨非红棕色，具紫色脉纹；新秆深绿色，秆环隆起带紫色…………………………………………
　　　　　　　　　　　　　　　　　　　　　　　　　　　　　　　3. **绿粉竹 Ph. viridi-glaucescens**
　　　　5. 新秆微被白粉或无白粉：
　　　　　7. 秆箨箨耳较小，有时仅一侧发育；箨叶平直或微皱 ………… 4. **桂竹 Ph. bambusoides**
　　　　　7. 秆箨箨耳发达，箨叶皱折：
　　　　　　8. 竹秆秆环突隆起，秆箨淡褐黄色，密被斑点或斑块，叶下面基部有毛 ……………
　　　　　　　　…………………………………………………………………… 5. **高节竹 Ph. prominens**
　　　　　　8. 竹秆秆环微隆起，秆箨淡黄色，斑点稀疏，叶下面密被细毛 ……… 6. **白哺鸡竹 Ph. dulcis**
　　　4. 新秆被毛，秆箨疏生细小斑点，有时近无斑点：
　　　　9. 秆箨密被小刚毛，秆较粗糙；叶宽约 1 厘米 ………… 7. **毛壳竹 Ph. varioauriculata**
　　　　9. 秆箨无毛，秆不粗糙；叶宽 1.2-2.2 厘米 ……………………… 8. **美竹 Ph. mannii**
　2. 秆箨无箨耳和䍁毛：
　　10. 秆箨底部及新秆箨环被细毛：
　　　11. 秆中下部节间常畸形、缩短、肿胀；秆箨疏生小斑点；笋期 4 月 ……… 9. **罗汉竹 Ph. aurea**
　　　11. 秆节间正常，不缩短；秆箨斑点较密；笋期 4 月下旬至 5 月上旬 ……… 10. **毛环竹 Ph. meyeri**
　　10. 秆箨底部及新秆箨环无毛：
　　　12. 秆箨疏生刺毛或脉间有微小刺毛，粗糙：
　　　　13. 新秆有紫色晕斑，被白粉，脉纹间具短小刺毛，略粗糙，无叶耳和䍁毛：
　　　　　14. 秆箨常有紫黑色斑块，箨舌先端平截高约 4 毫米；叶下面基部被长柔毛 ……………
　　　　　　…………………………………………………………………………… 11. **石竹 Ph. nuda**
　　　　　14. 秆箨有细小斑点；箨舌隆起高约 4-8 毫米，两侧下延；叶下面基部无毛 ……………
　　　　　　…………………………………………………………………………… 12. **石绿竹 Ph. arcana**
　　　　13. 新秆绿色，无明显白粉，秆箨无白粉，具脱落性刺毛，具叶耳和䍁毛 …………………
　　　　　…………………………………………………………………………… 13. **尖头青竹 Ph. acuta**
　　　12. 秆箨无毛：
　　　　15. 竹秆分枝以下秆环平，箨环隆起；秆箨黄绿色，有绿色脉纹 ……… 14. **黄皮刚竹 Ph. sulphurea**
　　　　15. 竹秆分枝以下秆环箨环均隆起：
　　　　　16. 秆箨箨舌先端平截或弧形拱起，两侧不下延或微下延：

17. 秆分枝上升, 冠幅窄; 秆箨黄白色具淡紫色纵条纹; 箨舌隆起, 被白色长纤毛 ·· 15. **黄古竹 Ph. angusta**

17. 秆分枝开展, 冠幅较宽; 秆箨色较深; 箨舌先端被短纤毛或紫红色长纤毛:

    18. 箨舌先端被灰白色短纤毛:

        19. 秆箨淡红褐色; 箨舌、叶舌均紫色或紫褐色, 箨舌先端平截, 箨叶较短, 新秆密被白粉, 呈蓝绿色 ·················· 16. **淡竹 Ph. glauca**

        19. 秆箨淡褐色或绿褐色, 箨舌、叶舌淡褐色或绿色:

            20. 新秆被白粉, 呈蓝绿色; 秆箨微被白粉, 箨舌弧形隆起, 箨叶带状 ··· 17. **早园竹 Ph. propinqua**

            20. 新秆绿色, 节下有白粉; 秆箨无白粉, 箨舌先端平截, 箨叶较短 ·· 18. **曲秆竹 Ph. flexuosa**

    18. 箨舌先端被紫红色长纤毛, 新秆微被白粉 ·················· 19. **红壳竹 Ph. iridescens**

  16. 秆箨箨舌先端隆起, 两侧下延成肩状, 箨叶皱折:

    21. 新秆解箨时带紫色, 后为深绿色, 密被白粉, 节带紫色, 笋期 3 月下旬至 4 月初 ··· 20. **早竹 Ph. violascens**

    21. 新秆绿色, 微被白粉, 节不带紫色; 笋期 4 月中下旬 ············· 21. **乌哺鸡竹 Ph. vivax**

1. 秆箨或笋箨无斑点:

  22. 秆箨具明显箨耳:

    23. 每小枝通常有 2 小叶, 稀 1 叶, 叶不下倾; 秆箨箨耳并非箨叶基部延伸而成:

      24. 秆箨非绿色, 密被柔毛或刺毛:

        25. 秆箨淡红褐色, 密被毛; 新秆密被细柔毛箨环有毛, 秆在 1 年后变成紫黑色 ··· 22. **紫竹 Ph. nigra**

        25. 秆箨非红褐色, 疏生刺毛; 新秆无毛或疏生毛, 秆摸之粗糙, 秆不变黑褐色 ··· 7. **毛壳竹 Ph. varioauriculata**

    23. 每小枝通常具 1 叶, 叶下倾; 秆箨箨耳由箨叶基部两侧延伸而成, 长达 2 厘米以上 ··· 23. **篌竹 Ph. nidularia**

  22. 秆箨无箨耳或仅有微弱箨耳:

    26. 箨舌先端平截或近平截:

      27. 秆箨无箨耳和继毛, 边缘紫红色, 笋箨边缘很明显, 箨舌先端被紫红色长纤毛 ··· 24. **舒竹 Ph. shuchengensis**

      27. 秆中上部秆箨常具微小箨耳和继毛, 秆箨边缘略带紫色; 箨舌先端被短细毛 ··· 25. **水竹 Ph. heteroclada**

    26. 箨舌先端凹缺或弧形:

      28. 新秆微被白粉, 秆箨淡褐色或淡紫红色, 箨舌先端弧形; 叶小形, 仅长 3.5-6.2 厘米 ··· 26. **安吉金竹 Ph. parvifolia**

      28. 新秆无白粉或微被白粉, 秆箨淡绿色具紫色纵条纹; 箨舌先端凹缺; 叶形较大长 5-11 厘米 ··· 27. **水胖竹 Ph. rubicunda**

1. 毛竹

图 961

Phyllostachys edulis（Carr.）H. de Lehaie［*Ph. pubescens* Mazel ex H. de Lehaie］

    秆高达 20 余米, 径 12-16(-30) 厘米, 基部节间长 2-6 厘米, 中部节间长达 40 厘米; 新秆密被细柔毛, 有白粉; 老秆无毛, 节下有白粉环, 后变灰黑色。分枝以下节间圆筒形, 秆环不明显, 箨环隆起, 初有一圈毛, 后逐渐脱落。秆箨厚革质, 长于节间, 褐色或紫褐色, 密被棕色毛和黑褐色斑块; 箨耳小, 继毛发达; 箨舌宽短, 弓形,两侧下延，具棕色纤毛；箨叶长三角形或披针形，绿色，初直立，后反曲不皱折，分枝高，每节主枝2分叉，三次分枝，小枝单生，每小枝有2-4叶片，二列状，叶片披针形，长5-10厘米，宽0.5-1.2厘米；叶舌隆起，叶耳不明显，有继毛，后脱落。实生幼苗分蘖丛生，每小枝7-14叶片，披针形，长10-18厘米宽2-4.2厘米；叶耳小，继毛长。笋期3月下旬至4月中下旬。

产皖南黄山温泉慈光阁、云谷寺，歙县清凉峰坞桃湾海拔1100米、金石东凹海拔620米，绩溪大源海拔250米，休宁西田、流口三斗，宁国沙阜乡，青阳九华山，泾县繁昌、宣城；大别山区金寨白马寨海拔670米，霍山舞旗河，六安；江淮滁县花山、沙河集；淮北宿县夹沟、河西等广大地区。分布于秦岭、汉水淮河一线以南海拔1200米以下广大的山地，酸性土壤，北至河南东南部大别山区，南至广东北部、广西北部，东至江苏、浙江、台湾，西至贵州、四川、云南东北部。本种是我国分布最广，面积最大，资源丰富，是笋材两用经济价值最高的竹种。

图 961 毛竹
1. 秆箨、背面（示箨耳及毛）；2. 枝叶。

竹材可供建筑房屋、棚架、脚手架、竹床、竹椅；劈篾后可编制竹篓、笋筐、竹篮等；枝梢可编制竹扫把；笋味鲜美，食用或制罐头，醃制笋干、笋衣等；冬笋味更鲜美，为广大群众所喜爱；出笋后一月余长成的嫩竹，皖南山区群众及时砍伐，置于石灰水中沤泡，取其优良的竹纤维制作"表心纸"，制纸历史悠久，至今不衰。

1a. 绿皮花毛竹 （变型）
Ph. edulis f. nabeshimana（Muroi）C. S. Chao et Renv.

竹秆具有绿黄两种颜色，主要为绿色，间有宽窄不等的黄色纵条纹。

产皖南歙县清凉峰莫川海拔650米，绩溪向田东风；淮北夹沟筛子泉混生于人工栽培的毛竹林内。我国许多毛竹林内时有混生。可栽植于庭园中供观赏。

1b. 黄槽毛竹 （变型）
Ph. edulis f. gimmei（Muroi）Ohrnberger

竹秆绿色，具黄色沟漕。

产皖南歙县清凉峰文上海拔560米，广德清溪蔡家岭。分布于浙江、湖南。日本也有，欧洲有引种。

1c. 绿槽花毛竹 （变型）
Ph. edulis f. bicolor（Nakai）C. S. Chao et Y. L. Ding

竹秆具黄绿两种颜色，以黄色为主，间有或宽或窄的纵条纹，沟漕绿色。

产皖南广德清溪、桃山，太平大桥。分布于浙江、江苏、贵州赤水、四川长宁等地。日本也有分布，可栽培供观赏。

1d. 方毛竹 （栽培型）
Ph. edulis cv. Quadrangulata

竹秆中下部，横切面近四方形，变异奇特，栽培历史很久。

产皖南宁国沙阜乡海拔 350 米，生长于约 30° 山坡上，有小片纯林。湖南岳阳老君山也有分布。

此外毛林内常见竹秆中部以下畸形缩短呈龟甲状称"龟甲竹"（Ph. heterocycla）竹秆变异奇特，植于庭园中为观赏上品。

产皖南广德、绩溪、繁昌、马鞍山市采石，宁国，大别山区霍山。分布于江苏、浙江、湖南。

此种拉丁学名分类名称，仍有争议，今特将此"竹种"附于此处，供进一步研究和考证。

2. 灰水竹　　　　　　　图 962

Phyllostachys platyglossa Z. P. Wang et Z. H. Yu

秆高 6-8 米，径约 3 厘米、秆中部节间长可达 35 厘米；解箨后，新秆带紫色，密被白粉，无毛；老秆绿色，微被白粉；秆环微隆起，约与箨环等高。秆箨褐红色，被白粉，疏被易脱落性刺毛，斑点稀疏，黑褐色，上部斑点较密，边缘有白色缘毛；箨耳紫褐色矩圆形，长 0.5-1.0 厘米，缝毛长，弯曲；箨舌高达 2 毫米，黑紫色，先端近平截或微呈弧形，密生纤毛；箨叶三角状披针形或为带状，绿色带紫皱折。每小枝有 2-3 叶，叶鞘幼时边缘有毛，叶耳和缝毛不明显，长 7-14 厘米宽 1.2-2.2 厘米，侧脉 7 对，叶舌很短，平截。笋期 4 月中旬。

产皖南宁国石口镇虹桥村红星队，海拔 100 米，广德，郎溪、宣城。分布于浙江安吉，江苏南部，湖南益阳（引种栽培）。

本种为一生长于平原中小型竹种。秆可做蚊帐竿，制竹器家具，破篾可编织各种用具；笋可食用，为一材笋两用竹种。

图 962 灰水竹
1. 笋；2. 秆箨背面；3. 秆箨腹面。

3. 绿粉竹　甜笋竹　　　　图 963

Phyllostachys viridi-glauescens（Carr.）A. et C. Riv.

秆高约 8 米，径 4-5 厘米，秆壁厚 4.5-7 毫米，直立或有时近基部稍弯曲；秆第二节间长 10.2-10.8 厘米，第六节间长 15.5-18 厘米，中间最长节间长 28 厘米；幼秆解箨后，节下有少量白粉，深绿色，无毛，老秆灰绿色；秆环隆起，带紫色，箨环较平。秆箨淡黄褐色，有紫色脉纹，被白粉和直立硬毛，斑点小而分散，上部密集成块状；箨耳镰状，有时仅 1 侧有箨耳或缺，绿褐色，缝毛长约 2 厘米，弯曲，箨舌淡紫褐色，先端弧形，有白色短纤毛；箨叶带状，上半部皱折，下半部平直，外翻。每小枝 2-3 叶片，有叶耳和缝毛，叶舌紫褐色，强烈伸出，先端有缺裂；叶长 9.5-13 厘米，宽 1.2-1.8 厘米，下面有时密被短毛或缺。笋期 5-6 月。

产皖南广德新杭桃园，太极洞。分布于江苏南部，浙江、江西、湖南。

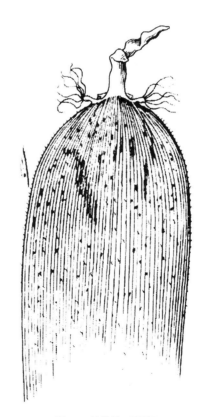

图 963 绿粉竹（秆箨）

较耐干旱，喜温暖，中小型竹类。竹材较硬，可整材使用，供作柄材；亦可劈篾编织各种竹器，笋味美可食用。

4. 桂竹 小麦竹 五竹 图 964

Phyllostachys bambusoides Sieb. et Zucc.

秆高达 15 米，径 14-16 厘米，秆中部节间长 25-40 厘米，箨环无毛；新秆、老秆均为深绿色，无白粉，无毛，秆环稍隆起，秆箨黄褐色，密被近黑色斑点疏生直立硬毛，两侧或一侧有箨耳，箨耳长圆形或镰刀形，黄绿色，具长而弯曲的继毛，下部秆箨无箨耳，亦无继毛，箨舌微隆起，先端有纤毛；箨叶带形至三角形，橘红色，边缘有绿色边带，平直或微皱下垂，每小枝初有叶 5-6 片，后为 2-3 叶；有叶耳和长继毛，后渐脱落；叶带状披针形，长 7-15 厘米，宽 1.3-2.3 厘米，有叶耳和长继毛，叶下面粉绿色，基部有毛。笋期 5 月中下旬。

产皖南祁门城关，休宁流口，绩溪华阳镇海拔 180 米、清凉峰永来、阴山海拔 740 米、歙县城郊海拔 160 米，石台七井，太平新华海拔 180 米，旌德旌阳海拔 220 米，广德芦村，宁国云梯毛坦，屯溪新潭，青阳西华双合海拔 65 米，休宁、黟县；大别山区霍山磨子潭，潜山天柱山，舒城孔集、龙河口，宿松；江淮滁州、全椒、巢湖、庐江、来安；淮北地区濉溪柳湖，灵璧尹集，萧县赵楼、孤山、宜桥孟家村等地。分布甚广，北起河北、山东，南至两广北部，东自江苏、浙江，西至湖南、四川、均有生长，为重要经济竹种。桂竹较耐旱、耐寒、在土层深厚处，成大片竹林。系大型竹类。秆粗大、篾性好，为优良用材竹种，可供编制竹床、竹椅、船篙、晒衣竿，亦可编织凉蓆等；笋味鲜美，可食用，但发笋期与象鼻虫开始活动期吻合，故笋稍常遭啮蚀，俗称"烂头桂"需注意加强防治。又桂竹易遭真菌为害，使竹秆产生紫褐色或淡褐色斑点，误称"斑竹"，常栽培供观赏。业内人士认为此非本身遗传特征，不能作为分类单位而命名。

5. 高节竹 图 965

Phyllostachys prominens W. Y. Xiong

秆高达 10 米，径 5-7 厘米，中部节间长达 22 厘米，除基部数节外，节间近等长。新秆深绿色，无白粉，节间缢缩，秆环强烈隆起，箨环亦隆起，形成高起之节。箨鞘质地较厚，淡褐黄色，或略带淡绿色，边缘褐色，斑点密生，近顶部斑点尤密，中下部较分散，下部斑

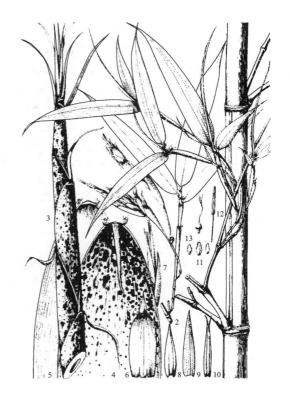

图 964 桂竹
1. 竿的一部分；2. 花枝；3. 笋；4. 竿箨的背面观；5. 同 4，腹面观；6. 佛培值；7. 小穗（去掉颖）；8. 颖；9. 外稃；10. 内稃；11. 鳞被；12. 雄蕊；13. 雌蕊。（蔡淑琴绘）

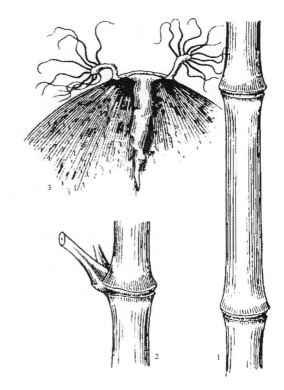

图 965 高节竹
1. 竹秆；2. 秆一节，示分枝；3. 秆箨。

点有时成斑块状，上部箨鞘先端有白色小刺毛，箨耳发达，长圆形或呈镰刀形，长约 1.5 厘米，紫褐色或带绿色，䍁毛长达 2 厘米，下部秆箨箨耳较小，箨舌宽 3-4 厘米，紫黑色，先端波状，疏生长纤毛；箨叶带状披针形，橘红色或绿色，边缘橘黄色，强烈皱折，反曲。每小枝有 2-3 叶片，初有叶耳和䍁毛，后脱落；叶舌隆起黄绿色，叶片带状披针形，长 8.5-18 厘米，宽 1.3-2.2 厘米，下面基部有白毛。笋期 4 月下旬。

产皖南宁国狮桥云梯乡、石口镇虹桥村红星队海拔 150 米，广德、旌德、歙县、泾县。分布于浙江临安、杭州、湖南益阳（自浙江杭州植物园引种）。

本竹种为平原竹类，多见生于家前屋后村舍附近。喜湿润肥沃土垠和温暖气候，节高不易劈篾，多整材使用，用作柄材等。笋味鲜美可食。

6. 白哺鸡竹 图 966

Phyllostachys dulcis McClure

秆高 6-10 米，径 4-6 厘米，秆壁厚约 5 毫米。第二节间长约 11 厘米，第六节间长 18-19 厘米，中间最长节间长 23-24 厘米，秆绿色，解箨时微有少量白粉；老秆灰绿色，秆环甚隆起。箨鞘质薄，淡绿乳白色，有稀疏褐色至淡褐色斑点，并有稀疏倒生刺毛，有时有淡紫色脉纹；箨耳矩圆形或近半圆形，绿色，边缘有弯曲䍁毛；箨舌弧形，微隆起，高 2-3 毫米，淡绿褐色，边缘生有短纤毛；箨叶带状，皱折，外翻，紫绿色，边缘淡黄色。小枝有叶 2-3 枚，叶片长 5-13 厘米，宽 0.7-1.8 厘米，叶鞘有叶耳和鞘口䍁毛，叶舌显著伸出。笋期 4 月下旬。

产皖南广德东亭高峰，绩溪瀛州。分布于浙江江苏、江西、湖南（自浙江引种）。平原竹类。喜生于肥沃湿润土壤中，笋味鲜美，供食用；秆壁较薄，可用作锄柄或作蔬菜棚的支架。

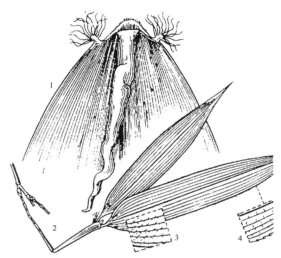

图 966 白哺鸡竹
1. 秆箨；2. 叶枝；3. 叶下面放大，示毛被；4. 叶缘放大。

7. 毛壳竹 乌背竹（舒城） 图 967

Phyllostachys varioauriculata S. C. Li et S. H. Wu [*Ph. hispida* S. C. Li et al.]

秆高 3-4 米，径 1.5-2.5 厘米，劲直，中部节间长 20-30 厘米；新秆深绿色，有雾状白粉，被短硬毛，粗糙，箨环下白粉圈明显；老秆灰绿色，有垢状斑；秆环隆起，高于箨环，节内宽约 3 毫米，笋箨暗绿紫色，密被易脱落性倒刺毛；秆箨纸质，紫褐色，有乳白色或淡紫色纵条纹，无斑点被白粉和小刺毛，边缘有纤毛，秆下部秆箨的箨耳不明显或有小箨耳，上部秆箨的箨耳发达，呈窄镰刀状，先端有紫色长䍁毛；箨舌中部隆起，呈弧形，深紫褐色，先端有流苏状紫色或白色纤毛；箨叶狭三角状披针形，笋期时微皱折，后平直，不反曲，略窄于箨鞘顶部，绿紫色。每小枝通常叶片 2 枚，长 5-11 厘米，宽 0.9-1 厘米，上面深绿

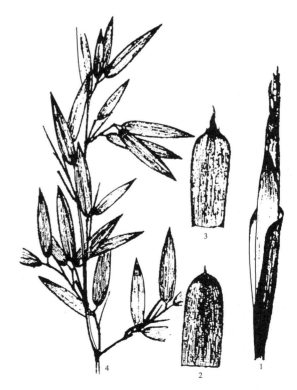

图 967 毛壳竹
1. 笋；2. 秆箨；3. 秆箨腹面；4. 枝叶。

色，下面粉绿色，叶舌黄绿色，叶缘一侧有细锯齿；叶耳发育微弱，有数枚易脱落性的缝毛；叶下面基部微被毛。笋期4月中下旬。

产江淮舒城孔集，竹散生于村舍前后，成小块状竹林。分布于浙江、江苏南部。

小型竹类。竹秆壁厚，劈篾性差，但力学性质强，硬度大，可作支架屋椽及柄材等用。

8. 美竹 黄苦竹 图968

Phyllostachys mannii Gamble [*Ph. decora* McClure]

秆高8-9米，径4-6厘米，中部节间长25-40厘米，新秆绿色，被白色倒毛，无白粉，节下生有白粉环。老秆黄绿色，秆环微隆起，下部秆箨有多条紫色脉纹，上部秆箨黄绿色，有多条黄白色脉纹，无毛，有稀疏紫褐色小斑点，上部边缘有白色缘毛；箨耳甚为发达。呈镰刀状，具缝毛，箨舌宽短，紫色，先端有白色短纤毛，背部有紫色长纤毛；箨叶三角形至带状披针形，下部箨叶淡紫色，直立，上部箨叶黄绿色，微开展或拱曲，基部与箨鞘先端近等宽，常延伸成箨耳。每小枝1-2叶；叶耳小，不明显，缝毛稀疏，脱落或宿存；叶长带状披针形，长5-12厘米，宽1-2厘米，仅下面基部有微毛。笋期4-5月。

产皖南绩溪林科所海拔400米，广德芦村，青阳九华山，歙县；大别山区金寨；江淮滁县花山汪郢，全椒南屏山。分布于江苏、浙江、湖南、河南、陕西、贵州、四川、云南、西藏。多生于山坡下部及河漫滩，土层较厚的砂质土壤上，适应性强，栽植造林，成林快，出笋率高。

中型竹种，竹材坚韧，节间长，易劈篾，材性优于淡竹，所编竹器，美观而耐用；如整材使用，可用作晒竿、帐竿等，笋味苦，经煮沸可食用。

9. 罗汉竹 人面竹 图969

Phyllostachys aurea Carr. ex A. et C. Rir.

秆高8米，基部直径约2.5-3.6厘米，正常节间长5-13(-25)厘米；基部数节间畸形缩短歪斜不对称肿胀；新秆绿色，解箨后，有白粉，成长后灰绿色，无毛；秆环与箨环均微隆起。笋箨淡褐黄色微带淡红色；秆箨淡褐黄色至黄绿色，基部有细毛，疏被褐色小斑点；箨舌黄绿色，先端平截或微呈弧形有细纤毛；箨叶带状披针形，淡紫褐色或带红晕，边缘有黄色窄边带，初微皱，后平直下垂。每小枝有2-3叶，叶鞘无毛，初有叶耳及缝毛后脱落；叶舌极短，叶片披针形或带状披针形，长约17厘米，宽1.9-2.1厘米，先端渐尖，基部圆形，上面无毛，下面基部有毛。笋期4-6月。

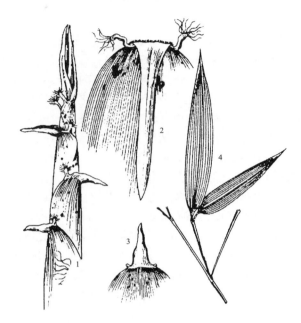

图968 美竹（黄苦竹）
1. 笋；2. 秆上部秆箨；3. 秆下部秆箨；4. 叶枝。

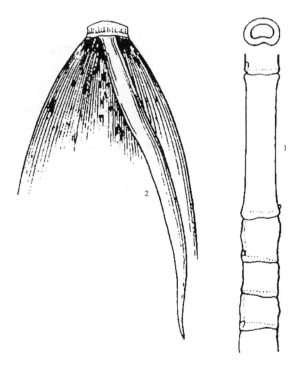

图969 罗汉竹（人面竹）
1. 竹秆；2. 秆箨。

产皖南休宁五城三斗，歙县许村海拔 180 米，绩溪华阳北街海拔 200 米，尚田乡东风村海拔 500 米，宁国胡乐区，青阳、广德、黟县；大别山区金寨斑竹园、潜山；江淮滁县花山；淮北地区界首颍南，淮北市相山，阜阳林科所，颍上城郊等地。分布于长江流域各省，北至河南、山东。

适生于平原及低山丘陵地，抗寒性较强，各地城市公园多见栽培，观赏性高，也可修剪作盆景植物；竹竿可作手杖钓竿和工艺品；笋鲜美可食。

10. 毛环竹 皖浙淡竹
Phyllostachys meyri McCl.

秆高达 10 米，径 5-7 厘米，中部节间长达 35 厘米，新秆绿色，解箨后，节下有白粉；箨环带紫色，被稀疏白色细毛，余处无毛，秆环微隆起，老秆绿色至灰绿色。笋箨淡紫褐色或黄褐色，有白粉，无毛，仅基部底边有白色细毛；箨鞘上部有较密的褐色斑点和斑块，下部斑点较小而分散，无箨耳和继毛，箨舌中度发育，黄绿色，先端中部稍隆起，边缘具纤毛，后脱落；箨叶窄带状，紫绿色，具黄边，波状，微皱下垂；小枝有叶 2-3 枚，无叶耳和鞘口继毛，或仅有 2-3 枚，易脱落；叶片带状披针形，长 7-12.5 厘米，宽 1-1.5 厘米，下面基部疏生白色长毛。笋期 5 月上旬。

产皖南祁门安凌城安、休宁五城三斗，绩溪大林沟林坑、清凉峰永来野猪荡海拔 940 米、华阳镇，歙县清凉峰南坡金石东凹海拔 660 米、左港口海拔 250 米，宁国石口镇虹桥海拔 100 米、东、西津河两岸，广德双河，青阳；大别山区霍山诸佛庵，金寨斑竹园，舒城等地。分布于浙江、江苏、江西西北部、河南、湖南、贵州、广西。本竹种为重要用材竹种，生于山坡及河漫滩土层疏松较厚的地方，在宁国东津河两岸组成大面积竹林。

竹材坚韧，用作柄材，篾性好，可劈篾编织各种竹器和工艺品；笋味淡，微有涩味，煮沸可食用。

11. 石竹 灰竹   图 970
Phyllostachys nuda McCl.

秆高 4-8.5 米，径 1.7-3.2 厘米，通直，秆壁厚约 3 毫米，中部节间长达 30 厘米；新秆深绿色，密被白粉，节紫色，节间有紫色条纹；老秆灰绿色至灰白色，节下有明显白粉圈，秆环突隆起。秆箨淡紫褐色或淡红褐色，被白粉，有多数紫色脉纹和斑块，脉间有刺毛，无箨耳和肩毛；箨舌黄绿色，高约 4 毫米，先端平截，有缺裂和纤毛；箨叶绿色，有紫色脉纹，三角状披针形，较短，幼时微皱，后平直，向外反曲。每小枝有叶 3-4 枚，后为 2 叶片；无叶耳和继毛；叶片带状披针形或披针形，长 8-16 厘米，宽 1.5-2 厘米，下面近基部有毛。笋期 4 月上旬，笋箨灰紫色或灰绿色，被白粉和紫黑色斑块。

产皖南绩溪清凉峰北坡永来阴山海拔 770 米、华阳镇海拔 260 米、歙县清凉峰南坡西家坑海拔 860 米、徽城城关东门外桃园海拔 120 米、许村海拔 160 米，屯溪（今黄山市）新谭海拔 120 米，休宁五城，旌德旌阳镇，宁国狮桥云梯，望江华阳镇，青阳九华山；沿江安庆郊区长风乡；大别山区霍山诸佛庵，太湖黄镇，宿松马坂村，潜山贵乡海拔 420 米。分布于浙江、江苏、河南、湖南。多生于低山丘陵土壤肥沃与平原接合的部位。笋质优良，壳薄肉厚，故俗称"石笋"，煮食，制罐头、制笋干均可；竿可搭棚架，做柄材，筑篱笆等。

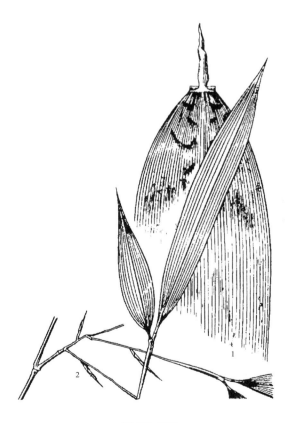

图 970 石竹
1. 秆箨；2. 叶枝。

11a. 紫蒲头石竹 （栽培型）

Ph. nuda cv. Localis

秆基部数节有紫褐色斑块，甚或布满整个节间而呈紫褐色。

产皖南绩溪大源海拔 240 米，广德双河东风。分布于浙江、湖南益阳（引种栽培）。

用途同原种石竹。本栽培型有很高的观赏价值。

12. 石绿竹 老竹（皖南） 图 971

Phyllostachys arcana McClure

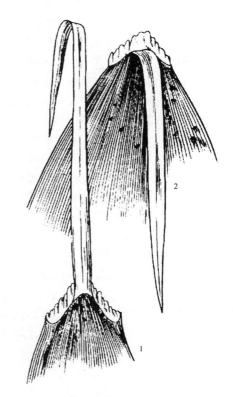

秆高 8 米，径 3-4 厘米，通直，部分竹秆数节常呈"之"形膝曲，中部节间长达 25 厘米；新秆鲜绿色，微被白粉，节下较多，节紫色，节间下部有紫色斑块；老秆绿色或绿黄色，秆环突隆起，不分枝一侧的秆环常肿胀，沟槽宽平。秆箨黄绿色，下部有时带淡紫色，边橘黄色，被白粉，脉间具刺毛，有紫色脉纹，散生细小紫黑色斑点，上部秆箨有时近无斑点，无箨耳和繸毛；箨舌强烈隆起，高 4-8 毫米，弓形，先端撕裂，有纤毛，两侧下延；箨叶带状，绿色，平直，反曲。每小枝有 2 叶片，无叶耳和繸毛，叶舌较高，先端撕裂状，叶片带状披针形，长 7-11 厘米，宽 1.1-1.6 厘米，无毛，笋期 4 月上旬。

产皖南黄山温泉，歙县，太平，休宁，绩溪清凉峰大荡海拔 1050 米，华阳镇、清里壁岩口海拔 950 米，宁国狮桥云梯乡，青阳九华山，沿江安庆长风乡；大别山区金寨白马寨南河，海拔 730 米，霍山、潜山；江淮滁州琅琊山、花山，全椒襄河，来安等地。分布于江苏，浙江，四川，陕西、湖南（自浙江引种），甘肃南部。

图 971 石绿竹
1. 秆箨；2. 秆箨，示箨石。

适应性强，分布广，耐干旱。

笋可食用；竹材坚硬，不易劈篾，可整材使用，建筑搭脚手架，园艺上瓜棚架等多种用途。

12a. 黄槽石绿竹 （栽培型）

Ph. arcana cv. **Luteosulcata** 秆分枝的一侧，沟槽金黄色

产皖南青阳九华山，歙县许村跳石，休宁五城。分布于江苏、南京祖堂山。

用途同石绿竹。本栽培型有一定的观赏价值。

13. 尖头青

Phyllostachys acuta C. D. Chu et C. S. Chao

秆高 8 米，径 4-6 厘米，中部节间长 20-25 厘米；新秆深绿色，节紫色，无白粉；老秆绿色或黄绿色，秆环微隆起。笋箨绿色，先端尖，有紫褐色斑点；秆箨绿色，光滑无白粉，疏生脱落性的刺毛或近无毛，深褐色斑点在中部较密，上部及下部较稀疏；无箨耳和繸毛；箨舌隆起绿紫色，先端波状，有白色短纤毛，略下延；箨叶带状，背面暗绿紫色，边缘黄色，腹面绿色，平直，下垂。每小枝 3-5 叶；叶鞘初被细毛，后脱落，上部边缘有缘毛；叶耳半圆形，鞘口繸毛宿存，长 5-10 毫米；叶舌隆起；叶片带状披针形或披针形，长 9-17 厘米，宽 1-2.2 厘米，下面被有短毛，沿脉较密。笋期 4 月中旬。

产皖南绩溪清凉峰北坡永来，海拔 725 米，歙县清凉峰南坡海拔 560 米，广德；大别山区潜山三河乡。分布于浙江、江苏宜兴，湖南益阳（自浙江引种）。平原型竹种。秆可作竿材，柄材，壁较薄，可劈篾编织各种竹器；笋味鲜美，供食用。

14. 黄皮刚竹 金竹 黄金间碧玉竹

Phyllostachys sulphurea（Carr.）A. et C. Riv.

秆高 7-8 米，径 3-4 厘米，中部节间长 20-30 厘米；新秆金黄色，节间具绿色纵条纹，无毛，微被白粉；老秆节下有白粉环，分枝以下秆环平，箨环微隆起，秆表面在放大镜下可见白色晶体小点或小凹点。笋箨或秆箨底色为黄色或黄褐色，无毛，有较密的褐色或淡棕色斑块或斑点，具绿色脉纹，无箨耳和缝毛；箨舌黄绿色，近平截或微呈弧形，边缘齿裂状，高约 2 毫米，有白色纤毛；箨叶带状披针形，平直，具橘黄色边带，开展或下垂。每小枝有 2-6 叶片，有叶耳和长缝毛；宿存或部分脱落，叶片带状披针形，长 6-16 厘米，宽 1-2.2 厘米，有淡黄色纵条纹，下面近基部疏生毛。笋期 4 月上旬至 5 月上旬。

产皖南休宁五城三斗，宁国云梯乡茅坦，广德；大别山区金寨；江淮滁县、巢湖等地，海拔 500 米以下。分布于浙江、江西、河南、湖南。

竹材坚硬，可作农具柄、晒衣竿、船篙等用；笋质嫩，微涩，煮后可食，味甚鲜。竹秆金黄色，园林上为一有价值的观赏竹种。

14a. 刚竹 胖竹 （变种）　　　　　图 972

Phyllostachys sulphurea var. **viridis** R. A. Young

本变种与原种黄皮刚竹的区别在于秆为绿色至黄绿色，无条纹，秆形较大，高 10-15 米，径 4-10 厘米。

产皖南休宁五城三斗，绩溪清凉峰六井海拔 700 米、阴山海拔 650 米，旌德旌阳镇海拔 220 米，石台七都，宁国宁墩区大龙乡，广德；大别山区霍山佛子岺，金寨梅山水库，潜山，太湖苗圃，宿松马坂村；江淮来安半塔龙窝海拔 140 米，滁县，全椒，庐江；淮北濉溪柳湖林场，临泉滑集，灵壁尹集，宿县，萧县等地。分布于浙江、江苏、福建、台湾、河南、江西、湖南。多生于低海拔丘陵山地，平原及河滩地。适应性强，较耐寒冷，北京引种栽培，生长尚好。秆材壁厚，劈篾性差，整材可供建筑，帆船横档，船篙以及农具柄等。笋味涩煮沸后可食用。自演化观点来看，此变种应为原生态种，而黄皮刚竹则从其衍生变异而来，碍于拉丁名称前者先行建立，后者刚竹仅能作为其变种了。

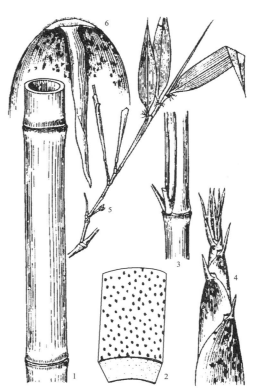

图 972 刚竹
1. 竹秆; 2. 秆壁放大; 3. 秆一节，示分枝; 4. 笋; 5. 枝叶;
6. 秆箨顶部。

14b. 槽里黄刚竹 碧玉间黄金竹 （变型）

Phyllobtachys sulphurea f. **houzeauana** C. S. Chao et Renv.

与刚竹不同在于竹秆绿色，但沟槽为黄色或淡黄色。分布和用途同刚竹。

15. 黄古竹 砂竹

Phyllostachys angusta McCl.

秆高 5-7 米，径 3-4 厘米，秆壁厚约 3 毫米，节间较长，第二节间长 11-14 厘米，第六节间长 18-21 厘米，最长节间长 23-25 厘米。新秆绿色，解箨后有少量白粉，老秆灰绿色；箨环与秆环均隆起近等高；箨鞘乳黄色，具宽窄不等的紫色条纹，和稀疏的褐色斑点，边缘被细毛或近无毛；无箨耳及缝毛；箨舌隆起较高，先端微弓形，撕裂状具白色长纤毛；箨叶带状，绿色，有乳黄色边带，有时带紫色，平直下垂。每小枝具 2-3 叶片，叶鞘边有白色长纤毛，后脱落，无叶耳及缝毛，叶舌较高，黄绿色，叶片带状披针形长 6-16 厘米，宽 1.2-2 厘米，下面基部有白毛。笋期 4 月下旬至 5 月上旬。

产皖南休宁五城，绩溪大源牛栏坑、清凉峰永来海拔 740 米，石台七井海拔 720 米，太平新华董家湾海拔 140 米，宁国狮桥区云梯乡毛坦，广德双合，沿江安庆长凤乡；大别山区金寨渔潭，潜山；淮北太和何庄乡、太皇庙、城关东徐庄；濉溪柳湖，临泉滑集、颍上江口、新德村等地。分布于浙江、江苏、河南、湖南（引种）。

竹材坚韧，劈篾性好，供编制细竹器和工艺品不易变形，常出口外销；亦可整材使用。笋供食用。

16. 淡竹 粉绿竹　　　　　　　　　　图 973

Phyllostachys glauca McClure

秆高达 10 米，径 2-6 厘米，梢端常稍弯，中部节间长 30-40 厘米；新秆解箨后，密被白粉，无毛；老秆绿色或灰黄绿色，仅剩节下有白粉圈，秆环与箨环均中等程度隆起，不高，秆环无毛，秆箨淡红褐色，有淡紫色脉纹，具紫褐色斑点，无毛，上部秆箨斑点较稀疏，无箨耳及缝毛；箨舌紫色或紫褐色，先端平截，微有波状缺齿和短纤毛；箨叶带状披针形，有淡紫色脉纹和黄色窄边带，平直，或微呈舟形，下部外展，上部下垂。每小枝具 2-3 叶片，初有叶耳和缝毛后渐脱落，叶舌紫色，叶片带状披针形，长 8-16 厘米，宽 1.2-2.4 厘米，下面近基部有毛。笋期 3 月下旬至 4 月中旬。

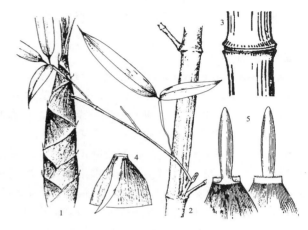

图 973 淡竹
1. 笋；2. 秆与叶枝；3. 秆，放大；4. 秆上部箨叶；5. 秆下部箨叶背腹面。

产皖南绩溪清凉峰阴山海拔 750 米、金沙海拔 220 米，广德同溪、休宁、青阳；大别山区霍山梁家滩、诸佛庵，桃源河，潜山，宿松马坂村，望江华阳镇，六安、舒城；江淮滁县花山、农科所，庐江，巢县，全椒南屏山，来安陈郢；淮北界首颍南，灵壁尹集，淮北市相山，市制药厂。分布于华东，华中各省及河南、山东、山西、陕西。

适应性强，低山，丘陵及河滩地段均能生长。能耐 -18℃低温，短时间不受冻害。移竹栽植或竹鞭育苗造林，成活易，成林快，三年后即可采伐利用。材质优良，韧性强，整材可作农具柄撑竿、晒竿、瓜架、账竿；篾性好，易劈篾，供编织如竹凳、竹椅、竹篮、凉床等多种用途；笋味鲜美可制笋干、笋衣。

16a. 筠竹 （栽培型）

Ph. glauca cv. Yunzhu

与原种淡竹的不同处在于：竹秆渐次出现褐色斑点或斑纹与"斑竹"的斑块不同处在于筠竹斑块周围轮廓线不明显，色较淡。

产淮北地区阜阳，界首，太和等地。分布于湖南（引种），河南，山西。

用途同淡竹，为笋材两用竹种。

17. 早园竹 沙竹 焦壳淡竹

Phyllostachys propinqua McCl.

秆高 10 米左右，径 5 厘米，秆壁厚约 4 毫米，基部端直，秆鞘直而不弯；第二节间长约 11.5 厘米，第六节间长约 20 厘米，最长节间长约 24 厘米；新秆绿色，被白粉；秆环下有一明显白粉圈，秆环与箨环略等高，微隆起。秆箨淡红褐色或黄绿色，被白粉，无毛，有紫色脉纹，上部边缘微枯焦，秆下部秆箨斑点较密，深褐色，上部秆箨斑点较稀疏；无箨耳，箨舌淡褐色，弧形，先端有短纤毛；箨叶短三角形至宽带形，绿紫色，边缘淡绿色，平直向外反曲。小枝有叶 2-3 枚；叶鞘无毛，无叶耳和鞘口继毛；叶舌强烈隆起，弧形，先端有缺裂；叶片带状披针形，长 6.5-15 厘米，宽 0.8-2.2 厘米，下面基部有毛。笋期 4 月下旬至 5 月上旬。

产皖南绩溪清凉峰永来、临溪、歙县徽城桃园坞，休宁五城流口，广德、宁国狮桥石口镇虹桥村海拔 100 米；沿江安庆市长风乡；大别山区金寨莲花，潜山，舒城孔集海拔 65 米；江淮全椒大山林场湘河大队，南屏山，来安复兴林场，合肥军区干休所；淮北萧县丁里许店市电厂海拔 50 米，阜阳，宿县曹村、杨庄、临泉滑集。分布于浙江、江苏、河南、湖南、四川、贵州。

笋味甜，为良好的笋用竹种；竹材坚韧，劈篾易，可编织各种竹器，整竿可用作伞柄，晒衣竿，锄柄，棚架，菜园支撑竿等多种用途。

平原型竹类。多生于丘陵平原及河漫滩，喜温暖湿润气候。

18. 曲秆竹 甜竹

Phyllostachys flexuosa (Carr.) A. et C. Riv.

秆高 5-9 米，径 3-5 厘米，直立，基部数节常呈"之"字形膝曲，中部节间长 25-30 厘米，绿色，解箨时具有明显白粉，尤以节下为重，无毛，无斑点，具纵肋纹；秆环中度隆起，与箨环等高，无毛。箨鞘黄褐色，底色绿色，具密集大小不等的斑点，无毛，无白粉，具光泽；箨耳和鞘口，继毛缺；箨舌强度发育，暗红褐色或黄绿色，先端平截或略隆起，两侧略不对称，顶端边缘具粗长纤毛，无箨耳和继毛；箨叶狭长带状，开展或向后反曲。每小枝具 2-3 叶片，无叶耳和继毛，叶舌突隆起，先端弧形，有缺裂，叶片带状披针形，长 7-16 厘米，宽 1-1.5 厘米，下面有白粉，仅基部有毛。笋期 4 月下旬至 5 月上旬。

产皖南绩溪清凉峰野猪荡海拔 1150-1400 米，大源桩林坑，广德，休宁；大别山区舒城，金寨；江淮全椒，合肥；淮北颍上彭林乡、颍河乡、宿县曹村，萧县官桥，淮北市相山、海拔 50 米，灵壁，界首，阜南。分布于河北、山西、河南、陕西、北京、江苏、湖南。

适生于平原、坡地土壤深厚肥沃的地方，抗寒性较强，能耐 -20℃ 短时低温。

竹材篾性好，可编制各种竹器品及工艺品，笋味甜，可食用。曲秆竹出笋多，成林快，为淮北平原重要竹种之一。

19. 红壳竹 红哺鸡竹　　　　　　　图 974

Phyllostachys iridenscens C. Y. Yao et S. Y. Chen

秆直立，高达 6-8 米，径 4-4.5 厘米；第二节间长约 10 厘米，第六节间长约 17 厘米，最长节间长约 24 厘米；幼秆翠绿色，节间上半部被较厚的白粉，下半部较稀薄；老秆黄绿色，秆环和箨环中度发育微隆起。笋箨红褐色，被白粉；秆箨淡红褐色，顶部及边缘颜色略深，无毛，密被紫黑色斑点，无箨耳及继毛；箨舌紫褐色，先端微隆起，呈弧形，具红紫色长纤毛；箨叶带状，绿色，有紫色脉纹，具橘黄色边带，幼时微皱，后平直，下垂。每小枝有 3-4 叶片，叶鞘边缘带紫色，无叶耳，幼时疏生紫红色继毛，后脱落；叶舌紫红色；叶片带状披针形，长 9-15 厘米，宽 1.2-2.0 厘米，质较薄，下面基部微有毛。笋期 4 月中下旬，幼笋暗紫红色。

图 974 红壳竹
1. 笋；2. 秆箨；3. 叶枝。

产皖南祁门安凌山坑坪，休宁五城，歙县古关，宁国狮桥仙霞海拔 200 米，绩溪，广德；大别山区潜山，分布于江苏、浙江、湖南益阳（引种）。

皖南群众多栽于房前屋后，适生于平原或缓坡丘陵，为当地主要笋用竹种之一，产量高，味鲜美；中型竹类。竹材耐晒而不裂，宜作晒竿及农具柄及编制竹器等。

20. 旱竹 燕竹（皖南宁国） 图 975

Phyllostachys violascens（Carr.）A. et C. Riv.
［*Ph. praecox* C. D. Chu et C. S. Chao］

秆高 8-10 米，径 4-6 厘米，中部节间长 15-25 厘米，常一侧肿胀，不匀称。新秆深绿色，节紫褐色，密被白粉，无毛，老秆绿色或灰绿色，秆环和箨环均中度隆起；秆箨长圆形，光滑无毛，初有白粉，绿褐色或淡黑褐色，密被大小不等的褐色斑点，有紫褐色脉纹；箨耳及繸毛不甚发育；箨舌绿褐或紫褐色，弧形，两侧下延，先端有不整齐缺裂和细纤毛；箨叶带状披针形，强烈皱折或秆上部稍平直，反曲，绿色或紫褐色。每小枝具 2-3 叶片，叶鞘无毛，先端被繸毛，后脱落或残存，叶舌微拱起，叶片带状披针形，长 5-18 厘米，宽 0.8-2.2 厘米，下面近基部有毛或近无毛。

笋期 3 月下旬至 4 月上旬。

产皖南休宁五城，歙县徽城；绩溪大源庄林坑、林科所，宁国石口镇虹桥村、临溪乡海拔 120 米、狮桥云梯乡、东岸乡、胡乐、竹峰，绩溪，广德芦村；大别山区金寨莲花；江淮滁县琊琊山。分布于江苏、浙江、江西，湖南有引种。

本竹种在皖南分布很广，多生于山麓或平坦地段；耐寒性较强，移竹造林成活率高，成林快，出笋早，持续时间长，每亩平均产笋 1000 公斤，为优良笋用竹种。竹壁薄，力学性质弱，易受雪压，可钩梢以防雪压。竹竿可整材使用，一般作柄材，晒衣竿等用。

21. 乌哺鸡竹 图 976

Phyllostachys vivax McClure

秆高 10-12 米，径 4-6 厘米，秆梢稍弯，中部节间，长 25-30 厘米；新秆绿色，微被白粉，无毛；老秆灰绿色或黄绿色，仅节下有白粉圈，秆环、箨环均稍隆起，笋箨深褐黑色，被白粉，无毛；秆箨淡褐黄色，密被黑褐色斑点或斑块，中部斑点较密集，上部及下部较稀疏；无箨耳和繸毛；箨舌高约 2 毫米，隆起，弓形，深褐色撕裂状具纤毛或近无毛，两侧下延；箨叶带状披针形，强烈皱折，绿褐色，有紫色或淡橘黄色边带，反曲。每小枝具 2-4 叶片，有叶耳及繸毛，老时多脱落。

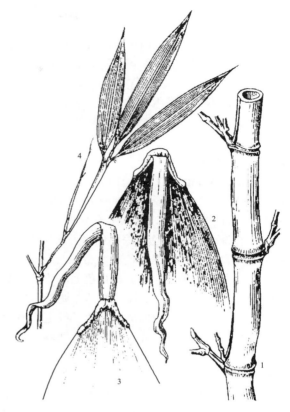

图 975 旱竹
1. 竹秆，示分枝；2-3. 秆箨背腹面；4. 叶枝。

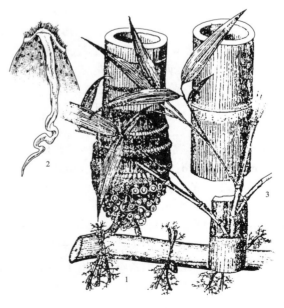

图 976 乌哺鸡竹
1. 竹鞭与竹根；2. 秆箨顶端；3. 秆与枝叶

叶片窄带状披针形，长9-18厘米，宽1.1-1.5厘米，深绿色，微下垂，下面基部微有毛。笋期4月下旬，至5月中上旬。

产皖南绩溪尚田霞潭、镇头，海拔360米、华阳镇东海拔260米，歙县徽城镇桃园坞海拔200米；淮北地区宿县夹沟五柳乡、梁庄小学，筛子泉海拔50米，曹村程北乡贾桥，萧县弧山欧盘村。分布于浙江、江苏、河南、山东。

笋味鲜美，为重要笋用竹种，除鲜食外，还可腌制笋干、笋衣。竹材壁粗，劈篾性差，一般可作农具柄，大秆可作撑篙。

22. **紫竹** 乌竹 黑竹　　　　　　　图977

Phyllostachys nigra（Lodd.）Munro

秆高3-7(-10)米，径2-4厘米，中部节间长25-30厘米；新秆淡绿色，密被细柔毛及白粉；箨环有毛，一年后秆渐变为紫黑色或棕褐色，毛渐脱落；秆环与箨环均稍隆起；笋淡红褐色或微带绿色；秆箨短于节间，红褐色或绿褐色，密被淡褐色毛，边缘有整齐的黄褐色毛，背面无斑点；箨耳发达，镰形，矩圆形或裂成二瓣紫黑色，具弯曲的紫黑色长纤毛，箨舌紫色与箨鞘顶部等宽，强烈隆起，先端有缺刻，两侧有纤毛；箨叶三角形或三角状披针形，绿色，具若干紫色脉纹，舟状隆起，初皱折，后渐平直或呈微波状，外展。每小枝2-3叶片，叶鞘初被缘毛，后脱落，叶耳不明显，鞘口初被粗肩毛，后脱落，叶舌背面基部有粗毛，叶披针形，长4-10厘米，宽1-1.5厘米，下面基部有细毛。笋期4月下旬至5月上旬。

产皖南祁门闪里叶家海拔200米，黄山市（屯溪）新潭，休宁山斗，绩溪林科所，歙县清凉峰北坡大源海拔520米，太平焦村，广德芦村，宁国狮桥云梯；大别山区霍山佛子岭，金寨沙河乡石展海拔500-720

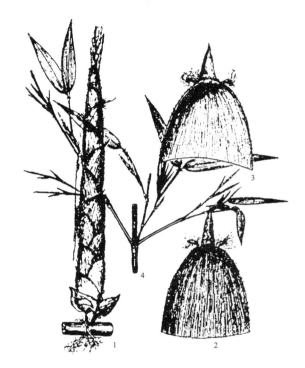

图977 紫竹
1. 竹鞭与笋；2. 秆箨背面；3. 秆箨腹面；4. 叶枝。

米，舒城晓天，宿松马板村；江淮合肥、滁州、庐江、巢湖；淮北市相山，颍上城郊，宿县夹沟五柳，阜阳。分布于江苏、浙江、江西、湖北、湖南、贵州、陕西、广东。

本竹种耐寒性较强，能耐短期-20℃低温。为著名观赏竹种，各地庭园多有栽培。秆壁薄而坚韧，可制作笛子、烟袋竿、手杖、伞柄、书架等多种用途。

22a. **毛金竹** 小毛竹（皖南）菜竹（滁县）（变种）

Ph. nigra Munro var. **henonis**（Mitford）Stapf. ex Rendle

本变种与原种的区别在于秆较粗大高达18米，径5-10厘米，新秆绿色，老秆灰绿或灰白色不变成紫黑色。笋期4月下旬至5月上旬。

产皖南祁门牯牛降金竹洞，海拔920米，绩溪清凉峰北坡永来，海拔730米、大荡海拔1000米、杨溪郎山、上源、尚田东风，休宁五城山斗，太平，石台七井，旌德旌扬镇，歙县徽城、桃花坞、清凉峰南坡文上海拔660米，大溪源海拔480米，宁国沙埠乡海拔200米，青阳西华海拔200米；大别山区霍山磨子潭、潜山水贵乡海拔420米；江淮滁州琅玡山，金椒大山林场，来安复兴林场、长山乡，半塔等地。分布于江苏、浙江、河南、陕西、甘肃、贵州、湖南、湖北。

竹材坚韧，供建筑、撑篙、农具柄、晒竿等，亦可劈篾供编织竹器；笋可食用，微涩，需用水煮沸，始可食用。

毛金竹分布广，多为野生，应是原生态竹种，而紫竹新秆特征与毛金竹相似，但新秆逐渐转变为紫黑色应是毛金竹自然演化变异的结果，但紫竹拉丁名称既然先行建立，而后来建立的毛金竹，仅能作为紫竹的变种了。

23. 筿竹 花竹 笔杆竹
Phyllostachys nidularia Munro

秆高 10 米，径 4-8 厘米，通直，分枝针上伸展，竹冠呈尖塔形，枝叶浓密，中部节间长达 40 厘米，秆壁薄，厚约 3 毫米；新秆绿色，带紫色晕纹，老秆完全呈绿色；秆环与箨环同高，微隆起（小竹秆环甚隆起），分枝一侧槽宽平。笋鞘绿色，解箨时被白粉；秆箨短于节间，质较厚，绿色，有时上部有黄白色宽条纹，中下部有紫色条纹，有白粉，无斑点，有刺毛，基部密生，边缘有淡紫色缘毛；箨耳发达，长矩圆形至镰刀形，紫褐色，有时抱茎，疏被淡紫色缝毛（小竹箨耳很小或不明显）；箨舌宽短，紫褐色，与箨鞘顶部近等宽，先端平截或微波状，几无毛；箨叶宽三角形至三角状披针形，舟状隆起，直立，绿色，有紫红色脉纹，内侧基部延伸成箨耳。每小枝仅有 1 枚叶片稀 2 叶，略下垂，叶片披针形，长 7-13 厘米，宽 1.2-2 厘米，无毛仅叶下面基部疏生毛。笋期 4 月中下旬。本竹种易开花，但也易复壮。

产皖南黄山，绩溪杨溪明山海拔 620 米，沿青戈江区域，休宁石田海拔 220 米，石台七井五龙尖海拔 780 米，广德凤凰七队，宁国狮桥云梯乡，青阳酉阳双合；大别山区金寨黄麦园，斑竹园；江淮滁县花山汪郢。分布于江苏、浙江、江西、湖南、广东、广西、贵州、湖北、四川、云南，北至河南（伏牛山）。主产我国亚热带地区。耐水湿、耐干旱，适应性强。

竹材较脆，秆壁薄，易劈篾，可编制一般小型竹器，如鸡笼、虾笼、竹篓等，农村用小型竹秆扎篱笆，俗称"篱竹"。

23a. 光箨筿竹 （变型）
Ph. nidularia f. glabrovagina Wen

本变型箨鞘光滑无毛；特别箨鞘基部无密集向下的褐色刺毛。

产皖南广德，宁国、郎溪；大别山区金寨，潜山，岳西等地。分布于浙江、湖南。

23b. 蝶翅筿竹 （变型）
Ph. nidularia f. vexillaria Wen

本变型箨鞘无毛，箨耳发达，抱茎，两侧展开，呈蝶翅形。

产皖南泾县，青阳，旌德，绩溪，石台。分布于浙江。移栽公园、庭院中，可供观赏。

24. 舒竹 黄连竹 （舒城） 图 978
Phyllostachys shuchengensis S. C. Li et S. H. Wu
[*Ph. rubromarginata* sensu non McClure]

秆高 7 米，径 2-3 厘米，秆梢部下弯，中部节间长 25-32 厘米；新秆绿色，薄被白粉，节下疏生白毛，秆环箨环均微隆起，节内较宽。秆箨短于节间，绿色，有紫色细脉纹，上部秆箨脉纹较少，有时纯绿色，箨边缘紫红色，幼笋明显，无毛，无斑点，无箨耳和缝毛，箨舌紫色，宽为箨叶 2 倍，先端平截，被红棕色或紫色长纤毛；下部秆箨的箨叶较小，三角形，上部的箨

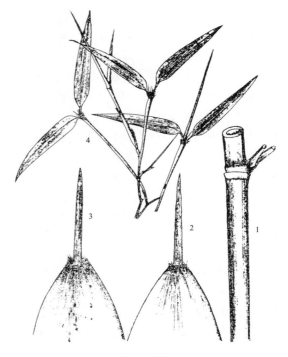

图 978 舒竹
1. 秆；2. 秆箨；3. 秆箨背面；4. 枝叶。

叶带状或带状披针形，平直、绿色，有紫色脉纹和淡黄色边缘，开展，不下垂。每小枝有 1-2 叶片；叶耳不发达，被红棕色长缫毛；叶舌先端或外侧被长纤毛；叶长圆状披针形，长 7-15 厘米，宽 1.3-2.1 厘米，幼时下面基部及叶柄密生白长毛，后逐渐稀疏。笋期 5 月中旬。

产皖南绩溪大源乡海拔 250-450 米，尚田栈岭湾海拔 700 米，歙县清凉峰金石海拔 650 米、坞桃湾海拔 610 米；大别山区潜山雾下乡海拔 75 米，舒城孔集海拔 50 米；江淮滁县皇甫山、施集长窪、全椒大山，来安宝山林场，天长桐城镇；淮北阜阳袁寨，颍上颍河乡，界首城关幼儿园，太和城关宋庙村、赵庙乡、胡集乡、李营。分布于浙江、江西、河南。

本竹种在安徽省分布甚广，生于河滩及丘陵地淮北黄土层深厚的地方，群众多喜栽植。耐寒，成林快多利用秆材供建筑，劈篾编织竹篮、竹凳、凉蓆等。笋味微涩煮沸食用，淮北当地群众以培植秆材为目的，稀见掘笋食用。

25. 水竹 图 979

Phyllostachys heteroclada Oliv.

秆高达 4 米左右，直径达 4 厘米；中部节间长 30 厘米，秆壁厚 3-5 毫米，解箨时具白粉，并疏生短柔毛；秆环较平，与箨环同高，在较细的秆中秆环明显隆起高于箨环，节内长约 5 毫米。分枝角度大，几乎接近水平开展。箨鞘深绿紫色，无斑点，无毛或疏生短柔毛，边缘有白色或淡褐色纤毛；箨耳小，淡紫色，卵形或长椭圆形或短镰形，边缘有少量紫色缫毛；箨舌短，截形或微呈弧形，边缘有白色短纤毛；箨叶宽三角形或披针形，基部与箨舌同宽，直立，背部隆起呈舟形。每小枝有 2 枚叶片，质较薄，长 5.5-10.5 厘米，宽 1.1-1.7 厘米，叶鞘有微弱叶耳，叶舌短，叶下面基部有长柔毛。笋期 5 月上旬。

产皖南祁门闪星，休宁溪口，绩溪清凉峰北坡永来海拔 700-720 米，县林科所、大源，歙县清凉峰南坡金石海拔 560 米，西家坑海拔 860 米，英川海拔 400-440 米，石台七井、太平，旌德，青阳，广德芦村；大别山区金寨白马寨、斑竹园，潜山水吼岭海拔 80 米，舒城孔集、龙河口，宿松林场河西五里乡，太湖黄镇海拔 100 米、马庙乡、李杜乡；江淮滁县琅玡山，淮北濉溪柳湖。分布于长江流域以南各省（区），北至河南。喜湿润土壤，多生于山坡、溪边河旁。野生竹株通常矮小，人工经营可长成较高大竹林。

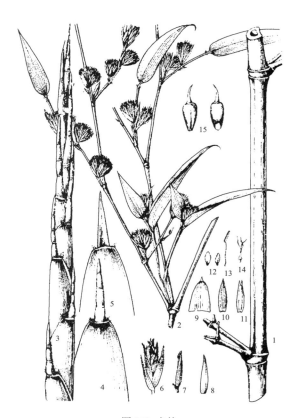

图 979 水竹
1. 秆的一部分；2. 花枝；3. 笋；4. 秆箨背面观；5. 秆箨腹面观；6. 一枚小穗；7. 一朵小花；8. 颖；9. 佛焰苞；10. 外稃；11. 内稃；12. 鳞被；13. 雄蕊；14. 雌蕊；15. 果实。

节间较长，竹纤维细韧，节环平，易劈篾，编织凉蓆，柔韧舒适，可折叠，经久耐用；山区群众多喜用水竹竹篾编箍于各种竹器口部，经久耐用。笋可食用，味鲜美。

25a. 实心竹（变型）

Phyllostachys heteroclada f. **solida**（S. L. Chen）Z. P. Wang et Z. H. Yu

竹秆全部或下半部为实心，秆型较小较细，质较硬。

产皖南祁门城关祁丰，休宁流口，海阳，绩溪金沙海拔 280 米，大源，旌德白地海拔 300 米，碧云，太平新华，宁国狮桥云梯、胡乐区，青阳西华双合，广德双河；大别山区霍山，潜山；江淮滁县花山、汪郢等地。分布于浙江、江苏、湖南。

秆作整材使用，可作平房屋椽及手杖。

26. 安吉金竹   图 980

Phyllostachys parvifolia C. D. Chu et H. Y. Chou

秆高 8 米，径约 5 厘米，中部节间长约 24 厘米；新秆绿色，有紫色细纹，密被白粉，节下尤密；老秆灰色；秆环微隆起，下部数节箨环较秆环略高；箨鞘淡褐色或浅紫红色，脉纹淡黄褐色，箨鞘上部脉纹淡黄白色，无斑点，无毛，仅边缘有整齐的白色缘毛；箨舌淡紫红色与箨叶基部近等宽，先端弧形，有细齿，下部秆箨无箨耳和繸毛，或有少数繸毛，上部秆箨箨叶基部延伸成小箨耳，有少数繸毛；箨叶三角状披针形，绿色，边缘及上部带紫红色，中度皱折，直立，每小枝有 2 叶片，稀 1 叶，叶小型，叶耳不明显，有少数鞘口繸毛，叶舌背部有粗毛。叶披针形或带状披针形，形小，长 3.5-6.2 厘米，宽 0.7-1.2 厘米，下面基部有毛。笋期 5 月上旬。

产皖南绩溪大源海拔 240 米，广德双河东风。分布于浙江安吉、余姚、宁波、湖南益阳有引种。

中小型竹类。喜温暖湿润。竹秆供作柄材，晒竿等用。亦可劈篾编织小型用具及工艺品。笋味甜可食用。

图 980 安吉金竹
1. 秆及分枝；2. 秆箨背面；3. 秆箨腹面；4. 叶枝。

27. 安吉水胖竹 红后竹   图 981

Phyllostachys rubicunda Wen [*Ph. concava* Z. H. Yu et Z. P. Wang]

秆高 5-6 米，径 3-4.5 厘米；新秆深绿色，略带紫色，无毛，无白粉或微有白粉，中部节间长达 25-30 厘米，光滑；秆环略高于箨环或等高。箨鞘淡绿色，有紫色纵条纹，微被白粉，边缘有白色或淡红色相间的纤毛，无毛、无斑点；箨舌宽短，先端微凹，绿色，边缘密生细毛；无箨耳和繸毛，或上部有不明显的箨耳、但无繸毛；箨叶三角形或带状披针形，绿色微带淡紫色。每小枝 2-3 叶片，披针形，绿色，长 3.6-12.5 厘米，宽 1.9-2.2 厘米，叶鞘光滑无叶耳，鞘口繸毛直立，叶舌短不露出。笋期 5 月中下旬。

产皖南歙县清凉峰、英川海拔 400 米、永来海拔 730 米，广德；大别山区潜山。分布于浙江、江苏、南部、福建。

中小型竹类。喜水湿、喜温暖、竹材多整材使用；笋可食用。

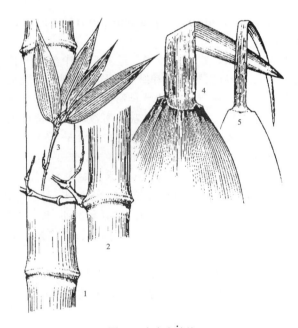

图 981 安吉水胖竹
1. 竹秆；2. 秆一节，示分枝；3. 叶枝；4. 秆箨背面；5. 秆箨腹面。

4. 方竹属 Chimonobambusa Makino

乔木状或灌木状竹类，地下茎为复轴型。秆高度中等，中部以下或仅近基部数节的节内环生有刺状气生根；不具分枝的节间圆筒形或在秆基部者略呈四方形，节间较短，秆环平坦或隆起，秆芽每节 3 枚，嗣后成长为 3 主枝，并在更久之后成为每节具多枝，枝节多强隆起。箨环常具鞘基残留物，箨鞘纸质宿存或脱落，小横脉明显，被小刺毛或少数种类无毛，并常具异色的斑纹或条纹，边缘生纤毛；箨耳不发育，鞘口偶或具缝毛；箨舌不甚显著，截平或弧形突起；箨片常极小，呈三角锥状或锥形，长多不超过 1 厘米。叶鞘光滑，但在外缘有纤毛；叶耳不发达，鞘口缝毛较发达；叶舌低矮；叶片长圆状披针形，基部楔形，先端长渐尖，中脉在上表面下陷，在下表面隆起，小横脉显著。花枝可一再分枝，形成总状或圆锥状"花序"，若生于上部具叶枝的下部各节时，则常不再分枝，分枝有时可与假小穗混生于节上，末级花枝的基部有一组逐渐增大的苞片；假小穗细长，侧生者无柄，颖 1-3 片，与外俘相似；外稃纸质，卵状椭圆形，先端尖锐；内俘薄纸质与外俘等长或稍短，背部具 2 脊，先端钝圆或微凹；鳞被 3，膜质而近透明，边缘有纤毛；雄蕊 3，花丝分离，细长线形；子房椭圆形；花柱短，2 裂，柱头 2，羽毛状。颖果坚果状，果皮稍肉质，干后坚韧。本属现知 20 种。

本属竹类多在 9-11 月出笋，笋味鲜美，但制笋干时会因酶的作用常变黑色，所以商品笋干还需加漂白这道工序。此外"方竹"是著名的观赏竹种，多植于佛教著名寺院。其他种类的秆材可大量用于造纸，以及农用和制作工艺美术品。

安徽省产 1 种。

方竹 四方竹　　　　　　　　　图 982

Chimonobambusa quadrangularis（Fenzi）Makino

秆高 3-8 米，径 1-4 厘米，近方形，中部节间长 10-26 厘米；新秆密被刺毛和绒毛；老秆具刺毛，脱落后有瘤状毛迹，中部以下各节具弯曲气生根刺。秆箨纸质，短于节间，黄褐色，具灰色斑纹，疏生黄棕色刺毛，上部边缘具缘毛；箨叶锥形，长 2.5-3.5 毫米。每小枝 2-4 叶；无叶耳，缝毛少数，直立，长 3-5 毫米，易落；叶带状披针形，长 10-20 厘米，宽 1.2-2 厘米，无毛，侧脉 4-6 对。假小穗细，长 1.5-3.5 厘米，带紫色，小花 3-5；小穗轴长 4-6 毫米，无毛。外稃纸质，长 1-1.2 厘米，无毛，具 5-7 脉，内稃与外稃等长或略短。笋期 9-10 月。花期 4-7 月。

产皖南休宁五城、岭南，歙县多果园（引栽），绩溪，祁门；大别山区太湖黄镇口林业站（引栽）。

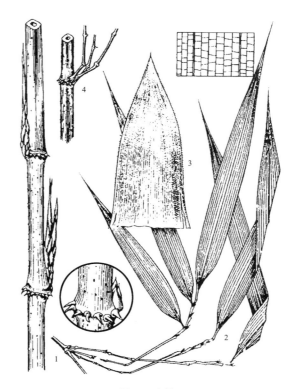

图 982 方竹
1. 秆及分枝部放大，示气生根；2. 叶枝；3. 秆箨；4. 秆一节，示分枝。

5. 业平竹属 Semiarundinaria Makino ex Nakai［*Brachystachyum* Keng］

小乔木或灌木状竹类。地下茎单轴或复轴型。秆散生；节间圆筒形或在分枝一侧的下部微偏平；秆环隆起；秆每节三分枝或秆上部者可分 3-5 枝，秆箨早落性，箨鞘厚纸质，短于其节间；箨耳发育或不发育，耳缘常有弯曲缝毛；箨舌微呈拱形；箨片开展，易落。叶鞘宿存，叶耳小，具缝毛，老后缝毛易脱落；叶舌短矮；叶片披针形至长卵状披针形，小横脉明显，花枝间节极短缩，呈短穗状或头状，常单独侧生于顶端具叶小枝的各节，含假小穗 2-8，基部有一先出叶及一组向上逐级增大的苞片，上部苞片佛焰苞状；佛焰苞 2-4，每苞腋内各有 1-3 假小穗；假小穗有 3-7 朵小花，颖 1-3，当为 3 片时，第一颖为鳞片状，具 1 脉，其余的颖与外稃相似，惟稍短；外稃硬纸质，顶端尖锐，有数条纵脉和不明显小横脉；内稃背部具 2 个脊，先端有 2 裂，鳞被 3，位于后方的一片较窄，披针形，前方的 2（3）片为倒卵形或匙形，基部均有脉纹，背部的有较密的毛茸，边缘有纤毛；雄蕊 3，花丝分离；花柱 1，较长，柱头 3，细长，呈羽毛状。

安徽省产 1 种，1 变种。

1. 短穗竹 图 983

Semiarundinaria densiflora（Rendle）Wen

秆散生，高达 2.6 米，幼秆被倒向的白色绢毛，老秆则无毛；节间圆筒形，无沟槽，或在分枝一侧的节间下部有沟槽，长 7-18.5 厘米，在箨环下有白粉，以后变为黑垢，竿壁厚约 3 毫米，髓横片状；秆环隆起，节内长 1.5-2 毫米。箨鞘背面绿色，老则渐变黄色，无斑点，但有白色纵条纹，以后条纹减退显紫色纵脉，被稀疏刺毛，边缘生紫色纤毛；箨耳发达，大小和形状多变化，通常椭圆形，褐棕色或绿色，边缘具长约 3-5 毫米的弯曲缝毛，后者通常浅褐色或更淡；箨舌呈拱形，褐棕色，边缘生极短的纤毛；箨片披针形或狭长披针形，绿色带紫色，向外斜举或水平展开。竿每节通常三分枝，上举，长短近相等，末级小枝具 1（2）叶；叶鞘长 2.5-4.5 厘米，草黄色，质坚硬，具纵肋和不明显的小横脉，边缘上部生短纤毛，鞘口具数条长约 3 毫米的直硬缝毛；叶舌截形，高 1-1.5 毫米；叶片长卵形状披针形，长 5-18 厘米，宽 10-20 毫米，先端短渐尖，基部圆形或圆楔形，上表面绿色，无毛，下表面灰绿色，有微毛；次脉 6 或 6 对，有明显的小横脉，叶缘之一边小锯齿明显的小横脉，而一边则锯齿较稀疏，通常微反卷；叶柄长 2-3.5 毫米。假小穗 2-8 枚，紧密排列于通常缩短的花枝上，小穗长 1.5-3.5 厘米，含 5-7 小花；小穗轴节间长 1-3 毫米，上部被呈毡状的微毛；颖片 1-3 片，第一颖为鳞片状，具 1 脉，上部被有较长的毛茸，其余 2 颖与外稃相类似而稍短；

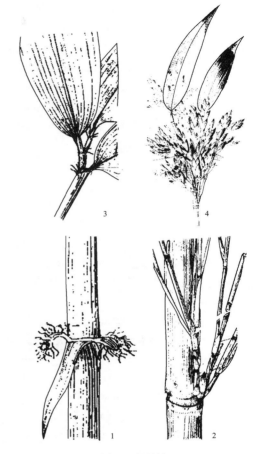

图 983 短穗竹
1. 笋的一部分，示秆箨；2. 秆的一部分，示分枝；3. 叶枝的一部分，示叶鞘；4. 花枝。

外稃卵状披针形，长 8-10 毫米，具 9-11 脉，背面的下部无毛，上部则有较密的小刺毛，中脉延伸成小尖头；内稃稍长或近等长于其外稃，背部具 2 脊，顶端稍 2 裂，下部无毛，上部遍体具较长的毛茸，脊上生纤毛；鳞被 3，罕或 4，其中 1 枚稍小，呈倒卵形或匙形，长 3.5-4.5 毫米，下面具脉纹数条，背部被密的细毛，边缘具较粗纤毛；花药成熟时可长达 7 毫米；花柱较长；柱头 3，羽毛状，长约 5.5-7 毫米，成熟果实未见。笋朔 5-6 月，花期 3-5 月。

产皖南祁门，休宁，歙县清凉峰，绩溪，太平，石台，旌德，广德；大别山区岳西，潜山；江淮来安半塔。生于海拔 150-700 米的平原和向阳山坡路边。

1a. 毛环短穗竹 （变种）

Semiarundinaria densiflora（Rendle）Wen var. **villosa** S. L. Chen et C. Y. Yao

与原种的主要区别在于箨鞘基部有一圈棕色毛环。

产皖南祁门，旌德，太平，青阳，广德；大别山区潜山。垂直分布海拔 70-250 米。中国植物志记载，称仅见于浙江西湖地区。生于低山或平原路边。模式标本采自浙江杭州植物园。

6. 青篱竹属 Arundinaria Michx

小乔木状或灌木状竹类；地下茎单轴散生或复轴混生。秆直立，节间圆筒形，或分枝一侧下部具沟槽。秆环隆起或强烈隆起；秆髓内壁絮状增厚或无；中部分枝通常3，下部有时分枝1，上部分枝5-7，分枝基部贴秆或开展。秆箨宿存、迟落或早落，革质或薄革质；箨叶带状或卵状披针形。叶中等大小，横脉明显。有限花序，一次发生，侧生，总状或圆锥状，花序分枝无前出叶，具小形或退化苞片，小穗具柄；颖片通常2；小花多数，顶生小花不发育。外稃通常较内稃长，或近等长，内稃具2脊，先端2裂或不裂，鳞被3；雄蕊3-4(-5)；花柱1，柱头2-3裂，羽毛状。颖果，果皮薄，花柱宿存。

约60种，1种产北美洲，余均分布在亚洲，主产中国、日本。我国约30种，引入栽培数种，广布于亚热带和暖温带地区。安徽省产7种，4变种。

1. 秆高1米以上：
  2. 秆箨无箨耳或不明显：
    3. 秆箨具斑点：
      4. 秆箨绿色，无油光，疏生小斑点：
        5. 箨舌先端为截形，高1-2毫米，边缘具短纤毛 ⋯⋯⋯⋯⋯⋯⋯⋯⋯⋯⋯⋯⋯⋯ **1. 苦竹 A. amara**
        5. 箨舌先端隆起呈笔架形，高达3毫主，边缘无短纤毛 ⋯⋯⋯⋯⋯⋯⋯ **2. 高舌苦竹 A. altiligulata**
      4. 秆箨棕色带绿，具油光，密生斑点和斑块 ⋯⋯⋯⋯⋯⋯⋯⋯⋯⋯ **3. 斑苦竹 A. maculata**
    3. 秆箨无斑点：
      6. 箨环具刺毛，秆箨被刺毛或无毛，基部密被刺毛，边缘无纤毛；箨耳镰状抱茎：
        7. 秆箨背部被刺毛，基部密被白色刺毛；箨耳繸毛直立，较长，放射状 ⋯⋯⋯⋯⋯⋯
        ⋯⋯⋯⋯⋯⋯⋯⋯⋯⋯⋯⋯⋯⋯⋯⋯⋯⋯⋯⋯⋯⋯⋯ **4. 仙居苦竹 A. hsienchuensis**
        7. 秆箨背部光滑无毛，基部有一圈棕色的短刺毛；箨耳被焦橘色繸毛，较短 ⋯⋯
        ⋯⋯⋯⋯⋯⋯⋯⋯⋯⋯⋯⋯⋯ **4a. 衢县苦竹 A. hsienchuensis var. subglabrata**
      6. 箨环无刺毛，秆箨具脱落性刺毛，基部具脱落性绒毛；箨耳镰状不抱茎 ⋯⋯⋯ **5. 实心苦竹 A. solida**
  2. 箨鞘具发达的箨耳，耳缘有紫色放射状粗壮繸毛，长达1-1.5厘米 ⋯⋯⋯⋯ **6. 硬头苦竹 A. longifimbriata**
1. 秆高1米以下，秆纤细：
  8. 叶二列状排列，翠绿色，无条纹，长4-7厘米，两面无毛 ⋯⋯⋯⋯⋯⋯⋯ **7. 翠竹 A. pygmaea var. disticha**
  8. 叶非二列状排列，绿色且具白或黄色条纹，长8-15厘米，两面具柔毛 ⋯⋯⋯⋯⋯⋯ **8. 菲白竹 A. fortunei**

1. 苦竹

图984

Arundinaria amara Keng

秆高7米，径3厘米，中部节间长达40厘米，分枝一侧下部略扁平；新秆绿色，被白粉，节下明显；老秆绿黄色；箨环隆起，幼时被棕褐色刺毛，具箨鞘基部残留物；秆环不甚隆起；节内长约6毫米。秆箨绿色，上部边缘橙黄色，干后枯焦色，有时具紫色斑点，无毛或微被小刺毛，底部密生棕色刺毛，边缘有纤毛；箨耳不明显或微小，具少数直立繸毛，易脱落；箨舌平截，高1-2毫米，被白粉，先端具纤毛；箨叶窄披针形，绿色，开展。每小枝2-4叶；叶鞘无毛，无叶耳和繸毛；叶椭圆状披针形，长8-20厘米，宽1-2.8厘米，上面深绿色，下面淡绿色，具白色柔毛，侧脉4-8对。总状或圆锥花序，具3-6小穗，小穗微被毛，小花8-13。外稃卵状披针形，长0.8-1.1厘米，无毛，具较厚白粉，9-11脉；内稃通常长于外稃，稀等长，脊具较密纤毛，脊间密被白粉和微毛。笋期6月。花期4-5月。

产皖南黄山，绩溪清凉峰、尚田霞潭、华阳镇，歙县清凉峰、西凹，太平新华东家湾，宁国黄岗乡，青阳九华山；大别山岳西美丽乡、鹞落坪，潜山天柱山雷打石。生于海拔530-1300米山坡、路边灌丛中。

笋味苦，一般不食用；竹秆作伞柄、帐竿及菜园支架等用。

1a. 杭州苦竹（变种）

Arundinaria amara（Keng）Keng f. var. **hangzhouensis** S. L. Chen et S. Y. Chen

本变种与原种的区别在于新竿密被倒生白色糙毛及紫色细点，且呈紫绿色，节间长 28-32 厘米，箨鞘绿带紫色，有光泽，无粉，无箨耳，箨片线状披针形。

1b. 光箨苦竹（变种）

Arundinaria amara（Keng）Keng f. var. **subglabrata**（S. Y. Chen）C. S. Chao et G. Y. Yang

本变种主要以箨鞘背部无毛，被薄白粉并很快脱落，又仅箨鞘基部生有白色脱落性的短纤毛，叶舌高 3-4 毫米等特征与原种不同。笋期 5 月。

2. 高舌苦竹

Arundinaria altiliagulata（S. L. Chen et S. Y. Chen）Michx.

竿高 2-5 米，径粗 1.5 厘米，基部竿壁厚，近于实心，上部竿壁较薄，髓呈横隔状，二年生竿青绿色，具厚白粉，光滑无毛；节间圆筒形，在分枝一侧的基部微凹，通常长达 24 厘米左右，节间的大部分和节上均被有白粉，尤以节处被粉特别厚；竿环高于箨环；箨环上留有少量木栓质残留物；竿每节具 3-5 枝，枝与主竿成 30-40° 夹角。箨鞘薄革质或最纸质，绿色，有淡绿色方格状肪纹，无毛，边缘生纤毛；箨耳无；箨舌先端笔架形，高达 3 毫米，被白粉，绿色，微带紫色；箨片披针形、外翻而下垂，边缘与先端紫红色。末级小枝具 2-4 叶；叶鞘宿存；无叶耳；叶舌高约 3 毫米；叶片椭圆状披针形，长 12-17 厘米，宽 1.4-2.5 厘米，先端渐尖，基部宽楔形，叶上面表面深绿色，下表面淡绿色，被短小毛，基部和主脉被长毛，次脉 5-7 对。笋期 4 月下旬。

产大别山区岳西美丽乡，舒城晓天汪冲；江淮全椒南屏山。

3. 斑苦竹　　　　　　　　　　　图 985

Arundinaria maculata（McCl..）C. D. Chu et C. S. Chao

竿高 6-8 米，径 2-4 厘米，中部节间长 40-70 厘米，分枝一侧基部具沟槽，每节分枝 3-5，新竿绿色，幼时被柔毛，后无毛，具脱落性白粉，箨环被棕色毛；老竿黄绿色，竿环、箨环均隆起，箨环具箨硝基部残留物。竿箨革质，迟落，棕色带绿，具油光，无毛或

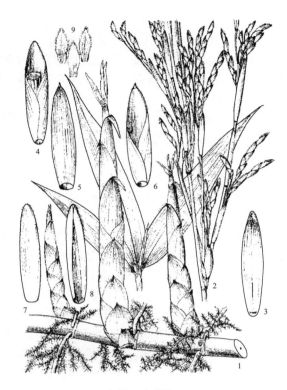

图 984 苦竹
1. 地下茎及笋；2. 花枝；3. 小花背面；4. 小花腹面；
5-6. 外稃背面及腹面观；7-8. 内稃背面及及腹面观。

图 985 斑苦竹
1. 部分竹秆，示秆环，箨环及分枝；2. 小枝顶部，示叶片；
3. 部分花序；4. 秆箨；5. 秆节纵剖面。

疏生刺毛，底部密被棕色刺毛，具斑点和斑块，箨上部较密集；箨耳小，疏生缝毛，有时无箨耳和缝毛；箨舌红棕色，高约 3 毫米，先端几无毛；箨叶窄长，绿色带紫，反曲下垂。每小枝 3-5 叶；无叶耳和缝毛，叶披针形，长 13-18 厘米，宽 1.3-2.9 厘米，下面近基部和沿中脉具脱落性短毛，侧脉 5-7 对。圆锥花序侧生于花枝节上；小穗具 8-15 小花，稀多达 35 花。外稃长 0.8-1 厘米，无毛，被少量白粉，7-11 脉；内稃与外稃近等长，脊有纤毛。笋期 5 月上旬至 6 月初。

产大别山太湖城西乡 450 米，金寨斑竹园；皖南宣城，南陵，宁国，绩溪。

笋味苦，煮熟后可食用；竹秆可整秆使用，也可劈蔑供编织。

4. 仙居苦竹　　　　　　　　　　　图 986
Arundinaria hsienchuensis（Wen）C. S. Chao et G. Y. Yang

秆高 5 米，径 2-3 厘米，秆内壁海绵状增厚，中空小，中部节间长约 30 厘米，秆环隆起，箨环具刺毛，节下有白粉。秆箨绿色，被刺毛和白粉，基部密生刺毛，边缘无纤毛；箨耳镰状，抱茎，长 7 毫米，宽 3 毫米，缝毛直立，长 1-1.5 厘米，放射状排列；箨舌先端波浪状，中部略隆起；箨叶窄带状，长约为箨鞘 1/3。小枝具 4-5 叶；叶鞘长约 4 厘米，有白粉，叶耳椭圆状或卵状，缝毛放射状，长达 1.3 厘米；叶舌高约 1 毫米，被白粉；叶椭圆状披针形，长 7-16 厘米，宽 1-2.5 厘米，基部钝圆，两面无毛，或下面基部有毛，侧脉 5-7 对，小横脉明显。笋期 6 月。

产皖南祁门祁丰。

4a. 衢县苦竹（变种）
Arundinaria hsienchuensis var. **subglabrata**（S. Y. Chen）C. S. Chao et G. Y. Yang

秆高 1.7-3 米，粗 1.3，直立，近实心，新秆绿色，微被白粉，箨环下方被厚白粉，呈明显白粉圈，

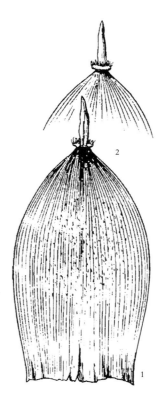

图 986 仙居苦竹
1. 秆箨背面；2. 秆箨腹面。

无毛，老秆黄绿色，微被灰色粉质，全秆通常共具 15 节左右；节间一般长达 20-28（33）厘米，圆筒形，仅在分枝一侧的基部微凹；秆环隆起，或因肿胀而高于箨环；箨环较隆起，其上有一圈棕色的短刺毛，毛脱落后，箨鞘基部呈木栓质状之残留物。秆每节分 5 枝，枝与秆成 45° 夹角。箨鞘宿存，绿色，背部光滑无毛，被白粉，鞘基部有一圈棕色的短刺毛，边缘着生焦枯色纤毛；箨耳发达。绿色，呈半月形，两面均粗糙，耳缘具粗糙的焦橘色缝毛；箨舌截形而微凹，淡绿色至焦枯色，被白粉，边缘生短纤毛；箨片绿色，狭长披针形，先端渐尖，基部不收缩，两面被较密细毛而粗糙。末级小枝具 3-5 叶；叶鞘光滑无毛；叶耳点状至椭圆状，粗糙，耳缘具劲直或曲折的焦橘色缝毛；叶舌拱形，被白粉，高约 1.5 毫米，先端有短纤毛 1 叶片卵形或椭圆状披针形，长 12-18 厘米，宽 2.3-2.6 厘米，先端短渐尖，基部钝圆，次脉 6 或 7 对，下表粗糙，绿色较淡，其基部具较长毛茸，两边都具短齿，唯其中一边常在近边缘的表面处有一行锯齿，小横脉清晰。笋期 5 月上旬。

产皖南绩溪大源、华阳镇，广德梨山，宣城溪口，宁国梅林，泾县蔡村，祁门祁丰；大别山区岳西，潜山。

5. 实心苦竹
Arundinaria solida（S. Y. Chen）C. S. Chao et G. Y. Yang

秆高 4-5 米，径 2 厘米，中部节间长 30 厘米左右，分枝节间基部有沟槽，秆壁厚，近实心；新秆被白粉

和白色刺毛，秆环和箨环均隆起，每节分枝 5-7。秆箨淡绿色，具脱落性白色刺毛，略被白粉，边缘具纤毛，基部具脱落性绒毛；箨耳镰形，缝毛淡棕色；箨舌先端平截，黄绿色；箨叶带状披针形，反曲下垂。每小枝 2-3 叶；叶鞘无毛，叶耳和缝毛不发达；叶窄披针形，长 11-18 厘米，宽 1.7-2.4 厘米，下面基部有毛，侧脉 5-7 对，小横脉明显。笋期 5-6 月。产大别山太湖黄镇。秆实心，坚硬，用作伞柄或支架。

6. 硬头苦竹

Arundinaria longifimbriata（S. Y. Chen）C. S. Chao et G. Y. Yang

竿高 3-4 米，径粗约 1.5 厘米，竿壁较薄，厚约 3 毫米，髓丰满，棉絮状，新竿绿色，密被不均匀的针点状紫色和白粉，无毛，老竿暗绿色，被灰黑色粉质；节间长 29-42 厘米，圆筒形，在分枝一侧的基部微凹；竿环隆起，高于箨环；节内长约 7 毫米；箨环无毛，仅留有箨鞘基部的残留物而呈阔圆环状；竿每节分 3-7 枝，枝与竿成 20-25° 的夹角，主枝上所生的小枝则密集。箨鞘薄革质，宿存，长约为节间的 1/2，绿色，但竿基部 1 或 2 节上者初带紫红色，后转绿带暗橘黄色，背部被脱落性白粉，无毛，仅箨鞘基部被脱落性毛环，箨鞘边缘生棕色短纤毛；箨耳深绿色，狭镰形，耳缘有紫色作放射状伸展而较粗壮的缝毛，后者长达 1-1.5 厘米，先端微曲；箨舌截形，高约 1 毫米，背部有短纤毛，边缘具短纤毛；箨片披针形，左右稍不对称，淡绿色，外翻，先端渐尖，基部向内收窄，两面均具微毛，边缘具细齿。末级小枝具 4 或 5（稀 6）叶；叶耳点状乃至椭圆形，耳缘有长达 0.8-1 厘米的曲折缝毛；叶舌微呈拱形，高约 1 毫米；叶片质薄，椭圆状披针形，长 9-14.5 厘米，宽 1.4-1.8 厘米，次脉通常 5-6 对，叶缘两边都具细锯齿。笋期 5 月下旬至 6 月底。

产祁门闪里叶家大队，歙县清凉峰。

7. 翠竹 （变种）

Arundinaria pygmaea var. **disticha**（Mitf.）C. S. Chao et Renv.

竿高 20-40 厘米，径 1-2 厘米，节间、秆箨、叶鞘、叶均无毛。每小枝 7-14 叶；叶紧生，二列状排列，披针形，长 4-7 厘米，宽 0.7-1 厘米，先端突渐尖或渐尖，基部近圆。

原产日本。我国引种栽培。安徽省偶见于一些单位或公园的花坛、路边及盆景。

8. 菲白竹　　　　　　　　图 987

Arundinaria fortunei（Van Houtte）A. et. C. Riv

矮小竹种，地下茎复轴混生。竿高 20-80 厘米，径 1-2 毫米；节间圆筒形，无毛，竿环平；每节分枝 1；竿箨宿存，光滑无毛。每小枝具叶 3-7；叶鞘无毛，鞘口具白色缝毛，叶片披针形，长 6-12 厘米，宽 8-14 毫米，基部圆形，两面具白色柔毛，下面较宽，上部中部有宽 1-2 毫米白色或淡黄色纵条纹。

安徽省合肥、蚌埠、芜湖、马鞍山、黄山市、阜阳等城市公园、花房；皖南绩溪县林科所，太平陈村；淮北阜阳林科所，颍上城郊花园乡引种栽培，且可露地栽培。

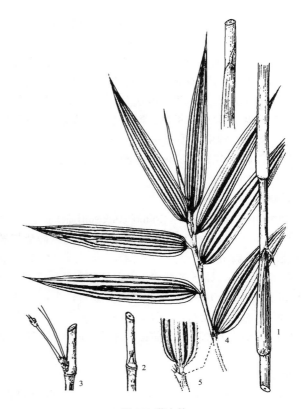

图 987 菲白竹
1. 秆一段，示秆箨；2. 秆一节，示芽；3. 秆一节，示分枝；
4. 枝叶；5. 叶鞘顶端及叶下面放大。

7. 鹅毛竹属 Shibataea Makino ex Nakai

灌木状竹类；地下茎复轴型。秆散生，直立，常矮小，高1米以下，稀高达1米以上，略"之"字形曲折，节间分枝一侧具沟槽，近实心，中空极小；秆环甚隆起；秆芽2，每节具3-6分枝，每枝具2节，通常具1叶，偶2叶，下方叶鞘长于上方叶鞘。秆箨早落，纸质或膜质；箨舌三角状；箨叶常短芒状。假小穗生于有叶小枝下方节上，单生或基部分枝成次级假小穗；小穗无柄，小花3-7。外稃膜质，宽披针形，多脉；内稃与外稃近等长，具2脊；鳞被3；雄蕊3，花丝分离；花柱1，细长，柱头3裂。颖果长卵形。

约6-7种，产于中国和日本。主产我国。安徽省产1种。

竹种多矮小，形态奇特，多栽培供观赏，也可制作盆景。

芦花竹 休宁倭竹
Shibataea hispida McCl.

秆高1米多，径2-4毫米，秆中部节间长13-19厘米，无毛，中空小；秆环肿胀。秆箨深棕色，无毛，无箨耳和繸毛；箨叶极小，钻状。每节3-4分枝，枝长1-4厘米，每枝1（2）叶；叶鞘长1-2厘米；叶卵状披针形，长7-12厘米，宽2-3厘米，先端突渐尖，下面灰绿色，被短柔毛，侧脉6-8对，横脉6-8对，横脉明显，两边有尖锯齿；叶柄长4-8毫米。

产皖南祁门，休宁流口，黟县渔亭，泾县，宣城水东，绩溪板桥头乡，歙县乌果园，太平七都。

《中国植物志》《中国树木志》尚记载安徽省产鹅毛竹 S. chinensis，与芦花竹区别在于其叶下面无毛，但本志未见叶片下面无毛的鹅毛竹标本。

8. 簕竹属 Bambusa Retz. Corr. Schbreber

灌木状或乔木状竹类；地下茎合轴丛生型；秆丛生，直立，稀梢端攀援状，节间圆筒形，秆环不明显；每节具多数分枝，通常有粗大主枝；秆下部分枝有刺或无刺。秆箨早落、迟落或近宿存；箨耳发达或不明显；箨叶直立、外展或反曲。花序续次发生，假小穗单生或数枚多数簇生于花枝各节，每小穗2至多数小花，小穗轴具关节，果熟时逐节折断；颖片1-3，或无。内稃具2脊，与外稃近等长；鳞被2或3；雄蕊6；子房常具柄，柱头3，羽状。颖果，顶端与种子分离。

约100种，分布于亚洲、非洲、大洋洲热带及亚热带地区。我国60种。安徽省2种，2变种。

1. 孝顺竹
Bambusa multiplex（Lour.）Raeusch.

秆高4-7米，径2-3厘米。节间常绿色，微被白粉。箨鞘顶端不对称拱形，背面无毛；箨耳无或不显著，有稀疏纤毛；箨舌窄，高约1毫米，全缘或细齿裂；箨叶直立，长三角形，基部与箨鞘顶部近等宽。分枝高，基部数节无分枝，枝条多数簇生，主枝稍粗长。小枝具5-10叶；叶鞘无毛，叶耳不明显，或肾形；叶线状披针形，长4-14厘米，宽0.5-2厘米，侧脉4-8对，上面无毛，下面灰绿色，密被柔毛。笋期6-9月。

产皖南祁门城光祁丰大队，休宁岭南五城，宁国东岸区，屯溪，绩溪尚四栈，太平焦村，歙县许村，黟县；大别山区潜山人武部，太湖马祖乡，宿松桥头等地多有栽培，耐寒性强，引种淮北市亦能生长，但冬季有冻梢现象。

1a. 凤尾竹 （栽培型）
Bambusa multiplex（Lour.）Raeusch. cv. **Fernleaf**

秆密集丛生；小枝有9-13叶，叶片长3.3-6.5厘米，宽4-7毫米，排成2列。产于台湾、华东、华南、香港、西南；栽培供观赏或作绿篱。安徽省皖南歙县、休宁、屯溪、泾县茂林等地有栽培。合肥、马鞍市、芜湖、蚌埠等市温室盆栽，供观赏。

1b. 观音竹 （变种）

Bambusa multiplex var. **riviereorum** R. Maire

本变种与原变种的区别在于秆为实心，高 1-3 米，直径 3-5 毫米，小枝具 13-23 叶，且常下弯呈弓状，叶片较原变种小，长 1.6-3.2 厘米，宽 2.6-6.5 毫米。

原产华南。皖南绩溪、屯溪，翕县等地花房中有引种栽培。

2. 佛肚竹

Bambusa ventricosa McClure

秆异型；正常秆高 3-10 米，径 5-7 厘米，中部节间长 20-30 厘米，圆筒形，深绿色，无毛，下部数节的节内、节下均有白色毛环；畸形秆高 1-2.5，径 0.5-2 厘米，中下部节间缩短、肿胀，呈瓶状。秆箨早落，箨鞘革质，顶部不对称拱形，背面无毛，初深绿色，后橘红色，干后浅草黄色；正常秆的箨耳较小，不等大，圆形或长圆形，畸形秆的箨耳镰形或长圆形；箨舌高不及 1 毫米，具纤毛；箨叶三角形，直立，秆上部的稍外反，卵状披针形，基部浅心形。小枝具 7-13 叶；叶鞘无毛，叶耳小，鞘口具继毛，叶舌短；叶卵状披针形或长圆状披针形，长 12-21 厘米，宽 1.6-3.3 厘米，上面无毛，下面灰绿色，被柔毛，侧脉 5-9 对。

产于广东；南方各地栽培。安徽省皖南屯溪，汤口镇黄山树木园花房，歙县，江淮采石公园等地有引种，多做盆景栽培，下部数节间肿胀，圆柱形，奇特，观赏价值高。

9. 箭竹属 Sinarundinaria Nakai

灌木状竹类。地下茎为合轴型，秆柄细长，前后两端近等粗，通常延伸 20-50 厘米，直径在 1 厘米以内，节间长 5-12 毫米。秆直立，散生，每节具 1-3（7）分枝；秆箨宿存，质薄。顶生圆锥花序或总状花序；多具 2-3 小穗，小穗具柄，含数小花，小穗轴具关节；颖 2 片；外稃锐尖或具锥状尖头；内稃具 2 脊，顶端常具 2 小尖头；鳞被 3 片；雄蕊 3，花丝分离；子房无毛，纺锤形，花柱短，柱头 2，羽毛状。

约 90 种，分布于亚洲、非洲及南美洲。我国约 70 种，主产西部海拔 1000-3800 米地带，组成高山针叶林下主要灌木，有大面积分布。安徽省产 1 种。

箭竹

Sinarundinaria nitida（Mitf. ex Stapf）Nakai［*Yushania confusa*（McClure）Z. P. Wang et G. H. Ye］

秆柄长 10-30 厘米，节间长 5-10 毫米，径 3-5 毫米，实心。秆高 1-2.5 米，径 5-8 毫米；节间一般长 8-12 厘米，最长达 15 厘米，圆筒形，无毛，幼秆绿色、被白粉和细小刺毛，老秆淡紫色，常具黑垢，中空，壁厚 1.5-2 毫米；箨环略隆起，无毛；秆环隆起，在分枝节上显著高于箨环；节内长 2-4 毫米。枝条 3-5（6）枚生于节上，开展成锐角，箨鞘早落，三角状矩形，薄革质，略长于节间，长 10-14 厘米，宽 10-20 毫米，背面疏生紧贴向上的淡黄色或黄褐色短刺毛，纵脉纹明显，边缘密生棕黄色纤毛；箨耳缺如；鞘口两肩有数枚直立继毛；箨舌高约 2 毫米，截平，先端撕裂状，具粗毛；箨叶线状披针形，外翻，密生细毛，长 1-3.5 厘米。小枝具叶 3-5 枚；叶鞘长约 3 厘米；叶耳缺，鞘口两肩有数直立毛，长 5-8 毫米；叶舌截平，无毛；叶柄长 1.5-2.5 毫米；叶片披针形，长 6-8 厘米，宽 8-10 毫米，无毛，次脉 3-4 对，小横脉在下面清晰可见。

产皖南绩溪北坡清凉峰，海拔 1440 米，歙县南坡清凉峰，海拔 1600-1770 米，祁门牯牛降；大别山区金寨天堂寨。箭竹为大熊猫主要食用竹种之一，安徽省高山上部有一定的资源，可开发利用。

参 考 文 献

郑万均 . 中国树木志（1-4 卷）［M］. 北京：中国林业出版社，1983-2004.

中国科学院中国植物志编辑委员会 . 中国植物志（1-80 卷）［M］. 北京：科学出版社，1984-2003.

中国科学院植物研究所 . 中国高等植物图鉴（1-5 册，补 1，补 2 册）［M］. 北京：科学出版社，1972-1983.

安徽植物志协作组 . 安徽植物志（1-5 卷）［M］. 北京：中国展望出版社，1984-1991.

眷兴中 . 琅琊山植物志［M］. 北京：中国林业出版社，1999.

眷兴中 . 张定成 . 大别山植物志［M］. 北京：中国林业出版社，2006.

浙江植物编辑委员会 . 浙江植物志（2-5 卷）［M］. 杭州：浙江科学技术出版社，1992.

江苏省植物研究所 . 江苏植物志（上、下册）［M］. 南京：江苏人民出版社，1997，1982.

福建植物志编写组 . 福建植物志（1 卷）［M］. 福州：福建科学技术出版社，1982.

杨保民 . 湖南竹类［M］. 长沙：湖南科学技术出版社，1993.

成俊卿，李秾，杨家驹，等 . 中国木材志［M］. 北京：中国林业出版社，1992.

成俊卿 . 木材学［M］. 北京：中国林业出版社，1985.

卫广扬，唐汝明，周师勉，等 . 安徽主要木材识别和用途［M］. 合肥：安徽科学技术出版社，1983.

成俊卿，蔡少松 . 木材识别与利用［M］. 北京：中国林业出版社，1982.

杨家驹，卢鸿俊 . 红木家具和实木地板［M］. 北京：中国建材工业出版社，2004.

江泽慧，彭镇华 . 世界主要树种木材科学特性［M］. 北京：科学出版社，2001.

江奎宏，朴世一 . 木材识别与检验［M］. 北京：中国林业出版社，2000.

植物拉丁名索引

A

Abelia biflora Turcz.　327

Abelia chinensis R. Br.　326

Abelia dielsii（Graebn.）Rehd.　327

Abelia R. Br.　326

Abies firma Sieb. et Zucc.　16

Abies Mill.　15

Acanthopanax connatistylus S. C. Li et X. M. Liu　298

Acanthopanax divaricatus（Sieb. et Zucc）Seem　298

Acanthopanax evodiaefolius Franch　301

Acanthopanax gracilistylus W. W. Smith　296

Acanthopanax gracilistylus W. W. Smith var. major Hoo　297

Acanthopanax gracilistylus W. W. Smith var. trifoliolatus Shang　297

Acanthopanax henryi（Oliv）Harms　300

Acanthopanax henryi（Oliv.）Harms var. faberi Harms　301

Acanthopanax leucorrhizus（Oliv.）Harms　300

Acanthopanax leucorrhizus（Oliv.）Harms var. fulvescens Harms et Rehd.　300

Acanthopanax scandens Hoo　297

Acanthopanax setulosus Franch.　299

Acanthopanax trifoliatus（L.）Merr.　297

Acanthopanax zhejiangensis X. J. Xue et S. T. Fang　299

Acanthopanax Miq.　295

Acer acutum Fang　655

Acer acutum Fang var. quinquefidum Fang et P. L. Chiu　656

Acer acutum Fang var. tientungense Fang et Fang f.　656

Acer amplum Rehd.　656

Acer amplum Rehd. var. tientaiense（Schneid.）Rehd.　656

Acer anhweiense Fang et Fang f.　657

Acer buergerianum Miq.　657

Acer buergerianum Miq. var. ningpoense（Hance）Rehd.　658

Acer changhuaense（Fang et Fang f.）Fang et P. L. Chiu　658

Acer cinnamomifolium Hayata　658

Acer cordatum Pax　659

Acer davidii Franch.　659

Acer ginnala Maxim. ssp. theiferum（Fang）Fang　660

Acer grosseri Pax　660

Acer grosseri Pax var. hersii（Rehd.）Rehd.　661

Acer henryi Pax　661

Acer linganense Fang et P. L. Chiu　661

Acer longipes Franch. ex Rehd. var. pubigerum（Fang）Fang　662

Acer mono Maxim.　662

Acer negundo L.　663

Acer nikoense Maxim.　663

Acer olivaceum Fang et P. L. Chiu　664

Acer palmatum Thunb.　664

Acer palmatum Thunb. f. atropurpureum（Van Houtte）Scher.　664

Acer palmatum Thunb. var dissectum（Thunb.）K. Koch　664

Acer palmatum Thunb. var. thunbergii Pax　665

Acer pubinerve Rehd.　665

Acer pubipalmatum Fang　665

Acer pubipalmatum Fang f. segmentosum S. C. Li et X. M. Liu, f. nov.　666

Acer pubipalmatum Fang var. pulcherrimum Fang et P. L. Chiu　666

Acer robustum Pax　666

Acer robustum Pax var. minus Fang　666

Acer sinopurpurascens Cheng　666

Acer truncatum Bunge　667

Acer wuyuanense Fang et Wu　667

Acer elegantulum Fang et P. L. Chiu　660

Acer L.　654

ACERACEAE　654

Actimidia macrosperma C. F. Liang var. mumoides C. F. Liang　493

Actinidia arguta（Sieb. et Zucc.）Planch. ex Miq. var. cordifolia（Miq.）Bean　491

Actinidia arguta（Sieb. et Zucc.）Planch. ex Miq. var. nervosa C. F. Li　491

Actinidia arguta（Sieb. st Zucc.）Planch ex Miq.　490

Actinidia callosa Lindl. var. discolor C. F. Liang　494

Actinidia callosa Lindl. var. strigillosa C. F. Liang　494

Actinidia chinensis Planch.　496

Actinidia deliciosa（A. Chev.）C. F. Liang et A. R. Ferguson　497

Actinidia eriantha Benth.　496

Actinidia lanceolata Dunn　495

Actinidia latifolia（Gardn. et Champ.）Merr.　495

Actinidia macrosperma C. F. Liang　493

Actinidia melanandra Franch.　491

Actinidia melanandra Franch. var. cretacea C. F. Liang　492

Actinidia melanandra Franch. var. glabrescens C. F. Liang　492

Actinidia melanandra Franch. var. subconcolor C. F. Liang　492

Actinidia polygama（Sieb. et Zucc.）Maxim.　492

Actinidia rubricaulis Dunn　494

Actinidia rubricaulis Dunn var. coriacea（Fin et Gagn.）C. F. Liang　494

Actinidia sabiaefolia Dunn　494

Actinidia valvata Dunn　493

Actinidia zhejiangensis C. F. Liang　497

Actinidia Lindl.　489

ACTINIDIACEAE　489

Adina pilulifera（Lam.）Franch. ex Drake　708

Adina rubella Hance　708

Adina racemosa（Sieb. et Zucc.）Miq.　709

Adina Salisb.　707

Adinandra millettii（Hook. et Arn.）Benth. et Hook. f. ex Hance　481

Adinandra Jack.　480

Aesculus chinensis Bunge　669

Aesculus L.　669

AGAVACEAE　796

Agave americana L.　797

Agave americana L. var. marginata Trel.　798

Agave americana L. var. variegata Hort.　798

Agave L.　797

Aglaia odorata Lour.　632

Aglaia Lour.　632

Ailanthus altissima Swingle　630

Ailanthus sutchuensis Dode　631

Ailanthus Desf.　630

Akebia quinata（Thunb.）Decne.　756

Akebia trifoliata（Thunb.）Koidz.　756

Akebia trifoliata（Thunb.）Koidz. ssp. australis（Diels）T. Shimizu　757

Akebia Decne.　756

ALANGIACEAE　283

Alangium chinense（Lour.）Harms　283

Alangium chinense（Lour.）Harms ssp. strigosum Fang　284

Alangium chinense（Lour.）Harms ssp. triangulare（Wanger.）Fang　284

Alangium kurzii Craib　285

Alangium kurzii Craib var. handelii（Schnarf）Fang　285

Alangium platanifolium（Sieb. et Zucc）Harms　284

Alangium Lam.　283

Albizia julibrissin Durazz.　201

Albizia kalkora Prain　200

Albizia macrophylla（Bge.）P. C. Huang　200

Albizia Durazz.　200

Alchornea davidii Franch.　472

Alchornea Sw.　472

Alniphyllum fortunei（Hemsl.）Makino　266

Alniphyllum Matsum.　266

Alnus cremastogyne Burk.　362

Alnus japonica（Thunb.）Steud.　361

Alnus trabeculosa Hand. -Mzt.　362

Alnus Mill.　361

Amelanchier asiatica（Sieb. et Zucc）Endl. ex Walp.　146

Amelanchier Med.　146

Amorpha fruticosa L.　225

Amorpha L.　225

Ampelopsis aconitifolia Bunge var. glabra Diels　586

Ampelopsis brevipedunculata（Maxim.）Trautv. var. kulingensis Rehd.　586

Ampelopsis brevipedunculata（Maxim.）Trautv. var. kulingensis Rehd. f. puberula W. T. Wang　586

Ampelopsis cantoniensis（Hook. et Arn.）Planch.　587

Ampelopsis chaffanjonii（Levl.）Rehd.　587

Ampelopsis delavayana（Franch.）Planch. var. gentiliana（Levl. et Vant.）Hand. -Mazz.　588

Ampelopsis delavayana（Franch.）Planch.　587

Ampelopsis humulifolia Bunge var. heterophylla（Thunb.）Koch　588

Ampelopsis sinica（Miq.）W. T. Wang　588

Ampelopsis Michx.　585

Amygdalus davidiana（Carr.）C. de Vos ex Henry　187

Amygdalus persica L.　186

Amygdalus triloba（Lindl.）Ricker　　188

Amygdalus triloba（Lindl.）Ricker f. multiplex（Bge.）Rehd.　　188

Amygdalus L.　　186

ANACARDIACEAE　　646

ANGIPSPERMAE　　57

Antidesma japonicum Sieb. et Zucc.　　460

Antidesma L.　　460

Aphananthe aspera（Thunb.）Planch.　　412

Aphananthe Planch.　　412

APOCYNACEAE　　700

Apocynum venetum L.　　700

Apocynum L.　　700

AQUIFOLIACEAE　　525

Aralia chinensis L　　293

Aralia chinensis L. var. nuda Nakai　　293

Aralia dasyphylla Miq.　　295

Aralia decaisneana Hance　　292

Aralia echinocaulis Hand. -Mazz.　　292

Aralia elata（Miq）Seem　　294

Aralia subcapitata Hoo.　　294

Aralia L.　　291

ARALIACEAE　　288

Araucaria cunninghamii Sweet　　13

Araucaria heterophylla（Salisb.）Franco　　14

Araucaria Juss.　　13

ARAUCARIACEAE　　13

Ardisia brevicaulis Diels　　602

Ardisia chinensis Benth.　　602

Ardisia crenata Sims　　602

Ardisia crenata Sims f. hortensis（Migo）W. Z. Fang et K. Yao　　603

Ardisia crispa（Thunb.）A. DC.　　603

Ardisia crispa（Thunb.）A. DC. var. dielsii（Levl.）Walker　　604

Ardisia hanceana Mez.　　604

Ardisia japonica（Thunb.）Blume　　604

Ardisia Swartz.　　601

Aristolochia mollissima Hance　　772

Aristolochia L.　　772

ARISTOLOCHIACEAE　　772

Armeniaca mume Sieb.　　185

Armeniaca mume Sieb. f. albo-plena（Bailey）Rehd.　　186

Armeniaca mume Sieb. f. alphandii（Carr.）Rehd.　　186

Armeniaca mume Sieb. f. rubliflora T. Y. Chen　　186

Armeniaca mume Sieb. f. varidicalyx（Makino）T. Y. Chen

186

Armeniaca vulgaris Lam.　　184

Armeniaca Mill.　　184

Arundinaria altiliagulata（S. L. Chen et S. Y. Chen）Michx.　　827

Arundinaria amara Keng　　826

Arundinaria amara（Keng）Keng f. var. subglabrata（S. Y. Chen）C. S. Chao et G. Y. Yang　　827

Arundinaria amara（Keng）Keng f. var. hangzhouensis S. L. Chen et S. Y. Chen　　827

Arundinaria fortunei（Van Houtte）A. et. C. Riv　　829

Arundinaria hsienchuensis var. subglabrata（S. Y. Chen）C. S. Chao et G. Y. Yang　　828

Arundinaria hsienchuensis（Wen）C. S. Chao et G. Y. Yang　　828

Arundinaria longifimbriata（S. Y. Chen）C. S. Chao et G. Y. Yang　　829

Arundinaria maculata（McCl..）C. D. Chu et C. S. Chao　　827

Arundinaria Michx　　826

Arundinaria pygmaea var. disticha（Mitf.）C. S. Chao et Renv.　　829

Arundinaria solida（S. Y. Chen）C. S. Chao et G. Y. Yang　　828

ASCLEPIADACEAE　　705

Aucuba chinensis Benth.　　281

Aucuba japonica Thunb. var. variegata D ombr.　　281

Aucuba Thunb.　　280

B

Bambusa multiplex var. riviereorum R. Maire　　831

Bambusa multiplex（Lour.）Raeusch cv. Fernleaf　　830

Bambusa multiplex（Lour.）Raeusch.　　830

Bambusa Retz. Corr. Schbreber　　830

Bambusa ventricosa McClure　　831

BERBERIDACEAE　　767

Berberis anhweiensis Ahrendt　　769

Berberis chingii Cheng　　768

Berberis julianae Schneid.　　767

Berberis lempergiana Ahrendt　　768

Berberis thunbergii DC.　　768

Berberis virgetorum Schneid.　　769

Berberis L.　　767

Berchemia floribunda（Wall.）Brongn　　583

Berchemia floribunda（Wall.）Brongn. var. oblongifolia Y. L. Chen et P. K. Chou　　584

Berchemia huana Rehd.　582

Berchemia huana Rehd. var. glabrescens Cheng ex Y. L. Chen　583

Berchemia kulingensis Schenid.　582

Berchemia polyphylla var. trichophylla Hand. -Mazz.　582

Berchemia barbigera C. Y. Wuet Y. L. Chen　583

Berchemia Neck.　581

Berchemiella wilsonii（Schneid.）Nakai　584

Berchemiella Nakai　584

Berchemiella wilsonii（Schneid.）Nakai var. pubipetiolata H. Qian　584

Betula luminifera H. Winkl.　363

Betula L.　363

BETULACEAE　361

Bignonia radicus L.　724

BIGNONIACEAE　721

Bischofia Blume　465

Bischofia polycarpa（Levl.）Airy-Shaw　465

Brachystachyum Keng　824

Bredia amoena Diels　523

Bredia Bl.　523

Broussonetia kazinoki Sleb. et Zucc.　421

Broussonetia L'Hérit. ex Vent.　420

Broussonetia papyrifera（L.）L'Hérit. ex Vent.　421

Buckleya henryi Diels　558

Buckleya lanceolata（Sieb. et Zucc.）Miq.　558

Buckleya graebneriana Diels　559

Buckleya Torr.　558

Buddleja davidii Franch.　677

Buddleja L.　677

Buddleja lindleyana Fort.　678

Buddleja officinalis Maxim.　678

BUDDLEJACEAE　677

BUXACEAE　342

Buxus aemulans（Rehd. et Wils.）S. C. Li et S. H. Wu　343

Buxus bodinieri Levl.　344

Buxus microphylla Sieb. et Zucc. var *aemulans* Rehd. et Wils.　343

Buxus sinica（Rehd. et Wils）Cheng ex M. Cheng　342

Buxus sinica（Rehd. et Wils.）Cheng ex M. Cheng var. parvifolia M. Cheng　343

Buxus L.　342

C

C. chekiangense Nakai　97

C. chingii Metc.　97

C. glaucophyllus Rehd. et Wils. var. *puberulus* P. S. Hsu　551

Caesalpinia decapetala（Roth）Alston　194

Caesalpinia L.　194

CAESALPINIACEAE　194

Callicarpa bodinieri Lévi.　738

Callicarpa cathayana H. T. Chang　739

Callicarpa dichotoma（Lour.）K. Koch.　736

Callicarpa giraldii Hesse ex Rehd.　738

Callicarpa giraldii Hesse ex Rehd. var. lyi（Lévl）C. Y. Wu　739

Callicarpa japonica Thunb.　740

Callicarpa japonica Thunb. var. angustata Rehd.　740

Callicarpa lingii Merr.　739

Callicarpa longipes Dunn　737

Callicarpa rubella Lindl.　737

Callicarpa L.　736

CALYCANTHACEAE　190

Calycanthus chinensis Cheng et S. Y. Chang　190

Calycanthus L.　190

Camellia brevistyla（Hayata）Cohen Stuart　474

Camellia chekiang-oleosa Hu　475

Camellia cuspidata（Kochs）Wright ex Gard.　477

Camellia fraterna Hance　477

Camellia japonica L.　476

Camellia microphylla（Merr.）Chien　475

Camellia oleifera Abel　474

Camellia sinensis（L.）O. Kuntze　476

Camellia L.　473

Campsis chinensis（Lam.）Voss. et Sieber.；*Bignonia grandiflora* Thunb.　724

Campsis grandiflora（Thunb.）Loisel.　724

Campsis radicus（L.）Seem.　724

Campsis Lour.　723

Camptotheca acuminata Decne.　286

Camptotheca Decne.　286

Campylotropis macrocarpa（Bge.）Rehd.　239

Campylotropis Bge.　239

CAPRIFOLIACEAE　303

Caragana leveillei Kom.　224

Caragana microphylla Lam.　225

Caragana rosea Turcz.　224

Caragana sinica Rehd.　224

Caragana Fabr.　223

Cardiandra moellendorffii（Hance）Li　247

Cardiandra moellendorffii（Hance）Migo　247

Cardiandra Sieb. et Zucc.　247

Carpinus chinensis（Franch.）Pei　367

Carpinus cordata Blume　366

Carpinus cordata Blume var. chinensis Franch.　367

Carpinus cordata Blume var. mollis（Rehd.）Cheng ex Chen　367

Carpinus fargesiana H. Winkl.　369

Carpinus henryana H. Winkl.　369

Carpinus hupeana Hu　369

Carpinus hupeana Hu var. *henryana*（H. Winkl.）P. C. Li　369

Carpinus L.　365

Carpinus londoniana H. Winkl.　367

Carpinus poilanei A. Camus　367

Carpinus polyneura Franch.　368

Carpinus tschonoskii Maxim.　368

Carpinus turczaninowii Hance　369

Carpinus viminea Wall.　367

Carya cathayensis Sarg.　400

Carya illinoensis（Wangenh.）K. Koch　401

Carya Nutt.　400

Caryopteris Bunge　731

Caryopteris incana（Thunb.）Miq. var. angustifolia S. L. Chen et R. L. Guo　732

Caryopteris nepetaefolia（Benth.）Maxim.　731

Caryoptris incana（Thunb.）Miq.　731

Caryota ochlandra Hance　801

Caryota L.　801

Castanea henryi（Skan）Rehd. et Wils.　376

Castanea mollissima Blume　375

Castanea seguinii Dode　375

Castanea Mill.　374

Castanopsis carlesii（Hemsl.）Hayata　379

Castanopsis carlesii（Hemsl.）Hayata var. spinulosa Cheng et C.S. Chao　380

Castanopsis eyrei（Charnp.）Tutch.　378

Castanopsis fabri Hance　381

Castanopsis fargesii Franch.　380

Castanopsis jucunda Hance　379

Castanopsis sclerophylla（Lindl.）Schott.　377

Castanopsis tibetana Hance　378

Castanopsis Spach　376

Catalpa bignonioides Walt.　722

Catalpa bungei C. A. Mey.　723

Catalpa fargesii Bur.　723

Catalpa ovata Don.　721

Catalpa speciosa Ward.　722

Catalpa Scop.　721

Cayratia corniculata（Benth.）Gagnep.　589

Cayratia oligocarpa Gagnep.　589

Cayratia oligocarpa Gagnep. var. glabra（Gagn.）Rehd.　590

Cayratia Juss.　589

Cedrus deodara（Roxb.）G. Don　20

Cedrus Trew　20

CELASTRACEAE　538

Celastrus angulatus Maxim.　548

Celastrus gemmatus Loes.　549

Celastrus hypoleucus（Oliv.）A. Warb.　548

Celastrus oblanceifolius Wang et Tsoong　550

Celastrus orbiculatus Thunb.　549

Celastrus rothornianus Loe.　550

Celastrus stylosus Wall.　551

Celastrus stylosus Wall. var. puberulus（P. S. Hsu）C. Y. Cheng et T. C. Kao　551

Celastrus aculeatus Merr. var. *oblanceifolius*（Wang et Tsoong）P. S. Hsu　550

Celastrus L.　547

Celtis biondii Pamp.　417

Celtis bungeana Blume　416

Celtis chekiangensis Cheng　417

Celtis julianae Schneid.　415

Celtis koraiensis Nakai　416

Celtis sinensis Pers.　415

Celtis vandervoetiana Schneid.　416

Celtis L.　414

CEPHALOTAXACEAE　51

Cephalotaxus fortunei Hook. f.　51

Cephalotaxus sinensis（Rehd. et Wils.）Li　52

Cephalotaxus Sieb. et Zucc. ex Endl.　51

Cerasus campanulata（Maxim.）Yü et Li　181

Cerasus clarofolia（Schneid.）Yü et Li　178

Cerasus dielsiana（Schneid.）Yü et Li　178

Cerasus glandulosa（Thunb.）Lois.　182

Cerasus humilis（Bge.）Sok.　181

Cerasus japonica（Thunb.）Lois.　182

Cerasus pseudocerasus（Lindl.）G. Don　180

Cerasus schneideriana（Kochne）Yü et Li　180

Cerasus serrulata（Lindl.）G. Don ex London　179

Cerasus serrulata（Lindl.）G. Don var. lannesiana（Car.）Makino　179

Cerasus serrulata（Lindl.）G. Don var. pubescens（Makino）Yü et Li　179

Cerasus subhirtella（Mig.）Sok　179

Cerasus tomentosa（Thunb.）Wall.　183

Cerasus yedoensis（Matsum.）Yü et Li　180

Cerasus discoidea Yü et Li　177

Cerasus Mill.　176

CERCIDIPHYLLACEAE　80

Cercidiphyllum japonicum Sieb. et Zucc. var. sinense Rehd. et Wils.　81

Cercidiphyllum japonicum Sieb. et Zucc.　80

Cercidiphyllum Sieb. et Zucc.　80

Cercis chinensis Bge.　199

Cercis chinensis Bge. cv. Alba　199

Cercis chinensis Bge. f. pubescens Wei　199

Cercis chingii Chun　198

Cercis gigantea Cheng et Keng f.　198

Cercis L.　197

Chaenomeles sinensis（Thouin）Koehne　136

Chaenomeles speciosa（Sweet）Nakai　137

Chaenomeles Lindl.　136

Chamaecyparis lawsoniana（A. Murr.）Parl.　41

Chamaecyparis obtusa（Sieb. et Zucc.）Endl.　42

Chamaecyparis obtusa（Sieb. et Zucc.）Endl. cv. Breviramea　42

Chamaecyparis obtusa（Sieb. et Zucc.）Endl. cv. Filicoides　42

Chamaecyparis obtusa（Sieb. et Zucc.）Endl. cv. Tetragona　42

Chamaecyparis pisifera（Sieb. et Zucc）Endl.　41

Chamaecyparis pisifera（Sieb. et Zucc.）Endl. cv. Filifera　41

Chamaecyparis pisifera（Sieb. et Zucc.）Endl. cv. Plumosa　42

Chamaecyparis pisifera（Sieb. et Zucc.）Endl. cv. Squarrosa　41

Chamaecyparis Spach　40

Chimaphila japonica Miq.　499

Chimaphila Pursh.　499

Chimonanthus caespitosus T. B. Chao，Z. X. Chen et Z. Q. Liu　192

Chimonanthus nitens Oliv.　192

Chimonanthus salicifolius S. Y. Hu　191

Chimonanthus zhejiangensis M. C. Liu　192

Chimonanthus Lindl.　191

Chimonanthus praecox（L.）Link　191

Chimonanthus praecox（L.）Link var. concolor Makino　192

Chimonanthus praecox（L.）Link var. grandiflorus Makino　192

Chimonobambusa Makino　823

Chimonobambusa quadrangularis（Fenzi）Makino　824

Chionanthus retusus Lindl. ex Paxt.　679

Chionanthus retusus Lindl. ex Paxt. var. serrulatus Koidz.　680

Chionanthus L.　679

CHLORANTHACEAE　774

Chloranthus spicatus（Thunb.）Makino　774

Chloranthus Swartz　774

Choerospondias axillaris（Roxb.）Burtt. et Hill　646

Choerospondias Burtt. et Hill　646

Cinnamomum camphora（L.）Presl.　96

Cinnamomum japonicum Sieb.　97

Cinnamomum subavenium Miq.　97

Cinnamomum Trew　95

Citrus aurantium L.　613

Citrus aurantium L. var. amara Engl.　613

Citrus grandis（L.）Osbeck　614

Citrus ichangensis Swingle　614

Citrus junos Sieb. ex Tanaka　614

Citrus medica L.　615

Citrus medica L. var. sarcodactylis（Noot.）Swingle　615

Citrus reticulata Blanco　615

Citrus sinensis（L.）Osbeck　616

Citrus wilsonii Tanaka　616

Citrus L.　612

Cladrastis platycarpa（Maxim.）Makino　205

Cladrastis sinensis Hemsl.　205

Cladrastis wilsonii Takeda　205

Cladrastis Raf.　204

Cleghornia henryi（Oliv.）P. T. Li　702

Cleghornia Wight　702

Clematis anhweiensis M. C. Chang　749

Clematis apiifolia DC.　750

Clematis apiifolia DC. var. obtusidentata Rehd. et Wils.　751

Clematis argentilucida（Lévl. et Vant.）W. T. Wang　752

Clematis brevicaudata DC. var. ganpiniana（Levl. et Vant.）Hand. -Mazz.　751

Clematis cadmia Buch. -Ham. ex Wall.　745

Clematis chinensis Osbeck　748

Clematis chinensis Osbeck f. vestita Rehd. et Wils.　748

Clematis courtoisii Hand. -Mazz.　746

Clematis finetiana Lévi. et Vant.　749

Clematis ganpiniana（Lévl. et Vant.）Tamura　751

Clematis hancockiana Maxim.　745

Clematis henryi Oliv.　743

Clematis heracleifolia DC.　744

Clematis jinzhaiensis Zh. W. Xue et X. W. Wang   744

Clematis kirilowii Maxim.   747

Clematis montana Buch. -Ham. ex DC.   746

Clematis obtusidentata（Rehd. et Wils.）Hj. Eichl.   751

Clematis paniculata Thunb.   750

Clematis pavoliniana Pamp.   749

Clematis peterae Hand. -Mazz. var. trichocarpa W. T. Wang   751

Clematis terniflora DC.   750

Clematis uncinata Champ.   747

Clematis L.   742

Clerodendrum bungei Steud.   733

Clerodendrum cyrtophyllum Turcz.   734

Clerodendrum kaichianum P. S. Hsu   735

Clerodendrum lindleyi Decne. ex Planch.   734

Clerodendrum thomsonae Balf.   733

Clerodendrum trichotomum Thunb.   735

Clerodendrum L.   732

Clethra barbinervis Sieb. et Zucc.   498

Clethra Gronov. ex L.   498

CLETHRACEAE   498

Cleyera japonica Thunb.   481

Cleyera Thunb.   481

CLUSIACEAE（GUTTIFERAE）   516

Cocculus orbiculatus（L.）DC.   762

Cocculus DC.   762

Coptosapelta diffusa（Champ. ex Benth.）Van Steenis   718

Coptosapelta Korth.   718

CORNACEAE   276

Cornus alba L.   277

Cornus controversa Hemsl.   276

Cornus macrophylla Wall.   277

Cornus officinalis Sieb. et Zucc.   280

Cornus walteri Wanger.   278

Cornus wilsoniana Wanger.   278

Cornus L.   276

CORYLACEAE   364

Corylopsis glandulifera Hemsl. var. hypoglauca（Cheng）H. T. Chang   335

Corylopsis platypetala Rehd. et Wils.   334

Corylopsis sinensis Hemsl.   334

Corylopsis sinensis Hemsl. var. calvescens Rehd. et Wils.   335

Corylopsis sinensis Hemsl. var. parvifolia H. T. Chang   335

Corylopsis veitchiana Bean.   333

Corylopsis Sieb. et Zucc.   333

Corylus chinensis Franch.   365

Corylus kweichowensis Hu   364

Corylus kweichowensis Hu var. brevipes W. J. Liang   365

Corylus L.   364

Cotinus coggygria Scop. var. pubescens Engl.   647

Cotinus Adans   647

Cotoneaster acutifolius Turcz. var. villosulus Rehd. et Wils.   118

Cotoneaster horizontalis Decne   118

Cotoneaster schantungensis Koltz.   118

Cotoneaster silvestrii Pamp.   118

Cotoneaster B. Ehrh.   117

Crataegus cuneata Sieb. et Zucc.   121

Crataegus hupehensis Sarg.   121

Crataegus pinnatifida Bge.   120

Crataegus pinnatifida Bge. var. major N. E. Br.   121

Crataegus wilsonii Sarg.   122

Crataegus L.   120

Cryptomeria D. Don   32

Cryptomeria fortunei Hooibrenk ex Otto et Dietr.   32

Cryptomeria japonica（L. f.）D. Don   33

Cudrania cochinchinensis（Lour.）Kudo et Masam.   422

Cudrania Tréc.   422

Cudrania tricuspidata（Carr.）Bur. ex Lavallee   423

Cunninghamia lanceolata（Lamb.）Hook.   30

Cunninghamia lanceolata（Lamb.）Hook. cv. Glauca   31

Cunninghamia lanceolata（Lamb.）Hook. cv. Mollifolia   31

Cunninghamia R. Br.   30

CUPRESSACEAE   36

Cupressus arizonica Greene   40

Cupressus duclouxiana Hickel   40

Cupressus funebris Endl.   39

Cupressus lusitanica Mill.   40

Cupressus L.   39

CYCADACEAE   9

Cycas revoluta Thunb.   9

Cycas rumphii Miq.   10

Cycas L.   9

Cyclobalanopsis glauca（Thunb.）Derst.   385

Cyclobalanopsis gracilis（Rehd. et Wils.）Cheng et T. Hong   386

Cyclobalanopsis multinervis Cheng et T. Hong   386

Cyclobalanopsis myrsinaefolia（Blume）Oerst.   387

Cyclobalanopsis sessilifolia（Blume）Schott.   387

Cyclobalanopsis stewardiana（A. Camus）Y. C. Hsu et H. W. Jen   388

Cyclobalanopsis Derst. 384

Cyclocarya micro-paliurus（Tsoong）Iljinsk. 400

Cyclocarya paliurus（Batal.）Iljinsk. 399

Cyclocarya Iljinsk. 399

Cydonia oblonga Mill. 135

Cydonia Mill. 135

D

Dalbergia dyeriana Prain ex Harms 217

Dalbergia hancei Benth. 216

Dalbergia hupeana Hance 216

Dalbergia L. f. 215

Damnacanthus giganteus（Mak.）Nakai 710

Damnacanthus indicus Gaertn. f. 710

Damnacanthus macrophyllus Sieb. ex Miq. 710

Damnacanthus shanii K. Yao et M. B. Deng-*Damnacanthus subspinosus* Hand. -Mazz. 710

Damnacanthus Gaerm. f. 709

Daphne genkwa Sieb et Zucc. 437

Daphne jinzhaiensis D. C. Zhang et J. Z. Shao 438

Daphne L. 437

Daphne odora Thunb. 438

Daphne odora Thunb. var. atrocaulis Rehd. 438

DAPHNIPHYLLACEAE 345

Daphniphyllum macropodum Miq. 345

Daphniphyllum oldhamii（Hemsl.）Rosenth. 345

Daphniphyllum Bl. 345

Decaisnea fargesii Franch. 755

Decaisnea insignis（Griff.）Hook. et Thoms. 755

Decaisnea Hook. f et Thoms. 755

Dendrobenthamia angustata（Chun）Fang 279

Dendrobenthamia Hutch. 279

Dendrobenthamia japonica （DC.）Fang var. chinensis （Osborn）Fang 279

Dendropanax dentiger（Harms）Merr. 290

Dendropanax Decne et Planch. 290

Desmodium caudatum（Thunb.）DC. 229

Desmodium heterocarpon（L.）DC. 229

Desmodium Desv. 228

Deutzia crenata Sieb. et Zucc. var. candidissima-plena Froebel 242

Deutzia crenata Sieb. et Zucc. var. plena Maxim. 242

Deutzia crenata Sieb. et Zucc. 241

Deutzia glauca Cheng 242

Deutzia ningpoensis Rehd. 243

Deutzia schneideriana Rehd. 243

Deutzia Thunb. 241

DICOTYLEDONEAE 58

Diospyros glaucifoila Metc. 607

Diospyros kaki Thunb. 608

Diospyros kaki Thunb. var. sylvestris Makino 608

Diospyros lotus L. 609

Diospyros lotus L. var. mollissima C. Y. Wu 609

Diospyros morrisiana Hance 609

Diospyros oleifera Cheng 610

Diospyros rhombifolia Hemsl. 610

Diospyros Linn. 607

Diploclisia affinis（Oliv.）Diels 761

Diploclisia Miers 761

Diplospora dubia（Lindl.）Masam. 719

Diplospora DC. 719

Distylium myricoides Hemsl. 337

Distylium myricoides Hemsl. var. nitidum H. T. Chang 337

Distylium racemosum Sieb. et Zucc. 336

Distylium Sieb. et Wils. 336

E

EBENACEAE 607

Edgeworthia chrysantha Lindl. 439

Edgeworthia Meissn. 439

Ehretia dicksonii Hance 726

Ehretia macrophylla Wall. 726

Ehretia thyrsiflora（Sieb. et Zucc.）Nakai 725

Ehretia P. Br. 725

EHRETIACEAE 725

ELAEAGNACEAE 560

Elaeagnus angustifolia L. 566

Elaeagnus angustifolia L. var. spinosa Ktze. 566

Elaeagnus argyi Levl. 563

Elaeagnus courtoisi Belval 564

Elaeagnus difficilis Serv. 563

Elaeagnus henryi Warb. 562

Elaeagnus longipedunculata N. Li et T. M. Wu 565

Elaeagnus multiflora Thunb. 565

Elaeagnus multiflora Thunb. var. obovoidea C. Y. Chang 565

Elaeagnus umbellate Thunb. 564

Elaeagnus glabra Thunb. 561

Elaeagnus L. 560

Elaeagnus lanceolata Warb. 561

Elaeagnus pungens Thunb. 562

ELAEOCARPACEAE　452

Elaeocarpus glabripetalus Merr.　453

Elaeocarpus japonicus Sieb. et Zucc.　452

Elaeocarpus sylvestris（Lour.）Poir.　453

Elaeocarpus L.　452

Emmenopterys henryi Oliv.　711

Emmenopterys Oliv.　711

Enkianthus chinensis Franch.　507

Enkianthus Lour.　507

ERICACEAE　500

Eriobotrya japonica（Thunb.）Lindl.　129

Eriobotrya Lindl.　129

Erythrina corallodendron L.　227

Erythrina L.　226

ESCALLONIACEAE　259

Eucalyptus camaldulensis Dehnhardt　518

Eucalyptus robusta Smith　519

Eucalyptus tereticornis Smith　519

Eucalyptus L. Her.　518

Eucommia ulmoides Oliv.　429

Eucommia Oliv.　429

EUCOMMIACEAE　429

Euonymus acanthocarpus Franch.　541

Euonymus alatus（Thunb.）Sieb.　545

Euonymus carnosus Hemsl.　544

Euonymus centidens Lévl　546

Euonymus chenmoui Cheng　541

Euonymus euscaphis Hand. -Mazz.　545

Euonymus fortunei（Turcz.）Hand. -Mazz.　539

Euonymus hamiltonianus Wall.　544

Euonymus japonicus Thunb.　540

Euonymus japonicus Thunb. cv. Albo-marginatus　540

Euonymus japonicus Thunb. cv. Aureo-marginatus　540

Euonymus japonicus Thunb. cv. Aureo-variegatus　540

Euonymus japonicus Thunb. cv. Viridi-variegatus　540

Euonymus myrianthus Hemsl.　542

Euonymus oblongifolius Loes. et Rehd.　542

Euonymus oxyphyllus Miq.　546

Euonymus phellomanus Loes.　543

Euonymus bungeanus Maxim.　543

Euonymus L.　538

Euonynus macropterus Rupr.　546

EUPHORBIACEAE　460

Euptelea pleiosperma Hook. f. et Thoms. f. francheti（Van Tiegh）P. C. Kuo　79

Euptelea Sieb. et Zucc.　79

EUPTELEACEAE　79

Eurya alata Kob.　486

Eurya brevistyla Kob.　485

Eurya hebeclados L. K. Ling　483

Eurya japonica Thunb.　486

Eurya loquiana Dunn　482

Eurya muricata Dunn　484

Eurya muricata Dunn var. huiana（Kob.）L. K. Ling　484

Eurya nitida Kob.　485

Eurya obtusifolia H. T. Chang　483

Eurya rubiginosa H. T. Chang var. attenuata H. T. Chang　485

Eurya saxicola H. T. Chang　484

Eurya Thunb.　482

Euscaphis japonica（Thunb.）Dippel　671

Euscaphis japonica（Thunb.）Dippel var. jianningensis Q.J.Wang　672

Euscaphis Sieb. et Zucc.　671

Evodia daniellii（Benn.）Hemsl.　617

Evodia fargesii Dode　618

Evodia rutaecarpa（Juss.）Benth.　618

Evodia rutaecarpa（Juss.）Benth. f. meinocarpa（Hand. -Mazz.）Huang　619

Evodia J. R. et G. Forst.　617

Exochorda giraldii Hesse　116

Exochorda giraldii Hesse var. wilsonii（Rehd.）Rehd.　116

Exochorda racemosa（Lindl.）Rehd.　115

Exochorda serratifolia S. Moore　116

Exochorda Lindl.　115

F

f. minimus（Simon-Louis）Rehd.　540

FABACEAE（PAPILIONACEAE）　202

FAGACEAE　372

Fagus engleriana Seem　373

Fagus longipetiolata Seem.　373

Fagus lucida Rehd. et Wils.　374

Fagus L.　372

Ficus carica L.　424

Ficus elastica Roxb. ex Hornem.　424

Ficus erecta Thunb. var. beecheyana（Hook. et Arn.）King　425

Ficus L.　423

Ficus pandurata Hance var. angustifolia Cheng　425

Ficus pumila L.　426

Ficus sarmentosa Buch. -Ham. ex J. E. Sm. var. henryi（King ex Dlix.）Corner　426

Ficus sarmentosa Buch. -Ham. ex J. E. Sm. var. impressa （Champ.）Comer　427

Ficus sarmentosa Buch. -Ham. eX J. E. Sm. var. nipponica （Fr. et Sav.）Comer　427

Firmiana Marsili　454

Firmiana platanifolia （L. f.）Marsili　454

FLACOURTIACEAE　430

Fokienia hodginsii （Dunn）Henry et Thomas　43

Fokienia Henry et Thomas　43

Fontanesia fortunei Carr.　680

Fontanesia Labill.　680

Forsythia giraldiana Lingelsh.　681

Forsythia suspensa （Thunb.）Vahl　682

Forsythia viridissima Lindl.　682

Forsythia Vahl.　681

Fortunearia sinensis Rehd. et Wils.　336

Fortunearia Rehd. et Wils.　335

Fortunella crassifolia Swingle　619

Fortunella hindsii （Champ.）Swingle　620

Fortunella japonica （Thunb.）Swingle　620

Fortunella margarita （Lour.）Swingle　620

Fortunella Swingle　619

Fraxinus baroniana Diels　684

Fraxinus bungeana DC.　684

Fraxinus chinensis Roxb.　684

Fraxinus chinensis Roxb. var. *acuminata* Lingelsh　686

Fraxinus chinensis var. *rhynchophylla* （Hance）Hemsl　686

Fraxinus insularis Hemsl.　685

Fraxinus longicuspis Sieb. et Zucc.　686

Fraxinus mariesii Hook. f.　685

Fraxinus pennsylvanica Marshall　686

Fraxinus pennsylvanica Marshall var. subintegerrima （vahl）Fern.　687

Fraxinus rhynchophylla Hance　686

Fraxinus sieboldiana Bl.　685

Fraxinus szaboana Lingelsh.　684

Fraxinus L.　683

G

Gardenia jasminoides Ellis　712

Gardenia jasminoides Ellis var. fortuniana （Lindl.）Hara　713

Gardenia stenophylla Merr.　712

Gardenia Ellis　712

Gardneria angustifolia Wall.　675

Gardneria multiflora （Pamp.）Makino　676

Gardneria nutans Sieb. et Zucc.　675

Gardneria Wall. ex Roxb.　675

GESNERIACEAE　783

Ginkgo biloba L.　11

Ginkgo L.　11

GINKGOACEAE　11

Gleditsia japonica Miq.　197

Gleditsia microphylla Gordon ex Y. T. Lee　196

Gleditsia sinensis Lam.　196

Gleditsia L.　196

Glochidion puberum （L.）Hutch.　464

Glochidion wilsonii Hutch.　464

Glochidion J R et G. Forst.　463

Glyptostrobus pensilis （Staunt.）Koch　31

Glyptostrobus Endl.　31

GRAMINEAE-BAMBUSOIDEAE Nees　804

Grewia biloba G. Don　450

Grewia biloba G. Don var. glaberscens Hand. -Mzt.　451

Grewia biloba G. Don var. parviflora （Bunge）Hand. -Mzt.　451

Grewia L.　450

GROSSULARIACEAE　256

Gymnocladus chinensis Baill.　195

Gymnocladus L.　195

GYMNOSPERMAE　8

H

H. angustifolia Hayata　249

H. angusti-sepala Hayata　249

H. angustipetala Hayata　249

HAMAMELIDACEAE　329

Hamamelis mollis Oliv.　331

Hamamelis mollis Oliv. var. oblongifolia M. P. Deng et G. Yao　332

Hamamelis Gronov. ex L.　331

Hedera nepalensis K. Koch var. sinensis （Hobl.）Rehd.　301

Hedera L.　301

Helwingia japonica （Thunb.）Dietr.　282

Helwingia Willd.　281

Hemiptelea davidii （Hance）Planch.　410

Hemiptelea Planch.　410

Heptacodium miconioides Rehd.　325

Heptacodium Rehd.　325

Heterosmilax japonica Kunth　795

Heterosmilax Kunth 794

Hibiscus mutabilis L. 457

Hibiscus mutabilis L. f. plenus（Andrews）S. Y. Hu 458

Hibiscus rosa-sinensis L. 457

Hibiscus syriacus L. 458

Hibiscus syriacus L. f. totus-albus T. Moore 458

Hibiscus syriacus L. f. violaceus Gagnep. f. 459

Hibiscus syriacus L.f. albus-plenus Loudon 459

Hibiscus L. 457

HIPPOCASTANACEAE 669

Holboellia coriacea Diels 757

Holboellia fargesii Reaub. 758

Holboellia grandiflora Reaub. 758

Holboellia Wall. 757

Holmlskioldia Retz. 728

Holmskioldia sanguinea Rctz. 728

Hovenia acerba Lindl. 568

Hovenia dulcis Thunb. 568

Hovenia trichocarpa Chun et Tsiang 568

Hovenia trichocarpa Chun et Tsiang var. robusta （Nakai et Y. Kimura）Y. L. Chen et P. K. Chou 569

Hovenia Thunb. 567

H. umbellata Rehd. 249

Hydragea paniculata Sieb. 250

Hydrangea anomala D. Don 252

Hydrangea Chinensis Maxim. 249

Hydrangea longipes Franch. 251

Hydrangea macrophylla（Thunb.）Seringe 250

Hydrangea macrophylla（Thunb.）Seringe f. hortensia Wils. 250

Hydrangea strigosa Rehd. 251

Hydrangea zhewanensis P. S. Hsu et X. P. Zhang 250

Hydrangea L. 248

HYDRANGEACEAE 247

Hypericum longistylum Oliv. 517

Hypericum monogynum L. 516

Hypericum patulum Thunb. 517

Hypericum L. 516

Hyppericum chinense L. 516

I

Idesia Maxim. 430

Idesia polycarpa Maxim. 430

Idesia polycarpa Maxim. var. vestita Diels 431

Ilex wilsonii Loes. 537

Ilex buergeri Miq. 535

Ilex centrochinensis S. Y. Hu 533

Ilex cornuta Lindl. 532

Ilex crenata Thunb. 531

Ilex dabieshanensis K. Yao et M. P. Deng 534

Ilex elmerrilliana S. Y. Hu 536

Ilex ficoidea Hemsl. 535

Ilex intermedia Loes ex Diels var. fangii S. Y. Hu 536

Ilex latifolia Thunb. 534

Ilex litseaeifolia Hu et Tang 529

Ilex lohfauensis Merr. 537

Ilex macrocarpa Oliv. 527

Ilex macrocarpa Oliv. var. longipedunculata S. Y. Hu 527

Ilex macropoda Miq. 528

Ilex micrococca Maxim. 526

Ilex pedunculosa Miq. 531

Ilex pernyi Franch. 533

Ilex pubescens Hook. et Arn. 536

Ilex purpurea Hassk. 529

Ilex rotunda Thunb. 530

Ilex rotunda Thunb. var. microcarpa（Lindl.）S. Y. Hu 531

Ilex suaveolens（Lévl.）Loes 529

Ilex tsoii Merr. et Chun 528

Ilex viridis Champ. ex Benth. 532

Ilex L. 525

Ilex micrococca Maxim. f. pilosa S. Y. Hu 527

ILLICIACEAE 72

Illicium henryi Diels 72

Illicium jiadifengpi B. N. Chang 73

Illicium lanceolatum A. C. Smith 73

Illicium minwanense B. N. Chang et S. D. Zhang 74

Illicium L. 72

Indigofera amblyantha Craib 223

Indigofera bungeana Walp. 222

Indigofera carlseii Craib 221

Indigofera decora Lindl. 219

Indigofera decora Lindl. var. ichangensis（Craib）Y. Y. Fang et C. Z. Zheng 220

Indigofera decora var. cooperi Y. Y. Fang et C. Z. Zheng 220

Indigofera fortunei Craib 219

Indigofera kirilowii Maxim. ex Palibin 220

Indigofera parkesii Craib 218

Indigofera parkesii Craib var. polyphylla Y. Y. Fang et C. Z. Zheng 219

Indigofera pseudotinctoria Matsum. 221

Indigofera tinctoria L. 221

Indigofera L.　217

Indocalamus latifolius（Keng）McCl.　806

Indocalamus longiauritus Hand. -Mazz.　805

Indocalamus longiauritus Hand. –Mazz. var. semifalcatus H. R.
　　Zhao et Y. L. Yang　806

Indocalamus Nakai　805

Itea chinensis Hook. et Arnot var. oblonga（Hand. et Mzt.）
　　Y. C. Wu　259

Itea L.　259

J

Jasminum floridum Bunge　687

Jasminum lanceolarium Roxb.　688

Jasminum lanceolarium var. *puberulum* Hemsl.　688

Jasminum mesnyi Hance　688

Jasminum nudiflorum Lindl.　688

Jasminum sambac（L.）Aiton　689

Jasminum sinense Hemsl.　689

Jasminum L.　687

JUGLANDACEAE　396

Juglans cathayensis Dode var. formosana（Hayata）A.M.Lu
　　et R.H.Chang　397

Juglans L.　396

Juglans regia L.　396

Juniperus communis L.　48

Juniperus formosana Hayata　47

Juniperus rigida Sieb. et Zucc.　47

Juniperus L.　46

K

Kadsura longipedunculata Finet et Gangnep.　75

Kadsura Kaempf. ex Juss.　75

Kalopanax pictus（Thumb.）Nakai.　289

Kalopanax Miq.　289

Kerria japonica（L.）DC.　156

Kerria japonica（L.）DC. f. pleniflora（Witte）Rehd.　157

Kerria DC.　156

Keteleeria pubescens Cheng et L. K. Fu　19

Keteleeria Carr.　18

Koelreuteria bipinnata Franch. var. integrifoliola（Merr.）T.
　　Chen　636

Koelreuteria paniculata Maxim.　637

Koelreuteria Laxm.　636

Kolkwitzia amabilis Graebn.　326

Kolkwitzia Graebn.　325

Kummerowia Schindl.　556

Kunmerowia striata（Thunb.）Schindl.　556

L

L. fruticosa Hemsl.　94

L. maackii（Rupr.）Maxim. f. *podocarpa* Franch. ex Rehd.
　　321

Lagerstroemia chekiangensis Cheng　777

Lagerstroemia indica L.　776

Lagerstroemia limii Merr.　777

Lagerstroemia subcostata Koehne　777

Lagerstroemia L.　776

Lanicera fragrantissima Lindl. et Pax ssp. phyllocarpa
　　（Maxim.）P. S. Hsu et H. J. Wang　320

Lantana camara L.　727

Lantana L.　727

LARDIZABALACEAE　755

Lasianthus japonicus Miq.　713

Lasianthus japonicus Miq. var. lancilimbus（Merr.）Lo
　　714

Lasianthus Jack　713

LAURACEAE　82

Laurocerasus fordiana（Dunn）Yü et Lu　173

Laurocerasus phaeosticta（Hance）Schneid.　173

Laurocerasus spinulosa（Sieb. et Zucc.）Schneid.　173

Laurocerasus Tourn. ex Dch.　172

Lespedaza buergeri Miq.　233

Lespedeza bicolor ssp. elliptica（Benth. ex Maxim）P.S. Hsu，
　　X.Y.Li et D.X.Gu　235

Lespedeza bicolor Turcz.　235

Lespedeza chinensis G. Don　237

Lespedeza cuneata（Dum. -Cours）G. Don　238

Lespedeza cytobotrya Miq.　232

Lespedeza davidii Franch.　234

Lespedeza davurica（Laxm.）Schindl.　237

Lespedeza dunnii Schindl.　234

Lespedeza floribunda Bunge　236

Lespedeza fordii Schindl.　233

Lespedeza formosa（Vog.）Koehne　233

Lespedeza inschanica（Maxim）Schindl.　238

Lespedeza maximowiczii Schneid.　234

Lespedeza pilosa（Thunb.）Sieb. et Zucc.　235

Lespedeza tomentosa（Thunb.）Sieb. ex Maxim.　236

Lespedeza virgata（Thunb.）DC.　236

Lespedeza Michx.　231

Ligustrum expansum Rehd.　690

Ligustrum henryi Hemsl. var. *longitubum* P. S. Hsu　692

Ligustrum ibota Sieb. et Zucc. var. *microphyllum* Nakai 691

Ligustrum japonicum Thunb. 691

Ligustrum leucanthum（S. Moore）P.S.Green 693

Ligustrum lianum P. S. Hsu 691

Ligustrum longitubum P. S. Hsu 692

Ligustrum lucidum Ait. 692

Ligustrum lucidum Ait. var. latifolium（Cheng）Cheng 693

Ligustrum molliculum Hance 693

Ligustrum obtusifolium Sieb. et Zucc. ssp. suave（Kitag.）
　　Kitag. 693

Ligustrum obtusifolium ssp. inicrophyllum（Nakai）P. S.
　　Green 691

Ligustrum quihoui Carr. 694

Ligustrum robustum（Roxb.）Blume 694

Ligustrum sinense Lour. 694

Ligustrum L. 690

Lindera aggregata（Sims）Kosterm. 93

Lindera angustifolia Cheng 92

Lindera chienii Cheng 89

Lindera erythrocarpa Makino 89

Lindera glauca（Sieb. et Zucc.）Blume 91

Lindera megaphylla Hemsl. 88

Lindera neesiana（Ness）Kurz. 94

Lindera obtusiloba Blume 92

Lindera praecox（Sieb. et Zucc.）Blume 90

Lindera reflexa Hemsl. 90

Lindera rubronervia Gamble 93

Lindera Thunb. 87

Liquidambar formosana Hance 329

Liquidambar acalycina H. T. Chang 330

Liquidambar L. 329

Liriodendron chinense Sarg. 70

Liriodendron L. 69

Liriodendron tulipifera L. 70

Lithocarpus brevicaudatus（Skan）Hayata 383

Lithocarpus cleistocarpus（Seem.）Rehd et Wils. 382

Lithocarpus glaber（Thunb.）Nakai 384

Lithocarpus henryi（Seem.）Rehd. et Wils. 382

Lithocarpus litseifolius（Hance）Chun 383

Lithocarpus Blume 381

Litsea auriculata Chien et Cheng 84

Litsea coreana L'evl. var. lanuginosa（Migo）Yang et P. H.
　　Huang 86

Litsea coreana L'evl. var. sinensis（Allen）Yang et P. H.
　　Huang 85

Litsea cubeba（Lour.）Pers. 85

Litsea cubeba（Lour.）Pers. var. formosana（Nakai）Yang et
　　P. H. Huang 85

Litsea elongata（Wall. ex Nees）Benth. et Hook. f. 87

Litsea hupehana Hemsl. 86

Litsea elongata（Wall. ex Nees）Benth. et Hook. f. var. faberi
　　（Hemsl.）Yang et P. H. Huang 87

Litsea Lam. 83

Livistona chinensis（Jacq.）R. Br 799

Livistona R. Br. 799

Lonicera acuminata Wall. 322

Lonicera chrysantha Turca ssp. koehneana（Rehd.）P.S. Hsu
　　et H. J. Wang 321

Lonicera chrysantha Turcz. 320

Lonicera delavaya Franch. 324

Lonicera elisae Franch. 316

Lonicera fragrantissima Lindl. et Pax 319

Lonicera fragrantissima Lindl. et Pax ssp. standishii（Carr.）
　　P. S. Hsu et H. J. Wang 320

Lonicera gynochlamydea Hemsl. 318

Lonicera hemsleyana（O.Ktze.）Rehd. 316

Lonicera hispida Pall. ex Roem. et Schult. 319

Lonicera hypoglauca Miq. 323

Lonicera japonica Thunb. 322

Lonicera lanceolata Wall. var. glabra Chien ex P.S. Hsu 318

Lonicera maackii f. erubescens Rehd. 321

Lonicera maackii（Rupr.）Maxim. 321

Lonicera macranthoides Hand. -Mzt. 323

Lonicera modesta Rehd. 317

Lonicera modesta Rehd. var. lushanensis Rehd. 317

Lonicera pampaninii Lévl. 323

Lonicera saccata Rehd. 316

Lonicera similis Hemsl. 324

Lonicera tangutica Maxim. 318

Lonicera tatarinowii Maxim. 318

Lonicera tragophylla Hemsl. 324

Lonicera trichosepala（Rehd.）P. S. Hsu 322

Lonicera L. 314

LORANTHACEAE 555

Loropetalum chinense Oliv. var. rubrum Yieh 331

Loropetalum chinense（R. Br.）Oliv. 331

Loropetalum R. Brown 330

Lycium barbarum L. 778

Lycium chinense Mill. 778

Lycium L. 778

Lyonia ovalifolia（Wall.）Drude var. elliptica（Sieb. et Zucc）
　　Hand. -Mzt. 509

Lyonia ovalifolia（Wall.）Drude var. lanceolata（Wall.）Hand.
　-Mzt.　509

Lyonia ovalifolia（Wall.）Drude var. hebecarpa（Franch. ex
　Forb. Et Hemsl.）Chun　509

Lyonia Nuttall　508

Lysionotus pauciflorus Maxim.　783

Lysionotus D. Don　783

LYTHRACEAE　776

M

M. esquirolii Levl.　715

M. paohwashanica Tang et wang　227

Maackia chekiangensis Chien　207

Maackia hupehensis Talkeda　206

Maackia tenuifolia（Hemsl.）Hand. -Mzt.　207

Maackia Rupr et Maxim.　206

Machilus chekiangensis S. Lee　103

Machilus ichangensis Rehd. et Wils.　103

Machilus leptophylla Hand. -Mzt.　102

Machilus pauhoi Kanehira　102

Machilus thunbergii Sieb. et Zucc.　101

Machilus Nees　100

Macrocarium officinale（Sieb. et Zucc.）Nakai　280

Macrocarpium Nakai　280

Maddenia incisoserrata Yü et Ku　188

Maddenia Hook. f. et Thoms.　188

Maesa japonica（Thunb.）Moritzi. ex Zoll.　605

Maesa Forsk.　605

Magnolia amoena Cheng　65

Magnolia biondii Pamp.　66

Magnolia cylindrica Wils.　67

Magnolia denudata Desr.　64

Magnolia grandiflora L.　63

Magnolia liliflora Desr.　65

Magnolia officinalis Rehd. et Wils. ssp. biloba（Rehd. et Wils.）
　Law　62

Magnolia officinalis Rehd. et Wils.　61

Magnolia sieboldii K. Koch　63

Magnolia sieboldii K. Koch var. brevipedunculata L. H. Wang
　et S. M. Liu，var. nov.　63

Magnolia soulangeana Soul. -Bod.　66

Magnolia zenii Cheng　65

Magnolia L.　61

MAGNOLIACEAE　59

Mahonia bealei（Fort.）Carr.　770

Mahonia frotunei（Lindl.）Fedde　770

Mahonia Nutt.　770

Mallotus apelta（Lour.）Muell. -Arg.　468

Mallotus japonicus（Thunb.）Muell-Arg. var. floccosus
　（Muell-Arg.）S. M. Hwang　469

Mallotus Lour.　467

Mallotus paxii Pamp.　469

Mallotus philippinensis（Lam.）Muell. -Arg.　468

Mallotus repandus（Willd.）Muell-Arg. var. chrysocarpus
　（Pamp.）S. M. Husang　468

Mallotus tenuifolius Pax　469

MALOIDEAE　116

Malus asiatica Nakai　144

Malus baccata（L.）Borkh.　142

Malus halliana Koehne　143

Malus hupehensis（Pamp.）Rehd.　142

Malus melliana（Hand. -Mzt.）Rehd.　146

Malus micromalus Makino　145

Malus pumila Mill.　143

Malus sieboldii（Reg.）Rehd.　145

Malus spectabilis（Ait.）Borkh.　144

Malus spectabilis（Ait.）Borkh. var. alba-plena Schelle　145

Malus spectabilis（Ait.）Borkh. var. riversii（Kirchn）Rehd.
　145

Malus Mill.　141

MALVACEAE　456

Manglietia Blume　59

Manglietia fordiana Oliv.　60

Manglietia yuyuanensis Law　60

Marsdenia sinensis Hemsl.　705

Marsdenia R. Br.　705

Melastoma dodecandrum Lour.　524

Melastoma L.　524

MELASTOMATACEAE　523

Melia azedarach L.　633

Melia toosendan Sieb. et Zucc.　633

Melia L.　633

MELIACEAE　632

Meliosma dilleniifolia（Wallich ex Weight et Arontt）Walp.
　ssp. flexuosa（Pamp.）Beus　639

Meliosma myriantha Sieb. et Zucc.　640

Meliosma myriantha Sieb. et Zucc. var. discolor Dunn　640

Meliosma myriantha Sieb. et Zucc. var. pilosa（Lecomte）
　Law　640

Meliosma oldhamii Maxim.　641

Meliosma oldhamii Maxim. var. glandulifera Cufod.　641

Meliosma oldhamii Maxim. var. sinensis（Nakai）Cufod.

641

Meliosma parviflora Lecomte　641

Meliosma veitchiorum Hemsl.　642

Meliosma Bl.　639

MENISPERMACEAE　761

Menispermum dauricum DC.　764

Menispermum L.　763

Metasequoia glyptostroboides Hu et Cheng　34

Metasequoia Miki ex Hu ct Cheng　34

Michelia alba DC.　68

Michelia figo（Lour.）Spreng.　68

Michelia maudiae Dunn　69

Michelia skinneriana Dunn　68

Michelia L.　67

Microtropis fokienensis Dunn　551

Microtropis Wall.　551

Millettia championii Benth.　212

Millettia congestiflora T. Chen　214

Millettia dielsiana Harms et Diels　213

Millettia kiangsiensis Z. Wei　213

Millettia reticulata Benth.　212

Millettia Wight et Arn.　211

MIMDSACEAE　200

Monimopetalum chinense Rehd.　552

Monimopetalum Rehd.　552

MONOCOTYLEDONEAE　784

MORACEAE　418

Morinda umbellata L. ssp. obovata Y. Z. Ruan　714

Morinda L.　714

Morus alba L.　418

Morus australis Poir.　420

Morus cathayana Hemsl.　419

Morus L.　418

Morus mongolica Schneid. var. diabolica Koidz.　420

Morus mongolica（Bur.）Schneid.　419

Mucuna lamellate Wilmot-Dear　227

Mucuna sempervirens Hemsl.　228

Mucuna Adans.　227

Murraya exotica L.　621

Murraya Koenig ex L.　621

Musa basjoo Sieb.　785

Musa L.　785

MUSACEAE　785

Mussaenda pubescens Ait. f.　716

Mussaenda shikokiana Makino　715

Mussaenda L.　715

Myrica rubra（Lour）Sieb. et Zucc.　360

Myrica L.　360

MYRICACEAE　360

MYRSINACEAE　601

Myrsine stolonifera（Koidz.）Walker　605

Myrsine L.　605

MYRTACEAE　518

N

Nandina domestica Thunb.　766

Nandina Thunb.　766

NANDINACEAE　766

Neolitsea aurata（Hayata）Koidz.　83

Neolitsea aurata（Hayata）koidz. var. chekiangensis（Nakai）Yang et P. H. Huang　83

Neolitsea aurata（Hayata）Koidz. var. paraciculata（Nakai）Yang et P. H. Huang　83

Neolitsea（Benth.）Merr.　82

Nerium indicum Mill.　701

Nerium indicum Mill. cv. Paihua　701

Nerium L.　701

Nyssa sinensis Oliv.　287

Nyssa Gronov. ex L.　287

NYSSACEAE　286

O

OLACACEAE　554

Olea europaea L.　695

Olea L.　695

OLEACEAE　679

Orixa japonica Thunb.　622

Orixa Thunb.　621

Ormosia henryi Prain　203

Ormosia hosiei Hemsl. et Wils.　204

Ormosia Jacks.　203

Osmanthus cooperi Hemsl.　696

Osmanthus fragrans（Thunb.）Lour.　696

Osmanthus heterophyllus（G. Don）P. S.Green　697

Osmanthus marginatus（Champ. ex Benth.）Hemsl.　697

Osmanthus marginatus（Champ. ex Benth.）Hemsl. var. pachyphyllus（H.T.Chang）R.L.Lu　698

Osmanthus matsumuranus Hayata　698

Osmanthus Lour.　695

Ostrya japonica Sarg.　370

Ostrya rehderiana Chun　371

Ostrya Scop.　370

P

P. acerifolia Willd.　339

*P.*x. *euramericana* （Dode） Guinier　350

Pachysandra terminalis Sieb. et Zucc.　344

Pachysandra Michx.　344

Padus brachypoda （Batal.） Schneid.　175

Padus buergeriana （Miq.） Yü et Ku　174

Padus grayana （Maxim.） Schneid.　175

Padus napaulensis （Ser.） Schenid.　176

Padus obtusata （Koehne） Yü et Ku.　175

Padus wilsonii Schneid.　176

Padus Mill.　174

Paederia cavaleriei Levl.　716

Paederia laxiflora Merr. ex Li　716

Paederia scandens （Lour.） Merr.　717

Paederia scandens （Lour.） Merr. var. tomentosa （Bl.） Hand. -Mazz.　717

Paederia L.　716

Paeonia suffruticosa Andr.　753

Paeonia L.　753

PAEONIACEAE　753

Paliurus hemsleyanus Rehd.　578

Paliurus hirsutus Hemsl.　579

Paliurus ramosissimus （Lour.） Poir.　579

Paliurus Mill.　578

Palmae　799

Parrotia subaequale （H. T. Chang） R. M. Hao et H. T. Wei　332

Parrotia C.A.Mey　332

Parthenocissus heterophylla （Bl.） Merr.　590

Parthenocissus laetevirens Rehd.　591

Parthenocissus Planch.　590

Parthenocissus tricuspidata （Sieb. et Zucc.） Planch.　591

Parthenocissus thomsonii （Laws.） Planch.　592

Paulownia catalpifolia Gong Tong　781

Paulownia elongata S. Y. Hu　781

Paulownia fortunei （Seem.） Hemsl.　780

Paulownia kawakamii Ito　782

Paulownia Sieb. et Zucc.　780

Paulownia tomentosa （Thunb.） Steud.　782

Pentapanax henryi Harms var. wangshanensis Cheng　291

Pentapanax Seem.　291

Periploca sepium Bunge　706

Periploca L.　706

PERIPLOCACEAE　706

Ph. nuda cv. Localis　815

Ph. arcana cv. Luteosulcata　815

Ph. brachybotrys Koehne var. *laxiflorus* （Cheng） S. Y. Hu　246

Ph. concava Z. H. Yu et Z. P. Wang　823

Ph. decora McClure　813

Ph. edulis cv. Quadrangulata　809

Ph. edulis f. bicolor （Nakai） C. S. Chao et Y. L. Ding　809

Ph. edulis f. gimmei （Muroi） Ohrnberger　809

Ph. edulis f. nabeshimana （Muroi） C. S. Chao et Renv.　809

Ph. glauca cv. Yunzhu　817

Ph. hispida S. C. Li et al.　812

Ph. nidularia f. glabrovagina Wen　821

Ph. nidularia f. vexillaria Wen　821

Ph. nigra Munro var. henonis （Mitford） Stapf. ex Rendle　820

Ph. praecox C. D. Chu et C. S. Chao　819

Ph. pubescens Mazel ex H. de Lehaie　808

Ph. rubromarginata sensu non McClure　821

Phellodendron amurense Rupr.　623

Phellodendron chinense Schneid.　623

Phellodendron chinense Schneid. var. glabriusculum Schneid.　623

Phellodendron Rupr.　622

PHILADELPHACEAE　241

Philadelphus incanus Koehne　245

Philadelphus laxiflorus Rehd.　244

Philadelphus sericanthus Koehne　245

Philadelphus sericanthus Koehne var. kulingensis （Koehne） Hand. -Mzt.　246

Philadelphus zhejiangesis （Cheng） S. M. Hwang　246

Philadelphus L.　244

Phoebe chekiangensis C. B. Shang　99

Phoebe formosana （Matsum et Hayata） Hayata　99

Phoebe hunanensis Hand. -Mzt.　98

Phoebe sheareri （Hemsl.） Gamble　100

Phoebe Nees　98

Phoenix hancena Naud.　802

Phoenix roebelenii O'Brien.　803

Phoenix L.　802

Photinia beauverdiana Schneid.　125

Photinia beauverdiana Schneid. var. brevifolia Card.　126

Photinia beauverdiana Schneid. var. notabillis （Schneid.） Rehd.　126

Photinia davidsoniae Rehd. et Wils.　124

Photinia glabra（Thunb.）Maxim.　125

Photinia hirsuta Hand. -Mzt.　128

Photinia parvifolia（Pritz.）Schneid.　128

Photinia prunifolia（Hook. et Arn.）Lindl.　125

Photinia schneiderana Rehd. et Wils.　126

Photinia serrulata Lindl.　124

Photinia subumbellata Rehd. et Wils.　127

Photinia villosa（Thunb.）DC.　127

Photinia villosa（Thunb.）DC. var. sinica Rehd. et Wils.　127

Photinia zehjiangensis P. L. Chiu　129

Photinia Lindl.　123

Phyllanthus chekiangensis Croiz. et Metc.　463

Phyllanthus flexuosus（Sied. et Zucc.）Muell. -Arg.　462

Phyllanthus glaucus Wall. ex Muell. -Arg.　462

Phyllanthus leptocladus Benth. var. pubescens P. T. Li et D. Y. Liu　463

Phyllanthus L.　462

Phyllobtachys sulphurea f. houzeauana C. S. Chao et Renv.　816

Phyllostachys acuta C. D. Chu et C. S. Chao　815

Phyllostachys angusta McCl.　816

Phyllostachys arcana McClure　815

Phyllostachys aurea Carr. ex A. et C. Rir.　813

Phyllostachys dulcis McClure　812

Phyllostachys edulis（Carr.）H. de Lehaie　808

Phyllostachys flexuosa（Carr.）A. et C. Riv.　818

Phyllostachys glauca McClure　817

Phyllostachys heteroclada f. solida（S. L. Chen）Z. P. Wang et Z. H. Yu　822

Phyllostachys heteroclada Oliv.　822

Phyllostachys iridenscens C. Y. Yao et S. Y. Chen　818

Phyllostachys mannii Gamble　813

Phyllostachys meyri McCl.　814

Phyllostachys nidularia Munro　821

Phyllostachys nigra（Lodd.）Munro　820

Phyllostachys nuda McCl.　814

Phyllostachys parvifolia C. D. Chu et H. Y. Chou　823

Phyllostachys platyglossa Z. P. Wang et Z. H. Yu　810

Phyllostachys prominens W. Y. Xiong　811

Phyllostachys propinqua McCl.　817

Phyllostachys rubicunda Wen　823

Phyllostachys shuchengensis S. C. Li et S. H. Wu　821

Phyllostachys Sieb. et Zucc.　806

Phyllostachys sulphurea var. viridis R. A. Young　816

Phyllostachys sulphurea（Carr.）A. et C. Riv.　816

Phyllostachys varioauriculata S. C. Li et S. H. Wu　812

Phyllostachys violascens（Carr.）A. et C. Riv.　819

Phyllostachys viridi-glauescens（Carr.）A. et. C. Riv.　810

Phyllostachys vivax McClure　819

Picea abies（L.）Karst.　16

Picea Dietr.　16

Picrasma quassioides（D. Don）Benn.　631

Picrasma B1.　631

Pieris formosa（Wall.）D. Don　508

Pieris japonica（Thunb.）D. Don ex G. Don　508

Pieris D. Don　507

Pileostegia viburnoides Hook. f. et Thoms.　254

Pileostegia Hook. f. et Thoms　254

PINACEAE　15

Pinus armandii Franch.　22

Pinus bungeana Zucc. ex Endl.　24

Pinus dabeshanensis Cheng et Law　23

Pinus densiflora Sieb. cv. Umbraculifera　25

Pinus densiflora Sieb. et Zucc.　25

Pinus elliottii Engelm.　29

Pinus hwangshanensis Hsia　26

Pinus koraiensis Sieb. et Zucc.　22

Pinus massoniana Lamb.　25

Pinus massoniana Lamb. × P. thunbergii Parl.　28

Pinus palustris Mill.　28

Pinus parviflora Sieb. et Zucc.　24

Pinus tabulaeformis Carr.　26

Pinus taeda L.　28

Pinus taiwanensis Hayata　26

Pinus taiwanensis Hayata var. wulinensis S. C. Li　27

Pinus thunbergii Parl.　27

Pinus L.　21

Piper hancei Maxim.　773

Piper L.　773

PIPERACEAE　773

Pistacia chinensis Bunge　648

Pistacia L.　647

PITTOSPORACEAE　440

Pittosporum Banks ex Soland.　440

Pittosporum illicioides Makino　441

Pittosporum illicioides Makino var. stenophyllum P. L. Chiu　441

Pittosporum subulisepalum Hu et Wang　441

Pittosporum tobira（Thunb.）Ait.　440

PLATANACEAE　339

Platanus hispanica Muenchh.　339

Platanus occidentalis L.　340

Platanus L.　339

Platycarya strobilacea Sieb. et Zucc.　402

Platycarya Sieb. et Zucc.　401

Platycladus orientalis （L.） Franco　38

Platycladus orientalis （L.） Franco cv. Beverleyensis　38

Platycladus orientalis （L.） Franco cv. Semperaurescens　38

Platycladus orientalis （L.） Franco cv. Sieboldii　38

Platycladus Spach　37

Platycrater arguta Sieb. et Zucc.　248

PODOCARPACEAE　49

Podocarpium oldhami （Oliv.） Yang et Huang　230

Podocarpium podocarpum var. oxyphyllum （DC.） Yang et Huang　231

Podocarpium podocarpum （DC.） Yang et Huang　230

Podocarpium （Benth.） Yang et Huang　229

Podocarpus macrophyllus （Thunb.） D. Don　49

Podocarpus macrophyllus （Thunb.） D. Don var. maki （Sieb.） Endl.　49

Podocarpus L' Hef. ex Persoon　49

Podoearpium podocarpum ssp. fallax （Schindl.） Yang et Huang　231

Polithyrsis Oliv.　431

Polithyrsis sinensis Oliv.　431

Polygala arillata Buch. -Ham. ex D. Don　444

Polygala L.　444

POLYGALACEAE　444

Poncirus trifoliata （L.） Raf.　624

Poncirus Raf.　624

Populus adenopoda Maxim.　348

Populus alba L.　348

Populus nigra L. var. italica （Muenchh.） Koehne　350

Populus simonii Carr.　349

Populus tomentosa Carr.　349

Populus × canadensis Moench　350

Populus × canadensis Moench cv. I－214　352

Populus × canadensis Moench cv. Robusta　351

Populus × canadensis Moench. cv. Sacrau　351

Populus × dakuaensis Hsu　350

Populus L.　347

Premna microphylla Turcz.　741

Premna L.　741

PRUNOIDEAE　172

Prunus cerasifera Ehrhart f. atropurpurea （Jacq.） Rehd.　184

Prunus salicina Lindl.　183

Prunus L.　183

Pseudolarix kaempferi （Lindl.） Gord.　19

Pseudolarix Gord.　19

Pseudotsuga gussenii Flous　17

Pseudotsuga sinensis Dode　17

Pseudotsuga Carr.　17

Pterocarya insignis Rehd. et Wils.　398

Pterocarya Kunth.　397

Pterocarya micro-paliurus Tsoong　400

Pterocarya stenoptera C. DC.　398

Pteroceltis tatarinowii Maxim.　410

Pteroceltis Maxim.　410

Pterostyrax corymbosus Sieb. et Zucc.　267

Pterostyrax psilophyllus Diels ex Perk.　268

Pterostyrax Sieb. et Zucc.　267

Pueraria lobata （Willd.） Ohwi　226

Pueraria DC.　226

Punica granatum L.　521

Punica granatum L. cv. Albescens　522

Punica granatum L. cv. Nana　521

Punica granatum L. cv. Plena　522

Punica granatum L. cv. Pleniflora　522

Punica L.　521

PUNICACEAE　521

Pyracantha fortuneana （Maxim.） Li　119

Pyracantha Roem.　119

PYROLACEAE　499

Pyrus L.　138

Pyrus betulaefolia Bge.　139

Pyrus calleryana Decne　140

Pyrus calleryana Decne f. tomentella Rehd.　140

Pyrus calleryana Decne var. intigrifolia Yü　141

Pyrus calleryana Decne var. koehnei （Schneid.） Yü　141

Pyrus calleryana Decne var. lanceolata Rehd.　141

Pyrus phaeocarpa Rehd.　139

Pyrus pyrifolia （Burm. f.） Nakai　139

Pyrus serrulata Rehd.　138

Q

Quercus acutissima Carr　389

Quercus aliena Blume　393

Quercus aliena Blume var. acuteserrata Maxim.　393

Quercus chenii Nakai　390

Quercus dentata Thunb.　391

Quercus fabri Hance　392

Quercus glandulifera Bl.　394

Quercus oxyphylla（Wils.）Hand. -Mzt. 395

Quercus phillyraeoides A. Gray 395

Quercus serrata Thunb. var. brevipetiolata（A.DC.）Nakai 394

Quercus serrata Thunb. 394

Quercus stewardii Rehd. 392

Quercus variabilis Blume 390

Quercus L. 388

R

RANUNCULACEAE 742

Raphiolepis indica（L.）Lindl. 130

Raphiolepis major Card. 131

Raphiolepis Lindl. 130

Reevesia pycnantha Ling 455

Reevesia Lindl. 455

RHAMNACEAE 567

Rhamnella Miq. 581

Rhamnella franguloides（Maxim.）Weberb. 581

Rhamnus arguta Maxim. 574

Rhamnus brachypoda C. Y. Wu ex Y. L. Chen 573

Rhamnus crenata Sieb. et Zucc. 577

Rhamnus dumetorum Schneid. 574

Rhamnus globosa Bunge 576

Rhamnus henryi Schneid. 578

Rhamnus lamprophylla Schneid. 574

Rhamnus leptophylla Schneid. 577

Rhamnus parvifolia Bunge 575

Rhamnus rugulosa Hemsl. 572

Rhamnus rugulosa Hemsl. var. glabrata Y. L. Chen et P. K. Chou 572

Rhamnus utilis Decne 575

Rhamnus utilis Decne var. hypochrysa（Schneid.）Rehd. 576

Rhamnus wilsonii Schneid. 573

Rhamnus wilsonii Schneid. var. pilosa Rehd. 573

Rhamnus L. 571

Rhapis excelsa（Thunb.）Henry ex Rehd. 801

Rhapis humilis Blume 800

Rhapis L. F. 800

Rhododendran molle G. Don 503

Rhododendron bachii Levl. 505

Rhododendron discolor Franch. 506

Rhododendron fortunei Lindl. 501

Rhododendron latoucheae Franch. 506

Rhododendron maculiferum Franch. 502

Rhododendron maculiferum Franch. ssp. anhweiense（Wils.）Chamberlain 502

Rhododendron mariesii Hemsl. et Wils. 504

Rhododendron mucronnatum G. Don 504

Rhododendron ovatum（Lindl.）Planch. ex Maxim. 505

Rhododendron shanii Fang 501

Rhododendron simsii Planch. 503

Rhododendron L. 500

Rhodotypos scandens（Thunb.）Makino 157

Rhodotypos Sieb. et Zucc 157

Rhus chinensis Mill. 648

Rhus chinensis Mill. var. glabrus S. B. Liang 649

Rhus potaninii Maxim. 649

Rhus punjabensis Stew. var. sinica（Diels）Rehd. et Wils. 650

Rhus typhina Nutt. 650

Rhus L. 648

Ribes fasciculatum Sieb. et Zucc. var. chinense Maxim. 257

Ribes fasciculatum Sieb. et Zucc. 257

Ribes glaciale Wall. 256

Ribes viridiflorum（Cheng）L. T. Lu et G. Yao 256

Ribes L. 256

Robinia hispida L. 211

Robinia pseudoacacia L. 210

Robinia pseudoacacia L. f. decaisneana（Carr.）Voss 211

Robinia pseudoacacia L. f. inermis（Mirbel）Rehd. 211

Robinia L. 210

Rosa banksiae Ait. 152

Rosa banksiopsis Baker 154

Rosa bracteata Wendl. 153

Rosa chinensis Jacq. 151

Rosa chinensis Jacq. var. minima Voss 152

Rosa chinensis Jacq. var. semperflorens Koehne. 151

Rosa chinensis Jacq. var. viridiflora Dipp. 152

Rosa cymosa Tratt. 152

Rosa cymosa Tratt. var. puberula Yü et Ku 153

Rosa henryi Boulenger 150

Rosa henryi Boulenger var. glandulosa J. M. Wu et Z. L.Cheng 150

Rosa laevigata Michx. 153

Rosa longyashanica D. C. Zhang et J. Z. Shao 149

Rosa multiflora Thunb. 148

Rosa multiflora Thunb. var. carnea Thaory 149

Rosa multiflora Thunb. var. cathayensis Rehd. et Wils. 148

Rosa multiflora Thunb. var. taoyuanensis Z. M. Wu 149

Rosa roxburghii Tratt.　156

Rosa roxburghii Tratt. f. normalis Rehd. et Wils.　156

Rosa rubusa Levl. et Vant.　149

Rosa rugosa Thunb f. typica Reg.　155

Rosa rugosa Thunb.　154

Rosa rugosa Thunb. f. alba（Ware.）Rehd.　155

Rosa rugosa Thunb. f. rosea Rehd.　155

Rosa sertata Rolfa　155

Rosa soulieana Crep.　151

Rosa wichuraiana Crp.　150

Rosa xanthina Lindl. f. normalis Rehd. et Wils.　155

Rosa L.　147

ROSACEAE　104

ROSOIDEAE　147

RUBIACEAE　707

Rubus adenophorus Rolfe　167

Rubus amphidasys Focke　161

Rubus buergeri Miq.　161

Rubus chingii Hu　164

Rubus corchorifolius L. f.　165

Rubus coreanus Miq.　171

Rubus glabricarpus Cheng　165

Rubus hirsutus Thunb.　169

Rubus hirsutus Thunb. var. brevipedicellus Z. M. Wu　170

Rubus hunanensis Hand-Mzt.　161

Rubus ichangensis Hemsl. et Ktze.　163

Rubus innominatus S. Moore　166

Rubus innominatus S. Moore var. macrosepalus Metc.　167

Rubus innominatus S. Moore var. kuntzeanus (Hemsl.) Bailey　167

Rubus innominatus S. Moore var. araioides（Hance）Yü et Lu　167

Rubus kulinganus Bailey　169

Rubus lambertianus Ser.　163

Rubus lasiostylus Focke　168

Rubus pacificus Hance　159

Rubus parvifolius L.　168

Rubus parvifolius L. var. adenochlamys（Focke）Migo　168

Rubus peltatus Maxim.　164

Rubus pungens Camb.　170

Rubus pungens Camb. var. oldhamii（Miq.）Maxim.　171

Rubus rosaefolius Smith　171

Rubus simplex Focke　166

Rubus spananthus Z. M. Wu et Z. L. Cheng　169

Rubus sumatranus Miq.　170

Rubus swinhoei Hance　160

Rubus tephrodes Hance　162

Rubus tephrodes Hance var. ampliflorus (Lévl. et Vant.) Hand-Mzt.　162

Rubus tephrodes Hance var. setosissimus Hand-Mzt.　163

Rubus trianthus Focke　165

Rubus tsangorus Hand-Mzt.　162

Rubus xanthocarpus Bur. et Franch.　166

Rubus L.　158

RUTACEAE　612

S

Sabia discolor Dunn　643

Sabia japonica Maxim.　644

Sabia swinhoei Hemsl. ex Forb. et Hemsl.　644

Sabia campanulata Wall. ex Roxb. ssp. ritchieae（Rehd. et Wils.）Y. F. Wu　643

Sabia Colebr.　642

SABIACEAE　639

Sabina chinensis（L.）Ant.　45

Sabina chinensis（L.）Ant. cv. Aureoglobosa　46

Sabina chinensis（L.）Ant. cv. Globosa　46

Sabina chinensis（L.）Ant. cv. Kaizuca　46

Sabina chinensis（L.）Ant. cv. Kaizuca Procumbens　46

Sabina chinensis（L.）Ant. cv. Pfitzeriana　46

Sabina chinensis（L.）Ant. cv. Pyramidalis　46

Sabina komarovii（Florin）Cheng et W. T. Wang　46

Sabina procumbens（Endl.）Iwata et Kusaka　44

Sabina squamata（Buch. -Hamilt，）Ant. cv. Meyeri　44

Sabina squamata（Buch. -Hamilt.）Ant.　44

Sabina virginiana（L.）Ant.　44

Sabina virginiana（L.）Ant. cv. Pendula　45

Sabina virginiana（L.）Ant. cv. Pyramidalis　45

Sabina Mill.　43

Sageretia hamosa（Wall.）Brongn.　571

Sageretia melliana Hand. –Mazz.　570

Sageretia subcaudata Schneid.　570

Sageretia Brongn.　569

Sageretia thea（Osbeck）Johnst.　569

Sageretia thea（Osbeck）Johnst. var. tomentosa（Schneid.）Y. L. Chen et P. K. Chou　570

SALICACEAE　347

Salix babylonica L.　357

Salix chaenomeloides Kimura　353

Salix chaenomeloides Kimura var glandulifolia（C. Wang et C.Y.Yu）C. F. Fang　354

Salix chienii Cheng　356

Salix dunnii Schneid.　355

Salix hypoleuca Seemen　357

Salix integra Thunb.　358

Salix kusanoi（Hayata）Schneid.　353

Salix matsudana Koida. f. tortuosa（Vilm.）Rehd.　356

Salix matsudana Koidz.　355

Salix mesnyi Hemsl.　353

Salix rosthornii Seemen　354

Salix sino-purpurea C. Wang et Ch. Y.Yang　358

Salix suchowensis Cheng　359

Salix triandra L. var. nipponica（Franch. et Sav.）Seemen　355

Salix wallichiana Anderss.　357

Salix wallichiana Anderss. var. pachyclada（Levl. et Vent.）C. Wang et C.F.Fang　358

Salix wilsonii Seemen　354

Salix L.　352

Sambucus williamsii Hance　313

SANTALACEAE　558

SAPINDACEAE　636

Sapindus mukorossi Gaertn.　637

Sapindus L.　637

Sapium discolor（Camp. ex Benth.）Muell. -Arg.　471

Sapium japonicum（Sieb. et Zucc.）Pax et Hoffm.　471

Sapium sebiferum（L.）Roxb.　470

Sapium P. Br.　470

Sarcandra Gardn.　774

Sarcandra glabra（Thunb.）Nakai　775

Sargentodoxa cuneata（Oliv.）Rehd. et Wils.　754

Sargentodoxa Rehd. et Wils.　754

SARGENTODOXACEAE　754

Sasa Makino et Shibata　804

Sasa sinica Keng　805

Sassafras tsumu（Hemsl.）Hemsl.　95

Sassafras Trew　94

Schima superba Gardn. et Champ.　478

Schima Reinw.　478

Schisandra bicolor Cheng　77

Schisandra bicolor Cheng var. tuberculata（Law）Law　78

Schisandra henryi Clarke　76

Schisandra sphenanthera Rehd. et Wils.　77

Schisandra viridis A. C. Smith　77

Schisandra Michx.　76

SCHISANDRACEAE　75

Schizophragma bydrangeoides Sieb. et Zucc. f. sinicum C. C.

Yang　253

Schizophragma corylifolium Chun　253

Schizophragma integrifolium（Franch.）Oliv. var. glaucescens Rehd.　254

Schizophragma integrifolium（Franch.）Oliv.　253

Schizophragma molle（Rehd.）Chun　254

Schizophragma Sieb. et Zucc.　252

Schoepfia jasminodora Sieb. et Zucc.　554

Schoepfia Schreb.　554

SCROPHULARIACEAE　780

Securinega suffruticosa（Pall.）Rehd.　461

Securinega Comm. ex Jussieu　461

Semiarundinaria densiflora（Rendle）Wen　825

Semiarundinaria densiflora（Rendle）Wen var. villosa S. L. Chen et C. Y. Yao　825

Semiarundinaria Makino ex Nakai　824

Serissa Comm. ex A. L. Jussieu　717

Serissa japonica（Thunb.）Thunb.　718

Serissa serissoides（DC.）Druce　718

Shanidendron subaequale（H. T. Chang）M. B. Deng, H. T. Wei et X. Q. Wang　332

Shibataea hispida McCl.　830

Shibataea Makino ex Nakai　830

SIMAROUBACEAE　630

Sinarundinaria Nakai　831

Sinarundinaria nitida（Mitf. ex Stapf）Nakai　831

Sindechites henryi Oliv.; S. henryi Oliv. var. parvifolia Tsiang　702

Sinoadina racemosa（Sieb. et Zucc.）Ridsd.　709

Sinoadina Ridsd.　709

Sinojackia rehderiana Hu　269

Sinojackia xylocarpa Hu　269

Sinojackia Hu　268

Sinomenium acutum（Thunb.）Rehd. et Wils. var. cinerum（Diels）Rehd.　763

Sinomenium acutum（Thunb.）Rehd. et Wils.　763

Sinomenium Diels　762

Skimmia reevesiana Fort.　624

Skimmia Thunb.　624

SMILACACEAE　787

Smilax arisanensis Hay.　788

Smilax bracteata Presl.　788

Smilax china L.　792

Smilax chingii Wang et Tang　791

Smilax davidiana A. DC.　791

Smilax discotis Warb.　790

Smilax ferox Wall. et Kunth.　791

Smilax glabra Roxb.　788

Smilax glauco-china Warb.　794

Smilax nervo-marginata Hayata　790

Smilax outanscianensis Pamp.　793

Smilax scobinicaulis C. H. Wright　789

Smilax sieboldii Miq.　794

Smilax stans Maxim.　793

Smilax trinervula Miq.　792

Smilax L.　787

SOLANACEAE　778

Sophora brachygyna C. Y. Ma　209

Sophora flavescens Ait.　209

Sophora flavescens Ait. var. galegoides DC.　209

Sophora japonica L.　208

Sophora japonica L. cv. Pendula　208

Sophora japonica L. f. oligophylla Franch.　209

Sophora L.　207

Sorbaria kirilowii（Reg.）Maxim.　113

Sorbaria（Ser.）A. Br. ex Aschers.　113

Sorbus alnifolia（Sieb. et Zucc.）K. Koch　132

Sorbus alnifolia（Sieb. et Zucc.）K. Koch var. lobulata Rehd.　132

Sorbus amabilis Cheng et Yü　134

Sorbus dunnii Rehd.　133

Sorbus folgneri（Schneid.）Rehd.　132

Sorbus hemsleyi（Schneid.）Rehd.　133

Sorbus hupehensis Schneid.　135

Sorbus tiantangensis X. M. Liu et C. L. Wang　134

Sorbus L.　131

Spartium junceum L.　210

Spartium L.　210

Spiraa blumei G. Don　108

Spiraea blumei G.Don var. latipetala Hemsl.　109

Spiraea cantoniensis Lour.　107

Spiraea chinensis Maxim.　110

Spiraea dasyantha Bge.　111

Spiraea fritschiana Schneid. var. angulata（Schneid.）Rehd.　107

Spiraea hirsuta（Hemsl.）Schneid.　110

Spiraea japonica L. f.　106

Spiraea japonica L. f. var. acuminata Franch.　106

Spiraea japonica L. f. var. glabra（Reg.）Koidz.　106

Spiraea japonica L.f var. fortunei（Planch.）Rehd.　106

Spiraea migabei Koidz. var. glabrata Rehd.　113

Spiraea nishimurae Kitag.　110

Spiraea prunifolia Sieb. et Zucc.　112

Spiraea prunifolia Sieb. et Zucc. var. simpliciflora Nakai　112

Spiraea pubescens Turca. var. lasiocarpa Nakai　110

Spiraea pubescens Turcz.　109

Spiraea rosthornii Dritz.　107

Spiraea thunbergii Sieb. ex Blume　112

Spiraea trilobata L.　108

Spiraea vanhouttei（Briot）Zab.　108

Spiraea L.　104

Spiraea. myrtilloides Rehd.　111

SPIRAEOIDEAE　104

STACHYURACEAE　341

Stachyurus chinensis Franch.　341

Stachyurus chinensis ssp. latus（Li）Y. C. Tang et Y. L. Cao　341

Stachyurus Sieb.et Zucc.　341

Staphylea bumalda DC.　672

Staphylea holocarpa Hemsl.　673

Staphylea L.　672

STAPHYLEACEAE　671

Stauntonia brachyanthera Hand. -Mzt.　759

Stauntonia leucantha Diels ex Y. C. Wu　760

Stauntonia obovata Hemsl.　759

Stauntonia obovatifolia Hayata ssp. urophylla（Hand-Mzt.）H. N. Qin　759

Stauntonia DC.　758

Stephanandra chinensis Hance　114

Stephanandra incisa（Thunb.）Zabel　115

Stephanandra Sieb. et Zucc.　114

Stephania cepharaantha Hayata et. Yamamoto　765

Stephania japonica（Thunb.）Miers　764

Stephania tetrandra S. Moore　765

Stephania Lour.　764

STERCULIACEAE　454

Stewartia brevicalyx Yan　480

Stewartia rostrata Spongberg　480

Stewartia sinensis Rehd. et Wils.　479

Stewartia L.　479

Stranvaesia amphidoxa Schneid.　122

Stranvaesia Lindl.　122

STRYCHNACEAE　675

STYRACACEAE　260

Styrax calvescens Perk.　261

Styrax confusus Hemsl.　264

Styrax dasyanthus Perk.　265

Styrax faberi Perk.　266

Styrax formosanus Matsum. var. hirtus S. M. Hwang   265

Styrax japonicus Sieb. et Zucc.   263

Styrax japonicus Sieb. et Zucc. var. calycothrix Gilg   264

Styrax obassius Sieb. Et Zucc.   261

Styrax odoratissimus Champ. ex Benth.   264

Styrax oligophlebis Merr. ex H. L. Li   262

Styrax suberifolius Hook. et Arn.   262

Styrax wuyuannensis S. M. Hwang   263

Styrax L.   260

Suzygium buxifolium Hook. et Arn.   520

Suzygium grijsii（Hence）Merr. et Perry   520

Sycopsis sinensis Oliv.   338

Sycopsis Oliv.   337

SYMPLOCACEAE   270

Symplocos anomala Brand   272

Symplocos chinensis（Lour.）Druce   274

Symplocos paniculata（Thunb.）Miq.   274

Symplocos phyllocalyx Clarke   271

Symplocos setchuensis Brand   270

Symplocos stellaris Brand   273

Symplocos subconnata Hand. -Mzt.   273

Symplocos sumuntia Buch.   272

Symplocos tetragona Chen ex Y. F. Wu   271

Symplocos Jacq.   270

Syringa oblata Lindl.   698

Syringa oblata Lindl. var. alba Hort. ex Rehd.   699

Syringa oblata Lindl. var. giraldii Rehd.   699

Syringa L.   698

Syzygium Gaertn.   519

T

T. cathayanum Schneid.   703

T. sureni（B1.）Merr. var. *pubescens*（Fr.）Chun ex How et T. Chen   634

TAMARICACEAE   443

Tamarix chinensis Lour.   443

Tamarix L.   443

Tapiscia Oliv   673

Tapiscia sinensis Oliv.   673

TAXACEAE   53

Taxillus kaempfer（DC.）Danser   556

Taxillus levinei（Merr.）H. S. Kiu   555

Taxillus Van tiegh   555

Taxodium ascendens Brongn.   34

Taxodium distithum（L.）Rich.   33

Taxodium Rich.   33

Taxus chinensis（Pilfer）Rehd. var. *mairei*（Lemee et Levl.）Cheng et L. K. Fu   54

Taxus chinensis（Pilger）Rehd.   53

Taxus mairei（Lemee et Levl.）S. Y. Hu ex Liu   54

Taxus L.   53

Ternstroemia gymnanthera（Wight et Arn.）Sprague   487

Ternstroemia Mutis ex L. f.   487

Ternstroemia nitida Merr.   488

Tetrapanax papyriferus（Hook.）K. Koch   288

Tetrapanax K. Koch   288

Tetrastigma hemsleyana Diels et Gilg.   592

Tetrastigma Planch.   592

THEACEAE   473

Thuja occidentalis L.   37

Thuja L.   37

Thujopsis dolabrata（L. f.）Sieb. et Zucc.   36

Thujopsis Sieb. et Zucc.   36

THYMELAEACEAE   433

Thysanospernum diffusum Champ. ex Benth.   718

Tilia breviradiate（Rehd.）Hu et Cheng   450

Tilia endochrysea Hand. -Mzt.   446

Tilia henryana Szyszyl.   446

Tilia henryana Szyszyl. var. subglabra V. Engler   447

Tilia japonica Simonkai   448

Tilia miqueliana Maxim.   449

Tilia oblongifolia Rehd.   447

Tilia oliveri Szyszyl.   449

Tilia paucicostata Maxim.   448

Tilia tuan Szyszyl. var. chinensis Rehd. et Wils.   447

Tilia L.   445

TILIACEAE   445

Toona ciliata Roem. var. pubescens（Fr.）Hand. –Mazz.   634

Toona sinensis（A. Juss.）Roem.   634

Toona Roem.   634

Torreya fargesii Franch.   55

Torreya grandis Fort. cv. Merrillii   55

Torreya grandis Fort.   54

Torreya Am.   54

Toxicodendron radicans（L.）O.Kuntze ssp. hispidum（Engl.）Gills   650

Toxicodendron succedaneum（L.）O. Kuntze   651

Toxicodendron sylvestre（Sieb. et Zucc.）O. Kuntze   651

Toxicodendron trichocarpum（Miq.）O. Kuntze   652

Toxicodendron verniciflnum（Stokes）F. A. Barkl.   652

Toxicodendron Mill.   650

Trachcarpus fortunei（Hook.）H. Wendl.　800

Trachelospermum axillare Hook. f.　702

Trachelospermum bodinieri（Levl.）Woods ex Rehd.　703

Trachelospermum brevistylum Hand. -Mazz.　703

Trachelospermum jasminoides（Lindl.）Lem. var.
　　heterophyllum Tsiang　704

Trachelospermum jasminoides（Lindl.）Lem.　703

Trachelospermum Lem.　702

Trachycarpus H. Wendl.　800

Trema dielsiana Hand. -Mzt.　414

Trema laevigata Hand. -Mzt.　413

Trema Lour.　413

Tricalysia dubia（Lindl.）Ohwi　719

Tripterygium Hook. f.　552

Tripterygium hypoglaucum（Lévl.）Hutch.　553

Tripterygium wilfordii Hook. f.　553

Tsuga chinensis（Franch.）Pritz. var. *tchekiangensis*（Flous）
　　Cheng et L. K. Fu　18

Tsuga tchekiangensis Flous　18

Tsuga Carr.　18

Tutcheria microcarpa Dunn　478

Tutcheria Dunn　478

U

ULMACEAE　403

Ulmus bergmanniana Schneid.　406

Ulmus castaneifolia Hemsl.　409

Ulmus changii Cheng　406

Ulmus chenmouii Cheng　407

Ulmus davidiana planch. var. japonica（Rehd.）Nakai　408

Ulmus elongata L. K. Fu et C. S. Ding　404

Ulmus gaussenii Cheng　405

Ulmus macrocarpa Hance　405

Ulmus parvifolia Jacq.　409

Ulmus pumila L.　407

Ulmus szechuanica Fang　408

Ulmus L.　403

Uncaria Schreber　720

Urena lobata L.　456

Urena L.　456

V

V. adstricta Hance　594

V. erosum Thunb. var. *ichangense* Hemsl.　311

V. ichangense（Hemsl.）Rehd.　311

VACCINIACEAE　510

Vaccinium bracteatum Thunb.　514

Vaccinium carlesii Dunn　512

Vaccinium chingil Sleumet　511

Vaccinium mandarinorum Diels　514

Vaccinium trichocladum Merr. et Metc.　513

Vaccinium iteophyllum Hance　513

Vaccinium L.　510

Vaccinum henryi Hemsl.　511

Vaccinum japonicum Miq. var. sinicum（Nakai）Rehd.　510

var. radicans（Miq.）Rehd.　540

VERBENACEAE　727

Vernicia fordii（Hemsl.）Airy-Shaw　466

Vernicia Lour.　465

Vernicia montana Lour.　466

Viburmum macrocephalum Fort.　305

Viburnum carlesii Hemsl. var. bitchiuense（Makino）Nakai
　　306

Viburnum chunii P. S. Hsu　308

Viburnum dilatatum Thunb.　309

Viburnum dilatatum var. glabriusculum P. S. Hsu et P. L. Chiu
　　309

Viburnum erosum Thunb.　311

Viburnum fordiae Hance　310

Viburnum glomeratum Maxim. ssp. magnificum (Hsu) P. S. Hsu
　　305

Viburnum hengshanicum Tsiang ex P. S. Hsu　311

Viburnum lobophyllum Graebn. var. silvestrii Pamp.　311

Viburnum macrocephalum Fort. f. keteleeri (Carr.) Nichols.
　　305

Viburnum melanocarpum P. S. Hsu　310

Viburnum odoratissimum Ker-Gawl. var. awabuki（K. Koch）
　　Zabel ex Rumpl.　308

Viburnum opulus L. var. calvescens（Rehd.）Hara　312

Viburnum plicatum Thunb.　307

Viburnum plicatum Thunb. var. tomentosum（Thunb.）Miq.
　　307

Viburnum schensianum Maxim.　305

Viburnum sempervirens K. Koch var. trichophorum Hand.
　　-Mzt.　308

Viburnum setigerum Hance　309

Viburnum setigerum Hence var. sulcatum P. S. Hsu　310

Viburnum sympodiale Graebn.　306

Viburnum wrightii Miq.　309

Viburnum L.　303

Viscum coloratum（Kom.）Nakai　557

Viscum diospyrosicolum Hayata　557

Viscum L.　557

VITACEAE　585

Vitex negundo L.　729

Vitex negundo L. var. cannabifolia（Sieb. et Zucc.）Hand. -Mazz.　729

Vitex negundo L. var. heterophylla（Franch.）Rehd.　730

Vitex trifolia L. var. simplicifolia Cham.　730

Vitex. L.　728

Vitis adenoclada Hand. -Mazz.　594

Vitis amurensis Rupr.　594

Vitis chunganensis Hu　595

Vitis davidii（Roman.）Foex　595

Vitis ficifolia Bunge　596

Vitis flexuosa Thunb.　596

Vitis flexuosa Thunb. var. parvifolia（Roxb.）Gagn.　597

Vitis hancockii Hance　597

Vitis jinzhainensis X. S. Shen　597

Vitis pseudoreticulata W.T. Wang　597

Vitis quinquanglaris Rehd.　598

Vitis romanetii Roman.　599

Vitis vinifera L.　599

Vitis wilsonae Veitch.　600

Vitis bryoniifolia Bunge var. mairei（Levl.）W. T. Wang　594

Vitis davidii（Roman.）Foex var. cyanocarpa（Gagn.）Sarg.　596

Vitis L.　593

W

Weigela coraeensis Thunb.　314

Weigela japonica Thunb. var. sinica（Rehd.）Bailey　314

Weigela Thunb.　313

Wikstroemia alba Hand. -Mazz.　435

Wikstroemia anhuiensis D. C. Zhang et J. Z. Shao　436

Wikstroemia canescens（Wall.）Meisn.　434

Wikstroemia Endl.　433

Wikstroemia glabra Cheng　434

Wikstroemia glabra Cheng f. purpurea（Cheng）S. C. Huang　434

Wikstroemia monnula Hance　435

Wikstroemia monnula Hance var. xluningensis D. C. Zhang et J. Z. Shao　435

Wikstroemia pilosa Cheng　436

Wisteria floribunda（Willd）DC.　215

Wisteria sinensis（Sims）Sweet　214

Wisteria sinensis（Sims.）Sweet f. alba（Lindl.）Rehd. et Wils.　215

Wisteria Nutt.　214

X

Xanthoceras sorbifolia Bunge　638

Xanthoceras Bunge　638

Xylosma japonica（Walp.）A. Gray　432

Xylosma Forst　431

Y

Yua C. L. Li　592

Yua thomsonii（Lawb.）C. L. Li var. glaucescens（Diels et Gilg.）C. L. Li　593

Yua thomsonii（Laws.）C. L. Li　592

Yucca aloifolia L.　797

Yucca aloifolia L. var. marginata Bommer　797

Yucca Dill. ex L.　796

Yucca gloriosa L.　797

Yucca smalliana Fern.　796

Yushania confusa（McClure）Z. P. Wang et G. H. Ye　831

Z

Zanthoxylum armatum DC.　626

Zanthoxylum armatum DC. f. ferrugineum（Rehd. et Wils.）Huang　626

Zanthoxylum austrosinense Huang　626

Zanthoxylum bungeanum Maxim.　627

Zanthoxylum molle Rehd.　627

Zanthoxylum scandens Bl.　628

Zanthoxylum schinifolium Sieb. et Zucc.　628

Zanthoxylum simulans Hance　629

Zanthoxylum L.　625

Zelkova schneideriana Hand. -Mzt.　411

Zelkova serrata（Thunb.）Makino　412

Zelkova Spach.　411

Ziziphus jujuba Mill. var. spinnosa（Bunege）Hu　580

Ziziphus jujuba Mill.　580

Ziziphus jujuba Mill. var. inermis（Buneg）Rehd.　580

Ziziphus Mill.　580

植物中文名称索引

A

矮冬青　537
安徽榔木　294
安徽杜鹃　502
安徽槭　657
安徽荛花　436
安徽威灵仙　749
安徽五针松　23
安徽小檗　769
安吉金竹　823
安吉水胖竹　823
安息香属　260
桉属　518
凹叶厚朴　62

B

八角枫　283
八角枫科　283
八角枫属　283
八角科　72
八角属　72
八月瓜属　757
八月炸　756
巴东胡颓子　563
巴戟天属　714
巴山榧　55
芭蕉　785
芭蕉科　785
芭蕉属　785
菝葜　792
菝葜科　787
菝葜属　787
白背爬藤榕　427
白背叶榔木　293
白背叶野桐　468
白背叶醉鱼草　677
白哺鸡竹　812

白蟾　713
白丁香　699
白杜　543
白果树　11
白海棠　145
白花杜鹃　504
白花夹竹桃　701
白花龙　266
白花泡桐　780
白花荛花　435
白花重瓣溲疏　242
白花紫荆　199
白花紫藤　215
白鹃梅　115
白鹃梅属　115
白蜡树　684
白蜡树属　683
白兰　68
白兰花　68
白簕　297
白栎　392
白马骨　718
白马骨属　717
白玫瑰　155
白木通　757
白木乌桕　471
白皮鹅耳枥　367
白皮松　24
白乳木　471
白色单瓣木槿　458
白色重瓣木槿　459
白石榴　522
白檀　274
白棠子树　736
白辛树　268
白辛树属　267
白叶莓　166
白榆　407

白玉兰　64
白纸扇　716
百齿卫矛　546
百两金　603
百日红　776
柏科　36
柏木　39
柏木属　39
斑苦竹　827
斑叶黄杨　540
板凳果属　344
板栗　375
半耳箬竹　806
包果石栎　382
薄壳山核桃　401
薄叶润楠　102
薄叶山矾　272
薄叶鼠李　577
宝华玉兰　65
豹皮樟　85
北江荛花　435
北京忍冬　316
北美鹅掌楸　70
北美香柏　37
北美圆柏　44
北枳椇　568
备中荚蒾　306
被子植物　57
本氏槐蓝　222
笔杆竹　821
碧玉间黄金竹　816
薜荔　426
蝙蝠葛　764
蝙蝠葛属　763
扁柏属　40
扁担杆　450
扁担杆属　450
扁枝越橘　510

白玉兰　64
冰川茶藨　256
波罗栎　391
波缘冬青　531
簸箕柳　359

C

菜竹　820
糙叶树　412
糙叶树属　412
糙叶藤五加　300
糙叶五加　300
槽里黄刚竹　816
草八仙花属　247
草珊瑚　775
草珊瑚属　774
草绣球　247
草绣球属　247
侧柏　38
侧柏属　37
梣叶槭　663
杈叶槭　666
插田泡　171
茶　476
茶藨子属　256
茶荚蒾　309
檫木　95
檫木属　94
檫树　95
昌化鹅耳枥　368
昌化槭　658
常春藤　301
常春藤属　301
常春油麻藤　228
常绿油麻藤　228
长柄柳　355
长柄山蚂蝗　230
长柄山蚂蝗属　229
长柄山毛榉　373

长柄绣球花 251
长柄紫珠 737
长耳箬竹 805
长梗大果冬青 527
长梗胡颓子 565
长梗铜钱树 579
长江溲疏 243
长柔毛安息香 265
长筒女贞 692
长筒亨氏女贞 692
长托菝葜 791
长椭圆叶金缕梅 332
长腺灰白毛莓 163
长序榆 404
长叶冻绿 577
长叶松 28
长圆叶椴 447
长柱金丝桃 517
长柱小檗 768
长柱紫茎 480
陈谋卫矛 541
柽柳 443
柽柳科 443
柽柳属 443
橙 616
秤锤树 269
秤锤树属 268
秤钩风 761
秤钩风属 761
池柏 34
池杉 34
齿叶白鹃梅 116
齿叶流苏 680
赤桉 518
赤楠 520
赤松 25
赤杨 361
赤竹属 804
翅荚香槐 205
翅桴 486
冲天柏 40
重瓣棣棠花 157
重瓣红石榴 522
重瓣水芙蓉 458
重瓣溲疏 242
重瓣榆叶梅 188

重瓣月季石榴 522
重阳木 465
重阳木属 465
稠李属 174
臭常山 622
臭常山属 621
臭椿 630
臭椿属 630
臭辣树 618
臭辣吴茱萸 618
臭牡丹 733
臭檀 617
臭檀吴茱萸 617
川滇蔷薇 151
川鄂鹅耳枥 369
川楝 633
川陕鹅耳枥 369
川榛 364
垂柳 357
垂丝海棠 143
垂丝卫矛 546
垂枝泡花树 639
垂枝铅笔柏 45
垂珠花 265
春花胡枝子 234
春榆 408
莼兰绣球 251
刺柏 47
刺柏属 46
刺桂 697
刺果卫矛 541
刺槐 210
刺槐属 210
刺葵 802
刺葵属 802
刺毛越橘 513
刺葡萄 595
刺楸 289
刺楸属 289
刺沙枣 566
刺鼠李 574
刺松 47
刺藤子 570
刺桐属 226
刺悬钩子 170
刺叶桂樱 173

刺叶苏铁 10
刺榆 410
刺榆属 410
枞树 25
楤木 293
楤木属 291
粗齿铁线莲 752
粗榧 52
粗梗稠李 176
粗糠柴 468
粗糠树 726
粗毛鸡矢藤 716
粗叶木属 713
粗壮女贞 694
醋栗科 256
簇花茶藨 257
簇花蜡梅 192
翠柏 44
翠竹 829

D

达乌里胡枝子 237
打鼓藤 762
大别山冬青 534
大别山五针松 23
大柄冬青 528
大风子科 430
大官杨 350
大果臭椿 631
大果冬青 527
大果山胡椒 90
大果山楂 121
大果省沽油 673
大果卫矛 542
大果榆 405
大红型梅 186
大花威灵仙 746
大戟科 460
大金刚藤黄檀 217
大罗伞树 604
大青 734
大青属 732
大穗鹅耳枥 367
大王松 28
大香桉 44
大绣球花 250

大绣线菊 106
大血藤 754
大血藤科 754
大血藤属 754
大芽南蛇藤 549
大叶桉 519
大叶白蜡树 686
大叶白纸扇 715
大叶冬青 534
大叶勾儿茶 582
大叶胡枝子 234
大叶华北绣线菊 107
大叶黄杨 540
大叶榉 411
大叶朴 416
大叶石斑木 131
大叶铁线莲 744
大叶乌蔹莓 589
大叶五加 297
大叶早樱 179
大叶醉鱼草 677
大籽猕猴桃 493
代代花 613
袋花忍冬 316
单瓣黄刺玫 155
单瓣李叶绣线菊 112
单瓣缫丝花 156
单花莸 731
单茎悬钩子 166
单叶蔓荆 730
单叶铁线莲 743
单子叶植物纲 784
淡红忍冬 322
淡竹 817
刀叶兰 797
倒卵果木半夏 565
倒卵叶忍冬 316
倒卵叶野木瓜 759
灯笼花 507
灯台树 276
地苍 524
地桃花 456
棣棠花 156
棣棠花属 156
吊石苣苔 783
吊石苣苔属 783

吊钟花属 507
蝶翅篌竹 821
蝶形花科 202
丁香属 698
顶花板凳果 344
顶蕊三角咪 344
东南栲 379
东南葡萄 595
东南悬钩子 162
东亚女贞 691
东亚唐棣 146
冬红 728
冬红属 728
冬青 529
冬青科 525
冬青属 525
冬青卫矛 540
冻绿 575
都支杜鹃 501
豆腐柴 741
豆腐柴属 741
豆梨 140
毒漆藤 650
杜茎山 605
杜茎山属 605
杜鹃 503
杜鹃花科 500
杜鹃花属 500
杜梨 139
杜松 47
杜英科 452
杜英属 452
杜仲 429
杜仲科 429
杜仲属 429
短柄稠李 175
短柄川榛 365
短柄枹栎 394
短柄忍冬 323
短刺虎刺 710
短萼紫茎 480
短梗菝葜 789
短梗胡枝子 232
短梗南蛇藤 550
短梗蓬蘽 170
短梗天女花 63

短毛椴 450
短毛紫荆 199
短蕊槐 209
短穗竹 825
短尾鹅耳枥 367
短尾柯 383
短尾越橘 512
短叶罗汉松 49
短叶中华石楠 126
短柱茶 474
短柱枸 485
短柱络石 703
短柱铁线莲 745
椴树科 445
椴树属 445
对萼猕猴桃 493
钝齿铁线莲 751
钝果寄生属 555
钝药野木瓜 760
钝叶枸 483
钝叶蔷薇 155
盾叶莓 164
多花勾儿茶 583
多花胡枝子 236
多花槐蓝 223
多花猕猴桃 495
多花泡花树 640
多花蔷薇 148
多花紫藤 215
多脉鹅耳枥 368
多脉青冈 386
多脉榆 409
多毛君迁子 609
多叶浙江槐蓝 219
多支杜鹃 501
朵花椒 627
朵椒 627

E

鹅耳枥 369
鹅耳枥属 365
鹅毛竹属 830
鹅掌楸 70
鹅掌楸属 69
垩叶猕猴桃 492
鄂西清风藤 643

恩氏山毛榉 373
二乔木兰 66
二球悬铃木 339
二色五味子 77

F

法国冬青 308
法国梧桐 339
饭汤子 309
梵天花属 456
方毛竹 809
方氏冬青 536
方竹 824
方竹属 823
防己科 761
菲白竹 829
肥皂荚 195
肥皂荚属 195
榧树 54
榧树属 54
芬芳安息香 264
粉柏 44
粉背南蛇藤 548
粉椴 449
粉防己 765
粉花绣线菊 106
粉绿竹 817
粉绿钻地风 254
粉团蔷薇 148
粉叶爬山虎 592
粉叶柿 607
风龙 763
风龙属 762
枫香树 329
枫香树属 329
枫杨 398
枫杨属 397
凤尾柏 42
凤尾丝兰 797
凤尾松 9
凤尾竹 830
佛肚竹 831
佛手 615
伏毛八角枫 284
伏牛花 710
扶芳藤 539

扶桑 457
枹栎 394
福建柏 43
福建柏属 43
福建假卫矛 551
福建紫薇 777
俯垂蓬莱葛 675
腐婢 741
复叶槭 663

G

柑橘 615
柑橘属 612
橄榄槭 664
干香柏 40
刚毛荚蒾 309
刚毛忍冬 319
刚竹 816
刚竹属 806
杠柳 706
杠柳科 706
杠柳属 706
杠香藤 468
高节竹 811
高粱泡 163
高山柏 44
高舌苦竹 827
革叶猕猴桃 494
格药枸 484
葛藟 596
葛萝槭 660
葛属 226
葛藤 226
葛枣猕猴桃 492
公孙树 11
宫粉型梅 186
勾儿茶属 581
沟核茶荚蒾 310
钩刺雀梅藤 571
钩刺鼠李 574
钩栲 378
钩藤 720
钩藤属 720
狗骨柴 719
狗骨柴属 719
枸骨 532

枸杞　　778
枸杞属　　778
构棘　　422
构属　　420
构树　　421
菇腺忍冬　　323
牯岭勾儿茶　　582
牯岭山梅花　　246
牯岭蛇葡萄　　586
牯岭悬钩子　　169
瓜木　　284
瓜子黄杨　　342
观音柳　　443
观音竹　　801　831
冠盖藤　　254
冠盖绣球　　252
光果悬钩子　　165
光盘山梅花　　244
光皮桦　　363
光皮树　　278
光箨篌竹　　821
光箨苦竹　　827
光叶蜡瓣花　　335
光叶马鞍树　　207
光叶毛果枳　　569
光叶糯米椴　　447
光叶蔷薇　　150
光叶荛花　　434
光叶石楠　　125
光叶铁仔　　605
光叶紫珠　　739
光枝荚蒾　　309
光枝柳叶忍冬　　318
光枝盐肤木　　649
广东胡枝子　　233
广东蛇葡萄　　587
广玉兰　　63
鬼见愁　　544　545
贵州络石　　703
桂花　　696
桂香柳　　566
桂樱属　　172
桂竹　　811

H

桧柏　　45

海棠花　　144
海桐　　440
海桐科　　440
海桐属　　440
海仙花　　314
海州常山　　735
含笑　　68
含笑属　　67
含羞草科　　200
寒莓　　161
汉防己　　763
汉防己属　　762
旱柳　　355
杭州苦竹　　827
杭州榆　　406
杭子梢　　239
杭子梢属　　239
豪猪刺　　767
禾本科-竹亚科　　804
合欢　　201
合轴荚蒾　　306
合柱五加　　298
河柳　　353
荷花玉兰　　63
核桃　　396
核桃属　　396
褐梨　　139
褐毛石楠　　128
褐叶青冈　　388
黑弹朴　　416
黑果菝葜　　794
黑果荚蒾　　310
黑壳楠　　88
黑蕊猕猴桃　　491
黑松　　27
黑枣　　609
黑竹　　820
衡山荚蒾　　311
红柄白鹃梅　　116
红哺鸡竹　　818
红椆　　387
红刺玫　　148
红淡比　　481
红淡比属　　481
红豆杉　　53
红豆杉科　　53

红豆杉属　　53
红豆树　　204
红豆树属　　203
红麸杨　　650
红贯　　201
红果钓樟　　89
红果山胡椒　　89
红果树属　　122
红果榆　　408
红海棠　　145
红后竹　　823
红花刺槐　　211
红花檵木　　331
红花金银忍冬　　321
红花锦鸡儿　　224
红花苦参　　209
红茴香　　72
红茎猕猴桃　　494
红壳竹　　818
红凉伞　　603
红柳　　358
红脉钓樟　　93
红毛楝子　　634
红玫瑰　　155
红楠　　101
红皮树　　262
红槭　　664
红瑞木　　277
红润楠　　101
红松　　22
红腺茅莓　　168
红腺悬钩子　　170
红腺野桐　　469
红绣线菊　　106
红药蜡瓣花　　333
红枝柴　　641
红紫珠　　737
篌竹　　821
厚边木犀　　697
厚壳树　　725
厚壳树科　　725
厚壳树属　　725
厚皮香　　487
厚皮香属　　487
厚朴　　61
厚叶冬青　　536

厚叶木犀　　698
厚叶中华石楠　　126
厚叶中型冬青　　536
胡椒科　　773
胡椒属　　773
胡桃　　396
胡桃科　　396
胡颓子　　562
胡颓子科　　560
胡颓子属　　560
胡枝子　　235
胡枝子属　　231
湖北鹅耳枥　　369
湖北海棠　　142
湖北花楸　　135
湖北木姜子　　86
湖北山楂　　121
湖北算盘子　　464
湖南莓　　161
槲寄生　　557
槲寄生属　　557
槲栎　　393
槲树　　391
蝴蝶荚蒾　　307
蝴蝶戏珠花　　307
虎刺　　710
虎刺属　　709
虎皮楠　　345
虎皮楠科　　345
虎皮楠属　　345
花红　　144
花槐蓝　　220
花椒　　627
花椒簕　　628
花椒属　　625
花榈木　　203
花楸属　　131
花素馨　　689
花竹　　821
华北忍冬　　318
华北珍珠梅　　113
华茶藨　　257
华东菝葜　　794
华东短梗冬青　　535
华东椴　　448
华东槐蓝　　219

华东黄杉　17
华东楠　102
华东泡桐　782
华东葡萄　597
华东山柳　498
华东松寄生　556
华东苏铁　10
华东铁线莲　746
华东小檗　768
华东野核桃　397
华东钻地风　253
华瓜木　283
华毛叶石楠　127
华南桂樱　173
华女贞　691
华千金榆　367
华清香藤　689
华箬竹　805
华桑　419
华山矾　274
华山松　22
华西枫杨　398
华西俞藤　593
华榛　365
华中刺叶冬青　533
华中山楂　122
华中五味子　77
华中枸子　118
华紫珠　739
化香树　402
化香树属　401
桦木科　361
桦木属　363
槐蓝　221
槐蓝属　217
槐属　207
槐树　208
黄背越橘　513
黄檗　623
黄檗属　622
黄槽毛竹　809
黄槽石绿竹　815
黄丹木姜子　87
黄古竹　816
黄果悬钩子　166
黄花远志　444

黄金间碧玉竹　816
黄金树　722
黄荆　729
黄苦竹　813
黄蜡果　759
黄连木　648
黄连木属　647
黄连竹　821
黄栌属　647
黄毛楤木　292
黄泡子　163
黄皮刚竹　816
黄皮树　623
黄瓢子　546
黄瑞木　481
黄桑　420
黄山大青　735
黄山杜鹃　502
黄山椴树　447
黄山桂　624
黄山花楸　134
黄山栎　392
黄山栾树　636
黄山木兰　67
黄山松　26
黄山溲疏　242
黄山卫矛　541
黄山锈毛羽叶参　291
黄山紫荆　198
黄杉　17
黄杉属　17
黄松　28
黄檀　216
黄檀属　215
黄心卫矛　546
黄杨　342
黄杨科　342
黄杨属　342
黄药子　750
灰白蜡瓣花　335
灰白毛莓　162
灰背清风藤　643
灰楸　723
灰水竹　810
灰叶安息香　261
灰叶稠李　175

灰叶杉木　31
灰叶野茉莉　261
灰毡毛忍冬　323
灰竹　814
火棘　119
火棘属　119
火炬树　650
火炬松　28

J

鸡麻　157
鸡麻属　157
鸡桑　420
鸡矢藤　717
鸡矢藤属　716
鸡屎藤　717
鸡条树　312
鸡血藤　212
鸡仔木　709
鸡仔木属　709
鸡爪槭　664
鸡爪树　568
棘茎楤木　292
檵木　331
檵木属　330
加杨　350
夹竹桃　701
夹竹桃科　700
夹竹桃属　701
荚蒾　309
荚蒾属　303
假稠李属　188
假地豆　229
假地枫皮　73
假卫矛属　551
尖齿臭茉莉　734
尖萼梣　686
尖萼海桐　441
尖栗子　376
尖连蕊茶　477
尖头青　815
尖叶菝葜　788
尖叶黄杨　343
尖叶栎　395
尖叶清风藤　644
尖叶四照花　279

尖叶长柄山蚂蝗　231
尖嘴林檎　146
建宁野鸦椿　672
建始槭　661
剑叶丝兰　797
健杨　351
渐尖叶绣线菊　106
箭竹　831
箭竹属　831
江边刺葵　803
江南花楸　133
江南桤木　362
江西崖豆藤　213
江浙山胡椒　89
交让木　345
焦壳淡竹　817
角花乌蔹莓　589
接骨木　313
接骨木属　312
结香　439
结香属　439
截叶胡枝子　238
金边黄杨　540
金边龙舌兰　798
金边丝兰　797
金弹　619
金柑　620
金柑属　619
金花忍冬　320
金黄球柏　38
金橘　620
金缕梅　331
金缕梅科　329
金缕梅属　331
金钱松　19
金钱松属　19
金球桧　46
金丝梅　517
金丝桃　516
金丝桃科　516
金丝桃属　516
金粟兰　774
金粟兰科　774
金粟兰属　774
金塔柏　38
金线吊乌龟　765

金腺荬蒾　308
金心黄杨　540
金银花　322
金银木　321
金银忍冬　321
金樱子　153
金寨瑞香　438
金寨山葡萄　597
金寨铁线莲　744
金钟花　682
金州绣线菊　110
金竹　816
筋头竹　801
锦带花属　313
锦鸡儿　224
锦鸡儿属　223
锦葵科　456
荆条　730
旌节花　341
旌节花科　341
旌节花属　341
九管血　602
九里香　621
九里香属　621
九月黄　760
枸橼　615
矩形叶鼠刺　259
矩叶勾儿茶　584
矩叶卫矛　542
榉属　411
榉树　412
巨紫荆　198
具柄冬青　531
卷毛长柄槭　662
绢毛稠李　176
绢毛山梅花　245
君迁子　609
筠竹　817

K

凯基大青　735
栲属　376
栲树　380
壳斗科　372
空心泡　171
孔雀柏　42

孔雀杉　32
苦参　209
苦茶槭　660
苦苣苔科　783
苦枥木　685
苦楝　633
苦木科　630
苦皮藤　548
苦树　631
苦树属　631
苦糖果　320
苦槠　377
苦竹　826
宽瓣绣球绣线菊　109
宽萼白叶莓　167
宽卵叶长柄山蚂蝗　231
宽皮橘　615
宽叶胡枝子　234
宽叶旌节花　341
昆明山海棠　553
扩展女贞　690
阔瓣蜡瓣花　334
阔叶猕猴桃　495
阔叶槭　656
阔叶箬竹　806
阔叶十大功劳　770

L

喇叭杜鹃　506
腊莲绣球　251
蜡瓣花　334
蜡瓣花属　333
蜡梅　191
蜡梅科　190
蜡梅属　191
蜡子树　693
梾木　277
梾木属　276
兰考泡桐　781
兰香草　731
蓝果树　287
蓝果树科　286
蓝果树属　287
榄绿粗叶木　714
琅玡榆　407
琅琊蔷薇　149

榔榆　409
老鼠矢　273
老鸦糊　738
老鸦柿　610
老竹　815
簕竹属　830
雷公鹅耳枥　367
雷公藤　553
雷公藤属　552
棱寄生　557
棱角山矾　271
棱枝五味子　76
冷杉属　15
梨属　138
李属　183
李树　183
李亚科　172
李叶绣线菊　112
栎属　388
栗寄生　556
栗寄生属　556
栗属　374
连翘　682
连翘属　681
连香树科　80
连香树属　80
楝科　632
楝属　633
楝树　633
两歧五加　298
亮叶厚皮香　488
亮叶蜡梅　192
亮叶水青冈　374
亮叶蚊母树　337
辽东楤木　294
辽东水蜡树　693
裂叶海棠　145
裂叶水榆花楸　132
临安槭　661
橉木稠李　174
柃木　486
柃属　482
凌霄　724
凌霄属　723
菱叶葡萄　597
菱叶绣线菊　108

岭南花椒　626
领春木　79
领春木科　79
领春木属　79
流苏树　679
流苏树属　679
流苏子　718
流苏子属　718
瘤枝葡萄　596
瘤枝五味子　78
柳杉　32
柳杉属　32
柳属　352
柳叶豆梨　141
柳叶蜡梅　191
六道木　327
六道木属　326
六月雪　718
龙柏　46
龙舌兰　797
龙舌兰科　796
龙舌兰属　797
龙吐珠　733
龙牙花　227
龙爪槐　208
龙爪柳　356
陇塞忍冬　318
芦花竹　830
庐山白蜡树　685
庐山忍冬　317
庐山小檗　769
鹿角杜鹃　506
鹿角桧　46
鹿蹄草科　499
栾树　637
栾树属　636
轮叶蒲桃　520
罗布麻　700
罗布麻属　700
罗浮冬青　537
罗浮栲　381
罗浮柿　609
罗汉柏属　36
罗汉松　49
罗汉松科　49
罗汉松属　49

罗汉竹　813
萝藦科　705
椤木石楠　124
裸子植物　8
络石　703
络石属　702
落叶女贞　693
落羽杉　33
落羽杉属　33
落羽松　33
绿柄白鹃梅　116
绿槽花毛竹　809
绿冬青　532
绿萼型梅　186
绿粉竹　810
绿干柏　40
绿花茶藨　256
绿花崖豆藤　212
绿爬山虎　591
绿皮花毛竹　809
绿叶甘橿　94
绿叶胡枝子　233
绿叶五味子　77
绿月季花　152

M

麻花杜鹃　502
麻梨　138
麻栎　389
麻叶绣球　107
麻叶绣线菊　107
马鞍树　206
马鞍树属　206
马鞭草科　727
马兜铃科　772
马兜铃属　772
马褂木　70
马棘　221
马甲子　579
马甲子属　578
马钱科　675
马尾松　25
马银花　505
马缨丹　727
马缨丹属　727
马醉木　508

马醉木属　507
麦李　182
满山红　504
蔓胡颓子　561
莽草　73
猫儿刺　533
猫儿屎　755
猫儿屎属　755
猫乳　581
猫乳属　581
毛八角枫　285
毛白杨　349
毛豹皮樟　86
毛柄小勾儿茶　584
毛刺槐　211
毛冬青　536
毛冻绿　576
毛豆梨　140
毛萼红果树　122
毛萼忍冬　322
毛萼铁线莲　745
毛萼野茉莉　264
毛茛科　742
毛梗糙叶五加　301
毛果南烛　509
毛果槭　663
毛果铁线莲　751
毛果土庄绣线菊　110
毛果细枝叶下珠　463
毛果枳椇　568
毛汉防己　763
毛红椿　634
毛花连蕊茶　477
毛花猕猴桃　496
毛花荛花　436
毛花绣线菊　111
毛环短穗竹　825
毛环竹　814
毛黄栌　647
毛灰枸子　118
毛鸡矢藤　717
毛鸡爪槭　665
毛金竹　820
毛壳竹　812
毛栱　278
毛脉槭　665

毛脉显柱南蛇藤　551
毛木半夏　564
毛泡桐　782
毛葡萄　598
毛漆树　652
毛瑞香　438
毛三裂蛇葡萄　588
毛桑　419
毛山鸡椒　85
毛山鼠李　573
毛小果冬青　527
毛芽椴　447
毛药红淡　481
毛药藤　702
毛药藤属　702
毛叶楤木　295
毛叶勾儿茶　582
毛叶老鸦糊　739
毛叶连香树　81
毛叶千金榆　367
毛叶雀梅藤　570
毛叶山木香　153
毛叶山桐子　431
毛叶山樱花　179
毛叶石楠　127
毛叶鼠李　578
毛叶威灵仙　748
毛叶硬齿猕猴桃　494
毛樱桃　183
毛榆　405
毛掌叶锦鸡儿　224
毛枝常绿荚蒾　308
毛枝格药枹　484
毛竹　808
毛竹叶花椒　626
毛紫丁香　699
茅栗　375
茅莓　168
玫瑰　154
梅　185
梅花甜茶　248
梅花甜茶属　248
梅叶猕猴桃　493
美国扁柏　41
美国红栌　686
美国凌霄花　724

美国绿栌　687
美国漆树　650
美国山核桃　401
美丽胡枝子　233
美丽马醉木　508
美丽毛鸡爪槭　666
美味猕猴桃　497
美洲柏木　40
美竹　813
蒙桑　419
猕猴桃科　489
猕猴桃属　489
米饭花　514
米兰　632
米面翁　558
米面翁属　558
米心树　373
米心水青冈　373
米仔兰　632
米仔兰属　632
密果吴茱萸　619
密花梭罗　455
密花崖豆藤　214
密蒙花　678
蜜腺白叶莓　167
蜜腺湖北蔷薇　150
绵果悬钩子　168
绵毛马兜铃　772
绵石栎　382
绵槠　382
闽皖八角　74
茉莉花　689
墨西哥柏木　40
牡丹　753
牡荆　729
牡荆属　728
木半夏　565
木本叶下珠　462
木防己　762
木防己属　762
木芙蓉　457
木瓜　136
木瓜属　136
木荷　478
木荷属　478
木姜叶冬青　529

木姜叶柯　383
木姜子属　83
木槿　458
木槿属　457
木蜡树　651
木兰科　59
木兰属　61
木莲　60
木莲属　59
木莓　160
木天蓼　492
木通　756
木通科　755
木通属　756
木犀　696
木犀科　679
木犀榄属　695
木犀属　695
木香花　152
木绣球　305
木油树　466

N

南川柳　354
南川绣线菊　107
南方红豆杉　54
南方荚蒾　310
南方六道木　327
南方千金榆　367
南方铁杉　18
南京白杨　349
南京椴　449
南京泡花树　641
南蛇藤　549
南蛇藤属　547
南酸枣　646
南酸枣属　646
南天竹　766
南天竹科　766
南天竹属　766
南五味子　75
南五味子属　75
南洋杉　13
南洋杉科　13
南洋杉属　13
南枳椇　568

南烛属　508
南紫薇　777
拟赤杨　266
拟赤杨属　266
拟木香　154
鸟不宿　532
宁波槐蓝　220
宁波木犀　696
宁波三角槭　658
宁波溲疏　243
宁夏枸杞　778
宁油麻藤　227
牛鼻栓　336
牛鼻栓属　335
牛姆瓜　758
牛奶菜　705
牛奶菜属　705
牛奶子　564
牛矢果　698
暖木　642
糯米椴　446
糯米条　326
女菱　750
女贞　692
女贞属　690

O

欧李　181
欧洲刺柏　48
欧洲云杉　16

P

爬行卫矛　540
爬墙虎　591
爬山虎　591
爬山虎属　590
爬藤榕　427
盘叶忍冬　324
膀胱果　673
胖竹　816
刨花润楠　102
泡花树属　639
泡桐属　780
喷雪花　112
蓬莱葛　676
蓬莱葛属　675

蓬藟　169
披针叶胡颓子　561
披针叶茴香　73
披针叶南烛　509
披针叶卫矛　544
枇杷　129
枇杷属　129
平基槭　667
平枝枸子　118
苹果　143
苹果属　141
苹果亚科　116
铺地柏　44
匍地龙柏　46
匍匐五加　297
葡萄　599
葡萄科　585
葡萄属　593
葡萄牙柏　40
蒲葵　799
蒲葵属　799
蒲桃属　519
朴属　414
朴树　415

Q

七姐妹　149
七叶树　669
七叶树科　669
七叶树属　669
七子花　325
七子花属　325
桤木　362
桤木属　361
漆属　650
漆树　652
漆树科　646
齐墩果　695
杞李参　290
杞柳　358
槭属　654
槭树科　654
千金藤　764
千金藤属　764
千金榆　366
千年桐　466

千屈菜科　776
千头柏　38
千头赤松　25
铅笔柏　44
钱氏钓樟　89
钱氏柳　356
茜草科　707
蔷薇科　104
蔷薇属　147
蔷薇亚科　147
鞘柄菝葜　793
茄科　778
秦连翘　681
秦岭米面翁　559
秦榛钻地风　253
琴叶榕　425
青麸杨　649
青冈　385
青冈栎　385
青冈属　384
青贯　200
青花椒　628
青灰叶下珠　462
青荚叶　282
青荚叶属　281
青栲　387
青篱竹属　826
青棉花　254
青棉花属　254
青皮树　554
青皮树属　554
青钱柳　399
青钱柳属　399
青松　22
青檀　410
青檀属　410
青桐　454
青榨槭　659
清风藤　644
清风藤科　639
清风藤猕猴桃　494
清风藤属　642
清香藤　688
琼花　305
秋葡萄　599
楸树　723

楸叶泡桐　781
球柏　46
衢县苦竹　828
曲秆竹　818
曲梗叶下珠　462
全缘叶豆梨　141
全缘叶栾树　636
缺萼枫香　330
雀梅藤　569
雀梅藤属　569
雀舌黄杨　344

R

髯毛泡花树　641
荛花　434
荛花属　433
人面竹　813
人心药　247
人心药属　247
忍冬　322
忍冬科　303
忍冬属　314
日本扁柏　42
日本常山　622
日本赤松　25
日本粗叶木　713
日本花柏　41
日本冷杉　16
日本柳杉　33
日本女贞　691
日本三蕊柳　355
日本晚樱　179
日本五针松　24
日本小檗　768
日本绣线菊　106
日本樱花　180
日本紫珠　740
日光槭　663
绒柏　41
绒花树　201
绒毛胡枝子　236
绒毛石楠　126
绒毛皂柳　358
榕属　423
榕叶冬青　535
柔毛菝葜　791

柔毛泡花树　640
柔毛油杉　19
柔毛钻地风　254
柔叶杉木　31
肉花卫矛　544
乳儿绳　703
乳源木莲　60
软条七蔷薇　150
软枣猕猴桃　490
蕊被忍冬　318
锐齿槲栎　393
锐齿假稠李　188
锐齿鼠李　574
锐角槭　655
瑞香　438
瑞香科　433
瑞香属　437
润楠属　100

S

箬叶竹　805
箬竹属　805
洒金千头柏　38
洒金叶珊瑚　281
撒金龙舌兰　798
赛山梅　264
三花莓　165
三尖杉　51
三尖杉科　51
三尖杉属　51
三角枫　657
三角槭　657
三裂蛇葡萄　587
三裂绣线菊　108
三脉菝葜　792
三桠　439
三桠乌药　92
三叶木通　756
三叶五加　297
三叶崖爬藤　592
伞花石楠　127
伞形赤松　25
桑　418
桑寄生科　555
桑科　418
桑属　418

桑叶葡萄　596
缫丝花　156
色木槭　662
沙兰杨　351
沙梨　139
沙头藤　730
沙枣　566
沙竹　817
砂竹　816
山苍子　85
山茶　476
山茶科　473
山茶属　473
山刺柏　47
山东枸子　118
山杜英　453
山矾　272
山矾科　270
山矾属　270
山拐枣　431
山拐枣属　431
山桂花　272
山合欢　200
山核桃　400
山核桃属　400
山胡椒　91
山胡椒属　87
山槐　200
山黄麻属　413
山鸡椒　85
山檀　90
山金柑　620
山荆子　142
山蒟　773
山里红　121
山楝　646
山柳科　498
山柳属　498
山绿柴　573
山麻杆　472
山麻杆属　472
山蚂蝗属　228
山莓　165
山梅花　245
山梅花科　241
山梅花属　244

山木通　749
山葡萄　594
山桑　420
山鼠李　573
山桃　187
山桐子　430
山桐子属　430
山乌桕　471
山银花　323
山樱花　179
山油麻　414
山皂荚　197
山楂　120
山楂属　120
山茱萸　280
山茱萸科　276
山茱萸属　280
杉科　30
杉木　30
杉木属　30
杉松　27
珊瑚朴　415
珊瑚树　308
陕西荚蒾　305
芍药科　753
芍药属　753
少花蓬莱葛　675
少花悬钩子　169
少脉椴　448
佘山胡颓子　563
蛇葡萄　588
蛇葡萄属　585
深裂八角枫　284
深山含笑　69
省沽油　672
省沽油科　671
省沽油属　672
湿地松　29
十大功劳　770
十大功劳属　770
石斑木　130
石斑木属　130
石笔木属　478
石蟾蜍　765
石灰花楸　132
石栎　384

石栎属　　381
石榴　　521
石榴科　　521
石榴属　　521
石绿竹　　815
石木姜子　　87
石楠　　124
石楠属　　123
石血　　704
石竹　　814
实心苦竹　　828
实心竹　　822
蚀齿荚蒾　　311
柿　　608
柿属　　607
柿树科　　607
舒竹　　821
疏花鸡矢藤　　716
疏毛绣线菊　　110
薯豆　　452
蜀桧　　46
鼠刺科　　259
鼠刺属　　259
鼠李科　　567
鼠李属　　571
树参　　290
树参属　　290
栓翅卫矛　　543
栓皮栎　　390
栓叶安息香　　262
双子叶植物纲　　58
水冬瓜　　362
水冬瓜　　709
水马桑　　314
水青冈　　373
水青冈属　　372
水杉　　34
水杉属　　34
水社柳　　353
水丝梨　　338
水丝梨属　　337
水松　　31
水松属　　31
水团花　　708
水团花属　　707
水杨梅　　708

水榆花楸　　132
水竹　　822
硕苞蔷薇　　153
丝兰　　796
丝兰属　　796
丝栗栲　　380
丝绵木　　543
四川稠李　　176
四川山矾　　270
四方竹　　824
四照花　　279
四照花属　　279
松科　　15
松属　　21
松树　　25
溲疏属　　241
苏槐蓝　　221
苏木科　　194
苏木属　　194
苏铁　　9
苏铁科　　9
苏铁属　　9
素心蜡梅　　192
素馨属　　687
酸橙　　613
酸味子　　460
酸枣　　580
算盘子　　464
算盘子属　　463
梭罗树属　　455

T

塔柏　　46
塔冠铅笔柏　　45
塔枝圆柏　　46
台楠　　99
台湾泡桐　　782
太行铁线莲　　747
太平莓　　159
泰德松　　28
檀香科　　558
探春花　　687
唐棣属　　146
棠梨　　139
桃　　186
桃金娘科　　518

桃属　　186
桃叶珊瑚　　281
桃叶珊瑚属　　280
桃叶石楠　　125
桃源蔷薇　　149
藤黄檀　　216
藤五加　　300
天目木姜子　　84
天目木兰　　65
天目朴　　417
天目槭　　666
天目琼花　　312
天目铁木　　371
天女花　　63
天台阔叶槭　　656
天堂花楸　　134
天童锐角槭　　656
天仙果　　425
天竺桂　　97
甜橙　　616
甜笋竹　　810
甜槠　　378
甜竹　　818
贴梗海棠　　137
铁丁木　　116
铁冬青　　530
铁脚威灵仙　　748
铁马鞭　　235
铁木　　370
铁木属　　370
铁青树科　　554
铁扫帚　　238
铁杉属　　18
铁树　　9
铁线莲属　　742
铁仔属　　605
庭藤　　219
通脱木　　288
通脱木属　　288
铜钱树　　578
头花千金藤　　765
凸脉猕猴桃　　491
秃瓣杜英　　453
秃扁担杆　　451
秃叶黄皮树　　623
荼蘼花　　149

土茯苓　　788
土庄绣线菊　　109
退粉猕猴桃　　492
托柄菝葜　　790
脱毛大叶勾儿茶　　583
脱毛皱叶鼠李　　572

W

皖浙淡竹　　814
皖浙黄杉　　17
网脉葡萄　　600
望春花　　64
望春玉兰　　66
威灵仙　　748
微毛枸　　483
微毛蛇葡萄　　586
微毛樱桃　　178
尾尖对节刺　　570
尾叶冬青　　537
尾叶那藤　　759
尾叶雀梅藤　　570
尾叶樱　　178
猬实　　326
卫矛　　545
卫矛科　　538
卫矛属　　538
猬实属　　325
楤梓　　135
楤梓属　　135
文冠果　　638
文冠果属　　638
蚊母树　　336
蚊母树属　　336
乌桕属　　470
乌背竹　　812
乌哺鸡竹　　819
乌饭树　　514
乌冈栎　　395
乌桕　　470
乌蔹莓属　　589
乌桑　　198
乌牙树　　276
乌药　　93
乌竹　　820
污毛粗叶木　　713
无刺槐　　211

无刺枣　580
无梗越橘　511
无花果　424
无患子　637
无患子科　636
无患子属　637
无毛长蕊绣线菊　113
无髯猕猴桃　492
无腺白叶莓　167
无腺灰白毛莓　162
吴茱萸　618
吴茱萸属　617
吴茱萸叶五加　301
梧桐　454
梧桐科　454
梧桐属　454
五风藤　758
五谷树　680
五加　296
五加科　288
五加属　295
五角枫　662
五裂锐角槭　656
五色梅　727
五味子科　75
五味子属　76
五叶瓜藤　758
五叶木通　756
五月茶属　460
五月槐　209
五竹　811
武当菝葜　793
婺源安息香　263
婺源槭　667

X

西川朴　416
西府海棠　145
西南胡枝子　235
西南卫矛　544
喜冬草　499
喜冬草属　499
喜树　286
喜树属　286
细柄百两金　604
细齿稠李　175

细齿叶柃　485
细刺五加　299
细梗胡枝子　236
细花泡花树　641
细叶桉　519
细叶短柱茶　475
细叶青冈　386
细叶水团花　708
细毡毛忍冬　324
细枝柃　482
细枝绣线菊　111
细柱五加　296
狭果秤锤树　269
狭叶海金子　441
狭叶海桐　441
狭叶兰香草　732
狭叶蓬莱葛　675
狭叶山胡椒　92
狭叶四照花　279
狭叶栀子　712
下江忍冬　317
夏蜡梅　190
夏蜡梅属　190
仙居苦竹　828
显柱南蛇藤　551
线柏　41
线叶蓬莱葛　675
腺萼马银花　505
腺柳　353
腺毛莓　167
腺叶桂樱　173
腺叶荚蒾　311
腺叶腺柳　354
腺枝葡萄　594
香柏　37
香橙　614
香椿　634
香椿属　634
香冬青　529
香榧　55
香风茶　191
香桂　97
香桂花　632
香果树　711
香果树属　711
香花崖豆藤　213

香槐　205
香槐属　204
香莓　171
香圆　616
香橼　615
香樟　96
湘椴　446
湘楠　98
响叶杨　348
象牙红　227
肖菝葜　795
肖菝葜属　794
小檗科　767
小檗属　767
小权叶槭　666
小勾儿茶　584
小勾儿茶属　584
小构树　421
小果菝葜　791
小果冬青　526
小果南烛　509
小果蔷薇　152
小果青钱柳　400
小果石笔木　478
小果铁冬青　531
小红栲　379
小花扁担杆　451
小花香槐　205
小槐花　229
小鸡爪槭　665
小蜡　694
小麦竹　811
小毛竹　820
小石榴　521
小野珠兰　115
小叶白蜡树　684
小叶白辛树　267
小叶扶芳藤　540
小叶葛藟　597
小叶葛萝槭　661
小叶黄杨　343
小叶锦鸡儿　225
小叶栲　380
小叶蜡瓣花　335
小叶栎　390
小叶柳　357

小叶猕猴桃　495
小叶女贞　694
小叶朴　416
小叶青冈　387
小叶青冈栎　386
小叶石楠　128
小叶鼠李　575
小叶杨　349
小叶银缕梅　332
小叶楮　379
小月季花　152
小紫金牛　602
孝顺竹　830
楔叶豆梨　141
心叶猕猴桃　491
辛夷　65
新木姜　83
新木姜子属　82
馨口蜡梅　192
兴山榆　406
杏　184
杏属　184
休宁堇花　435
休宁倭竹　830
秀丽槭　660
秀丽野海棠　523
绣球　250
绣球荚蒾　305
绣球科　247
绣球属　248
绣球藤　746
绣球绣线菊　108
绣线菊属　104
绣线菊亚科　104
锈毛松寄生　555
须蕊忍冬　321
玄参科　780
悬钩子属　158
悬铃木科　339
悬铃木属　339
雪柳　680
雪柳属　680
雪球荚蒾　307
雪松　20
雪松属　20
血党　602

枸子属　117

Y

鸦椿卫矛　545
崖柏属　37
崖豆藤属　211
崖花海桐　441
崖椒　628
崖爬藤属　592
烟花树　647
岩柃　484
盐肤木　648
盐肤木属　648
偃柏　44
燕竹　819
扬子铁线莲　751
羊角藤　714
羊踯躅　503
杨柳科　347
杨梅　360
杨梅科　360
杨梅属　360
杨梅叶蚊母树　337
杨属　347
杨桐　481
杨桐属　480
痒痒树　776
药鱼草　437
野葛　650
野海棠属　523
野含笑　68
野花椒　629
野茉莉　263
野茉莉科　260
野茉莉属　260
野牡丹科　523
野牡丹属　524
野木瓜属　758
野漆树　651
野蔷薇　148
野山楂　121
野柿　608
野桐　469
野桐属　467
野鸦椿　671
野鸦椿属　671

野迎春　688
野皂荚　196
野珠兰　114
野珠兰属　114
业平竹属　824
叶萼山矾　271
叶上珠　282
叶下珠属　462
腋毛勾儿茶　583
一球悬铃木　340
一叶萩　461
一叶萩属　461
宜昌橙　614
宜昌胡颓子　562
宜昌槐蓝　220
宜昌荚蒾　311
宜昌润楠　103
异萝松　18
异色猕猴桃　494
异色泡花树　640
异叶南洋杉　14
异叶爬山虎　590
异叶蛇葡萄　588
意大利214杨　352
翼梗五味子　76
阴山胡枝子　238
茵芋　624
茵芋属　624
银白杨　348
银边黄杨　540
银缕梅属　332
银鹊树　673
银鹊树属　673
银色山矾　273
银藤　215
银杏　11
银杏科　11
银杏属　11
银叶柳　356
印度榕　424
印度橡皮树　424
英国梧桐　339
璎珞柏　48
樱属　176
樱桃　180
樱桃忍冬　320

樱叶乌蔹莓　590
鹰爪豆　210
鹰爪豆属　210
鹰爪枫　757
蘡薁　594
迎春花　688
迎春樱桃　177
瘿椒树　673
映山红　503
硬毛马甲子　579
硬头苦竹　829
永瓣藤　552
永瓣藤属　552
犹大树　199
油茶　474
油橄榄　695
油麻藤属　227
油杉属　18
油柿　610
油松　26
油桐　466
油桐属　465
莸　731
莸属　731
有梗越橘　511
有腺泡花树　641
柚　614
鱼鳞黄杨　343
鱼鳞木　343
鱼尾葵　801
鱼尾葵属　801
俞藤　592
俞藤属　592
萸肉树　280
榆科　403
榆属　403
榆树　407
榆叶梅　188
羽脉山黄麻　413
羽毛毛鸡爪槭　666
羽叶参属　291
羽叶花柏　42
羽叶泡花树　641
羽叶蛇葡萄　587
羽叶长柄山蚂蝗　230
羽状槭　664

玉蝶型梅　186
玉兰　64
玉铃花　261
玉叶金花　716
玉叶金花属　715
郁李　182
郁香忍冬　319
郁香野茉莉　264
元宝槭　667
芫花　437
圆柏　45
圆柏属　43
圆齿溲疏　241
圆金柑　620
圆叶鼠李　576
圆锥菝葜　788
圆锥铁线莲　750
圆锥绣球　250
缘脉菝葜　790
远志科　444
远志属　444
月季花　151
越橘科　510
越橘属　510
粤柳　353
云和新木姜　83
云锦杜鹃　501
云南柏　40
云南黄馨　688
云片柏　42
云山八角枫　285
云山梾　387
云山青冈　387
云杉属　16
云实　194
芸香科　612

Z

早园竹　817
早竹　819
枣　580
枣属　580
枣树　580
皂荚　196
皂荚属　196
皂柳　357

柞木　432
柞木属　431
窄基红褐枵　485
窄叶白蜡树　684
窄叶南蛇藤　550
窄叶紫珠　740
樟科　82
樟属　95
樟树　96
樟叶槭　658
掌裂草葡萄　586
掌叶复盆子　164
褶皮黧豆　227
柘刺　423
柘属　422
柘树　423
浙江大青　735
浙江桂　97
浙江红山茶　475
浙江槐蓝　218
浙江蜡梅　192
浙江马鞍树　207
浙江猕猴桃　497
浙江楠　99
浙江润楠　103
浙江山梅花　246
浙江石楠　129
浙江柿　607
浙江五加　299
浙江新木姜　83
浙江叶下珠　463

浙闽樱桃　180
浙皖虎刺　710
浙皖荚蒾　309
浙皖铁杉　18
浙皖绣球　250
珍珠枫　738
珍珠黄杨　343
珍珠莲　426
珍珠梅属　113
珍珠榕　426
珍珠绣线菊　112
桢楠属　98
榛科　364
榛属　364
栀子　712
栀子属　712
枳　624
枳椇　568
枳椇属　567
枳实　624
枳属　624
中国绣球　249
中华胡枝子　237
中华猕猴桃　496
中华石楠　125
中华绣线菊　110
柊树　697
钟花樱　181
周毛悬钩子　161
皱皮木瓜　137
皱叶鼠李　572

朱槿　457
朱砂根　602
珠兰　774
蛛网萼　248
蛛网萼属　248
竹叶花椒　626
竹叶榕　425
柱果铁线莲　747
壮大聚花荚蒾　305
撞羽　558
锥栗　376
梓树　721
梓树属　721
紫背光叶莸花　434
紫弹朴　417
紫丁香　698
紫果冬青　528
紫果槭　659
紫花络石　702
紫花重瓣木槿　459
紫金牛　604
紫金牛科　601
紫金牛属　601
紫茎　479
紫茎属　479
紫荆　199
紫荆属　197
紫柳　354
紫玫瑰　155
紫楠　100
紫蒲头石竹　815

紫树　287
紫穗槐　225
紫穗槐属　225
紫藤　214
紫藤属　214
紫葳楸　722
紫葳科　721
紫薇　776
紫薇属　776
紫叶李　184
紫玉兰　65
紫月季花　151
紫枝瑞香　438
紫珠　738　740
紫珠属　736
紫竹　820
棕榈　800
棕榈科　799
棕榈属　800
棕脉花楸　133
棕竹　800
棕竹属　800
钻地风　253
钻地风属　252
钻天杨　350
钻叶杉　14
醉翁榆　405
醉鱼草　678
醉鱼草科　677
醉鱼草属　677